最高人民法院 最高人民检察院
指导性案例
——— 第二版 ———

中国检察出版社

图书在版编目（CIP）数据

最高人民法院　最高人民检察院指导性案例／指导性案例编写组编著. —2版. —北京：中国检察出版社，2020.6
ISBN 978-7-5102-2392-1

Ⅰ.①最… Ⅱ.①指… Ⅲ.①案例-汇编-中国 Ⅳ.①D920.5

中国版本图书馆CIP数据核字（2020）第082650号

最高人民法院　最高人民检察院指导性案例（第二版）

出版发行：	中国检察出版社
社　　址：	北京市石景山区香山南路109号（100144）
网　　址：	中国检察出版社（www.zgjccbs.com）
编辑电话：	（010）86423709
发行电话：	（010）86423726　86423727　86423728
	（010）86423730　68650016
经　　销：	新华书店
印　　刷：	北京玺诚印务有限公司
开　　本：	710 mm×960 mm　16开
印　　张：	50.75
字　　数：	825千字
版　　次：	2020年6月第一版　2020年6月第一次印刷
书　　号：	ISBN 978-7-5102-2392-1
定　　价：	138.00元

检察版图书，版权所有，侵权必究
如遇图书印装质量问题本社负责调换

修订说明

2019年9月《最高人民法院 最高人民检察院指导性案例》第一版面世，其内容全面、查询便捷，对理解和适用"两高"发布的指导性案例起到了很好的帮助作用。在不到一年的时间内加印数次，受到广大法律工作者的欢迎。考虑到2019年年底和2020年年初，"两高"陆续颁布了数批指导性案例，为进一步提高本书的实用性和全面性，我们对《最高人民法院 最高人民检察院指导性案例》进行了修订，本次修订的主要内容如下：

其一，最高人民法院指导性案例部分，增加了2019年12月24日发布的第22批至第24批共27件（指导案例第113—139号）；

其二，最高人民检察院指导性案例部分，增加了2019年9月25号发布的第15批共3件（检例第57-59号），2019年12月20日发布的第16批共4件（检例第60-63号），2020年2月5日发布的第17批共3件（检例第64—66号），2020年3月28日发布的第18批共3件（检例第67-69号），2020年2月28日发布的第19批共3件（检例第70—72号）。

今后，我们将继续跟进"两高"指导性案例的发布情况，及时修订更新相关内容。由于时间仓促，不足之处恳请广大读者批评指正。

编　者

2020年4月

出版说明

建立中国特色的人民法院、人民检察院案例指导制度，是我国司法改革的一项成果。

2010年11月26日最高人民法院发布了《最高人民法院关于案例指导工作的规定》，2015年4月27日最高人民法院审判委员会第1649次会议讨论通过了《〈最高人民法院关于案例指导工作的规定〉实施细则》。截至2019年9月，最高人民法院共发布了二十一批112个指导性案例。这112个案例涉及民事、刑事、行政等各部门法。

2010年7月29日最高人民检察院第十一届检察委员会第四十次会议通过了《最高人民检察院关于案例指导工作的规定（试行）》（以下简称《规定（试行）》）。2015年，最高人民检察院根据实践工作情况及深化司法改革要求，对2010年《规定（试行）》作了修改，经第十二届检察委员会第四十四次会议审议通过后，正式印发实施《最高人民检察院关于案例指导工作的规定》（以下简称《规定》）。2019年3月20日最高人民检察院第十三届检察委员会第十六次会议对《规定》进行了第二次修订。自2010年开展案例指导工作以来，截至2019年9月，最高人民检察院共发布了15批59个指导性案例。这59个案例涉及刑事、民事、行政和公益诉讼四个方面。

探索开展案例指导工作，对于切实提高司法办案水平，更好地服务大局，维护社会公平正义、维护社会主义法制统一和法律的公正实施具有重要意义。在司法实践中，指导性案例的作用也越来越得到彰显。为便于广大读者学习适用"两高"发布的指导性案例，我们编辑出版了《最高人民法院、最高人民检察院指导性案例》一书，本书收录了最高人民法院指导性案例第 1 批至第 21 批和最高人民检察院指导性案例第 1 批至第 15 批，全面系统，查询便捷，供广大读者学习参照。

今后，我们将继续跟进"两高"指导案例的发布情况，及时修订更新相关内容。由于时间仓促，不足之处恳请广大读者批评指正。

编 者

2019 年 9 月

目　录

最高人民法院指导性案例
（第一批～第二十四批）

最高人民法院
关于发布第一批指导性案例的通知（2011年12月20日）
　【指导案例1号】上海中原物业顾问有限公司诉陶德华居间合同
　　　　　　　　纠纷案
　　　关键词　民事　居间合同　二手房买卖　违约 ………………… 5
　【指导案例2号】吴梅诉四川省眉山西城纸业有限公司买卖合同
　　　　　　　　纠纷案
　　　关键词　民事诉讼　执行和解　撤回上诉　不履行和解协议
　　　　　　　申请执行　一审判决 ………………………………… 7
　【指导案例3号】潘玉梅、陈宁受贿案
　　　关键词　刑事　受贿罪　"合办"公司受贿　低价购房受贿
　　　　　　　承诺谋利　受贿数额计算　掩饰受贿退赃 …………… 8
　【指导案例4号】王志才故意杀人案
　　　关键词　刑事　故意杀人罪　婚恋纠纷引发　坦白悔罪
　　　　　　　死刑缓期执行　限制减刑 ……………………………… 12

最高人民法院

关于发布第二批指导性案例的通知（2012年4月9日）

【指导案例5号】鲁潍（福建）盐业进出口有限公司苏州分公司
诉江苏省苏州市盐务管理局盐业行政处罚案
关键词　行政　行政许可　行政处罚　规章参照　盐业管理
………………………………………………………………… 14

【指导案例6号】黄泽富、何伯琼、何熠诉四川省成都市金堂
工商行政管理局行政处罚案
关键词　行政诉讼　行政处罚　没收较大数额财产　听证程序
………………………………………………………………… 17

【指导案例7号】牡丹江市宏阁建筑安装有限责任公司诉
牡丹江市华隆房地产开发有限责任公司、
张继增建设工程施工合同纠纷案
关键词　民事诉讼　抗诉　申请撤诉　终结审查………… 20

【指导案例8号】林方清诉常熟市凯莱实业有限公司、戴小明
公司解散纠纷案
关键词　民事　公司解散　经营管理严重困难　公司僵局…… 21

最高人民法院

关于发布第三批指导性案例的通知（2012年9月18日）

【指导案例9号】上海存亮贸易有限公司诉蒋志东、王卫明等
买卖合同纠纷案
关键词　民事　公司清算义务　连带清偿责任…………… 25

【指导案例10号】李建军诉上海佳动力环保科技有限公司公司
决议撤销纠纷案
关键词　民事　公司决议撤销　司法审查范围…………… 28

【指导案例11号】杨延虎等贪污案
关键词　刑事　贪污罪　职务便利　骗取土地使用权…… 30

【指导案例12号】李飞故意杀人案
关键词　刑事　故意杀人罪　民间矛盾引发　亲属协助抓捕
累犯　死刑缓期执行　限制减刑…………………… 33

目 录

最高人民法院

关于发布第四批指导性案例的通知（2013年1月31日）

【指导案例13号】王召成等非法买卖、储存危险物质案

关键词　刑事　非法买卖、储存危险物质　毒害性物质 …… 36

【指导案例14号】董某某、宋某某抢劫案

关键词　刑事　抢劫罪　未成年人犯罪　禁止令 …………… 38

【指导案例15号】徐工集团工程机械股份有限公司诉成都
川交工贸有限责任公司等买卖合同纠纷案

关键词　民事　关联公司　人格混同　连带责任 …………… 40

【指导案例16号】中海发展股份有限公司货轮公司申请
设立海事赔偿责任限制基金案

关键词　海事诉讼　海事赔偿责任限制基金　海事赔偿
责任限额计算 ……………………………………………… 43

最高人民法院

关于发布第五批指导性案例的通知（2013年11月8日）

【指导案例17号】张莉诉北京合力华通汽车服务有限公司
买卖合同纠纷案

关键词　民事　买卖合同　欺诈　家用汽车 ………………… 47

【指导案例18号】中兴通讯（杭州）有限责任公司诉王鹏
劳动合同纠纷案

关键词　民事　劳动合同　单方解除 ………………………… 50

【指导案例19号】赵春明等诉烟台市福山区汽车运输公司、
卫德平等机动车交通事故责任纠纷案

关键词　民事　机动车交通事故　责任　套牌　连带责任 …… 51

【指导案例20号】深圳市斯瑞曼精细化工有限公司诉深圳市
坑梓自来水有限公司、深圳市康泰蓝水
处理设备有限公司侵害发明专利权纠纷案

关键词　民事　知识产权　侵害　发明专利权　临时保护期
后续行为 …………………………………………………… 54

【指导案例21号】内蒙古秋实房地产开发有限责任公司诉
　　　　　　　　呼和浩特市人民防空办公室人防行政征收案
　　关键词　行政　人防行政征收　防空地下室　易地建设费 …… 57

【指导案例22号】魏永高、陈守志诉来安县人民政府收回
　　　　　　　　土地使用权批复案
　　关键词　行政诉讼　受案范围　批复……………………… 59

最高人民法院
关于发布第六批指导性案例的通知（2014年1月26日）

【指导案例23号】孙银山诉南京欧尚超市有限公司江宁店
　　　　　　　　买卖合同纠纷案
　　关键词　民事　买卖合同　食品安全　十倍赔偿 ………… 61

【指导案例24号】荣宝英诉王阳、永诚财产保险股份有限公司
　　　　　　　　江阴支公司机动车交通事故责任纠纷案
　　关键词　民事　交通事故　过错责任…………………………… 63

【指导案例25号】华泰财产保险有限公司北京分公司诉李志贵、
　　　　　　　　天安财产保险股份有限公司河北省分公司
　　　　　　　　张家口支公司保险人代位求偿权纠纷案
　　关键词　民事诉讼　保险人代位求偿　管辖……………… 66

【指导案例26号】李健雄诉广东省交通运输厅政府信息公开案
　　关键词　行政　政府信息公开　网络申请　逾期答复……… 68

最高人民法院
关于发布第七批指导性案例的通知（2014年6月26日）

【指导案例27号】臧进泉等盗窃、诈骗案
　　关键词　刑事　盗窃　诈骗　利用信息网络………………… 71

【指导案例28号】胡克金拒不支付劳动报酬案
　　关键词　刑事　拒不支付劳动报酬罪　不具备用工主体
　　资格的单位或者个人 ……………………………………… 74

【指导案例29号】天津中国青年旅行社诉天津国青国际旅行社
　　　　　　　　擅自使用他人企业名称纠纷案
　　关键词　民事　不正当竞争　擅用他人企业名称…………… 76

目 录

【指导案例30号】兰建军、杭州小拇指汽车维修科技股份有限
公司诉天津市小拇指汽车维修服务有限公司等
侵害商标权及不正当竞争纠纷案
　　关键词　民事　侵害商标权　不正当竞争　竞争关系……… 79

【指导案例31号】江苏炜伦航运股份有限公司诉米拉达玫瑰
公司船舶碰撞损害赔偿纠纷案
　　关键词　民事　船舶碰撞损害赔偿　合意违反航行规则
　　责任认定 ………………………………………………… 87

最高人民法院
关于发布第八批指导性案例的通知（2014年12月18日）

【指导案例32号】张某某、金某危险驾驶案
　　关键词　刑事　危险驾驶罪　追逐竞驶　情节恶劣……… 90

【指导案例33号】瑞士嘉吉国际公司诉福建金石制油有限
公司等确认合同无效纠纷案
　　关键词　民事　确认合同无效　恶意串通　财产返还……… 93

【指导案例34号】李晓玲、李鹏裕申请执行厦门海洋实业
（集团）股份有限公司、厦门海洋实业
总公司执行复议案
　　关键词　民事诉讼　执行复议　权利承受人申请执行………… 98

【指导案例35号】广东龙正投资发展有限公司与广东景茂
拍卖行有限公司委托拍卖执行复议案
　　关键词　民事诉讼　执行复议　委托拍卖　恶意串通
　　拍卖无效 ………………………………………………… 101

【指导案例36号】中投信用担保有限公司与海通证券股份
有限公司等证券权益纠纷执行复议案
　　关键词　民事诉讼　执行复议　到期债权　协助履行 ……… 105

【指导案例37号】上海金纬机械制造有限公司与瑞士瑞泰克
公司仲裁裁决执行复议案
　　关键词　民事诉讼　执行复议　涉外仲裁裁决　执行
　　管辖　申请执行期间起算 ………………………………… 107

最高人民法院

关于发布第九批指导性案例的通知（2014年12月24日）

【指导案例38号】田永诉北京科技大学拒绝颁发毕业证、
　　　　　　　　学位证案
　　　关键词　行政诉讼　颁发证书　高等学校　受案范围
　　　正当程序 ……………………………………………… 111

【指导案例39号】何小强诉华中科技大学拒绝授予学位案
　　　关键词　行政诉讼　学位　授予高等学校　学术自治 ……… 114

【指导案例40号】孙立兴诉天津新技术产业园区劳动
　　　　　　　　人事局工伤认定案
　　　关键词　行政　工伤认定　工作原因　工作场所
　　　工作过失 ……………………………………………… 117

【指导案例41号】宣懿成等诉浙江省衢州市国土资源局
　　　　　　　　收回国有土地使用权案
　　　关键词　行政诉讼　举证责任　未引用具体法律条款
　　　适用法律错误 ………………………………………… 121

【指导案例42号】朱红蔚申请无罪逮捕赔偿案
　　　关键词　国家赔偿　刑事赔偿　无罪逮捕　精神损害
　　　赔偿 …………………………………………………… 123

【指导案例43号】国泰君安证券股份有限公司海口滨海大道
　　　　　　　　（天福酒店）证券营业部申请错误执行赔偿案
　　　关键词　国家赔偿　司法赔偿　错误执行　执行回转 …… 125

【指导案例44号】卜新光申请刑事违法追缴赔偿案
　　　关键词　国家赔偿　刑事赔偿　刑事追缴　发还赃物 …… 128

最高人民法院

关于发布第十批指导性案例的通知（2015年4月15日）

【指导案例45号】北京百度网讯科技有限公司诉青岛奥商网络
　　　　　　　　技术有限公司等不正当竞争纠纷案
　　　关键词　民事　不正当竞争　网络服务　诚信原则 ……… 133

目 录

【指导案例46号】山东鲁锦实业有限公司诉鄄城县鲁锦工艺品
　　　　　　　　有限责任公司、济宁礼之邦家纺有限公司
　　　　　　　　侵害商标权及不正当竞争纠纷案
　　关键词　民事　商标侵权　不正当竞争商品通用名称 ……… 139

【指导案例47号】意大利费列罗公司诉蒙特莎（张家港）食品
　　　　　　　　有限公司、天津经济技术开发区正元行销
　　　　　　　　有限公司不正当竞争纠纷案
　　关键词　民事　不正当竞争　知名商品　特有包装、装潢 … 145

【指导案例48号】北京精雕科技有限公司诉上海奈凯电子科技
　　　　　　　　有限公司侵害计算机软件著作权纠纷案
　　关键词　民事　侵害计算机软件著作权　捆绑销售
　　　　　　技术保护措施　权利滥用 ………………………… 150

【指导案例49号】石鸿林诉泰州华仁电子资讯有限公司侵害
　　　　　　　　计算机软件著作权纠纷案
　　关键词　民事　侵害计算机软件著作权　举证责任
　　　　　　侵权对比　缺陷性特征 …………………………… 154

【指导案例50号】李某、郭某阳诉郭某和、童某某继承纠纷案
　　关键词　民事　继承　人工授精　婚生子女 ……………… 158

【指导案例51号】阿卜杜勒·瓦希德诉中国东方航空股份
　　　　　　　　有限公司航空旅客运输合同纠纷案
　　关键词　民事　航空旅客运输合同　航班延误
　　　　　　告知义务　赔偿责任 …………………………… 161

【指导案例52号】海南丰海粮油工业有限公司诉中国人民
　　　　　　　　财产保险股份有限公司海南省分公司
　　　　　　　　海上货物运输保险合同纠纷案
　　关键词　民事　海事　海上货物运输保险合同　一切险
　　　　　　外来原因 ………………………………………… 166

最高人民法院

关于发布第 11 批指导性案例的通知（2015 年 11 月 19 日）

【指导案例 53 号】福建海峡银行股份有限公司福州五一支行
　　　　　　　　诉长乐亚新污水处理有限公司、福州市
　　　　　　　　政工程有限公司金融借款合同纠纷案
　　关键词　民事　金融借款合同　收益权质押　出质登记
　　质权实现 ·· 172

【指导案例 54 号】中国农业发展银行安徽省分行诉张大标、
　　　　　　　　安徽长江融资担保集团有限公司执行
　　　　　　　　异议之诉纠纷案
　　关键词　民事　执行异议之诉　金钱质押　特定化
　　移交占有 ·· 177

【指导案例 55 号】柏万清诉成都难寻物品营销服务中心等
　　　　　　　　侵害实用新型专利权纠纷案
　　关键词　民事　侵害实用新型专利权　保护范围
　　技术术语　侵权对比 ····································· 181

【指导案例 56 号】韩凤彬诉内蒙古九郡药业有限责任公司等
　　　　　　　　产品责任纠纷管辖权异议案
　　关键词　民事诉讼　管辖异议　再审期间 ············ 184

最高人民法院

关于发布第 12 批指导性案例的通知（2016 年 5 月 30 日）

【指导案例 57 号】温州银行股份有限公司宁波分行诉浙江
　　　　　　　　创菱电器有限公司等金融借款合同纠纷案
　　关键词　民事　金融借款合同　最高额担保 ········· 187

【指导案例 58 号】成都同德福合川桃片有限公司诉重庆市
　　　　　　　　合川区同德福桃片有限公司、余晓华
　　　　　　　　侵害商标权及不正当竞争纠纷案
　　关键词　民事　侵害商标权　不正当竞争　老字号
　　虚假宣传 ·· 190

【指导案例 59 号】戴世华诉济南市公安消防支队消防验收纠纷案
  关键词 行政诉讼 受案范围 行政确认 消防验收
    备案结果通知 …………………………………………… 194

【指导案例 60 号】盐城市奥康食品有限公司东台分公司
       诉盐城市东台工商行政管理局工商
       行政处罚案
  关键词 行政 行政处罚 食品安全标准 食品标签
    食品说明书 ……………………………………………… 197

最高人民法院
关于发布第 13 批指导性案例的通知（2016 年 6 月 30 日）

【指导案例 61 号】马乐利用未公开信息交易案
  关键词 刑事 利用未公开信息交易罪 援引法定刑
    情节特别严重 …………………………………………… 201

【指导案例 62 号】王新明合同诈骗案
  关键词 刑事 合同诈骗 数额犯 既遂 未遂 ………… 206

【指导案例 63 号】徐加富强制医疗案
  关键词 刑事诉讼 强制医疗 有继续危害社会可能 ……… 209

【指导案例 64 号】刘超捷诉中国移动通信集团江苏有限公司
       徐州分公司电信服务合同纠纷案
  关键词 民事 电信服务合同 告知义务 有效期限
    违约 ……………………………………………………… 210

最高人民法院
关于发布第 14 批指导性案例的通知（2016 年 9 月 19 日）

【指导案例 65 号】上海市虹口区久乐大厦小区业主大会诉上海
       环亚实业总公司业主共有权纠纷案
  关键词 民事 业主共有权 专项维修资金 法定义务
    诉讼时效 ………………………………………………… 213

【指导案例 66 号】雷某某诉宋某某离婚纠纷案
  关键词 民事 离婚 离婚时 擅自处分共同财产 ………… 216

【指导案例 67 号】汤长龙诉周士海股权转让纠纷案
  关键词 民事 股权转让 分期付款 合同解除 ………… 218

【指导案例 68 号】上海欧宝生物科技有限公司诉辽宁特莱
       维置业发展有限公司企业借贷纠纷案
  关键词 民事诉讼 企业借贷 虚假诉讼 …………………… 221

【指导案例 69 号】王明德诉乐山市人力资源和社会保障局
       工伤认定案
  关键词 行政诉讼 工伤认定 程序性行政行为 受理 …… 232

最高人民法院
关于发布第 15 批指导性案例的通知（2016 年 12 月 28 日）
【指导案例 70 号】北京阳光一佰生物技术开发有限公司、
       习文有等生产、销售有毒、有害食品案
  关键词 刑事 生产、销售有毒、有害食品罪
      有毒有害的非食品原料 ……………………………… 235

【指导案例 71 号】毛建文拒不执行判决、裁定案
  关键词 刑事 拒不执行判决、裁定罪 起算时间 ………… 239

【指导案例 72 号】汤龙、刘新龙、马忠太、王洪刚诉新疆
       鄂尔多斯彦海房地产开发有限公司商品房
       买卖合同纠纷案
  关键词 民事 商品房买卖合同 借款合同 清偿债务
      法律效力 审查 …………………………………… 241

【指导案例 73 号】通州建总集团有限公司诉安徽天宇化工
       有限公司别除权纠纷案
  关键词 民事 别除权 优先受偿权 行使期限
      起算点 ………………………………………………… 244

【指导案例 74 号】中国平安财产保险股份有限公司江苏
       分公司诉江苏镇江安装集团有限公司
       保险人代位求偿权纠纷案
  关键词 民事 保险代位求偿权 财产保险合同
      第三者对保险标的的损害 违约行为 …………… 246

目 录

【指导案例 75 号】中国生物多样性保护与绿色发展基金会诉宁夏
　　　　　　　　瑞泰科技股份有限公司环境污染公益诉讼案
　　关键词　民事　环境污染公益诉讼　专门从事环境
　　　　　　保护公益活动的社会组织……………………………251

【指导案例 76 号】萍乡市亚鹏房地产开发有限公司诉萍乡市
　　　　　　　　国土资源局不履行行政协议案
　　关键词　行政　行政协议　合同解释　司法审查
　　　　　　法律效力……………………………………………………255

【指导案例 77 号】罗镕荣诉吉安市物价局物价行政处理案
　　关键词　行政诉讼　举报答复　受案范围　原告资格………258

最高人民法院
关于发布第 16 批指导性案例的通知（2017 年 3 月 6 日）

【指导案例 78 号】北京奇虎科技有限公司诉腾讯科技（深圳）
　　　　　　　　有限公司、深圳市腾讯计算机系统有限公司
　　　　　　　　滥用市场支配地位纠纷案
　　关键词　民事　滥用市场支配地位　垄断　相关市场………262

【指导案例 79 号】吴小秦诉陕西广电网络传媒（集团）
　　　　　　　　股份有限公司捆绑交易纠纷案
　　关键词　民事　捆绑交易　垄断　市场支配地位　搭售……270

【指导案例 80 号】洪福远、邓春香诉贵州五福坊食品有限公司、
　　　　　　　　贵州今彩民族文化研发有限公司著作权
　　　　　　　　侵权纠纷案
　　关键词　民事　著作权侵权　民间文学艺术衍生作品………275

【指导案例 81 号】张晓燕诉雷献和、赵琪、山东爱书人音像图书
　　　　　　　　有限公司著作权侵权纠纷案
　　关键词　民事　著作权侵权　影视作品　历史题材
　　　　　　实质相似……………………………………………………281

【指导案例 82 号】王碎永诉深圳歌力思服饰股份有限公司、杭州
　　　　　　　　银泰世纪百货有限公司侵害商标权纠纷案
　　关键词　民事　侵害商标权　诚实信用　权利滥用　286

【指导案例 83 号】威海嘉易烤生活家电有限公司诉永康市金仕德
工贸有限公司、浙江天猫网络有限公司侵害
发明专利权纠纷案
  关键词 民事 侵害发明专利权 有效通知 必要措施
  网络服务提供者 连带责任…………………………… 289

【指导案例 84 号】礼来公司诉常州华生制药有限公司侵害发明
专利权纠纷案
  关键词 民事 侵害发明专利权 药品制备方法发明
  专利 保护范围 技术调查官 被诉侵权药品
  制备工艺查明…………………………………………… 294

【指导案例 85 号】高仪股份公司诉浙江健龙卫浴有限公司侵害
外观设计专利权纠纷案
  关键词 民事 侵害外观设计专利 设计特征 功能性特征
  整体视觉效果…………………………………………… 304

【指导案例 86 号】天津天隆种业科技有限公司与江苏徐农种业
科技有限公司侵害植物新品种权纠纷案
  关键词 民事 侵害植物新品种权 相互授权许可………… 311

【指导案例 87 号】郭明升、郭明锋、孙淑标假冒注册商标案
  关键词 刑事 假冒注册商标罪 非法经营数额 网络销售
  刷信誉………………………………………………… 315

最高人民法院
关于发布第 17 批指导性案例的通知（2017 年 11 月 15 日）
【指导案例 88 号】张道文、陶仁等诉四川省简阳市人民政府
侵犯客运人力三轮车经营权案
  关键词 行政 行政许可 期限 告知义务 行政程序
  确认 违法判决…………………………………………… 318

【指导案例 89 号】"北雁云依"诉济南市公安局历下区分局
燕山派出所公安行政登记案
  关键词 行政 公安行政登记 姓名权 公序良俗
  正当理由………………………………………………… 322

【指导案例 90 号】贝汇丰诉海宁市公安局交通警察大队道路
交通管理行政处罚案
  关键词 行政 行政处罚 机动车让行 正在通过人行
    横道·· 325

【指导案例 91 号】沙明保等诉马鞍山市花山区人民政府房屋
强制拆除行政赔偿案
  关键词 行政 行政赔偿 强制拆除 举证责任
    市场合理价值·· 328

【指导案例 92 号】莱州市金海种业有限公司诉张掖市富凯农业
科技有限责任公司侵犯植物新品种
权纠纷案
  关键词 民事 侵犯植物新品种权 玉米品种鉴定
    DNA 指纹检测 近似品种 举证责任·············· 330

最高人民法院
关于发布第 18 批指导性案例的通知（2018 年 6 月 20 日）
 【指导案例 93 号】于欢故意伤害案
  关键词 刑事 故意伤害罪 非法限制人身自由
    正当防卫 防卫过当······························· 334

【指导案例 94 号】重庆市涪陵志大物业管理有限公司诉重庆市
涪陵区人力资源和社会保障局劳动和社会
保障行政确认案
  关键词 行政 行政确认 视同工伤 见义勇为········ 341

【指导案例 95 号】中国工商银行股份有限公司宣城龙首支行
诉宣城柏冠贸易有限公司、江苏凯盛置业
有限公司等金融借款合同纠纷案
  关键词 民事 金融借款合同 担保 最高额抵押权········ 343

【指导案例 96 号】宋文军诉西安市大华餐饮有限公司股东
资格确认纠纷案
  关键词 民事 股东资格确认 初始章程 股权转让限制
    回购·· 347

最高人民法院

关于发布第 19 批指导性案例的通知（2018 年 12 月 19 日）

【指导案例 97 号】王力军非法经营再审改判无罪案
　　关键词　刑事　非法经营罪　严重扰乱市场秩序　社会
　　　　　　危害性　刑事违法性　刑事处罚必要性……………351

【指导案例 98 号】张庆福、张殿凯诉朱振彪生命权纠纷案
　　关键词　民事　生命权　见义勇为………………………………353

【指导案例 99 号】葛长生诉洪振快名誉权、荣誉权纠纷案
　　关键词　民事　名誉权　荣誉权　英雄烈士　社会公共
　　　　　　利益………………………………………………………357

【指导案例 100 号】山东登海先锋种业有限公司诉陕西农丰种业
　　　　　　　　　　有限责任公司、山西大丰种业有限公司
　　　　　　　　　　侵害植物新品种权纠纷案
　　关键词　民事　侵害植物新品种权　特征特性　DNA 指纹
　　　　　　鉴定　DUS 测试报告　特异性……………………………360

【指导案例 101 号】罗元昌诉重庆市彭水苗族土家族自治县地方
　　　　　　　　　　海事处政府信息公开案
　　关键词　行政　政府信息公开　信息不存在　检索义务……363

最高人民法院

关于发布第 20 批指导性案例的通知（2018 年 12 月 25 日）

【指导案例 102 号】付宣豪、黄子超破坏计算机信息系统案
　　关键词　刑事　破坏计算机信息系统罪　DNS 劫持
　　　　　　后果严重　后果特别严重………………………………367

【指导案例 103 号】徐强破坏计算机信息系统案
　　关键词　刑事　破坏计算机信息系统罪　机械远程监控
　　　　　　系统………………………………………………………369

【指导案例 104 号】李森、何利民、张锋勃等人破坏计算机信息
　　　　　　　　　　系统案
　　关键词　刑事　破坏计算机信息系统罪　干扰环境质量
　　　　　　监测采样　数据失真　后果严重………………………372

【指导案例 105 号】洪小强、洪礼沃、洪清泉、李志荣开设
　　　　　　　　　赌场案
　　关键词　刑事　开设赌场罪　网络赌博　微信群…………375

【指导案例 106 号】谢检军、高垒、高尔樵、杨泽彬开设赌场案
　　关键词　刑事　开设赌场罪　网络赌博　微信群　微信群抢
　　　　　　红包……………………………………………………377

最高人民法院
关于发布第 21 批指导性案例的通知（2019 年 2 月 25 日）
【指导案例 107 号】中化国际（新加坡）有限公司诉蒂森克虏伯
　　　　　　　　　冶金产品有限责任公司国际货物买卖合同
　　　　　　　　　纠纷案
　　关键词　民事　国际货物买卖合同　联合国国际货物销售
　　　　　　合同公约　法律适用　根本违约………………379

【指导案例 108 号】浙江隆达不锈钢有限公司诉 A. P. 穆勒－
　　　　　　　　　马士基有限公司海上货物运输合同纠纷案
　　关键词　民事　海上货物运输合同　合同变更　改港　退运
　　　　　　抗辩权…………………………………………………383

【指导案例 109 号】安徽省外经建设（集团）有限公司诉东方
　　　　　　　　　置业房地产有限公司保函欺诈纠纷案
　　关键词　民事　保函欺诈　基础交易审查　有限及必要原则
　　　　　　独立反担保函…………………………………………386

【指导案例 110 号】交通运输部南海救助局诉阿昌格罗斯投资
　　　　　　　　　公司、香港安达欧森有限公司上海代表处
　　　　　　　　　海难救助合同纠纷案
　　关键词　民事　海难救助合同　雇佣救助　救助报酬………393

【指导案例 111 号】中国建设银行股份有限公司广州荔湾支行
　　　　　　　　　诉广东蓝粤能源发展有限公司等信用证
　　　　　　　　　开证纠纷案
　　关键词　民事　信用证开证　提单　真实意思表示
　　　　　　权利质押　优先受偿权………………………………396

【指导案例112号】阿斯特克有限公司申请设立海事赔偿责任
　　　　　　　　限制基金案
　　关键词　民事　海事赔偿责任限制基金　事故原则　一次
　　事故　多次事故…………………………………………399

最高人民法院
关于发布第22批指导性案例的通知（2019年12月24日）
【指导案例113号】迈克尔·杰弗里·乔丹与国家工商行政
　　　　　　　　管理总局商标评审委员会、乔丹体育股份
　　　　　　　　有限公司"乔丹"商标争议行政纠纷案
　　关键词　行政　商标争议　姓名权　诚实信用…………402

【指导案例114号】克里斯蒂昂迪奥尔香料公司诉国家工商
　　　　　　　　行政管理总局商标评审委员会商标申请
　　　　　　　　驳回复审行政纠纷案
　　关键词　行政　商标申请驳回　国际注册　领土延伸
　　保护……………………………………………………408

【指导案例115号】瓦莱奥清洗系统公司诉厦门卢卡斯汽车
　　　　　　　　配件有限公司等侵害发明专利权纠纷案
　　关键词　民事　发明专利权　功能性特征　先行判决
　　行为保全………………………………………………411

【指导案例116号】丹东益阳投资有限公司申请丹东市中级
　　　　　　　　人民法院错误执行国家赔偿案
　　关键词　国家赔偿　错误执行　执行终结　无清偿能力……414

最高人民法院
关于发布第23批指导性案例的通知（2019年12月24日）
【指导案例117号】中建三局第一建设工程有限责任公司与
　　　　　　　　澳中财富（合肥）投资置业有限公司、
　　　　　　　　安徽文峰置业有限公司执行复议案
　　关键词　执行　执行复议　商业承兑汇票　实际履行………419

目 录

【指导案例 118 号】东北电气发展股份有限公司与国家开发
　　　　　　　　 银行股份有限公司、沈阳高压开关有限
　　　　　　　　 责任公司等执行复议案
　　　关键词　执行　执行复议　撤销权　强制执行…………422

【指导案例 119 号】安徽省滁州市建筑安装工程有限公司与
　　　　　　　　 湖北追日电气股份有限公司执行复议案
　　　关键词　执行　执行复议　执行外和解　执行异议
　　　审查依据……………………………………………………428

【指导案例 120 号】青海金泰融资担保有限公司与上海金桥
　　　　　　　　 工程建设发展有限公司、青海三工置业
　　　　　　　　 有限公司执行复议案
　　　关键词　执行　执行复议　一般保证　严重不方便执行……431

【指导案例 121 号】株洲海川实业有限责任公司与中国银行股份
　　　　　　　　 有限公司长沙市蔡锷支行、湖南省德奕鸿
　　　　　　　　 金属材料有限公司财产保全执行复议案
　　　关键词　执行　执行复议　协助执行义务　保管费用
　　　承担……………………………………………………………434

【指导案例 122 号】河南神泉之源实业发展有限公司与赵五军、
　　　　　　　　 汝州博易观光医疗主题园区开发有限公司等
　　　　　　　　 执行监督案
　　　关键词　执行　执行监督　合并执行　受偿顺序……………436

【指导案例 123 号】于红岩与锡林郭勒盟隆兴矿业有限责任
　　　　　　　　 公司执行监督案
　　　关键词　执行　执行监督　采矿权转让　协助执行　行政
　　　审批……………………………………………………………438

【指导案例 124 号】中国防卫科技学院与联合资源教育发展
　　　　　　　　（燕郊）有限公司执行监督案
　　　关键词　执行　执行监督　和解协议　执行原生效法律
　　　文书……………………………………………………………442

【指导案例 125 号】陈载果与刘荣坤、广东省汕头渔业用品
　　　　　　　　　 进出口公司等申请撤销拍卖执行监督案
　　关键词　执行　执行监督　司法拍卖　网络司法拍卖
　　强制执行措施……………………………………………… 447

【指导案例 126 号】江苏天宇建设集团有限公司与无锡时代
　　　　　　　　　 盛业房地产开发有限公司执行监督案
　　关键词　执行　执行监督　和解协议　迟延履行　履行
　　完毕………………………………………………………… 450

最高人民法院
关于发布第 24 批指导性案例的通知（2019 年 12 月 26 日）
【指导案例 127 号】吕金奎等 79 人诉山海关船舶重工有限
　　　　　　　　　 责任公司海上污染损害责任纠纷案
　　关键词　民事　海上污染损害责任　污染物排放标准……… 455

【指导案例 128 号】李劲诉华润置地（重庆）有限公司
　　　　　　　　　 环境污染责任纠纷案
　　关键词　民事　环境污染责任　光污染　损害认定
　　可容忍度…………………………………………………… 460

【指导案例 129 号】江苏省人民政府诉安徽海德化工科技
　　　　　　　　　 有限公司生态环境损害赔偿案
　　关键词　民事　生态环境损害赔偿诉讼　分期支付………… 465

【指导案例 130 号】重庆市人民政府、重庆两江志愿服务发展
　　　　　　　　　 中心诉重庆藏金阁物业管理有限公司、
　　　　　　　　　 重庆首旭环保科技有限公司生态环境
　　　　　　　　　 损害赔偿、环境民事公益诉讼案
　　关键词　民事　生态环境损害赔偿诉讼　环境民事公益诉讼
　　委托排污　共同侵权　生态环境修复费用　虚拟
　　治理成本法………………………………………………… 467

【指导案例 131 号】中华环保联合会诉德州晶华集团振华
　　　　　　　　　 有限公司大气污染责任民事公益诉讼案
　　关键词　民事　环境民事公益诉讼　大气污染责任　损害
　　社会公共利益　重大风险………………………………… 474

目　录

【指导案例132号】中国生物多样性保护与绿色发展基金会诉
　　　　　　　　秦皇岛方圆包装玻璃有限公司大气污染
　　　　　　　　责任民事公益诉讼案
　　关键词　民事　环境民事公益诉讼　大气污染责任　降低
　　　环境风险　减轻赔偿责任……………………………… 477

【指导案例133号】山东省烟台市人民检察院诉王振殿、
　　　　　　　　马群凯环境民事公益诉讼案
　　关键词　民事　环境民事公益诉讼　水污染　生态环境
　　　修复责任　自净功能…………………………………… 480

【指导案例134号】重庆市绿色志愿者联合会诉恩施自治州建始
　　　　　　　　磺厂坪矿业有限责任公司水污染责任民事
　　　　　　　　公益诉讼案
　　关键词　民事　环境民事公益诉讼　停止侵害　恢复生产
　　　附条件　环境影响评价………………………………… 486

【指导案例135号】江苏省徐州市人民检察院诉苏州其安
　　　　　　　　工艺品有限公司等环境民事公益诉讼案
　　关键词　民事　环境民事公益诉讼　环境信息　不利推定 … 491

【指导案例136号】吉林省白山市人民检察院诉白山市江源区
　　　　　　　　卫生和计划生育局、白山市江源区中医院
　　　　　　　　环境公益诉讼案
　　关键词　行政　环境行政公益诉讼　环境民事公益诉讼
　　　分别立案　一并审理…………………………………… 495

【指导案例137号】云南省剑川县人民检察院诉剑川县森林公安局
　　　　　　　　怠于履行法定职责环境行政公益诉讼案
　　关键词　行政　环境行政公益诉讼　怠于履行法定职责
　　　审查标准………………………………………………… 497

【指导案例138号】陈德龙诉成都市成华区环境保护局环境
　　　　　　　　行政处罚案
　　关键词　行政　行政处罚　环境保护　私设暗管
　　　逃避监管………………………………………………… 500

【指导案例139号】上海鑫晶山建材开发有限公司诉上海市
金山区环境保护局环境行政处罚案
  关键词 行政 行政处罚 大气污染防治 固体废物
  污染环境防治 法律适用 超过排放标准……………501

最高人民检察院指导性案例

（第一批～第十八批）

最高人民检察院
关于印发第一批指导性案例的通知（2010年12月31日）
  【检例第1号】施某某等17人聚众斗殴案 ……………………507
  【检例第2号】忻元龙绑架案 ………………………………………509
  【检例第3号】林志斌徇私舞弊暂予监外执行案 ……………513

最高人民检察院
关于印发第二批指导性案例的通知（2012年11月15日）
  【检例第4号】崔建国环境监管失职案
    关键词 渎职罪主体 国有事业单位工作人员 环境监管
    失职罪……………………………………………………515
  【检例第5号】陈根明、林福娟、李德权滥用职权案
    关键词 渎职罪主体 村基层组织人员 滥用职权罪………518
  【检例第6号】罗建华、罗镜添、朱炳灿、罗锦游滥用职权案
    关键词 滥用职权罪 重大损失 恶劣社会影响…………520
  【检例第7号】胡宝刚、郑伶徇私舞弊不移交刑事案件案
    关键词 诉讼监督 徇私舞弊不移交刑事案件罪……………522
  【检例第8号】杨周武玩忽职守、徇私枉法、受贿案
    关键词 玩忽职守罪 徇私枉法罪 受贿罪 因果关系
    数罪并罚……………………………………………………524

目　录

最高人民检察院

关于印发第三批指导性案例的通知（2013年5月27日）

【检例第9号】李泽强编造、故意传播虚假恐怖信息案

　　关键词　编造、故意传播虚假恐怖信息罪……………………528

【检例第10号】卫学臣编造虚假恐怖信息案

　　关键词　编造虚假恐怖信息罪　严重扰乱社会秩序…………529

【检例第11号】袁才彦编造虚假恐怖信息案

　　关键词　编造虚假恐怖信息罪　择一重罪处断………………531

最高人民检察院

关于印发第四批指导性案例的通知（2014年2月20日）

【检例第12号】柳立国等人生产、销售有毒、有害食品，
　　　　　　　　生产、销售伪劣产品案

　　关键词　生产、销售有毒、有害食品罪　生产、
　　　　　　销售伪劣产品罪……………………………………533

【检例第13号】徐孝伦等人生产、销售有害食品案

　　关键词　生产、销售有害食品罪………………………………537

【检例第14号】孙建亮等人生产、销售有毒、有害食品案

　　关键词　生产、销售有毒、有害食品罪　共犯………………539

【检例第15号】胡林贵等人生产、销售有毒、有害食品，行贿；
　　　　　　　　骆梅等人销售伪劣产品；朱伟全等人生产、销售
　　　　　　　　伪劣产品；黎达文等人受贿，食品监管渎职案

　　关键词　生产、销售有毒、有害食品罪　生产、销售伪劣
　　　　　　产品罪　食品监管渎职罪　受贿罪　行贿罪………541

【检例第16号】赛跃、韩成武受贿、食品监管渎职案

　　关键词　受贿罪　食品监管渎职罪……………………………547

最高人民检察院

关于印发第五批指导性案例的通知（2014年9月10日）

【检例第17号】陈邓昌抢劫、盗窃，付志强盗窃案

　　关键词　第二审程序刑事抗诉　入户抢劫　盗窃罪
　　　　　　补充起诉……………………………………………550

【检例第 18 号】郭明先参加黑社会性质组织、故意杀人、
　　　　　　　　故意伤害案
　　关键词　第二审程序刑事抗诉　故意杀人　罪行极其严重
　　　　　　死刑立即执行……………………………………… 554

【检例第 19 号】张某、沈某某等七人抢劫案
　　关键词　第二审程序刑事抗诉　未成年人与成年人共同犯罪
　　　　　　分案起诉　累犯………………………………………… 557

最高人民检察院

关于印发最高人民检察院第六批指导性案例的通知（2015 年 7 月 3 日）

【检例第 20 号】马世龙（抢劫）核准追诉案
　　关键词　核准追诉　后果严重　影响恶劣……………… 561

【检例第 21 号】丁国山等（故意伤害）核准追诉案
　　关键词　核准追诉　情节恶劣　无悔罪表现……………… 563

【检例第 22 号】杨菊云（故意杀人）不核准追诉案
　　关键词　不予核准追诉　家庭矛盾　被害人谅解………… 565

【检例第 23 号】蔡金星、陈国辉等（抢劫）不核准追诉案
　　关键词　不予核准追诉　悔罪表现　共同犯罪…………… 567

最高人民检察院

关于印发最高人民检察院第七批指导性案例的通知（2016 年 5 月 31 日）

【检例第 24 号】马乐利用未公开信息交易案
　　关键词　适用法律错误　刑事抗诉　援引法定刑
　　　　　　情节特别严重……………………………………… 569

【检例第 25 号】于英生申诉案
　　关键词　刑事申诉　再审检察建议　改判无罪…………… 574

【检例第 26 号】陈满申诉案
　　关键词　刑事申诉　刑事抗诉　改判无罪………………… 579

【检例第 27 号】王玉雷不批准逮捕案
　　关键词　侦查活动监督　排除非法证据　不批准逮捕…… 583

目 录

最高人民检察院

关于印发最高人民检察院第八批指导性案例的通知（2016年12月29日）

【检例第28号】许建惠、许玉仙民事公益诉讼案
　　关键词　民事公益诉讼　生态环境修复　虚拟治理成本法 …… 588

【检例第29号】白山市江源区卫生和计划生育局及江源区
　　　　　　　中医院行政附带民事公益诉讼案
　　关键词　行政附带民事公益诉讼　诉前程序　管辖 ……… 595

【检例第30号】郧阳区林业局行政公益诉讼案
　　关键词　行政公益诉讼　公共利益　依法履行法定职责 …… 600

【检例第31号】清流县环保局行政公益诉讼案
　　关键词　行政公益诉讼　违法行政行为　变更诉讼请求 …… 604

【检例第32号】锦屏县环保局行政公益诉讼案
　　关键词　行政公益诉讼　指定集中管辖　履行法定
　　　　　　职责到位 ……………………………………………… 608

最高人民检察院

关于印发最高人民检察院第九批指导性案例的通知（2017年10月12日）

【检例第33号】李丙龙破坏计算机信息系统案
　　关键词　破坏计算机信息系统　劫持域名 ………………… 613

【检例第34号】李骏杰等破坏计算机信息系统案
　　关键词　破坏计算机信息系统　删改购物评价　购物网站
　　　　　　评价系统 ……………………………………………… 616

【检例第35号】曾兴亮、王玉生破坏计算机信息系统案
　　关键词　破坏计算机信息系统　智能手机终端　远程
　　　　　　锁定 …………………………………………………… 618

【检例第36号】卫梦龙、龚旭、薛东东非法获取计算机信息
　　　　　　　系统数据案
　　关键词　非法获取计算机信息系统数据　超出授权范围
　　　　　　登录　侵入计算机信息系统 ……………………… 621

【检例第 37 号】张四毛盗窃案
    关键词　盗窃　网络域名　财产属性　域名价值 …………… 624

【检例第 38 号】董亮等四人诈骗案
    关键词　诈骗　自我交易　打车软件　骗取补贴 …………… 626

最高人民检察院
关于印发最高人民检察院第十批指导性案例的通知（2018 年 7 月 3 日）

【检例第 39 号】朱炜明操纵证券市场案
    关键词　操纵证券市场　"抢帽子"交易　公开荐股 ……… 628

【检例第 40 号】周辉集资诈骗案
    关键词　集资诈骗　非法占有目的　网络借贷信息中介
    机构 ………………………………………………………… 633

【检例第 41 号】叶经生等组织、领导传销活动案
    关键词　组织、领导传销活动　网络传销　骗取财物 ……… 638

最高人民检察院
关于印发最高人民检察院第十一批指导性案例的通知（2018 年 11 月 9 日）

【检例第 42 号】齐某强奸、猥亵儿童案
    关键词　强奸罪　猥亵儿童罪　情节恶劣　公共场所
    当众 ………………………………………………………… 643

【检例第 43 号】骆某猥亵儿童案
    关键词　猥亵儿童罪　网络猥亵　犯罪既遂 ………………… 648

【检例第 44 号】于某虐待案
    关键词　虐待罪　告诉能力　支持变更抚养权 ……………… 651

最高人民检察院
关于印发最高人民检察院第十二批指导性案例的通知（2018 年 12 月 18 日）

【检例第 45 号】陈某正当防卫案
    关键词　未成年人　故意伤害　正当防卫　不批准逮捕 …… 655

【检例第 46 号】朱凤山故意伤害（防卫过当）案
    关键词　民间矛盾　故意伤害　防卫过当　二审检察 ……… 658

目　录

【检例第47号】于海明正当防卫案
　　关键词　行凶　正当防卫　撤销案件 ……………………… 661

【检例第48号】侯雨秋正当防卫案
　　关键词　聚众斗殴　故意伤害　正当防卫　不起诉 ……… 664

最高人民检察院
关于印发最高人民检察院第十三批指导性案例的通知（2018年12月21日）
【检例第49号】陕西省宝鸡市环境保护局凤翔分局不全面履职案
　　关键词　行政公益诉讼　环境保护　依法全面履职 ……… 668

【检例第50号】湖南省长沙县城乡规划建设局等不依法履职案
　　关键词　行政公益诉讼　生态环境保护　督促履职 ……… 672

【检例第51号】曾云侵害英烈名誉案
　　关键词　民事公益诉讼　英烈名誉　社会公共利益 ……… 675

最高人民检察院
关于印发最高人民检察院第十四批指导性案例的通知（2019年5月21日）
【检例第52号】广州乙置业公司等骗取支付令执行虚假诉讼监督案
　　关键词　骗取支付令　侵吞国有资产　检察建议 ………… 679

【检例第53号】武汉乙投资公司等骗取调解书虚假诉讼监督案
　　关键词　虚假调解　逃避债务　民事抗诉 …………………… 683

【检例第54号】陕西甲实业公司等公证执行虚假诉讼监督案
　　关键词　虚假公证　非诉执行监督　检察建议 …………… 686

【检例第55号】福建王某兴等人劳动仲裁执行虚假诉讼监督案
　　关键词　虚假劳动仲裁　仲裁执行监督　检察建议 ……… 689

【检例第56号】江西熊某等交通事故保险理赔虚假诉讼监督案
　　关键词　保险理赔　伪造证据　民事抗诉 ………………… 692

最高人民检察院
关于印发最高人民检察院第十五批指导性案例的通知（2019年9月9日）
【检例第57号】某实业公司诉某市住房和城乡建设局征收补偿
　　　　　　　认定纠纷抗诉案
　　关键词　行政抗诉　征收补偿　依职权监督　调查核实 …… 695

【检例第58号】浙江省某市国土资源局申请强制执行杜某非法
占地处罚决定监督案
关键词 行政非诉执行监督 违法占地 遗漏请求事项
专项监督……………………………………………… 700

【检例第59号】湖北省某县水利局申请强制执行肖某河道违法
建设处罚决定监督案
关键词 行政非诉执行监督 河道违法建设 强制拆除 …… 703

最高人民检察院
关于印发最高人民检察院第十六批指导性案例的通知（2019年12月20日）

【检例第60号】刘强非法占用农用地案
关键词 非法占用农用地罪 永久基本农田 "大棚房"
非农建设改造……………………………………… 707

【检例第61号】王敏生产、销售伪劣种子案
关键词 生产、销售伪劣种子罪 假种子 农业生产
损失认定…………………………………………… 712

【检例第62号】南京百分百公司等生产、销售伪劣农药案
关键词 生产、销售伪劣农药罪 借证生产农药
田间试验…………………………………………… 717

【检例第63号】湖北省天门市人民检察院诉拖市镇政府
不依法履行职责行政公益诉讼案
关键词 行政公益诉讼 行政监管职责 违法建设
农村垃圾治理……………………………………… 722

最高人民检察院
关于印发最高人民检察院第十七批指导性案例的通知（2020年2月5日）

【检例第64号】杨卫国等人非法吸收公众存款案
关键词 非法吸收公众存款 网络借贷 资金池…………… 727

【检例第65号】王鹏等人利用未公开信息交易案
关键词 利用未公开信息交易 间接证据 证明方法……… 733

目　　录

【检例第66号】博元投资股份有限公司、余蒂妮等人违规披露、
　　　　　　　不披露重要信息案
　　　关键词　违规披露、不披露重要信息　犯罪与刑罚………… 739

最高人民检察院
关于印发最高人民检察院第十八批指导性案例的通知（2020年3月28日）
　　【检例第67号】
　　　　关键词　跨境电信网络诈骗　境外证据审查　电子数据
　　　　　　　　引导取证……………………………………………… 743

　　【检例第68号】叶源星、张剑秋提供侵入计算机信息系统程序、
　　　　　　　　　谭房妹非法获取计算机信息系统数据案
　　　　关键词　专门用于侵入计算机信息系统的程序　非法获取
　　　　　　　　计算机信息系统数据　撞库　打码……………… 749

　　【检例第69号】姚晓杰等11人破坏计算机信息系统案
　　　　关键词　破坏计算机信息系统　网络攻击　引导取证
　　　　　　　　损失认定………………………………………………… 755

最高人民检察院
关于印发第十九批指导性案例的通知（2020年2月28日）
　　【检例第70号】宣告缓刑罪犯蔡某等12人减刑监督案
　　　　关键词　缓刑罪犯减刑　持续跟进监督　地方规范性文件
　　　　　　　　法律效力　最终裁定纠正违法意见……………… 761

　　【检例第71号】罪犯康某假释监督案
　　　　关键词　未成年罪犯　假释适用　帮教………………………… 766

　　【检例第72号】罪犯王某某暂予监外执行监督案
　　　　关键词　暂予监外执行监督　徇私舞弊　不计入执行刑期
　　　　　　　　贿赂　技术性证据的审查…………………………… 770

最高人民法院指导性案例

（第一批～第二十四批）

最高人民法院
关于发布第一批指导性案例的通知

(2011年12月20日　法〔2011〕354号)

各省、自治区、直辖市高级人民法院，解放军军事法院，新疆维吾尔自治区高级人民法院生产建设兵团分院：

　　为了贯彻落实中央关于建立案例指导制度的司法改革举措，最高人民法院于2010年11月26日印发了《关于案例指导工作的规定》（以下简称《规定》）。《规定》的出台，标志着中国特色案例指导制度初步确立。社会各界对此高度关注，并给予大力支持。各高级人民法院根据《规定》要求，积极向最高人民法院推荐报送指导性案例。最高人民法院专门设立案例指导工作办公室，加强并协调有关方面对指导性案例的研究。近日，最高人民法院审判委员会讨论通过，决定将上海中原物业顾问有限公司诉陶德华居间合同纠纷案等4个案例作为第一批指导性案例予以公布。现将有关工作通知如下：

　　一、准确把握案例的指导精神

　　（一）上海中原物业顾问有限公司诉陶德华居间合同纠纷案，旨在解决二手房买卖活动中买方与中介公司因"跳单"引发的纠纷。该案例确认：居间合同中禁止买方利用中介公司提供的房源信息，却撇开该中介公司与卖方签订房屋买卖合同的约定具有约束力，即买方不得"跳单"违约；但是同一房源信息经多个中介公司发布，买方通过上述正当途径获取该房源信息的，有权在多个中介公司中选择报价低、服务好的中介公司促成交易，此行为不属于"跳单"违约。从而既保护中介公司合法权益，促进中介服务市场健康发展，维护市场交易诚信，又促进房屋买卖中介公司之间公平竞争，提高服务质量，保护消费者的合法权益。

　　（二）吴梅诉四川省眉山西城纸业有限公司买卖合同纠纷案，旨在正确处理诉讼外和解协议与判决的效力关系。该案例确认：对于当事人在二审期间达成诉讼外和解协议后撤诉的,当事人应当依约履行。一方当事人不履行或不完全履行和解协议的,另一方当事人可以申请人民法院执行一审生效判决。从而既尊重当事人对争议标的的自由处分权,强调了协议必须信守履行的规则,又维护了人民法院生效裁判的权威。

(三) 潘玉梅、陈宁受贿案旨在解决新形式、新手段受贿罪的认定问题。该案例确认:国家工作人员以"合办"公司的名义或以交易形式收受贿赂的、承诺"为他人谋取利益"未谋取利益而受贿的、以及为掩饰犯罪而退赃的,不影响受贿罪的认定,从而对近年来以新的手段收受贿赂案件的处理提供了明确指导。对于依法惩治受贿犯罪,有效查处新形势下出现的新类型受贿案件,推进反腐败斗争深入开展,具有重要意义。

(四) 王志才故意杀人案旨在明确判处死缓并限制减刑的具体条件。该案例确认:刑法修正案(八)规定的限制减刑制度,可以适用于2011年4月30日之前发生的犯罪行为;对于罪行极其严重,应当判处死刑立即执行,被害方反应强烈,但被告人具有法定或酌定从轻处罚情节,判处死刑缓期执行,同时依法决定限制减刑能够实现罪刑相适应的,可以判处死缓并限制减刑。这有利于切实贯彻宽严相济刑事政策,既依法严惩严重刑事犯罪,又进一步严格限制死刑,最大限度地增加和谐因素,最大限度地减少不和谐因素,促进和谐社会建设。

二、切实发挥好指导性案例作用

各级人民法院对于上述指导性案例,要组织广大法官认真学习研究,深刻领会和正确把握指导性案例的精神实质和指导意义;要增强运用指导性案例的自觉性,以先进的司法理念、公平的裁判尺度、科学的裁判方法,严格参照指导性案例审理好类似案件,进一步提高办案质量和效率,确保案件裁判法律效果和社会效果的有机统一,保障社会和谐稳定;要高度重视案例指导工作,精心编选、积极推荐、及时报送指导性案例,不断提高选报案例质量,推进案例指导工作扎实开展;要充分发挥舆论引导作用,宣传案例指导制度的意义和成效,营造社会各界理解、关心和支持人民法院审判工作的良好氛围。

今后,各高级人民法院可以通过发布参考性案例等形式,对辖区内各级人民法院和专门法院的审判业务工作进行指导,但不得使用"指导性案例"或者"指导案例"的称谓,以避免与指导性案例相混淆。对于实施案例指导工作中遇到的问题和改进案例指导工作的建议,请及时层报最高人民法院。

附：上海中原物业顾问有限公司诉陶德华居间合同纠纷案等四个指导性案例

最高人民法院
二〇一一年十二月二十日

【指导案例1号】

上海中原物业顾问有限公司诉陶德华居间合同纠纷案

（最高人民法院审判委员会通过 2011年12月20日发布）

关键词 民事 居间合同 二手房买卖 违约

裁判要点

房屋买卖居间合同中关于禁止买方利用中介公司提供的房源信息却绕开该中介公司与卖方签订房屋买卖合同的约定合法有效。但是，当卖方将同一房屋通过多个中介公司挂牌出售时，买方通过其他公众可以获知的正当途径获得相同房源信息的，买方有权选择报价低、服务好的中介公司促成房屋买卖合同成立，其行为并没有利用先前与之签约中介公司的房源信息，故不构成违约。

相关法条

《中华人民共和国合同法》第四百二十四条

基本案情

原告上海中原物业顾问有限公司（简称中原公司）诉称：被告陶德华利用中原公司提供的上海市虹口区株洲路某号房屋销售信息，故意跳过中介，私自与卖方直接签订购房合同，违反了《房地产求购确认书》的约定，属于恶意"跳单"行为，请求法院判令陶德华按约支付中原公司违约金1.65万元。

被告陶德华辩称：涉案房屋原产权人李某某委托多家中介公司出售房屋，中原公司并非独家掌握该房源信息，也非独家代理销售。陶德华并没有利用中原公司提供的信息，不存在"跳单"违约行为。

法院经审理查明：2008年下半年，原产权人李某某到多家房屋中介公司挂牌销售涉案房屋。2008年10月22日，上海某房地产经纪有限公司带陶德华看了该房屋；11月23日，上海某房地产顾问有限公司（简称某房地产顾问公司）带陶德华之妻曹某某看了该房屋；11月27日，中原公司带陶德华看了该房屋，并于同日与陶德华签订了《房地产求购确认书》。该《确认书》第2.4条约定，陶德华在验看过该房地产后六个月内，陶德华或其委托人、代理人、代表人、承办人等与陶德华有关联的人，利用中原公司提供的信息、机会等条件但未通过中原公司而与第三方达成买卖交易的，陶德华应按照与出卖方就该房地产买卖达成的实际成交价的1%，向中原公司支付违约金。当时中原公司对该房屋报价165万元，而某房地产顾问公司报价145万元，并积极与卖方协商价格。11月30日，在某房地产顾问公司居间下，陶德华与卖方签订了房屋买卖合同，成交价138万元。后买卖双方办理了过户手续，陶德华向某房地产顾问公司支付佣金1.38万元。

裁判结果

上海市虹口区人民法院于2009年6月23日作出（2009）虹民三（民）初字第912号民事判决：被告陶德华应于判决生效之日起十日内向原告中原公司支付违约金1.38万元。宣判后，陶德华提出上诉。上海市第二中级人民法院于2009年9月4日作出（2009）沪二中民二（民）终字第1508号民事判决：一、撤销上海市虹口区人民法院（2009）虹民三（民）初字第912号民事判决；二、中原公司要求陶德华支付违约金1.65万元的诉讼请求，不予支持。

裁判理由

法院生效裁判认为：中原公司与陶德华签订的《房地产求购确认书》属于居间合同性质，其中第2.4条的约定，属于房屋买卖居间合同中常有的禁止"跳单"格式条款，其本意是为防止买方利用中介公司提供的房源信息却"跳"过中介公司购买房屋，从而使中介公司无法得到应得的佣金，该约定并不存在免除一方责任、加重对方责任、排除对方主要权利的情形，应认定有效。根据该条约定，衡量买方是否"跳单"违约的关键，是看买方是否利用了该中介公司提供的房源信息、机会等条件。如果买方并未利用该中介公司提供的信息、机会等条件，而是通过其他公众可以获知的正当途径获得同一房源信息，则买方有权选择报价低、服务好的中介公司促成房屋买卖合同成立，而不构成

"跳单"违约。本案中，原产权人通过多家中介公司挂牌出售同一房屋，陶德华及其家人分别通过不同的中介公司了解到同一房源信息，并通过其他中介公司促成了房屋买卖合同成立。因此，陶德华并没有利用中原公司的信息、机会，故不构成违约，对中原公司的诉讼请求不予支持。

【指导案例 2 号】

吴梅诉四川省眉山西城纸业有限公司买卖合同纠纷案

（最高人民法院审判委员会讨论通过　2011 年 12 月 20 日发布）

关键词　民事诉讼　执行和解　撤回上诉　不履行和解协议　申请执行　一审判决

裁判要点

民事案件二审期间，双方当事人达成和解协议，人民法院准许撤回上诉的，该和解协议未经人民法院依法制作调解书，属于诉讼外达成的协议。一方当事人不履行和解协议，另一方当事人申请执行一审判决的，人民法院应予支持。

相关法条

《中华人民共和国民事诉讼法》第二百零七条第二款

基本案情

原告吴梅系四川省眉山市东坡区吴梅收旧站业主，从事废品收购业务。约自 2004 年开始，吴梅出售废书给被告四川省眉山西城纸业有限公司（简称西城纸业公司）。2009 年 4 月 14 日双方通过结算，西城纸业公司向吴梅出具欠条载明：今欠到吴梅废书款壹佰玖拾柒万元整（￥1970000.00）。同年 6 月 11 日，双方又对后期货款进行了结算，西城纸业公司向吴梅出具欠条载明：今欠到吴梅废书款伍拾肆万捌仟元整（￥548000.00）。因经多次催收上述货款无果，吴梅向眉山市东坡区人民法院起诉，请求法院判令西城纸业公司支付货款 251.8 万元及利息。被告西城纸业公司对欠吴梅货款 251.8 万元没有异议。

一审法院经审理后判决：被告西城纸业公司在判决生效之日起十

内给付原告吴梅货款251.8万元及违约利息。宣判后，西城纸业公司向眉山市中级人民法院提起上诉。二审审理期间，西城纸业公司于2009年10月15日与吴梅签订了一份还款协议，商定西城纸业公司的还款计划，吴梅则放弃了支付利息的请求。同年10月20日，西城纸业公司以自愿与对方达成和解协议为由申请撤回上诉。眉山市中级人民法院裁定准予撤诉后，因西城纸业公司未完全履行和解协议，吴梅向一审法院申请执行一审判决。眉山市东坡区人民法院对吴梅申请执行一审判决予以支持。西城纸业公司向眉山市中级人民法院申请执行监督，主张不予执行原一审判决。

裁判结果

眉山市中级人民法院于2010年7月7日作出（2010）眉执督字第4号复函认为：根据吴梅的申请，一审法院受理执行已生效法律文书并无不当，应当继续执行。

裁判理由

法院认为：西城纸业公司对于撤诉的法律后果应当明知，即一旦法院裁定准予其撤回上诉，眉山市东坡区人民法院的一审判决即为生效判决，具有强制执行的效力。虽然二审期间双方在自愿基础上达成的和解协议对相关权利义务做出约定，西城纸业公司因该协议的签订而放弃行使上诉权，吴梅则放弃了利息，但是该和解协议属于双方当事人诉讼外达成的协议，未经人民法院依法确认制作调解书，不具有强制执行力。西城纸业公司未按和解协议履行还款义务，违背了双方约定和诚实信用原则，故对其以双方达成和解协议为由，主张不予执行原生效判决的请求不予支持。

【指导案例3号】

潘玉梅、陈宁受贿案

（最高人民法院审判委员会讨论通过　2011年12月20日发布）

关键词　刑事　受贿罪　"合办"公司受贿　低价购房受贿　承诺谋利　受贿数额计算　掩饰受贿退赃

裁判要点

1. 国家工作人员利用职务上的便利为请托人谋取利益,并与请托人以"合办"公司的名义获取"利润",没有实际出资和参与经营管理的,以受贿论处。

2. 国家工作人员明知他人有请托事项而收受其财物,视为承诺"为他人谋取利益",是否已实际为他人谋取利益或谋取到利益,不影响受贿的认定。

3. 国家工作人员利用职务上的便利为请托人谋取利益,以明显低于市场的价格向请托人购买房屋等物品的,以受贿论处,受贿数额按照交易时当地市场价格与实际支付价格的差额计算。

4. 国家工作人员收受财物后,因与其受贿有关联的人、事被查处,为掩饰犯罪而退还的,不影响认定受贿罪。

相关法条

《中华人民共和国刑法》第三百八十五条第一款

基本案情

2003年8、9月间,被告人潘玉梅、陈宁分别利用担任江苏省南京市栖霞区迈皋桥街道工委书记、迈皋桥办事处主任的职务便利,为南京某房地产开发有限公司总经理陈某在迈皋桥创业园区低价获取100亩土地等提供帮助,并于9月3日分别以其亲属名义与陈某共同注册成立南京多贺工贸有限责任公司(简称多贺公司),以"开发"上述土地。潘玉梅、陈宁既未实际出资,也未参与该公司经营管理。2004年6月,陈某以多贺公司的名义将该公司及其土地转让给南京某体育用品有限公司,潘玉梅、陈宁以参与利润分配名义,分别收受陈某给予的480万元。2007年3月,陈宁因潘玉梅被调查,在美国出差期间安排其驾驶员退给陈某80万元。案发后,潘玉梅、陈宁所得赃款及赃款收益均被依法追缴。

2004年2月至10月,被告人潘玉梅、陈宁分别利用担任迈皋桥街道工委书记、迈皋桥办事处主任的职务之便,为南京某置业发展有限公司在迈皋桥创业园购买土地提供帮助,并先后4次各收受该公司总经理吴某某给予的50万元。

2004年上半年,被告人潘玉梅利用担任迈皋桥街道工委书记的职务便利,为南京某发展有限公司受让金桥大厦项目减免100万元费用提供帮助,并在购买对方开发的一处房产时接受该公司总经理许某某为其支付的房屋差价款和相关税费 61 万余元（房价含税费 121.0817 万元，潘支付 60 万元）。2006 年 4 月，潘玉梅因检察机关从许某某的公司账上已掌握其购房仅支付部分款项的情况而补还给许某某 55 万元。

此外，2000 年春节前至 2006 年 12 月，被告人潘玉梅利用职务便利，先后收受迈皋桥办事处一党支部书记兼南京某商贸有限责任公司总经理高某某人民币 201 万元和美元 49 万元、浙江某房地产集团南京置业有限公司范某某美元 1 万元。2002 年至 2005 年间，被告人陈宁利用职务便利，先后收受迈皋桥办事处一党支部书记高某某 21 万元、迈皋桥办事处副主任刘某 8 万元。

综上，被告人潘玉梅收受贿赂人民币 792 万余元、美元 50 万元（折合人民币 398.1234 万元），共计收受贿赂 1190.2 万余元；被告人陈宁收受贿赂 559 万元。

裁判结果

江苏省南京市中级人民法院于 2009 年 2 月 25 日以（2008）宁刑初字第 49 号刑事判决，认定被告人潘玉梅犯受贿罪，判处死刑，缓期二年执行，剥夺政治权利终身，并处没收个人全部财产；被告人陈宁犯受贿罪，判处无期徒刑，剥夺政治权利终身，并处没收个人全部财产。宣判后，潘玉梅、陈宁提出上诉。江苏省高级人民法院于 2009 年 11 月 30 日以同样的事实和理由作出（2009）苏刑二终字第 0028 号刑事裁定，驳回上诉，维持原判，并核准一审以受贿罪判处被告人潘玉梅死刑，缓期二年执行，剥夺政治权利终身，并处没收个人全部财产的刑事判决。

裁判理由

法院生效裁判认为：关于被告人潘玉梅、陈宁及其辩护人提出二被告人与陈某共同开办多贺公司开发土地获取"利润"480 万元不应认定为受贿的辩护意见。经查，潘玉梅时任迈皋桥街道工委书记，陈宁时任迈皋桥街道办事处主任，对迈皋桥创业园区的招商工作、土地转让负有领导或协调职责，二人分别利用各自职务便利，为陈某低价取得创业园区的土地等提供了帮助，属于利用职务上的便利为他人谋取利益；在此期间，潘玉梅、陈宁与陈某商议合作成立多贺公司用于开发上述土地，公司注册资金全部来源于陈某，潘玉梅、陈宁既未实际出资，也未参与公司的经营管理。因此，潘玉梅、陈宁利用职务便利为陈某谋取利益，以与陈某合办公司开发该土地的名义而分别获取的 480 万元，并非所谓的公司利润，而是利用职务便利使陈某低价获取土地并转卖后获利的一部分，体现了受贿罪权钱交易的本质，属于以合办公司为名的变相受贿，应以受贿论处。

关于被告人潘玉梅及其辩护人提出潘玉梅没有为许某某实际谋取利益的辩护意见。经查，请托人许某某向潘玉梅行贿时，要求在受让金桥大厦项目中减免100万元的费用，潘玉梅明知许某某有请托事项而收受贿赂；虽然该请托事项没有实现，但"为他人谋取利益"包括承诺、实施和实现不同阶段的行为，只要具有其中一项，就属于为他人谋取利益。承诺"为他人谋取利益"，可以从为他人谋取利益的明示或默示的意思表示予以认定。潘玉梅明知他人有请托事项而收受其财物，应视为承诺为他人谋取利益，至于是否已实际为他人谋取利益或谋取到利益，只是受贿的情节问题，不影响受贿的认定。

关于被告人潘玉梅及其辩护人提出潘玉梅购买许某某的房产不应认定为受贿的辩护意见。经查，潘玉梅购买的房产，市场价格含税费共计应为121万余元，潘玉梅仅支付60万元，明显低于该房产交易时当地市场价格。潘玉梅利用职务之便为请托人谋取利益，以明显低于市场的价格向请托人购买房产的行为，是以形式上支付一定数额的价款来掩盖其受贿权钱交易本质的一种手段，应以受贿论处，受贿数额按照涉案房产交易时当地市场价格与实际支付价格的差额计算。

关于被告人潘玉梅及其辩护人提出潘玉梅购买许某某开发的房产，在案发前已将房产差价款给付了许某某，不应认定为受贿的辩护意见。经查，2006年4月，潘玉梅在案发前将购买许某某开发房产的差价款中的55万元补给许某某，相距2004年上半年其低价购房有近两年时间，没有及时补还巨额差价；潘玉梅的补还行为，是由于许某某因其他案件被检察机关找去谈话，检察机关从许某某的公司账上已掌握潘玉梅购房仅支付部分款项的情况后，出于掩盖罪行目的而采取的退赃行为。因此，潘玉梅为掩饰犯罪而补还房屋差价款，不影响对其受贿罪的认定。

综上所述，被告人潘玉梅、陈宁及其辩护人提出的上述辩护意见不能成立，不予采纳。潘玉梅、陈宁作为国家工作人员，分别利用各自的职务便利，为他人谋取利益，收受他人财物的行为均已构成受贿罪，且受贿数额特别巨大，但同时鉴于二被告人均具有归案后如实供述犯罪、认罪态度好、主动交代、司法机关尚未掌握的同种余罪，案发前退出部分赃款，案发后配合追缴涉案全部赃款等从轻处罚情节，故一、二审法院依法作出如上裁判。

【指导案例4号】

王志才故意杀人案

(最高人民法院审判委员会讨论通过 2011年12月20日发布)

关键词 刑事 故意杀人罪 婚恋纠纷引发 坦白悔罪 死刑缓期执行 限制减刑

裁判要点

因恋爱、婚姻矛盾激化引发的故意杀人案件,被告人犯罪手段残忍,论罪应当判处死刑,但被告人具有坦白悔罪、积极赔偿等从轻处罚情节,同时被害人亲属要求严惩的,人民法院根据案件性质、犯罪情节、危害后果和被告人的主观恶性及人身危险性,可以依法判处被告人死刑,缓期二年执行,同时决定限制减刑,以有效化解社会矛盾,促进社会和谐。

相关法条

《中华人民共和国刑法》第五十条第二款

基本案情

被告人王志才与被害人赵某某(女,殁年26岁)在山东省潍坊市科技职业学院同学期间建立恋爱关系。2005年,王志才毕业后参加工作,赵某某考入山东省曲阜师范大学继续专升本学习。2007年赵某某毕业参加工作后,王志才与赵某某商议结婚事宜,因赵某某家人不同意,赵某某多次提出分手,但在王志才的坚持下二人继续保持联系。2008年10月9日中午,王志才在赵某某的集体宿舍再次谈及婚恋问题,因赵某某明确表示二人不可能在一起,王志才感到绝望,愤而产生杀死赵某某然后自杀的念头,即持赵某某宿舍内的一把单刃尖刀,朝赵的颈部、胸腹部、背部连续捅刺,致其失血性休克死亡。次日8时30分许,王志才服农药自杀未遂,被公安机关抓获归案。王志才平时表现较好,归案后如实供述自己罪行,并与其亲属积极赔偿,但未与被害人亲属达成赔偿协议。

裁判结果

山东省潍坊市中级人民法院于2009年10月14日以(2009)潍刑

一初字第 35 号刑事判决,认定被告人王志才犯故意杀人罪,判处死刑,剥夺政治权利终身。宣判后,王志才提出上诉。山东省高级人民法院于 2010 年 6 月 18 日以(2010)鲁刑四终字第 2 号刑事裁定,驳回上诉,维持原判,并依法报请最高人民法院核准。最高人民法院根据复核确认的事实,以(2010)刑三复 22651920 号刑事裁定,不核准被告人王志才死刑,发回山东省高级人民法院重新审判。山东省高级人民法院经依法重新审理,于 2011 年 5 月 3 日作出(2010)鲁刑四终字第 2-1 号刑事判决,以故意杀人罪改判被告人王志才死刑,缓期二年执行,剥夺政治权利终身,同时决定对其限制减刑。

裁判理由

山东省高级人民法院经重新审理认为:被告人王志才的行为已构成故意杀人罪,罪行极其严重,论罪应当判处死刑。鉴于本案系因婚恋纠纷引发,王志才求婚不成,恼怒并起意杀人,归案后坦白悔罪,积极赔偿被害方经济损失,且平时表现较好,故对其判处死刑,可不立即执行。同时考虑到王志才故意杀人手段特别残忍,被害人亲属不予谅解,要求依法从严惩处,为有效化解社会矛盾,依照《中华人民共和国刑法》第五十条第二款等规定,判处被告人王志才死刑,缓期二年执行,同时决定对其限制减刑。

最高人民法院
关于发布第二批指导性案例的通知

（2012年4月9日 法〔2012〕172号）

各省、自治区、直辖市高级人民法院，解放军军事法院，新疆维吾尔自治区高级人民法院生产建设兵团分院：

经最高人民法院审判委员会讨论决定，现将鲁潍（福建）盐业进出口有限公司苏州分公司诉江苏省苏州市盐务管理局盐业行政处罚案等四个案例（指导案例5－8号），作为第二批指导性案例发布，供在审判类似案件时参照。

最高人民法院
2012年4月9日

【指导案例5号】

鲁潍（福建）盐业进出口有限公司苏州分公司诉江苏省苏州市盐务管理局盐业行政处罚案

（最高人民法院审判委员会讨论通过 2013年4月9日发布）

关键词 行政 行政许可 行政处罚 规章参照 盐业管理

裁判要点

1. 盐业管理的法律、行政法规没有设定工业盐准运证的行政许可，地方性法规或者地方政府规章不能设定工业盐准运证这一新的行政许可。

2. 盐业管理的法律、行政法规对盐业公司之外的其他企业经营盐的批发业务没有设定行政处罚，地方政府规章不能对该行为设定行政处罚。

3. 地方政府规章违反法律规定设定许可、处罚的，人民法院在行政审判中不予适用。

相关法条

《中华人民共和国行政许可法》第十五条第一款、第十六条第二款、第三款

《中华人民共和国行政处罚法》第十三条

《中华人民共和国行政诉讼法》第五十三条第一款

《中华人民共和国立法法》第七十九条

基本案情

原告鲁潍（福建）盐业进出口有限公司苏州分公司（简称鲁潍公司）诉称：被告江苏省苏州市盐务管理局（简称苏州盐务局）根据《江苏省〈盐业管理条例〉实施办法》（简称《江苏盐业实施办法》）的规定，认定鲁潍公司未经批准购买、运输工业盐违法，并对鲁潍公司作出行政处罚，其具体行政行为执法主体错误、适用法律错误。苏州盐务局无权管理工业盐，也无相应执法权。根据原国家计委、原国家经贸委《关于改进工业盐供销和价格管理办法的通知》等规定，国家取消了工业盐准运证和准运章制度，工业盐也不属于国家限制买卖的物品。《江苏盐业实施办法》的相关规定与上述规定精神不符，不仅违反了国务院《关于禁止在市场经济活动中实行地区封锁的规定》，而且违反了《中华人民共和国行政许可法》（简称《行政许可法》）和《中华人民共和国行政处罚法》（简称《行政处罚法》）的规定，属于违反上位法设定行政许可和处罚，故请求法院判决撤销苏州盐务局作出的（苏）盐政一般［2009］第001－B号处罚决定。

被告苏州盐务局辩称：根据国务院《盐业管理条例》第四条和《江苏盐业实施办法》第四条的规定，苏州盐务局有作出盐务行政处罚的相应职权。《江苏盐业实施办法》是根据《盐业管理条例》的授权制定的，属于法规授权制定，整体合法有效。苏州盐务局根据《江苏盐业实施办法》设立准运证制度的规定作出行政处罚并无不当。《行政许可法》、《行政处罚法》均在《江苏盐业实施办法》之后实施，根据《中华人民共和国立法法》（简称《立法法》）法不溯及既往的规定，

《江苏盐业实施办法》仍然应当适用。鲁潍公司未经省盐业公司或盐业行政主管部门批准而购买工业盐的行为，违反了《盐业管理条例》的相关规定，苏州盐务局作出的处罚决定，认定事实清楚，证据确凿，适用法规、规范性文件正确，程序合法，请求法院驳回鲁潍公司的诉讼请求。

法院经审理查明：2007年11月12日，鲁潍公司从江西等地购进360吨工业盐。苏州盐务局认为鲁潍公司进行工业盐购销和运输时，应当按照《江苏盐业实施办法》的规定办理工业盐准运证，鲁潍公司未办理工业盐准运证即从省外购进工业盐涉嫌违法。2009年2月26日，苏州盐务局经听证、集体讨论后认为，鲁潍公司未经江苏省盐业公司调拨或盐业行政主管部门批准从省外购进盐产品的行为，违反了《盐业管理条例》第二十条、《江苏盐业实施办法》第二十三条、第三十二条第（二）项的规定，并根据《江苏盐业实施办法》第四十二条的规定，对鲁潍公司作出了（苏）盐政一般〔2009〕第001-B号处罚决定书，决定没收鲁潍公司违法购进的精制工业盐121.7吨、粉盐93.1吨，并处罚款122363元。鲁潍公司不服该决定，于2月27日向苏州市人民政府申请行政复议。苏州市人民政府于4月24日作出了〔2009〕苏行复第8号复议决定书，维持了苏州盐务局作出的处罚决定。

裁判结果

江苏省苏州市金阊区人民法院于2011年4月29日以（2009）金行初字第0027号行政判决书，判决撤销苏州盐务局（苏）盐政一般〔2009〕第001-B号处罚决定书。

裁判理由

法院生效裁判认为：苏州盐务局系苏州市人民政府盐业行政主管部门，根据《盐业管理条例》第四条和《江苏盐业实施办法》第四条、第六条的规定，有权对苏州市范围内包括工业盐在内的盐业经营活动进行行政管理，具有合法执法主体资格。

苏州盐务局对盐业违法案件进行查处时，应适用合法有效的法律规范。《立法法》第七十九条规定，法律的效力高于行政法规、地方性法规、规章；行政法规的效力高于地方性法规、规章。苏州盐务局的具体行政行为涉及行政许可、行政处罚，应依照《行政许可法》、《行政处罚法》的规定实施。法不溯及既往是指法律的规定仅适用于法律生效以后的事件和行为，对于法律生效以前的事件和行为不适用。《行政许可法》第八十三条第二款规定,本法施行前有关行政许可的规定,制定机关应当依照本法规定予以清理;不符合本法规定的,自本法施行之日起停止执行。《行政处罚法》第六十四条第二款规定,本法公布前制定的法规和规章关于行政处罚的规定与本法不符合的,应当自本法公布之日起,依照本法规定予以修订,在 1997 年 12 月 31 日前修订完毕。因此,苏州盐务局有关法不溯及既往的抗辩理由不成立。根据《行政许可法》第十五条第一款、第十六条第三款的规定,在已经制定法律、行政法规的情况下,地方政府规章只能在法律、行政法规设定的行政许可事项范围内对实施该行政许可作出具体规定,不能设定新的行政许可。法律及《盐业管理条例》没有设定工业盐准运证这一行政许可,地方政府规章不能设定工业盐准运证制度。根据《行政处罚法》第十三条的规定,在已经制定行政法规的情况下,地方政府规章只能在行政法规规定的给予行政处罚的行为、种类和幅度内作出具体规定,《盐业管理条例》对盐业公司之外的其他企业经营盐的批发业务没有设定行政处罚,地方政府规章不能对该行为设定行政处罚。

人民法院审理行政案件,依据法律、行政法规、地方性法规,参照规章。苏州盐务局在依职权对鲁潍公司作出行政处罚时,虽然适用了《江苏盐业实施办法》,但是未遵循《立法法》第七十九条关于法律效力等级的规定,未依照《行政许可法》和《行政处罚法》的相关规定,属于适用法律错误,依法应予撤销。

【指导案例 6 号】

黄泽富、何伯琼、何熠诉四川省成都市金堂工商行政管理局行政处罚案

(最高人民法院审判委员会讨论通过　2012 年 4 月 9 日发布)

关键词　行政诉讼　行政处罚　没收较大数额财产　听证程序

裁判要点

行政机关做出没收较大数额涉案财产的行政处罚决定时,未告知当

事人有要求举行听证的权利或者未依法举行听证的，人民法院应当依法认定该行政处罚违反法定程序。

相关法条

《中华人民共和国行政处罚法》第四十二条

基本案情

原告黄泽富、何伯琼、何熠诉称：被告四川省成都市金堂工商行政管理局（简称金堂工商局）行政处罚行为违法，请求人民法院依法撤销成工商金堂处字（2005）第02026号《行政处罚决定书》，返还电脑主机33台。

被告金堂工商局辩称：原告违法经营行为应当受到行政处罚，对其进行行政处罚的事实清楚、证据确实充分、程序合法、处罚适当；所扣留的电脑主机是32台而非33台。

法院经审理查明：2003年12月20日，四川省金堂县图书馆与原告何伯琼之夫黄泽富联办多媒体电子阅览室。经双方协商，由黄泽富出资金和场地，每年向金堂县图书馆缴管理费2400元。2004年4月2日，黄泽富以其子何熠的名义开通了ADSL84992722（期限到2005年6月30日），在金堂县赵镇桔园路一门面房挂牌开业。4月中旬，金堂县文体广电局市场科以整顿网吧为由要求其停办。经金堂县图书馆与黄泽富协商，金堂县图书馆于5月中旬退还黄泽富2400元管理费，摘除了"金堂县图书馆多媒体电子阅览室"的牌子。 2005年6月2日，金堂工商局会同金堂县文体广电局、金堂县公安局对原告金堂县赵镇桔园路门面房进行检查时发现，金堂实验中学初一学生叶某、杨某、郑某和数名成年人在上网游戏。原告未能出示《网络文化经营许可证》和营业执照。金堂工商局按照《互联网上网服务营业场所管理条例》第二十七条"擅自设立互联网上网服务营业场所，或者擅自从事互联网上网服务经营活动的，由工商行政管理部门或者由工商行政管理部门会同公安机关依法予以取缔，查封其从事违法经营活动的场所，扣押从事违法经营活动的专用工具、设备"的规定，以成工商金堂扣字（2005）第02747号《扣留财物通知书》决定扣留原告的32台电脑主机。何伯琼对该扣押行为及扣押电脑主机数量有异议遂诉至法院，认为实际扣押了其33台电脑主机，并请求撤销该《扣留财物通知书》。2005年10月8日金堂县人民法院作出（2005）金堂行初字第13号《行政判决书》，维持了成工商金堂扣字（2005）第02747号《扣留财物通知书》，但同时确认金堂工商局扣押了何伯琼33台电脑主机。同年10月12日，金堂工商局以原告的行为违反了《互联网上网服务营业场所管理条例》第七条、第二十七条的规定作出了成工商金堂处字（2005）第02026号《行政处罚决定书》，决定"没收在何伯琼商业楼扣留的从事违法经营活动的电脑主机32台"。

裁判结果

四川省金堂县人民法院于2006年5月25日作出（2006）金堂行初字第3号行政判决：一、撤销成工商金堂处字（2005）第02026号《行政处罚决定书》；二、金堂工商局在判决生效之日起30日内重新作出具体行政行为；三、金堂工商局在本判决生效之日起15日内履行超期扣留原告黄泽富、何伯琼、何熠的电脑主机33台所应履行的法定职责。宣判后，金堂工商局向四川省成都市中级人民法院提起上诉。成都市中级人民法院于2006年9月28日以同样的事实作出（2006）成行终字第228号行政判决，撤销一审行政判决第三项，对其他判项予以维持。

裁判理由

法院生效裁判认为：《中华人民共和国行政处罚法》第四十二条规定："行政机关作出责令停产停业、吊销许可证或者执照、较大数额罚款等行政处罚决定之前，应当告知当事人有要求举行听证的权利。"虽然该条规定没有明确列举"没收财产"，但是该条中的"等"系不完全列举，应当包括与明文列举的"责令停产停业、吊销许可证或者执照、较大数额罚款"类似的其他对相对人权益产生较大影响的行政处罚。为了保证行政相对人充分行使陈述权和申辩权，保障行政处罚决定的合法性和合理性，对没收较大数额财产的行政处罚，也应当根据行政处罚法第四十二条的规定适用听证程序。关于没收较大数额的财产标准，应比照《四川省行政处罚听证程序暂行规定》第三条"本规定所称较大数额的罚款，是指对非经营活动中的违法行为处以1000元以上，对经营活动中的违法行为处以20000元以上罚款"中对罚款数额的规定。因此，金堂工商局没收黄泽富等三人32台电脑主机的行政处罚决定，应属没收较大数额的财产，对黄泽富等三人的利益产生重大影响的行为，金堂工商局在作出行政处罚前应当告知被处罚人有要求听证的权利。本案中，金堂工商局在作出处罚决定前只按照行政处罚一般程序告知黄泽富等三人有陈述、申辩的权利，而没有告知听证权利，违反了法定程序，依法应予撤销。

【指导案例 7 号】

牡丹江市宏阁建筑安装有限责任公司诉牡丹江市华隆房地产开发有限责任公司、张继增建设工程施工合同纠纷案

（最高人民法院审判委员会讨论通过　2012 年 4 月 9 日发布）

关键词　民事诉讼　抗诉　申请撤诉　终结审查

裁判要点

人民法院接到民事抗诉书后，经审查发现案件纠纷已经解决，当事人申请撤诉，且不损害国家利益、社会公共利益或第三人利益的，应当依法作出对抗诉案终结审查的裁定；如果已裁定再审，应当依法作出终结再审诉讼的裁定。

相关法条

《中华人民共和国民事诉讼法》第一百四十条第一款第（十一）项

基本案情

2009 年 6 月 15 日，黑龙江省牡丹江市华隆房地产开发有限责任公司（简称华隆公司）因与牡丹江市宏阁建筑安装有限责任公司（简称宏阁公司）、张继增建设工程施工合同纠纷一案，不服黑龙江省高级人民法院同年 2 月 11 日作出的（2008）黑民一终字第 173 号民事判决，向最高人民法院申请再审。最高人民法院于同年 12 月 8 日作出（2009）民申字第 1164 号民事裁定，按照审判监督程序提审本案。在最高人民法院民事审判第一庭提审期间，华隆公司鉴于当事人之间已达成和解且已履行完毕，提交了撤回再审申请书。最高人民法院经审查，于 2010 年 12 月 15 日以（2010）民提字第 63 号民事裁定准许其撤回再审申请。

申诉人华隆公司在向法院申请再审的同时，也向检察院申请抗诉。2010 年 11 月 12 日，最高人民检察院受理后决定对本案按照审判监督程序提出抗诉。2011 年 3 月 9 日，最高人民法院立案一庭收到最高人民检察院高检民抗〔2010〕58 号民事抗诉书后进行立案登记，同月 11 日移送审判监督庭审理。最高人民法院审判监督庭经审查发现，华隆公司曾向本院申请再审，其纠纷

已解决,且申请检察院抗诉的理由与申请再审的理由基本相同,遂与最高人民检察院沟通并建议其撤回抗诉,最高人民检察院不同意撤回抗诉。再与华隆公司联系,华隆公司称当事人之间已就抗诉案达成和解且已履行完毕,纠纷已经解决,并于同年4月13日再次向最高人民法院提交了撤诉申请书。

裁判结果

最高人民法院于2011年7月6日以(2011)民抗字第29号民事裁定书,裁定本案终结审查。

裁判理由

最高人民法院认为:对于人民检察院抗诉再审的案件,或者人民法院依据当事人申请或依据职权裁定再审的案件,如果再审期间当事人达成和解并履行完毕,或者撤回申诉,且不损害国家利益、社会公共利益的,为了尊重和保障当事人在法定范围内对本人合法权利的自由处分权,实现诉讼法律效果与社会效果的统一,促进社会和谐,人民法院应当根据《最高人民法院关于适用〈中华人民共和国民事诉讼法〉审判监督程序若干问题的解释》第三十四条的规定,裁定终结再审诉讼。

本案中,申诉人华隆公司不服原审法院民事判决,在向最高人民法院申请再审的同时,也向检察机关申请抗诉。在本院提审期间,当事人达成和解,华隆公司向本院申请撤诉。由于当事人有权在法律规定的范围内自由处分自己的民事权益和诉讼权利,其撤诉申请意思表示真实,已裁定准许其撤回再审申请,本案当事人之间的纠纷已得到解决,且本案并不涉及国家利益、社会公共利益或第三人利益,故检察机关抗诉的基础已不存在,本案已无按抗诉程序裁定进入再审的必要,应当依法裁定本案终结审查。

【指导案例8号】

林方清诉常熟市凯莱实业有限公司、戴小明公司解散纠纷案

(最高人民法院审判委员会讨论通过 2012年4月9日发布)

关键词 民事 公司解散 经营管理严重困难 公司僵局

裁判要点

公司法第一百八十三条将"公司经营管理发生严重困难"作为股东提起解散公司之诉的条件之一。判断"公司经营管理是否发生严重困难",应从公司组织机构的运行状态进行综合分析。公司虽处于盈利状态,但其股东会机制长期失灵,内部管理有严重障碍,已陷入僵局状态,可以认定为公司经营管理发生严重困难。对于符合公司法及相关司法解释规定的其他条件的,人民法院可以依法判决公司解散。

相关法条

《中华人民共和国公司法》第一百八十三条

基本案情

原告林方清诉称:常熟市凯莱实业有限公司(简称凯莱公司)经营管理发生严重困难,陷入公司僵局且无法通过其他方法解决,其权益遭受重大损害,请求解散凯莱公司。

被告凯莱公司及戴小明辩称:凯莱公司及其下属分公司运营状态良好,不符合公司解散的条件,戴小明与林方清的矛盾有其他解决途径,不应通过司法程序强制解散公司。

法院经审理查明:凯莱公司成立于2002年1月,林方清与戴小明系该公司股东,各占50%的股份,戴小明任公司法定代表人及执行董事,林方清任公司总经理兼公司监事。凯莱公司章程明确规定:股东会的决议须经代表二分之一以上表决权的股东通过,但对公司增加或减少注册资本、合并、解散、变更公司形式、修改公司章程作出决议时,必须经代表三分之二以上表决权的股东通过。股东会会议由股东按照出资比例行使表决权。2006年起,林方清与戴小明两人之间的矛盾逐渐显现。同年5月9日,林方清提议并通知召开股东会,由于戴小明认为林方清没有召集会议的权利,会议未能召开。同年6月6日、8月8日、9月16日、10月10日、10月17日,林方清委托律师向凯莱公司和戴小明发函称,因股东权益受到严重侵害,林方清作为享有公司股东会二分之一表决权的股东,已按公司章程规定的程序表决并通过了解散凯莱公司的决议,要求戴小明提供凯莱公司的财务账册等资料,并对凯莱公司进行清算。同年6月17日、9月7日、10月13日,戴小明回函称,林方清作出的股东会决议没有合法依据,戴小明不同意解散公司,并要求林方清交出公司财务资料。同年11月15日、25日,林方清再次向凯莱公司和戴小明发函,要求凯莱公司和戴小明提供公司财务账册等供其查阅、分配公司收入、解散公司。

江苏常熟服装城管理委员会（简称服装城管委会）证明凯莱公司目前经营尚正常，且愿意组织林方清和戴小明进行调解。

另查明，凯莱公司章程载明监事行使下列权利：（1）检查公司财务；（2）对执行董事、经理执行公司职务时违反法律、法规或者公司章程的行为进行监督；（3）当董事和经理的行为损害公司的利益时，要求董事和经理予以纠正；（4）提议召开临时股东会。从2006年6月1日至今，凯莱公司未召开过股东会。服装城管委会调解委员会于2009年12月15日、16日两次组织双方进行调解，但均未成功。

裁判结果

江苏省苏州市中级人民法院于2009年12月8日以（2006）苏中民二初字第0277号民事判决，驳回林方清的诉讼请求。宣判后，林方清提起上诉。江苏省高级人民法院于2010年10月19日以（2010）苏商终字第0043号民事判决，撤销一审判决，依法改判解散凯莱公司。

裁判理由

法院生效裁判认为：首先，凯莱公司的经营管理已发生严重困难。根据公司法第一百八十三条和《最高人民法院关于适用〈中华人民共和国公司法〉若干问题的规定（二）》（简称《公司法解释（二）》）第一条的规定，判断公司的经营管理是否出现严重困难，应当从公司的股东会、董事会或执行董事及监事会或监事的运行现状进行综合分析。"公司经营管理发生严重困难"的侧重点在于公司管理方面存有严重内部障碍，如股东会机制失灵、无法就公司的经营管理进行决策等，不应片面理解为公司资金缺乏、严重亏损等经营性困难。本案中，凯莱公司仅有戴小明与林方清两名股东，两人各占50%的股份，凯莱公司章程规定"股东会的决议须经代表二分之一以上表决权的股东通过"，且各方当事人一致认可该"二分之一以上"不包括本数。因此，只要两名股东的意见存有分歧、互不配合，就无法形成有效表决，显然影响公司的运营。凯莱公司已持续4年未召开股东会，无法形成有效股东会决议，也就无法通过股东会决议的方式管理公司，股东会机制已经失灵。执行董事戴小明作为互有矛盾的两名股东之一，其管理公司的行为，已无法贯彻股东会的决议。林方清作为公司监事不能正常行使监事职权，无法发挥监督作用。由于凯莱公司的内部机制已无法正常运行、无法对公司的经营作出决策，即使尚未处于亏损状况，也不能改变该公司的经营管理已发生严重困难的事实。

其次，由于凯莱公司的内部运营机制早已失灵，林方清的股东权、监事权长期处于无法行使的状态，其投资凯莱公司的目的无法实现，利益受到重大损失，且凯莱公司的僵局通过其他途径长期无法解决。《公司法解释（二）》第五条明确规定了"当事人不能协商一致使公司存续的，人民法院应当及时判决"。本案中，林方清在提起公司解散诉讼之前，已通过其他途径试图化解与戴小明之间的矛盾，服装城管委会也曾组织双方当事人调解，但双方仍不能达成一致意见。两审法院也基于慎用司法手段强制解散公司的考虑，积极进行调解，但均未成功。

此外，林方清持有凯莱公司50%的股份，也符合公司法关于提起公司解散诉讼的股东须持有公司10%以上股份的条件。

综上所述，凯莱公司已符合公司法及《公司法解释（二）》所规定的股东提起解散公司之诉的条件。二审法院从充分保护股东合法权益，合理规范公司治理结构，促进市场经济健康有序发展的角度出发，依法作出了上述判决。

最高人民法院
关于发布第三批指导性案例的通知

（2012年9月18日 法〔2012〕227号）

各省、自治区、直辖市高级人民法院，解放军军事法院，新疆维吾尔自治区高级人民法院生产建设兵团分院：

经最高人民法院审判委员会讨论决定，现将上海存亮贸易有限公司诉蒋志东、王卫明等买卖合同纠纷案等四个案例（指导案例9-12号），作为第三批指导性案例发布，供在审判类似案件时参照。

最高人民法院
2012年9月18日

【指导案例9号】

上海存亮贸易有限公司诉蒋志东、王卫明等买卖合同纠纷案

（最高人民法院审判委员会讨论通过 2012年9月18日发布）

关键词 民事 公司清算义务 连带清偿责任

裁判要点

有限责任公司的股东、股份有限公司的董事和控股股东，应当依法在公司被吊销营业执照后履行清算义务，不能以其不是实际控制人或者未实际参加公司经营管理为由，免除清算义务。

相关法条

《中华人民共和国公司法》第二十条、第一百八十四条

基本案情

原告上海存亮贸易有限公司（简称存亮公司）诉称：其向被告常州拓恒机械设备有限公司（简称拓恒公司）供应钢材，拓恒公司尚欠货款1395228.6元。被告房恒福、蒋志东和王卫明为拓恒公司的股东，拓恒公司未年检，被工商部门吊销营业执照，至今未组织清算。因其怠于履行清算义务，导致公司财产流失、灭失，存亮公司的债权得不到清偿。根据公司法及相关司法解释规定，房恒福、蒋志东和王卫明应对拓恒公司的债务承担连带责任。故请求判令拓恒公司偿还存亮公司货款1395228.6元及违约金，房恒福、蒋志东和王卫明对拓恒公司的债务承担连带清偿责任。

被告蒋志东、王卫明辩称：1. 两人从未参与过拓恒公司的经营管理；2. 拓恒公司实际由大股东房恒福控制，两人无法对其进行清算；3. 拓恒公司由于经营不善，在被吊销营业执照前已背负了大量债务，资不抵债，并非由于蒋志东、王卫明怠于履行清算义务而导致拓恒公司财产灭失；4. 蒋志东、王卫明也曾委托律师对拓恒公司进行清算，但由于拓恒公司财物多次被债权人哄抢，导致无法清算，因此蒋志东、王卫明不存在怠于履行清算义务的情况。故请求驳回存亮公司对蒋志东、王卫明的诉讼请求。

被告拓恒公司、房恒福未到庭参加诉讼，亦未作答辩。

法院经审理查明：2007年6月28日，存亮公司与拓恒公司建立钢材买卖合同关系。存亮公司履行了7095006.6元的供货义务，拓恒公司已付货款5699778元，尚欠货款1395228.6元。另，房恒福、蒋志东和王卫明为拓恒公司的股东，所占股份分别为40%、30%、30%。拓恒公司因未进行年检，2008年12月25日被工商部门吊销营业执照，至今股东未组织清算。现拓恒公司无办公经营地，账册及财产均下落不明。拓恒公司在其他案件中因无财产可供执行被中止执行。

裁判结果

上海市松江区人民法院于2009年12月8日作出（2009）松民二（商）初字第1052号民事判决：一、拓恒公司偿付存亮公司货款1395228.6元及相应的违约金；二、房恒福、蒋志东和王卫明对拓恒公司的上述债务承担连带清偿责任。宣判后，蒋志东、王卫明提出上诉。

上海市第一中级人民法院于 2010 年 9 月 1 日作出（2010）沪一中民四（商）终字第 1302 号民事判决：驳回上诉，维持原判。

裁判理由

法院生效裁判认为：存亮公司按约供货后，拓恒公司未能按约付清货款，应当承担相应的付款责任及违约责任。房恒福、蒋志东和王卫明作为拓恒公司的股东，应在拓恒公司被吊销营业执照后及时组织清算。因房恒福、蒋志东和王卫明怠于履行清算义务，导致拓恒公司的主要财产、账册等均已灭失，无法进行清算，房恒福、蒋志东和王卫明怠于履行清算义务的行为，违反了公司法及其司法解释的相关规定，应当对拓恒公司的债务承担连带清偿责任。拓恒公司作为有限责任公司，其全体股东在法律上应一体成为公司的清算义务人。公司法及其相关司法解释并未规定蒋志东、王卫明所辩称的例外条款，因此无论蒋志东、王卫明在拓恒公司中所占的股份为多少，是否实际参与了公司的经营管理，两人在拓恒公司被吊销营业执照后，都有义务在法定期限内依法对拓恒公司进行清算。

关于蒋志东、王卫明辩称拓恒公司在被吊销营业执照前已背负大量债务，即使其怠于履行清算义务，也与拓恒公司财产灭失之间没有关联性。根据查明的事实，拓恒公司在其他案件中因无财产可供执行被中止执行的情况，只能证明人民法院在执行中未查找到拓恒公司的财产，不能证明拓恒公司的财产在被吊销营业执照前已全部灭失。拓恒公司的三名股东怠于履行清算义务与拓恒公司的财产、账册灭失之间具有因果联系，蒋志东、王卫明的该项抗辩理由不成立。蒋志东、王卫明委托律师进行清算的委托代理合同及律师的证明，仅能证明蒋志东、王卫明欲对拓恒公司进行清算，但事实上对拓恒公司的清算并未进行。据此，不能认定蒋志东、王卫明依法履行了清算义务，故对蒋志东、王卫明的该项抗辩理由不予采纳。

【指导案例 10 号】

李建军诉上海佳动力环保科技有限公司
公司决议撤销纠纷案

（最高人民法院审判委员会讨论通过 2012 年 9 月 18 日发布）

关键词 民事 公司决议撤销 司法审查范围

裁判要点

人民法院在审理公司决议撤销纠纷案件中应当审查：会议召集程序、表决方式是否违反法律、行政法规或者公司章程，以及决议内容是否违反公司章程。在未违反上述规定的前提下，解聘总经理职务的决议所依据的事实是否属实，理由是否成立，不属于司法审查范围。

相关法条

《中华人民共和国公司法》第二十二条第二款

基本案情

原告李建军诉称：被告上海佳动力环保科技有限公司（简称佳动力公司）免除其总经理职务的决议所依据的事实和理由不成立，且董事会的召集程序、表决方式及决议内容均违反了公司法的规定，请求法院依法撤销该董事会决议。

被告佳动力公司辩称：董事会的召集程序、表决方式及决议内容均符合法律和章程的规定，故董事会决议有效。

法院经审理查明：原告李建军系被告佳动力公司的股东，并担任总经理。佳动力公司股权结构为：葛永乐持股 40%，李建军持股 46%，王泰胜持股 14%。三位股东共同组成董事会，由葛永乐担任董事长，另两人为董事。公司章程规定：董事会行使包括聘任或者解聘公司经理等职权；董事会须由三分之二以上的董事出席方才有效；董事会对所议事项作出的决定应由占全体股东三分之二以上的董事表决通过方才有效。2009 年 7 月 18 日，佳动力公司董事长葛永乐召集并主持董事会，三位董事均出席，会议形成了"鉴于总经理李建军不经董事会同意私自动用公司资金在二级市场炒股，造成巨大损失，现免去其总经理职务，即日生效"等内容的决议。该决议由葛永乐、王泰胜及监事签名，李建军未在该决议上签名。

裁判结果

上海市黄浦区人民法院于 2010 年 2 月 5 日作出（2009）黄民二（商）初字第 4569 号民事判决：撤销被告佳动力公司于 2009 年 7 月 18 日形成的董事会决议。宣判后，佳动力公司提出上诉。上海市第二中级人民法院于 2010 年 6 月 4 日作出（2010）沪二中民四（商）终字第 436 号民事判决：一、撤销上海市黄浦区人民法院（2009）黄民二（商）初字第 4569 号民事判决；二、驳回李建军的诉讼请求。

裁判理由

法院生效裁判认为：根据《中华人民共和国公司法》第二十二条第二款的规定，董事会决议可撤销的事由包括：一、召集程序违反法律、行政法规或公司章程；二、表决方式违反法律、行政法规或公司章程；三、决议内容违反公司章程。从召集程序看，佳动力公司于 2009 年 7 月 18 日召开的董事会由董事长葛永乐召集，三位董事均出席董事会，该次董事会的召集程序未违反法律、行政法规或公司章程的规定。从表决方式看，根据佳动力公司章程规定，对所议事项作出的决定应由占全体股东三分之二以上的董事表决通过方才有效，上述董事会决议由三位股东（兼董事）中的两名表决通过，故在表决方式上未违反法律、行政法规或公司章程的规定。从决议内容看，佳动力公司章程规定董事会有权解聘公司经理，董事会决议内容中"总经理李建军不经董事会同意私自动用公司资金在二级市场炒股，造成巨大损失"的陈述，仅是董事会解聘李建军总经理职务的原因，而解聘李建军总经理职务的决议内容本身并不违反公司章程。

董事会决议解聘李建军总经理职务的原因如果不存在，并不导致董事会决议撤销。首先，公司法尊重公司自治，公司内部法律关系原则上由公司自治机制调整，司法机关原则上不介入公司内部事务；其次，佳动力公司的章程中未对董事会解聘公司经理的职权作出限制，并未规定董事会解聘公司经理必须要有一定原因，该章程内容未违反公司法的强制性规定，应认定有效，因此佳动力公司董事会可以行使公司章程赋予的权力作出解聘公司经理的决定。故法院应当尊重公司自治，无需审查佳动力公司董事会解聘公司经理的原因是否存在，即无需审查决议所依据的事实是否属实，理由是否成立。综上，原告李建军请求撤销董事会决议的诉讼请求不成立，依法予以驳回。

【指导案例 11 号】

杨延虎等贪污案

（最高人民法院审判委员会讨论通过 2012 年 9 月 18 日发布）

关键词 刑事 贪污罪 职务便利 骗取土地使用权

裁判要点

1. 贪污罪中的"利用职务上的便利"，是指利用职务上主管、管理、经手公共财物的权力及方便条件，既包括利用本人职务上主管、管理公共财物的职务便利，也包括利用职务上有隶属关系的其他国家工作人员的职务便利。

2. 土地使用权具有财产性利益，属于刑法第三百八十二条第一款规定中的"公共财物"，可以成为贪污的对象。

相关法条

《中华人民共和国刑法》第三百八十二条第一款

基本案情

被告人杨延虎1996年8月任浙江省义乌市委常委，2003年3月任义乌市人大常委会副主任，2000年8月兼任中国小商品城福田市场（2003年3月改称中国义乌国际商贸城，简称国际商贸城）建设领导小组副组长兼指挥部总指挥，主持指挥部全面工作。2002年，杨延虎得知义乌市稠城街道共和村将列入拆迁和旧村改造范围后，决定在该村购买旧房，利用其职务便利，在拆迁安置时骗取非法利益。杨延虎遂与被告人王月芳（杨延虎的妻妹）、被告人郑新潮（王月芳之夫）共谋后，由王、郑二人出面，通过共和村王某某，以王月芳的名义在该村购买赵某某的3间旧房（房产证登记面积61.87平方米，发证日期1998年8月3日）。按当地拆迁和旧村改造政策，赵某某有无该旧房，其所得安置土地面积均相同，事实上赵某某也按无房户得到了土地安置。2003年3、4月份，为使3间旧房所占土地确权到王月芳名下，在杨延虎指使和安排下，郑新潮再次通过共和村王某某，让该村村民委员会及其成员出具了该3间旧房系王月芳1983年所建的虚假证明。杨延虎利用职务便利，要求兼任国际商贸城建设指挥部分管土地确权工作的副总指挥、义乌市国土资源局副局长吴某某和指挥部确权报批科人员，对王月芳拆迁安置、土地确权予以关照。国际商贸城建设指挥部遂将王月芳所购房屋作为有村证明但无产权证的旧房进行确权审核，上报义乌市国土资源局确权，并按丈量结果认定其占地面积64.7平方米。

此后，被告人杨延虎与郑新潮、王月芳等人共谋，在其岳父王某祥在共和村拆迁中可得25.5平方米土地确权的基础上，于2005年1月编造了由王月芳等人签名的申请报告，谎称"王某祥与王月芳共有三间半房屋，占地90.2平方米，二人在1986年分家，王某祥分得36.1平方米，王月芳分得54.1平方米，有关部门确认王某祥房屋25.5平方米、王月芳房屋64平方米有误"，要求义乌市国土资源局更正。随后，杨延虎利用职务便利，指使国际商贸城建设指挥部工作人员以该部名义对该申请报告盖章确认，并使该申请报告得到义乌市国土资源局和义乌市政府认可，从而让王月芳、王某祥分别获得72和54平方米（共126平方米）的建设用地审批。按王某祥的土地确权面积仅应得36平方米建设用地审批，其余90平方米系非法所得。2005年5月，杨延虎等人在支付选位费24.552万元后，在国际商贸城拆迁安置区获得两间店面72平方米土地的拆迁安置补偿（案发后，该72平方米的土地使用权被依法冻结）。该处地块在用作安置前已被国家征用并转为建设用地，属国有划拨土地。经评估，该处每平方米的土地使用权价值35270元。杨延虎等人非法所得的建设用地90平方米，按照当地拆迁安置规定，折合拆迁安置区店面的土地面积为72平方米，价值253.944万元，扣除其支付的24.552万元后，实际非法所得229.392万元。

此外，2001年至2007年间，被告人杨延虎利用职务便利，为他人承揽工程、拆迁安置、国有土地受让等谋取利益，先后非法收受或索取57万元，其中索贿5万元。

裁判结果

浙江省金华市中级人民法院于2008年12月15日作出（2008）金中刑二初字第30号刑事判决：一、被告人杨延虎犯贪污罪，判处有期徒刑十五年，并处没收财产二十万元；犯受贿罪，判处有期徒刑十一年，并处没收财产十万元；决定执行有期徒刑十八年，并处没收财产三十万元。二、被告人郑新潮犯贪污罪，判处有期徒刑五年。三、被告人王月芳犯贪污罪，判处有期徒刑三年。宣判后，三被告人均提出上诉。浙江省高级人民法院于2009年3月16日作出（2009）浙刑二终字第34号刑事裁定，驳回上诉，维持原判。

裁判理由

法院生效裁判认为：关于被告人杨延虎的辩护人提出杨延虎没有利用职务便利的辩护意见。经查，义乌国际商贸城指挥部系义乌市委、市政府为确保国际商贸城建设工程顺利进行而设立的机构，指挥部下设确权报批科，工作人员从国土资源局抽调，负责土地确权、建房建设用地的审核及报批工作，分管该科的副总指挥吴某某也是国土资源局的副局长。确权报批科作为指挥部下设机构，同时受指挥部的领导，作为指挥部总指挥的杨延虎具有对该科室的领导职权。贪污罪中的"利用职务上的便利"，是指利用职务上主管、管理、经手公共财物的权力及方便条件，既包括利用本人职务上主管、管理公共财物的职务便利，也包括利用职务上有隶属关系的其他国家工作人员的职务便利。本案中，杨延虎正是利用担任义乌市委常委、义乌市人大常委会副主任和兼任指挥部总指挥的职务便利，给下属的土地确权报批科人员及其分管副总指挥打招呼，才使得王月芳等人虚报的拆迁安置得以实现。

关于被告人杨延虎等人及其辩护人提出被告人王月芳应当获得土地安置补偿，涉案土地属于集体土地，不能构成贪污罪的辩护意见。经查，王月芳购房时系居民户口，按照法律规定和义乌市拆迁安置有关规定，不属于拆迁安置对象，不具备获得土地确权的资格，其在共和村所购房屋既不能获得土地确权，又不能得到拆迁安置补偿。杨延虎等人明知王月芳不符合拆迁安置条件，却利用杨延虎的职务便利，通过将王月芳所购房屋谎报为其祖传旧房、虚构王月芳与王某祥分家事实，骗得旧房拆迁安置资格，骗取国有土地确权。同时，由于杨延虎利用职务便利，杨延虎、王月芳等人弄虚作假，既使王月芳所购旧房的房主赵某某按无房户得到了土地安置补偿，又使本来不应获得土地安置补偿的王月芳获得了土地安置补偿。《中华人民共和国土地管理法》第二条、第九条规定，我国土地实行社会主义公有制，即全民所有制和劳动群众集体所有制，并可以依法确定给单位或者个人使用。对土地进行占有、使用、开发、经营、交易和流转，能够带来相应经济收益。因此，土地使用权自然具有财产性利益，无论国有土地，还是集体土地，都属于刑法

第三百八十二条第一款规定中的"公共财物",可以成为贪污的对象。王月芳名下安置的地块已在 2002 年 8 月被征为国有并转为建设用地,义乌市政府文件抄告单也明确该处的拆迁安置土地使用权登记核发国有土地使用权证。因此,杨延虎等人及其辩护人所提该项辩护意见,不能成立。

综上,被告人杨延虎作为国家工作人员,利用担任义乌市委常委、义乌市人大常委会副主任和兼任国际商贸城指挥部总指挥的职务便利,伙同被告人郑新潮、王月芳以虚构事实的手段,骗取国有土地使用权,非法占有公共财物,三被告人的行为均已构成贪污罪。杨延虎还利用职务便利,索取或收受他人贿赂,为他人谋取利益,其行为又构成受贿罪,应依法数罪并罚。在共同贪污犯罪中,杨延虎起主要作用,系主犯,应当按照其所参与或者组织、指挥的全部犯罪处罚;郑新潮、王月芳起次要作用,系从犯,应减轻处罚。故一、二审法院依法作出如上裁判。

【指导案例 12 号】

李飞故意杀人案

(最高人民法院审判委员会讨论通过　2012 年 9 月 18 日发布)

关键词　刑事　故意杀人罪　民间矛盾引发　亲属协助抓捕　累犯　死刑缓期执行　限制减刑

裁判要点

对于因民间矛盾引发的故意杀人案件,被告人犯罪手段残忍,且系累犯,论罪应当判处死刑,但被告人亲属主动协助公安机关将其抓捕归案,并积极赔偿的,人民法院根据案件具体情节,从尽量化解社会矛盾角度考虑,可以依法判处被告人死刑,缓期二年执行,同时决定限制减刑。

相关法条

《中华人民共和国刑法》第五十条第二款

基本案情

2006年4月14日，被告人李飞因犯盗窃罪被判处有期徒刑二年，2008年1月2日刑满释放。2008年4月，经他人介绍，李飞与被害人徐某某（女，殁年26岁）建立恋爱关系。同年8月，二人因经常吵架而分手。8月24日，当地公安机关到李飞的工作单位给李飞建立重点人档案时，其单位得知李飞曾因犯罪被判刑一事，并以此为由停止了李飞的工作。李飞认为其被停止工作与徐某某有关。

同年9月12日21时许，被告人李飞拨打徐某某的手机，因徐某某外出，其表妹王某某（被害人，时年16岁）接听了李飞打来的电话，并告知李飞，徐某某已外出。后李飞又多次拨打徐某某的手机，均未接通。当日23时许，李飞到哈尔滨市呼兰区徐某某开设的"小天使形象设计室"附近，再次拨打徐某某的手机，与徐某某在电话中发生吵骂。后李飞破门进入徐某某在"小天使形象设计室"内的卧室，持室内的铁锤多次击打徐某某的头部，击打徐某某表妹王某某头部、双手数下。稍后，李飞又持铁锤先后再次击打徐某某、王某某的头部，致徐某某当场死亡、王某某轻伤。为防止在场的"小天使形象设计室"学徒工佟某报警，李飞将徐某某、王某某及佟某的手机带离现场抛弃，后潜逃。同月23日22时许，李飞到其姑母李某某家中，委托其姑母转告其母亲梁某某送钱。梁某某得知此情后，及时报告公安机关，并于次日晚协助公安机关将来姑母家取钱的李飞抓获。在本案审理期间，李飞的母亲梁某某代为赔偿被害人亲属4万元。

裁判结果

黑龙江省哈尔滨市中级人民法院于2009年4月30日以（2009）哈刑二初字第51号刑事判决，认定被告人李飞犯故意杀人罪，判处死刑，剥夺政治权利终身。宣判后，李飞提出上诉。黑龙江省高级人民法院于2009年10月29日以（2009）黑刑三终字第70号刑事裁定，驳回上诉，维持原判，并依法报请最高人民法院核准。最高人民法院根据复核确认的事实和被告人母亲协助抓捕被告人的情况，以（2010）刑五复66820039号刑事裁定，不核准被告人李飞死刑，发回黑龙江省高级人民法院重新审判。黑龙江省高级人民法院经依法重新审理，于2011年5月3日作出（2011）黑刑三终字第63号刑事判决，以故意杀人罪改判被告人李飞死刑，缓期二年执行，剥夺政治权利终身，同时决定对其限制减刑。

裁判理由

黑龙江省高级人民法院经重新审理认为：被告人李飞的行为已构成故意杀人罪，罪行极其严重，论罪应当判处死刑。本案系因民间矛盾引发的犯罪；案发后李飞的母亲梁某某在得知李飞杀人后的行踪时，主动、及时到公安机关反映情况，并积极配合公安机关将李飞抓获归案；李飞在公安机关对其进行抓捕时，顺从归案，没有反抗行为，并在归案后始终如实供述自己的犯罪事实，认罪态度好；在本案审理期间，李飞的母亲代为赔偿被害方经济损失；李飞虽系累犯，但此前所犯盗窃罪的情节较轻。综合考虑上述情节，可以对李飞酌情从宽处罚，对其可不判处死刑立即执行。同时，鉴于其故意杀人手段残忍，又系累犯，且被害人亲属不予谅解，故依法判处被告人李飞死刑，缓期二年执行，同时决定对其限制减刑。

最高人民法院
关于发布第四批指导性案例的通知

(2013年1月31日 法〔2013〕24号)

各省、自治区、直辖市高级人民法院,解放军军事法院,新疆维吾尔自治区高级人民法院生产建设兵团分院:

经最高人民法院审判委员会讨论决定,现将王召成等非法买卖、储存危险物质案等四个案例(指导案例13-16号),作为第四批指导性案例发布,供在审判类似案件时参照。

最高人民法院
2013年1月31日

【指导案例13号】

王召成等非法买卖、储存危险物质案

(最高人民法院审判委员会讨论通过 2013年1月31日发布)

关键词 刑事 非法买卖、储存危险物质 毒害性物质

裁判要点

1. 国家严格监督管理的氰化钠等剧毒化学品,易致人中毒或者死亡,对人体、环境具有极大的毒害性和危险性,属于刑法第一百二十五条第二款规定的"毒害性"物质。

2. "非法买卖"毒害性物质,是指违反法律和国家主管部门规定,未经有关主管部门批准许可,擅自购买或者出售毒害性物质的行为,并

不需要兼有买进和卖出的行为。

相关法条

《中华人民共和国刑法》第一百二十五条第二款

基本案情

公诉机关指控：被告人王召成、金国淼、孙永法、钟伟东、周智明非法买卖氰化钠，危害公共安全，且系共同犯罪，应当以非法买卖危险物质罪追究刑事责任，但均如实供述自己的罪行，购买氰化钠用于电镀，未造成严重后果，可以从轻处罚，并建议对五被告人适用缓刑。

被告人王召成的辩护人辩称：氰化钠系限用而非禁用剧毒化学品，不属于毒害性物质，王召成等人擅自购买氰化钠的行为，不符合刑法第一百二十五条第二款规定的构成要件，在未造成严重后果的情形下，不应当追究刑事责任，故请求对被告人宣告无罪。

法院经审理查明：被告人王召成、金国淼在未依法取得剧毒化学品购买、使用许可的情况下，约定由王召成出面购买氰化钠。2006年10月至2007年年底，王召成先后3次以每桶1000元的价格向倪荣华（另案处理）购买氰化钠，共支付给倪荣华40000元。2008年8月至2009年9月，王召成先后3次以每袋975元的价格向李光明（另案处理）购买氰化钠，共支付给李光明117000元。王召成、金国淼均将上述氰化钠储存在浙江省绍兴市南洋五金有限公司其二人各自承包车间的带锁仓库内，用于电镀生产。其中，王召成用总量的三分之一，金国淼用总量的三分之二。2008年5月和2009年7月，被告人孙永法先后共用2000元向王召成分别购买氰化钠1桶和1袋。2008年7、8月间，被告人钟伟东以每袋1000元的价格向王召成购买氰化钠5袋。2009年9月，被告人周智明以每袋1000元的价格向王召成购买氰化钠3袋。孙永法、钟伟东、周智明购得氰化钠后，均储存于各自车间的带锁仓库或水槽内，用于电镀生产。

裁判结果

浙江省绍兴市越城区人民法院于2012年3月31日作出（2011）绍越刑初字第205号刑事判决，以非法买卖、储存危险物质罪，分别判处被告人王召成有期徒刑三年，缓刑五年；被告人金国淼有期徒刑三年，缓刑四年六个月；被告人钟伟东有期徒刑三年，缓刑四年；被告人周智明有期徒刑三年，缓刑三年六个月；被告人孙永法有期徒刑三年，缓刑三年。宣判后，五被告人均未提出上诉，判决已发生法律效力。

裁判理由

法院生效裁判认为：被告人王召成、金国淼、孙永法、钟伟东、周智明在未取得剧毒化学品使用许可证的情况下，违反国务院《危险化学品安全管理条例》等规定，明知氰化钠是剧毒化学品仍非法买卖、储存，危害公共安全，其行为均已构成非法买卖、储存危险物质罪，且系共同犯罪。关于王召成的辩护人提出的辩护意见，经查，氰化钠虽不属于禁用剧毒化学品，但系列入危险化学品名录中严格监督管理的限用的剧毒化学品，易致人中毒或者死亡，对人体、环境具有极大的毒害性和极度危险性，极易对环境和人的生命健康造成重大威胁和危害，属于刑法第一百二十五条第二款规定的"毒害性"物质；"非法买卖"毒害性物质，是指违反法律和国家主管部门规定，未经有关主管部门批准许可，擅自购买或者出售毒害性物质的行为，并不需要兼有买进和卖出的行为；王召成等人不具备购买、储存氰化钠的资格和条件，违反国家有关监管规定，非法买卖、储存大量剧毒化学品，逃避有关主管部门的安全监督管理，破坏危险化学品管理秩序，已对人民群众的生命、健康和财产安全产生现实威胁，足以危害公共安全，故王召成等人的行为已构成非法买卖、储存危险物质罪，上述辩护意见不予采纳。王召成、金国淼、孙永法、钟伟东、周智明到案后均能如实供述自己的罪行，且购买氰化钠用于电镀生产，未发生事故，未发现严重环境污染，没有造成严重后果，依法可以从轻处罚。根据五被告人的犯罪情节及悔罪表现等情况，对其可依法宣告缓刑。公诉机关提出的量刑建议，王召成、钟伟东、周智明请求从轻处罚的意见，予以采纳，故依法作出如上判决。

【指导案例 14 号】

董某某、宋某某抢劫案

（最高人民法院审判委员会讨论通过　2013 年 1 月 31 日发布）

关键词　　刑事　抢劫罪　未成年人犯罪　禁止令

裁判要点

对判处管制或者宣告缓刑的未成年被告人，可以根据其犯罪的具体情况以及禁止事项与所犯罪行的关联程度，对其适用"禁止令"。对于未成年人因上网诱发犯罪的，可以禁止其在一定期限内进入网吧等特定场所。

相关法条

《中华人民共和国刑法》第七十二条第二款

基本案情

被告人董某某、宋某某（时年17周岁）迷恋网络游戏，平时经常结伴到网吧上网，时常彻夜不归。2010年7月27日11时许，因在网吧上网的网费用完，二被告人即伙同王某（作案时未达到刑事责任年龄）到河南省平顶山市红旗街社区健身器材处，持刀对被害人张某某和王某某实施抢劫，抢走张某某5元现金及手机一部。后将所抢的手机卖掉，所得赃款用于上网。

裁判结果

河南省平顶山市新华区人民法院于2011年5月10日作出（2011）新刑未初字第29号刑事判决，认定被告人董某某、宋某某犯抢劫罪，分别判处有期徒刑二年六个月，缓刑三年，并处罚金人民币1000元。同时禁止董某某和宋某某在36个月内进入网吧、游戏机房等场所。宣判后，二被告人均未上诉，判决已发生法律效力。

裁判理由

法院生效裁判认为：被告人董某某、宋某某以非法占有为目的，以暴力威胁方法劫取他人财物，其行为均已构成抢劫罪。鉴于董某某、宋某某系持刀抢劫；犯罪时不满十八周岁，且均为初犯，到案后认罪悔罪态度较好，宋某某还是在校学生，符合缓刑条件，决定分别判处二被告人有期徒刑二年六个月，缓刑三年。考虑到被告人主要是因上网吧需要网费而诱发了抢劫犯罪；二被告人长期迷恋网络游戏，网吧等场所与其犯罪有密切联系；如果将被告人与引发其犯罪的场所相隔离，有利于家长和社区在缓刑期间对其进行有效管教，预防再次犯罪；被告人犯罪时不满十八周岁，平时自我控制能力较差，对其适用禁止令的期限确定为与缓刑考验期相同的三年，有利于其改过自新。因此，依法判决禁止二被告人在缓刑考验期内进入网吧等特定场所。

【指导案例 15 号】

徐工集团工程机械股份有限公司诉成都川交工贸有限责任公司等买卖合同纠纷案

（最高人民法院审判委员会讨论通过 2013 年 1 月 31 日发布）

关键词 民事 关联公司 人格混同 连带责任

裁判要点

1. 关联公司的人员、业务、财务等方面交叉或混同，导致各自财产无法区分，丧失独立人格的，构成人格混同。

2. 关联公司人格混同，严重损害债权人利益的，关联公司相互之间对外部债务承担连带责任。

相关法条

《中华人民共和国民法通则》第四条

《中华人民共和国公司法》第三条第一款、第二十条第三款

基本案情

原告徐工集团工程机械股份有限公司（以下简称徐工机械公司）诉称：成都川交工贸有限责任公司（以下简称川交工贸公司）拖欠其货款未付，而成都川交工程机械有限责任公司（以下简称川交机械公司）、四川瑞路建设工程有限公司（以下简称瑞路公司）与川交工贸公司人格混同，三个公司实际控制人王永礼以及川交工贸公司股东等人的个人资产与公司资产混同，均应承担连带清偿责任。请求判令：川交工贸公司支付所欠货款 10916405.71 元及利息；川交机械公司、瑞路公司及王永礼等个人对上述债务承担连带清偿责任。

被告川交工贸公司、川交机械公司、瑞路公司辩称：三个公司虽有关联，但并不混同，川交机械公司、瑞路公司不应对川交工贸公司的债务承担清偿责任。

王永礼等人辩称：王永礼等人的个人财产与川交工贸公司的财产并不混同，不应为川交工贸公司的债务承担清偿责任。

法院经审理查明：川交机械公司成立于 1999 年，股东为四川省公路桥梁工程总公司二公司、王永礼、倪刚、杨洪刚等。2001 年，股东变更为王

永礼、李智、倪刚。2008年，股东再次变更为王永礼、倪刚。瑞路公司成立于2004年，股东为王永礼、李智、倪刚。2007年，股东变更为王永礼、倪刚。川交工贸公司成立于2005年，股东为吴帆、张家蓉、凌欣、过胜利、汤维明、武竞、郭印，何万庆2007年入股。2008年，股东变更为张家蓉（占90%股份）、吴帆（占10%股份），其中张家蓉系王永礼之妻。在公司人员方面，三个公司经理均为王永礼，财务负责人均为凌欣，出纳会计均为卢鑫，工商手续经办人均为张梦；三个公司的管理人员存在交叉任职的情形，如过胜利兼任川交工贸公司副总经理和川交机械公司销售部经理的职务，且免去过胜利川交工贸公司副总经理职务的决定系由川交机械公司作出；吴帆既是川交工贸公司的法定代表人，又是川交机械公司的综合部行政经理。在公司业务方面，三个公司在工商行政管理部门登记的经营范围均涉及工程机械且部分重合，其中川交工贸公司的经营范围被川交机械公司的经营范围完全覆盖；川交机械公司系徐工机械公司在四川地区（攀枝花除外）的唯一经销商，但三个公司均从事相关业务，且相互之间存在共用统一格式的《销售部业务手册》、《二级经销协议》、结算账户的情形；三个公司在对外宣传中区分不明，2008年12月4日重庆市公证处出具的《公证书》记载：通过因特网查询，川交工贸公司、瑞路公司在相关网站上共同招聘员工，所留电话号码、传真号码等联系方式相同；川交工贸公司、瑞路公司的招聘信息，包括大量关于川交机械公司的发展历程、主营业务、企业精神的宣传内容；部分川交工贸公司的招聘信息中，公司简介全部为对瑞路公司的介绍。在公司财务方面，三个公司共用结算账户，凌欣、卢鑫、汤维明、过胜利的银行卡中曾发生高达亿元的往来，资金的来源包括三个公司的款项，对外支付的依据仅为王永礼的签字；在川交工贸公司向其客户开具的收据中，有的加盖其财务专用章，有的则加盖瑞路公司财务专用章；在与徐工机械公司均签订合同、均有业务往来的情况下，三个公司于2005年8月共同向徐工机械公司出具《说明》，称因川交机械公司业务扩张而注册了另两个公司，要求所有债权债务、销售量均计算在川交工贸公司名下，并表示今后尽量以川交工贸公司名义进行业务往来；2006年12月，川交工贸公司、瑞路公司共同向徐工机械公司出具《申请》，以统一核算为由要求将2006年度的业绩、账务均计算至川交工贸公司名下。

另查明，2009年5月26日，卢鑫在徐州市公安局经侦支队对其进行询问时陈述：川交工贸公司目前已经垮了，但未注销。又查明徐工机械公司未得到清偿的货款实为10511710.71元。

裁判结果

江苏省徐州市中级人民法院于 2011 年 4 月 10 日作出（2009）徐民二初字第 0065 号民事判决：一、川交工贸公司于判决生效后 10 日内向徐工机械公司支付货款 10511710.71 元及逾期付款利息；二、川交机械公司、瑞路公司对川交工贸公司的上述债务承担连带清偿责任；三、驳回徐工机械公司对王永礼、吴帆、张家蓉、凌欣、过胜利、汤维明、郭印、何万庆、卢鑫的诉讼请求。宣判后，川交机械公司、瑞路公司提起上诉，认为一审判决认定三个公司人格混同，属认定事实不清；认定川交机械公司、瑞路公司对川交工贸公司的债务承担连带责任，缺乏法律依据。徐工机械公司答辩请求维持一审判决。江苏省高级人民法院于 2011 年 10 月 19 日作出（2011）苏商终字第 0107 号民事判决：驳回上诉，维持原判。

裁判理由

法院生效裁判认为：针对上诉范围，二审争议焦点为川交机械公司、瑞路公司与川交工贸公司是否人格混同，应否对川交工贸公司的债务承担连带清偿责任。

川交工贸公司与川交机械公司、瑞路公司人格混同。一是三个公司人员混同。三个公司的经理、财务负责人、出纳会计、工商手续经办人均相同，其他管理人员亦存在交叉任职的情形，川交工贸公司的人事任免存在由川交机械公司决定的情形。二是三个公司业务混同。三个公司实际经营中均涉及工程机械相关业务，经销过程中存在共用销售手册、经销协议的情形；对外进行宣传时信息混同。三是三个公司财务混同。三个公司使用共同账户，以王永礼的签字作为具体用款依据，对其中的资金及支配无法证明已作区分；三个公司与徐工机械公司之间的债权债务、业绩、账务及返利均计算在川交工贸公司名下。因此，三个公司之间表征人格的因素（人员、业务、财务等）高度混同，导致各自财产无法区分，已丧失独立人格，构成人格混同。

川交机械公司、瑞路公司应当对川交工贸公司的债务承担连带清偿责任。公司人格独立是其作为法人独立承担责任的前提。《中华人民共和国公司法》（以下简称《公司法》）第三条第一款规定："公司是企业法人，有独立的法人财产，享有法人财产权。公司以其全部财产对公司的债务承担责任。"公司的独立财产是公司独立承担责任的物质保证，公司的独立人格也突出地表现在财产的独立上。当关联公司的财产无法区分,丧失独立人格时,就丧失了独立承担责任的基础。《公司法》第二十条第三款规定:"公司股东滥用公司法人独立地位和股东有限责任,逃避债务,严重损害公司债权人利益的,应当对公司债务承担连带责任。"本案中,三个公司虽在工商登记部门登记为彼此独立的企业法人,但实际上相互之间界线模糊、人格混同,其中川交工贸公司承担所有关联公司的债务却无力清偿,又使其他关联公司逃避巨额债务,严重损害了债权人的利益。上述行为违背了法人制度设立的宗旨,违背了诚实信用原则,其行为本质和危害结果与《公司法》第二十条第三款规定的情形相当,故参照《公司法》第二十条第三款的规定,川交机械公司、瑞路公司对川交工贸公司的债务应当承担连带清偿责任。

【指导案例 16 号】

中海发展股份有限公司货轮公司申请设立海事赔偿责任限制基金案

(最高人民法院审判委员会讨论通过　2013 年 1 月 31 日发布)

关键词　海事诉讼　海事赔偿责任限制基金　海事赔偿责任限额计算

裁判要点

1. 对于申请设立海事赔偿责任限制基金的,法院仅就申请人主体资格、事故所涉及的债权性质和申请设立基金的数额进行程序性审查。有关申请人实体上应否享有海事赔偿责任限制,以及事故所涉债权除限制性债权外是否同时存在其他非限制性债权等问题,不影响法院依法作出准予设立海事赔偿责任限制基金的裁定。

2.《中华人民共和国海商法》第二百一十条第二款规定的"从事中华人民共和国港口之间的运输的船舶",应理解为发生海事事故航次正在从事中华人民共和国港口之间运输的船舶。

相关法条

《中华人民共和国海事诉讼特别程序法》第一百零六条第二款

《中华人民共和国海商法》第二百一十条第二款

基本案情

中海发展股份有限公司货轮公司（以下简称货轮公司）所属的"宁安11"轮，于2008年5月23日从秦皇岛运载电煤前往上海外高桥码头，5月26日在靠泊码头过程中触碰码头的2号卸船机，造成码头和机器受损。货轮公司遂于2009年3月9日向上海海事法院申请设立海事赔偿责任限制基金。货轮公司申请设立非人身伤亡海事赔偿责任限制基金，数额为2242643计算单位（折合人民币25442784.84元）和自事故发生之日起至基金设立之日止的利息。

上海外高桥发电有限责任公司、上海外高桥第二发电有限责任公司作为第一异议人，中国人民财产保险股份有限公司上海市分公司、中国大地财产保险股份有限公司上海分公司、中国平安财产保险股份有限公司上海分公司、安诚财产保险股份有限公司上海分公司、中国太平洋财产保险股份有限公司上海分公司、中国大地财产保险股份有限公司营业部、永诚财产保险股份有限公司上海分公司7位异议人作为第二异议人，分别针对货轮公司的上述申请，向上海海事法院提出了书面异议。上海海事法院于2009年5月27日就此项申请和异议召开了听证会。

第一异议人称："宁安11"轮系因船长的错误操作行为导致了事故发生，应对本次事故负全部责任，故申请人无权享受海事赔偿责任限制。"宁安11"轮是一艘可以从事国际远洋运输的船舶，不属于从事中国港口之间货物运输的船舶，不适用交通部《关于不满300总吨船舶及沿海运输、沿海作业船舶海事赔偿限额的规定》（以下简称《船舶赔偿限额规定》）第四条规定的限额，而应适用《中华人民共和国海商法》（以下简称《海商法》）第二百一十条第一款第（二）项规定的限额。

第二异议人称：事故所涉及的债权性质虽然大部分属于限制性债权，但其中清理残骸费用应当属于非限制性债权，申请人无权就此项费用申请限制赔偿责任。其他异议意见和理由同第一异议人。

上海海事法院经审理查明：申请人系"宁安11"轮登记的船舶所有人。涉案船舶触碰事故所造成的码头和机器损坏，属于与船舶营运直接相关的财产损失。另，"宁安11"轮总吨位为26358吨，营业运输证载明的核定经营范围为"国内沿海及长江中下游各港间普通货物运输"。

裁判结果

上海海事法院于2009年6月10日作出（2009）沪海法限字第1号

民事裁定，驳回异议人的异议，准许申请人设立海事赔偿责任限制基金，基金数额为人民币25442784.84元和该款自2008年5月26日起至基金设立之日止的银行利息。宣判后，异议人中国人民财产保险股份有限公司上海市分公司提出上诉。上海市高级人民法院于2009年7月27日作出（2009）沪高民四（海）限字第1号民事裁定，驳回上诉，维持原裁定。

裁判理由

法院生效裁判认为：根据《最高人民法院关于适用〈中华人民共和国海事诉讼特别程序法〉若干问题的解释》第八十三条的规定，申请设立海事赔偿责任限制基金，应当对申请人的主体资格、事故所涉及的债权性质和申请设立基金的数额进行审查。

货轮公司是"宁安11"轮的船舶登记所有人，属于《海商法》第二百零四条和《中华人民共和国海事诉讼特别程序法》第一百零一条第一款规定的可以申请设立海事赔偿责任限制基金的主体。异议人提出的申请人所属船舶应当对事故负全责，其无权享受责任限制的意见，因涉及对申请人是否享有赔偿责任限制实体权利的判定，而该问题应在案件的实体审理中解决，故对第一异议人的该异议不作处理。

鉴于涉案船舶触碰事故所造成的码头和机器损坏，属于与船舶营运直接相关的财产损失，依据《海商法》第二百零七条的规定，责任人可以限制赔偿责任。因此，第二异议人提出的清理残骸费用属于非限制性债权，申请人无权享有该项赔偿责任限制的意见，不影响法院准予申请人就所涉限制性债权事项提出的设立海事赔偿责任限制基金申请。

关于"宁安11"轮是否属于《海商法》第二百一十条第二款规定的"从事中华人民共和国港口之间的运输的船舶"，进而应按照何种标准计算赔偿限额的问题。鉴于"宁安11"轮营业运输证载明的核定经营范围为"国内沿海及长江中下游各港间普通货物运输"，涉案事故发生时其所从事的也正是从秦皇岛港至上海港航次的运营。因此，该船舶应认定为"从事中华人民共和国港口之间的运输的船舶"，而不宜以船舶适航证书上记载的船舶可航区域或者船舶有能力航行的区域来确定。为此，异议人提出的"宁安11"轮所准予航行的区域为近海，是一艘可以从事国际远洋运输船舶的意见不予采纳。申请人据此申请适用《海商法》第二百一十条第二款和《船舶赔偿限额规定》第四条规定的标准计算涉案限制基金的数额并无不当。异议人有关适用《海商法》

第二百一十条第一款第（二）项规定计算涉案基金数额的主张及理由，依据不足，不予采纳。

鉴于事故发生之日国际货币基金组织未公布特别提款权与人民币之间的换算比率，申请人根据次日公布的比率 1∶11.345 计算，异议人并无异议，涉案船舶的总吨位为 26358 吨，因此，涉案海事赔偿责任限额为 [(26358−500)×167+167000]×50% = 2242643 特别提款权，折合人民币 25442784.84 元，基金数额应为人民币 25442784.84 元和该款自事故发生之日起至基金设立之日止按中国人民银行同期活期存款利率计算的利息。

最高人民法院
关于发布第五批指导性案例的通知

(2013年11月8日 法〔2013〕241号)

各省、自治区、直辖市高级人民法院，解放军军事法院，新疆维吾尔自治区高级人民法院生产建设兵团分院：

经最高人民法院审判委员会讨论决定，现将张莉诉北京合力华通汽车服务有限公司买卖合同纠纷案等六个案例（指导案例17-22号），作为第五批指导性案例发布，供在审判类似案件时参照。

最高人民法院
2013年11月8日

【指导案例17号】

张莉诉北京合力华通汽车服务
有限公司买卖合同纠纷案

(最高人民法院审判委员会讨论通过 2013年11月8日发布)

关键词 民事 买卖合同 欺诈 家用汽车

裁判要点

1. 为家庭生活消费需要购买汽车，发生欺诈纠纷的，可以按照《中华人民共和国消费者权益保护法》处理。

2. 汽车销售者承诺向消费者出售没有使用或维修过的新车，消费者购买后发现系使用或维修过的汽车,销售者不能证明已履行告知义务且得到消费者认可的,构成销售欺诈,消费者要求销售者按照消费者权益保护法赔偿损失的,人民法院应予支持。

相关法条

《中华人民共和国消费者权益保护法》第二条、第五十五条第一款(该款系2013年10月25日修改,修改前为第四十九条)

基本案情

2007年2月28日,原告张莉从被告北京合力华通汽车服务有限公司(简称合力华通公司)购买上海通用雪佛兰景程轿车一辆,价格138000元,双方签有《汽车销售合同》。该合同第七条约定:"……卖方保证买方所购车辆为新车,在交付之前已作了必要的检验和清洁,车辆路程表的公里数为18公里且符合卖方提供给买方的随车交付文件中所列的各项规格和指标……"。合同签订当日,张莉向合力华通公司交付了购车款138000元,同时支付了车辆购置税12400元、一条龙服务费500元、保险费6060元。同日,合力华通公司将一辆雪佛兰景程轿车交付张莉,张莉为该车办理了机动车登记手续。2007年5月13日,张莉在将车辆送合力华通公司保养时,发现该车曾于2007年1月17日进行过维修。

审理中,合力华通公司表示张莉所购车辆确曾在运输途中造成划伤,于2007年1月17日进行过维修,维修项目包括右前叶子板喷漆、右前门喷漆、右后叶子板喷漆、右前门钣金、右后叶子板钣金、右前叶子板钣金,维修中更换底大边卡扣、油箱门及前叶子板灯总成。送修人系该公司业务员。合力华通公司称,对于车辆曾进行维修之事已在销售时明确告知张莉,并据此予以较大幅度优惠,该车销售定价应为151900元,经协商后该车实际销售价格为138000元,还赠送了部分装饰。为证明上述事实,合力华通公司提供了车辆维修记录及有张莉签字的日期为2007年2月28日的车辆交接验收单一份,在车辆交接验收单备注一栏中注有"加1/4油,此车右侧有钣喷修复,按约定价格销售"。合力华通公司表示该验收单系该公司保存,张莉手中并无此单。对于合力华通公司提供的上述两份证据,张莉表示对于车辆维修记录没有异议,车辆交接验收单中的签字确系其所签,但合力华通公司在销售时并未告知车辆曾有维修,其在签字时备注一栏中没有"此车右侧有钣喷修复,按约定价格销售"字样。

裁判结果

北京市朝阳区人民法院于 2007 年 10 月作出（2007）朝民初字第 18230 号民事判决：一、撤销张莉与合力华通公司于 2007 年 2 月 28 日签订的《汽车销售合同》；二、张莉于判决生效后七日内将其所购的雪佛兰景程轿车退还合力华通公司；三、合力华通公司于判决生效后七日内退还张莉购车款十二万四千二百元；四、合力华通公司于判决生效后七日内赔偿张莉购置税一万二千四百元、服务费五百元、保险费六千零六十元；五、合力华通公司于判决生效后七日内加倍赔偿张莉购车款十三万八千元；六、驳回张莉其他诉讼请求。宣判后，合力华通公司提出上诉。北京市第二中级人民法院于 2008 年 3 月 13 日作出（2008）二中民终字第 00453 号民事判决：驳回上诉，维持原判。

裁判理由

法院生效裁判认为：原告张莉购买汽车系因生活需要自用，被告合力华通公司没有证据证明张莉购买该车用于经营或其他非生活消费，故张莉购买汽车的行为属于生活消费需要，应当适用《中华人民共和国消费者权益保护法》。

根据双方签订的《汽车销售合同》约定，合力华通公司交付张莉的车辆应为无维修记录的新车，现所售车辆在交付前实际上经过维修，这是双方共同认可的事实，故本案争议的焦点为合力华通公司是否事先履行了告知义务。

车辆销售价格的降低或优惠以及赠送车饰是销售商常用的销售策略，也是双方当事人协商的结果，不能由此推断出合力华通公司在告知张莉汽车存在瑕疵的基础上对其进行了降价和优惠。合力华通公司提交的有张莉签名的车辆交接验收单，因系合力华通公司单方保存，且备注一栏内容由该公司不同人员书写，加之张莉对此不予认可，该验收单不足以证明张莉对车辆以前维修过有所了解。故对合力华通公司抗辩称其向张莉履行了瑕疵告知义务，不予采信，应认定合力华通公司在售车时隐瞒了车辆存在的瑕疵，有欺诈行为，应退车还款并增加赔偿张莉的损失。

【指导案例 18 号】

中兴通讯（杭州）有限责任公司
诉王鹏劳动合同纠纷案

（最高人民法院审判委员会讨论通过　2013 年 11 月 8 日发布）

关键词　民事　劳动合同　单方解除

裁判要点

劳动者在用人单位等级考核中居于末位等次，不等同于"不能胜任工作"，不符合单方解除劳动合同的法定条件，用人单位不能据此单方解除劳动合同。

相关法条

《中华人民共和国劳动合同法》第三十九条、第四十条

基本案情

2005 年 7 月，被告王鹏进入原告中兴通讯（杭州）有限责任公司（以下简称中兴通讯）工作，劳动合同约定王鹏从事销售工作，基本工资每月 3840 元。该公司的《员工绩效管理办法》规定：员工半年、年度绩效考核分别为 S、A、C1、C2 四个等级，分别代表优秀、良好、价值观不符、业绩待改进；S、A、C（C1、C2）等级的比例分别为 20%、70%、10%；不胜任工作原则上考核为 C2。王鹏原在该公司分销科从事销售工作，2009 年 1 月后因分销科解散等原因，转岗至华东区从事销售工作。2008 年下半年、2009 年上半年及 2010 年下半年，王鹏的考核结果均为 C2。中兴通讯认为，王鹏不能胜任工作，经转岗后，仍不能胜任工作，故在支付了部分经济补偿金的情况下解除了劳动合同。

2011 年 7 月 27 日，王鹏提起劳动仲裁。同年 10 月 8 日，仲裁委作出裁决：中兴通讯支付王鹏违法解除劳动合同的赔偿金余额 36596.28 元。中兴通讯认为其不存在违法解除劳动合同的行为，故于同年 11 月 1 日诉至法院，请求判令不予支付解除劳动合同赔偿金余额。

裁判结果

浙江省杭州市滨江区人民法院于 2011 年 12 月 6 日作出（2011）杭

滨民初字第885号民事判决：原告中兴通讯（杭州）有限责任公司于本判决生效之日起十五日内一次性支付被告王鹏违法解除劳动合同的赔偿金余额36596.28元。宣判后，双方均未上诉，判决已发生法律效力。

裁判理由

法院生效裁判认为：为了保护劳动者的合法权益，构建和发展和谐稳定的劳动关系，《中华人民共和国劳动法》《中华人民共和国劳动合同法》对用人单位单方解除劳动合同的条件进行了明确限定。原告中兴通讯以被告王鹏不胜任工作，经转岗后仍不胜任工作为由，解除劳动合同，对此应负举证责任。根据《员工绩效管理办法》的规定，"C（C1、C2）考核等级的比例为10%"，虽然王鹏曾经考核结果为C2，但是C2等级并不完全等同于"不能胜任工作"，中兴通讯仅凭该限定考核等级比例的考核结果，不能证明劳动者不能胜任工作，不符合据此单方解除劳动合同的法定条件。虽然2009年1月王鹏从分销科转岗，但是转岗前后均从事销售工作，并存在分销科解散导致王鹏转岗这一根本原因，故不能证明王鹏系因不能胜任工作而转岗。因此，中兴通讯主张王鹏不胜任工作，经转岗后仍然不胜任工作的依据不足，存在违法解除劳动合同的情形，应当依法向王鹏支付经济补偿标准二倍的赔偿金。

【指导案例19号】

赵春明等诉烟台市福山区汽车运输公司、卫德平等机动车交通事故责任纠纷案

（最高人民法院审判委员会讨论通过　2013年11月8日发布）

关键词　民事　机动车交通事故　责任　套牌　连带责任

裁判要点

机动车所有人或者管理人将机动车号牌出借他人套牌使用，或者明知他人套牌使用其机动车号牌不予制止，套牌机动车发生交通事故造成他人损害的，机动车所有人或者管理人应当与套牌机动车所有人或者管理人承担连带责任。

相关法条

《中华人民共和国侵权责任法》第八条

《中华人民共和国道路交通安全法》第十六条

基本案情

2008年11月25日5时30分许,被告林则东驾驶套牌的鲁F41703货车在同三高速公路某段行驶时,与同向行驶的被告周亚平驾驶的客车相撞,两车冲下路基,客车翻滚致车内乘客冯永菊当场死亡。经交警部门认定,货车司机林则东负主要责任,客车司机周亚平负次要责任,冯永菊不负事故责任。原告赵春明、赵某某、冯某某、侯某某分别系死者冯永菊的丈夫、儿子、父亲和母亲。

鲁F41703号牌在车辆管理部门登记的货车并非肇事货车,该号牌登记货车的所有人系被告烟台市福山区汽车运输公司(以下简称福山公司),实际所有人系被告卫德平,该货车在被告永安财产保险股份有限公司烟台中心支公司(以下简称永安保险公司)投保机动车第三者责任强制保险。

套牌使用鲁F41703号牌的货车(肇事货车)实际所有人为被告卫广辉,林则东系卫广辉雇佣的司机。据车辆管理部门登记信息反映,鲁F41703号牌登记货车自2004年4月26日至2008年7月2日,先后15次被以损坏或灭失为由申请补领号牌和行驶证。2007年8月23日卫广辉申请补领行驶证的申请表上有福山公司的签章。事发后,福山公司曾派人到交警部门处理相关事宜。审理中,卫广辉表示,卫德平对套牌事宜知情并收取套牌费,事发后卫广辉还向卫德平借用鲁F41703号牌登记货车的保单去处理事故,保单仍在卫广辉处。

发生事故的客车的登记所有人系被告朱荣明,但该车辆几经转手,现实际所有人系周亚平,朱荣明对该客车既不支配也未从该车运营中获益。被告上海腾飞建设工程有限公司(以下简称腾飞公司)系周亚平的雇主,但事发时周亚平并非履行职务。该客车在中国人民财产保险股份有限公司上海市分公司(以下简称人保公司)投保了机动车第三者责任强制保险。

裁判结果

上海市宝山区人民法院于2010年5月18日作出(2009)宝民一(民)初字第1128号民事判决:一、被告卫广辉、林则东赔偿四原告丧葬费、精神损害抚慰金、死亡赔偿金、交通费、误工费、住宿费、被扶养人生活费和律师费共计396863元；二、被告周亚平赔偿四原告丧葬费、精神损害抚慰金、死亡赔偿金、交通费、误工费、住宿费、被扶养人生活费和律师费共计170084元；三、被告福山公司、卫德平对上述判决主文第一项的赔偿义务承担连带责任；被告卫广辉、林则东、周亚平对上述判决主文第一、二项的赔偿义务互负连带责任；四、驳回四原告的其余诉讼请求。宣判后，卫德平提起上诉。上海市第二中级人民法院于2010年8月5日作出（2010）沪二中民一（民）终字第1353号民事判决：驳回上诉，维持原判。

裁判理由

法院生效裁判认为：根据本案交通事故责任认定，肇事货车司机林则东负事故主要责任，而卫广辉是肇事货车的实际所有人，也是林则东的雇主，故卫广辉和林则东应就本案事故损失连带承担主要赔偿责任。永安保险公司承保的鲁F41703货车并非实际肇事货车，其也不知道鲁F41703机动车号牌被肇事货车套牌，故永安保险公司对本案事故不承担赔偿责任。根据交通事故责任认定，本案客车司机周亚平对事故负次要责任，周亚平也是该客车的实际所有人，故周亚平应对本案事故损失承担次要赔偿责任。朱荣明虽系该客车的登记所有人，但该客车已几经转手，朱荣明既不支配该车，也未从该车运营中获益，故其对本案事故不承担责任。周亚平虽受雇于腾飞公司，但本案事发时周亚平并非在为腾飞公司履行职务，故腾飞公司对本案亦不承担责任。至于承保该客车的人保公司，因死者冯永菊系车内人员，依法不适用机动车交通事故责任强制保险，故人保公司对本案不承担责任。另，卫广辉和林则东一方、周亚平一方虽各自应承担的责任比例有所不同，但车祸的发生系两方的共同侵权行为所致，故卫广辉、林则东对于周亚平的应负责任份额、周亚平对于卫广辉、林则东的应负责任份额，均应互负连带责任。

鲁F41703货车的登记所有人福山公司和实际所有人卫德平，明知卫广辉等人套用自己的机动车号牌而不予阻止，且提供方便，纵容套牌货车在公路上行驶，福山公司与卫德平的行为已属于出借机动车号牌给他人使用的情形，该行为违反了《中华人民共和国道路交通安全法》等有关机动车管理的法律规定。将机动车号牌出借他人套牌使用，将会纵容不符合安全技术标准的机动车通过套牌在道路上行驶，增加道路交通的危险性，危及公共安全。套牌机动车发生交通事故造成损害，号牌出借人同样存在过错，对于肇事的套牌车一方应负的赔偿责任，号牌出借人应当承担连带责任。故福山公司和卫德平应对卫广辉与林则东一方的赔偿责任份额承担连带责任。

【指导案例 20 号】

深圳市斯瑞曼精细化工有限公司诉深圳市坑梓自来水有限公司、深圳市康泰蓝水处理设备有限公司侵害发明专利权纠纷案

（最高人民法院审判委员会讨论通过　2013 年 11 月 8 日发布）

关键词　民事　知识产权　侵害　发明专利权　临时保护期　后续行为

裁判要点

在发明专利申请公布后至专利权授予前的临时保护期内制造、销售、进口的被诉专利侵权产品不为专利法禁止的情况下，其后续的使用、许诺销售、销售，即使未经专利权人许可，也不视为侵害专利权，但专利权人可以依法要求临时保护期内实施其发明的单位或者个人支付适当的费用。

相关法条

《中华人民共和国专利法》第十一条、第十三条、第六十九条

基本案情

深圳市斯瑞曼精细化工有限公司（以下简称斯瑞曼公司）于 2006 年 1 月 19 日向国家知识产权局申请发明专利，该专利于 2006 年 7 月 19 日公开，2009 年 1 月 21 日授权公告，授权的发明名称为"制备高纯度二氧化氯的设备"，专利权人为斯瑞曼公司。该专利最近一次年费缴纳时间为 2008 年 11 月 28 日。2008 年 10 月 20 日，深圳市坑梓自来水有限公司（以下简称坑梓自来水公司）与深圳市康泰蓝水处理设备有限公司（以下简称康泰蓝公司）签订《购销合同》一份，坑梓自来水公司向康泰蓝公司购买康泰蓝二氧化氯发生器一套，价款 26 万元。康泰

蓝公司已于 2008 年 12 月 30 日就上述产品销售款要求税务机关代开统一发票。在上述《购销合同》中，约定坑梓自来水公司分期向康泰蓝公司支付设备款项，康泰蓝公司为坑梓自来水公司提供安装、调试、维修、保养等技术支持及售后服务。

2009 年 3 月 16 日，斯瑞曼公司向广东省深圳市中级人民法院诉称：其拥有名称为"制备高纯度二氧化氯的设备"的发明专利（简称涉案发明专利），康泰蓝公司生产、销售和坑梓自来水公司使用的二氧化氯生产设备落入涉案发明专利保护范围。请求判令二被告停止侵权并赔偿经济损失 30 万元、承担诉讼费等费用。在本案中，斯瑞曼公司没有提出支付发明专利临时保护期使用费的诉讼请求，在一审法院已作释明的情况下，斯瑞曼公司仍坚持原诉讼请求。

裁判结果

广东省深圳市中级人民法院于 2010 年 1 月 6 日作出（2009）深中法民三初字第 94 号民事判决：康泰蓝公司停止侵权，康泰蓝公司和坑梓自来水公司连带赔偿斯瑞曼公司经济损失 8 万元。康泰蓝公司、坑梓自来水公司均提起上诉，广东省高级人民法院于 2010 年 11 月 15 日作出（2010）粤高法民三终字第 444 号民事判决：驳回上诉，维持原判。坑梓自来水公司不服二审判决，向最高人民法院申请再审。最高人民法院于 2011 年 12 月 20 日作出（2011）民提字第 259 号民事判决：撤销原一、二审判决，驳回斯瑞曼公司的诉讼请求。

裁判理由

最高人民法院认为：斯瑞曼公司在本案中没有提出支付发明专利临时保护期使用费的诉讼请求，因此本案的主要争议焦点在于，坑梓自来水公司在涉案发明专利授权后使用其在涉案发明专利临时保护期内向康泰蓝公司购买的被诉专利侵权产品是否侵犯涉案发明专利权，康泰蓝公司在涉案发明专利授权后为坑梓自来水公司使用被诉专利侵权产品提供售后服务是否侵犯涉案发明专利权。

对于侵犯专利权行为的认定，应当全面综合考虑专利法的相关规定。根据本案被诉侵权行为时间，本案应当适用 2000 年修改的《中华人民共和国专利法》。专利法第十一条第一款规定："发明和实用新型专利权被授予后，除本法另有规定的以外，任何单位或者个人未经专利权人许可，都不得实施其专利，即不得为生产经营目的制造、使用、许诺销售、销售、进口其专利产品，或者使用其专利方法以及使用、许诺销售、销售、进口依照该专利方法直接获得的产品。"第十三条规定："发明专利申请公布后，申请人可以要求实施其发明的单位或者个人支付适当的费用。"第六十二条规定："侵犯专利权的诉讼时效为二年，自专利权人或者利害关系人得知或者应当得知侵权行为之日起计算。发明专利申请公布后至专利权授予前使用该发明未支付适当使用费的，专利权人要求支付使用费的诉讼时效为二年，自专利权人得知或者应当得知他人使用其发明之日起计算，但是，专利权人于专利权授予之日前即已得知或者应当得知的，自专利权授予之日起计算。"综合考虑上述规定，专利法虽然规定了申请人可以要求在发明专利申请公布后至专利权授予之前（即专利临时保护期内）实施其发明的单位或者个人支付适当的费用，即享有请求给付发明专利临时保护期使用费的权利，但对于专利临时保护期内实施其发明的行为并不享有请求停止实施的权利。因此，在发明专利临时保护期内实施相关发明的，不属于专利法禁止的行为。在专利临时保护期内制造、销售、进口被诉专利侵权产品不为专利法禁止的情况下，其后续的使用、许诺销售、销售该产品的行为，即使未经专利权人许可，也应当得到允许。也就是说，专利权人无权禁止他人对专利临时保护期内制造、销售、进口的被诉专利侵权产品的后续使用、许诺销售、销售。当然，这并不否定专利权人根据专利法第十三条规定行使要求实施其发明者支付适当费用的权利。对于在专利临时保护期内制造、销售、进口的被诉专利侵权产品，在销售者、使用者提供了合法来源的情况下，销售者、使用者不应承担支付适当费用的责任。

　　认定在发明专利授权后针对发明专利临时保护期内实施发明得到的产品的后续使用、许诺销售、销售等实施行为不构成侵权，符合专利法的立法宗旨。一方面，专利制度的设计初衷是"以公开换保护"，且是在授权之后才能请求予以保护。对于发明专利申请来说，在公开日之前实施相关发明，不构成侵权，在公开日后也应当允许此前实施发明得到的产品的后续实施行为；在公开日到授权日之间，为发明专利申请提供的是临时保护，在此期间实施相关发明，不为专利法所禁止，同样也应当允许实施发明得到的产品在此期间之后的后续实施行为，但申请人在获得专利权后有权要求在临时保护期内实施其发明者支付适当费用。由于专利法没有禁止发明专利授权前的实施行为，则专利授权前制造出来的产品的后续实施也不构成侵权。否则就违背了专利法的立法初衷，为尚未公开或者授权的技术方案提供了保护。另一方面，专利法规定了先用权，虽然仅规定了先用权人在原有范围内继续制造相同产品、使用相同方法不视为侵权，没有规定制造的相同产品或者使用相同方法制造的产品的后续实施行为是否构成侵权，但是不能因为专利法没有明确规定就认定上述后续实施行为构成侵权，否则，专利法规定的先用权没有任何意义。

本案中，康泰蓝公司销售被诉专利侵权产品是在涉案发明专利临时保护期内，该行为不为专利法所禁止。在此情况下，后续的坑梓自来水公司使用所购买的被诉专利侵权产品的行为也应当得到允许。因此，坑梓自来水公司后续的使用行为不侵犯涉案发明专利权。同理，康泰蓝公司在涉案发明专利授权后为坑梓自来水公司使用被诉专利侵权产品提供售后服务也不侵犯涉案发明专利权。

【指导案例 21 号】

内蒙古秋实房地产开发有限责任公司诉呼和浩特市人民防空办公室人防行政征收案

（最高人民法院审判委员会讨论通过 2013 年 11 月 8 日发布）

关键词 行政 人防行政征收 防空地下室 易地建设费

裁判要点

建设单位违反人民防空法及有关规定，应当建设防空地下室而不建的，属于不履行法定义务的违法行为。建设单位应当依法缴纳防空地下室易地建设费的，不适用廉租住房和经济适用住房等保障性住房建设项目关于"免收城市基础设施配套费等各种行政事业性收费"的规定。

相关法条

《中华人民共和国人民防空法》第二十二条、第四十八条

基本案情

2008 年 9 月 10 日，被告呼和浩特市人民防空办公室（以下简称呼市人防办）向原告内蒙古秋实房地产开发有限责任公司（以下简称秋

实房地产公司）送达《限期办理"结建"审批手续告知书》，告知秋实房地产公司新建的经济适用住房"秋实第一城"住宅小区工程未按照《中华人民共和国人民防空法》第二十二条、《人民防空工程建设管理规定》第四十五条、第四十七条的规定，同时修建战时可用于防空的地下室，要求秋实房地产公司9月14日前到呼市人防办办理"结建"手续，并提交相关资料。2009年6月18日，呼市人防办对秋实房地产公司作出呼人防征费字（001）号《呼和浩特市人民防空办公室征收防空地下室易地建设费决定书》，决定对秋实房地产公司的"秋实第一城"项目征收"防空地下室易地建设费"172.46万元。秋实房地产公司对"秋实第一城"项目应建防空地下室5518平方米而未建无异议，对呼市人防办作出征费决定的程序合法无异议。

裁判结果

内蒙古自治区呼和浩特市新城区人民法院于2010年1月19日作出（2009）新行初字第26号行政判决：维持呼市人防办作出的呼人防征费字（001）号《呼和浩特市人民防空办公室征收防空地下室易地建设费决定书》。宣判后，秋实房地产公司提起上诉。呼和浩特市中级人民法院于2010年4月20日作出（2010）呼行终字第16号行政判决：驳回上诉，维持原判。

裁判理由

法院生效裁判认为：国务院《关于解决城市低收入家庭住房困难的若干意见》第十六条规定"廉租住房和经济适用住房建设、棚户区改造、旧住宅区整治一律免收城市基础设施配套费等各种行政事业性收费和政府性基金"。建设部等七部委《经济适用住房管理办法》第八条规定"经济适用住房建设项目免收城市基础设施配套费等各种行政事业性收费和政府性基金"。上述关于经济适用住房等保障性住房建设项目免收各种行政事业性收费的规定，虽然没有明确其调整对象，但从立法本意来看，其指向的对象应是合法建设行为。人民防空法第二十二条规定"城市新建民用建筑，按照国家有关规定修建战时可用于防空的地下室"。《人民防空工程建设管理规定》第四十八条规定"按照规定应当修建防空地下室的民用建筑，因地质、地形等原因不宜修建的，或者规定应建面积小于民用建筑地面首层建筑面积的，经人民防空主管部门批准，可以不修建，但必须按照应修建防空地下室面积所需造价缴纳易地建设费，由人民防空主管部门就近易地修建"。即只有在法律法规规定不宜修建防空地下室的情况下,经济适用住房等保障性住房建设项目才可以不修建防空地下室,并适用免除缴纳防空地下室易地建设费的有关规定。免缴防空地下室易地建设费有关规定适用的对象不应包括违法建设行为,否则就会造成违法成本小于守法成本的情形,违反立法目的,不利于维护国防安全和人民群众的根本利益。秋实房地产公司对依法应当修建的防空地下室没有修建,属于不履行法定义务的违法行为,不能适用免缴防空地下室易地建设费的有关优惠规定。

【指导案例 22 号】

魏永高、陈守志诉来安县人民政府收回土地使用权批复案

(最高人民法院审判委员会讨论通过 2013 年 11 月 8 日发布)

关键词 行政诉讼 受案范围 批复

裁判要点

地方人民政府对其所属行政管理部门的请示作出的批复,一般属于内部行政行为,不可对此提起诉讼。但行政管理部门直接将该批复付诸实施并对行政相对人的权利义务产生了实际影响,行政相对人对该批复不服提起诉讼的,人民法院应当依法受理。

相关法条

《中华人民共和国行政诉讼法》第十一条

基本案情

2010 年 8 月 31 日,安徽省来安县国土资源和房产管理局向来安县人民政府报送《关于收回国有土地使用权的请示》,请求收回该县永阳东路与塔山中路部分地块土地使用权。9 月 6 日,来安县人民政府作出《关于同意收回永阳东路与塔山中路部分地块国有土地使用权的批复》。来安县国土资源和房产管理局收到该批复后,没有依法制作并向原土地使用权人送达收回土地使用权决定,而直接交由来安县土地储备中心付

诸实施。魏永高、陈守志的房屋位于被收回使用权的土地范围内，其对来安县人民政府收回国有土地使用权批复不服，提起行政复议。2011年9月20日，滁州市人民政府作出《行政复议决定书》，维持来安县人民政府的批复。魏永高、陈守志仍不服，提起行政诉讼，请求人民法院撤销来安县人民政府上述批复。

裁判结果

滁州市中级人民法院于2011年12月23日作出（2011）滁行初字第6号行政裁定：驳回魏永高、陈守志的起诉。魏永高、陈守志提出上诉，安徽省高级人民法院于2012年9月10日作出（2012）皖行终字第14号行政裁定：一、撤销滁州市中级人民法院（2011）滁行初字第6号行政裁定；二、指令滁州市中级人民法院继续审理本案。

裁判理由

法院生效裁判认为：根据《土地储备管理办法》和《安徽省国有土地储备办法》以收回方式储备国有土地的程序规定，来安县国土资源行政主管部门在来安县人民政府作出批准收回国有土地使用权方案批复后，应当向原土地使用权人送达对外发生法律效力的收回国有土地使用权通知。来安县人民政府的批复属于内部行政行为，不向相对人送达，对相对人的权利义务尚未产生实际影响，一般不属于行政诉讼的受案范围。但本案中，来安县人民政府作出批复后，来安县国土资源行政主管部门没有制作并送达对外发生效力的法律文书，即直接交来安县土地储备中心根据该批复实施拆迁补偿安置行为，对原土地使用权人的权利义务产生了实际影响；原土地使用权人也通过申请政府信息公开知道了该批复的内容，并对批复提起了行政复议，复议机关作出复议决定时也告知了诉权，该批复已实际执行并外化为对外发生法律效力的具体行政行为。因此，对该批复不服提起行政诉讼的，人民法院应当依法受理。

最高人民法院
关于发布第六批指导性案例的通知

(2014年1月26日 法〔2014〕18号)

各省、自治区、直辖市高级人民法院，解放军军事法院，新疆维吾尔自治区高级人民法院生产建设兵团分院：

经最高人民法院审判委员会讨论决定，现将孙银山诉南京欧尚超市有限公司江宁店买卖合同纠纷案等四个案例（指导案例23－26号），作为第六批指导性案例发布，供在审判类似案件时参照。

最高人民法院

2014年1月26日

【指导案例23号】

孙银山诉南京欧尚超市 有限公司江宁店买卖合同纠纷案

（最高人民法院审判委员会讨论通过 2014年1月26日发布）

关键词 民事 买卖合同 食品安全 十倍赔偿

裁判要点

消费者购买到不符合食品安全标准的食品，要求销售者或者生产者依照食品安全法规定支付价款十倍赔偿金或者依照法律规定的其他赔偿标准赔偿的，不论其购买时是否明知食品不符合安全标准，人民法院都应予支持。

相关法条

《中华人民共和国食品安全法》第九十六条第二款

基本案情

2012 年 5 月 1 日,原告孙银山在被告南京欧尚超市有限公司江宁店(简称欧尚超市江宁店)购买"玉兔牌"香肠 15 包,其中价值 558.6 元的 14 包香肠已过保质期。孙银山到收银台结账后,即径直到服务台索赔,后因协商未果诉至法院,要求欧尚超市江宁店支付 14 包香肠售价十倍的赔偿金 5586 元。

裁判结果

江苏省南京市江宁区人民法院于 2012 年 9 月 10 日作出(2012)江宁开民初字第 646 号民事判决:被告欧尚超市江宁店于判决发生法律效力之日起 10 日内赔偿原告孙银山 5586 元。宣判后,双方当事人均未上诉,判决已发生法律效力。

裁判理由

法院生效裁判认为:关于原告孙银山是否属于消费者的问题。《中华人民共和国消费者权益保护法》第二条规定:"消费者为生活消费需要购买、使用商品或者接受服务,其权益受本法保护;本法未作规定的,受其他有关法律、法规保护。"消费者是相对于销售者和生产者的概念。只要在市场交易中购买、使用商品或者接受服务是为了个人、家庭生活需要,而不是为了生产经营活动或者职业活动需要的,就应当认定为"为生活消费需要"的消费者,属于消费者权益保护法调整的范围。本案中,原、被告双方对孙银山从欧尚超市江宁店购买香肠这一事实不持异议,据此可以认定孙银山实施了购买商品的行为,且孙银山并未将所购香肠用于再次销售经营,欧尚超市江宁店也未提供证据证明其购买商品是为了生产经营。孙银山因购买到超过保质期的食品而索赔,属于行使法定权利。因此欧尚超市江宁店认为孙银山"买假索赔"不是消费者的抗辩理由不能成立。

关于被告欧尚超市江宁店是否属于销售明知是不符合食品安全标准食品的问题。《中华人民共和国食品安全法》(以下简称《食品安全法》)第三条规定:"食品生产经营者应当依照法律、法规和食品安全标准从事生产经营活动,对社会和公众负责,保证食品安全,接受社会监督,承担社会责任。"该法第二十八条第(八)项规定,超过保质期的食品属于禁止生产经营的食品。食品销售者负有保证食品安全的法定义务,应当对不符合安全标准的食品自行及时清理。欧尚超市江宁店作为食品销售者,应当按照保障食品安全的要求储存食品,及时检查待售食品,清理超过保质期的食品,但欧尚超市江宁店仍然摆放并销售货架上超过保质期的"玉兔牌"香肠,未履行法定义务,可以认定为销售明知是不符合食品安全标准的食品。

关于被告欧尚超市江宁店的责任承担问题。《食品安全法》第九十六条第一款规定:"违反本法规定,造成人身、财产或者其他损害的,依法承担赔偿责任。"第二款规定:"生产不符合食品安全标准的食品或者销售明知是不符合食品安全标准的食品,消费者除要求赔偿损失外,还可以向生产者或者销售者要求支付价款十倍的赔偿金。"当销售者销售明知是不符合安全标准的食品时,消费者可以同时主张赔偿损失和支付价款十倍的赔偿金,也可以只主张支付价款十倍的赔偿金。本案中,原告孙银山仅要求欧尚超市江宁店支付售价十倍的赔偿金,属于当事人自行处分权利的行为,应予支持。关于被告欧尚超市江宁店提出原告明知食品过期而购买,希望利用其错误谋求利益,不应予以十倍赔偿的主张,因前述法律规定消费者有权获得支付价款十倍的赔偿金,因该赔偿获得的利益属于法律应当保护的利益,且法律并未对消费者的主观购物动机作出限制性规定,故对其该项主张不予支持。

【指导案例 24 号】

荣宝英诉王阳、永诚财产保险股份有限公司江阴支公司机动车交通事故责任纠纷案

(最高人民法院审判委员会讨论通过 2014 年 1 月 26 日发布)

关键词 民事 交通事故 过错责任

裁判要点

交通事故的受害人没有过错,其体质状况对损害后果的影响不属于可以减轻侵权人责任的法定情形。

相关法条

《中华人民共和国侵权责任法》第二十六条

《中华人民共和国道路交通安全法》第七十六条第一款第（二）项

基本案情

原告荣宝英诉称：被告王阳驾驶轿车与其发生刮擦，致其受伤。该事故经江苏省无锡市公安局交通巡逻警察支队滨湖大队（简称滨湖交警大队）认定：王阳负事故的全部责任，荣宝英无责。原告要求下述两被告赔偿医疗费用 30006 元、住院伙食补助费 414 元、营养费 1620 元、残疾赔偿金 27658.05 元、护理费 6000 元、交通费 800 元、精神损害抚慰金 10500 元，并承担本案诉讼费用及鉴定费用。

被告永诚财产保险股份有限公司江阴支公司（简称永诚保险公司）辩称：对于事故经过及责任认定没有异议，其愿意在交强险限额范围内予以赔偿；对于医疗费用 30006 元、住院伙食补助费 414 元没有异议；因鉴定意见结论中载明"损伤参与度评定为 75%，其个人体质的因素占 25%"，故确定残疾赔偿金应当乘以损伤参与度系数 0.75，认可 20743.54 元；对于营养费认可 1350 元，护理费认可 3300 元，交通费认可 400 元，鉴定费用不予承担。

被告王阳辩称：对于事故经过及责任认定没有异议，原告的损失应当由永诚保险公司在交强险限额范围内优先予以赔偿；鉴定费用请求法院依法判决，其余各项费用同意保险公司意见；其已向原告赔偿 20000 元。

法院经审理查明：2012 年 2 月 10 日 14 时 45 分许，王阳驾驶号牌为苏 MT1888 的轿车，沿江苏省无锡市滨湖区蠡湖大道由北往南行驶至蠡湖大道大通路口人行横道线时，碰擦行人荣宝英致其受伤。2 月 11 日，滨湖交警大队作出《道路交通事故认定书》，认定王阳负事故的全部责任，荣宝英无责。事故发生当天，荣宝英即被送往医院治疗，发生医疗费用 30006 元，王阳垫付 20000 元。荣宝英治疗恢复期间，以每月 2200 元聘请一名家政服务人员。号牌苏 MT1888 轿车在永诚保险公司投保了机动车交通事故责任强制保险，保险期间为 2011 年 8 月 17 日 0 时起至 2012 年 8 月 16 日 24 时止。原、被告一致确认荣宝英的医疗费用为 30006 元、住院伙食补助费为 414 元、精神损害抚慰金为 10500 元。

荣宝英申请并经无锡市中西医结合医院司法鉴定所鉴定，结论为：1. 荣宝英左桡骨远端骨折的伤残等级评定为十级；左下肢损伤的伤残等级评定为九级。损伤参与度评定为 75%，其个人体质的因素占 25%。

2. 荣宝英的误工期评定为 150 日，护理期评定为 60 日，营养期评定为 90 日。一审法院据此确认残疾赔偿金 27658.05 元扣减 25% 为 20743.54 元。

裁判结果

江苏省无锡市滨湖区人民法院于 2013 年 2 月 8 日作出（2012）锡滨民初字第 1138 号判决：一、被告永诚保险公司于本判决生效后十日内赔偿荣宝英医疗费用、住院伙食补助费、营养费、残疾赔偿金、护理费、交通费、精神损害抚慰金共计 45343.54 元。二、被告王阳于本判决生效后十日内赔偿荣宝英医疗费用、住院伙食补助费、营养费、鉴定费共计 4040 元。三、驳回原告荣宝英的其他诉讼请求。宣判后，荣宝英向江苏省无锡市中级人民法院提出上诉。无锡市中级人民法院经审理于 2013 年 6 月 21 日以原审适用法律错误为由作出（2013）锡民终字第 497 号民事判决：一、撤销无锡市滨湖区人民法院（2012）锡滨民初字第 1138 号民事判决；二、被告永诚保险公司于本判决生效后十日内赔偿荣宝英 52258.05 元。三、被告王阳于本判决生效后十日内赔偿荣宝英 4040 元。四、驳回原告荣宝英的其他诉讼请求。

裁判理由

法院生效裁判认为：《中华人民共和国侵权责任法》第二十六条规定："被侵权人对损害的发生也有过错的，可以减轻侵权人的责任。"《中华人民共和国道路交通安全法》第七十六条第一款第（二）项规定，机动车与非机动车驾驶人、行人之间发生交通事故，非机动车驾驶人、行人没有过错的，由机动车一方承担赔偿责任；有证据证明非机动车驾驶人、行人有过错的，根据过错程度适当减轻机动车一方的赔偿责任。因此，交通事故中在计算残疾赔偿金是否应当扣减时应当根据受害人对损失的发生或扩大是否存在过错进行分析。本案中，虽然原告荣宝英的个人体质状况对损害后果的发生具有一定的影响，但这不是侵权责任法等法律规定的过错，荣宝英不应因个人体质状况对交通事故导致的伤残存在一定影响而自负相应责任，原审判决以伤残等级鉴定结论中将荣宝英个人体质状况"损伤参与度评定为 75%"为由，在计算残疾赔偿金时作相应扣减属适用法律错误，应予纠正。

从交通事故受害人发生损伤及造成损害后果的因果关系看，本起交通事故的引发系肇事者王阳驾驶机动车穿越人行横道线时，未尽到安全注意义务碰擦行人荣宝英所致；本起交通事故造成的损害后果系受害人荣宝英被机动车碰撞、跌倒发生骨折所致，事故责任认定荣宝英对本起事故不负责任，其对事故的发生及损害后果的造成均无过错。虽然荣宝英年事已高，但其年老骨质疏松仅是事故造成后果的客观因素，并无法律上的因果关系。因此，受害人荣宝英对于损害的发生或者扩大没有过错，不存在减轻或者免除加害人赔偿责任的法定情形。同时，机动车应当遵守文明行车、礼让行人的一般交通规则和社会公德。本案所涉事故发生在人行横道线上，正常行走的荣宝英对将被机动车碰撞这一事件无法预见，而王阳驾驶机动车在路经人行横道线时未依法减速慢行、避让行人，导致事故发生。因此，依法应当由机动车一方承担事故引发的全部赔偿责任。

根据我国道路交通安全法的相关规定，机动车发生交通事故造成人身伤亡、财产损失的，由保险公司在机动车第三者责任强制保险责任限额范围内予以赔偿。而我国交强险立法并未规定在确定交强险责任时应依据受害人体质状况对损害后果的影响作相应扣减，保险公司的免责事由也仅限于受害人故意造成交通事故的情形，即便是投保机动车无责，保险公司也应在交强险无责限额内予以赔偿。因此，对于受害人符合法律规定的赔偿项目和标准的损失，均属交强险的赔偿范围，参照"损伤参与度"确定损害赔偿责任和交强险责任均没有法律依据。

【指导案例 25 号】

华泰财产保险有限公司北京分公司诉李志贵、天安财产保险股份有限公司河北省分公司张家口支公司保险人代位求偿权纠纷案

（最高人民法院审判委员会讨论通过　2014年1月26日发布）

关键词　民事诉讼　保险人代位求偿　管辖

裁判要点

因第三者对保险标的的损害造成保险事故，保险人向被保险人赔偿

保险金后，代位行使被保险人对第三者请求赔偿的权利而提起诉讼的，应当根据保险人所代位的被保险人与第三者之间的法律关系，而不应当根据保险合同法律关系确定管辖法院。第三者侵害被保险人合法权益的，由侵权行为地或者被告住所地法院管辖。

相关法条

《中华人民共和国民事诉讼法》第二十八条

《中华人民共和国保险法》第六十条第一款

基本案情

2011年6月1日，华泰财产保险有限公司北京分公司（简称华泰保险公司）与北京亚大锦都餐饮管理有限公司（简称亚大锦都餐饮公司）签订机动车辆保险合同，被保险车辆的车牌号为京A82368，保险期间自2011年6月5日0时起至2012年6月4日24时止。2011年11月18日，陈某某驾驶被保险车辆行驶至北京市朝阳区机场高速公路上时，与李志贵驾驶的车牌号为冀GA9120的车辆发生交通事故，造成被保险车辆受损。经交管部门认定，李志贵负事故全部责任。事故发生后，华泰保险公司依照保险合同的约定，向被保险人亚大锦都餐饮公司赔偿保险金83878元，并依法取得代位求偿权。基于肇事车辆系在天安财产保险股份有限公司河北省分公司张家口支公司（简称天安保险公司）投保了机动车交通事故责任强制保险，华泰保险公司于2012年10月诉至北京市东城区人民法院，请求判令被告肇事司机李志贵和天安保险公司赔偿83878元，并承担诉讼费用。

被告李志贵的住所地为河北省张家口市怀来县沙城镇，被告天安保险公司的住所地为张家口市怀来县沙城镇燕京路东108号，保险事故发生地为北京市朝阳区机场高速公路上，被保险车辆行驶证记载所有人的住址为北京市东城区工体北路新中西街8号。

裁判结果

北京市东城区人民法院于2012年12月17日作出（2012）东民初字第13663号民事裁定：对华泰保险公司的起诉不予受理。宣判后，当事人未上诉，裁定已发生法律效力。

裁判理由

法院生效裁判认为：根据《中华人民共和国保险法》第六十条的规定，保险人的代位求偿权是指保险人依法享有的，代位行使被保险人向造成保险标的损害负有赔偿责任的第三者请求赔偿的权利。保险人代位求偿权源于法律的直接规定，属于保险人的法定权利，并非基于保险合同而产生的约定权利。因第三者对保险标的的损害造成保险事故，保险人向被保险人赔偿保险金后，代位行使被保险人对第三者请求赔偿的权利而提起诉讼的，应根据保险人所代位的被保险人与第三者之间的法律关系确定管辖法院。第三者侵害被保险人合法权益，因侵权行为提起的诉讼，依据《中华人民共和国民事诉讼法》第二十八条的规定，由侵权行为地或者被告住所地法院管辖，而不适用财产保险合同纠纷管辖的规定，不应以保险标的物所在地作为管辖依据。本案中，第三者实施了道路交通侵权行为，造成保险事故，被保险人对第三者有侵权损害赔偿请求权；保险人行使代位权起诉第三者的，应当由侵权行为地或者被告住所地法院管辖。现二被告的住所地及侵权行为地均不在北京市东城区，故北京市东城区人民法院对该起诉没有管辖权，应裁定不予受理。

【指导案例 26 号】

李健雄诉广东省交通运输厅政府信息公开案

（最高人民法院审判委员会讨论通过　2014 年 1 月 26 日发布）

关键词　行政　政府信息公开　网络申请　逾期答复

裁判要点

公民、法人或者其他组织通过政府公众网络系统向行政机关提交政府信息公开申请的，如该网络系统未作例外说明，则系统确认申请提交成功的日期应当视为行政机关收到政府信息公开申请之日。行政机关对于该申请的内部处理流程，不能成为行政机关延期处理的理由，逾期作出答复的，应当确认为违法。

相关法条

《中华人民共和国政府信息公开条例》第二十四条

基本案情

原告李健雄诉称：其于 2011 年 6 月 1 日通过广东省人民政府公众网络系统向被告广东省交通运输厅提出政府信息公开申请，根据《中华人民共和国政府信息公开条例》（以下简称《政府信息公开条例》）第二十四条第二款的规定，被告应在当月23日前答复原告，但被告未在法定期限内答复及提供所申请的政府信息，故请求法院判决确认被告未在法定期限内答复的行为违法。

被告广东省交通运输厅辩称：原告申请政府信息公开通过的是广东省人民政府公众网络系统，即省政府政务外网（以下简称省外网），而非被告的内部局域网（以下简称厅内网）。按规定，被告将广东省人民政府"政府信息网上依申请公开系统"的后台办理设置在厅内网。由于被告的厅内网与互联网、省外网物理隔离，互联网、省外网数据都无法直接进入厅内网处理，需通过网闸以数据"摆渡"方式接入厅内网办理，因此被告工作人员未能立即发现原告在广东省人民政府公众网络系统中提交的申请，致使被告未能及时受理申请。根据《政府信息公开条例》第二十四条、《国务院办公厅关于做好施行〈中华人民共和国政府信息公开条例〉准备工作的通知》等规定，政府信息公开中的申请受理并非以申请人提交申请为准，而是以行政机关收到申请为准。原告称2011年6月1日向被告申请政府信息公开，但被告未收到该申请，被告正式收到并确认受理的日期是7月28日，并按规定向原告发出了《受理回执》。8月4日，被告向原告当场送达《关于政府信息公开的答复》和《政府信息公开答复书》，距离受理日仅5个工作日，并未超出法定答复期限。因原告在政府公众网络系统递交的申请未能被及时发现并被受理应视为不可抗力和客观原因造成，不应计算在答复期限内，故请求法院依法驳回原告的诉讼请求。

法院经审理查明：2011年6月1日，原告李健雄通过广东省人民政府公众网络系统向被告广东省交通运输厅递交了政府信息公开申请，申请获取广州广园客运站至佛冈的客运里程数等政府信息。政府公众网络系统以申请编号11060100011予以确认，并通过短信通知原告确认该政府信息公开申请提交成功。7月28日，被告作出受理记录确认上述事实，并于8月4日向原告送达《关于政府信息公开的答复》和《政府信息公开答复书》。庭审中被告确认原告基于生活生产需要获取上述信息，原告确认8月4日收到被告作出的《关于政府信息公开的答复》和《政府信息公开答复书》。

裁判结果

广州市越秀区人民法院于2011年8月24日作出（2011）越法行初

字第252号行政判决：确认被告广东省交通运输厅未依照《政府信息公开条例》第二十四条规定的期限对原告李健雄2011年6月1日申请其公开广州广园客运站至佛冈客运里程数的政府信息作出答复违法。

裁判理由

法院生效裁判认为：《政府信息公开条例》第二十四条规定："行政机关收到政府信息公开申请，能够当场答复的，应当当场予以答复。行政机关不能当场答复的，应当自收到申请之日起15个工作日内予以答复；如需延长答复期限的，应当经政府信息公开工作机构负责人同意，并告知申请人，延长答复的期限最长不得超过15个工作日。"本案原告于2011年6月1日通过广东省人民政府公众网络系统向被告提交了政府信息公开申请，申请公开广州广园客运站至佛冈的客运里程数。政府公众网络系统生成了相应的电子申请编号，并向原告手机发送了申请提交成功的短信。被告确认收到上述申请并认可原告是基于生活生产需要获取上述信息，却于2011年8月4日才向原告作出《关于政府信息公开的答复》和《政府信息公开答复书》，已超过了上述规定的答复期限。由于广东省人民政府"政府信息网上依申请公开系统"作为政府信息申请公开平台所应当具有的整合性与权威性，如未作例外说明，则从该平台上递交成功的申请应视为相关行政机关已收到原告通过互联网提出的政府信息公开申请。至于外网与内网、上下级行政机关之间对于该申请的流转，属于行政机关内部管理事务，不能成为行政机关延期处理的理由。被告认为原告是向政府公众网络系统提交的申请，因其厅内网与互联网、省外网物理隔离而无法及时发现原告申请，应以其2011年7月28日发现原告申请为收到申请日期而没有超过答复期限的理由不能成立。因此，原告通过政府公众网络系统提交政府信息公开申请的，该网络系统确认申请提交成功的日期应当视为被告收到申请之日，被告逾期作出答复的，应当确认为违法。

最高人民法院
关于发布第七批指导性案例的通知

(2014年6月26日 法〔2014〕161号)

各省、自治区、直辖市高级人民法院,解放军军事法院,新疆维吾尔自治区高级人民法院生产建设兵团分院:

经最高人民法院审判委员会讨论决定,现将臧进泉等盗窃、诈骗案等五个案例(指导案例27-31号),作为第七批指导性案例发布,供在审判类似案件时参照。

最高人民法院
2014年6月26日

【指导案例27号】

臧进泉等盗窃、诈骗案

(最高人民法院审判委员会讨论通过 2014年6月26日发布)

关键词 刑事 盗窃 诈骗 利用信息网络

裁判要点

行为人利用信息网络,诱骗他人点击虚假链接而实际通过预先植入的计算机程序窃取财物构成犯罪的,以盗窃罪定罪处罚;虚构可供交易的商品或者服务,欺骗他人点击付款链接而骗取财物构成犯罪的,以诈骗罪定罪处罚。

相关法条

《中华人民共和国刑法》第二百六十四条、第二百六十六条

基本案情

一、盗窃事实

2010年6月1日,被告人郑必玲骗取被害人金某195元后,获悉金某的建设银行网银账户内有305000余元存款且无每日支付限额,遂电话告知被告人臧进泉,预谋合伙作案。臧进泉赶至网吧后,以尚未看到金某付款成功的记录为由,发送给金某一个交易金额标注为1元而实际植入了支付305000元的计算机程序的虚假链接,谎称金某点击该1元支付链接后,其即可查看到付款成功的记录。金某在诱导下点击了该虚假链接,其建设银行网银账户中的305000元随即通过臧进泉预设的计算机程序,经上海快钱信息服务有限公司的平台支付到臧进泉提前在福州海都阳光信息科技有限公司注册的"kissal23"账户中。臧进泉使用其中的116863元购买大量游戏点卡,并在"小泉先生哦"的淘宝网店上出售套现。案发后,公安机关追回赃款187126.31元发还被害人。

二、诈骗事实

2010年5月至6月间,被告人臧进泉、郑必玲、刘涛分别以虚假身份开设无货可供的淘宝网店铺,并以低价吸引买家。三被告人事先在网游网站注册一账户,并对该账户预设充值程序,充值金额为买家欲支付的金额,后将该充值程序代码植入一个虚假淘宝网链接中。与买家商谈好商品价格后,三被告人各自以方便买家购物为由,将该虚假淘宝网链接通过阿里旺旺聊天工具发送给买家。买家误以为是淘宝网链接而点击该链接进行购物、付款,并认为所付货款会汇入支付宝公司为担保交易而设立的公用账户,但该货款实际通过预设程序转入网游网站在支付宝公司的私人账户,再转入被告人事先在网游网站注册的充值账户中。三被告人获取买家货款后,在网游网站购买游戏点卡、腾讯Q币等,然后将其按事先约定统一放在臧进泉的"小泉先生哦"的淘宝网店铺上出售套现,所得款均汇入臧进泉的工商银行卡中,由臧进泉按照获利额以约定方式分配。

被告人臧进泉、郑必玲、刘涛经预谋后,先后到江苏省苏州市、无锡市、昆山市等地网吧采用上述手段作案。臧进泉诈骗22000元,获利5000余元,郑必玲诈骗获利5000余元,刘涛诈骗获利12000余元。

裁判结果

浙江省杭州市中级人民法院于2011年6月1日作出（2011）浙杭刑初字第91号刑事判决：一、被告人臧进泉犯盗窃罪，判处有期徒刑十三年，剥夺政治权利一年，并处罚金人民币三万元；犯诈骗罪，判处有期徒刑二年，并处罚金人民币五千元，决定执行有期徒刑十四年六个月，剥夺政治权利一年，并处罚金人民币三万五千元。二、被告人郑必玲犯盗窃罪，判处有期徒刑十年，剥夺政治权利一年，并处罚金人民币一万元；犯诈骗罪，判处有期徒刑六个月，并处罚金人民币二千元，决定执行有期徒刑十年三个月，剥夺政治权利一年，并处罚金人民币一万二千元。三、被告人刘涛犯诈骗罪，判处有期徒刑一年六个月，并处罚金人民币五千元。宣判后，臧进泉提出上诉。浙江省高级人民法院于2011年8月9日作出（2011）浙刑三终字第132号刑事裁定，驳回上诉，维持原判。

裁判理由

法院生效裁判认为：盗窃是指以非法占有为目的，秘密窃取公私财物的行为；诈骗是指以非法占有为目的，采用虚构事实或者隐瞒真相的方法，骗取公私财物的行为。对既采取秘密窃取手段又采取欺骗手段非法占有财物行为的定性，应从行为人采取主要手段和被害人有无处分财物意识方面区分盗窃与诈骗。如果行为人获取财物时起决定性作用的手段是秘密窃取，诈骗行为只是为盗窃创造条件或作掩护，被害人也没有"自愿"交付财物的，就应当认定为盗窃；如果行为人获取财物时起决定性作用的手段是诈骗，被害人基于错误认识而"自愿"交付财物，盗窃行为只是辅助手段的，就应当认定为诈骗。在信息网络情形下，行为人利用信息网络，诱骗他人点击虚假链接而实际上通过预先植入的计算机程序窃取他人财物构成犯罪的，应当以盗窃罪定罪处罚；行为人虚构可供交易的商品或者服务，欺骗他人为支付货款点击付款链接而获取财物构成犯罪的，应当以诈骗罪定罪处罚。本案中，被告人臧进泉、郑必玲使用预设计算机程序并植入的方法，秘密窃取他人网上银行账户内巨额钱款，其行为均已构成盗窃罪。臧进泉、郑必玲和被告人刘涛以非法占有为目的，通过开设虚假的网络店铺和利用伪造的购物链接骗取他人数额较大的货款，其行为均已构成诈骗罪。对臧进泉、郑必玲所犯数罪，应依法并罚。

关于被告人臧进泉及其辩护人所提非法获取被害人金某的网银账户

内 305000 元的行为，不构成盗窃罪而是诈骗罪的辩解与辩护意见，经查，臧进泉和被告人郑必玲在得知金某网银账户内有款后，即产生了通过植入计算机程序非法占有目的；随后在网络聊天中诱导金某同意支付 1 元钱，而实际上制作了一个表面付款"1 元"却支付 305000 元的假淘宝网链接，致使金某点击后，其网银账户内 305000 元即被非法转移到臧进泉的注册账户中，对此金某既不知情，也非自愿。可见，臧进泉、郑必玲获取财物时起决定性作用的手段是秘密窃取，诱骗被害人点击"1 元"的虚假链接系实施盗窃的辅助手段，只是为盗窃创造条件或作掩护，被害人也没有"自愿"交付巨额财物，获取银行存款实际上是通过隐藏的事先植入的计算机程序来窃取的，符合盗窃罪的犯罪构成要件，依照刑法第二百六十四条、第二百八十七条的规定，应当以盗窃罪定罪处罚。故臧进泉及其辩护人所提上述辩解和辩护意见与事实和法律规定不符，不予采纳。

【指导案例 28 号】

胡克金拒不支付劳动报酬案

（最高人民法院审判委员会讨论通过　2014 年 6 月 26 日发布）

关键词　刑事　拒不支付劳动报酬罪　不具备用工主体资格的单位或者个人

裁判要点

1. 不具备用工主体资格的单位或者个人（包工头），违法用工且拒不支付劳动者报酬，数额较大，经政府有关部门责令支付仍不支付的，应当以拒不支付劳动报酬罪追究刑事责任。

2. 不具备用工主体资格的单位或者个人（包工头）拒不支付劳动报酬，即使其他单位或者个人在刑事立案前为其垫付了劳动报酬的，也不影响追究该用工单位或者个人（包工头）拒不支付劳动报酬罪的刑事责任。

相关法条

《中华人民共和国刑法》第二百七十六条之一第一款

基本案情

被告人胡克金于2010年12月分包了位于四川省双流县黄水镇的三盛翡俪山一期景观工程的部分施工工程，之后聘用多名民工入场施工。施工期间，胡克金累计收到发包人支付的工程款51万余元，已超过结算时确认的实际工程款。2011年6月5日工程完工后，胡克金以工程亏损为由拖欠李朝文等20余名民工工资12万余元。6月9日，双流县人力资源和社会保障局责令胡克金支付拖欠的民工工资，胡却于当晚订购机票并在次日早上乘飞机逃匿。6月30日，四川锦天下园林工程有限公司作为工程总承包商代胡克金垫付民工工资12万余元。7月4日，公安机关对胡克金拒不支付劳动报酬案立案侦查。7月12日，胡克金在浙江省慈溪市被抓获。

裁判结果

四川省双流县人民法院于2011年12月29日作出（2011）双流刑初字第544号刑事判决，认定被告人胡克金犯拒不支付劳动报酬罪，判处有期徒刑一年，并处罚金人民币二万元。宣判后被告人未上诉，判决已发生法律效力。

裁判理由

法院生效裁判认为：被告人胡克金拒不支付20余名民工的劳动报酬达12万余元，数额较大，且在政府有关部门责令其支付后逃匿，其行为构成拒不支付劳动报酬罪。被告人胡克金虽然不具有合法的用工资格，又属没有相应建筑工程施工资质而承包建筑工程施工项目，且违法招用民工进行施工，上述情况不影响以拒不支付劳动报酬罪追究其刑事责任。本案中，胡克金逃匿后，工程总承包企业按照有关规定清偿了胡克金拖欠的民工工资，其清偿拖欠民工工资的行为属于为胡克金垫付，这一行为虽然消减了拖欠行为的社会危害性，但并不能免除胡克金应当支付劳动报酬的责任，因此，对胡克金仍应当以拒不支付劳动报酬罪追究刑事责任。鉴于胡克金系初犯、认罪态度好，依法作出如上判决。

【指导案例 29 号】

天津中国青年旅行社诉天津国青国际旅行社擅自使用他人企业名称纠纷案

(最高人民法院审判委员会讨论通过 2014 年 6 月 26 日发布)

关键词 民事 不正当竞争 擅用他人企业名称

裁判要点

1. 对于企业长期、广泛对外使用，具有一定市场知名度、为相关公众所知悉，已实际具有商号作用的企业名称简称，可以视为企业名称予以保护。

2. 擅自将他人已实际具有商号作用的企业名称简称作为商业活动中互联网竞价排名关键词，使相关公众产生混淆误认的，属于不正当竞争行为。

相关法条

《中华人民共和国民法通则》第一百二十条

《中华人民共和国反不正当竞争法》第五条

基本案情

原告天津中国青年旅行社（以下简称天津青旅）诉称：被告天津国青国际旅行社有限公司在其版权所有的网站页面、网站源代码以及搜索引擎中，非法使用原告企业名称全称及简称"天津青旅"，违反了反不正当竞争法的规定，请求判令被告立即停止不正当竞争行为、公开赔礼道歉、赔偿经济损失 10 万元，并承担诉讼费用。

被告天津国青国际旅行社有限公司（以下简称天津国青旅）辩称："天津青旅"没有登记注册，并不由原告享有，原告主张的损失没有事实和法律依据，请求驳回原告诉讼请求。

法院经审理查明：天津中国青年旅行社于 1986 年 11 月 1 日成立，是从事国内及出入境旅游业务的国有企业，直属于共青团天津市委员会。共青团天津市委员会出具证明称，"天津青旅"是天津中国青年旅行社的企业简称。2007 年，《今晚报》等媒体在报道天津中国青年旅行社承办的活动中已开始以"天津青旅"简称指代天津中国青年旅行社。

天津青旅在报价单、旅游合同、与同行业经营者合作文件、发票等资料以及经营场所各门店招牌上等日常经营活动中，使用"天津青旅"作为企业的简称。天津国青国际旅行社有限公司于 2010 年 7 月 6 日成立，是从事国内旅游及入境旅游接待等业务的有限责任公司。

2010 年底，天津青旅发现通过 Google 搜索引擎分别搜索"天津中国青年旅行社"或"天津青旅"，在搜索结果的第一名并标注赞助商链接的位置，分别显示"天津中国青年旅行社网上营业厅 www.lechuyou.com 天津国青网上在线营业厅，是您理想选择，出行提供优质、贴心、舒心的服务"或"天津青旅网上营业厅 www.lechuyou.com 天津国青网上在线营业厅，是您理想选择，出行提供优质、贴心、舒心的服务"，点击链接后进入网页是标称天津国青国际旅行社乐出游网的网站，网页顶端出现"天津国青国际旅行社－青年旅行社青旅/天津国旅"等字样，网页内容为天津国青旅游业务信息及报价，标称网站版权所有：乐出游网－天津国青，并标明了天津国青的联系电话和经营地址。同时，天津青旅通过百度搜索引擎搜索"天津青旅"，在搜索结果的第一名并标注推广链接的位置，显示"欢迎光临天津青旅重合同守信誉单位，汇集国内出境经典旅游线路，100% 出团，天津青旅 400－611－5253　022.ctsgz.cn"，点击链接后进入网页仍然是上述标称天津国青乐出游网的网站。

裁判结果

天津市第二中级人民法院于 2011 年 10 月 24 日作出（2011）二中民三知初字第 135 号民事判决：一、被告天津国青国际旅行社有限公司立即停止侵害行为；二、被告于本判决生效之日起三十日内，在其公司网站上发布致歉声明持续 15 天；三、被告赔偿原告天津中国青年旅行社经济损失 30000 元；四、驳回原告其他诉讼请求。宣判后，天津国青旅提出上诉。天津市高级人民法院于 2012 年 3 月 20 日作出（2012）津高民三终字第 3 号民事判决：一、维持天津市第二中级人民法院上述民事判决第二、三、四项；二、变更判决第一项"被告天津国青国际旅行社有限公司立即停止侵害行为"为"被告天津国青国际旅行社有限公司立即停止使用'天津中国青年旅行社'、'天津青旅'字样及作为天津国青国际旅行社有限公司网站的搜索链接关键词"；三、驳回被告其他上诉请求。

裁判理由

法院生效裁判认为：根据《最高人民法院关于审理不正当竞争民

事案件应用法律若干问题的解释》第六条第一款规定:"企业登记主管机关依法登记注册的企业名称,以及在中国境内进行商业使用的外国(地区)企业名称,应当认定为反不正当竞争法第五条第(三)项规定的'企业名称'。具有一定的市场知名度、为相关公众所知悉的企业名称中的字号,可以认定为反不正当竞争法第五条第(三)项规定的'企业名称'。"因此,对于企业长期、广泛对外使用,具有一定市场知名度、为相关公众所知悉,已实际具有商号作用的企业名称简称,也应当视为企业名称予以保护。"天津中国青年旅行社"是原告1986年成立以来一直使用的企业名称,原告享有企业名称专用权。"天津青旅"作为其企业名称简称,于2007年就已被其在经营活动中广泛使用,相关宣传报道和客户也以"天津青旅"指代天津中国青年旅行社,经过多年在经营活动中使用和宣传,已享有一定市场知名度,为相关公众所知悉,已与天津中国青年旅行社之间建立起稳定的关联关系,具有可以识别经营主体的商业标识意义。所以,可以将"天津青旅"视为企业名称与"天津中国青年旅行社"共同加以保护。

《中华人民共和国反不正当竞争法》第五条第(三)项规定,经营者不得采用擅自使用他人的企业名称,引人误认为是他人的商品等不正当手段从事市场交易,损害竞争对手。因此,经营者擅自将他人的企业名称或简称作为互联网竞价排名关键词,使公众产生混淆误认,利用他人的知名度和商誉,达到宣传推广自己的目的的,属于不正当竞争行为,应当予以禁止。天津国青旅作为从事旅游服务的经营者,未经天津青旅许可,通过在相关搜索引擎中设置与天津青旅企业名称有关的关键词并在网站源代码中使用等手段,使相关公众在搜索"天津中国青年旅行社"和"天津青旅"关键词时,直接显示天津国青旅的网站链接,从而进入天津国青旅的网站联系旅游业务,达到利用网络用户的初始混淆争夺潜在客户的效果,主观上具有使相关公众在网络搜索、查询中产生误认的故意,客观上擅自使用"天津中国青年旅行社"及"天津青旅",利用了天津青旅的企业信誉,损害了天津青旅的合法权益,其行为属于不正当竞争行为,依法应予制止。天津国青旅作为与天津青旅同业的竞争者,在明知天津青旅企业名称及简称享有较高知名度的情况下,仍擅自使用,有借他人之名为自己谋取不当利益的意图,主观恶意明显。依照《中华人民共和国民法通则》第一百二十条规定,天津国青旅应当承担停止侵害、消除影响、赔偿损失的法律责任。至于天津国青旅在网站网页顶端显示的"青年旅行社青旅"字样,并非原告企业名称的保护范围,不构成对原告的不正当竞争行为。

【指导案例 30 号】

兰建军、杭州小拇指汽车维修科技股份有限公司诉天津市小拇指汽车维修服务有限公司等侵害商标权及不正当竞争纠纷案

(最高人民法院审判委员会讨论通过 2014 年 6 月 26 日发布)

关键词 民事 侵害商标权 不正当竞争 竞争关系

裁判要点

1. 经营者是否具有超越法定经营范围而违反行政许可法律法规的行为,不影响其依法行使制止商标侵权和不正当竞争的民事权利。

2. 反不正当竞争法并未限制经营者之间必须具有直接的竞争关系,也没有要求其从事相同行业。经营者之间具有间接竞争关系,行为人违背反不正当竞争法的规定,损害其他经营者合法权益的,也应当认定为不正当竞争行为。

相关法条

《中华人民共和国反不正当竞争法》第二条

基本案情

原告兰建军、杭州小拇指汽车维修科技股份有限公司(以下简称杭州小拇指公司)诉称:其依法享有"小拇指"注册商标专用权,而天津市小拇指汽车维修服务有限公司(以下简称天津小拇指公司)、天津市华商汽车进口配件公司(以下简称天津华商公司)在从事汽车维修及通过网站进行招商加盟过程中,多处使用了"小拇指"标识,且存在单独或突出使用"小拇指"的情形,侵害了其注册商标专用权;同时,天津小拇指公司擅自使用杭州小拇指公司在先的企业名称,构成对杭州小拇指公司的不正当竞争。故诉请判令天津小拇指公司立即停止使

用"小拇指"字号进行经营、天津小拇指公司及天津华商公司停止商标侵权及不正当竞争行为、公开赔礼道歉、连带赔偿经济损失 630000 元及合理开支 24379.4 元，并承担案件诉讼费用。

被告天津小拇指公司、天津华商公司辩称：1. 杭州小拇指公司的经营范围并不含许可经营项目及汽车维修类，也未取得机动车维修的许可，且不具备"两店一年"的特许经营条件，属于超越经营范围的非法经营，故其权利不应得到保护。2. 天津小拇指公司、天津华商公司使用"小拇指"标识有合法来源，不构成商标侵权。3. 杭州小拇指公司并不从事汽车维修行业，双方不构成商业竞争关系，且不能证明其为知名企业，其主张企业名称权缺乏法律依据，天津小拇指公司、天津华商公司亦不构成不正当竞争，故请求驳回原告诉讼请求。

法院经审理查明：杭州小拇指公司成立于 2004 年 10 月 22 日，法定代表人为兰建军。其经营范围为："许可经营项目：无；一般经营项目：服务；汽车玻璃修补的技术开发，汽车油漆快速修复的技术开发；批发、零售；汽车配件；含下属分支机构经营范围；其他无需报经审批的一切合法项目（上述经营范围不含国家法律法规规定禁止、限制和许可经营的项目。）凡以上涉及许可证制度的凭证经营。"其下属分支机构为杭州小拇指公司萧山分公司，该分公司成立于 2005 年 11 月 8 日，经营范围为："汽车涂漆、玻璃安装"。该分公司于 2008 年 8 月 1 日取得的《道路运输经营许可证》载明的经营范围为："维修（二类机动车维修：小型车辆维修）"。

2011 年 1 月 14 日，杭州小拇指公司取得第 6573882 号"小拇指"文字注册商标，核定服务项目（第 35 类）：连锁店的经营管理（工商管理辅助）；特许经营的商业管理；商业管理咨询；广告（截止）。该商标现在有效期内。2011 年 4 月 14 日，兰建军将其拥有的第 6573881 号"小拇指"文字注册商标以独占使用许可的方式，许可给杭州小拇指公司使用。

杭州小拇指公司多次获中国连锁经营协会颁发的中国特许经营连锁 120 强证书，2009 年杭州小拇指公司"小拇指汽车维修服务"被浙江省质量技术监督局认定为浙江服务名牌。

天津小拇指公司成立于 2008 年 10 月 16 日，法定代表人田俊山。其经营范围为："小型客车整车修理、总成修理、整车维护、小修、维修救援、专项修理。（许可经营项目的经营期限以许可证为准）。"该公司于 2010 年 7 月 28 日取得的《天津市机动车维修经营许可证》载明类别为"二类（汽车维修）"，经营项目为"小型客车整车修理、总成修理、整车维护、小修、维修救援、专项维修。"有效期自 2010 年 7 月 28 日至 2012 年 7 月 27 日。

天津华商公司成立于 1992 年 11 月 23 日，法定代表人与天津小拇指公司系同一人，即田俊山。其经营范围为："汽车配件、玻璃、润滑脂、轮胎、汽车装具；车身清洁维护、电气系统维修、涂漆；代办快件、托运、信息咨询；普通货物（以上经营范围涉及行业许可证的凭许可证件在有效期内经营，国家有专项专营规定的按规定办理）。"天津华商公司取得的《天津市机动车维修经营许可证》的经营项目为："小型客车整车修理、总成修理、整车维护、小修、维修救援、专项修理"，类别为二类（汽车维修），现在有效期内。

天津小拇指公司、天津华商公司在从事汽车维修及通过网站进行招商加盟过程中，多处使用了"小拇指"标识，且存在单独或突出使用"小拇指"的情形。

2008 年 6 月 30 日，天津华商公司与杭州小拇指公司签订了《特许连锁经营合同》，许可天津华商公司在天津经营"小拇指"品牌汽车维修连锁中心，合同期限为 2008 年 6 月 30 日至 2011 年 6 月 29 日。该合同第三条第（4）项约定："乙方（天津华商公司）设立加盟店，应以甲方（杭州小拇指公司）书面批准的名称开展经营活动。商号的限制使用（以下选择使用）：（√）未经甲方书面同意，乙方不得在任何场合和时间，以任何形式使用或对'小拇指'或'小拇指微修'等相关标志进行企业名称登记注册；未经甲方书面同意，不得将'小拇指'或'小拇指微修'名称加上任何前缀、后缀进行修改或补充；乙方不得注册含有'小拇指'或'小拇指微修'或与其相关或相近似字样的域名等，该限制包含对乙方的分支机构的限制。"2010 年 12 月 16 日，天津华商公司与杭州小拇指公司因履行《特许连锁经营合同》发生纠纷，经杭州市仲裁委员会仲裁裁决解除合同。

另查明，杭州小拇指公司于 2008 年 4 月 8 日取得商务部商业特许经营备案。天津华商公司曾向商务部行政主管部门反映杭州小拇指公司违规从事特许经营活动应予撤销备案的问题。对此，浙江省商务厅《关于上报杭州小拇指汽车维修科技股份有限公司特许经营有关情况的函》记载：1. 杭州小拇指公司特许经营备案时已具备"两店一年"条件，符合《商业特许经营管理条例》第七条的规定，可以予以备案；

2. 杭州小拇指公司主要负责"小拇指"品牌管理，不直接从事机动车维修业务，并且拥有自己的商标、专利、经营模式等经营资源，可以开展特许经营业务；3. 经向浙江省道路运输管理局有关负责人了解，杭州小拇指公司下属直营店拥有《道路运输经营许可证》，经营范围包含"三类机动车维修"或"二类机动车维修"，具备从事机动车维修的资质；4. 杭州小拇指公司授权许可，以及机动车维修经营不在特许经营许可范围内。

裁判结果

天津市第二中级人民法院于2012年9月17日作出（2012）二中民三知初字第47号民事判决：一、判决生效之日起天津市小拇指汽车维修服务有限公司立即停止侵害第6573881号和第6573882号"小拇指"文字注册商标的行为，即天津市小拇指汽车维修服务有限公司立即在其网站（www.tjxiaomuzhi.net）、宣传材料、优惠体验券及其经营场所（含分支机构）停止使用"小拇指"标识，并停止单独使用"小拇指"字样；二、判决生效之日起天津市华商汽车进口配件公司立即停止侵害第6573881号和第6573882号"小拇指"文字注册商标的行为，即天津市华商汽车进口配件公司立即停止在其网站（www.tjxiaomuzhi.com）使用"小拇指"标识；三、判决生效之日起十日内，天津市小拇指汽车维修服务有限公司、天津市华商汽车进口配件公司连带赔偿兰建军、杭州小拇指汽车维修科技股份有限公司经济损失及维权费用人民币50000元；四、驳回兰建军、杭州小拇指汽车维修科技股份有限公司的其他诉讼请求。宣判后，兰建军、杭州小拇指公司及天津小拇指公司、天津华商公司均提出上诉。天津市高级人民法院于2013年2月19日作出（2012）津高民三终字第0046号民事判决：一、维持天津市第二中级人民法院（2012）二中民三知初字第47号民事判决第一、二、三项及逾期履行责任部分；二、撤销天津市第二中级人民法院（2012）二中民三知初字第47号民事判决第四项；三、自本判决生效之日起，天津市小拇指汽车维修服务有限公司立即停止在其企业名称中使用"小拇指"字号；四、自本判决生效之日起十日内，天津市小拇指汽车维修服务有限公司赔偿杭州小拇指汽车维修科技股份有限公司经济损失人民币30000元；五、驳回兰建军、杭州小拇指汽车维修科技股份有限公司的其他上诉请求；六、驳回天津市小拇指汽车维修服务有限公司、天津市华商汽车进口配件公司的上诉请求。

裁判理由

法院生效裁判认为：本案的主要争议焦点为被告天津小拇指公司、天津华商公司的被诉侵权行为是否侵害了原告兰建军、杭州小拇指公司的注册商标专用权，以及是否构成对杭州小拇指公司的不正当竞争。

一、关于被告是否侵害了兰建军、杭州小拇指公司的注册商标专用权

天津小拇指公司、天津华商公司在从事汽车维修及通过网站进行招商加盟过程中，多处使用了"小拇指"标识，且存在单独或突出使用"小拇指"的情形，相关公众施以一般注意力，足以对服务的来源产生混淆，或误认天津小拇指公司与杭州小拇指公司之间存在特定联系。"小拇指"标识主体及最易识别部分"小拇指"字样与涉案注册商标相同，同时考虑天津小拇指公司在经营场所、网站及宣传材料中对"小拇指"的商标性使用行为，应当认定该标识与涉案的"小拇指"文字注册商标构成近似。据此，因天津小拇指公司、天津华商公司在与兰建军、杭州小拇指公司享有权利的第6573881号"小拇指"文字注册商标核定的相同服务项目上，未经许可而使用"小拇指"及单独使用"小拇指"字样，足以导致相关公众的混淆和误认，属于《中华人民共和国商标法》（以下简称《商标法》）第五十二条第（一）项规定的侵权行为。天津小拇指公司、天津华商公司通过其网站进行招商加盟的商业行为，根据《最高人民法院关于审理商标民事纠纷案件适用法律若干问题的解释》第十二条之规定，可以认定在与兰建军、杭州小拇指公司享有权利的第6573882号"小拇指"文字注册商标核定服务项目相类似的服务中使用了近似商标，且未经权利人许可，亦构成《商标法》第五十二条第（一）项规定的侵权行为。

二、被告是否构成对杭州小拇指公司的不正当竞争

该争议焦点涉及两个关键问题：一是经营者是否存在超越法定经营范围的违反行政许可法律法规行为及其民事权益能否得到法律保护；二是如何认定反不正当竞争法调整的竞争关系。

（一）关于经营者是否存在超越法定经营范围行为及其民事权益能否得到法律保护

天津小拇指公司、天津华商公司认为其行为不构成不正当竞争的一

个主要理由在于，杭州小拇指公司未依法取得机动车维修的相关许可，超越法定经营范围从事特许经营且不符合法定条件，属于非法经营行为，杭州小拇指公司主张的民事权益不应得到法律保护。故本案中要明确天津小拇指公司、天津华商公司所指称杭州小拇指公司超越法定经营范围而违反行政许可法律法规的行为是否成立，以及相应民事权益能否受到法律保护的问题。

  首先，对于超越法定经营范围违反有关行政许可法律法规的行为，应当依法由相应的行政主管部门进行认定，主张对方有违法经营行为的一方，应自行承担相应的举证责任。本案中，对于杭州小拇指公司是否存在非法从事机动车维修及特许经营业务的行为，从现有证据和事实看，难以得出肯定性的结论。经营汽车维修属于依法许可经营的项目，但杭州小拇指公司并未从事汽车维修业务，其实际从事的是授权他人在车辆清洁、保养和维修等服务中使用其商标，或以商业特许经营的方式许可其直营店、加盟商在经营活动中使用其"小拇指"品牌、专利技术等，这并不以其自身取得经营机动车维修业务的行政许可为前提条件。此外，杭州小拇指公司已取得商务部商业特许经营备案，杭州小拇指公司特许经营备案时已具备"两店一年"条件，其主要负责"小拇指"品牌管理，不直接从事机动车维修业务，并且拥有自己的商标、专利、经营模式等经营资源，可以开展特许经营业务。故本案依据现有证据，并不能认定杭州小拇指公司存在违反行政许可法律法规从事机动车维修或特许经营业务的行为。

  其次，即使有关行为超越法定经营范围而违反行政许可法律法规，也应由行政主管部门依法查处，不必然影响有关民事权益受到侵害的主体提起民事诉讼的资格，亦不能以此作为被诉侵权者对其行为不构成侵权的抗辩。本案中，即使杭州小拇指公司超越法定经营范围而违反行政许可法律法规，这属于行政责任范畴，该行为并不影响其依法行使制止商标侵权和不正当竞争行为的民事权利，也不影响人民法院依法保护其民事权益。被诉侵权者以经营者超越法定经营范围而违反行政许可法律法规为由主张其行为不构成侵权的，人民法院不予支持。

  （二）关于如何认定反不正当竞争法调整的竞争关系

  经营者之间是否存在竞争关系是认定构成不正当竞争的关键。《中华人民共和国反不正当竞争法》（以下简称反不正当竞争法）第二条规定："经营者在市场交易中，应当遵循自愿、平等、公平、诚实信用的原则，遵守公认的商业道德。本法所称的不正当竞争，是指经营者违反本法规定，损害其他经营者的合法权益，扰乱社会经济秩序的行为。本法所称的经营者，是指从事商品经营或者营利性服务（以下所称商品包括服务）的法人、其他经济组织和个人。"由此可见，反不正当竞争法并未限制经营者之间必须具有直接的或具体的竞争关系，也没有要求经营者从事相同行业。反不正当竞争法所规制的不正当竞争行为，是指损害其他经营者合法权益、扰乱经济秩序的行为，从直接损害对象看，受损害的是其他经营者的市场利益。因此，经营者之间具有间接竞争关系，行为人违背反不正当竞争法的规定，损害其他经营者合法权益的，也应当认定为不正当竞争行为。

本案中，被诉存在不正当竞争的天津小拇指公司与天津华商公司均从事汽车维修行业。根据已查明的事实，杭州小拇指公司本身不具备从事机动车维修的资质，也并未实际从事汽车维修业务，但从其所从事的汽车玻璃修补、汽车油漆快速修复等技术开发活动，以及经授权许可使用的注册商标核定服务项目所包含的车辆保养和维修等可以认定，杭州小拇指公司通过将其拥有的企业标识、注册商标、专利、专有技术等经营资源许可其直营店或加盟店使用，使其成为"小拇指"品牌的运营商，以商业特许经营的方式从事与汽车维修相关的经营活动。因此，杭州小拇指公司是汽车维修市场的相关经营者，其与天津小拇指公司及天津华商公司之间存在间接竞争关系。

反不正当竞争法第五条第（三）项规定，禁止经营者擅自使用他人企业名称，引人误认为是他人的商品，以损害竞争对手。在认定原被告双方存在间接竞争关系的基础上，确定天津小拇指公司登记注册"小拇指"字号是否构成擅自使用他人企业名称的不正当竞争行为，应当综合考虑以下因素：

1. 杭州小拇指公司的企业字号是否具有一定的市场知名度。根据本案现有证据，杭州小拇指公司自2004年10月成立时起即以企业名称中的"小拇指"作为字号使用，并以商业特许经营的方式从事汽车维修行业，且专门针对汽车小擦小碰的微创伤修复，创立了"小拇指"汽车微修体系，截至2011年，杭州小拇指公司在全国已有加盟店400余个。虽然"小拇指"本身为既有词汇，但通过其直营店和加盟店在汽车维修领域的持续使用及宣传，"小拇指"汽车维修已在相关市场起到识别经营主体及与其他服务相区别的作用。2008年10月天津小拇指公司成立时，杭州小拇指公司的"小拇指"字号及相关服务在相关公众中已具有一定的市场知名度。

2. 天津小拇指公司登记使用"小拇指"字号是否具有主观上的恶意。市场竞争中的经营者，应当遵循诚实信用原则，遵守公认的商业道德，尊重他人的市场劳动成果，登记企业名称时，理应负有对同行业在先字号予以避让的义务。本案中，天津华商公司作为被特许人，曾于2008年6月30日与作为"小拇指"品牌特许人的杭州小拇指公司签订《特许连锁经营合同》，法定代表人田俊山代表该公司在合同上签字，其知晓合同的相关内容。天津小拇指公司虽主张其与天津华商公司之间没有关联，是两个相互独立的法人，但两公司的法定代表人均为田俊山，且天津华商公司的网站内所显示的宣传信息及相关联系信息均直接指向天津小拇指公司，并且天津华商公司将其登记的经营地点作为天津小拇指公司天津总店的经营地点。故应认定，作为汽车维修相关市场的经营者，天津小拇指公司成立时，对杭州小拇指公司及其经营资源、发展趋势等应当知晓，但天津小拇指公司仍将"小拇指"作为企业名称中识别不同市场主体核心标识的企业字号，且不能提供使用"小拇指"作为字号的合理依据，其主观上明显具有"搭便车"及攀附他人商誉的意图。

3. 天津小拇指公司使用"小拇指"字号是否足以造成市场混淆。根据已查明事实，天津小拇指公司在其开办的网站及其他宣传材料中，均以特殊字体突出注明"汽车小划小碰怎么办？找天津小拇指"、"天津小拇指专业特长"的字样，其"优惠体验券"中亦载明"汽车小划小痕，找天津小拇指"，其服务对象与杭州小拇指公司运营的"小拇指"汽车微修体系的消费群体多有重合。且自2010年起，杭州小拇指公司在天津地区的加盟店也陆续成立，两者的服务区域也已出现重合。故天津小拇指公司以"小拇指"为字号登记使用，必然会使相关公众误认两者存在某种渊源或联系，加之天津小拇指公司存在单独或突出使用"小拇指"汽车维修、"天津小拇指"等字样进行宣传的行为，足以使相关公众对市场主体和服务来源产生混淆和误认，容易造成竞争秩序的混乱。

综合以上分析，天津小拇指公司登记使用该企业名称本身违反了诚实信用原则，具有不正当性，且无论是否突出使用均难以避免产生市场混淆，已构成不正当竞争，应对此承担停止使用"小拇指"字号及赔偿相应经济损失的民事责任。

【指导案例 31 号】

江苏炜伦航运股份有限公司诉米拉达玫瑰公司船舶碰撞损害赔偿纠纷案

（最高人民法院审判委员会讨论通过　2014 年 6 月 26 日发布）

关键词　民事　船舶碰撞损害赔偿　合意违反航行规则　责任认定

裁判要点

航行过程中，当事船舶协商不以《1972 年国际海上避碰规则》确立的规则交会，发生碰撞事故后，双方约定的内容以及当事船舶在发生碰撞事故时违反约定的情形，不应作为人民法院判定双方责任的主要依据，仍应当以前述规则为准据，在综合分析紧迫局面形成原因、当事船舶双方过错程度及处置措施恰当与否的基础上，对事故责任作出认定。

相关法条

《中华人民共和国海商法》第一百六十九条

基本案情

2008 年 6 月 3 日晚，原告江苏炜伦航运股份有限公司所有的"炜伦 06"轮与被告米拉达玫瑰公司所有的"MIRANDA ROSE"轮（以下简称"玫瑰"轮）在各自航次的航程中，在上海港圆圆沙警戒区相遇。当日 23 时 27 分，由外高桥集装箱码头开出的另一艘外轮"里约热内卢快航"轮与"玫瑰"轮联系后开始实施追越。23 时 32 分，"里约热内卢快航"轮引航员呼叫"炜伦 06"轮和位于"炜伦 06"轮左前方约 0.2 海里的"正安 8"轮，要求两轮与其绿灯交会。"正安 8"轮予以拒绝并大角度向右调整航向，快速穿越到警戒区北侧驶离。"炜伦 06"轮则在"里约热内卢快航"轮引航员执意要求下，同意绿灯交会。"玫瑰"轮随即与"炜伦 06"轮联系，也要求绿灯交会，"炜伦 06"轮也回复同意。23 时 38 分，当"炜伦 06"轮行至"玫瑰"轮船艏偏左方向，发现"玫瑰"轮显示红灯，立即联系"玫瑰"轮，要求其尽快向左调整航行。"炜伦 06"轮随后开始减速，但"玫瑰"轮因"里约热内卢快航"轮追越尚未驶过让清，距离较近，无法向左调整航向。23 时 41 分，"炜伦 06"轮与"里约热内卢快航"轮近距离交会，位于"玫瑰"轮左前方、距离仅 0.2 海里。此时，"炜伦 06"轮、"玫瑰"轮均觉察危险，同时大角度向左转向。23 时 42 分"炜伦 06"轮右后部与"玫瑰"轮船艏右侧发生碰撞。事故造成原告遭受救助费、清污费、货物减损费、修理费等各项损失共计人民币 4504605.75 元。

原告遂以"玫瑰"轮违反双方关于"绿灯交会"的约定为由，诉请法院判令"玫瑰"轮承担 80% 的责任。被告则提出，原告应就涉案碰撞事故承担 90% 的责任，且原告主张的部分损失不合理。

裁判结果

上海海事法院于 2011 年 9 月 20 日作出（2010）沪海法海初字第 24 号民事判决：一、被告米拉达玫瑰公司应于本判决生效之日起十日内向原告江苏炜伦航运股份有限公司赔偿损失人民币 2252302.79 元；二、被告米拉达玫瑰公司应于本判决生效之日起十日内向原告江苏炜伦航运股份有限公司赔偿上述款项的利息损失，按照中国人民银行同期活期存款利率标准，从 2008 年 6 月 3 日起计算至判决生效之日止；三、对原告江苏炜伦航运股份有限公司的其他诉讼请求不予支持。宣判后，当事人双方均未上诉，判决已发生法律效力。

裁判理由

法院生效裁判认为：在两轮达成一致意见前，两轮交叉相遇时，本应"红灯交会"。"玫瑰"轮为了自己进北槽航道出口方便，首先提出"绿灯交会"的提议。该提议违背了《1972 年国际海上避碰规则》（以下简称《72 避碰规则》）规定的其应承担的让路义务。但是，"炜伦 06"轮同意了该违背规则的提议。此时，双方绿灯交会的意向应是指在整个避让过程中，双方都应始终向对方显示本船的绿灯舷侧。在这种特殊情况下，没有了《72 避碰规则》意义上的"让路船"和"直航船"。因此，当两轮发生碰撞危险时，两轮应具有同等的避免碰撞的责任，两轮均应按照《72 避碰规则》的相关规定，特别谨慎驾驶。但事实上，在达成绿灯交会的一致意向后，双方都认为对方会给自己让路，未能对所处水域的情况进行有效观察并对当时的局面和碰撞危险作出充分估计，直至紧迫危险形成后才采取行动，最终无法避免碰撞。综上，两轮均有瞭望疏忽、未使用安全航速、未能尽到特别谨慎驾驶的义务并尽早采取避免碰撞的行为，都违反了《72避碰规则》中有关瞭望、安全航速和避免碰撞的行动等规定，对碰撞事故的发生责任相当，应各承担50%的责任。

被告系"玫瑰"轮的船舶所有人，根据《最高人民法院关于审理船舶碰撞纠纷案件若干问题的规定》的规定，应就"玫瑰"轮在涉案碰撞事故中对原告造成的损失承担赔偿责任。法院根据双方提供的证据，核定了原告具体损失金额，按照被告应负的责任份额，依法作出如上判决。

最高人民法院
关于发布第八批指导性案例的通知

（2014年12月18日　法〔2014〕327号）

各省、自治区、直辖市高级人民法院，解放军军事法院，新疆维吾尔自治区高级人民法院生产建设兵团分院：

经最高人民法院审判委员会讨论决定，现将张某某、金某危险驾驶案等六个案例（指导案例32-37号），作为第八批指导性案例发布，供在审判类似案件时参照。

最高人民法院
2014年12月18日

【指导案例32号】

张某某、金某危险驾驶案

（最高人民法院审判委员会讨论通过　2014年12月18日发布）

关键词　刑事　危险驾驶罪　追逐竞驶　情节恶劣

裁判要点

1. 机动车驾驶人员出于竞技、追求刺激、斗气或者其他动机，在道路上曲折穿行、快速追赶行驶的，属于《中华人民共和国刑法》第一百三十三条之一规定的"追逐竞驶"。

2. 追逐竞驶虽未造成人员伤亡或财产损失，但综合考虑超过限速、闯红灯、强行超车、抗拒交通执法等严重违反道路交通安全法的行为，足以威胁他人生命、财产安全的，属于危险驾驶罪中"情节恶劣"的情形。

相关法条

《中华人民共和国刑法》第一百三十三条之一

基本案情

2012年2月3日20时20分许，被告人张某某、金某相约驾驶摩托车出去享受大功率摩托车的刺激感，约定"陆家浜路、河南南路路口是目的地，谁先到谁就等谁"。随后，由张某某驾驶无牌的本田大功率二轮摩托车（经过改装），金某驾驶套牌的雅马哈大功率二轮摩托车（经过改装），从上海市浦东新区乐园路99号车行出发，行至杨高路、巨峰路路口掉头沿杨高路由北向南行驶，经南浦大桥到陆家浜路下桥，后沿河南南路经复兴东路隧道、张杨路回到张某某住所。全程28.5公里，沿途经过多个公交站点、居民小区、学校和大型超市。在行驶途中，二被告人驾车在密集车流中反复并线、曲折穿插、多次闯红灯、大幅度超速行驶。当行驶至陆家浜路、河南南路路口时，张某某、金某遇执勤民警检查，遂驾车沿河南南路经复兴东路隧道、张杨路逃离。其中，在杨高南路浦建路立交（限速60km/h）张某某行驶速度115km/h、金某行驶速度98km/h；在南浦大桥桥面（限速60km/h）张某某行驶速度108km/h、金某行驶速度108km/h；在南浦大桥陆家浜路引桥下匝道（限速40km/h）张某某行驶速度大于59km/h、金某行驶速度大于68km/h；在复兴东路隧道（限速60km/h）张某某行驶速度102km/h、金某行驶速度99km/h。

2012年2月5日21时许，被告人张某某被抓获到案后，如实供述上述事实，并向公安机关提供被告人金某的手机号码。金某接公安机关电话通知后于2月6日21时许主动投案，并如实供述上述事实。

裁判结果

上海市浦东新区人民法院于2013年1月21日作出（2012）浦刑初字第4245号刑事判决：被告人张某某犯危险驾驶罪，判处拘役四个月，缓刑四个月，并处罚金人民币四千元；被告人金某犯危险驾驶罪，判处拘役三个月，缓刑三个月，并处罚金人民币三千元。宣判后，二被告人均未上诉，判决已发生法律效力。

裁判理由

法院生效裁判认为：根据《中华人民共和国刑法》第一百三十三

条之一第一款规定,"在道路上驾驶机动车追逐竞驶,情节恶劣的"构成危险驾驶罪。刑法规定的"追逐竞驶",一般指行为人出于竞技、追求刺激、斗气或者其他动机,二人或二人以上分别驾驶机动车,违反道路交通安全规定,在道路上快速追赶行驶的行为。本案中,从主观驾驶心态上看,二被告人张某某、金某到案后先后供述"心里面想找点享乐和刺激""在道路上穿插、超车、得到心理满足";在面临红灯时,"刹车不舒服、逢车必超""前方有车就变道曲折行驶再超越"。二被告人上述供述与相关视听资料相互印证,可以反映出其追求刺激、炫耀驾驶技能的竞技心理。从客观行为上看,二被告人驾驶超标大功率的改装摩托车,为追求速度,多次随意变道、闯红灯、大幅超速等严重违章。从行驶路线看,二被告人共同自浦东新区乐园路99号出发,至陆家浜路、河南南路路口接人,约定了竞相行驶的起点和终点。综上,可以认定二被告人的行为属于危险驾驶罪中的"追逐竞驶"。

关于本案被告人的行为是否属于"情节恶劣",应从其追逐竞驶行为的具体表现、危害程度、造成的危害后果等方面,综合分析其对道路交通秩序、不特定多人生命、财产安全威胁的程度是否"恶劣"。本案中,二被告人追逐竞驶行为,虽未造成人员伤亡和财产损失,但从以下情形分析,属于危险驾驶罪中的"情节恶劣":第一,从驾驶的车辆看,二被告人驾驶的系无牌和套牌的大功率改装摩托车;第二,从行驶速度看,总体驾驶速度很快,多处路段超速达50%以上;第三,从驾驶方式看,反复并线、穿插前车、多次闯红灯行驶;第四,从对待执法的态度看,二被告人在民警盘查时驾车逃离;第五,从行驶路段看,途经的杨高路、张杨路、南浦大桥、复兴东路隧道等均系城市主干道,沿途还有多处学校、公交和地铁站点、居民小区、大型超市等路段,交通流量较大,行驶距离较长,在高速驾驶的刺激心态下和躲避民警盘查的紧张心态下,极易引发重大恶性交通事故。上述行为,给公共交通安全造成一定危险,足以威胁他人生命、财产安全,故可以认定二被告人追逐竞驶的行为属于危险驾驶罪中的"情节恶劣"。

被告人张某某到案后如实供述所犯罪行,依法可以从轻处罚。被告人金某投案自首,依法亦可以从轻处罚。鉴于二被告人在庭审中均已认识到行为的违法性及社会危害性,保证不再实施危险驾驶行为,并多次表示认罪悔罪,且其行为尚未造成他人人身、财产损害后果,故依法作出如上判决。

【指导案例 33 号】

瑞士嘉吉国际公司诉福建金石制油有限公司等确认合同无效纠纷案

（最高人民法院审判委员会讨论通过　2014 年 12 月 18 日发布）

关键词　民事　确认合同无效　恶意串通　财产返还

裁判要点

1. 债务人将主要财产以明显不合理低价转让给其关联公司，关联公司在明知债务人欠债的情况下，未实际支付对价的，可以认定债务人与其关联公司恶意串通、损害债权人利益，与此相关的财产转让合同应当认定为无效。

2. 《中华人民共和国合同法》第五十九条规定适用于第三人为财产所有权人的情形，在债权人对债务人享有普通债权的情况下，应当根据《中华人民共和国合同法》第五十八条的规定，判令因无效合同取得的财产返还给原财产所有人，而不能根据第五十九条规定直接判令债务人的关联公司因"恶意串通，损害第三人利益"的合同而取得的债务人的财产返还给债权人。

相关法条

《中华人民共和国合同法》第五十二条第二项

《中华人民共和国合同法》第五十八条、第五十九条

基本案情

瑞士嘉吉国际公司（Cargill International SA，简称嘉吉公司）与福建金石制油有限公司（以下简称福建金石公司）以及大连金石制油有限公司、沈阳金石豆业有限公司、四川金石油粕有限公司、北京珂玛美嘉粮油有限公司、宜丰香港有限公司（该六公司以下统称金石集团）存在商业合作关系。嘉吉公司因与金石集团买卖大豆发生争议，双方在国际油类、种子和脂类联合会仲裁过程中于 2005 年 6 月 26 日达成《和解协议》，约定金石集团将在五年内分期偿还债务，并将金石集团旗下福建金石公司的全部资产，包括土地使用权、建筑物和固着物、所有的

设备及其他财产抵押给嘉吉公司,作为偿还债务的担保。2005年10月10日,国际油类、种子和脂类联合会根据该《和解协议》作出第3929号仲裁裁决,确认金石集团应向嘉吉公司支付1337万美元。2006年5月,因金石集团未履行该仲裁裁决,福建金石公司也未配合进行资产抵押,嘉吉公司向福建省厦门市中级人民法院申请承认和执行第3929号仲裁裁决。2007年6月26日,厦门市中级人民法院经审查后裁定对该仲裁裁决的法律效力予以承认和执行。该裁定生效后,嘉吉公司申请强制执行。

2006年5月8日,福建金石公司与福建田源生物蛋白科技有限公司(以下简称田源公司)签订一份《国有土地使用权及资产买卖合同》,约定福建金石公司将其国有土地使用权、厂房、办公楼和油脂生产设备等全部固定资产以2569万元人民币(以下未特别注明的均为人民币)的价格转让给田源公司,其中国有土地使用权作价464万元、房屋及设备作价2105万元,应在合同生效后30日内支付全部价款。王晓琪和柳锋分别作为福建金石公司与田源公司的法定代表人在合同上签名。福建金石公司曾于2001年12月31日以482.1万元取得本案所涉32138平方米国有土地使用权。2006年5月10日,福建金石公司与田源公司对买卖合同项下的标的物进行了交接。同年6月15日,田源公司通过在中国农业银行漳州支行的账户向福建金石公司在同一银行的账户转入2500万元。福建金石公司当日从该账户汇出1300万元、1200万元两笔款项至金石集团旗下大连金石制油有限公司账户,用途为往来款。同年6月19日,田源公司取得上述国有土地使用权证。

2008年2月21日,田源公司与漳州开发区汇丰源贸易有限公司(以下简称汇丰源公司)签订《买卖合同》,约定汇丰源公司购买上述土地使用权及地上建筑物、设备等,总价款为2669万元,其中土地价款603万元、房屋价款334万元、设备价款1732万元。汇丰源公司于2008年3月取得上述国有土地使用权证。汇丰源公司仅于2008年4月7日向田源公司付款569万元,此后未付其余价款。

田源公司、福建金石公司、大连金石制油有限公司及金石集团旗下其他公司的直接或间接控制人均为王政良、王晓莉、王晓琪、柳锋。王政良与王晓琪、王晓莉是父女关系,柳锋与王晓琪是夫妻关系。2009年10月15日,中纺粮油进出口有限责任公司(以下简称中纺粮油公司)取得田源公司80%的股权。2010年1月15日,田源公司更名为中纺粮油（福建）有限公司（以下简称中纺福建公司）。

汇丰源公司成立于 2008 年 2 月 19 日，原股东为宋明权、杨淑莉。2009 年 9 月 16 日，中纺粮油公司和宋明权、杨淑莉签订《股权转让协议》，约定中纺粮油公司购买汇丰源公司 80% 的股权。同日，中纺粮油公司（甲方）、汇丰源公司（乙方）、宋明权和杨淑莉（丙方）及沈阳金豆食品有限公司（丁方）签订《股权质押协议》，约定：丙方将所拥有汇丰源公司 20% 的股权质押给甲方，作为乙方、丙方、丁方履行"合同义务"之担保；"合同义务"系指乙方、丙方在《股权转让协议》及《股权质押协议》项下因"红豆事件"而产生的所有责任和义务；"红豆事件"是指嘉吉公司与金石集团就进口大豆中掺杂红豆原因而引发的金石集团涉及的一系列诉讼及仲裁纠纷以及与此有关的涉及汇丰源公司的一系列诉讼及仲裁纠纷。还约定，下述情形同时出现之日，视为乙方和丙方的"合同义务"已完全履行：1. 因"红豆事件"而引发的任何诉讼、仲裁案件的全部审理及执行程序均已终结，且乙方未遭受财产损失；2. 嘉吉公司针对乙方所涉合同可能存在的撤销权因超过法律规定的最长期间（五年）而消灭。2009 年 11 月 18 日，中纺粮油公司取得汇丰源公司 80% 的股权。汇丰源公司成立后并未进行实际经营。

由于福建金石公司已无可供执行的财产，导致无法执行，嘉吉公司遂向福建省高级人民法院提起诉讼，请求：一是确认福建金石公司与中纺福建公司签订的《国有土地使用权及资产买卖合同》无效；二是确认中纺福建公司与汇丰源公司签订的国有土地使用权及资产《买卖合同》无效；三是判令汇丰源公司、中纺福建公司将其取得的合同项下财产返还给财产所有人。

裁判结果

福建省高级人民法院于 2011 年 10 月 23 日作出（2007）闽民初字第 37 号民事判决，确认福建金石公司与田源公司（后更名为中纺福建公司）之间的《国有土地使用权及资产买卖合同》、田源公司与汇丰源公司之间的《买卖合同》无效；判令汇丰源公司于判决生效之日起三十日内向福建金石公司返还因上述合同而取得的国有土地使用权，中纺福建公司于判决生效之日起三十日内向福建金石公司返还因上述合同而取得的房屋、设备。宣判后，福建金石公司、中纺福建公司、汇丰源公司提出上诉。最高人民法院于 2012 年 8 月 22 日作出（2012）民四终字第 1 号民事判决，驳回上诉，维持原判。

裁判理由

最高人民法院认为：因嘉吉公司注册登记地在瑞士，本案系涉外案件，各方当事人对适用中华人民共和国法律审理本案没有异议。本案源于债权人嘉吉公司认为债务人福建金石公司与关联企业田源公司、田源公司与汇丰源公司之间关于土地使用权以及地上建筑物、设备等资产的买卖合同，因属于《中华人民共和国合同法》第五十二条第二项"恶意串通，损害国家、集体或者第三人利益"的情形而应当被认定无效，并要求返还原物。本案争议的焦点问题是：福建金石公司、田源公司（后更名为中纺福建公司）、汇丰源公司相互之间订立的合同是否构成恶意串通、损害嘉吉公司利益的合同？本案所涉合同被认定无效后的法律后果如何？

一、关于福建金石公司、田源公司、汇丰源公司相互之间订立的合同是否构成"恶意串通，损害第三人利益"的合同

首先，福建金石公司、田源公司在签订和履行《国有土地使用权及资产买卖合同》的过程中，其实际控制人之间系亲属关系，且柳锋、王晓琪夫妇分别作为两公司的法定代表人在合同上签署。因此，可以认定在签署以及履行转让福建金石公司国有土地使用权、房屋、设备的合同过程中，田源公司对福建金石公司的状况是非常清楚的，对包括福建金石公司在内的金石集团因"红豆事件"被仲裁裁决确认对嘉吉公司形成1337万美元债务的事实是清楚的。

其次，《国有土地使用权及资产买卖合同》订立于2006年5月8日，其中约定田源公司购买福建金石公司资产的价款为2569万元，国有土地使用权作价464万元、房屋及设备作价2105万元，并未根据相关会计师事务所的评估报告作价。一审法院根据福建金石公司2006年5月31日资产负债表，以其中载明固定资产原价44042705.75元、扣除折旧后固定资产净值为32354833.70元，而《国有土地使用权及资产买卖合同》中对房屋及设备作价仅2105万元，认定《国有土地使用权及资产买卖合同》中约定的购买福建金石公司资产价格为不合理低价是正确的。在明知债务人福建金石公司欠债权人嘉吉公司巨额债务的情况下，田源公司以明显不合理低价购买福建金石公司的主要资产，足以证明其与福建金石公司在签订《国有土地使用权及资产买卖合同》时具有主观恶意，属恶意串通，且该合同的履行足以损害债权人嘉吉公司的利益。

再次,《国有土地使用权及资产买卖合同》签订后,田源公司虽然向福建金石公司在同一银行的账户转账2500万元,但该转账并未注明款项用途,且福建金石公司于当日将2500万元分两笔汇入其关联企业大连金石制油有限公司账户;又根据福建金石公司和田源公司当年的财务报表,并未体现该笔2500万元的入账或支出,而是体现出田源公司尚欠福建金石公司"其他应付款"121224155.87元。一审法院据此认定田源公司并未根据《国有土地使用权及资产买卖合同》向福建金石公司实际支付价款是合理的。

最后,从公司注册登记资料看,汇丰源公司成立时股东构成似与福建金石公司无关,但在汇丰源公司股权变化的过程中可以看出,汇丰源公司在与田源公司签订《买卖合同》时对转让的资产来源以及福建金石公司对嘉吉公司的债务是明知的。《买卖合同》约定的价款为2669万元,与田源公司从福建金石公司购入该资产的约定价格相差不大。汇丰源公司除已向田源公司支付569万元外,其余款项未付。一审法院据此认定汇丰源公司与田源公司签订《买卖合同》时恶意串通并足以损害债权人嘉吉公司的利益,并无不当。

综上,福建金石公司与田源公司签订的《国有土地使用权及资产买卖合同》、田源公司与汇丰源公司签订的《买卖合同》,属于恶意串通、损害嘉吉公司利益的合同。根据合同法第五十二条第二项的规定,均应当认定无效。

二、关于本案所涉合同被认定无效后的法律后果

对于无效合同的处理,人民法院一般应当根据合同法第五十八条"合同无效或者被撤销后,因该合同取得的财产,应当予以返还;不能返还或者没有必要返还的,应当折价补偿。有过错的一方应当赔偿对方因此所受到的损失,双方都有过错的,应当各自承担相应的责任"的规定,判令取得财产的一方返还财产。本案涉及的两份合同均被认定无效,两份合同涉及的财产相同,其中国有土地使用权已经从福建金石公司经田源公司变更至汇丰源公司名下,在没有证据证明本案所涉房屋已经由田源公司过户至汇丰源公司名下、所涉设备已经由田源公司交付汇丰源公司的情况下,一审法院直接判令取得国有土地使用权的汇丰源公司、取得房屋和设备的田源公司分别就各自取得的财产返还给福建金石

公司并无不妥。

合同法第五十九条规定:"当事人恶意串通,损害国家、集体或者第三人利益的,因此取得的财产收归国家所有或者返还集体、第三人。"该条规定应当适用于能够确定第三人为财产所有权人的情况。本案中,嘉吉公司对福建金石公司享有普通债权,本案所涉财产系福建金石公司的财产,并非嘉吉公司的财产,因此只能判令将系争财产返还给福建金石公司,而不能直接判令返还给嘉吉公司。

【指导案例 34 号】

李晓玲、李鹏裕申请执行厦门海洋实业(集团)股份有限公司、厦门海洋实业总公司执行复议案

(最高人民法院审判委员会讨论通过　2014 年 12 月 8 日发布)

关键词　民事诉讼　执行复议　权利承受人申请执行

裁判要点

生效法律文书确定的权利人在进入执行程序前合法转让债权的,债权受让人即权利承受人可以作为申请执行人直接申请执行,无需执行法院作出变更申请执行人的裁定。

相关法条

《中华人民共和国民事诉讼法》第二百三十六条第一款

基本案情

原告投资 2234 中国第一号基金公司(Investments 2234 China Fund I B.V.,以下简称 2234 公司)与被告厦门海洋实业(集团)股份有限公司(以下简称海洋股份公司)、厦门海洋实业总公司(以下简称海洋实业公司)借款合同纠纷一案,2012 年 1 月 11 日由最高人民法院作出终审判决,判令:海洋实业公司应于判决生效之日起偿还 2234 公司借款本金 2274 万元及相应利息;2234 公司对蜂巢山路 3 号的土地使用权享有抵押权。在该判决作出之前的 2011 年 6 月 8 日,2234 公司将其对于海洋股份公司和海洋实业公司的 2274 万元本金债权转让给李晓玲、

李鹏裕,并签订《债权转让协议》。2012年4月19日,李晓玲、李鹏裕依据上述判决和《债权转让协议》向福建省高级人民法院(以下简称福建高院)申请执行。4月24日,福建高院向海洋股份公司、海洋实业公司发出(2012)闽执行字第8号执行通知。海洋股份公司不服该执行通知,以执行通知中直接变更执行主体缺乏法律依据、申请执行人李鹏裕系公务员,其受让不良债权行为无效,由此债权转让合同无效为主要理由,向福建高院提出执行异议。福建高院在异议审查中查明:李鹏裕系国家公务员,其本人称,在债权转让中,未实际出资,并已于2011年9月退出受让的债权份额。

福建高院认为:一、关于债权转让合同效力问题。根据《最高人民法院关于审理涉及金融不良债权转让案件工作座谈会纪要》(以下简称《纪要》)第六条关于金融资产管理公司转让不良债权存在"受让人为国家公务员、金融监管机构工作人员"的情形无效和《中华人民共和国公务员法》第五十三条第十四项明确禁止国家公务员从事或者参与营利性活动等相关规定,作为债权受让人之一的李鹏裕为国家公务员,其本人购买债权受身份适格的限制。李鹏裕称已退出所受让债权的份额,该院受理的执行案件未做审查仍将李鹏裕列为申请执行人显属不当。二、关于执行通知中直接变更申请执行主体的问题。最高人民法院(2009)执他字第1号《关于判决确定的金融不良债权多次转让人民法院能否裁定变更申请执行主体请示的答复》(以下简称1号答复)认为:"《最高人民法院关于人民法院执行工作若干问题的规定(试行)》(以下简称《执行规定》),已经对申请执行人的资格予以明确。其中第18条第1款规定:'人民法院受理执行案件应当符合下列条件:……(2)申请执行人是生效法律文书确定的权利人或其继承人、权利承受人。'该条中的'权利承受人',包含通过债权转让的方式承受债权的人。依法从金融资产管理公司受让债权的受让人将债权再行转让给其他普通受让人的,执行法院可以依据上述规定,依债权转让协议以及受让人或者转让人的申请,裁定变更申请执行主体。"据此,该院在执行通知中直接将本案受让人作为申请执行主体,未作出裁定变更,程序不当,遂于2012年8月6日作出(2012)闽执异字第1号执行裁定,撤销(2012)闽执行字第8号执行通知。

李晓玲不服,向最高人民法院申请复议,其主要理由如下:一、李鹏裕的公务员身份不影响其作为债权受让主体的适格性。二、申请执行前，两申请人已同 2234 公司完成债权转让，并通知了债务人（即被执行人），是合法的债权人；根据《执行规定》有关规定，申请人只要提交生效法律文书、承受权利的证明等，即具备申请执行人资格，这一资格在立案阶段已予审查，并向申请人送达了案件受理通知书；1 号答复适用于执行程序中依受让人申请变更的情形，而本案申请人并非在执行过程中申请变更执行主体，因此不需要裁定变更申请执行主体。

裁判结果

最高人民法院于 2012 年 12 月 11 日作出（2012）执复字第 26 号执行裁定：撤销福建高院（2012）闽执异字第 1 号执行裁定书，由福建高院向两被执行人重新发出执行通知书。

裁判理由

最高人民法院认为：本案申请复议中争议焦点问题是，生效法律文书确定的权利人在进入执行程序前合法转让债权的，债权受让人即权利承受人可否作为申请执行人直接申请执行，是否需要裁定变更申请执行主体，以及执行中如何处理债权转让合同效力争议问题。

一、关于是否需要裁定变更申请执行主体的问题。变更申请执行主体是在根据原申请执行人的申请已经开始了的执行程序中，变更新的权利人为申请执行人。根据《执行规定》第 18 条、第 20 条的规定，权利承受人有权以自己的名义申请执行，只要向人民法院提交承受权利的证明文件，证明自己是生效法律文书确定的权利承受人的，即符合受理执行案件的条件。这种情况不属于严格意义上的变更申请执行主体，但二者的法律基础相同，故也可以理解为广义上的申请执行主体变更，即通过立案阶段解决主体变更问题。1 号答复的意见是，《执行规定》第 18 条可以作为变更申请执行主体的法律依据，并且认为债权受让人可以视为该条规定中的权利承受人。本案中，生效判决确定的原权利人 2234 公司在执行开始之前已经转让债权，并未作为申请执行人参加执行程序，而是权利受让人李晓玲、李鹏裕依据《执行规定》第 18 条的规定直接申请执行。因其申请已经法院立案受理，受理的方式不是通过裁定而是发出受理通知，债权受让人已经成为申请执行人，故并不需要执行法院再作出变更主体的裁定，然后发出执行通知，而应当直接发出执行通知。实践中有的法院在这种情况下先以原权利人作为申请执行人，待执行开始后再作出变更主体裁定，因其只是增加了工作量，而并无实质性影响，故并不被认为程序上存在问题。但不能由此反过来认为没有作出变更主体裁定是程序错误。

二、关于债权转让合同效力争议问题，原则上应当通过另行提起诉讼解决，执行程序不是审查判断和解决该问题的适当程序。被执行人主张转让合同无效所援引的《纪要》第五条也规定：在受让人向债务人主张债权的诉讼中，债务人提出不良债权转让合同无效抗辩的，人民法院应告知其向同一人民法院另行提起不良债权转让合同无效的诉讼；债务人不另行起诉的，人民法院对其抗辩不予支持。关于李鹏裕的申请执行人资格问题。因本案在异议审查中查明，李鹏裕明确表示其已经退出债权受让，不再参与本案执行，故后续执行中应不再将李鹏裕列为申请执行人。但如果没有其他因素，该事实不影响另一债权受让人李晓玲的受让和申请执行资格。李晓玲要求继续执行的，福建高院应以李晓玲为申请执行人继续执行。

【指导案例 35 号】

广东龙正投资发展有限公司与广东景茂拍卖行有限公司委托拍卖执行复议案

（最高人民法院审判委员会讨论通过　2014 年 12 月 18 日发布）

关键词　民事诉讼　执行复议　委托拍卖　恶意串通　拍卖无效

裁判要点

拍卖行与买受人有关联关系，拍卖行为存在以下情形，损害与标的物相关权利人合法权益的，人民法院可以视为拍卖行与买受人恶意串通，依法裁定该拍卖无效：（1）拍卖过程中没有其他无关联关系的竞买人参与竞买，或者虽有其他竞买人参与竞买，但未进行充分竞价的；（2）拍卖标的物的评估价明显低于实际价格，仍以该评估价成交的。

相关法条

《中华人民共和国民法通则》第五十八条

《中华人民共和国拍卖法》第六十五条

基本案情

广州白云荔发实业公司（以下简称荔发公司）与广州广丰房产建设有限公司（以下简称广丰公司）、广州银丰房地产有限公司（以下简称银丰公司）、广州金汇房产建设有限公司（以下简称金汇公司）非法借贷纠纷一案，广东省高级人民法院（以下简称广东高院）于1997年5月20日作出（1996）粤法经一初字第4号民事判决，判令广丰公司、银丰公司共同清偿荔发公司借款160647776.07元及利息，金汇公司承担连带赔偿责任。

广东高院在执行前述判决过程中，于1998年2月11日裁定查封了广丰公司名下的广丰大厦未售出部分，面积18851.86m^2。次日，委托广东景茂拍卖行有限公司（以下简称景茂拍卖行）进行拍卖。同年6月，该院委托的广东粤财房地产评估所出具评估报告，结论为：广丰大厦该部分物业在1998年6月12日的拍卖价格为102493594元。后该案因故暂停处置。

2001年初，广东高院重新启动处置程序，于同年4月4日委托景茂拍卖行对广丰大厦整栋进行拍卖。同年11月初，广东高院在报纸上刊登拟拍卖整栋广丰大厦的公告，要求涉及广丰大厦的所有权利人或购房业主，于2001年11月30日前向景茂拍卖行申报权利和登记，待广东高院处理。根据公告要求，向景茂拍卖行申报的权利有申请交付广丰大厦预售房屋、回迁房屋和申请返还购房款、工程款、银行借款等，金额高达15亿多元，其中，购房人缴纳的购房款逾2亿元。

2003年8月26日，广东高院委托广东财兴资产评估有限公司（即原广东粤财房地产评估所）对广丰大厦整栋进行评估。同年9月10日，该所出具评估报告，结论为：整栋广丰大厦（用地面积3009m^2，建筑面积34840m^2）市值为3445万元，建议拍卖保留价为市值的70%即2412万元。同年10月17日，景茂拍卖行以2412万元将广丰大厦整栋拍卖给广东龙正投资发展有限公司（以下简称龙正公司）。广东高院于同年10月28日作出（1997）粤高法执字第7号民事裁定，确认将广丰大厦整栋以2412万元转给龙正公司所有。2004年1月5日，该院向广州市国土房管部门发出协助执行通知书，要求将广丰大厦整栋产权过户给买受人龙正公司，并声明原广丰大厦的所有权利人，包括购房人、受让人、抵押权人、被拆迁人或拆迁户等的权益，由该院依法处理。龙正公司取得广丰大厦后，在原主体框架结构基础上继续投入资金进行续建,续建完成后更名为"时代国际大厦"。

2011年6月2日,广东高院根据有关部门的意见对该案复查后,作出(1997)粤高法执字第7-1号执行裁定,认定景茂拍卖行和买受人龙正公司的股东系亲属,存在关联关系。广丰大厦两次评估价格差额巨大,第一次评估了广丰大厦约一半面积的房产,第二次评估了该大厦整栋房产,但第二次评估价格仅为第一次评估价格的35%,即使考虑市场变化因素,其价格变化也明显不正常。根据景茂拍卖行报告,拍卖时有三个竞买人参加竞买,另外两个竞买人均未举牌竞价,龙正公司因而一次举牌即以起拍价2412万元竞买成功。但经该院协调有关司法机关无法找到该二人,后书面通知景茂拍卖行提供该二人的竞买资料,景茂拍卖行未能按要求提供;景茂拍卖行也未按照《拍卖监督管理暂行办法》第四条"拍卖企业举办拍卖活动,应当于拍卖日前七天内到拍卖活动所在地工商行政管理局备案,……拍卖企业应当在拍卖活动结束后7天内,将竞买人名单、身份证明复印件送拍卖活动所在地工商行政管理局备案"的规定,向工商管理部门备案。现有证据不能证实另外两个竞买人参加了竞买。综上,可以认定拍卖人景茂拍卖行和竞买人龙正公司在拍卖广丰大厦中存在恶意串通行为,导致广丰大厦拍卖不能公平竞价、损害了购房人和其他债权人的利益。根据《中华人民共和国民法通则》(以下简称《民法通则》)第五十八条、《中华人民共和国拍卖法》(以下简称《拍卖法》)第六十五条的规定,裁定拍卖无效,撤销该院2003年10月28日作出的(1997)粤高法执字第7号民事裁定。对此,买受人龙正公司和景茂拍卖行分别向广东高院提出异议。

龙正公司和景茂拍卖行异议被驳回后,又向最高人民法院申请复议。主要复议理由为:对广丰大厦前后两次评估的价值相差巨大的原因存在合理性,评估结果与拍卖行和买受人无关;拍卖保留价也是根据当时实际情况决定的,拍卖成交价是当时市场客观因素造成的;景茂拍卖行不能提供另外两名竞买人的资料,不违反《拍卖法》第五十四条第二款关于"拍卖资料保管期限自委托拍卖合同终止之日起计算,不得少于五年"的规定;拍卖广丰大厦的拍卖过程公开、合法,拍卖前曾四次在报纸上刊出拍卖公告,法律没有禁止拍卖行股东亲属的公司参与竞买。故不存在拍卖行与买受人恶意串通、损害购房人和其他债权人利益的事实。广东高院推定竞买人与拍卖行存在恶意串通行为是错误的。

裁判结果

广东高院于 2011 年 10 月 9 日作出（2011）粤高法执异字第 1 号执行裁定：维持（1997）粤高法执字第 7-1 号执行裁定意见，驳回异议。裁定送达后，龙正公司和景茂拍卖行向最高人民法院申请复议。最高人民法院于 2012 年 6 月 15 日作出（2012）执复字第 6 号执行裁定：驳回龙正公司和景茂拍卖行的复议请求。

裁判理由

最高人民法院认为：受人民法院委托进行的拍卖属于司法强制拍卖，其与公民、法人和其他组织自行委托拍卖机构进行的拍卖不同，人民法院有权对拍卖程序及拍卖结果的合法性进行审查。因此，即使拍卖已经成交，人民法院发现其所委托的拍卖行为违法，仍可以根据《民法通则》第五十八条、《拍卖法》第六十五条等法律规定，对在拍卖过程中恶意串通，导致拍卖不能公平竞价、损害他人合法权益的，裁定该拍卖无效。

买受人在拍卖过程中与拍卖机构是否存在恶意串通，应从拍卖过程、拍卖结果等方面综合考察。如果买受人与拍卖机构存在关联关系，拍卖过程没有进行充分竞价，而买受人和拍卖机构明知标的物评估价和成交价明显过低，仍以该低价成交，损害标的物相关权利人合法权益的，可以认定双方存在恶意串通。

本案中，在景茂拍卖行与买受人之间因股东的亲属关系而存在关联关系的情况下，除非能够证明拍卖过程中有其他无关联关系的竞买人参与竞买，且进行了充分的竞价，否则可以推定景茂拍卖行与买受人之间存在串通。该竞价充分的举证责任应由景茂拍卖行和与其有关联关系的买受人承担。2003 年拍卖结束后，景茂拍卖行给广东高院的拍卖报告中指出，还有另外两个自然人参加竞买，现场没有举牌竞价，拍卖中仅一次叫价即以保留价成交，并无竞价。而买受人龙正公司和景茂拍卖行不能提供其他两个竞买人的情况。经审核，其复议中提供的向工商管理部门备案的材料中，并无另外两个竞买人参加竞买的资料。拍卖资料经过了保存期，不是其不能提供竞买人情况的理由。据此，不能认定有其他竞买人参加了竞买，可以认定景茂拍卖行与买受人龙正公司之间存在串通行为。

鉴于本案拍卖系直接以评估机构确定的市场价的 70% 之保留价成交的，故评估价是否合理对于拍卖结果是否公正合理有直接关系。之前对一半房产的评估价已达一亿多元，但是本次对全部房产的评估价格却只有原来一半房产评估价格的35％。拍卖行明知价格过低，却通过亲属来购买房产，未经多轮竞价，严重侵犯了他人的利益。拍卖整个楼的价格与评估部分房产时的价格相差悬殊，拍卖行和买受人的解释不能让人信服，可以认定两者间存在恶意串通。同时，与广丰大厦相关的权利有申请交付广丰大厦预售房屋、回迁房屋和申请返还购房款、工程款、银行借款等，总额达15亿多元，仅购房人登记所交购房款即超过2亿元。而本案拍卖价款仅为2412万元，对于没有优先受偿权的本案申请执行人毫无利益可言，明显属于无益拍卖。鉴于景茂拍卖行负责接受与广丰大厦相关的权利的申报工作，且买受人与其存在关联关系，可认定景茂拍卖行与买受人对上述问题也应属明知。因此，对于此案拍卖导致与广丰大厦相关的权利人的权益受侵害，景茂拍卖行与买受人龙正公司之间构成恶意串通。

综上，广东高院认定拍卖人景茂拍卖行和买受人龙正公司在拍卖广丰大厦中存在恶意串通行为，导致广丰大厦拍卖不能公平竞价、损害了购房人和其他债权人的利益，是正确的。故（1997）粤高法执字第7-1号及（2011）粤高法执异字第1号执行裁定并无不当，景茂拍卖行与龙正公司申请复议的理由不能成立。

【指导案例36号】

中投信用担保有限公司与海通证券股份有限公司等证券权益纠纷执行复议案

（最高人民法院审判委员会讨论通过 2014年12月18日发布）

关键词 民事诉讼 执行复议 到期债权 协助履行

裁判要点

被执行人在收到执行法院执行通知之前，收到另案执行法院要求其向申请执行人的债权人直接清偿已经法院生效法律文书确认的债务的通知，并清偿债务的，执行法院不能将该部分已清偿债务纳入执行范围。

相关法条

《中华人民共和国民事诉讼法》第二百二十四条第一款

基本案情

中投信用担保有限公司（以下简称中投公司）与海通证券股份有限公司（以下简称海通证券）、海通证券股份有限公司福州广达路证券营业部（以下简称海通证券营业部）证券权益纠纷一案，福建省高级人民法院（以下简称福建高院）于2009年6月11日作出（2009）闽民初字第3号民事调解书，已经发生法律效力。中投公司于2009年6月25日向福建高院申请执行。福建高院于同年7月3日立案执行，并于当月15日向被执行人海通证券营业部、海通证券发出（2009）闽执行字第99号执行通知书，责令其履行法律文书确定的义务。

被执行人海通证券及海通证券营业部不服福建高院（2009）闽执行字第99号执行通知书，向该院提出书面异议。异议称：被执行人已于2009年6月12日根据北京市东城区人民法院（以下简称北京东城法院）的履行到期债务通知书，向中投公司的执行债权人潘鼎履行其对中投公司所负的到期债务11222761.55元，该款汇入了北京东城法院账户；上海市第二中级人民法院（以下简称上海二中院）为执行上海中维资产管理有限公司与中投公司纠纷案，向其发出协助执行通知书，并于2009年6月22日扣划了海通证券的银行存款8777238.45元。以上共计向中投公司的债权人支付了2000万元，故其与中投公司之间已经不存在未履行（2009）闽民初字第3号民事调解书确定的付款义务的事实，福建高院向其发出的执行通知书应当撤销。为此，福建高院作出（2009）闽执异字第1号裁定书，认定被执行人异议成立，撤销（2009）闽执行字第99号执行通知书。申请执行人中投公司不服，向最高人民法院提出了复议申请。申请执行人的主要理由是：北京东城法院的履行到期债务通知书和上海二中院的协助执行通知书，均违反了最高人民法院给江苏省高级人民法院的（2000）执监字第304号关于法院判决的债权不适用《关于适用〈中华人民共和国民事诉讼法〉若干问题的意见》第300条规定（以下简称意见第300条）的复函精神，福建高院的裁定错误。

裁判结果

最高人民法院于2010年4月13日作出（2010）执复字第2号执行裁定，驳回中投信用担保有限公司的复议请求，维持福建高院（2009）闽执异字第1号裁定。

裁判理由

最高人民法院认为：最高人民法院（2000）执监字第304号复函是针对个案的答复，不具有普遍效力。随着民事诉讼法关于执行管辖权的调整，该函中基于执行只能由一审法院管辖，认为经法院判决确定的到期债权不适用意见第300条的观点已不再具有合理性。对此问题正确的解释应当是：对经法院判决（或调解书，以下通称判决）确定的债权，也可以由非判决法院按照意见第300条规定的程序执行。因该到期债权已经法院判决确定，故第三人（被执行人的债务人）不能提出债权不存在的异议（否认生效判决的定论）。本案中，北京东城法院和上海二中院正是按照上述精神对福建高院（2009）闽民初字第3号民事调解书确定的债权进行执行的。被执行人海通证券无权对生效调解书确定的债权提出异议，不能对抗上海二中院强制扣划行为，其自动按照北京东城法院的通知要求履行，也是合法的。

被执行人海通证券营业部、海通证券收到有关法院通知的时间及其协助有关法院执行，是在福建高院向其发出执行通知之前。在其协助有关法院执行后，其因（2009）闽民初字第3号民事调解书而对于申请执行人中投公司负有的2000万元债务已经消灭，被执行人有权请求福建高院不得再依据该调解书强制执行。

综上，福建高院（2009）闽执异字第1号裁定书认定事实清楚，适用法律正确。故驳回中投公司的复议请求，维持福建高院（2009）闽执异字第1号裁定。

【指导案例37号】

上海金纬机械制造有限公司与瑞士瑞泰克公司仲裁裁决执行复议案

（最高人民法院审判委员会讨论通过　2014年12月18日发布）

关键词　民事诉讼　执行复议　涉外仲裁裁决　执行管辖　申请执行期间起算

裁判要点

当事人向我国法院申请执行发生法律效力的涉外仲裁裁决,发现被申请执行人或者其财产在我国领域内的,我国法院即对该案具有执行管辖权。当事人申请法院强制执行的时效期间,应当自发现被申请执行人或者其财产在我国领域内之日起算。

相关法条

《中华人民共和国民事诉讼法》第二百三十九条、第二百七十三条

基本案情

上海金纬机械制造有限公司(以下简称金纬公司)与瑞士瑞泰克公司(RETECH Aktiengesellschaft,以下简称瑞泰克公司)买卖合同纠纷一案,由中国国际经济贸易仲裁委员会于2006年9月18日作出仲裁裁决。2007年8月27日,金纬公司向瑞士联邦兰茨堡(Lenzburg)法院(以下简称兰茨堡法院)申请承认和执行该仲裁裁决,并提交了由中国中央翻译社翻译、经上海市外事办公室及瑞士驻上海总领事认证的仲裁裁决书翻译件。同年10月25日,兰茨堡法院以金纬公司所提交的仲裁裁决书翻译件不能满足《承认及执行外国仲裁裁决公约》(以下简称《纽约公约》)第四条第二点关于"译文由公设或宣誓之翻译员或外交或领事人员认证"的规定为由,驳回金纬公司申请。其后,金纬公司又先后两次向兰茨堡法院递交了分别由瑞士当地翻译机构翻译的仲裁裁决书译件和由上海上外翻译公司翻译、上海市外事办公室、瑞士驻上海总领事认证的仲裁裁决书翻译件以申请执行,仍被该法院分别于2009年3月17日和2010年8月31日,以仲裁裁决书翻译文件没有严格意义上符合《纽约公约》第四条第二点的规定为由,驳回申请。

2008年7月30日,金纬公司发现瑞泰克公司有一批机器设备正在上海市浦东新区展览,遂于当日向上海市第一中级人民法院(以下简称上海一中院)申请执行。上海一中院于同日立案执行并查封、扣押了瑞泰克公司参展机器设备。瑞泰克公司遂以金纬公司申请执行已超过《中华人民共和国民事诉讼法》(以下简称《民事诉讼法》)规定的期限为由提出异议,要求上海一中院不受理该案,并解除查封,停止执行。

裁判结果

上海市第一中级人民法院于2008年11月17日作出(2008)沪一中执字第640-1民事裁定,驳回瑞泰克公司的异议。裁定送达后,瑞

泰克公司向上海市高级人民法院申请执行复议。2011年12月20日，上海市高级人民法院作出（2009）沪高执复议字第2号执行裁定，驳回复议申请。

裁判理由

法院生效裁判认为：本案争议焦点是我国法院对该案是否具有管辖权以及申请执行期间应当从何时开始起算。

一、关于我国法院的执行管辖权问题

根据《民事诉讼法》的规定，我国涉外仲裁机构作出的仲裁裁决，如果被执行人或者其财产不在中华人民共和国领域内的，应当由当事人直接向有管辖权的外国法院申请承认和执行。鉴于本案所涉仲裁裁决生效时，被执行人瑞泰克公司及其财产均不在我国领域内，因此，人民法院在该仲裁裁决生效当时，对裁决的执行没有管辖权。

2008年7月30日，金纬公司发现被执行人瑞泰克公司有财产正在上海市参展。此时，被申请执行人瑞泰克公司有财产在中华人民共和国领域内的事实，使我国法院产生了对本案的执行管辖权。申请执行人依据《民事诉讼法》"一方当事人不履行仲裁裁决的，对方当事人可以向被申请人住所地或者财产所在地的中级人民法院申请执行"的规定，基于被执行人不履行仲裁裁决义务的事实，行使民事强制执行请求权，向上海一中院申请执行。这符合我国《民事诉讼法》有关人民法院管辖涉外仲裁裁决执行案件所应当具备的要求，上海一中院对该执行申请有管辖权。

考虑到《纽约公约》规定的原则是，只要仲裁裁决符合公约规定的基本条件，就允许在任何缔约国得到承认和执行。《纽约公约》的目的在于便利仲裁裁决在各缔约国得到顺利执行，因此并不禁止当事人向多个公约成员国申请相关仲裁裁决的承认与执行。被执行人一方可以通过举证已经履行了仲裁裁决义务进行抗辩，向执行地法院提交已经清偿债务数额的证据，这样即可防止被执行人被强制重复履行或者超标的履行的问题。因此，人民法院对该案行使执行管辖权，符合《纽约公约》规定的精神，也不会造成被执行人重复履行生效仲裁裁决义务的问题。

二、关于本案申请执行期间起算问题

依照《民事诉讼法》（2007年修正）第二百一十五条的规定，"申请执行的期间为二年"。"前款规定的期间,从法律文书规定履行期间的最后一日起计算;法律文书规定分期履行的,从规定的每次履行期间的最后一日起计算;法律文书未规定履行期间的,从法律文书生效之日起计算。"鉴于我国法律有关申请执行期间起算,是针对生效法律文书作出时,被执行人或者其财产在我国领域内的一般情况作出的规定;而本案的具体情况是,仲裁裁决生效当时,我国法院对该案并没有执行管辖权,当事人依法向外国法院申请承认和执行该裁决而未能得到执行,不存在怠于行使申请执行权的问题;被执行人一直拒绝履行裁决所确定的法律义务;申请执行人在发现被执行人有财产在我国领域内之后,即向人民法院申请执行。考虑到这类情况下,外国被执行人或者其财产何时会再次进入我国领域内,具有较大的不确定性,因此,应当合理确定申请执行期间起算点,才能公平保护申请执行人的合法权益。

鉴于债权人取得有给付内容的生效法律文书后,如债务人未履行生效文书所确定的义务,债权人即可申请法院行使强制执行权,实现其实体法上的请求权,此项权利即为民事强制执行请求权。民事强制执行请求权的存在依赖于实体权利,取得依赖于执行根据,行使依赖于执行管辖权。执行管辖权是民事强制执行请求权的基础和前提。在司法实践中,人民法院的执行管辖权与当事人的民事强制执行请求权不能是抽象或不确定的,而应是具体且可操作的。义务人瑞泰克公司未履行裁决所确定的义务时,权利人金纬公司即拥有了民事强制执行请求权,但是,根据《民事诉讼法》的规定,对于涉外仲裁机构作出的仲裁申请执行,如果被执行人或者其财产不在中华人民共和国领域内,应当由当事人直接向有管辖权的外国法院申请承认和执行。此时,因被执行人或者其财产不在我国领域内,我国法院对该案没有执行管辖权,申请执行人金纬公司并非其主观上不愿或怠于行使权利,而是由于客观上纠纷本身没有产生人民法院执行管辖连接点,导致其无法向人民法院申请执行。人民法院在受理强制执行申请后,应当审查申请是否在法律规定的时效期间内提出。具有执行管辖权是人民法院审查申请执行人相关申请的必要前提,因此应当自执行管辖确定之日,即发现被执行人可供执行财产之日,开始计算申请执行人的申请执行期限。

最高人民法院
关于发布第九批指导性案例的通知

(2014年12月24日 法〔2014〕337号)

各省、自治区、直辖市高级人民法院，解放军军事法院，新疆维吾尔自治区高级人民法院生产建设兵团分院：

根据《最高人民法院关于案例指导工作的规定》第九条的规定，最高人民法院对《最高人民法院公报》刊发的对全国法院审判、执行工作具有指导意义的案例，进行了编纂。经最高人民法院审判委员会讨论决定，现将田永诉北京科技大学拒绝颁发毕业证、学位证案等七个案例（指导案例38-44号），作为第九批指导性案例发布，供在审判类似案件时参照。

最高人民法院

2014年12月24日

【指导案例38号】

田永诉北京科技大学拒绝
颁发毕业证、学位证案

(最高人民法院审判委员会讨论通过 2014年12月25日发布)

关键词 行政诉讼 颁发证书 高等学校 受案范围 正当程序

裁判要点

1. 高等学校对受教育者因违反校规、校纪而拒绝颁发学历证书、学位证书,受教育者不服的,可以依法提起行政诉讼。

2. 高等学校依据违背国家法律、行政法规或规章的校规、校纪,对受教育者作出退学处理等决定的,人民法院不予支持。

3. 高等学校对因违反校规、校纪的受教育者作出影响其基本权利的决定时,应当允许其申辩并在决定作出后及时送达,否则视为违反法定程序。

相关法条

《中华人民共和国行政诉讼法》第二十五条
《中华人民共和国教育法》第二十一条、第二十二条
《中华人民共和国学位条例》第八条

基本案情

原告田永于1994年9月考取北京科技大学,取得本科生的学籍。1996年2月29日,田永在电磁学课程的补考过程中,随身携带写有电磁学公式的纸条。考试中,去上厕所时纸条掉出,被监考教师发现。监考教师虽未发现其有偷看纸条的行为,但还是按照考场纪律,当即停止了田永的考试。被告北京科技大学根据原国家教委关于严肃考场纪律的指示精神,于1994年制定了校发(94)第068号《关于严格考试管理的紧急通知》(简称第068号通知)。该通知规定,凡考试作弊的学生一律按退学处理,取消学籍。被告据此于1996年3月5日认定田永的行为属作弊行为,并作出退学处理决定。同年4月10日,被告填发了学籍变动通知,但退学处理决定和变更学籍的通知未直接向田永宣布、送达,也未给田永办理退学手续,田永继续以该校大学生的身份参加正常学习及学校组织的活动。1996年9月,被告为田永补办了学生证,之后每学年均收取田永交纳的教育费,并为田永进行注册、发放大学生补助津贴,安排田永参加了大学生毕业实习设计,由其论文指导教师领取了学校发放的毕业设计结业费。田永还以该校大学生的名义参加考试,先后取得了大学英语四级、计算机应用水平测试BASIC语言成绩合格证书。被告对原告在该校的四年学习中成绩全部合格,通过毕业实习、毕业设计及论文答辩,获得优秀毕业论文及毕业总成绩为全班第九名的事实无争议。

1998年6月,田永所在院系向被告报送田永所在班级授予学士学位表时,被告有关部门以田永已按退学处理、不具备北京科技大学学籍为由,拒绝为其颁发毕业证书,进而未向教育行政部门呈报田永的毕业派遣资格表。田永所在院系认为原告符合大学毕业和授予学士学位的条

件，但由于当时原告因毕业问题正在与学校交涉，故暂时未在授予学位表中签字，待学籍问题解决后再签。被告因此未将原告列入授予学士学位资格的名单交该校学位评定委员会审核。因被告的部分教师为田永一事向原国家教委申诉，国家教委高校学生司于1998年5月18日致函被告，认为被告对田永违反考场纪律一事处理过重，建议复查。同年6月10日，被告复查后，仍然坚持原结论。田永认为自己符合大学毕业生的法定条件，北京科技大学拒绝给其颁发毕业证、学位证是违法的，遂向北京市海淀区人民法院提起行政诉讼。

裁判结果

北京市海淀区人民法院于1999年2月14日作出（1998）海行初字第00142号行政判决：一、北京科技大学在本判决生效之日起30日内向田永颁发大学本科毕业证书；二、北京科技大学在本判决生效之日起60日内组织本校有关院、系及学位评定委员会对田永的学士学位资格进行审核；三、北京科技大学于本判决生效后30日内履行向当地教育行政部门上报有关田永毕业派遣的有关手续的职责；四、驳回田永的其他诉讼请求。北京科技大学提出上诉，北京市第一中级人民法院于1999年4月26日作出（1999）一中行终字第73号行政判决：驳回上诉，维持原判。

裁判理由

法院生效裁判认为：根据我国法律、法规规定，高等学校对受教育者有进行学籍管理、奖励或处分的权力，有代表国家对受教育者颁发学历证书、学位证书的职责。高等学校与受教育者之间属于教育行政管理关系，受教育者对高等学校涉及受教育者基本权利的管理行为不服的，有权提起行政诉讼，高等学校是行政诉讼的适格被告。

高等学校依法具有相应的教育自主权，有权制定校纪、校规，并有权对在校学生进行教学管理和违纪处分，但是其制定的校纪、校规和据此进行的教学管理和违纪处分，必须符合法律、法规和规章的规定，必须尊重和保护当事人的合法权益。本案原告在补考中随身携带纸条的行为属于违反考场纪律的行为，被告可以按照有关法律、法规、规章及学校的有关规定处理，但其对原告作出退学处理决定所依据的该校制定的第068号通知，与《普通高等学校学生管理规定》第二十九条规定的法定退学条件相抵触，故被告所作退学处理决定违法。

退学处理决定涉及原告的受教育权利，为充分保障当事人权益，从正当程序原则出发，被告应将此决定向当事人送达、宣布，允许当事人提出申辩意见。而被告既未依此原则处理，也未实际给原告办理注销学籍、迁移户籍、档案等手续。被告于 1996 年 9 月为原告补办学生证并注册的事实行为，应视为被告改变了对原告所作的按退学处理的决定，恢复了原告的学籍。被告又安排原告修满四年学业，参加考核、实习及毕业设计并通过论文答辩等。上述一系列行为虽系被告及其所属院系的部分教师具体实施，但因他们均属职务行为，故被告应承担上述行为所产生的法律后果。

国家实行学历证书制度，被告作为国家批准设立的高等学校，对取得普通高等学校学籍、接受正规教育、学习结束达到一定水平和要求的受教育者，应当为其颁发相应的学业证明，以承认该学生具有的相当学历。原告符合上述高等学校毕业生的条件，被告应当依《中华人民共和国教育法》第二十八条第一款第五项及《普通高等学校学生管理规定》第三十五条的规定，为原告颁发大学本科毕业证书。

国家实行学位制度，学位证书是评价个人学术水平的尺度。被告作为国家授权的高等学校学士学位授予机构，应依法定程序对达到一定学术水平或专业技术水平的人员授予相应的学位，颁发学位证书。依《中华人民共和国学位条例暂行实施办法》第四条、第五条、第十八条第三项规定的颁发学士学位证书的法定程序要求，被告首先应组织有关院系审核原告的毕业成绩和毕业鉴定等材料，确定原告是否已较好地掌握本门学科的基础理论、专业知识和基本技能，是否具备从事科学研究工作或担负专门技术工作的初步能力；再决定是否向学位评定委员会提名列入学士学位获得者的名单，学位评定委员会方可依名单审查通过后，由被告对原告授予学士学位。

【指导案例 39 号】

何小强诉华中科技大学拒绝授予学位案

（最高人民法院审判委员会讨论通过　2014 年 12 月 25 日发布）

关键词　行政诉讼　学位授予　高等学校　学术自治

裁判要点

1. 具有学位授予权的高等学校,有权对学位申请人提出的学位授予申请进行审查并决定是否授予其学位。申请人对高等学校不授予其学位的决定不服提起行政诉讼的,人民法院应当依法受理。

2. 高等学校依照《中华人民共和国学位条例暂行实施办法》的有关规定,在学术自治范围内制定的授予学位的学术水平标准,以及据此标准作出的是否授予学位的决定,人民法院应予支持。

相关法条

《中华人民共和国学位条例》第四条、第八条第一款

《中华人民共和国学位条例暂行实施办法》第二十五条

基本案情

原告何小强系第三人华中科技大学武昌分校(以下简称武昌分校)2003级通信工程专业的本科毕业生。武昌分校是独立的事业法人单位,无学士学位授予资格。根据国家对民办高校学士学位授予的相关规定和双方协议约定,被告华中科技大学同意对武昌分校符合学士学位条件的本科毕业生授予学士学位,并在协议附件载明《华中科技大学武昌分校授予本科毕业生学士学位实施细则》。其中第二条规定"凡具有我校学籍的本科毕业生,符合本《实施细则》中授予条件者,均可向华中科技大学学位评定委员会申请授予学士学位",第三条规定"……达到下述水平和要求,经学术评定委员会审核通过者,可授予学士学位。……(三)通过全国大学英语四级统考"。2006年12月,华中科技大学作出《关于武昌分校、文华学院申请学士学位的规定》,规定通过全国大学外语四级考试是非外国语专业学生申请学士学位的必备条件之一。

2007年6月30日,何小强获得武昌分校颁发的《普通高等学校毕业证书》,由于其本科学习期间未通过全国英语四级考试,武昌分校根据上述《实施细则》,未向华中科技大学推荐其申请学士学位。8月26日,何小强向华中科技大学和武昌分校提出授予工学学士学位的申请。2008年5月21日,武昌分校作出书面答复,因何小强没有通过全国大学英语四级考试,不符合授予条件,华中科技大学不能授予其学士学位。

裁判结果

湖北省武汉市洪山区人民法院于2008年12月18日作出(2008)洪行初字第81号行政判决,驳回原告何小强要求被告华中科技大学为

其颁发工学学士学位的诉讼请求。湖北省武汉市中级人民法院于2009年5月31日作出（2009）武行终字第61号行政判决，驳回上诉，维持原判。

裁判理由

法院生效裁判认为：本案争议焦点主要涉及被诉行政行为是否可诉、是否合法以及司法审查的范围问题。

一、被诉行政行为具有可诉性。根据《中华人民共和国学位条例》等法律、行政法规的授权，被告华中科技大学具有审查授予普通高校学士学位的法定职权。依据《中华人民共和国学位条例暂行实施办法》第四条第二款"非授予学士学位的高等院校，对达到学士学术水平的本科毕业生，应当由系向学校提出名单，经学校同意后，由学校就近向本系统、本地区的授予学士学位的高等院校推荐。授予学士学位的高等院校有关的系，对非授予学士学位的高等院校推荐的本科毕业生进行审查考核，认为符合本暂行办法及有关规定的，可向学校学位评定委员会提名，列入学士学位获得者名单"，以及国家促进民办高校办学政策的相关规定，华中科技大学有权按照与民办高校的协议，对于符合本校学士学位授予条件的民办高校本科毕业生经审查合格授予普通高校学士学位。

本案中，第三人武昌分校是未取得学士学位授予资格的民办高校，该院校与华中科技大学签订合作办学协议约定，武昌分校对该校达到学士学术水平的本科毕业生，向华中科技大学推荐，由华中科技大学审核是否授予学士学位。依据《中华人民共和国学位条例暂行实施办法》的规定和华中科技大学与武昌分校之间合作办学协议，华中科技大学具有对武昌分校推荐的应届本科毕业生进行审查和决定是否颁发学士学位的法定职责。武昌分校的本科毕业生何小强以华中科技大学在收到申请之日起六十日内未授予其工学学士学位，向人民法院提起行政诉讼，符合《最高人民法院关于执行〈中华人民共和国行政诉讼法〉若干问题的解释》第三十九条第一款的规定。因此，华中科技大学是本案适格的被告，何小强对华中科技大学不授予其学士学位不服提起诉讼的，人民法院应当依法受理。

二、被告制定的《华中科技大学武昌分校授予本科毕业生学士学位实施细则》第三条的规定符合上位法规定。《中华人民共和国学位条例》第四条规定："高等学校本科毕业生，成绩优良，达到下述学术水平者，授予学士学位：（一）较好地掌握本门学科的基础理论、专门知识和基本技能……。"《中华人民共和国学位条例暂行实施办法》第二十五条规定:"学位授予单位可根据本暂行条例实施办法,制定本单位授予学位的工作细则。"该办法赋予学位授予单位在不违反《中华人民共和国学位条例》所规定授予学士学位基本原则的基础上,在学术自治范围内制定学士学位授予标准的权力和职责,华中科技大学在此授权范围内将全国大学英语四级考试成绩与学士学位挂钩,属于学术自治的范畴。高等学校依法行使教学自主权,自行对其所培养的本科生教育质量和学术水平作出具体的规定和要求,是对授予学士学位的标准的细化,并没有违反《中华人民共和国学位条例》第四条和《中华人民共和国学位条例暂行实施办法》第二十五条的原则性规定。因此,何小强因未通过全国大学英语四级考试不符合华中科技大学学士学位的授予条件,武昌分校未向华中科技大学推荐其申请授予学士学位,故华中科技大学并不存在不作为的事实,对何小强的诉讼请求不予支持。

三、对学校授予学位行为的司法审查以合法性审查为原则。各高等学校根据自身的教学水平和实际情况在法定的基本原则范围内确定各自学士学位授予的学术水平衡量标准,是学术自治原则在高等学校办学过程中的具体体现。在符合法律法规规定的学位授予条件前提下,确定较高的学士学位授予学术标准或适当放宽学士学位授予学术标准,均应由各高等学校根据各自的办学理念、教学实际情况和对学术水平的理想追求自行决定。对学士学位授予的司法审查不能干涉和影响高等学校的学术自治原则,学位授予类行政诉讼案件司法审查的范围应当以合法性审查为基本原则。

【指导案例 40 号】

孙立兴诉天津新技术产业园区劳动人事局工伤认定案

(最高人民法院审判委员会讨论通过 2014 年 12 月 25 日发布)

关键词 行政 工伤认定 工作原因 工作场所 工作过失

裁判要点

1. 《工伤保险条例》第十四条第一项规定的"因工作原因",是指职工受伤与其从事本职工作之间存在关联关系。

2. 《工伤保险条例》第十四条第一项规定的"工作场所",是指与职工工作职责相关的场所,有多个工作场所的,还包括工作时间内职工来往于多个工作场所之间的合理区域。

3. 职工在从事本职工作中存在过失,不属于《工伤保险条例》第十六条规定的故意犯罪、醉酒或者吸毒、自残或者自杀情形,不影响工伤的认定。

相关法条

《工伤保险条例》第十四条第一项、第十六条

基本案情

原告孙立兴诉称:其在工作时间、工作地点、因工作原因摔倒致伤,符合《工伤保险条例》规定的情形。天津新技术产业园区劳动人事局(以下简称园区劳动局)不认定工伤的决定,认定事实错误,适用法律不当。请求撤销园区劳动局所作的《工伤认定决定书》,并判令园区劳动局重新作出工伤认定行为。

被告园区劳动局辩称:天津市中力防雷技术有限公司(以下简称中力公司)业务员孙立兴因公外出期间受伤,但受伤不是由于工作原因,而是由于本人注意力不集中,脚底踩空,才在下台阶时摔伤。其受伤结果与其所接受的工作任务没有明显的因果关系,故孙立兴不符合《工伤保险条例》规定的应当认定为工伤的情形。园区劳动局作出的不认定工伤的决定,事实清楚,证据充分,程序合法,应予维持。

第三人中力公司述称:因本公司实行末位淘汰制,孙立兴事发前已被淘汰。但因其原从事本公司的销售工作,还有收回剩余货款的义务,所以才偶尔回公司打电话。事发时,孙立兴已不属于本公司职工,也不是在本公司工作场所范围内摔伤,不符合认定工伤的条件。

法院经审理查明:孙立兴系中力公司员工,2003年6月10日上午受中力公司负责人指派去北京机场接人。其从中力公司所在地天津市南开区华苑产业园区国际商业中心(以下简称商业中心)八楼下楼,欲到商业中心院内停放的红旗轿车处去开车,当行至一楼门口台阶处时,孙立兴脚下一滑,从四层台阶处摔倒在地面上,造成四肢不能活动。经医院诊断为颈髓过伸位损伤合并颈部神经根牵拉伤、上唇挫裂伤、左手

臂擦伤、左腿皮擦伤。孙立兴向园区劳动局提出工伤认定申请，园区劳动局于 2004 年 3 月 5 日作出（2004）0001 号《工伤认定决定书》，认为根据受伤职工本人的工伤申请和医疗诊断证明书，结合有关调查材料，依据《工伤保险条例》第十四条第五项的工伤认定标准，没有证据表明孙立兴的摔伤事故系由工作原因造成，决定不认定孙立兴摔伤事故为工伤事故。孙立兴不服园区劳动局《工伤认定决定书》，向天津市第一中级人民法院提起行政诉讼。

裁判结果

天津市第一中级人民法院于 2005 年 3 月 23 日作出（2005）一中行初字第 39 号行政判决：一、撤销园区劳动局所作（2004）0001 号《工伤认定决定书》；二、限园区劳动局在判决生效后 60 日内重新作出具体行政行为。园区劳动局提起上诉，天津市高级人民法院于 2005 年 7 月 11 日作出（2005）津高行终字第 0034 号行政判决：驳回上诉，维持原判。

裁判理由

法院生效裁判认为：各方当事人对园区劳动局依法具有本案行政执法主体资格和法定职权，其作出被诉工伤认定决定符合法定程序，以及孙立兴是在工作时间内摔伤，均无异议。本案争议焦点包括：一是孙立兴摔伤地点是否属于其"工作场所"？二是孙立兴是否"因工作原因"摔伤？三是孙立兴工作过程中不够谨慎的过失是否影响工伤认定？

一、关于孙立兴摔伤地点是否属于其"工作场所"问题

《工伤保险条例》第十四条第一项规定，职工在工作时间和工作场所内，因工作原因受到事故伤害，应当认定为工伤。该规定中的"工作场所"，是指与职工工作职责相关的场所，在有多个工作场所的情形下，还应包括职工来往于多个工作场所之间的合理区域。本案中，位于商业中心八楼的中力公司办公室，是孙立兴的工作场所，而其完成去机场接人的工作任务需驾驶的汽车停车处，是孙立兴的另一处工作场所。汽车停在商业中心一楼的门外，孙立兴要完成开车任务，必须从商业中心八楼下到一楼门外停车处，故从商业中心八楼到停车处是孙立兴来往于两个工作场所之间的合理区域，也应当认定为孙立兴的工作场所。园区劳动局认为孙立兴摔伤地点不属于其工作场所，系将完成工作任务的合理路线排除在工作场所之外，既不符合立法本意，也有悖于生活

常识。

二、关于孙立兴是否"因工作原因"摔伤的问题

《工伤保险条例》第十四条第一项规定的"因工作原因",指职工受伤与其从事本职工作之间存在关联关系,即职工受伤与其从事本职工作存在一定关联。孙立兴为完成开车接人的工作任务,必须从商业中心八楼的中力公司办公室下到一楼进入汽车驾驶室,该行为与其工作任务密切相关,是孙立兴为完成工作任务客观上必须进行的行为,不属于超出其工作职责范围的其他不相关的个人行为。因此,孙立兴在一楼门口台阶处摔伤,系为完成工作任务所致。园区劳动局主张孙立兴在下楼过程中摔伤,与其开车任务没有直接的因果关系,不符合"因工作原因"致伤,缺乏事实根据。另外,孙立兴接受本单位领导指派的开车接人任务后,从中力公司所在商业中心八楼下到一楼,在前往院内汽车停放处的途中摔倒,孙立兴当时尚未离开公司所在院内,不属于"因公外出"的情形,而是属于在工作时间和工作场所内。

三、关于孙立兴工作中不够谨慎的过失是否影响工伤认定的问题

《工伤保险条例》第十六条规定了排除工伤认定的三种法定情形,即因故意犯罪、醉酒或者吸毒、自残或者自杀的,不得认定为工伤或者视同工伤。职工从事工作中存在过失,不属于上述排除工伤认定的法定情形,不能阻却职工受伤与其从事本职工作之间的关联关系。工伤事故中,受伤职工有时具有疏忽大意、精力不集中等过失行为,工伤保险正是分担事故风险、提供劳动保障的重要制度。如果将职工个人主观上的过失作为认定工伤的排除条件,违反工伤保险"无过失补偿"的基本原则,不符合《工伤保险条例》保障劳动者合法权益的立法目的。据此,即使孙立兴工作中在行走时确实有失谨慎,也不影响其摔伤系"因工作原因"的认定结论。园区劳动局以导致孙立兴摔伤的原因不是雨、雪天气使台阶地滑,而是因为孙立兴自己精力不集中导致为由,主张孙立兴不属于"因工作原因"摔伤而不予认定工伤,缺乏法律依据。

综上,园区劳动局作出的不予认定孙立兴为工伤的决定,缺乏事实根据,适用法律错误,依法应予撤销。

【指导案例 41 号】

宣懿成等诉浙江省衢州市国土资源局收回国有土地使用权案

(最高人民法院审判委员会讨论通过　2014年12月25日发布)

关键词　行政诉讼　举证责任　未引用具体法律条款　适用法律错误

裁判要点

行政机关作出具体行政行为时未引用具体法律条款，且在诉讼中不能证明该具体行政行为符合法律的具体规定，应当视为该具体行政行为没有法律依据，适用法律错误。

相关法条

《中华人民共和国行政诉讼法》第三十二条

基本案情

原告宣懿成等18人系浙江省衢州市柯城区卫宁巷1号（原14号）衢州府山中学教工宿舍楼的住户。2002年12月9日，衢州市发展计划委员会根据第三人建设银行衢州分行（以下简称衢州分行）的报告，经审查同意衢州分行在原有的营业综合大楼东南侧扩建营业用房建设项目。同日，衢州市规划局制定建设项目选址意见，衢州分行为扩大营业用房等，拟自行收购、拆除占地面积为205平方米的府山中学教工宿舍楼，改建为露天停车场，具体按规划详图实施。18日，衢州市规划局又规划出衢州分行扩建营业用房建设用地平面红线图。20日，衢州市规划局发出建设用地规划许可证，衢州分行建设项目用地面积756平方米。25日，被告衢州市国土资源局（以下简称衢州市国土局）请示收回衢州府山中学教工宿舍楼住户的国有土地使用权187.6平方米，报衢州市人民政府审批同意。同月31日，衢州市国土局作出衢市国土（2002）37号《收回国有土地使用权通知》（以下简称《通知》），并告知宣懿成等18人其正在使用的国有土地使用权将收回及诉权等内容。该《通知》说明了行政决定所依据的法律名称，但没有对所依据的具体法律条款予以说明。原告不服,提起行政诉讼。

裁判结果

浙江省衢州市柯城区人民法院于2003年8月29日作出(2003)柯行初字第8号行政判决:撤销被告衢州市国土资源局2002年12月31日作出的衢市国土(2002)第37号《收回国有土地使用权通知》。宣判后,双方当事人均未上诉,判决已发生法律效力。

裁判理由

法院生效裁判认为:被告衢州市国土局作出《通知》时,虽然说明了该通知所依据的法律名称,但并未引用具体法律条款。在庭审过程中,被告辩称系依据《中华人民共和国土地管理法》(以下简称《土地管理法》)第五十八条第一款作出被诉具体行政行为。《土地管理法》第五十八条第一款规定:"有下列情况之一的,由有关人民政府土地行政主管部门报经原批准用地的人民政府或者有批准权的人民政府批准,可以收回国有土地使用权:(一)为公共利益需要使用土地的;(二)为实施城市规划进行旧城区改建,需要调整使用土地的;……。"衢州市国土局作为土地行政主管部门,有权依照《土地管理法》对辖区内国有土地的使用权进行管理和调整,但其行使职权时必须具有明确的法律依据。被告在作出《通知》时,仅说明是依据《土地管理法》及浙江省的有关规定作出的,但并未引用具体的法律条款,故其作出的具体行政行为没有明确的法律依据,属于适用法律错误。

本案中,衢州市国土局提供的衢州市发展计划委员会(2002)35号《关于同意扩建营业用房项目建设计划的批复》《建设项目选址意见书审批表》《建设银行衢州分行扩建营业用房建设用地规划红线图》等有关证据,难以证明其作出的《通知》符合《土地管理法》第五十八条第一款规定的"为公共利益需要使用土地"或"实施城市规划进行旧城区改造需要调整使用土地"的情形,主要证据不足,故被告主张其作出的《通知》符合《土地管理法》规定的理由不能成立。根据《中华人民共和国行政诉讼法》及其相关司法解释的规定,在行政诉讼中,被告对其作出的具体行政行为承担举证责任,被告不提供作出具体行政行为时的证据和依据的,应当认定该具体行政行为没有证据和依据。

综上,被告作出的收回国有土地使用权具体行政行为主要证据不足,适用法律错误,应予撤销。

【指导案例 42 号】

朱红蔚申请无罪逮捕赔偿案

(最高人民法院审判委员会讨论通过　2014 年 12 月 25 日发布)

关键词　国家赔偿　刑事赔偿　无罪逮捕　精神损害赔偿

裁判要点

1. 国家机关及其工作人员行使职权时侵犯公民人身自由权，严重影响受害人正常的工作、生活，导致其精神极度痛苦，属于造成精神损害严重后果。

2. 赔偿义务机关支付精神损害抚慰金的数额，应当根据侵权行为的手段、场合、方式等具体情节，侵权行为造成的影响、后果，以及当地平均生活水平等综合因素确定。

相关法条

《中华人民共和国国家赔偿法》第三十五条

基本案情

赔偿请求人朱红蔚申请称：检察机关的错误羁押致使其遭受了极大的物质损失和精神损害，申请最高人民法院赔偿委员会维持广东省人民检察院支付侵犯人身自由的赔偿金的决定，并决定由广东省人民检察院登报赔礼道歉、消除影响、恢复名誉，赔偿精神损害抚慰金 200 万元，赔付被扣押车辆、被拍卖房产等损失。

广东省人民检察院答辩称：朱红蔚被无罪羁押 873 天，广东省人民检察院依法决定支付侵犯人身自由的赔偿金 124254.09 元，已向朱红蔚当面道歉，并为帮助朱红蔚恢复经营走访了相关工商管理部门及向有关银行出具情况说明。广东省人民检察院未参与涉案车辆的扣押，不应对此承担赔偿责任。朱红蔚未能提供精神损害后果严重的证据，其要求支付精神损害抚慰金的请求不应予支持，其他请求不属于国家赔偿范围。

法院经审理查明：因涉嫌犯合同诈骗罪，朱红蔚于 2005 年 7 月 25 日被刑事拘留，同年 8 月 26 日被取保候审。2006 年 5 月 26 日，广东省人民检察院以粤检侦监核〔2006〕4 号复核决定书批准逮捕朱红蔚。同年 6 月 1 日，朱红蔚被执行逮捕。2008 年 9 月 11 日，广东省深圳市中级人民法院以指控依据不足为由,判决宣告朱红蔚无罪。同月19日,朱红蔚被释放。朱红蔚被羁押时间共计875天。2011年3月15日,朱红蔚以无罪逮捕为由向广东省人民检察院申请国家赔偿。同年7月19日,广东省人民检察院作出粤检赔决〔2011〕1号刑事赔偿决定:按照2010年度全国职工日平均工资标准支付侵犯人身自由的赔偿金124254.09元(142.33元×873天);口头赔礼道歉并依法在职能范围内为朱红蔚恢复生产提供方便;对支付精神损害抚慰金的请求不予支持。

另查明:(1)朱红蔚之女朱某某在朱红蔚被刑事拘留时未满18周岁,至2012年抑郁症仍未愈。(2)深圳一和实业有限公司自2004年由朱红蔚任董事长兼法定代表人,2005年以来未参加年检。(3)朱红蔚另案申请深圳市公安局赔偿被扣押车辆损失,广东省高级人民法院赔偿委员会以朱红蔚无证据证明其系车辆所有权人和受到实际损失为由,决定驳回朱红蔚赔偿申请。(4)2011年9月5日,广东省高级人民法院、广东省人民检察院、广东省公安厅联合发布粤高法〔2011〕382号《关于在国家赔偿工作中适用精神损害抚慰金若干问题的座谈会纪要》。该纪要发布后,广东省人民检察院表示可据此支付精神损害抚慰金。

裁判结果

最高人民法院赔偿委员会于2012年6月18日作出(2011)法委赔字第4号国家赔偿决定:维持广东省人民检察院粤检赔决〔2011〕1号刑事赔偿决定第二项;撤销广东省人民检察院粤检赔决〔2011〕1号刑事赔偿决定第一、三项;广东省人民检察院向朱红蔚支付侵犯人身自由的赔偿金142318.75元;广东省人民检察院向朱红蔚支付精神损害抚慰金50000元;驳回朱红蔚的其他赔偿请求。

裁判理由

最高人民法院认为:赔偿请求人朱红蔚于2011年3月15日向赔偿义务机关广东省人民检察院提出赔偿请求,本案应适用修订后的《中华人民共和国国家赔偿法》。朱红蔚被实际羁押时间为875天,广东省人民检察院计算为873天有误,应予纠正。根据《最高人民法院关于人民法院执行〈中华人民共和国国家赔偿法〉几个问题的解释》第六条规定,赔偿委员会变更赔偿义务机关尚未生效的赔偿决定,应以作出本赔偿决定时的上年度即2011年度全国职工日平均工资162.65元为赔偿标准。因此,广东省人民检察院应按照2011年度全国职工日平均工资标准向朱红蔚支付侵犯人身自由875天的赔偿金142318.75元。朱红蔚被宣告无罪后，广东省人民检察院已决定向朱红蔚以口头方式赔礼道歉，并为其恢复生产提供方便，从而在侵权行为范围内为朱红蔚消除影响、恢复名誉，该项决定应予维持。朱红蔚另要求广东省人民检察院以登报方式赔礼道歉，不予支持。

朱红蔚被羁押875天，正常的家庭生活和公司经营也因此受到影响，导致其精神极度痛苦，应认定精神损害后果严重。对朱红蔚主张的精神损害抚慰金，根据自2005年朱红蔚被羁押以来深圳一和实业有限公司不能正常经营，朱红蔚之女患抑郁症未愈，以及粤高法〔2011〕382号《关于在国家赔偿工作中适用精神损害抚慰金若干问题的座谈会纪要》明确的广东省赔偿精神损害抚慰金的参考标准，结合赔偿协商协调情况以及当地平均生活水平等情况，确定为50000元。朱红蔚提出的其他请求，不予支持。

【指导案例43号】

国泰君安证券股份有限公司海口滨海大道（天福酒店）证券营业部申请错误执行赔偿案

（最高人民法院审判委员会讨论通过 2014年12月25日发布）

关键词 国家赔偿 司法赔偿 错误执行 执行回转

裁判要点

1. 赔偿请求人以人民法院具有《中华人民共和国国家赔偿法》第三十八条规定的违法侵权情形为由申请国家赔偿的，人民法院应就赔偿请求人诉称的司法行为是否违法，以及是否应当承担国家赔偿责任一并予以审查。

2. 人民法院审理执行异议案件，因原执行行为所依据的当事人执行和解协议侵犯案外人合法权益，对原执行行为裁定予以撤销，并将被执行财产回复至执行之前状态的，该撤销裁定及执行回转行为不属于《中华人民共和国国家赔偿法》第三十八条规定的执行错误。

相关法条

《中华人民共和国国家赔偿法》第三十八条

基本案情

赔偿请求人国泰君安证券股份有限公司海口滨海大道（天福酒店）证券营业部（以下简称国泰海口营业部）申请称：海南省高级人民法院（以下简称海南高院）在未依法对原生效判决以及该院（1999）琼高法执字第9-10、9-11、9-12、9-13号裁定（以下分别简称9-10、9-11、9-12、9-13号裁定）进行再审的情况下，作出（1999）琼高法执字第9-16号裁定（以下简称9-16号裁定），并据此执行回转，撤销原9-11、9-12、9-13号裁定，造成国泰海口营业部已合法取得的房产丧失，应予确认违法，并予以国家赔偿。

海南高院答辩称：该院9-16号裁定仅是纠正此前执行裁定的错误，并未改变原执行依据，无须经过审判监督程序。该院9-16号裁定及其执行回转行为，系在审查案外人执行异议成立的基础上，使争议房产回复至执行案件开始时的产权状态，该行为与国泰海口营业部经判决确定的债权，及其尚不明确的损失主张之间没有因果关系。国泰海口营业部赔偿请求不能成立，应予驳回。

法院经审理查明：1998年9月21日，海南高院就国泰海口营业部诉海南国际租赁有限公司（以下简称海南租赁公司）证券回购纠纷一案作出（1998）琼经初字第8号民事判决，判决海南租赁公司向国泰海口营业部支付证券回购款本金3620万元和该款截止到1997年11月30日的利息16362296元；海南租赁公司向国泰海口营业部支付证券回购款本金3620万元的利息，计息方法为：从1997年12月1日起至付清之日止按年息18%计付。

1998年12月，国泰海口营业部申请海南高院执行该判决。海南高院受理后，向海南租赁公司发出执行通知书并查明该公司无财产可供执行。海南租赁公司提出其对第三人海南中标物业发展有限公司（以下简称中标公司）享有到期债权。中标公司对此亦予以认可，并表示愿意以景瑞大厦部分房产直接抵偿给国泰海口营业部，以偿还其欠海南租赁公司的部分债务。海南高院遂于2000年6月13日作出9-10号裁定，查封景瑞大厦的部分房产，并于当日予以公告。同年6月29日，国泰海口营业部、海南租赁公司和中标公司共同签订《执行和解书》，约定海南租赁公司、中标公司以中标公司所有的景瑞大厦部分房产抵偿国泰海口营业部的债务。据此，海南高院于6月30日作出9-11号裁定，对和解协议予以认可。

在办理过户手续过程中,案外人海南发展银行清算组(以下简称海发行清算组)和海南创仁房地产有限公司(以下简称创仁公司)以海南高院9-11号裁定抵债的房产属其所有,该裁定损害其合法权益为由提出执行异议。海南高院审查后分别作出9-12号、9-13号裁定,驳回异议。2002年3月14日,国泰海口营业部依照9-11号裁定将上述抵债房产的产权办理变更登记至自己名下,并缴纳相关税费。海发行清算组、创仁公司申诉后,海南高院经再次审查认为:9-11号裁定将原金通城市信用社(后并入海南发展银行)向中标公司购买并已支付大部分价款的房产当作中标公司房产抵债给国泰海口营业部,损害了海发行清算组的利益,确属不当,海发行清算组的异议理由成立,创仁公司异议主张应通过诉讼程序解决。据此海南高院于2003年7月31日作出9-16号裁定,裁定撤销9-11号、9-12号、9-13号裁定,将原裁定抵债房产回转过户至执行前状态。

2004年12月18日,海口市中级人民法院(以下简称海口中院)对以海发行清算组为原告、中标公司为被告、创仁公司为第三人的房屋确权纠纷一案作出(2003)海中法民再字第37号民事判决,确认原抵债房产分属创仁公司和海发行清算组所有。该判决已发生法律效力。2005年6月,国泰海口营业部向海口市地方税务局申请退税,海口市地方税务局将契税退还国泰海口营业部。2006年8月4日,海南高院作出9-18号民事裁定,以海南租赁公司已被裁定破产还债,海南租赁公司清算组请求终结执行的理由成立为由,裁定终结(1998)琼经初字第8号民事判决的执行。

(1998)琼经初字第8号民事判决所涉债权,至2004年7月经协议转让给国泰君安投资管理股份有限公司(以下简称国泰投资公司)。2005年11月29日,海南租赁公司向海口中院申请破产清算。破产案件审理中,国泰投资公司向海南租赁公司管理人申报了包含(1998)琼经初字第8号民事判决确定债权在内的相关债权。2009年3月31日,海口中院作出(2005)海中法破字第4-350号民事裁定,裁定终结破产清算程序,国泰投资公司债权未获得清偿。

2010年12月27日,国泰海口营业部以海南高院9-16号裁定及其行为违法,并应予返还9-11号裁定抵债房产或赔偿相关损失为由向该院申请国家赔偿。2011年7月4日,海南高院作出(2011)琼法赔字第1号赔偿决定,决定对国泰海口营业部的赔偿申请不予赔偿。国泰海口营业部对该决定不服,向最高人民法院赔偿委员会申请作出赔偿决定。

裁判结果

最高人民法院赔偿委员会于 2012 年 3 月 23 日作出(2011)法委赔字第 3 号国家赔偿决定:维持海南省高级人民法院(2011)琼法赔字第 1 号赔偿决定。

裁判理由

最高人民法院认为:被执行人海南租赁公司没有清偿债务能力,因其对第三人中标公司享有到期债权,中标公司对此未提出异议并认可履行债务,中标公司隐瞒其与案外人已签订售房合同并收取大部分房款的事实,与国泰海口营业部及海南租赁公司三方达成《执行和解书》。海南高院据此作出 9-11 号裁定。但上述执行和解协议侵犯了案外人的合法权益,国泰海口营业部据此取得的争议房产产权不应受到法律保护。海南高院 9-16 号裁定系在执行程序中对案外人提出的执行异议审查成立的基础上,对原 9-11 号裁定予以撤销,将已被执行的争议房产回复至执行前状态。该裁定及其执行回转行为不违反法律规定,且经生效的海口中院(2003)海中法民再字第 37 号民事判决所认定的内容予以印证,其实体处理并无不当。国泰海口营业部债权未得以实现的实质在于海南租赁公司没有清偿债务的能力,国泰海口营业部及其债权受让人虽经破产债权申报,仍无法获得清偿,该债权未能实现与海南高院 9-16 号裁定及其执行行为之间无法律上的因果联系。因此,海南高院 9-16 号裁定及其执行回转行为,不属于《中华人民共和国国家赔偿法》及相关司法解释规定的执行错误情形。

【指导案例 44 号】

卜新光申请刑事违法追缴赔偿案

(最高人民法院审判委员会讨论通过 2014 年 12 月 25 日发布)

关键词 国家赔偿 刑事赔偿 刑事追缴 发还赃物

裁判要点

公安机关根据人民法院生效刑事判决将判令追缴的赃物发还被害单位,并未侵犯赔偿请求人的合法权益,不属于《中华人民共和国国家赔偿法》第十八条第一项规定的情形,不应承担国家赔偿责任。

相关法条

《中华人民共和国国家赔偿法》第十八条

基本案情

赔偿请求人卜新光以安徽省公安厅皖公刑赔字〔2011〕01号刑事赔偿决定、中华人民共和国公安部(以下简称公安部)公刑赔复字〔2011〕1号刑事赔偿复议决定与事实不符,适用法律不当为由,向最高人民法院赔偿委员会提出赔偿申请,称安徽省公安厅越权处置经济纠纷,以其购买的"深坑村土地"抵偿银行欠款违法,提出安徽省公安厅赔偿经济损失316.6万元等赔偿请求。

法院经审理查明:赔偿请求人卜新光因涉嫌伪造公司印章罪、非法出具金融票证罪和挪用资金罪被安徽省公安厅立案侦查,于1999年9月5日被逮捕,捕前系深圳新晖实业发展有限责任公司(以下简称新晖公司)总经理。2001年11月20日,合肥市中级人民法院作出(2001)合刑初字第68号刑事判决,认定卜新光自1995年1月起承包经营安徽省信托投资公司深圳证券业务部(以下简称安信证券部)期间,未经安徽省信托投资公司(以下简称安信公司)授权,安排其聘用人员私自刻制、使用属于安信公司专有的公司印章,并用此假印章伪造安信公司法人授权委托书、法定代表人证明书及给深圳证券交易所的担保文书,获得了安信证券部的营业资格,其行为构成伪造印章罪;卜新光在承包经营安信证券部期间,违反金融管理法规,两次向他人开具虚假的资信证明,造成1032万元的重大经济损失,其行为又构成非法出具金融票证罪;在承包经营过程中,作为安信证券部总经理,利用职务之便,直接或间接将安信证券部资金9173.2286万元挪用,用于其个人所有的新晖公司投资及各项费用,与安信证券部经营业务没有关联,且造成的经济损失由安信证券部、安信公司承担法律责任,应视为卜新光挪用证券部资金归个人使用,其行为构成挪用资金罪。案发后,安徽省公安厅追回赃款1689.05万元,赃物、住房折合1627万元;查封新晖公司投资的价值2840万元房产和1950万元的土地使用权,共计价值8106.05万元。卜新光一人犯数罪,应数罪并罚,遂判决:一、卜新光犯伪造公司印章罪,判处有期徒刑二年;犯非法出具金融票证罪,判处有期徒刑八年;犯挪用资金罪,判处有期徒刑十年,决定执行有期徒刑十五年。二、赃款、赃物共计8106.05万元予以追缴。卜新光不服,提起上诉。安徽省高级人民法院于2002年2月22日作出(2002)皖刑终字第34号刑事裁定,驳回上诉,维持原判。上述刑事判决认定查封和判令追缴的土地使用权即指卜新光以新晖公司名义投资的"深坑村土地"使用权。2009年8月4日,卜新光刑满释放。

又查明:在卜新光刑事犯罪案发后,深圳发展银行人民桥支行(原系深圳发展银行营业部,以下简称深发行)以与卜新光、安信证券部、安信公司存在拆借2500万元的债务纠纷为由,于1999年12月28日向深圳市中级人民法院提起民事诉讼,案号为(2000)深中法经调初字第72号;深发行还以与安信证券部、安信公司存在担保借款纠纷,拆借资金合同和保证金存款协议纠纷为由,于2000年3月10日,同时向深圳市罗湖区人民法院提起民事诉讼,该院立案审理,案号分别为(2000)深罗法经一初字第372号、(2000)深罗法经一初字第373号。2000年4月19日,安徽省公安厅致函深圳市中级人民法院、罗湖区人民法院,请法院根据最高人民法院《关于在审理经济纠纷案件中涉及经济犯罪嫌疑若干问题的规定》第十二条的规定,对民事案件中止审理并依法移送安徽省公安厅统一侦办。2000年7月15日,罗湖区人民法院将其受理的(2000)深罗法经一初字第372号、(2000)深罗法经一初字第373号民事案件移送安徽省公安厅。2000年8月24日,安徽省公安厅刑事警察总队对"深坑村土地"进行查封。对(2000)深中法经调初字第72号深发行诉安信证券部、安信公司的拆借金额2500万元债务纠纷案件,深圳市中级人民法院经审理认为,该案涉嫌刑事犯罪,于2001年9月21日将该案移送安徽省公安厅侦查处理,同时通知深发行、安信公司、安信证券部已将该民事案件移送安徽省公安厅。安徽省公安厅在合肥市中级人民法院(2001)合刑初字第68号刑事判决生效后,对"深坑村土地"予以解封并将追缴的土地使用权返还被害单位安信证券部,用于抵偿安徽省公安厅侦办的(2000)深中法经调初字第72号民事案件中卜新光以安信证券部名义拆借深发行2500万元的债务。

再查明:在卜新光刑事犯罪案发后,深发行认为安信证券部向该行融资2000万元,只清偿1200万元,余款800万元逾期未付,以债券回购协议纠纷为由,向深圳市中级人民法院起诉卜新光及安信证券部、安信公司,要求连带清偿欠款 800 万元及利息 300 万元。深圳市中级人民法院 1999 年 11 月 9 日作出(1998)深中法经一初字第 311 号民事判决:卜新光返还给深发行 2570016 元及使用 2000 万元期间的利息;卜新光财产不足清偿债务时,由安信证券部和安信公司承担补充清偿责任。该民事判决在执行中已由深发行与安信公司达成和解,以其他财产抵偿。

裁判结果

最高人民法院赔偿委员会于 2011 年 11 月 24 日作出(2011)法委赔字第 1 号赔偿委员会决定:维持安徽省公安厅皖公刑赔字〔2011〕01 号刑事赔偿决定和中华人民共和国公安部公赔复字〔2011〕1 号刑事赔偿复议决定。

裁判理由

最高人民法院认为:卜新光在承包经营安信证券部期间,未经安信公司授权,私刻安信公司印章并冒用,违反金融管理法规向他人开具虚假的资信证明,利用职务之便,挪用安信证券部资金 9173.2286 万元,已被合肥市中级人民法院(2001)合刑初字第 68 号刑事判决认定构成伪造印章罪、非法出具金融票证罪、挪用资金罪,对包括卜新光以新晖公司名义投资的"深坑村土地"使用权在内的、共计价值 8106.05 万元(其中土地使用权价值 1950 万元)的赃款、赃物判决予以追缴。卜新光以新晖公司出资购买的该土地部分使用权属其个人合法财产的理由不成立,人民法院生效刑事判决已将新晖公司投资的"深坑村土地"价值 1950 万元的使用权作为卜新光挪用资金罪的赃款、赃物的一部分予以追缴,卜新光无权对人民法院生效判决追缴的财产要求国家赔偿。

关于卜新光主张安徽省公安厅以"深坑村土地"抵偿其欠深发行 800 万元,造成直接财产损失 316.6 万元的主张。在卜新光涉嫌犯罪案发后,深发行起诉卜新光及安信证券部、安信公司 800 万元债券回购协议案,深圳市中级人民法院作出(1998)深中法经一初字第 311 号民事判决并已执行。该案与深圳市中级人民法院于 2001 年 9 月 21 日移送安徽省公安厅侦办的(2000)深中法经调初字第 72 号,深发行起诉卜新光及安信证券部、安信公司拆借 2500 万元的债务纠纷案,不是同一民事案件。安徽省公安厅在刑事判决生效后,将判决追缴的价值 1950 万元的"深坑村土地"使用权发还给其侦办的卜新光以安信证券部名义拆借深发行2500万元资金案的被害单位,具有事实依据,没有损害其利益。卜新光主张安徽省公安厅以"深坑村土地"抵偿其欠深发行800万元,与事实不符。卜新光要求安徽省公安厅赔偿违法返还"深坑村土地"造成其316.6万元损失无事实与法律依据。

综上,"深坑村土地"已经安徽省高级人民法院(2002)皖刑终字第34号刑事裁定予以追缴,赔偿请求人卜新光主张安徽省公安厅违法返还土地给其造成316.6万元的损失没有法律依据,其他请求没有事实根据,不符合国家赔偿法的规定,不予支持。

最高人民法院
关于发布第十批指导性案例的通知

(2015年4月15日 法〔2015〕85号)

各省、自治区、直辖市高级人民法院，解放军军事法院，新疆维吾尔自治区高级人民法院生产建设兵团分院：

根据《最高人民法院关于案例指导工作的规定》第九条的规定，最高人民法院对《最高人民法院公报》刊发的对全国法院审判、执行工作具有指导意义的案例，进行了清理和编纂。经最高人民法院审判委员会讨论决定，现将经清理和编纂的北京百度网讯科技有限公司诉青岛奥商网络技术有限公司等不正当竞争纠纷案等八个案例（指导案例45－52号），作为第十批指导性案例发布，供在审判类似案件时参照。

最高人民法院

2015年4月15日

【指导案例45号】

北京百度网讯科技有限公司诉青岛奥商网络技术有限公司等不正当竞争纠纷案

（最高人民法院审判委员会讨论通过 2015年4月15日发布）

关键词 民事 不正当竞争 网络服务 诚信原则

裁判要点

从事互联网服务的经营者,在其他经营者网站的搜索结果页面强行弹出广告的行为,违反诚实信用原则和公认商业道德,妨碍其他经营者正当经营并损害其合法权益,可以依照《中华人民共和国反不正当竞争法》第二条的原则性规定认定为不正当竞争。

相关法条

《中华人民共和国反不正当竞争法》第二条

基本案情

原告北京百度网讯科技有限公司(以下简称百度公司)诉称:其拥有www.baidu.com网站(以下简称百度网站)是中文搜索引擎网站。三被告青岛奥商网络技术有限公司(以下简称奥商网络公司)、中国联合网络通信有限公司青岛市分公司(以下简称联通青岛公司)、中国联合网络通信有限公司山东省分公司(以下简称联通山东公司)在山东省青岛地区,利用网通的互联网接入网络服务,在百度公司网站的搜索结果页面强行增加广告的行为,损害了百度公司的商誉和经济效益,违背了诚实信用原则,构成不正当竞争。请求判令:1.奥商网络公司、联通青岛公司的行为构成对原告的不正当竞争行为,并停止该不正当竞争行为;第三人承担连带责任;2.三被告在报上刊登声明以消除影响;3.三被告共同赔偿原告经济损失480万元和因本案的合理支出10万元。

被告奥商网络公司辩称:其不存在不正当竞争行为,不应赔礼道歉和赔偿480万元。

被告联通青岛公司辩称:原告没有证据证明其实施了被指控行为,没有提交证据证明遭受的实际损失,原告与其不存在竞争关系,应当驳回原告全部诉讼请求。

被告联通山东公司辩称:原告没有证据证明其实施了被指控的不正当竞争或侵权行为,承担连带责任没有法律依据。

第三人青岛鹏飞国际航空旅游服务有限公司(以下简称鹏飞航空公司)述称:本案与第三人无关。

法院经审理查明:百度公司经营范围为互联网信息服务业务,核准经营网址为www.baidu.com的百度网站,主要向网络用户提供互联网信息搜索服务。奥商网络公司经营范围包括网络工程建设、网络技术应用服务、计算机软件设计开发等,其网站为www.og.com.cn。该公司在上述网站"企业概况"中称其拥有 4 个网站：中国奥商网（www.og.com.cn）、讴歌网络营销伴侣（www.og.net.cn）、青岛电话实名网（www.0532114.org）、半岛人才网（www.job17.com）。该公司在其网站介绍其"网络直通车"业务时称：无需安装任何插件，广告网页强制出现。介绍"搜索通"产品表现形式时，以图文方式列举了下列步骤：第一步在搜索引擎对话框中输入关键词；第二步优先出现网络直通车广告位（5 秒钟展现）；第三步同时点击上面广告位直接进入宣传网站新窗口；第四步 5 秒后原窗口自动展示第一步请求的搜索结果。该网站还以其他形式介绍了上述服务。联通青岛公司的经营范围包括因特网接入服务和信息服务等，青岛信息港（域名为 qd.sd.cn）为其所有的网站。"电话实名"系联通青岛公司与奥商公司共同合作的一项语音搜索业务，网址为 www.0532114.org 的"114 电话实名语音搜索"网站表明该网站版权所有人为联通青岛公司，独家注册中心为奥商网络公司。联通山东公司经营范围包括因特网接入服务和信息服务业务。其网站（www.sdcnc.cn）显示，联通青岛公司是其下属分公司。鹏飞航空公司经营范围包括航空机票销售代理等。

2009 年 4 月 14 日，百度公司发现通过山东省青岛市网通接入互联网，登录百度网站（www.baidu.com），在该网站显示对话框中：输入"鹏飞航空"，点击"百度一下"，弹出显示有"打折机票抢先拿就打 114"的页面，迅速点击该页面，打开了显示地址为 http：//air.qd.sd.cn/的页面；输入"青岛人才网"，点击"百度一下"，弹出显示有"找好工作到半岛人才网 www.job17.com"的页面，迅速点击该页面中显示的"马上点击"，打开了显示地址为 http：//www.job17.com/的页面；输入"电话实名"，点击"百度一下"，弹出显示有"查信息打 114，语音搜索更好用"的页面，随后该页面转至相应的"电话实名"搜索结果页面。百度公司委托代理人利用公证处的计算机对登录百度搜索等网站操作过程予以公证，公证书记载了前述内容。经专家论证，所链接的网站（http：//air.qd.sd.cn/）与联通山东公司的下属网站青岛信息港（www.qd.sd.cn）具有相同域（qd.sd.cn），网站 air.qd.sd.cn 是联通山东公司下属网站青岛站点所属。

裁判结果

山东省青岛市中级人民法院于 2009 年 9 月 2 日作出（2009）青民三初字第 110 号民事判决：一、奥商网络公司、联通青岛公司于本判决生效之日起立即停止针对百度公司的不正当竞争行为，即不得利用技术手段，使通过联通青岛公司提供互联网接入服务的网络用户，在登录百度网站进行关键词搜索时，弹出奥商网络公司、联通青岛公司的广告页面；二、奥商网络公司、联通青岛公司于本判决生效之日起十日内赔偿百度公司经济损失二十万元；三、奥商网络公司、联通青岛公司于本判决生效之日起十日内在各自网站首页位置上刊登声明以消除影响，声明刊登时间应为连续的十五天；四、驳回百度公司的其他诉讼请求。宣判后，联通青岛公司、奥商网络公司提起上诉。山东省高级人民法院于2010年3月20日作出（2010）鲁民三终字第5-2号民事判决，驳回上诉，维持原判。

裁判理由

法院生效裁判认为：本案百度公司起诉奥商网络公司、联通青岛公司、联通山东公司，要求其停止不正当竞争行为并承担相应的民事责任。据此，判断原告的主张能否成立应按以下步骤进行：一、本案被告是否实施了被指控的行为；二、如果实施了被指控行为，该行为是否构成不正当竞争；三、如果构成不正当竞争，如何承担民事责任。

一、关于被告是否实施了被指控的行为

域名是互联网络上识别和定位计算机的层次结构式的字符标识。根据查明的事实，www.job17.com系奥商网络公司所属的半岛人才网站，"电话实名语音搜索"系联通青岛公司与奥商网络公司合作经营的业务。域名qd.sd.cn属于联通青岛公司所有，并将其作为"青岛信息港"的域名实际使用。air.qd.sd.cn作为qd.sd.cn的子域，是其上级域名qd.sd.cn分配与管理的。联通青岛公司作为域名qd.sd.cn的持有人否认域名air.qd.sd.cn为其所有，但没有提供证据予以证明，应认定在公证保全时该子域名的使用人为联通青岛公司。

在互联网上登录搜索引擎网站进行关键词搜索时，正常出现的应该是搜索引擎网站搜索结果页面，不应弹出与搜索引擎网站无关的其他页面，但是在联通青岛公司所提供的网络接入服务网络区域内，却出现了与搜索结果无关的广告页面强行弹出的现象。这种广告页面的弹出并非接入互联网的公证处计算机本身安装程序所导致，联通青岛公司既没有证据证明在其他网络接入服务商网络区域内会出现同样情况，又没有对在其网络接入服务区域内出现的上述情况给予合理解释，可以认定在联

通青岛公司提供互联网接入服务的区域内，对于网络服务对象针对百度网站所发出的搜索请求进行了人为干预，使干预者想要发布的广告页面在正常搜索结果页面出现前强行弹出。

关于上述干预行为的实施主体问题，从查明的事实来看，奥商网络公司在其主页中对其"网络直通车"业务的介绍表明，其中关于广告强行弹出的介绍与公证保全的形式完全一致，且公证保全中所出现的弹出广告页面"半岛人才网""114电话语音搜索"均是其正在经营的网站或业务。因此，奥商网络公司是该干预行为的受益者，在其没有提供证据证明存在其他主体为其实施上述广告行为的情况下，可以认定奥商网络公司是上述干预行为的实施主体。

关于联通青岛公司是否被控侵权行为的实施主体问题，奥商网络公司这种干预行为不是通过在客户端计算机安装插件、程序等方式实现，而是在特定网络接入服务区域内均可实现，因此这种行为如果没有网络接入服务商的配合则无法实现。联通青岛公司没有证据证明奥商网络公司是通过非法手段干预其互联网接入服务而实施上述行为。同时，联通青岛公司是域名 air.qd.sd.cn 的所有人，因持有或使用域名而侵害他人合法权益的责任，由域名持有者承担。联通青岛公司与奥商网络公司合作经营电话实名业务，即联通青岛公司也是上述行为的受益人。因此，可以认定联通青岛公司也是上述干预行为的实施主体。

关于联通山东公司是否实施了干预行为，因联通山东公司、联通青岛公司同属于中国联合网络通信有限公司分支机构，无证据证明两公司具有开办和被开办的关系，也无证据证明联通山东公司参与实施了干预行为，联通青岛公司作为民事主体有承担民事责任的资格，故对联通山东公司的诉讼请求，不予支持。百度公司将鹏飞航空公司作为本案第三人，但是在诉状及庭审过程中并未指出第三人有不正当竞争行为，也未要求第三人承担民事责任，故将鹏飞航空公司作为第三人属于列举当事人不当，不予支持。

二、关于被控侵权行为是否构成不正当竞争

《中华人民共和国反不正当竞争法》（简称《反不正当竞争法》）第二章第五条至第十五条，对不正当竞争行为进行了列举式规定，对于没有在具体条文中列举的行为，只有按照公认的商业道德和普遍认识能够认定违反该法第二条原则性规定时，才可以认定为不正当竞争行为。

判断经营者的行为构成不正当竞争，应当考虑以下方面：一是行为实施者是反不正当竞争法意义上的经营者；二是经营者从事商业活动时，没有遵循自愿、平等、公平、诚实信用原则，违反了反不正当竞争法律规定和公认的商业道德；三是经营者的不正当竞争行为损害正当经营者的合法权益。

首先，根据《反不正当竞争法》第二条有关经营者的规定，经营者的确定并不要求原、被告属同一行业或服务类别，只要是从事商品经营或者营利性服务的市场主体，就可成为经营者。联通青岛公司、奥商网络公司与百度公司均属于从事互联网业务的市场主体，属于反不正当竞争法意义上的经营者。虽然联通青岛公司是互联网接入服务经营者，百度公司是搜索服务经营者，服务类别上不完全相同，但是联通青岛公司实施的在百度搜索结果出现之前弹出广告的商业行为，与百度公司的付费搜索模式存在竞争关系。

其次，在市场竞争中存在商业联系的经营者，违反诚信原则和公认商业道德，不正当地妨碍了其他经营者正当经营，并损害其他经营者合法权益的，可以依照《反不正当竞争法》第二条的原则性规定，认定为不正当竞争。尽管在互联网上发布广告、进行商业活动与传统商业模式有较大差异，但是从事互联网业务的经营者仍应当通过诚信经营、公平竞争来获得竞争优势，不能未经他人许可，利用他人的服务行为或市场份额来进行商业运作并从中获利。联通青岛公司与奥商网络公司实施的行为，是利用了百度网站搜索引擎在我国互联网用户中被广泛使用优势，利用技术手段，让使用联通青岛公司提供互联网接入服务的网络用户，在登录百度网站进行关键词搜索时，在正常搜索结果显示前强行弹出奥商公司发布的与搜索的关键词及内容有紧密关系的广告页面。这种行为诱使本可能通过百度公司搜索结果检索相应信息的网络用户点击该广告页面，影响了百度公司向网络用户提供付费搜索服务与推广服务，属于利用百度公司提供的搜索服务来为自己牟利。该行为既没有征得百度公司同意，又违背了使用其互联网接入服务用户的意志，容易导致上网用户误以为弹出的广告页面系百度公司所为，会使上网用户对百度公司提供服务的评价降低，对百度公司的商业信誉产生不利影响，损害了百度公司的合法权益，同时也违背了诚实信用和公认的商业道德，已构成不正当竞争。

三、关于民事责任的承担

由于联通青岛公司与奥商网络公司共同实施了不正当竞争行为,依照《中华人民共和国民法通则》第一百三十条的规定应当承担连带责任。依照《中华人民共和国民法通则》第一百三十四条、《反不正当竞争法》第二十条的规定,应当承担停止侵权、赔偿损失、消除影响的民事责任。首先,奥商网络公司、联通青岛公司应当立即停止不正当竞争行为,即不得利用技术手段使通过联通青岛公司提供互联网接入服务的网络用户,在登录百度网站进行关键词搜索时,弹出两被告的广告页面。其次,根据原告为本案支出的合理费用、被告不正当竞争行为的情节、持续时间等,酌定两被告共同赔偿经济损失20万元。最后,互联网用户在登录百度进行搜索时,面对弹出的广告页面,通常会认为该行为系百度公司所为。因此两被告的行为给百度公司造成了一定负面影响,应当承担消除影响的民事责任。由于该行为发生在互联网上,且发生在联通青岛公司提供互联网接入服务的区域内,故确定两被告应在其各自网站的首页上刊登消除影响的声明。

【指导案例46号】

山东鲁锦实业有限公司诉鄄城县鲁锦工艺品有限责任公司、济宁礼之邦家纺有限公司侵害商标权及不正当竞争纠纷案

(最高人民法院审判委员会讨论通过 2015年4月15日发布)

关键词 民事 商标侵权 不正当竞争 商品通用名称

裁判要点

判断具有地域性特点的商品通用名称,应当注意从以下方面综合分析:(1)该名称在某一地区或领域约定俗成,长期普遍使用并为相关公众认可;(2)该名称所指代的商品生产工艺经某一地区或领域群众长期共同劳动实践而形成;(3)该名称所指代的商品生产原料在某一

地区或领域普遍生产。

相关法条

《中华人民共和国商标法》第五十九条

基本案情

原告山东鲁锦实业有限公司（以下简称鲁锦公司）诉称：被告鄄城县鲁锦工艺品有限责任公司（以下简称鄄城鲁锦公司）、济宁礼之邦家纺有限公司（以下简称礼之邦公司）大量生产、销售标有"鲁锦"字样的鲁锦产品，侵犯其"鲁锦"注册商标专用权。鄄城鲁锦公司企业名称中含有原告的"鲁锦"注册商标字样，误导消费者，构成不正当竞争。"鲁锦"不是通用名称。请求判令二被告承担侵犯商标专用权和不正当竞争的法律责任。

被告鄄城鲁锦公司辩称：原告鲁锦公司注册成立前及鲁锦商标注册完成前，"鲁锦"已成为通用名称。按照有关规定，其属于"正当使用"，不构成商标侵权，也不构成不正当竞争。

被告礼之邦公司一审未作答辩，二审上诉称："鲁锦"是鲁西南一带民间纯棉手工纺织品的通用名称，不知道"鲁锦"是鲁锦公司的注册商标，接到诉状后已停止相关使用行为，故不应承担赔偿责任。

法院经审理查明：鲁锦公司的前身嘉祥县瑞锦民间工艺品厂于1999年12月21日取得注册号为第1345914号的"鲁锦"文字商标，有效期为1999年12月21日至2009年12月20日，核定使用商品为第25类服装、鞋、帽类。鲁锦公司又于2001年11月14日取得注册号为第1665032号的"Lj+LUJIN"的组合商标，有效期为2001年11月14日至2011年11月13日，核定使用商品为第24类的"纺织物、棉织品、内衣用织物、纱布、纺织品、毛巾布、无纺布、浴巾、床单、纺织品家具罩等"。嘉祥县瑞锦民间工艺品厂于2001年2月9日更名为嘉祥县鲁锦实业有限公司，后于2007年6月11日更名为山东鲁锦实业有限公司。

鲁锦公司在获得"鲁锦"注册商标专用权后，在多家媒体多次宣传其产品及注册商标，并于2006年3月被"中华老字号"工作委员会接纳为会员单位。鲁锦公司经过多年努力及长期大量的广告宣传和市场推广，其"鲁锦"牌系列产品，特别是"鲁锦"牌服装在国内享有一定的知名度。2006年11月16日，"鲁锦"注册商标被审定为山东省著名商标。

2007年3月，鲁锦公司从礼之邦鲁锦专卖店购买到由鄄城鲁锦公司生产的同鲁锦公司注册商标所核定使用的商品相同或类似的商品，该商品上的标签（吊牌）、包装盒、包装袋及店堂门面上均带有"鲁锦"字样。在该店门面上"鲁锦"已被突出放大使用，其出具的发票上加盖的印章为礼之邦公司公章。

鄄城鲁锦公司于2003年3月3日成立，在产品上使用的商标是"精一坊文字+图形"组合商标，该商标已申请注册，但尚未核准。2007年9月，鄄城鲁锦公司申请撤销鲁锦公司已注册的第1345914号"鲁锦"商标，国家工商总局商标评审委员会已受理但未作出裁定。

一审法院根据鲁锦公司的申请，依法对鄄城鲁锦公司、礼之邦公司进行了证据保全，发现二被告处存有大量同"鲁锦"注册商标核准使用的商品同类或者类似的商品，该商品上的标签（吊牌）、包装盒、包装袋、商品标价签以及被告店堂门面上均带有原告注册商标"鲁锦"字样。被控侵权商品的标签（吊牌）、包装盒、包装袋上已将"鲁锦"文字放大，作为商品的名称或者商品装潢醒目突出使用，且包装袋上未标识生产商及其地址。

另查明：鲁西南民间织锦是一种山东民间纯棉手工纺织品，因其纹彩绚丽、灿烂似锦而得名，在鲁西南地区已有上千年的历史，是历史悠久的齐鲁文化的一部分。从20世纪80年代中期开始，鲁西南织锦开始被开发利用。1986年1月8日，在济南举行了"鲁西南织锦与现代生活展览汇报会"。1986年8月20日，在北京民族文化宫举办了"鲁锦与现代生活展"。1986年前后，《人民日报》《经济参考》《农民日报》等报刊发表"鲁锦"的专题报道，中央电视台、山东电视台也拍摄了多部"鲁锦"的专题片。自此，"鲁锦"作为山东民间手工棉纺织品的通称被广泛使用。此后，鲁锦的研究、开发和生产逐渐普及并不断发展壮大。1987年11月15日，为促进鲁锦文化与现代生活的进一步结合，加拿大国际发展署（CIDA）与中华全国妇女联合会共同在鄄城县杨屯村举行了双边合作项目—鄄城杨屯妇女鲁锦纺织联社培训班。

山东省及济宁、菏泽等地方史志资料在谈及历史、地方特产或传统工艺时，对"鲁锦"也多有记载，均认为"鲁锦"是流行在鲁西南地区广大农村的一种以棉纱为主要原料的传统纺织产品，是山东的主要民间美术品种之一。相关工具书及出版物也对"鲁锦"多有介绍，均认为"鲁锦"是山东民间手工织花棉布，以棉花为主要原料，手工织线、染色、织造,俗称"土布"或"手织布",因此布色彩斑斓,似锦似绣,故称为"鲁锦"。

1995年12月25日,山东省文物局作出《关于建设"中国鲁锦博物馆"的批复》,同意菏泽地区文化局在鄄城县成立"中国鲁锦博物馆"。2006年12月23日,山东省人民政府公布第一批省级非物质文化遗产,其中山东省文化厅、鄄城县、嘉祥县申报的"鲁锦民间手工技艺"被评定为非物质文化遗产。2008年6月7日,国务院国发〔2008〕19号文件确定由山东省鄄城县、嘉祥县申报的"鲁锦织造技艺"被列入第二批国家级非物质文化遗产名录。

裁判结果

山东省济宁市中级人民法院于2008年8月25日作出(2007)济民五初字第6号民事判决:一、鄄城鲁锦公司于判决生效之日立即停止在其生产、销售的第25类服装类系列商品上使用"鲁锦"作为其商品名称或者商品装潢,并于判决生效之日起30日内,消除其现存被控侵权产品上标明的"鲁锦"字样;礼之邦公司立即停止销售鄄城鲁锦公司生产的被控侵权商品。二、鄄城鲁锦公司于判决生效之日起15日内赔偿鲁锦公司经济损失25万元;礼之邦公司赔偿鲁锦公司经济损失1万元。三、鄄城鲁锦公司于判决生效之日起30日内变更企业名称,变更后的企业名称中不得包含"鲁锦"文字;礼之邦公司于判决生效之日立即消除店堂门面上的"鲁锦"字样。宣判后,鄄城鲁锦公司与礼之邦公司提出上诉。山东省高级人民法院于2009年8月5日作出(2009)鲁民三终字第34号民事判决:撤销山东省济宁市中级人民法院(2007)济民五初字第6号民事判决;驳回鲁锦公司的诉讼请求。

裁判理由

法院生效裁判认为:根据本案事实可以认定,在1999年鲁锦公司将"鲁锦"注册为商标之前,已是山东民间手工棉纺织品的通用名称,"鲁锦"织造技艺为非物质文化遗产。鄄城鲁锦公司、济宁礼之邦公司的行为不构成商标侵权,也非不正当竞争。

首先,"鲁锦"已成为具有地域性特点的棉纺织品的通用名称。商品通用名称是指行业规范或社会公众约定俗成的对某一商品的通常称谓。该通用名称可以是行业规范规定的称谓,也可以是公众约定俗成的简称。鲁锦指鲁西南民间纯棉手工织锦,其纹彩绚丽灿烂似锦,在鲁西南地区已有上千年的历史。"鲁锦"作为具有山东特色的手工纺织品的通用名称，为国家主流媒体、各类专业报纸以及山东省新闻媒体所公认，山东省、济宁、菏泽、嘉祥、鄄城的省市县三级史志资料均将"鲁锦"记载为传统鲁西南民间织锦的"新名"，有关工艺美术和艺术的工具书中也确认"鲁锦"就是产自山东的一种民间纯棉手工纺织品。"鲁锦"织造工艺历史悠久，在提到"鲁锦"时，人们想到的就是传统悠久的山东民间手工棉纺织品及其织造工艺。"鲁锦织造技艺"被确定为国家级非物质文化遗产。"鲁锦"代表的纯棉手工纺织生产工艺并非由某一自然人或企业法人发明而成，而是由山东地区特别是鲁西南地区人民群众长期劳动实践而形成。"鲁锦"代表的纯棉手工纺织品的生产原料亦非某一自然人或企业法人特定种植，而是山东不特定地区广泛种植的棉花。自20世纪80年代中期后，经过媒体的大量宣传，"鲁锦"已成为以棉花为主要原料、手工织线、染色、织造的山东地区民间手工纺织品的通称，且已在山东地区纺织行业领域内通用，并被相关社会公众所接受。综上，可以认定"鲁锦"是山东地区特别是鲁西南地区民间纯棉手工纺织品的通用名称。

关于鲁锦公司主张"鲁锦"这一名称不具有广泛性，在我国其他地方也出产老粗布，但不叫"鲁锦"。对此法院认为，对于具有地域性特点的商品通用名称，判断其广泛性应以特定产区及相关公众为标准，而不应以全国为标准。我国其他省份的手工棉纺织品不叫"鲁锦"，并不影响"鲁锦"专指山东地区特有的民间手工棉纺织品这一事实。关于鲁锦公司主张"鲁锦"不具有科学性，棉织品应称为"棉"而不应称为"锦"。对此法院认为，名称的确定与其是否符合科学没有必然关系，对于已为相关公众接受、指代明确、约定俗成的名称，即使有不科学之处，也不影响其成为通用名称。关于鲁锦公司还主张"鲁锦"不具有普遍性，山东省内有些经营者、消费者将这种民间手工棉纺织品称为"粗布"或"老土布"。对此法院认为，"鲁锦"这一称谓是20世纪80年代中期确定的新名称，经过多年宣传与使用，现已为相关公众所知悉和接受。"粗布""老土布"等旧有名称的存在，不影响"鲁锦"通用名称的认定。

其次，注册商标中含有的本商品的通用名称，注册商标专用权人无权禁止他人正当使用。《中华人民共和国商标法实施条例》第四十九条规定："注册商标中含有的本商品的通用名称、图形、型号，或者直接表示商品的质量、主要原料、功能、用途、重量、数量及其他特点，或者含有地名，注册商标专用权人无权禁止他人正当使用。"商标的作用主要为识别性，即消费者能够依不同的商标而区别相应的商品及服务的提供者。保护商标权的目的，就是防止对商品及服务的来源产生混淆。由于鲁锦公司"鲁锦"文字商标和"Lj+LUJIN"组合商标，与作为山东民间手工棉纺织品通用名称的"鲁锦"一致，其应具备的显著性区别特征因此趋于弱化。"鲁锦"虽不是鲁锦服装的通用名称，但却是山东民间手工棉纺织品的通用名称。商标注册人对商标中通用名称部分不享有专用权，不影响他人将"鲁锦"作为通用名称正当使用。鲁西南地区有不少以鲁锦为面料生产床上用品、工艺品、服饰的厂家，这些厂家均可以正当使用"鲁锦"名称，在其产品上叙述性标明其面料采用鲁锦。

本案中，鄄城鲁锦公司在其生产的涉案产品的包装盒、包装袋上使用"鲁锦"两字，虽然在商品上使用了鲁锦公司商标中含有的商品通用名称，但仅是为了表明其产品采用鲁锦面料，其生产技艺具备鲁锦特点，并不具有侵犯鲁锦公司"鲁锦"注册商标专用权的主观恶意，也并非作为商业标识使用，属于正当使用，故不应认定为侵犯"鲁锦"注册商标专用权的行为。基于同样的理由，鄄城鲁锦公司在其企业名称中使用"鲁锦"字样，也系正当使用，不构成不正当竞争。礼之邦公司作为鲁锦制品的专卖店，同样有权使用"鲁锦"字样，亦不构成对"鲁锦"注册商标专用权的侵犯。

此外，鲁锦公司的"鲁锦"文字商标和"Lj+LUJIN"的组合商标已经国家商标局核准注册并核定使用于第25类、第24类商品上，该注册商标专用权应依法受法律保护。虽然鄄城鲁锦公司对此商标提出撤销申请，但在国家商标局商标评审委员会未撤销前，仍应依法保护上述有效注册商标。鉴于"鲁锦"是注册商标，为规范市场秩序，保护公平竞争，鄄城鲁锦公司在今后使用"鲁锦"字样以标明其产品面料性质的同时，应合理避让鲁锦公司的注册商标专用权，应在其产品包装上突出使用自己的"精一坊"商标，以显著区别产品来源，方便消费者识别。

【指导案例 47 号】

意大利费列罗公司诉蒙特莎（张家港）食品有限公司、天津经济技术开发区正元行销有限公司不正当竞争纠纷案

（最高人民法院审判委员会讨论通过　2015年4月15日发布）

关键词　民事　不正当竞争　知名商品　特有包装、装潢

裁判要点

1. 反不正当竞争法所称的知名商品，是指在中国境内具有一定的市场知名度，为相关公众所知悉的商品。在国际上已知名的商品，我国对其特有的名称、包装、装潢的保护，仍应以其在中国境内为相关公众所知悉为必要。故认定该知名商品，应当结合该商品在中国境内的销售时间、销售区域、销售额和销售对象，进行宣传的持续时间、程度和地域范围，作为知名商品受保护的情况等因素，并适当考虑该商品在国外已知名的情况，进行综合判断。

2. 反不正当竞争法所保护的知名商品特有的包装、装潢，是指能够区别商品来源的盛装或者保护商品的容器等包装，以及在商品或者其包装上附加的文字、图案、色彩及其排列组合所构成的装潢。

3. 对他人能够区别商品来源的知名商品特有的包装、装潢，进行足以引起市场混淆、误认的全面模仿，属于不正当竞争行为。

相关法条

《中华人民共和国反不正当竞争法》第五条第二项

基本案情

原告意大利费列罗公司（以下简称费列罗公司）诉称：被告蒙特莎（张家港）食品有限公司（以下简称蒙特莎公司）仿冒原告产品，擅自使用与原告知名商品特有的包装、装潢相同或近似的包装、装潢，使消费者产生混淆。被告蒙特莎公司的上述行为及被告天津经济技术开发区正元行销有限公司（以下简称正元公司）销售仿冒产品的行为已给原告造成重大经济损失。请求判令蒙特莎公司不得生产、销售，正元公司不得销售符合前述费列罗公司巧克力产品特有的任意一项或者几项

组合的包装、装潢的产品或者任何与费列罗公司的上述包装、装潢相似的足以引起消费者误认的巧克力产品,并赔礼道歉、消除影响、承担诉讼费用,蒙特莎公司赔偿损失 300 万元。

被告蒙特莎公司辩称:原告涉案产品在中国境内市场并没有被相关公众所知悉,而蒙特莎公司生产的金莎巧克力产品在中国境内消费者中享有很高的知名度,属于知名商品。原告诉请中要求保护的包装、装潢是国内外同类巧克力产品的通用包装、装潢,不具有独创性和特异性。蒙特莎公司生产的金莎巧克力使用的包装、装潢是其和专业设计人员合作开发的,并非仿冒他人已有的包装、装潢。普通消费者只需施加一般的注意,就不会混淆原、被告各自生产的巧克力产品。原告认为自己产品的包装涵盖了商标、外观设计、著作权等多项知识产权,但未明确指出被控侵权产品的包装、装潢具体侵犯了其何种权利,其起诉要求保护的客体模糊不清。故原告起诉无事实和法律依据,请求驳回原告的诉讼请求。

法院经审理查明:费列罗公司于 1946 年在意大利成立,1982 年其生产的费列罗巧克力投放市场,曾在亚洲多个国家和地区的电视、报刊、杂志发布广告。在我国台湾和香港地区,费列罗巧克力取名"金莎"巧克力,并分别于 1990 年 6 月和 1993 年在我国台湾和香港地区注册"金莎"商标。1984 年 2 月,费列罗巧克力通过中国粮油食品进出口总公司采取寄售方式进入了国内市场,主要在免税店和机场商店等当时政策所允许的场所销售,并延续到 1993 年前。1986 年 10 月,费列罗公司在中国注册了"FERRERO ROCHER"和图形(椭圆花边图案)以及其组合的系列商标,并在中国境内销售的巧克力商品上使用。费列罗巧克力使用的包装、装潢的主要特征是:1. 每一粒球状巧克力用金色纸质包装;2. 在金色球状包装上配以印有"FERRERO ROCHER"商标的椭圆形金边标签作为装潢;3. 每一粒金球状巧克力均有咖啡色纸质底托作为装潢;4. 若干形状的塑料透明包装,以呈现金球状内包装;5. 塑料透明包装上使用椭圆形金边图案作为装潢,椭圆形内配有产品图案和商标,并由商标处延伸出红金颜色的绶带状图案。费列罗巧克力产品的 8 粒装、16 粒装、24 粒装以及 30 粒装立体包装于 1984 年在世界知识产权组织申请为立体商标。费列罗公司自 1993 年开始,以广东、上海、北京地区为核心逐步加大费列罗巧克力在国内的报纸、期刊和室外广告的宣传力度,相继在一些大中城市设立专柜进行销售,并通过赞助一些商业和体育活动,提高其产品的知名度。2000年6月,其"FERRERO ROCHER"商标被国家工商行政管理部门列入全国重点商标保护名录。我国广东、河北等地工商行政管理部门曾多次查处仿冒费列罗巧克力包装、装潢的行为。

蒙特莎公司是1991年12月张家港市乳品一厂与比利时费塔代尔有限公司合资成立的生产、销售各种花色巧克力的中外合资企业。张家港市乳品一厂自1990年开始生产金莎巧克力,并于1990年4月23日申请注册"金莎"文字商标,1991年4月经国家工商行政管理局商标局核准注册。2002年,张家港市乳品一厂向蒙特莎公司转让"金莎"商标,于2002年11月25日提出申请,并于2004年4月21日经国家工商管理总局商标局核准转让。由此蒙特莎公司开始生产、销售金莎巧克力。蒙特莎公司生产、销售金莎巧克力产品,其除将"金莎"更换为"金莎TRESOR DORE"组合商标外,仍延续使用张家港市乳品一厂金莎巧克力产品使用的包装、装潢。被控侵权的金莎TRESOR DORE巧克力包装、装潢为:每粒金莎TRESOR DORE巧克力呈球状并均由金色锡纸包装;在每粒金球状包装顶部均配以印有"金莎TRESOR DORE"商标的椭圆形金边标签;每粒金球状巧克力均配有底面平滑无褶皱、侧面带波浪褶皱的呈碗状的咖啡色纸质底托;外包装为透明塑料纸或塑料盒;外包装正中处使用椭圆金边图案,内配产品图案及金莎TRESOR DORE商标,并由此延伸出红金色绶带。以上特征与费列罗公司起诉中请求保护的包装、装潢在整体印象和主要部分上相近似。正元公司为蒙特莎公司生产的金莎TRESOR DORE巧克力在天津市的经销商。2003年1月,费列罗公司经天津市公证处公证,在天津市河东区正元公司处购买了被控侵权产品。

裁判结果

天津市第二中级人民法院于2005年2月7日作出(2003)二中民三初字第63号民事判决:判令驳回费列罗公司对蒙特莎公司、正元公司的诉讼请求。费列罗公司提起上诉,天津市高级人民法院于2006年1月9日作出(2005)津高民三终字第36号判决:1.撤销一审判决;2.蒙特莎公司立即停止使用金莎TRESOR DORE系列巧克力侵权包装、装潢;3.蒙特莎公司赔偿费列罗公司人民币700000元,于本判决生效后十五日内给付;4.责令正元公司立即停止销售使用侵权包装、装潢的金莎TRESOR DORE系列巧克力;5.驳回费列罗公司其他诉讼请求。

蒙特莎公司不服二审判决，向最高人民法院提出再审申请。最高人民法院于 2008 年 3 月 24 日作出（2006）民三提字第 3 号民事判决：1. 维持天津市高级人民法院（2005）津高民三终字第 36 号民事判决第一项、第五项；2. 变更天津市高级人民法院（2005）津高民三终字第 36 号民事判决第二项为：蒙特莎公司立即停止在本案金莎 TRESOR DORE 系列巧克力商品上使用与费列罗系列巧克力商品特有的包装、装潢相近似的包装、装潢的不正当竞争行为；3. 变更天津市高级人民法院（2005）津高民三终字第 36 号民事判决第三项为：蒙特莎公司自本判决送达后十五日内，赔偿费列罗公司人民币 500000 元；4. 变更天津市高级人民法院（2005）津高民三终字第 36 号民事判决第四项为：责令正元公司立即停止销售上述金莎 TREDOR DORE 系列巧克力商品。

裁判理由

最高人民法院认为：本案主要涉及费列罗巧克力是否为在先知名商品，费列罗巧克力使用的包装、装潢是否为特有的包装、装潢，以及蒙特莎公司生产的金莎 TRESOR DORE 巧克力使用包装、装潢是否构成不正当竞争行为等争议焦点问题。

一、关于费列罗巧克力是否为在先知名商品

根据中国粮油食品进出口总公司与费列罗公司签订的寄售合同、寄售合同确认书等证据，二审法院认定费列罗巧克力自 1984 年开始在中国境内销售无误。反不正当竞争法所指的知名商品，是在中国境内具有一定的市场知名度，为相关公众所知悉的商品。在国际已知名的商品，我国法律对其特有名称、包装、装潢的保护，仍应以在中国境内为相关公众所知悉为必要。其所主张的商品或者服务具有知名度，通常系由在中国境内生产、销售或者从事其他经营活动而产生。认定知名商品，应当考虑该商品的销售时间、销售区域、销售额和销售对象，进行宣传的持续时间、程度和地域范围，作为知名商品受保护的情况等因素，进行综合判断；也不排除适当考虑国外已知名的因素。本案二审判决中关于"对商品知名状况的评价应根据其在国内外特定市场的知名度综合判定，不能理解为仅指在中国境内知名的商品"的表述欠当，但根据费列罗巧克力进入中国市场的时间、销售情况以及费列罗公司进行的多种宣传活动，认定其属于在中国境内的相关市场中具有较高知名度的知名商品正确。蒙特莎公司关于费列罗巧克力在中国境内市场知名的时间晚

于金莎 TRESOR DORE 巧克力的主张不能成立。此外，费列罗公司费列罗巧克力的包装、装潢使用在先，蒙特莎公司主张其使用的涉案包装、装潢为自主开发设计缺乏充分证据支持，二审判决认定蒙特莎公司擅自使用费列罗巧克力特有包装、装潢正确。

二、关于费列罗巧克力使用的包装、装潢是否具有特有性

盛装或者保护商品的容器等包装，以及在商品或者其包装上附加的文字、图案、色彩及其排列组合所构成的装潢，在其能够区别商品来源时，即属于反不正当竞争法保护的特有包装、装潢。费列罗公司请求保护的费列罗巧克力使用的包装、装潢系由一系列要素构成。如果仅仅以锡箔纸包裹球状巧克力，采用透明塑料外包装，呈现巧克力内包装等方式进行简单的组合，所形成的包装、装潢因无区别商品来源的显著特征而不具有特有性；而且这种组合中的各个要素也属于食品包装行业中通用的包装、装潢元素，不能被独占使用。但是，锡纸、纸托、塑料盒等包装材质与形状、颜色的排列组合有很大的选择空间；将商标标签附加在包装上，该标签的尺寸、图案、构图方法等亦有很大的设计自由度。在可以自由设计的范围内，将包装、装潢各要素独特排列组合，使其具有区别商品来源的显著特征，可以构成商品特有的包装、装潢。费列罗巧克力所使用的包装、装潢因其构成要素在文字、图形、色彩、形状、大小等方面的排列组合具有独特性，形成了显著的整体形象，且与商品的功能性无关，经过长时间使用和大量宣传，已足以使相关公众将上述包装、装潢的整体形象与费列罗公司的费列罗巧克力商品联系起来，具有识别其商品来源的作用，应当属于反不正当竞争法第五条第二项所保护的特有的包装、装潢。蒙特莎公司关于判定涉案包装、装潢为特有，会使巧克力行业的通用包装、装潢被费列罗公司排他性独占使用，垄断国内球形巧克力市场等理由，不能成立。

三、关于相关公众是否容易对费列罗巧克力与金莎 TRESOR DORE 巧克力引起混淆、误认

对商品包装、装潢的设计，不同经营者之间可以相互学习、借鉴，并在此基础上进行创新设计，形成有明显区别各自商品的包装、装潢。这种做法是市场经营和竞争的必然要求。就本案而言，蒙特莎公司可以充分利用巧克力包装、装潢设计中的通用要素，自由设计与他人在先使

用的特有包装、装潢具有明显区别的包装、装潢。但是，对他人具有识别商品来源意义的特有包装、装潢，则不能作足以引起市场混淆、误认的全面模仿，否则就会构成不正当的市场竞争。我国反不正当竞争法中规定的混淆、误认，是指足以使相关公众对商品的来源产生误认，包括误认为与知名商品的经营者具有许可使用、关联企业关系等特定联系。本案中，由于费列罗巧克力使用的包装、装潢的整体形象具有区别商品来源的显著特征，蒙特莎公司在其巧克力商品上使用的包装、装潢与费列罗巧克力特有包装、装潢，又达到在视觉上非常近似的程度。即使双方商品存在价格、质量、口味、消费层次等方面的差异和厂商名称、商标不同等因素，也未免使相关公众易于误认金莎 TRESOR DORE 巧克力与费列罗巧克力存在某种经济上的联系。据此，再审申请人关于本案相似包装、装潢不会构成消费者混淆、误认的理由不能成立。

综上，蒙特莎公司在其生产的金莎 TRESOR DORE 巧克力商品上，擅自使用与费列罗公司的费列罗巧克力特有的包装、装潢相近似的包装、装潢，足以引起相关公众对商品来源的混淆、误认，构成不正当竞争。

【指导案例 48 号】

北京精雕科技有限公司诉上海奈凯电子科技有限公司侵害计算机软件著作权纠纷案

（最高人民法院审判委员会讨论通过　2015 年 4 月 15 日发布）

关键词　民事　侵害计算机软件著作权　捆绑销售　技术保护措施　权利滥用

裁判要点

计算机软件著作权人为实现软件与机器的捆绑销售，将软件运行的输出数据设定为特定文件格式，以限制其他竞争者的机器读取以该特定文件格式保存的数据，从而将其在软件上的竞争优势扩展到机器，不属于著作权法所规定的著作权人为保护其软件著作权而采取的技术措施。

他人研发软件读取其设定的特定文件格式的,不构成侵害计算机软件著作权。

相关法条

《中华人民共和国著作权法》第四十八条第一款第六项

《计算机软件保护条例》第二条、第三条第一款第一项、第二十四条第一款第三项

基本案情

原告北京精雕科技有限公司(以下简称精雕公司)诉称:原告自主开发了精雕 CNC 雕刻系统,该系统由精雕雕刻 CAD/CAM 软件(JDPaint 软件)、精雕数控系统、机械本体三大部分组成。该系统的使用通过两台计算机完成,一台是加工编程计算机,另一台是数控控制计算机。两台计算机运行两个不同的程序需要相互交换数据,即通过数据文件进行。具体是:JDPaint 软件通过加工编程计算机运行生成 Eng 格式的数据文件,再由运行于数控控制计算机上的控制软件接收该数据文件,将其变成加工指令。原告对上述 JDPaint 软件享有著作权,该软件不公开对外销售,只配备在原告自主生产的数控雕刻机上使用。2006 年初,原告发现被告上海奈凯电子科技有限公司(以下简称奈凯公司)在其网站上大力宣传其开发的 NC－1000 雕铣机数控系统全面支持精雕各种版本的 Eng 文件。被告上述数控系统中的 Ncstudio 软件能够读取 JDPaint 软件输出的 Eng 格式数据文件,而原告对 Eng 格式采取了加密措施。被告非法破译 Eng 格式的加密措施,开发、销售能够读取 Eng 格式数据文件的数控系统,属于故意避开或者破坏原告为保护软件著作权而采取的技术措施的行为,构成对原告软件著作权的侵犯。被告的行为使得其他数控雕刻机能够非法接收 Eng 文件,导致原告精雕雕刻机销量减少,造成经济损失。故请求法院判令被告立即停止支持精雕 JDPaint 各种版本输出 Eng 格式的数控系统的开发、销售及其他侵权行为,公开赔礼道歉,并赔偿损失 485000 元。

奈凯公司辩称:其开发的 Ncstudio 软件能够读取 JDPaint 软件输出的 Eng 格式数据文件,但 Eng 数据文件及该文件所使用的 Eng 格式不属于计算机软件著作权的保护范围,故被告的行为不构成侵权。请求法院驳回原告的诉讼请求。

法院经审理查明:原告精雕公司分别于 2001 年、2004 年取得国家版权局向其颁发的软著登字第 0011393 号、软著登字第 025028 号《计

算机软件著作权登记证书》，登记其为精雕雕刻软件 JDPaintV4.0、JD-PaintV5.0（两软件以下简称 JDPaint）的原始取得人。奈凯公司分别于2004 年、2005 年取得国家版权局向其颁发的软著登字第 023060 号、软著登字第 041930 号《计算机软件著作权登记证书》，登记其为软件奈凯数控系统 V5.0、维宏数控运动控制系统 V3.0（两软件以下简称 Ncstudio）的原始取得人。

奈凯公司在其公司网站上宣称：2005 年 12 月，奈凯公司推出 NC-1000 雕铣机控制系统，该数控系统全面支持精雕各种版本 Eng 文件，该功能是针对用户对精雕 JDPaintV5.19 这一排版软件的酷爱而研发的。

精雕公司的 JDPaint 软件输出的 Eng 文件是数据文件，采用 Eng 格式。奈凯公司的 Ncstudio 软件能够读取 JDPaint 软件输出的 Eng 文件，即 Ncstudio 软件与 JDPaint 软件所输出的 Eng 文件兼容。

裁判结果

上海市第一中级人民法院于 2006 年 9 月 20 日作出（2006）沪一中民五（知）初字第 134 号民事判决：驳回原告精雕公司的诉讼请求。宣判后，精雕公司提出上诉。上海市高级人民法院于 2006 年 12 月 13 日作出（2006）沪高民三（知）终字第 110 号民事判决：驳回上诉，维持原判。

裁判理由

法院生效裁判认为：本案应解决的争议焦点是：一、原告精雕公司的 JDPaint 软件输出的、采取加密措施的 Eng 格式数据文件，是否属于计算机软件著作权的保护范围；二、奈凯公司研发能够读取 JDPaint 软件输出的 Eng 格式文件的软件的行为，是否构成《中华人民共和国著作权法》（以下简称《著作权法》）第四十八条第一款第六项、《计算机软件保护条例》第二十四条第一款第三项规定的"故意避开或者破坏著作权人为保护其软件著作权而采取的技术措施"的行为。

关于第一点。《计算机软件保护条例》第二条规定："本条例所称计算机软件（下称软件），是指计算机程序及其有关文档。"第三条规定："本条例下列用语的含义：（一）计算机程序，是指为了得到某种结果而可以由计算机等具有信息处理能力的装置执行的代码化指令序列，或者可以被自动转换成代码化指令序列的符号化指令序列或者符号化语句序列。同一计算机程序的源程序和目标程序为同一作品。（二）文档，是指用来描述程序的内容、组成、设计、功能规格、开发情况、测试结果及使用方法的文字资料和图表等，如程序设计说明书、流程图、用户手册等。……"第四条规定："受本条例保护的软件必须由开发者独立开发，并已固定在某种有形物体上。"根据上述规定，计算机软件著作权的保护范围是软件程序和文档。

本案中，Eng 文件是 JDPaint 软件在加工编程计算机上运行所生成的数据文件，其所使用的输出格式即 Eng 格式是计算机 JDPaint 软件的目标程序经计算机执行产生的结果。该格式数据文件本身不是代码化指令序列、符号化指令序列、符号化语句序列，也无法通过计算机运行和执行，对 Eng 格式文件的破解行为本身也不会直接造成对 JDPaint 软件的非法复制。此外，该文件所记录的数据并非原告精雕公司的 JDPaint 软件所固有，而是软件使用者输入雕刻加工信息而生成的，这些数据不属于 JDPaint 软件的著作权人精雕公司所有。因此，Eng 格式数据文件中包含的数据和文件格式均不属于 JDPaint 软件的程序组成部分，不属于计算机软件著作权的保护范围。

关于第二点。根据《著作权法》第四十八条第一款第六项、《计算机软件保护条例》第二十四条第一款第三项的规定，故意避开或者破坏著作权人为保护其软件著作权而采取的技术措施的行为，是侵犯软件著作权的行为。上述规定体现了对恶意规避技术措施的限制，是对计算机软件著作权的保护。但是，上述限制"恶意规避技术措施"的规定不能被滥用。上述规定主要限制的是针对受保护的软件著作权实施的恶意技术规避行为。著作权人为输出的数据设定特定文件格式，并对该文件格式采取加密措施，限制其他品牌的机器读取以该文件格式保存的数据，从而保证捆绑自己计算机软件的机器拥有市场竞争优势的行为，不属于上述规定所指的著作权人为保护其软件著作权而采取技术措施的行为。他人研发能够读取著作权人设定的特定文件格式的软件的行为，不构成对软件著作权的侵犯。

根据本案事实，JDPaint 输出的 Eng 格式文件是在精雕公司的"精雕 CNC 雕刻系统"中两个计算机程序间完成数据交换的文件。从设计目的而言，精雕公司采用 Eng 格式而没有采用通用格式完成数据交换，并不在于对 JDPaint 软件进行加密保护，而是希望只有"精雕 CNC 雕刻系统"能接收此种格式，只有与"精雕 CNC 雕刻系统"相捆绑的雕刻机床才可以使用该软件。精雕公司对 JDPaint 输出文件采用 Eng 格式，旨在限定 JDPaint 软件只能在"精雕 CNC 雕刻系统"中使用，其根本目的和真实意图在于建立和巩固 JDPaint 软件与其雕刻机床之间的捆绑关系。这种行为不属于为保护软件著作权而采取的技术保护措施。如果将对软件著作权的保护扩展到与软件捆绑在一起的产品上,必然超出我国著作权法对计算机软件著作权的保护范围。精雕公司在本案中采取的技术措施,不是为保护 JDPaint 软件著作权而采取的技术措施,而是为获取著作权利益之外利益而采取的技术措施。因此,精雕公司采取的技术措施不属于《著作权法》《计算机软件保护条例》所规定著作权人为保护其软件著作权而采取的技术措施,奈凯公司开发能够读取 JDPaint 软件输出的 Eng 格式文件的软件的行为,并不属于故意避开和破坏著作权人为保护软件著作权而采取的技术措施的行为。

【指导案例 49 号】

石鸿林诉泰州华仁电子资讯有限公司侵害计算机软件著作权纠纷案

(最高人民法院审判委员会通过 2015 年 4 月 15 日发布)

关键词 民事 侵害计算机软件著作权 举证责任 侵权对比 缺陷性特征

裁判要点

在被告拒绝提供被控侵权软件的源程序或者目标程序,且由于技术上的限制,无法从被控侵权产品中直接读出目标程序的情形下,如果原、被告软件在设计缺陷方面基本相同,而被告又无正当理由拒绝提供其软件源程序或者目标程序以供直接比对,则考虑到原告的客观举证难度,可以判定原、被告计算机软件构成实质性相同,由被告承担侵权责任。

相关法条

《计算机软件保护条例》第三条第一款

基本案情

原告石鸿林诉称:被告泰州华仁电子资讯有限公司(以下简称华

仁公司）未经许可，长期大量复制、发行、销售与石鸿林计算机软件"S型线切割机床单片机控制器系统软件V1.0"相同的软件，严重损害其合法权益。故诉请判令华仁公司停止侵权，公开赔礼道歉，并赔偿原告经济损失10万元、为制止侵权行为所支付的证据保全公证费、诉讼代理费9200元以及鉴定费用。

被告华仁公司辩称：其公司HR-Z型线切割机床控制器所采用的系统软件系其独立开发完成，与石鸿林S型线切割机床单片机控制系统应无相同可能，且其公司产品与石鸿林生产的S型线切割机床单片机控制器的硬件及键盘布局也完全不同，请求驳回石鸿林的诉讼请求。

法院经审理查明：2000年8月1日，石鸿林开发完成S型线切割机床单片机控制器系统软件。2005年4月18日获得国家版权局软著登字第035260号计算机软件著作权登记证书，证书载明软件名称为S型线切割机床单片机控制器系统软件V1.0（以下简称S系列软件），著作权人为石鸿林，权利取得方式为原始取得。2005年12月20日，泰州市海陵区公证处出具（2005）泰海证民内字第1146号公证书一份，对石鸿林以660元价格向华仁公司购买HR-Z线切割机床数控控制器（以下简称HR-Z型控制器）一台和取得销售发票（No：00550751）的购买过程，制作了保全公证工作记录、拍摄了所购控制器及其使用说明书、外包装的照片8张，并对该控制器进行了封存。

一审中，法院委托江苏省科技咨询中心对下列事项进行比对鉴定：（1）石鸿林本案中提供的软件源程序与其在国家版权局版权登记备案的软件源程序的同一性；（2）公证保全的华仁公司HR-Z型控制器系统软件与石鸿林获得版权登记的软件源程序代码相似性或者相同性。后江苏省科技咨询中心出具鉴定工作报告，因被告的软件主要固化在美国ATMEL公司的AT89F51和菲利普公司的P89C58两块芯片上，而代号为"AT89F51"的芯片是一块带自加密的微控制器，必须首先破解它的加密系统，才能读取固化其中的软件代码。而根据现有技术条件，无法解决芯片解密程序问题，因而根据现有鉴定材料难以作出客观、科学的鉴定结论。

二审中，法院根据原告石鸿林的申请，就以下事项组织技术鉴定：原告软件与被控侵权软件是否具有相同的软件缺陷及运行特征。经鉴定，中国版权保护中心版权鉴定委员会出具鉴定报告，结论为：通过运行原、被告软件，发现二者存在如下相同的缺陷情况：（1）二控制器连续加工程序段超过 2048 条后，均出现无法正常执行的情况；（2）在加工完整的一段程序后只让自动报警两声以下即按任意键关闭报警时，在下一次加工过程中加工回复线之前自动暂停后，二控制器均有偶然出现蜂鸣器响声 2 声的现象。

二审法院另查明：原、被告软件的使用说明书基本相同。两者对控制器功能的描述及技术指标基本相同；两者对使用操作的说明基本相同；两者在段落编排方式和多数语句的使用上基本相同。经二审法院多次释明，华仁公司始终拒绝提供被控侵权软件的源程序以供比对。

裁判结果

江苏省泰州市中级人民法院于 2006 年 12 月 8 日作出（2006）泰民三初字第 2 号民事判决：驳回原告石鸿林的诉讼请求。石鸿林提起上诉，江苏省高级人民法院于 2007 年 12 月 17 日作出（2007）苏民三终字第 0018 号民事判决：一、撤销江苏省泰州市中级人民法院（2006）泰民三初字第 2 号民事判决；二、华仁公司立即停止生产、销售侵犯石鸿林 S 型线切割机床单片机控制器系统软件 V1.0 著作权的产品；三、华仁公司于本判决生效之日起 10 日内赔偿石鸿林经济损失 79200 元；四、驳回石鸿林的其他诉讼请求。

裁判理由

法院生效裁判认为：根据现有证据，应当认定华仁公司侵犯了石鸿林 S 系列软件著作权。

一、本案的证明标准应根据当事人客观存在的举证难度合理确定

根据法律规定，当事人对自己提出的诉讼请求所依据的事实有责任提供证据加以证明。本案中，石鸿林主张华仁公司侵犯其 S 系列软件著作权，其须举证证明双方计算机软件之间构成相同或实质性相同。一般而言，石鸿林就此须举证证明两计算机软件的源程序或目标程序之间构成相同或实质性相同。但本案中，由于存在客观上的困难，石鸿林实际上无法提供被控侵权的 HR-Z 软件的源程序或目标程序，并进而直接证明两者的源程序或目标程序构成相同或实质性相同。1. 石鸿林无法直接获得被控侵权的计算机软件源程序或目标程序。由于被控侵权的 HR-Z 软件的源程序及目标程序处于华仁公司的实际掌握之中，因此在华仁公司拒绝提供的情况下，石鸿林实际无法提供 HR-Z 软件的源程序或目标程序以供直接对比。2. 现有技术手段无法从被控侵权的 HR-Z 型控制器中获得 HR-Z 软件源程序或目标程序。根据一审鉴定情况，HR-Z 软件的目标程序系加载于 HR-Z 型控制器中的内置芯片上，由于该芯片属于加密芯片，无法从芯片中读出 HR-Z 软件的目标程序，并进而反向编译出源程序。因此，依靠现有技术手段无法从 HR-Z 型控制器中获得 HR-Z 软件源程序或目标程序。

综上，本案在华仁公司无正当理由拒绝提供软件源程序以供直接比对，石鸿林确因客观困难无法直接举证证明其诉讼主张的情形下，应从公平和诚实信用原则出发，合理把握证明标准的尺度，对石鸿林提供的现有证据能否形成高度盖然性优势进行综合判断。

二、石鸿林提供的现有证据能够证明被控侵权的 HR-Z 软件与石鸿林的 S 系列软件构成实质相同，华仁公司应就此承担提供相反证据的义务

本案中的现有证据能够证明以下事实：

1. 二审鉴定结论显示：通过运行安装 HX-Z 软件的 HX-Z 型控制器和安装 HR-Z 软件的 HR-Z 型控制器，发现二者存在前述相同的系统软件缺陷情况。

2. 二审鉴定结论显示：通过运行安装 HX-Z 软件的 HX-Z 型控制器和安装 HR-Z 软件的 HR-Z 型控制器，发现二者在加电运行时存在相同的特征性情况。

3. HX-Z 和 HR-Z 型控制器的使用说明书基本相同。

4. HX-Z 和 HR-Z 型控制器的整体外观和布局基本相同，主要包括面板、键盘的总体布局基本相同等。

据此，鉴于 HX-Z 和 HR-Z 软件存在共同的系统软件缺陷，根据计算机软件设计的一般性原理，在独立完成设计的情况下，不同软件之间出现相同的软件缺陷概率极小，而如果软件之间存在共同的软件缺陷，则软件之间的源程序相同的概率较大。同时结合两者在加电运行时存在相同的特征性情况、HX-Z 和 HR-Z 型控制器的使用说明书基本相同、HX-Z 和 HR-Z 型控制器的整体外观和布局基本相同等相关事实，法院认为石鸿林提供的现有证据能够形成高度盖然性优势，足以使法院相信 HX-Z 和 HR-Z 软件构成实质相同。同时，由于 HX-Z 软件是石鸿林对其 S 系列软件的改版，且 HX-Z 软件与 S 系列软件实质相同。因此，被控侵权的 HR-Z 软件与石鸿林的 S 系列软件亦构成实质相同，即华仁公司侵犯了石鸿林享有的 S 系列软件著作权。

三、华仁公司未能提供相反证据证明其诉讼主张，应当承担举证不能的不利后果

本案中，在石鸿林提供了上述证据证明其诉讼主张的情形下，华仁公司并未能提供相反证据予以反证，依法应当承担举证不能的不利后果。经本院反复释明，华仁公司最终仍未提供被控侵权的 HR-Z 软件源程序以供比对。华仁公司虽提供了 DX-Z 线切割控制器微处理器固件程序系统 V3.0 的计算机软件著作权登记证书，但其既未证明该软件与被控侵权的 HR-Z 软件属于同一软件，又未证明被控侵权的 HR-Z 软件的完成时间早于石鸿林的 S 系列软件，或系其独立开发完成。尽管华仁公司还称，其二审中提供的 2004 年 5 月 19 日商业销售发票，可以证明其于 2004 年就开发完成了被控侵权软件。对此法院认为，该份发票上虽注明货物名称为 HR-Z 线切割控制器，但并不能当然推断出该控制器所使用的软件即为被控侵权的 HR-Z 软件，华仁公司也未就此进一步提供其他证据予以证实。同时结合该份发票并非正规的增值税发票、也未注明购货单位名称等一系列瑕疵，法院认为，华仁公司 2004 年就开发完成了被控侵权软件的诉讼主张缺乏事实依据，不予采纳。

综上，根据现有证据，同时在华仁公司持有被控侵权的 HR-Z 软件源程序且无正当理由拒不提供的情形下，应当认定被控侵权的 HR-Z 软件与石鸿林的 S 系列软件构成实质相同，华仁公司侵犯了石鸿林 S 系列软件著作权。

【指导案例 50 号】

李某、郭某阳诉郭某和、童某某继承纠纷案

（最高人民法院审判委员会讨论通过　2015 年 4 月 15 日发布）

关键词　民事　继承　人工授精　婚生子女

裁判要点

1. 夫妻关系存续期间，双方一致同意利用他人的精子进行人工授精并使女方受孕后，男方反悔，而女方坚持生出该子女的，不论该子女是否在夫妻关系存续期间出生，都应视为夫妻双方的婚生子女。

2. 如果夫妻一方所订立的遗嘱中没有为胎儿保留遗产份额，因违反《中华人民共和国继承法》第十九条规定，该部分遗嘱内容无效。分割遗产时，应当依照《中华人民共和国继承法》第二十八条规定，为胎儿保留继承份额。

相关法条

《中华人民共和国民法通则》第五十七条

《中华人民共和国继承法》第十九条、第二十八条

基本案情

原告李某诉称：位于江苏省南京市某住宅小区的306室房屋，是其与被继承人郭某顺的夫妻共同财产。郭某顺因病死亡后，其儿子郭某阳出生。郭某顺的遗产，应当由妻子李某、儿子郭某阳与郭某顺的父母即被告郭某和、童某某等法定继承人共同继承。请求法院在析产继承时，考虑郭某和、童某某有自己房产和退休工资，而李某无固定收入还要抚养幼子的情况，对李某和郭某阳给予照顾。

被告郭某和、童某某辩称：儿子郭某顺生前留下遗嘱，明确将306室赠与二被告，故对该房产不适用法定继承。李某所生的孩子与郭某顺不存在血缘关系，郭某顺在遗嘱中声明他不要这个人工授精生下的孩子，他在得知自己患癌症后，已向李某表示过不要这个孩子，是李某自己坚持要生下孩子。因此，应该由李某对孩子负责，不能将孩子列为郭某顺的继承人。

法院经审理查明：1998年3月3日，原告李某与郭某顺登记结婚。2002年，郭某顺以自己的名义购买了涉案建筑面积为45.08平方米的306室房屋，并办理了房屋产权登记。2004年1月30日，李某和郭某顺共同与南京军区南京总医院生殖遗传中心签订了人工授精协议书，对李某实施了人工授精，后李某怀孕。2004年4月，郭某顺因病住院，其在得知自己患了癌症后，向李某表示不要这个孩子，但李某不同意人工流产，坚持要生下孩子。5月20日，郭某顺在医院立下自书遗嘱，在遗嘱中声明他不要这个人工授精生下的孩子，并将306室房屋赠与其父母郭某和、童某某。郭某顺于5月23日病故。李某于当年10月22

日产下一子，取名郭某阳。原告李某无业，每月领取最低生活保障金，另有不固定的打工收入，并持有夫妻关系存续期间的共同存款18705.4元。被告郭某和、童某某系郭某顺的父母，居住在同一个住宅小区的305室，均有退休工资。2001年3月，郭某顺为开店，曾向童某某借款8500元。

南京大陆房地产估价师事务所有限责任公司受法院委托，于2006年3月对涉案306室房屋进行了评估，经评估房产价值为19.3万元。

裁判结果

江苏省南京市秦淮区人民法院于2006年4月20日作出一审判决：涉案的306室房屋归原告李某所有；李某于本判决生效之日起30日内，给付原告郭某阳33442.4元，该款由郭某阳的法定代理人李某保管；李某于本判决生效之日起30日内，给付被告郭某和33442.4元、给付被告童某某41942.4元。一审宣判后，双方当事人均未提出上诉，判决已发生法律效力。

裁判理由

法院生效裁判认为：本案争议焦点主要有两方面：一是郭某阳是否为郭某顺和李某的婚生子女？二是在郭某顺留有遗嘱的情况下，对306室房屋应如何析产继承？

关于争议焦点一。《最高人民法院关于夫妻离婚后人工授精所生子女的法律地位如何确定的复函》中指出："在夫妻关系存续期间，双方一致同意进行人工授精，所生子女应视为夫妻双方的婚生子女，父母子女之间权利义务关系适用《中华人民共和国婚姻法》的有关规定。"郭某顺因无生育能力，签字同意医院为其妻子即原告李某施行人工授精手术，该行为表明郭某顺具有通过人工授精方法获得其与李某共同子女的意思表示。只要在夫妻关系存续期间，夫妻双方同意通过人工授精生育子女，所生子女均应视为夫妻双方的婚生子女。《中华人民共和国民法通则》第五十七条规定："民事法律行为从成立时起具有法律约束力。行为人非依法律规定或者取得对方同意，不得擅自变更或者解除。"因此，郭某顺在遗嘱中否认其与李某所怀胎儿的亲子关系，是无效民事行为，应当认定郭某阳是郭某顺和李某的婚生子女。

关于争议焦点二。《中华人民共和国继承法》（以下简称《继承法》）第五条规定："继承开始后，按照法定继承办理；有遗嘱的，按照遗嘱继承或者遗赠办理；有遗赠扶养协议的，按照协议办理。"被继承人郭某顺死亡后，继承开始。鉴于郭某顺留有遗嘱，本案应当按照遗嘱继承办理。《继承法》第二十六条规定："夫妻在婚姻关系存续期间所得的共同所有的财产，除有约定的以外，如果分割遗产，应当先将共同所有的财产的一半分出为配偶所有，其余的为被继承人的遗产。"最高人民法院《关于贯彻执行〈中华人民共和国继承法〉若干问题的意见》第38条规定："遗嘱人以遗嘱处分了属于国家、集体或他人所有的财产，遗嘱的这部分，应认定无效。"登记在被继承人郭某顺名下的306室房屋，已查明是郭某顺与原告李某夫妻关系存续期间取得的夫妻共同财产。郭某顺死亡后，该房屋的一半应归李某所有，另一半才能作为郭某顺的遗产。郭某顺在遗嘱中，将306室全部房产处分归其父母，侵害了李某的房产权，遗嘱的这部分应属无效。此外，《继承法》第十九条规定："遗嘱应当对缺乏劳动能力又没有生活来源的继承人保留必要的遗产份额。"郭某顺在立遗嘱时，明知其妻子腹中的胎儿而没有在遗嘱中为胎儿保留必要的遗产份额，该部分遗嘱内容无效。《继承法》第二十八条规定："遗产分割时，应当保留胎儿的继承份额。"因此，在分割遗产时，应当为该胎儿保留继承份额。综上，在扣除应当归李某所有的财产和应当为胎儿保留的继承份额之后，郭某顺遗产的剩余部分才可以按遗嘱确定的分配原则处理。

【指导案例51号】

阿卜杜勒·瓦希德诉中国东方航空股份有限公司航空旅客运输合同纠纷案

（最高人民法院审判委员会讨论通过　2015年4月15日发布）

关键词　民事　航空旅客运输合同　航班延误　告知义务　赔偿责任

裁判要点

1. 对航空旅客运输实际承运人提起的诉讼，可以选择对实际承运人或缔约承运人提起诉讼，也可以同时对实际承运人和缔约承运人提起诉讼。被诉承运人申请追加另一方承运人参加诉讼的,法院可以根据案件的实际情况决定是否准许。

2. 当不可抗力造成航班延误,致使航空公司不能将换乘其他航班的旅客按时运抵目的地时,航空公司有义务及时向换乘的旅客明确告知到达目的地后是否提供转签服务,以及在不能提供转签服务时旅客如何办理旅行手续。航空公司未履行该项义务,给换乘旅客造成损失的,应当承担赔偿责任。

3. 航空公司在打折机票上注明"不得退票,不得转签",只是限制购买打折机票的旅客由于自身原因而不得退票和转签,不能据此剥夺旅客在支付票款后享有的乘坐航班按时抵达目的地的权利。

相关法条

《中华人民共和国民法通则》第一百四十二条

《经1955年海牙议定书修订的1929年华沙统一国际航空运输一些规则的公约》第十九条、第二十条、第二十四条第一款

《统一非立约承运人所作国际航空运输的某些规则以补充华沙公约的公约》第七条

基本案情

2004年12月29日,ABDUL WAHEED(阿卜杜勒·瓦希德,以下简称阿卜杜勒)购买了一张由香港国泰航空公司(以下简称国泰航空公司)作为出票人的机票。机票列明的航程安排为:2004年12月31日上午11点,上海起飞至香港,同日16点香港起飞至卡拉奇;2005年1月31日卡拉奇起飞至香港,同年2月1日香港起飞至上海。其中,上海与香港间的航程由中国东方航空股份有限公司(以下简称东方航空公司)实际承运,香港与卡拉奇间的航程由国泰航空公司实际承运。机票背面条款注明,该合同应遵守华沙公约所指定的有关责任的规则和限制。该机票为打折票,机票上注明"不得退票、不得转签"。

2004年12月30日下午15时起上海浦东机场下中雪,导致机场于该日22点至23点被迫关闭1小时,该日104个航班延误。31日,因飞机除冰、补班调配等原因,导致该日航班取消43架次、延误142架次,飞机出港正常率只有24.1%。东方航空公司的MU703航班也因为天气原因延误了3小时22分钟,导致阿卜杜勒及其家属到达香港机场后未能赶上国泰航空公司飞卡拉奇的衔接航班。东方航空公司工作人员告知阿卜杜勒只有两种处理方案:其一是阿卜杜勒等人在机场里等候3天,

然后搭乘国泰航空公司的下一航班,3 天费用自理;其二是阿卜杜勒等人出资,另行购买其他航空公司的机票至卡拉奇,费用为 25000 港元。阿卜杜勒当即表示无法接受该两种方案,其妻子杜琳打电话给东方航空公司,但该公司称有关工作人员已下班。杜琳对东方航空公司的处理无法接受,且因携带婴儿而焦虑、激动。最终由香港机场工作人员交涉,阿卜杜勒及家属共支付 17000 港元,购买了阿联酋航空公司的机票及行李票,搭乘该公司航班绕道迪拜,到达卡拉奇。为此,阿卜杜勒支出机票款 4721 港元、行李票款 759 港元,共计 5480 港元。

阿卜杜勒认为,东方航空公司的航班延误,又拒绝重新安排航程,给自己造成了经济损失,遂提出诉讼,要求判令东方航空公司赔偿机票款和行李票款,并定期对外公布航班的正常率、旅客投诉率。

东方航空公司辩称,航班延误的原因系天气条件恶劣,属不可抗力;其已将此事通知了阿卜杜勒,阿卜杜勒亦明知将错过香港的衔接航班,其无权要求东方航空公司改变航程。阿卜杜勒称,其明知会错过衔接航班仍选择登上飞往香港的航班,系因为东方航空公司对其承诺会予以妥善解决。

裁判结果

上海市浦东新区人民法院于 2005 年 12 月 21 日作出(2005)浦民一(民)初字第 12164 号民事判决:一、中国东方航空股份有限公司应在判决生效之日起十日内赔偿阿卜杜勒损失共计人民币 5863.60 元;二、驳回阿卜杜勒的其他诉讼请求。宣判后,中国东方航空股份有限公司提出上诉。上海市第一中级人民法院于 2006 年 2 月 24 日作出(2006)沪一中民一(民)终字第 609 号民事判决:驳回上诉,维持原判。

裁判理由

法院生效裁判认为:原告阿卜杜勒是巴基斯坦国公民,其购买的机票,出发地为我国上海,目的地为巴基斯坦卡拉奇。《中华人民共和国民法通则》第一百四十二条第一款规定:"涉外民事关系的法律适用,依照本章的规定确定。"第二款规定:"中华人民共和国缔结或者参加的国际条约同中华人民共和国的民事法律有不同规定的,适用国际条约的规定,但中华人民共和国声明保留的条款除外。"我国和巴基斯坦都是《经 1955 年海牙议定书修订的 1929 年华沙统一国际航空运输一些规则的公约》(以下简称《1955 年在海牙修改的华沙公约》)和 1961 年《统一非立约承运人所作国际航空运输的某些规则以补充华沙公约的公约》（以下简称《瓜达拉哈拉公约》）的缔约国，故这两个国际公约对本案适用。《1955年在海牙修改的华沙公约》第二十八条（1）款规定："有关赔偿的诉讼，应该按原告的意愿，在一个缔约国的领土内，向承运人住所地或其总管理处所在地或签订契约的机构所在地法院提出，或向目的地法院提出。"第三十二条规定："运输合同的任何条款和在损失发生以前的任何特别协议，如果运输合同各方借以违背本公约的规则，无论是选择所适用的法律或变更管辖权的规定，都不生效力。"据此，在阿卜杜勒持机票起诉的情形下，中华人民共和国上海市浦东新区人民法院有权对这起国际航空旅客运输合同纠纷进行管辖。

《瓜达拉哈拉公约》第一条第二款规定："'缔约承运人'指与旅客或托运人，或与旅客或托运人的代理人订立一项适用华沙公约的运输合同的当事人。"第三款规定："'实际承运人'指缔约承运人以外，根据缔约承运人的授权办理第二款所指的全部或部分运输的人，但对该部分运输此人并非华沙公约所指的连续承运人。在没有相反的证据时，上述授权被推定成立。"第七条规定："对实际承运人所办运输的责任诉讼，可以由原告选择，对实际承运人或缔约承运人提起，或者同时或分别向他们提起。如果只对其中的一个承运人提起诉讼，则该承运人应有权要求另一承运人参加诉讼。这种参加诉讼的效力以及所适用的程序，根据受理案件的法院的法律决定。"阿卜杜勒所持机票，是由国泰航空公司出票，故国际航空旅客运输合同关系是在阿卜杜勒与国泰航空公司之间设立，国泰航空公司是缔约承运人。东方航空公司与阿卜杜勒之间不存在直接的国际航空旅客运输合同关系，也不是连续承运人，只是推定其根据国泰航空公司的授权，完成该机票确定的上海至香港间运输任务的实际承运人。阿卜杜勒有权选择国泰航空公司或东方航空公司或两者同时为被告提起诉讼；在阿卜杜勒只选择东方航空公司为被告提起的诉讼中，东方航空公司虽然有权要求国泰航空公司参加诉讼，但由于阿卜杜勒追究的航班延误责任发生在东方航空公司承运的上海至香港段航程中，与国泰航空公司无关，根据本案案情，衡量诉讼成本，无须追加国泰航空公司为本案的当事人共同参加诉讼。故东方航空公司虽然有权申请国泰航空公司参加诉讼，但这种申请能否被允许，应由受理案件的法院决定。一审法院认为国泰航空公司与阿卜杜勒要追究的航班延误责任无关，根据本案旅客维权的便捷性、担责可能性、诉讼的成本等情况，决定不追加香港国泰航空公司为本案的当事人，并无不当。

《1955年在海牙修改的华沙公约》第十九条规定："承运人对旅客、行李或货物在航空运输过程中因延误而造成的损失应负责任。"第二十条（1）款规定："承运人如果证明自己和他的代理人为了避免损失的发生，已经采取一切必要的措施，或不可能采取这种措施时，就不负责任。"2004年12月31日的MU703航班由于天气原因发生延误，对这种不可抗力造成的延误，东方航空公司不可能采取措施来避免发生，故其对延误本身无须承担责任。但还需证明其已经采取了一切必要的措施来避免延误给旅客造成的损失发生，否则即应对旅客因延误而遭受的损失承担责任。阿卜杜勒在浦东机场时由于预见到MU703航班的延误会使其错过国泰航空公司的衔接航班，曾多次向东方航空公司工作人员询问怎么办。东方航空公司应当知道国泰航空公司从香港飞往卡拉奇的衔接航班三天才有一次，更明知阿卜杜勒一行携带着婴儿，不便在中转机场长时间等候，有义务向阿卜杜勒一行提醒中转时可能发生的不利情形，劝告阿卜杜勒一行改日乘机。但东方航空公司没有这样做，却让阿卜杜勒填写《续航情况登记表》，并告知会帮助解决，使阿卜杜勒对该公司产生合理信赖，从而放心登机飞赴香港。鉴于阿卜杜勒一行是得到东方航空公司的帮助承诺后来到香港，但是东方航空公司不考虑阿卜杜勒一行携带婴儿要尽快飞往卡拉奇的合理需要，向阿卜杜勒告知了要么等待三天乘坐下一航班且三天中相关费用自理，要么自费购买其他航空公司机票的"帮助解决"方案。根据查明的事实，东方航空公司始终未能提供阿卜杜勒的妻子杜琳在登机前填写的《续航情况登记表》，无法证明阿卜杜勒系在明知飞往香港后会发生对己不利的情况仍选择登机，故法院认定"东方航空公司没有为避免损失采取了必要的措施"是正确的。东方航空公司没有采取一切必要的措施来避免因航班延误给旅客造成的损失发生，不应免责。阿卜杜勒迫于无奈自费购买其他航空公司的机票，对阿卜杜勒购票支出的5480港元损失，东方航空公司应承担赔偿责任。

在延误的航班到达香港机场后，东方航空公司拒绝为阿卜杜勒签转机票，其主张阿卜杜勒的机票系打折票，已经注明了"不得退票，不得转签"，其无须另行提醒和告知。法院认为，即使是航空公司在打折机票上注明"不得退票，不得转签"，只是限制购买打折机票的旅客由于自身原因而不得退票和转签；旅客购买了打折机票，航空公司可以相应地取消一些服务，但是旅客支付了足额票款，航空公司就要为旅客提供完整的运输服务，并不能剥夺旅客在支付了票款后享有的乘坐航班按时抵达目的地的权利。本案中的航班延误并非由阿卜杜勒自身的原因造成。阿卜杜勒乘坐延误的航班到达香港机场后肯定需要重新签转机票，东方航空公司既未能在始发机场告知阿卜杜勒在航班延误时机票仍不能签转的理由，在中转机场亦拒绝为其办理签转手续。因此，东方航空公司未能提供证据证明损失的产生系阿卜杜勒自身原因所致，也未能证明其为了避免损失扩大采取了必要的方式和妥善的补救措施，故判令东方航空公司承担赔偿责任。

【指导案例 52 号】

海南丰海粮油工业有限公司诉中国人民财产保险股份有限公司海南省分公司海上货物运输保险合同纠纷案

（最高人民法院审判委员会讨论通过　2015年4月15日发布）

关键词　民事　海事　海上货物运输保险合同　一切险　外来原因

裁判要点

海上货物运输保险合同中的"一切险"，除包括平安险和水渍险的各项责任外，还包括被保险货物在运输途中由于外来原因所致的全部或部分损失。在被保险人不存在故意或者过失的情况下，由于相关保险合同中除外责任条款所列明情形之外的其他原因，造成被保险货物损失的，可以认定属于导致被保险货物损失的"外来原因"，保险人应当承担运输途中由该外来原因所致的一切损失。

相关法条

《中华人民共和国保险法》第三十条

基本案情

1995年11月28日，海南丰海粮油工业有限公司（以下简称丰海公司）在中国人民财产保险股份有限公司海南省分公司（以下简称海南人保）投保了由印度尼西亚籍"哈卡"轮（HAGAAG）所运载的自印度尼西亚杜迈港至中国洋浦港的4999.85吨桶装棕榈油，投保险别为一切险，货价为3574892.75美元，保险金额为3951258美元，保险费为18966美元。投保后，丰海公司依约向海南人保支付了保险费，海南人保向丰海公司发出了起运通知，签发了海洋货物运输保险单，并将海洋货物运输保险条款附于保单之后。根据保险条款规定，一切险的承保范围除包括平安险和水渍险的各项责任外，海南人保还"负责被保险货物在运输途中由于外来原因所致的全部或部分损失"。该条款还规定了5项除外责任。上述投保货物是由丰海公司以CNF价格向新加坡丰益私人有限公司（以下简称丰益公司）购买的。根据买卖合同约定，发货人丰益公司与船东代理梁国际代理有限公司（以下简称梁国际）签订一份租约。该租约约定由"哈卡"轮将丰海公司投保的货物5000吨棕榈油运至中国洋浦港，将另1000吨棕榈油运往香港。

1995年11月29日，"哈卡"轮的期租船人、该批货物的实际承运人印度尼西亚PT. SAMUDERA INDRA公司（以下简称PSI公司）签发了编号为DM/YPU/1490/95的已装船提单。该提单载明船舶为"哈卡"轮，装货港为印度尼西亚杜迈港，卸货港为中国洋浦港，货物唛头为BATCH NO.80211/95，装货数量为4999.85吨，清洁、运费已付。据查，发货人丰益公司将运费支付给梁国际，梁国际已将运费支付给PSI公司。1995年12月14日，丰海公司向其开证银行付款赎单，取得了上述投保货物的全套（3份）正本提单。1995年11月23日至29日，"哈卡"轮在杜迈港装载31623桶、净重5999.82吨四海牌棕榈油启航后，由于"哈卡"轮船东印度尼西亚PT. PERUSAHAAN PELAYARAN BAHTERA BINTANG SELATAN公司（以下简称BBS公司）与该轮的期租船人PSI公司之间因船舶租金发生纠纷，"哈卡"轮中止了提单约定的航程并对外封锁了该轮的动态情况。

为避免投保货物的损失，丰益公司、丰海公司、海南人保多次派代表参加"哈卡"轮船东与期租船人之间的协商，但由于船东以未收到租金为由不肯透露"哈卡"轮行踪，多方会谈未果。此后，丰益公司、丰海公司通过多种渠道交涉并多方查找"哈卡"轮行踪，海南人保亦通过其驻外机构协助查找"哈卡"轮。直至1996年4月，"哈卡"轮走私至中国汕尾被我海警查获。根据广州市人民检察院穗检刑免字

(1996) 64 号《免予起诉决定书》的认定, 1996 年 1 月至 3 月, "哈卡"轮船长埃里斯·伦巴克根据 BBS 公司指令, 指挥船员将其中 11325 桶、2100 多吨棕榈油转载到属同一船公司的"依瓦那"和"萨拉哈"货船上运走销售, 又让船员将船名"哈卡"轮涂改为"伊莉莎 2"号 (ELIZA Ⅱ)。1996 年 4 月, 更改为"伊莉莎 2"号的货船载剩余货物 20298 桶棕榈油走私至中国汕尾, 4 月 16 日被我海警查获。上述 20298 桶棕榈油已被广东省检察机关作为走私货物没收上缴国库。1996 年 6 月 6 日丰海公司向海南人保递交索赔报告书, 8 月 20 日丰海公司再次向海南人保提出书面索赔申请, 海南人保明确表示拒赔。丰海公司遂诉至海口海事法院。

丰海公司是海南丰源贸易发展有限公司和新加坡海源国际有限公司于 1995 年 8 月 14 日开办的中外合资经营企业。该公司成立后, 就与海南人保建立了业务关系。1995 年 10 月 1 日至同年 11 月 28 日 (本案保险单签发前) 就发生了 4 笔进口棕榈油保险业务, 其中 3 笔投保的险别为一切险, 另 1 笔为"一切险附加战争险"。该 4 笔保险均发生索赔, 其中有因为一切险范围内的货物短少、破漏发生的赔付。

裁判结果

海口海事法院于 1996 年 12 月 25 日作出 (1996) 海商初字第 096 号民事判决: 一、海南人保应赔偿丰海公司保险价值损失 3593858.75 美元; 二、驳回丰海公司的其他诉讼请求。宣判后, 海南人保提出上诉。海南省高级人民法院于 1997 年 10 月 27 日作出 (1997) 琼经终字第 44 号民事判决: 撤销一审判决, 驳回丰海公司的诉讼请求。丰海公司向最高人民法院申请再审。最高人民法院于 2003 年 8 月 11 日以 (2003) 民四监字第 35 号民事裁定, 决定对本案进行提审, 并于 2004 年 7 月 13 日作出 (2003) 民四提字第 5 号民事判决: 一、撤销海南省高级人民法院 (1997) 琼经终字第 44 号民事判决; 二、维持海口海事法院 (1996) 海商初字第 096 号民事判决。

裁判理由

最高人民法院认为: 本案为国际海上货物运输保险合同纠纷, 被保险人、保险货物的目的港等均在中华人民共和国境内, 原审以中华人民共和国法律作为解决本案纠纷的准据法正确, 双方当事人亦无异议。

丰海公司与海南人保之间订立的保险合同合法有效, 双方的权利义务应受保险单及所附保险条款的约束。本案保险标的已经发生实际全损,对此发货人丰益公司没有过错,亦无证据证明被保险人丰海公司存在故意或过失。保险标的的损失是由于"哈卡"轮船东 BBS 公司与期租船人之间的租金纠纷,将船载货物运走销售和走私行为造成的。本案争议的焦点在于如何理解涉案保险条款中一切险的责任范围。

二审审理中,海南省高级人民法院认为,根据保险单所附的保险条款和保险行业惯例,一切险的责任范围包括平安险、水渍险和普通附加险(即偷窃提货不着险、淡水雨淋险、短量险、沾污险、渗漏险、碰损破碎险、串味险、受潮受热险、钩损险、包装破损险和锈损险),中国人民银行《关于〈海洋运输货物保险'一切险'条款解释的请示〉的复函》亦作了相同的明确规定。可见,丰海公司投保货物的损失不属于一切险的责任范围。此外,鉴于海南人保与丰海公司有长期的保险业务关系,在本案纠纷发生前,双方曾多次签订保险合同,并且海南人保还作过一切险范围内的赔付,所以丰海公司对本案保险合同的主要内容、免责条款及一切险的责任范围应该是清楚的,故认定一审判决适用法律错误。

根据涉案"海洋运输货物保险条款"的规定,一切险除了包括平安险、水渍险的各项责任外,还负责被保险货物在运输过程中由于各种外来原因所造成的损失。同时保险条款中还明确列明了五种除外责任,即:①被保险人的故意行为或过失所造成的损失;②属于发货人责任所引起的损失;③在保险责任开始前,被保险货物已存在的品质不良或数量短差所造成的损失;④被保险货物的自然损耗、本质缺陷、特性以及市价跌落、运输迟延所引起的损失;⑤本公司海洋运输货物战争险条款和货物运输罢工险条款规定的责任范围和除外责任。从上述保险条款的规定看,海洋运输货物保险条款中的一切险条款具有如下特点:

1. 一切险并非列明风险,而是非列明风险。在海洋运输货物保险条款中,平安险、水渍险为列明的风险,而一切险则为平安险、水渍险再加上未列明的运输途中由于外来原因造成的保险标的的损失。

2. 保险标的的损失必须是外来原因造成的。被保险人在向保险人要求保险赔偿时,必须证明保险标的的损失是因为运输途中外来原因引起的。外来原因可以是自然原因,亦可以是人为的意外事故。但是一切险承保的风险具有不确定性,要求是不能确定的、意外的、无法列举的承保风险。对于那些预期的、确定的、正常的危险,则不属于外来原因的责任范围。

3. 外来原因应当限于运输途中发生的,排除了运输发生以前和运输结束后发生的事故。只要被保险人证明损失并非因其自身原因,而是由于运输途中的意外事故造成的,保险人就应当承担保险赔偿责任。

根据保险法的规定,保险合同中规定有关于保险人责任免除条款的,保险人在订立合同时应当向投保人明确说明,未明确说明的,该条款仍然不能产生效力。据此,保险条款中列明的除外责任虽然不在保险人赔偿之列,但是应当以签订保险合同时,保险人已将除外责任条款明确告知被保险人为前提。否则,该除外责任条款不能约束被保险人。

关于中国人民银行的复函意见。在保监委成立之前,中国人民银行系保险行业的行政主管机关。1997年5月1日,中国人民银行致中国人民保险公司《关于〈海洋运输货物保险"一切险"条款解释的请示〉的复函》中,认为一切险承保的范围是平安险、水渍险及被保险货物在运输途中由于外来原因所致的全部或部分损失。并且进一步提出:外来原因仅指偷窃、提货不着、淡水雨淋等。1998年11月27日,中国人民银行在对《中保财产保险有限公司关于海洋运输货物保险条款解释》的复函中,再次明确一切险的责任范围包括平安险、水渍险及被保险货物在运输途中由于外来原因所致的全部或部分损失。其中外来原因所致的全部或部分损失是指11种一般附加险。鉴于中国人民银行的上述复函不是法律法规,亦不属于行政规章。根据《中华人民共和国立法法》的规定,国务院各部、委员会、中国人民银行、国家审计署以及具有行政管理职能的直属机构,可以根据法律和国务院的行政法规、决定、命令,在本部门的权限范围内,制定规章;部门规章规定的事项应当属于执行法律或者国务院的行政法规、决定、命令的事项。因此,保险条款亦不在职能部门有权制定的规章范围之内,故中国人民银行对保险条款的解释不能作为约束被保险人的依据。另外,中国人民银行关于一切险的复函属于对保险合同条款的解释。而对于平等主体之间签订的保险合同,依法只有人民法院和仲裁机构才有权作出约束当事人的解释。为此,上述复函不能约束被保险人。要使该复函所做解释成为约束被保险人的合同条款,只能是将其作为保险合同的内容附在保险单中。之所以产生中国人民保险公司向主管机关请示一切险的责任范围,主管机关对此作出答复,恰恰说明对于一切险的理解存在争议。而依据保险法第31条的规定,对于保险合同的条款,保险人与投保人、被保险人或者受益人有争议时,人民法院或者仲裁机关应当作有利于被保险人和受益人的解释。作为行业主管机关作出对本行业有利的解释,不能适用于非本行业的合同当事人。

综上,应认定本案保险事故属一切险的责任范围。二审法院认为丰海公司投保货物的损失不属一切险的责任范围错误,应予纠正。丰海公司的再审申请理由依据充分,应予支持。

最高人民法院
关于发布第 11 批指导性案例的通知

(2015 年 11 月 19 日 法〔2015〕320 号)

各省、自治区、直辖市高级人民法院,解放军军事法院,新疆维吾尔自治区高级人民法院生产建设兵团分院:

经最高人民法院审判委员会讨论决定,现将福建海峡银行股份有限公司福州五一支行诉长乐亚新污水处理有限公司、福州市政工程有限公司金融借款合同纠纷案等 4 个案例(指导案例 53-56 号),作为第 11 批指导性案例发布,供在审判类似案件时参照。

最高人民法院

2015 年 11 月 19 日

【指导案例 53 号】

福建海峡银行股份有限公司福州五一支行诉长乐亚新污水处理有限公司、福州市政工程有限公司金融借款合同纠纷案

(最高人民法院审判委员会讨论通过 2015 年 11 月 19 日发布)

关键词 民事 金融借款合同 收益权质押 出质登记 质权实现

裁判要点

1. 特许经营权的收益权可以质押,并可作为应收账款进行出质登记。

2. 特许经营权的收益权依其性质不宜折价、拍卖或变卖,质权人主张优先受偿权的,人民法院可以判令出质债权的债务人将收益权的应收账款优先支付质权人。

相关法条

《中华人民共和国物权法》第208条、第223条、第228条第1款

基本案情

原告福建海峡银行股份有限公司福州五一支行(以下简称海峡银行五一支行)诉称:原告与被告长乐亚新污水处理有限公司(以下简称长乐亚新公司)签订单位借款合同后向被告贷款3000万元。被告福州市政工程有限公司(以下简称福州市政公司)为上述借款提供连带责任保证。原告海峡银行五一支行、被告长乐亚新公司、福州市政公司、案外人长乐市建设局四方签订了《特许经营权质押担保协议》,福州市政公司以长乐市污水处理项目的特许经营权提供质押担保。因长乐亚新公司未能按期偿还贷款本金和利息,故诉请法院判令:长乐亚新公司偿还原告借款本金和利息;确认《特许经营权质押担保协议》合法有效,拍卖、变卖该协议项下的质物,原告有优先受偿权;将长乐市建设局支付给两被告的污水处理服务费优先用于清偿应偿还原告的所有款项;福州市政公司承担连带清偿责任。

被告长乐亚新公司和福州市政公司辩称:长乐市城区污水处理厂特许经营权,并非法定的可以质押的权利,且该特许经营权并未办理质押登记,故原告诉请拍卖、变卖长乐市城区污水处理厂特许经营权,于法无据。

法院经审理查明:2003年,长乐市建设局为让与方、福州市政公司为受让方、长乐市财政局为见证方,三方签订《长乐市城区污水处理厂特许建设经营合同》,约定:长乐市建设局授予福州市政公司负责投资、建设、运营和维护长乐市城区污水处理厂项目及其附属设施的特许权,并就合同双方权利义务进行了详细约定。2004年10月22日,长乐亚新公司成立。该公司系福州市政公司为履行《长乐市城区污水处理厂特许建设经营合同》而设立的项目公司。

2005年3月24日,福州市商业银行五一支行与长乐亚新公司签订

《单位借款合同》，约定：长乐亚新公司向福州市商业银行五一支行借款3000万元；借款用途为长乐市城区污水处理厂BOT项目；借款期限为13年，自2005年3月25日至2018年3月25日；还就利息及逾期罚息的计算方式作了明确约定。福州市政公司为长乐亚新公司的上述借款承担连带责任保证。

同日，福州市商业银行五一支行与长乐亚新公司、福州市政公司、长乐市建设局共同签订《特许经营权质押担保协议》，约定：福州市政公司以《长乐市城区污水处理厂特许建设经营协议》授予的特许经营权为长乐亚新公司向福州市商业银行五一支行的借款提供质押担保，长乐市建设局同意该担保；福州市政公司同意将特许经营权收益优先用于清偿借款合同项下的长乐亚新公司的债务，长乐市建设局和福州市政公司同意将污水处理费优先用于清偿借款合同项下的长乐亚新公司的债务；福州市商业银行五一支行未受清偿的，有权依法通过拍卖等方式实现质押权利等。

上述合同签订后，福州市商业银行五一支行依约向长乐亚新公司发放贷款3000万元。长乐亚新公司于2007年10月21日起未依约按期足额还本付息。

另查明，福州市商业银行五一支行于2007年4月28日名称变更为福州市商业银行股份有限公司五一支行；2009年12月1日其名称再次变更为福建海峡银行股份有限公司福州五一支行。

裁判结果

福建省福州市中级人民法院于2013年5月16日作出（2012）榕民初字第661号民事判决：一、长乐亚新污水处理有限公司应于本判决生效之日起十日内向福建海峡银行股份有限公司福州五一支行偿还借款本金28714764.43元及利息（暂计至2012年8月21日为2142597.6元，此后利息按《单位借款合同》的约定计至借款本息还清之日止）；二、长乐亚新污水处理有限公司应于本判决生效之日起十日内向福建海峡银行股份有限公司福州五一支行支付律师代理费人民币123640元；三、福建海峡银行股份有限公司福州五一支行于本判决生效之日起有权直接向长乐市建设局收取应由长乐市建设局支付给长乐亚新污水处理有限公司、福州市政工程有限公司的污水处理服务费，并对该污水处理服务费就本判决第一、二项所确定的债务行使优先受偿权；四、福州市政工程有限公司对本判决第一、二项确定的债务承担连带清偿责任；五、驳回福建海峡银行股份有限公司福州五一支行的其他诉讼请求。宣判后,两被告均提起上诉。福建省高级人民法院于 2013 年 9 月 17 日作出福建省高级人民法院(2013)闽民终字第 870 号民事判决,驳回上诉,维持原判。

裁判理由

法院生效裁判认为:被告长乐亚新公司未依约偿还原告借款本金及利息,已构成违约,应向原告偿还借款本金,并支付利息及实现债权的费用。福州市政公司作为连带责任保证人,应对讼争债务承担连带清偿责任。本案争议焦点主要涉及污水处理项目特许经营权质押是否有效以及该质权如何实现问题。

一、关于污水处理项目特许经营权能否出质问题

污水处理项目特许经营权是对污水处理厂进行运营和维护,并获得相应收益的权利。污水处理厂的运营和维护,属于经营者的义务,而其收益权,则属于经营者的权利。由于对污水处理厂的运营和维护,并不属于可转让的财产权利,故讼争的污水处理项目特许经营权质押,实质上系污水处理项目收益权的质押。

关于污水处理项目等特许经营的收益权能否出质问题,应当考虑以下方面:其一,本案讼争污水处理项目《特许经营权质押担保协议》签订于 2005 年,尽管当时法律、行政法规及相关司法解释并未规定污水处理项目收益权可质押,但污水处理项目收益权与公路收益权性质上相类似。《最高人民法院关于适用〈中华人民共和国担保法〉若干问题的解释》第九十七条规定,"以公路桥梁、公路隧道或者公路渡口等不动产收益权出质的,按照担保法第七十五条第(四)项的规定处理",明确公路收益权属于依法可质押的其他权利,与其类似的污水处理收益权亦应允许出质。其二,国务院办公厅 2001 年 9 月 29 日转发的《国务院西部开发办〈关于西部大开发若干政策措施的实施意见〉》(国办发〔2001〕73 号)中提出,"对具有一定还贷能力的水利开发项目和城市环保项目(如城市污水处理和垃圾处理等),探索逐步开办以项目收益权或收费权为质押发放贷款的业务",首次明确可试行将污水处理项目的收益权进行质押。其三,污水处理项目收益权虽系将来金钱债权,但其行使期间及收益金额均可确定,其属于确定的财产权利。其四,在《中华人民共和国物权法》(以下简称《物权法》)颁布实施后,因污

水处理项目收益权系基于提供污水处理服务而产生的将来金钱债权，依其性质亦可纳入依法可出质的"应收账款"的范畴。因此，讼争污水处理项目收益权作为特定化的财产权利，可以允许其出质。

二、关于污水处理项目收益权质权的公示问题

对于污水处理项目收益权的质权公示问题，在《物权法》自2007年10月1日起施行后，因收益权已纳入该法第二百二十三条第六项的"应收账款"范畴，故应当在中国人民银行征信中心的应收账款质押登记公示系统进行出质登记，质权才能依法成立。由于本案的质押担保协议签订于2005年，在《物权法》施行之前，故不适用《物权法》关于应收账款的统一登记制度。因当时并未有统一的登记公示的规定，故参照当时公路收费权质押登记的规定，由其主管部门进行备案登记，有关利害关系人可通过其主管部门了解该收益权是否存在质押之情况，该权利即具备物权公示的效果。

本案中，长乐市建设局在《特许经营权质押担保协议》上盖章，且协议第七条明确约定"长乐市建设局同意为原告和福州市政公司办理质押登记出质登记手续"，故可认定讼争污水处理项目的主管部门已知晓并认可该权利质押情况，有关利害关系人亦可通过长乐市建设局查询了解讼争污水处理厂的有关权利质押的情况。因此，本案讼争的权利质押已具备公示之要件，质权已设立。

三、关于污水处理项目收益权的质权实现方式问题

我国担保法和物权法均未具体规定权利质权的具体实现方式，仅就质权的实现作出一般性的规定，即质权人在行使质权时，可与出质人协议以质押财产折价，或就拍卖、变卖质押财产所得的价款优先受偿。但污水处理项目收益权属于将来金钱债权，质权人可请求法院判令其直接向出质人的债务人收取金钱并对该金钱行使优先受偿权，故无须采取折价或拍卖、变卖之方式。况且收益权均附有一定之负担，且其经营主体具有特定性，故依其性质亦不宜拍卖、变卖。因此，原告请求将《特许经营权质押担保协议》项下的质物予以拍卖、变卖并行使优先受偿权，不予支持。

根据协议约定，原告海峡银行五一支行有权直接向长乐市建设局收取污水处理服务费，并对所收取的污水处理服务费行使优先受偿权。由

于被告仍应依约对污水处理厂进行正常运营和维护，若无法正常运营，则将影响到长乐市城区污水的处理，亦将影响原告对污水处理费的收取，故原告在向长乐市建设局收取污水处理服务费时，应当合理行使权利，为被告预留经营污水处理厂的必要合理费用。

（生效裁判审判人员：何忠、詹强华、朱宏海）

【指导案例 54 号】

中国农业发展银行安徽省分行诉张大标、安徽长江融资担保集团有限公司执行异议之诉纠纷案

（最高人民法院审判委员会讨论通过　2015 年 11 月 19 日发布）

关键词　民事　执行异议之诉　金钱质押　特定化　移交占有

裁判要点

当事人依约为出质的金钱开立保证金专门账户，且质权人取得对该专门账户的占有控制权，符合金钱特定化和移交占有的要求，即使该账户内资金余额发生浮动，也不影响该金钱质权的设立。

相关法条

《中华人民共和国物权法》第 212 条

基本案情

原告中国农业发展银行安徽省分行（以下简称农发行安徽分行）诉称：其与第三人安徽长江融资担保集团有限公司（以下简称长江担保公司）按照签订的《信贷担保业务合作协议》，就信贷担保业务按约进行了合作。长江担保公司在农发行安徽分行处开设的担保保证金专户内的资金实际是长江担保公司向其提供的质押担保，请求判令其对该账户内的资金享有质权。

被告张大标辩称：农发行安徽分行与第三人长江担保公司之间的

《贷款担保业务合作协议》没有质押的意思表示；案涉账户资金本身是浮动的，不符合金钱特定化要求，农发行安徽分行对案涉保证金账户内的资金不享有质权。

第三人长江担保公司认可农发行安徽分行对账户资金享有质权的意见。

法院经审理查明：2009年4月7日，农发行安徽分行与长江担保公司签订一份《贷款担保业务合作协议》。其中第三条"担保方式及担保责任"约定：甲方（长江担保公司）向乙方（农发行安徽分行）提供的保证担保为连带责任保证；保证担保的范围包括主债权及利息、违约金和实现债权的费用等。第四条"担保保证金（担保存款）"约定：甲方在乙方开立担保保证金专户，担保保证金专户行为农发行安徽分行营业部，账号尾号为9511；甲方需将具体担保业务约定的保证金在保证合同签订前存入担保保证金专户，甲方需缴存的保证金不低于贷款额度的10%；未经乙方同意，甲方不得动用担保保证金专户内的资金。第六条"贷款的催收、展期及担保责任的承担"约定：借款人逾期未能足额还款的，甲方在接到乙方书面通知后五日内按照第三条约定向乙方承担担保责任，并将相应款项划入乙方指定账户。第八条"违约责任"约定：甲方在乙方开立的担保专户的余额无论因何原因而小于约定的额度时，甲方应在接到乙方通知后三个工作日内补足，补足前乙方可以中止本协议项下业务。甲方违反本协议第六条的约定，没有按时履行保证责任的，乙方有权从甲方在其开立的担保基金专户或其他任一账户中扣划相应的款项。2009年10月30日、2010年10月30日，农发行安徽分行与长江担保公司还分别签订与上述合作协议内容相似的两份《信贷担保业务合作协议》。

上述协议签订后，农发行安徽分行与长江担保公司就贷款担保业务进行合作，长江担保公司在农发行安徽分行处开立担保保证金账户，账号尾号为9511。长江担保公司按照协议约定缴存规定比例的担保保证金，并据此为相应额度的贷款提供了连带保证责任担保。自2009年4月3日至2012年12月31日，该账户共发生了107笔业务，其中贷方业务为长江担保公司缴存的保证金；借方业务主要涉及两大类，一类是贷款归还后长江担保公司申请农发行安徽分行退还的保证金，部分退至债务人的账户；另一类是贷款逾期后农发行安徽分行从该账户内扣划的保证金。

2011年12月19日，安徽省合肥市中级人民法院在审理张大标诉安徽省六本食品有限责任公司、长江担保公司等民间借贷纠纷一案过程中,根据张大标的申请,对长江担保公司上述保证金账户内的资金1495.7852万元进行保全。该案判决生效后,合肥市中级人民法院将上述保证金账户内的资金1338.313257万元划至该院账户。农发行安徽分行作为案外人提出执行异议,2012年11月2日被合肥市中级人民法院裁定驳回异议。随后,农发行安徽分行因与被告张大标、第三人长江担保公司发生执行异议纠纷,提起本案诉讼。

裁判结果

安徽省合肥市中级人民法院于2013年3月28日作出(2012)合民一初字第00505号民事判决:驳回农发行安徽分行的诉讼请求。宣判后,农发行安徽分行提出上诉。安徽省高级人民法院于2013年11月19日作出(2013)皖民二终字第00261号民事判决:一、撤销安徽省合肥市中级人民法院(2012)合民一初字第00505号民事判决;二、农发行安徽分行对长江担保公司账户(账号尾号9511)内的13383132.57元资金享有质权。

裁判理由

法院生效裁判认为:本案二审的争议焦点为农发行安徽分行对案涉账户内的资金是否享有质权。对此应当从农发行安徽分行与长江担保公司之间是否存在质押关系以及质权是否设立两个方面进行审查。

一、农发行安徽分行与长江担保公司是否存在质押关系

《中华人民共和国物权法》(以下简称《物权法》)第二百一十条规定:"设立质权,当事人应当采取书面形式订立质权合同。质权合同一般包括下列条款:(一)被担保债权的种类和数额;(二)债务人履行债务的期限;(三)质押财产的名称、数量、质量、状况;(四)担保的范围;(五)质押财产交付的时间。"本案中,农发行安徽分行与长江担保公司之间虽没有单独订立带有"质押"字样的合同,但依据该协议第四条、第六条、第八条约定的条款内容,农发行安徽分行与长江担保公司之间协商一致,对以下事项达成合意:长江担保公司为担保业务所缴存的保证金设立担保保证金专户,长江担保公司按照贷款额度的一定比例缴存保证金;农发行安徽分行作为开户行对长江担保公司存入该账户的保证金取得控制权,未经同意,长江担保公司不能自由使用该账户内的资金;长江担保公司未履行保证责任,农发行安徽分行有权从该账

户中扣划相应的款项。该合意明确约定了所担保债权的种类和数量、债务履行期限、质物数量和移交时间、担保范围、质权行使条件,具备《物权法》第二百一十条规定的质押合同的一般条款,故应认定农发行安徽分行与长江担保公司之间订立了书面质押合同。

二、案涉质权是否设立

《物权法》第二百一十二条规定:"质权自出质人交付质押财产时设立。"《最高人民法院关于适用〈中华人民共和国担保法〉若干问题的解释》第八十五条规定,债务人或者第三人将其金钱以特户、封金、保证金等形式特定化后,移交债权人占有作为债权的担保,债务人不履行债务时,债权人可以以该金钱优先受偿。依照上述法律和司法解释规定,金钱作为一种特殊的动产,可以用于质押。金钱质押作为特殊的动产质押,不同于不动产抵押和权利质押,还应当符合金钱特定化和移交债权人占有两个要件,以使金钱既不与出质人其他财产相混同,又能独立于质权人的财产。

本案中,首先金钱以保证金形式特定化。长江担保公司于2009年4月3日在农发行安徽分行开户,且与《贷款担保业务合作协议》约定的账号一致,即双方当事人已经按照协议约定为出质金钱开立了担保保证金专户。保证金专户开立后,账户内转入的资金为长江担保公司根据每次担保贷款额度的一定比例向该账户缴存保证金;账户内转出的资金为农发行安徽分行对保证金的退还和扣划,该账户未作日常结算使用,故符合《最高人民法院关于适用〈中华人民共和国担保法〉若干问题的解释》第八十五条规定的金钱以特户等形式特定化的要求。其次,特定化金钱已移交债权人占有。占有是指对物进行控制和管理的事实状态。案涉保证金账户开立在农发行安徽分行,长江担保公司作为担保保证金专户内资金的所有权人,本应享有自由支取的权利,但《贷款担保业务合作协议》约定未经农发行安徽分行同意,长江担保公司不得动用担保保证金专户内的资金。同时,《贷款担保业务合作协议》约定在担保的贷款到期未获清偿时,农发行安徽分行有权直接扣划担保保证金专户内的资金,农发行安徽分行作为债权人取得了案涉保证金账户的控制权,实际控制和管理该账户,此种控制权移交符合出质金钱移交债权人占有的要求。据此,应当认定双方当事人已就案涉保证金账户内的资金设立质权。

关于账户资金浮动是否影响金钱特定化的问题。保证金以专门账户形式特定化并不等于固定化。案涉账户在使用过程中，随着担保业务的开展，保证金账户的资金余额是浮动的。担保公司开展新的贷款担保业务时，需要按照约定存入一定比例的保证金，必然导致账户资金的增加；在担保公司担保的贷款到期未获清偿时，扣划保证金账户内的资金，必然导致账户资金的减少。虽然账户内资金根据业务发生情况处于浮动状态，但均与保证金业务相对应，除缴存的保证金外，支出的款项均用于保证金的退还和扣划，未用于非保证金业务的日常结算。即农发行安徽分行可以控制该账户，长江担保公司对该账户内的资金使用受到限制，故该账户资金浮动仍符合金钱作为质权的特定化和移交占有的要求，不影响该金钱质权的设立。

（生效裁判审判人员：霍楠、徐旭红、卢玉河）

【指导案例 55 号】

柏万清诉成都难寻物品营销服务中心等侵害实用新型专利权纠纷案

（最高人民法院审判委员会讨论通过　2015 年 11 月 19 日发布）

关键词　民事　侵害实用新型专利权　保护范围　技术术语　侵权对比

裁判要点

专利权的保护范围应当清楚，如果实用新型专利权的权利要求书的表述存在明显瑕疵，结合涉案专利说明书、附图、本领域的公知常识及相关现有技术等，不能确定权利要求中技术术语的具体含义而导致专利权的保护范围明显不清，则因无法将其与被诉侵权技术方案进行有实质意义的侵权对比，从而不能认定被诉侵权技术方案构成侵权。

相关法条

《中华人民共和国专利法》第 26 条第 4 款、第 59 条第 1 款

基本案情

原告柏万清系专利号200420091540.7、名称为"防电磁污染服"实用新型专利（以下简称涉案专利）的专利权人。涉案专利权利要求1的技术特征为：A. 一种防电磁污染服，包括上装和下装；B. 服装的面料里设有起屏蔽作用的金属网或膜；C. 起屏蔽作用的金属网或膜由导磁率高而无剩磁的金属细丝或者金属粉末构成。该专利说明书载明，该专利的目的是提供一种成本低、保护范围宽和效果好的防电磁污染服。其特征在于所述服装在面料里设有由导磁率高而无剩磁的金属细丝或者金属粉末构成的起屏蔽保护作用的金属网或膜。所述金属细丝可用市售5到8丝的铜丝等，所述金属粉末可用如软铁粉末等。附图1、2表明，防护服是在不改变已有服装样式和面料功能的基础上，通过在面料里织进导电金属细丝或者以喷、涂、扩散、浸泡和印染等任一方式的加工方法将导电金属粉末与面料复合，构成带网眼的网状结构即可。

2010年5月28日，成都难寻物品营销服务中心销售了由上海添香实业有限公司生产的添香牌防辐射服上装，该产品售价490元，其技术特征是：a. 一种防电磁污染服上装；b. 服装的面料里设有起屏蔽作用的金属防护网；c. 起屏蔽作用的金属防护网由不锈钢金属纤维构成。7月19日，柏万清以成都难寻物品营销服务中心销售、上海添香实业有限公司生产的添香牌防辐射服上装（以下简称被诉侵权产品）侵犯涉案专利权为由，向四川省成都市中级人民法院提起民事诉讼，请求判令成都难寻物品营销服务中心立即停止销售被控侵权产品；上海添香实业有限公司停止生产、销售被控侵权产品，并赔偿经济损失100万元。

裁判结果

四川省成都市中级人民法院于2011年2月18日作出（2010）成民初字第597号民事判决，驳回柏万清的诉讼请求。宣判后，柏万清提起上诉。四川省高级人民法院于2011年10月24日作出（2011）川民终字第391号民事判决驳回柏万清上诉，维持原判。柏万清不服，向最高人民法院申请再审，最高人民法院于2012年12月28日裁定驳回其再审申请。

裁判理由

法院生效裁判认为：本案争议焦点是上海添香实业有限公司生产、成都难寻物品营销服务中心销售的被诉侵权产品是否侵犯柏万清的"防电磁污染服"实用新型专利权。《中华人民共和国专利法》第二十六条第四款规定:"权利要求书应当以说明书为依据,清楚、简要地限定要求专利保护的范围。"第五十九条第一款规定:"发明或者实用新型专利权的保护范围以其权利要求的内容为准,说明书及附图可以用于解释权利要求的内容。"可见,准确界定专利权的保护范围,是认定被诉侵权技术方案是否构成侵权的前提条件。如果权利要求书的撰写存在明显瑕疵,结合涉案专利说明书、附图、本领域的公知常识以及相关现有技术等,仍然不能确定权利要求中技术术语的具体含义,无法准确确定专利权的保护范围的,则无法将被诉侵权技术方案与之进行有意义的侵权对比。因此,对于保护范围明显不清楚的专利权,不能认定被诉侵权技术方案构成侵权。

本案中,涉案专利权利要求1的技术特征C中的"导磁率高"的具体范围难以确定。首先,根据柏万清提供的证据,虽然磁导率有时也被称为导磁率,但磁导率有绝对磁导率与相对磁导率之分,根据具体条件的不同还涉及起始磁导率μi、最大磁导率μm等概念。不同概念的含义不同,计算方式也不尽相同。磁导率并非常数,磁场强度H发生变化时,即可观察到磁导率的变化。但是在涉案专利说明书中,既没有记载导磁率在涉案专利技术方案中是指相对磁导率还是绝对磁导率或者其他概念,又没有记载导磁率高的具体范围,也没有记载包括磁场强度H等在内的计算导磁率的客观条件。本领域技术人员根据涉案专利说明书,难以确定涉案专利中所称的导磁率高的具体含义。其次,从柏万清提交的相关证据来看,虽能证明有些现有技术中确实采用了高磁导率、高导磁率等表述,但根据技术领域以及磁场强度的不同,所谓高导磁率的含义十分宽泛,从80 Gs/Oe 至 83.5×104 Gs/Oe 均被柏万清称为高导磁率。柏万清提供的证据并不能证明在涉案专利所属技术领域中,本领域技术人员对于高导磁率的含义或者范围有着相对统一的认识。最后,柏万清主张根据具体使用环境的不同,本领域技术人员可以确定具体的安全下限,从而确定所需的导磁率。该主张实际上是将能够实现防辐射目的的所有情形均纳入涉案专利权的保护范围,保护范围过于宽泛,亦缺乏事实和法律依据。

综上所述,根据涉案专利说明书以及柏万清提供的有关证据,本领域技术人员难以确定权利要求1技术特征C中"导磁率高"的具体范围或者具体含义,不能准确确定权利要求1的保护范围,无法将被诉侵权产品与之进行有实质意义的侵权对比。因此,二审判决认定柏万清未能举证证明被诉侵权产品落入涉案专利权的保护范围,并无不当。

(生效裁判审判人员:周翔、罗霞、杜微科)

【指导案例 56 号】

韩凤彬诉内蒙古九郡药业有限责任公司等产品责任纠纷管辖权异议案

(最高人民法院审判委员会讨论通过　2015 年 11 月 19 日发布)

关键词　民事诉讼　管辖异议　再审期间

裁判要点

当事人在一审提交答辩状期间未提出管辖异议,在二审或者再审发回重审时提出管辖异议的,人民法院不予审查。

相关法条

《中华人民共和国民事诉讼法》第 127 条

基本案情

原告韩凤彬诉被告内蒙古九郡药业有限责任公司(以下简称九郡药业)、上海云洲商厦有限公司(以下简称云洲商厦)、上海广播电视台(以下简称上海电视台)、大连鸿雁大药房有限公司(以下简称鸿雁大药房)产品质量损害赔偿纠纷一案,辽宁省大连市中级人民法院于 2008 年 9 月 3 日作出(2007)大民权初字第 4 号民事判决。九郡药业、云洲商厦、上海电视台不服,向辽宁省高级人民法院提起上诉。该院于 2010 年 5 月 24 日作出(2008)辽民一终字第 400 号民事判决。该判决发生法律效力后,再审申请人九郡药业、云洲商厦向最高人民法院申请再审。

最高人民法院于同年 12 月 22 日作出(2010)民申字第 1019 号民事裁定,提审本案,并于 2011 年 8 月 3 日作出(2011)民提字第 117 号民事裁定,撤销一、二审民事判决,发回辽宁省大连市中级人民法院重审。在重审中，九郡药业和云洲商厦提出管辖异议。

裁判结果

辽宁省大连市中级人民法院于 2012 年 2 月 29 日作出（2011）大审民再初字第 7 号民事裁定，认为该院重审此案系接受最高人民法院指令，被告之一鸿雁大药房住所地在辽宁省大连市中山区，遂裁定驳回九郡药业和云洲商厦对管辖权提出的异议。九郡药业、云洲商厦提起上诉，辽宁省高级人民法院于 2012 年 5 月 7 日作出（2012）辽立一民再终字第 1 号民事裁定，认为原告韩凤彬在向大连市中级人民法院提起诉讼时，即将住所地在大连市的鸿雁大药房列为被告之一，且在原审过程中提交了在鸿雁大药房购药的相关证据并经庭审质证，鸿雁大药房属适格被告，大连市中级人民法院对该案有管辖权，遂裁定驳回上诉，维持原裁定。九郡药业、云洲商厦后分别向最高人民法院申请再审。最高人民法院于 2013 年 3 月 27 日作出（2013）民再申字第 27 号民事裁定，驳回九郡药业和云洲商厦的再审申请。

裁判理由

法院生效裁判认为：对于当事人提出管辖权异议的期间，《中华人民共和国民事诉讼法》（以下简称《民事诉讼法》）第一百二十七条明确规定：当事人对管辖权有异议的，应当在提交答辩状期间提出。当事人未提出管辖异议，并应诉答辩的，视为受诉人民法院有管辖权。由此可知，当事人在一审提交答辩状期间未提出管辖异议，在案件二审或者再审时才提出管辖权异议的，根据管辖恒定原则，案件管辖权已经确定，人民法院对此不予审查。本案中，九郡药业和云洲商厦是案件被通过审判监督程序裁定发回一审法院重审，在一审法院的重审中才就管辖权提出异议的。最初一审时原告韩凤彬的起诉状送达给九郡药业和云洲商厦，九郡药业和云洲商厦在答辩期内并没有对管辖权提出异议，说明其已接受了一审法院的管辖，管辖权已确定。而且案件经过一审、二审和再审，所经过的程序仍具有程序上的效力，不可逆转。本案是经审判监督程序发回一审法院重审的案件，虽然按照第一审程序审理，但是发回重审的案件并非一个初审案件，案件管辖权早已确定。就管辖而言，因民事诉讼程序的启动始于当事人的起诉，确定案件的管辖权，应以起诉时为标准，起诉时对案件有管辖权的法院，不因确定管辖的事实在诉讼过程中发生变化而影响其管辖权。当案件诉至人民法院，经人民法院立案受理，诉状送达给被告,被告在答辩期内未提出管辖异议,表明案件已确定了管辖法院,此后不因当事人住所地、经常居住地的变更或行政区域的变更而改变案件的管辖法院。在管辖权已确定的前提下,当事人无权再就管辖权提出异议。如果在重审中当事人仍可就管辖权提出异议,无疑会使已稳定的诉讼程序处于不确定的状态,破坏了诉讼程序的安定、有序,拖延诉讼,不仅降低诉讼效率,浪费司法资源,而且不利于纠纷的解决。因此,基于管辖恒定原则、诉讼程序的确定性以及公正和效率的要求,不能支持重审案件当事人再就管辖权提出的异议。据此,九郡药业和云洲商厦就本案管辖权提出异议,没有法律依据,原审裁定驳回其管辖异议并无不当。

综上,九郡药业和云洲商厦的再审申请不符合《民事诉讼法》第二百条第(六)项规定的应当再审情形,故依照该法第二百零四条第一款的规定,裁定驳回九郡药业和云洲商厦的再审申请。

(生效裁判审判人员:张志弘、宁晟、贾亚奇)

最高人民法院
关于发布第 12 批指导性案例的通知

（2016 年 5 月 30 日　法〔2016〕172 号）

各省、自治区、直辖市高级人民法院，解放军军事法院，新疆维吾尔自治区高级人民法院生产建设兵团分院：

经最高人民法院审判委员会讨论决定，现将温州银行股份有限公司宁波分行诉浙江创菱电器有限公司等金融借款合同纠纷案等四个案例（指导案例 57—60 号），作为第 12 批指导性案例发布，供在审判类似案件时参照。

最高人民法院
2016 年 5 月 30 日

【指导案例 57 号】

温州银行股份有限公司宁波分行诉浙江创菱电器有限公司等金融借款合同纠纷案

（最高人民法院审判委员会讨论通过　2016 年 5 月 20 日发布）

关键词　民事　金融借款合同　最高额担保

裁判要点

在有数份最高额担保合同情形下，具体贷款合同中选择性列明部分最高额担保合同，如债务发生在最高额担保合同约定的决算期内，且债权人未明示放弃担保权利，未列明的最高额担保合同的担保人也应当在最高债权限额内承担担保责任。

相关法条

《中华人民共和国担保法》第 14 条

基本案情

原告浙江省温州银行股份有限公司宁波分行（以下简称温州银行）诉称：其与被告宁波婷微电子科技有限公司（以下简称婷微电子公司）、岑建锋、宁波三好塑模制造有限公司（以下简称三好塑模公司）分别签订了"最高额保证合同"，约定三被告为浙江创菱电器有限公司（以下简称创菱电器公司）一定时期和最高额度内借款，提供连带责任担保。创菱电器公司从温州银行借款后，不能按期归还部分贷款，故诉请判令被告创菱电器公司归还原告借款本金 250 万元，支付利息、罚息和律师费用；岑建锋、三好塑模公司、婷微电子公司对上述债务承担连带保证责任。

被告创菱电器公司、岑建锋未作答辩。

被告三好塑模公司辩称：原告诉请的律师费不应支持。

被告婷微电子公司辩称：其与温州银行签订的最高额保证合同，并未被列入借款合同所约定的担保合同范围，故其不应承担保证责任。

法院经审理查明：2010 年 9 月 10 日，温州银行与婷微电子公司、岑建锋分别签订了编号为温银 9022010 年高保字 01003 号、01004 号的最高额保证合同，约定婷微电子公司、岑建锋自愿为创菱电器公司在 2010 年 9 月 10 日至 2011 年 10 月 18 日期间发生的余额不超过 1100 万元的债务本金及利息、罚息等提供连带责任保证担保。

2011 年 10 月 12 日，温州银行与岑建锋、三好塑模公司分别签署了编号为温银 9022011 年高保字 00808 号、00809 号最高额保证合同，岑建锋、三好塑模公司自愿为创菱电器公司在 2010 年 9 月 10 日至 2011 年 10 月 18 日期间发生的余额不超过 550 万元的债务本金及利息、罚息等提供连带责任保证担保。

2011 年 10 月 14 日，温州银行与创菱电器公司签署了编号为温银 9022011 企贷字 00542 号借款合同，约定温州银行向创菱电器公司发放贷款 500 万元，到期日为 2012 年 10 月 13 日，并列明担保合同编号分别为温银 9022011 年高保字 00808 号、00809 号。贷款发放后，创菱电器公司于 2012 年 8 月 6 日归还了借款本金 250 万元，婷微电子公司于

2012年6月29日、10月31日、11月30日先后支付了贷款利息31115.3元、53693.71元、21312.59元。截至2013年4月24日，创菱电器公司尚欠借款本金250万元、利息141509.01元。另查明，温州银行为实现本案债权而发生律师费用95200元。

裁判结果

浙江省宁波市江东区人民法院于2013年12月12日作出（2013）甬东商初字第1261号民事判决：一、创菱电器公司于本判决生效之日起十日内归还温州银行借款本金250万元，支付利息141509.01元，并支付自2013年4月25日起至本判决确定的履行之日止按借款合同约定计算的利息、罚息；二、创菱电器公司于本判决生效之日起十日内赔偿温州银行为实现债权而发生的律师费用95200元；三、岑建锋、三好塑模公司、婷微电子公司对上述第一、二项款项承担连带清偿责任，其承担保证责任后，有权向创菱电器公司追偿。宣判后，婷微电子公司以其未被列入借款合同，不应承担保证责任为由，提起上诉。浙江省宁波市中级人民法院于2014年5月14日作出（2014）浙甬商终字第369号民事判决，驳回上诉，维持原判。

裁判理由

法院生效裁判认为：温州银行与创菱电器公司之间签订的编号为温银9022011企贷字00542号借款合同合法有效，温州银行发放贷款后，创菱电器公司未按约还本付息，已经构成违约。原告要求创菱电器公司归还贷款本金250万元，支付按合同约定方式计算的利息、罚息，并支付原告为实现债权而发生的律师费95200元，应予支持。岑建锋、三好塑模公司自愿为上述债务提供最高额保证担保，应承担连带清偿责任，其承担保证责任后，有权向创菱电器公司追偿。

本案的争议焦点为，婷微电子公司签订的温银9022010年高保字01003号最高额保证合同未被选择列入温银9022011企贷字00542号借款合同所约定的担保合同范围，婷微电子公司是否应当对温银9022011企贷字00542号借款合同项下债务承担保证责任。对此，法院经审理认为，婷微电子公司应当承担保证责任。理由如下：第一，民事权利的放弃必须采取明示的意思表示才能发生法律效力，默示的意思表示只有在法律有明确规定及当事人有特别约定的情况下才能发生法律效力，不宜在无明确约定或者法律无特别规定的情况下，推定当事人对权利进行放弃。具体到本案，温州银行与创菱电器公司签订的温银9022011企贷字

00542号借款合同虽未将婷微电子公司签订的最高额保证合同列入，但原告未以明示方式放弃婷微电子公司提供的最高额保证，故婷微电子公司仍是该诉争借款合同的最高额保证人。第二，本案诉争借款合同签订时间及贷款发放时间均在婷微电子公司签订的编号温银9022010年高保字01003号最高额保证合同约定的决算期内（2010年9月10日至2011年10月18日），温州银行向婷微电子公司主张权利并未超过合同约定的保证期间，故婷微电子公司应依约在其承诺的最高债权限额内为创菱电器公司对温州银行的欠债承担连带保证责任。第三，最高额担保合同是债权人和担保人之间约定担保法律关系和相关权利义务关系的直接合同依据，不能以主合同内容取代从合同的内容。具体到本案，温州银行与婷微电子公司签订了最高额保证合同，双方的担保权利义务应以该合同为准，不受温州银行与创菱电器公司之间签订的温州银行非自然人借款合同约束或变更。第四，婷微电子公司曾于2012年6月、10月、11月三次归还过本案借款利息，上述行为也是婷微电子公司对本案借款履行保证责任的行为表征。综上，婷微电子公司应对创菱电器公司的上述债务承担连带清偿责任，其承担保证责任后，有权向创菱电器公司追偿。

（生效裁判审判人员：赵文君、徐梦梦、毛姣）

【指导案例58号】

成都同德福合川桃片有限公司诉重庆市合川区同德福桃片有限公司、余晓华侵害商标权及不正当竞争纠纷案

（最高人民法院审判委员会讨论通过　2016年5月20日发布）

关键词　民事　侵害商标权　不正当竞争　老字号　虚假宣传

裁判要点

1. 与"老字号"无历史渊源的个人或企业将"老字号"或与其近

似的字号注册为商标后,以"老字号"的历史进行宣传的,应认定为虚假宣传,构成不正当竞争。

2. 与"老字号"具有历史渊源的个人或企业在未违反诚实信用原则的前提下,将"老字号"注册为个体工商户字号或企业名称,未引人误认且未突出使用该字号的,不构成不正当竞争或侵犯注册商标专用权。

相关法条

《中华人民共和国商标法》第57条第7项

《中华人民共和国反不正当竞争法》第2条、第9条

基本案情

原告(反诉被告)成都同德福合川桃片食品有限公司(以下简称成都同德福公司)诉称,成都同德福公司为"同德福TONGDEFU及图"商标权人,余晓华先后成立的个体工商户和重庆市合川区同德福桃片有限公司(以下简称重庆同德福公司),在其字号及生产的桃片外包装上突出使用了"同德福",侵害了原告享有的"同德福TONGDEFU及图"注册商标专用权并构成不正当竞争。请求法院判令重庆同德福公司、余晓华停止使用并注销含有"同德福"字号的企业名称;停止侵犯原告商标专用权的行为,登报赔礼道歉、消除影响,赔偿原告经济、商誉损失50万元及合理开支5066.4元。

被告(反诉原告)重庆同德福公司、余晓华共同答辩并反诉称,重庆同德福公司的前身为始创于1898年的同德福斋铺,虽然同德福斋铺因公私合营而停止生产,但未中断独特技艺的代代相传。"同德福"第四代传人余晓华继承祖业先后注册了个体工商户和公司,规范使用其企业名称及字号,重庆同德福公司、余晓华的注册行为是善意的,不构成侵权。成都同德福公司与老字号"同德福"并没有直接的历史渊源,但其将"同德福"商标与老字号"同德福"进行关联的宣传,属于虚假宣传。而且,成都同德福公司擅自使用"同德福"知名商品名称,构成不正当竞争。请求法院判令成都同德福公司停止虚假宣传,在全国性报纸上登报消除影响;停止对"同德福"知名商品特有名称的侵权行为。

法院经审理查明:开业于1898年的同德福斋铺,在1916年至1956年期间,先后由余鸿春、余复光、余永祚三代人经营。在20世纪20年代至50年代期间,"同德福"商号享有较高知名度。1956年,由于公

私合营,同德福斋铺停止经营。1998年,合川市桃片厂温江分厂获准注册了第1215206号"同德福TONGDEFU及图"商标,核定使用范围为第30类,即糕点、桃片(糕点)、可可产品、人造咖啡。2000年11月7日,前述商标的注册人名义经核准变更为成都同德福公司。成都同德福公司的多种产品外包装使用了"老字号""百年老牌"字样、"'同德福牌'桃片简介:'同德福牌'桃片创制于清乾隆年间(或1840年),有着悠久的历史文化"等字样。成都同德福公司网站中"公司简介"页面将《合川文史资料选辑(第二辑)》中关于同德福斋铺的历史用于其"同德福"牌合川桃片的宣传。

2002年1月4日,余永祚之子余晓华注册个体工商户,字号名称为合川市老字号同德福桃片厂,经营范围为桃片、小食品自产自销。2007年,其字号名称变更为重庆市合川区同德福桃片厂,后注销。2011年5月6日,重庆同德福公司成立,法定代表人为余晓华,经营范围为糕点(烘烤类糕点、熟粉类糕点)生产,该公司是第6626473号"余复光1898"图文商标、第7587928号"余晓华"图文商标的注册商标专用权人。重庆同德福公司的多种产品外包装使用了"老字号【同德福】商号,始创于清光绪23年(1898年)历史悠久"等介绍同德福斋铺历史及获奖情况的内容,部分产品在该段文字后注明"以上文字内容摘自《合川县志》";"【同德福】颂:同德福,在合川,驰名远,开百年,做桃片,四代传,品质高,价亦廉,讲诚信,无欺言,买卖公,热情谈";"合川桃片""重庆市合川区同德福桃片有限公司"等字样。

裁判结果

重庆市第一中级人民法院于2013年7月3日作出(2013)渝一中法民初字第00273号民事判决:一、成都同德福公司立即停止涉案的虚假宣传行为。二、成都同德福公司就其虚假宣传行为于本判决生效之日起连续五日在其网站刊登声明消除影响。三、驳回成都同德福公司的全部诉讼请求。四、驳回重庆同德福公司、余晓华的其他反诉请求。一审宣判后,成都同德福公司不服,提起上诉。重庆市高级人民法院于2013年12月17日作出(2013)渝高法民终字00292号民事判决:驳回上诉,维持原判。

裁判理由

法院生效裁判认为:个体工商户余晓华及重庆同德福公司与成都同

德福公司经营范围相似，存在竞争关系；其字号中包含"同德福"三个字与成都同德福公司的"同德福TONGDEFU及图"注册商标的文字部分相同，与该商标构成近似。其登记字号的行为是否构成不正当竞争关键在于该行为是否违反诚实信用原则。成都同德福公司的证据不足以证明"同德福TONGDEFU及图"商标已经具有相当知名度，即便他人将"同德福"登记为字号并规范使用，不会引起相关公众误认，因而不能说明余晓华将个体工商户字号注册为"同德福"具有"搭便车"的恶意。而且，在二十世纪二十年代至五十年代期间，"同德福"商号享有较高商誉。同德福斋铺先后由余鸿春、余复光、余永祚三代人经营，尤其是在余复光经营期间，同德福斋铺生产的桃片获得了较多荣誉。余晓华系余复光之孙、余永祚之子，基于同德福斋铺的商号曾经获得的知名度及其与同德福斋铺经营者之间的直系亲属关系，将个体工商户字号登记为"同德福"具有合理性。余晓华登记个体工商户字号的行为是善意的，并未违反诚实信用原则，不构成不正当竞争。基于经营的延续性，其变更个体工商户字号的行为以及重庆同德福公司登记公司名称的行为亦不构成不正当竞争。

从重庆同德福公司产品的外包装来看，重庆同德福公司使用的是企业全称，标注于外包装正面底部，"同德福"三字位于企业全称之中，与整体保持一致，没有以简称等形式单独突出使用，也没有为突出显示而采取任何变化，且整体文字大小、字形、颜色与其他部分相比不突出。因此，重庆同德福公司在产品外包装上标注企业名称的行为系规范使用，不构成突出使用字号，也不构成侵犯商标权。就重庆同德福公司标注"同德福颂"的行为而言，"同德福颂"四字相对于其具体内容（三十六字打油诗）字体略大，但视觉上形成一个整体。其具体内容系根据史料记载的同德福斋铺曾经在商品外包装上使用过的一段类似文字改编，意在表明"同德福"商号的历史和经营理念，并非为突出"同德福"三个字。且重庆同德福公司的产品外包装使用了多项商业标识，其中"合川桃片"集体商标特别突出，其自有商标也比较明显，并同时标注了"合川桃片"地理标志及重庆市非物质文化遗产，相对于这些标识来看，"同德福颂"及其具体内容仅属于普通描述性文字，明显不具有商业标识的形式，也不够突出醒目，客观上不容易使消费者对商品来源产生误认，亦不具备替代商标的功能。因此，重庆同德福公司标注"同德福颂"的行为不属于侵犯商标权意义上的"突出使用"，不构成侵犯商标权。

成都同德福公司的网站上登载的部分"同德福牌"桃片的历史及荣誉,与史料记载的同德福斋铺的历史及荣誉一致,且在其网站上标注了史料来源,但并未举证证明其与同德福斋铺存在何种联系。此外,成都同德福公司还在其产品外包装标明其为"百年老牌""老字号""始创于清朝乾隆年间"等字样,而其"同德福TONGDEFU及图"商标核准注册的时间是1998年,就其采取前述标注行为的依据,成都同德福公司亦未举证证明。成都同德福公司的前述行为与事实不符,容易使消费者对于其品牌的起源、历史及其与同德福斋铺的关系产生误解,进而取得竞争上的优势,构成虚假宣传,应承担相应的停止侵权、消除影响的民事责任。

(生效裁判审判人员:李剑、周露、宋黎黎)

【指导案例 59 号】

戴世华诉济南市公安消防支队消防验收纠纷案

(最高人民法院审判委员会讨论通过　2016 年 5 月 20 日发布)

关键词　行政诉讼　受案范围　行政确认　消防验收　备案结果通知

裁判要点

建设工程消防验收备案结果通知含有消防竣工验收是否合格的评定,具有行政确认的性质,当事人对公安机关消防机构的消防验收备案结果通知行为提起行政诉讼的,人民法院应当依法予以受理。

相关法条

《中华人民共和国消防法》第 4 条、第 13 条

基本案情

原告戴世华诉称:原告所住单元一梯四户,其居住的 801 室坐东朝西,进户门朝外开启。距离原告门口 0.35 米处的南墙挂有高 1.6 米、

宽 0.7 米、厚 0.25 米的消火栓。人员入室需后退避让，等门扇开启后再前行入室。原告的门扇开不到 60 至 70 度根本出不来。消防栓的设置和建设影响原告的生活。请求依法撤销被告济南市公安消防支队批准在其门前设置的消防栓通过验收的决定；依法判令被告责令报批单位依据国家标准限期整改。

被告济南市公安消防支队辩称：建设工程消防验收备案结果通知是按照建设工程消防验收评定标准完成工程检查，是检查记录的体现。如果备案结果合格，则表明建设工程是符合相关消防技术规范的；如果不合格，公安机关消防机构将依法采取措施，要求建设单位整改有关问题，其性质属于技术性验收，并不是一项独立、完整的具体行政行为，不具有可诉性，不属于人民法院行政诉讼的受案范围，请求驳回原告的起诉。

法院经审理查明：针对戴世华居住的馆驿街以南棚户区改造工程 1—8 号楼及地下车库工程，济南市公安消防支队对其消防设施抽查后，于 2011 年 11 月 21 日作出济公消验备［2011］第 0172 号《建设工程消防验收备案结果通知》。

裁判结果

济南高新技术产业开发区人民法院于 2012 年 11 月 13 日作出（2012）高行初字第 2 号行政裁定，驳回原告戴世华的起诉。戴世华不服一审裁定提起上诉。济南市中级人民法院经审理，于 2013 年 1 月 17 日作出（2012）济行终字第 223 号行政裁定：一、撤销济南高新技术产业开发区人民法院作出的（2012）高行初字第 2 号行政裁定；二、本案由济南高新技术产业开发区人民法院继续审理。

裁判理由

法院生效裁判认为：关于行为的性质。《中华人民共和国消防法》（以下简称《消防法》）第四条规定："县级以上地方人民政府公安机关对本行政区域内的消防工作实施监督管理，并由本级人民政府公安机关消防机构负责实施。"《公安部建设工程消防监督管理规定》第三条第二款规定："公安机关消防机构依法实施建设工程消防设计审核、消防验收和备案、抽查，对建设工程进行消防监督。"第二十四条规定："对本规定第十三条、第十四条规定以外的建设工程，建设单位应当在取得施工许可、工程竣工验收合格之日起七日内，通过省级公安机关消防机构网站进行消防设计、竣工验收消防备案，或者到公安机关消防机构业务受理场所进行消防设计、竣工验收消防备案。"上述规定表明，建设工程消防验收备案就是特定的建设工程施工人向公安机关消防机构报告工程完成验收情况，消防机构予以登记备案，以供消防机构检查和监督，备案行为是公安机关消防机构对建设工程实施消防监督和管理的行为。消防机构实施的建设工程消防备案、抽查的行为具有行使行政职权的性质，体现出国家意志性、法律性、公益性、专属性和强制性，备案结果通知是备案行为的组成部分，是备案行为结果的具体表现形式，也具有上述行政职权的特性，应该纳入司法审查的范围。

关于行为的后果。《消防法》第十三条规定："按照国家工程建设消防技术标准需要进行消防设计的建设工程竣工，依照下列规定进行消防验收、备案：……（二）其他建设工程，建设单位在验收后应当报公安机关消防机构备案，公安机关消防机构应当进行抽查。依法应当进行消防验收的建设工程，未经消防验收或者消防验收不合格的，禁止投入使用；其他建设工程经依法抽查不合格的，应当停止使用。"公安部《建设工程消防监督管理规定》第二十五条规定："公安机关消防机构应当在已经备案的消防设计、竣工验收工程中，随机确定检查对象并向社会公告。对确定为检查对象的，公安机关消防机构应当在二十日内按照消防法规和国家工程建设消防技术标准完成图纸检查，或者按照建设工程消防验收评定标准完成工程检查，制作检查记录。检查结果应当向社会公告，检查不合格的，还应当书面通知建设单位。建设单位收到通知后，应当停止施工或者停止使用，组织整改后向公安机关消防机构申请复查。公安机关消防机构应当在收到书面申请之日起二十日内进行复查并出具书面复查意见。"上述规定表明，在竣工验收备案行为中，公安机关消防机构并非仅仅是简单地接受建设单位向其报送的相关资料，还要对备案资料进行审查，完成工程检查。消防机构实施的建设工程消防备案、抽查的行为能产生行政法上的拘束力。对建设单位而言，在工程竣工验收后应当到公安机关消防机构进行验收备案，否则，应当承担相应的行政责任，消防设施经依法抽查不合格的，应当停止使用，并组织整改；对公安机关消防机构而言，备案结果中有抽查是否合格的评定，实质上是一种行政确认行为，即公安机关消防机构对行政相对人的法律事实、法律关系予以认定、确认的行政行为，一旦消防设施被消防机构评定为合格，那就视为消防机构在事实上确认了消防工程质量合格，行政相关人也将受到该行为的拘束。

据此，法院认为作出建设工程消防验收备案通知，是对建设工程消防设施质量监督管理的最后环节，备案结果通知含有消防竣工验收是否合格的评定，具有行政确认的性质，是公安机关消防机构作出的具体行政行为。备案手续的完成能产生行政法上的拘束力。故备案行为是可诉的行政行为，人民法院可以对其进行司法审查。原审裁定认为建设工程消防验收备案结果通知性质属于技术性验收通知，不是具体行政行为，并据此驳回上诉人戴世华的起诉，确有不当。

（生效裁判审判人员：张极峰、孙继发、单蕾）

【指导案例 60 号】

盐城市奥康食品有限公司东台分公司诉盐城市东台工商行政管理局工商行政处罚案

（最高人民法院审判委员会讨论通过　2016年5月20日发布）

关键词　行政　行政处罚　食品安全标准　食品标签　食品说明书

裁判要点

1. 食品经营者在食品标签、食品说明书上特别强调添加、含有一种或多种有价值、有特性的配料、成分，应标示所强调配料、成分的添加量或含量，未标示的，属于违反《中华人民共和国食品安全法》的行为，工商行政管理部门依法对其实施行政处罚的，人民法院应予支持。

2. 所谓"强调"，是指通过名称、色差、字体、字号、图形、排列顺序、文字说明、同一内容反复出现或多个内容都指向同一事物等形式进行着重标识。所谓"有价值、有特性的配料"，是指不同于一般配料的特殊配料，对人体有较高的营养作用，其市场价格、营养成分往往高于其他配料。

相关法条

《中华人民共和国食品安全法》第 20 条、第 42 条第 1 款（该法于

2015年4月24日修订，新法相关法条为第26条、第67条第1款）

基本案情

原告盐城市奥康食品有限公司东台分公司（以下简称奥康公司）诉称：2012年5月15日，被告盐城市东台工商行政管理局（以下简称东台工商局）作出东工商案字［2012］第00298号《行政处罚决定书》，认定原告销售的金龙鱼橄榄原香食用调和油没有标明橄榄油的含量，违反了GB7718-2004《预包装食品标签通则》的规定，责令其改正，并处以合计60000元的罚没款。原告认为，其经营的金龙鱼橄榄原香食用调和油标签上的"橄榄原香"是对产品物理属性的客观描述，并非对某种配料的强调，不需要标明含量或者添加量。橄榄油是和其他配料菜籽油、大豆油相同的普通食用油配料，并无特殊功效或价值，不是"有价值、有特性的配料"。本案应适用《中华人民共和国食品安全法》（以下简称《食品安全法》）规定的国务院卫生行政部门颁布的食品安全国家标准，而被告适用的GB7718-2004《预包装食品标签通则》并不是食品安全国家标准，适用法律错误。综上，请求法院判决撤销被告对其作出的涉案行政处罚决定书。

被告东台工商局辩称：原告奥康公司经营的金龙鱼牌橄榄原香食用调和油标签正面突出"橄榄"二字，配有橄榄图形，吊牌写明"添加了来自意大利的100%特级初榨橄榄油"，但未注明添加量，这就属于食品标签上特别强调添加某种有价值、有特性配料而未标示添加量的情形。GB7718-2004《预包装食品标签通则》作为食品标签强制性标准，在《食品安全法》生效后，即被视为食品安全标准之一，直至被GB7718-2011《预包装食品标签管理通则》替代。因此，其所作出的行政处罚决定定性准确，合理适当，程序合法，请求法院予以维持。

法院经审理查明：2011年9月1日至2012年2月29日，奥康公司购进净含量5升的金龙鱼牌橄榄原香食用调和油290瓶，加价销售给千家惠超市，获得销售收入34800元，净利润2836.9元。2012年2月21日，东台工商局行政执法人员在千家惠超市检查时，发现上述金龙鱼牌橄榄原香食用调和油未标示橄榄油的添加量。上述金龙鱼牌橄榄原香食用调和油名称为"橄榄原香食用调和油"，其标签上有"橄榄"二字，配有橄榄图形，标签侧面标示"配料：菜籽油、大豆油、橄榄油"等内容，吊牌上写明："金龙鱼橄榄原香食用调和油，添加了来自意大利的100%特级初榨橄榄油，洋溢着淡淡的橄榄果清香。除富含多种维生素、单不饱和脂肪酸等健康物质外,其橄榄原生精华含有多本酚等天然抗氧化成分,满足自然健康的高品质生活追求。"

东台工商局于2012年2月27日立案调查,并于5月9日向原告奥康公司送达行政处罚听证告知书。原告在法定期限内未提出陈述和申辩,也未要求举行听证。5月15日被告向原告送达东工商案字〔2012〕第00298号《行政处罚决定书》,认定原告经营标签不符合《食品安全法》规定的食品,属于食品标签上特别强调添加某种有价值、有特性配料而未标示添加量的情形,依照《中华人民共和国行政处罚法》《食品安全法》规定,作出责令改正、没收违法所得2836.9元和罚款57163.1元,合计罚没款60000元的行政处罚。原告不服,申请行政复议,盐城市工商行政管理局复议维持该处罚决定。

裁判结果

江苏省东台市人民法院于2012年12月15日作出(2012)东行初字第0068号行政判决:维持东台工商局2012年5月15日作出的东工商案字〔2012〕第00298号《行政处罚决定书》。宣判后,奥康公司向江苏省盐城市中级人民法院提起上诉。江苏省盐城市中级人民法院于2013年5月9日作出(2013)盐行终字第0032号行政判决,维持一审判决。

裁判理由

法院生效裁判认为:《食品安全法》第二十条第四项规定,食品安全标准应当包括对与食品安全、营养有关的标签、标识、说明书的要求。第二十二条规定,本法规定的食品安全国家标准公布前,食品生产经营者应当按照现行食用农产品质量安全标准、食品卫生标准、食品质量标准和有关食品的行业标准生产经营食品。GB7718-2004《预包装食品标签通则》由国家质量监督检验检疫总局和国家标准化管理委员会制定,于2005年10月1日实施;《食品安全法》于2009年6月1日实施,新版的GB7718-2011《预包装食品标签管理通则》是由国务院卫生行政部门制定,且明确是食品安全国家标准,于2012年4月20日实施。本案原告奥康公司违法行为发生在2011年9月至2012年2月,GB7718-2004《预包装食品标签通则》属于当时的食品安全国家标准之一。因此,被告东台工商局适用GB7718-2004《预包装食品标签通则》对原告作出行政处罚，并无不当。

GB7718-2004《预包装食品标签通则》规定："预包装食品标签的所有内容，不得以虚假、使消费者误解或欺骗性的文字、图形等方式介绍食品；也不得利用字号大小或色差误导消费者。""如果在食品标签或食品说明书上特别强调添加了某种或数种有价值、有特性的配料，应标示所强调配料的添加量。"这里所指的"强调"，是特别着重或着重提出，一般意义上，通过名称、色差、字体、字号、图形、排列顺序、文字说明、同一内容反复出现或多个内容都指向同一事物等形式表现，均可理解为对某事物的强调。"有价值、有特性的配料"，是指对人体有较高的营养作用，配料本身不同于一般配料的特殊配料。通常理解，此种配料的市场价格或营养成分应高于其他配料。本案中，原告奥康公司认为"橄榄原香"是对产品物理属性的客观描述，并非对某种配料的强调，但从原告销售的金龙鱼牌橄榄原香食用调和油的外包装来看，其标签上以图形、字体、文字说明等方式突出了"橄榄"二字，强调了该食用调和油添加了橄榄油的配料，且在吊牌（食品标签的组成部分）上有"添加了来自意大利的100%特级初榨橄榄油"等文字叙述，显而易见地向消费者强调该产品添加了橄榄油的配料，该做法本身实际上就是强调"橄榄"在该产品中的价值和特性。一般来说，橄榄油的市场价格或营养作用均高于一般的大豆油、菜籽油等，因此，如在食用调和油中添加了橄榄油，可以认定橄榄油是"有价值、有特性的配料"。因此，奥康公司未标示橄榄油的添加量，属于违反食品安全标准的行为。东台工商局所作行政处罚决定具有事实和法律依据，应予维持。

（生效裁判审判人员：刘红、王为华、周和）

最高人民法院
关于发布第 13 批指导性案例的通知

(2016 年 6 月 30 日　法〔2016〕214 号)

各省、自治区、直辖市高级人民法院，解放军军事法院，新疆维吾尔自治区高级人民法院生产建设兵团分院：

　　经最高人民法院审判委员会讨论决定，现将马乐利用未公开信息交易案等四个案例作为第 13 批指导性案例发布（指导案例 61－64 号），供在审判类似案件时参照。

最高人民法院
2016 年 6 月 30 日

【指导案例 61 号】

马乐利用未公开信息交易案

(最高人民法院审判委员会讨论通过　2016 年 6 月 30 日发布)

关键词　　刑事　利用未公开信息交易罪　援引法定刑　情节特别严重

裁判要点

　　刑法第一百八十条第四款规定的利用未公开信息交易罪援引法定刑的情形，应当是对第一款内幕交易、泄露内幕信息罪全部法定刑的引用，即利用未公开信息交易罪应有"情节严重""情节特别严重"两种情形和两个量刑档次。

相关法条

《中华人民共和国刑法》第 180 条

基本案情

2011 年 3 月 9 日至 2013 年 5 月 30 日期间，被告人马乐担任博时基金管理有限公司旗下的博时精选股票证券投资经理，全权负责投资基金投资股票市场，掌握了博时精选股票证券投资基金交易的标的股票、交易时间和交易数量等未公开信息。马乐在任职期间利用其掌控的上述未公开信息，从事与该信息相关的证券交易活动，操作自己控制的"金某""严某甲""严某乙"三个股票账户，通过临时购买的不记名神州行电话卡下单，先于（1—5 个交易日）、同期或稍晚于（1—2 个交易日）其管理的"博时精选"基金账户买卖相同股票 76 只，累计成交金额 10.5 亿余元，非法获利 18833374.74 元。2013 年 7 月 17 日，马乐主动到深圳市公安局投案，且到案之后能如实供述其所犯罪行，属自首；马乐认罪态度良好，违法所得能从扣押、冻结的财产中全额返还，判处的罚金亦能全额缴纳。

裁判结果

广东省深圳市中级人民法院（2014）深中法刑二初字第 27 号刑事判决认为，被告人马乐的行为已构成利用未公开信息交易罪。但刑法中并未对利用未公开信息交易罪规定"情节特别严重"的情形，因此只能认定马乐的行为属于"情节严重"。马乐自首，依法可以从轻处罚；马乐认罪态度良好，违法所得能全额返还，罚金亦能全额缴纳，确有悔罪表现；另经深圳市福田区司法局社区矫正和安置帮教科调查评估，对马乐宣告缓刑对其所居住的社区没有重大不良影响，符合适用缓刑的条件。遂以利用未公开信息交易罪判处马乐有期徒刑三年，缓刑五年，并处罚金人民币 1884 万元；违法所得人民币 18833374.74 元依法予以追缴，上缴国库。

宣判后，深圳市人民检察院提出抗诉认为，被告人马乐的行为应认定为犯罪情节特别严重，依照"情节特别严重"的量刑档次处罚。一审判决适用法律错误，量刑明显不当，应当依法改判。

广东省高级人民法院（2014）粤高法刑二终字第 137 号刑事裁定认为，刑法第一百八十条第四款规定，利用未公开信息交易，情节严重的，依照第一款的规定处罚，该条款并未对利用未公开信息交易罪规定有"情节特别严重"情形；而根据第一百八十条第一款的规定，情节严重的，处五年以下有期徒刑或者拘役，并处或者单处违法所得一倍以上五倍以下罚金，故马乐利用未公开信息交易，属于犯罪情节严重，应在该量刑幅度内判处刑罚。原审判决量刑适当，抗诉机关的抗诉理由不成立，不予采纳。遂裁定驳回抗诉，维持原判。

二审裁定生效后，广东省人民检察院提请最高人民检察院按照审判监督程序向最高人民法院提出抗诉。最高人民检察院抗诉提出，刑法第一百八十条第四款属于援引法定刑的情形，应当引用第一款处罚的全部规定；利用未公开信息交易罪与内幕交易、泄露内幕信息罪的违法与责任程度相当，法定刑亦应相当；马乐的行为应当认定为犯罪情节特别严重，对其适用缓刑明显不当。本案终审裁定以刑法第一百八十条第四款未对利用未公开信息交易罪规定有"情节特别严重"为由，降格评价马乐的犯罪行为，属于适用法律确有错误，导致量刑不当，应当依法纠正。

最高人民法院依法组成合议庭对该案直接进行再审，并公开开庭审理了本案。再审查明的事实与原审基本相同，原审认定被告人马乐非法获利数额为 18833374.74 元存在计算错误，实际为 19120246.98 元，依法应当予以更正。最高人民法院（2015）刑抗字第 1 号刑事判决认为，原审被告人马乐的行为已构成利用未公开信息交易罪。马乐利用未公开信息交易股票 76 只，累计成交额 10.5 亿余元，非法获利 1912 万余元，属于情节特别严重。鉴于马乐具有主动从境外回国投案自首法定从轻、减刑处罚情节；在未受控制的情况下，将股票兑成现金存在涉案三个账户中并主动向中国证券监督管理委员会说明情况，退还了全部违法所得，认罪悔罪态度好，赃款未挥霍，原判罚金刑得已全部履行等酌定从轻处罚情节，对马乐可予减轻处罚。第一审判决、第二审裁定认定事实清楚，证据确实、充分，定罪准确，但因对法律条文理解错误，导致量刑不当，应予纠正。依照《中华人民共和国刑法》第一百八十条第四款、第一款、第六十七条第一款、第五十二条、第五十三条、第六十四条及《最高人民法院关于适用〈中华人民共和国刑事诉讼法〉的解释》第三百八十九条第（三）项的规定，判决如下：一、维持广东省高级人民法院（2014）粤高法刑二终字第 137 号刑事裁定和深圳市中级人民法院（2014）深中法刑二初字第 27 号刑事判决中对原审被告人马乐的定罪部分；二、撤销广东省高级人民法院（2014）粤高法刑二终字第 137 号刑事裁定和深圳市中级人民法院（2014）深中法刑二初字

27号刑事判决中对原审被告人马乐的量刑及追缴违法所得部分；三、原审被告人马乐犯利用未公开信息交易罪，判处有期徒刑三年，并处罚金人民币1913万元；四、违法所得人民币19120246.98元依法予以追缴，上缴国库。

裁判理由

法院生效裁判认为：本案事实清楚，定罪准确，争议的焦点在于如何正确理解刑法第一百八十条第四款对于第一款的援引以及如何把握利用未公开信息交易罪"情节特别严重"的认定标准。

一、对刑法第一百八十条第四款援引第一款量刑情节的理解和把握

刑法第一百八十条第一款对内幕交易、泄露内幕信息罪规定为："证券、期货交易内幕信息的知情人员或者非法获取证券、期货交易内幕信息的人员，在涉及证券的发行，证券、期货交易或者其他对证券、期货交易价格有重大影响的信息尚未公开前，买入或者卖出该证券，或者从事与该内幕信息有关的期货交易，或者泄露该信息，或者明示、暗示他人从事上述交易活动，情节严重的，处五年以下有期徒刑或者拘役，并处或者单处违法所得一倍以上五倍以下罚金；情节特别严重的，处五年以上十年以下有期徒刑，并处违法所得一倍以上五倍以下罚金。"第四款对利用未公开信息交易罪规定为："证券交易所、期货交易所、证券公司、期货经济公司、基金管理公司、商业银行、保险公司等金融机构的从业人员以及有关监管部门或者行业协会的工作人员，利用因职务便利获取的内幕信息以外的其他未公开的信息，违反规定，从事与该信息相关的证券、期货交易活动，或者明示、暗示他人从事相关交易活动，情节严重的，依照第一款的规定处罚。"

对于第四款中"情节严重的，依照第一款的规定处罚"应如何理解，在司法实践中存在不同的认识。一种观点认为，第四款中只规定了"情节严重"的情形，而未规定"情节特别严重"的情形，因此，这里的"情节严重的，依照第一款的规定处罚"只能是依照第一款中"情节严重"的量刑档次予以处罚；另一种观点认为，第四款中的"情节严重"只是入罪条款，即达到了情节严重以上的情形，依据第一款的规定处罚。至于具体处罚，应看符合第一款中的"情节严重"还是"情节特别严重"的情形，分别情况依法判处。情节严重的，"处五年

以下有期徒刑",情节特别严重的,"处五年以上十年以下有期徒刑"。

最高人民法院认为,刑法第一百八十条第四款援引法定刑的情形,应当是对第一款全部法定刑的引用,即利用未公开信息交易罪应有"情节严重""情节特别严重"两种情形和两个量刑档次。这样理解的具体理由如下:

(一)符合刑法的立法目的。由于我国基金、证券、期货等领域中,利用未公开信息交易行为比较多发,行为人利用公众投入的巨额资金作后盾,以提前买入或者提前卖出的手段获得巨额非法利益,将风险与损失转嫁到其他投资者,不仅对其任职单位的财产利益造成损害,而且严重破坏了公开、公正、公平的证券市场原则,严重损害客户投资者或处于信息弱势的散户利益,严重损害金融行业信誉,影响投资者对金融机构的信任,进而对资产管理和基金、证券、期货市场的健康发展产生严重影响。为此,《中华人民共和国刑法修正案(七)》新增利用未公开信息交易罪,并将该罪与内幕交易、泄露内幕信息罪规定在同一法条中,说明两罪的违法与责任程度相当。利用未公开信息交易罪也应当适用"情节特别严重"。

(二)符合法条的文意。首先,刑法第一百八十条第四款中的"情节严重"是入罪条款。《最高人民检察院、公安部关于公安机关管辖的刑事案件立案追诉标准的规定(二)》,对利用未公开信息交易罪规定了追诉的情节标准,说明该罪需达到"情节严重"才能被追诉。利用未公开信息交易罪属情节犯,立法要明确其情节犯属性,就必须借助"情节严重"的表述,以避免"情节不严重"的行为入罪。其次,该款中"情节严重"并不兼具量刑条款的性质。刑法条文中大量存在"情节严重"兼具定罪条款及量刑条款性质的情形,但无一例外均在其后列明了具体的法定刑。刑法第一百八十条第四款中"情节严重"之后,并未列明具体的法定刑,而是参照内幕交易、泄露内幕信息罪的法定刑。因此,本款中的"情节严重"仅具有定罪条款的性质,而不具有量刑条款的性质。

(三)符合援引法定刑立法技术的理解。援引法定刑是指对某一犯罪并不规定独立的法定刑,而是援引其他犯罪的法定刑作为该犯罪的法定刑。刑法第一百八十条第四款援引法定刑的目的是为了避免法条文字表述重复,并不属于法律规定不明确的情形。

综上,刑法第一百八十条第四款虽然没有明确表述"情节特别严重",但是根据本条款设立的立法目的、法条文意及立法技术,应当包含"情节特别严重"的情形和量刑档次。

二、利用未公开信息交易罪"情节特别严重"的认定标准

目前虽然没有关于利用未公开信息交易罪"情节特别严重"认定标准的专门规定,但鉴于刑法规定利用未公开信息交易罪是参照内幕交易、泄露内幕信息罪的规定处罚,最高人民法院、最高人民检察院《关于办理内幕交易、泄露内幕信息刑事案件具体应用法律若干问题的解释》将成交额250万元以上、获利75万元以上等情形认定为内幕交易、泄露内幕信息罪"情节特别严重"的标准,利用未公开信息交易罪也应当遵循相同的标准。马乐利用未公开信息进行交易活动,累计成交额达10.5亿余元,非法获利达1912万余元,已远远超过上述标准,且在案发时属全国查获的该类犯罪数额最大者,参照最高人民法院、最高人民检察院《关于办理内幕交易、泄露内幕信息刑事案件具体应用法律若干问题的解释》,马乐的犯罪情节应当属于"情节特别严重"。

(生效裁判审判人员:罗智勇、董朝阳、李剑弢)

【指导案例62号】

王新明合同诈骗案

(最高人民法院审判委员会讨论通过　2016年6月30日发布)

关键词　刑事　合同诈骗　数额犯　既遂　未遂

裁判要点

在数额犯中,犯罪既遂部分与未遂部分分别对应不同法定刑幅度的,应当先决定对未遂部分是否减轻处罚,确定未遂部分对应的法定刑幅度,再与既遂部分对应的法定刑幅度进行比较,选择适用处罚较重的法定刑幅度,并酌情从重处罚;二者在同一量刑幅度的,以犯罪既遂酌情从重处罚。

相关法条

《中华人民共和国刑法》第 23 条

基本案情

2012 年 7 月 29 日，被告人王新明使用伪造的户口本、身份证，冒充房主即王新明之父的身份，在北京市石景山区链家房地产经纪有限公司古城公园店，以出售该区古城路 28 号楼一处房屋为由，与被害人徐某签订房屋买卖合同，约定购房款为 100 万元，并当场收取徐某定金 1 万元。同年 8 月 12 日，王新明又收取徐某支付的购房首付款 29 万元，并约定余款过户后给付。后双方在办理房产过户手续时，王新明虚假身份被石景山区住建委工作人员发现，余款未取得。2013 年 4 月 23 日，王新明被公安机关查获。次日，王新明的亲属将赃款退还被害人徐某，被害人徐某对王新明表示谅解。

裁判结果

北京市石景山区人民法院经审理于 2013 年 8 月 23 日作出（2013）石刑初字第 239 号刑事判决，认为被告人王新明的行为已构成合同诈骗罪，数额巨大，同时鉴于其如实供述犯罪事实，在亲属帮助下退赔全部赃款，取得了被害人的谅解，依法对其从轻处罚。公诉机关北京市石景山区人民检察院指控罪名成立，但认为数额特别巨大且系犯罪未遂有误，予以更正。遂认定被告人王新明犯合同诈骗罪，判处有期徒刑六年，并处罚金人民币六千元。宣判后，公诉机关提出抗诉，认为犯罪数额应为 100 万元，数额特别巨大，而原判未评价 70 万元未遂，仅依据既遂 30 万元认定犯罪数额巨大，系适用法律错误。北京市人民检察院第一分院的支持抗诉意见与此一致。王新明以原判量刑过重为由提出上诉，在法院审理过程中又申请撤回上诉。北京市第一中级人民法院经审理于 2013 年 12 月 2 日作出（2013）一中刑终字第 4134 号刑事裁定：准许上诉人王新明撤回上诉，维持原判。

裁判理由

法院生效裁判认为：王新明以非法占有为目的，冒用他人名义签订合同，其行为已构成合同诈骗罪。一审判决事实清楚，证据确实、充分，定性准确，审判程序合法，但未评价未遂 70 万元的犯罪事实不当，予以纠正。根据刑法及司法解释的有关规定，考虑王新明合同诈骗既遂 30 万元，未遂 70 万元但可对该部分减轻处罚，王新明如实供述犯罪事实，退赔全部赃款取得被害人的谅解等因素，原判量刑在法定刑幅度之内，且抗诉机关亦未对量刑提出异议，故应予维持。北京市石景山区人民检察院的抗诉意见及北京市人民检察院第一分院的支持抗诉意见，酌予采纳。鉴于二审期间王新明申请撤诉，撤回上诉的申请符合法律规定，故二审法院裁定依法准许撤回上诉，维持原判。

　　本案争议焦点是，在数额犯中犯罪既遂与未遂并存时如何量刑。最高人民法院、最高人民检察院《关于办理诈骗刑事案件具体应用法律若干问题的解释》第六条规定："诈骗既有既遂，又有未遂，分别达到不同量刑幅度的，依照处罚较重的规定处罚；达到同一量刑幅度的，以诈骗罪既遂处罚。"因此，对于数额犯中犯罪行为既遂与未遂并存且均构成犯罪的情况，在确定全案适用的法定刑幅度时，先就未遂部分进行是否减轻处罚的评价，确定未遂部分所对应的法定刑幅度，再与既遂部分对应的法定刑幅度比较，确定全案适用的法定刑幅度。如果既遂部分对应的法定刑幅度较重或者二者相同的，应当以既遂部分对应的法定刑幅度确定全案适用的法定刑幅度，将包括未遂部分在内的其他情节作为确定量刑起点的调节要素进而确定基准刑。如果未遂部分对应的法定刑幅度较重的，应当以未遂部分对应的法定刑幅度确定全案适用的法定刑幅度，将包括既遂部分在内的其他情节，连同未遂部分的未遂情节一并作为量刑起点的调节要素进而确定基准刑。

　　本案中，王新明的合同诈骗犯罪行为既遂部分为30万元，根据司法解释及北京市的具体执行标准，对应的法定刑幅度为有期徒刑三年以上十年以下；未遂部分为70万元，结合本案的具体情况，应当对该未遂部分减一档处罚，未遂部分法定刑幅度应为有期徒刑三年以上十年以下，与既遂部分30万元对应的法定刑幅度相同。因此，以合同诈骗既遂30万元的基本犯罪事实确定对王新明适用的法定刑幅度为有期徒刑三年以上十年以下，将未遂部分70万元的犯罪事实，连同其如实供述犯罪事实、退赔全部赃款、取得被害人谅解等一并作为量刑情节，故对王新明从轻处罚，判处有期徒刑六年，并处罚金人民币六万元。

（生效裁判审判人员：高嵩、吕晶、王岩）

【指导案例 63 号】

徐加富强制医疗案

(最高人民法院审判委员会讨论通过　2016 年 6 月 30 日发布)

关键词　刑事诉讼　强制医疗　有继续危害社会可能

裁判要点

审理强制医疗案件，对被申请人或者被告人是否"有继续危害社会可能"，应当综合被申请人或者被告人所患精神病的种类、症状，案件审理时其病情是否已经好转，以及其家属或者监护人有无严加看管和自行送医治疗的意愿和能力等情况予以判定。必要时，可以委托相关机构或者专家进行评估。

相关法条

《中华人民共和国刑法》第 18 条第 1 款

《中华人民共和国刑事诉讼法》第 284 条

基本案情

被申请人徐加富在 2007 年下半年开始出现精神异常，表现为凭空闻声，认为别人在议论他，有人要杀他，紧张害怕，夜晚不睡，随时携带刀自卫，外出躲避。因未接受治疗，病情加重。2012 年 11 月 18 日 4 时许，被申请人在其经常居住地听到有人开车来杀他，遂携带刀和榔头欲外出撞车自杀。其居住地的门卫张友发得知其出去要撞车自杀，未给其开门。被申请人见被害人手持一部手机，便认为被害人要叫人来对其加害。被申请人当即用携带的刀刺杀被害人身体，用榔头击打其的头部，致其当场死亡。经法医学鉴定，被害人系头部受到钝器打击，造成严重颅脑损伤死亡。

2012 年 12 月 10 日，被申请人被公安机关送往成都市第四人民医院住院治疗。2012 年 12 月 17 日，成都精卫司法鉴定所接受成都市公安局武侯区分局的委托，对被申请人进行精神疾病及刑事责任能力鉴定，同月 26 日该所出具成精司鉴所 (2012) 病鉴字第 105 号鉴定意见书，载明：1. 被鉴定人徐加富目前患有精神分裂症，幻觉妄想型；2. 被鉴定人徐加富 2012 年 11 月 18 日 4 时作案时无刑事责任能力。2013 年 1 月成都市第四人民医院对被申请人的病情作出证明,证实徐加富需要继续治疗。

裁判结果

四川省武侯区人民法院于 2013 年 1 月 24 日作出 (2013) 武侯刑强初字第 1 号强制医疗决定书:对被申请人徐加富实施强制医疗。

裁判理由

法院生效裁判认为:本案被申请人徐加富实施了故意杀人的暴力行为后,经鉴定属于依法不负刑事责任的精神疾病人,其妄想他人欲对其加害而必须携带刀等防卫工具外出的行为,在其病症未能减轻并需继续治疗的情况下,认定其放置社会有继续危害社会的可能。成都市武侯区人民检察院提出对被申请人强制医疗的申请成立,予以支持。诉讼代理人提出了被申请人是否有继续危害社会的可能应由医疗机构作出评估,本案没有医疗机构的评估报告,对被申请人的强制医疗的证据不充分的辩护意见。法院认为,在强制医疗中如何认定被申请人是否有继续危害社会的可能,需要根据以往被申请人的行为及本案的证据进行综合判断,而医疗机构对其评估也只是对其病情痊愈的评估,法律没有赋予医疗机构对患者是否有继续危害社会可能性方面的评估权利。本案被申请人的病症是被害幻觉妄想症,经常假想要被他人杀害,外出害怕被害必带刀等防卫工具。如果不加约束治疗,被申请人不可能不外出,其外出必携带刀的行为,具有危害社会的可能,故诉讼代理人的意见不予采纳。

(生效裁判审判人员:税长冰、蒋海宜、戴克果)

【指导案例 64 号】

刘超捷诉中国移动通信集团江苏有限公司徐州分公司电信服务合同纠纷案

(最高人民法院审判委员会讨论通过 2016 年 6 月 30 日发布)

关键词 民事 电信服务合同 告知义务 有效期限 违约

裁判要点

1. 经营者在格式合同中未明确规定对某项商品或服务的限制条件，且未能证明在订立合同时已将该限制条件明确告知消费者并获得消费者同意的，该限制条件对消费者不产生效力。

2. 电信服务企业在订立合同时未向消费者告知某项服务设定了有效期限限制，在合同履行中又以该项服务超过有效期限为由限制或停止对消费者服务的，构成违约，应当承担违约责任。

相关法条

《中华人民共和国合同法》第39条

基本案情

2009年11月24日，原告刘超捷在被告中国移动通信集团江苏有限公司徐州分公司（以下简称移动徐州分公司）营业厅申请办理"神州行标准卡"，手机号码为1590520××××，付费方式为预付费。原告当场预付话费50元，并参与移动徐州分公司充50元送50元的活动。在业务受理单所附《中国移动通信客户入网服务协议》中，双方对各自的权利和义务进行了约定，其中第四项特殊情况的承担中的第1条为：在下列情况下，乙方有权暂停或限制甲方的移动通信服务，由此给甲方造成的损失，乙方不承担责任：（1）甲方银行账户被查封、冻结或余额不足等非乙方原因造成的结算时扣划不成功的；（2）甲方预付费使用完毕而未及时补交款项（包括预付费账户余额不足以扣划下一笔预付费用）的。

2010年7月5日，原告在中国移动官方网站网上营业厅通过银联卡网上充值50元。2010年11月7日，原告在使用该手机号码时发现该手机号码已被停机，原告到被告的营业厅查询，得知被告于2010年10月23日因话费有效期到期而暂停移动通信服务，此时账户余额为11.70元。原告认为被告单方终止服务构成合同违约，遂诉至法院。

裁判结果

徐州市泉山区人民法院于2011年6月16日作出（2011）泉商初字第240号民事判决：被告中国移动通信集团江苏有限公司徐州分公司于本判决生效之日起十日内取消对原告刘超捷的手机号码为1590520××××的话费有效期的限制，恢复该号码的移动通信服务。一审宣判后，被告提出上诉，二审期间申请撤回上诉，一审判决已发生法律效力。

裁判理由

法院生效裁判认为：电信用户的知情权是电信用户在接受电信服务时的一项基本权利，用户在办理电信业务时，电信业务的经营者必须向其明确说明该电信业务的内容，包括业务功能、费用收取办法及交费时间、障碍申告等。如果用户在不知悉该电信业务的真实情况下进行消费，就会剥夺用户对电信业务的选择权，达不到真正追求的电信消费目的。

依据《中华人民共和国合同法》第三十九条的规定，采用格式条款订立合同的，提供格式条款的一方应当遵循公平原则确定当事人之间的权利和义务，并采取合理的方式提请对方注意免除或者限制其责任的条款，按照对方的要求，对该条款予以说明。电信业务的经营者作为提供电信服务合同格式条款的一方，应当遵循公平原则确定与电信用户的权利义务内容，权利义务的内容必须符合维护电信用户和电信业务经营者的合法权益、促进电信业的健康发展的立法目的，并有效告知对方注意免除或者限制其责任的条款并向其释明。业务受理单、入网服务协议是电信服务合同的主要内容，确定了原被告双方的权利义务内容，入网服务协议第四项约定有权暂停或限制移动通信服务的情形，第五项约定有权解除协议、收回号码、终止提供服务的情形，均没有因有效期到期而中止、解除、终止合同的约定。而话费有效期限制直接影响到原告手机号码的正常使用，一旦有效期到期，将导致停机、号码被收回的后果，因此被告对此负有明确如实告知的义务，且在订立电信服务合同之前就应如实告知原告。如果在订立合同之前未告知，即使在缴费阶段告知，亦剥夺了当事人的选择权，有违公平和诚实信用原则。被告主张"通过单联发票、宣传册和短信的方式向原告告知了有效期"，但未能提供有效的证据予以证明。综上，本案被告既未在电信服务合同中约定有效期内容，亦未提供有效证据证实已将有效期限制明确告知原告，被告暂停服务、收回号码的行为构成违约，应当承担继续履行等违约责任，故对原告主张"取消被告对原告的话费有效期的限制，继续履行合同"的诉讼请求依法予以支持。

（生效裁判审判人员：王平、赵增尧、李丽）

最高人民法院
关于发布第 14 批指导性案例的通知

（2016 年 9 月 19 日　法〔2016〕311 号）

各省、自治区、直辖市高级人民法院，解放军军事法院，新疆维吾尔自治区高级人民法院生产建设兵团分院：

经最高人民法院审判委员会讨论决定，现将上海市虹口区久乐大厦小区业主大会诉上海环亚实业总公司业主共有权纠纷案等 5 件案例（指导案例 65-69 号），作为第 14 批指导性案例发布，供在审判类似案件时参照。

最高人民法院
2016 年 9 月 19 日

【指导案例 65 号】

上海市虹口区久乐大厦小区业主大会诉上海环亚实业总公司业主共有权纠纷案

（最高人民法院审判委员会讨论通过　2016 年 9 月 19 日发布）

关键词　民事　业主共有权　专项维修资金　法定义务　诉讼时效

裁判要点

专项维修资金是专门用于物业共用部位、共用设施设备保修期满后的维修和更新、改造的资金，属于全体业主共有。缴纳专项维修资金是业主为维护建筑物的长期安全使用而应承担的一项法定义务。业主拒绝缴纳专项维修资金，并以诉讼时效提出抗辩的，人民法院不予支持。

相关法条

《中华人民共和国民法通则》第 135 条

《中华人民共和国物权法》第 79 条、第 83 条第 2 款

《物业管理条例》第 7 条第 4 项、第 54 条第 1 款、第 2 款

基本案情

2004 年 3 月，被告上海环亚实业总公司（以下简称环亚公司）取得上海市虹口区久乐大厦底层、二层房屋的产权，底层建筑面积 691.36 平方米、二层建筑面积 910.39 平方米。环亚公司未支付过上述房屋的专项维修资金。2010 年 9 月，原告久乐大厦小区业主大会（以下简称久乐业主大会）经征求业主表决意见，决定由久乐业主大会代表业主提起追讨维修资金的诉讼。久乐业主大会向法院起诉，要求环亚公司就其所有的久乐大厦底层、二层的房屋向原告缴纳专项维修资金 57566.9 元。被告环亚公司辩称，其于 2004 年获得房地产权证，至本案诉讼有 6 年之久，原告从未主张过维修资金，该请求已超过诉讼时效，不同意原告诉请。

裁判结果

上海市虹口区人民法院于 2011 年 7 月 21 日作出（2011）虹民三（民）初字第 833 号民事判决：被告环亚公司应向原告久乐业主大会缴纳久乐大厦底层、二层房屋的维修资金 57566.9 元。宣判后，环亚公司向上海市第二中级人民法院提起上诉。上海市第二中级人民法院于 2011 年 9 月 21 日作出（2011）沪二中民二（民）终字第 1908 号民事判决：驳回上诉，维持原判。

裁判理由

法院生效裁判认为：《中华人民共和国物权法》（以下简称《物权法》）第七十九条规定，"建筑物及其附属设施的维修资金，属于业主共有。经业主共同决定，可以用于电梯、水箱等共有部分的维修。"《物业管理条例》第五十四条第二款规定，"专项维修资金属于业主所有，专项用于物业保修期满后物业共用部位、共用设施设备的维修和更新、改造，不得挪作他用"。《住宅专项维修资金管理办法》（建设部、财政部令第 165 号）（以下简称《办法》）第二条第二款规

定,"本办法所称住宅专项维修资金,是指专项用于住宅共用部位、共用设施设备保修期满后的维修和更新、改造的资金。"依据上述规定,维修资金性质上属于专项基金,系为特定目的,即为住宅共用部位、共用设施设备保修期满后的维修和更新、改造而专设的资金。它在购房款、税费、物业费之外,单独筹集、专户存储、单独核算。由其专用性所决定,专项维修资金的缴纳并非源于特别的交易或法律关系,而是为了准备应急性地维修、更新或改造区分所有建筑物的共有部分。由于共有部分的维护关乎全体业主的共同或公共利益,所以维修资金具有公共性、公益性。

《物业管理条例》第七条第四项规定,业主在物业管理活动中,应当履行按照国家有关规定交纳专项维修资金的义务。第五十四条第一款规定:"住宅物业、住宅小区内的非住宅物业或者与单幢住宅楼结构相连非住宅物业的业主,应当按照国家有关规定交纳专项维修资金。"依据上述规定,缴纳专项维修资金是为特定范围的公共利益,即建筑物的全体业主共同利益而特别确立的一项法定义务,这种义务的产生与存在仅仅取决于义务人是否属于区分所有建筑物范围内的住宅或非住宅所有权人。因此,缴纳专项维修资金的义务是一种旨在维护共同或公共利益的法定义务,其只存在补缴问题,不存在因时间经过而可以不缴的问题。

业主大会要求补缴维修资金的权利,是业主大会代表全体业主行使维护小区共同或公共利益之职责的管理权。如果允许某些业主不缴纳维修资金而可享有以其他业主的维修资金维护共有部分而带来的利益,其他业主就有可能在维护共有部分上支付超出自己份额的金钱,这违背了公平原则,并将对建筑物的长期安全使用,对全体业主的共有或公共利益造成损害。

基于专项维修资金的性质和业主缴纳专项维修资金义务的性质,被告环亚公司作为久乐大厦的业主,不依法自觉缴纳专项维修资金,并以业主大会起诉追讨专项维修资金已超过诉讼时效进行抗辩,该抗辩理由不能成立。原告根据被告所有的物业面积,按照同期其他业主缴纳专项维修资金的计算标准算出的被告应缴纳的数额合理,据此判决被告应当按照原告诉请支付专项维修资金。

(生效裁判审判人员:卢薇薇、陈文丽、成皿)

【指导案例 66 号】

雷某某诉宋某某离婚纠纷案

(最高人民法院审判委员会讨论通过 2016 年 9 月 19 日发布)

关键词 民事 离婚 离婚时 擅自处分共同财产

裁判要点

一方在离婚诉讼期间或离婚诉讼前,隐藏、转移、变卖、毁损夫妻共同财产,或伪造债务企图侵占另一方财产的,离婚分割夫妻共同财产时,依照《中华人民共和国婚姻法》第四十七条的规定可以少分或不分财产。

相关法条

《中华人民共和国婚姻法》第 47 条

基本案情

原告雷某某(女)和被告宋某某于 2003 年 5 月 19 日登记结婚,双方均系再婚,婚后未生育子女。双方婚后因琐事感情失和,于 2013 年上半年产生矛盾,并于 2014 年 2 月分居。雷某某曾于 2014 年 3 月起诉要求与宋某某离婚,经法院驳回后,双方感情未见好转。2015 年 1 月,雷某某再次诉至法院要求离婚,并依法分割夫妻共同财产。宋某某认为夫妻感情并未破裂、不同意离婚。

雷某某称宋某某名下在中国邮政储蓄银行的账户内有共同存款 37 万元,并提交存取款凭单、转账凭单作为证据。宋某某称该 37 万元,来源于婚前房屋拆迁补偿款及养老金,现尚剩余 20 万元左右(含养老金 14322.48 元),并提交账户记录、判决书、案款收据等证据。

宋某某称雷某某名下有共同存款 25 万元,要求依法分割。雷某某对此不予认可,一审庭审中其提交在中国工商银行尾号为 4179 账户自 2014 年 1 月 26 日起的交易明细,显示至 2014 年 12 月 21 日该账户余额为 262.37 元。二审审理期间,应宋某某的申请,法院调取了雷某某上述中国工商银行账号自 2012 年 11 月 26 日开户后的银行流水明细,显示雷某某于 2013 年 4 月 30 日通过 ATM 转账及卡取的方式将该账户内的 195000 元转至案外人雷某齐名下。宋某某认为该存款是其婚前房屋出租所得，应归双方共同所有，雷某某在离婚之前即将夫妻共同存款转移。雷某某提出该笔存款是其经营饭店所得收益，开始称该笔款已用于夫妻共同开销，后又称用于偿还其外甥女的借款，但雷某某对其主张均未提供相应证据证明。另，雷某某在庭审中曾同意各自名下存款归各自所有，其另行支付宋某某10万元存款，后雷某某反悔，不同意支付。

裁判结果

北京市朝阳区人民法院于2015年4月16日作出（2015）朝民初字第04854号民事判决：准予雷某某与宋某某离婚；雷某某名下中国工商银行尾号为4179账户内的存款归雷某某所有，宋某某名下中国邮政储蓄银行账号尾号为7101、9389及1156账户内的存款归宋某某所有，并对其他财产和债务问题进行了处理。宣判后，宋某某提出上诉，提出对夫妻共同财产雷某某名下存款分割等请求。北京市第三中级人民法院于2015年10月19日作出（2015）三中民终字第08205号民事判决：维持一审判决其他判项，撤销一审判决第三项，改判雷某某名下中国工商银行尾号为4179账户内的存款归雷某某所有，宋某某名下中国邮政储蓄银行尾号为7101账户、9389账户及1156账户内的存款归宋某某所有，雷某某于本判决生效之日起七日内支付宋某某12万元。

裁判理由

法院生效裁判认为：婚姻关系以夫妻感情为基础。宋某某、雷某某共同生活过程中因琐事产生矛盾，在法院判决不准离婚后，双方感情仍未好转，经法院调解不能和好，双方夫妻感情确已破裂，应当判决准予双方离婚。

本案二审期间双方争议的焦点在于雷某某是否转移夫妻共同财产和夫妻双方名下的存款应如何分割。《中华人民共和国婚姻法》第十七条第二款规定："夫妻对共同所有的财产，有平等的处理权。"第四十七条规定："离婚时，一方隐藏、转移、变卖、毁损夫妻共同财产，或伪造债务企图侵占另一方财产的，分割夫妻共同财产时，对隐藏、转移、变卖、毁损夫妻共同财产或伪造债务的一方，可以少分或不分。离婚后，另一方发现有上述行为的，可以向人民法院提起诉讼，请求再次分割夫妻共同财产。"这就是说，一方在离婚诉讼期间或离婚诉讼前，隐藏、转移、变卖、毁损夫妻共同财产，或伪造债务企图侵占另一方财产的，侵害了夫妻对共同财产的平等处理权，离婚分割夫妻共同财产时，应当依照《中华人民共和国婚姻法》第四十七条的规定少分或不分财产。

本案中，关于双方名下存款的分割，结合相关证据，宋某某婚前房屋拆迁款转化的存款，应归宋某某个人所有，宋某某婚后所得养老保险金，应属夫妻共同财产。雷某某名下中国工商银行尾号为4179账户内的存款为夫妻关系存续期间的收入，应作为夫妻共同财产予以分割。雷某某于2013年4月30日通过ATM转账及卡取的方式，将尾号为4179账户内的195000元转至案外人名下。雷某某始称该款用于家庭开销，后又称用于偿还外债，前后陈述明显矛盾，对其主张亦未提供证据证明，对钱款的去向不能作出合理的解释和说明。结合案件事实及相关证据，认定雷某某存在转移、隐藏夫妻共同财产的情节。根据上述法律规定，对雷某某名下中国工商银行尾号4179账户内的存款，雷某某可以少分。宋某某主张对雷某某名下存款进行分割，符合法律规定，予以支持。故判决宋某某婚后养老保险金14322.48元归宋某某所有，对于雷某某转移的19.5万元存款，由雷某某补偿宋某某12万元。

（生效裁判审判人员：李春香、赵霞、闫慧）

【指导案例67号】

汤长龙诉周士海股权转让纠纷案

（最高人民法院审判委员会讨论通过 2016年9月19日发布）

关键词 民事 股权转让 分期付款 合同解除

裁判要点

有限责任公司的股权分期支付转让款中发生股权受让人延迟或者拒付等违约情形，股权转让人要求解除双方签订的股权转让合同的，不适用《中华人民共和国合同法》第一百六十七条关于分期付款买卖中出卖人在买受人未支付到期价款的金额达到合同全部价款的五分之一时即可解除合同的规定。

相关法条

《中华人民共和国合同法》第94条、第167条

基本案情

原告汤长龙与被告周士海于2013年4月3日签订《股权转让协议》及《股权转让资金分期付款协议》。双方约定：周士海将其持有的青岛变压器集团成都双星电器有限公司6.35%股权转让给汤长龙。股权合计710万元，分四期付清，即2013年4月3日付150万元；2013年8月2日付150万元；2013年12月2日付200万元；2014年4月2日付210万元。此协议双方签字生效，永不反悔。协议签订后，汤长龙于2013年4月3日依约向周士海支付第一期股权转让款150万元。因汤长龙逾期未支付约定的第二期股权转让款，周士海于同年10月11日，以公证方式向汤长龙送达了《关于解除协议的通知》，以汤长龙根本违约为由，提出解除双方签订的《股权转让资金分期付款协议》。次日，汤长龙即向周士海转账支付了第二期150万元股权转让款，并按照约定的时间和数额履行了后续第三、四期股权转让款的支付义务。周士海以其已经解除合同为由，如数退回汤长龙支付的4笔股权转让款。汤长龙遂向人民法院提起诉讼，要求确认周士海发出的解除协议通知无效，并责令其继续履行合同。

另查明，2013年11月7日，青岛变压器集团成都双星电器有限公司的变更（备案）登记中，周士海所持有的6.35%股权已经变更登记至汤长龙名下。

裁判结果

四川省成都市中级人民法院于2014年4月15日作出（2013）成民初字第1815号民事判决：驳回原告汤长龙的诉讼请求。汤长龙不服，提起上诉。四川省高级人民法院于2014年12月19日作出（2014）川民终字第432号民事判决：一、撤销原审判决；二、确认周士海要求解除双方签订的《股权转让资金分期付款协议》行为无效；三、汤长龙于本判决生效后十日内向周士海支付股权转让款710万元。周士海不服四川省高级人民法院的判决，以二审法院适用法律错误为由，向最高人民法院申请再审。最高人民法院于2015年10月26日作出（2015）民申字第2532号民事裁定，驳回周士海的再审申请。

裁判理由

法院生效判决认为：本案争议的焦点问题是周士海是否享有《中华人民共和国合同法》（以下简称《合同法》）第一百六十七条规定的合同解除权。

一、《合同法》第一百六十七条第一款规定,"分期付款的买受人未支付到期价款的金额达到全部价款的五分之一的,出卖人可以要求买受人支付全部价款或解除合同"。第二款规定,"出卖人解除合同的,可以向买受人要求支付该标的物的使用费"。最高人民法院《关于审理买卖合同纠纷案件适用法律问题的解释》第三十八条规定,"合同法第一百六十七条第一款规定的'分期付款',系指买受人将应付的总价款在一定期间内至少分三次向出卖人支付。分期付款买卖合同的约定违反合同法第一百六十七条第一款的规定,损害买受人利益,买受人主张该约定无效的,人民法院应予支持"。依据上述法律和司法解释的规定,分期付款买卖的主要特征为:一是买受人向出卖人支付总价款分三次以上,出卖人交付标的物之后买受人分两次以上向出卖人支付价款;二是多发、常见在经营者和消费者之间,一般是买受人作为消费者为满足生活消费而发生的交易;三是出卖人向买受人授予了一定信用,而作为授信人的出卖人在价款回收上存在一定风险,为保障出卖人剩余价款的回收,出卖人在一定条件下可以行使解除合同的权利。

本案系有限责任公司股东将股权转让给公司股东之外的其他人。尽管案涉股权的转让形式也是分期付款,但由于本案买卖的标的物是股权,因此具有与以消费为目的的一般买卖不同的特点:一是汤长龙受让股权是为参与公司经营管理并获取经济利益,并非满足生活消费;二是周士海作为有限责任公司的股权出让人,基于其所持股权一直存在于目标公司中的特点,其因分期回收股权转让款而承担的风险,与一般以消费为目的分期付款买卖中出卖人收回价款的风险并不同等;三是双方解除股权转让合同,也不存在向受让人要求支付标的物使用费的情况。综上特点,股权转让分期付款合同,与一般以消费为目的分期付款买卖合同有较大区别。对案涉《股权转让资金分期付款协议》不宜简单适用《合同法》第一百六十七条规定的合同解除权。

二、本案中,双方订立《股权转让资金分期付款协议》的合同目的能够实现。汤长龙和周士海订立《股权转让资金分期付款协议》的目的是转让周士海所持青岛变压器集团成都双星电器有限公司6.35%股权给汤长龙。根据汤长龙履行股权转让款的情况,除第2笔股权转让款150万元逾期支付两个月,其余3笔股权转让款均按约支付,周士海认为汤长龙逾期付款构成违约要求解除合同,退回了汤长龙所付710万元,不影响汤长龙按约支付剩余3笔股权转让款的事实的成立,且本案

一、二审审理过程中,汤长龙明确表示愿意履行付款义务。因此,周士海签订案涉《股权转让资金分期付款协议》的合同目的能够得以实现。另查明,2013年11月7日,青岛变压器集团成都双星电器有限公司的变更(备案)登记中,周士海所持有的6.35%股权已经变更登记至汤长龙名下。

三、从诚实信用的角度,《合同法》第六十条规定,"当事人应当按照约定全面履行自己的义务。当事人应当遵循诚实信用原则,根据合同的性质、目的和交易习惯履行通知、协助、保密等义务"。鉴于双方在股权转让合同上明确约定"此协议一式两份,双方签字生效,永不反悔",因此周士海即使依据《合同法》第一百六十七条的规定,也应当首先选择要求汤长龙支付全部价款,而不是解除合同。

四、从维护交易安全的角度,一项有限责任公司的股权交易,关涉诸多方面,如其他股东对受让人汤长龙的接受和信任(过半数同意股权转让),记载到股东名册和在工商部门登记股权,社会成本和影响已经倾注其中。本案中,汤长龙受让股权后已实际参与公司经营管理、股权也已过户登记到其名下,如果不是汤长龙有根本违约行为,动辄撤销合同可能对公司经营管理的稳定产生不利影响。

综上所述,本案中,汤长龙主张的周士海依据《合同法》第一百六十七条之规定要求解除合同依据不足的理由,于法有据,应当予以支持。

(生效裁判审判人员:梁红亚、王玥、李莉)

【指导案例 68 号】

上海欧宝生物科技有限公司诉辽宁特莱维置业发展有限公司企业借贷纠纷案

(最高人民法院审判委员会讨论通过 2016年9月19日发布)

关键词 民事诉讼 企业借贷 虚假诉讼

裁判要点

人民法院审理民事案件中发现存在虚假诉讼可能时,应当依职权调取相关证据,详细询问当事人,全面严格审查诉讼请求与相关证据之间是否存在矛盾,以及当事人诉讼中言行是否违背常理。经综合审查判断,当事人存在虚构事实、恶意串通、规避法律或国家政策以谋取非法利益,进行虚假民事诉讼情形的,应当依法予以制裁。

相关法条

《中华人民共和国民事诉讼法》第112条

基本案情

上海欧宝生物科技有限公司(以下简称欧宝公司)诉称:欧宝公司借款给辽宁特莱维置业发展有限公司(以下简称特莱维公司)8650万元,用于开发辽宁省东港市特莱维国际花园房地产项目。借期届满时,特莱维公司拒不偿还。故请求法院判令特莱维公司返还借款本金8650万元及利息。

特莱维公司辩称:对欧宝公司起诉的事实予以认可,借款全部投入到特莱维国际花园房地产项目,房屋滞销,暂时无力偿还借款本息。

一审申诉人谢涛述称:特莱维公司与欧宝公司,通过虚构债务的方式,恶意侵害其合法权益,请求法院查明事实,依法制裁。

法院经审理查明:2007年7月至2009年3月,欧宝公司与特莱维公司先后签订9份《借款合同》,约定特莱维公司向欧宝公司共借款8650万元,约定利息为同年贷款利率的4倍。约定借款用途为:只限用于特莱维国际花园房地产项目。借款合同签订后,欧宝公司先后共汇款10笔,计8650万元,而特莱维公司却在收到汇款的当日或数日后立即将其中的6笔转出,共计转出7050万余元。其中5笔转往上海翰皇实业发展有限公司(以下简称翰皇公司),共计6400万余元。此外,欧宝公司在提起一审诉讼要求特莱维公司还款期间,仍向特莱维公司转款3笔,计360万元。

欧宝公司法定代表人为宗惠光,该公司股东曲叶丽持有73.75%的股权,姜雯琪持有2%的股权,宗惠光持有2%的股权。特莱维公司原法定代表人为王作新,翰皇公司持有该公司90%股权,王阳持有10%的股权,2010年8月16日法定代表人变更为姜雯琪。工商档案记载,该公司在变更登记时,领取执照人签字处由刘静君签字,而刘静君又是本案原一审诉讼期间欧宝公司的委托代理人,身份系欧宝公司的员工。

翰皇公司于 2002 年 3 月 26 日成立，法定代表人为王作新，前身为上海特莱维化妆品有限公司，王作新持有该公司 67% 的股权，曲叶丽持有 33% 的股权，同年 10 月 28 日，曲叶丽将其持有的股权转让给王阳。2004 年 10 月 10 日该公司更名为翰皇公司，公司登记等手续委托宗惠光办理，2011 年 7 月 5 日该公司注销。王作新与曲叶丽系夫妻关系。

本案原一审诉讼期间，欧宝公司于 2010 年 6 月 22 日向辽宁省高级人民法院（以下简称辽宁高院）提出财产保全申请，要求查封、扣押、冻结特莱维公司 5850 万元的财产，王阳以其所有的位于辽宁省沈阳市和平区澳门路、建筑面积均为 236.4 平方米的两处房产为欧宝公司担保。王作鹏以其所有的位于沈阳市皇姑区宁山中路的建筑面积为 671.76 平方米的房产为欧宝公司担保，沈阳沙琪化妆品有限公司（以下简称沙琪公司，股东为王振义和修桂芳）以其所有的位于沈阳市东陵区白塔镇小羊安村建筑面积分别为 212 平方米、946 平方米的两处厂房及使用面积为 4000 平方米的一块土地为欧宝公司担保。

欧宝公司与特莱维公司的《开立单位银行结算账户申请书》记载地址均为东港市新兴路 1 号，委托经办人均为崔秀芳。再审期间谢涛向辽宁高院提供上海市第一中级人民法院（2008）沪一中民三（商）终字第 426 号民事判决书一份，该案系张娥珍、贾世克诉翰皇公司、欧宝公司特许经营合同纠纷案，判决所列翰皇公司的法定代表人为王作新，欧宝公司和翰皇公司的委托代理人均系翰皇公司员工宗惠光。

二审审理中另查明：

（一）关于欧宝公司和特莱维公司之间关系的事实

工商档案表明，沈阳特莱维化妆品连锁有限责任公司（以下简称沈阳特莱维）成立于 2000 年 3 月 15 日，该公司由欧宝公司控股（持股 96.67%），设立时的经办人为宗惠光。公司登记的处所系向沈阳丹菲专业护肤中心承租而来，该中心负责人为王振义。2005 年 12 月 23 日，特莱维公司原法定代表人王作新代表欧宝公司与案外人张娥珍签订连锁加盟（特许）合同。2007 年 2 月 28 日，霍静代表特莱维公司与世安建设集团有限公司（以下简称世安公司）签订关于特莱维国际花园项目施工的《补充协议》。2010 年 5 月，魏亚丽经特莱维公司授权办理银行账户的开户，2011 年 9 月又代表欧宝公司办理银行账户开户。两账户所留联系人均为魏亚丽，联系电话均为同一号码，与欧宝公司 2010 年 6 月 10 日提交辽宁高院的民事起诉状中所留特莱维公司联系电话相同。

2010年9月3日，欧宝公司向辽宁高院出具《回复函》称：同意提供位于上海市青浦区苏虹公路332号的面积12026.91平方米、价值2亿元的房产作为保全担保。欧宝公司庭审中承认，前述房产属于上海特莱维护肤品股份有限公司（以下简称上海特莱维）所有。上海特莱维成立于2002年12月9日，法定代表人为王作新，股东有王作新、翰皇公司的股东王阳、邹艳，欧宝公司的股东宗惠光、姜雯琪、王奇等人。王阳同时任上海特莱维董事，宗惠光任副董事长兼副总经理，王奇任副总经理，霍静任董事。

2011年4月20日，欧宝公司向辽宁高院申请执行（2010）辽民二初字第15号民事判决，该院当日立案执行。同年7月12日，欧宝公司向辽宁高院提交书面申请称："为尽快回笼资金，减少我公司损失，经与被执行人商定，我公司允许被执行人销售该项目的剩余房产，但必须由我公司指派财务人员收款，所销售的房款须存入我公司指定账户。"2011年9月6日，辽宁高院向东港市房地产管理处发出《协助执行通知书》，以相关查封房产已经给付申请执行人抵债为由，要求该处将前述房产直接过户登记到案外买受人名下。

欧宝公司申请执行后，除谢涛外，特莱维公司的其他债权人世安公司、江西临川建筑安装工程总公司、东港市前阳建筑安装工程总公司也先后以提交执行异议等形式，向辽宁高院反映欧宝公司与特莱维公司虚构债权进行虚假诉讼。

翰皇公司的清算组成员由王作新、王阳、姜雯琪担任，王作新为负责人；清算组在成立之日起10日内通知了所有债权人，并于2011年5月14日在《上海商报》上刊登了注销公告。2012年6月25日，王作新将翰皇公司所持特莱维公司股权中的1600万元转让于王阳，200万元转让于邹艳，并于2012年7月9日办理了工商变更登记。

沙琪公司的股东王振义和修桂芳分别是王作新的父亲和母亲；欧宝公司的股东王阁系王作新的哥哥王作鹏之女；王作新与王阳系兄妹关系。

（二）关于欧宝公司与案涉公司之间资金往来的事实

欧宝公司尾号为8115的账户（以下简称欧宝公司8115账户），2006年1月4日至2011年9月29日的交易明细显示，自2006年3月8日起，欧宝公司开始与特莱维公司互有资金往来。其中，2006年3月8日欧宝公司该账户汇给特莱维公司尾号为4891账户（以下简称特莱维公司4891账户）300万元，备注用途为借款，2006年6月12日转给特莱维公司801万元。2007年8月16日至23日从特莱维公司账户转入欧宝公司8115账户近70笔款项，备注用途多为货款。该账户自2006年1月4日至2011年9月29日与沙琪公司、沈阳特莱维、翰皇公司、上海特莱维均有大笔资金往来，用途多为货款或借款。

欧宝公司在中国建设银行东港支行开立的账户（尾号0357）2010年8月31日至2011年11月9日的交易明细显示：该账户2010年9月15日、9月17日由欧宝公司以现金形式分别存入168万元、100万元；2010年9月30日支付东港市安邦房地产开发有限公司工程款100万元；2010年9月30日自特莱维公司账户（尾号0549）转入100万元，2011年8月22日、8月30日、9月9日自特莱维公司账户分别转入欧宝公司该账户71.6985万元、51.4841万元、62.3495万元，2011年11月4日特莱维公司尾号为5555账户（以下简称特莱维公司5555账户）以法院扣款的名义转入该账户84.556787万元；2011年9月27日以"往来款"名义转入欧宝公司8115账户193.5万元，2011年11月9日转入欧宝公司尾号4548账户（以下简称欧宝公司4548账户）157.995万元。

欧宝公司设立在中国工商银行上海青浦支行的账户（尾号5617）显示，2012年7月12日该账户以"借款"名义转入特莱维公司50万元。

欧宝公司在中国建设银行沈阳马路湾支行的4548账户2013年10月7日至2015年2月7日期间的交易明细显示，自2014年1月20日起，特莱维公司以"还款"名义转入该账户的资金，大部分又以"还款"名义转入王作鹏个人账户和上海特莱维的账户。

翰皇公司建设银行上海分行尾号为4917账户（以下简称翰皇公司4917账户）2006年1月5日至2009年1月14日的交易明细显示，特莱维公司4891账户2008年7月7日转入翰皇公司该账户605万元，同日翰皇公司又从该账户将同等数额的款项转入特莱维公司5555账户，但自翰皇公司打入特莱维公司账户的该笔款项计入了特莱维公司的借款数额，自特莱维公司打入翰皇公司的款项未计入该公司的还款数额。该账户同时间段还分别和欧宝公司、沙琪公司以"借款""往来款"的名义进行资金转入和转出。

特莱维公司5555账户2006年6月7日至2015年9月21日的交易明细显示，2009年7月2日自该账户以"转账支取"的名义汇入欧宝公司的账户（尾号0801）600万元；自2011年11月4日起至2014年12月31日止，该账户转入欧宝公司资金达30多笔，最多的为2012年12月20日汇入欧宝公司4548账户的一笔达1800万元。此外，该账户还有多笔大额资金在2009年11月13日至2010年7月19日期间以"借款"的名义转入沙琪公司账户。

沙琪公司在中国光大银行沈阳和平支行的账户（尾号6312）2009年11月13日至2011年6月27日的交易明细显示，特莱维公司转入沙琪公司的资金，有的以"往来款"或者"借款"的名义转回特莱维公司的其他账户。例如，2009年11月13日自特莱维公司5555账户以"借款"的名义转入沙琪公司3800万元，2009年12月4日又以"往来款"的名义转回特莱维公司另外设立的尾号为8361账户（以下简称特莱维公司8361账户）3800万元；2010年2月3日自特莱维公司8361账户以"往来款"的名义转入沙琪公司账户的4827万元，同月10日又以"借款"的名义转入特莱维公司5555账户500万元，以"汇兑"名义转入特莱维公司4891账户1930万元，2010年3月31日沙琪公司又以"往来款"的名义转入特莱维公司8361账户1000万元，同年4月12日以系统内划款的名义转回特莱维公司8361账户1806万元。特莱维公司转入沙琪公司账户的资金有部分流入了沈阳特莱维的账户。例如，2010年5月6日以"借款"的名义转入沈阳特莱维1000万元，同年7月29日以"转款"的名义转入沈阳特莱维2272万元。此外，欧宝公司也以"往来款"的名义转入该账户部分资金。

欧宝公司和特莱维公司均承认，欧宝公司4548账户和在中国建设银行东港支行的账户（尾号0357）由王作新控制。

裁判结果

辽宁高院2011年3月21日作出（2010）辽民二初字第15号民事判决：特莱维公司于判决生效后10日内偿还欧宝公司借款本金8650万元及借款实际发生之日起至判决确定给付之日止的中国人民银行同期贷款利息。该判决发生法律效力后，因案外人谢涛提出申诉，辽宁高院于2012年1月4日作出（2012）辽立二民监字第8号民事裁定再审本案。辽宁高院经再审于2015年5月20日作出（2012）辽审二民再字第13号民事判决，驳回欧宝公司的诉讼请求。欧宝公司提起上诉，最高人民法院第二巡回法庭经审理于2015年10月27日作出（2015）民二终字第324号民事判决，认定本案属于虚假民事诉讼，驳回上诉，维持原判。同时作出罚款决定，对参与虚假诉讼的欧宝公司和特莱维公司各罚款50万元。

裁判理由

法院生效裁判认为：人民法院保护合法的借贷关系，同时对于恶意串通进行虚假诉讼意图损害他人合法权益的行为，应当依法制裁。本案争议的焦点问题有两个，一是欧宝公司与特莱维公司之间是否存在关联关系；二是欧宝公司和特莱维公司就争议的8650万元是否存在真实的借款关系。

一、欧宝公司与特莱维公司是否存在关联关系的问题

《中华人民共和国公司法》第二百一十七条规定，关联关系，是指公司控股股东、实际控制人、董事、监事、高级管理人员与其直接或间接控制的企业之间的关系，以及可能导致公司利益转移的其他关系。可见，公司法所称的关联公司，既包括公司股东的相互交叉，也包括公司共同由第三人直接或者间接控制，或者股东之间、公司的实际控制人之间存在直系血亲、姻亲、共同投资等可能导致利益转移的其他关系。

本案中，曲叶丽为欧宝公司的控股股东，王作新是特莱维公司的原法定代表人，也是案涉合同签订时特莱维公司的控股股东翰皇公司的控股股东和法定代表人，王作新与曲叶丽系夫妻关系，说明欧宝公司与特莱维公司由夫妻二人控制。欧宝公司称两人已经离婚，却未提供民政部门的离婚登记或者人民法院的生效法律文书。虽然辽宁高院受理本案诉讼后，特莱维公司的法定代表人由王作新变更为姜雯琪，但王作新仍是特莱维公司的实际控制人。同时，欧宝公司股东兼法定代表人宗惠光、王奇等人，与特莱维公司的实际控制人王作新、法定代表人姜雯琪、目前的控股股东王阳共同投资设立了上海特莱维，说明欧宝公司的股东与特莱维公司的控股股东、实际控制人存在其他的共同利益关系。另外，沈阳特莱维是欧宝公司控股的公司，沙琪公司的股东是王作新的父亲和母亲。可见，欧宝公司与特莱维公司之间、前述两公司与沙琪公司、上海特莱维、沈阳特莱维之间均存在关联关系。

欧宝公司与特莱维公司及其他关联公司之间还存在人员混同的问题。首先，高管人员之间存在混同。姜雯琪既是欧宝公司的股东和董事，又是特莱维公司的法定代表人，同时还参与翰皇公司的清算。宗惠光既是欧宝公司的法定代表人，又是翰皇公司的工作人员，虽然欧宝公司称宗惠光自2008年5月即从翰皇公司辞职,但从上海市第一中级人民法院(2008)沪一中民三(商)终字第426号民事判决载明的事实看,该案2008年8月至12月审理期间,宗惠光仍以翰皇公司工作人员的身份参与诉讼。王奇既是欧宝公司的监事,又是上海特莱维的董事,还以该公司工作人员的身份代理相关行政诉讼。王阳既是特莱维公司的监事,又是上海特莱维的董事。王作新是特莱维公司原法定代表人、实际控制人,还曾先后代表欧宝公司、翰皇公司与案外第三人签订连锁加盟(特许)合同。其次,普通员工也存在混同。霍静是欧宝公司的工作人员,在本案中作为欧宝公司原一审诉讼的代理人,2007年2月23日代表特莱维公司与世安公司签订建设施工合同,又同时兼任上海特莱维的董事。崔秀芳是特莱维公司的会计,2010年1月7日代特莱维公司开立银行账户,2010年8月20日本案诉讼之后又代欧宝公司开立银行账户。欧宝公司当庭自述魏亚丽系特莱维公司的工作人员,2010年5月魏亚丽经特莱维公司授权办理银行账户开户,2011年9月诉讼之后又经欧宝公司授权办理该公司在中国建设银行沈阳马路湾支行的开户,且该银行账户的联系人为魏亚丽。刘静君是欧宝公司的工作人员,在本案原一审和执行程序中作为欧宝公司的代理人,2009年3月17日又代特莱维公司办理企业登记等相关事项。刘洋以特莱维公司员工名义代理本案诉讼,又受王作新的指派代理上海特莱维的相关诉讼。

上述事实充分说明,欧宝公司、特莱维公司以及其他关联公司的人员之间并未严格区分,上述人员实际上服从王作新一人的指挥,根据不同的工作任务,随时转换为不同关联公司的工作人员。欧宝公司在上诉状中称,在2007年借款之初就派相关人员进驻特莱维公司,监督该公司对投资款的使用并协助工作,但早在欧宝公司所称的向特莱维公司转入首笔借款之前5个月,霍静即参与该公司的合同签订业务。而且从这些所谓的"派驻人员"在特莱维公司所起的作用看,上述人员参与了该公司的合同签订、财务管理到诉讼代理的全面工作,而不仅是监督工作,欧宝公司的辩解,不足为信。辽宁高院关于欧宝公司和特莱维公司系由王作新、曲叶丽夫妇控制之关联公司的认定,依据充分。

二、欧宝公司和特莱维公司就争议的8650万元是否存在真实借款关系的问题

根据《最高人民法院关于适用〈中华人民共和国民事诉讼法〉的

解释》第九十条规定，当事人对自己提出的诉讼请求所依据的事实或者反驳对方诉讼请求所依据的事实，应当提供证据加以证明；当事人未能提供证据或者证据不足以证明其事实主张的，由负有举证证明责任的当事人承担不利的后果。第一百零八条规定："对负有举证证明责任的当事人提供的证据，人民法院经审查并结合相关事实，确信待证事实的存在具有高度可能性的，应当认定该事实存在。对一方当事人为反驳负有举证责任的当事人所主张的事实而提供的证据，人民法院经审查并结合相关事实，认为待证事实真伪不明的，应当认定该事实不存在。"在当事人之间存在关联关系的情况下，为防止恶意串通提起虚假诉讼，损害他人合法权益，人民法院对其是否存在真实的借款法律关系，必须严格审查。

欧宝公司提起诉讼，要求特莱维公司偿还借款8650万元及利息，虽然提供了借款合同及转款凭证，但其自述及提交的证据和其他在案证据之间存在无法消除的矛盾，当事人在诉讼前后的诸多言行违背常理，主要表现为以下7个方面：

第一，从借款合意形成过程来看，借款合同存在虚假的可能。欧宝公司和特莱维公司对借款法律关系的要约与承诺的细节事实陈述不清，尤其是作为债权人欧宝公司的法定代表人、自称是合同经办人的宗惠光，对所有借款合同的签订时间、地点、每一合同的己方及对方经办人等细节，语焉不详。案涉借款每一笔均为大额借款，当事人对所有合同的签订细节、甚至大致情形均陈述不清，于理不合。

第二，从借款的时间上看，当事人提交的证据前后矛盾。欧宝公司的自述及其提交的借款合同表明，欧宝公司自2007年7月开始与特莱维公司发生借款关系。向本院提起上诉后，其提交的自行委托形成的审计报告又载明，自2006年12月份开始向特莱维公司借款，但从特莱维公司和欧宝公司的银行账户交易明细看，在2006年12月之前，仅欧宝公司8115账户就发生过两笔高达1100万元的转款，其中，2006年3月8日以"借款"名义转入特莱维公司账户300万元，同年6月12日转入801万元。

第三，从借款的数额上看，当事人的主张前后矛盾。欧宝公司起诉后，先主张自2007年7月起累计借款金额为5850万元，后在诉讼中又变更为8650万元，上诉时又称借款总额1.085亿元，主张的借款数额多次变化，但只能提供8650万元的借款合同。而谢涛当庭提交的银行转账凭证证明，除在欧宝公司所称的 1.085 亿元借款之外，另有 4400 多万元的款项以"借款"名义打入特莱维公司账户。对此，欧宝公司自认，这些多出的款项是受王作新的请求帮忙转款，并非真实借款。该自认说明，欧宝公司在相关银行凭证上填写的款项用途极其随意。从本院调取的银行账户交易明细所载金额看，欧宝公司以借款名义转入特莱维公司账户的金额远远超出欧宝公司先后主张的上述金额。此外，还有其他多笔以"借款"名义转入特莱维公司账户的巨额资金，没有列入欧宝公司所主张的借款数额范围。

第四，从资金往来情况看，欧宝公司存在单向统计账户流出资金而不统计流入资金的问题。无论是案涉借款合同载明的借款期间，还是在此之前，甚至诉讼开始以后，欧宝公司和特莱维公司账户之间的资金往来，既有欧宝公司转入特莱维公司账户款项的情况，又有特莱维公司转入欧宝公司账户款项的情况，但欧宝公司只计算己方账户转出的借方金额，而对特莱维公司转入的贷方金额只字不提。

第五，从所有关联公司之间的转款情况看，存在双方或多方账户循环转款问题。如上所述，将欧宝公司、特莱维公司、翰皇公司、沙琪公司等公司之间的账户对照检查，存在特莱维公司将己方款项转入翰皇公司账户过桥欧宝公司账户后，又转回特莱维公司账户，造成虚增借款的现象。特莱维公司与其他关联公司之间的资金往来也存在此种情况。

第六，从借款的用途看，与合同约定相悖。按借款合同第二条约定，借款限用于特莱维国际花园房地产项目，但是案涉款项转入特莱维公司账户后，该公司随即将大部分款项以"借款""还款"等名义分别转给翰皇公司和沙琪公司，最终又流向欧宝公司和欧宝公司控股的沈阳特莱维。至于欧宝公司辩称，特莱维公司将款项打入翰皇公司是偿还对翰皇公司借款的辩解，由于其提供的翰皇公司和特莱维公司之间的借款数额与两公司银行账户交易的实际数额互相矛盾，且从流向上看大部分又流回了欧宝公司或者其控股的公司，其辩解不足为凭。

第七，从欧宝公司和特莱维公司及其关联公司在诉讼和执行中的行为来看，与日常经验相悖。欧宝公司提起诉讼后，仍与特莱维公司互相转款；特莱维公司不断向欧宝公司账户转入巨额款项，但在诉讼和执行程序中却未就还款金额对欧宝公司的请求提出任何抗辩；欧宝公司向辽宁高院申请财产保全，特莱维公司的股东王阳却以其所有的房产为本应是利益对立方的欧宝公司提供担保；欧宝公司在原一审诉讼中另外提供担保的上海市青浦区房产的所有权,竟然属于王作新任法定代表人的上海特莱维;欧宝公司和特莱维公司当庭自认,欧宝公司开立在中国建设银行东港支行、中国建设银行沈阳马路湾支行的银行账户都由王作新控制。

对上述矛盾和违反常理之处,欧宝公司与特莱维公司均未作出合理解释。由此可见,欧宝公司没有提供足够的证据证明其就案涉争议款项与特莱维公司之间存在真实的借贷关系。且从调取的欧宝公司、特莱维公司及其关联公司账户的交易明细发现,欧宝公司、特莱维公司以及其他关联公司之间、同一公司的不同账户之间随意转款,款项用途随意填写。结合在案其他证据,法院确信,欧宝公司诉请之债权系截取其与特莱维公司之间的往来款项虚构而成,其以虚构债权为基础请求特莱维公司返还8650万元借款及利息的请求不应支持。据此,辽宁高院再审判决驳回其诉讼请求并无不当。

至于欧宝公司与特莱维公司提起本案诉讼是否存在恶意串通损害他人合法权益的问题。首先,无论欧宝公司,还是特莱维公司,对特莱维公司与一审申诉人谢涛及其他债权人的债权债务关系是明知的。从案涉判决执行的过程看,欧宝公司申请执行之后,对查封的房产不同意法院拍卖,而是继续允许该公司销售,特莱维公司每销售一套,欧宝公司即申请法院解封一套。在接受法院当庭询问时,欧宝公司对特莱维公司销售了多少套查封房产,偿还了多少债务陈述不清,表明其提起本案诉讼并非为实现债权,而是通过司法程序进行保护性查封以阻止其他债权人对特莱维公司财产的受偿。虚构债权,恶意串通,损害他人合法权益的目的明显。其次,从欧宝公司与特莱维公司人员混同、银行账户同为王作新控制的事实可知,两公司同属一人,均已失去公司法人所具有的独立人格。《中华人民共和国民事诉讼法》第一百一十二条规定:"当事人之间恶意串通,企图通过诉讼、调解等方式侵害他人合法权益的,人民法院应当驳回其请求,并根据情节轻重予以罚款、拘留;构成犯罪的,依法追究刑事责任。"一审申诉人谢涛认为欧宝公司与特莱维公司之间恶意串通提起虚假诉讼损害其合法权益的意见,以及对有关当事人和相关责任人进行制裁的请求,于法有据,应予支持。

(生效裁判审判人员:胡云腾、范向阳、汪国献)

【指导案例 69 号】

王明德诉乐山市人力资源和社会保障局工伤认定案

(最高人民法院审判委员会讨论通过　2016 年 9 月 19 日发布)

关键词　行政诉讼　工伤认定　程序性行政行为　受理

裁判要点

当事人认为行政机关作出的程序性行政行为侵犯其人身权、财产权等合法权益，对其权利义务产生明显的实际影响，且无法通过提起针对相关的实体性行政行为的诉讼获得救济，而对该程序性行政行为提起行政诉讼的，人民法院应当依法受理。

相关法条

《中华人民共和国行政诉讼法》第 12 条、第 13 条

基本案情

原告王明德系王雷兵之父。王雷兵是四川嘉宝资产管理集团有限公司峨眉山分公司职工。2013 年 3 月 18 日，王雷兵因交通事故死亡。由于王雷兵驾驶摩托车倒地翻覆的原因无法查实，四川省峨眉山市公安局交警大队于同年 4 月 1 日依据《道路交通事故处理程序规定》第五十条的规定，作出乐公交认定〔2013〕第 00035 号《道路交通事故证明》。该《道路交通事故证明》载明：2013 年 3 月 18 日，王雷兵驾驶无牌"卡迪王"二轮摩托车由峨眉山市大转盘至小转盘方向行驶。1 时 20 分许，当该车行至省道 S306 线 29.3KM 处驶入道路右侧与隔离带边缘相擦挂，翻覆于隔离带内，造成车辆受损、王雷兵当场死亡的交通事故。

2013 年 4 月 10 日，第三人四川嘉宝资产管理集团有限公司峨眉山分公司就其职工王雷兵因交通事故死亡，向被告乐山市人力资源和社会保障局申请工伤认定，并同时提交了峨眉山市公安局交警大队所作的《道路交通事故证明》等证据。被告以公安机关交通管理部门尚未对本案事故作出交通事故认定书为由，于当日作出乐人社工时〔2013〕05 号（峨眉山市）《工伤认定时限中止通知书》（以下简称《中止通知》），并向原告和第三人送达。

2013年6月24日，原告通过国内特快专递邮件方式，向被告提交了《恢复工伤认定申请书》，要求被告恢复对王雷兵的工伤认定。因被告未恢复对王雷兵工伤认定程序，原告遂于同年7月30日向法院提起行政诉讼，请求判决撤销被告作出的《中止通知》。

裁判结果

四川省乐山市市中区人民法院于2013年9月25日作出（2013）乐中行初字第36号判决，撤销被告乐山市人力资源和社会保障局于2013年4月10日作出的乐人社工时〔2013〕05号《中止通知》。一审宣判后，乐山市人力资源和社会保障局提起了上诉。乐山市中级人民法院二审审理过程中，乐山市人力资源和社会保障局递交撤回上诉申请书。乐山市中级人民法院经审查认为，上诉人自愿申请撤回上诉，属其真实意思表示，符合法律规定，遂裁定准许乐山市人力资源和社会保障局撤回上诉。一审判决已发生法律效力。

裁判理由

法院生效裁判认为，本案争议的焦点有两个：一是《中止通知》是否属于可诉行政行为；二是《中止通知》是否应当予以撤销。

一、关于《中止通知》是否属于可诉行政行为问题

法院认为，被告作出《中止通知》，属于工伤认定程序中的程序性行政行为，如果该行为不涉及终局性问题，对相对人的权利义务没有实质影响的，属于不成熟的行政行为，不具有可诉性，相对人提起行政诉讼的，不属于人民法院受案范围。但如果该程序性行政行为具有终局性，对相对人权利义务产生实质影响，并且无法通过提起针对相关的实体性行政行为的诉讼获得救济的，则属于可诉行政行为，相对人提起行政诉讼的，属于人民法院行政诉讼受案范围。

虽然根据《中华人民共和国道路交通安全法》第七十三条的规定："公安机关交通管理部门应当根据交通事故现场勘验、检查、调查情况和有关的检验、鉴定结论，及时制作交通事故认定书，作为处理交通事故的证据。交通事故认定书应当载明交通事故的基本事实、成因和当事人的责任，并送达当事人"。但是，在现实道路交通事故中，也存在因道路交通事故成因确实无法查清，公安机关交通管理部门不能作出交通事故认定书的情况。对此，《道路交通事故处理程序规定》第五十条规定："道路交通事故成因无法查清的，公安机关交通管理部门应当出具道路交通事故证明，载明道路交通事故发生的时间、地点、当事人情况及调查得到的事实，分别送达当事人。"就本案而言，峨眉山市公安局交警大队就王雷兵因交通事故死亡，依据所调查的事故情况，只能依法作出《道路交通事故证明》，而无法作出《交通事故认定书》。因此，本案中《道路交通事故证明》已经是公安机关交通管理部门依据《道路交通事故处理程序规定》就事故作出的结论，也就是《工伤保险条例》第二十条第三款中规定的工伤认定决定需要的"司法机关或者有关行政主管部门的结论"。除非出现新事实或者法定理由，否则公安机关交通管理部门不会就本案涉及的交通事故作出其他结论。而本案被告在第三人申请认定工伤时已经提交了相关《道路交通事故证明》的情况下，仍然作出《中止通知》，并且一直到原告起诉之日，被告仍以工伤认定处于中止中为由，拒绝恢复对王雷兵死亡是否属于工伤的认定程序。由此可见，虽然被告作出《中止通知》是工伤认定中的一种程序性行为，但该行为将导致原告的合法权益长期，乃至永久得不到依法救济，直接影响了原告的合法权益，对其权利义务产生实质影响，并且原告也无法通过对相关实体性行政行为提起诉讼以获得救济。因此，被告作出《中止通知》，属于可诉行政行为，人民法院应当依法受理。

二、关于《中止通知》应否予以撤销问题

法院认为，《工伤保险条例》第二十条第三款规定，"作出工伤认定决定需要以司法机关或者有关行政主管部门的结论为依据的，在司法机关或者有关行政主管部门尚未作出结论期间，作出工伤认定决定的时限中止。"如前所述，第三人在向被告就王雷兵死亡申请工伤认定时已经提交了《道路交通事故证明》。也就是说，第三人申请工伤认定时，并不存在《工伤保险条例》第二十条第三款所规定的依法可以作出中止决定的情形。因此，被告依据《工伤保险条例》第二十条规定，作出《中止通知》属于适用法律、法规错误，应当予以撤销。另外，需要指出的是，在人民法院撤销被告作出的《中止通知》判决生效后，被告对涉案职工认定工伤的程序即应予以恢复。

（生效裁判审判人员：黄英、李巨、彭东）

最高人民法院
关于发布第 15 批指导性案例的通知

(2016 年 12 月 28 日　法〔2016〕449 号)

各省、自治区、直辖市高级人民法院，解放军军事法院，新疆维吾尔自治区高级人民法院生产建设兵团分院：

经最高人民法院审判委员会讨论决定，现将北京阳光一佰生物技术开发有限公司、习文有等生产、销售有毒、有害食品案等八个案例（指导案例70-77号），作为第15批指导性案例发布，供在审判类似案件时参照。

最高人民法院
2016 年 12 月 28 日

【指导案例 70 号】

北京阳光一佰生物技术开发有限公司、习文有等生产、销售有毒、有害食品案

(最高人民法院审判委员会讨论通过　2016 年 12 月 28 日发布)

关键词　刑事　生产、销售有毒、有害食品罪　有毒有害的非食品原料

裁判要点

行为人在食品生产经营中添加的虽然不是国务院有关部门公布的

《食品中可能违法添加的非食用物质名单》和《保健食品中可能非法添加的物质名单》中的物质，但如果该物质与上述名单中所列物质具有同等属性，并且根据检验报告和专家意见等相关材料能够确定该物质对人体具有同等危害的，应当认定为《中华人民共和国刑法》第一百四十四条规定的"有毒、有害的非食品原料"。

相关法条

《中华人民共和国刑法》第144条

基本案情

被告人习文有于2001年注册成立了北京阳光一佰生物技术开发有限公司（以下简称阳光一佰公司），系公司的实际生产经营负责人。2010年以来，被告单位阳光一佰公司从被告人谭国民处以600元/公斤的价格购进生产保健食品的原料，该原料系被告人谭国民从被告人尹立新处以2500元/公斤的价格购进后进行加工，阳光一佰公司购进原料后加工制作成用于辅助降血糖的保健食品阳光一佰牌山芪参胶囊，以每盒100元左右的价格销售至扬州市广陵区金福海保健品店及全国多个地区。被告人杨立峰具体负责生产，被告人钟立檬、王海龙负责销售。2012年5月至9月，销往上海、湖南、北京等地的山芪参胶囊分别被检测出含有盐酸丁二胍，食品药品监督管理部门将检测结果告知阳光一佰公司及习文有。被告人习文有在得知检测结果后随即告知被告人谭国民、尹立新，被告人习文有明知其所生产、销售的保健品中含有盐酸丁二胍后，仍然继续向被告人谭国民、尹立新购买原料，组织杨立峰、钟立檬、王海龙等人生产山芪参胶囊并销售。被告人谭国民、尹立新在得知检测结果后继续向被告人习文有销售该原料。

盐酸丁二胍是丁二胍的盐酸盐。目前盐酸丁二胍未获得国务院药品监督管理部门批准生产或进口，不得作为药物在我国生产、销售和使用。扬州大学医学院葛晓群教授出具的专家意见和南京医科大学司法鉴定所的鉴定意见证明：盐酸丁二胍具有降低血糖的作用，很早就撤出我国市场，长期使用添加盐酸丁二胍的保健食品可能对机体产生不良影响，甚至危及生命。

从2012年8月底至2013年1月案发，阳光一佰公司生产、销售金额达800余万元。其中，习文有、尹立新、谭国民参与生产、销售的含有盐酸丁二胍的山芪参胶囊金金额达800余万元；杨立峰参与生产的含有盐酸丁二胍的山芪参胶囊金额达800余万元；钟立檬、王海龙参与销售的含有盐酸丁二胍的山芪参胶囊金额达40余万元。尹立新、谭国民与阳光一佰公司共同故意实施犯罪，系共同犯罪，尹立新、谭国民系提供有毒、有害原料用于生产、销售有毒、有害食品的帮助犯，其在共同犯罪中均系从犯。习文有与杨立峰、钟立檬、王海龙共同故意实施犯罪，系共同犯罪，杨立峰、钟立檬、王海龙系受习文有指使实施生产、销售有毒、有害食品的犯罪行为，均系从犯。习文有在共同犯罪中起主要作用，系主犯。杨立峰、谭国民犯罪后主动投案，并如实供述犯罪事实，系自首，当庭自愿认罪。习文有、尹立新、王海龙归案后如实供述犯罪事实，当庭自愿认罪。钟立檬归案后如实供述部分犯罪事实，当庭对部分犯罪事实自愿认罪。

裁判结果

江苏省扬州市广陵区人民法院于2014年1月10日作出（2013）扬广刑初字第0330号刑事判决：被告单位北京阳光一佰生物技术开发有限公司犯生产、销售有毒、有害食品罪，判处罚金人民币一千五百万元；被告人习文有犯生产、销售有毒、有害食品罪，判处有期徒刑十五年，剥夺政治权利三年，并处罚金人民币九百万元；被告人尹立新犯生产、销售有毒、有害食品罪，判处有期徒刑十二年，剥夺政治权利二年，并处罚金人民币一百万元；被告人谭国民犯生产、销售有毒、有害食品罪，判处有期徒刑十一年，剥夺政治权利二年，并处罚金人民币一百万元；被告人杨立峰犯生产有毒、有害食品罪，判处有期徒刑五年，并处罚金人民币十万元；被告人钟立檬犯销售有毒、有害食品罪，判处有期徒刑四年，并处罚金人民币八万元；被告人王海龙犯销售有毒、有害食品罪，判处有期徒刑三年六个月，并处罚金人民币六万元；继续向被告单位北京阳光一佰生物技术开发有限公司追缴违法所得人民币八百万元，向被告人尹立新追缴违法所得人民币六十七万一千五百元，向被告人谭国民追缴违法所得人民币一百三十二万元；扣押的含有盐酸丁二胍的山芪参胶囊、颗粒，予以没收。宣判后，被告单位和各被告人均提出上诉。江苏省扬州市中级人民法院于2014年6月13日作出（2014）扬刑二终字第0032号刑事裁定：驳回上诉、维持原判。

裁判理由

法院生效裁判认为：刑法第一百四十四条规定，"在生产、销售的食品中掺入有毒、有害的非食品原料的，或者销售明知掺有有毒、有害的非食品原料的食品的，处五年以下有期徒刑，并处罚金；对人体健康造成严重危害或者有其他严重情节的,处五年以上十年以下有期徒刑,并处罚金;致人死亡或者有其他特别严重情节的,依照本法第一百四十一条的规定处罚。"最高人民法院、最高人民检察院《关于办理危害食品安全刑事案件适用法律若干问题的解释》(以下简称《解释》)第二十条规定,"下列物质应当认定为'有毒、有害的非食品原料':(一)法律、法规禁止在食品生产经营活动中添加、使用的物质;(二)国务院有关部门公布的《食品中可能违法添加的非食用物质名单》《保健食品中可能非法添加的物质名单》上的物质;(三)国务院有关部门公告禁止使用的农药、兽药以及其他有毒、有害物质;(四)其他危害人体健康的物质。"第二十一条规定,"'足以造成严重食物中毒事故或者其他严重食源性疾病''有毒、有害非食品原料'难以确定的,司法机关可以根据检验报告并结合专家意见等相关材料进行认定。必要时,人民法院可以依法通知有关专家出庭作出说明。"本案中,盐酸丁二胍系在我国未获得药品监督管理部门批准生产或进口,不得作为药品在我国生产、销售和使用的化学物质;其亦非食品添加剂。盐酸丁二胍也不属于上述《解释》第二十条第二、第三项规定的物质。根据扬州大学医学院葛晓群教授出具的专家意见和南京医科大学司法鉴定所的鉴定意见证明,盐酸丁二胍与《解释》第二十条第二项《保健食品中可能非法添加的物质名单》中的其他降糖类西药(盐酸二甲双胍、盐酸苯乙双胍)具有同等属性和同等危害。长期服用添加有盐酸丁二胍的"阳光一佰牌山芪参胶囊"有对人体产生毒副作用的风险,影响人体健康、甚至危害生命。因此,对盐酸丁二胍应当依照《解释》第二十条第四项、第二十一条的规定,认定为刑法第一百四十四条规定的"有毒、有害的非食品原料"。

被告单位阳光一佰公司、被告人习文有作为阳光一佰公司生产、销售山芪参胶囊的直接负责的主管人员,被告人杨立峰、钟立檬、王海龙作为阳光一佰公司生产、销售山芪参胶囊的直接责任人员,明知阳光一佰公司生产、销售的保健食品山芪参胶囊中含有国家禁止添加的盐酸丁二胍成分,仍然进行生产、销售;被告人尹立新、谭国民明知其提供的含有国家禁止添加的盐酸丁二胍的原料被被告人习文有用于生产保健食品山芪参胶囊并进行销售,仍然向习文有提供该种原料,因此,上述单位和被告人均依法构成生产、销售有毒、有害食品罪。其中,被告单位阳光一佰公司、被告人习文有、尹立新、谭国民的行为构成生产、销售有毒、有害食品罪。被告人杨立峰的行为构成生产有毒、有害食品罪；被告人钟立檬、王海龙的行为均已构成销售有毒、有害食品罪。根据被告单位及各被告人犯罪情节、犯罪数额，综合考虑各被告人在共同犯罪中的地位作用、自首、认罪态度等量刑情节，作出如上判决。

（生效裁判审判人员：汤咏梅、陈圣勇、汤军琪）

【指导案例71号】

毛建文拒不执行判决、裁定案

（最高人民法院审判委员会讨论通过　2016年12月28日发布）

关键词　刑事　拒不执行判决、裁定罪　起算时间

裁判要点

有能力执行而拒不执行判决、裁定的时间从判决、裁定发生法律效力时起算。具有执行内容的判决、裁定发生法律效力后，负有执行义务的人有隐藏、转移、故意毁损财产等拒不执行行为，致使判决、裁定无法执行，情节严重的，应当以拒不执行判决、裁定罪定罪处罚。

相关法条

《中华人民共和国刑法》第三百一十三条

基本案情

浙江省平阳县人民法院于2012年12月11日作出（2012）温平鳌商初字第595号民事判决，判令被告人毛建文于判决生效之日起15日内返还陈先银挂靠在其名下的温州宏源包装制品有限公司投资款200000元及利息。该判决于2013年1月6日生效。因毛建文未自觉履行生效法律文书确定的义务，陈先银于2013年2月16日向平阳县人民法院申请强制执行。立案后，平阳县人民法院在执行中查明，毛建文于2013年1月17日将其名下的浙CVU661小型普通客车以150000元的价格转卖，并将所得款项用于个人开销，拒不执行生效判决。毛建文于2013年11月30日被抓获归案后如实供述了上述事实。

裁判结果

浙江省平阳县人民法院于 2014 年 6 月 17 日作出（2014）温平刑初字第 314 号刑事判决：被告人毛建文犯拒不执行判决罪，判处有期徒刑十个月。宣判后，毛建文未提起上诉，公诉机关未提出抗诉，判决已发生法律效力。

裁判理由

法院生效裁判认为：被告人毛建文负有履行生效裁判确定的执行义务，在人民法院具有执行内容的判决、裁定发生法律效力后，实施隐藏、转移财产等拒不执行行为，致使判决、裁定无法执行，情节严重，其行为已构成拒不执行判决罪。公诉机关指控的罪名成立。毛建文归案后如实供述了自己的罪行，可以从轻处罚。

本案的争议焦点为，拒不执行判决、裁定罪中规定的"有能力执行而拒不执行"的行为起算时间如何认定，即被告人毛建文拒不执行判决的行为是从相关民事判决发生法律效力时起算，还是从执行立案时起算。对此，法院认为，生效法律文书进入强制执行程序并不是构成拒不执行判决、裁定罪的要件和前提，毛建文拒不执行判决的行为应从相关民事判决于 2013 年 1 月 6 日发生法律效力时起算。主要理由如下：第一，符合立法原意。全国人民代表大会常务委员会对刑法第三百一十三条规定解释时指出，该条中的"人民法院的判决、裁定"，是指人民法院依法作出的具有执行内容并已发生法律效力的判决、裁定。这就是说，只有具有执行内容的判决、裁定发生法律效力后，才具有法律约束力和强制执行力，义务人才有及时、积极履行生效法律文书确定义务的责任。生效法律文书的强制执行力不是在进入强制执行程序后才产生的，而是自法律文书生效之日起即产生。第二，与民事诉讼法及其司法解释协调一致。《中华人民共和国民事诉讼法》第一百一十一条规定：诉讼参与人或者其他人拒不履行人民法院已经发生法律效力的判决、裁定的，人民法院可以根据情节轻重予以罚款、拘留；构成犯罪的，依法追究刑事责任。《最高人民法院关于适用〈中华人民共和国民事诉讼法〉的解释》第一百八十八条规定：民事诉讼法第一百一十一条第一款第六项规定的拒不履行人民法院已经发生法律效力的判决、裁定的行为，包括在法律文书发生法律效力后隐藏、转移、变卖、毁损财产或者无偿转让财产、以明显不合理的价格交易财产、放弃到期债权、无偿为他人提供担保等，致使人民法院无法执行的。由此可见，法律明确将拒不执行行为限定在法律文书发生法律效力后,并未将拒不执行的主体仅限定为进入强制执行程序后的被执行人或者协助执行义务人等,更未将拒不执行判决、裁定罪的调整范围仅限于生效法律文书进入强制执行程序后发生的行为。第三,符合立法目的。拒不执行判决、裁定罪的立法目的在于解决法院生效判决、裁定的"执行难"问题。将判决、裁定生效后立案执行前逃避履行义务的行为纳入拒不执行判决、裁定罪的调整范围,是法律设定该罪的应有之意。将判决、裁定生效之日确定为拒不执行判决、裁定罪中拒不执行行为的起算时间点,能有效地促使义务人在判决、裁定生效后即迫于刑罚的威慑力而主动履行生效裁判确定的义务,避免生效裁判沦为一纸空文,从而使社会公众真正尊重司法裁判,维护法律权威,从根本上解决"执行难"问题,实现拒不执行判决、裁定罪的立法目的。

(生效裁判审判人员:郭朝晖、曾洪宁、裴伦)

【指导案例 72 号】

汤龙、刘新龙、马忠太、王洪刚诉新疆鄂尔多斯彦海房地产开发有限公司商品房买卖合同纠纷案

(最高人民法院审判委员会讨论通过 2016 年 12 月 28 日发布)

关键词 民事 商品房买卖合同 借款合同 清偿债务 法律效力 审查

裁判要点

借款合同双方当事人经协商一致,终止借款合同关系,建立商品房买卖合同关系,将借款本金及利息转化为已付购房款并经对账清算的,不属于《中华人民共和国物权法》第一百八十六条规定禁止的情形,该商品房买卖合同的订立目的,亦不属于《最高人民法院关于审理民

间借贷案件适用法律若干问题的规定》第二十四条规定的"作为民间借贷合同的担保"。在不存在《中华人民共和国合同法》第五十二条规定情形的情况下，该商品房买卖合同具有法律效力。但对转化为已付购房款的借款本金及利息数额，人民法院应当结合借款合同等证据予以审查，以防止当事人将超出法律规定保护限额的高额利息转化为已付购房款。

相关法条

《中华人民共和国物权法》第一百八十六条

《中华人民共和国合同法》第五十二条

基本案情

原告汤龙、刘新龙、马忠太、王洪刚诉称：根据双方合同约定，新疆鄂尔多斯彦海房地产开发有限公司（以下简称彦海公司）应于2014年9月30日向四人交付符合合同约定的房屋。但至今为止，彦海公司拒不履行房屋交付义务。故请求判令：一、彦海公司向汤龙、刘新龙、马忠太、王洪刚支付违约金6000万元；二、彦海公司承担汤龙、刘新龙、马忠太、王洪刚主张权利过程中的损失费用416300元；三、彦海公司承担本案的全部诉讼费用。

彦海公司辩称：汤龙、刘新龙、马忠太、王洪刚应分案起诉。四人与彦海公司没有购买和出售房屋的意思表示，双方之间房屋买卖合同名为买卖实为借贷，该商品房买卖合同系为借贷合同的担保，该约定违反了《中华人民共和国担保法》第四十条、《中华人民共和国物权法》第一百八十六条的规定无效。双方签订的商品房买卖合同存在显失公平、乘人之危的情况。四人要求的违约金及损失费用亦无事实依据。

法院经审理查明：汤龙、刘新龙、马忠太、王洪刚与彦海公司于2013年先后签订多份借款合同，通过实际出借并接受他人债权转让，取得对彦海公司合计2.6亿元借款的债权。为担保该借款合同履行，四人与彦海公司分别签订多份商品房预售合同，并向当地房屋产权交易管理中心办理了备案登记。该债权陆续到期后，因彦海公司未偿还借款本息，双方经对账，确认彦海公司尚欠四人借款本息361398017.78元。双方随后重新签订商品房买卖合同，约定彦海公司将其名下房屋出售给四人，上述欠款本息转为已付购房款，剩余购房款38601982.22元，待办理完毕全部标的物产权转移登记后一次性支付给彦海公司。汤龙等四人提交与彦海公司对账表显示，双方之间的借款利息系分别按照月利率

3%和4%、逾期利率10%计算,并计算复利。

裁判结果

新疆维吾尔自治区高级人民法院于2015年4月27日作出(2015)新民一初字第2号民事判决,判令:一、彦海公司向汤龙、马忠太、刘新龙、王洪刚支付违约金9275057.23元;二、彦海公司向汤龙、马忠太、刘新龙、王洪刚支付律师费416300元;三、驳回汤龙、马忠太、刘新龙、王洪刚的其他诉讼请求。上述款项,应于判决生效后十日内一次性付清。宣判后,彦海公司以双方之间买卖合同系借款合同的担保,并非双方真实意思表示,且欠款金额包含高利等为由,提起上诉。最高人民法院于2015年10月8日作出(2015)民一终字第180号民事判决:一、撤销新疆维吾尔自治区高级人民法院(2015)新民一初字第2号民事判决;二、驳回汤龙、刘新龙、马忠太、王洪刚的诉讼请求。

裁判理由

法院生效裁判认为:本案争议的商品房买卖合同签订前,彦海公司与汤龙等四人之间确实存在借款合同关系,且为履行借款合同,双方签订了相应的商品房预售合同,并办理了预购商品房预告登记。但双方系争商品房买卖合同是在彦海公司未偿还借款本息的情况下,经重新协商并对账,将借款合同关系转变为商品房买卖合同关系,将借款本息转为已付购房款,并对房屋交付、尾款支付、违约责任等权利义务作出了约定。民事法律关系的产生、变更、消灭,除基于法律特别规定,需要通过法律关系参与主体的意思表示一致形成。民事交易活动中,当事人意思表示发生变化并不鲜见,该意思表示的变化,除为法律特别规定所禁止外,均应予以准许。本案双方经协商一致终止借款合同关系,建立商品房买卖合同关系,并非为双方之间的借款合同履行提供担保,而是借款合同到期彦海公司难以清偿债务时,通过将彦海公司所有的商品房出售给汤龙等四位债权人的方式,实现双方权利义务平衡的一种交易安排。该交易安排并未违反法律、行政法规的强制性规定,不属于《中华人民共和国物权法》第一百八十六条规定禁止的情形,亦不适用《最高人民法院关于审理民间借贷案件适用法律若干问题的规定》第二十四条规定。尊重当事人嗣后形成的变更法律关系性质的一致意思表示,是贯彻合同自由原则的题中应有之意。彦海公司所持本案商品房买卖合同无效的主张,不予采信。

但在确认商品房买卖合同合法有效的情况下,由于双方当事人均认可该合同项下已付购房款系由原借款本息转来,且彦海公司提出该欠款数额包含高额利息。在当事人请求司法确认和保护购房者合同权利时,人民法院对基于借款合同的实际履行而形成的借款本金及利息数额应当予以审查,以避免当事人通过签订商品房买卖合同等方式,将违法高息合法化。经审查,双方之间借款利息的计算方法,已经超出法律规定的民间借贷利率保护上限。对双方当事人包含高额利息的欠款数额,依法不能予以确认。由于法律保护的借款利率明显低于当事人对账确认的借款利率,故应当认为汤龙等四人作为购房人,尚未足额支付合同约定的购房款,彦海公司未按照约定时间交付房屋,不应视为违约。汤龙等四人以彦海公司逾期交付房屋构成违约为事实依据,要求彦海公司支付违约金及律师费,缺乏事实和法律依据。一审判决判令彦海公司承担支付违约金及律师费的违约责任错误,本院对此予以纠正。

(生效裁判审判人员:辛正郁、潘杰、沈丹丹)

【指导案例 73 号】

通州建总集团有限公司诉安徽天宇化工有限公司别除权纠纷案

(最高人民法院审判委员会讨论通过 2016 年 12 月 28 日发布)

关键词 民事 别除权 优先受偿权 行使期限 起算点

裁判要点

符合《中华人民共和国破产法》第十八条规定的情形,建设工程施工合同视为解除的,承包人行使优先受偿权的期限应自合同解除之日起计算。

相关法条

《中华人民共和国合同法》第 286 条

《中华人民共和国破产法》第 18 条

基本案情

2006年3月,安徽天宇化工有限公司(以下简称安徽天宇公司)与通州建总集团有限公司(以下简称通州建总公司)签订了一份《建设工程施工合同》,安徽天宇公司将其厂区一期工程生产厂区的土建、安装工程发包给通州建总公司承建,合同约定,开工日期:暂定2006年4月28日(以实际开工报告为准),竣工日期:2007年3月1日,合同工期总日历天数300天。发包方不按合同约定支付工程款,双方未达成延期付款协议,承包人可停止施工,由发包人承担违约责任。后双方又签订一份《合同补充协议》,对支付工程款又做了新的约定,并约定厂区工期为113天,生活区工期为266天。2006年5月23日,监理公司下达开工令,通州建总公司遂组织施工,2007年安徽天宇公司厂区的厂房等主体工程完工。后因安徽天宇公司未按合同约定支付工程款,致使工程停工,该工程至今未竣工。2011年7月30日,双方在仲裁期间达成和解协议,约定如处置安徽天宇公司土地及建筑物偿债时,通州建总公司的工程款可优先受偿。后安徽天宇公司因不能清偿到期债务,江苏宏远建设集团有限公司向安徽省滁州市中级人民法院申请安徽天宇公司破产还债。安徽省滁州市中级人民法院于2011年8月26日作出(2011)滁民二破字第00001号民事裁定,裁定受理破产申请。2011年10月10日,通州建总公司向安徽天宇公司破产管理人申报债权并主张对该工程享有优先受偿权。2013年7月19日,安徽省滁州市中级人民法院作出(2011)滁民二破字第00001-2号民事裁定,宣告安徽天宇公司破产。通州建总公司于2013年8月27日提起诉讼,请求确认其债权享有优先受偿权。

裁判结果

安徽省滁州市中级人民法院于2014年2月28日作出(2013)滁民一初字第00122号民事判决:确认原告通州建总集团有限公司对申报的债权就其施工的被告安徽天宇化工有限公司生产厂区土建、安装工程享有优先受偿权。宣判后,安徽天宇化工有限公司提出上诉。安徽省高级人民法院于2014年7月14日作出(2014)皖民一终字第00054号民事判决,驳回上诉,维持原判。

裁判理由

法院生效裁判认为:本案双方当事人签订的建设工程施工合同虽约定了工程竣工时间,但涉案工程因安徽天宇公司未能按合同约定支付工程款导致停工。现没有证据证明在工程停工后至法院受理破产申请前，双方签订的建设施工合同已经解除或终止履行，也没有证据证明在法院受理破产申请后，破产管理人决定继续履行合同。根据《中华人民共和国破产法》第十八条"人民法院受理破产申请后，管理人对破产申请受理前成立而债务人和对方当事人均未履行完毕的合同有权决定解除或继续履行，并通知对方当事人。管理人自破产申请受理之日起二个月未通知对方当事人，或者自收到对方当事人催告之日起三十日内未答复的，视为解除合同"的规定，涉案建设工程施工合同在法院受理破产申请后已实际解除，本案建设工程无法正常竣工。按照最高人民法院全国民事审判工作会议纪要精神，因发包人的原因，合同解除或终止履行时已经超出合同约定的竣工日期的，承包人行使优先受偿权的期限自合同解除之日起计算，安徽天宇公司要求按合同约定的竣工日期起算优先受偿权行使时间的主张，缺乏依据，不予采信。2011年8月26日，法院裁定受理对安徽天宇公司的破产申请，2011年10月10日通州建总公司向安徽天宇公司的破产管理人申报债权并主张工程款优先受偿权，因此，通州建总公司主张优先受偿权的时间是2011年10月10日。安徽天宇公司认为通州建总公司行使优先受偿权的时间超过了破产管理之日六个月，与事实不符，不予支持。

（生效裁判审判人员：洪平、胡小恒、台旺）

【指导案例 74 号】

中国平安财产保险股份有限公司江苏分公司诉江苏镇江安装集团有限公司保险人代位求偿权纠纷案

（最高人民法院审判委员会讨论通过　2016年12月28日发布）

关键词　民事　保险代位求偿权　财产保险合同　第三者对保险标的的损害　违约行为

裁判要点

因第三者的违约行为给被保险人的保险标的造成损害的,可以认定为属于《中华人民共和国保险法》第六十条第一款规定的"第三者对保险标的的损害"的情形。保险人由此依法向第三者行使代位求偿权的,人民法院应予支持。

相关法条

《中华人民共和国保险法》第六十条第一款

基本案情

2008年10月28日,被保险人华东联合制罐有限公司(以下简称华东制罐公司)、华东联合制罐第二有限公司(以下简称华东制罐第二公司)与被告江苏镇江安装集团有限公司(以下简称镇江安装公司)签订《建设工程施工合同》,约定由镇江安装公司负责被保险人整厂机器设备迁建安装等工作。《建设工程施工合同》第二部分"通用条款"第38条约定:"承包人按专用条款的约定分包所承包的部分工程,并与分包单位签订分包合同,未经发包人同意,承包人不得将承包工程的任何部分分包";"工程分包不能解除承包人任何责任与义务。承包人应在分包场地派驻相应管理人员,保证本合同的履行。分包单位的任何违约行为或疏忽导致工程损害或给发包人造成其他损失,承包人承担连带责任"。《建设工程施工合同》第三部分"专用条款"第14条第(1)项约定"承包人不得将本工程进行分包施工"。"通用条款"第40条约定:"工程开工前,发包人为建设工程和施工场地内的自有人员及第三人人员生命财产办理保险,支付保险费用";"运至施工场地内用于工程的材料和待安装设备,由发包人办理保险,并支付保险费用";"发包人可以将有关保险事项委托承包人办理,费用由发包人承担";"承包人必须为从事危险作业的职工办理意外伤害保险,并为施工场地内自有人员生命财产和施工机械设备办理保险,支付保险费用"。

2008年11月16日,镇江安装公司与镇江亚民大件起重有限公司(以下简称亚民运输公司)公司签订《工程分包合同》,将前述合同中的设备吊装、运输分包给亚民运输公司。2008年11月20日,就上述整厂迁建设备安装工程,华东制罐公司、华东制罐第二公司向中国平安财产保险股份有限公司江苏分公司(以下简称平安财险公司)投保了安装工程一切险。投保单中记载被保险人为华东制罐公司及华东制罐第二公司,并明确记载承包人镇江安装公司不是被保险人。投保单"物质损失投保项目和投保金额"栏载明"安装项目投保金额为177465335.56元"。附加险中,还投保有"内陆运输扩展条款A",约定每次事故财产损失赔偿限额为200万元。投保期限从2008年11月20日起至2009年7月31日止。投保单附有被安装机器设备的清单,其中包括:SEQUA彩印机2台,合计原值为29894340.88元。投保单所附保险条款中,对"内陆运输扩展条款A"作如下说明:经双方同意,鉴于被保险人已按约定交付了附加的保险费,保险公司负责赔偿被保险人的保险财产在中华人民共和国境内供货地点到保险单中列明的工地,除水运和空运以外的内陆运输途中因自然灾害或意外事故引起的损失,但被保险财产在运输时必须有合格的包装及装载。

2008年12月19日10时30分许,亚民运输公司驾驶员姜玉才驾驶苏L06069、苏L003挂重型半挂车,从旧厂区承运彩印机至新厂区的途中,在转弯时车上钢丝绳断裂,造成彩印机侧翻滑落地面损坏。平安财险公司接险后,对受损标的确定了清单。经镇江市公安局交通巡逻警察支队现场查勘,认定姜玉才负事故全部责任。后华东制罐公司、华东制罐第二公司、平安财险公司、镇江安装公司及亚民运输公司共同委托泛华保险公估有限公司(以下简称泛华公估公司)对出险事故损失进行公估,并均同意认可泛华公估公司的最终理算结果。2010年3月9日,泛华公估公司出具了公估报告,结论:出险原因系设备运输途中翻落(意外事故);保单责任成立;定损金额总损1518431.32元、净损1498431.32元;理算金额1498431.32元。泛华公估公司收取了平安财险公司支付的47900元公估费用。

2009年12月2日,华东制罐公司及华东制罐第二公司向镇江安装公司发出《索赔函》,称"该事故导致的全部损失应由贵司与亚民运输公司共同承担。我方已经向投保的中国平安财产保险股份有限公司镇江中心支公司报险。一旦损失金额确定,投保公司核实并先行赔付后,对赔付限额内的权益,将由我方让渡给投保公司行使。对赔付不足部分,我方将另行向贵司与亚民运输公司主张"。

2010年5月12日,华东制罐公司、华东制罐第二公司向平安财险公司出具赔款收据及权益转让书,载明:已收到平安财险公司赔付的1498431.32元。同意将上述赔款部分保险标的的一切权益转让给平安财险公司,同意平安财险公司以平安财险公司的名义向责任方追偿。后平安财险公司诉至法院,请求判令镇江安装公司支付赔偿款和公估费。

裁判结果

江苏省镇江市京口区人民法院于2011年2月16日作出（2010）京商初字第1822号民事判决：一、江苏镇江安装集团有限公司于判决生效后10日内给付中国平安财产保险股份有限公司江苏分公司1498431.32元；二、驳回中国平安财产保险股份有限公司江苏分公司关于给付47900元公估费的诉讼请求。一审宣判后，江苏镇江安装集团有限公司向江苏省镇江市中级人民法院提起上诉。江苏省镇江市中级人民法院于2011年4月12日作出（2011）镇商终字第0133号民事判决：一、撤销镇江市京口区人民法院（2010）京商初字第1822号民事判决；二、驳回中国平安财产保险股份有限公司江苏分公司对江苏镇江安装集团有限公司的诉讼请求。二审宣判后，中国平安财产保险股份有限公司江苏分公司向江苏省高级人民法院申请再审。江苏省高级人民法院于2014年5月30日作出（2012）苏商再提字第0035号民事判决：一、撤销江苏省镇江市中级人民法院（2011）镇商终字第0133号民事判决；二、维持镇江市京口区人民法院（2010）京商初字第1822号民事判决。

裁判理由

法院生效裁判认为，本案的焦点问题是：1. 保险代位求偿权的适用范围是否限于侵权损害赔偿请求权；2. 镇江安装公司能否以华东制罐公司、华东制罐第二公司已购买相关财产损失险为由，拒绝保险人对其行使保险代位求偿权。

关于第一个争议焦点。《中华人民共和国保险法》（以下简称《保险法》）第六十条第一款规定："因第三者对保险标的的损害而造成保险事故的，保险人自向被保险人赔偿保险金之日起，在赔偿金额范围内代位行使被保险人对第三者请求赔偿的权利。"该款使用的是"因第三者对保险标的的损害而造成保险事故"的表述，并未限制规定为"因第三者对保险标的的侵权损害而造成保险事故"。将保险代位求偿权的权利范围理解为限于侵权损害赔偿请求权，没有法律依据。从立法目的看，规定保险代位求偿权制度，在于避免财产保险的被保险人因保险事故的发生，分别从保险人及第三者获得赔偿，取得超出实际损失的不当利益，并因此增加道德风险。将《保险法》第六十条第一款中的"损害"理解为仅指"侵权损害"，不符合保险代位求偿权制度设立的目的。故保险人行使代位求偿权，应以被保险人对第三者享有损害赔偿请求权为前提，这里的赔偿请求权既可因第三者对保险标的实施的侵权行为而产生，亦可基于第三者的违约行为等产生，不应仅限于侵权赔偿请求权。本案平安财险公司是基于镇江安装公司的违约行为而非侵权行为行使代位求偿权，镇江安装公司对保险事故的发生是否有过错，对案件的处理并无影响。并且，《建设工程施工合同》约定"承包人不得将本工程进行分包施工"。因此，镇江安装公司关于其对保险事故的发生没有过错因而不应承担责任的答辩意见，不能成立。平安财险公司向镇江安装公司主张权利，主体适格，并无不当。

  关于第二个争议焦点。镇江安装公司提出，在发包人与其签订的建设工程施工合同通用条款第40条中约定，待安装设备由发包人办理保险，并支付保险费用。从该约定可以看出，就工厂搬迁及设备的拆解安装事项，发包人与镇江安装公司共同商定办理保险，虽然保险费用由发包人承担，但该约定在双方的合同条款中体现，即该费用系双方承担，或者说，镇江安装公司在总承包费用中已经就保险费用作出了让步。由发包人向平安财险公司投保的业务，承包人也应当是被保险人。关于镇江安装公司的上述抗辩意见，《保险法》第十二条第二款、第六款分别规定："财产保险的被保险人在保险事故发生时，对保险标的应当具有保险利益"；"保险利益是指投保人或者被保险人对保险标的具有的法律上承认的利益"。据此，不同主体对于同一保险标的可以具有不同的保险利益，可就同一保险标的的投保与其保险利益相对应的保险险种，成立不同的保险合同，并在各自的保险利益范围内获得保险保障，从而实现利用保险制度分散各自风险的目的。因发包人和承包人对保险标的具有不同的保险利益，只有分别投保与其保险利益相对应的财产保险类别，才能获得相应的保险保障，二者不能相互替代。发包人华东制罐公司和华东制罐第二公司作为保险标的的所有权人，其投保的安装工程一切险是基于对保险标的享有的所有权保险利益而投保的险种，旨在分散保险标的的损坏或灭失风险，性质上属于财产损失保险；附加险中投保的"内陆运输扩展条款A"约定"保险公司负责赔偿被保险人的保险财产在中华人民共和国境内供货地点到保险单中列明的工地，除水运和空运以外的内陆运输途中因自然灾害或意外事故引起的损失"，该项附加险在性质上亦属财产损失保险。镇江安装公司并非案涉保险标的的所有权人，不享有所有权保险利益，其作为承包人对案涉保险标的享有责任保险利益，欲将施工过程中可能产生的损害赔偿责任转由保险人承担，应当投保相关责任保险，而不能借由发包人投保的财产损失保险免除自已应负的赔偿责任。其次,发包人不认可承包人的被保险人地位,案涉《安装工程一切险投保单》中记载的被保险人为华东制罐公司及华东制罐第二公司,并明确记载承包人镇江安装公司不是被保险人。因此,镇江安装公司关于"由发包人向平安财险公司投保的业务,承包人也应当是被保险人"的答辩意见,不能成立。《建设工程施工合同》明确约定"运至施工场地内用于工程的材料和待安装设备,由发包人办理保险,并支付保险费用"及"工程分包不能解除承包人任何责任与义务,分包单位的任何违约行为或疏忽导致工程损害或给发包人造成其他损失,承包人承担连带责任"。由此可见,发包人从未作出在保险赔偿范围内免除承包人赔偿责任的意思表示,双方并未约定在保险赔偿范围内免除承包人的赔偿责任。再次,在保险事故发生后,被保险人积极向承包人索赔并向平安财险公司出具了权益转让书。根据以上情况,镇江安装公司以其对保险标的也具有保险利益,且保险标的所有权人华东制罐公司和华东制罐第二公司已投保财产损失保险为由,主张免除其依建设工程施工合同应对两制罐公司承担的违约损害赔偿责任,并进而拒绝平安财险公司行使代位求偿权,没有法律依据,不予支持。

综上理由作出如上判决。

(生效裁判审判人员:刘振、曹霞、马倩)

【指导案例 75 号】

中国生物多样性保护与绿色发展基金会诉宁夏瑞泰科技股份有限公司环境污染公益诉讼案

(最高人民法院审判委员会讨论通过 2016 年 12 月 28 日发布)

关键词 民事 环境污染公益诉讼 专门从事环境保护公益活动的社会组织

裁判要点

1. 社会组织的章程虽未载明维护环境公共利益,但工作内容属于保护环境要素及生态系统的,应认定符合《最高人民法院关于审理环境民事公益诉讼案件适用法律若干问题的解释》(以下简称《解释》)第四条关于"社会组织章程确定的宗旨和主要业务范围是维护社会公共利益"的规定。

2. 《解释》第四条规定的"环境保护公益活动",既包括直接改善生态环境的行为,也包括与环境保护相关的有利于完善环境治理体系、提高环境治理能力、促进全社会形成环境保护广泛共识的活动。

3. 社会组织起诉的事项与其宗旨和业务范围具有对应关系,或者与其所保护的环境要素及生态系统具有一定联系的,应认定符合《解释》第四条关于"与其宗旨和业务范围具有关联性"的规定。

相关法条

《中华人民共和国环境保护法》第五十八条

基本案情

2015年8月13日,中国环境保护与绿色发展基金会(以下简称绿发会)向宁夏回族自治区中卫市中级人民法院提起诉讼称:宁夏瑞泰科技股份有限公司(以下简称瑞泰公司)在生产过程中违规将超标废水直接排入蒸发池,造成腾格里沙漠严重污染,截至起诉时仍然没有整改完毕。请求判令瑞泰公司:(一)停止非法污染环境行为;(二)对造成环境污染的危险予以消除;(三)恢复生态环境或者成立沙漠环境修复专项基金并委托具有资质的第三方进行修复;(四)针对第二项和第三项诉讼请求,由法院组织原告、技术专家、法律专家、人大代表、政协委员共同验收;(五)赔偿环境修复前生态功能损失;(六)在全国性媒体上公开赔礼道歉等。

绿发会向法院提交了基金会法人登记证书,显示绿发会是在中华人民共和国民政部登记的基金会法人。绿发会提交的2010至2014年度检查证明材料,显示其在提起本案公益诉讼前五年年检合格。绿发会亦提交了五年内未因从事业务活动违反法律、法规的规定而受到行政、刑事处罚的无违法记录声明。此外,绿发会章程规定,其宗旨为"广泛动员全社会关心和支持生物多样性保护和绿色发展事业,保护国家战略资源,促进生态文明建设和人与自然和谐,构建人类美好家园"。在案件的一审、二审及再审期间,绿发会向法院提交了其自1985年成立至今,一直实际从事包括举办环境保护研讨会、组织生态考察、开展环境保护宣传教育、提起环境民事公益诉讼等活动的相关证据材料。

裁判结果

宁夏回族自治区中卫市中级人民法院于 2015 年 8 月 19 日作出（2015）卫民公立字第 6 号民事裁定，以绿发会不能认定为《中华人民共和国环境保护法》（以下简称《环境保护法》）第五十八条规定的"专门从事环境保护公益活动"的社会组织为由，裁定对绿发会的起诉不予受理。绿发会不服，向宁夏回族自治区高级人民法院提起上诉。该院于 2015 年 11 月 6 日作出（2015）宁民公立终字第 6 号民事裁定，驳回上诉，维持原裁定。绿发会又向最高人民法院申请再审。最高人民法院于 2016 年 1 月 22 日作出（2015）民申字第 3377 号民事裁定，裁定提审本案；并于 2016 年 1 月 28 日作出（2016）最高法民再 47 号民事裁定，裁定本案由宁夏回族自治区中卫市中级人民法院立案受理。

裁判理由

法院生效裁判认为：本案系社会组织提起的环境污染公益诉讼。本案的争议焦点是绿发会应否认定为专门从事环境保护公益活动的社会组织。

《中华人民共和国民事诉讼法》第五十五条规定了环境民事公益诉讼制度，明确法律规定的机关和有关组织可以提起环境公益诉讼。《环境保护法》第五十八条规定："对污染环境、破坏生态，损害社会公共利益的行为，符合下列条件的社会组织可以向人民法院提起诉讼：（一）依法在设区的市级以上人民政府民政部门登记；（二）专门从事环境保护公益活动连续五年以上且无违法记录。符合前款规定的社会组织向人民法院提起诉讼，人民法院应当依法受理。"《解释》第四条进一步明确了对于社会组织"专门从事环境保护公益活动"的判断标准，即"社会组织章程确定的宗旨和主要业务范围是维护社会公共利益，且从事环境保护公益活动的，可以认定为《环境保护法》第五十八条规定的'专门从事环境保护公益活动'。社会组织提起的诉讼所涉及的社会公共利益，应与其宗旨和业务范围具有关联性"。有关本案绿发会是否可以作为"专门从事环境保护公益活动"的社会组织提起本案诉讼，应重点从其宗旨和业务范围是否包含维护环境公共利益，是否实际从事环境保护公益活动，以及所维护的环境公共利益是否与其宗旨和业务范围具有关联性三个方面进行审查。

一、关于绿发会章程规定的宗旨和业务范围是否包含维护环境公共利益的问题。社会公众所享有的在健康、舒适、优美环境中生存和发展的共同利益，表现形式多样。对于社会组织宗旨和业务范围是否包含维护环境公共利益，应根据其内涵而非简单依据文字表述作出判断。社会组织章程即使未写明维护环境公共利益，但若其工作内容属于保护各种影响人类生存和发展的天然的和经过人工改造的自然因素的范畴，包括对大气、水、海洋、土地、矿藏、森林、草原、湿地、野生生物、自然遗迹、人文遗迹、自然保护区、风景名胜区、城市和乡村等环境要素及其生态系统的保护，均可以认定为宗旨和业务范围包含维护环境公共利益。

我国1992年签署的联合国《生物多样性公约》指出，生物多样性是指陆地、海洋和其他水生生态系统及其所构成的生态综合体，包括物种内部、物种之间和生态系统的多样性。《环境保护法》第三十条规定，"开发利用自然资源，应当合理开发，保护生物多样性，保障生态安全，依法制定有关生态保护和恢复治理方案并予以实施。引进外来物种以及研究、开发和利用生物技术，应当采取措施，防止对生物多样性的破坏。"可见，生物多样性保护是环境保护的重要内容，亦属维护环境公共利益的重要组成部分。

绿发会章程中明确规定，其宗旨为"广泛动员全社会关心和支持生物多样性保护和绿色发展事业，保护国家战略资源，促进生态文明建设和人与自然和谐，构建人类美好家园"，符合联合国《生物多样性公约》和《环境保护法》保护生物多样性的要求。同时，"促进生态文明建设""人与自然和谐""构建人类美好家园"等内容契合绿色发展理念，亦与环境保护密切相关，属于维护环境公共利益的范畴。故应认定绿发会的宗旨和业务范围包含维护环境公共利益内容。

二、关于绿发会是否实际从事环境保护公益活动的问题。环境保护公益活动，不仅包括植树造林、濒危物种保护、节能减排、环境修复等直接改善生态环境的行为，还包括与环境保护有关的宣传教育、研究培训、学术交流、法律援助、公益诉讼等有利于完善环境治理体系，提高环境治理能力，促进全社会形成环境保护广泛共识的活动。绿发会在本案一审、二审及再审期间提交的历史沿革、公益活动照片、环境公益诉讼立案受理通知书等相关证据材料，虽未经质证，但在立案审查阶段，足以显示绿发会自1985年成立以来长期实际从事包括举办环境保护研讨会、组织生态考察、开展环境保护宣传教育、提起环境民事公益诉讼等环境保护活动，符合《环境保护法》和《解释》的规定。同时，上述证据亦证明绿发会从事环境保护公益活动的时间已满五年，符合《环境保护法》第五十八条关于社会组织从事环境保护公益活动应五年以上的规定。

三、关于本案所涉及的社会公共利益与绿发会宗旨和业务范围是否具有关联性的问题。依据《解释》第四条的规定，社会组织提起的公益诉讼涉及的环境公共利益，应与社会组织的宗旨和业务范围具有一定关联。此项规定旨在促使社会组织所起诉的环境公共利益保护事项与其宗旨和业务范围具有对应或者关联关系，以保证社会组织具有相应的诉讼能力。因此，即使社会组织起诉事项与其宗旨和业务范围不具有对应关系，但若与其所保护的环境要素或者生态系统具有一定的联系，亦应基于关联性标准确认其主体资格。本案环境公益诉讼系针对腾格里沙漠污染提起。沙漠生物群落及其环境相互作用所形成的复杂而脆弱的沙漠生态系统，更加需要人类的珍惜利用和悉心呵护。绿发会起诉认为瑞泰公司将超标废水排入蒸发池，严重破坏了腾格里沙漠本已脆弱的生态系统，所涉及的环境公共利益之维护属于绿发会宗旨和业务范围。

此外，绿发会提交的基金会法人登记证书显示，绿发会是在中华人民共和国民政部登记的基金会法人。绿发会提交的2010至2014年度检查证明材料，显示其在提起本案公益诉讼前五年年检合格。绿发会还按照《解释》第五条的规定提交了其五年内未因从事业务活动违反法律、法规的规定而受到行政、刑事处罚的无违法记录声明。据此，绿发会亦符合《环境保护法》第五十八条，《解释》第二条、第三条、第五条对提起环境公益诉讼社会组织的其他要求，具备提起环境民事公益诉讼的主体资格。

（生效裁判审判人员：刘小飞、吴凯敏、叶阳）

【指导案例76号】

萍乡市亚鹏房地产开发有限公司诉萍乡市国土资源局不履行行政协议案

（最高人民法院审判委员会讨论通过　2016年12月28日发布）

关键词　行政　行政协议　合同解释　司法审查　法律效力

裁判要点

行政机关在职权范围内对行政协议约定的条款进行的解释,对协议双方具有法律约束力,人民法院经过审查,根据实际情况,可以作为审查行政协议的依据。

相关法条

《中华人民共和国行政诉讼法》第十二条

基本案情

2004年1月13日,萍乡市土地收购储备中心受萍乡市肉类联合加工厂委托,经被告萍乡市国土资源局(以下简称市国土局)批准,在萍乡日报上刊登了国有土地使用权公开挂牌出让公告,定于2004年1月30日至2004年2月12日在土地交易大厅公开挂牌出让TG-0403号国有土地使用权,地块位于萍乡市安源区后埠街万公塘,土地出让面积为23173.3平方米,开发用地为商住综合用地,冷藏车间维持现状,容积率2.6,土地使用年限为50年。萍乡市亚鹏房地产开发有限公司(以下简称亚鹏公司)于2006年2月12日以投标竞拍方式并以人民币768万元取得了TG-0403号国有土地使用权,并于2006年2月21日与被告市国土局签订了《国有土地使用权出让合同》。合同约定出让宗地的用途为商住综合用地,冷藏车间维持现状。土地使用权出让金为每平方米331.42元,总额计人民币768万元。2006年3月2日,市国土局向亚鹏公司颁发了萍国用(2006)第43750号和萍国用(2006)第43751号两本国有土地使用证,其中萍国用(2006)第43750号土地证地类(用途)为工业,使用权类为出让,使用权面积为8359平方米,萍国字(2006)第43751号土地证地类为商住综合用地。对此,亚鹏公司认为约定的"冷藏车间维持现状"是维持冷藏库的使用功能,并非维持地类性质,要求将其中一证地类由"工业"更正为"商住综合";但市国土局认为维持现状是指冷藏车间保留工业用地性质出让,且该公司也是按照冷藏车间为工业出让地缴纳的土地使用权出让金,故不同意更正土地用途。2012年7月30日,萍乡市规划局向萍乡市土地收购储备中心作出《关于要求解释〈关于萍乡市肉类联合加工厂地块的函〉》中有关问题的复函,主要内容是:我局在2003年10月8日出具规划条件中已明确了该地块用地性质为商住综合用地(冷藏车间约7300平方米,下同)但冷藏车间维持现状。根据该地块控规,其用地性质为居住(兼容商业),但由于地块内的食品冷藏车间是目前我市唯一的农产品储备保鲜库,也是我市重要的民生工程项目,因此,暂时保留地块内约7300平方米冷藏库的使用功能,未经政府或相关主管部门批准不得拆除。2013年2月21日,市国土局向亚鹏书面答复:一、根据市规划局出具的规划条件和宗地实际情况,同意贵公司申请TG-0403号地块中冷藏车间用地的土地用途由工业用地变更为商住用地。二、由于贵公司取得该宗地中冷藏车间用地使用权是按工业用地价格出让的,根据《中华人民共和国城市房地产管理法》之规定,贵公司申请TG-0403号地块中冷藏车间用地的土地用途由工业用地变更为商住用地,应补交土地出让金。补交的土地出让金可按该宗地出让时的综合用地(住宅、办公)评估价值减去的同等比例计算,即297.656万元*70%=208.36万元。三、冷藏车间用地的土地用途调整后,其使用功能未经市政府批准不得改变。亚鹏公司于2013年3月10日向法院提起行政诉讼,要求判令被告将萍国用(2006)第43750号国有土地使用证上的地类用途由"工业"更正为商住综合用地(冷藏车间维持现状)。撤销被告"关于对市亚鹏房地产有限公司TG-0403号地块有关土地用途问题的答复"中第二项关于补交土地出让金208.36万元的决定。

裁判结果

江西省萍乡市安源区人民法院于2014年4月23日作出(2014)安行初字第6号行政判决:一、被告萍乡市国土资源局在本判决生效之日起九十天内对萍国用(2006)第43750号国有土地使用证上的8359.1m²的土地用途应依法予以更正。二、撤销被告萍乡市国土资源局于2013年2月21日作出的《关于对市亚鹏房地产开发有限公司TG-0403号地块有关土地用途的答复》中第二项补交土地出让金208.36万元的决定。宣判后,萍乡市国土资源局提出上诉。江西省萍乡市中级人民法院于2014年8月15日作出(2014)萍行终字第10号行政判决:驳回上诉,维持原判。

裁判理由

法院生效裁判认为:行政协议是行政机关为实现公共利益或者行政管理目标,在法定职责范围内与公民、法人或者其他组织协商订立的具有行政法上权利义务内容的协议,本案行政协议即是市国土局代表国家与亚鹏公司签订的国有土地使用权出让合同。行政协议强调诚实信用、平等自愿,一经签订,各方当事人必须严格遵守,行政机关无正当理由不得在约定之外附加另一方当事人义务或单方变更解除。本案中,TG-

0403号地块出让时对外公布的土地用途是"开发用地为商住综合用地，冷藏车间维持现状"，出让合同中约定为"出让宗地的用途为商住综合用地，冷藏车间维持现状"。但市国土局与亚鹏公司就该约定的理解产生分歧，而萍乡市规划局对原萍乡市肉类联合加工厂复函确认TG-0403号国有土地使用权面积23173.3平方米（含冷藏车间）的用地性质是商住综合用地。萍乡市规划局的解释与挂牌出让公告明确的用地性质一致，且该解释是萍乡市规划局在职权范围内作出的，符合法律规定和实际情况，有助于树立诚信政府形象，并无重大明显的违法情形，具有法律效力，并对市国土局关于土地使用性质的判断产生约束力。因此，对市国土局提出的冷藏车间占地为工业用地的主张不予支持。亚鹏公司要求市国土局对"萍国用（2006）第43750号"土地证（土地使用权面积8359.1平方米）地类更正为商住综合用地，具有正当理由，市国土局应予以更正。亚鹏公司作为土地受让方按约支付了全部价款，市国土局要求亚鹏公司如若变更土地用途则应补交土地出让金，缺乏事实依据和法律依据，且有违诚实信用原则。

（生效裁判审判人员：朱江红、李修贵、邹绍良）

【指导案例77号】

罗镕荣诉吉安市物价局物价行政处理案

（最高人民法院审判委员会讨论通过 2016年12月28日发布）

关键词 行政诉讼 举报答复 受案范围 原告资格

裁判要点

1. 行政机关对与举报人有利害关系的举报仅作出告知性答复，未按法律规定对举报进行处理，不属于《最高人民法院关于执行〈中华人民共和国行政诉讼法〉若干问题的解释》第一条第六项规定的"对公民、法人或者其他组织权利义务不产生实际影响的行为"，因而具有可诉性，属于人民法院行政诉讼的受案范围。

2. 举报人就其自身合法权益受侵害向行政机关进行举报的，与行政机关的举报处理行为具有法律上的利害关系，具备行政诉讼原告主体资格。

相关法条

《中华人民共和国行政诉讼法》（2014年11月1日修正）第十二条、第二十五条

基本案情

原告罗镕荣诉称：2012年5月20日，其在吉安市吉州区井冈山大道电信营业厅办理手机号码时，吉安电信公司收取了原告20元卡费并出具了发票。原告认为吉安电信公司收取原告首次办理手机号码的卡费，违反了《集成电路卡应用和收费管理办法》中不得向用户单独收费的禁止性规定，故向被告吉安市物价局申诉举报，并提出了要求被告履行法定职责进行查处和作出书面答复等诉求。被告虽然出具了书面答复，但答复函中只写明被告调查时发现一个文件及该文件的部分内容。答复函中并没有对原告申诉举报信中的请求事项作出处理，被告的行为违反了《中华人民共和国价格法》《价格违法行为举报规定》等相关法律规定。请求法院确认被告在处理原告申诉举报事项中的行为违法，依法撤销被告的答复，判令被告依法查处原告申诉举报信所涉及的违法行为。

被告吉安市物价局辩称：原告的起诉不符合行政诉讼法的有关规定。行政诉讼是指公民、法人、其他组织对于行政机关的具体行政行为不服提起的诉讼。本案中被告于2012年7月3日对原告做出的答复不是一种具体行政行为，不具有可诉性。被告对原告的答复符合《价格违法行为规定》的程序要求，答复内容也是告知原告，被告经过调查后查证的情况。请求法院依法驳回原告的诉讼请求。

法院经审理查明：2012年5月28日，原告罗镕荣向被告吉安市物价局邮寄一份申诉举报函，对吉安电信公司向原告收取首次办理手机卡卡费20元进行举报，要求被告责令吉安电信公司退还非法收取原告的手机卡卡费20元，依法查处并没收所有电信用户首次办理手机卡被收取的卡费，依法奖励原告和书面答复原告相关处理结果。2012年5月31日，被告收到原告的申诉举报函。2012年7月3日，被告作出《关于对罗镕荣2012年5月28日〈申诉书〉办理情况的答复》，并向原告邮寄送达。答复内容为："2012年5月31日我局收到您反映吉安电信

公司新办手机卡用户收取 20 元手机卡卡费的申诉书后,我局非常重视,及时进行调查,经调查核实:江西省通管局和江西省发改委联合下发的《关于江西电信全业务套餐资费优化方案的批复》(赣通局〔2012〕14号)规定:UIM 卡收费上限标准:入网 50 元/张,补卡、换卡:30 元/张。我局非常感谢您对物价工作的支持和帮助。"原告收到被告的答复后,以被告的答复违法为由诉至法院。

裁判结果

江西省吉安市吉州区人民法院于 2012 年 11 月 1 日作出(2012)吉行初字第 13 号判决:撤销吉安市物价局《关于对罗镕荣 2012 年 5 月 28 日〈申诉书〉办理情况的答复》,限其在十五日内重新作出书面答复。宣判后,当事人未上诉,判决已发生法律效力。

裁判理由

法院生效裁判认为:关于吉安市物价局举报答复行为的可诉性问题。根据《中华人民共和国行政诉讼法》(以下简称《行政诉讼法》,1989 年 4 月 4 日通过)第十一条第一款第五项规定,申请行政机关履行保护人身权、财产权的法定职责,行政机关拒绝履行或者不予答复的,人民法院应受理当事人对此提起的诉讼。本案中,吉安市物价局依法应对罗镕荣举报的吉安市电信公司收取卡费行为是否违法进行调查认定,并告知调查结果,但其作出的举报答复将《关于江西电信全业务套餐资费优化方案的批复》(以下简称《批复》)中规定的 UIM 卡收费上限标准进行了罗列,未载明对举报事项的处理结果。此种以告知《批复》有关内容代替告知举报调查结果行为,未能依法履行保护举报人财产权的法定职责,本身就是对罗镕荣通过正当举报途径寻求救济的权利的一种侵犯,不属于《最高人民法院关于执行〈中华人民共和国行政诉讼法〉若干问题的解释》(以下简称《行政诉讼法解释》)第一条第六项规定的"对公民、法人或者其他组织权利义务不产生实际影响的行为"的范围,具有可诉性,属于人民法院行政诉讼的受案范围。

关于罗镕荣的原告资格问题。根据《行政诉讼法》第二条、第二十四条第一款及《行政诉讼法解释》第十二条规定,举报人就举报处理行为提起行政诉讼,必须与该行为具有法律上的利害关系。本案中,罗镕容虽然要求吉安市物价局"依法查处并没收所有电信用户首次办理手机卡被收取的卡费",但仍是基于认为吉安电信公司收取卡费行为侵害其自身合法权益,向吉安市物价局进行举报,并持有收取费用的发票作为证据。因此，罗镕荣与举报处理行为具有法律上的利害关系，具有行政诉讼原告主体资格，依法可以提起行政诉讼。

关于举报答复合法性的问题。《价格违法行为举报规定》第十四条规定："举报办结后，举报人要求答复且有联系方式的，价格主管部门应当在办结后五个工作日内将办理结果以书面或者口头方式告知举报人。"本案中吉安市物价局作为价格主管部门，依法具有受理价格违法行为举报，并对价格是否违法进行审查，提出分类处理意见的法定职责。罗镕荣在申诉举报函中明确列举了三项举报请求，且要求吉安市物价局在查处结束后书面告知罗镕荣处理结果，该答复未依法载明吉安市物价局对被举报事项的处理结果，违反了《价格违法行为举报规定》第十四条的规定，不具有合法性，应予以纠正。

(生效裁判审判人员：胡建明、张冰华、刘桃生)

最高人民法院
关于发布第 16 批指导性案例的通知

(2017 年 3 月 6 日　法〔2017〕53 号)

各省、自治区、直辖市高级人民法院,解放军军事法院,新疆维吾尔自治区高级人民法院生产建设兵团分院:

经最高人民法院审判委员会讨论决定,现将北京奇虎科技有限公司诉腾讯科技(深圳)有限公司、深圳市腾讯计算机系统有限公司滥用市场支配地位纠纷案等十个案例(指导案例78-87号)作为第16批指导性案例发布,供在审判类似案件时参照。

最高人民法院
2017 年 3 月 6 日

【指导案例 78 号】

北京奇虎科技有限公司诉腾讯科技(深圳)有限公司、深圳市腾讯计算机系统有限公司滥用市场支配地位纠纷案

(最高人民法院审判委员会讨论通过　2017 年 3 月 9 日发布)

关键词　民事　滥用市场支配地位　垄断　相关市场

裁判要点

1. 在反垄断案件的审理中,界定相关市场通常是重要的分析步骤。

但是，能否明确界定相关市场取决于案件具体情况。在滥用市场支配地位的案件中，界定相关市场是评估经营者的市场力量及被诉垄断行为对竞争影响的工具，其本身并非目的。如果通过排除或者妨碍竞争的直接证据，能够对经营者的市场地位及被诉垄断行为的市场影响进行评估，则不需要在每一个滥用市场支配地位的案件中，都明确而清楚地界定相关市场。

2. 假定垄断者测试（HMT）是普遍适用的界定相关市场的分析思路。在实际运用时，假定垄断者测试可以通过价格上涨（SSNIP）或质量下降（SSNDQ）等方法进行。互联网即时通信服务的免费特征使用户具有较高的价格敏感度，采用价格上涨的测试方法将导致相关市场界定过宽，应当采用质量下降的假定垄断者测试进行定性分析。

3. 基于互联网即时通信服务低成本、高覆盖的特点，在界定其相关地域市场时，应当根据多数需求者选择商品的实际区域、法律法规的规定、境外竞争者的现状及进入相关地域市场的及时性等因素，进行综合评估。

4. 在互联网领域中，市场份额只是判断市场支配地位的一项比较粗糙且可能具有误导性的指标，其在认定市场支配力方面的地位和作用必须根据案件具体情况确定。

相关法条

《中华人民共和国反垄断法》第17条、第18条、第19条

基本案情

北京奇虎科技有限公司（以下简称奇虎公司）、奇智软件（北京）有限公司于2010年10月29日发布扣扣保镖软件。2010年11月3日，腾讯科技（深圳）有限公司（以下简称腾讯公司）发布《致广大QQ用户的一封信》，在装有360软件的电脑上停止运行QQ软件。11月4日，奇虎公司宣布召回扣扣保镖软件。同日，360安全中心亦宣布，在国家有关部门的强力干预下，目前QQ和360软件已经实现了完全兼容。2010年9月，腾讯QQ即时通信软件与QQ软件管理一起打包安装，安装过程中并未提示用户将同时安装QQ软件管理。2010年9月21日，腾讯公司发出公告称，正在使用的QQ软件管理和QQ医生将自动升级为QQ电脑管家。奇虎公司诉至广东省高级人民法院，指控腾讯公司滥用其在即时通信软件及服务相关市场的市场支配地位。奇虎公司主张，腾讯公司和深圳市腾讯计算机系统有限公司（以下简称腾讯计

算机公司）在即时通信软件及服务相关市场具有市场支配地位，两公司明示禁止其用户使用奇虎公司的 360 软件，否则停止 QQ 软件服务；拒绝向安装有 360 软件的用户提供相关的软件服务，强制用户删除 360 软件；采取技术手段，阻止安装了 360 浏览器的用户访问 QQ 空间，上述行为构成限制交易；腾讯公司和腾讯计算机公司将 QQ 软件管家与即时通信软件相捆绑，以升级 QQ 软件管家的名义安装 QQ 医生，构成捆绑销售。请求判令腾讯公司和腾讯计算机公司立即停止滥用市场支配地位的垄断行为，连带赔偿奇虎公司经济损失 1.5 亿元。

裁判结果

广东省高级人民法院于 2013 年 3 月 20 日作出（2011）粤高法民三初字第 2 号民事判决：驳回北京奇虎科技有限公司的诉讼请求。北京奇虎科技有限公司不服，提出上诉。最高人民法院于 2014 年 10 月 8 日作出（2013）民三终字第 4 号民事判决：驳回上诉、维持原判。

裁判理由

法院生效裁判认为：本案中涉及的争议焦点主要包括，一是如何界定本案中的相关市场，二是被上诉人是否具有市场支配地位，三是被上诉人是否构成反垄断法所禁止的滥用市场支配地位行为等几个方面。

一、如何界定本案中的相关市场

该争议焦点可以进一步细化为一些具体问题，择要概括如下：

首先，并非在任何滥用市场支配地位的案件中均必须明确而清楚地界定相关市场。竞争行为都是在一定的市场范围内发生和展开的，界定相关市场可以明确经营者之间竞争的市场范围及其面对的竞争约束。在滥用市场支配地位的案件中，合理地界定相关市场，对于正确认定经营者的市场地位、分析经营者的行为对市场竞争的影响、判断经营者行为是否违法，以及在违法情况下需承担的法律责任等关键问题，具有重要意义。因此，在反垄断案件的审理中，界定相关市场通常是重要的分析步骤。尽管如此，是否能够明确界定相关市场取决于案件具体情况，尤其是案件证据、相关数据的可获得性、相关领域竞争的复杂性等。在滥用市场支配地位案件的审理中，界定相关市场是评估经营者的市场力量及被诉垄断行为对竞争的影响的工具，其本身并非目的。即使不明确界定相关市场，也可以通过排除或者妨碍竞争的直接证据对被诉经营者的市场地位及被诉垄断行为可能的市场影响进行评估。因此，并非在每一个滥用市场支配地位的案件中均必须明确而清楚地界定相关市场。一审法院实际上已经对本案相关市场进行了界定,只是由于本案相关市场的边界具有模糊性,一审法院仅对其边界的可能性进行了分析而没有对相关市场的边界给出明确结论。有鉴于此,奇虎公司关于一审法院未对本案相关商品市场作出明确界定,属于本案基本事实认定不清的理由不能成立。

其次,关于"假定垄断者测试"方法可否适用于免费商品领域问题。法院生效裁判认为:第一,作为界定相关市场的一种分析思路,假定垄断者测试(HMT)具有普遍的适用性。实践中,假定垄断者测试的分析方法有多种,既可以通过数量不大但有意义且并非短暂的价格上涨(SSNIP)的方法进行,又可以通过数量不大但有意义且并非短暂的质量下降(SSNDQ)的方法进行。同时,作为一种分析思路或者思考方法,假定垄断者测试在实际运用时既可以通过定性分析的方法进行,又可以在条件允许的情况下通过定量分析的方法进行。第二,在实践中,选择何种方法进行假定垄断者测试取决于案件所涉市场竞争领域以及可获得的相关数据的具体情况。如果特定市场领域的商品同质化特征比较明显,价格竞争是较为重要的竞争形式,则采用数量不大但有意义且并非短暂的价格上涨(SSNIP)的方法较为可行。但是如果在产品差异化非常明显且质量、服务、创新、消费者体验等非价格竞争成为重要竞争形式的领域,采用数量不大但有意义且并非短暂的价格上涨(SSNIP)的方法则存在较大困难。特别是,当特定领域商品的市场均衡价格为零时,运用 SSNIP 方法尤为困难。在运用 SSNIP 方法时,通常需要确定适当的基准价格,进行 5%～10% 幅度的价格上涨,然后确定需求者的反应。在基准价格为零的情况下,如果进行 5%～10% 幅度的价格增长,增长后其价格仍为零;如果将价格从零提升到一个较小的正价格,则相当于价格增长幅度的无限增大,意味着商品特性或者经营模式发生较大变化,因而难以进行 SSNIP 测试。第三,关于假定垄断者测试在本案中的可适用性问题。互联网服务提供商在互联网领域的竞争中更加注重质量、服务、创新等方面的竞争而不是价格竞争。在免费的互联网基础即时通信服务已经长期存在并成为通行商业模式的情况下,用户具有极高的价格敏感度,改变免费策略转而收取哪怕是较小数额的费用都可能导致用户的大量流失。同时,将价格由免费转变为收费也意味着商品特性和经营模式的重大变化,即由免费商品转变为收费商品,由间接盈利模式转变为直接盈利模式。在这种情况下，如果采取基于相对价格上涨的假定垄断者测试，很可能将不具有替代关系的商品纳入相关市场中，导致相关市场界定过宽。因此，基于相对价格上涨的假定垄断者测试并不完全适宜在本案中适用。尽管基于相对价格上涨的假定垄断者测试难以在本案中完全适用，但仍可以采取该方法的变通形式，例如，基于质量下降的假定垄断者测试。由于质量下降程度较难评估以及相关数据难以获得，因此可以采用质量下降的假定垄断者测试进行定性分析而不是定量分析。

　　再次，关于本案相关市场是否应确定为互联网应用平台问题。上诉人认为，互联网应用平台与本案的相关市场界定无关；被上诉人则认为，互联网竞争实际上是平台的竞争，本案的相关市场范围远远超出了即时通信服务市场。法院生效裁判针对互联网领域平台竞争的特点，阐述了相关市场界定时应如何考虑平台竞争的特点及处理方式，认为：第一，互联网竞争一定程度地呈现出平台竞争的特征。被诉垄断行为发生时，互联网的平台竞争特征已经比较明显。互联网经营者通过特定的切入点进入互联网领域，在不同类型和需求的消费者之间发挥中介作用，以此创造价值。第二，判断本案相关商品市场是否应确定为互联网应用平台，其关键问题在于，网络平台之间为争夺用户注意力和广告主的相互竞争是否完全跨越了由产品或者服务特点所决定的界限，并给经营者施加了足够强大的竞争约束。这一问题的答案最终取决于实证检验。在缺乏确切的实证数据的情况下，至少注意如下方面：首先，互联网应用平台之间争夺用户注意力和广告主的竞争以其提供的关键核心产品或者服务为基础。其次，互联网应用平台的关键核心产品或者服务在属性、特征、功能、用途等方面上存在较大的不同。虽然广告主可能不关心这些产品或者服务的差异，只关心广告的价格和效果，因而可能将不同的互联网应用平台视为彼此可以替代，但是对于免费端的广大用户而言，其很难将不同平台提供的功能和用途完全不同的产品或者服务视为可以有效地相互替代。一个试图查找某个历史人物生平的用户通常会选择使用搜索引擎而不是即时通信，其几乎不会认为两者可以相互替代。再次，互联网应用平台关键核心产品或者服务的特性、功能、用途等差异决定了其所争夺的主要用户群体和广告主可能存在差异，因而在获取经济利益的模式、目标用户群、所提供的后续市场产品等方面存在较大区别。最后，本案中应该关注的是被上诉人是否利用了其在即时通信领域中可能的市场支配力量排除、限制互联网安全软件领域的竞争,将其在即时通信领域中可能存在的市场支配力量延伸到安全软件领域,这一竞争过程更多地发生在免费的用户端。鉴于上述理由,在本案相关市场界定阶段互联网平台竞争的特性不是主要考虑因素。第三,本案中对互联网企业平台竞争特征的考虑方式。相关市场界定的目的是为了明确经营者所面对的竞争约束,合理认定经营者的市场地位,并正确判断其行为对市场竞争的影响。即使不在相关市场界定阶段主要考虑互联网平台竞争的特性,但为了正确认定经营者的市场地位,仍然可以在识别经营者的市场地位和市场控制力时予以适当考虑。因此,对于本案,不在相关市场界定阶段主要考虑互联网平台竞争的特性并不意味着忽视这一特性,而是为了以更恰当的方式考虑这一特性。

最后,关于即时通信服务相关地域市场界定需要注意的问题。法院生效裁判认为:本案相关地域市场的界定,应从中国大陆地区的即时通信服务市场这一目标地域开始,对本案相关地域市场进行考察。因为基于互联网的即时通信服务可以低成本、低代价到达或者覆盖全球,并无额外的、值得关注的运输成本、价格成本或者技术障碍,所以在界定相关地域市场时,将主要考虑多数需求者选择商品的实际区域、法律法规的规定、境外竞争者的现状及其进入相关地域市场的及时性等因素。由于每一个因素均不是决定性的,因此需要根据上述因素进行综合评估。首先,中国大陆地区境内绝大多数用户均选择使用中国大陆地区范围内的经营者提供的即时通信服务。中国大陆地区境内用户对于国际即时通信产品并无较高的关注度。其次,我国有关互联网的行政法规规章等对经营即时通信服务规定了明确的要求和条件。我国对即时通信等增值电信业务实行行政许可制度,外国经营者通常不能直接进入我国大陆境内经营,需要以中外合资经营企业的方式进入并取得相应的行政许可。再次,位于境外的即时通信服务经营者的实际情况。在本案被诉垄断行为发生前,多数主要国际即时通信经营者例如MSN、雅虎、Skype、谷歌等均已经通过合资的方式进入中国大陆地区市场。因此,在被诉垄断行为发生时,尚未进入我国大陆境内的主要国际即时通信服务经营者已经很少。如果我国大陆境内的即时通信服务质量小幅下降,已没有多少境外即时通信服务经营者可供境内用户选择。最后,境外即时通信服务经营者在较短的时间内(例如一年)及时进入中国大陆地区并发展到足以制约境内经营者的规模存在较大困难。境外即时通信服务经营者首先需要通过合资方式建立企业、满足一系列许可条件并取得相应的行政许可，这在相当程度上延缓了境外经营者的进入时间。综上，本案相关地域市场应为中国大陆地区市场。

综合本案其他证据和实际情况，本案相关市场应界定为中国大陆地区即时通信服务市场，既包括个人电脑端即时通信服务，又包括移动端即时通信服务；既包括综合性即时通信服务，又包括文字、音频以及视频等非综合性即时通信服务。

二、被上诉人是否具有市场支配地位

对于经营者在相关市场中的市场份额在认定其市场支配力方面的地位和作用，法院生效裁判认为：市场份额在认定市场支配力方面的地位和作用必须根据案件具体情况确定。一般而言，市场份额越高，持续的时间越长，就越可能预示着市场支配地位的存在。尽管如此，市场份额只是判断市场支配地位的一项比较粗糙且可能具有误导性的指标。在市场进入比较容易，或者高市场份额源于经营者更高的市场效率或者提供了更优异的产品，或者市场外产品对经营者形成较强的竞争约束等情况下，高的市场份额并不能直接推断出市场支配地位的存在。特别是，互联网环境下的竞争存在高度动态的特征，相关市场的边界远不如传统领域那样清晰，在此情况下，更不能高估市场份额的指示作用，而应更多地关注市场进入、经营者的市场行为、对竞争的影响等有助于判断市场支配地位的具体事实和证据。

结合上述思路，法院生效裁判从市场份额、相关市场的竞争状况、被诉经营者控制商品价格、数量或者其他交易条件的能力、该经营者的财力和技术条件、其他经营者对该经营者在交易上的依赖程度、其他经营者进入相关市场的难易程度等方面，对被上诉人是否具有市场支配地位进行考量和分析。最终认定本案现有证据并不足以支持被上诉人具有市场支配地位的结论。

三、被上诉人是否构成反垄断法所禁止的滥用市场支配地位行为

法院生效裁判打破了传统的分析滥用市场支配地位行为的"三步法"，采用了更为灵活的分析步骤和方法，认为：原则上，如果被诉经营者不具有市场支配地位，则无需对其是否滥用市场支配地位进行分

析，可以直接认定其不构成反垄断法所禁止的滥用市场支配地位行为。不过，在相关市场边界较为模糊、被诉经营者是否具有市场支配地位不甚明确时，可以进一步分析被诉垄断行为对竞争的影响效果，以检验关于其是否具有市场支配地位的结论正确与否。此外，即使被诉经营者具有市场支配地位，判断其是否构成滥用市场支配地位，也需要综合评估该行为对消费者和竞争造成的消极效果和可能具有的积极效果，进而对该行为的合法性与否作出判断。本案主要涉及两个方面的问题：

一是关于被上诉人实施的"产品不兼容"行为（用户二选一）是否构成反垄断法禁止的限制交易行为。根据反垄断法第十七条的规定，具有市场支配地位的经营者，没有正当理由，限定交易相对人只能与其进行交易或者只能与其指定的经营者进行交易的，构成滥用市场支配地位。上诉人主张，被上诉人没有正当理由，强制用户停止使用并卸载上诉人的软件，构成反垄断法所禁止的滥用市场支配地位限制交易行为。对此，法院生效裁判认为，虽然被上诉人实施的"产品不兼容"行为对用户造成了不便，但是并未导致排除或者限制竞争的明显效果。这一方面说明被上诉人实施的"产品不兼容"行为不构成反垄断法所禁止的滥用市场支配地位行为，也从另一方面佐证了被上诉人不具有市场支配地位的结论。

二是被上诉人是否构成反垄断法所禁止的搭售行为。根据反垄断法第十七条的规定，具有市场支配地位的经营者，没有正当理由搭售商品，或者在交易时附加其他不合理的交易条件的，构成滥用市场支配地位。上诉人主张，被上诉人将QQ软件管家与即时通信软件捆绑搭售，并且以升级QQ软件管家的名义安装QQ医生，不符合交易惯例、消费习惯或者商品的功能，消费者选择权受到了限制，不具有正当理由；一审判决关于被诉搭售行为产生排除、限制竞争效果的举证责任分配错误。对此，法院生效裁判认为，上诉人关于被上诉人实施了滥用市场支配地位行为的上诉理由不能成立。

（生效裁判审判人员：王闯、王艳芳、朱理）

【指导案例 79 号】

吴小秦诉陕西广电网络传媒（集团）股份有限公司捆绑交易纠纷案

（最高人民法院审判委员会讨论通过　2017 年 3 月 6 日发布）

关键词　民事　捆绑交易　垄断　市场支配地位　搭售

裁判要点

1. 作为特定区域内唯一合法经营有线电视传输业务的经营者及电视节目集中播控者，在市场准入、市场份额、经营地位、经营规模等各要素上均具有优势，可以认定该经营者占有市场支配地位。

2. 经营者利用市场支配地位，将数字电视基本收视维护费和数字电视付费节目费捆绑在一起向消费者收取，侵害了消费者的消费选择权，不利于其他服务提供者进入数字电视服务市场。经营者即使存在两项服务分别收费的例外情形，也不足以否认其构成反垄断法所禁止的搭售。

相关法条

《中华人民共和国反垄断法》第十七条第一款第五项

基本案情

原告吴小秦诉称：2012 年 5 月 10 日，其前往陕西广电网络传媒（集团）股份有限公司（以下简称广电公司）缴纳数字电视基本收视维护费得知，该项费用由每月 25 元调至 30 元，吴小秦遂缴纳了 3 个月费用 90 元，其中数字电视基本收视维护费 75 元、数字电视节目费 15 元。之后，吴小秦获悉数字电视节目应由用户自由选择，自愿订购。吴小秦认为，广电公司属于公用企业，在数字电视市场内具有支配地位，其收取数字电视节目费的行为剥夺了自己的自主选择权，构成搭售，故诉至法院，请求判令：确认被告 2012 年 5 月 10 日收取其数字电视节目费 15 元的行为无效，被告返还原告 15 元。

广电公司辩称：广电公司作为陕西省内唯一电视节目集中播控者，向选择收看基本收视节目之外的消费者收取费用，符合反垄断法的规定；广电公司具备陕西省有线电视市场支配地位，鼓励用户选择有线电视套餐，但并未滥用市场支配地位，强行规定用户在基本收视业务之外必须消费的服务项目，用户有自主选择权；垄断行为的认定属于行政权力，而不是司法权力，原告没有请求认定垄断行为无效的权利；广电公司虽然推出了一系列满足用户进行个性化选择的电视套餐，但从没有进行强制搭售的行为，保证了绝大多数群众收看更多电视节目的选择权利；故请求驳回原告要求确认广电公司增加节目并收取费用无效的请求；愿意积极解决吴小秦的第二项诉讼请求。

法院经审理查明：2012年5月10日，吴小秦前往广电公司缴纳数字电视基本收视维护费时获悉，数字电视基本收视维护费每月最低标准由25元上调至30元。吴小秦缴纳了2012年5月10日至8月9日的数字电视基本收视维护费90元。广电公司向吴小秦出具的收费专用发票载明：数字电视基本收视维护费75元及数字电视节目费15元。之后，吴小秦通过广电公司客户服务中心（服务电话96766）咨询，广电公司节目升级增加了不同的收费节目，有不同的套餐，其中最低套餐基本收视费每年360元，用户每次最少应缴纳3个月费用。广电公司是经陕西省政府批准，陕西境内唯一合法经营有线电视传输业务的经营者和唯一电视节目集中播控者。广电公司承认其在有线电视传输业务中在陕西省占有支配地位。

另查，2004年12月2日国家发展改革委、国家广电总局印发的《有线电视基本收视维护费管理暂行办法》规定：有线电视基本收视维护费实行政府定价，收费标准由价格主管部门制定。2005年7月11日国家广电总局关于印发《推进试点单位有线电视数字化整体转换的若干意见（试行）》的通知规定，各试点单位在推进整体转换过程中，要重视付费频道等新业务的推广，供用户自由选择，自愿订购。陕西省物价局于2006年5月29日出台的《关于全省数字电视基本收视维护费标准的通知》规定：数字电视基本收视维护费收费标准为：以居民用户收看一台电视机使用一个接收终端为计费单位。全省县城以上城市居民用户每主终端每月25元；有线数字电视用户可根据实际情况自愿选择按月、按季或按年度缴纳基本收视维护费。国家发展改革委、国家广电总局于2009年8月25日出台的《关于加强有线电视收费管理等有关问题的通知》指出：有线电视基本收视维护费实行政府定价；有线电视增值业务服务和数字电视付费节目收费，由有线电视运营机构自行确定。

二审中，广电公司提供了四份收费专用发票复印件，证明在5月10日前后，广电公司的营业厅收取过25元的月服务费，因无原件，吴小秦不予质证。庭后广电公司提供了其中三张的原件，双方进行了核对与质证。该票据上均显示一年交费金额为300元，即每月25元。广电公司提供了五张票据的原件，包括一审提供过原件的三张，交易地点均为咸阳市。由此证明广电公司在5月10日前后，提供过每月25元的收费服务。

再审中，广电公司提交了其2016年网站收费套餐截图、关于印发《2016年大众业务实施办法（试行）的通知》、2016年部分客户收费发票。

裁判结果

陕西省西安市中级人民法院于2013年1月5日作出（2012）西民四初字第438号民事判决：1. 确认陕西广电网络传媒（集团）股份有限公司2012年5月10日收取原告吴小秦数字电视节目费15元的行为无效；2. 陕西广电网络传媒（集团）股份有限公司于本判决生效之日起十日内返还吴小秦15元。陕西广电网络传媒（集团）股份有限公司提起上诉，陕西省高级人民法院于2013年9月12日作出（2013）陕民三终字第38号民事判决：1. 撤销一审判决；2. 驳回吴小秦的诉讼请求。吴小秦不服二审判决，向最高人民法院提出再审申请。最高人民法院于2016年5月31日作出（2016）最高法民再98号民事判决：1. 撤销陕西省高级人民法院（2013）陕民三终字第38号民事判决；2. 维持陕西省西安市中级人民法院（2012）西民四初字第438号民事判决。

裁判理由

法院生效裁判认为：本案争议焦点包括，一是本案诉争行为是否违反了反垄断法第十七条第五项之规定，二是一审法院适用反垄断法是否适当。

一、关于本案诉争行为是否违反了反垄断法第十七条第五项之规定

反垄断法第十七条第五项规定，禁止具有市场支配地位的经营者没有正当理由搭售商品或者在交易时附加其他不合理的交易条件。本案中，广电公司在一审答辩中明确认可其"是经陕西省政府批准，陕西

境内唯一合法经营有线电视传输业务的经营者。作为陕西省内唯一电视节目集中播控者，广电公司具备陕西省有线电视市场支配地位，鼓励用户选择更丰富的有线电视套餐，但并未滥用市场支配地位，也未强行规定用户在基本收视业务之外必须消费的服务项目"。二审中，广电公司虽对此不予认可，但并未举出其不具有市场支配地位的相应证据。再审审查过程中，广电公司对一、二审法院认定其具有市场支配地位的事实并未提出异议。鉴于广电公司作为陕西境内唯一合法经营有线电视传输业务的经营者，陕西省内唯一电视节目集中播控者，一、二审法院在查明事实的基础上认定在有线电视传输市场中，广电公司在市场准入、市场份额、经营地位、经营规模等各要素上均具有优势，占有支配地位，并无不当。

关于广电公司在向吴小秦提供服务时是否构成搭售的问题。反垄断法第十七条第五项规定禁止具有市场支配地位的经营者没有正当理由搭售商品。本案中，根据原审法院查明的事实，广电公司在提供服务时其工作人员告知吴小秦每月最低收费标准已从2012年3月起由25元上调为30元，每次最少缴纳一个季度，并未告知吴小秦可以单独缴纳数字电视基本收视维护费或者数字电视付费节目费。吴小秦通过广电公司客户服务中心（服务电话号码96766）咨询获悉，广电公司节目升级，增加了不同的收费节目，有不同的套餐，其中最低套餐基本收视费为每年360元，每月30元，用户每次最少应缴纳3个月费用。根据前述事实并结合广电公司给吴小秦开具的收费专用发票记载的收费项目——数字电视基本收视维护费75元及数字电视节目费15元的事实，可以认定广电公司实际上是将数字电视基本收视节目和数字电视付费节目捆绑在一起向吴小秦销售，并没有告知吴小秦是否可以单独选购数字电视基本收视服务的服务项目。此外，从广电公司客户服务中心（服务电话号码96766）的答复中亦可佐证广电公司在提供此服务时，是将数字电视基本收视维护费和数字电视付费节目费一起收取并提供。虽然广电公司在二审中提交了其向其他用户单独收取数字电视基本收视维护费的相关票据，但该证据仅能证明广电公司在收取该费用时存在客户服务中心说明的套餐之外的例外情形。再审中，广电公司并未对客户服务中心说明的套餐之外的例外情形作出合理解释，其提交的单独收取相关费用的票据亦发生在本案诉讼之后，不足以证明诉讼时的情形，对此不予采信。因此，存在客户服务中心说明的套餐之外的例外情形并不足以否认广电公司将数字电视基本收视维护费和数字电视付费节目费一起收取的普遍做法。二审法院认定广电公司不仅提供了组合服务,也提供了基本服务,证据不足,应予纠正。因此,现有证据不能证明普通消费者可以仅缴纳电视基本收视维护费或者数字电视付费节目费,即不能证明消费者选择权的存在。二审法院在不能证明是否有选择权的情况下直接认为本案属于未告知消费者有选择权而涉及侵犯消费者知情权的问题,进而在此基础上,认定为广电公司的销售行为未构成反垄断法所规制的没有正当理由的搭售,事实和法律依据不足,应予纠正。

根据本院查明的事实,数字电视基本收视维护费和数字电视付费节目费属于两项单独的服务。在原审诉讼及本院诉讼中,广电公司未证明将两项服务一起提供符合提供数字电视服务的交易习惯;同时,如将数字电视基本收视维护费和数字电视付费节目费分别收取,现亦无证据证明会损害该两种服务的性能和使用价值;广电公司更未对前述行为说明其正当理由,在此情形下,广电公司利用其市场支配地位,将数字电视基本收视维护费和数字电视付费节目费一起收取,客观上影响消费者选择其他服务提供者提供相关数字付费节目,同时也不利于其他服务提供者进入电视服务市场,对市场竞争具有不利的效果。因此一审法院认定其违反了反垄断法第十七条第五项之规定,并无不当。吴小秦部分再审申请理由成立,予以支持。

二、关于一审法院适用反垄断法是否适当

本案诉讼中,广电公司在答辩中认为本案的发生实质上是一个有关吴小秦基于消费者权益保护法所应当享受的权利是否被侵犯的纠纷,而与垄断行为无关,认为一审法院不应当依照反垄断法及相关规定,认为其处于市场支配地位,从而确认其收费行为无效。根据《最高人民法院关于适用〈中华人民共和国民事诉讼法〉的解释》第二百二十六条及第二百二十八条的规定,人民法院应当根据当事人的诉讼请求、答辩意见以及证据交换的情况,归纳争议焦点,并就归纳的争议焦点征求当事人的意见。在法庭审理时,应当围绕当事人争议的事实、证据和法律适用等焦点问题进行。根据查明的事实,吴小秦在其诉状中明确主张"被告收取原告数字电视节目费,实际上是为原告在提供上述服务范围外增加提供服务内容,对此原告应当具有自主选择权。被告属于公用企

业或者其他依法具有独占地位的经营者,在数字电视市场内具有支配地位。被告的上述行为违反了反垄断法第十七条第一款第五项关于'禁止具有市场支配地位的经营者从事没有正当理由搭售商品,或者在交易时附加其他不合理的交易条件的滥用市场支配地位行为',侵害了原告的合法权益。原告依照《最高人民法院关于审理因垄断行为引发的民事纠纷案件应用法律若干问题的规定》,提起民事诉讼,请求人民法院依法确认被告的捆绑交易行为无效,判令其返还原告15元"。在该诉状中,吴小秦并未主张其消费者权益受到损害,因此一审法院根据吴小秦的诉讼请求适用反垄断法进行审理,并无不当。

综上,广电公司在陕西省境内有线电视传输服务市场上具有市场支配地位,其将数字电视基本收视服务和数字电视付费节目服务捆绑在一起向吴小秦销售,违反了反垄断法第十七条第一款第五项之规定。吴小秦关于确认广电公司收取其数字电视节目费15元的行为无效和请求判令返还15元的再审请求成立。一审判决认定事实清楚,适用法律正确,应予维持,二审判决认定事实依据不足,适用法律有误,应予纠正。

(生效裁判审判人员:王艳芳、钱小红、杜微科)

【指导案例80号】

洪福远、邓春香诉贵州五福坊食品有限公司、贵州今彩民族文化研发有限公司著作权侵权纠纷案

(最高人民法院审判委员会讨论通过 2017年3月6日发布)

关键词 民事 著作权侵权 民间文学艺术衍生作品

裁判要点

民间文学艺术衍生作品的表达系独立完成且有创作性的部分,符合著作权法保护的作品特征的,应当认定作者对其独创性部分享有著作权。

相关法条

《中华人民共和国著作权法》第三条

《中华人民共和国著作权法实施条例》第二条

基本案情

原告洪福远、邓春香诉称：原告洪福远创作完成的《和谐共生十二》作品，发表在 2009 年 8 月贵州人民出版社出版的《福远蜡染艺术》一书中。洪福远曾将该涉案作品的使用权（蜡染上使用除外）转让给原告邓春香，由邓春香维护著作财产权。被告贵州五福坊食品有限公司（以下简称五福坊公司）以促销为目的，擅自在其销售的商品上裁切性地使用了洪福远的上述画作。原告认为被告侵犯了洪福远的署名权和邓春香的著作财产权，请求法院判令：被告就侵犯著作财产权赔偿邓春香经济损失 20 万元；被告停止使用涉案图案，销毁涉案包装盒及产品册页；被告就侵犯洪福远著作人身权刊登声明赔礼道歉。

被告五福坊公司辩称：第一，原告起诉其拥有著作权的作品与贵州今彩民族文化研发有限公司（以下简称今彩公司）为五福坊公司设计的产品外包装上的部分图案，均借鉴了贵州黄平革家传统蜡染图案，被告使用今彩公司设计的产品外包装不构成侵权；第二，五福坊公司的产品外包装是委托本案第三人今彩公司设计的，五福坊公司在使用产品外包装时已尽到合理注意义务；第三，本案所涉作品在产品包装中位于右下角，整个作品面积只占产品外包装面积的二十分之一左右，对于产品销售的促进作用影响较小，原告起诉的赔偿数额 20 万元显然过高。原告的诉请没有事实和法律依据，故请求驳回原告的诉讼请求。

第三人今彩公司述称：其为五福坊公司进行广告设计、策划，2006 年 12 月创作完成"四季如意"的手绘原稿，直到 2011 年 10 月五福坊公司开发针对旅游市场的礼品，才重新截取该图案的一部分使用，图中的鸟纹、如意纹、铜鼓纹均源于贵州黄平革家蜡染的"原形"，原告作品中的鸟纹图案也源于贵州传统蜡染，原告方主张的作品不具有独创性，本案不存在侵权的事实基础，故原告的诉请不应支持。

法院经审理查明：原告洪福远从事蜡染艺术设计创作多年，先后被文化部授予"中国十大民间艺术家""非物质文化遗产保护工作先进个人"等荣誉称号。2009 年 8 月其创作完成的《和谐共生十二》作品发表在贵州人民出版社出版的《福远蜡染艺术》一书中，该作品借鉴了传统蜡染艺术的自然纹样和几何纹样的特征，色彩以靛蓝为主，描绘了一幅花、鸟共生的和谐图景。但该作品对鸟的外形进行了补充，对鸟的眼睛、嘴巴丰富了线条，使得鸟图形更加传神，对鸟的脖子、羽毛融入了作者个人的独创，使得鸟图形更为生动，对中间的铜鼓纹花也融合了作者自己的构思而有别于传统的蜡染艺术图案。2010年8月1日，原告洪福远与原告邓春香签订《作品使用权转让合同》，合同约定洪福远将涉案作品的使用权（蜡染上使用除外）转让给邓春香，由邓春香维护受让权利范围内的著作财产权。

被告五福坊公司委托第三人今彩公司进行产品的品牌市场形象策划设计服务，包括进行产品包装及配套设计、产品手册以及促销宣传品的设计等。根据第三人今彩公司的设计服务，五福坊公司在其生产销售的产品贵州辣子鸡、贵州小米渣、贵州猪肉干的外包装礼盒的左上角、右下角使用了蜡染花鸟图案和如意图案边框。洪福远认为五福坊公司使用了其创作的《和谐共生十二》作品，一方面侵犯了洪福远的署名权，割裂了作者与作品的联系，另一方面侵犯了邓春香的著作财产权。经比对查明，五福坊公司生产销售的上述三种产品外包装礼盒和产品手册上使用的蜡染花鸟图案与洪福远创作的《和谐共生十二》作品，在鸟与花图形的结构造型、线条的取舍与排列上一致，只是图案的底色和线条的颜色存在差别。

裁判结果

贵州省贵阳市中级人民法院于2015年9月18日作出（2015）筑知民初字第17号民事判决：一、被告贵州五福坊食品有限公司于本判决生效之日起10日内赔偿原告邓春香经济损失10万元；二、被告贵州五福坊食品有限公司在本判决生效后，立即停止使用涉案《和谐共生十二》作品；三、被告贵州五福坊食品有限公司于本判决生效之日起5日内销毁涉案产品贵州辣子鸡、贵州小米渣、贵州猪肉干的包装盒及产品宣传册页；四、驳回原告洪福远和邓春香的其余诉讼请求。一审宣判后，各方当事人均未上诉，判决已发生法律效力。

裁判理由

法院生效裁判认为：本案的争议焦点一是本案所涉《和谐共生十二》作品是否受著作权法保护；二是案涉产品的包装图案是否侵犯原告的著作权；三是如何确定本案的责任主体；四是本案的侵权责任方式如何判定；五是本案的赔偿数额如何确定。

关于第一个争议焦点，本案所涉原告洪福远的《和谐共生十二》画作中两只鸟尾部重合，中间采用铜鼓纹花连接而展示对称的美感，而这些正是传统蜡染艺术的自然纹样和几何纹样的主题特征，根据本案现有证据，可以认定涉案作品显然借鉴了传统蜡染艺术的表达方式，创作灵感直接来源于黄平革家蜡染背扇图案。但涉案作品对鸟的外形进行了补充，对鸟的眼睛、嘴巴丰富了线条，对鸟的脖子、羽毛融入了作者个人的独创，使得鸟图形更为传神生动，对中间的铜鼓纹花也融合了作者的构思而有别于传统的蜡染艺术图案。根据著作权法实施条例第二条"著作权法所称作品，是指文学、艺术和科学领域内具有独创性并能以某种有形形式复制的智力成果"的规定，本案所涉原告洪福远创作的《和谐共生十二》画作属于传统蜡染艺术作品的衍生作品，是对传统蜡染艺术作品的传承与创新，符合著作权法保护的作品特征，在洪福远具有独创性的范围内受著作权法的保护。

关于第二个争议焦点，根据著作权法实施条例第四条第九项"美术作品，是指绘画、书法、雕塑等以线条、色彩或者其他方式构成的有审美意义的平面或者立体的造型艺术作品"的规定，绘画作品主要是以线条、色彩等方式构成的有审美意义的平面造型艺术作品。经过庭审比对，本案所涉产品贵州辣子鸡等包装礼盒和产品手册中使用的花鸟图案与涉案《和谐共生十二》画作，在鸟与花图形的结构造型、线条的取舍与排列上一致，只是图案的底色和线条的颜色存在差别，就比对的效果来看图案的底色和线条的颜色差别已然成为侵权的掩饰手段而已，并非独创性的智力劳动；第三人今彩公司主张其设计、使用在五福坊公司产品包装礼盒和产品手册中的作品创作于2006年，但其没有提交任何证据可以佐证，而洪福远的涉案作品于2009年发表在《福远蜡染艺术》一书中，且书中画作直接注明了作品创作日期为2003年，由此可以认定洪福远的涉案作品创作并发表在先。在五福坊公司生产、销售涉案产品之前，洪福远即发表了涉案《和谐共生十二》作品，五福坊公司有机会接触到原告的作品。据此，可以认定第三人今彩公司有抄袭洪福远涉案作品的故意，五福坊公司在生产、销售涉案产品包装礼盒和产品手册中部分使用原告的作品，侵犯了原告对涉案绘画美术作品的复制权。

关于第三个争议焦点，庭前准备过程中，经法院向洪福远释明是否追加今彩公司为被告参加诉讼，是否需要变更诉讼请求，原告以书面形式表示不同意追加今彩公司为被告，并认为五福坊公司与今彩公司属于另一法律关系，不宜与本案合并审理。事实上，五福坊公司与今彩公司签订了合同书，合同约定被告生产的所有产品的外包装、广告文案、宣传品等皆由今彩公司设计，合同也约定如今彩公司提交的设计内容有侵权行为，造成的后果由今彩公司全部承担。但五福坊公司作为产品包装的委托方，并未举证证明其已尽到了合理的注意义务，且也是侵权作品的最终使用者和实际受益者，根据著作权法第四十八条第二款第一项"有下列侵权行为的，应当根据情况，承担停止侵害、消除影响、赔礼道歉、赔偿损失等民事责任……（一）未经著作权人许可，复制、发行、表演、放映、广播、汇编、通过信息网络向公众传播其作品的，本法另有规定的除外"、《最高人民法院关于审理著作权民事纠纷案件适用法律若干问题的解释》（以下简称《著作权纠纷案件解释》）第十九条、第二十条第二款的规定，五福坊公司依法应承担本案侵权的民事责任。五福坊公司与第三人今彩公司之间属另一法律关系，不属于本案的审理范围，当事人可另行主张解决。

关于第四个争议焦点，根据著作权法第四十七条、第四十八条规定，侵犯著作权或与著作权有关的权利的，应当根据案件的实际情况，承担停止侵害、消除影响、赔礼道歉、赔偿损失等民事责任。本案中，第一，原告方的部分著作人身权和财产权受到侵害，客观上产生相应的经济损失，对于原告方的第一项赔偿损失的请求，依法应当获得相应的支持；第二，无论侵权人有无过错，为防止损失的扩大，责令侵权人立即停止正在实施的侵犯他人著作权的行为，以保护权利人的合法权益，也是法律实施的目的，对于原告方第二项要求被告停止使用涉案图案，销毁涉案包装盒及产品册页的诉请，依法应予支持；第三，五福坊公司事实上并无主观故意，也没有重大过失，只是没有尽到合理的审查义务而基于法律的规定承担侵权责任，洪福远也未举证证明被告侵权行为造成其声誉的损害，故对于洪福远要求五福坊公司在《贵州都市报》综合版面刊登声明赔礼道歉的第三项诉请，不予支持。

关于第五个争议焦点，本案中，原告方并未主张为制止侵权行为所支出的合理费用，也没有举证证明为制止侵权行为所支出的任何费用。庭审中，原告方没有提交任何证据以证明其实际损失的多少，也没有提交任何证据以证明五福坊公司因侵权行为的违法所得。事实上，原告方的实际损失本身难以确定，被告方因侵权行为的违法所得也难以查清。根据《著作权纠纷案件解释》第二十五条第一款、第二款"权利人的实际损失或者侵权人的违法所得无法确定的，人民法院根据当事人的请求或者依职权适用著作权法第四十八条第二款（现为第四十九条第二款）的规定确定赔偿数额。人民法院在确定赔偿数额时，应当考虑作品类型、合理使用费、侵权行为性质、后果等情节综合确定"的规定，结合本案的客观实际，主要考量以下5个方面对侵犯著作权赔偿数额的影响：第一，洪福远的涉案《和谐共生十二》作品属于贵州传统蜡染艺术作品的衍生作品，著作权作品的创作是在传统蜡染艺术作品基础上的传承与创新，涉案作品中鸟图形的轮廓与对称的美感来源于传统艺术作品，作者构思的创新有一定的限度和相对局限的空间；第二，贵州蜡染有一定的区域特征和地理标志意义，以花、鸟、虫、鱼等为创作缘起的蜡染艺术作品在某种意义上属于贵州元素或贵州符号，五福坊公司作为贵州的本土企业，其使用贵州蜡染艺术作品符合民间文学艺术作品作为非物质文化遗产固有的民族性、区域性的基本特征要求；第三，根据洪福远与邓春香签订的《作品使用权转让合同》，洪福远已经将其创作的涉案《和谐共生十二》作品的使用权（蜡染上使用除外）转让给邓春香，即涉案作品的大部分著作财产权转让给了传统民间艺术传承区域外的邓春香，由邓春香维护涉案作品著作财产权，基于本案著作人身权与财产权的权利主体在传统民间艺术传承区域范围内外客观分离的状况，传承区域范围内的企业侵权行为产生的后果与影响并不显著；第四，洪福远几十年来执着于民族蜡染艺术的探索与追求，在创作中将传统的民族蜡染与中国古典文化有机地糅合，从而使蜡染艺术升华到一定高度，对区域文化的发展起到一定的推动作用。尽管涉案作品的大部分著作财产权已经转让给了传统民间艺术传承区域外的邓春香，但洪福远的创作价值以及其在蜡染艺术业内的声誉应得到尊重；第五，五福坊公司涉案产品贵州辣子鸡、贵州小米渣、贵州猪肉干的生产经营规模、销售渠道等应予以参考，根据五福坊公司提交的五福坊公司与广州卓凡彩色印刷有限公司的采购合同，尽管上述证据不一定完全客观反映五福坊公司涉案产品的生产经营状况，但在原告方无任何相反证据的情形下，被告的证明主张在合理范围内应为法律所允许。综合考量上述因素，参照贵州省当前的经济发展水平和人们的生活水平，酌情确定由五福坊公司赔偿邓春香经济损失10万元。

（生效裁判审判人员：唐有临、刘永菊、袁波文）

【指导案例 81 号】

张晓燕诉雷献和、赵琪、山东爱书人音像图书有限公司著作权侵权纠纷案

(最高人民法院审判委员会讨论通过　2017 年 3 月 6 日发布)

关键词　民事　著作权侵权　影视作品　历史题材　实质相似

裁判要点

1. 根据同一历史题材创作的作品中的题材主线、整体线索脉络，是社会共同财富，属于思想范畴，不能为个别人垄断，任何人都有权对此类题材加以利用并创作作品。

2. 判断作品是否构成侵权，应当从被诉侵权作品作者是否接触过权利人作品、被诉侵权作品与权利人作品之间是否构成实质相似等方面进行。在判断是否构成实质相似时，应比较作者在作品表达中的取舍、选择、安排、设计等是否相同或相似，不应从思想、情感、创意、对象等方面进行比较。

3. 按照著作权法保护作品的规定，人民法院应保护作者具有独创性的表达，即思想或情感的表现形式。对创意、素材、公有领域信息、创作形式、必要场景，以及具有唯一性或有限性的表达形式，则不予保护。

相关法条

《中华人民共和国著作权法》第二条

《中华人民共和国著作权法实施条例》第二条

基本案情

原告张晓燕诉称：其于 1999 年 12 月开始改编创作《高原骑兵连》剧本，2000 年 8 月根据该剧本筹拍 20 集电视连续剧《高原骑兵连》（以下将该剧本及其电视剧简称"张剧"），2000 年 12 月该剧摄制完成，张晓燕系该剧著作权人。被告雷献和作为《高原骑兵连》的名誉制片人参与了该剧的摄制。被告雷献和作为第一编剧和制片人、被告赵琪作为第二编剧拍摄了电视剧《最后的骑兵》（以下将该电视剧及其剧本简

称"雷剧")。2009年7月1日,张晓燕从被告山东爱书人音像图书有限公司购得《最后的骑兵》DVD光盘,发现与"张剧"有很多雷同之处,主要人物关系、故事情节及其他方面相同或近似,"雷剧"对"张剧"剧本及电视剧构成侵权。故请求法院判令:三被告停止侵权,雷献和在《齐鲁晚报》上公开发表致歉声明并赔偿张晓燕剧本稿酬损失、剧本出版发行及改编费损失共计80万元。

被告雷献和辩称:"张剧"剧本根据张冠林的长篇小说《雪域河源》改编而成,"雷剧"最初由雷献和根据师永刚的长篇小说《天苍茫》改编,后由赵琪参照其小说《骑马挎枪走天涯》重写剧本定稿。2000年上半年,张晓燕找到雷献和,提出合拍反映骑兵生活的电视剧。雷献和向张晓燕介绍了改编《天苍茫》的情况,建议合拍,张晓燕未同意。2000年8月,雷献和与张晓燕签订了合作协议,约定拍摄制作由张晓燕负责,雷献和负责军事保障,不参与艺术创作,雷献和没有看到张晓燕的剧本。"雷剧"和"张剧"创作播出的时间不同,"雷剧"不可能影响"张剧"的发行播出。

法院经审理查明:"张剧"、"雷剧"、《骑马挎枪走天涯》、《天苍茫》,均系以二十世纪八十年代中期精简整编中骑兵部队撤(缩)编为主线展开的军旅、历史题材作品。短篇小说《骑马挎枪走天涯》发表于《解放军文艺》1996年第12期总第512期;长篇小说《天苍茫》于2001年4月由解放军文艺出版社出版发行;"张剧"于2004年5月17日至5月21日由中央电视台第八套节目在上午时段以每天四集的速度播出;"雷剧"于2004年5月19日至29日由中央电视台第一套节目在晚上黄金时段以每天两集的速度播出。

《骑马挎枪走天涯》通过对骑兵连被撤销前后连长、指导员和一匹神骏的战马的描写,叙述了骑兵在历史上的辉煌、骑兵连被撤销、骑兵连官兵特别是骑兵连长对骑兵、战马的痴迷。《骑马挎枪走天涯》存在如下描述:神马(15号军马)出身来历中透着的神秘、连长与军马的水乳交融、指导员孔越华的人物形象、连长作诗、父亲当过骑兵团长、骑兵在未来战争中发挥的重要作用、连长为保留骑兵连所做的努力、骑兵连最后被撤销、结尾处连长与神马的悲壮。"雷剧"中天马的来历也透着神秘,除了连长常问天的父亲曾为骑兵师长外,上述情节内容与《骑马挎枪走天涯》基本相似。

《天苍茫》是讲述中国军队最后一支骑兵连充满传奇与神秘历史的

书，书中展示草原与骑兵的生活，如马与人的情感、最后一匹野马的基因价值，以及研究马语的老人，神秘的预言者，最后的野马在香港赛马场胜出的传奇故事。《天苍茫》中连长成天的父亲是原骑兵师的师长，司令员是山南骑兵连的第一任连长、成天父亲的老部下，成天从小暗恋司令员女儿兰静，指导员王青衣与兰静相爱，并促进成天与基因学者刘可可的爱情。最后连长为救被困沼泽的研究人员牺牲。雷剧中高波将前指导员跑得又快又稳性子好的"大喇嘛"牵来交给常问天作为临时坐骑。结尾连长为完成抓捕任务而牺牲。"雷剧"中有关指导员孔越华与连长常问天之间关系的描述与《天苍茫》中指导员王青衣与连长成天关系的情节内容有相似之处。

法院依法委托中国版权保护中心版权鉴定委员会对张剧与雷剧进行鉴定，结论如下：1. 主要人物设置及关系部分相似；2. 主要线索脉络即骑兵部队缩编（撤销）存在相似之处；3. 存在部分相同或者近似的情节，但除一处语言表达基本相同之外，这些情节的具体表达基本不同。语言表达基本相同的情节是指双方作品中男主人公表达"愿做牧马人"的话语的情节。"张剧"电视剧第四集秦冬季说："草原为家，以马为伴，做个牧马人"；"雷剧"第十八集常问天说："以草原为家，以马为伴，你看过电影《牧马人》吗？做个自由的牧马人"。

裁判结果

山东省济南市中级人民法院于2011年7月13日作出（2010）济民三初字第84号民事判决：驳回张晓燕的全部诉讼请求。张晓燕不服，提起上诉。山东省高级人民法院于2012年6月14日作出（2011）鲁民三终字第194号民事判决：驳回上诉，维持原判。张晓燕不服，向最高人民法院申请再审。最高人民法院经审查，于2014年11月28日作出（2013）民申字第1049号民事裁定：驳回张晓燕的再审申请。

裁判理由

法院生效裁判认为：本案的争议焦点是"雷剧"的剧本及电视剧是否侵害"张剧"的剧本及电视剧的著作权。

判断作品是否构成侵权，应当从被诉侵权作品的作者是否"接触"过要求保护的权利人作品、被诉侵权作品与权利人的作品之间是否构成"实质相似"两个方面进行判断。本案各方当事人对雷献和接触"张剧"剧本及电视剧并无争议，本案的核心问题在于两部作品是否构成实质相似。

我国著作权法所保护的是作品中作者具有独创性的表达,即思想或情感的表现形式,不包括作品中所反映的思想或情感本身。这里指的思想,包括对物质存在、客观事实、人类情感、思维方法的认识,是被描述、被表现的对象,属于主观范畴。思想者借助物质媒介,将构思诉诸形式表现出来,将意象转化为形象、将抽象转化为具体、将主观转化为客观、将无形转化为有形,为他人感知的过程即为创作,创作形成的有独创性的表达属于受著作权法保护的作品。著作权法保护的表达不仅指文字、色彩、线条等符号的最终形式,当作品的内容被用于体现作者的思想、情感时,内容也属于受著作权法保护的表达,但创意、素材或公有领域的信息、创作形式、必要场景或表达唯一或有限则被排除在著作权法的保护范围之外。必要场景,指选择某一类主题进行创作时,不可避免而必须采取某些事件、角色、布局、场景,这种表现特定主题不可或缺的表达方式不受著作权法保护;表达唯一或有限,指一种思想只有唯一一种或有限的表达形式,这些表达视为思想,也不给予著作权保护。在判断"雷剧"与"张剧"是否构成实质相似时,应比较两部作品中对于思想和情感的表达,将两部作品表达中作者的取舍、选择、安排、设计是否相同或相似,而不是离开表达看思想、情感、创意、对象等其他方面。结合张晓燕的主张,从以下几个方面进行分析判断:

关于张晓燕提出"雷剧"与"张剧"题材主线相同的主张,因"雷剧"与《骑马挎枪走天涯》都通过紧扣"英雄末路、骑兵绝唱"这一主题和情境描述了"最后的骑兵"在撤编前后发生的故事,可以认定"雷剧"题材主线及整体线索脉络来自《骑马挎枪走天涯》。"张剧""雷剧"以及《骑马挎枪走天涯》《天苍茫》4部作品均系以二十世纪八十年代中期精简整编中骑兵部队撤(缩)编为主线展开的军旅历史题材作品,是社会的共同财富,不能为个别人所垄断,故4部作品的作者都有权以自己的方式对此类题材加以利用并创作作品。因此,即便"雷剧"与"张剧"题材主线存在一定的相似性,因题材主线不受著作权法保护,且"雷剧"的题材主线系来自最早发表的《骑马挎枪走天涯》,不能认定"雷剧"抄袭自"张剧"。

关于张晓燕提出"雷剧"与"张剧"人物设置与人物关系相同、相似的主张,鉴于前述4部作品均系以特定历史时期骑兵部队撤(缩)编为主线展开的军旅题材作品,除了《骑马挎枪走天涯》受短篇小说篇幅的限制,没有三角恋爱关系或军民关系外,其他3部作品中都包含三角恋爱关系、官兵上下关系、军民关系等人物设置和人物关系，这样的表现方式属于军旅题材作品不可避免地采取的必要场景，因表达方式有限，不受著作权法保护。

关于张晓燕提出"雷剧"与"张剧"语言表达及故事情节相同、相似的主张，从语言表达看，如"雷剧"中"做个自由的'牧马人'"与"张剧"中"做个牧马人"语言表达基本相同，但该语言表达属于特定语境下的惯常用语，非独创性表达。从故事情节看，用于体现作者的思想与情感的故事情节属于表达的范畴，具有独创性的故事情节应受著作权法保护，但是，故事情节中仅部分元素相同、相似并不能当然得出故事情节相同、相似的结论。前述4部作品相同、相似的部分多属于公有领域素材或缺乏独创性的素材，有的仅为故事情节中的部分元素相同，但情节所展开的具体内容和表达的意义并不相同。二审法院认定"雷剧"与"张剧"6处相同、相似的故事情节，其中老部下关系、临时指定马匹等在《天苍茫》中也有相似的情节内容，其他部分虽在情节设计方面存在相同、相似之处，但有的仅为情节表达中部分元素的相同、相似，情节内容相同、相似的部分少且微不足道。

整体而言，"雷剧"与"张剧"具体情节展开不同、描写的侧重点不同、主人公性格不同、结尾不同，二者相同、相似的故事情节在"雷剧"中所占比例极低，且在整个故事情节中处于次要位置，不构成"雷剧"中的主要部分，不会导致读者和观众对两部作品产生相同、相似的欣赏体验，不能得出两部作品实质相似的结论。根据《最高人民法院关于审理著作权民事纠纷案件适用法律若干问题的解释》第十五条"由不同作者就同一题材创作的作品，作品的表达系独立完成并且有创作性的，应当认定作者各自享有独立著作权"的规定，"雷剧"与"张剧"属于由不同作者就同一题材创作的作品，两剧都有独创性，各自享有独立著作权。

（生效裁判审判人员：于晓白、骆电、李嵘）

【指导案例 82 号】

王碎永诉深圳歌力思服饰股份有限公司、杭州银泰世纪百货有限公司侵害商标权纠纷案

（最高人民法院审判委员会讨论通过　2017 年 3 月 6 日发布）

关键词　民事　侵害商标权　诚实信用　权利滥用

裁判要点

当事人违反诚实信用原则，损害他人合法权益，扰乱市场正当竞争秩序，恶意取得、行使商标权并主张他人侵权的，人民法院应当以构成权利滥用为由，判决对其诉讼请求不予支持。

相关法条

《中华人民共和国民事诉讼法》第十三条

《中华人民共和国商标法》第五十二条

基本案情

深圳歌力思服装实业有限公司成立于 1999 年 6 月 8 日。2008 年 12 月 18 日，该公司通过受让方式取得第 1348583 号"歌力思"商标，该商标核定使用于第 25 类的服装等商品之上，核准注册于 1999 年 12 月。2009 年 11 月 19 日，该商标经核准续展注册，有效期自 2009 年 12 月 28 日至 2019 年 12 月 27 日。深圳歌力思服装实业有限公司还是第 4225104 号"ELLASSAY"的商标注册人。该商标核定使用商品为第 18 类的（动物）皮；钱包；旅行包；文件夹（皮革制）；皮制带子；裘皮；伞；手杖；手提包；购物袋。注册有效期限自 2008 年 4 月 14 日至 2018 年 4 月 13 日。2011 年 11 月 4 日，深圳歌力思服装实业有限公司更名为深圳歌力思服饰股份有限公司（以下简称歌力思公司，即本案一审被告人）。2012 年 3 月 1 日，上述"歌力思"商标的注册人相应变更为歌力思公司。

一审原告人王碎永于 2011 年 6 月申请注册了第 7925873 号"歌力思"商标，该商标核定使用商品为第 18 类的钱包、手提包等。王碎永还曾于 2004 年 7 月 7 日申请注册第 4157840 号"歌力思及图"商标。后因北京市高级人民法院于 2014 年 4 月 2 日作出的二审判决认定，该

商标损害了歌力思公司的关联企业歌力思投资管理有限公司的在先字号权,因此不应予以核准注册。

自2011年9月起,王碎永先后在杭州、南京、上海、福州等地的"ELLASSAY"专柜,通过公证程序购买了带有"品牌中文名:歌力思,品牌英文名:ELLASSAY"字样吊牌的皮包。2012年3月7日,王碎永以歌力思公司及杭州银泰世纪百货有限公司(以下简称杭州银泰公司)生产、销售上述皮包的行为构成对王碎永拥有的"歌力思"商标、"歌力思及图"商标权的侵害为由,提起诉讼。

裁判结果

杭州市中级人民法院于2013年2月1日作出(2012)浙杭知初字第362号民事判决,认为歌力思公司及杭州银泰公司生产、销售被诉侵权商品的行为侵害了王碎永的注册商标专用权,判决歌力思公司、杭州银泰公司承担停止侵权行为、赔偿王碎永经济损失及合理费用共计10万元及消除影响。歌力思公司不服,提起上诉。浙江省高级人民法院于2013年6月7日作出(2013)浙知终字第222号民事判决,驳回上诉、维持原判。歌力思公司及王碎永均不服,向最高人民法院申请再审。最高人民法院裁定提审本案,并于2014年8月14日作出(2014)民提字第24号判决,撤销一审、二审判决,驳回王碎永的全部诉讼请求。

裁判理由

法院生效裁判认为,诚实信用原则是一切市场活动参与者所应遵循的基本准则。一方面,它鼓励和支持人们通过诚实劳动积累社会财富和创造社会价值,并保护在此基础上形成的财产性权益,以及基于合法、正当的目的支配该财产性权益的自由和权利;另一方面,它又要求人们在市场活动中讲究信用、诚实不欺,在不损害他人合法利益、社会公共利益和市场秩序的前提下追求自己的利益。民事诉讼活动同样应当遵循诚实信用原则。一方面,它保障当事人有权在法律规定的范围内行使和处分自己的民事权利和诉讼权利;另一方面,它又要求当事人在不损害他人和社会公共利益的前提下,善意、审慎地行使自己的权利。任何违背法律目的和精神,以损害他人正当权益为目的,恶意取得并行使权利、扰乱市场正当竞争秩序的行为均属于权利滥用,其相关权利主张不应得到法律的保护和支持。

第4157840号"歌力思及图"商标迄今为止尚未被核准注册,王碎永无权据此对他人提起侵害商标权之诉。对于歌力思公司、杭州银泰公司的行为是否侵害王碎永的第7925873号"歌力思"商标权的问题，首先，歌力思公司拥有合法的在先权利基础。歌力思公司及其关联企业最早将"歌力思"作为企业字号使用的时间为1996年，最早在服装等商品上取得"歌力思"注册商标专用权的时间为1999年。经长期使用和广泛宣传，作为企业字号和注册商标的"歌力思"已经具有了较高的市场知名度，歌力思公司对前述商业标识享有合法的在先权利。其次，歌力思公司在本案中的使用行为系基于合法的权利基础，使用方式和行为性质均具有正当性。从销售场所来看，歌力思公司对被诉侵权商品的展示和销售行为均完成于杭州银泰公司的歌力思专柜，专柜通过标注歌力思公司的"ELLASSAY"商标等方式，明确表明了被诉侵权商品的提供者。在歌力思公司的字号、商标等商业标识已经具有较高的市场知名度，而王碎永未能举证证明其"歌力思"商标同样具有知名度的情况下，歌力思公司在其专柜中销售被诉侵权商品的行为，不会使普通消费者误认该商品来自于王碎永。从歌力思公司的具体使用方式来看，被诉侵权商品的外包装、商品内的显著部位均明确标注了"ELLASSAY"商标，而仅在商品吊牌之上使用了"品牌中文名：歌力思"的字样。由于"歌力思"本身就是歌力思公司的企业字号，且与其"ELLASSAY"商标具有互为指代关系，故歌力思公司在被诉侵权商品的吊牌上使用"歌力思"文字来指代商品生产者的做法并无明显不妥，不具有攀附王碎永"歌力思"商标知名度的主观意图，亦不会为普通消费者正确识别被诉侵权商品的来源制造障碍。在此基础上，杭州银泰公司销售被诉侵权商品的行为亦不为法律所禁止。最后，王碎永取得和行使"歌力思"商标权的行为难谓正当。"歌力思"商标由中文文字"歌力思"构成，与歌力思公司在先使用的企业字号及在先注册的"歌力思"商标的文字构成完全相同。"歌力思"本身为无固有含义的臆造词，具有较强的固有显著性，依常理判断，在完全没有接触或知悉的情况下，因巧合而出现雷同注册的可能性较低。作为地域接近、经营范围关联程度较高的商品经营者，王碎永对"歌力思"字号及商标完全不了解的可能性较低。在上述情形之下，王碎永仍在手提包、钱包等商品上申请注册"歌力思"商标，其行为难谓正当。王碎永以非善意取得的商标权对歌力思公司的正当使用行为提起的侵权之诉，构成权利滥用。

（生效裁判审判人员：王艳芳、朱理、佟姝）

【指导案例 83 号】

威海嘉易烤生活家电有限公司诉永康市金仕德工贸有限公司、浙江天猫网络有限公司侵害发明专利权纠纷案

（最高人民法院审判委员会讨论通过　2017 年 3 月 6 日发布）

关键词　民事　侵害发明专利权　有效通知　必要措施　网络服务提供者　连带责任

裁判要点

1. 网络用户利用网络服务实施侵权行为，被侵权人依据侵权责任法向网络服务提供者所发出的要求其采取必要措施的通知，包含被侵权人身份情况、权属凭证、侵权人网络地址、侵权事实初步证据等内容的，即属有效通知。网络服务提供者自行设定的投诉规则，不得影响权利人依法维护其自身合法权利。

2. 侵权责任法第三十六条第二款所规定的网络服务提供者接到通知后所应采取的必要措施包括但并不限于删除、屏蔽、断开链接。"必要措施"应遵循审慎、合理的原则，根据所侵害权利的性质、侵权的具体情形和技术条件等来加以综合确定。

相关法条

《中华人民共和国侵权责任法》第三十六条

基本案情

原告威海嘉易烤生活家电有限公司（以下简称嘉易烤公司）诉称：永康市金仕德工贸有限公司（以下简称金仕德公司）未经其许可，在天猫商城等网络平台上宣传并销售侵害其 ZL200980000002.8 号专利权的产品，构成专利侵权；浙江天猫网络有限公司（以下简称天猫公司）在嘉易烤公司投诉金仕德公司侵权行为的情况下，未采取有效措施，应与金仕德公司共同承担侵权责任。请求判令：1. 金仕德公司立即停止销售被诉侵权产品；2. 金仕德公司立即销毁库存的被诉侵权产品；3. 天猫公司撤销金仕德公司在天猫平台上所有的侵权产品链接；4. 金

仕德公司、天猫公司连带赔偿嘉易烤公司50万元；5. 本案诉讼费用由金仕德公司、天猫公司承担。

金仕德公司答辩称：其只是卖家，并不是生产厂家，嘉易烤公司索赔数额过高。

天猫公司答辩称：1. 其作为交易平台，并不是生产销售侵权产品的主要经营方或者销售方；2. 涉案产品是否侵权不能确定；3. 涉案产品是否使用在先也不能确定；4. 在不能证明其为侵权方的情况下，由其连带赔偿50万元缺乏事实和法律依据，且其公司业已删除了涉案产品的链接，嘉易烤公司关于撤销金仕德公司在天猫平台上所有侵权产品链接的诉讼请求亦不能成立。

法院经审理查明：2009年1月16日，嘉易烤公司及其法定代表人李琎熙共同向国家知识产权局申请了名称为"红外线加热烹调装置"的发明专利，并于2014年11月5日获得授权，专利号为ZL200980000002.8。该发明专利的权利要求书记载："1. 一种红外线加热烹调装置，其特征在于，该红外线加热烹调装置包括：托架，在其上部中央设有轴孔，且在其一侧设有控制电源的开关；受红外线照射就会被加热的旋转盘，作为在其上面可以盛食物的圆盘形容器，在其下部中央设有可拆装的插入到上述轴孔中的突起；支架，在上述托架的一侧纵向设置；红外线照射部，其设在上述支架的上端，被施加电源就会朝上述旋转盘照射红外线；上述托架上还设有能够从内侧拉出的接油盘；在上述旋转盘的突起上设有轴向的排油孔。"2015年1月26日，涉案发明专利的专利权人变更为嘉易烤公司。涉案专利年费缴纳至2016年1月15日。

2015年1月29日，嘉易烤公司的委托代理机构北京商专律师事务所向北京市海诚公证处申请证据保全公证，其委托代理人王永先、时寅在公证处监督下，操作计算机登入天猫网（网址为http://www.tmall.com），在一家名为"益心康旗舰店"的网上店铺购买了售价为388元的3D烧烤炉，并拷贝了该网店经营者的营业执照信息。同年2月4日，时寅在公证处监督下接收了寄件人名称为"益心康旗舰店"的快递包裹一个，内有韩文包装的3D烧烤炉及赠品、手写收据联和中文使用说明书、保修卡。公证员对整个证据保全过程进行了公证并制作了（2015）京海诚内民证字第01494号公证书。同年2月10日，嘉易烤公司委托案外人张一军向淘宝网知识产权保护平台上传了包含专利侵权分析报告和技术特征比对表在内的投诉材料，但淘宝网最终没有审核通过。同年5月5日，天猫公司向浙江省杭州市钱塘公证处申请证据保全公证，由其代理人刁曼丽在公证处的监督下操作电脑，在天猫网益心康旗舰店搜索"益心康3D烧烤炉韩式家用不粘电烤炉无烟烤肉机电烤盘铁板烧烤肉锅"，显示没有搜索到符合条件的商品。公证员对整个证据保全过程进行了公证并制作了（2015）浙杭钱证内字第10879号公证书。

一审庭审中，嘉易烤公司主张将涉案专利权利要求1作为本案要求保护的范围。经比对，嘉易烤公司认为除了开关位置的不同，被控侵权产品的技术特征完全落入了涉案专利权利要求1记载的保护范围，而开关位置的变化是业内普通技术人员不需要创造性劳动就可解决的，属于等同特征。两原审被告对比对结果不持异议。

另查明，嘉易烤公司为本案支出公证费4000元，代理服务费81000元。

裁判结果

浙江省金华市中级人民法院于2015年8月12日作出（2015）浙金知民初字第148号民事判决：一、金仕德公司立即停止销售侵犯专利号为ZL200980000002.8的发明专利权的产品的行为；二、金仕德公司于判决生效之日起十日内赔偿嘉易烤公司经济损失150000元（含嘉易烤公司为制止侵权而支出的合理费用）；三、天猫公司对上述第二项中金仕德公司赔偿金额的50000元承担连带赔偿责任；四、驳回嘉易烤公司的其他诉讼请求。一审宣判后，天猫公司不服，提起上诉。浙江省高级人民法院于2015年11月17日作出（2015）浙知终字第186号民事判决：驳回上诉，维持原判。

裁判理由

法院生效裁判认为：各方当事人对于金仕德公司销售的被诉侵权产品落入嘉易烤公司涉案专利权利要求1的保护范围，均不持异议，原审判决认定金仕德公司涉案行为构成专利侵权正确。关于天猫公司在本案中是否构成共同侵权，侵权责任法第三十六条第二款规定，网络用户利用网络服务实施侵权行为的，被侵权人有权通知网络服务提供者采取删除、屏蔽、断开链接等必要措施。网络服务提供者接到通知后未及时采取必要措施的，对损害的扩大部分与该网络用户承担连带责任。上述规定系针对权利人发现网络用户利用网络服务提供者的服务实施侵权行为后"通知"网络服务提供者采取必要措施，以防止侵权后果不当扩大的情形，同时还明确界定了此种情形下网络服务提供者所应承担的义务范围及责任构成。本案中，天猫公司涉案被诉侵权行为是否构成侵权应结合对天猫公司的主体性质、嘉易烤公司"通知"的有效性以及天猫公司在接到嘉易烤公司的"通知"后是否应当采取措施及所采取的措施的必要性和及时性等加以综合考量。

首先，天猫公司依法持有增值电信业务经营许可证，系信息发布平台的服务提供商，其在本案中为金仕德公司经营的"益心康旗舰店"销售涉案被诉侵权产品提供网络技术服务，符合侵权责任法第三十六条第二款所规定网络服务提供者的主体条件。

其次，天猫公司在二审庭审中确认嘉易烤公司已于2015年2月10日委托案外人张一军向淘宝网知识产权保护平台上传了包含被投诉商品链接及专利侵权分析报告、技术特征比对表在内的投诉材料，且根据上述投诉材料可以确定被投诉主体及被投诉商品。

侵权责任法第三十六条第二款所涉及的"通知"是认定网络服务提供者是否存在过错及应否就危害结果的不当扩大承担连带责任的条件。"通知"是指被侵权人就他人利用网络服务商的服务实施侵权行为的事实向网络服务提供者所发出的要求其采取必要技术措施，以防止侵权行为进一步扩大的行为。"通知"既可以是口头的，也可以是书面的。通常，"通知"内容应当包括权利人身份情况、权属凭证、证明侵权事实的初步证据以及指向明确的被诉侵权人网络地址等材料。符合上述条件的，即应视为有效通知。嘉易烤公司涉案投诉通知符合侵权责任法规定的"通知"的基本要件，属有效通知。

再次，经查，天猫公司对嘉易烤公司投诉材料作出审核不通过的处理，其在回复中表明审核不通过原因是：烦请在实用新型、发明的侵权分析对比表表二中详细填写被投诉商品落入贵方提供的专利权利要求的技术点，建议采用图文结合的方式一一指出。（需注意，对比的对象为卖家发布的商品信息上的图片、文字），并提供购买订单编号或双方会员名。

二审法院认为，发明或实用新型专利侵权的判断往往并非仅依赖表面或书面材料就可以作出，因此专利权人的投诉材料通常只需包括权利人身份、专利名称及专利号、被投诉商品及被投诉主体内容，以便投诉接受方转达被投诉主体。在本案中，嘉易烤公司的投诉材料已完全包含上述要素。至于侵权分析比对，天猫公司一方面认为其对卖家所售商品是否侵犯发明专利判断能力有限,另一方面却又要求投诉方"详细填写被投诉商品落入贵方提供的专利权利要求的技术点,建议采用图文结合的方式一一指出",该院认为,考虑到互联网领域投诉数量巨大、投诉情况复杂的因素,天猫公司的上述要求基于其自身利益考量虽也具有一定的合理性,而且也有利于天猫公司对于被投诉行为的性质作出初步判断并采取相应的措施。但就权利人而言,天猫公司的前述要求并非权利人投诉通知有效的必要条件。况且,嘉易烤公司在本案的投诉材料中提供了多达5页的以图文并茂的方式表现的技术特征对比表,天猫公司仍以教条的、格式化的回复将技术特征对比作为审核不通过的原因之一,处置失当。至于天猫公司审核不通过并提出提供购买订单编号或双方会员名的要求,该院认为,本案中投诉方是否提供购买订单编号或双方会员名并不影响投诉行为的合法有效。而且,天猫公司所确定的投诉规制并不对权利人维权产生法律约束力,权利人只需在法律规定的框架内行使维权行为即可,投诉方完全可以根据自己的利益考量决定是否接受天猫公司所确定的投诉规制。更何况投诉方可能无需购买商品而通过其他证据加以证明,也可以根据他人的购买行为发现可能的侵权行为,甚至投诉方即使存在直接购买行为,但也可以基于某种经济利益或商业秘密的考量而拒绝提供。

最后,侵权责任法第三十六条第二款所规定的网络服务提供者接到通知后所应采取必要措施包括但并不限于删除、屏蔽、断开链接。"必要措施"应根据所侵害权利的性质、侵权的具体情形和技术条件等来加以综合确定。

本案中,在确定嘉易烤公司的投诉行为合法有效之后,需要判断天猫公司在接受投诉材料之后的处理是否审慎、合理。该院认为,本案系侵害发明专利权纠纷。天猫公司作为电子商务网络服务平台的提供者,基于其公司对于发明专利侵权判断的主观能力、侵权投诉胜诉概率以及利益平衡等因素的考量,并不必然要求天猫公司在接受投诉后对被投诉商品立即采取删除和屏蔽措施,对被诉商品采取的必要措施应当秉承审慎、合理原则,以免损害被投诉人的合法权益。但是将有效的投诉通知材料转达被投诉人并通知被投诉人申辩当属天猫公司应当采取的必要措施之一。否则权利人投诉行为将失去任何意义,权利人的维权行为也将难以实现。网络服务平台提供者应该保证有效投诉信息传递的顺畅,而不应成为投诉信息的黑洞。被投诉人对于其或生产、或销售的商品是否侵权,以及是否应主动自行停止被投诉行为,自会作出相应的判断及应对。而天猫公司未履行上述基本义务的结果导致被投诉人未收到任何警示从而造成损害后果的扩大。至于天猫公司在嘉易烤公司起诉后即对被诉商品采取删除和屏蔽措施,当属审慎、合理。综上,天猫公司在接到嘉易烤公司的通知后未及时采取必要措施,对损害的扩大部分应与金仕德公司承担连带责任。天猫公司就此提出的上诉理由不能成立。关于天猫公司所应承担责任的份额,一审法院综合考虑侵权持续的时间及天猫公司应当知道侵权事实的时间,确定天猫公司对金仕德公司赔偿数额的50000元承担连带赔偿责任,并无不当。

(生效裁判审判人员:周平、陈宇、刘静)

【指导案例 84 号】

礼来公司诉常州华生制药有限公司侵害发明专利权纠纷案

(最高人民法院审判委员会讨论通过 2017年3月6日发布)

关键词 民事 侵害发明专利权 药品制备方法发明专利 保护范围 技术调查官 被诉侵权药品制备工艺查明

裁判要点

1. 药品制备方法专利侵权纠纷中,在无其他相反证据情形下,应当推定被诉侵权药品在药监部门的备案工艺为其实际制备工艺;有证据证明被诉侵权药品备案工艺不真实的,应当充分审查被诉侵权药品的技术来源、生产规程、批生产记录、备案文件等证据,依法确定被诉侵权药品的实际制备工艺。

2. 对于被诉侵权药品制备工艺等复杂的技术事实,可以综合运用技术调查官、专家辅助人、司法鉴定以及科技专家咨询等多种途径进行查明。

相关法条

《中华人民共和国专利法》(2008年修正)第五十九条第一款、第六十一条、第六十八条第一款(本案适用的是2000年修正的《中华人民共和国专利法》第五十六条第一款、第五十七条第二款、第六十二条第一款)

《中华人民共和国民事诉讼法》第七十八条、第七十九条

基本案情

2013年7月25日,礼来公司(又称伊莱利利公司)向江苏省高级人民法院(以下简称江苏高院)诉称,礼来公司拥有涉案91103346.7号方法发明专利权,涉案专利方法制备的药物奥氮平为新产品。常州华生制药有限公司(以下简称华生公司)使用落入涉案专利权保护范围的制备方法生产药物奥氮平并面向市场销售,侵害了礼来公司的涉案方法发明专利权。为此,礼来公司提起本案诉讼,请求法院判令:1.华生公司赔偿礼来公司经济损失人民币151060000元、礼来公司为制止侵权所支付的调查取证费和其他合理开支人民币28800元;2.华生公司在其网站及《医药经济报》刊登声明,消除因其侵权行为给礼来公司造成的不良影响;3.华生公司承担礼来公司因本案发生的律师费人民币1500000元;4.华生公司承担本案的全部诉讼费用。

江苏高院一审查明:

涉案专利为英国利利工业公司1991年4月24日申请的名称为"制备一种噻吩并苯二氮杂化合物的方法"的第91103346.7号中国发明专利申请,授权公告日为1995年2月19日。2011年4月24日涉案专利权期满终止。1998年3月17日,涉案专利的专利权人变更为英国伊莱利利有限公司;2002年2月28日专利权人变更为伊莱利利公司。

涉案专利授权公告的权利要求为:

1. 一种制备2-甲基-10-(4-甲基-1-哌嗪基)-4H-噻吩并[2,3,-b][1,5]苯并二氮杂,或其酸加成盐的方法,

所述方法包括:

(a) 使N-甲基哌嗪与下式化合物反应,

式中Q是一个可以脱落的基团,或
(b) 使下式的化合物进行闭环反应

2001年7月,中国医学科学院药物研究所(简称医科院药物所)和华生公司向国家药品监督管理局(简称国家药监局)申请奥氮平及其片剂的新药证书。2003年5月9日,医科院药物所和华生公司获得国家药监局颁发的奥氮平原料药和奥氮平片《新药证书》,华生公司获得奥氮平和奥氮平片《药品注册批件》。新药申请资料中《原料药生产工艺的研究资料及文献资料》记载了制备工艺,即加入4-氨基-2-甲基-10-苄基-噻吩并苯并二氮杂,盐酸盐,甲基哌嗪及二甲基甲酰胺搅拌,得粗品,收率94.5%;加入2-甲基-10-苄基-(4-甲基-1-哌嗪基)-4H-噻吩并苯并二氮杂、冰醋酸、盐酸搅拌,然后用氢氧化钠中和后得粗品,收率73.2%;再经过两次精制,总收率为39.1%。从反应式分析,该过程就是以式四化合物与甲基哌嗪反应生成式五化合物,再对式五化合物脱苄基,得式一化合物。2003年8月,华生公司向青岛市第七人民医院推销其生产的"华生-奥氮平"5mg-新型抗精神病药,其产品宣传资料记载,奥氮平片主要成份为奥氮平,其化学名称为2-甲基-10-(4-甲基-1-哌嗪)-4H-噻吩并苯并二氮杂。

在另案审理中,根据江苏高院的委托,2011年8月25日,上海市科技咨询服务中心出具(2010)鉴字第19号《技术鉴定报告书》。该鉴定报告称,按华生公司备案的"原料药生产工艺的研究资料及文献资料"中记载的工艺进行实验操作,不能获得原料药奥氮平。鉴定结论为:华生公司备案资料中记载的生产原料药奥氮平的关键反应步骤缺乏真实性,该备案的生产工艺不可行。

经质证,伊莱利利公司认可该鉴定报告,华生公司对该鉴定报告亦不持异议,但是其坚持认为采取两步法是可以生产出奥氮平的,只是因为有些内容涉及商业秘密没有写入备案资料中,故专家依据备案资料生产不出来。

华生公司认为其未侵害涉案专利权,理由是:2003年至今,华生公司一直使用2008年补充报批的奥氮平备案生产工艺,该备案文件已于2010年9月8日获国家药监局批准,具备可行性。在礼来公司未提供任何证据证明华生公司的生产工艺的情况下,应以华生公司2008年奥氮平备案工艺作为认定侵权与否的比对工艺。

华生公司提交的2010年9月8日国家药监局《药品补充申请批件》中"申请内容"栏为:"(1)改变影响药品质量的生产工艺;(2)修改药品注册标准。""审批结论"栏为:"经审查,同意本品变更生产工艺并修订质量标准。变更后的生产工艺在不改变原合成路线的基础上,仅对其制备工艺中所用溶剂和试剂进行调整。质量标准所附执行,有效期24个月。"

上述2010年《药品补充申请批件》所附《奥氮平药品补充申请注册资料》中5.1原料药生产工艺的研究资料及文献资料章节中5.1.1说明内容为:"根据我公司奥氮平原料药的实际生产情况,在不改变原来申报生产工艺路线的基础上,对奥氮平的制备工艺过程做了部分调整变更,对工艺进行优化,使奥氮平各中间体的质量得到进一步的提高和保证,其制备过程中的相关杂质得到有效控制。……由于工艺路线没有变更,并且最后一步的结晶溶剂亦没有变更,故化合物的结构及晶型不会改变。"

最高人民法院二审审理过程中,为准确查明本案所涉技术事实,根据民事诉讼法第七十九条、《最高人民法院关于适用〈中华人民共和国民事诉讼法〉的解释》(以下简称《民事诉讼法解释》)第一百二十二条之规定,对礼来公司的专家辅助人出庭申请予以准许;根据《民事诉讼法解释》第一百一十七条之规定,对华生公司的证人出庭申请予以准许;根据民事诉讼法第七十八条、《民事诉讼法解释》第二百二十七条之规定,通知出具(2014)司鉴定第02号《技术鉴定报告》的江苏省科技咨询中心工作人员出庭;根据《最高人民法院关于知识产权法院技术调查官参与诉讼活动若干问题的暂行规定》第二条、第十条之规定,首次指派技术调查官出庭,就相关技术问题与各方当事人分别询问了专家辅助人、证人及鉴定人。

最高人民法院二审另查明:

1999年10月28日,华生公司与医科院药物所签订《技术合同书》,约定医科院药物所将其研制开发的抗精神分裂药奥氮平及其制剂转让给华生公司，医科院药物所负责完成临床前报批资料并在北京申报临床；验收标准和方法按照新药审批标准，采用领取临床批件和新药证书方式验收；在其他条款中双方对新药证书和生产的报批作出了约定。

医科院药物所 1999 年 10 月填报的（京 99）药申临字第 82 号《新药临床研究申请表》中，"制备工艺"栏绘制的反应路线如下：

1999 年 11 月 9 日，北京市卫生局针对医科院药物所的新药临床研究申请作出《新药研制现场考核报告表》，"现场考核结论"栏记载："该所具备研制此原料的条件，原始记录、实验资料基本完整，内容真实。"

2001 年 6 月，医科院药物所和华生公司共同向国家药监局提交《新药证书、生产申请表》（(2001) 京申产字第 019 号）。针对该申请，江苏省药监局 2001 年 10 月 22 日作出《新药研制现场考核报告表》，"现场考核结论"栏记载："经现场考核，样品制备及检验原始记录基本完整，检验仪器条件基本具备，研制单位暂无原料药生产车间，现申请本品的新药证书。"

根据华生公司申请，江苏药监局 2009 年 5 月 21 日发函委托江苏省常州市食品药品监督管理局药品安全监管处对华生公司奥氮平生产现场进行检查和产品抽样，江苏药监局针对该检查和抽样出具了《药品注册生产现场检查报告》（受理号 CXHB0800159），其中"检查结果"栏记载："按照药品注册现场检查的有关要求，2009 年 7 月 7 日对该品种的生产现场进行了第一次检查，该公司的机构和人员、生产和检验设施能满足该品种的生产要求，原辅材料等可溯源，主要原料均按规定量投料，生产过程按申报的工艺进行。2009 年 8 月 25 日，按药品注册现场核查的有关要求，检查了 70309001、70309002、70309003 三批产品的批生产记录、检验记录、原料领用使用、库存情况记录等，已按抽样要求进行了抽样。""综合评定结论"栏记载："根据综合评定，现场检查结论为：通过"。

国家药监局 2010 年 9 月 8 日颁发给华生公司的《药品补充申请批件》所附《奥氮平药品补充申请注册资料》中，5.1"原料药生产工艺的研究资料及文献资料"之 5.1.2"工艺路线"中绘制的反应路线如下：

5.1.2 工艺路线

2015 年 3 月 5 日，江苏省科技咨询中心受上海市方达（北京）律师事务所委托出具（2014）司鉴字第 02 号《技术鉴定报告》，其"鉴定结论"部分记载："1. 华生公司 2008 年向国家药监局备案的奥氮平制备工艺是可行的。2. 对比华生公司 2008 年向国家药监局备案的奥氮平制备工艺与礼来公司第 91103346.7 号方法专利，两者起始原料均为仲胺化物，但制备工艺路径不同，具体表现在：（1）反应中产生的关键中间体不同；（2）反应步骤不同：华生公司的是四步法，礼来公司是二步法；（3）反应条件不同：取代反应中，华生公司采用二甲基甲酰胺为溶媒，礼来公司采用二甲基亚砜和甲苯的混合溶剂为溶媒。"

二审庭审中，礼来公司明确其在本案中要求保护涉案专利权利要求

1中的方法（a）。

裁判结果

江苏省高级人民法院于2014年10月14日作出（2013）苏民初字第0002号民事判决：1. 常州华生制药有限公司赔偿礼来公司经济损失及为制止侵权支出的合理费用人民币计350万元；2. 驳回礼来公司的其他诉讼请求。案件受理费人民币809744元，由礼来公司负担161950元，常州华生制药有限公司负担647794元。礼来公司、常州华生制药有限公司均不服，提起上诉。最高人民法院2016年5月31日作出（2015）民三终字第1号民事判决：1. 撤销江苏省高级人民法院（2013）苏民初字第0002号民事判决；2. 驳回礼来公司的诉讼请求。一、二审案件受理费各人民币809744元，由礼来公司负担323897元，常州华生制药有限公司负担1295591元。

裁判理由

法院生效裁判认为，《最高人民法院关于审理侵犯专利权纠纷案件应用法律若干问题的解释》第七条规定："人民法院判定被诉侵权技术方案是否落入专利权的保护范围，应当审查权利人主张的权利要求所记载的全部技术特征。被诉侵权技术方案包含与权利要求记载的全部技术特征相同或者等同的技术特征的，人民法院应当认定其落入专利权的保护范围；被诉侵权技术方案的技术特征与权利要求记载的全部技术特征相比，缺少权利要求记载的一个以上的技术特征，或者有一个以上技术特征不相同也不等同的，人民法院应当认定其没有落入专利权的保护范围。"本案中，华生公司被诉生产销售的药品与涉案专利方法制备的产品相同，均为奥氮平，判定华生公司奥氮平制备工艺是否落入涉案专利权保护范围，涉及以下三个问题：

一、关于涉案专利权的保护范围

专利法第五十六条第一款规定："发明或者实用新型专利权的保护范围以其权利要求的内容为准，说明书及附图可以用于解释权利要求。"本案中，礼来公司要求保护涉案专利权利要求1中的方法（a），该权利要求采取开放式的撰写方式，其中仅限定了参加取代反应的三环还原物及N-甲基哌嗪以及发生取代的基团，其保护范围涵盖了所有采用所述三环还原物与N-甲基哌嗪在Q基团处发生取代反应而生成奥氮平的制备方法，无论采用何种反应起始物、溶剂、反应条件，均在其保护范围之内。基于此，判定华生公司奥氮平制备工艺是否落入涉案专利权保护范围，关键在于两个技术方案反应路线的比对，而具体的反应起始物、溶剂、反应条件等均不纳入侵权比对范围，否则会不当限缩涉案专利权的保护范围，损害礼来公司的合法权益。

二、关于华生公司实际使用的奥氮平制备工艺

专利法第五十七条第二款规定："专利侵权纠纷涉及新产品制造方法的发明专利的，制造同样产品的单位或者个人应当提供其产品制造方法不同于专利方法的证明。"本案中，双方当事人对奥氮平为专利法中所称的新产品不持异议，华生公司应就其奥氮平制备工艺不同于涉案专利方法承担举证责任。具体而言，华生公司应当提供证据证明其实际使用的奥氮平制备工艺反应路线未落入涉案专利权保护范围，否则，将因其举证不能而承担推定礼来公司侵权指控成立的法律后果。

本案中，华生公司主张其自2003年至今一直使用2008年向国家药监局补充备案工艺生产奥氮平，并提交了其2003年和2008年奥氮平批生产记录（一审补充证据6）、2003年、2007年和2013年生产规程（一审补充证据7）、《药品补充申请批件》（一审补充证据12）等证据证明其实际使用的奥氮平制备工艺。如前所述，本案的侵权判定关键在于两个技术方案反应路线的比对，华生公司2008年补充备案工艺的反应路线可见于其向国家药监局提交的《奥氮平药品补充申请注册资料》，其中5.1"原料药生产工艺的研究资料及文献资料"之5.1.2"工艺路线"图显示该反应路线为：先将"仲胺化物"中的仲氨基用苄基保护起来，制得"苄基化物"（苄基化），再进行闭环反应，生成"苄基取代的噻吩并苯并二氮杂"三环化合物（还原化物）。"还原化物"中的氨基被N-甲基哌嗪取代，生成"缩合物"，然后脱去苄基，制得奥氮平。本院认为，现有在案证据能够形成完整证据链，证明华生公司2003年至涉案专利权到期日期间一直使用其2008年补充备案工艺的反应路线生产奥氮平，主要理由如下：

首先，华生公司2008年向国家药监局提出奥氮平药品补充申请注册，在其提交的《奥氮平药品补充申请注册资料》中，明确记载了其奥氮平制备工艺的反应路线。针对该补充申请，江苏省药监部门于2009年7月7日和8月25日对华生公司进行了生产现场检查和产品抽样，并出具了《药品注册生产现场检查报告》（受理号CXHB0800159），该报告显示华生公司的"生产过程按申报的工艺进行",三批样品"已按抽样要求进行了抽样",现场检查结论为"通过"。也就是说,华生公司2008年补充备案工艺经过药监部门的现场检查,具备可行性。基于此,2010年9月8日,国家药监局向华生公司颁发了《药品补充申请批件》,同意华生公司奥氮平"变更生产工艺并修订质量标准"。对于华生公司2008年补充备案工艺的可行性,礼来公司专家辅助人在二审庭审中予以认可,江苏省科技咨询中心出具的(2014)司鉴字第02号《技术鉴定报告》在其鉴定结论部分也认为"华生公司2008年向国家药监局备案的奥氮平制备工艺是可行的"。因此,在无其他相反证据的情形下,应当推定华生公司2008年补充备案工艺即为其取得《药品补充申请批件》后实际使用的奥氮平制备工艺。

其次,一般而言,适用于大规模工业化生产的药品制备工艺步骤繁琐,操作复杂,其形成不可能是一蹴而就的。从研发阶段到实际生产阶段,其长期的技术积累过程通常是在保持基本反应路线稳定的情况下,针对实际生产中发现的缺陷不断优化调整反应条件和操作细节。华生公司的奥氮平制备工艺受让于医科院药物所,双方于1999年10月28日签订了《技术转让合同》。按照合同约定,医科院药物所负责完成临床前报批资料并在北京申报临床。在医科院药物所1999年10月填报的(京99)药申临字第82号《新药临床研究申请表》中,"制备工艺"栏绘制的反应路线显示,其采用了与华生公司2008年补充备案工艺相同的反应路线。针对该新药临床研究申请,北京市卫生局1999年11月9日作出《新药研制现场考核报告表》,确认"原始记录、实验资料基本完整,内容真实。"在此基础上,医科院药物所和华生公司按照《技术转让合同》的约定,共同向国家药监局提交新药证书、生产申请表[(2001)京申产字第019号]。针对该申请,江苏省药监局2001年10月22日作出《新药研制现场考核报告表》,确认"样品制备及检验原始记录基本完整"。通过包括前述考核在内的一系列审查后,2003年5月9日,医科院药物所和华生公司获得国家药监局颁发的奥氮平原料药和奥氮平片《新药证书》。由此可见,华生公司自1999年即拥有了与其2008年补充备案工艺反应路线相同的奥氮平制备工艺,并以此申报新药注册,取得新药证书。因此,华生公司在2008补充备案工艺之前使用反应路线完全不同的其他制备工艺生产奥氮平的可能性不大。

最后,国家药监局2010年9月8日向华生公司颁发的《药品补充申请批件》"审批结论"栏记载:"变更后的生产工艺在不改变原合成路线的基础上,仅对其制备工艺中所用溶剂和试剂进行调整",即国家药监局确认华生公司2008年补充备案工艺与其之前的制备工艺反应路线相同。华生公司在一审中提交了其2003、2007和2013年的生产规程,2003、2008年的奥氮平批生产记录,华生公司主张上述证据涉及其商业秘密,一审法院组织双方当事人进行了不公开质证,确认其真实性和关联性。本院经审查,华生公司2003、2008年的奥氮平批生产记录是分别依据2003、2007年的生产规程进行实际生产所作的记录,上述生产规程和批生产记录均表明华生公司奥氮平制备工艺的基本反应路线与其2008年补充备案工艺的反应路线相同,只是在保持该基本反应路线不变的基础上对反应条件、溶剂等生产细节进行调整,不断优化,这样的技术积累过程是符合实际生产规律的。

综上,本院认为,华生公司2008年补充备案工艺真实可行,2003年至涉案专利权到期日期间华生公司一直使用2008年补充备案工艺的反应路线生产奥氮平。

三、关于礼来公司的侵权指控是否成立

对比华生公司奥氮平制备工艺的反应路线和涉案方法专利,二者的区别在于反应步骤不同,关键中间体不同。具体而言,华生公司奥氮平制备工艺使用的三环还原物的胺基是被苄基保护的,由此在取代反应之前必然存在苄基化反应步骤以生成苄基化的三环还原物,相应的在取代反应后也必然存在脱苄基反应步骤以获得奥氮平。而涉案专利的反应路线中并未对三环还原物中的胺基进行苄基保护,从而不存在相应的苄基化反应步骤和脱除苄基的反应步骤。

《最高人民法院关于审理专利纠纷案件适用法律问题的若干规定》第十七条第二款规定:"等同特征,是指与所记载的技术特征以基本相同的手段,实现基本相同的功能,达到基本相同的效果,并且本领域普通技术人员在被诉侵权行为发生时无需经过创造性劳动就能够联想到的特征。"本案中,就华生公司奥氮平制备工艺的反应路线和涉案方法专利的区别而言,首先,苄基保护的三环还原物中间体与未加苄基保护的三环还原物中间体为不同的化合物,两者在化学反应特性上存在差异,即在未加苄基保护的三环还原物中间体上,可脱落的Q基团和胺基均可与N-甲基哌嗪发生反应,而苄基保护的三环还原物中间体由于其中

的胺基被苄基保护，无法与N-甲基哌嗪发生不期望的取代反应，取代反应只能发生在Q基团处；相应地，涉案专利的方法中不存在取代反应前后的加苄基和脱苄基反应步骤。因此，两个技术方案在反应中间物和反应步骤上的差异较大。其次，由于增加了加苄基和脱苄基步骤，华生公司的奥氮平制备工艺在终产物收率方面会有所减损，而涉案专利由于不存在加苄基保护步骤和脱苄基步骤，收率不会因此而下降。故两个技术方案的技术效果如收率高低等方面存在较大差异。最后，尽管对所述三环还原物中的胺基进行苄基保护以减少副反应是化学合成领域的公知常识，但是这种改变是实质性的，加苄基保护的三环还原物中间体的反应特性发生了改变，增加反应步骤也使收率下降。而且加苄基保护为公知常识仅说明华生公司的奥氮平制备工艺相对于涉案专利方法改进有限，但并不意味着两者所采用的技术手段是基本相同的。

综上，华生公司的奥氮平制备工艺在三环还原物中间体是否为苄基化中间体以及由此增加的苄基化反应步骤和脱苄基步骤方面，与涉案专利方法是不同的，相应的技术特征也不属于基本相同的技术手段，达到的技术效果存在较大差异，未构成等同特征。因此，华生公司奥氮平制备工艺未落入涉案专利权保护范围。

综上所述，华生公司奥氮平制备工艺未落入礼来公司所有的涉案专利权的保护范围，一审判决认定事实和适用法律存在错误，依法予以纠正。

（生效裁判审判人员：周翔、吴蓉、宋淑华）

【指导案例 85 号】

高仪股份公司诉浙江健龙卫浴有限公司侵害外观设计专利权纠纷案

（最高人民法院审判委员会讨论通过　2017 年 3 月 6 日发布）

关键词　民事　侵害外观设计专利　设计特征　功能性特征　整体视觉效果

裁判要点

1. 授权外观设计的设计特征体现了其不同于现有设计的创新内容，也体现了设计人对现有设计的创造性贡献。如果被诉侵权设计未包含授权外观设计区别于现有设计的全部设计特征，一般可以推定被诉侵权设计与授权外观设计不近似。

2. 对设计特征的认定，应当由专利权人对其所主张的设计特征进行举证。人民法院在听取各方当事人质证意见基础上，对证据进行充分审查，依法确定授权外观设计的设计特征。

3. 对功能性设计特征的认定，取决于外观设计产品的一般消费者看来该设计是否仅仅由特定功能所决定，而不需要考虑该设计是否具有美感。功能性设计特征对于外观设计的整体视觉效果不具有显著影响。功能性与装饰性兼具的设计特征对整体视觉效果的影响需要考虑其装饰性的强弱，装饰性越强，对整体视觉效果的影响越大，反之则越小。

相关法条

《中华人民共和国专利法》第五十九条第二款

基本案情

高仪股份公司（以下简称高仪公司）为"手持淋浴喷头（No. A4284410X2）"外观设计专利的权利人，该外观设计专利现合法有效。2012年11月，高仪公司以浙江健龙卫浴有限公司（以下简称健龙公司）生产、销售和许诺销售的丽雅系列等卫浴产品侵害其"手持淋浴喷头"外观设计专利权为由提起诉讼，请求法院判令健龙公司立即停止被诉侵权行为，销毁库存的侵权产品及专用于生产侵权产品的模具，并赔偿高仪公司经济损失20万元。经一审庭审比对，健龙公司被诉侵权产品与高仪公司涉案外观设计专利的相同之处为：二者属于同类产品，从整体上看，二者均是由喷头头部和手柄两个部分组成，被诉侵权产品头部出水面的形状与涉案专利相同，均表现为出水孔呈放射状分布在两端圆、中间长方形的区域内，边缘呈圆弧状。两者的不同之处为：1. 被诉侵权产品的喷头头部四周为斜面，从背面向出水口倾斜，而涉案专利主视图及左视图中显示其喷头头部四周为圆弧面；2. 被诉侵权产品头部的出水面与面板间仅由一根线条分隔，涉案专利头部的出水面与面板间由两条线条构成的带状分隔；3. 被诉侵权产品头部出水面的出水孔分布方式与涉案专利略有不同；4. 涉案专利的手柄上有长椭圆形的开关设计，被诉侵权产品没有；5. 涉案专利中头部与手柄的连接虽然有一定的斜角,但角度很小,几乎为直线形连接,被诉侵权产品头部与手柄的连接产生的斜角角度较大;6. 从涉案专利的仰视图看,手柄底部为圆形,被诉侵权产品仰视的底部为曲面扇形,涉案专利手柄下端为圆柱体,向与头部连接处方向逐步收缩压扁呈扁椭圆体,被诉侵权产品的手柄下端为扇面柱体,且向与喷头连接处过渡均为扇面柱体,过渡中的手柄中段有弧度的突起;7. 被诉侵权产品的手柄底端有一条弧形的装饰线,将手柄底端与产品的背面连成一体,涉案专利的手柄底端没有这样的设计;8. 涉案专利头部和手柄的长度比例与被诉侵权产品有所差别,两者的头部与手柄的连接处弧面亦有差别。

裁判结果

浙江省台州市中级人民法院于2013年3月5日作出(2012)浙台知民初字第573号民事判决,驳回高仪公司诉讼请求。高仪公司不服,提起上诉。浙江省高级人民法院于2013年9月27日作出(2013)浙知终字第255号民事判决:1. 撤销浙江省台州市中级人民法院(2012)浙台知民初字第573号民事判决;2. 健龙公司立即停止制造、许诺销售、销售侵害高仪公司"手持淋浴喷头"外观设计专利权的产品的行为,销毁库存的侵权产品;3. 健龙公司赔偿高仪公司经济损失(含高仪公司为制止侵权行为所支出的合理费用)人民币10万元;4. 驳回高仪公司的其他诉讼请求。健龙公司不服,提起再审申请。最高人民法院于2015年8月11日作出(2015)民提字第23号民事判决:1. 撤销二审判决;2. 维持一审判决。

裁判理由

法院生效裁判认为,本案的争议焦点在于被诉侵权产品外观设计是否落入涉案外观设计专利权的保护范围。

专利法第五十九条第二款规定:"外观设计专利权的保护范围以表示在图片或者照片中的该产品的外观设计为准,简要说明可以用于解释图片或者照片所表示的该产品的外观设计。"《最高人民法院关于审理侵犯专利权纠纷案件应用法律若干问题的解释》(以下简称《侵犯专利权纠纷案件解释》)第八条规定:"在与外观设计专利产品相同或者相近种类产品上,采用与授权外观设计相同或者近似的外观设计的,人民法院应当认定被诉侵权设计落入专利法第五十九条第二款规定的外观设计专利权的保护范围";第十条规定:"人民法院应当以外观设计专利产品的一般消费者的知识水平和认知能力,判断外观设计是否相同或者近似。"本案中，被诉侵权产品与涉案外观设计专利产品相同，均为淋浴喷头类产品，因此，本案的关键问题是对于一般消费者而言，被诉侵权产品外观设计与涉案授权外观设计是否相同或者近似，具体涉及以下四个问题：

一、关于涉案授权外观设计的设计特征

外观设计专利制度的立法目的在于保护具有美感的创新性工业设计方案，一项外观设计应当具有区别于现有设计的可识别性创新设计才能获得专利授权，该创新设计即是授权外观设计的设计特征。通常情况下，外观设计的设计人都是以现有设计为基础进行创新。对于已有产品，获得专利权的外观设计一般会具有现有设计的部分内容，同时具有与现有设计不相同也不近似的设计内容，正是这部分设计内容使得该授权外观设计具有创新性，从而满足专利法第二十三条所规定的实质性授权条件：不属于现有设计也不存在抵触申请，并且与现有设计或者现有设计特征的组合相比具有明显区别。对于该部分设计内容的描述即构成授权外观设计的设计特征，其体现了授权外观设计不同于现有设计的创新内容，也体现了设计人对现有设计的创造性贡献。由于设计特征的存在，一般消费者容易将授权外观设计区别于现有设计，因此，其对外观设计产品的整体视觉效果具有显著影响，如果被诉侵权设计未包含授权外观设计区别于现有设计的全部设计特征，一般可以推定被诉侵权设计与授权外观设计不近似。

对于设计特征的认定，一般来说，专利权人可能将设计特征记载在简要说明中，也可能会在专利授权确权或者侵权程序中对设计特征作出相应陈述。根据"谁主张、谁举证"的证据规则，专利权人应当对其所主张的设计特征进行举证。另外，授权确权程序的目的在于对外观设计是否具有专利性进行审查，因此，该过程中有关审查文档的相关记载对确定设计特征有着重要的参考意义。理想状态下，对外观设计专利的授权确权，应当是在对整个现有设计检索后的基础上确定对比设计来评判其专利性，但是，由于检索数据库的限制、无效宣告请求人检索能力的局限等原因，授权确权程序中有关审查文档所确定的设计特征可能不是在穷尽整个现有设计的检索基础上得出的，因此，无论是专利权人举证证明的设计特征，还是通过授权确权有关审查文档记载确定的设计特征，如果第三人提出异议，都应当允许其提供反证予以推翻。人民法院

在听取各方当事人质证意见的基础上，对证据进行充分审查，依法确定授权外观设计的设计特征。

本案中，专利权人高仪公司主张跑道状的出水面为涉案授权外观设计的设计特征，健龙公司对此不予认可。对此，法院生效裁判认为，首先，涉案授权外观设计没有简要说明记载其设计特征，高仪公司在二审诉讼中提交了 12 份淋浴喷头产品的外观设计专利文件，其中 7 份记载的公告日早于涉案专利的申请日，其所附图片表示的外观设计均未采用跑道状的出水面。在针对涉案授权外观设计的无效宣告请求审查程序中，专利复审委员会作出第 17086 号决定，认定涉案授权外观设计与最接近的对比设计证据 1 相比："从整体形状上看，与在先公开的设计相比，本专利喷头及其各面过渡的形状、喷头正面出水区域的设计以及喷头宽度与手柄直径的比例具有较大差别，上述差别均是一般消费者容易关注的设计内容"，即该决定认定喷头出水面形状的设计为涉案授权外观设计的设计特征之一。其次，健龙公司虽然不认可跑道状的出水面为涉案授权外观设计的设计特征，但是在本案一、二审诉讼中其均未提交相应证据证明跑道状的出水面为现有设计。本案再审审查阶段，健龙公司提交 200630113512.5 号淋浴喷头外观设计专利视图拟证明跑道状的出水面已被现有设计所公开，经审查，该外观设计专利公告日早于涉案授权外观设计申请日，可以作为涉案授权外观设计的现有设计，但是其主视图和使用状态参考图所显示的出水面两端呈矩形而非呈圆弧形，其出水面并非跑道状。因此，对于健龙公司关于跑道状出水面不是涉案授权外观设计的设计特征的再审申请理由，本院不予支持。

二、关于涉案授权外观设计产品正常使用时容易被直接观察到的部位

认定授权外观设计产品正常使用时容易被直接观察到的部位，应当以一般消费者的视角，根据产品用途，综合考虑产品的各种使用状态得出。本案中，首先，涉案授权外观设计是淋浴喷头产品外观设计，淋浴喷头产品由喷头、手柄构成，二者在整个产品结构中所占空间比例相差不大。淋浴喷头产品可以手持，也可以挂于墙上使用，在其正常使用状态下，对于一般消费者而言，喷头、手柄及其连接处均是容易被直接观察到的部位。其次，第 17086 号决定认定在先申请的设计证据 2 与涉案授权外观设计采用了同样的跑道状出水面，但是基于涉案授权外观设计

的"喷头与手柄成一体,喷头及其与手柄连接的各面均为弧面且喷头前倾,此与在先申请的设计相比具有较大的差别,上述差别均是一般消费者容易关注的设计内容",认定二者属于不相同且不相近似的外观设计。可见,淋浴喷头产品容易被直接观察到的部位并不仅限于其喷头头部出水面,在对淋浴喷头产品外观设计的整体视觉效果进行综合判断时,其喷头、手柄及其连接处均应作为容易被直接观察到的部位予以考虑。

三、关于涉案授权外观设计手柄上的推钮是否为功能性设计特征

外观设计的功能性设计特征是指那些在外观设计产品的一般消费者看来,由产品所要实现的特定功能唯一决定而不考虑美学因素的特征。通常情况下,设计人在进行产品外观设计时,会同时考虑功能因素和美学因素。在实现产品功能的前提下,遵循人文规律和法则对产品外观进行改进,即产品必须首先实现其功能,其次还要在视觉上具有美感。具体到一项外观设计的某一特征,大多数情况下均兼具功能性和装饰性,设计者会在能够实现特定功能的多种设计中选择一种其认为最具美感的设计,而仅由特定功能唯一决定的设计只有在少数特殊情况下存在。因此,外观设计的功能性设计特征包括两种:一是实现特定功能的唯一设计;二是实现特定功能的多种设计之一,但是该设计仅由所要实现的特定功能决定而与美学因素的考虑无关。对功能性设计特征的认定,不在于该设计是否因功能或技术条件的限制而不具有可选择性,而在于外观设计产品的一般消费者看来该设计是否仅仅由特定功能所决定,而不需要考虑该设计是否具有美感。一般而言,功能性设计特征对于外观设计的整体视觉效果不具有显著影响;而功能性与装饰性兼具的设计特征对整体视觉效果的影响需要考虑其装饰性的强弱,装饰性越强,对整体视觉效果的影响相对较大,反之则相对较小。

本案中,涉案授权外观设计与被诉侵权产品外观设计的区别之一在于后者缺乏前者在手柄位置上具有的一类跑道状推钮设计。推钮的功能是控制水流开关,是否设置推钮这一部件是由是否需要在淋浴喷头产品上实现控制水流开关的功能所决定的,但是,只要在淋浴喷头手柄位置设置推钮,该推钮的形状就可以有多种设计。当一般消费者看到淋浴喷头手柄上的推钮时,自然会关注其装饰性,考虑该推钮设计是否美观,而不是仅仅考虑该推钮是否能实现控制水流开关的功能。涉案授权外观

设计的设计者选择将手柄位置的推钮设计为类跑道状,其目的也在于与其跑道状的出水面相协调,增加产品整体上的美感。因此,二审判决认定涉案授权外观设计中的推钮为功能性设计特征,适用法律错误,本院予以纠正。

四、关于被诉侵权产品外观设计与涉案授权外观设计是否构成相同或者近似

《侵犯专利权纠纷案件解释》第十一条规定,认定外观设计是否相同或者近似时,应当根据授权外观设计、被诉侵权设计的设计特征,以外观设计的整体视觉效果进行综合判断;对于主要由技术功能决定的设计特征,应当不予考虑。产品正常使用时容易被直接观察到的部位相对于其他部位、授权外观设计区别于现有设计的设计特征相对于授权外观设计的其他设计特征,通常对外观设计的整体视觉效果更具有影响。

本案中,被诉侵权产品外观设计与涉案授权外观设计相比,其出水孔分布在喷头正面跑道状的区域内,虽然出水孔的数量及其在出水面两端的分布与涉案授权外观设计存在些许差别,但是总体上,被诉侵权产品采用了与涉案授权外观设计高度近似的跑道状出水面设计。关于两者的区别设计特征,一审法院归纳了八个方面,对此双方当事人均无异议。对于这些区别设计特征,首先,如前所述,第17086号决定认定涉案外观设计专利的设计特征有三点:一是喷头及其各面过渡的形状,二是喷头出水面形状,三是喷头宽度与手柄直径的比例。除喷头出水面形状这一设计特征之外,喷头及其各面过渡的形状、喷头宽度与手柄直径的比例等设计特征也对产品整体视觉效果产生显著影响。虽然被诉侵权产品外观设计采用了与涉案授权外观设计高度近似的跑道状出水面,但是,在喷头及其各面过渡的形状这一设计特征上,涉案授权外观设计的喷头、手柄及其连接各面均呈圆弧过渡,而被诉侵权产品外观设计的喷头、手柄及其连接各面均为斜面过渡,从而使得二者在整体设计风格上呈现明显差异。另外,对于非设计特征之外的被诉侵权产品外观设计与涉案授权外观设计相比的区别设计特征,只要其足以使两者在整体视觉效果上产生明显差异,也应予以考虑。其次,淋浴喷头产品的喷头、手柄及其连接处均为其正常使用时容易被直接观察到的部位,在对整体视觉效果进行综合判断时,在上述部位上的设计均应予以重点考查。具体而言,涉案授权外观设计的手柄上设置有一类跑道状推钮,而被诉侵权产品无此设计,因该推钮并非功能性设计特征,推钮的有无这一区别设计特征会对产品的整体视觉效果产生影响;涉案授权外观设计的喷头与手柄连接产生的斜角角度较小,而被诉侵权产品的喷头与手柄连接产生的斜角角度较大,从而使得两者在左视图上呈现明显差异。正是由于被诉侵权产品外观设计未包含涉案授权外观设计的全部设计特征,以及被诉侵权产品外观设计与涉案授权外观设计在手柄、喷头与手柄连接处的设计等区别设计特征,使得两者在整体视觉效果上呈现明显差异,两者既不相同也不近似,被诉侵权产品外观设计未落入涉案外观设计专利权的保护范围。二审判决仅重点考虑了涉案授权外观设计跑道状出水面的设计特征,而对于涉案授权外观设计的其他设计特征,以及淋浴喷头产品正常使用时其他容易被直接观察到的部位上被诉侵权产品外观设计与涉案授权外观设计专利的区别设计特征未予考虑,认定两者构成近似,适用法律错误,本院予以纠正。

综上,健龙公司生产、许诺销售、销售的被诉侵权产品外观设计与高仪公司所有的涉案授权外观设计既不相同也不近似,未落入涉案外观设计专利权保护范围,健龙公司生产、许诺销售、销售被诉侵权产品的行为不构成对高仪公司涉案专利权的侵害。二审判决适用法律错误,本院依法应予纠正。

(生效裁判审判人员:周翔、吴蓉、宋淑华)

【指导案例 86 号】

天津天隆种业科技有限公司与江苏徐农种业科技有限公司侵害植物新品种权纠纷案

(最高人民法院审判委员会讨论通过　2017 年 3 月 6 日发布)

关键词　民事　侵害植物新品种权　相互授权许可

裁判要点

分别持有植物新品种父本与母本的双方当事人,因不能达成相互授权许可协议，导致植物新品种不能继续生产，损害双方各自利益，也不符合合作育种的目的。为维护社会公共利益，保障国家粮食安全，促进植物新品种转化实施，确保已广为种植的新品种继续生产，在衡量父本与母本对植物新品种生产具有基本相同价值基础上，人民法院可以直接判令双方当事人相互授权许可并相互免除相应的许可费。

相关法条

《中华人民共和国合同法》第五条

《中华人民共和国植物新品种保护条例》第二条、第六条、第三十九条

基本案情

天津天隆种业科技有限公司（以下简称天隆公司）与江苏徐农种业科技有限公司（以下简称徐农公司）相互以对方为被告，分别向法院提起两起植物新品种侵权诉讼。

北方杂交粳稻工程技术中心（与辽宁省稻作研究所为一套机构两块牌子）、徐州农科所共同培育成功的三系杂交粳稻9优418水稻品种，于2000年11月10日通过国家农作物品种审定。9优418水稻品种来源于母本9201A、父本C418。2003年12月30日，辽宁省稻作研究所向国家农业部提出C418水稻品种植物新品种权申请，于2007年5月1日获得授权，并许可天隆公司独占实施C418植物新品种权。2003年9月25日，徐州农科所就其选育的徐9201A水稻品种向国家农业部申请植物新品种权保护，于2007年1月1日获得授权。2008年1月3日，徐州农科所许可徐农公司独占实施徐9201A植物新品种权。经审理查明，徐农公司和天隆公司生产9优418使用的配组完全相同，都使用父本C418和母本徐9201A。

2010年11月14日，一审法院根据天隆公司申请，委托农业部合肥测试中心对天隆公司公证保全的被控侵权品种与授权品种C418是否存在亲子关系进行DNA鉴定。检验结论：利用国家标准GB/T20396-2006中的48个水稻SSR标记，对9优418和C418的DNA进行标记分析，结果显示，在测试的所有标记中，9优418完全继承了C418的带型，可以认定9优418与C418存在亲子关系。

2010年8月5日，一审法院根据徐农公司申请，委托农业部合肥测试中心对徐农公司公证保全的被控侵权品种与C418和徐9201A是否存在亲子关系进行鉴定。检验结论：利用国家标准GB/T20396-2006

中的 48 个水稻 SSR 标记，对被控侵权品种与 C418 和徐 9201A 的 DNA 进行标记分析，结果显示：在测试的所有标记中，被控侵权品种完全继承了 C418 和徐 9201A 的带型，可以认定被控侵权品种与 C418 和徐 9201A 存在亲子关系。

根据天隆公司提交的 C418 品种权申请请求书，其说明书内容包括：C418 是北方杂粳中心国际首创"籼粳架桥"制恢技术，和利用籼粳中间材料构建籼粳有利基因集团培育出形态倾籼且有特异亲和力的粳型恢复系。C418 具有较好的特异亲和性，这是通过"籼粳架桥"方法培育出来的恢复系所具有的一种性能，体现在杂种一代更好地协调籼粳两大基因组生态差异和遗传差异，因而较好地解决了通常籼粳杂种存在的结实率偏低、籽粒充实度差、对温度敏感、早衰等障碍。C418 具有籼粳综合优良性状，所配制的杂交组合一般都表现较高的结实率和一定的耐寒性。

根据徐农公司和徐州农科所共同致函天津市种子管理站，称其自主选育的中粳不育系徐 9201A 于 1996 年通过，在审定之前命名为"9201A"，简称"9A"，审定时命名为"徐 9201A"。以徐 9201A 为母本先后选配出 9 优 138、9 优 418、9 优 24 等三系杂交粳稻组合。在 2000 年填报全国农作物品种审定申请书时关于亲本的内容仍延用 1995 年配组时的品种来源 9201A×C418。徐 9201A 于 2003 年 7 月申请农业部新品种权保护，在品种权申请请求书的品种说明中已注明徐 9201A 配组育成了 9 优 138、9 优 418、9 优 24、9 优 686、9 优 88 等杂交组合。徐 9201A 与 9201A 是同一个中粳稻不育系。天隆公司侵权使用 9201A 就是侵权使用徐 9201A。

裁判结果

就天隆公司诉徐农公司一案，江苏省南京市中级人民法院于 2011 年 8 月 31 日作出（2009）宁民三初字第 63 号民事判决：一、徐农公司立即停止销售 9 优 418 杂交粳稻种子，未经权利人许可不得将植物新品种 C418 种子重复使用于生产 9 优 418 杂交粳稻种子；二、徐农公司于判决生效之日起十五日内赔偿天隆公司经济损失 50 万元；三、驳回天隆公司的其他诉讼请求。一审案件受理费 15294 元，由徐农公司负担。

就徐农公司诉天隆公司一案，江苏省南京市中级人民法院于 2011 年 9 月 8 日作出（2010）宁知民初字第 069 号民事判决：一、天隆公司于判决生效之日起立即停止对徐农公司涉案徐 9201A 植物新品种权之独占实施权的侵害；二、天隆公司于判决生效之日起 10 日内赔偿徐农公司经济损失 200 万元；三、驳回徐农公司的其他诉讼请求。

徐农公司、天隆公司不服一审判决，就上述两案分别提起上诉。江苏省高级人民法院于 2013 年 12 月 29 日合并作出（2011）苏知民终字第 0194 号、（2012）苏知民终字第 0055 号民事判决：一、撤销江苏省南京市中级人民法院（2009）宁民三初字第 63 号、（2010）宁知民初字第 069 号民事判决。二、天隆公司于本判决生效之日起十五日内补偿徐农公司 50 万元整。三、驳回天隆公司、徐农公司的其他诉讼请求。

裁判理由

法院生效裁判认为：在通常情况下，植物新品种权作为一种重要的知识产权应当受到尊重和保护。植物新品种保护条例第六条明确规定："完成育种的单位或者个人对其授权品种，享有排他的独占权。任何单位或者个人未经品种权所有人许可，不得为商业目的生产或者销售该授权品种的繁殖材料，不得为商业目的将该授权品种的繁殖材料重复使用于生产另一品种的繁殖材料"，但需要指出的是，该规定并不适用于本案情形。首先，9 优 418 的合作培育源于上世纪九十年代国内杂交水稻科研大合作，本身系无偿配组。9 优 418 品种性状优良，在江苏、安徽、河南等地广泛种植，受到广大种植农户的普遍欢迎，已成为中粳杂交水稻的当家品种，而双方当事人相互指控对方侵权，本身也足以表明 9 优 418 品种具有较高的经济价值和市场前景，涉及到辽宁稻作所与徐州农科所合作双方以及本案双方当事人的重大经济利益。在二审期间，法院做了大量调解工作，希望双方当事人能够相互授权许可，使 9 优 418 这一优良品种能够继续获得生产，双方当事人也均同意就涉案品种权相互授权许可，但仅因一审判令天隆公司赔偿徐农公司 200 万元，徐农公司赔偿天隆公司 50 万元，就其中的 150 万元赔偿差额双方当事人不能达成妥协，故调解不成。天隆公司与徐农公司不能达成妥协，致使 9 优 418 品种不能继续生产，不能认为仅关涉双方的利益，实际上已经损害了国家粮食安全战略的实施，有损公共利益，且不符合当初辽宁稻作所与徐州农科所合作育种的根本目的，也不符合促进植物新品种转化实施的根本要求。从表面上看，双方当事人的行为系维护各自的知识产权，但实际结果是损害知识产权的运用和科技成果的转化。鉴于该两案已关涉国家粮食生产安全等公共利益，影响 9 优 418 这一优良品种的推广，双方当事人在行使涉案植物新品种独占实施许可权时均应当受到限制，即在生产9优418水稻品种时，均应当允许对方使用己方的亲本繁殖材料，这一结果显然有利于辽宁稻作所与徐州农科所合作双方及本案双方当事人的共同利益，也有利于广大种植农户的利益，故一审判令该两案双方当事人相互停止侵权并赔偿对方损失不当，应予纠正。其次，9优418是三系杂交组合，综合双亲优良性状，杂种优势显著，其中母本不育系作用重要，而父本C418的选育也成功解决了三系杂交粳稻配套的重大问题，在9优418配组中父本与母本具有相同的地位及作用。法院判决，9优418水稻品种的合作双方徐州农科所和辽宁省稻作研究所及其本案当事人徐农公司和天隆公司均有权使用对方获得授权的亲本繁殖材料，且应当相互免除许可使用费，但仅限于生产和销售9优418这一水稻品种，不得用于其他商业目的。因徐农公司为推广9优418品种付出了许多商业努力并进行种植技术攻关，而天隆公司是在9优418品种已获得市场广泛认可的情况下进入该生产领域，其明显减少了推广该品种的市场成本，为体现公平合理，法院同时判令天隆公司给予徐农公司50万元的经济补偿。最后，鉴于双方当事人各自生产9优418，事实上存在着一定的市场竞争和利益冲突，法院告诫双方当事人应当遵守我国反不正当竞争法的相关规定，诚实经营，有序竞争，确保质量，尤其应当清晰标注各自的商业标识，防止发生新的争议和纠纷，共同维护好9优418品种的良好声誉。

（生效裁判审判人员：宋健、顾韬、袁滔）

【指导案例87号】

郭明升、郭明锋、孙淑标假冒注册商标案

（最高人民法院审判委员会讨论通过　2017年3月6日发布）

关键词　　刑事　假冒注册商标罪　非法经营数额　网络销售　刷信誉

裁判要点

假冒注册商标犯罪的非法经营数额、违法所得数额，应当综合被告人供述、证人证言、被害人陈述、网络销售电子数据、被告人银行账户往来记录、送货单、快递公司电脑系统记录、被告人等所作记账等证据认定。被告人辩解称网络销售记录存在刷信誉的不真实交易，但无证据证实的，对其辩解不予采纳。

相关法条

《中华人民共和国刑法》第二百一十三条

基本案情

公诉机关指控：2013年11月底至2014年6月期间，被告人郭明升为谋取非法利益，伙同被告人孙淑标、郭明锋在未经三星（中国）投资有限公司授权许可的情况下，从他人处批发假冒三星手机裸机及配件进行组装，利用其在淘宝网上开设的"三星数码专柜"网店进行"正品行货"宣传，并以明显低于市场价格公开对外销售，共计销售假冒的三星手机20000余部，销售金额2000余万元，非法获利200余万元，应当以假冒注册商标罪追究其刑事责任。被告人郭明升在共同犯罪中起主要作用，系主犯。被告人郭明锋、孙淑标在共同犯罪中起辅助作用，系从犯，应当从轻处罚。

被告人郭明升、孙淑标、郭明锋及其辩护人对其未经"SAMSUNG"商标注册人授权许可，组装假冒的三星手机，并通过淘宝网店进行销售的犯罪事实无异议，但对非法经营额、非法获利提出异议，辩解称其淘宝网店存在请人刷信誉的行为，真实交易量只有10000多部。

法院经审理查明："SAMSUNG"是三星电子株式会社在中国注册的商标，该商标有效期至2021年7月27日；三星（中国）投资有限公司是三星电子株式会社在中国投资设立，并经三星电子株式会社特别授权负责三星电子株式会社名下商标、专利、著作权等知识产权管理和法律事务的公司。2013年11月，被告人郭明升通过网络中介购买店主为"汪亮"、账号为play2011－1985的淘宝店铺，并改名为"三星数码专柜"，在未经三星（中国）投资公司授权许可的情况下，从深圳市华强北远望数码城、深圳福田区通天地手机市场批发假冒的三星I8552手机裸机及配件进行组装，并通过"三星数码专柜"在淘宝网上以"正品行货"进行宣传、销售。被告人郭明锋负责该网店的客服工作及客服人员的管理，被告人孙淑标负责假冒的三星I8552手机裸机及配件的进货、包装及联系快递公司发货。至 2014 年 6 月,该网店共计组装、销售假冒三星 I8552 手机 20000 余部,非法经营额 2000 余万元,非法获利 200 余万元。

裁判结果

江苏省宿迁市中级人民法院于 2015 年 9 月 8 日作出 (2015) 宿中知刑初字第 0004 号刑事判决,以被告人郭明升犯假冒注册商标罪,判处有期徒刑五年,并处罚金人民币 160 万元;被告人孙淑标犯假冒注册商标罪,判处有期徒刑三年,缓刑五年,并处罚金人民币 20 万元。被告人郭明锋犯假冒注册商标罪,判处有期徒刑三年,缓刑四年,并处罚金人民币 20 万元。宣判后,三被告人均没有提出上诉,该判决已经生效。

裁判理由

法院生效裁判认为,被告人郭明升、郭明锋、孙淑标在未经"SΛMSUNG"商标注册人授权许可的情况下,购进假冒"SΛMSUNG"注册商标的手机机头及配件,组装假冒"SΛMSUNG"注册商标的手机,并通过网店对外以"正品行货"销售,属于未经注册商标所有人许可在同一种商品上使用与其相同的商标的行为,非法经营数额达 2000 余万元,非法获利 200 余万元,属情节特别严重,其行为构成假冒注册商标罪。被告人郭明升、郭明锋、孙淑标虽然辩解称其网店售销记录存在刷信誉的情况,对公诉机关指控的非法经营数额、非法获利提出异议,但三被告人在公安机关的多次供述,以及公安机关查获的送货单、支付宝向被告人郭明锋银行账户付款记录、郭明锋银行账户对外付款记录、"三星数码专柜"淘宝记录、快递公司电脑系统记录、公安机关现场扣押的笔记等证据之间能够互相印证,综合公诉机关提供的证据,可以认定公诉机关关于三被告人共计销售假冒的三星 I8552 手机 20000 余部,销售金额 2000 余万元,非法获利 200 余万元的指控能够成立,三被告人关于销售记录存在刷信誉行为的辩解无证据予以证实,不予采信。被告人郭明升、郭明锋、孙淑标,系共同犯罪,被告人郭明升起主要作用,是主犯;被告人郭明锋、孙淑标在共同犯罪中起辅助作用,是从犯,依法可以从轻处罚。故依法作出上述判决。

(生效裁判审判人员:程黎明、朱庚、白金)

最高人民法院
关于发布第 17 批指导性案例的通知

(2017 年 11 月 15 日 法〔2017〕332 号)

各省、自治区、直辖市高级人民法院,解放军军事法院,新疆维吾尔自治区高级人民法院生产建设兵团分院:

经最高人民法院审判委员会讨论决定,现将张道文、陶仁等诉四川省简阳市人民政府侵犯客运人力三轮车经营权案等五个案例(指导案例 88-92 号),作为第 17 批指导性案例发布,供在审判类似案件时参照。

最高人民法院
2017 年 11 月 15 日

【指导案例 88 号】

张道文、陶仁等诉四川省简阳市人民政府侵犯客运人力三轮车经营权案

(最高人民法院审判委员会讨论通过 2017 年 11 月 15 日发布)

关键词 行政 行政许可 期限 告知义务 行政程序 确认违法判决

裁判要点

1. 行政许可具有法定期限,行政机关在作出行政许可时,应当明

确告知行政许可的期限，行政相对人也有权利知道行政许可的期限。

2. 行政相对人仅以行政机关未告知期限为由，主张行政许可没有期限限制的，人民法院不予支持。

3. 行政机关在作出行政许可时没有告知期限，事后以期限届满为由终止行政相对人行政许可权益的，属于行政程序违法，人民法院应当依法判决撤销被诉行政行为。但如果判决撤销被诉行政行为，将会给社会公共利益和行政管理秩序带来明显不利影响的，人民法院应当判决确认被诉行政行为违法。

相关法条

《中华人民共和国行政诉讼法》第89条第1款第2项

基本案情

1994年12月12日，四川省简阳市人民政府（以下简称"简阳市政府"）以通告的形式，对本市区范围内客运人力三轮车实行限额管理。1996年8月，简阳市政府对人力客运老年车改型为人力客运三轮车（240辆）的经营者每人收取了有偿使用费3500元。1996年11月，简阳市政府对原有的161辆客运人力三轮车经营者每人收取了有偿使用费2000元。从1996年11月开始，简阳市政府开始实行经营权的有偿使用，有关部门也对限额的401辆客运人力三轮车收取了相关的规费。1999年7月15日、7月28日，简阳市政府针对有偿使用期限已届满两年的客运人力三轮车，发布《关于整顿城区小型车辆营运秩序的公告》（以下简称《公告》）和《关于整顿城区小型车辆营运秩序的补充公告》（以下简称《补充公告》）。其中，《公告》要求"原已具有合法证照的客运人力三轮车经营者必须在1999年7月19日至7月20日到市交警大队办公室重新登记"，《补充公告》要求"经审查，取得经营权的登记者，每辆车按8000元的标准（符合《公告》第六条规定的每辆车按7200元的标准）交纳经营权有偿使用费"。张道文、陶仁等182名客运人力三轮车经营者认为简阳市政府作出的《公告》第六条和《补充公告》第二条的规定形成重复收费，侵犯其合法经营权，向四川省简阳市人民法院提起行政诉讼，要求判决撤销简阳市政府作出的上述《公告》和《补充公告》。

裁判结果

1999年11月9日，四川省简阳市人民法院依照《中华人民共和国行政诉讼法》第五十四条第一项之规定，以（1999）简阳行初字第36

号判决维持市政府1999年7月15日、1999年7月28日作出的行政行为。张道文、陶仁等不服提起上诉。2000年3月2日，四川省资阳地区中级人民法院以（2000）资行终字第6号行政判决驳回上诉，维持原判。2001年6月13日，四川省高级人民法院以（2001）川行监字第1号行政裁定指令四川省资阳市（原资阳地区）中级人民法院进行再审。2001年11月3日，四川省资阳市中级人民法院以（2001）资行再终字第1号判决撤销原一审、二审判决，驳回原审原告的诉讼请求。张道文、陶仁等不服，向四川省高级人民法院提出申诉。2002年7月11日，四川省高级人民法院作出（2002）川行监字第4号驳回再审申请通知书。张道文、陶仁等不服，向最高人民法院申请再审。2016年3月23日，最高人民法院裁定提审本案。2017年5月3日，最高人民法院作出（2016）最高法行再81号行政判决：一、撤销四川省资阳市中级人民法院（2001）资行再终字第1号判决；二、确认四川省简阳市人民政府作出的《关于整顿城区小型车辆营运秩序的公告》和《关于整顿城区小型车辆营运秩序的补充公告》违法。

裁判理由

最高人民法院认为，本案涉及到以下三个主要问题：

关于被诉行政行为的合法性问题。从法律适用上看，《四川省道路运输管理条例》第4条规定"各级交通行政主管部门负责本行政区域内营业性车辆类型的调整、数量的投放"和第24条规定"经县级以上人民政府批准，客运经营权可以实行有偿使用"。四川省交通厅制定的《四川省小型车辆客运管理规定》（川交运〔1994〕359号）第八条规定："各市、地、州运管部门对小型客运车辆实行额度管理时，经当地政府批准可采用营运证有偿使用的办法，但有偿使用期限一次不得超过两年。"可见，四川省地方性法规已经明确对客运经营权可以实行有偿使用。四川省交通厅制定的规范性文件虽然早于地方性法规，但该规范性文件对营运证实行有期限有偿使用与地方性法规并不冲突。基于行政执法和行政管理需要，客运经营权也需要设定一定的期限。从被诉的行政程序上看，程序明显不当。被诉行政行为的内容是对原已具有合法证照的客运人力三轮车经营者实行重新登记，经审查合格者支付有偿使用费，逾期未登记者自动弃权的措施。该被诉行为是对既有的已经取得合法证照的客运人力三轮车经营者收取有偿使用费，而上述客运人力三轮车经营者的权利是在1996年通过经营权许可取得的。前后两个行政行为之间存在承继和连接关系。对于 1996 年的经营权许可行为,行政机关作出行政许可等授益性行政行为时,应当明确告知行政许可的期限。行政机关在作出行政许可时,行政相对人也有权知晓行政许可的期限。行政机关在 1996 年实施人力客运三轮车经营权许可之时,未告知张道文、陶仁等人人力客运三轮车两年的经营权有偿使用期限。张道文、陶仁等人并不知道其经营权有偿使用的期限。简阳市政府 1996 年的经营权许可在程序上存在明显不当,直接导致与其存在前后承继关系的本案被诉行政行为的程序明显不当。

关于客运人力三轮车经营权的期限问题。申请人主张,因简阳市政府在 1996 年实施人力客运三轮车经营权许可时未告知许可期限,据此认为经营许可是无期限的。最高人民法院认为,简阳市政府实施人力客运三轮车经营权许可,目的在于规范人力客运三轮车经营秩序。人力客运三轮车是涉及到公共利益的公共资源配置方式,设定一定的期限是必要的。客观上,四川省交通厅制定的《四川省小型车辆客运管理规定》(川交运〔1994〕359 号)也明确了许可期限。简阳市政府没有告知许可期限,存在程序上的瑕疵,但申请人仅以此认为行政许可没有期限限制,最高人民法院不予支持。

关于张道文、陶仁等人实际享受"惠民"政策的问题。简阳市政府根据当地实际存在的道路严重超负荷、空气和噪声污染严重、"脏、乱、差"、"挤、堵、窄"等问题进行整治,符合城市管理的需要,符合人民群众的意愿,其正当性应予肯定。简阳市政府为了解决因本案诉讼遗留的信访问题,先后作出两次"惠民"行动,为实质性化解本案争议作出了积极的努力,其后续行为也应予以肯定。本院对张道文、陶仁等人接受退市营运的运力配置方案并作出承诺的事实予以确认。但是,行政机关在作出行政行为时必须恪守依法行政的原则,确保行政权力依照法定程序行使。

最高人民法院认为,简阳市政府作出《公告》和《补充公告》在行政程序上存在瑕疵,属于明显不当。但是,虑及本案被诉行政行为作出之后,简阳市城区交通秩序得到好转,城市道路运行能力得到提高,城区市容市貌持续改善,以及通过两次"惠民"行动,绝大多数原 401 辆三轮车已经分批次完成置换,如果判决撤销被诉行政行为,将会给行政管理秩序和社会公共利益带来明显不利影响。最高人民法院根据《最高人民法院关于执行〈中华人民共和国行政诉讼法〉若干问题的解释》第五十八条有关情况判决的规定确认被诉行政行为违法。

（生效裁判审判人员：梁凤云、王海峰、仝蕾）

【指导案例 89 号】

"北雁云依"诉济南市公安局历下区分局燕山派出所公安行政登记案

（最高人民法院审判委员会讨论通过 2017 年 11 月 15 日发布）

关键词　行政　公安行政登记　姓名权　公序良俗　正当理由

裁判要点

公民选取或创设姓氏应当符合中华传统文化和伦理观念。仅凭个人喜好和愿望在父姓、母姓之外选取其他姓氏或者创设新的姓氏，不属于《全国人民代表大会常务委员会关于〈中华人民共和国民法通则〉第九十九条第一款、〈中华人民共和国婚姻法〉第二十二条的解释》第二款第三项规定的"有不违反公序良俗的其他正当理由"。

相关法条

《中华人民共和国民法通则》第 99 条第 1 款

《中华人民共和国婚姻法》第 22 条

《全国人民代表大会常务委员会关于〈中华人民共和国民法通则〉第九十九条第一款、〈中华人民共和国婚姻法〉第二十二条的解释》

基本案情

原告"北雁云依"法定代理人吕晓峰诉称：其妻张瑞峥在医院产下一女取名"北雁云依"，并办理了出生证明和计划生育服务手册新生儿落户备查登记。为女儿办理户口登记时，被告济南市公安局历下区分局燕山派出所（以下简称"燕山派出所"）不予上户口。理由是孩子姓氏必须随父姓或母姓，即姓"吕"或姓"张"。根据《中华人民共和国婚姻法》（以下简称《婚姻法》）和《中华人民共和国民法通则》（以下简称《民法通则》）关于姓名权的规定，请求法院判令确认被告拒绝以"北雁云依"为姓名办理户口登记的行为违法。

被告燕山派出所辩称：依据法律和上级文件的规定不按"北雁云依"进行户口登记的行为是正确的。《民法通则》规定公民享有姓名权，但没有具体规定。而2009年12月23日最高人民法院举行新闻发布会，关于夫妻离异后子女更改姓氏问题的答复中称，《婚姻法》第二十二条是我国法律对子女姓氏问题作出的专门规定，该条规定子女可以随父姓，可以随母姓，没有规定可以随第三姓。行政机关应当依法行政，法律没有明确规定的行为，行政机关就不能实施，原告和行政机关都无权对法律作出扩大化解释，这就意味着子女只有随父姓或者随母姓两种选择。从另一个角度讲，法律确认姓名权是为了使公民能以文字符号即姓名明确区别于他人，实现自己的人格和权利。姓名权和其他权利一样，受到法律的限制而不可滥用。新生婴儿随父姓、随母姓是中华民族的传统习俗，这种习俗标志着血缘关系，随父姓或者随母姓，都是有血缘关系的，可以在很大程度上避免近亲结婚，但是姓第三姓，则与这种传统习俗、与姓的本意相违背。全国各地公安机关在执行《婚姻法》第二十二条关于子女姓氏的问题上，标准都是一致的，即子女应当随父姓或者随母姓。综上所述，拒绝原告法定代理人以"北雁云依"的姓名为原告申报户口登记的行为正确，恳请人民法院依法驳回原告的诉讼请求。

法院经审理查明：原告"北雁云依"出生于2009年1月25日，其父亲名为吕晓峰，母亲名为张瑞峥。因酷爱诗词歌赋和中国传统文化，吕晓峰、张瑞峥夫妇二人决定给爱女起名为"北雁云依"，并以"北雁云依"为名办理了新生儿出生证明和计划生育服务手册新生儿落户备查登记。2009年2月，吕晓峰前往燕山派出所为女儿申请办理户口登记，被民警告知拟被登记人员的姓氏应当随父姓或者母姓，即姓"吕"或者"张"，否则不符合办理出生登记条件。因吕晓峰坚持以"北雁云依"为姓名为女儿申请户口登记，被告燕山派出所遂依照《婚姻法》第二十二条之规定，于当日作出拒绝办理户口登记的具体行政行为。

该案经过两次公开开庭审理，原告"北雁云依"法定代理人吕晓峰在庭审中称：其为女儿选取的"北雁云依"之姓名，"北雁"是姓，"云依"是名。

因案件涉及法律适用问题，需送请有权机关作出解释或者确认，该案于 2010 年 3 月 11 日裁定中止审理，中止事由消除后，该案于 2015 年 4 月 21 日恢复审理。

裁判结果

济南市历下区人民法院于 2015 年 4 月 25 日作出（2010）历行初字第 4 号行政判决：驳回原告"北雁云依"要求确认被告燕山派出所拒绝以"北雁云依"为姓名办理户口登记行为违法的诉讼请求。

一审宣判并送达后，原被告双方均未提出上诉，本判决已发生法律效力。

裁判理由

法院生效裁判认为：2014 年 11 月 1 日，第十二届全国人民代表大会常务委员会第十一次会议通过了《全国人民代表大会常务委员会关于〈中华人民共和国民法通则〉第九十九条第一款、〈中华人民共和国婚姻法〉第二十二条的解释》。该立法解释规定："公民依法享有姓名权。公民行使姓名权，还应当尊重社会公德，不得损害社会公共利益。公民原则上应当随父姓或者母姓。有下列情形之一的，可以在父姓和母姓之外选取姓氏：（一）选取其他直系长辈血亲的姓氏；（二）因由法定扶养人以外的人抚养而选取抚养人姓氏；（三）有不违反公序良俗的其他正当理由。少数民族公民的姓氏可以从本民族的文化传统和风俗习惯。"

本案不存在选取其他直系长辈血亲姓氏或者选取法定扶养人以外的抚养人姓氏的情形，案件的焦点就在于原告法定代理人吕晓峰提出的理由是否符合上述立法解释第二款第三项规定的"有不违反公序良俗的其他正当理由"。首先，从社会管理和发展的角度，子女承袭父母姓氏有利于提高社会管理效率，便于管理机关和其他社会成员对姓氏使用人的主要社会关系进行初步判断。倘若允许随意选取姓氏甚至恣意创造姓氏，则会增加社会管理成本，不利于社会和他人，不利于维护社会秩序和实现社会的良性管控，而且极易使社会管理出现混乱，增加社会管理的风险性和不确定性。其次，公民选取姓氏涉及公序良俗。在中华传统文化中，"姓名"中的"姓"，即姓氏，主要来源于客观上的承袭，系先祖所传，承载了对先祖的敬重、对家庭的热爱等，体现着血缘传承、伦理秩序和文化传统。而"名"则源于主观创造，为父母所授，承载了个人喜好、人格特征、长辈愿望等。公民对姓氏传承的重视和尊崇，不仅仅体现了血缘关系、亲属关系，更承载着丰富的文化传统、伦理观念、人文情怀,符合主流价值观念,是中华民族向心力、凝聚力的载体和镜像。公民原则上随父姓或者母姓,符合中华传统文化和伦理观念,符合绝大多数公民的意愿和实际做法。反之,如果任由公民仅凭个人意愿喜好,随意选取姓氏甚至自创姓氏,则会造成对文化传统和伦理观念的冲击,违背社会善良风俗和一般道德要求。再次,公民依法享有姓名权,公民行使姓名权属于民事活动,既应当依照《民法通则》第九十九条第一款和《婚姻法》第二十二条的规定,还应当遵守《民法通则》第七条的规定,即应当尊重社会公德,不得损害社会公共利益。通常情况下,在父姓和母姓之外选取姓氏的行为,主要存在于实际抚养关系发生变动、有利于未成年人身心健康、维护个人人格尊严等情形。本案中,原告"北雁云依"的父母自创"北雁"为姓氏、选取"北雁云依"为姓名给女儿办理户口登记的理由是"我女儿姓名'北雁云依'四字,取自四首著名的中国古典诗词,寓意父母对女儿的美好祝愿"。此理由仅凭个人喜好愿望并创设姓氏,具有明显的随意性,不符合立法解释第二款第三项的情形,不应给予支持。

(生效裁判审判人员:任军、白杨、钱昕)

【指导案例 90 号】

贝汇丰诉海宁市公安局交通警察大队道路交通管理行政处罚案

(最高人民法院审判委员会讨论通过　2017 年 11 月 15 日发布)

关键词　行政　行政处罚　机动车让行　正在通过人行横道

裁判要点

礼让行人是文明安全驾驶的基本要求。机动车驾驶人驾驶车辆行经人行横道,遇有人正在人行横道通行或者停留时,应当主动停车让行,除非行人明确示意机动车先通过。公安机关交通管理部门对不礼让行人的机动车驾驶人依法作出行政处罚的,人民法院应予支持。

相关法条

《中华人民共和国道路交通安全法》第47条第1款

基本案情

原告贝汇丰诉称：其驾驶浙F1158J汽车（以下简称"案涉车辆"）靠近人行横道时，行人已经停在了人行横道上，故不属于"正在通过人行横道"。而且，案涉车辆经过的西山路系海宁市主干道路，案发路段车流很大，路口也没有红绿灯，如果只要人行横道上有人，机动车就停车让行，会在很大程度上影响通行效率。所以，其可以在确保通行安全的情况下不停车让行而直接通过人行横道，故不应该被处罚。海宁市公安局交通警察大队（以下简称"海宁交警大队"）作出的编号为3304811102542425的公安交通管理简易程序处罚决定违法。贝汇丰请求：撤销海宁交警大队作出的行政处罚决定。

被告海宁交警大队辩称：行人已经先于原告驾驶的案涉车辆进入人行横道，而且正在通过，案涉车辆应当停车让行；如果行人已经停在人行横道上，机动车驾驶人可以示意行人快速通过，行人不走，机动车才可以通过；否则，构成违法。对贝汇丰作出的行政处罚决定事实清楚，证据确实充分，适用法律正确，程序合法，请求判决驳回贝汇丰的诉讼请求。

法院经审理查明：2015年1月31日，贝汇丰驾驶案涉车辆沿海宁市西山路行驶，遇行人正在通过人行横道，未停车让行。海宁交警大队执法交警当场将案涉车辆截停，核实了贝汇丰的驾驶员身份，适用简易程序向贝汇丰口头告知了违法行为的基本事实、拟作出的行政处罚、依据及其享有的权利等，并在听取贝汇丰的陈述和申辩后，当场制作并送达了公安交通管理简易程序处罚决定书，给予贝汇丰罚款100元，记3分。贝汇丰不服，于2015年2月13日向海宁市人民政府申请行政复议。3月27日，海宁市人民政府作出行政复议决定书，维持了海宁交警大队作出的处罚决定。贝汇丰收到行政复议决定书后于2015年4月14日起诉至海宁市人民法院。

裁判结果

浙江省海宁市人民法院于2015年6月11日作出（2015）嘉海行初字第6号行政判决：驳回贝汇丰的诉讼请求。宣判后，贝汇丰不服，提起上诉。浙江省嘉兴市中级人民法院于2015年9月10日作出（2015）浙嘉行终字第52号行政判决：驳回上诉，维持原判。

裁判理由

法院生效裁判认为：首先，人行横道是行车道上专供行人横过的通道，是法律为行人横过道路时设置的保护线，在没有设置红绿灯的道路路口，行人有从人行横道上优先通过的权利。机动车作为一种快速交通运输工具，在道路上行驶具有高度的危险性，与行人相比处于强势地位，因此必须对机动车在道路上行驶时给予一定的权利限制，以保护行人。其次，认定行人是否"正在通过人行横道"应当以特定时间段内行人一系列连续行为为标准，而不能以某个时间点行人的某个特定动作为标准，特别是在该特定动作不是行人在自由状态下自由地做出，而是由于外部的强力原因迫使其不得不做出的情况下。案发时，行人以较快的步频走上人行横道线，并以较快的速度接近案发路口的中央位置，当看到贝汇丰驾驶案涉车辆朝自己行走的方向驶来，行人放慢了脚步，以确认案涉车辆是否停下来，但并没有停止脚步，当看到案涉车辆没有明显减速且没有停下来的趋势时，才为了自身安全不得不停下脚步。如果此时案涉车辆有明显减速并停止行驶，则行人肯定会连续不停止地通过路口。可见，在案发时间段内行人的一系列连续行为充分说明行人"正在通过人行横道"。再次，机动车和行人穿过没有设置红绿灯的道路路口属于一个互动的过程，任何一方都无法事先准确判断对方是否会停止让行，因此处于强势地位的机动车在行经人行横道遇行人通过时应当主动停车让行，而不应利用自己的强势迫使行人停步让行，除非行人明确示意机动车先通过，这既是法律的明确规定，也是保障作为弱势一方的行人安全通过马路、减少交通事故、保障生命安全的现代文明社会的内在要求。综上，贝汇丰驾驶机动车行经人行横道时遇行人正在通过而未停车让行，违反了《中华人民共和国道路交通安全法》第四十七条的规定。海宁交警大队根据贝汇丰的违法事实，依据法律规定的程序在法定的处罚范围内给予相应的行政处罚，事实清楚，程序合法，处罚适当。

（生效裁判审判人员：樊钢剑、张波诚、张红）

【指导案例 91 号】

沙明保等诉马鞍山市花山区
人民政府房屋强制拆除行政赔偿案

（最高人民法院审判委员会讨论通过　2017 年 11 月 15 日发布）

关键词　行政　行政赔偿　强制拆除　举证责任　市场合理价值

裁判要点

在房屋强制拆除引发的行政赔偿案件中，原告提供了初步证据，但因行政机关的原因导致原告无法对房屋内物品损失举证，行政机关亦因未依法进行财产登记、公证等措施无法对房屋内物品损失举证的，人民法院对原告未超出市场价值的符合生活常理的房屋内物品的赔偿请求，应当予以支持。

相关法条

《中华人民共和国行政诉讼法》第 38 条第 2 款

基本案情

2011 年 12 月 5 日，安徽省人民政府作出皖政地〔2011〕769 号《关于马鞍山市 2011 年第 35 批次城市建设用地的批复》，批准征收马鞍山市花山区霍里街道范围内农民集体建设用地 10.04 公顷，用于城市建设。2011 年 12 月 23 日，马鞍山市人民政府作出 2011 年 37 号《马鞍山市人民政府征收土地方案公告》，将安徽省人民政府的批复内容予以公告，并载明征地方案由花山区人民政府实施。苏月华名下的花山区霍里镇丰收村丰收村民组 B11－3 房屋在本次征收范围内。苏月华于 2011 年 9 月 13 日去世，其生前将该房屋处置给四原告所有。原告古宏英系苏月华的女儿，原告沙明保、沙明虎、沙明莉系苏月华的外孙。在实施征迁过程中，征地单位分别制作了《马鞍山市国家建设用地征迁费用补偿表》、《马鞍山市征迁住房货币化安置（产权调换）备案表》，对苏月华户房屋及地上附着物予以登记补偿，原告古宏英的丈夫领取了安置补偿款。2012 年年初，被告组织相关部门将苏月华户房屋及地上附着物拆除。原告沙明保等四人认为马鞍山市花山区人民政府非法将上述房屋拆除，侵犯了其合法财产权，故提起诉讼，请求人民法院判令马鞍山市花山区人民政府赔偿房屋损失、装潢损失、房租损失共计282.7680万元；房屋内物品损失共计10万元，主要包括衣物、家具、家电、手机等5万元；实木雕花床5万元。

马鞍山市中级人民法院判决驳回原告沙明保等四人的赔偿请求。沙明保等四人不服，上诉称：1. 2012年初，马鞍山市花山区人民政府对案涉农民集体土地进行征收，未征求公众意见，上诉人亦不知以何种标准予以补偿；2. 2012年8月1日，马鞍山市花山区人民政府对上诉人的房屋进行拆除的行为违法，事前未达成协议，未告知何时拆迁，屋内财产未搬离、未清点，所造成的财产损失应由马鞍山市花山区人民政府承担举证责任；3. 2012年8月27日，上诉人沙明保、沙明虎、沙明莉的父亲沙开金受胁迫在补偿表上签字，但其父沙开金对房屋并不享有权益且该补偿表系房屋被拆后所签。综上，请求二审法院撤销一审判决，支持其赔偿请求。

马鞍山市花山区人民政府未作书面答辩。

裁判结果

马鞍山市中级人民法院于2015年7月20日作出（2015）马行赔初字第00004号行政赔偿判决：驳回沙明保等四人的赔偿请求。宣判后，沙明保等四人提出上诉，安徽省高级人民法院于2015年11月24日作出（2015）皖行赔终字第00011号行政赔偿判决：撤销马鞍山市中级人民法院（2015）马行赔初字第00004号行政赔偿判决；判令马鞍山市花山区人民政府赔偿上诉人沙明保等四人房屋内物品损失8万元。

裁判理由

法院生效裁判认为：根据《中华人民共和国土地管理法实施条例》第四十五条的规定，土地行政主管部门责令限期交出土地，被征收人拒不交出的，申请人民法院强制执行。马鞍山市花山区人民政府提供的证据不能证明原告自愿交出了被征土地上的房屋，其在土地行政主管部门未作出责令交出土地决定亦未申请人民法院强制执行的情况下，对沙明保等四人的房屋组织实施拆除，行为违法。关于被拆房屋内物品损失问题，根据《中华人民共和国行政诉讼法》第三十八条第二款之规定，在行政赔偿、补偿的案件中，原告应当对行政行为造成的损害提供证据。因被告的原因导致原告无法举证的，由被告承担举证责任。马鞍山市花山区人民政府组织拆除上诉人的房屋时，未依法对屋内物品登记保全，未制作物品清单并交上诉人签字确认，致使上诉人无法对物品受损情况举证，故该损失是否存在、具体损失情况等，依法应由马鞍山市花山区人民政府承担举证责任。上诉人主张的屋内物品5万元包括衣物、家具、家电、手机等，均系日常生活必需品，符合一般家庭实际情况，且被上诉人亦未提供证据证明这些物品不存在，故对上诉人主张的屋内物品种类、数量及价值应予认定。上诉人主张实木雕花床价值为5万元，已超出市场正常价格范围，其又不能确定该床的材质、形成时间、与普通实木雕花床有何不同等，法院不予支持。但出于最大限度保护被侵权人的合法权益考虑，结合目前普通实木雕花床的市场价格，按"就高不就低"的原则，综合酌定该实木雕花床价值为3万元。综上，法院作出如上判决。

（生效裁判审判人员：王新林、宋鑫、阮秀芳）

【指导案例92号】

莱州市金海种业有限公司诉张掖市富凯农业科技有限责任公司侵犯植物新品种权纠纷案

（最高人民法院审判委员会讨论通过　2017年11月15日发布）

关键词　民事　侵犯植物新品种权　玉米品种鉴定　DNA指纹检测　近似品种　举证责任

裁判要点

依据中华人民共和国农业行业标准《玉米品种鉴定DNA指纹方法》NY/T1432-2007检测及判定标准的规定，品种间差异位点数等于1，判定为近似品种；品种间差异位点数大于等于2，判定为不同品种。品种间差异位点数等于1，不足以认定不是同一品种。对差异位点数在两个以下的，应当综合其他因素判定是否为不同品种，如可采取扩大检测位点进行加测，以及提交审定样品进行测定等，举证责任由被诉侵权一方承担。

相关法条

《中华人民共和国植物新品种保护条例》第 16 条、第 17 条

基本案情

2003 年 1 月 1 日,经农业部核准,"金海 5 号"被授予中华人民共和国植物新品种权,品种号为:CNA20010074.2,品种权人为莱州市金海农作物研究有限公司。2010 年 1 月 8 日,品种权人授权莱州市金海种业有限公司(以下简称"金海种业公司")独家生产经营玉米杂交种"金海 5 号",并授权金海种业公司对擅自生产销售该品种的侵权行为,可以以自己的名义独立提起诉讼。2011 年,张掖市富凯农业科技有限责任公司(以下简称"富凯公司")在张掖市甘州区沙井镇古城村八社、十一社进行玉米制种。金海种业公司以富凯公司的制种行为侵害其"金海 5 号"玉米植物新品种权为由向张掖市中级人民法院(以下简称"张掖中院")提起诉讼。张掖中院受理后,根据金海种业公司的申请,于 2011 年 9 月 13 日对沙井镇古城村八社、十一社种植的被控侵权玉米以活体玉米植株上随机提取玉米果穗,现场封存的方式进行证据保全,并委托北京市农科院玉米种子检测中心对被提取的样品与农业部植物新品种保护办公室植物新品种保藏中心保存的"金海 5 号"标准样品之间进行对比鉴定。该鉴定中心出具的检测报告结论为"无明显差异"。

张掖中院以构成侵权为由,判令富凯公司承担侵权责任。富凯公司不服,向甘肃省高级人民法院(以下简称"甘肃高院")提出上诉,甘肃高院审理后以原审判决认定事实不清,裁定发回张掖中院重审。

案件发回重审后,张掖中院复函北京市农科院玉米种子检测中心,要求对"JA2011-098-006"号结论为"无明显差异"的检测报告给予补充鉴定或说明。该中心答复:"待测样品与农业部品种保护的对照样品金海 5 号比较,在 40 个点位上,仅有 1 个差异位点,依据行业标准判定为近似,结论为待测样品与对照样品无明显差异。这一结论应解读为:依据 DNA 指纹检测标准,将差异至少两个位点作为判定两个样品不同的充分条件,而对差异位点在两个以下的,表明依据该标准判定两个样品不同的条件不充分,因此不能得出待测样品与对照样品不同的结论。"经质证,金海种业公司对该检测报告不持异议。富凯公司认为检验报告载明差异位点数为"1",说明被告并未侵权,故该检测报告不能作为本案证据予以采信。

裁判结果

张掖市中级人民法院以（2012）张中民初字第 28 号民事判决，判令：驳回莱州市金海种业有限公司的诉讼请求。莱州市金海种业有限公司不服，提出上诉。甘肃省高级人民法院于 2014 年 9 月 17 日作出（2013）甘民三终字第 63 号民事判决：一、撤销张掖市中级人民法院（2012）张中民初字第 28 号民事判决。二、张掖市富凯农业科技有限责任公司立即停止侵犯莱州市金海种业有限公司植物新品种权的行为，并赔偿莱州市金海种业有限公司经济损失 50 万元。

裁判理由

法院生效判决认为：未经品种权人许可，为商业目的生产或销售授权品种的繁殖材料的，是侵犯植物新品种权的行为。而确定行为人生产、销售的植物新品种的繁殖材料是否是授权品种的繁殖材料，核心在于应用该繁殖材料培育的植物新品种的特征、特性，是否与授权品种的特征、特性相同。本案中，经人民法院委托鉴定，北京市农科院玉米种子检测中心出具的鉴定意见表明待测样品与授权样品"无明显差异"，但在 DNA 指纹图谱检测对比的 40 个位点上，有 1 个位点的差异。依据中华人民共和国农业行业标准《玉米品种鉴定 DNA 指纹方法 NY/T1432－2007 检测及判定标准》的规定：品种间差异位点数等于 1，判定为近似品种；品种间差异位点数大于等于 2，判定为不同品种。依据 DNA 指纹检测标准，将差异至少两个位点作为标准，来判定两个品种是否不同。品种间差异位点数等于 1，不足以认定不是同一品种。DNA 检测与 DUS（田间观察检测）没有位点的直接对应性。对差异位点数在两个以下的，应当综合其他因素进行判定，如可采取扩大检测位点进行加测以及提交审定样品进行测定等。此时的举证责任应由被诉侵权的一方承担。由于植物新品种授权所依据的方式是 DUS 检测，而不是实验室的 DNA 指纹鉴定，因此，张掖市富凯农业科技有限责任公司如果提交相反的证据证明通过 DUS 检测，被诉侵权繁殖材料的特征、特性与授权品种的特征、特性不相同，则可以推翻前述结论。根据已查明的事实，被上诉人富凯公司经释明后仍未能提供相反的证据，亦不具备 DUS 检测的条件。因此，依据《最高人民法院关于审理侵犯植物新品种权纠纷案件具体应用法律问题的若干规定》第二条第一款"未经品种权人许可，为商业目的生产或销售授权品种的繁殖材料，或者为商业目的将授权品种的繁殖材料重复使用于生产另一品种的繁殖材料的，人民法院应当认定为侵犯植物新品种权"的规定,应认定富凯公司的行为构成侵犯植物新品种权。

关于侵权责任问题。依据《最高人民法院关于审理侵犯植物新品种权纠纷案件具体应用法律问题的若干规定》第六条之规定,富凯公司应承担停止侵害、赔偿损失的民事责任。由于本案的侵权行为发生在三年前,双方当事人均未能就被侵权人因侵权所受损失或侵权人因侵权所获利润双方予以充分举证,法院查明的侵权品种种植亩数是1000亩,综合考虑侵权行为的时间、性质、情节等因素,酌定赔偿50万元,并判令停止侵权行为。

(生效裁判审判人员:康天翔、窦桂兰、李雪亮)

最高人民法院
关于发布第 18 批指导性案例的通知

（2018 年 6 月 20 日　法〔2018〕164 号）

各省、自治区、直辖市高级人民法院，解放军军事法院，新疆维吾尔自治区高级人民法院生产建设兵团分院：

经最高人民法院审判委员会讨论决定，现将于欢故意伤害案等四个案例（指导案例 93－96 号），作为第 18 批指导性案例发布，供在审判类似案件时参照。

最高人民法院
2018 年 6 月 20 日

【指导案例 93 号】

于欢故意伤害案

（最高人民法院审判委员会讨论通过　2018 年 6 月 20 日发布）

关键词　刑事　故意伤害罪　非法限制人身自由　正当防卫　防卫过当

裁判要点

1. 对正在进行的非法限制他人人身自由的行为，应当认定为刑法第二十条第一款规定的"不法侵害"，可以进行正当防卫。

2. 对非法限制他人人身自由并伴有侮辱、轻微殴打的行为，不应当认定为刑法第二十条第三款规定的"严重危及人身安全的暴力犯罪"。

3. 判断防卫是否过当，应当综合考虑不法侵害的性质、手段、强度、危害程度，以及防卫行为的性质、时机、手段、强度、所处环境和损害后果等情节。对非法限制他人人身自由并伴有侮辱、轻微殴打，且并不十分紧迫的不法侵害，进行防卫致人死亡重伤的，应当认定为刑法第二十条第二款规定的"明显超过必要限度造成重大损害"。

4. 防卫过当案件，如系因被害人实施严重贬损他人人格尊严或者亵渎人伦的不法侵害引发的，量刑时对此应予充分考虑，以确保司法裁判既经得起法律检验，也符合社会公平正义观念。

相关法条

《中华人民共和国刑法》第二十条

基本案情

被告人于欢的母亲苏某在山东省冠县工业园区经营山东源大工贸有限公司（以下简称源大公司），于欢系该公司员工。2014年7月28日，苏某及其丈夫于某1向吴某、赵某1借款100万元，双方口头约定月息10%。至2015年10月20日，苏某共计还款154万元。其间，吴某、赵某1因苏某还款不及时，曾指使被害人郭某1等人采取在源大公司车棚内驻扎、在办公楼前支锅做饭等方式催债。2015年11月1日，苏某、于某1再向吴某、赵某1借款35万元。其中10万元，双方口头约定月息10%；另外25万元，通过签订房屋买卖合同，用于某1名下的一套住房作为抵押，双方约定如逾期还款，则将该住房过户给赵某1。2015年11月2日至2016年1月6日，苏某共计向赵某1还款29.8万元。吴某、赵某1认为该29.8万元属于偿还第一笔100万元借款的利息，而苏某夫妇认为是用于偿还第二笔借款。吴某、赵某1多次催促苏某夫妇继续还款或办理住房过户手续，但苏某夫妇未再还款，也未办理住房过户。

2016年4月1日，赵某1与被害人杜某2、郭某1等人将于某1上述住房的门锁更换并强行入住，苏某报警。赵某1出示房屋买卖合同，民警调解后离去。同月13日上午，吴某、赵某1与杜某2、郭某1、杜某7等人将上述住房内的物品搬出，苏某报警。民警处警时，吴某称系房屋买卖纠纷，民警告知双方协商或通过诉讼解决。民警离开后，吴某责骂苏某，并将苏某头部按入座便器接近水面位置。当日下午，赵某1等人将上述住房内物品搬至源大公司门口。其间，苏某、于某1多次拨打市长热线求助。当晚，于某1通过他人调解，与吴某达成口头协议，约定次日将住房过户给赵某1，此后再付30万元，借款本金及利息即全部结清。

4月14日，于某1、苏某未去办理住房过户手续。当日16时许，赵某1纠集郭某2、郭某1、苗某、张某3到源大公司讨债。为找到于某1、苏某，郭某1报警称源大公司私刻财务章。民警到达源大公司后，苏某与赵某1等人因还款纠纷发生争吵。民警告知双方协商解决或到法院起诉后离开。李某3接赵某1电话后，伙同么某、张某2和被害人严某、程某到达源大公司。赵某1等人先后在办公楼前呼喊，在财务室内、餐厅外盯守，在办公楼门厅外烧烤、饮酒，催促苏某还款。其间，赵某1、苗某离开。20时许，杜某2、杜某7赶到源大公司，与李某3等人一起饮酒。20时48分，苏某按郭某1要求到办公楼一楼接待室，于欢及公司员工张某1、马某陪同。21时53分，杜某2等人进入接待室讨债，将苏某、于欢的手机收走放在办公桌上。杜某2用污秽言语辱骂苏某、于欢及其家人，将烟头弹到苏某胸前衣服上，将裤子褪至大腿处裸露下体，朝坐在沙发上的苏某等人左右转动身体。在马某、李某3劝阻下，杜某2穿好裤子，又脱下于欢的鞋让苏某闻，被苏某打掉。杜某2还用手拍打于欢面颊，其他讨债人员实施了揪抓于欢头发或按压于欢肩部不准其起身等行为。22时07分，公司员工刘某打电话报警。22时17分，民警朱某带领辅警宋某、郭某3到达源大公司接待室了解情况，苏某和于欢指认杜某2殴打于欢，杜某2等人否认并称系讨债。22时22分，朱某警告双方不能打架，然后带领辅警到院内寻找报警人，并给值班民警徐某打电话通报警情。于欢、苏某想随民警离开接待室，杜某2等人阻拦，并强迫于欢坐下，于欢拒绝。杜某2等人卡于欢颈部，将于欢推拉至接待室东南角。于欢持刃长15.3厘米的单刃尖刀，警告杜某2等人不要靠近。杜某2出言挑衅并逼近于欢，于欢遂捅刺杜某2腹部一刀，又捅刺围逼在其身边的程某胸部、严某腹部、郭某1背部各一刀。22时26分，辅警闻声返回接待室。经辅警连续责令，于欢交出尖刀。杜某2等四人受伤后，被杜某7等人驾车送至冠县人民医院救治。次日2时18分，杜某2经抢救无效，因腹部损伤造成肝固有动脉裂伤及肝右叶创伤导致失血性休克死亡。严某、郭某1的损伤均构成重伤二级，程某的损伤构成轻伤二级。

裁判结果

山东省聊城市中级人民法院于2017年2月17日作出（2016）鲁15

刑初 33 号刑事附带民事判决，认定被告人于欢犯故意伤害罪，判处无期徒刑，剥夺政治权利终身，并赔偿附带民事原告人经济损失。

宣判后，被告人于欢及部分原审附带民事诉讼原告人不服，分别提出上诉。山东省高级人民法院经审理于 2017 年 6 月 23 日作出（2017）鲁刑终 151 号刑事附带民事判决：驳回附带民事上诉，维持原判附带民事部分；撤销原判刑事部分，以故意伤害罪改判于欢有期徒刑五年。

裁判理由

法院生效裁判认为：被告人于欢持刀捅刺杜某2等四人，属于制止正在进行的不法侵害，其行为具有防卫性质；其防卫行为造成一人死亡、二人重伤、一人轻伤的严重后果，明显超过必要限度造成重大损害，构成故意伤害罪，依法应负刑事责任。鉴于于欢的行为属于防卫过当，于欢归案后如实供述主要罪行，且被害方有以恶劣手段侮辱于欢之母的严重过错等情节，对于欢依法应当减轻处罚。原判认定于欢犯故意伤害罪正确，审判程序合法，但认定事实不全面，部分刑事判项适用法律错误，量刑过重，遂依法改判于欢有期徒刑五年。

本案在法律适用方面的争议焦点主要有两个方面：一是于欢的捅刺行为性质，即是否具有防卫性、是否属于特殊防卫、是否属于防卫过当；二是如何定罪处罚。

一、关于于欢的捅刺行为性质

《中华人民共和国刑法》（以下简称《刑法》）第二十条第一款规定："为了使国家、公共利益、本人或者他人的人身、财产和其他权利免受正在进行的不法侵害，而采取的制止不法侵害的行为，对不法侵害人造成损害的，属于正当防卫，不负刑事责任。"由此可见，成立正当防卫必须同时具备以下五项条件：一是防卫起因，不法侵害现实存在。不法侵害是指违背法律的侵袭和损害，既包括犯罪行为，又包括一般违法行为；既包括侵害人身权利的行为，又包括侵犯财产及其他权利的行为。二是防卫时间，不法侵害正在进行。正在进行是指不法侵害已经开始并且尚未结束的这段时期。对尚未开始或已经结束的不法侵害，不能进行防卫，否则即是防卫不适时。三是防卫对象，即针对不法侵害者本人。正当防卫的对象只能是不法侵害人本人，不能对不法侵害人之外的人实施防卫行为。在共同实施不法侵害的场合，共同侵害具有整体性，可对每一个共同侵害人进行正当防卫。四是防卫意图，出于制止不法侵害的目的，有防卫认识和意志。五是防卫限度，尚未明显超过必要限度造成重大损害。这就是说正当防卫的成立条件包括客观条件、主观条件和限度条件。客观条件和主观条件是定性条件，确定了正当防卫"正"的性质和前提条件，不符合这些条件的不是正当防卫；限度条件是定量条件，确定了正当防卫"当"的要求和合理限度，不符合该条件的虽然仍有防卫性质，但不是正当防卫，属于防卫过当。防卫过当行为具有防卫的前提条件和制止不法侵害的目的，只是在制止不法侵害过程中，没有合理控制防卫行为的强度，明显超过正当防卫必要限度，并造成不应有的重大损害后果，从而转化为有害于社会的违法犯罪行为。根据本案认定的事实、证据和我国刑法有关规定，于欢的捅刺行为虽然具有防卫性，但属于防卫过当。

首先，于欢的捅刺行为具有防卫性。案发当时杜某2等人对于欢、苏某持续实施着限制人身自由的非法拘禁行为，并伴有侮辱人格和对于欢推搡、拍打等行为；民警到达现场后，于欢和苏某想随民警走出接待室时，杜某2等人阻止二人离开，并对于欢实施推拉、围堵等行为，在于欢持刀警告时仍出言挑衅并逼近，实施正当防卫所要求的不法侵害客观存在并正在进行；于欢是在人身自由受到违法侵害、人身安全面临现实威胁的情况下持刀捅刺，且捅刺的对象都是在其警告后仍向其靠近围逼的人。因此，可以认定其是为了使本人和其母亲的人身权利免受正在进行的不法侵害，而采取的制止不法侵害行为，具备正当防卫的客观和主观条件，具有防卫性质。

其次，于欢的捅刺行为不属于特殊防卫。《刑法》第二十条第三款规定："对正在进行行凶、杀人、抢劫、强奸、绑架以及其他严重危及人身安全的暴力犯罪，采取防卫行为，造成不法侵害人伤亡的，不属于防卫过当，不负刑事责任。"根据这一规定，特殊防卫的适用前提条件是存在严重危及本人或他人人身安全的暴力犯罪。本案中，虽然杜某2等人对于欢母子实施了非法限制人身自由、侮辱、轻微殴打等人身侵害行为，但这些不法侵害不是严重危及人身安全的暴力犯罪。其一，杜某2等人实施的非法限制人身自由、侮辱等不法侵害行为，虽然侵犯了于欢母子的人身自由、人格尊严等合法权益，但并不具有严重危及于欢母子人身安全的性质；其二，杜某2等人按肩膀、推拉等强制或者殴打行为，虽然让于欢母子的人身安全、身体健康权遭受了侵害，但这种不法侵害只是轻微的暴力侵犯，既不是针对生命权的不法侵害，又不是发生严重侵害于欢母子身体健康权的情形,因而不属于严重危及人身安全的暴力犯罪。其三,苏某、于某1系主动通过他人协调、担保,向吴某借贷,自愿接受吴某所提10%的月息。既不存在苏某、于某1被强迫向吴某高息借贷的事实,又不存在吴某强迫苏某、于某1借贷的事实,与司法解释以借贷为名采用暴力、胁迫手段获取他人财物以抢劫罪论处的规定明显不符。可见杜某2等人实施的多种不法侵害行为,符合可以实施一般防卫行为的前提条件,但不具备实施特殊防卫的前提条件,故于欢的捅刺行为不属于特殊防卫。

最后,于欢的捅刺行为属于防卫过当。《刑法》第二十条第二款规定:"正当防卫明显超过必要限度造成重大损害的,应当负刑事责任,但是应当减轻或者免除处罚。"由此可见,防卫过当是在具备正当防卫客观和主观前提条件下,防卫反击明显超越必要限度,并造成致人重伤或死亡的过当结果。认定防卫是否"明显超过必要限度",应当从不法侵害的性质、手段、强度、危害程度,以及防卫行为的性质、时机、手段、强度、所处环境和损害后果等方面综合分析判定。本案中,杜某2一方虽然人数较多,但其实施不法侵害的意图是给苏某夫妇施加压力以催讨债务,在催债过程中未携带、使用任何器械;在民警朱某等进入接待室前,杜某2一方对于欢母子实施的是非法限制人身自由、侮辱和对于欢拍打面颊、揪抓头发等行为,其目的仍是逼迫苏某夫妇尽快还款;在民警进入接待室时,双方没有发生激烈对峙和肢体冲突,当民警警告不能打架后,杜某2一方并无打架的言行;在民警走出接待室寻找报警人期间,于欢和讨债人员均可透过接待室玻璃清晰看见停在院内的警车警灯闪烁,应当知道民警并未离开;在于欢持刀警告不要逼过来时,杜某2等人虽有出言挑衅并向于欢围逼的行为,但并未实施强烈的攻击行为。因此,于欢面临的不法侵害并不紧迫和严重,而其却持刃长15.3厘米的单刃尖刀连续捅刺四人,致一人死亡、二人重伤、一人轻伤,且其中一人系被背后捅伤,故应当认定于欢的防卫行为明显超过必要限度造成重大损害,属于防卫过当。

二、关于定罪量刑

首先,关于定罪。本案中,于欢连续捅刺四人,但捅刺对象都是当时围逼在其身边的人,未对离其较远的其他不法侵害人进行捅刺,对不法侵害人每人捅刺一刀,未对同一不法侵害人连续捅刺。可见,于欢的目的在于制止不法侵害并离开接待室,在案证据不能证实其具有追求或放任致人死亡危害结果发生的故意,故于欢的行为不构成故意杀人罪,但他为了追求防卫效果的实现,对致多人伤亡的过当结果的发生持听之任之的态度,已构成防卫过当情形下的故意伤害罪。认定于欢的行为构成故意伤害罪,既是严格司法的要求,又符合人民群众的公平正义观念。

其次,关于量刑。《刑法》第二十条第二款规定:"正当防卫明显超过必要限度造成重大损害的,应当负刑事责任,但是应当减轻或者免除处罚。"综合考虑本案防卫权益的性质、防卫方法、防卫强度、防卫起因、损害后果、过当程度、所处环境等情节,对于欢应当减轻处罚。

被害方对引发本案具有严重过错。本案案发前,吴某、赵某1指使杜某2等人实施过侮辱苏某、干扰源大公司生产经营等逼债行为,苏某多次报警,吴某等人的不法逼债行为并未收敛。案发当日,杜某2等人对于欢、苏某实施非法限制人身自由、侮辱及对于欢间有推搡、拍打、卡颈部等行为,于欢及其母亲苏某连日来多次遭受催逼、骚扰、侮辱,导致于欢实施防卫行为时难免带有恐惧、愤怒等因素。尤其是杜某2裸露下体侮辱苏某对引发本案有重大过错。案发当日,杜某2当着于欢之面公然以裸露下体的方式侮辱其母亲苏某。虽然距于欢实施防卫行为已间隔约二十分钟,但于欢捅刺杜某2等人时难免带有报复杜某2辱母的情绪,故杜某2裸露下体侮辱苏某的行为是引发本案的重要因素,在刑罚裁量上应当作为对于欢有利的情节重点考虑。

杜某2的辱母行为严重违法、亵渎人伦,应当受到惩罚和谴责,但于欢在民警尚在现场调查,警车仍在现场闪烁警灯的情形下,为离开接待室摆脱围堵而持刀连续捅刺四人,致一人死亡、二人重伤、一人轻伤,且其中一重伤者系于欢从背部捅刺,损害后果严重,且除杜某2以外,其他三人并未实施侮辱于欢母亲的行为,其防卫行为造成损害远远大于其保护的合法权益,防卫明显过当。于欢及其母亲的人身自由和人格尊严应当受到法律保护,但于欢的防卫行为明显超过必要限度并造成多人伤亡严重后果,超出法律所容许的限度,依法也应当承担刑事责任。

根据我国刑法规定,故意伤害致人死亡的,处十年以上有期徒刑、无期徒刑或者死刑;防卫过当的,应当减轻或者免除处罚。如上所述,于欢的防卫行为明显超过必要限度造成重大伤亡后果,减轻处罚依法应当在三至十年有期徒刑的法定刑幅度内量刑。鉴于于欢归案后如实供述主要罪行,且被害方有以恶劣手段侮辱于欢之母的严重过错等可以从轻处罚情节,综合考虑于欢犯罪的事实、性质、情节和危害后果,遂判处于欢有期徒刑五年。

(生效裁判审判人员:吴靖、刘振会、王文兴)

【指导案例 94 号】

重庆市涪陵志大物业管理有限公司诉重庆市涪陵区人力资源和社会保障局劳动和社会保障行政确认案

(最高人民法院审判委员会讨论通过　2018 年 6 月 20 日发布)

关键词　行政　行政确认　视同工伤　见义勇为

裁判要点

职工见义勇为,为制止违法犯罪行为而受到伤害的,属于《工伤保险条例》第十五条第一款第二项规定的为维护公共利益受到伤害的情形,应当视同工伤。

相关法条

《工伤保险条例》第十五条第一款第二项

基本案情

罗仁均系重庆市涪陵志大物业管理有限公司(以下简称涪陵志大物业公司)保安。2011 年 12 月 24 日,罗仁均在涪陵志大物业公司服务的圆梦园小区上班(24 小时值班)。8 时 30 分左右,在兴华中路宏富大厦附近有人对一过往行人实施抢劫,罗仁均听到呼喊声后立即拦住抢劫者的去路,要求其交出抢劫的物品,在与抢劫者搏斗的过程中,不慎从 22 步台阶上摔倒在巷道拐角的平台上受伤。罗仁均于 2012 年 6 月 12 日向被告重庆市涪陵区人力资源和社会保障局(以下简称涪陵区人社局)提出工伤认定申请。涪陵区人社局当日受理后,于 2012 年 6 月

13 日向罗仁均发出《认定工伤中止通知书》，要求罗仁均补充提交见义勇为的认定材料。2012 年 7 月 20 日，罗仁均补充了见义勇为相关材料。涪陵区人社局核实后，根据《工伤保险条例》第十四条第七项之规定，于 2012 年 8 月 9 日作出涪人社伤险认决字〔2012〕676 号《认定工伤决定书》，认定罗仁均所受之伤属于因工受伤。涪陵志大物业公司不服，向法院提起行政诉讼。在诉讼过程中，涪陵区人社局作出《撤销工伤认定决定书》，并于 2013 年 6 月 25 日根据《工伤保险条例》第十五条第一款第二项之规定，作出涪人社伤险认决字〔2013〕524 号《认定工伤决定书》，认定罗仁均受伤属于视同因工受伤。涪陵志大物业公司仍然不服，于 2013 年 7 月 15 日向重庆市人力资源和社会保障局申请行政复议，重庆市人力资源和社会保障局于 2013 年 8 月 21 日作出渝人社复决字〔2013〕129 号《行政复议决定书》，予以维持。涪陵志大物业公司认为涪陵区人社局的认定决定适用法律错误，罗仁均所受伤依法不应认定为工伤。遂诉至法院，请求判决撤销《认定工伤决定书》，并责令被告重新作出认定。

另查明，重庆市涪陵区社会管理综合治理委员会对罗仁均的行为进行了表彰，并做出了涪综治委发〔2012〕5 号《关于表彰罗仁均同志见义勇为行为的通报》。

裁判结果

重庆市涪陵区人民法院于 2013 年 9 月 23 日作出（2013）涪法行初字第 00077 号行政判决，驳回重庆市涪陵志大物业管理有限公司要求撤销被告作出的涪人社伤险认决字〔2013〕524 号《认定工伤决定书》的诉讼请求。一审宣判后，双方当事人均未上诉，裁判现已发生法律效力。

裁判理由

法院生效裁判认为：被告涪陵区人社局是县级劳动行政主管部门，根据国务院《工伤保险条例》第五条第二款规定，具有受理本行政区域内的工伤认定申请，并根据事实和法律作出是否工伤认定的行政管理职权。被告根据第三人罗仁均提供的重庆市涪陵区社会管理综合治理委员会《关于表彰罗仁均同志见义勇为行为的通报》，认定罗仁均在见义勇为中受伤，事实清楚，证据充分。罗仁均不顾个人安危与违法犯罪行为作斗争，既保护了他人的个人财产和生命安全，也维护了社会治安秩序，弘扬了社会正气。法律对于见义勇为，应当予以大力提倡和鼓励。

《工伤保险条例》第十五条第一款第二项规定："职工在抢险救灾等维护国家利益、公共利益活动中受到伤害的，视同工伤。"据此，虽然职工不是在工作地点、因工作原因受到伤害，但其是在维护国家利益、公共利益活动中受到伤害的，也应当按照工伤处理。公民见义勇为，跟违法犯罪行为作斗争，与抢险救灾一样，同样属于维护社会公共利益的行为，应当予以大力提倡和鼓励。因见义勇为、制止违法犯罪行为而受到伤害的，应当适用《工伤保险条例》第十五条第一款第二项的规定，即视同工伤。

另外，《重庆市鼓励公民见义勇为条例》为重庆市地方性法规，其第十九条、第二十一条进一步明确规定，见义勇为受伤视同工伤，享受工伤待遇。该条例上述规定符合《工伤保险条例》的立法精神，有助于最大限度地保障劳动者的合法权益、最大限度地弘扬社会正气，在本案中应当予以适用。

综上，被告涪陵区人社局认定罗仁均受伤视同因工受伤，适用法律正确。

（生效裁判审判人员：刘芸、陈其娟、杨忠民）

【指导案例 95 号】

中国工商银行股份有限公司宣城龙首支行诉宣城柏冠贸易有限公司、江苏凯盛置业有限公司等金融借款合同纠纷案

（最高人民法院审判委员会讨论通过　2018 年 6 月 20 日发布）

关键词　民事　金融借款合同　担保　最高额抵押权

裁判要点

当事人另行达成协议将最高额抵押权设立前已经存在的债权转入该最高额抵押担保的债权范围，只要转入的债权数额仍在该最高额抵押担

保的最高债权额限度内,即使未对该最高额抵押权办理变更登记手续,该最高额抵押权的效力仍然及于被转入的债权,但不得对第三人产生不利影响。

相关法条

《中华人民共和国物权法》第二百零三条、第二百零五条

基本案情

2012年4月20日,中国工商银行股份有限公司宣城龙首支行(以下简称工行宣城龙首支行)与宣城柏冠贸易有限公司(以下简称柏冠公司)签订《小企业借款合同》,约定柏冠公司向工行宣城龙首支行借款300万元,借款期限为7个月,自实际提款日起算,2012年11月1日还100万元,2012年11月17日还200万元。涉案合同还对借款利率、保证金等作了约定。同年4月24日,工行宣城龙首支行向柏冠公司发放了上述借款。

2012年10月16日,江苏凯盛置业有限公司(以下简称凯盛公司)股东会决议决定,同意将该公司位于江苏省宿迁市宿豫区江山大道118号-宿迁红星凯盛国际家居广场(房号:B-201、产权证号:宿豫字第201104767)房产,抵押与工行宣城龙首支行,用于亿荣达公司商户柏冠公司、闽航公司、航嘉公司、金亿达公司四户企业在工行宣城龙首支行办理融资抵押,因此产生一切经济纠纷均由凯盛公司承担。同年10月23日,凯盛公司向工行宣城龙首支行出具一份房产抵押担保的承诺函,同意以上述房产为上述四户企业在工行宣城龙首支行融资提供抵押担保,并承诺如该四户企业不能按期履行工行宣城龙首支行的债务,上述抵押物在处置后的价值又不足以偿还全部债务,凯盛公司同意用其他财产偿还剩余债务。该承诺函及上述股东会决议均经凯盛公司全体股东签名及加盖凯盛公司公章。2012年10月24日,工行宣城龙首支行与凯盛公司签订《最高额抵押合同》,约定凯盛公司以宿房权证宿豫字第201104767号房地产权证项下的商铺为自2012年10月19日至2015年10月19日期间,在4000万元的最高余额内,工行宣城龙首支行依据与柏冠公司、闽航公司、航嘉公司、金亿达公司签订的借款合同等主合同而享有对债务人的债权,无论该债权在上述期间届满时是否已到期,也无论该债权是否在最高额抵押权设立之前已经产生,提供抵押担保,担保的范围包括主债权本金、利息、实现债权的费用等。同日,双方对该抵押房产依法办理了抵押登记,工行宣城龙首支行取得宿房他证宿豫第

201204387号房地产他项权证。2012年11月3日，凯盛公司再次经过股东会决议，并同时向工行宣城龙首支行出具房产抵押承诺函，股东会决议与承诺函的内容及签名盖章均与前述相同。当日，凯盛公司与工行宣城龙首支行签订《补充协议》，明确双方签订的《最高额抵押合同》担保范围包括2012年4月20日工行宣城龙首支行与柏冠公司、闽航公司、航嘉公司和金亿达公司签订的四份贷款合同项下的债权。

柏冠公司未按期偿还涉案借款，工行宣城龙首支行诉至宣城市中级人民法院，请求判令柏冠公司偿还借款本息及实现债权的费用，并要求凯盛公司以其抵押的宿房权证宿豫字第201104767号房地产权证项下的房地产承担抵押担保责任。

裁判结果

宣城市中级人民法院于2013年11月10日作出（2013）宣中民二初字第00080号民事判决：一、柏冠公司于判决生效之日起五日内给付工行宣城龙首支行借款本金300万元及利息。……四、如柏冠公司未在判决确定的期限内履行上述第一项给付义务，工行宣城龙首支行以凯盛公司提供的宿房权证宿豫字第201104767号房地产权证项下的房产折价或者以拍卖、变卖该房产所得的价款优先受偿……。宣判后，凯盛公司以涉案《补充协议》约定的事项未办理最高额抵押权变更登记为由，向安徽省高级人民法院提起上诉。该院于2014年10月21日作出（2014）皖民二终字第00395号民事判决：驳回上诉，维持原判。

裁判理由

法院生效裁判认为：凯盛公司与工行宣城龙首支行于2012年10月24日签订《最高额抵押合同》，约定凯盛公司自愿以其名下的房产作为抵押物，自2012年10月19日至2015年10月19日期间，在4000万元的最高余额内，为柏冠公司在工行宣城龙首支行所借贷款本息提供最高额抵押担保，并办理了抵押登记，工行宣城龙首支行依法取得涉案房产的抵押权。2012年11月3日，凯盛公司与工行宣城龙首支行又签订《补充协议》，约定前述最高额抵押合同中述及抵押担保的主债权及于2012年4月20日工行宣城龙首支行与柏冠公司所签《小企业借款合同》项下的债权。该《补充协议》不仅有双方当事人的签字盖章，也与凯盛公司的股东会决议及其出具的房产抵押担保承诺函相印证，故该《补充协议》应系凯盛公司的真实意思表示，且所约定内容符合《中华人民共和国物权法》（以下简称《物权法》）第二百零三条第二款的规定，也不违反法律、行政法规的强制性规定，依法成立并有效，其作为原最高额抵押合同的组成部分，与原最高额抵押合同具有同等法律效力。由此，本案所涉2012年4月20日《小企业借款合同》项下的债权已转入前述最高额抵押权所担保的最高额为4000万元的主债权范围内。就该《补充协议》约定事项，是否需要对前述最高额抵押权办理相应的变更登记手续，《物权法》没有明确规定，应当结合最高额抵押权的特点及相关法律规定来判定。

根据《物权法》第二百零三条第一款的规定，最高额抵押权有两个显著特点：一是最高额抵押权所担保的债权额有一个确定的最高额度限制，但实际发生的债权额是不确定的；二是最高额抵押权是对一定期间内将要连续发生的债权提供担保。由此，最高额抵押权设立时所担保的具体债权一般尚未确定，基于尊重当事人意思自治原则，《物权法》第二百零三条第二款对前款作了但书规定，即允许经当事人同意，将最高额抵押权设立前已经存在的债权转入最高额抵押担保的债权范围，但此并非重新设立最高额抵押权，也非《物权法》第二百零五条规定的最高额抵押权变更的内容。同理，根据《房屋登记办法》第五十三条的规定，当事人将最高额抵押权设立前已存在债权转入最高额抵押担保的债权范围，不是最高抵押权设立登记的他项权利证书及房屋登记簿的必要记载事项，故亦非应当申请最高额抵押权变更登记的法定情形。

本案中，工行宣城龙首支行和凯盛公司仅是通过另行达成补充协议的方式，将上述最高额抵押权设立前已经存在的债权转入该最高额抵押权所担保的债权范围内，转入的涉案债权数额仍在该最高额抵押担保的4000万元最高债权额限度内，该转入的确定债权并非最高抵押权设立登记的他项权利证书及房屋登记簿的必要记载事项，在不会对其他抵押权人产生不利影响的前提下，对于该意思自治行为，应当予以尊重。此外，根据商事交易规则，法无禁止即可为，即在法律规定不明确时，不应强加给市场交易主体准用严格交易规则的义务。况且，就涉案2012年4月20日借款合同项下的债权转入最高额抵押担保的债权范围，凯盛公司不仅形成了股东会决议，出具了房产抵押担保承诺函，且和工行宣城龙首支行达成了《补充协议》，明确将已经存在的涉案借款转入前述最高额抵押权所担保的最高额为4000万元的主债权范围内。现凯盛公司上诉认为该《补充协议》约定事项必须办理最高额抵押权变更登记才能设立抵押权，不仅缺乏法律依据，也有悖诚实信用原则。

综上，工行宣城龙首支行和凯盛公司达成《补充协议》，将涉案2012年4月20日借款合同项下的债权转入前述最高额抵押权所担保的主债权范围内，虽未办理最高额抵押权变更登记，但最高额抵押权的效力仍然及于被转入的涉案借款合同项下的债权。

（生效裁判审判人员：陶恒河、王玉圣、马士鹏）

【指导案例 96 号】

宋文军诉西安市大华餐饮有限公司股东资格确认纠纷案

（最高人民法院审判委员会讨论通过　2018 年 6 月 20 日发布）

关键词　民事　股东资格确认　初始章程　股权转让限制　回购

裁判要点

国有企业改制为有限责任公司，其初始章程对股权转让进行限制，明确约定公司回购条款，只要不违反公司法等法律强制性规定，可认定为有效。有限责任公司按照初始章程约定，支付合理对价回购股东股权，且通过转让给其他股东等方式进行合理处置的，人民法院应予支持。

相关法条

《中华人民共和国公司法》第十一条、第二十五条第二款、第三十五条、第七十四条

基本案情

西安市大华餐饮有限责任公司（以下简称大华公司）成立于1990年4月5日。2004年5月，大华公司由国有企业改制为有限责任公司，宋文军系大华公司员工，出资2万元成为大华公司的自然人股东。大华公司章程第三章"注册资本和股份"第十四条规定"公司股权不向公司以外的任何团体和个人出售、转让。公司改制一年后，经董事会批

准后可在公司内部赠予、转让和继承。持股人死亡或退休经董事会批准后方可继承、转让或由企业收购，持股人若辞职、调离或被辞退、解除劳动合同的，人走股留，所持股份由企业收购……"，第十三章"股东认为需要规定的其他事项"下第六十六条规定"本章程由全体股东共同认可，自公司设立之日起生效"。该公司章程经大华公司全体股东签名通过。2006年6月3日，宋文军向公司提出解除劳动合同，并申请退出其所持有的公司的2万元股份。2006年8月28日，经大华公司法定代表人赵来锁同意，宋文军领到退出股金款2万元整。2007年1月8日，大华公司召开2006年度股东大会，大会应到股东107人，实到股东104人，代表股权占公司股份总数的93%，会议审议通过了宋文军、王培青、杭春国三位股东退股的申请并决议"其股金暂由公司收购保管，不得参与红利分配"。后宋文军以大华公司的回购行为违反法律规定，未履行法定程序且公司法规定股东不得抽逃出资等，请求依法确认其具有大华公司的股东资格。

裁判结果

西安市碑林区人民法院于2014年6月10日作出（2014）碑民初字第01339号民事判决，判令：驳回原告宋文军要求确认其具有被告西安市大华餐饮有限责任公司股东资格之诉讼请求。一审宣判后，宋文军提出上诉。西安市中级人民法院于2014年10月10日作出了（2014）西中民四终字第00277号民事判决书，驳回上诉，维持原判。终审宣判后，宋文军仍不服，向陕西省高级人民法院申请再审。陕西省高级人民法院于2015年3月25日作出（2014）陕民二申字第00215号民事裁定，驳回宋文军的再审申请。

裁判理由

法院生效裁判认为：通过听取再审申请人宋文军的再审申请理由及被申请人大华公司的答辩意见，本案的焦点问题如下：1. 大华公司的公司章程中关于"人走股留"的规定，是否违反了《中华人民共和国公司法》（以下简称《公司法》）的禁止性规定，该章程是否有效；2. 大华公司回购宋文军股权是否违反《公司法》的相关规定，大华公司是否构成抽逃出资。

针对第一个焦点问题，首先，大华公司章程第十四条规定，"公司股权不向公司以外的任何团体和个人出售、转让。公司改制一年后，经董事会批准后可以公司内部赠与、转让和继承。持股人死亡或退休经董事会批准后方可继承、转让或由企业收购，持股人若辞职、调离或被辞退、解除劳动合同的，人走股留，所持股份由企业收购。"依照《公司法》第二十五条第二款"股东应当在公司章程上签名、盖章"的规定，有限公司章程系公司设立时全体股东一致同意并对公司及全体股东产生约束力的规则性文件，宋文军在公司章程上签名的行为，应视为其对前述规定的认可和同意，该章程对大华公司及宋文军均产生约束力。其次，基于有限责任公司封闭性和人合性的特点，由公司章程对公司股东转让股权作出某些限制性规定，系公司自治的体现。在本案中，大华公司进行企业改制时，宋文军之所以成为大华公司的股东，其原因在于宋文军与大华公司具有劳动合同关系，如果宋文军与大华公司没有建立劳动关系，宋文军则没有成为大华公司股东的可能性。同理，大华公司章程将是否与公司具有劳动合同关系作为取得股东身份的依据继而作出"人走股留"的规定，符合有限责任公司封闭性和人合性的特点，亦系公司自治原则的体现，不违反公司法的禁止性规定。第三，大华公司章程第十四条关于股权转让的规定，属于对股东转让股权的限制性规定而非禁止性规定，宋文军依法转让股权的权利没有被公司章程所禁止，大华公司章程不存在侵害宋文军股权转让权利的情形。综上，本案一、二审法院均认定大华公司章程不违反《公司法》的禁止性规定，应为有效的结论正确，宋文军的这一再审申请理由不能成立。

针对第二个焦点问题，《公司法》第七十四条所规定的异议股东回购请求权具有法定的行使条件，即只有在"公司连续五年不向股东分配利润，而公司该五年连续盈利，并且符合本法规定的分配利润条件的；公司合并、分立、转让主要财产的；公司章程规定的营业期限届满或者章程规定的其他解散事由出现，股东会会议通过决议修改章程使公司存续的"三种情形下，异议股东有权要求公司回购其股权，对应的是公司是否应当履行回购异议股东股权的法定义务。而本案属于大华公司是否有权基于公司章程的约定及与宋文军的合意而回购宋文军股权，对应的是大华公司是否具有回购宋文军股权的权利，二者性质不同，《公司法》第七十四条不能适用于本案。在本案中，宋文军于2006年6月3日向大华公司提出解除劳动合同申请并于同日手书《退股申请》，提出"本人要求全额退股，年终盈利与亏损与我无关"，该《退股申请》应视为其真实意思表示。大华公司于2006年8月28日退还其全额股金款2万元，并于2007年1月8日召开股东大会审议通过了宋文军等三位股东的退股申请，大华公司基于宋文军的退股申请，依照公司章程的规定回购宋文军的股权，程序并无不当。另外，《公司法》所规定的抽逃出资专指公司股东抽逃其对于公司出资的行为，公司不能构成抽逃出资的主体，宋文军的这一再审申请理由不能成立。综上，裁定驳回再审申请人宋文军的再审申请。

（生效裁判审判人员：吴强、逄东、张洁）

最高人民法院
关于发布第 19 批指导性案例的通知

(2018 年 12 月 19 日　法〔2018〕338 号)

各省、自治区、直辖市高级人民法院，解放军军事法院，新疆维吾尔自治区高级人民法院生产建设兵团分院：

经最高人民法院审判委员会讨论决定，现将王力军非法经营再审改判无罪案等五个案例（指导案例 97－101 号），作为第 19 批指导性案例发布，供在审判类似案件时参照。

最高人民法院

2018 年 12 月 19 日

【指导案例 97 号】

王力军非法经营再审改判无罪案

(最高人民法院审判委员会讨论通过　2018 年 12 月 19 日发布)

关键词　刑事　非法经营罪　严重扰乱市场秩序　社会危害性　刑事违法性　刑事处罚必要性

裁判要点

1. 对于刑法第二百二十五条第四项规定的"其他严重扰乱市场秩序的非法经营行为"的适用，应当根据相关行为是否具有与刑法第二百二十五条前三项规定的非法经营行为相当的社会危害性、刑事违法性和刑事处罚必要性进行判断。

2. 判断违反行政管理有关规定的经营行为是否构成非法经营罪，应当考虑该经营行为是否属于严重扰乱市场秩序。对于虽然违反行政管理有关规定，但尚未严重扰乱市场秩序的经营行为，不应当认定为非法经营罪。

相关法条

《中华人民共和国刑法》第二百二十五条

基本案情

内蒙古自治区巴彦淖尔市临河区人民检察院指控被告人王力军犯非法经营罪一案，内蒙古自治区巴彦淖尔市临河区人民法院经审理认为，2014年11月至2015年1月期间，被告人王力军未办理粮食收购许可证，未经工商行政管理机关核准登记并颁发营业执照，擅自在临河区白脑包镇附近村组无证照违法收购玉米，将所收购的玉米卖给巴彦淖尔市粮油公司杭锦后旗蛮会分库，非法经营数额218288.6元，非法获利6000元。案发后，被告人王力军主动退缴非法获利6000元。2015年3月27日，被告人王力军主动到巴彦淖尔市临河区公安局经侦大队投案自首。原审法院认为，被告人王力军违反国家法律和行政法规规定，未经粮食主管部门许可及工商行政管理机关核准登记并颁发营业执照，非法收购玉米，非法经营数额218288.6元，数额较大，其行为构成非法经营罪。鉴于被告人王力军案发后主动到公安机关投案自首，主动退缴全部违法所得，有悔罪表现，对其适用缓刑确实不致再危害社会，决定对被告人王力军依法从轻处罚并适用缓刑。宣判后，王力军未上诉，检察机关未抗诉，判决发生法律效力。

最高人民法院于2016年12月16日作出（2016）最高法刑监6号再审决定，指令内蒙古自治区巴彦淖尔市中级人民法院对本案进行再审。

再审中，原审被告人王力军及检辩双方对原审判决认定的事实无异议，再审查明的事实与原审判决认定的事实一致。内蒙古自治区巴彦淖尔市人民检察院提出了原审被告人王力军的行为虽具有行政违法性，但不具有与刑法第二百二十五条规定的非法经营行为相当的社会危害性和刑事处罚必要性，不构成非法经营罪，建议再审依法改判。原审被告人王力军在庭审中对原审认定的事实及证据无异议，但认为其行为不构成非法经营罪。辩护人提出了原审被告人王力军无证收购玉米的行为，不具有社会危害性、刑事违法性和应受惩罚性，不符合刑法规定的非法经营罪的构成要件，也不符合刑法谦抑性原则，应宣告原审被告人王力军无罪。

裁判结果

内蒙古自治区巴彦淖尔市临河区人民法院于 2016 年 4 月 15 日作出（2016）内 0802 刑初 54 号刑事判决，认定被告人王力军犯非法经营罪，判处有期徒刑一年，缓刑二年，并处罚金人民币 20000 元；被告人王力军退缴的非法获利款人民币 6000 元，由侦查机关上缴国库。最高人民法院于 2016 年 12 月 16 日作出（2016）最高法刑监 6 号再审决定，指令内蒙古自治区巴彦淖尔市中级人民法院对本案进行再审。内蒙古自治区巴彦淖尔市中级人民法院于 2017 年 2 月 14 日作出（2017）内 08 刑再 1 号刑事判决：一、撤销内蒙古自治区巴彦淖尔市临河区人民法院（2016）内 0802 刑初 54 号刑事判决；二、原审被告人王力军无罪。

裁判理由

内蒙古自治区巴彦淖尔市中级人民法院再审认为，原判决认定的原审被告人王力军于 2014 年 11 月至 2015 年 1 月期间，没有办理粮食收购许可证及工商营业执照买卖玉米的事实清楚，其行为违反了当时的国家粮食流通管理有关规定，但尚未达到严重扰乱市场秩序的危害程度，不具备与刑法第二百二十五条规定的非法经营罪相当的社会危害性、刑事违法性和刑事处罚必要性，不构成非法经营罪。原审判决认定王力军构成非法经营罪适用法律错误，检察机关提出的王力军无证照买卖玉米的行为不构成非法经营罪的意见成立，原审被告人王力军及其辩护人提出的王力军的行为不构成犯罪的意见成立。

（生效裁判审判人员：辛永清、百灵、何莉）

【指导案例 98 号】

张庆福、张殿凯诉朱振彪生命权纠纷案

（最高人民法院审判委员会讨论通过　2018 年 12 月 19 日发布）

关键词　民事　生命权　见义勇为

裁判要点

行为人非因法定职责、法定义务或约定义务，为保护国家、社会公共利益或者他人的人身、财产安全，实施阻止不法侵害者逃逸的行为，人民法院可以认定为见义勇为。

相关法条

《中华人民共和国侵权责任法》第六条

《中华人民共和国道路交通安全法》第七十条

基本案情

原告张庆福、张殿凯诉称：2017年1月9日，被告朱振彪驾驶奥迪小轿车追赶骑摩托车的张永焕。后张永焕弃车在前面跑，被告朱振彪也下车在后面继续追赶，最终导致张永焕在迁曹线90公里495米处（滦南路段）撞上火车身亡。朱振彪在追赶过程中散布和传递了张永焕撞死人的失实信息；在张永焕用语言表示自杀并撞车实施自杀行为后，朱振彪仍然追赶，超过了必要限度；追赶过程中，朱振彪手持木凳、木棍，对张永焕的生命造成了威胁，并数次谩骂张永焕，对张永焕的死亡存在主观故意和明显过错，对张永焕死亡应承担赔偿责任。

被告朱振彪辩称：被告追赶交通肇事逃逸者张永焕的行为属于见义勇为行为，主观上无过错，客观上不具有违法性，该行为与张永焕死亡结果之间不存在因果关系，对张永焕的意外死亡不承担侵权责任。

法院经审理查明：2017年1月9日上午11时许，张永焕由南向北驾驶两轮摩托车行驶至古柳线青坨鹏盛水产门口，与张雨来无证驾驶同方向行驶的无牌照两轮摩托车追尾相撞，张永焕跌倒、张雨来倒地受伤、摩托车受损，后张永焕起身驾驶摩托车驶离现场。此事故经曹妃甸交警部门认定：张永焕负主要责任，张雨来负次要责任。

事发当时，被告朱振彪驾车经过肇事现场，发现肇事逃逸行为即驾车追赶。追赶过程中，朱振彪多次向柳赞边防派出所、曹妃甸公安局110指挥中心等公安部门电话报警。报警内容主要是：柳赞镇一道档北两辆摩托车相撞，有人受伤，另一方骑摩托车逃逸，报警人正在跟随逃逸人，请出警。朱振彪驾车追赶张永焕过程中不时喊"这个人把人怼了逃跑呢"等内容。张永焕驾驶摩托车行至滦南县胡各庄镇西梁各庄村内时，弃车从南门进入该村村民郑如深家，并从郑如深家过道屋拿走菜刀一把，从北门走出。朱振彪见张永焕拿刀，即从郑如深家中拿起一个木凳，继续追赶。后郑如深赶上朱振彪，将木凳讨回，朱振彪则拿一木棍继续追赶。追赶过程中,有朱振彪喊"你怼死人了往哪跑!警察马上就来了",张永焕称"一会儿我就把自己砍了",朱振彪说"你把刀扔了我就不追你了"之类的对话。

走出西梁各庄村后,张永焕跑上滦海公路,有向过往车辆冲撞的行为。在被李江波驾驶的面包车撞倒后,张永焕随即又站起来,在路上行走一段后,转向铁路方向的开阔地跑去。在此过程中,曹妃甸区交通局路政执法大队副大队长郑作亮等人加入,与朱振彪一起继续追赶,并警告路上车辆,小心慢行,这个人想往车上撞。

张永焕走到迁曹铁路时,翻过护栏,沿路堑而行,朱振彪亦翻过护栏继续跟随。朱振彪边追赶边劝阻张永焕说:被撞到的那个人没事儿,你也有家人,知道了会惦记你的,你自首就中了。2017 年 1 月 9 日 11 时 56 分,张永焕自行走向两铁轨中间,51618 次火车机车上的视频显示,朱振彪挥动上衣,向驶来的列车示警。2017 年 1 月 9 日 12 时 02 分,张永焕被由北向南行驶的 51618 次火车撞倒,后经检查被确认死亡。

在朱振彪跟随张永焕的整个过程中,两人始终保持一定的距离,未曾有过身体接触。朱振彪有劝张永焕投案的语言,也有责骂张永焕的言辞。

另查明,张雨来在与张永焕发生交通事故受伤后,当日先后被送到曹妃甸区医院、唐山市工人医院救治,于当日回家休养,至今未进行伤情鉴定。张永焕死亡后其第一顺序法定继承人有二人,即其父张庆福、其子张殿凯。

2017 年 10 月 11 日,大秦铁路股份有限公司大秦车务段滦南站作为甲方,与原告张殿凯作为乙方,双方签订《铁路交通事故处理协议》,协议内容"2017 年 1 月 9 日 12 时 02 分,51618 次列车运行在曹北站至滦南站之间 90 公里 495 处,将擅自进入铁路线路的张永焕撞死,构成一般 B 类事故;死者张永焕负事故全部责任;铁路方在无过错情况下,赔偿原告张殿凯 4 万元。"

裁判结果

河北省滦南县人民法院于 2018 年 2 月 12 日作出(2017)冀 0224 民初 3480 号民事判决:驳回原告张庆福、张殿凯的诉讼请求。一审宣判后,原告张庆福、张殿凯不服,提出上诉。审理过程中,上诉人张庆福、张殿凯撤回上诉。河北省唐山市中级人民法院于 2018 年 2 月 28 日作出（2018）冀02民终2730号民事裁定：准许上诉人张庆福、张殿凯撤回上诉。一审判决已发生法律效力。

裁判理由

法院生效裁判认为：张庆福、张殿凯在本案二审审理期间提出撤回上诉的请求，不违反法律规定，准许撤回上诉。

本案焦点问题是被告朱振彪行为是否具有违法性；被告朱振彪对张永焕的死亡是否具有过错；被告朱振彪的行为与张永焕的死亡结果之间是否具备法律上的因果关系。

首先，案涉道路交通事故发生后张雨来受伤倒地昏迷，张永焕驾驶摩托车逃离。被告朱振彪作为现场目击人，及时向公安机关电话报警，并驱车、徒步追赶张永焕，敦促其投案，其行为本身不具有违法性。同时，根据《中华人民共和国道路交通安全法》第七十条规定，交通肇事发生后，车辆驾驶人应当立即停车、保护现场、抢救伤者，张永焕肇事逃逸的行为违法。被告朱振彪作为普通公民，挺身而出，制止正在发生的违法犯罪行为，属于见义勇为，应予以支持和鼓励。

其次，从被告朱振彪的行为过程看，其并没有侵害张永焕生命权的故意和过失。根据被告朱振彪的手机视频和机车行驶影像记录，双方始终未发生身体接触。在张永焕持刀声称自杀意图阻止他人追赶的情况下，朱振彪拿起木凳、木棍属于自我保护的行为。在张永焕声称撞车自杀，意图阻止他人追赶的情况下，朱振彪和路政人员进行了劝阻并提醒来往车辆。考虑到交通事故事发突然，当时张雨来处于倒地昏迷状态，在此情况下被告朱振彪未能准确判断张雨来伤情，在追赶过程中有时喊话传递的信息不准确或语言不文明，但不构成民事侵权责任过错，也不影响追赶行为的性质。在张永焕为逃避追赶，跨越铁路围栏、进入火车运行区间之后，被告朱振彪及时予以高声劝阻提醒，同时挥衣向火车司机示警，仍未能阻止张永焕死亡结果的发生。故该结果与朱振彪的追赶行为之间不具有法律上的因果关系。

综上，原告张庆福、张殿凯一审中提出的诉讼请求理据不足，不予支持。

（生效裁判审判人员：李学静、刘群勇、徐万启）

【指导案例 99 号】

葛长生诉洪振快名誉权、荣誉权纠纷案

（最高人民法院审判委员会讨论通过　2018 年 12 月 19 日发布）

关键词　民事　名誉权　荣誉权　英雄烈士　社会公共利益

裁判要点

1. 对侵害英雄烈士名誉、荣誉等行为，英雄烈士的近亲属依法向人民法院提起诉讼的，人民法院应予受理。

2. 英雄烈士事迹和精神是中华民族的共同历史记忆和社会主义核心价值观的重要体现，英雄烈士的名誉、荣誉等受法律保护。人民法院审理侵害英雄烈士名誉、荣誉等案件，不仅要依法保护相关个人权益，还应发挥司法彰显公共价值功能，维护社会公共利益。

3. 任何组织和个人以细节考据、观点争鸣等名义对英雄烈士的事迹和精神进行污蔑和贬损，属于歪曲、丑化、亵渎、否定英雄烈士事迹和精神的行为，应当依法承担法律责任。

相关法条

《中华人民共和国侵权责任法》第 2 条、第 15 条

基本案情

原告葛长生诉称：洪振快发表的《小学课本〈狼牙山五壮士〉有多处不实》一文以及《"狼牙山五壮士"的细节分歧》一文，以历史细节考据、学术研究为幌子，以细节否定英雄，企图达到抹黑"狼牙山五壮士"英雄形象和名誉的目的，请求判令洪振快停止侵权、公开道歉、消除影响。

被告洪振快辩称：案涉文章是学术文章，没有侮辱性的言词，关于事实的表述有相应的根据，不是凭空捏造或者歪曲，不构成侮辱和诽谤，不构成名誉权的侵害，不同意葛长生的全部诉讼请求。

法院经审理查明：1941 年 9 月 25 日，在易县狼牙山发生了著名的狼牙山战斗。在这场战斗中，"狼牙山五壮士"英勇抗敌的基本事实和舍生取义的伟大精神，赢得了全中国人民的高度认同和广泛赞扬。新中国成立后，五壮士的事迹被编入义务教育教科书，五壮士被人民视为当

代中华民族抗击外敌入侵的民族英雄。

2013年9月9日,时任《炎黄春秋》杂志社执行主编的洪振快在财经网发表《小学课本〈狼牙山五壮士〉有多处不实》一文。文中写道:据《南方都市报》2013年8月31日报道,广州越秀警方于8月29日晚间将一位在新浪微博上"污蔑狼牙山五壮士"的网民抓获,以虚构信息、散布谣言为由予以行政拘留7日。所谓"污蔑狼牙山五壮士"的"谣言"原本就有。据媒体报道,该网友实际上是传播了2011年12月14日百度贴吧里一篇名为《狼牙山五壮士真相原来是这样!》的帖子的内容,该帖子说五壮士"5个人中有3个是当场被打死的,后来清理战场把尸体丢下悬崖。另两个当场被活捉,只是后来不知道什么原因又从日本人手上逃了出来"。2013年第11期《炎黄春秋》杂志刊发洪振快撰写的《"狼牙山五壮士"的细节分歧》一文,亦发表于《炎黄春秋》杂志网站。该文分为"在何处跳崖""跳崖是怎么跳的""敌我双方战斗伤亡""'五壮士'是否拔了群众的萝卜"等部分。文章通过援引不同来源、不同内容、不同时期的报刊资料等,对"狼牙山五壮士"事迹中的细节提出质疑。

裁判结果

北京市西城区人民法院于2016年6月27日作出(2015)西民初字第27841号民事判决:一、被告洪振快立即停止侵害葛振林名誉、荣誉的行为;二、本判决生效后三日内,被告洪振快公开发布赔礼道歉公告,向原告葛长生赔礼道歉,消除影响。该公告须连续刊登五日,公告刊登媒体及内容需经本院审核,逾期不执行,本院将在相关媒体上刊登判决书的主要内容,所需费用由被告洪振快承担。一审宣判后,洪振快向北京市第二中级人民法院提起上诉,北京市第二中级人民法院于2016年8月15日作出(2016)京02民终6272号民事判决:驳回上诉,维持原判。

裁判理由

法院生效裁判认为:1941年9月25日,在易县狼牙山发生的狼牙山战斗,是被大量事实证明的著名战斗。在这场战斗中,"狼牙山五壮士"英勇抗敌的基本事实和舍生取义的伟大精神,赢得了全国人民高度认同和广泛赞扬,是五壮士获得"狼牙山五壮士"崇高名誉和荣誉的基础。"狼牙山五壮士"这一称号在全军、全国人民中已经赢得了普遍的公众认同,既是国家及公众对他们作为中华民族的优秀儿女在反抗侵略、保家卫国中作出巨大牺牲的褒奖，也是他们应当获得的个人名誉和个人荣誉。"狼牙山五壮士"是中国共产党领导的八路军在抵抗日本帝国主义侵略伟大斗争中涌现出来的英雄群体，是中国共产党领导的全民抗战并取得最终胜利的重要事件载体。"狼牙山五壮士"的事迹经由广泛传播，已成为激励无数中华儿女反抗侵略、英勇抗敌的精神动力之一；成为人民军队誓死捍卫国家利益、保障国家安全的军魂来源之一。在和平年代，"狼牙山五壮士"的精神，仍然是我国公众树立不畏艰辛、不怕困难、为国为民奋斗终身的精神指引。这些英雄烈士及其精神，已经获得全民族的广泛认同，是中华民族共同记忆的一部分，是中华民族精神的内核之一，也是社会主义核心价值观的重要内容。而民族的共同记忆、民族精神乃至社会主义核心价值观，无论是从我国的历史看，还是从现行法上看，都已经是社会公共利益的一部分。

案涉文章对于"狼牙山五壮士"在战斗中所表现出的英勇抗敌的事迹和舍生取义的精神这一基本事实，自始至终未作出正面评价。而是以考证"在何处跳崖""跳崖是怎么跳的""敌我双方战斗伤亡"以及"'五壮士'是否拔了群众的萝卜"等细节为主要线索，通过援引不同时期的材料、相关当事者不同时期的言论，全然不考虑历史的变迁，各个材料所形成的时代背景以及各个材料的语境等因素。在无充分证据的情况下，案涉文章多处作出似是而非的推测、质疑乃至评价。因此，尽管案涉文章无明显侮辱性的语言，但通过强调与基本事实无关或者关联不大的细节，引导读者对"狼牙山五壮士"这一英雄烈士群体英勇抗敌事迹和舍生取义精神产生质疑，从而否定基本事实的真实性，进而降低他们的英勇形象和精神价值。洪振快的行为方式符合以贬损、丑化的方式损害他人名誉和荣誉权益的特征。

案涉文章通过刊物发行和网络传播，在全国范围内产生了较大影响，不仅损害了葛振林的个人名誉和荣誉，损害了葛长生的个人感情，也在一定范围和程度上伤害了社会公众的民族和历史情感。在我国，由于"狼牙山五壮士"的精神价值已经内化为民族精神和社会公共利益的一部分，因此，也损害了社会公共利益。洪振快作为具有一定研究能力和熟练使用互联网工具的人，应当认识到案涉文章的发表及其传播将会损害到"狼牙山五壮士"的名誉及荣誉，也会对其近亲属造成感情和精神上的伤害，更会损害到社会公共利益。在此情形下，洪振快有能力控制文章所可能产生的损害后果而未控制，仍以既有的状态发表，在主观上显然具有过错。

(生效裁判审判人员：王平、何江恒、赵胤晨)

【指导案例 100 号】

山东登海先锋种业有限公司诉陕西农丰种业有限责任公司、山西大丰种业有限公司侵害植物新品种权纠纷案

(最高人民法院审判委员会讨论通过　2018 年 12 月 19 日发布)

关键词　民事　侵害植物新品种权　特征特性　DNA 指纹鉴定　DUS 测试报告　特异性

裁判要点

判断被诉侵权繁殖材料的特征特性与授权品种的特征特性相同是认定构成侵害植物新品种权的前提。当 DNA 指纹鉴定意见为两者相同或相近似时，被诉侵权方提交 DUS 测试报告证明通过田间种植，被控侵权品种与授权品种对比具有特异性，应当认定不构成侵害植物新品种权。

相关法条

《中华人民共和国植物新品种保护条例》第二条、第六条

基本案情

先锋国际良种公司是"先玉 335"植物新品种权的权利人，其授权山东登海先锋种业有限公司（以下简称"登海公司"）作为被许可人对侵害该植物新品种权提起民事诉讼。登海公司于 2014 年 3 月 16 日向陕西省西安市中级人民法院起诉称，2013 年山西大丰种业有限公司（以下简称"大丰公司"）生产、陕西农丰种业有限责任公司（以下简称"农丰种业"）销售的外包装为"大丰 30"的玉米种子侵害"先玉 335"的植物新品种权。北京玉米种子检测中心于 2013 年 6 月 9 日对送检的被控侵权种子依据 NY/T1432-2007 玉米品种 DNA 指纹鉴定方法，使用 3730XL 型遗传分析仪，

384孔PCR仪进行检测，结论为，待测样品编号YA2196与对照样品编号BGG253"先玉335"比较位点数40，差异位点数0，结论为相同或极近似。

山西省农业种子总站于2014年4月25日出具的《"大丰30"玉米品种试验审定情况说明》记载："大丰30"作为大丰公司2011年申请审定的品种，由于北京市农林科学院玉米研究中心所作的DNA指纹鉴定认为"大丰30"与"先玉335"的40个比较位点均无差异，判定结论为两个品种无明显差异，2011年未通过审定。大丰公司提出异议，该站于2011年委托农业部植物新品种测试中心对"大丰30"进行DUS测试，即特异性（Distinctness）、一致性（Uniformity）和稳定性（Stability）测试，结论为"大丰30"具有特异性、一致性、稳定性，与"先玉335"为不同品种。"大丰30"玉米种作为审定推广品种，于2012年2月通过山西省、陕西省农作物品种审定委员会的审定。

大丰公司在一审中提交了农业部植物新品种测试中心2011年12月出具的《农业植物新品种测试报告》原件，测试地点为农业部植物新品种测试（杨凌）分中心测试基地，依据的测试标准为《植物新品种DUS测试指南-玉米》，测试材料为农业部植物新品种测试中心提供，测试时期为一个生长周期。测试报告特异性一栏记载，近似品种名称：鉴2011-001B先玉335，有差异性状：41*果穗：穗轴颖片青贰显色强度，申请品种描述：8强到极强，近似品种描述：5中。所附数据结果表记载，鉴2011-001A（大丰30）与鉴2011-001B的测试结果除"41*果穗"外，差别还在"9雄穗：花药花青贰显色强度"，分别为"6中到强、7强""24.2*植株：高度"，分别为"5中""7高""27.2*果穗：长度"分别为"5中""3短"。结论为，"大丰30"具有特异性、一致性、稳定性。

二审法院审理中，大丰公司提交了于2014年4月28日测试审核的《农业植物新品种DUS测试报告》，加盖有农业部植物新品种测试（杨凌）分中心和农业部植物新品种保护办公室的印鉴。该报告依据的测试标准为《植物新品种特异性、一致性和稳定性测试指南玉米》。测试时期为两个生长周期"2012年4月-8月、2013年4月-8月"，近似品种为"先玉335"。所记载的差异性状为："11.雄穗：花药花青贰显色强度，申请品种为7.强，近似品种为6.中到强""41.籽粒：形状，申请品种为5.楔形，近似品种为4.近楔形""42.果穗：穗轴颖片花青贰显色强度，申请品种为9.极强，近似品种为6.中到强"。测试结论为"大丰30"具有特异性、一致性、稳定性。

裁判结果

陕西省西安市中级人民法院于 2014 年 9 月 29 日作出（2014）西中民四初字第 132 号判决，判令驳回登海公司的诉讼请求。登海公司不服，提出上诉。陕西省高级人民法院于 2015 年 3 月 20 日作出（2015）陕民三终字第 1 号判决，驳回上诉，维持原判。登海公司不服，向最高人民法院申请再审。最高人民法院于 2015 年 12 月 11 日作出（2015）民申字第 2633 号裁定，驳回登海公司的再审申请。

裁判理由

最高人民法院审查认为，本案主要涉及以下两个问题：

一、关于判断"大丰 30"具有特异性的问题

我国对主要农作物进行品种审定时，要求申请审定品种必须与已审定通过或本级品种审定委员会已受理的其他品种具有明显区别。"大丰30"在 2011 年的品种审定中，经 DNA 指纹鉴定，被认定与"先玉 335"无差异，视为同一品种而未能通过当年的品种审定。大丰公司对结论提出异议，主张两个品种在性状上有明显的差异，为不同品种，申请进行田间种植测试。根据《主要农作物品种审定办法》的规定，申请者对审定结果有异议的，可以向原审定委员会申请复审。品种审定委员会办公室认为有必要的，可以在复审前安排一个生产周期的品种试验。大丰公司在一审中提交的 DUS 测试报告正是大丰公司提出异议后，山西省农业种子总站委托农业部植物新品种测试中心完成的测试。该测试报告由农业部植物新品种测试中心按照《主要农作物品种审定办法》的规定，指定相应的 DUS 测试机构进行田间种植，依据相关测试指南整理测试数据，进行性状描述，编制测试报告。该测试报告真实、合法，与争议的待证事实具有关联性。涉案 DUS 测试报告记载，"大丰 30"与近似品种"先玉 335"存在明显且可重现的差异，符合 NY/T2232-2012《植物新品种特异性、一致性和稳定性测试指南玉米》关于"当申请品种至少在一个性状与近似品种具有明显且可重现的差异时，即可判定申请品种具备特异性"的规定。因此，可以依据涉案测试报告认定"大丰 30"具有特异性。

二、关于是否应当以 DNA 指纹鉴定意见认定存在侵权行为的问题

DNA 指纹鉴定技术作为在室内进行基因型身份鉴定的方法，经济便捷，不受环境影响，测试周期短，有利于及时保护权利人的利益，同时能够提高筛选近似品种提高特异性评价效率，实践中多用来检测品种的真实性、一致性，并基于分子标记技术构建了相关品种的指纹库。DNA 指纹鉴定所采取的核心引物（位点）与 DUS 测试的性状特征之间并不一定具有对应性，而植物新品种权的审批机关对申请品种的特异性、一致性和稳定性进行实质审查所依据的是田间种植 DUS 测试。在主要农作物品种审定时，也是以申请审定品种的选育报告、比较试验报告等为基础，进行品种试验，针对品种在田间种植表现出的性状进行测试并作出分析和评价。因此，作为繁殖材料，其特征特性应当依据田间种植进行 DUS 测试所确定的性状特征为准。因此，DNA 鉴定意见为相同或高度近似时，可直接进行田间成对 DUS 测试比较，通过田间表型确定身份。当被诉侵权一方主张以田间种植 DUS 测试确定的特异性结论推翻 DNA 指纹鉴定意见时，应当由其提交证据予以证明。由于大丰公司提交的涉案 DUS 测试报告证明，通过田间种植，"大丰 30" 与 "先玉 335" 相比，具有特异性。根据认定侵害植物新品种权行为，以 "被控侵权物的特征特性与授权品种的特征特性相同，或者特征特性不同是因为非遗传变异所导致" 的判定规则，"大丰 30" 与 "先玉 335" 的特征特性并不相同，并不存在 "大丰 30" 侵害 "先玉 335" 植物新品种权的行为。大丰公司生产、农丰种业销售的 "大丰 30" 并未侵害 "先玉 335" 的植物新品种权。综上，驳回登海公司的再审申请。

（生效裁判审判人员：周翔、钱小红、罗霞）

【指导案例 101 号】

罗元昌诉重庆市彭水苗族土家族自治县地方海事处政府信息公开案

（最高人民法院审判委员会讨论通过　2018 年 12 月 19 日发布）

关键词　行政　政府信息公开　信息不存在　检索义务

裁判要点

在政府信息公开案件中，被告以政府信息不存在为由答复原告的，人民法院应审查被告是否已经尽到充分合理的查找、检索义务。原告提交了该政府信息系由被告制作或者保存的相关线索等初步证据后，若被告不能提供相反证据，并举证证明已尽到充分合理的查找、检索义务的，人民法院不予支持被告有关政府信息不存在的主张。

相关法条

《中华人民共和国政府信息公开条例》第二条、第十三条

基本案情

原告罗元昌是兴运2号船的船主，在乌江流域从事航运、采砂等业务。2014年11月17日，罗元昌因诉重庆大唐国际彭水水电开发有限公司财产损害赔偿纠纷案需要，通过邮政特快专递向被告重庆市彭水苗族土家族自治县地方海事处（以下简称"彭水县地方海事处"）邮寄书面政府信息公开申请书，具体申请的内容为：1. 公开彭水苗族土家族自治县港航管理处（以下简称"彭水县港航处"）、彭水县地方海事处的设立、主要职责、内设机构和人员编制的文件。2. 公开下列事故的海事调查报告等所有事故材料：兴运2号在2008年5月18日、2008年9月30日的2起安全事故及鑫源306号、鑫源308号、高谷6号、荣华号等船舶在2008年至2010年发生的安全事故。

彭水县地方海事处于2014年11月19日签收后，未在法定期限内对罗元昌进行答复，罗元昌向彭水苗族土家族自治县人民法院（以下简称"彭水县法院"）提起行政诉讼。2015年1月23日，彭水县地方海事处作出（2015）彭海处告字第006号《政府信息告知书》，载明：一是对申请公开的彭水县港航处、彭水县地方海事处的内设机构名称等信息告知罗元昌获取的方式和途径；二是对申请公开的海事调查报告等所有事故材料经查该政府信息不存在。彭水县法院于2015年3月31日对该案作出（2015）彭法行初字第00008号行政判决，确认彭水县地方海事处在收到罗元昌的政府信息公开申请后未在法定期限内进行答复的行为违法。

2015年4月22日，罗元昌以彭水县地方海事处作出的（2015）彭海处告字第006号《政府信息告知书》不符合法律规定，且与事实不符为由，提起行政诉讼，请求撤销彭水县地方海事处作出的（2015）彭海处告字第006号《政府信息告知书》，并由彭水县地方海事处向罗

元昌公开海事调查报告等涉及兴运 2 号船的所有事故材料。

另查明，罗元昌提交了涉及兴运 2 号船于 2008 年 5 月 18 日在彭水高谷长滩子发生整船搁浅事故以及于 2008 年 9 月 30 日在彭水高谷煤炭沟发生沉没事故的《乌江彭水水电站断航碍航问题调查评估报告》《彭水县地方海事处关于近两年因乌江彭水万足电站不定时蓄水造成船舶搁浅事故的情况报告》《重庆市发展和改革委员会关于委托开展乌江彭水水电站断航碍航问题调查评估的函（渝发改能函〔2009〕562 号）》等材料。在案件二审审理期间，彭水县地方海事处主动撤销了其作出的（2015）彭海处告字第 006 号《政府信息告知书》，但罗元昌仍坚持诉讼。

裁判结果

重庆市彭水苗族土家族自治县人民法院于 2015 年 6 月 5 日作出（2015）彭法行初字第 00039 号行政判决，驳回罗元昌的诉讼请求。罗元昌不服一审判决，提起上诉。重庆市第四中级人民法院于 2015 年 9 月 18 日作出（2015）渝四中法行终字第 00050 号行政判决，撤销（2015）彭法行初字第 00039 号行政判决；确认彭水苗族土家族自治县地方海事处于 2015 年 1 月 23 日作出的（2015）彭海处告字第 006 号《政府信息告知书》行政行为违法。

裁判理由

法院生效裁判认为：《中华人民共和国政府信息公开条例》第十三条规定，除本条例第九条、第十条、第十一条、第十二条规定的行政机关主动公开的政府信息外，公民、法人或者其他组织还可以根据自身生产、生活、科研等特殊需要，向国务院部门、地方各级人民政府及县级以上地方人民政府部门申请获取相关政府信息。彭水县地方海事处作为行政机关，负有对罗元昌提出的政府信息公开申请作出答复和提供政府信息的法定职责。根据《中华人民共和国政府信息公开条例》第二条"本条例所称政府信息，是指行政机关在履行职责过程中制作或者获取的，以一定形式记录、保存的信息"的规定，罗元昌申请公开彭水县港航处、彭水县地方海事处的设立、主要职责、内设机构和人员编制的文件，属于彭水县地方海事处在履行职责过程中制作或者获取的，以一定形式记录、保存的信息，当属政府信息。彭水县地方海事处已为罗元昌提供了彭水编发（2008）11 号《彭水苗族土家族自治县机构编制委员会关于对县港航管理机构编制进行调整的通知》的复制件，明确载明了彭水县港航处、彭水县地方海事处的机构性质、人员编制、主要职责、内设机构等事项，罗元昌已知晓，予以确认。

　　罗元昌申请公开涉及兴运 2 号船等船舶发生事故的海事调查报告等所有事故材料的信息，根据《中华人民共和国内河交通事故调查处理规定》的相关规定，船舶在内河发生事故的调查处理属于海事管理机构的职责，其在事故调查处理过程中制作或者获取的，以一定形式记录、保存的信息属于政府信息。彭水县地方海事处作为彭水县的海事管理机构，负有对彭水县行政区域内发生的内河交通事故进行立案调查处理的职责，其在事故调查处理过程中制作或者获取的，以一定形式记录、保存的信息属于政府信息。罗元昌提交了兴运 2 号船于 2008 年 5 月 18 日在彭水高谷长滩子发生整船搁浅事故以及于 2008 年 9 月 30 日在彭水高谷煤炭沟发生沉没事故的相关线索，而彭水县地方海事处作出的（2015）彭海处告字第 006 号《政府信息告知书》第二项告知罗元昌申请公开的该项政府信息不存在，仅有彭水县地方海事处的自述，没有提供印证证据证明其尽到了查询、翻阅和搜索的义务。故彭水县地方海事处作出的（2015）彭海处告字第 006 号《政府信息告知书》违法，应当予以撤销。在案件二审审理期间，彭水县地方海事处主动撤销了其作出的（2015）彭海处告字第 006 号《政府信息告知书》，罗元昌仍坚持诉讼。根据《中华人民共和国行政诉讼法》第七十四条第二款第二项之规定，判决确认彭水县地方海事处作出的政府信息告知行为违法。

（生效裁判审判人员：张红梅、蒲开明、王宏）

最高人民法院
关于发布第 20 批指导性案例的通知

（2018 年 12 月 25 日　法〔2018〕347 号）

各省、自治区、直辖市高级人民法院，解放军军事法院，新疆维吾尔自治区高级人民法院生产建设兵团分院：

经最高人民法院审判委员会讨论决定，现将付宣豪、黄子超破坏计算机信息系统案等五个案例（指导案例 102－106 号），作为第 20 批指导性案例发布，供在审判类似案件时参照。

最高人民法院
2018 年 12 月 25 日

【指导案例 102 号】

付宣豪、黄子超破坏计算机信息系统案

（最高人民法院审判委员会讨论通过　2018 年 12 月 25 日发布）

关键词　刑事　破坏计算机信息系统罪　DNS 劫持　后果严重　后果特别严重

裁判要点

1. 通过修改路由器、浏览器设置、锁定主页或者弹出新窗口等技术手段，强制网络用户访问指定网站的"DNS 劫持"行为，属于破坏计算机信息系统，后果严重的，构成破坏计算机信息系统罪。

2. 对于"DNS 劫持"，应当根据造成不能正常运行的计算机信息系

统数量、相关计算机信息系统不能正常运行的时间，以及所造成的损失或者影响等，认定其是"后果严重"还是"后果特别严重"。

相关法条

《中华人民共和国刑法》第二百八十六条

基本案情

2013年底至2014年10月，被告人付宣豪、黄子超等人租赁多台服务器，使用恶意代码修改互联网用户路由器的DNS设置，进而使用户登录"2345.com"等导航网站时跳转至其设置的"5w.com"导航网站，被告人付宣豪、黄子超等人再将获取的互联网用户流量出售给杭州久尚科技有限公司（系"5w.com"导航网站所有者），违法所得合计人民币754762.34元。

2014年11月17日，被告人付宣豪接民警电话通知后自动至公安机关，被告人黄子超主动投案，二被告人到案后均如实供述了上述犯罪事实。

被告人及辩护人对罪名及事实均无异议。

裁判结果

上海市浦东新区人民法院于2015年5月20日作出（2015）浦刑初字第1460号刑事判决：一、被告人付宣豪犯破坏计算机信息系统罪，判处有期徒刑三年，缓刑三年。二、被告人黄子超犯破坏计算机信息系统罪，判处有期徒刑三年，缓刑三年。三、扣押在案的作案工具以及退缴在案的违法所得予以没收，上缴国库。一审宣判后，二被告人均未上诉，公诉机关未抗诉，判决已发生法律效力。

裁判理由

法院生效裁判认为，根据《中华人民共和国刑法》第二百八十六条的规定，对计算机信息系统功能进行破坏，造成计算机信息系统不能正常运行，后果严重的，构成破坏计算机信息系统罪。本案中，被告人付宣豪、黄子超实施的是流量劫持中的"DNS劫持"。DNS是域名系统的英文首字母缩写，作用是提供域名解析服务。"DNS劫持"通过修改域名解析，使对特定域名的访问由原IP地址转入到篡改后的指定IP地址，导致用户无法访问原IP地址对应的网站或者访问虚假网站，从而实现窃取资料或者破坏网站原有正常服务的目的。二被告人使用恶意代码修改互联网用户路由器的DNS设置，将用户访问"2345.com"等导航网站的流量劫持到其设置的"5w.com"导航网站，并将获取的互联网用户流量出售,显然是对网络用户的计算机信息系统功能进行破坏,造成计算机信息系统不能正常运行,符合破坏计算机信息系统罪的客观行为要件。

根据《最高人民法院、最高人民检察院关于办理危害计算机信息系统安全刑事案件应用法律若干问题的解释》,破坏计算机信息系统,违法所得人民币二万五千元以上或者造成经济损失人民币五万元以上的,应当认定为"后果特别严重"。本案中,二被告人的违法所得达人民币754762.34元,属于"后果特别严重"。

综上,被告人付宣豪、黄子超实施的"DNS 劫持"行为系违反国家规定,对计算机信息系统中存储的数据进行修改,后果特别严重,依法应处五年以上有期徒刑。鉴于二被告人在家属的帮助下退缴全部违法所得,未获取、泄露公民个人信息,且均具有自首情节,无前科劣迹,故依法对其减轻处罚并适用缓刑。

(生效裁判审判人员:李俊、白艳利、朱根初)

【指导案例 103 号】

徐强破坏计算机信息系统案

(最高人民法院审判委员会讨论通过　2018 年 12 月 25 日发布)

关键词　刑事　破坏计算机信息系统罪　机械远程监控系统

裁判要点

企业的机械远程监控系统属于计算机信息系统。违反国家规定,对企业的机械远程监控系统功能进行破坏,造成计算机信息系统不能正常运行,后果严重的,构成破坏计算机信息系统罪。

相关法条

《中华人民共和国刑法》第二百八十六条第一款、第二款

基本案情

为了加强对分期付款的工程机械设备的管理,中联重科股份有限公

司（以下简称中联重科）投入使用了中联重科物联网GPS信息服务系统，该套计算机信息系统由中联重科物联网远程监控平台、GPS终端、控制器和显示器等构成，该系统具备自动采集、处理、存储、回传、显示数据和自动控制设备的功能，其中，控制器、GPS终端和显示器由中联重科在工程机械设备的生产制造过程中安装到每台设备上。

中联重科对"按揭销售"的泵车设备均安装了中联重科物联网GPS信息服务系统，并在产品买卖合同中明确约定"如买受人出现违反合同约定的行为，出卖人有权采取停机、锁机等措施"以及"在买受人付清全部货款前，产品所有权归出卖人所有。即使在买受人已经获得机动车辆登记文件的情况下，买受人未付清全部货款前，产品所有权仍归出卖人所有"的条款。然后由中联重科总部的远程监控维护平台对泵车进行监控，如发现客户有拖欠、赖账等情况，就会通过远程监控系统进行"锁机"，泵车接收到"锁机"指令后依然能发动，但不能作业。

2014年5月间，被告人徐强使用"GPS干扰器"先后为钟某某、龚某某、张某某名下或管理的五台中联重科泵车解除锁定。具体事实如下：

1. 2014年4月初，钟某某发现其购得的牌号为贵A77462的泵车即将被中联重科锁机后，安排徐关伦帮忙打听解锁人。徐某某遂联系龚某某告知钟某某泵车需解锁一事。龚某某表示同意后，即通过电话联系被告人徐强给泵车解锁。2014年5月18日，被告人徐强携带"GPS干扰器"与龚某某一起来到贵阳市清镇市，由被告人徐强将"GPS干扰器"上的信号线连接到泵车右侧电控柜，再将"GPS干扰器"通电后使用干扰器成功为牌号为贵A77462的泵车解锁。事后，钟某某向龚某某支付了解锁费用人民币40000元，龚某某亦按约定将其中人民币9600元支付给徐某某作为介绍费。当日及次日，龚某某还带着被告人徐强为其管理的其妹夫黄某从中联重科及长沙中联重科二手设备销售有限公司以分期付款方式购得的牌号分别为湘AB0375、湘AA6985、湘AA6987的三台泵车进行永久解锁。事后，龚某某向被告人徐强支付四台泵车的解锁费用共计人民币30000元。

2. 2014年5月间，张某某从中联重科以按揭贷款的方式购买泵车一台，因拖欠货款被中联重科使用物联网系统将泵车锁定，无法正常作业。张某某遂通过电话联系到被告人徐强为其泵车解锁。2014年5月

17日，被告人徐强携带"GPS干扰器"来到湖北襄阳市，采用上述同样的方式为张某某名下牌号为鄂FE7721的泵车解锁。事后，张某某向被告人徐强支付解锁费用人民币15000元。

经鉴定，中联重科的上述牌号为贵A77462、湘AB0375、湘AA6985、湘AA6987泵车GPS终端被拆除及控制程序被修改后，中联重科物联网GPS信息服务系统无法对泵车进行实时监控和远程锁车。

2014年11月7日，被告人徐强主动到公安机关投案。在本院审理过程中，被告人徐强退缴了违法所得人民币45000元。

裁判结果

湖南省长沙市岳麓区人民法院于2015年12月17日作出（2015）岳刑初字第652号刑事判决：一、被告人徐强犯破坏计算机信息系统罪，判处有期徒刑二年六个月。二、追缴被告人徐强的违法所得人民币45000元，上缴国库。被告人徐强不服，提出上诉。湖南省长沙市中级人民法院于2016年8月9日作出（2016）湘01刑终58号刑事裁定：驳回上诉，维持原判。该裁定已发生法律效力。

裁判理由

法院生效裁判认为，《最高人民法院、最高人民检察院关于办理危害计算机信息系统安全刑事案件应用法律若干问题的解释》第十一条规定，"计算机信息系统"和"计算机系统"，是指具备自动处理数据功能的系统，包括计算机、网络设备、通信设备、自动化控制设备等。本案中，中联重科物联网GPS信息服务系统由中联重科物联网远程监控平台、GPS终端、控制器和显示器等构成，具备自动采集、处理、存储、回传、显示数据和自动控制设备的功能。该系统属于具备自动处理数据功能的通信设备与自动化控制设备，属于刑法意义上的计算机信息系统。被告人徐强利用"GPS干扰器"对中联重科物联网GPS信息服务系统进行修改、干扰，造成该系统无法对案涉泵车进行实时监控和远程锁车，是对计算机信息系统功能进行破坏，造成计算机信息系统不能正常运行的行为，且后果特别严重。根据刑法第二百八十六条的规定，被告人徐强构成破坏计算机信息系统罪。徐强犯罪以后自动投案，如实供述了自己的罪行，系自首，依法可减轻处罚。徐强退缴全部违法所得，有悔罪表现，可酌情从轻处罚。针对徐强及辩护人提出"自己系自首，且全部退缴违法所得，一审量刑过重"的上诉意见与辩护意见，经查，徐强破坏计算机信息系统，违法所得45000元，后果特别严重，应当判处五年以上有期徒刑,一审判决综合考虑其自首、退缴全部违法所得等情节,对其减轻处罚,判处有期徒刑二年六个月,量刑适当。该上诉意见、辩护意见,不予采纳。原审判决认定事实清楚,证据确实充分,适用法律正确,量刑适当,审判程序合法。

(生效裁判审判人员:黎璠、刘刚、何琳)

【指导案例 104 号】

李森、何利民、张锋勃等人破坏计算机信息系统案

(最高人民法院审判委员会讨论通过　2018 年 12 月 25 日发布)

关键词　刑事　破坏计算机信息系统罪　干扰环境质量监测采样　数据失真　后果严重

裁判要点

环境质量监测系统属于计算机信息系统。用棉纱等物品堵塞环境质量监测采样设备,干扰采样,致使监测数据严重失真的,构成破坏计算机信息系统罪。

相关法条

《中华人民共和国刑法》第二百八十六条第一款

基本案情

西安市长安区环境空气自动监测站(以下简称长安子站)系国家环境保护部(以下简称环保部)确定的西安市 13 个国控空气站点之一,通过环境空气质量自动监测系统采集、处理监测数据,并将数据每小时传输发送至中国环境监测总站(以下简称监测总站),一方面通过网站实时向社会公布,一方面用于编制全国环境空气质量状况月报、季报和年报,向全国发布。长安子站为全市两个国家直管监测子站之一,由监测总站委托武汉宇虹环保产业股份有限公司进行运行维护,不经允

许，非运维方工作人员不得擅自进入。

2016年2月4日，长安子站回迁至西安市长安区西安邮电大学南区动力大楼房顶。被告人李森利用协助子站搬迁之机私自截留子站钥匙并偷记子站监控电脑密码，此后至2016年3月6日间，被告人李森、张锋勃多次进入长安子站内，用棉纱堵塞采样器的方法，干扰子站内环境空气质量自动监测系统的数据采集功能。被告人何利民明知李森等人的行为而没有阻止，只是要求李森把空气污染数值降下来。被告人李森还多次指使被告人张楠、张肖采用上述方法对子站自动监测系统进行干扰，造成该站自动监测数据多次出现异常，多个时间段内监测数据严重失真，影响了国家环境空气质量自动监测系统正常运行。为防止罪行败露，2016年3月7日、3月9日，在被告人李森的指使下，被告人张楠、张肖两次进入长安子站将监控视频删除。2016年2、3月间，长安子站每小时的监测数据已实时传输发送至监测总站，通过网站向社会公布，并用于环保部编制2016年2月、3月和第一季度全国74个城市空气质量状况评价、排名。2016年3月5日，监测总站在例行数据审核时发现长安子站数据明显偏低，检查时发现了长安子站监测数据弄虚作假问题，后公安机关将五被告人李森、何利民、张楠、张肖、张锋勃抓获到案。被告人李森、被告人张锋勃、被告人张楠、被告人张肖在庭审中均承认指控属实，被告人何利民在庭审中辩解称其对李森堵塞采样器的行为仅是默许、放任，请求宣告其无罪。

裁判结果

陕西省西安市中级人民法院于2017年6月15日作出（2016）陕01刑初233号刑事判决：一、被告人李森犯破坏计算机信息系统罪，判处有期徒刑一年十个月。二、被告人何利民犯破坏计算机信息系统罪，判处有期徒刑一年七个月。三、被告人张锋勃犯破坏计算机信息系统罪，判处有期徒刑一年四个月。四、被告人张楠犯破坏计算机信息系统罪，判处有期徒刑一年三个月。五、被告人张肖犯破坏计算机信息系统罪，判处有期徒刑一年三个月。宣判后，各被告人均未上诉，判决已发生法律效力。

裁判理由

法院生效裁判认为，五被告人的行为违反了国家规定。《中华人民共和国环境保护法》第六十八条规定禁止篡改、伪造或者指使篡改、伪造监测数据，《中华人民共和国环境大气污染防治法》第一百二十六条规定禁止对大气环境保护监督管理工作弄虚作假,《中华人民共和国环境计算机信息系统安全保护条例》第七条规定不得危害计算机信息系统的安全。本案五被告人采取堵塞采样器的方法伪造或者指使伪造监测数据,弄虚作假,违反了上述国家规定。

五被告人的行为破坏了计算机信息系统。《最高人民法院、最高人民检察院关于办理危害计算机信息系统安全刑事案件应用法律若干问题的解释》第十一条规定,计算机信息系统和计算机系统,是指具备自动处理数据功能的系统,包括计算机、网络设备、通信设备、自动化控制设备等。根据《最高人民法院、最高人民检察院关于办理环境污染刑事案件适用法律若干问题的解释》第十条第一款的规定,干扰环境质量监测系统的采样,致使监测数据严重失真的行为,属于破坏计算机信息系统。长安子站系国控环境空气质量自动监测站点,产生的监测数据经过系统软件直接传输至监测总站,通过环保部和监测总站的政府网站实时向社会公布,参与计算环境空气质量指数并实时发布。空气采样器是环境空气质量监测系统的重要组成部分。PM10、PM2.5监测数据作为环境空气综合污染指数评估中的最重要两项指标,被告人用棉纱堵塞采样器的采样孔或拆卸采样器的行为,必然造成采样器内部气流场的改变,造成监测数据失真,影响对环境空气质量的正确评估,属于对计算机信息系统功能进行干扰,造成计算机信息系统不能正常运行的行为。

五被告人的行为造成了严重后果。(1)被告人李森、张锋勃、张楠、张肖均多次堵塞、拆卸采样器干扰采样,被告人何利民明知李森等人的行为而没有阻止,只是要求李森把空气污染数值降下来。(2)被告人的干扰行为造成了监测数据的显著异常。2016年2至3月间,长安子站颗粒物监测数据多次出现与周边子站变化趋势不符的现象。长安子站PM2.5数据分别在2月24日18时至25日16时、3月3日4时至6日19时两个时段内异常,PM10数据分别在2月18日18时至19日8时、2月25日20时至21日8时、3月5日19时至6日23时三个时段内异常。其中,长安子站的PM10数据在2016年3月5日19时至22时由361下降至213,下降了41%,其他周边子站均值升高了14%(由316上升至361),6日16时至17时长安子站监测数值由188上升至426,升高了127%,其他子站均值变化不大(由318降至310),6日17时至19时长安子站数值由426下降至309,下降了27%,其他子站均值变化不大（由310降至304）。可见，被告人堵塞采样器的行为足以造成监测数据的严重失真。上述数据的严重失真，与监测总站在例行数据审核时发现长安子站PM10数据明显偏低可以印证。（3）失真的监测数据已实时发送至监测总站，并向社会公布。长安子站空气质量监测的小时浓度均值数据已经通过互联网实时发布。（4）失真的监测数据已被用于编制环境评价的月报、季报。环保部在2016年二、三月及第一季度的全国74个重点城市空气质量排名工作中已采信上述虚假数据，已向社会公布并上报国务院，影响了全国大气环境治理情况评估，损害了政府公信力，误导了环境决策。据此，五被告人干扰采样的行为造成了严重后果，符合刑法第二百八十六条规定的"后果严重"要件。

综上，五被告人均已构成破坏计算机信息系统罪。鉴于五被告人到案后均能坦白认罪，有悔罪表现，依法可以从轻处罚。

（生效裁判审判人员：张燕萍、骆成兴、袁兵）

【指导案例105号】

洪小强、洪礼沃、洪清泉、李志荣开设赌场案

（最高人民法院审判委员会讨论通过　2018年12月25日发布）

关键词　刑事　开设赌场罪　网络赌博　微信群

裁判要点

以营利为目的，通过邀请人员加入微信群的方式招揽赌客，根据竞猜游戏网站的开奖结果等方式进行赌博，设定赌博规则，利用微信群进行控制管理，在一段时间内持续组织网络赌博活动的，属于刑法第三百零三条第二款规定的"开设赌场"。

相关法条

《中华人民共和国刑法》第三百零三条第二款

基本案情

2016年2月14日，被告人李志荣、洪礼沃、洪清泉伙同洪某1、

洪某2（均在逃）以福建省南安市英都镇阀门基地旁一出租房为据点（后搬至福建省南安市英都镇环江路大众电器城五楼的套房），雇佣洪某3等人，运用智能手机、电脑等设备建立微信群（群昵称为"寻龙诀"，经多次更名后为"（新）九八届同学聊天"）拉拢赌客进行网络赌博。洪某1、洪某2作为发起人和出资人，负责幕后管理整个团伙；被告人李志荣主要负责财务、维护赌博软件；被告人洪礼沃主要负责后勤；被告人洪清泉主要负责处理与赌客的纠纷；被告人洪小强为出资人，并介绍了陈某某等赌客加入微信群进行赌博。该微信赌博群将启动资金人民币300000元分成100份资金股，并另设10份技术股。其中，被告人洪小强占资金股6股，被告人洪礼沃、洪清泉各占技术股4股，被告人李志荣占技术股2股。

参赌人员加入微信群，通过微信或支付宝将赌资转至庄家（昵称为"白龙账房"、"青龙账房"）的微信或者支付宝账号计入分值（一元相当于一分）后，根据"PC蛋蛋"等竞猜游戏网站的开奖结果，以押大小、单双等方式在群内投注赌博。该赌博群24小时运转，每局参赌人员数十人，每日赌注累计达数十万元。截至案发时，该团伙共接受赌资累计达3237300元。赌博群运行期间共分红2次，其中被告人洪小强分得人民币36000元，被告人李志荣分得人民币6000元，被告人洪礼沃分得人民币12000元，被告人洪清泉分得人民币12000元。

裁判结果

江西省赣州市章贡区人民法院于2017年3月27日作出（2016）赣0702刑初367号刑事判决：一、被告人洪小强犯开设赌场罪，判处有期徒刑四年，并处罚金人民币五万元。二、被告人洪礼沃犯开设赌场罪，判处有期徒刑四年，并处罚金人民币五万元。三、被告人洪清泉犯开设赌场罪，判处有期徒刑四年，并处罚金人民币五万元。四、被告人李志荣犯开设赌场罪，判处有期徒刑四年，并处罚金人民币五万元。五、将四被告人所退缴的违法所得共计人民币66000元以及随案移送的6部手机、1台笔记本电脑、3台台式电脑主机等供犯罪所用的物品，依法予以没收，上缴国库。宣判后，四被告人均未提出上诉，判决已发生法律效力。

裁判理由

法院生效裁判认为，被告人洪小强、洪礼沃、洪清泉、李志荣以营利为目的，通过邀请人员加入微信群的方式招揽赌客，根据竞猜游戏网站的开奖结果,以押大小、单双等方式进行赌博,并利用微信群进行控制管理,在一段时间内持续组织网络赌博活动的行为,属于刑法第三百零三条第二款规定的"开设赌场"。被告人洪小强、洪礼沃、洪清泉、李志荣开设和经营赌场,共接受赌资累计达 3237300 元,应认定为刑法第三百零三条第二款规定的"情节严重",其行为均已构成开设赌场罪。

(生效裁判审判人员:杨菲、宋征鑫、蔡慧)

【指导案例 106 号】

谢检军、高垒、高尔樵、杨泽彬开设赌场案

(最高人民法院审判委员会讨论通过　2018 年 12 月 25 日发布)

关键词　刑事　开设赌场罪　网络赌博　微信群　微信群抢红包

裁判要点

以营利为目的,通过邀请人员加入微信群,利用微信群进行控制管理,以抢红包方式进行赌博,在一段时间内持续组织赌博活动的行为,属于刑法第三百零三条第二款规定的"开设赌场"。

相关法条

《中华人民共和国刑法》第三百零三条第二款

基本案情

2015 年 9 月至 2015 年 11 月,向某(已判决)在杭州市萧山区活动期间,分别伙同被告人谢检军、高垒、高尔樵、杨泽彬等人,以营利为目的,邀请他人加入其建立的微信群,组织他人在微信群里采用抢红包的方式进行赌博。期间,被告人谢检军、高垒、高尔樵、杨泽彬分别帮助向某在赌博红包群内代发红包,并根据发出赌博红包的个数,从抽头款中分得好处费。

裁判结果

浙江省杭州市萧山区人民法院于 2016 年 11 月 9 日作出(2016)浙 0109 刑初 1736 号刑事判决:一、被告人谢检军犯开设赌场罪,判处有

期徒刑三年六个月，并处罚金人民币25000元。二、被告人高垒犯开设赌场罪，判处有期徒刑三年三个月，并处罚金人民币20000元。三、被告人高尔樵犯开设赌场罪，判处有期徒刑三年三个月，并处罚金人民币15000元。四、被告人杨泽彬犯开设赌场罪，判处有期徒刑三年，并处罚金人民币10000元。五、随案移送的四被告人犯罪所用工具手机6只予以没收，上缴国库；尚未追回的四被告人犯罪所得赃款，继续予以追缴。宣判后，谢检军、高尔樵、杨泽彬不服，分别向浙江省杭州市中级人民法院提出上诉。浙江省杭州市中级人民法院于2016年12月29日作出（2016）浙01刑终1143号刑事判决：一、维持杭州市萧山区人民法院（2016）浙0109刑初1736号刑事判决第一项、第二项、第三项、第四项的定罪部分及第五项没收犯罪工具、追缴赃款部分。二、撤销杭州市萧山区人民法院（2016）浙0109刑初1736号刑事判决第一项、第二项、第三项、第四项的量刑部分。三、上诉人（原审被告人）谢检军犯开设赌场罪，判处有期徒刑三年，并处罚金人民币25000元。四、原审被告人高垒犯开设赌场罪，判处有期徒刑二年六个月，并处罚金人民币20000元。五、上诉人（原审被告人）高尔樵犯开设赌场罪，判处有期徒刑二年六个月，并处罚金人民币15000元。六、上诉人（原审被告人）杨泽彬犯开设赌场罪，判处有期徒刑一年六个月，并处罚金人民币10000元。

裁判理由

法院生效裁判认为，以营利为目的，通过邀请人员加入微信群，利用微信群进行控制管理，以抢红包方式进行赌博，设定赌博规则，在一段时间内持续组织赌博活动的行为，属于刑法第三百零三条第二款规定的"开设赌场"。谢检军、高垒、高尔樵、杨泽彬伙同他人开设赌场，均已构成开设赌场罪，且系情节严重。谢检军、高垒、高尔樵、杨泽彬在共同犯罪中地位和作用较轻，均系从犯，原判未认定从犯不当，依法予以纠正，并对谢检军予以从轻处罚，对高尔樵、杨泽彬、高垒均予以减轻处罚。杨泽彬犯罪后自动投案，并如实供述自己的罪行，系自首，依法予以从轻处罚。谢检军、高尔樵、高垒到案后如实供述犯罪事实，依法予以从轻处罚。谢检军、高尔樵、杨泽彬、高垒案发后退赃，二审审理期间杨泽彬的家人又代为退赃，均酌情予以从轻处罚。

（生效裁判审判人员：钱安定、胡荣、张茂鑫）

最高人民法院
关于发布第 21 批指导性案例的通知

（2019 年 2 月 25 日 法〔2019〕3 号）

各省、自治区、直辖市高级人民法院，解放军军事法院，新疆维吾尔自治区高级人民法院生产建设兵团分院：

经最高人民法院审判委员会讨论决定，现将中化国际（新加坡）有限公司诉蒂森克虏伯冶金产品有限责任公司国际货物买卖合同纠纷案等六个案例（指导案例 107－112 号），作为第 21 批指导性案例发布，供在审判类似案件时参照。

最高人民法院

2019 年 2 月 25 日

【指导案例 107 号】

中化国际（新加坡）有限公司诉蒂森克虏伯冶金产品有限责任公司国际货物买卖合同纠纷案

（最高人民法院审判委员会讨论通过　2019 年 2 月 25 日发布）

关键词　民事　国际货物买卖合同　联合国国际货物销售合同公约　法律适用　根本违约

裁判要点

1. 国际货物买卖合同的当事各方所在国为《联合国国际货物销售合同公约》的缔约国,应优先适用公约的规定,公约没有规定的内容,适用合同中约定适用的法律。国际货物买卖合同中当事人明确排除适用《联合国国际货物销售合同公约》的,则不应适用该公约。

2. 在国际货物买卖合同中,卖方交付的货物虽然存在缺陷,但只要买方经过合理努力就能使用货物或转售货物,不应视为构成《联合国国际货物销售合同公约》规定的根本违约的情形。

相关法条

《中华人民共和国民法通则》第145条

《联合国国际货物销售合同公约》第1条、第25条

基本案情

2008年4月11日,中化国际(新加坡)有限公司(以下简称中化新加坡公司)与蒂森克虏伯冶金产品有限责任公司(以下简称德国克虏伯公司)签订了购买石油焦的《采购合同》,约定本合同应当根据美国纽约州当时有效的法律订立、管辖和解释。中化新加坡公司按约支付了全部货款,但德国克虏伯公司交付的石油焦HGI指数仅为32,与合同中约定的HGI指数典型值为36-46之间不符。中化新加坡公司认为德国克虏伯公司构成根本违约,请求判令解除合同,要求德国克虏伯公司返还货款并赔偿损失。

裁判结果

江苏省高级人民法院一审认为,根据《联合国国际货物销售合同公约》的有关规定,德国克虏伯公司提供的石油焦HGI指数远低于合同约定标准,导致石油焦难以在国内市场销售,签订买卖合同时的预期目的无法实现,故德国克虏伯公司的行为构成根本违约。江苏省高级人民法院于2012年12月19日作出(2009)苏民三初字第0004号民事判决:一、宣告蒂森克虏伯冶金产品有限责任公司与中化国际(新加坡)有限公司于2008年4月11日签订的《采购合同》无效。二、蒂森克虏伯冶金产品有限责任公司于本判决生效之日起三十日内返还中化国际(新加坡)有限公司货款2684302.9美元并支付自2008年9月25日至本判决确定的给付之日的利息。三、蒂森克虏伯冶金产品有限责任公司于本判决生效之日起三十日内赔偿中化国际(新加坡)有限公司损失520339.77美元。

宣判后，德国克虏伯公司不服一审判决，向最高人民法院提起上诉，认为一审判决对本案适用法律认定错误。最高人民法院认为一审判决认定事实基本清楚，但部分法律适用错误，责任认定不当，应当予以纠正。最高人民法院于2014年6月30日作出（2013）民四终字第35号民事判决：一、撤销江苏省高级人民法院（2009）苏民三初字第0004号民事判决第一项。二、变更江苏省高级人民法院（2009）苏民三初字第0004号民事判决第二项为蒂森克虏伯冶金产品有限责任公司于本判决生效之日起三十日内赔偿中化国际（新加坡）有限公司货款损失1610581.74美元并支付自2008年9月25日至本判决确定的给付之日的利息。三、变更江苏省高级人民法院（2009）苏民三初字第0004号民事判决第三项为蒂森克虏伯冶金产品有限责任公司于本判决生效之日起三十日内赔偿中化国际（新加坡）有限公司堆存费损失98442.79美元。四、驳回中化国际（新加坡）有限公司的其他诉讼请求。

裁判理由

最高人民法院认为，本案为国际货物买卖合同纠纷，双方当事人均为外国公司，案件具有涉外因素。《最高人民法院关于适用〈中华人民共和国涉外民事关系法律适用法〉若干问题的解释（一）》第二条规定："涉外民事关系法律适用法实施以前发生的涉外民事关系，人民法院应当根据该涉外民事关系发生时的有关法律规定确定应当适用的法律；当时法律没有规定的，可以参照涉外民事关系法律适用法的规定确定。"案涉《采购合同》签订于2008年4月11日，在《中华人民共和国涉外民事关系法律适用法》实施之前，当事人签订《采购合同》时的《中华人民共和国民法通则》第一百四十五条规定："涉外合同的当事人可以选择处理合同争议所适用的法律，法律另有规定的除外。涉外合同的当事人没有选择的，适用与合同有最密切联系的国家的法律。"本案双方当事人在合同中约定应当根据美国纽约州当时有效的法律订立、管辖和解释，该约定不违反法律规定，应认定有效。由于本案当事人营业地所在国新加坡和德国均为《联合国国际货物销售合同公约》缔约国，美国亦为《联合国国际货物销售合同公约》缔约国，且在一审审理期间双方当事人一致选择适用《联合国国际货物销售合同公约》作为确定其权利义务的依据，并未排除《联合国国际货物销售合同公约》的适用，江苏省高级人民法院适用《联合国国际货物销售合同公约》审理本案是正确的。而对于审理案件中涉及到的问题《联合国国际货物销售合同公约》没有规定的，应当适用当事人选择的美国纽约州法律。《〈联合国国际货物销售合同公约〉判例法摘要汇编》并非《联合国国际货物销售合同公约》的组成部分，其不能作为审理本案的法律依据。但在如何准确理解《联合国国际货物销售合同公约》相关条款的含义方面，其可以作为适当的参考资料。

双方当事人在《采购合同》中约定的石油焦HGI指数典型值在36－46之间，而德国克虏伯公司实际交付的石油焦HGI指数为32，低于双方约定的HGI指数典型值的最低值，不符合合同约定。江苏省高级人民法院认定德国克虏伯公司构成违约是正确的。

关于德国克虏伯公司的上述违约行为是否构成根本违约的问题。首先，从双方当事人在合同中对石油焦需符合的化学和物理特性规格约定的内容看，合同对石油焦的受潮率、硫含量、灰含量、挥发物含量、尺寸、热值、硬度（HGI值）等七个方面作出了约定。而从目前事实看，对于德国克虏伯公司交付的石油焦，中化新加坡公司仅认为HGI指数一项不符合合同约定，而对于其他六项指标，中化新加坡公司并未提出异议。结合当事人提交的证人证言以及证人出庭的陈述，HGI指数表示石油焦的研磨指数，指数越低，石油焦的硬度越大，研磨难度越大。但中化新加坡公司一方提交的上海大学材料科学与工程学院出具的说明亦不否认HGI指数为32的石油焦可以使用，只是认为其用途有限。故可以认定虽然案涉石油焦HGI指数与合同约定不符，但该批石油焦仍然具有使用价值。其次，本案一审审理期间，中化新加坡公司为减少损失，经过积极的努力将案涉石油焦予以转售，且其在就将相关问题致德国克虏伯公司的函件中明确表示该批石油焦转售的价格"未低于市场合理价格"。这一事实说明案涉石油焦是可以以合理价格予以销售的。第三，综合考量其他国家裁判对《联合国国际货物销售合同公约》中关于根本违约条款的理解，只要买方经过合理努力就能使用货物或转售货物，甚至打些折扣，质量不符依然不是根本违约。故应当认为德国克虏伯公司交付HGI指数为32的石油焦的行为，并不构成根本违约。江苏省高级人民法院认定德国克虏伯公司构成根本违约并判决宣告《采购合同》无效，适用法律错误，应予以纠正。

（生效裁判审判人员：任雪峰、成明珠、朱科）

【指导案例 108 号】

浙江隆达不锈钢有限公司诉 A. P. 穆勒－马士基有限公司海上货物运输合同纠纷案

(最高人民法院审判委员会讨论通过　2019 年 2 月 25 日发布)

关键词　民事　海上货物运输合同　合同变更　改港　退运　抗辩权

裁判要点

在海上货物运输合同中，依据合同法第三百零八条的规定，承运人将货物交付收货人之前，托运人享有要求变更运输合同的权利，但双方当事人仍要遵循合同法第五条规定的公平原则确定各方的权利和义务。托运人行使此项权利时，承运人也可相应行使一定的抗辩权。如果变更海上货物运输合同难以实现或者将严重影响承运人正常营运，承运人可以拒绝托运人改港或者退运的请求，但应当及时通知托运人不能变更的原因。

相关法条

《中华人民共和国合同法》第 308 条
《中华人民共和国海商法》第 86 条

基本案情

2014 年 6 月，浙江隆达不锈钢有限公司（以下简称隆达公司）由中国宁波港出口一批不锈钢无缝产品至斯里兰卡科伦坡港，货物报关价值为 366918.97 美元。隆达公司通过货代向 A. P. 穆勒－马士基有限公司（以下简称马士基公司）订舱，涉案货物于同年 6 月 28 日装载于 4 个集装箱内装船出运，出运时隆达公司要求做电放处理。2014 年 7 月 9 日，隆达公司通过货代向马士基公司发邮件称，发现货物运错目的地要求改港或者退运。马士基公司于同日回复，因货物距抵达目的港不足 2 天，无法安排改港，如需退运则需与目的港确认后回复。次日，隆达公司的货代询问货物退运是否可以原船带回，马士基公司于当日回复"原船退回不具有操作性，货物在目的港卸货后，需要由现在的收货人在目的港清关后,再向当地海关申请退运。海关批准后,才可以安排退运事宜"。2014 年 7 月 10 日,隆达公司又提出"这个货要安排退运,就是因为清关清不了,所以才退回宁波的,有其他办法吗"。此后,马士基公司再未回复邮件。

涉案货物于 2014 年 7 月 12 日左右到达目的港。马士基公司应隆达公司的要求于 2015 年 1 月 29 日向其签发了编号 603386880 的全套正本提单。根据提单记载,托运人为隆达公司,收货人及通知方均为 VENUS STEEL PVT LTD,起运港中国宁波,卸货港科伦坡。2015 年 5 月 19 日,隆达公司向马士基公司发邮件表示已按马士基公司要求申请退运。马士基公司随后告知隆达公司涉案货物已被拍卖。

裁判结果

宁波海事法院于 2016 年 3 月 4 日作出(2015)甬海法商初字第 534 号民事判决,认为隆达公司因未采取自行提货等有效措施导致涉案货物被海关拍卖,相应货损风险应由该公司承担,故驳回隆达公司的诉讼请求。一审判决后,隆达公司提出上诉。浙江省高级人民法院于 2016 年 9 月 29 日作出(2016)浙民终 222 号民事判决:撤销一审判决;马士基公司于判决送达之日起十日内赔偿隆达公司货物损失 183459.49 美元及利息。二审法院认为依据合同法第三百零八条,隆达公司在马士基公司交付货物前享有请求改港或退运的权利。在隆达公司提出退运要求后,马士基公司既未明确拒绝安排退运,也未通知隆达公司自行处理,对涉案货损应承担相应的赔偿责任,酌定责任比例为 50%。马士基公司不服二审判决,向最高人民法院申请再审。最高人民法院于 2017 年 12 月 29 日作出(2017)最高法民再 412 号民事判决:撤销二审判决;维持一审判决。

裁判理由

最高人民法院认为,合同法与海商法有关调整海上运输关系、船舶关系的规定属于普通法与特别法的关系。根据海商法第八十九条的规定,船舶在装货港开航前,托运人可以要求解除合同。本案中,隆达公司在涉案货物海上运输途中请求承运人进行退运或者改港,因海商法未就航程中托运人要求变更运输合同的权利进行规定,故本案可适用合同法第三百零八条关于托运人要求变更运输合同权利的规定。基于特别法优先适用于普通法的法律适用基本原则,合同法第三百零八条规定的是一般运输合同,该条规定在适用于海上货物运输合同的情况下,应该受到海商法基本价值取向及强制性规定的限制。托运人依据合同法第三百零八条主张变更运输合同的权利不得致使海上货物运输合同中各方当事人利益显失公平，也不得使承运人违反对其他托运人承担的安排合理航线等义务，或剥夺承运人关于履行海上货物运输合同变更事项的相应抗辩权。

合同法总则规定的基本原则是合同法立法的准则，是适用于合同法全部领域的准则，也是合同法具体制度及规范的依据。依据合同法第三百零八条的规定，在承运人将货物交付收货人之前，托运人享有要求变更运输合同的权利，但双方当事人仍要遵循合同法第五条规定的公平原则确定各方的权利和义务。海上货物运输具有运输量大、航程预先拟定、航线相对固定等特殊性，托运人要求改港或者退运的请求有时不仅不易操作，还会妨碍承运人的正常营运或者给其他货物的托运人或收货人带来较大损害。在此情况下，如果要求承运人无条件服从托运人变更运输合同的请求，显失公平。因此，在海上货物运输合同下，托运人并非可以无限制地行使请求变更的权利，承运人也并非在任何情况下都应无条件服从托运人请求变更的指示。为合理平衡海上货物运输合同中各方当事人利益之平衡，在托运人行使要求变更权利的同时，承运人也相应地享有一定的抗辩权利。如果变更运输合同难以实现或者将严重影响承运人正常营运，承运人可以拒绝托运人改港或者退运的要求，但应当及时通知托运人不能执行的原因。如果承运人关于不能执行原因等抗辩成立，承运人未按照托运人退运或改港的指示执行则并无不当。

涉案货物采用的是国际班轮运输，载货船舶除运载隆达公司托运的4个集装箱外，还运载了其他货主托运的众多货物。涉案货物于2014年6月28日装船出运，于2014年7月12日左右到达目的港。隆达公司于2014年7月9日才要求马士基公司退运或者改港。马士基公司在航程已过大半，距离到达目的港只有两三天的时间，以航程等原因无法安排改港、原船退回不具有操作性为抗辩事由，符合案件事实情况，该抗辩事由成立，马士基公司未安排退运或者改港并无不当。

马士基公司将涉案货物运至目的港后，因无人提货，将货物卸载至目的港码头符合海商法第八十六条的规定。马士基公司于2014年7月9日通过邮件回复隆达公司距抵达目的港不足2日。隆达公司已了解货物到港的大体时间并明知涉案货物在目的港无人提货，但在长达8个月的时间里未采取措施处理涉案货物致其被海关拍卖。隆达公司虽主张马士基公司未尽到谨慎管货义务,但并未举证证明马士基公司存在管货不当的事实。隆达公司的该项主张缺乏依据。依据海商法第八十六条的规定,马士基公司卸货后所产生的费用和风险应由收货人承担,马士基公司作为承运人无需承担相应的风险。

(生效判决审判人员:王淑梅、余晓汉、黄西武)

【指导案例 109 号】

安徽省外经建设(集团)有限公司诉
东方置业房地产有限公司保函欺诈纠纷案

(最高人民法院审判委员会讨论通过　2019 年 2 月 25 日发布)

关键词　民事　保函欺诈　基础交易审查　有限及必要原则　独立反担保函

裁判要点

1. 认定构成独立保函欺诈需对基础交易进行审查时,应坚持有限及必要原则,审查范围应限于受益人是否明知基础合同的相对人并不存在基础合同项下的违约事实,以及是否存在受益人明知自己没有付款请求权的事实。

2. 受益人在基础合同项下的违约情形,并不影响其按照独立保函的规定提交单据并进行索款的权利。

3. 认定独立反担保函项下是否存在欺诈时,即使独立保函存在欺诈情形,独立保函项下已经善意付款的,人民法院亦不得裁定止付独立反担保函项下款项。

相关法条

《中华人民共和国涉外民事关系法律适用法》第 8 条、第 44 条

基本案情

2010 年 1 月 16 日,东方置业房地产有限公司(以下简称东方置业

公司)作为开发方,与作为承包方的安徽省外经建设(集团)有限公司(以下简称外经集团公司)、作为施工方的安徽外经建设中美洲有限公司(以下简称外经中美洲公司)在哥斯达黎加共和国圣何塞市签订了《哥斯达黎加湖畔华府项目施工合同》(以下简称《施工合同》),约定承包方为三栋各十四层综合商住楼施工。外经集团公司于2010年5月26日向中国建设银行股份有限公司安徽省分行(以下简称建行安徽省分行)提出申请,并以哥斯达黎加银行作为转开行,向作为受益人的东方置业公司开立履约保函,保证事项为哥斯达黎加湖畔华府项目。2010年5月28日,哥斯达黎加银行开立编号为G051225的履约保函,担保人为建行安徽省分行,委托人为外经集团公司,受益人为东方置业公司,担保金额为2008000美元,有效期至2011年10月12日,后延期至2012年2月12日。保函说明:无条件的、不可撤销的、必须的、见索即付的保函。执行此保函需要受益人给哥斯达黎加银行中央办公室外贸部提交一式两份的证明文件,指明执行此保函的理由,另外由受益人出具公证过的声明指出通知外经中美洲公司因为违约而产生此请求的日期,并附上保函证明原件和已经出具过的修改件。建行安徽省分行同时向哥斯达黎加银行开具编号为34147020000289的反担保函,承诺自收到哥斯达黎加银行通知后二十日内支付保函项下的款项。反担保函是"无条件的、不可撤销的、随时要求支付的",并约定"遵守国际商会出版的458号《见索即付保函统一规则》"。

《施工合同》履行过程中,2012年1月23日,建筑师Jose Brenes和Mauricio Mora出具《项目工程检验报告》。该报告认定了施工项目存在"施工不良""品质低劣"且需要修改或修理的情形。2012年2月7日,外经中美洲公司以东方置业公司为被申请人向哥斯达黎加建筑师和工程师联合协会争议解决中心提交仲裁请求,认为东方置业公司拖欠应支付之已完成施工量的工程款及相应利息,请求解除合同并裁决东方置业公司赔偿损失。2月8日,东方置业公司向哥斯达黎加银行提交索赔声明、违约通知书、违约声明、《项目工程检验报告》等保函兑付文件,要求执行保函。2月10日,哥斯达黎加银行向建行安徽省分行发出电文,称东方置业公司提出索赔,要求支付G051225号银行保函项下2008000美元的款项,哥斯达黎加银行进而要求建行安徽省分行须于2012年2月16日前支付上述款项。2月12日,应外经中美洲公司申请,哥斯达黎加共和国行政诉讼法院第二法庭下达临时保护措施禁令,裁定哥斯达黎加银行暂停执行 G051225 号履约保函。

2月23日，外经集团公司向合肥市中级人民法院提起保函欺诈纠纷诉讼，同时申请中止支付 G051225 号保函、34147020000289 号保函项下款项。一审法院于2月27日作出（2012）合民四初字第00005-1号裁定，裁定中止支付 G051225 号保函及 34147020000289 号保函项下款项，并于2月28日向建行安徽省分行送达了上述裁定。2月29日，建行安徽省分行向哥斯达黎加银行发送电文告知了一审法院已作出的裁定事由，并于当日向哥斯达黎加银行寄送了上述裁定书的复印件，哥斯达黎加银行于3月5日收到上述裁定书复印件。

3月6日，哥斯达黎加共和国行政诉讼法院第二法庭判决外经中美洲公司申请预防性措施败诉，解除了临时保护措施禁令。3月20日，应哥斯达黎加银行的要求，建行安徽省分行延长了 34147020000289 号保函的有效期。3月21日，哥斯达黎加银行向东方置业公司支付了 G051225 号保函项下款项。

2013年7月9日，哥斯达黎加建筑师和工程师联合协会做出仲裁裁决，该仲裁裁决认定东方置业公司在履行合同过程中严重违约，并裁决终止《施工合同》，东方置业公司向外经中美洲公司支付1号至18号工程进度款共计 800058.45 美元及利息；第19号工程因未获得开发商验收，相关工程款请求未予支持；因 G051225 号保函项下款项已经支付，不支持外经中美洲公司退还保函的请求。

裁判结果

安徽省合肥市中级人民法院于2014年4月9日作出（2012）合民四初字第00005号民事判决：一、东方置业公司针对 G051225 号履约保函的索赔行为构成欺诈；二、建行安徽省分行终止向哥斯达黎加银行支付编号为 34147020000289 的银行保函项下 2008000 美元的款项；三、驳回外经集团公司的其他诉讼请求。东方置业公司不服一审判决，提起上诉。安徽省高级人民法院于2015年3月19日作出（2014）皖民二终字第00389号民事判决：驳回上诉，维持原判。东方置业公司不服二审判决，向最高人民法院申请再审。最高人民法院于2017年12月14日作出（2017）最高法民再134号民事判决：一、撤销安徽省高级人民法院（2014）皖民二终字第00389号、安徽省合肥市中级人民法院（2012）合民四初字第00005号民事判决；二、驳回外经集团公司的诉讼请求。

裁判理由

最高人民法院认为：第一，关于本案涉及的独立保函欺诈案件的识别依据、管辖权以及法律适用问题。本案争议的当事方东方置业公司及哥斯达黎加银行的经常居所地位于我国领域外，本案系涉外商事纠纷。根据《中华人民共和国涉外民事关系法律适用法》第八条"涉外民事关系的定性，适用法院地法"的规定，外经集团公司作为外经中美洲公司在国内的母公司，是涉案保函的开立申请人，其申请建行安徽省分行向哥斯达黎加银行开立见索即付的反担保保函，由哥斯达黎加银行向受益人东方置业公司转开履约保函。根据保函文本内容，哥斯达黎加银行与建行安徽省分行的付款义务均独立于基础交易关系及保函申请法律关系，因此，上述保函可以确定为见索即付独立保函，上述反担保保函可以确定为见索即付独立反担保函。外经集团公司以保函欺诈为由向一审法院提起诉讼，本案性质为保函欺诈纠纷。被请求止付的独立反担保函由建行安徽省分行开具，该分行所在地应当认定为外经集团公司主张的侵权结果发生地。一审法院作为侵权行为地法院对本案具有管辖权。因涉案保函载明适用《见索即付保函统一规则》，应当认定上述规则的内容构成争议保函的组成部分。根据《中华人民共和国涉外民事关系法律适用法》第四十四条"侵权责任，适用侵权行为地法律"的规定，《见索即付保函统一规则》未予涉及的保函欺诈之认定标准应适用中华人民共和国法律。我国没有加入《联合国独立保证与备用信用证公约》，本案当事人亦未约定适用上述公约或将公约有关内容作为国际交易规则订入保函，依据意思自治原则，《联合国独立保证与备用信用证公约》不应适用。

第二，关于东方置业公司作为受益人是否具有基础合同项下的初步证据证明其索赔请求具有事实依据的问题。

人民法院在审理独立保函及与独立保函相关的反担保案件时，对基础交易的审查，应当坚持有限原则和必要原则，审查的范围应当限于受益人是否明知基础合同的相对人并不存在基础合同项下的违约事实或者不存在其他导致独立保函付款的事实。否则，对基础合同的审查将会动摇独立保函"见索即付"的制度价值。

根据《最高人民法院关于贯彻执行〈中华人民共和国民法通则〉若干问题的意见（试行）》第六十八条的规定，欺诈主要表现为虚构事实与隐瞒真相。根据再审查明的事实，哥斯达黎加银行开立编号为

G051225 的履约保函，该履约保函明确规定了实现保函需要提交的文件为：说明执行保函理由的证明文件、通知外经中美洲公司执行保函请求的日期、保函证明原件和已经出具过的修改件。外经集团公司主张东方置业公司的行为构成独立保函项下的欺诈，应当提交证据证明东方置业公司在实现独立保函时具有下列行为之一：1. 为索赔提交内容虚假或者伪造的单据；2. 索赔请求完全没有事实基础和可信依据。本案中，保函担保的是"施工期间材料使用的质量和耐性，赔偿或补偿造成的损失，和/或承包方未履行义务的赔付"，意即，保函担保的是施工质量和其他违约行为。因此，受益人只需提交能够证明存在施工质量问题的初步证据，即可满足保函实现所要求的"说明执行保函理由的证明文件"。本案基础合同履行过程中，东方置业公司的项目监理人员 Jose Brenes 和 Mauricio Mora 于 2012 年 1 月 23 日出具《项目工程检验报告》。该报告认定了施工项目存在"施工不良"、"品质低劣"且需要修改或修理的情形，该《项目工程检验报告》构成证明存在施工质量问题的初步证据。

本案当事方在《施工合同》中以及在保函项下并未明确约定实现保函时应向哥斯达黎加银行提交《项目工程检验报告》，因此，东方置业公司有权自主选择向哥斯达黎加银行提交"证明执行保函理由"之证明文件的类型，其是否向哥斯达黎加银行提交该报告不影响其保函项下权利的实现。另外，《施工合同》以及保函亦未规定上述报告须由 AIA 国际建筑师事务所或者具有美国建筑师协会国际会员身份的人员出具，因此，Jose Brenes 和 Mauricio Mora 是否具有美国建筑师协会国际会员身份并不影响其作为发包方的项目监理人员出具《项目工程检验报告》。外经集团公司对 Jose Brenes 和 Mauricio Mora 均为发包方的项目监理人员身份是明知的，在其出具《项目工程检验报告》并领取工程款项时对 Jose Brenes 和 Mauricio Mora 的监理身份是认可的，其以自身认可的足以证明 Jose Brenes 和 Mauricio Mora 监理身份的证据反证 Jose Brenes 和 Mauricio Mora 出具的《项目工程检验报告》虚假，逻辑上无法自洽。因外经集团公司未能提供其他证据证明东方置业公司实现案涉保函完全没有事实基础或者提交虚假或伪造的文件，东方置业公司据此向哥斯达黎加银行申请实现保函权利具有事实依据。

综上，《项目工程检验报告》构成证明外经集团公司基础合同项下违约行为的初步证据，外经集团公司提供的证据不足以证明上述报告存在虚假或者伪造，亦不足以证明东方置业公司明知基础合同的相对人并不存在基础合同项下的违约事实或者不存在其他导致独立保函付款的事实而要求实现保函。东方置业公司基于外经集团公司基础合同项下的违约行为，依据合同的规定，提出实现独立保函项下的权利不构成保函欺诈。

第三，关于独立保函受益人基础合同项下的违约情形，是否必然构成独立保函项下的欺诈索款问题。

外经集团公司认为，根据《最高人民法院关于审理独立保函纠纷案件若干问题的规定》（以下简称独立保函司法解释）第十二条第三项、第四项、第五项，应当认定东方置业公司构成独立保函欺诈。根据独立保函司法解释第二十五条的规定，经庭审释明，外经集团公司仍坚持认为本案处理不应违反独立保函司法解释的规定精神。结合外经集团公司的主张，最高人民法院对上述涉及独立保函司法解释的相关问题作出进一步阐释。

独立保函独立于委托人和受益人之间的基础交易，出具独立保函的银行只负责审查受益人提交的单据是否符合保函条款的规定并有权自行决定是否付款，担保行的付款义务不受委托人与受益人之间基础交易项下抗辩权的影响。东方置业公司作为受益人，在提交证明存在工程质量问题的初步证据时，即使未启动任何诸如诉讼或者仲裁等争议解决程序并经上述程序确认相对方违约，都不影响其保函权利的实现。即使基础合同存在正在进行的诉讼或者仲裁程序，只要相关争议解决程序尚未做出基础交易债务人没有付款或者赔偿责任的最终认定，亦不影响受益人保函权利的实现。进而言之，即使生效判决或者仲裁裁决认定受益人构成基础合同项下的违约，该违约事实的存在亦不必然成为构成保函"欺诈"的充分必要条件。

本案中，保函担保的事项是施工质量和其他违约行为，而受益人未支付工程款项的违约事实与工程质量出现问题不存在逻辑上的因果关系，东方置业公司作为受益人，其自身在基础合同履行中存在的违约情形，并不必然构成独立保函项下的欺诈索款。独立保函司法解释第十二条第三项的规定内容，将独立保函欺诈认定的条件限定为"法院判决或仲裁裁决认定基础交易债务人没有付款或赔偿责任"，因此，除非保函另有约定，对基础合同的审查应当限定在保函担保范围内的履约事项，在将受益人自身在基础合同中是否存在违约行为纳入保函欺诈的审查范围时应当十分审慎。虽然哥斯达黎加建筑师和工程师联合协会做出仲裁裁决，认定东方置业公司在履行合同过程中违约，但上述仲裁程序于2012年2月7日由外经集团公司发动，东方置业公司并未提出反请求，2013年7月9日做出的仲裁裁决仅针对外经集团公司的请求事项认定东方置业公司违约，但并未认定外经集团公司因对方违约行为的存在而免除付款或者赔偿责任。因此，不能依据上述仲裁裁决的内容认定东方置业公司构成独立保函司法解释第十二条第三项规定的保函欺诈。

另外，双方对工程质量发生争议的事实以及哥斯达黎加建筑师和工程师联合协会争议解决中心作出的《仲裁裁决书》中涉及工程质量问题部分的表述能够佐证，外经中美洲公司在《施工合同》项下的义务尚未完全履行，本案并不存在东方置业公司确认基础交易债务已经完全履行或者付款到期事件并未发生的情形。现有证据亦不能证明东方置业公司明知其没有付款请求权仍滥用权利。东方置业公司作为受益人，其自身在基础合同履行中存在的违约情形，虽经仲裁裁决确认但并未因此免除外经集团公司的付款或者赔偿责任。综上，即使按照外经集团公司的主张适用独立保函司法解释，本案情形亦不构成保函欺诈。

第四，关于本案涉及的与独立保函有关的独立反担保函问题。

基于独立保函的特点，担保人于债务人之外构成对受益人的直接支付责任，独立保函与主债务之间没有抗辩权上的从属性，即使债务人在某一争议解决程序中行使抗辩权，并不当然使独立担保人获得该抗辩利益。另外，即使存在受益人在独立保函项下的欺诈性索款情形，亦不能推定担保行在独立反担保函项下构成欺诈性索款。只有担保行明知受益人系欺诈性索款且违反诚实信用原则付款，并向反担保行主张独立反担保函项下款项时，才能认定担保行构成独立反担保函项下的欺诈性索款。

外经集团公司以保函欺诈为由提起本案诉讼，其应当举证证明哥斯达黎加银行明知东方置业公司存在独立保函欺诈情形，仍然违反诚信原则予以付款，并进而以受益人身份在见索即付独立反担保函项下提出索款请求并构成反担保函项下的欺诈性索款。现外经集团公司不仅不能证明哥斯达黎加银行向东方置业公司支付独立保函项下款项存在欺诈，亦没有举证证明哥斯达黎加银行在独立反担保函项下存在欺诈性索款情形，其主张止付独立反担保函项下款项没有事实依据。

（生效裁判审判人员：陈纪忠、杨弘磊、杨兴业）

【指导案例 110 号】

交通运输部南海救助局诉阿昌格罗斯投资公司、香港安达欧森有限公司上海代表处海难救助合同纠纷案

（最高人民法院审判委员会讨论通过　2019年2月25日发布）

关键词　民事　海难救助合同　雇佣救助　救助报酬

裁判要点

1. 《1989年国际救助公约》和我国海商法规定救助合同"无效果无报酬"，但均允许当事人对救助报酬的确定可以另行约定。若当事人明确约定，无论救助是否成功，被救助方均应支付报酬，且以救助船舶每马力小时和人工投入等作为计算报酬的标准时，则该合同系雇佣救助合同，而非上述国际公约和我国海商法规定的救助合同。

2. 在《1989年国际救助公约》和我国海商法对雇佣救助合同没有具体规定的情况下，可以适用我国合同法的相关规定确定当事人的权利义务。

相关法条

《中华人民共和国合同法》第8条、第107条

《中华人民共和国海商法》第179条

基本案情

交通运输部南海救助局（以下简称南海救助局）诉称："加百利"轮在琼州海峡搁浅后，南海救助局受阿昌格罗斯投资公司（以下简称投资公司）委托提供救助、交通、守护等服务，但投资公司一直未付救助费用。请求法院判令投资公司和香港安达欧森有限公司上海代表处（以下简称上海代表处）连带支付救助费用7240998.24元及利息。

法院经审理查明：投资公司所属"加百利"轮系希腊籍油轮，载有卡宾达原油54580吨。2011年8月12日0500时左右在琼州海峡北水道附近搁浅，船舶及船载货物处于危险状态，严重威胁海域环境安全。事故发生后，投资公司立即授权上海代表处就"加百利"轮搁浅事宜向南海救助局发出紧急邮件，请南海救助局根据经验安排两艘拖轮进行

救助，并表示同意南海救助局的报价。

8月12日20：40，上海代表处通过电子邮件向南海救助局提交委托书，委托南海救助局派出"南海救116"轮和"南海救101"轮到现场协助"加百利"轮出浅，承诺无论能否成功协助出浅，均同意按每马力小时3.2元的费率付费，计费周期为拖轮自其各自的值班待命点备车开始起算至上海代表处通知任务结束、拖轮回到原值班待命点为止。"南海救116"轮和"南海救101"轮只负责拖带作业，"加百利"轮脱浅作业过程中如发生任何意外南海救助局无需负责。另，请南海救助局派遣一组潜水队员前往"加百利"轮探摸，费用为：陆地调遣费10000元；水上交通费55000元；作业费每8小时40000元，计费周期为潜水员登上交通船开始起算，到作业完毕离开交通船上岸为止。8月13日，投资公司还提出租用"南海救201"轮将其两名代表从海口运送至"加百利"轮。南海救助局向上海代表处发邮件称，"南海救201"轮费率为每马力小时1.5元，根据租用时间计算总费用。

与此同时，为预防危险局面进一步恶化造成海上污染，湛江海事局决定对"加百利"轮采取强制过驳减载脱浅措施。经湛江海事局组织安排，8月18日"加百利"轮利用高潮乘潮成功脱浅，之后安全到达目的港广西钦州港。

南海救助局实际参与的救助情况如下：

南海救助局所属"南海救116"轮总吨为3681，总功率为9000千瓦（12240马力）。"南海救116"轮到达事故现场后，根据投资公司的指示，一直在事故现场对"加百利"轮进行守护，共工作155.58小时。

南海救助局所属"南海救101"轮总吨为4091，总功率为13860千瓦（18850马力）。该轮未到达事故现场即返航。南海救助局主张该轮工作时间共计13.58小时。

南海救助局所属"南海救201"轮总吨为552，总功率为4480千瓦（6093马力）。8月13日，该轮运送2名船东代表登上搁浅船，工作时间为7.83小时。8月16日，该轮运送相关人员及设备至搁浅船，工作时间为7.75小时。8月18日，该轮将相关人员及行李运送上过驳船，工作时间为8.83小时。

潜水队员未实际下水作业，工作时间为8小时。

另查明涉案船舶的获救价值为30531856美元，货物的获救价值为48053870美元，船舶的获救价值占全部获救价值的比例为38.85%。

裁判结果

广州海事法院于 2014 年 3 月 28 日作出（2012）广海法初字第 898 号民事判决：一、投资公司向南海救助局支付救助报酬 6592913.58 元及利息；二、驳回南海救助局的其他诉讼请求。投资公司不服一审判决，提起上诉。广东省高级人民法院于 2015 年 6 月 16 日作出（2014）粤高法民四终字第 117 号民事判决：一、撤销广州海事法院（2012）广海法初字第 898 号民事判决；二、投资公司向南海救助局支付救助报酬 2561346.93 元及利息；三、驳回南海救助局的其他诉讼请求。南海救助局不服二审判决，申请再审。最高人民法院于 2016 年 7 月 7 日作出（2016）最高法民再 61 号民事判决：一、撤销广东省高级人民法院（2014）粤高法民四终字第 117 号民事判决；二、维持广州海事法院（2012）广海法初字第 898 号民事判决。

裁判理由

最高人民法院认为，本案系海难救助合同纠纷。中华人民共和国加入了《1989 年国际救助公约》（以下简称救助公约），救助公约所确立的宗旨在本案中应予遵循。因投资公司是希腊公司，"加百利"轮为希腊籍油轮，本案具有涉外因素。各方当事人在诉讼中一致选择适用中华人民共和国法律，根据《中华人民共和国涉外民事关系法律适用法》第三条的规定，适用中华人民共和国法律对本案进行审理。我国海商法作为调整海上运输关系、船舶关系的特别法，应优先适用。海商法没有规定的，适用我国合同法等相关法律的规定。

海难救助是一项传统的国际海事法律制度，救助公约和我国海商法对此作了专门规定。救助公约第十二条、海商法第一百七十九条规定了"无效果无报酬"的救助报酬支付原则，救助公约第十三条、海商法第一百八十条及第一百八十三条在该原则基础上进一步规定了报酬的评定标准与具体承担。上述条款是对当事人基于"无效果无报酬"原则确定救助报酬的海难救助合同的具体规定。与此同时，救助公约和我国海商法均允许当事人对救助报酬的确定另行约定。因此，在救助公约和我国海商法规定的"无效果无报酬"救助合同之外，还可以依当事人的约定形成雇佣救助合同。

根据本案查明的事实，投资公司与南海救助局经过充分磋商，明确约定无论救助是否成功，投资公司均应支付报酬，且"加百利"轮脱浅作业过程中如发生任何意外，南海救助局无需负责。依据该约定，南海救助局救助报酬的获得与否和救助是否有实际效果并无直接联系,而救助报酬的计算,是以救助船舶每马力小时,以及人工投入等事先约定的固定费率和费用作为依据,与获救财产的价值并无关联。因此,本案所涉救助合同不属于救助公约和我国海商法所规定的"无效果无报酬"救助合同,而属雇佣救助合同。

关于雇佣救助合同下的报酬支付条件及标准,救助公约和我国海商法并未作具体规定。一、二审法院依据海商法第一百八十条规定的相关因素对当事人在雇佣救助合同中约定的固定费率予以调整,属适用法律错误。本案应依据我国合同法的相关规定,对当事人的权利义务予以规范和确定。南海救助局以其与投资公司订立的合同为依据,要求投资公司全额支付约定的救助报酬并无不当。

综上,二审法院以一审判决确定的救助报酬数额为基数,依照海商法的规定,判令投资公司按照船舶获救价值占全部获救财产价值的比例支付救助报酬,适用法律和处理结果错误,应予纠正。一审判决适用法律错误,但鉴于一审判决对相关费率的调整是以当事人的合同约定为基础,南海救助局对此并未行使相关诉讼权利提出异议,一审判决结果可予维持。

(生效裁判审判人员:贺荣、张勇健、王淑梅、余晓汉、郭载宇)

【指导案例 111 号】

中国建设银行股份有限公司广州荔湾支行诉广东蓝粤能源发展有限公司等信用证开证纠纷案

(最高人民法院审判委员会讨论通过　2019 年 2 月 25 日发布)

关键词　民事　信用证开证　提单　真实意思表示　权利质押　优先受偿权

裁判要点

1. 提单持有人是否因受领提单的交付而取得物权以及取得何种

型的物权，取决于合同的约定。开证行根据其与开证申请人之间的合同约定持有提单时，人民法院应结合信用证交易的特点，对案涉合同进行合理解释，确定开证行持有提单的真实意思表示。

2. 开证行对信用证项下单据中的提单以及提单项下的货物享有质权的，开证行行使提单质权的方式与行使提单项下货物动产质权的方式相同，即对提单项下货物折价、变卖、拍卖后所得价款享有优先受偿权。

相关法条

《中华人民共和国海商法》第 71 条

《中华人民共和国物权法》第 224 条

《中华人民共和国合同法》第 80 条第 1 款

基本案情

中国建设银行股份有限公司广州荔湾支行（以下简称建行广州荔湾支行）与广东蓝粤能源发展有限公司（以下简称蓝粤能源公司）于 2011 年 12 月签订了《贸易融资额度合同》及《关于开立信用证的特别约定》等相关附件，约定该行向蓝粤能源公司提供不超过 5.5 亿元的贸易融资额度，包括开立等值额度的远期信用证。惠来粤东电力燃料有限公司（以下简称粤东电力）等担保人签订了保证合同等。2012 年 11 月，蓝粤能源公司向建行广州荔湾支行申请开立 8592 万元的远期信用证。为开立信用证，蓝粤能源公司向建行广州荔湾支行出具了《信托收据》，并签订了《保证金质押合同》。《信托收据》确认自收据出具之日起，建行广州荔湾支行即取得上述信用证项下所涉单据和货物的所有权，建行广州荔湾支行为委托人和受益人，蓝粤能源公司为信托货物的受托人。信用证开立后，蓝粤能源公司进口了 164998 吨煤炭。建行广州荔湾支行承兑了信用证，并向蓝粤能源公司放款 84867952.27 元，用于蓝粤能源公司偿还建行首尔分行的信用证垫款。建行广州荔湾支行履行开证和付款义务后，取得了包括本案所涉提单在内的全套单据。蓝粤能源公司因经营状况恶化而未能付款赎单，故建行广州荔湾支行在本案审理过程中仍持有提单及相关单据。提单项下的煤炭因其他纠纷被广西防城港市港口区人民法院查封。建行广州荔湾支行提起诉讼，请求判令蓝粤能源公司向建行广州荔湾支行清偿信用证垫款本金 84867952.27 元及利息；确认建行广州荔湾支行对信用证项下 164998 吨煤炭享有所有权，并对处置该财产所得款项优先清偿上述信用证项下债务；粤东电力等担保人承担担保责任。

裁判结果

广东省广州市中级人民法院于 2014 年 4 月 21 日作出（2013）穗中法金民初字第 158 号民事判决，支持建行广州荔湾支行关于蓝粤能源公司还本付息以及担保人承担相应担保责任的诉请，但以信托收据及提单交付不能对抗第三人为由，驳回建行广州荔湾支行关于请求确认煤炭所有权以及优先受偿权的诉请。建行广州荔湾支行不服一审判决，提起上诉。广东省高级人民法院于 2014 年 9 月 19 日作出（2014）粤高法民二终字第 45 号民事判决，驳回上诉，维持原判。建行广州荔湾支行不服二审判决，向最高人民法院申请再审。最高人民法院于 2015 年 10 月 19 日作出（2015）民提字第 126 号民事判决，支持建行广州荔湾支行对案涉信用证项下提单对应货物处置所得价款享有优先受偿权，驳回其对案涉提单项下货物享有所有权的诉讼请求。

裁判理由

最高人民法院认为，提单具有债权凭证和所有权凭证的双重属性，但并不意味着谁持有提单谁就当然对提单项下货物享有所有权。对于提单持有人而言，其能否取得物权以及取得何种类型的物权，取决于当事人之间的合同约定。建行广州荔湾支行履行了开证及付款义务并取得信用证项下的提单，但是由于当事人之间没有移转货物所有权的意思表示，故不能认为建行广州荔湾支行取得提单即取得提单项下货物的所有权。虽然《信托收据》约定建行广州荔湾支行取得货物的所有权，并委托蓝粤能源公司处置提单项下的货物，但根据物权法定原则，该约定因构成让与担保而不能发生物权效力。然而，让与担保的约定虽不能发生物权效力，但该约定仍具有合同效力，且《关于开立信用证的特别约定》约定蓝粤能源公司违约时，建行广州荔湾支行有权处分信用证项下单据及货物，因此根据合同整体解释以及信用证交易的特点，表明当事人真实意思表示是通过提单的流转而设立提单质押。本案符合权利质押设立所须具备的书面质押合同和物权公示两项要件，建行广州荔湾支行作为提单持有人，享有提单权利质权。建行广州荔湾支行的提单权利质权如果与其他债权人对提单项下货物所可能享有的留置权、动产质权等权利产生冲突的，可在执行分配程序中依法予以解决。

（生效裁判审判人员：刘贵祥、刘敏、高晓力）

【指导案例 112 号】

阿斯特克有限公司申请设立海事赔偿责任限制基金案

(最高人民法院审判委员会讨论通过　2019 年 2 月 25 日发布)

关键词　民事　海事赔偿责任限制基金　事故原则　一次事故　多次事故

裁判要点

《海商法》第二百一十二条确立海事赔偿责任限制实行"一次事故，一个限额，多次事故，多个限额"的原则。判断一次事故还是多次事故的关键是分析事故之间是否因同一原因所致。如果因同一原因发生多个事故，且原因链没有中断的，应认定为一次事故。如果原因链中断并再次发生事故，则应认定为形成新的独立事故。

相关法条

《中华人民共和国海商法》第 212 条

基本案情

阿斯特克有限公司向天津海事法院提出申请称，其所属的"艾侬"轮收到养殖损害索赔请求。对于该次事故所造成的非人身伤亡损失，阿斯特克有限公司作为该轮的船舶所有人申请设立海事赔偿责任限制基金，责任限额为 422510 特别提款权及该款项自 2014 年 6 月 5 日起至基金设立之日止的利息。

众多养殖户作为利害关系人提出异议，认为阿斯特克有限公司应当分别设立限制基金，而不能就整个航次设立一个限制基金。

法院查明：涉案船舶韩国籍"艾侬"轮的所有人为阿斯特克有限公司，船舶总吨位为 2030 吨。2014 年 6 月 5 日，"艾侬"轮自秦皇岛开往天津港装货途中，在河北省昌黎县、乐亭县海域驶入养殖区域，造成了相关养殖户的养殖损失。

另查明，"艾侬"轮在本案损害事故发生时使用英版 1249 号海图，该海图已标明本案损害事故发生的海域设置了养殖区，并划定了养殖区范围。涉案船舶为执行涉案航次所预先设定的航线穿越该养殖区。

再查明，郭金武与刘海忠的养殖区相距约 500 米左右，涉案船舶航行时间约 2 分钟；刘海忠与李卫国等人的养殖区相距约 9000 米左右，涉案船舶航行时间约 30 分钟。

裁判结果

天津海事法院于 2014 年 11 月 10 日作出（2014）津海法限字第 1 号民事裁定：一、准许阿斯特克有限公司提出的设立海事赔偿责任限制基金的申请。二、海事赔偿责任限制基金数额为 422510 特别提款权及利息（利息自 2014 年 6 月 5 日起至基金设立之日止，按中国人民银行确定的金融机构同期一年期贷款基准利率计算）。三、阿斯特克有限公司应在裁定生效之日起三日内以人民币或法院认可的担保设立海事赔偿责任限制基金（基金的人民币数额按本裁定生效之日的特别提款权对人民币的换算办法计算）。逾期不设立基金的，按自动撤回申请处理。郭金武、刘海忠不服一审裁定，向天津市高级人民法院提起上诉。天津市高级人民法院于 2015 年 1 月 19 日作出（2015）津高民四终字第 10 号民事裁定：驳回上诉，维持原裁定。郭金武、刘海忠、李卫国、赵来军、齐永平、李建永、齐秀奎不服二审裁定，申请再审。最高人民法院于 2015 年 8 月 10 日作出（2015）民申字第 853 号民事裁定，提审本案，并于 2015 年 9 月 29 日作出（2015）民提字第 151 号民事裁定：一、撤销天津市高级人民法院（2015）津高民四终字第 10 号民事裁定。二、撤销天津海事法院（2014）津海法限字第 1 号民事裁定。三、驳回阿斯特克有限公司提出的设立海事赔偿责任限制基金的申请。

裁判理由

最高人民法院认为，海商法第二百一十二条确立海事赔偿责任限制实行事故原则，即"一次事故，一个限额，多次事故，多个限额"。判断一次还是多次事故的关键是分析两次事故之间是否因同一原因所致。如果因同一原因发生多个事故，但原因链没有中断，则应认定为一个事故。如果原因链中断，有新的原因介入，则新的原因与新的事故构成新的因果关系，形成新的独立事故。就本案而言，涉案"艾侬"轮所使用的英版海图明确标注了养殖区范围，但船员却将航线设定到养殖区，本身存在重大过错。涉案船舶在预知所经临的海域可能存在大面积养殖区的情形下，应加强瞭望义务，保证航行安全，避免冲撞养殖区造成损失。根据涉案船舶航行轨迹，涉案船舶实际驶入了郭金武经营的养殖区。鉴于损害事故发生于中午时分，并无夜间的视觉障碍，如船员谨慎履行瞭望和驾驶义务，应能注意到海面上悬挂养殖物浮球的存在。在昌黎县海洋局出具证据证明郭金武遭受实际损害的情形下，可以推定船员未履行谨慎瞭望义务，导致第一次侵权行为发生。依据航行轨迹，船舶随后进入刘海忠的养殖区，由于郭金武与刘海忠的养殖区毗邻，相距约500米，基于船舶运动的惯性及船舶驾驶规律，涉案船舶在当时情形下无法采取合理措施避让刘海忠的养殖区，致使第二次侵权行为发生。从原因上分析，两次损害行为均因船舶驶入郭金武养殖区之前，船员疏于瞭望的过失所致，属同一原因，且原因链并未中断，故应将两次侵权行为认定为一次事故。船舶驶离刘海忠的养殖区进入开阔海域，航行约9000米，时长约半小时后进入李卫国等人的养殖区再次造成损害事故。在进入李卫国等人的养殖区之前，船员应有较为充裕的时间调整驾驶疏忽的心理状态，且在预知航行前方还有养殖区存在的情形下，更应加强瞭望义务，避免再次造成损害。涉案船舶显然未尽到谨慎驾驶的义务，致使第二次损害事故的发生。两次事故之间无论从时间关系还是从主观状态均无关联性，第二次事故的发生并非第一次事故自然延续所致，两次事故之间并无因果关系。阿斯特克有限公司主张在整个事故发生过程中船员错误驶入的心理状态没有变化，原因链没有中断的理由不能成立。虽然两次事故的发生均因"同一性质的原因"，即船员疏忽驾驶所致，但并非基于"同一原因"，引起两次事故。依据"一次事故，一次限额"的原则，涉案船舶应分别针对两次事故设立不同的责任限制基金。一、二审法院未能全面考察养殖区的位置、两次事故之间的因果关系及当事人的主观状态，作出涉案船舶仅造成一次事故，允许涉案船舶设立一个基金的认定错误，依法应予纠正。

（生效裁判审判人员：王淑梅、傅晓强、黄西武）

最高人民法院
关于发布第 22 批指导性案例的通知

(2019 年 12 月 24 日 法〔2019〕293 号)

各省、自治区、直辖市高级人民法院，解放军军事法院，新疆维吾尔自治区高级人民法院生产建设兵团分院：

经最高人民法院审判委员会讨论决定，现将迈克尔·杰弗里·乔丹与国家工商行政管理总局商标评审委员会、乔丹体育股份有限公司"乔丹"商标争议行政纠纷案等四个案例（指导案例 113－116 号），作为第 22 批指导性案例发布，供在审判类似案件时参照。

最高人民法院
2019 年 12 月 24 日

【指导案例 113 号】

迈克尔·杰弗里·乔丹与国家工商行政管理总局商标评审委员会、乔丹体育股份有限公司"乔丹"商标争议行政纠纷案

(最高人民法院审判委员会讨论通过 2019 年 12 月 24 日发布)

关键词 行政 商标争议 姓名权 诚实信用

裁判要点

1. 姓名权是自然人对其姓名享有的人身权，姓名权可以构成商标法规定的在先权利。外国自然人外文姓名的中文译名符合条件的，可以

依法主张作为特定名称按照姓名权的有关规定予以保护。

2. 外国自然人就特定名称主张姓名权保护的，该特定名称应当符合以下三项条件：（1）该特定名称在我国具有一定的知名度，为相关公众所知悉；（2）相关公众使用该特定名称指代该自然人；（3）该特定名称已经与该自然人之间建立了稳定的对应关系。

3. 使用是姓名权人享有的权利内容之一，并非姓名权人主张保护其姓名权的法定前提条件。特定名称按照姓名权受法律保护的，即使自然人并未主动使用，也不影响姓名权人按照商标法关于在先权利的规定主张权利。

4. 违反诚实信用原则，恶意申请注册商标，侵犯他人现有在先权利的"商标权人"，以该商标的宣传、使用、获奖、被保护等情况形成了"市场秩序"或者"商业成功"为由，主张该注册商标合法有效的，人民法院不予支持。

相关法条

1.《中华人民共和国商标法》（2013年修正）第32条（本案适用的是2001年修正的《中华人民共和国商标法》第31条）

2.《中华人民共和国民法通则》第4条、第99条第1款

3.《中华人民共和国民法总则》第7条、第110条

4.《中华人民共和国侵权责任法》第2条第2款

基本案情

再审申请人迈克尔杰弗里乔丹（以下简称迈克尔乔丹）与被申请人国家工商行政管理总局商标评审委员会（以下简称商标评审委员会）、一审第三人乔丹体育股份有限公司（以下简称乔丹公司）商标争议行政纠纷案中，涉及乔丹公司的第6020569号"乔丹"商标（即涉案商标），核定使用在国际分类第28类的体育活动器械、游泳池（娱乐用）、旱冰鞋、圣诞树装饰品（灯饰和糖果除外）。再审申请人主张该商标含有其英文姓名的中文译名"乔丹"，属于2001年修正的商标法第三十一条规定的"损害他人现有的在先权利"的情形，故向商标评审委员会提出撤销申请。

商标评审委员会认为，涉案商标"乔丹"与"Michael Jordan"及其中文译名"迈克尔乔丹"存在一定区别，并且"乔丹"为英美普通姓氏，难以认定这一姓氏与迈克尔乔丹之间存在当然的对应关系，故裁定维持涉案商标。再审申请人不服，向北京市第一中级人民法院提起行

政诉讼。

裁判结果

北京市第一中级人民法院于 2015 年 4 月 1 日作出（2014）一中行（知）初字第 9163 号行政判决，驳回迈克尔杰弗里乔丹的诉讼请求。迈克尔杰弗里乔丹不服一审判决，提起上诉。北京市高级人民法院于 2015 年 8 月 17 日作出（2015）高行（知）终字第 1915 号行政判决，驳回迈克尔杰弗里乔丹上诉，维持原判。迈克尔杰弗里乔丹仍不服，向最高人民法院申请再审。最高人民法院提审后，于 2016 年 12 月 7 日作出（2016）最高法行再 27 号行政判决：一、撤销北京市第一中级人民法院（2014）一中行（知）初字第 9163 号行政判决；二、撤销北京市高级人民法院（2015）高行（知）终字第 1915 号行政判决；三、撤销国家工商行政管理总局商标评审委员会商评字〔2014〕第 052058 号关于第 6020569 号"乔丹"商标争议裁定；四、国家工商行政管理总局商标评审委员会对第 6020569 号"乔丹"商标重新作出裁定。

裁判理由

最高人民法院认为，本案争议焦点为争议商标的注册是否损害了再审申请人就"乔丹"主张的姓名权，违反 2001 年修正的商标法第三十一条关于"申请商标注册不得损害他人现有的在先权利"的规定。判决主要认定如下：

一、关于再审申请人主张保护姓名权的法律依据

商标法第三十一条规定："申请商标注册不得损害他人现有的在先权利"。对于商标法已有特别规定的在先权利，应当根据商标法的特别规定予以保护。对于商标法虽无特别规定，但根据民法通则、侵权责任法和其他法律的规定应予保护，并且在争议商标申请日之前已由民事主体依法享有的民事权利或者民事权益，应当根据该概括性规定给予保护。《中华人民共和国民法通则》第九十九条第一款、《中华人民共和国侵权责任法》第二条第二款均明确规定，自然人依法享有姓名权。故姓名权可以构成商标法第三十一条规定的"在先权利"。争议商标的注册损害他人在先姓名权的，应当认定该争议商标的注册违反商标法第三十一条的规定。

姓名被用于指代、称呼、区分特定的自然人，姓名权是自然人对其姓名享有的重要人身权。随着我国社会主义市场经济不断发展，具有一

定知名度的自然人将其姓名进行商业化利用，通过合同等方式为特定商品、服务代言并获得经济利益的现象已经日益普遍。在适用商标法第三十一条的规定对他人的在先姓名权予以保护时，不仅涉及对自然人人格尊严的保护，而且涉及对自然人姓名，尤其是知名人物姓名所蕴含的经济利益的保护。未经许可擅自将他人享有在先姓名权的姓名注册为商标，容易导致相关公众误认为标记有该商标的商品或者服务与该自然人存在代言、许可等特定联系的，应当认定该商标的注册损害他人的在先姓名权，违反商标法第三十一条的规定。

二、关于再审申请人主张的姓名权所保护的具体内容

自然人依据商标法第三十一条的规定，就特定名称主张姓名权保护时，应当满足必要的条件。

其一，该特定名称应具有一定知名度、为相关公众所知悉，并用于指代该自然人。《最高人民法院关于审理不正当竞争民事案件应用法律若干问题的解释》第六条第二款是针对"擅自使用他人的姓名，引人误认为是他人的商品"的不正当竞争行为的认定作出的司法解释，该不正当竞争行为本质上也是损害他人姓名权的侵权行为。认定该行为时所涉及的"引人误认为是他人的商品"，与本案中认定争议商标的注册是否容易导致相关公众误认为存在代言、许可等特定联系是密切相关的。因此，在本案中可参照适用上述司法解释的规定，确定自然人姓名权保护的条件。

其二，该特定名称应与该自然人之间已建立稳定的对应关系。在解决本案涉及的在先姓名权与注册商标权的权利冲突时，应合理确定在先姓名权的保护标准，平衡在先姓名权人与商标权人的利益。既不能由于争议商标标志中使用或包含有仅为部分人所知悉或临时性使用的自然人"姓名"，即认定争议商标的注册损害该自然人的姓名权；也不能如商标评审委员会所主张的那样，以自然人主张的"姓名"与该自然人形成"唯一"对应为前提，对自然人主张姓名权的保护提出过苛的标准。自然人所主张的特定名称与该自然人已经建立稳定的对应关系时，即使该对应关系达不到"唯一"的程度，也可以依法获得姓名权的保护。综上，在适用商标法第三十一条关于"不得损害他人现有的在先权利"的规定时，自然人就特定名称主张姓名权保护的，该特定名称应当符合以下三项条件：一是该特定名称在我国具有一定的知名度、为相关公众

所知悉；二是相关公众使用该特定名称指代该自然人；三是该特定名称已经与该自然人之间建立了稳定的对应关系。

在判断外国人能否就其外文姓名的部分中文译名主张姓名权保护时，需要考虑我国相关公众对外国人的称谓习惯。中文译名符合前述三项条件的，可以依法主张姓名权的保护。本案现有证据足以证明"乔丹"在我国具有较高的知名度、为相关公众所知悉，我国相关公众通常以"乔丹"指代再审申请人，并且"乔丹"已经与再审申请人之间形成了稳定的对应关系，故再审申请人就"乔丹"享有姓名权。

三、关于再审申请人及其授权的耐克公司是否主动使用"乔丹"，其是否主动使用的事实对于再审申请人在本案中主张的姓名权有何影响

首先，根据《中华人民共和国民法通则》第九十九条第一款的规定，"使用"是姓名权人享有的权利内容之一，并非其承担的义务，更不是姓名权人"禁止他人干涉、盗用、假冒"，主张保护其姓名权的法定前提条件。

其次，在适用商标法第三十一条的规定保护他人在先姓名权时，相关公众是否容易误认为标记有争议商标的商品或者服务与该自然人存在代言、许可等特定联系，是认定争议商标的注册是否损害该自然人姓名权的重要因素。因此，在符合前述有关姓名权保护的三项条件的情况下，自然人有权根据商标法第三十一条的规定，就其并未主动使用的特定名称获得姓名权的保护。

最后，对于在我国具有一定知名度的外国人，其本人或者利害关系人可能并未在我国境内主动使用其姓名；或者由于便于称呼、语言习惯、文化差异等原因，我国相关公众、新闻媒体所熟悉和使用的"姓名"与其主动使用的姓名并不完全相同。例如在本案中，我国相关公众、新闻媒体普遍以"乔丹"指代再审申请人，而再审申请人、耐克公司则主要使用"迈克尔乔丹"。但不论是"迈克尔乔丹"还是"乔丹"，在相关公众中均具有较高的知名度，均被相关公众普遍用于指代再审申请人，且再审申请人并未提出异议或者反对。故商标评审委员会、乔丹公司关于再审申请人、耐克公司未主动使用"乔丹"，再审申请人对"乔丹"不享有姓名权的主张，不予支持。

四、关于乔丹公司对于争议商标的注册是否存在明显的主观恶意

本案中,乔丹公司申请注册争议商标时是否存在主观恶意,是认定争议商标的注册是否损害再审申请人姓名权的重要考量因素。本案证据足以证明乔丹公司是在明知再审申请人及其姓名"乔丹"具有较高知名度的情况下,并未与再审申请人协商、谈判以获得其许可或授权,而是擅自注册了包括争议商标在内的大量与再审申请人密切相关的商标,放任相关公众误认为标记有争议商标的商品与再审申请人存在特定联系的损害结果,使得乔丹公司无需付出过多成本,即可实现由再审申请人为其"代言"等效果。乔丹公司的行为有违《中华人民共和国民法通则》第四条规定的诚实信用原则,其对于争议商标的注册具有明显的主观恶意。

五、关于乔丹公司的经营状况,以及乔丹公司对其企业名称、有关商标的宣传、使用、获奖、被保护等情况,对本案具有何种影响

乔丹公司的经营状况,以及乔丹公司对其企业名称、有关商标的宣传、使用、获奖、被保护等情况,均不足以使争议商标的注册具有合法性。

其一,从权利的性质以及损害在先姓名权的构成要件来看,姓名被用于指代、称呼、区分特定的自然人,姓名权是自然人对其姓名享有的人身权。而商标的主要作用在于区分商品或者服务来源,属于财产权,与姓名权是性质不同的权利。在认定争议商标的注册是否损害他人在先姓名权时,关键在于是否容易导致相关公众误认为标记有争议商标的商品或者服务与姓名权人之间存在代言、许可等特定联系,其构成要件与侵害商标权的认定不同。因此,即使乔丹公司经过多年的经营、宣传和使用,使得乔丹公司及其"乔丹"商标在特定商品类别上具有较高知名度,相关公众能够认识到标记有"乔丹"商标的商品来源于乔丹公司,也不足以据此认定相关公众不容易误认为标记有"乔丹"商标的商品与再审申请人之间存在代言、许可等特定联系。

其二,乔丹公司恶意申请注册争议商标,损害再审申请人的在先姓名权,明显有悖于诚实信用原则。商标评审委员会、乔丹公司主张的市场秩序或者商业成功并不完全是乔丹公司诚信经营的合法成果,而是一定程度上建立于相关公众误认的基础之上。维护此种市场秩序或者商业成功,不仅不利于保护姓名权人的合法权益,而且不利于保障消费者的利益,更不利于净化商标注册和使用环境。

(生效裁判审判人员:陶凯元、王闯、夏君丽、王艳芳、杜微科)

【指导案例 114 号】

克里斯蒂昂迪奥尔香料公司诉国家工商行政管理总局商标评审委员会商标申请驳回复审行政纠纷案

(最高人民法院审判委员会讨论通过 2019年12月24日发布)

关键词 行政 商标申请驳回 国际注册 领土延伸保护

裁判要点

1. 商标国际注册申请人完成了《商标国际注册马德里协定》及其议定书规定的申请商标的国际注册程序,申请商标国际注册信息中记载了申请商标指定的商标类型为三维立体商标的,应当视为申请人提出了申请商标为三维立体商标的声明。因国际注册商标的申请人无需在指定国家再次提出注册申请,故由世界知识产权组织国际局向中国商标局转送的申请商标信息,应当是中国商标局据以审查、决定申请商标指定中国的领土延伸保护申请能否获得支持的事实依据。

2. 在申请商标国际注册信息仅欠缺商标法实施条例规定的部分视图等形式要件的情况下,商标行政机关应当秉承积极履行国际公约义务的精神,给予申请人合理的补正机会。

相关法条

《中华人民共和国商标法实施条例》第 13 条、第 52 条

基本案情

涉案申请商标为国际注册第 1221382 号商标,申请人为克里斯蒂昂迪奥尔香料公司(以下简称迪奥尔公司)。申请商标的原属国为法国,

核准注册时间为 2014 年 4 月 16 日，国际注册日期为 2014 年 8 月 8 日，国际注册所有人为迪奥尔公司，指定使用商品为香水、浓香水等。

申请商标

申请商标经国际注册后，根据《商标国际注册马德里协定》《商标国际注册马德里协定有关议定书》的相关规定，迪奥尔公司通过世界知识产权组织国际局（以下简称国际局），向澳大利亚、丹麦、芬兰、英国、中国等提出领土延伸保护申请。2015 年 7 月 13 日，国家工商行政管理总局商标局向国际局发出申请商标的驳回通知书，以申请商标缺乏显著性为由，驳回全部指定商品在中国的领土延伸保护申请。在法定期限内，迪奥尔公司向国家工商行政管理总局商标评审委员会（以下简称商标评审委员会）提出复审申请。商标评审委员会认为，申请商标难以起到区别商品来源的作用，缺乏商标应有的显著性，遂以第 13584 号决定，驳回申请商标在中国的领土延伸保护申请。迪奥尔公司不服，提起行政诉讼。迪奥尔公司认为，首先，申请商标为指定颜色的三维立体商标，迪奥尔公司已经向商标评审委员会提交了申请商标的三面视图，但商标评审委员会却将申请商标作为普通商标进行审查，决定作出的事实基础有误。其次，申请商标设计独特，并通过迪奥尔公司长期的宣传推广，具有了较强的显著性，其领土延伸保护申请应当获得支持。

裁判结果

北京知识产权法院于 2016 年 9 月 29 日作出（2016）京 73 行初 3047 号行政判决，判决：驳回克里斯蒂昂迪奥尔香料公司的诉讼请求。克里斯蒂昂迪奥尔香料公司不服一审判决，提起上诉。北京市高级人民法院于 2017 年 5 月 23 日作出（2017）京行终 744 号行政判决，判决：驳回上诉，维持原判。克里斯蒂昂迪奥尔香料公司不服二审判决，向最高人民法院提出再审申请。最高人民法院于 2017 年 12 月 29 日作出（2017）最高法行申 7969 号行政裁定，提审本案，并于 2018 年 4 月 26 日作出（2018）最高法行再 26 号判决，撤销一审、二审判决及被诉决定，并判令国家工商行政管理总局商标评审委员会重新作出复审决定。

裁判理由

最高人民法院认为，申请商标国际注册信息中明确记载，申请商标指定的商标类型为"三维立体商标"，且对三维形式进行了具体描述。在无相反证据的情况下，申请商标国际注册信息中关于商标具体类型的记载,应当视为迪奥尔公司关于申请商标为三维标志的声明形式。也可合理推定,在申请商标指定中国进行领土延伸保护的过程中,国际局向商标局转送的申请信息与之相符,商标局应知晓上述信息。因国际注册商标的申请人无需在指定国家再次提出注册申请,故由国际局向商标局转送的申请商标信息,应当是商标局据以审查、决定申请商标指定中国的领土延伸保护申请能否获得支持的事实依据。根据现有证据,申请商标请求在中国获得注册的商标类型为"三维立体商标",而非记载于商标局档案并作为商标局、商标评审委员会审查基础的"普通商标"。迪奥尔公司已经在评审程序中明确了申请商标的具体类型为三维立体商标,并通过补充三面视图的方式提出了补正要求。对此,商标评审委员会既未在第13584号决定中予以如实记载,也未针对迪奥尔公司提出的上述主张,对商标局驳回决定依据的相关事实是否有误予以核实,而仍将申请商标作为"图形商标"进行审查并迳行驳回迪奥尔公司复审申请的作法,违反法定程序,并可能损及行政相对人的合法利益,应当予以纠正。商标局、商标评审委员会应当根据复审程序的规定,以三维立体商标为基础,重新对申请商标是否具备显著特征等问题予以审查。

《商标国际注册马德里协定》《商标国际注册马德里协定有关议定书》制定的主要目的是通过建立国际合作机制,确立和完善商标国际注册程序,减少和简化注册手续,便利申请人以最低成本在所需国家获得商标保护。结合本案事实,申请商标作为指定中国的马德里商标国际注册申请,有关申请材料应当以国际局向商标局转送的内容为准。现有证据可以合理推定,迪奥尔公司已经在商标国际注册程序中对申请商标为三维立体商标这一事实作出声明,说明了申请商标的具体使用方式并提供了申请商标的一面视图。在申请材料仅欠缺《中华人民共和国商标法实施条例》规定的部分视图等形式要件的情况下,商标行政机关应当秉承积极履行国际公约义务的精神,给予申请人合理的补正机会。本案中,商标局并未如实记载迪奥尔公司在国际注册程序中对商标类型作出的声明,且在未给予迪奥尔公司合理补正机会,并欠缺当事人请求与事实依据的情况下,迳行将申请商标类型变更为普通商标并作出不利于迪奥尔公司的审查结论,商标评审委员会对此未予纠正的作法,均缺乏事实与法律依据,且可能损害行政相对人合理的期待利益,对此应予纠正。

综上,商标评审委员会应当基于迪奥尔公司在复审程序中提出的与商标类型有关的复审理由，纠正商标局的不当认定，并根据三维标志是否具备显著特征的评判标准，对申请商标指定中国的领土延伸保护申请是否应予准许的问题重新进行审查。商标局、商标评审委员会在重新审查认定时应重点考量如下因素：一是申请商标的显著性与经过使用取得的显著性，特别是申请商标进入中国市场的时间，在案证据能够证明的实际使用与宣传推广的情况，以及申请商标因此而产生识别商品来源功能的可能性；二是审查标准一致性的原则。商标评审及司法审查程序虽然要考虑个案情况，但审查的基本依据均为商标法及其相关行政法规规定，不能以个案审查为由忽视执法标准的统一性问题。

（生效裁判审判人员：陶凯元、王闯、佟姝）

【指导案例 115 号】

瓦莱奥清洗系统公司诉厦门卢卡斯汽车配件有限公司等侵害发明专利权纠纷案

（最高人民法院审判委员会讨论通过　2019 年 12 月 24 日发布）

关键词　民事　发明专利权　功能性特征　先行判决　行为保全

裁判要点

1. 如果专利权利要求的某个技术特征已经限定或者隐含了特定结构、组分、步骤、条件或其相互之间的关系等，即使该技术特征同时还限定了其所实现的功能或者效果，亦不属于《最高人民法院关于审理侵犯专利权纠纷案件应用法律若干问题的解释（二）》第八条所称的功能性特征。

2. 在专利侵权诉讼程序中，责令停止被诉侵权行为的行为保全具有独立价值。当事人既申请责令停止被诉侵权行为，又申请先行判决停止侵害，人民法院认为需要作出停止侵害先行判决的，应当同时对行为保全申请予以审查；符合行为保全条件的，应当及时作出裁定。

相关法条

1. 《中华人民共和国专利法》第 59 条
2. 《中华人民共和国民事诉讼法》第 153 条

基本案情

瓦莱奥清洗系统公司（以下简称瓦莱奥公司）是涉案"机动车辆的刮水器的连接器及相应的连接装置"发明专利的专利权人，该专利仍在保护期内。瓦莱奥公司于 2016 年向上海知识产权法院提起诉讼称，厦门卢卡斯汽车配件有限公司（以下简称卢卡斯公司）、厦门富可汽车配件有限公司（以下简称富可公司）未经许可制造、销售、许诺销售，陈少强未经许可制造、销售的雨刮器产品落入其专利权保护范围。瓦莱奥公司请求判令卢卡斯公司、富可公司和陈少强停止侵权，赔偿损失及制止侵权的合理开支暂计 600 万元，并请求人民法院先行判决卢卡斯公司、富可公司和陈少强立即停止侵害涉案专利权的行为。此外，瓦莱奥公司还提出了临时行为保全申请，请求法院裁定卢卡斯公司、富可公司、陈少强立即停止侵权行为。

裁判结果

上海知识产权法院于 2019 年 1 月 22 日作出先行判决，判令厦门卢卡斯汽车配件有限公司、厦门富可汽车配件有限公司于判决生效之日起立即停止对涉案发明专利权的侵害。厦门卢卡斯汽车配件有限公司、厦门富可汽车配件有限公司不服上述判决，向最高人民法院提起上诉。最高人民法院于 2019 年 3 月 27 日公开开庭审理本案，作出（2019）最高法知民终 2 号民事判决，并当庭宣判，判决驳回上诉，维持原判。

裁判理由

最高人民法院认为：

一、关于"在所述关闭位置，所述安全搭扣面对所述锁定元件延伸，用于防止所述锁定元件的弹性变形，并锁定所述连接器"的技术特征是否属于功能性特征以及被诉侵权产品是否具备上述特征的问题

第一，关于上述技术特征是否属于功能性特征的问题。功能性特征是指不直接限定发明技术方案的结构、组分、步骤、条件或其之间的关系等，而是通过其在发明创造中所起的功能或者效果对结构、组分、步骤、条件或其之间的关系等进行限定的技术特征。如果某个技术特征已

经限定或者隐含了发明技术方案的特定结构、组分、步骤、条件或其之间的关系等，即使该技术特征还同时限定了其所实现的功能或者效果，原则上亦不属于《最高人民法院关于审理侵犯专利权纠纷案件应用法律若干问题的解释（二）》第八条所称的功能性特征，不应作为功能性特征进行侵权比对。前述技术特征实际上限定了安全搭扣与锁定元件之间的方位关系并隐含了特定结构——"安全搭扣面对所述锁定元件延伸"，该方位和结构所起到的作用是"防止所述锁定元件的弹性变形，并锁定所述连接器"。根据这一方位和结构关系，结合涉案专利说明书及其附图，特别是说明书第【0056】段关于"连接器的锁定由搭扣的垂直侧壁的内表面保证，内表面沿爪外侧表面延伸，因此，搭扣阻止爪向连接器外横向变形，因此连接器不能从钩形端解脱出来"的记载，本领域普通技术人员可以理解，"安全搭扣面对所述锁定元件延伸"，在延伸部分与锁定元件外表面的距离足够小的情况下，就可以起到防止锁定元件弹性变形并锁定连接器的效果。可见，前述技术特征的特点是，既限定了特定的方位和结构，又限定了该方位和结构的功能，且只有将该方位和结构及其所起到的功能结合起来理解，才能清晰地确定该方位和结构的具体内容。这种"方位或者结构+功能性描述"的技术特征虽有对功能的描述，但是本质上仍是方位或者结构特征，不是《最高人民法院关于审理侵犯专利权纠纷案件应用法律若干问题的解释（二）》第八条意义上的功能性特征。

第二，关于被诉侵权产品是否具备前述技术特征的问题。涉案专利权利要求1的前述技术特征既限定了安全搭扣与锁定元件的方位和结构关系，又描述了安全搭扣所起到的功能，该功能对于确定安全搭扣与锁定元件的方位和结构关系具有限定作用。前述技术特征并非功能性特征，其方位、结构关系的限定和功能限定在侵权判定时均应予以考虑。本案中，被诉侵权产品的安全搭扣两侧壁内表面设有一对垂直于侧壁的凸起，当安全搭扣处于关闭位置时，其侧壁内的凸起朝向弹性元件的外表面，可以起到限制弹性元件变形张开、锁定弹性元件并防止刮水器臂从弹性元件中脱出的效果。被诉侵权产品在安全搭扣处于关闭位置时，安全搭扣两侧壁内表面垂直于侧壁的凸起朝向弹性元件的外表面，属于涉案专利权利要求1所称的"所述安全搭扣面对所述锁定元件延伸"的一种形式，且同样能够实现"防止所述锁定元件的弹性变形，并锁定所述连接器"的功能。因此，被诉侵权产品具备前述技术特征，落入涉案专利权利要求 1 的保护范围。原审法院在认定上述特征属于功能性特征的基础上,认定被诉侵权产品具有与上述特征等同的技术特征,比对方法及结论虽有偏差,但并未影响本案侵权判定结果。

二、关于本案诉中行为保全申请的具体处理问题

本案需要考虑的特殊情况是,原审法院虽已作出关于责令停止侵害涉案专利权的先行判决,但并未生效,专利权人继续坚持其在一审程序中的行为保全申请。此时,第二审人民法院对于停止侵害专利权的行为保全申请,可以考虑如下情况,分别予以处理:如果情况紧急或者可能造成其他损害,专利权人提出行为保全申请,而第二审人民法院无法在行为保全申请处理期限内作出终审判决的,应当对行为保全申请单独处理,依法及时作出裁定;符合行为保全条件的,应当及时采取保全措施。此时,由于原审判决已经认定侵权成立,第二审人民法院可根据案情对该行为保全申请进行审查,且不要求必须提供担保。如果第二审人民法院能够在行为保全申请处理期限内作出终审判决的,可以及时作出判决并驳回行为保全申请。本案中,瓦莱奥公司坚持其责令卢卡斯公司、富可公司停止侵害涉案专利权的诉中行为保全申请,但是其所提交的证据并不足以证明发生了给其造成损害的紧急情况,且最高人民法院已经当庭作出判决,本案判决已经发生法律效力,另行作出责令停止侵害涉案专利权的行为保全裁定已无必要。对于瓦莱奥公司的诉中行为保全申请,不予支持。

(生效裁判审判人员:罗东川、王闯、朱理、徐卓斌、任晓兰)

【指导案例 116 号】

丹东益阳投资有限公司申请丹东市中级人民法院错误执行国家赔偿案

(最高人民法院审判委员会讨论通过 2019 年 12 月 24 日发布)

关键词 国家赔偿 错误执行 执行终结 无清偿能力

裁判要点

人民法院执行行为确有错误造成申请执行人损害,因被执行人无清偿能力且不可能再有清偿能力而终结本次执行的,不影响申请执行人依法申请国家赔偿。

相关法条

《中华人民共和国国家赔偿法》第30条

基本案情

1997年11月7日,交通银行丹东分行与丹东轮胎厂签订借款合同,约定后者从前者借款422万元,月利率7.92‰。2004年6月7日,该笔债权转让给中国信达资产管理公司沈阳办事处,后经转手由丹东益阳投资有限公司(以下简称益阳公司)购得。2007年5月10日,益阳公司提起诉讼,要求丹东轮胎厂还款。5月23日,丹东市中级人民法院(以下简称丹东中院)根据益阳公司财产保全申请,作出(2007)丹民三初字第32-1号民事裁定:冻结丹东轮胎厂银行存款1050万元或查封其相应价值的财产。次日,丹东中院向丹东市国土资源局发出协助执行通知书,要求协助事项为:查封丹东轮胎厂位于丹东市振兴区振七街134号土地六宗,并注明了各宗地的土地证号和面积。2007年6月29日,丹东中院作出(2007)丹民三初字第32号民事判决书,判决丹东轮胎厂于判决发生法律效力后10日内偿还益阳公司欠款422万元及利息6209022.76元(利息暂计至2006年12月20日)。判决生效后,丹东轮胎厂没有自动履行,益阳公司向丹东中院申请强制执行。

2007年11月19日,丹东市人民政府第51次市长办公会议议定,"关于丹东轮胎厂变现资产安置职工和偿还债务有关事宜","责成市国资委会同市国土资源局、市财政局等有关部门按照会议确定的原则对丹东轮胎厂所在地块土地挂牌工作形成切实可行的实施方案,确保该地块顺利出让"。11月21日,丹东市国土资源局在《丹东日报》刊登将丹东轮胎厂土地挂牌出让公告。12月28日,丹东市产权交易中心发布将丹东轮胎厂锅炉房、托儿所土地挂牌出让公告。2008年1月30日,丹东中院作出(2007)丹立执字第53-1号、53-2号民事裁定:解除对丹东轮胎厂位于丹东市振兴区振七街134号三宗土地的查封。随后,前述六宗土地被一并出让给太平湾电厂,出让款4680万元被丹东轮胎厂用于偿还职工内债、职工集资、普通债务等,但没有给付益阳公司。

2009年起,益阳公司多次向丹东中院递交国家赔偿申请。丹东中院于2013年8月13日立案受理，但一直未作出决定。益阳公司遂于2015年7月16日向辽宁省高级人民法院（以下简称辽宁高院）赔偿委员会申请作出赔偿决定。在辽宁高院赔偿委员会审理过程中，丹东中院针对益阳公司申请执行案于2016年3月1日作出（2016）辽06执15号执行裁定，认为丹东轮胎厂现暂无其他财产可供执行，裁定：（2007）丹民三初字第32号民事判决终结本次执行程序。

裁判结果

辽宁省高级人民法院赔偿委员会于2016年4月27日作出（2015）辽法委赔字第29号决定，驳回丹东益阳投资有限公司的国家赔偿申请。丹东益阳投资有限公司不服，向最高人民法院赔偿委员会提出申诉。最高人民法院赔偿委员会于2018年3月22日作出（2017）最高法委赔监236号决定，本案由最高人民法院赔偿委员会直接审理。最高人民法院赔偿委员会于2018年6月29日作出（2018）最高法委赔提3号国家赔偿决定：一、撤销辽宁省高级人民法院赔偿委员会（2015）辽法委赔字第29号决定；二、辽宁省丹东市中级人民法院于本决定生效后5日内，支付丹东益阳投资有限公司国家赔偿款300万元；三、准许丹东益阳投资有限公司放弃其他国家赔偿请求。

裁判理由

最高人民法院赔偿委员会认为，本案基本事实清楚，证据确实、充分，申诉双方并无实质争议。双方争议焦点主要在于三个法律适用问题：第一，丹东中院的解封行为在性质上属于保全行为还是执行行为？第二，丹东中院的解封行为是否构成错误执行，相应的具体法律依据是什么？第三，丹东中院是否应当承担国家赔偿责任？

关于第一个焦点问题。益阳公司认为，丹东中院的解封行为不是该院的执行行为，而是该院在案件之外独立实施的一次违法保全行为。对此，丹东中院认为属于执行行为。最高人民法院赔偿委员会认为，丹东中院在审理益阳公司诉丹东轮胎厂债权转让合同纠纷一案过程中，依法采取了财产保全措施，查封了丹东轮胎厂的有关土地。在民事判决生效进入执行程序后，根据《最高人民法院关于人民法院民事执行中查封、扣押、冻结财产的规定》第四条的规定，诉讼中的保全查封措施已经自动转为执行中的查封措施。因此，丹东中院的解封行为属于执行行为。

关于第二个焦点问题。益阳公司称，丹东中院的解封行为未经益阳公司同意且最终造成益阳公司巨额债权落空，存在违法。丹东中院辩称，其解封行为是在市政府要求下进行的，且符合最高人民法院的有关政策精神。对此，最高人民法院赔偿委员会认为，丹东中院为配合政府部门出让涉案土地，可以解除对涉案土地的查封，但必须有效控制土地出让款，并依法定顺位分配该笔款项，以确保生效判决的执行。但丹东中院在实施解封行为后，并未有效控制土地出让款并依法予以分配，致使益阳公司的债权未受任何清偿，该行为不符合最高人民法院关于依法妥善审理金融不良资产案件的司法政策精神，侵害了益阳公司的合法权益，属于错误执行行为。

至于错误执行的具体法律依据，因丹东中院解封行为发生在2008年，故应适用当时有效的司法解释，即2000年发布的《最高人民法院关于民事、行政诉讼中司法赔偿若干问题的解释》。由于丹东中院的行为发生在民事判决生效后的执行阶段，属于擅自解封致使民事判决得不到执行的错误行为，故应当适用该解释第四条第七项规定的违反法律规定的其他执行错误情形。

关于第三个焦点问题。益阳公司认为，被执行人丹东轮胎厂并非暂无财产可供执行，而是已经彻底丧失清偿能力，执行程序不应长期保持"终本"状态，而应实质终结，故本案应予受理并作出由丹东中院赔偿益阳公司落空债权本金、利息及相关诉讼费用的决定。丹东中院辩称，案涉执行程序尚未终结，被执行人丹东轮胎厂尚有财产可供执行，益阳公司的申请不符合国家赔偿受案条件。对此，最高人民法院赔偿委员会认为，执行程序终结不是国家赔偿程序启动的绝对标准。一般来讲，执行程序只有终结以后，才能确定错误执行行为给当事人造成的损失数额，才能避免执行程序和赔偿程序之间的并存交叉，也才能对赔偿案件在穷尽其他救济措施后进行终局性的审查处理。但是，这种理解不应当绝对化和形式化，应当从实质意义上进行理解。在人民法院执行行为长期无任何进展、也不可能再有进展，被执行人实际上已经彻底丧失清偿能力，申请执行人等已因错误执行行为遭受无法挽回的损失的情况下，应当允许其提出国家赔偿申请。否则，有错误执行行为的法院只要不作出执行程序终结的结论，国家赔偿程序就不能启动，这样理解与国家赔偿法以及相关司法解释的目的是背道而驰的。本案中，丹东中院的执行行为已经长达十一年没有任何进展，其错误执行行为亦已被证实给益阳公司造成了无法通过其他渠道挽回的实际损失，故应依法承担国家赔偿责任。辽宁高院赔偿委员会以执行程序尚未终结为由决定驳回益阳公司的赔偿申请，属于适用法律错误，应予纠正。

至于具体损害情况和赔偿金额，经最高人民法院赔偿委员会组织申诉人和被申诉人进行协商，双方就丹东中院（2007）丹民三初字第32号民事判决的执行行为自愿达成如下协议：（一）丹东中院于本决定书生效后5日内，支付益阳公司国家赔偿款300万元；（二）益阳公司自愿放弃其他国家赔偿请求；（三）益阳公司自愿放弃对该民事判决的执行，由丹东中院裁定该民事案件执行终结。

综上，最高人民法院赔偿委员会认为，本案丹东中院错误执行的事实清楚，证据确实、充分；辽宁高院赔偿委员会决定驳回益阳公司的申请错误，应予纠正；益阳公司与丹东中院达成的赔偿协议，系双方真实意思表示，且不违反法律规定，应予确认。依照《中华人民共和国国家赔偿法》第三十条第一款、第二款和《最高人民法院关于国家赔偿监督程序若干问题的规定》第十一条第四项、第十八条、第二十一条第三项的规定，遂作出上述决定。

（生效裁判审判人员：陶凯元、祝二军、黄金龙、高珂、梁清）

最高人民法院
关于发布第 23 批指导性案例的通知

(2019 年 12 月 24 日　法〔2019〕294 号)

各省、自治区、直辖市高级人民法院，解放军军事法院，新疆维吾尔自治区高级人民法院生产建设兵团分院：

经最高人民法院审判委员会讨论决定，现将中建三局第一建设工程有限责任公司与澳中财富（合肥）投资置业有限公司、安徽文峰置业有限公司执行复议案等十个案例（指导案例 117－126 号），作为第 23 批指导性案例发布，供在审判类似案件时参照。

最高人民法院
2019 年 12 月 24 日

【指导案例 117 号】

中建三局第一建设工程有限责任公司与澳中财富（合肥）投资置业有限公司、安徽文峰置业有限公司执行复议案

(最高人民法院审判委员会讨论通过　2019 年 12 月 24 日发布)

关键词　执行　执行复议　商业承兑汇票　实际履行

裁判要点

根据民事调解书和调解笔录，第三人以债务承担方式加入债权债务

关系的，执行法院可以在该第三人债务承担范围内对其强制执行。债务人用商业承兑汇票来履行执行依据确定的债务，虽然开具并向债权人交付了商业承兑汇票，但因汇票付款账户资金不足、被冻结等不能兑付的，不能认定实际履行了债务，债权人可以请求对债务人继续强制执行。

相关法条

《中华人民共和国民事诉讼法》第 225 条

基本案情

中建三局第一建设工程有限责任公司（以下简称中建三局一公司）与澳中财富（合肥）投资置业有限公司（以下简称澳中公司）建设工程施工合同纠纷一案，经安徽省高级人民法院（以下简称安徽高院）调解结案，安徽高院作出的民事调解书，确认各方权利义务。调解协议中确认的调解协议第一条第 6 款第 2 项、第 3 项约定本协议签订后为偿还澳中公司欠付中建三局一公司的工程款，向中建三局一公司交付付款人为安徽文峰置业有限公司（以下简称文峰公司）、收款人为中建三局一公司（或收款人为澳中公司并背书给中建三局一公司），金额总计为人民币 6000 万元的商业承兑汇票。同日，安徽高院组织中建三局一公司、澳中公司、文峰公司调解的笔录载明，文峰公司明确表示自己作为债务承担者加入调解协议，并表示知晓相关的义务及后果。之后，文峰公司分两次向中建三局一公司交付了金额总计为人民币陆千万元的商业承兑汇票，但该汇票因文峰公司相关账户余额不足、被冻结而无法兑现，也即中建三局一公司实际未能收到 6000 万元工程款。

中建三局一公司以澳中公司、文峰公司未履行调解书确定的义务为由，向安徽高院申请强制执行。案件进入执行程序后，执行法院冻结了文峰公司的银行账户。文峰公司不服，向安徽高院提出异议称，文峰公司不是本案被执行人，其已经出具了商业承兑汇票；另外，即使其应该对商业承兑汇票承担代付款责任，也应先执行债务人澳中公司，而不能直接冻结文峰公司的账户。

裁判结果

安徽省高级人民法院于 2017 年 9 月 12 日作出（2017）皖执异 1 号执行裁定：一、变更安徽省高级人民法院（2015）皖执字第 00036 号执行案件被执行人为澳中财富（合肥）投资置业有限公司。二、变更合肥高新技术产业开发区人民（2016）皖 0191 执 10 号执行裁定被执行人为澳中财富（合肥）投资置业有限公司。中建三局第一建设工程有限责任公司不服，向最高人民法院申请复议。最高人民法院于 2017 年 12 月 28 日作出（2017）最高法执复 68 号执行裁定：撤销安徽省高级人民法院（2017）皖执异 1 号执行裁定。

裁判理由

最高人民法院认为，涉及票据的法律关系，一般包括原因关系（系当事人间授受票据的原因）、资金关系（系指当事人间在资金供给或资金补偿方面的关系）、票据预约关系（系当事人间有了原因关系之后，在发出票据之前，就票据种类、金额、到期日、付款地等票据内容及票据授受行为订立的合同）和票据关系（系当事人间基于票据行为而直接发生的债权债务关系）。其中，原因关系、资金关系、票据预约关系属于票据的基础关系，是一般民法上的法律关系。在分析具体案件时，要具体区分原因关系和票据关系。

本案中，调解书作出于 2015 年 6 月 9 日，其确认的调解协议第一条第 6 款第 2 项约定：本协议签订后 7 个工作日内向中建三局一公司交付付款人为文峰公司、收款人为中建三局一公司（或收款人为澳中公司并背书给中建三局一公司）、金额为人民币叁仟万元整、到期日不迟于 2015 年 9 月 25 日的商业承兑汇票；第 3 项约定：于本协议签订后 7 个工作日内向中建三局一公司交付付款人为文峰公司、收款人为中建三局一公司（或收款人为澳中公司并背书给中建三局一公司）、金额为人民币叁仟万元整、到期日不迟于 2015 年 12 月 25 日的商业承兑汇票。同日，安徽高院组织中建三局一公司、澳中公司、文峰公司调解的笔录载明：承办法官询问文峰公司"你方作为债务承担者，对于加入本案和解协议的义务及后果是否知晓？"文峰公司代理人邵红卫答："我方知晓。"承办法官询问中建三局一公司"你方对于安徽文峰置业有限公司加入本案和解协议承担债务是否同意？"中建三局一公司代理人付琦答："我方同意。"综合上述情况，可以看出，三方当事人在签订调解协议时，有关文峰公司出具汇票的意思表示不仅对文峰公司出票及当事人之间授受票据等问题作出了票据预约关系范畴的约定，也对文峰公司加入中建三局一公司与澳中公司债务关系、与澳中公司一起向中建三局一公司承担债务问题作出了原因关系范畴的约定。因此，根据调解协议，文峰公司在票据预约关系层面有出票和交付票据的义务，在原因关系层面有就 6000 万元的债务承担向中建三局一公司清偿的义务。文峰公司如期开具真实、足额、合法的商业承兑汇票,仅是履行了其票据预约关系层面的义务,而对于其债务承担义务,因其票据付款账户余额不足、被冻结而不能兑付案涉汇票,其并未实际履行,中建三局一公司申请法院对文峰公司强制执行,并无不当。

(生效裁判审判人员:毛宜全、朱燕、邱鹏)

【指导案例 118 号】

东北电气发展股份有限公司与国家开发银行股份有限公司、沈阳高压开关有限责任公司等执行复议案

(最高人民法院审判委员会讨论通过 2019 年 12 月 24 日发布)

关键词 执行 执行复议 撤销权 强制执行

裁判要点

1. 债权人撤销权诉讼的生效判决撤销了债务人与受让人的财产转让合同,并判令受让人向债务人返还财产,受让人未履行返还义务的,债权人可以债务人、受让人为被执行人申请强制执行。

2. 受让人未通知债权人,自行向债务人返还财产,债务人将返还的财产立即转移,致使债权人丧失申请法院采取查封、冻结等措施的机会,撤销权诉讼目的无法实现的,不能认定生效判决已经得到有效履行。债权人申请对受让人执行生效判决确定的财产返还义务的,人民法院应予支持。

相关法条

《中华人民共和国民事诉讼法》第 225 条

基本案情

国家开发银行股份有限公司(以下简称国开行)与沈阳高压开关有限责任公司(以下简称沈阳高开)、东北电气发展股份有限公司(以

下简称东北电气)、沈阳变压器有限责任公司、东北建筑安装工程总公司、新东北电气(沈阳)高压开关有限公司(现已更名为沈阳兆利高压电器设备有限公司,以下简称新东北高开)、新东北电气(沈阳)高压隔离开关有限公司(原沈阳新泰高压电气有限公司,以下简称新东北隔离)、沈阳北富机械制造有限公司(原沈阳诚泰能源动力有限公司,以下简称北富机械)、沈阳东利物流有限公司(原沈阳新泰仓储物流有限公司,以下简称东利物流)借款合同、撤销权纠纷一案,经北京市高级人民法院(以下简称北京高院)一审、最高人民法院二审,最高人民法院于2008年9月5日作出(2008)民二终字第23号民事判决,最终判决结果为:一、沈阳高开偿还国开行借款本金人民币15000万元及利息、罚息等,沈阳变压器有限责任公司对债务中的14000万元及利息、罚息承担连带保证责任,东北建筑安装工程总公司对债务中的1000万元及利息、罚息承担连带保证责任。二、撤销东北电气以其对外享有的7666万元对外债权及利息与沈阳高开持有的在北富机械95%的股权和在东利物流95%的股权进行股权置换的合同;东北电气与沈阳高开相互返还股权和债权,如不能相互返还,东北电气在24711.65万元范围内赔偿沈阳高开的损失,沈阳高开在7666万元范围内赔偿东北电气的损失。三、撤销沈阳高开以其在新东北隔离74.4%的股权与东北电气持有的在沈阳添升通讯设备有限公司(以下简称沈阳添升)98.5%的股权进行置换的合同。双方相互返还股权,如果不能相互返还,东北电气应在13000万元扣除2787.88万元的范围内赔偿沈阳高开的损失。依据上述判决内容,东北电气需要向沈阳高开返还下列三项股权:在北富机械的95%股权、在东利物流的95%股权、在新东北隔离的74.4%股权,如不能返还,扣除沈阳高开应返还东北电气的债权和股权,东北电气需要向沈阳高开支付的款项总额为27000万余元。判决生效后,经国开行申请,北京高院立案执行,并于2009年3月24日,向东北电气送达了执行通知,责令其履行法律文书确定的义务。

2009年4月16日,被执行人东北电气向北京高院提交了《关于履行最高人民法院(2008)民二终字第23号民事判决的情况说明》(以下简称说明一),表明该公司已通过支付股权对价款的方式履行完毕生效判决确定的义务。北京高院经调查认定,根据中信银行沈阳分行铁西支行的有关票据记载,2007年12月20日,东北电气支付的17046万元分为5800万元、5746万元、5500万元,通过转账付给沈阳高开;当日，沈阳高开向辽宁新泰电气设备经销有限公司（沈阳添升98.5%股权的实际持有人，以下简称辽宁新泰），辽宁新泰向新东北高开，新东北高开向新东北隔离，新东北隔离向东北电气通过转账支付了5800万元、5746万元、5500万元。故北京高院对东北电气已经支付完毕款项的说法未予认可。此后，北京高院裁定终结本次执行程序。

2013年7月1日，国开行向北京高院申请执行东北电气因不能返还股权而按照判决应履行的赔偿义务，请求控制东北电气相关财产，并为此提供保证。2013年7月12日，北京高院向工商管理机关发出协助执行通知书，冻结了东北电气持有的沈阳高东加干燥设备有限公司67.887%的股权及沈阳凯毅电气有限公司10%（10万元）的股权。

对此，东北电气于2013年7月18日向北京高院提出执行异议，理由是：一、北京高院在查封财产前未作出裁定；二、履行判决义务的主体为沈阳高开与东北电气，国开行无申请强制执行的主体资格；三、东北电气已经按本案生效判决之规定履行完毕向沈阳高开返还股权的义务，不应当再向国开行支付17000万元。同年9月2日，东北电气向北京高院出具《关于最高人民法院（2008）民二终字第23号判决书履行情况的说明》（以下简称说明二），具体说明本案终审判决生效后的履行情况：1.关于在北富机械95%股权和东利物流95%股权返还的判项。2008年9月18日，东北电气、沈阳高开、新东北高开（当时北富机械95%股权的实际持有人）、沈阳恒宇机械设备有限公司（当时东利物流95%股权的实际持有人，以下简称恒宇机械）签订四方协议，约定由新东北高开、恒宇机械代东北电气向沈阳高开分别返还北富机械95%股权和东利物流95%股权；2.关于新东北隔离74.4%的股权返还的判项。东北电气与沈阳高开、阜新封闭母线有限责任公司（当时新东北隔离74.4%股权的实际持有人，以下简称阜新母线）、辽宁新泰于2008年9月18日签订四方协议，约定由阜新母线代替东北电气向沈阳高开返还新东北隔离74.4%的股权。2008年9月22日，各方按照上述协议交割了股权，并完成了股权变更工商登记。相关协议中约定，股权代返还后，东北电气对代返还的三个公司承担对应义务。

2008年9月23日，沈阳高开将新东北隔离的股权、北富机械的股权、东利物流的股权转让给沈阳德佳经贸有限公司，并在工商管理机关办理完毕变更登记手续。

裁判结果

北京市高级人民法院审查后,于 2016 年 12 月 30 日作出 (2015) 高执异字第 52 号执行裁定,驳回了东北电气发展股份有限公司的异议。东北电气发展股份有限公司不服,向最高人民法院申请复议。最高人民法院于 2017 年 8 月 31 日作出 (2017) 最高法执复 27 号执行裁定,驳回东北电气发展股份有限公司的复议请求,维持北京市高级人民法院 (2015) 高执异字第 52 号执行裁定。

裁判理由

最高人民法院认为:

一、关于国开行是否具备申请执行人的主体资格问题

经查,北京高院 2016 年 12 月 20 日的谈话笔录中显示,东北电气的委托代理人雷爱民明确表示放弃执行程序违法、国开行不具备主体资格两个异议请求。从雷爱民的委托代理权限看,其权限为:代为申请执行异议、应诉、答辩,代为承认、放弃、变更执行异议请求,代为接收法律文书。因此,雷爱民在异议审查程序中所作的意思表示,依法由委托人东北电气承担。故,东北电气在异议审查中放弃了关于国开行不具备申请执行人的主体资格的主张,在复议审查程序再次提出该项主张,本院依法可不予审查。即使东北电气未放弃该主张,国开行申请执行的主体资格也无疑问。本案诉讼案由是借款合同、撤销权纠纷,法院经审理,判决支持了国开行的请求,判令东北电气偿还借款,并撤销了东北电气与沈阳高开股权置换的行为,判令东北电气和沈阳高开之间相互返还股权,东北电气如不能返还股权,则承担相应的赔偿责任。相互返还这一判决结果不是基于东北电气与沈阳高开双方之间的争议,而是基于国开行的诉讼请求。东北电气向沈阳高开返还股权,不仅是对沈阳高开的义务,而且实质上主要是对胜诉债权人国开行的义务。故国开行完全有权利向人民法院申请强制有关义务人履行该判决确定的义务。

二、关于东北电气是否履行了判决确定的义务问题

(一) 不能认可本案返还行为的正当性

法律设置债权人撤销权制度的目的,在于纠正债务人损害债权的不当处分财产行为,恢复债务人责任财产以向债权人清偿债务。东北电气返还股权、恢复沈阳高开的偿债能力的目的,是为了向国开行偿还其债务。只有在通知胜诉债权人，以使其有机会申请法院采取冻结措施，从而能够以返还的财产实现债权的情况下，完成财产返还行为，才是符合本案诉讼目的的履行行为。任何使国开行诉讼目的落空的所谓返还行为，都是严重背离该判决实质要求的行为。因此，认定东北电气所主张的履行是否构成符合判决要求的履行，都应以该判决的目的为基本指引。尽管在本案诉讼期间及判决生效后，东北电气与沈阳高开之间确实有运作股权返还的行为，但其事前不向人民法院和债权人作出任何通知，且股权变更登记到沈阳高开名下的次日即被转移给其他公司，在此情况下，该种行为实质上应认定为规避判决义务的行为。

（二）不能确定东北电气协调各方履行无偿返还义务的真实性

东北电气主张因为案涉股权已实际分别转由新东北高开、恒宇机械、阜新母线等三家公司持有，无法由东北电气直接从自己名下返还给沈阳高开，故由东北电气协调新东北高开、恒宇机械、阜新母线等三家公司将案涉股权无偿返还给沈阳高开。如其所主张的该事实成立，则也可以视为其履行了判决确定的返还义务。但依据本案证据不能认定该事实。

1. 东北电气的证据前后矛盾，不能做合理解释。本案在执行过程中，东北电气向北京高院提交过两次说明，即 2009 年 4 月 16 日提交的说明一和 2013 年 9 月 2 日提交的说明二。其中，说明一显示，东北电气与沈阳高开于 2007 年 12 月 18 日签订协议，鉴于双方无法按判决要求相互返还股权和债权，约定东北电气向沈阳高开支付股权转让对价款，东北电气已于 2007 年 12 月 20 日（二审期间）向沈阳高开支付了 17046 万元，并以 2007 年 12 月 18 日东北电气与沈阳高开签订的《协议书》、2007 年 12 月 20 日中信银行沈阳分行铁西支行的三张银行进账单作为证据。说明二则称，2008 年 9 月 18 日，东北电气与沈阳高开、新东北高开、恒宇机械签订四方协议，约定由新东北高开、恒宇机械代东北电气向沈阳高开返还了北富机械 95% 股权、东利物流 95% 股权；同日，东北电气与沈阳高开、阜新母线、辽宁新泰亦签订四方协议，约定由阜新母线代东北电气向沈阳高开返还新东北隔离 74.4% 的股权；2008 年 9 月 22 日，各方按照上述协议交割了股权，并完成了股权变更工商登记。

对于其所称的履行究竟是返还上述股权还是以现金赔偿，东北电气的前后两个说明自相矛盾。第一，说明一表明，东北电气在二审期间已履行了支付股权对价款义务,而对于该支付行为,经过北京高院调查,该款项经封闭循环,又返回到东北电气,属虚假给付。第二,在执行程序中,东北电气2009年4月16日提交说明一时,案涉股权的交割已经完成,但东北电气并未提及2008年9月18日东北电气与沈阳高开、新东北高开、恒宇机械签订的四方协议;第三,既然2007年12月20日东北电气与沈阳高开已就股权对价款进行了交付,那么2008年9月22日又通过四方协议,将案涉股权返还给沈阳高开,明显不符合常理。第四,东北电气的《重大诉讼公告》于2008年9月26日发布,其中提到接受本院判决结果,但并未提到其已经于9月22日履行了判决,且称其收到诉讼代理律师转交的本案判决书的日期是9月24日,现在又坚持其在9月22日履行了判决,难以自圆其说。由此只能判断其在执行过程中所谓履行最高法院判决的说法,可能是对过去不同时期已经发生了的某种与涉案股权相关的转让行为,自行解释为是对本案判决的履行行为。故对四方协议的真实性及东北电气的不同阶段的解释的可信度高度存疑。

2. 经东北电气协调无偿返还涉案股权的事实不能认定。工商管理机关有关登记备案的材料载明,2008年9月22日,恒宇机械持有的东利物流的股权、新东北高开持有的北富机械的股权、阜新母线持有的新东北隔离的股权已过户至沈阳高开名下。但登记资料显示,沈阳高开与新东北高开、沈阳高开与恒宇机械、沈阳高开与阜新母线签订的《股权转让协议书》中约定有沈阳高开应分别向三公司支付相应的股权转让对价款。东北电气称,《股权转让协议书》系按照工商管理部门的要求而制作,实际上没有也无须支付股权转让对价款。对此,东北电气不能提供充分的证据予以证明,北京高院到沈阳市有关工商管理部门调查,亦未发现足以证明提交《股权转让协议书》确系为了满足工商备案登记要求的证据。且北京高院经查询案涉股权变更登记的工商登记档案,其中除了有《股权转让协议书》,还有主管部门同意股权转让的批复、相关公司同意转让、受让或接收股权的股东会决议、董事会决议等材料,这些材料均未提及作为本案执行依据的生效判决以及两份四方协议。在四方协议本身存在重大疑问的情况下,人民法院判断相关事实应当以经工商备案的资料为准,认定本案相关股权转让和变更登记是以备案的相关协议为基础的,即案涉股权于2008年9月22日登记到沈阳高开名下,属于沈阳高开依据转让协议有偿取得,与四方协议无关。沈阳高开自取得案涉股权至今是否实际上未支付对价,以及东北电气在异议复议过程中所提出的恒宇机械已经注销的事实,新东北高开、阜新母线关于放弃向沈阳高开要求支付股权对价的承诺等,并不具有最终意义,因其不能排除新东北高开、恒宇机械、阜新母线的债权人依据经工商登记备案的有偿《股权转让协议》,向沈阳高开主张权利,故不能改变《股权转让协议》的有偿性质。因此,依据现有证据无法认定案涉股权曾经变更登记到沈阳高开名下系经东北电气协调履行四方协议的结果,无法认定系东北电气履行了生效判决确定的返还股权义务。

(生效裁判审判人员:黄金龙、杨春、刘丽芳)

【指导案例 119 号】

安徽省滁州市建筑安装工程有限公司与湖北追日电气股份有限公司执行复议案

(最高人民法院审判委员会讨论通过　2019 年 12 月 24 日发布)

关键词　执行　执行复议　执行外和解　执行异议　审查依据

裁判要点

执行程序开始前,双方当事人自行达成和解协议并履行,一方当事人申请强制执行原生效法律文书的,人民法院应予受理。被执行人以已履行和解协议为由提出执行异议的,可以参照《最高人民法院关于执行和解若干问题的规定》第十九条的规定审查处理。

相关法条

《中华人民共和国民事诉讼法》第 225 条

基本案情

安徽省滁州市建筑安装工程有限公司(以下简称滁州建安公司)与湖北追日电气股份有限公司(以下简称追日电气公司)建设工程施工合同纠纷一案,青海省高级人民法院(以下简称青海高院)于 2016

年4月18日作出（2015）青民一初字第36号民事判决，主要内容为：一、追日电气公司于本判决生效后十日内给付滁州建安公司工程款1405.02533万元及相应利息；二、追日电气公司于本判决生效后十日内给付滁州建安公司律师代理费24万元。此外，还对案件受理费、鉴定费、保全费的承担作出了判定。后追日电气公司不服，向最高人民法院提起上诉。

二审期间，追日电气公司与滁州建安公司于2016年9月27日签订了《和解协议书》，约定："1、追日电气公司在青海高院一审判决书范围内承担总金额463.3万元，其中1）合同内本金413万元；2）受理费11.4万元；3）鉴定费14.9万元；4）律师费24万元。……3、滁州建安公司同意在本协议签订后七个工作日内申请青海高院解除对追日电气公司全部银行账户的查封，解冻后三日内由追日电气公司支付上述约定的463.3万元，至此追日电气公司与滁州建安公司所有帐务结清，双方至此不再有任何经济纠纷"。和解协议签订后，追日电气公司依约向最高人民法院申请撤回上诉，滁州建安公司也依约向青海高院申请解除了对追日电气公司的保全措施。追日电气公司于2016年10月28日向滁州建安青海分公司支付了412.880667万元，滁州建安青海分公司开具了一张413万元的收据。2016年10月24日，滁州建安青海分公司出具了一份《情况说明》，要求追日电气公司将诉讼费、鉴定费、律师费共计50.3万元支付至程一男名下。后为开具发票，追日电气公司与程一男、王兴刚、何寿倒签了一份标的额为50万元的工程施工合同，追日电气公司于2016年11月23日向王兴刚支付40万元、2017年7月18日向王兴刚支付了10万元，青海省共和县国家税务局代开了一张50万元的发票。

后滁州建安公司于2017年12月25日向青海高院申请强制执行。青海高院于2018年1月4日作出（2017）青执108号执行裁定：查封、扣押、冻结被执行人追日电气公司所有的人民币1000万元或相应价值的财产。实际冻结了追日电气公司3个银行账户内的存款共计126.605118万元，并向追日电气公司送达了（2017）青执108号执行通知书及（2017）青执108号执行裁定。

追日电气公司不服青海高院上述执行裁定，向该院提出书面异议。异议称：双方于2016年9月27日协商签订《和解协议书》，现追日电气公司已完全履行了上述协议约定的全部义务。现滁州建安公司以协议的签字人王兴刚没有代理权而否定《和解协议书》的效力，提出强制执行申请的理由明显不能成立，并违反诚实信用原则，青海高院作出的执行裁定应当撤销。为此，青海高院作出（2017）青执异18号执行裁定，撤销该院（2017）青执108号执行裁定。申请执行人滁州建安公司不服，向最高人民法院提出了复议申请。主要理由是：案涉《和解协议书》的签字人为"王兴刚"，其无权代理滁州建安公司签订该协议，该协议应为无效；追日电气公司亦未按《和解协议书》履行付款义务；追日电气公司提出的《和解协议书》亦不是在执行阶段达成的，若其认为《和解协议书》有效，一审判决不应再履行，应申请再审或另案起诉处理。

裁判结果

青海省高级人民法院于2018年5月24日作出（2017）青执异18号执行裁定，撤销该院（2017）青执108号执行裁定。安徽省滁州市建筑安装工程有限公司不服，向最高人民法院申请复议。最高人民法院于2019年3月7日作出（2018）最高法执复88号执行裁定，驳回安徽省滁州市建筑安装工程有限公司的复议请求，维持青海省高级人民法院（2017）青执异18号执行裁定。

裁判理由

最高人民法院认为：

一、关于案涉《和解协议书》的性质

案涉《和解协议书》系当事人在执行程序开始前自行达成的和解协议，属于执行外和解。与执行和解协议相比，执行外和解协议不能自动对人民法院的强制执行产生影响，当事人仍然有权向人民法院申请强制执行。追日电气公司以当事人自行达成的《和解协议书》已履行完毕为由提出执行异议的，人民法院可以参照《最高人民法院关于执行和解若干问题的规定》第十九条的规定对和解协议的效力及履行情况进行审查，进而确定是否终结执行。

二、关于案涉《和解协议书》的效力

虽然滁州建安公司主张代表其在案涉《和解协议书》上签字的王兴刚未经其授权，其亦未在《和解协议书》上加盖公章，《和解协议书》对其不发生效力，但是《和解协议书》签订后，滁州建安公司根据约定向青海高院申请解除了对追日电气公司财产的保全查封,并就《和解协议书》项下款项的支付及开具收据发票等事宜与追日电气公司进行多次协商,接收《和解协议书》项下款项、开具收据、发票,故滁州建安公司以实际履行行为表明其对王兴刚的代理权及《和解协议书》的效力是完全认可的,《和解协议书》有效。

三、关于案涉《和解协议书》是否已履行完毕

追日电气公司依据《和解协议书》的约定以及滁州建安公司的要求,分别向滁州建安公司和王兴刚等支付了412.880667万元、50万元款项,虽然与《和解协议书》约定的463.3万元尚差4000余元,但是滁州建安公司予以接受并为追日电气公司分别开具了413万元的收据及50万元的发票,根据《最高人民法院关于贯彻执行〈中华人民共和国民法通则〉若干问题的意见(试行)》第66条的规定,结合滁州建安公司在接受付款后较长时间未对付款金额提出异议的事实,可以认定双方以行为对《和解协议书》约定的付款金额进行了变更,构成合同的默示变更,故案涉《和解协议书》约定的付款义务已经履行完毕。关于付款期限问题,根据《最高人民法院关于执行和解若干问题的规定》第十五条的规定,若滁州建安公司认为追日电气公司延期付款对其造成损害,可另行提起诉讼解决,而不能仅以此为由申请执行一审判决。

(生效裁判审判人员:于明、朱燕、杨春)

【指导案例120号】

青海金泰融资担保有限公司与上海金桥工程建设发展有限公司、青海三工置业有限公司执行复议案

(最高人民法院审判委员会讨论通过 2019年12月24日发布)

关键词 执行 执行复议 一般保证 严重不方便执行

裁判要点

在案件审理期间保证人为被执行人提供保证,承诺在被执行人无财产可供执行或者财产不足清偿债务时承担保证责任的,执行法院对保证人应当适用一般保证的执行规则。在被执行人虽有财产但严重不方便执行时,可以执行保证人在保证责任范围内的财产。

相关法条

《中华人民共和国民事诉讼法》第 225 条

《中华人民共和国担保法》第 17 条第 1 款、第 2 款

基本案情

青海省高级人民法院(以下简称青海高院)在审理上海金桥工程建设发展有限公司(以下简称金桥公司)与青海海西家禾酒店管理有限公司(后更名为青海三工置业有限公司,以下简称家禾公司)建设工程施工合同纠纷一案期间,依金桥公司申请采取财产保全措施,冻结家禾公司账户存款1500万元(账户实有存款余额23万余元),并查封该公司32438.8平方米土地使用权。之后,家禾公司以需要办理银行贷款为由,申请对账户予以解封,并由担保人宋万玲以银行存款1500万元提供担保。青海高院冻结宋万玲存款1500万元后,解除对家禾公司账户的冻结措施。2014年5月22日,青海金泰融资担保有限公司(以下简称金泰公司)向青海高院提供担保书,承诺家禾公司无力承担责任时,愿承担家禾公司应承担的责任,担保最高限额1500万元,并申请解除对宋万玲担保存款的冻结措施。青海高院据此解除对宋万玲1500万元担保存款的冻结措施。案件进入执行程序后,经青海高院调查,被执行人青海三工置业有限公司(原青海海西家禾酒店管理有限公司)除已经抵押的土地使用权及在建工程外(在建工程价值4亿余元),无其他可供执行财产。保全阶段冻结的账户,因提供担保解除冻结后,进出款8900余万元。执行中,青海高院作出执行裁定,要求金泰公司在三日内清偿金桥公司债务1500万元,并扣划担保人金泰公司银行存款820万元。金泰公司对此提出异议称,被执行人青海三工置业有限公司尚有在建工程及相应的土地使用权,请求返还已扣划的资金。

裁判结果

青海省高级人民法院于2017年5月11日作出(2017)青执异12号执行裁定:驳回青海金泰融资担保有限公司的异议。青海金泰融资担保有限公司不服,向最高人民法院提出复议申请。最高人民法院于

2017年12月21日作出（2017）最高法执复38号执行裁定：驳回青海金泰融资担保有限公司的复议申请，维持青海省高级人民法院（2017）青执异12号执行裁定。

裁判理由

最高人民法院认为，《最高人民法院关于人民法院执行工作若干问题的规定（试行）》第85条规定："人民法院在审理案件期间，保证人为被执行人提供保证，人民法院据此未对被执行人的财产采取保全措施或解除保全措施的，案件审结后如果被执行人无财产可供执行或其财产不足清偿债务时，即使生效法律文书中未确定保证人承担责任，人民法院有权裁定执行保证人在保证责任范围内的财产。"上述规定中的保证责任及金泰公司所做承诺，类似于担保法规定的一般保证责任。《中华人民共和国担保法》第十七条第一款及第二款规定："当事人在保证合同中约定，债务人不能履行债务时，由保证人承担保证责任的，为一般保证。一般保证的保证人在主合同纠纷未经审判或者仲裁，并就债务人财产依法强制执行仍不能履行债务前，对债权人可以拒绝承担保证责任。"《最高人民法院关于适用〈中华人民共和国担保法〉若干问题的解释》第一百三十一条规定："本解释所称'不能清偿'指对债务人的存款、现金、有价证券、成品、半成品、原材料、交通工具等可以执行的动产和其他方便执行的财产执行完毕后，债务仍未能得到清偿的状态。"依据上述规定，在一般保证情形，并非只有在债务人没有任何财产可供执行的情形下，才可以要求一般保证人承担责任，即债务人虽有财产，但其财产严重不方便执行时，可以执行一般保证人的财产。参照上述规定精神，由于青海三工置业有限公司仅有在建工程及相应的土地使用权可供执行，既不经济也不方便，在这种情况下，人民法院可以直接执行金泰公司的财产。

（生效裁判审判人员：赵晋山、葛洪涛、邵长茂）

【指导案例 121 号】

株洲海川实业有限责任公司与中国银行股份有限公司长沙市蔡锷支行、湖南省德奕鸿金属材料有限公司财产保全执行复议案

(最高人民法院审判委员会讨论通过　2019 年 12 月 24 日发布)

关键词　执行　执行复议　协助执行义务　保管费用承担

裁判要点

财产保全执行案件的保全标的物系非金钱动产且被他人保管，该保管人依人民法院通知应当协助执行。当保管合同或者租赁合同到期后未续签，且被保全人不支付保管、租赁费用的，协助执行人无继续无偿保管的义务。保全标的物价值足以支付保管费用的，人民法院可以维持查封直至案件作出生效法律文书，执行保全标的物所得价款应当优先支付保管人的保管费用；保全标的物价值不足以支付保管费用，申请保全人支付保管费用的，可以继续采取查封措施，不支付保管费用的，可以处置保全标的物并继续保全变价款。

相关法条

《中华人民共和国民事诉讼法》第 225 条

基本案情

湖南省高级人民法院（以下简称湖南高院）在审理中国银行股份有限公司长沙市蔡锷支行（以下简称中行蔡锷支行）与湖南省德奕鸿金属材料有限公司（以下简称德奕鸿公司）等金融借款合同纠纷案中，依中行蔡锷支行申请，作出民事诉讼财产保全裁定，冻结德奕鸿公司银行存款 4800 万元，或查封、扣押其等值的其他财产。德奕鸿公司因生产经营租用株洲海川实业有限责任公司（以下简称海川公司）厂房，租期至 2015 年 3 月 1 日；将该公司所有并质押给中行蔡锷支行的铅精矿存放于此。2015 年 6 月 4 日，湖南高院作出协助执行通知书及公告称，人民法院查封德奕鸿公司所有的堆放于海川公司仓库的铅精矿期间，未经准许，任何单位和个人不得对上述被查封资产进行转移、隐

匿、损毁、变卖、抵押、赠送等，否则，将依法追究其法律责任。2015年3月1日，德奕鸿公司与海川公司租赁合同期满后，德奕鸿公司既未续约，也没有向海川公司交还租用厂房，更没有交纳房租、水电费。海川公司遂以租赁合同纠纷为由，将德奕鸿公司诉至湖南省株洲市石峰区人民法院。后湖南省株洲市石峰区人民法院作出判决，判令案涉租赁合同解除，德奕鸿公司于该判决生效之日起十五日内向海川公司返还租赁厂房，将囤放于租赁厂房内的货物搬走；德奕鸿公司于该判决生效之日起十五日内支付欠缴租金及利息。海川公司根据判决，就德奕鸿公司清场问题申请强制执行。同时，海川公司作为利害关系人对湖南高院作出的协助执行通知书及公告提出执行异议，并要求保全申请人中行蔡锷支行将上述铅精矿搬离仓库，并赔偿其租金损失。

裁判结果

湖南省高级人民法院于2016年11月23日作出（2016）湘执异15号执行裁定：驳回株洲海川实业有限责任公司的异议。株洲海川实业有限责任公司不服，向最高人民法院申请复议。最高人民法院于2017年9月2日作出（2017）最高法执复2号执行裁定：一、撤销湖南省高级人民法院（2016）湘执异15号执行裁定。二、湖南省高级人民法院应查明案涉查封财产状况，依法确定查封财产保管人并明确其权利义务。

裁判理由

最高人民法院认为，湖南高院在中行蔡锷支行与德奕鸿公司等借款合同纠纷诉讼财产保全裁定执行案中，依据该院相关民事裁定中"冻结德奕鸿公司银行存款4800万元，或查封、扣押其等值的其他财产"的内容，对德奕鸿公司所有的存放于海川公司仓库的铅精矿采取查封措施，并无不当。但在执行实施中，虽然不能否定海川公司对保全执行法院负有协助义务，但被保全人与场地业主之间的租赁合同已经到期未续租，且有生效法律文书责令被保全人将存放货物搬出；此种情况下，要求海川公司完全无条件负担事实上的协助义务，并不合理。协助执行人海川公司的异议，实质上是主张在场地租赁到期的情况下，人民法院查封的财产继续占用场地，导致其产生相当于租金的损失难以得到补偿。湖南高院在发现该情况后，不应回避实际保管人的租金损失或保管费用的问题，应进一步完善查封物的保管手续，明确相关权利义务关系。如果查封的质押物确有较高的足以弥补租金损失的价值，则维持查封直至生效判决作出后，在执行程序中以处置查封物所得价款，优先补偿保管人的租金损失。但海川公司委托质量监督检验机构所做检验报告显示，案涉铅精矿系无价值的废渣，湖南高院在执行中，亦应对此事实予以核实。如情况属实，则应采取适当方式处理查封物，不宜要求协助执行人继续无偿保管无价值财产。保全标的物价值不足以支付保管费用，申请保全人支付保管费用的，可以继续采取查封措施，不支付保管费用的，可以处置保全标的物并继续保全变价款。执行法院仅以对德奕鸿公司财产采取保全措施合法，海川公司与德奕鸿公司之间的租赁合同纠纷是另一法律关系为由，驳回海川公司的异议不当，应予纠正。

（生效裁判审判人员：黄金龙、刘少阳、马岚）

【指导案例 122 号】

河南神泉之源实业发展有限公司与赵五军、汝州博易观光医疗主题园区开发有限公司等执行监督案

（最高人民法院审判委员会讨论通过　2019 年 12 月 24 日发布）

关键词　执行　执行监督　合并执行　受偿顺序

裁判要点

执行法院将同一被执行人的几个案件合并执行的，应当按照申请执行人的各个债权的受偿顺序进行清偿，避免侵害顺位在先的其他债权人的利益。

相关法条

《中华人民共和国民事诉讼法》第 204 条

基本案情

河南省平顶山市中级人民法院（以下简称平顶山中院）在执行陈冬利、郭红宾、春少峰、贾建强申请执行汝州博易观光医疗主题园区开发有限公司（以下简称博易公司）、闫秋萍、孙全英民间借贷纠纷四案中，原申请执行人陈冬利、郭红宾、春少峰、贾建强分别将其依据生效

法律文书拥有的对博易公司、闫秋萍、孙全英的债权转让给了河南神泉之源实业发展有限公司（以下简称神泉之源公司）。依据神泉之源公司的申请，平顶山中院于2017年4月4日作出（2016）豫04执57-4号执行裁定，变更神泉之源公司为上述四案的申请执行人，债权总额为129605303.59元（包括本金、利息及其他费用），并将四案合并执行。

案涉国有土地使用权证号为汝国用【2013】第0069号，证载该宗土地总面积为258455.39平方米。平顶山中院评估、拍卖土地为该宗土地的一部分，即公司园区内东西道路中心线以南的土地，面积为160720.03平方米，委托评估、拍卖的土地面积未分割，未办理单独的土地使用证。

涉案土地及地上建筑物被多家法院查封，本案所涉当事人轮候顺序为：1.陈冬利一案。2.郭红宾一案。3.郭志娟、蔡灵环、金爱丽、张天琪、杨大棉、赵五军等案。4.贾建强一案。5.春少峰一案。

平顶山中院于2017年4月4日作出（2016）豫04执57-5号执行裁定："将扣除温泉酒店及1号住宅楼后的流拍财产，以保留价153073614.00元以物抵债给神泉之源公司。对于博易公司所欠施工单位的工程款，在施工单位决算后，由神泉之源公司及其股东陈冬利、郭红宾、春少峰、贾建强予以退还。"

赵五军提出异议，请求法院实现查封在前的债权人债权以后，严格按照查封顺位对申请人的债权予以保护、清偿。

裁判结果

河南省平顶山市中级人民法院于2017年5月2日作出（2017）豫04执异27号执行裁定，裁定驳回赵五军的异议。赵五军向河南省高级人民法院申请复议。河南省高级人民法院作出（2017）豫执复158号等执行裁定，裁定撤销河南省平顶山市中级人民法院（2017）豫04执异27号等执行裁定及（2016）豫04执57-5号执行裁定。河南神泉之源实业发展有限公司向最高人民法院申诉。2019年3月19日，最高人民法院作出（2018）最高法执监848、847、845号裁定，驳回河南神泉之源实业发展有限公司的申诉请求。

裁判理由

最高人民法院认为，赵五军以以物抵债裁定损害查封顺位在先的其他债权人利益提出异议的问题是本案的争议焦点问题。平顶山中院在陈冬利、郭红宾、春少峰、贾建强将债权转让给神泉之源公司后将四案合并执行，但该四案查封土地、房产的顺位情况不一，也并非全部首封案涉土地或房产。贾建强虽申请执行法院对案涉土地 B29 地块运营商总部办公楼采取了查封措施，但该建筑占用范围内的土地使用权此前已被查封。根据《最高人民法院关于人民法院民事执行中查封、扣押、冻结财产的规定》第二十三条第一款有关查封土地使用权的效力及于地上建筑物的规定精神，贾建强对该建筑物及该建筑物占用范围内的土地使用权均系轮候查封。执行法院虽将春少峰、贾建强的案件与陈冬利、郭红宾的案件合并执行，但仍应按照春少峰、贾建强、陈冬利、郭红宾依据相应债权申请查封的顺序确定受偿顺序。平顶山中院裁定将全部涉案财产抵债给神泉之源公司，实质上是将查封顺位在后的原贾建强、春少峰债权受偿顺序提前，影响了在先轮候的债权人的合法权益。

（生效裁判审判人员：向国慧、毛宜全、朱燕）

【指导案例 123 号】

于红岩与锡林郭勒盟隆兴矿业有限责任公司执行监督案

（最高人民法院审判委员会讨论通过　2019 年 12 月 24 日发布）

关键词　执行　执行监督　采矿权转让　协助执行　行政审批

裁判要点

生效判决认定采矿权转让合同依法成立但尚未生效，判令转让方按照合同约定办理采矿权转让手续，并非对采矿权归属的确定，执行法院依此向相关主管机关发出协助办理采矿权转让手续通知书，只具有启动主管机关审批采矿权转让手续的作用，采矿权能否转让应由相关主管机关依法决定。申请执行人请求变更采矿权受让人的，也应由相关主管机关依法判断。

相关法条

《中华人民共和国民事诉讼法》第 204 条

《探矿权采矿权转让管理办法》第 10 条

基本案情

2008 年 8 月 1 日,锡林郭勒盟隆兴矿业有限责任公司(以下简称隆兴矿业)作为甲方与乙方于红岩签订《矿权转让合同》,约定隆兴矿业将阿巴嘎旗巴彦图嘎三队李瑛萤石矿的采矿权有偿转让给于红岩。于红岩依约支付了采矿权转让费 150 万元,并在接收采矿区后对矿区进行了初步设计并进行了采矿工作。而隆兴矿业未按照《矿权转让合同》的约定,为于红岩办理矿权转让手续。2012 年 10 月,双方当事人发生纠纷诉至内蒙古自治区锡林郭勒盟中级人民法院(以下简称锡盟中院)。锡盟中院认为,隆兴矿业与于红岩签订的《矿权转让合同》,系双方当事人真实意思表示,该合同已经依法成立,但根据相关法律规定,该合同系行政机关履行行政审批手续后生效的合同,对于矿权受让人的资格审查,属行政机关的审批权力,非法院职权范围,故隆兴矿业主张于红岩不符合法律规定的采矿权人的申请条件,请求法院确认《矿权转让合同》无效并给付违约金的诉讼请求,该院不予支持。对于于红岩反诉请求判令隆兴矿业继续履行办理采矿权转让的各种批准手续的请求,因双方在《矿权转让合同》中明确约定,矿权转让手续由隆兴矿业负责办理,故该院予以支持。对于于红岩主张由隆兴矿业承担给付违约金的请求,因《矿权转让合同》虽然依法成立,但处于待审批尚未生效的状态,而违约责任以合同有效成立为前提,故不予支持。锡盟中院作出民事判决,主要内容为隆兴矿业于判决生效后十五日内,按照《矿权转让合同》的约定为于红岩办理矿权转让手续。

隆兴矿业不服提起上诉。内蒙古自治区高级人民法院(以下简称内蒙高院)认为,《矿权转让合同》系隆兴矿业与于红岩的真实意思表示,该合同自双方签字盖章时成立。根据《中华人民共和国合同法》第四十四条规定,依法成立的合同,自成立时生效。法律、行政法规规定应当办理批准、登记等手续生效的,依照其规定。《探矿权采矿权转让管理办法》第十条规定,申请转让探矿权、采矿权的,审批管理机关应当自收到转让申请之日起 40 日内,作出准予转让或者不准转让的决定,并通知转让人和受让人;批准转让的,转让合同自批准之日起生效;不准转让的,审批管理机关应当说明理由。《最高人民法院关于适用〈中华人民共和国合同法〉若干问题的解释(一)》第九条第一款规定,依照合同法第四十四条第二款的规定,法律、行政法规规定合同应当办理批准手续,或者办理批准、登记手续才生效,在一审法庭辩论终结前当事人仍未办理登记手续的,或者仍未办理批准、登记等手续的,人民法院应当认定该合同未生效。双方签订的《矿权转让合同》尚未办理批准、登记手续,故《矿权转让合同》依法成立,但未生效,该合同的效力属效力待定。于红岩是否符合采矿权受让人条件,《矿权转让合同》能否经相关部门批准,并非法院审理范围。原审法院认定《矿权转让合同》成立,隆兴矿业应按照合同继续履行办理矿权转让手续并无不当。如《矿权转让合同》审批管理机关不予批准,双方当事人可依据合同法的相关规定另行主张权利。内蒙高院作出民事判决,维持原判。

锡盟中院根据于红岩的申请,立案执行,向被执行人隆兴矿业发出执行通知,要求其自动履行生效法律文书确定的义务。因隆兴矿业未自动履行,故向锡林郭勒盟国土资源局发出协助执行通知书,请其根据生效判决的内容,协助为本案申请执行人于红岩按照《矿权转让合同》的约定办理矿权过户转让手续。锡林郭勒盟国土资源局答复称,隆兴矿业与于红岩签订《矿权转让合同》后,未向其提交转让申请,且该合同是一个企业法人与自然人之间签订的矿权转让合同。依据法律、行政法规及地方法规的规定,对锡盟中院要求其协助执行的内容,按实际情况属协助不能,无法完成该协助通知书中的内容。

于红岩于 2014 年 5 月 19 日成立自然人独资的锡林郭勒盟辉澜萤石销售有限公司,并向锡盟中院申请将申请执行人变更为该公司。

裁判结果

内蒙古自治区锡林郭勒盟中级人民法院于 2016 年 12 月 14 日作出(2014)锡中法执字第 11 号执行裁定,驳回于红岩申请将申请执行人变更为锡林郭勒盟辉澜萤石销售有限公司的请求。于红岩不服,向内蒙古自治区高级人民法院申请复议。内蒙古自治区高级人民法院于 2017 年 3 月 15 日作出(2017)内执复 4 号执行裁定,裁定驳回于红岩的复议申请。于红岩不服内蒙古自治区高级人民法院复议裁定,向最高人民法院申诉。最高人民法院于 2017 年 12 月 26 日作出(2017)最高法执监 136 号执行裁定书,驳回于红岩的申诉请求。

裁判理由

最高人民法院认为,本案执行依据的判项为隆兴矿业按照《矿权转让合同》的约定为于红岩办理矿权转让手续。根据现行法律法规的规定，申请转让探矿权、采矿权的，须经审批管理机关审批，其批准转让的，转让合同自批准之日起生效。本案中，一、二审法院均认为对于矿权受让人的资格审查，属审批管理机关的审批权力，于红岩是否符合采矿权受让人条件、《矿权转让合同》能否经相关部门批准，并非法院审理范围，因该合同尚未经审批管理机关批准，因此认定该合同依法成立，但尚未生效。二审判决也认定，如审批管理机关对该合同不予批准，双方当事人对于合同的法律后果、权利义务，可另循救济途径主张权利。鉴于转让合同因未经批准而未生效的，不影响合同中关于履行报批义务的条款的效力，结合判决理由部分，本案生效判决所称的隆兴矿业按照《矿权转让合同》的约定为于红岩办理矿权转让手续，并非对矿业权权属的认定，而首先应是指履行促成合同生效的合同报批义务，合同经过审批管理机关批准后，才涉及到办理矿权转让过户登记。因此，锡盟中院向锡林郭勒盟国土资源局发出协助办理矿权转让手续的通知，只是相当于完成了隆兴矿业向审批管理机关申请办理矿权转让手续的行为，启动了行政机关审批的程序，且在当前阶段，只能理解为要求锡林郭勒盟国土资源局依法履行转让合同审批的职能。

矿业权因涉及行政机关的审批和许可问题，不同于一般的民事权利，未经审批的矿权转让合同的权利承受问题，与普通的民事裁判中的权利承受及债权转让问题有较大差别，通过执行程序中的申请执行主体变更的方式，并不能最终解决。本案于红岩主张以其所成立的锡林郭勒盟辉澜萤石销售有限公司名义办理矿业权转让手续问题，本质上仍属于矿业权受让人主体资格是否符合法定条件的行政审批范围，应由审批管理机关根据矿权管理的相关规定作出判断。于红岩认为，其在履行生效判决确定的权利义务过程中，成立锡林郭勒盟辉澜萤石销售有限公司，是在按照行政机关的行政管理性规定完善办理矿权转让的相关手续，并非将《矿权转让合同》的权利向第三方转让，亦未损害国家利益和任何当事人的利益，其申请将采矿权转让手续办至锡林郭勒盟辉澜萤石销售有限公司名下，完全符合《中华人民共和国矿产资源法》《矿业权出让转让管理暂行规定》《矿产资源开采登记管理办法》，及内蒙古自治区国土资源厅《关于规范探矿权采矿权管理有关问题的补充通知》等行政机关在自然人签署矿权转让合同情况下办理矿权转让手续的行政管理规定，此观点应向相关审批管理机关主张。锡盟中院和内蒙高院裁定驳回于红岩变更主体的申请，符合本案生效判决就矿业权转让合同审批问题所表达的意见,亦不违反执行程序的相关法律和司法解释的规定。

(生效裁判审判人员:黄金龙、刘少阳、朱燕)

【指导案例 124 号】

中国防卫科技学院与联合资源教育发展(燕郊)有限公司执行监督案

(最高人民法院审判委员会讨论通过 2019 年 12 月 24 日发布)

关键词 执行 执行监督 和解协议 执行原生效法律文书

裁判要点

申请执行人与被执行人对执行和解协议的内容产生争议,客观上已无法继续履行的,可以执行原生效法律文书。对执行和解协议中原执行依据未涉及的内容,以及履行过程中产生的争议,当事人可以通过其他救济程序解决。

相关法条

《中华人民共和国民事诉讼法》204 条

基本案情

联合资源教育发展(燕郊)有限公司(以下简称联合资源公司)与中国防卫科技学院(以下简称中防院)合作办学合同纠纷案,经北京仲裁委员会审理,于 2004 年 7 月 29 日作出(2004)京仲裁字第 0492 号裁决书(以下简称 0492 号裁决书),裁决:一、终止本案合同;二、被申请人(中防院)停止其燕郊校园内的一切施工活动;三、被申请人(中防院)撤出燕郊校园;四、驳回申请人(联合资源公司)其他仲裁请求和被申请人(中防院)仲裁反请求;五、本案仲裁费 363364.91 元,由申请人(联合资源公司)承担 50%,以上裁决第二、三项被申请人(中防院)的义务,应于本裁决书送达之日起 30 日内履行完毕。

联合资源公司依据 0492 号裁决书申请执行，三河市人民法院立案执行。2005 年 12 月 8 日双方签订《联合资源教育发展（燕郊）有限公司申请执行中国防卫科技学院撤出校园和解执行协议》（以下简称《协议》）。《协议》序言部分载明："为履行裁决，在法院主持下经过调解，双方同意按下述方案执行。本执行方案由人民法院监督执行，本方案分三个步骤完成。"具体内容如下：一、评估阶段：（一）资产的评估。联合资源公司资产部分：1. 双方同意在人民法院主持下对联合资源公司资产进行评估。2. 评估的内容包括联合资源公司所建房产、道路及设施等投入的整体评估，土地所有权的评估。3. 评估由双方共同选定评估单位，评估价作为双方交易的基本参考价。中防院部分：1. 双方同意在人民法院主持下对中防院投入联合资源公司校园中的资产进行评估。2. 评估的内容包括，（1）双方《合作办学合同》执行期间联合资源公司同意中防院投资的固定资产；（2）双方《合作办学合同》执行期间联合资源公司未同意中防院投资的固定资产；（3）双方《合作办学合同》裁定终止后中防院投资的固定资产。具体情况由中防院和联合资源公司共同向人民法院提供相关证据。（二）校园占用费由双方共同商定。（三）关于教学楼施工，鉴于在北京仲裁委员会仲裁时教学楼基础土方工作已完成，如不进行施工和填平，将会影响周边建筑及学生安全，同时为有利于中防院的招生，联合资源公司同意中防院继续施工。（四）违约损失费用评估。1. 鉴于中防卫技术服务中心 1000 万元的实际支付人是中防院，同时校园的实际使用人也是中防院，为此联合资源公司依据过去各方达成的意向协议，同意该 1000 万元在方案履行过程中进行考虑。2. 由中防卫技术服务中心违约给联合资源公司造成的实际损失，应由中防卫技术服务中心承担。3. 该部分费用双方协商解决，解决不成双方同意在法院主持下进行执行听证会，法院依听证结果进行裁决。二、交割阶段：1. 联合资源公司同意在双方达成一致的情况下，转让其所有的房产和土地使用权，中防院收购上述财产。2. 在中防院不同意收购联合资源公司资产情况下，联合资源公司收购中防院资产。3. 当 1、2 均无法实现时，双方同意由人民法院委托拍卖。4. 拍卖方案如下：A. 起拍价，按评估后全部资产价格总和为起拍价。B. 如出现流拍，则下次拍卖起拍价下浮 15%，但流拍不超过两次。C. 如拍卖价高于首次起拍价，则按下列顺序清偿，首先清偿联合资源公司同意中防院投资的固定资产和联合资源公司原资产，不足清偿则按比例清偿。

当不足以清偿时联合资源公司同意将教学楼所占土地部分（含周边土地部分）出让给中防院，其资产由中防院独立享有。拍卖过程中双方均有购买权。

上述协议签订后，执行法院委托华信资产评估公司对联合资源公司位于燕郊开发区地块及地面附属物进行价值评估，评估报告送达当事人后联合资源公司对评估报告提出异议，此后在执行法院的主持下，双方多次磋商，一直未能就如何履行上述和解协议达成一致。双方当事人分别对本案在执行过程中所达成的和解协议的效力问题，向执行法院提出书面意见。

裁判结果

三河市人民法院于2016年5月30日作出（2005）三执字第445号执行裁定：一、申请执行人联合资源教育发展（燕郊）有限公司与被执行人中国防卫科技学院于2005年12月8日达成的和解协议有效。二、申请执行人联合资源教育发展（燕郊）有限公司与被执行人中国防卫科技学院在校园内的资产应按双方于2005年12月8日达成的和解协议约定的方式处置。联合资源教育发展（燕郊）有限公司不服，向廊坊市中级人民法院申请复议。廊坊市中级人民法院于2016年7月22日作出（2016）冀10执复46号执行裁定：撤销（2005）三执字第445号执行裁定。三河市人民法院于2016年8月26日作出（2005）三执字第445号之一执行裁定：一、申请执行人联合资源教育发展（燕郊）有限公司与被执行人中国防卫科技学院于2005年12月8日达成的和解协议有效。二、申请执行人联合资源教育发展（燕郊）有限公司与被执行人中国防卫科技学院在校园内的资产应按双方于2005年12月8日达成的和解协议约定的方式处置。联合资源教育发展（燕郊）有限公司不服，向河北省高级人民法院提起执行申诉。河北省高级人民法院于2017年3月21日作出（2017）冀执监130号执行裁定：一、撤销三河市人民法院作出的（2005）三执字第445号执行裁定书、（2005）三执字第445号之一执行裁定书及河北省廊坊市中级人民法院作出的（2016）冀10执复46号执行裁定书。二、继续执行北京仲裁委员会作出的（2004）京仲裁字第0492号裁决书中的第三、五项内容（即被申请人中国防卫科技学院撤出燕郊校园、被申请人中国防卫科技学院应向申请人联合资源教育发展（燕郊）有限公司支付代其垫付的仲裁费用173407.45元）。三、驳回申诉人联合资源教育发展（燕郊）有限公司的其他申诉请求。中国防卫科技学院不服，向最高人民法院申诉。最高人民法院于2018年10月18日作出（2017）最高法执监344号执行裁定：一、维持河北省高级人民法院（2017）冀执监130号执行裁定第一、三项。二、变更河北省高级人民法院（2017）冀执监130号执行裁定第二项为继续执行北京仲裁委员会作出的（2004）京仲裁字第0492号裁决书中的第三项内容，即"被申请人中国防卫科技学院撤出燕郊校园"。三、驳回中国防卫科技学院的其他申诉请求。

裁判理由

最高人民法院认为：

第一，本案和解执行协议并不构成民法理论上的债的更改。所谓债的更改，即设定新债务以代替旧债务，并使旧债务归于消灭的民事法律行为。构成债的更改，应当以当事人之间有明确的以新债务的成立完全取代并消灭旧债务的意思表示。但在本案中，中防院与联合资源公司并未约定《协议》成立后0492号裁决书中的裁决内容即告消灭，而是明确约定双方当事人达成执行和解的目的，是为了履行0492号裁决书。该种约定实质上只是以成立新债务作为履行旧债务的手段，新债务未得到履行的，旧债务并不消灭。因此，本案和解协议并不构成债的更改。而按照一般执行和解与原执行依据之间关系的处理原则，只有通过和解协议的完全履行，才能使得原生效法律文书确定的债权债务关系得以消灭，执行程序得以终结。若和解协议约定的权利义务得不到履行，则原生效法律文书确定的债权仍然不能消灭。申请执行人仍然得以申请继续执行原生效法律文书。从本案的和解执行协议履行情况来看，该协议中关于资产处置部分的约定，由于未能得以完全履行，故其并未使原生效法律文书确定的债权债务关系得以消灭，即中防院撤出燕郊校园这一裁决内容仍需执行。中防院主张和解执行协议中的资产处置方案是对0492号裁决书中撤出校园一项的有效更改的申诉理由理据不足，不能成立。

第二，涉案和解协议的部分内容缺乏最终确定性，导致无法确定该协议的给付内容及违约责任承担，客观上已无法继续履行。在执行程序中，双方当事人达成的执行和解，具有合同的性质。由于合同是当事人享有权利承担义务的依据，这就要求权利义务的具体给付内容必须是确定的。本案和解执行协议约定了0492号裁决书未涵盖的双方资产处置的内容，同时，协议未约定双方如不能缔结特定的某一买卖法律关系，则应由何方承担违约责任之内容。整体来看，涉案和解协议客观上已经不能履行。中防院将该和解协议理解为有强制执行效力的协议，并认为法院在执行中应当按照和解协议的约定落实，属于对法律的误解。

鉴于本案和解协议在实际履行中陷入僵局，双方各执己见，一直不能达成关于资产收购的一致意见，导致本案长达十几年不能执行完毕。如以存在和解协议约定为由无限期僵持下去，本案继续长期不能了结，将严重损害生效裁判文书债权人的合法权益，人民法院无理由无限期等待双方自行落实和解协议，而不采取强制执行措施。

第三，从整个案件进展情况看，双方实际上均未严格按照和解协议约定履行，执行法院也一直是在按照0492号裁决书的裁决推进案件执行。一方面，从2006年资产评估开始，联合资源公司即提出异议，要求继续执行，此后虽协商在一定价格基础上由中防院收购资产，但双方均未实际履行。并不存在中防院所述其一直严格遵守和解协议，联合资源公司不断违约的情况。此外双方还提出了政府置换地块安置方案等，上述这些内容，实际上均已超出原和解协议约定的内容，改变了原和解协议约定的内容和条件。不能得出和解执行协议一直在被严格履行的结论。另一方面，执行法院在执行过程中，自2006年双方在履行涉案和解协议发生分歧时，一直是以0492号裁决书为基础，采取各项执行措施，包括多次协调、组织双方调解、说服教育、现场调查、责令中防院保管财产、限期迁出等，上级法院亦持续督办此案，要求尽快执行。在执行程序中，执行法院组织双方当事人进行协商、促成双方落实和解协议等，只是实务中的一种工作方式，本质上仍属于对生效裁判的执行，不能被理解为对和解协议的强制执行。中防院认为执行法院的上述执行行为不属于执行0492号裁决书的申诉理由，没有法律依据且与事实不符。

此外，关于本案属于继续执行还是恢复执行的问题。从程序上看，本案执行过程中，执行法院并未下发中止裁定，中止过对0492号裁决书的执行；从案件实际进程上看，根据前述分析和梳理，自双方对和解执行协议履行产生争议后，执行法院实际上也一直没有停止过对0492号裁决书的执行。因此，本案并不存在对此前已经中止执行的裁决书恢复执行的问题，而是对执行依据的继续执行，故中防院认为本案属于恢复执行而不是继续执行的申诉理由理据不足。河北省高级人民法院（2017）冀执监130号裁定认定本案争议焦点是对0492号裁决书是否继续执行，与本案事实相符，并无不当。

第四，和解执行协议中约定的原执行依据未涉及的内容，以及履行过程中产生争议的部分，相关当事人可以通过另行诉讼等其他程序解决。从履行执行依据内容出发，本案明确执行内容即为中防院撤出燕郊校园，而不在本案执行依据所包含的争议及纠纷，双方当事人可通过另行诉讼等其他法律途径解决。

（生效裁判审判人员：黄金龙、刘少阳、朱燕）

【指导案例 125 号】

陈载果与刘荣坤、广东省汕头渔业用品进出口公司等申请撤销拍卖执行监督案

（最高人民法院审判委员会讨论通过 2019 年 12 月 24 日发布）

关键词 执行 执行监督 司法拍卖 网络司法拍卖 强制执行措施

裁判要点

网络司法拍卖是人民法院通过互联网拍卖平台进行的司法拍卖，属于强制执行措施。人民法院对网络司法拍卖中产生的争议，应当适用民事诉讼法及相关司法解释的规定处理。

相关法条

《中华人民共和国民事诉讼法》第 204 条

基本案情

广东省汕头市中级人民法院（以下简称汕头中院）在执行申请执行人刘荣坤与被执行人广东省汕头渔业用品进出口公司等借款合同纠纷一案中，于 2016 年 4 月 25 日通过淘宝网司法拍卖网络平台拍卖被执行人所有的位于汕头市升平区永泰路 145 号 13—1 地号地块的土地使用权，申诉人陈载果先后出价 5 次，最后一次于 2016 年 4 月 26 日 10 时 17 分 26

秒出价 5282360.00 元确认成交，成交后陈载果未缴交尚欠拍卖款。

2016 年 8 月 3 日，陈载果向汕头中院提出执行异议，认为拍卖过程一些环节未适用拍卖法等相关法律规定，请求撤销拍卖，退还保证金 23 万元。

裁判结果

广东省汕头市中级人民法院于 2016 年 9 月 18 日作出（2016）粤 05 执异 38 号执行裁定，驳回陈载果的异议。陈载果不服，向广东省高级人民法院申请复议。广东省高级人民法院于 2016 年 12 月 12 日作出（2016）粤执复字 243 号执行裁定，驳回陈载果的复议申请，维持汕头市中级人民法院（2016）粤 05 执异 38 号执行裁定。申诉人陈载果不服，向最高人民法院申诉。最高人民法院于 2017 年 9 月 2 日作出（2017）最高法执监 250 号，驳回申诉人陈载果的申诉请求。

裁判理由

最高人民法院认为：

一、关于对网络司法拍卖的法律调整问题

根据《中华人民共和国拍卖法》规定，拍卖法适用于中华人民共和国境内拍卖企业进行的拍卖活动，调整的是拍卖人、委托人、竞买人、买受人等平等主体之间的权利义务关系。拍卖人接受委托人委托对拍卖标的进行拍卖，是拍卖人和委托人之间"合意"的结果，该委托拍卖系合同关系，属于私法范畴。人民法院司法拍卖是人民法院依法行使强制执行权，就查封、扣押、冻结的财产强制进行拍卖变价进而清偿债务的强制执行行为，其本质上属于司法行为，具有公法性质。该强制执行权并非来自于当事人的授权，无须征得当事人的同意，也不以当事人的意志为转移，而是基于法律赋予的人民法院的强制执行权，即来源于民事诉讼法及相关司法解释的规定。即便是在传统的司法拍卖中，人民法院委托拍卖企业进行拍卖活动，该拍卖企业与人民法院之间也不是平等关系，该拍卖企业的拍卖活动只能在人民法院的授权范围内进行。因此，人民法院在司法拍卖中应适用民事诉讼法及相关司法解释对人民法院强制执行的规定。网络司法拍卖是人民法院司法拍卖的一种优选方式，亦应适用民事诉讼法及相关司法解释对人民法院强制执行的规定。

二、关于本项网络司法拍卖行为是否存在违法违规情形问题

在网络司法拍卖中，竞价过程、竞买号、竞价时间、是否成交等均在交易平台展示，该展示具有一定的公示效力，对竞买人具有拘束力。该项内容从申诉人提供的竞买记录也可得到证实。且在本项网络司法拍卖时，民事诉讼法及相关司法解释均没有规定网络司法拍卖成交后必须签订成交确认书。因此，申诉人称未签订成交确认书、不能确定权利义务关系的主张不能得到支持。

关于申诉人提出的竞买号牌 A7822 与 J8809 蓄谋潜入竞买场合恶意串通，该标的物从底价 230 万抬至 530 万，事后经过查证号牌 A7822 竞买人是该标的物委托拍卖人刘荣坤等问题。网络司法拍卖是人民法院依法通过互联网拍卖平台，以网络电子竞价方式公开处置财产，本质上属于人民法院"自主拍卖"，不存在委托拍卖人的问题。《最高人民法院关于人民法院民事执行中拍卖、变卖财产的规定》第十五条第二款明确规定申请执行人、被执行人可以参加竞买，作为申请执行人刘荣坤只要满足网络司法拍卖的资格条件即可以参加竞买。在网络司法拍卖中，即竞买人是否加价竞买、是否放弃竞买、何时加价竞买、何时放弃竞买完全取决于竞买人对拍卖标的物的价值认识。从申诉人提供的竞买记录看，申诉人在 2016 年 4 月 26 日 9 时 40 分 53 秒出价 2377360 元后，在竞买人叫价达到 5182360 元时，分别在 2016 年 4 月 26 日 10 时 01 分 16 秒、10 时 05 分 10 秒、10 时 08 分 29 秒、10 时 17 分 26 秒加价竞买，足以认定申诉人对于自身的加价竞买行为有清醒的判断。以竞买号牌 A7822 与 J8809 连续多次加价竞买就认定该两位竞买人系蓄谋潜入竞买场合恶意串通理据不足，不予支持。

（生效裁判审判人员：赵晋山、万会峰、邵长茂）

【指导案例 126 号】

江苏天宇建设集团有限公司与无锡时代盛业房地产开发有限公司执行监督案

（最高人民法院审判委员会讨论通过 2019 年 12 月 24 日发布）

关键词 执行 执行监督 和解协议 迟延履行 履行完毕

裁判要点

在履行和解协议的过程中，申请执行人因被执行人迟延履行申请恢复执行的同时，又继续接受并积极配合被执行人的后续履行，直至和解协议全部履行完毕的，属于民事诉讼法及相关司法解释规定的和解协议已经履行完毕不再恢复执行原生效法律文书的情形。

相关法条

《中华人民共和国民事诉讼法》第 204 条

基本案情

江苏天宇建设集团有限公司（以下简称天宇公司）与无锡时代盛业房地产开发有限公司（以下简称时代公司）建设工程施工合同纠纷一案，江苏省无锡市中级人民法院（以下简称无锡中院）于 2015 年 3 月 3 日作出（2014）锡民初字第 00103 号民事判决，时代公司应于本判决发生法律效力之日起五日内支付天宇公司工程款 14454411.83 元以及相应的违约金。时代公司不服，提起上诉，江苏省高级人民法院（以下简称江苏高院）二审维持原判。因时代公司未履行义务，天宇公司向无锡中院申请强制执行。

在执行过程中，天宇公司与时代公司于 2015 年 12 月 1 日签订《执行和解协议》，约定：一、时代公司同意以其名下三套房产（云港佳园 53-106、107、108 商铺，非本案涉及房产）就本案所涉金额抵全部债权；二、时代公司在 15 个工作日内，协助天宇公司将抵债房产办理到天宇公司名下或该公司指定人员名下，并将三套商铺的租赁合同关系的出租人变更为天宇公司名下或该公司指定人员名下；三、本案目前涉案拍卖房产中止 15 个工作日拍卖（已经成交的除外）。待上述事项履行完毕后，涉案房产将不再拍卖，如未按上述协议处理完毕，申请人可以重新申请拍卖；四、如果上述协议履行完毕，本案目前执行阶段执行已到位的财产，返还时代公司指定账户；五、本协议履行完毕后，双方再无其他经济纠葛。

和解协议签订后，2015年12月21日（和解协议约定的最后一个工作日），时代公司分别与天宇公司签订两份商品房买卖合同，与李思奇签订一份商品房买卖合同，并完成三套房产的网签手续。2015年12月25日，天宇公司向时代公司出具两份转账证明，载明：兹有本公司购买硕放云港佳园53-108、53-106、53-107商铺，购房款冲抵本公司在空港一号承建工程中所欠工程余款，金额以法院最终裁决为准。2015年12月30日，时代公司、天宇公司在无锡中院主持下，就和解协议履行情况及查封房产解封问题进行沟通。无锡中院同意对查封的39套房产中的30套予以解封，并于2016年1月5日向无锡市不动产登记中心新区分中心送达协助解除通知书，解除了对时代公司30套房产的查封。因上述三套商铺此前已由时代公司于2014年6月出租给江苏银行股份有限公司无锡分行（以下简称江苏银行）。2016年1月，时代公司（甲方）、天宇公司（乙方）、李思奇（丙方）签订了一份《补充协议》，明确自该补充协议签订之日起时代公司完全退出原《房屋租赁合同》，天宇公司与李思奇应依照原《房屋租赁合同》中约定的条款，直接向江苏银行主张租金。同时三方确认，2015年12月31日前房屋租金已付清，租金收款单位为时代公司。2016年1月26日，时代公司向江苏银行发函告知。租赁关系变更后，天宇公司和李思奇已实际收取自2016年1月1日起的租金。2016年1月14日，天宇公司弓奎林接收三套商铺初始登记证和土地分割证。2016年2月25日，时代公司就上述三套商铺向天宇公司、李思奇开具共计三张《销售不动产统一发票（电子）》，三张发票金额总计11999999元。发票开具后，天宇公司以时代公司违约为由拒收，时代公司遂邮寄至无锡中院，请求无锡中院转交。无锡中院于2016年4月1日将发票转交给天宇公司，天宇公司接受。2016年11月，天宇公司、李思奇办理了三套商铺的所有权登记手续，李思奇又将其名下的商铺转让给案外人罗某明、陈某。经查，登记在天宇公司名下的两套商铺于2016年12月2日被甘肃省兰州市七里河区人民法院查封，并被该院其他案件轮候查封。

2016年1月27日及2016年3月1日，天宇公司两次向无锡中院提交书面申请,以时代公司违反和解协议,未办妥房产证及租赁合同变更事宜为由,请求恢复本案执行,对时代公司名下已被查封的9套房产进行拍卖,扣减三张发票载明的11999999元之后,继续清偿生效判决确定的债权数额。2016年4月1日,无锡中院通知天宇公司、时代公司:时代公司未能按照双方和解协议履行,由于之前查封的财产中已经解封30套,故对于剩余9套房产继续进行拍卖,对于和解协议中三套房产价值按照双方合同及发票确定金额,可直接按照已经执行到位金额认定,从应当执行总金额中扣除。同日即2016年4月1日,无锡中院在淘宝网上发布拍卖公告,对查封的被执行人的9套房产进行拍卖。时代公司向无锡中院提出异议,请求撤销对时代公司财产的拍卖,按照双方和解协议确认本执行案件执行完毕。

裁判结果

江苏省无锡市中级人民法院于2016年7月27日作出(2016)苏02执异26号执行裁定:驳回无锡时代盛业房地产开发有限公司的异议申请。无锡时代盛业房地产开发有限公司不服,向江苏省高级人民法院申请复议。江苏省高级人民法院于2017年9月4日作出(2016)苏执复160号执行裁定:一、撤销江苏省无锡市中级人民法院(2016)苏02执异26号执行裁定。二、撤销江苏省无锡市中级人民法院于2016年4月1日作出的对剩余9套房产继续拍卖且按合同及发票确定金额扣减执行标的的通知。三、撤销江苏省无锡市中级人民法院于2016年4月1日发布的对被执行人无锡时代盛业房地产开发有限公司所有的云港佳园39-1203、21-1203、11-202、17-102、17-202、36-1402、36-1403、36-1404、37-1401室九套房产的拍卖。江苏天宇建设集团有限公司不服江苏省高级人民法院复议裁定,向最高人民法院提出申诉。最高人民法院于2018年12月29日作出(2018)最高法执监34号执行裁定:驳回申诉人江苏天宇建设集团有限公司的申诉。

裁判理由

最高人民法院认为,根据《最高人民法院关于适用〈中华人民共和国民事诉讼法〉的解释》第四百六十七条的规定,一方当事人不履行或者不完全履行在执行中双方自愿达成的和解协议,对方当事人申请执行原生效法律文书的,人民法院应当恢复执行,但和解协议已履行的部分应当扣除。和解协议已经履行完毕的,人民法院不予恢复执行。本案中,按照和解协议,时代公司违反了关于协助办理抵债房产转移登记等义务的时间约定。天宇公司在时代公司完成全部协助义务之前曾先后两次向人民法院申请恢复执行。但综合而言，本案仍宜认定和解协议已经履行完毕，不应恢复执行。

主要理由如下：

第一，和解协议签订于2015年12月1日，约定15个工作日即完成抵债房产的所有权转移登记并将三套商铺租赁合同关系中的出租人变更为天宇公司或其指定人，这本身具有一定的难度，天宇公司应该有所预知。第二，在约定期限的最后一日即2015年12月21日，时代公司分别与天宇公司及其指定人李思奇签订商品房买卖合同并完成三套抵债房产的网签手续。从实际效果看，天宇公司取得该抵债房产已经有了较充分的保障。而且时代公司又于2016年1月与天宇公司及其指定人李思奇签订《补充协议》，就抵债房产变更租赁合同关系及时代公司退出租赁合同关系作出约定；并于2016年1月26日向江苏银行发函，告知租赁标的出售的事实并函请江苏银行尽快与新的买受人办理出租人变更手续。租赁关系变更后，天宇公司和李思奇已实际收取自2016年1月1日起的租金。同时，2016年1月14日，时代公司交付了三套商铺的初始登记证和土地分割证。由此可见，在较短时间内时代公司又先后履行了变更抵债房产租赁关系、转移抵债房产收益权、交付初始登记证和土地分割证等义务，即时代公司一直在积极地履行义务。第三，对于时代公司上述一系列积极履行义务的行为，天宇公司在明知该履行已经超过约定期限的情况下仍一一予以接受，并且还积极配合时代公司向人民法院申请解封已被查封的财产。天宇公司的上述行为已充分反映其认可超期履行，并在继续履行和解协议上与时代公司形成较强的信赖关系，在没有新的明确约定的情况下，应当允许时代公司在合理期限内完成全部义务的履行。第四，在时代公司履行完一系列主要义务，并于1月26日函告抵债房产的承租方该房产产权变更情况，使得天宇公司及其指定人能实际取得租金收益后，天宇公司在1月27日即首次提出恢复执行，并在时代公司开出发票后拒收，有违诚信。第五，天宇公司并没有提供充分的证据证明本案中的迟延履行行为会导致签订和解协议的目的落空，严重损害其利益。相反从天宇公司积极接受履行且未及时申请恢复执行的情况看，迟延履行并未导致和解协议签订的目的落空。第六，在时代公司因天宇公司拒收发票而将发票邮寄法院请予转交时，其全部协助义务即应认为已履行完毕，此时法院尚未实际恢复执行，此后再恢复执行亦不适当。综上，本案宜认定和解协议已经履行完毕，不予恢复执行。

（生效裁判审判人员：黄金龙、薛贵忠、熊劲松）

最高人民法院
关于发布第 24 批指导性案例的通知

（2019 年 12 月 26 日　法〔2019〕297 号）

各省、自治区、直辖市高级人民法院，解放军军事法院，新疆维吾尔自治区高级人民法院生产建设兵团分院：

经最高人民法院审判委员会讨论决定，现将吕金奎等 79 人诉山海关船舶重工有限责任公司海上污染损害责任纠纷案等十三个案例（指导案例 127－139 号），作为第 24 批指导性案例发布，供在审判类似案件时参照。

最高人民法院
2019 年 12 月 26 日

【指导案例 127 号】

吕金奎等 79 人诉山海关船舶重工有限责任公司海上污染损害责任纠纷案

（最高人民法院审判委员会讨论通过　2019 年 12 月 26 日发布）

关键词　民事　海上污染损害责任　污染物排放标准

裁判要点

根据海洋环境保护法等有关规定，海洋环境污染中的"污染物"不限于国家或者地方环境标准明确列举的物质。污染者向海水水域排放未纳入国家或者地方环境标准的含有铁物质等成分的污水，造成渔业生产者养殖物损害的,污染者应当承担环境侵权责任。

相关法条

1. 《中华人民共和国侵权责任法》第 65 条、第 66 条

2. 《中华人民共和国海洋环境保护法》(2017 年修正)第 94 条第 1 项(本案适用的是 2013 年修正的《中华人民共和国海洋环境保护法》第 95 条第 1 项)

基本案情

2010 年 8 月 2 日上午,秦皇岛山海关老龙头东海域海水出现异常。当日 11 时 30 分,秦皇岛市环境保护局接到举报,安排环境监察、监测人员,协同秦皇岛市山海关区渤海乡副书记、纪委书记等相关人员到达现场,对海岸情况进行巡查。根据现场巡查情况,海水呈红褐色、浑浊。秦皇岛市环境保护局的工作人员同时对海水进行取样监测,并于 8 月 3 日作出《监测报告》对海水水质进行分析,分析结果显示海水 pH 值 8.28、悬浮物 24mg/L、石油类 0.082mg/L、化学需氧量 2.4mg/L、亚硝酸盐氮 0.032mg/L、氨氮 0.018mg/L、硝酸盐氮 0.223mg/L、无机氮 0.273mg/L、活性磷酸盐 0.006mg/L、铁 13.1mg/L。

大连海事大学海事司法鉴定中心(以下简称司法鉴定中心)接受法院委托,就涉案海域污染状况以及污染造成的养殖损失等问题进行鉴定。《鉴定意见》的主要内容:(一)关于海域污染鉴定。1、鉴定人采取卫星遥感技术,选取 NOAA 卫星 2010 年 8 月 2 日北京时间 5 时 44 分和 9 时 51 分两幅图像,其中 5 时 44 分图像显示山海关船舶重工有限责任公司(以下简称山船重工公司)附近海域存在一片污染海水异常区,面积约 5 平方千米;9 时 51 分图像显示距山船重工公司以南约 4 千米海域存在污染海水异常区,面积约 10 平方千米。2、对污染源进行分析,通过排除赤潮、大面积的海洋溢油等污染事故,确定卫星图像上污染海水异常区应由大型企业污水排放或泄漏引起。根据山船重工公司系山海关老龙头附近临海唯一大型企业,修造船舶会产生大量污水,船坞刨锈污水中铁含量很高,一旦泄漏将严重污染附近海域,推测出污染海水源地系山船重工公司,泄漏时间约在 2010 年 8 月 2 日北京时间 00 时至 04 时之间。3、对养殖区受污染海水进行分析,确定了王丽荣等 21 人的养殖区地理坐标,并将上述当事人的养殖区地理坐标和污染水域的地理坐标一起显示在电子海图上,得出污染水域覆盖了全部养殖区的结论。(二)关于养殖损失分析。鉴定人

对水质环境进行评价,得出涉案海域水质中悬浮物、铁及石油类含量较高,已远远超过《渔业水质标准》和《海水水质标准》,污染最严重的因子为铁,对渔业和养殖水域危害程度较大。同时,确定吕金国等人存在养殖损失。

山船重工公司对《鉴定意见》养殖损失部分发表质证意见,主要内容为认定海水存在铁含量超标的污染无任何事实根据和鉴定依据。1、鉴定人评价养殖区水质环境的唯一依据是秦皇岛市环境保护局出具的《监测报告》,而该报告在格式和内容上均不符合《海洋监测规范》的要求,分析铁含量所采用的标准是针对地面水、地下水及工业废水的规定,《监测报告》对污染事实无任何证明力;2、《鉴定意见》采用的《渔业水质标准》和《海水水质标准》中,不存在对海水中铁含量的规定和限制,故铁含量不是判断海洋渔业水质标准的指标。即使铁含量是指标之一,其达到多少才能构成污染损害,亦无相关标准。

又查明,《鉴定意见》鉴定人之一在法院审理期间提交《分析报告》,主要内容:(一)介绍分析方法。(二)对涉案海域污水污染事故进行分析。1、对山海关老龙头海域卫星图像分析和解译。2、污染海水漂移扩散分析。3、污染源分析。因卫星图像上污染海水异常区灰度值比周围海水稍低,故排除海洋赤潮可能;因山海关老龙头海域无油井平台,且8月2日前后未发生大型船舶碰撞、触礁搁浅事故,故排除海洋溢油可能。据此,推测污染海水区应由大型企业污水排放或泄漏引起,山船重工公司为山海关老龙头附近临海唯一大型企业,修造船舶会产生大量污水,船坞刨锈污水中铁含量较高,向外泄漏将造成附近海域严重污染。4、养殖区受污染海水分析。将养殖区地理坐标和污染水域地理坐标一起显示在电子海图上,得出污染水域覆盖全部养殖区的结论。

吕金奎等79人诉至法院,以山船重工公司排放的大量红色污水造成扇贝大量死亡,使其受到重大经济损失为由,请求判令山船重工公司赔偿。

裁判结果

天津海事法院于2013年12月9日作出(2011)津海法事初字第115号民事判决:一、驳回原告吕金奎等50人的诉讼请求;二、驳回原告吕金国等29人的诉讼请求。宣判后,吕金奎等79人提出上诉。天津市高级人民法院于2014年11月11日作出(2014)津高民四终字第

22号民事判决：一、撤销天津海事法院（2011）津海法事初字第115号民事判决；二、山海关船舶重工有限责任公司于本判决送达之日起十五日内赔偿王丽荣等21人养殖损失共计1377696元；三、驳回吕金奎等79人的其他诉讼请求。

裁判理由

法院生效裁判认为，《中华人民共和国侵权责任法》第六十六条规定，因污染环境发生纠纷，污染者应当就法律规定的不承担责任或者减轻责任的情形及其行为与损害之间不存在因果关系承担举证责任。吕金奎等79人应当就山船重工公司实施了污染行为、该行为使自己受到了损害之事实承担举证责任，并提交污染行为和损害之间可能存在因果关系的初步证据；山船重工公司应当就法律规定的不承担责任或者减轻责任的情形及行为与损害之间不存在因果关系承担举证责任。

关于山船重工公司是否实施污染行为。吕金奎等79人为证明污染事实发生，提交了《鉴定意见》《分析报告》《监测报告》以及秦皇岛市环境保护局出具的函件等予以证明。关于上述证据对涉案污染事实的证明力，原审法院依据吕金奎等79人的申请委托司法鉴定中心进行鉴定，该司法鉴定中心业务范围包含海事类司法鉴定，三位鉴定人均具有相应的鉴定资质，对鉴定单位和鉴定人的资质予以确认。而且，《分析报告》能够与秦皇岛市山海关区在《询问笔录》中的陈述以及秦皇岛市环境保护局出具的函件相互佐证，上述证据可以证实秦皇岛山海关老龙头海域在2010年8月2日发生污染的事实。《中华人民共和国海洋环境保护法》第九十五条第一项规定："海洋环境污染损害，是指直接或者间接地把物质或者能量引入海洋环境，产生损害海洋生物资源、危害人体健康、妨害渔业和海上其他合法活动、损害海水使用素质和减损环境质量等有害影响。"《鉴定意见》根据污染海水异常区灰度值比周围海水稍低的现象，排除海洋赤潮的可能；通过山海关老龙头海域无油井平台以及2010年8月2日未发生大型船舶碰撞、触礁搁浅等事实，排除海洋溢油的可能；进而，根据《监测报告》中海水呈红褐色、浑浊，铁含量为13.1mg/L的监测结果，得出涉案污染事故系严重污水排放或泄漏导致的推论。同时，根据山船重工公司为山海关老龙头附近临海唯一大型企业以及公司的主营业务为船舶修造的事实，得出污染系山船重工公司在修造大型船舶过程中泄漏含铁量较高的刨锈污水导致的结论。山船重工公司虽不认可《鉴定意见》的上述结论，但未能提出足以反驳的相反证据和理由，故对《鉴定意见》中关于污染源分析部分的证明力予以确认，并据此认定山船重工公司实施了向海水中泄漏含铁量较高污水的污染行为。

关于吕金奎等79人是否受到损害。《鉴定意见》中海域污染鉴定部分在确定了王丽荣等21人养殖区域的基础上，进一步通过将养殖区地理坐标与污染海水区地理坐标一起显示在电子海图上的方式，得出污染海水区全部覆盖养殖区的结论。据此，认定王丽荣等21人从事养殖且养殖区域受到了污染。

关于污染行为和损害之间的因果关系。王丽荣等21人在完成上述证明责任的基础上，还应提交证明污染行为和损害之间可能存在因果关系的初步证据。《鉴定意见》对山海关老龙头海域水质进行分析，其依据秦皇岛市环境保护局出具的《监测报告》将该海域水质评价为悬浮物、铁物质及石油含量较高，污染最严重的因子为铁，对渔业和养殖水域危害程度较大。至此，王丽荣等21人已完成海上污染损害赔偿纠纷案件的证明责任。山船重工公司主张其非侵权行为人，应就法律规定的不承担责任或者减轻责任的情形及行为与损害之间不存在因果关系承担举证责任。山船重工公司主张因《鉴定意见》采用的评价标准中不存在对海水中铁含量的规定和限制，故铁不是评价海水水质的标准；且即使铁含量是标准之一，其达到多少才能构成污染损害亦无相关指标。对此，人民法院认为：第一，《中华人民共和国海洋环境保护法》明确规定，只要行为人将物质或者能量引入海洋造成损害，即视为污染；《中华人民共和国侵权责任法》第六十五条亦未将环境污染责任限定为排污超过国家标准或者地方标准。故，无论国家或地方标准中是否规定了某类物质的排放控制要求，或排污是否符合国家或地方规定的标准，只要能够确定污染行为造成环境损害，行为人就须承担赔偿责任。第二，我国现行有效评价海水水质的《渔业水质标准》和《海水水质标准》实施后长期未进行修订，其中列举的项目已不足以涵盖当今可能造成污染的全部物质。据此，《渔业水质标准》和《海水水质标准》并非判断某类物质是否造成污染损害的唯一依据。第三，秦皇岛市环境保护局亦在《秦皇岛市环保局复核意见》中表示，因国家对海水中铁物质含量未明确规定污染物排放标准，故是否影响海水养殖需相关部门专家进一步论证。本案中，出具《鉴定意见》的鉴定人具备海洋污染鉴定的专业知识，其通过对相关背景资料进行分析判断，作出涉案海域水质中铁物质对渔业和养殖水域危害程度较大的评价,具有科学性,应当作为认定涉案海域被铁物质污染的依据。

(生效裁判审判人员:耿小宁、唐娜、李善川)

【指导案例 128 号】

李劲诉华润置地(重庆)有限公司环境污染责任纠纷案

(最高人民法院审判委员会讨论通过　2019 年 12 月 26 日发布)

关键词　民事　环境污染责任　光污染　损害认定　可容忍度

裁判要点

由于光污染对人身的伤害具有潜在性、隐蔽性和个体差异性等特点,人民法院认定光污染损害,应当依据国家标准、地方标准、行业标准,是否干扰他人正常生活、工作和学习,以及是否超出公众可容忍度等进行综合认定。对于公众可容忍度,可以根据周边居民的反应情况、现场的实际感受及专家意见等判断。

相关法条

1. 《中华人民共和国侵权责任法》第 65 条、第 66 条
2. 《中华人民共和国环境保护法》第 42 条第 1 款

基本案情

原告李劲购买位于重庆市九龙坡区谢家湾正街×小区×幢×-×-×的住宅一套,并从 2005 年入住至今。被告华润置地(重庆)有限公司开发建设的万象城购物中心与原告住宅相隔一条双向六车道的公路,双向六车道中间为轻轨线路。万象城购物中心与原告住宅之间无其他遮挡物。在正对原告住宅的万象城购物中心外墙上安装有一块 LED 显示屏用于播放广告等,该 LED 显示屏广告位从 2014 年建成后开始投入运营,每天播放宣传资料及视频广告等,其产生强光直射入原告住宅房

间，给原告的正常生活造成影响。

2014年5月，原告小区的业主向市政府公开信箱投诉反映：从5月3日开始，谢家湾华润二十四城的万象城的巨型LED屏幕开始工作，LED巨屏的强光直射进其房间，造成严重的光污染，并且宣传片的音量巨大，影响了其日常生活，希望有关部门让万象城减小音量并且调低LED屏幕亮度。2014年9月，黄杨路×小区居民向市政府公开信箱投诉反映：万象城有块巨型LED屏幕通宵播放资料广告，产生太强光线，导致夜间无法睡眠，无法正常休息。万象城大屏夜间光污染严重影响周边小区高层住户，请相关部门解决，禁止夜间播放，或者禁止通宵播放，只能在晚上八点前播放，并调低亮度。2018年2月，原告小区的住户向市政府公开信箱投诉反映：万象城户外广告大屏就是住户的噩梦，该广告屏每天播放视频广告，光线极强还频繁闪动，住在对面的业主家里夜间如同白昼，严重影响老人和小孩的休息，希望相关部门尽快对其进行整改。

本案审理过程中，人民法院组织原、被告双方于2018年8月11日晚到现场进行了查看，正对原告住宅的一块LED显示屏正在播放广告视频，产生的光线较强，可直射入原告住宅居室，当晚该LED显示屏播放广告视频至20时58分关闭。被告公司员工称该LED显示屏面积为$160m^2$。

就案涉光污染问题是否能进行环境监测的问题，人民法院向重庆市九龙坡区生态环境监测站进行了咨询，该站负责人表示，国家与重庆市均无光污染环境监测方面的规范及技术指标，所以监测站无法对光污染问题开展环境监测。重庆法院参与环境资源审判专家库专家、重庆市永川区生态环境监测站副站长也表示从环保方面光污染没有具体的标准，但从民事法律关系的角度，可以综合其余证据判断是否造成光污染。从本案原告提交的证据看，万象城电子显示屏对原告的损害客观存在，主要体现为影响原告的正常休息。就LED显示屏产生的光辐射相关问题，法院向重庆大学建筑城规学院教授、中国照明学会副理事长以及重庆大学建筑城规学院高级工程师、中国照明学会理事等专家作了咨询，专家表示，LED的光辐射一是对人有视觉影响，其中失能眩光和不舒适眩光对人的眼睛有影响；另一方面是生物影响：人到晚上随着光照强度下降，渐渐入睡，是褪黑素和皮质醇两种激素发生作用的结果——褪黑素晚上上升、白天下降，皮质醇相反。如果光辐射太强，使人生物钟紊乱，长期就会有影响。另外 LED 的白光中有蓝光成分，蓝光对人的视网膜有损害，而且不可修复。但户外蓝光危害很难检测，时间、强度的标准是多少，有待标准出台确定。关于光照亮度对人的影响，有研究结论认为一般在 400cd/m² 以下对人的影响会小一点，但动态广告屏很难适用。对于亮度的规范，不同部门编制的规范对亮度的限值不同，但 LED 显示屏与直射的照明灯光还是有区别，以 LED 显示屏的相关国家标准来认定比较合适。

裁判结果

重庆市江津区人民法院于 2018 年 12 月 28 日作出（2018）渝 0116 民初 6093 号判决：一、被告华润置地（重庆）有限公司从本判决生效之日起，立即停止其在运行重庆市九龙坡区谢家湾正街万象城购物中心正对原告李劲位于重庆市九龙坡区谢家湾正街×小区×幢住宅外墙上的一块 LED 显示屏时对原告李劲的光污染侵害：1. 前述 LED 显示屏在 5 月 1 日至 9 月 30 日期间开启时间应在 8：30 之后，关闭时间应在 22：00 之前；在 10 月 1 日至 4 月 30 日期间开启时间应在 8：30 之后，关闭时间应在 21：50 之前。2. 前述 LED 显示屏在每日 19：00 后的亮度值不得高于 600cd/m²。二、驳回原告李劲的其余诉讼请求。一审宣判后，双方当事人均未提出上诉，判决已发生法律效力。

裁判理由

法院生效裁判认为：保护环境是我国的基本国策，一切单位和个人都有保护环境的义务。《中华人民共和国民法总则》第九条规定："民事主体从事民事活动，应当有利于节约资源、保护生态环境。"《中华人民共和国物权法》第九十条规定："不动产权利人不得违反国家规定弃置固体废物，排放大气污染物、水污染物、噪声、光、电磁波辐射等有害物质。"《中华人民共和国环境保护法》第四十二条第一款规定："排放污染物的企业事业单位和其他生产经营者，应当采取措施，防治在生产建设或者其他活动中产生的废气、废水、废渣、医疗废物、粉尘、恶臭气体、放射性物质以及噪声、振动、光辐射、电磁辐射等对环境的污染和危害。"本案系环境污染责任纠纷，根据《中华人民共和国侵权责任法》第六十五条规定："因污染环境造成损害的，污染者应当承担侵权责任。"环境污染侵权责任属特殊侵权责任，其构成要件包括以下三个方面：一是污染者有污染环境的行为；二是被侵权人有损害事实；三是污染者污染环境的行为与被侵权人的损害之间有因果关系。

一、关于被告是否有污染环境的行为

被告华润置地（重庆）有限公司作为万象城购物中心的建设方和经营管理方，其在正对原告住宅的购物中心外墙上设置 LED 显示屏播放广告、宣传资料等，产生的强光直射进入原告的住宅居室。根据原告提供的照片、视频资料等证据，以及组织双方当事人到现场查看的情况，可以认定被告使用 LED 显屏播放广告、宣传资料等所产生的强光已超出了一般公众普遍可容忍的范围，就大众的认知规律和切身感受而言，该强光会严重影响相邻人群的正常工作和学习，干扰周围居民正常生活和休息，已构成由强光引起的光污染。被告使用 LED 显示屏播放广告、宣传资料等造成光污染的行为已构成污染环境的行为。

二、关于被侵权人的损害事实

环境污染的损害事实主要包含了污染环境的行为致使当事人的财产、人身受到损害以及环境受到损害的事实。环境污染侵权的损害后果不同于一般侵权的损害后果，不仅包括症状明显并可计量的损害结果，还包括那些症状不明显或者暂时无症状且暂时无法用计量方法反映的损害结果。本案系光污染纠纷，光污染对人身的伤害具有潜在性和隐蔽性等特点，被侵权人往往在开始受害时显露不出明显的受损害症状，其所遭受的损害往往暂时无法用精确的计量方法来反映。但随着时间的推移，损害会逐渐显露。参考本案专家意见，光污染对人的影响除了能够感知的对视觉的影响外，太强的光辐射会造成人生物钟紊乱，短时间看不出影响，但长期会带来影响。本案中，被告使用 LED 显示屏播放广告、宣传资料等所产生的强光，已超出了一般人可容忍的程度，影响了相邻居住的原告等居民的正常生活和休息。根据日常生活经验法则，被告运行 LED 显示屏产生的光污染势必会给原告等人的身心健康造成损害，这也为公众普遍认可。综上，被告运行 LED 显示屏产生的光污染已致使原告居住的环境权益受损，并导致原告的身心健康受到损害。

三、被告是否应承担污染环境的侵权责任

《中华人民共和国侵权责任法》第六十六条规定："因污染环境发生纠纷，污染者应当就法律规定的不承担责任或者减轻责任的情形及其行为与损害之间不存在因果关系承担举证责任。"本案中，原告已举证证明被告有污染环境的行为及原告的损害事实。被告需对其在本案中存

在法律规定的不承担责任或者减轻责任的情形，或被告污染行为与损害之间不存在因果关系承担举证责任。但被告并未提交证据对前述情形予以证实，对此被告应承担举证不能的不利后果，应承担污染环境的侵权责任。根据《最高人民法院关于审理环境侵权责任纠纷案件适用法律若干问题的解释》第十三条规定："人民法院应当根据被侵权人的诉讼请求以及具体案情，合理判定污染者承担停止侵害、排除妨碍、消除危险、恢复原状、赔礼道歉、赔偿损失等民事责任。"环境侵权的损害不同于一般的人身损害和财产损害，对侵权行为人承担的侵权责任有其独特的要求。由于环境侵权是通过环境这一媒介侵害到一定地区不特定的多数人的人身、财产权益，而且一旦出现可用计量方法反映的损害，其后果往往已无法弥补和消除。因此在环境侵权中，侵权行为人实施了污染环境的行为，即使还未出现可计量的损害后果，即应承担相应的侵权责任。本案中，从市民的投诉反映看，被告作为万象城购物中心的经营管理者，其在生产经营过程中，理应认识到使用 LED 显示屏播放广告、宣传资料等发出的强光会对居住在对面以及周围住宅小区的原告等人造成影响，并负有采取必要措施以减少对原告等人影响的义务。但被告仍然一直使用 LED 显示屏播放广告、宣传资料等，其产生的强光明显超出了一般人可容忍的程度，构成光污染，严重干扰了周边人群的正常生活，对原告等人的环境权益造成损害，进而损害了原告等人的身心健康。因此即使原告尚未出现明显症状，其生活受到光污染侵扰、环境权益受到损害也是客观存在的事实，故被告应承担停止侵害、排除妨碍等民事责任。

（生效裁判审判人员：姜玲、罗静、张志贵）

【指导案例 129 号】

江苏省人民政府诉安徽海德化工科技有限公司生态环境损害赔偿案

(最高人民法院审判委员会讨论通过　2019 年 12 月 26 日发布)

关键词　民事　生态环境损害赔偿诉讼　分期支付

裁判要点

企业事业单位和其他生产经营者将生产经营过程中产生的危险废物交由不具备危险废物处置资质的企业或者个人进行处置，造成环境污染的，应当承担生态环境损害责任。人民法院可以综合考虑企业事业单位和其他生产经营者的主观过错、经营状况等因素，在责任人提供有效担保后判决其分期支付赔偿费用。

相关法条

1. 《中华人民共和国侵权责任法》第 65 条
2. 《中华人民共和国环境保护法》第 64 条

基本案情

2014 年 4 月 28 日，安徽海德化工科技有限公司（以下简称海德公司）营销部经理杨峰将该公司在生产过程中产生的 29.1 吨废碱液，交给无危险废物处置资质的李宏生等人处置。李宏生等人将上述废碱液交给无危险废物处置资质的孙志才处置。2014 年 4 月 30 日，孙志才等人将废碱液倾倒进长江，造成了严重环境污染。2014 年 5 月 7 日，杨峰将海德公司的 20 吨废碱液交给李宏生等人处置，李宏生等人将上述废碱液交给孙志才处置。孙志才等人于 2014 年 5 月 7 日及同年 6 月 17 日，分两次将废碱液倾倒进长江，造成江苏省靖江市城区 5 月 9 日至 11 日集中式饮用水源中断取水 40 多个小时。2014 年 5 月 8 日至 9 日，杨峰将 53.34 吨废碱液交给李宏生等人处置，李宏生等人将上述废碱液交给丁卫东处置。丁卫东等人于 2014 年 5 月 14 日将该废碱液倾倒进新通扬运河，导致江苏省兴化市城区集中式饮用水源中断取水超过 14 小时。上述污染事件发生后，靖江市环境保护局和靖江市人民检察院联合委托江苏省环境科学学会对污染损害进行评估。江苏省环境科学学会经调查、评估,于2015年6月作出了《评估报告》。江苏省人民政府向江苏省泰州市中级人民法院提起诉讼,请求判令海德公司赔偿生态环境修复费用3637.90万元,生态环境服务功能损失费用1818.95万元,承担评估费用26万元及诉讼费等。

裁判结果

江苏省泰州市中级人民法院于2018年8月16日作出(2017)苏12民初51号民事判决:一、被告安徽海德化工科技有限公司赔偿环境修复费用3637.90万元;二、被告安徽海德化工科技有限公司赔偿生态环境服务功能损失费用1818.95万元;三、被告安徽海德化工科技有限公司赔偿评估费用26万元。宣判后,安徽海德化工科技有限公司提出上诉,江苏省高级人民法院于2018年12月4日作出(2018)苏民终1316号民事判决:一、维持江苏省泰州市中级人民法院(2017)苏12民初51号民事判决。安徽海德化工科技有限公司应于本判决生效之日起六十日内将赔偿款项5482.85万元支付至泰州市环境公益诉讼资金账户。二、安徽海德化工科技有限公司在向江苏省泰州市中级人民法院提供有效担保后,可于本判决生效之日起六十日内支付上述款项的20%(1096.57万元),并于2019年12月4日、2020年12月4日、2021年12月4日、2022年12月4日前各支付上述款项的20%(每期1096.57万元)。如有一期未按时履行,江苏省人民政府可以就全部未赔偿款项申请法院强制执行。如安徽海德化工科技有限公司未按本判决指定的期限履行给付义务,应当依照《中华人民共和国民事诉讼法》第二百五十三条之规定,加倍支付迟延履行期间的债务利息。

裁判理由

法院生效裁判认为,海德公司作为化工企业,对其在生产经营过程中产生的危险废物废碱液,负有防止污染环境的义务。海德公司放任该公司营销部负责人杨峰将废碱液交给不具备危险废物处置资质的个人进行处置,导致废碱液被倾倒进长江和新通扬运河,严重污染环境。《中华人民共和国环境保护法》第六十四条规定,因污染环境和破坏生态造成损害的,应当依照《中华人民共和国侵权责任法》的有关规定承担侵权责任。《中华人民共和国侵权责任法》第六十五条规定,因污染环境造成损害的,污染者应当承担侵权责任。《中华人民共和国侵权责任法》第十五条将恢复原状、赔偿损失确定为承担责任的方式。环境修复费用、生态环境服务功能损失、评估费等均为恢复原状、赔偿损失等法律责任的具体表现形式。依照《中华人民共和国侵权责任法》第十五条第一款第六项、第六十五条，《最高人民法院关于审理环境侵权责任纠纷案件适用法律若干问题的解释》第一条第一款、第十三条之规定，判决海德公司承担侵权赔偿责任并无不当。

海德公司以企业负担过重、资金紧张，如短期内全部支付赔偿将导致企业破产为由，申请分期支付赔偿费用。为保障保护生态环境与经济发展的有效衔接，江苏省人民政府在庭后表示，在海德公司能够提供证据证明其符合国家经济结构调整方向、能够实现绿色生产转型，在有效提供担保的情况下，同意海德公司依照《中华人民共和国民事诉讼法》第二百三十一条之规定，分五期支付赔偿款。

（生效裁判审判人员：陈迎、赵黎、吴晓玲）

【指导案例130号】

重庆市人民政府、重庆两江志愿服务发展中心诉重庆藏金阁物业管理有限公司、重庆首旭环保科技有限公司生态环境损害赔偿、环境民事公益诉讼案

（最高人民法院审判委员会讨论通过　2019年12月26日发布）

关键词　民事　生态环境损害赔偿诉讼　环境民事公益诉讼　委托排污　共同侵权　生态环境修复费用　虚拟治理成本法

裁判要点

1. 取得排污许可证的企业，负有确保其排污处理设备正常运行且排放物达到国家和地方排放标准的法定义务，委托其他单位处理的，应当对受托单位履行监管义务；明知受托单位违法排污不予制止甚或提供便利的，应当对环境污染损害承担连带责任。

2. 污染者向水域排污造成生态环境损害，生态环境修复费用难以计算的，可以根据环境保护部门关于生态环境损害鉴定评估有关规定，采用虚拟治理成本法对损害后果进行量化，根据违法排污的污染物种类、排污量及污染源排他性等因素计算生态环境损害量化数额。

相关法条

《中华人民共和国侵权责任法》第 8 条

基本案情

重庆藏金阁电镀工业园（又称藏金阁电镀工业中心）位于重庆市江北区港城工业园区内，是该工业园区内唯一的电镀工业园，园区内有若干电镀企业入驻。重庆藏金阁物业管理有限公司（以下简称藏金阁公司）为园区入驻企业提供物业管理服务，并负责处理企业产生的废水。藏金阁公司领取了排放污染物许可证，并拥有废水处理的设施设备。2013 年 12 月 5 日，藏金阁公司与重庆首旭环保科技有限公司（以下简称首旭公司）签订为期 4 年的《电镀废水处理委托运行承包管理运行协议》（以下简称《委托运行协议》），首旭公司承接藏金阁电镀工业中心废水处理项目，该电镀工业中心的废水由藏金阁公司交给首旭公司使用藏金阁公司所有的废水处理设备进行处理。2016 年 4 月 21 日，重庆市环境监察总队执法人员在对藏金阁公司的废水处理站进行现场检查时，发现废水处理站中两个总铬反应器和一个综合反应器设施均未运行，生产废水未经处理便排入外环境。2016 年 4 月 22 日至 26 日期间，经执法人员采样监测分析发现外排废水重金属超标，违法排放废水总铬浓度为 55.5mg/L，总锌浓度为 2.85×10^2 mg/L，总铜浓度为 27.2mg/L，总镍浓度为 41mg/L，分别超过《电镀污染物排放标准》（GB21900 - 2008）的规定标准 54.5 倍、189 倍、53.4 倍、81 倍，对生态环境造成严重影响和损害。2016 年 5 月 4 日，执法人员再次进行现场检查，发现藏金阁废水处理站 1 号综合废水调节池的含重金属废水通过池壁上的 120mm 口径管网未经正常处理直接排放至外环境并流入港城园区市政管网再进入长江。经监测，1 号池内渗漏的废水中六价铬浓度为 6.10mg/L，总铬浓度为 10.9mg/L，分别超过国家标准 29.5 倍、9.9 倍。从 2014 年 9 月 1 日至 2016 年 5 月 5 日违法排放废水量共计 145624 吨。还查明，2014 年 8 月，藏金阁公司将原废酸收集池改造为 1 号综合废水调节池，传送废水也由地下管网改为高空管网作业。该池池壁上原有 110mm 和 120mm 口径管网各一根，改造时只封闭了 110mm 口径管网，而未封闭120mm口径管网，该未封闭管网系埋于地下的暗管。首旭公司自2014年9月起，在明知池中有一根120mm管网可以连通外环境的情况下，仍然一直利用该管网将未经处理的含重金属废水直接排放至外环境。

受重庆市人民政府委托，重庆市环境科学研究院对藏金阁公司和首旭公司违法排放超标废水造成生态环境损害进行鉴定评估，并于2017年4月出具《鉴定评估报告书》。该评估报告载明：本事件污染行为明确，污染物迁移路径合理，污染源与违法排放至外环境的废水中污染物具有同源性，且污染源具有排他性。污染行为发生持续时间为2014年9月1日至2016年5月5日，违法排放废水共计145624吨，其主要污染因子为六价铬、总铬、总锌、总镍等，对长江水体造成严重损害。《鉴定评估报告书》采用《生态环境损害鉴定评估技术指南总纲》《环境损害鉴定评估推荐方法（第Ⅱ版）》推荐的虚拟治理成本法对生态环境损害进行量化，按22元/吨的实际治理费用作为单位虚拟治理成本，再乘以违法排放废水数量，计算出虚拟治理成本为320.3728万元。违法排放废水点为长江干流主城区段水域，适用功能类别属Ⅲ类水体，根据虚拟治理成本法的"污染修复费用的确定原则"Ⅲ类水体的倍数范围为虚拟治理成本的4.5－6倍，本次评估选取最低倍数4.5倍，最终评估出二被告违法排放废水造成的生态环境污染损害量化数额为1441.6776万元（即320.3728万元×4.5＝1441.6776万元）。重庆市环境科学研究院是环境保护部《关于印发〈环境损害鉴定评估推荐机构名录（第一批）〉的通知》中确认的鉴定评估机构。

2016年6月30日，重庆市环境监察总队以藏金阁公司从2014年9月1日至2016年5月5日通过1号综合调节池内的120mm口径管网将含重金属废水未经废水处理站总排口便直接排入港城园区市政废水管网进入长江为由，作出行政处罚决定，对藏金阁公司罚款580.72万元。藏金阁公司不服申请行政复议，重庆市环境保护局作出维持行政处罚决定的复议决定。后藏金阁公司诉至重庆市渝北区人民法院，要求撤销行政处罚决定和行政复议决定。重庆市渝北区人民法院于2017年2月28日作出（2016）渝0112行初324号行政判决，驳回藏金阁公司的诉讼请求。判决后，藏金阁公司未提起上诉，该判决发生法律效力。

2016年11月28日，重庆市渝北区人民检察院向重庆市渝北区人民法院提起公诉，指控首旭公司、程龙（首旭公司法定代表人）等构成污染环境罪，应依法追究刑事责任。重庆市渝北区人民法院于 2016 年 12 月 29 日作出（2016）渝 0112 刑初 1615 号刑事判决，判决首旭公司、程龙等人构成污染环境罪。判决后，未提起抗诉和上诉，该判决发生法律效力。

裁判结果

重庆市第一中级人民法院于 2017 年 12 月 22 日作出（2017）渝 01 民初 773 号民事判决：一、被告重庆藏金阁物业管理有限公司和被告重庆首旭环保科技有限公司连带赔偿生态环境修复费用 1441.6776 万元，于本判决生效后十日内交付至重庆市财政局专用账户，由原告重庆市人民政府及其指定的部门和原告重庆两江志愿服务发展中心结合本区域生态环境损害情况用于开展替代修复；二、被告重庆藏金阁物业管理有限公司和被告重庆首旭环保科技有限公司于本判决生效后十日内，在省级或以上媒体向社会公开赔礼道歉；三、被告重庆藏金阁物业管理有限公司和被告重庆首旭环保科技有限公司在本判决生效后十日内给付原告重庆市人民政府鉴定费 5 万元，律师费 19.8 万元；四、被告重庆藏金阁物业管理有限公司和被告重庆首旭环保科技有限公司在本判决生效后十日内给付原告重庆两江志愿服务发展中心律师费 8 万元；五、驳回原告重庆市人民政府和原告重庆两江志愿服务发展中心其他诉讼请求。判决后，各方当事人在法定期限内均未提出上诉，判决发生法律效力。

裁判理由

法院生效裁判认为，重庆市人民政府依据《生态环境损害赔偿制度改革试点方案》规定，有权提起生态环境损害赔偿诉讼，重庆两江志愿服务发展中心具备合法的环境公益诉讼主体资格，二原告基于不同的规定而享有各自的诉权，均应依法予以保护。鉴于两案原告基于同一污染事实与相同被告提起诉讼，诉讼请求基本相同，故将两案合并审理。

本案的争议焦点为：

一、关于《鉴定评估报告书》认定的污染物种类、污染源排他性、违法排放废水计量以及损害量化数额是否准确

首先，关于《鉴定评估报告书》认定的污染物种类、污染源排他性和违法排放废水计量是否准确的问题。污染物种类、污染源排他性及违法排放废水计量均已被（2016）渝 0112 行初 324 号行政判决直接或者间接确认，本案中二被告并未提供相反证据来推翻原判决，故对《鉴定评估报告书》依据的上述环境污染事实予以确认。具体而言，一是关于污染物种类的问题。除了生效刑事判决所认定的总铬和六价铬之外，二被告违法排放的废水中还含有重金属物质如总锌、总镍等，该事实得到了江北区环境监测站、重庆市环境监测中心出具的环境监测报告以及（2016）渝0112行初324号生效行政判决的确认，也得到了首旭公司法定代表人程龙在调查询问中的确认。二是关于污染源排他性的问题。二被告辩称，江北区环境监测站出具的江环（监）字〔2016〕第JD009号分析报告单确定的取样点W4、W6位置高于藏金阁废水处理站，因而该两处检出污染物超标不可能由二被告的行为所致。由于被污染水域具有流动性的特征和自净功能，水质得到一定程度的恢复，鉴定机构在鉴定时客观上已无法再在废水处理站周围提取到违法排放废水行为持续时所流出的废水样本，故只能依据环境行政执法部门在查处二被告违法行为时通过取样所固定的违法排放废水样本进行鉴定。在对藏金阁废水处理情况进行环保执法的过程中，先后在多个取样点进行过数次监测取样，除江环（监）字〔2016〕第JD009号分析报告单以外，江北区环境监测站与重庆市环境监测中心还出具了数份监测报告，重庆市环境监察总队的行政处罚决定和重庆市环境保护局的复议决定是在对上述监测报告进行综合评定的基础上作出的，并非单独依据其中一份分析报告书或者监测报告作出。环保部门在整个行政执法包括取样等前期执法过程中，其行为的合法性和合理性已经得到了生效行政判决的确认。同时，上述监测分析结果显示废水中的污染物系电镀行业排放的重金属废水，在案证据证实涉案区域唯有藏金阁一家电镀工业园，而且环境监测结果与藏金阁废水处理站违法排放废水种类一致，以上事实证明上述取水点排出的废水来源仅可能来自于藏金阁废水处理站，故可以认定污染物来源具有排他性。三是关于违法排污计量的问题。根据生效刑事判决和行政判决的确认，并结合行政执法过程中的调查询问笔录，可以认定铬调节池的废水进入1号综合废水调节池，利用1号池安装的120mm口径管网将含重金属的废水直接排入外环境并进入市政管网这一基本事实。经庭审查明，《鉴定评估报告书》综合证据，采用用水总量减去消耗量、污泥含水量、在线排水量、节假日排水量的方式计算出违法排放废水量，其所依据的证据和事实或者已得到被告方认可或生效判决确认，或者相关行政行为已通过行政诉讼程序的合法性审查，其所采用的计量方法具有科学性和合理性。综上，藏金阁公司和首旭公司提出的污染物种类、违法排放废水量和污染源排他性认定有误的异议不能成立。

其次，关于《鉴定评估报告书》认定的损害量化数额是否准确的问题。原告方委托重庆市环境科学研究院就本案的生态环境损害进行鉴定评估并出具了《鉴定评估报告书》，该报告确定二被告违法排污造成的生态环境损害量化数额为1441.6776万元。经查，重庆市环境科学研究院是环境保护部《关于印发〈环境损害鉴定评估推荐机构名录（第一批）〉的通知》中确立的鉴定评估机构，委托其进行本案的生态环境损害鉴定评估符合司法解释之规定，其具备相应鉴定资格。根据环境保护部组织制定的《生态环境损害鉴定评估技术指南总纲》《环境损害鉴定评估推荐方法（第Ⅱ版）》，鉴定评估可以采用虚拟治理成本法对事件造成的生态环境损害进行量化，量化结果可以作为生态环境损害赔偿的依据。鉴于本案违法排污行为持续时间长、违法排放数量大，且长江水体处于流动状态，难以直接计算生态环境修复费用，故《鉴定评估报告书》采用虚拟治理成本法对损害结果进行量化并无不当。《鉴定评估报告书》将22元/吨确定为单位实际治理费用，系根据重庆市环境监察总队现场核查藏金阁公司财务凭证，并结合对藏金阁公司法定代表人孙启良的调查询问笔录而确定。《鉴定评估报告书》根据《环境损害鉴定评估推荐方法（第Ⅱ版）》，Ⅲ类地表水污染修复费用的确定原则为虚拟治理成本的4.5－6倍，结合本案污染事实，取最小倍数即4.5倍计算得出损害量化数额为320.3728万元×4.5＝1441.6776万元，亦无不当。

综上所述，《鉴定评估报告书》的鉴定机构和鉴定评估人资质合格，鉴定评估委托程序合法，鉴定评估项目负责人亦应法庭要求出庭接受质询，鉴定评估所依据的事实有生效法律文书支撑，采用的计算方法和结论科学有据，故对《鉴定评估报告书》及所依据的相关证据予以采信。

二、关于藏金阁公司与首旭公司是否构成共同侵权

首旭公司是明知1号废水调节池池壁上存在120mm口径管网并故意利用其违法排污的直接实施主体，其理应对损害后果承担赔偿责任，对此应无疑义。本争议焦点的核心问题在于如何评价藏金阁公司的行为，其与首旭公司是否构成共同侵权。法院认为，藏金阁公司与首旭公司构成共同侵权，应当承担连带责任。

第一,我国实行排污许可制,该制度是国家对排污者进行有效管理的手段,取得排污许可证的企业即是排污单位,负有依法排污的义务,否则将承担相应法律责任。藏金阁公司持有排污许可证,必须确保按照许可证的规定和要求排放。藏金阁公司以委托运行协议的形式将废水处理交由专门从事环境治理业务(含工业废水运营)的首旭公司作业,该行为并不为法律所禁止。但是,无论是自行排放还是委托他人排放,藏金阁公司都必须确保其废水处理站正常运行,并确保排放物达到国家和地方排放标准,这是取得排污许可证企业的法定责任,该责任不能通过民事约定来解除。申言之,藏金阁公司作为排污主体,具有监督首旭公司合法排污的法定责任,依照《委托运行协议》其也具有监督首旭公司日常排污情况的义务,本案违法排污行为持续了1年8个月的时间,藏金阁公司显然未尽监管义务。

第二,无论是作为排污设备产权人和排污主体的法定责任,还是按照双方协议约定,藏金阁公司均应确保废水处理设施设备正常、完好。2014年8月藏金阁公司将废酸池改造为1号废水调节池并将地下管网改为高空管网作业时,未按照正常处理方式对池中的120mm口径暗管进行封闭,藏金阁公司亦未举证证明不封闭暗管的合理合法性,而首旭公司正是通过该暗管实施违法排放,也就是说,藏金阁公司明知为首旭公司提供的废水处理设备留有可以实施违法排放的管网,据此可以认定其具有违法故意,且客观上为违法排放行为的完成提供了条件。

第三,待处理的废水是由藏金阁公司提供给首旭公司的,那么藏金阁公司知道需处理的废水数量,同时藏金阁公司作为排污主体,负责向环保部门缴纳排污费,其也知道合法排放的废水数量,加之作为物业管理部门,其对于园区企业产生的实际用水量亦是清楚的,而这几个数据结合起来,即可确知违法排放行为的存在,因此可以认定藏金阁公司知道首旭公司在实施违法排污行为,但其却放任首旭公司违法排放废水,同时还继续将废水交由首旭公司处理,可以视为其与首旭公司形成了默契,具有共同侵权的故意,并共同造成了污染后果。

第四,环境侵权案件具有侵害方式的复合性、侵害过程的复杂性、侵害后果的隐蔽性和长期性,其证明难度尤其是对于排污企业违法排污主观故意的证明难度较高,且本案又涉及到对环境公益的侵害,故应充分考虑到此类案件的特殊性,通过准确把握举证证明责任和归责原则来避免责任逃避和公益受损。综上,根据本案事实和证据,藏金阁公司与首旭公司构成环境污染共同侵权的证据已达到高度盖然性的民事证明标准,应当认定藏金阁公司和首旭公司对于违法排污存在主观上的共同故意和客观上的共同行为,二被告构成共同侵权,应承担连带责任。

(生效裁判审判人员:裘晓音、贾科、张力)

【指导案例131号】

中华环保联合会诉德州晶华集团振华有限公司大气污染责任民事公益诉讼案

(最高人民法院审判委员会讨论通过 2019年12月26日发布)

关键词 民事 环境民事公益诉讼 大气污染责任 损害社会公共利益 重大风险

裁判要点

企业事业单位和其他生产经营者多次超过污染物排放标准或者重点污染物排放总量控制指标排放污染物,环境保护行政管理部门作出行政处罚后仍未改正,原告依据《最高人民法院关于审理环境民事公益诉讼案件适用法律若干问题的解释》第一条规定的"具有损害社会公共利益重大风险的污染环境、破坏生态的行为"对其提起环境民事公益诉讼的,人民法院应予受理。

相关法条

1. 《中华人民共和国民事诉讼法》第55条
2. 《中华人民共和国环境保护法》第58条

基本案情

被告德州晶华集团振华有限公司(以下简称振华公司)成立于2000年,经营范围包括电力生产、平板玻璃、玻璃空心砖、玻璃深加工、玻璃制品制造等。2002年12月,该公司600T/D优质超厚玻璃项目通过环境影响评价的审批,2003年11月,通过"三同时"验收。

2007年11月，该公司高档优质汽车原片项目通过环境影响评价的审批，2009年2月，通过"三同时"验收。

根据德州市环境保护监测中心站的监测，2012年3月、5月、8月、12月，2013年1月、5月、8月，振华公司废气排放均能达标。2013年11月、2014年1月、5月、6月、11月，2015年2月排放二氧化硫、氮氧化物及烟粉尘存在超标排放情况。德州市环境保护局分别于2013年12月、2014年9月、2014年11月、2015年2月对振华公司进行行政处罚，处罚数额均为10万元。2014年12月，山东省环境保护厅对其进行行政处罚。处罚数额10万元。2015年3月23日，德州市环境保护局责令振华公司立即停产整治，2015年4月1日之前全部停产，停止超标排放废气污染物。原告中华环保联合会起诉之后，2015年3月27日，振华公司生产线全部放水停产，并于德城区天衢工业园以北养马村新选厂址，原厂区准备搬迁。

本案审理阶段，为证明被告振华公司超标排放造成的损失，2015年12月，原告中华环保联合会与环境保护部环境规划院订立技术咨询合同，委托其对振华公司排放大气污染物致使公私财产遭受损失的数额，包括污染行为直接造成的财产损坏、减少的实际价值，以及为防止污染扩大、消除污染而采取必要合理措施所产生的费用进行鉴定。2016年5月，环境保护部环境规划院环境风险与损害鉴定评估研究中心根据已经双方质证的人民法院调取的证据作出评估意见，鉴定结果为：振华公司位于德州市德城区市区内，周围多为居民小区，原有浮法玻璃生产线三条，1#浮法玻璃生产线已于2011年10月全面停产，2#生产线600t/d优质超厚玻璃生产线和3#生产线400t/d高档优质汽车玻璃原片生产线仍在生产。1. 污染物性质，主要为烟粉尘、二氧化硫和氮氧化物。根据《德州晶华集团振华有限公司关于落实整改工作的情况汇报》有关资料显示：截止到2015年3月17日，振华公司浮法二线未安装或未运行脱硫和脱硝治理设施；浮法三线除尘、脱硫设施已于2014年9月投入运行；2. 污染物超标排放时段的确认，二氧化硫超标排放时段为2014年6月10日-2014年8月17日，共计68天，氮氧化物超标排放时段为2013年11月5日-2014年6月23日、2014年10月22日-2015年1月27日，共计327天，烟粉尘超标排放时段为2013年11月5日-2014年6月23日，共计230天；3. 污染物排放量，在鉴定时段内，由于企业未安装脱硫设施造成二氧化硫全部直接排放进入大气的超标排放量为 255 吨，由于企业未安装脱硝设施造成氮氧化物全部直接排放进入大气的排放量为 589 吨，由于企业未安装除尘设施或除尘设施处理能力不够造成烟粉尘部分直接排放进入大气的排放量为 19 吨；4. 单位污染物处理成本，根据数据库资料，二氧化硫单位治理成本为 0.56 万元/吨，氮氧化物单位治理成本为 0.68 万元/吨，烟粉尘单位治理成本为 0.33 万元/吨；5. 虚拟治理成本，根据《环境空气质量标准》《环境损害鉴定评估推荐方法（第Ⅱ版）》《突发环境事件应急处置阶段环境损害评估技术规范》，本案项目处环境功能二类区，生态环境损害数额为虚拟治理成本的 3-5 倍，本报告取参数 5，二氧化硫虚拟治理成本共计 713 万元，氮氧化物虚拟治理成本 2002 万元，烟粉尘虚拟治理成本 31 万元。鉴定结论：被告企业在鉴定期间超标向空气排放二氧化硫共计 255 吨、氮氧化物共计 589 吨、烟粉尘共计 19 吨，单位治理成本分别按 0.56 万元/吨、0.68 万元/吨、0.33 万元/吨计算，虚拟治理成本分别为 713 万元、2002 万元、31 万元，共计 2746 万元。

裁判结果

德州市中级人民法院于 2016 年 7 月 20 日作出（2015）德中环公民初字第 1 号民事判决：一、被告德州晶华集团振华有限公司于本判决生效之日起 30 日内赔偿因超标排放污染物造成的损失 2198.36 万元，支付至德州市专项基金账户，用于德州市大气环境质量修复；二、被告德州晶华集团振华有限公司在省级以上媒体向社会公开赔礼道歉；三、被告德州晶华集团振华有限公司于本判决生效之日起 10 日内支付原告中华环保联合会所支出的评估费 10 万元；四、驳回原告中华环保联合会其他诉讼请求。

裁判理由

法院生效裁判认为，根据《最高人民法院关于审理环境民事公益诉讼案件适用法律若干问题的解释》第一条规定，法律规定的机关和有关组织依据民事诉讼法第五十五条、环境保护法第五十八条等法律的规定，对已经损害社会公共利益或者具有损害社会公共利益重大风险的污染环境、破坏生态的行为提起诉讼，符合民事诉讼法第一百一十九条第二项、第三项、第四项规定的，人民法院应予受理；第十八条规定，对污染环境、破坏生态，已经损害社会公共利益或者具有损害社会公共利益重大风险的行为，原告可以请求被告承担停止侵害、排除妨碍、消除危险、恢复原状、赔偿损失、赔礼道歉等民事责任。法院认为，企业事业单位和其他生产经营者超过污染物排放标准或者重点污染物排放总量控制指标排放污染物的行为可以视为是具有损害社会公共利益重大风险的行为。被告振华公司超量排放的二氧化硫、氮氧化物、烟粉尘会影响大气的服务价值功能。其中，二氧化硫、氮氧化物是酸雨的前导物，超量排放可至酸雨从而造成财产及人身损害，烟粉尘的超量排放将影响大气能见度及清洁度，亦会造成财产及人身损害。被告振华公司自2013年11月起，多次超标向大气排放二氧化硫、氮氧化物、烟粉尘等污染物，经环境保护行政管理部门多次行政处罚仍未改正，其行为属于司法解释规定的"具有损害社会公共利益重大风险的行为"，故被告振华公司是本案的适格被告。

（生效裁判审判人员：刘立兵、张小雪、高晓敏）

【指导案例 132 号】

中国生物多样性保护与绿色发展基金会诉秦皇岛方圆包装玻璃有限公司大气污染责任民事公益诉讼案

（最高人民法院审判委员会讨论通过　2019年12月26日发布）

关键词　民事　环境民事公益诉讼　大气污染责任　降低环境风险　减轻赔偿责任

裁判要点

在环境民事公益诉讼期间，污染者主动改进环保设施，有效降低环境风险的，人民法院可以综合考虑超标排污行为的违法性、过错程度、治理污染设施的运行成本以及防污采取的有效措施等因素，适当减轻污染者的赔偿责任。

相关法条

《中华人民共和国环境保护法》第1条、第4条、第5条

基本案情

被告秦皇岛方圆包装玻璃有限公司（以下简称方圆公司）系主要从事各种玻璃包装瓶生产加工的企业，现拥有玻璃窑炉四座。在生产过程中，因超标排污被秦皇岛市海港区环境保护局（以下简称海港区环保局）多次作出行政处罚。2015年2月12日，方圆公司与无锡格润环保科技有限公司签订《玻璃窑炉脱硝脱硫除尘总承包合同》，对方圆公司的四座窑炉进行脱硝脱硫除尘改造，合同总金额3617万元。

2016年中国生物多样性保护与绿色发展基金会（以下简称中国绿发会）对方圆公司提起环境公益诉讼后，方圆公司加快了脱硝脱硫除尘改造提升进程。2016年6月15日，方圆公司通过了海港区环保局的环保验收。2016年7月22日，中国绿发会组织相关专家对方圆公司脱硝脱硫除尘设备运行状况进行了考查，并提出相关建议。2016年6月17日、2017年6月17日，环保部门为方圆公司颁发《河北省排放污染物许可证》。2016年12月2日，方圆公司再次投入1965万元，为四座窑炉增设脱硝脱硫除尘备用设备一套。

方圆公司于2015年3月18日缴纳行政罚款8万元。中国绿发会2016年提起公益诉讼后，方圆公司自2016年4月13日起至2016年11月23日止，分24次缴纳行政罚款共计1281万元。

2017年7月25日，中国绿发会向法院提交《关于诉讼请求及证据说明》，确认方圆公司非法排放大气污染物而对环境造成的损害期间从行政处罚认定发生损害时起至环保部门验收合格为止。法院委托环境保护部环境规划院环境风险与损害鉴定评估研究中心对方圆公司因排放大气污染物对环境造成的损害数额及采取替代修复措施修复被污染的大气环境所需费用进行鉴定，起止日期为2015年10月28日（行政处罚认定损害发生日）至2016年6月15日（环保达标日）。

2017年11月，鉴定机构作出《方圆公司大气污染物超标排放环境损害鉴定意见》，按照虚拟成本法计算方圆公司在鉴定时间段内向大气超标排放颗粒物总量约为2.06t，二氧化硫超标排放总量约为33.45t，氮氧化物超标排放总量约为75.33t，方圆公司所在秦皇岛地区为空气功能区Ⅱ类。按照规定，环境空气Ⅱ类区生态损害数额为虚拟治理成本的3－5倍，鉴定报告中取3倍计算对大气环境造成损害数额分别约为0.74万元、27.10万元和127.12万元，共计154.96万元。

另查明，2015年3月，河北广播网、燕赵都市网的网页显示，因被上诉人方圆公司未安装除尘脱硝脱硫设施超标排放大气污染物被按日连续处罚 200 多万。对于该网页显示内容的真实性，被上诉人方圆公司予以认可，故对其在 2015 年 10 月 28 日之前存在超标排污的事实予以确认。

裁判结果

河北省秦皇岛市中级人民法院于 2018 年 4 月 10 日作出（2016）冀 03 民初 40 号民事判决：一、秦皇岛方圆包装玻璃有限公司赔偿因超标排放大气污染物造成的损失 154.96 万元，上述费用分 3 期支付至秦皇岛市专项资金账户（每期 51.65 万元，第一期于判决生效之日起 7 日内支付，第二、三期分别于判决生效后第二、第三年的 12 月 31 日前支付），用于秦皇岛地区的环境修复。二、秦皇岛方圆包装玻璃有限公司于判决生效后 30 日内在全国性媒体上刊登因污染大气环境行为的致歉声明（内容须经一审法院审核后发布）。如秦皇岛方圆包装玻璃有限公司未履行上述义务，河北省秦皇岛市中级人民法院将本判决书内容在全国性的媒体公布，相关费用由秦皇岛方圆包装玻璃有限公司承担。三、秦皇岛方圆包装玻璃有限公司于判决生效后 15 日内支付中国生物多样性保护与绿色发展基金会因本案支出的合理费用 3 万元。四、驳回中国生物多样性保护与绿色发展基金会的其他诉讼请求。案件受理费 80 元，由秦皇岛方圆包装玻璃有限公司负担，鉴定费用 15 万元由秦皇岛方圆包装玻璃有限公司负担（已支付）。宣判后，中国生物多样性保护与绿色发展基金会提出上诉。河北省高级人民法院于 2018 年 11 月 5 日作出（2018）冀民终 758 号民事判决：驳回上诉，维持原判。

裁判理由

法院生效判决认为，《最高人民法院关于审理环境民事公益诉讼案件适用法律若干问题的解释》第二十三条规定，生态环境修复费用难以确定的，人民法院可以结合污染环境、破坏生态的范围和程度、防止污染设备的运行成本、污染企业因侵权行为所得的利益以及过错程度等因素予以合理确定。本案中，方圆公司于 2015 年 2 月与无锡市格瑞环保科技有限公司签订《玻璃窑炉脱硝脱硫除尘总承包合同》，对其四座窑炉配备的环保设施进行升级改造，合同总金额 3617 万元，体现了企业防污整改的守法意识。方圆公司在环保设施升级改造过程中出现超标排污行为，虽然行为具有违法性，但在超标排污受到行政处罚后，方圆公司积极缴纳行政罚款共计 1280 余万元，其超标排污行为受到行政制裁。在提起本案公益诉讼后，方圆公司加快了环保设施的升级改造，并在环保设施验收合格后，再次投资 1965 万元建造一套备用排污设备，是秦皇岛地区首家实现大气污染治理环保设备开二备一的企业。

《中华人民共和国环境保护法》第一条、第四条规定了保护环境、防止污染，促进经济可持续发展的立法目的，体现了保护与发展并重原则。环境公益诉讼在强调环境损害救济的同时，亦应兼顾预防原则。本案诉讼过程中，方圆公司加快环保设施的整改进度，积极承担行政责任，并在其安装的环保设施验收合格后，出资近 2000 万元再行配备一套环保设施，以确保生产过程中环保设施的稳定运行，大大降低了再次造成环境污染的风险与可能性。方圆公司自愿投入巨资进行污染防治，是在中国绿发会一审提出"环境损害赔偿与环境修复费用"的诉讼请求之外实施的维护公益行为，实现了《中华人民共和国环境保护法》第五条规定的"保护优先，预防为主"的立法意图，以及环境民事公益诉讼风险预防功能，具有良好的社会导向作用。人民法院综合考虑方圆公司在企业生产过程中超标排污行为的违法性、过错程度、治理污染的运行成本以及防污采取的积极措施等因素，对于方圆公司在一审鉴定环境损害时间段之前的超标排污造成的损害予以折抵，维持一审法院依据鉴定意见判决环境损害赔偿及修复费用的数额。

（生效裁判审判人员：窦淑霞、李学境、邢会丽）

【指导案例 133 号】

山东省烟台市人民检察院诉王振殿、马群凯环境民事公益诉讼案

（最高人民法院审判委员会讨论通过　2019 年 12 月 26 日发布）

关键词　民事　环境民事公益诉讼　水污染　生态环境修复责任　自净功能

裁判要点

污染者违反国家规定向水域排污造成生态环境损害,以被污染水域有自净功能、水质得到恢复为由主张免除或者减轻生态环境修复责任的,人民法院不予支持。

相关法条

1.《中华人民共和国侵权责任法》第4条第1款、第8条、第65条、第66条

2.《中华人民共和国环境保护法》第64条

基本案情

2014年2月至4月期间,王振殿、马群凯在未办理任何注册、安检、环评等手续的情况下,在莱州市柞村镇消水庄村沙场大院北侧车间从事盐酸清洗长石颗粒项目,王振殿提供场地、人员和部分资金,马群凯出资建设反应池、传授技术、提供设备、购进原料、出售成品。在作业过程中产生约60吨的废酸液,该废酸液被王振殿先储存于厂院北墙外的废水池内。废酸液储存于废水池期间存在明显的渗漏迹象,渗漏的废酸液对废水池周边土壤和地下水造成污染。废酸液又被通过厂院东墙和西墙外的排水沟排入村北的消水河,对消水河内水体造成污染。2014年4月底,王振殿、马群凯盐酸清洗长石颗粒作业被莱州市公安局查获关停后,盐酸清洗长石颗粒剩余的20余吨废酸液被王振殿填埋在反应池内。该废酸液经莱州市环境监测站监测和莱州市环境保护局认定,监测PH值小于2,根据国家危险废物名录及危险废物鉴定标准和鉴别方法,属于废物类别为"HW34废酸中代码为900-300-34"的危险废物。2016年6月1日,被告人马群凯因犯污染环境罪,被判处有期徒刑一年六个月,缓刑二年,并处罚金人民币二万元(所判罚金已缴纳);被告人王振殿犯污染环境罪,被判处有期徒刑一年二个月,缓刑二年,并处罚金人民币二万元(所判罚金已缴纳)。

莱州市公安局办理王振殿污染环境刑事一案中,莱州市公安局食药环侦大队《现场勘验检查工作记录》中记载"中心现场位于消水沙场院内北侧一废弃车间内。车间内西侧南北方向排列有两个长20m、宽6m、平均深1.5m的反应池,反应池底部为斜坡。车间北侧见一夹道,夹道内见三个长15m、宽2.6m、深2m的水泥池。"现车间内西侧的北池废酸液被沙土填埋,受污染沙土总重为223吨。

2015年11月27日,莱州市公安局食品药品与环境犯罪侦查大队委

托山东省环境保护科学研究设计院环境风险与污染损害鉴定评估中心对莱州市王振殿、马群凯污染环境案造成的环境损害程度及数额进行鉴定评估。该机构于2016年2月作出莱州市王振殿、马群凯污染环境案环境损害检验报告,认定:本次评估可量化的环境损害为应急处置费用和生态环境损害费用,应急处置费用为酸洗池内受污染沙土的处置费用5.6万元,生态环境损害费用为偷排酸洗废水造成的生态损害修复费用72万元,合计为77.6万元。

2016年4月6日,莱州市人民检察院向莱州市环境保护局发出莱检民(行)行政违监〔2016〕37068300001号检察建议,"建议对消水河流域的其他企业、小车间等的排污情况进行全面摸排,看是否还存在向消水河流域排放污染物的行为"。莱州市环境保护局于同年5月3日回复称,"我局在收到莱州市人民检察院检察建议书后,立即组织执法人员对消水河流域的企业、小车间的排污情况进行全面排查,经严格执法,未发现有向消水河流域排放废酸等危险废物的环境违法行为"。

2017年2月8日,山东省烟台市中级人民法院会同公益诉讼人及王振殿、马群凯、烟台市环保局、莱州市环保局、消水庄村委对王振殿、马群凯实施侵权行为造成的污染区域包括酸洗池内的沙土和周边居民区的部分居民家中水井地下水进行了现场勘验并取样监测,取证现场拍摄照片22张。环保部门向人民法院提交了2017年2月13日水质监测达标报告(8个监测点位水质监测结果均为达标)及其委托山东恒诚检测科技有限公司出具的2017年2月14日酸洗池固体废物检测报告(酸洗反应南池 - 40cm PH 值 = 9.02,- 70cm PH 值 = 9.18,北池 - 40cm PH 值 = 2.85,- 70cm PH 值 = 2.52)。公益诉讼人向人民法院提交的2017年3月3日由莱州市环境保护局委托山东恒诚检测科技有限公司对王振殿酸洗池废池的检测报告,载明:反应池南池 - 1.2m PH 值 = 9.7,北池 - 1.2m PH 值 < 2。公益诉讼人认为,《危险废物鉴定标准浸出毒性鉴别 GB5085.3 - 2007》和《土壤环境监测技术规范》(HJ/t166 - 2004)规定,PH 值 ≥ 12.5 或者 ≤ 2.0 时为具有腐蚀性的危险废物。国家危险废物名录(2016版)HW34 废酸一项 900 - 300 - 34 类为"使用酸进行清洗产生的废酸液";HW49 其他废物一项 900 - 041 - 49 类为"含有或沾染毒性、感染性危险废物的废弃包装物、容器、过滤吸附介质"。涉案酸洗池内受污染沙土属于危险废物,酸洗池内的受污染沙土总量都应该按照危险废物进行处置。

公益诉讼人提交的山东省地质环境监测总站水工环高级工程师刘炜金就地下水污染演变过程所做的咨询报告专家意见，载明：一、地下水环境的污染发展过程。1. 污染因子通过地表入渗进入饱和带（潜水含水层地下水水位以上至地表的地层），通过渗漏达到地下水水位进入含水层。2. 进入含水层，初始在水头压力作用下向四周扩散形成一个沿地下水流向展布的似圆状污染区。3. 当污染物持续入渗，在地下水水动力的作用下，污染因子随着地下水径流，向下游扩散，一般沿地下水流向以初始形成的污染区为起点呈扇形或椭圆形向下流拓展扩大。4. 随着地下水径流形成的污染区不断拓展，污染面积不断扩大，污染因子的浓度不断增大，造成对地下水环境的污染，在污染源没有切断的情况下，污染区将沿着地下水径流方向不断拓展。二、污染区域的演变过程、地下水污染的演变过程，主要受污染的持续性，包气带的渗漏性，含水层的渗透性，土壤及含水层岩土的吸附性，地下水径流条件等因素密切相关。1. 长期污染演变过程。在污染因子进入地表通过饱和带向下渗漏的过程中，部分被饱和带岩土吸附，污染包气带的岩土层；初始进入含水层的污染因子浓度较低，当经过一段时间渗漏途经吸附达到饱和后，进入含水层的污染因子浓度将逐渐接近或达到污水的浓度。进入含水层向下游拓展过程中，通过地下水的稀释和含水层的吸附，开始会逐渐降低。达到饱和后，随着污染因子的不断注入，达到一定浓度的污染区将不断向下游拓展，污染区域面积将不断扩大。2. 短期污染演变过程。短期污染是指污水进入地下水环境经过一定时期，消除污染源，已进入地下水环境的污染因子和污染区域的变化过程。①污染因子的演变过程。在消除污染源阻断污染因子进入地下水环境的情况下，随着上游地下水径流和污染区地下水径流扩大区域的地下水的稀释，及含水层岩土的吸附作用，污染水域的地下水浓度将逐渐降低，水质逐渐好转。②污染区域的变化。在消除污染源，污水阻止进入含水层后，地下水污染区域将随着时间的推移，在地下水径流水动力的作用下，整个污染区将逐渐向下游移动扩大，随着污染区扩大、岩土吸附作用的加强，含水层中地下水水质将逐渐好转，在经过一定时间后，污染因子将吸附于岩土层和稀释于地下水中，改善污染区地下水环境，最终使原污染区达到有关水质要求标准。

裁判结果

山东省烟台市中级人民法院于2017年5月31日作出（2017）鲁06

民初8号民事判决：一、被告王振殿、马群凯在本判决生效之日起三十日内在烟台市环境保护局的监督下按照危险废物的处置要求将酸洗池内受污染沙土223吨进行处置，消除危险；如不能自行处置，则由环境保护主管部门委托第三方进行处置，被告王振殿、马群凯赔偿酸洗危险废物处置费用5.6万元，支付至烟台市环境公益诉讼基金帐户。二、被告王振殿、马群凯在本判决生效之日起九十日内对莱州市柞村镇消水庄村沙场大院北侧车间周边地下水、土壤和消水河内水体的污染治理制定修复方案并进行修复，逾期不履行修复义务或者修复未达到保护生态环境社会公共利益标准的，赔偿因其偷排酸洗废水造成的生态损害修复费用72万元，支付至烟台市环境公益诉讼基金帐户。该案宣判后，双方均未提出上诉，判决已发生法律效力。

裁判理由

法院生效裁判认为：

一、关于王振殿、马群凯侵权行为认定问题

（一）关于涉案危险废物数量及处置费用的认定问题

审理中，山东恒诚检测科技有限公司出具的检测报告指出涉案酸洗反应南池－40cm、－70cm及－1.2m深度的ph值均在正常值范围内；北池－1.2mph值＜2属于危险废物。涉案酸洗池的北池内原为王振殿、马群凯使用盐酸进行长石颗粒清洗产生的废酸液，后其用沙土进行了填埋，根据国家危险废物名录（2016版）HW34废酸900－300－34和HW49其他废物一项900－041－49类规定，现整个池中填埋的沙土吸附池中的废酸液，成为含有或沾染腐蚀性毒性的危险废物。山东省环境保护科学研究设计院环境风险与污染损害鉴定评估中心出具的环境损害检验报告中将酸洗池北池内受污染沙土总量223吨作为危险废物量，参照《环境污染损害数额计算推荐方法》中给出的"土地资源参照单位修复治理成本"清洗法的单位治理成本250－800元/吨，本案取值250元/吨予以计算处置费用5.6万元，具有事实和法律依据，并无不当，予以采信。（具体计算方法为：20m×6m×平均深度1.3m×密度1.3t/m3＝203t沙土＋20t废酸＝223t×250元/t＝5.6万元）

（二）关于涉案土壤、地表水及地下水污染生态损害修复费用的认定问题

莱州市环境监测站监测报告显示，废水池内残留废水的PH值＜2，

属于强酸性废水。王振殿、马群凯通过废水池、排水沟排放的酸洗废水系危险废物亦为有毒物质污染环境，致部分居民家中水井颜色变黄，味道呛人，无法饮用。监测发现部分居民家中井水的PH值低于背景值，氯化物、总硬度远高于背景值，且明显超标。储存于废水池期间渗漏的废水渗透至周边土壤和地下水，排入沟内的废水流入消水河。涉案污染区域周边没有其他类似污染源，可以确定受污染地下水系黄色、具有刺鼻气味，且氯化物浓度较高的污染物，即王振殿、马群凯实施的环境污染行为造成。

2017年2月13日水质监测报告显示，在原水质监测范围内的部分监测点位，水质监测结果达标。根据地质环境监测专家出具的意见，可知在消除污染源阻断污染因子进入地下水环境的情况下，随着上游地下水径流和污染区地下水径流扩大区域的地下水稀释及含水层岩土的吸附作用，污染水域的地下水浓度将逐渐降低，水质逐渐好转。地下水污染区域将随着时间的推移，在地下水径流水动力的作用下，整个污染区将逐渐向下游移动扩大。经过一定时间，原污染区可能达到有关水质要求标准，但这并不意味着地区生态环境好转或已修复。王振殿、马群凯仍应当承担其污染区域的环境生态损害修复责任。在被告不能自行修复的情况下，根据《环境污染损害数额计算推荐方法》和《突发环境事件应急处置阶段环境损害评估推荐方法》的规定，采用虚拟治理成本法估算王振殿、马群凯偷排废水造成的生态损害修复费用。虚拟治理成本是指工业企业或污水处理厂治理等量的排放到环境中的污染物应该花费的成本，即污染物排放量与单位污染物虚拟治理成本的乘积。单位污染物虚拟治理成本是指突发环境事件发生地的工业企业或污水处理厂单位污染物治理平均成本。在量化生态环境损害时，可以根据受污染影响区域的环境功能敏感程度分别乘以1.5-10的倍数作为环境损害数额的上下限值。本案受污染区域的土壤、Ⅲ类地下水及消水河Ⅴ类地表水生态损害修复费用，山东省环境保护科学研究设计院环境风险与污染损害鉴定评估中心出具的环境损害检验报告中取虚拟治理成本的6倍，按照已生效的莱州市人民法院（2016）鲁0683刑初136号刑事判决书认定的偷排酸洗废水60吨的数额计算，造成的生态损害修复费用为72万元，即单位虚拟治理成本2000元/t×60t×6倍=72万元具有事实和法律依据，并无不当。

二、关于侵权责任问题

《中华人民共和国侵权责任法》第六十五条规定,"因污染环境造成损害的,污染者应当承担侵权责任。"第六十六条规定,"因污染环境发生纠纷,污染者应当就法律规定的不承担责任或者减轻责任的情形及其行为与损害之间不存在因果关系承担举证责任。"山东省莱州市人民法院作出的(2016)鲁0683刑初136号刑事判决书认定王振殿、马群凯实施的环境污染行为与所造成的环境污染损害后果之间存在因果关系,王振殿、马群凯对此没有异议,并且已经发生法律效力。根据《中华人民共和国环境保护法》第六十四条、《中华人民共和国侵权责任法》第八条、第六十五条、第六十六条、《最高人民法院关于审理环境侵权责任纠纷案件适用法律若干问题的解释》第十四条之规定,王振殿、马群凯应当对其污染环境造成社会公共利益受到损害的行为承担侵权责任。

(生效裁判审判人员:曲振涛、鲁晓辉、孙波)

【指导案例134号】

重庆市绿色志愿者联合会诉恩施自治州建始磺厂坪矿业有限责任公司水污染责任民事公益诉讼案

(最高人民法院审判委员会讨论通过 2019年12月26日发布)

关键词 民事 环境民事公益诉讼 停止侵害 恢复生产 附条件 环境影响评价

裁判要点

环境民事公益诉讼中,人民法院判令污染者停止侵害的,可以责令其重新进行环境影响评价,在环境影响评价文件经审查批准及配套建设的环境保护设施经验收合格之前,污染者不得恢复生产。

相关法条

1.《中华人民共和国环境影响评价法》第24条第1款

2. 《中华人民共和国水污染防治法》第 17 条第 3 款

基本案情

原告重庆市绿色志愿者联合会（以下简称重庆绿联会）对被告恩施自治州建始磺厂坪矿业有限责任公司（以下简称建始磺厂坪矿业公司）提起环境民事公益诉讼，诉请判令被告停止侵害，承担生态环境修复责任。重庆市人民检察院第二分院支持起诉。

法院经审理查明，千丈岩水库位于重庆市巫山县、奉节县和湖北省建始县交界地带。水库设计库容 405 万立方米，2008 年开始建设，2013 年 12 月 6 日被重庆市人民政府确认为集中式饮用水源保护区，供应周边 5 万余人的生活饮用和生产用水。湖北省建始县毗邻重庆市巫山县，被告建始磺厂坪矿业公司选矿厂位于建始县业州镇郭家淌国有高岩子林场，距离巫山县千丈岩水库直线距离约 2.6 公里，该地区属喀斯特地貌的山区，地下裂缝纵横，暗河较多。建始磺厂坪矿业公司硫铁矿选矿项目于 2009 年编制可行性研究报告，2010 年 4 月 23 日取得恩施土家族苗族自治州发展和改革委员会批复。2010 年 7 月开展环境影响评价工作，2011 年 5 月 16 日取得恩施土家族苗族自治州环境保护局环境影响评价批复。2012 年开工建设，2014 年 6 月基本完成，但水污染防治设施等未建成。建始磺厂坪矿业公司选矿厂硫铁矿生产中因有废水和尾矿排放，属于排放污染物的建设项目。其项目建设可行性报告中明确指出尾矿库库区为自然成库的岩溶洼地，库区岩溶表现为岩溶裂隙和溶洞。同时，尾矿库工程安全预评价报告载明："建议评价报告做下列修改和补充：1. 对库区渗漏分单元进行评价，提出对策措施；2. 对尾矿库运行后可能存在的排洪排水问题进行补充评价"。但建始磺厂坪矿业公司实际并未履行修改和补充措施。

2014 年 8 月 10 日，建始磺厂坪矿业公司选矿厂使用硫铁矿原矿约 500 吨、乙基钠黄药、2 号油进行违法生产，产生的废水、尾矿未经处理就排入临近有溶洞漏斗发育的自然洼地。2014 年 8 月 12 日，巫山县红椿乡村民反映千丈岩水库饮用水源取水口水质出现异常，巫山县启动重大突发环境事件应急预案。应急监测结果表明，被污染水体无重金属毒性，但具有有机物毒性，COD（化学需氧量）、Fe（铁）分别超标 0.25 倍、30.3 倍，悬浮物高达 260mg/L。重庆市相关部门将污染水体封存在水库内，对受污染水体实施药物净化等应急措施。

千丈岩水库水污染事件发生后，环境保护部明确该起事件已构成重大突发环境事件。环境保护部环境规划院环境风险与损害鉴定评估研究中心作出《重庆市巫山县红椿乡千丈岩水库突发环境事件环境损害评估报告》。该报告对本次环境污染的污染物质、突发环境事件造成的直接经济损失、本次污染对水库生态环境影响的评价等进行评估。并判断该次事件对水库的水生生态环境没有造成长期的不良影响，无需后续的生态环境修复，无需进行进一步的中长期损害评估。湖北省环保厅于2014年9月4日作出行政处罚决定，认定磺厂坪矿业公司硫铁矿选矿项目水污染防治设施未建成，擅自投入生产，非法将生产产生的废水和尾矿排放、倾倒至厂房下方的洼地内，造成废水和废渣经洼地底部裂隙渗漏，导致千丈岩水库水体污染。责令停止生产直至验收合格，限期采取治理措施消除污染，并处罚款1000000元。行政处罚决定作出后，建始磺厂坪矿业公司仅缴纳了罚款1000000元，但并未采取有效消除污染的治理措施。

　　2015年4月26日，法院依原告申请，委托北京师范大学对千丈岩环境污染事件的生态修复及其费用予以鉴定，北京师范大学鉴定认为：1. 建始磺厂坪矿业公司系此次千丈岩水库生态环境损害的唯一污染源，责任主体清楚，环境损害因果关系清晰。2. 对《重庆市巫山县红椿乡千丈岩水库突发环境事件环境损害评估报告》评价的对水库生态环境没有造成长期的不良影响，无需后续生态环境修复，无需进行中长期损害评估的结论予以认可。3. 本次污染土壤的生态环境损害评估认定：经过9个月后，事发区域土壤中的乙基钠黄药已得到降解，不会对当地生态环境再次带来损害，但洼地土壤中的 Fe 污染物未发生自然降解，超出当地生态基线，短期内不能自然恢复，将对千丈岩水库及周边生态环境带来潜在污染风险，需采取人工干预方式进行生态修复。根据《突发环境事件应急处置阶段环境损害评估推荐方法》〔环办（2014）118号〕，采用虚拟治理成本法计算洼地土壤生态修复费用约需991000元。4. 建议后续进一步制定详细的生态修复方案，开展事故区域生态环境损害的修复，并做好后期监管工作，确保千丈岩水库的饮水安全和周边生态环境安全。在案件审理过程中，重庆绿联会申请通知鉴定人出庭，就生态修复接受质询并提出意见。鉴定人王金生教授认为，土壤元素本身不是控制性指标，就饮用水安全而言，洼地土壤中的 Fe 高于饮用水安全标准；被告建始磺厂坪矿业公司选矿厂所处位置地下暗河众多，地区降水量大，污染饮用水的风险较高。

裁判结果

重庆市万州区人民法院于 2016 年 1 月 14 日作出（2014）万法环公初字第 00001 号民事判决：一、恩施自治州建始磺厂坪矿业有限责任公司立即停止对巫山县千丈岩水库饮用水源的侵害，重新进行环境影响评价，未经批复和环境保护设施未经验收，不得生产；二、恩施自治州建始磺厂坪矿业有限责任公司在判决生效后 180 日内，对位于恩施自治州建始县业州镇郭家淌国有高岩子林场选矿厂洼地土壤制定修复方案进行生态修复，逾期不履行修复义务或修复不合格，由恩施自治州建始磺厂坪矿业有限责任公司承担修复费用 991000 元支付至指定的账号；三、恩施自治州建始磺厂坪矿业有限责任公司对其污染生态环境，损害公共利益的行为在国家级媒体上赔礼道歉；四、恩施自治州建始磺厂坪矿业有限责任公司支付重庆市绿色志愿者联合会为本案诉讼而产生的合理费用及律师费共计 150000 元；五、驳回重庆市绿色志愿者联合会的其它诉讼请求。一审宣判后，恩施自治州建始磺厂坪矿业有限责任公司不服，提起上诉。重庆市第二中级人民法院于 2016 年 9 月 13 日作出（2016）渝 02 民终 77 号民事判决：驳回上诉，维持原判。

裁判理由

法院生效裁判认为，本案的焦点问题之一为是否需判令停止侵害并重新作出环境影响评价。

环境侵权行为对环境的污染、生态资源的破坏往往具有不可逆性，被污染的环境、被破坏的生态资源很多时候难以恢复，单纯事后的经济赔偿不足以弥补对生态环境所造成的损失，故对于环境侵权行为应注重防患于未然，才能真正实现环境保护的目的。本案建始磺厂坪矿业公司只是暂时停止了生产行为，其"三同时"工作严重滞后、环保设施未建成等违法情形并未实际消除，随时可能恢复违法生产。由于建始磺厂坪矿业公司先前的污染行为，导致相关区域土壤中部分生态指标超过生态基线，因当地降水量大，又地处喀斯特地貌山区，裂隙和溶洞较多，暗河纵横，而其中的暗河水源正是千丈岩水库的聚水来源，污染风险明显存在。考虑到建始磺厂坪矿业公司的违法情形尚未消除、项目所处区域地质地理条件复杂特殊，在不能确保恢复生产不会再次造成环境污染的前提下，应当禁止其恢复生产，才能有效避免当地生态环境再次遭受污染破坏，亦可避免在今后发现建始磺厂坪矿业公司重新恢复违法生产后需另行诉讼的风险，减轻当事人诉累、节约司法资源。故建始磺厂坪矿业公司虽在起诉之前已停止生产，仍应判令其对千丈岩水库饮用水源停止侵害。

此外，千丈岩水库开始建设于2008年，而建始磺厂坪矿业公司项目的环境影响评价工作开展于2010年7月，并于2011年5月16日才取得当地环境行政主管部门的批复。《中华人民共和国环境影响评价法》第二十三条规定："建设项目可能造成跨行政区域的不良环境影响，有关环境保护行政主管部门对该项目的环境影响评价结论有争议的，其环境影响评价文件由共同的上一级环境保护行政主管部门审批"。考虑到该项目的性质、与水库之间的相对位置及当地特殊的地质地理条件，本应在当时项目的环境影响评价中着重考虑对千丈岩水库的影响，但由于两者分处不同省级行政区域，导致当时的环境影响评价并未涉及千丈岩水库，可见该次环境影响评价是不全面且有着明显不足的。由于新增加了千丈岩水库这一需要重点考量的环境保护目标，导致原有的环境影响评价依据发生变化，在已发生重大突发环境事件的现实情况下，涉案项目在防治污染、防止生态破坏的措施方面显然也需要作出重大变动。根据《中华人民共和国环境影响评价法》第二十四条第一款"建设项目的环境影响评价文件经批准后，建设项目的性质、规模、地点、采用的生产工艺或者防治污染、防止生态破坏的措施发生重大变动的，建设单位应当重新报批建设项目的环境影响评价文件"及《中华人民共和国水污染防治法》第十七条第三款"建设项目的水污染防治设施，应当与主体工程同时设计、同时施工、同时投入使用。水污染防治设施应当经过环境保护主管部门验收，验收不合格的，该建设项目不得投入生产或者使用"的规定，鉴于千丈岩水库的重要性、作为一级饮用水水源保护区的环境敏感性及涉案项目对水库潜在的巨大污染风险，在应当作为重点环境保护目标纳入建设项目环境影响评价而未能纳入且客观上已经造成重大突发环境事件的情况下，考虑到原有的环境影响评价依据已经发生变化，出于对重点环境保护目标的保护及公共利益的维护，建始磺厂坪矿业公司应在考虑对千丈岩水库环境影响的基础上重新对项目进行环境影响评价并履行法定审批手续，未经批复和环境保护设施未经验收，不得生产。

（生效裁判审判人员：王剑波、杨超、沈平）

【指导案例 135 号】

江苏省徐州市人民检察院诉苏州其安工艺品有限公司等环境民事公益诉讼案

(最高人民法院审判委员会讨论通过　2019 年 12 月 26 日发布)

关键词　民事　环境民事公益诉讼　环境信息　不利推定

裁判要点

在环境民事公益诉讼中,原告有证据证明被告产生危险废物并实施了污染物处置行为,被告拒不提供其处置污染物情况等环境信息,导致无法查明污染物去向的,人民法院可以推定原告主张的环境污染事实成立。

相关法条

《中华人民共和国固体废物污染环境防治法》第 55 条、第 57 条、第 59 条

基本案情

2015 年 5、6 月份,苏州其安工艺品有限公司(以下简称其安公司)将其工业生产活动中产生的 83 桶硫酸废液,以每桶 1300－3600 元不等的价格,交由黄克峰处置。黄克峰将上述硫酸废液运至苏州市区其租用的场院内,后以每桶 2000 元的价格委托何传义处置,何传义又以每桶 1000 元的价格委托王克义处置。王克义到物流园马路边等处随机联系外地牌号货车车主或司机,分多次将上述 83 桶硫酸废液直接从黄克峰存放处运出,要求他们带出苏州后随意处置,共支出运费 43000 元。其中,魏以东将 15 桶硫酸废液从苏州运至沛县经济开发区后,在农地里倾倒 3 桶,余下 12 桶被丢弃在某工地上。除以上 15 桶之外,其余 68 桶硫酸废液王克义无法说明去向。2015 年 12 月,沛县环保部门巡查时发现 12 桶硫酸废液。经鉴定,确定该硫酸废液是危险废物。2016 年 10 月,其安公司将 12 桶硫酸废液合法处置,支付费用 116740.08 元。

2017 年 8 月 2 日,江苏省沛县人民检察院对其安公司、江晓鸣、黄克峰、何传义、王克义、魏以东等向徐州铁路运输法院提起公诉,该

案经江苏省徐州市中级人民法院二审后，终审判决认定其安公司、江晓鸣、黄克峰、何传义、王克义、魏以东等构成污染环境罪。

江苏省徐州市人民检察院在履行职责中发现以上破坏生态环境的行为后，依法公告了准备提起本案诉讼的相关情况，公告期内未有法律规定的机关和有关组织提起诉讼。2018年5月，江苏省徐州市人民检察院向江苏省徐州市中级人民法院提起本案诉讼，请求判令其安公司、黄克峰、何传义、王克义、魏以东连带赔偿倾倒3桶硫酸废液和非法处置68桶硫酸废液造成的生态环境修复费用，并支付其为本案支付的专家辅助人咨询费、公告费，要求五被告共同在省级媒体上公开赔礼道歉。

裁判结果

江苏省徐州市中级人民法院于2018年9月28日作出（2018）苏03民初256号民事判决：一、苏州其安工艺品有限公司、黄克峰、何传义、王克义、魏以东于判决生效后三十日内，连带赔偿因倾倒3桶硫酸废液所产生的生态环境修复费用204415元，支付至徐州市环境保护公益金专项资金账户；二、苏州其安工艺品有限公司、黄克峰、何传义、王克义于判决生效后三十日内，连带赔偿因非法处置68桶硫酸废液所产生的生态环境修复费用4630852元，支付至徐州市环境保护公益金专项资金账户；三、苏州其安工艺品有限公司、黄克峰、何传义、王克义、魏以东于判决生效后三十日内连带支付江苏省徐州市人民检察院为本案支付的合理费用3800元；四、苏州其安工艺品有限公司、黄克峰、何传义、王克义、魏以东于判决生效后三十日内共同在省级媒体上就非法处置硫酸废液行为公开赔礼道歉。一审宣判后，各当事人均未上诉，判决已发生法律效力。

裁判理由

法院生效裁判认为：

一、关于在沛县经济开发区倾倒3桶硫酸废液造成的生态环境损害，五被告应否承担连带赔偿责任及赔偿数额如何确定问题

《中华人民共和国固体废物污染环境防治法》（以下简称固体废物法）第五十五条规定："产生危险废物的单位，必须按照国家有关规定处置危险废物，不得擅自倾倒、堆放"。第五十七条规定："从事收集、贮存、处置危险废物经营活动的单位，必须向县级以上人民政府环境保护行政主管部门申请领取经营许可证……禁止无经营许可证或者不按照经营许可证规定从事危险废物收集、贮存、利用、处置的经营活动"。本案中,其安公司明知黄克峰无危险废物经营许可证,仍将危险废物硫酸废液交由其处置;黄克峰、何传义、王克义、魏以东明知自己无危险废物经营许可证,仍接收其安公司的硫酸废液并非法处置。其安公司与黄克峰、何传义、王克义、魏以东分别实施违法行为,层层获取非法利益,最终导致危险废物被非法处置,对此造成的生态环境损害,应当承担赔偿责任。五被告的行为均系生态环境遭受损害的必要条件,构成共同侵权,应当在各自参与非法处置危险废物的数量范围内承担连带责任。

本案中,倾倒 3 桶硫酸废液污染土壤的事实客观存在,但污染发生至今长达三年有余,且倾倒地已进行工业建设,目前已无法将受损的土壤完全恢复。根据《环境损害鉴定评估推荐方法(第Ⅱ版)》和原环境保护部《关于虚拟治理成本法适用情形与计算方法的说明》(以下简称《虚拟治理成本法说明》),对倾倒 3 桶硫酸废液所产生的生态环境修复费用,可以适用"虚拟治理成本法"予以确定,其计算公式为:污染物排放量×污染物单位治理成本×受损害环境敏感系数。公益诉讼起诉人委托的技术专家提出的倾倒 3 桶硫酸废液所致生态环境修复费用为 204415 元(4.28×6822.92×7)的意见,理据充分,应予采纳。该项生态环境损害系其安公司、黄克峰、何传义、王克义、魏以东五被告的共同违法行为所致,五被告应连带承担 204415 元的赔偿责任。

二、关于五被告应否就其余 68 桶硫酸废液承担生态环境损害赔偿责任,赔偿数额如何确定问题

根据固体废物法等法律法规,我国实行危险废物转移联单制度,申报登记危险废物的流向、处置情况等,是危险废物产生单位的法定义务;如实记载危险废物的来源、去向、处置情况等,是危险废物经营单位的法定义务;产生、收集、贮存、运输、利用、处置危险废物的单位和个人,均应设置危险废物识别标志,均有采取措施防止危险废物污染环境的法定义务。本案中,其安公司对硫酸废液未履行申报登记义务,未依法申请领取危险废物转移联单,黄克峰、何传义、王克义三被告非法从事危险废物经营活动,没有记录硫酸废液的流向及处置情况等,其安公司、黄克峰、何传义、王克义四被告逃避国家监管,非法转移危险废物,不能说明 68 桶硫酸废液的处置情况,没有采取措施防止硫酸废液污染环境,且 68 桶硫酸废液均没有设置危险废物识别标志,而容器上又留有出水口,即使运出苏州后被整体丢弃,也存在液体流出污染环境甚至危害人身财产安全的极大风险。因此,根据《最高人民法院关于审理环境民事公益诉讼案件适用法律若干问题的解释》第十三条"原告请求被告提供其排放的主要污染物名称、排放方式、排放浓度和总量、超标排放情况以及防治污染设施的建设和运行情况等环境信息,法律、法规、规章规定被告应当持有或者有证据证明被告持有而拒不提供,如果原告主张相关事实不利于被告的,人民法院可以推定该主张成立"之规定,本案应当推定其余 68 桶硫酸废液被非法处置并污染了环境的事实成立。

关于该项损害的赔偿数额。根据《虚拟治理成本法说明》,该项损害的具体情况不明确,其产生的生态环境修复费用,也可以适用"虚拟治理成本法"予以确定。如前所述,68 桶硫酸废液的重量仍应以每桶 1.426 吨计算,共计 96.96 吨;单位治理成本仍应确定为 6822.92元。关于受损害环境敏感系数。本案非法处置 68 桶硫酸废液实际损害的环境介质及环境功能区类别不明,可能损害的环境介质包括土壤、地表水或地下水中的一种或多种。而不同的环境介质、不同的环境功能区类别,其所对应的环境功能区敏感系数不同,存在 2 – 11 等多种可能。公益诉讼起诉人主张适用的系数 7,处于环境敏感系数的中位,对应 II 类地表水、II 类土壤、III 类地下水,而且本案中已经查明的 3 桶硫酸废液实际污染的环境介质即为 II 类土壤。同时,四被告也未能举证证明 68 桶硫酸废液实际污染了敏感系数更低的环境介质。因此,公益诉讼起诉人的主张具有合理性,同时体现了对逃避国家监管、非法转移处置危险废物违法行为的适度惩罚,应予采纳。综上,公益诉讼起诉人主张非法处置 68 桶硫酸废液产生的生态环境修复费用为 4630852 元(96.96 × 6822.92 × 7),应予支持。同时,如果今后查明 68 桶硫酸废液实际污染了敏感系数更高的环境介质,以上修复费用尚不足以弥补生态环境损害的,法律规定的机关和有关组织仍可以就新发现的事实向被告另行主张。该项生态环境损害系其安公司、黄克峰、何传义、王克义四被告的共同违法行为所致,四被告应连带承担 4630852 元的赔偿责任。

综上所述,生态文明建设是关系中华民族永续发展的根本大计,生态环境没有替代品,保护生态环境人人有责。产生、收集、贮存、运输、利用、处置危险废物的单位和个人,必须严格履行法律义务,切实采取措施防止危险废物对环境的污染。被告其安公司、黄克峰、何传义、王克义、魏以东没有履行法律义务，逃避国家监管，非法转移处置危险废物，任由危险废物污染环境，对此造成的生态环境损害，应当依法承担侵权责任。

（生效裁判审判人员：马荣、李娟、张演亮、陈虎、费艳、韩正娟、吴德恩）

【指导案例 136 号】

吉林省白山市人民检察院诉白山市江源区卫生和计划生育局、白山市江源区中医院环境公益诉讼案

（最高人民法院审判委员会讨论通过 2019 年 12 月 26 日发布）

关键词 行政 环境行政公益诉讼 环境民事公益诉讼 分别立案 一并审理

裁判要点

人民法院在审理人民检察院提起的环境行政公益诉讼案件时，对人民检察院就同一污染环境行为提起的环境民事公益诉讼，可以参照行政诉讼法及其司法解释规定，采取分别立案、一并审理、分别判决的方式处理。

相关法条

《中华人民共和国行政诉讼法》第 61 条

基本案情

白山市江源区中医院新建综合楼时，未建设符合环保要求的污水处理设施即投入使用。吉林省白山市人民检察院发现该线索后，进行了调查。调查发现白山市江源区中医院通过渗井、渗坑排放医疗污水。经对其排放的医疗污水及渗井周边土壤取样检验，化学需氧量、五日生化需氧量、悬浮物、总余氯等均超过国家标准。还发现白山市江源区卫生和

计划生育局在白山市江源区中医院未提交环评合格报告的情况下，对其《医疗机构职业许可证》校验为合格，且对其违法排放医疗污水的行为未及时制止，存在违法行为。检察机关在履行了提起公益诉讼的前置程序后，诉至法院，请求：1. 确认被告白山市江源区卫生和计划生育局于 2015 年 5 月 18 日为第三人白山市江源区中医院校验《医疗机构执业许可证》的行为违法；2. 判令白山市江源区卫生和计划生育局履行法定监管职责，责令白山市江源区卫生和计划生育局限期对白山市江源区中医院的医疗污水净化处理设施进行整改；3. 判令白山市江源区中医院立即停止违法排放医疗污水。

裁判结果

白山市中级人民法院于 2016 年 7 月 15 日以（2016）吉 06 行初 4 号行政判决，确认被告白山市江源区卫生和计划生育局于 2015 年 5 月 18 日对第三人白山市江源区中医院《医疗机构执业许可证》校验合格的行政行为违法；责令被告白山市江源区卫生和计划生育局履行监管职责，监督第三人白山市江源区中医院在三个月内完成医疗污水处理设施的整改。同日，白山市中级人民法院作出（2016）吉 06 民初 19 号民事判决，判令被告白山市江源区中医院立即停止违法排放医疗污水。一审宣判后，各方均未上诉，判决已经发生法律效力。

裁判理由

法院生效裁判认为，根据国务院《医疗机构管理条例》第五条及第四十条的规定，白山市江源区卫生和计划生育局对辖区内医疗机构具有监督管理的法定职责。《吉林省医疗机构审批管理办法（试行）》第四十四条规定，医疗机构申请校验时应提交校验申请、执业登记项目变更情况、接受整改情况、环评合格报告等材料。白山市江源区卫生和计划生育局在白山市江源区中医院未提交环评合格报告的情况下，对其《医疗机构职业许可证》校验为合格，违反上述规定，该校验行为违法。白山市江源区中医院违法排放医疗污水，导致周边地下水及土壤存在重大污染风险。白山市江源区卫生和计划生育局作为卫生行政主管部门，未及时制止，其怠于履行监管职责的行为违法。白山市江源区中医院通过渗井、渗坑违法排放医疗污水，且污水处理设施建设完工及环评验收需要一定的时间，故白山市江源区卫生和计划生育局应当继续履行监管职责，督促白山市江源区中医院污水处理工程及时完工，达到环评要求并投入使用，符合《吉林省医疗机构审批管理办法（试行）》第四十四条规定的校验医疗机构执业许可证的条件。

《中华人民共和国侵权责任法》第六十五条、第六十六条规定，因污染环境造成损害的，污染者应当承担侵权责任。因污染环境发生纠纷，污染者应当就法律规定的不承担责任或者减轻责任的情形及其行为与损害之间不存在因果关系承担举证责任。本案中，根据公益诉讼人的举证和查明的相关事实，可以确定白山市江源区中医院未安装符合环保要求的污水处理设备，通过渗井、渗坑实施了排放医疗污水的行为。从检测机构的检测结果及检测意见可知，其排放的医疗污水，对附近地下水及周边土壤存在重大环境污染风险。白山市江源区中医院虽辩称其未建设符合环保要求的排污设备系因政府对公办医院投入建设资金不足所致，但该理由不能否定其客观上实施了排污行为，产生了周边地下水及土壤存在重大环境污染风险的损害结果，以及排污行为与损害结果存在因果关系的基本事实。且环境污染具有不可逆的特点，故作出立即停止违法排放医疗污水的判决。

（生效裁判审判人员：张文宽、王辉、历彦飞）

【指导案例 137 号】

云南省剑川县人民检察院诉剑川县森林公安局怠于履行法定职责环境行政公益诉讼案

（最高人民法院审判委员会讨论通过 2019 年 12 月 26 日发布）

关键词 行政 环境行政公益诉讼 怠于履行法定职责 审查标准

裁判要点

环境行政公益诉讼中，人民法院应当以相对人的违法行为是否得到有效制止，行政机关是否充分、及时、有效采取法定监管措施，以及国家利益或者社会公共利益是否得到有效保护，作为审查行政机关是否履行法定职责的标准。

相关法条

1. 《中华人民共和国森林法》第 13 条、第 20 条
2. 《中华人民共和国森林法实施条例》第 43 条
3. 《中华人民共和国行政诉讼法》第 70 条、第 74 条

基本案情

2013 年 1 月，剑川县居民王寿全受玉鑫公司的委托在国有林区开挖公路，被剑川县红旗林业局护林人员发现并制止，剑川县林业局接报后交剑川县森林公安局进行查处。剑川县森林公安局于 2013 年 2 月 20 日向王寿全送达了林业行政处罚听证权利告知书，并于同年 2 月 27 日向王寿全送达了剑川县林业局剑林罚书字（2013）第（288）号林业行政处罚决定书。行政处罚决定书载明：玉鑫公司在未取得合法的林地征占用手续的情况下，委托王寿全于 2013 年 1 月 13 日至 19 日期间，在 13 林班 21、22 小班之间用挖掘机开挖公路长度为 494.8 米、平均宽度为 4.5 米、面积为 2226.6 平方米，共计 3.34 亩。根据《中华人民共和国森林法实施条例》第四十三条第一款规定，决定对王寿全及玉鑫公司给予如下行政处罚：1. 责令限期恢复原状；2. 处非法改变用途林地每平方米 10 元的罚款，即 22266.00 元。2013 年 3 月 29 日玉鑫公司交纳了罚款后，剑川县森林公安局即对该案予以结案。其后直到 2016 年 11 月 9 日，剑川县森林公安局没有督促玉鑫公司和王寿全履行"限期恢复原状"的行政义务，所破坏的森林植被至今没有得到恢复。

2016 年 11 月 9 日，剑川县人民检察院向剑川县森林公安局发出检察建议，建议依法履行职责，认真落实行政处罚决定，采取有效措施，恢复森林植被。2016 年 12 月 8 日，剑川县森林公安局回复称自接到《检察建议书》后，即刻进行认真研究，采取了积极的措施，并派民警到王寿全家对剑林罚书字（2013）第（288）号处罚决定第一项责令限期恢复原状进行催告，鉴于王寿全死亡，执行终止。对玉鑫公司，剑川县森林公安局没有向其发出催告书。

另查明，剑川县森林公安局为剑川县林业局所属的正科级机构，2013 年年初，剑川县林业局向其授权委托办理本县境内的所有涉及林业、林地处罚的林政处罚案件。2013 年 9 月 27 日，云南省人民政府《关于云南省林业部门相对集中林业行政处罚权工作方案的批复》，授权各级森林公安机关在全省范围内开展相对集中林业行政处罚权工作，同年 11 月 20 日，经云南省人民政府授权，云南省人民政府法制办公室

对森林公安机关行政执法主体资格单位及执法权限进行了公告，剑川县森林公安局也是具有行政执法主体资格和执法权限的单位之一，同年12月11日，云南省林业厅发出通知，决定自2014年1月1日起，各级森林公安机关依法行使省政府批准的62项林业行政处罚权和11项行政强制权。

裁判结果

云南省剑川县人民法院于2017年6月19日作出（2017）云2931行初1号行政判决：一、确认被告剑川县森林公安局怠于履行剑林罚书字（2013）第（288）号处罚决定第一项内容的行为违法；二、责令被告剑川县森林公安局继续履行法定职责。宣判后，当事人服判息诉，均未提起上诉，判决已发生法律效力，剑川县森林公安局也积极履行了判决。

裁判理由

法院生效裁判认为，公益诉讼人提起本案诉讼符合最高人民法院《人民法院审理人民检察院提起公益诉讼试点工作实施办法》及最高人民检察院《人民检察院提起公益诉讼试点工作实施办法》规定的行政公益诉讼受案范围，符合起诉条件。《中华人民共和国行政诉讼法》第二十六条第六款规定："行政机关被撤销或者职权变更的，继续行使其职权的行政机关是被告"，2013年9月27日，云南省人民政府《关于云南省林业部门相对集中林业行政处罚权工作方案的批复》授权各级森林公安机关相对集中行使林业行政部门的部分行政处罚权，因此，根据规定剑川县森林公安局行使原来由剑川县林业局行使的林业行政处罚权，是适格的被告主体。本案中，剑川县森林公安局在查明玉鑫公司及王寿全擅自改变林地的事实后，以剑川县林业局名义作出对玉鑫公司和王寿全责令限期恢复原状和罚款22266.00元的行政处罚决定符合法律规定，但在玉鑫公司缴纳罚款后三年多时间里没有督促玉鑫公司和王寿全对破坏的林地恢复原状，也没有代为履行，致使玉鑫公司和王寿全擅自改变的林地至今没有恢复原状，且未提供证据证明有相关合法、合理的事由，其行为显然不当，是怠于履行法定职责的行为。行政处罚决定没有执行完毕，剑川县森林公安局依法应该继续履行法定职责，采取有效措施，督促行政相对人限期恢复被改变林地的原状。

（生效裁判审判人员：赵新科、白灿山、张吉元）

【指导案例 138 号】

陈德龙诉成都市成华区环境保护局环境行政处罚案

(最高人民法院审判委员会讨论通过　2019 年 12 月 26 日发布)

关键词　行政　行政处罚　环境保护　私设暗管　逃避监管

裁判要点

企业事业单位和其他生产经营者通过私设暗管等逃避监管的方式排放水污染物的,依法应当予以行政处罚;污染者以其排放的水污染物达标、没有对环境造成损害为由,主张不应受到行政处罚的,人民法院不予支持。

相关法条

《中华人民共和国水污染防治法》(2017 年修正)第 39 条、第 83 条(本案适用的是 2008 年修正的《中华人民共和国水污染防治法》第 22 条第 2 款、第 75 条第 2 款)

基本案情

陈德龙系个体工商户龙泉驿区大面街道办德龙加工厂业主,自 2011 年 3 月开始加工生产钢化玻璃。2012 年 11 月 2 日,成都市成华区环境保护局(以下简称成华区环保局)在德龙加工厂位于成都市成华区保和街道办事处天鹅社区一组 B-10 号的厂房检查时,发现该厂涉嫌私自设置暗管偷排污水。成华区环保局经立案调查后,依照相关法定程序,于 2012 年 12 月 11 日作出成华环保罚字〔2012〕1130-01 号行政处罚决定,认定陈德龙的行为违反《中华人民共和国水污染防治法》(以下简称水污染防治法)第二十二条第二款规定,遂根据水污染防治法第七十五条第二款规定,作出责令立即拆除暗管,并处罚款 10 万元的处罚决定。陈德龙不服,遂诉至法院,请求撤销该处罚决定。

裁判结果

2014 年 5 月 21 日,成都市成华区人民法院作出(2014)成华行初字第 29 号行政判决书,判决:驳回原告陈德龙的诉讼请求。陈德龙不服,向成都市中级人民法院提起上诉。2014 年 8 月 22 日,成都市中级人民法院作出(2014)成行终字第 345 号行政判决书,判决:驳回原告陈德龙的诉讼请求。2014年10月21日，陈德龙向成都市中级人民法院申请对本案进行再审，该院作出（2014）成行监字第131号裁定书，裁定不予受理陈德龙的再审申请。

裁判理由

法院生效裁判认为，德龙加工厂工商登记注册地虽然在成都市龙泉驿区，但其生产加工形成环境违法事实的具体地点在成都市成华区，根据《中华人民共和国行政处罚法》第二十条、《环境行政处罚办法》第十七条的规定，成华区环保局具有作出被诉处罚决定的行政职权；虽然成都市成华区环境监测站于2012年5月22日出具的《检测报告》，认为德龙加工厂排放的废水符合排放污水的相关标准，但德龙加工厂私设暗管排放的仍旧属于污水，违反了水污染防治法第二十二条第二款的规定；德龙加工厂曾因实施"未办理环评手续、环保设施未验收即投入生产"的违法行为受到过行政处罚，本案违法行为系二次违法行为，成华区环保局在水污染防治法第七十五条第二款所规定的幅度内，综合考虑德龙加工厂系二次违法等事实，对德龙加工厂作出罚款10万元的行政处罚并无不妥。

（生效裁判审判人员：李伟东、喻小岷、邱方丽）

【指导案例139号】

上海鑫晶山建材开发有限公司诉上海市金山区环境保护局环境行政处罚案

（最高人民法院审判委员会讨论通过　2019年12月26日发布）

关键词　行政　行政处罚　大气污染防治　固体废物污染环境防治　法律适用　超过排放标准

裁判要点

企业事业单位和其他生产经营者堆放、处理固体废物产生的臭气浓度超过大气污染物排放标准，环境保护主管部门适用处罚较重的《中华人民共和国大气污染防治法》对其进行处罚，企业事业单位和其他生产经营者主张应当适用《中华人民共和国固体废物污染环境防治法》对其进行处罚的，人民法院不予支持。

相关法条

1. 《中华人民共和国环境保护法》第 10 条
2. 《中华人民共和国大气污染防治法》第 18 条、第 99 条
3. 《中华人民共和国固体废物污染环境防治法》第 68 条

基本案情

原告上海鑫晶山建材开发有限公司（以下简称鑫晶山公司）不服上海市金山区环境保护局（以下简称金山环保局）行政处罚提起行政诉讼，诉称：金山环保局以其厂区堆放污泥的臭气浓度超标适用《中华人民共和国大气污染防治法》（以下简称大气污染防治法）进行处罚不当，应当适用《中华人民共和国固体废物污染环境防治法》（以下简称固体废物污染环境防治法）处罚，请求予以撤销。

法院经审理查明：因群众举报，2016 年 8 月 17 日，被告金山环保局执法人员前往鑫晶山公司进行检查，并由金山环境监测站工作人员对该公司厂界臭气和废气排放口进行气体采样。同月 26 日，金山环境监测站出具了编号为 XF26-2016 的《测试报告》，该报告中的《监测报告》显示，依据《恶臭污染物排放标准》（GB14554-93）规定，臭气浓度厂界标准值二级为 20，经对原告厂界四个监测点位各采集三次样品进行检测，3#监测点位臭气浓度一次性最大值为 25。2016 年 9 月 5 日，被告收到前述《测试报告》，遂于当日进行立案。经调查，被告于 2016 年 11 月 9 日制作了金环保改字〔2016〕第 224 号《责令改正通知书》及《行政处罚听证告知书》，并向原告进行了送达。应原告要求，被告于 2016 年 11 月 23 日组织了听证。2016 年 12 月 2 日，被告作出第 2020160224 号《行政处罚决定书》，认定 2016 年 8 月 17 日，被告执法人员对原告无组织排放恶臭污染物进行检查、监测，在原告厂界采样后，经金山环境监测站检测，3#监测点臭气浓度一次性最大值为 25，超出《恶臭污染物排放标准》（GB14554-93）规定的排放限值 20，该行为违反了大气污染防治法第十八条的规定，依据大气污染防治法第九十九条第二项的规定，决定对原告罚款 25 万元。

另查明，2009 年 11 月 13 日，被告审批通过了原告上报的《多规格环保型淤泥烧结多孔砖技术改造项目环境影响报告表》，2012 年 12

月 5 日前述技术改造项目通过被告竣工验收。同时，2015 年以来，原告被群众投诉数十起，反映该公司排放刺激性臭气等环境问题。2015 年 9 月 9 日，因原告同年 7 月 20 日厂界两采样点臭气浓度最大测定值超标，被告对该公司作出金环保改字〔2015〕第 479 号《责令改正通知书》，并于同年 9 月 18 日作出第 2020150479 号《行政处罚决定书》，决定对原告罚款 35,000 元。

裁判结果

上海市金山区人民法院于 2017 年 3 月 27 日作出（2017）沪 0116 行初 3 号行政判决：驳回原告上海鑫晶山建材开发有限公司的诉讼请求。宣判后，当事人服判息诉，均未提起上诉，判决已发生法律效力。

裁判理由

法院生效裁判认为，本案核心争议焦点在于被告适用大气污染防治法对原告涉案行为进行处罚是否正确。其中涉及固体废物污染环境防治法第六十八条第一款第七项、第二款及大气污染防治法第九十九条第二项之间的选择适用问题。前者规定，未采取相应防范措施，造成工业固体废物扬散、流失、渗漏或者造成其他环境污染的，处一万元以上十万元以下的罚款；后者规定，超过大气污染物排放标准或者超过重点大气污染物排放总量控制指标排放大气污染物的，由县级以上人民政府环境保护主管部门责令改正或者限制生产、停产整治，并处十万元以上一百万元以下的罚款；情节严重的，报经有批准权的人民政府批准，责令停业、关闭。前者规制的是未采取防范措施造成工业固体废物污染环境的行为，后者规制的是超标排放大气污染物的行为；前者有未采取防范措施的行为并具备一定环境污染后果即可构成，后者排污单位排放大气污染物必须超过排放标准或者重点大气污染物排放总量控制指标才可构成。本案并无证据可证实臭气是否来源于任何工业固体废物，且被告接到群众有关原告排放臭气的投诉后进行执法检查，检查、监测对象是原告排放大气污染物的情况，适用对象方面与大气污染防治法更为匹配；《监测报告》显示臭气浓度超过大气污染物排放标准，行为后果方面适用大气污染防治法第九十九条第二项规定更为准确，故被诉行政处罚决定适用法律并无不当。

（生效裁判审判人员：徐跃、许颖、崔胜东）

最高人民检察院指导性案例

（第一批~第十九批）

最高人民检察院
关于印发第一批指导性案例的通知

(2010年12月31日 高检发研字〔2010〕12号)

各省、自治区、直辖市人民检察院,军事检察院,新疆生产建设兵团人民检察院:

经2010年12月15日最高人民检察院第十一届检察委员会第五十三次会议讨论决定,现将施某某等17人聚众斗殴案、忻元龙绑架案和林志斌徇私舞弊暂予监外执行案等三个案例印发你们,供参考。

最高人民检察院
2010年12月31日

【检例第1号】

施某某等17人聚众斗殴案

【要旨】

检察机关办理群体性事件引发的犯罪案件,要从促进社会矛盾化解的角度,深入了解案件背后的各种复杂因素,依法慎重处理,积极参与调处矛盾纠纷,以促进社会和谐,实现法律效果与社会效果的有机统一。

【基本案情】

犯罪嫌疑人施某某等9人系福建省石狮市永宁镇西岑村人。

犯罪嫌疑人李某某等8人系福建省石狮市永宁镇子英村人。

福建省石狮市永宁镇西岑村与子英村相邻,原本关系友好。近年来，两村因土地及排水问题发生纠纷。永宁镇政府为解决两村之间的纠纷，曾组织人员对发生土地及排水问题的地界进行现场施工，但被多次阻挠未果。2008年12月17日上午8时许，该镇组织镇干部与施工队再次进行施工。上午9时许，犯罪嫌疑人施某某等9人以及数十名西岑村村民头戴安全帽，身背装有石头的袋子，手持木棍、铁锹等器械到达两村交界处的施工地界，犯罪嫌疑人李某某等8人以及数十名子英村村民随后也到达施工地界，手持木棍、铁锹等器械与西岑村村民对峙，双方互相谩骂、互扔石头。出警到达现场的石狮市公安局工作人员把双方村民隔开并劝说离去，但仍有村民不听劝说，继续叫骂并扔掷石头，致使二辆警车被砸损（经鉴定损失价值人民币761元），三名民警手部被打伤（经鉴定均未达轻微伤）。

【诉讼过程】

案发后，石狮市公安局对积极参与斗殴的西岑村施某某等9人和子英村李某某等8人以涉嫌聚众斗殴罪向石狮市人民检察院提请批准逮捕。为避免事态进一步扩大，也为矛盾化解创造有利条件，石狮市人民检察院在依法作出批准逮捕决定的同时，建议公安机关和有关部门联合两村村委会做好矛盾化解工作，促成双方和解。2010年3月16日，石狮市公安局将本案移送石狮市人民检察院审查起诉。石狮市人民检察院在办案中，抓住化解积怨这一关键，专门成立了化解矛盾工作小组，努力促成两村之间矛盾的化解。在取得地方党委、人大、政府支持后，工作小组多次走访两村所在的永宁镇党委、政府，深入两村争议地点现场查看，并与村委会沟通，制订工作方案。随后协调镇政府牵头征求专家意见并依照镇排水、排污规划对争议地点进行施工，从交通安全与保护环境的角度出发，在争议的排水沟渠所在地周围修建起护栏和人行道，并纳入镇政府的统一规划。这一举措得到了两村村民的普遍认同。化解矛盾工作期间，工作小组还耐心、细致地进行释法说理、政策教育、情绪疏导和思想感化等工作，两村相关当事人及其家属均对用聚众斗殴这种违法行为解决矛盾纠纷的做法进行反省并表示后悔，都表现出明确的和解意愿。2010年4月23日，西岑村、子英村两村村委会签订了两村和解协议，涉案人员也分别出具承诺书，表示今后不再就此滋生事端，并保证遵纪守法。至此，两村纠纷得到妥善解决，矛盾根源得以消除。

石狮市人民检察院认为：施某某等17人的行为均已触犯了《中华人民共和国刑法》第二百九十二条第一款、第二十五条第一款之规定，涉嫌构成聚众斗殴罪，依法应当追究刑事责任。鉴于施某某等17人参与聚众斗殴的目的并非为了私仇或争霸一方，且造成的财产损失及人员伤害均属轻微，并未造成严重后果；两村村委会达成了和解协议，施某某等17人也出具了承诺书，从惩罚与教育相结合的原则出发以及有利于促进社会和谐的角度考虑，2010年4月28日，石狮市人民检察院根据《中华人民共和国刑事诉讼法》第一百四十二条第二款之规定，决定对施某某等17人不起诉。

【检例第 2 号】

忻元龙绑架案

【要旨】

对于死刑案件的抗诉，要正确把握适用死刑的条件，严格证明标准，依法履行刑事审判法律监督职责。

【基本案情】

被告人忻元龙，男，1959年2月1日出生，汉族，浙江省宁波市人，高中文化。2005年9月15日，因涉嫌绑架罪被刑事拘留，2005年9月27日被逮捕。

被告人忻元龙因经济拮据而产生绑架儿童并勒索家长财物的意图，并多次到浙江省慈溪市进行踩点和物色被绑架人。2005年8月18日上午，忻元龙驾驶自己的浙B3C751通宝牌面包车从宁波市至慈溪市浒山街道团圈支路老年大学附近伺机作案。当日下午1时许，忻元龙见女孩杨某某（女，1996年6月1日出生，浙江省慈溪市浒山东门小学三年级学生，因本案遇害，殁年9岁）背着书包独自一人经过，即以"陈老师找你"为由将杨某某骗上车，将其扣在一个塑料洗澡盆下，开车驶至宁波市东钱湖镇"钱湖人家"后山。当晚10时许，忻元龙从杨某某处骗得其父亲的手机号码和家中的电话号码后，又开车将杨某某带至宁波市北仑区新碶镇算山村防空洞附近，采用捂口、鼻的方式将杨某某杀害后掩埋。8月19日，忻元龙乘火车到安徽省广德县购买了一部波导 1220 型手机，于 20 日凌晨 0 时许拨打杨某某家电话，称自己已经绑架杨某某并要求杨某某的父亲于当月 25 日下午 6 时前带 60 万元赎金到浙江省湖州市长兴县交换其女儿。尔后，忻元龙又乘火车到安徽省芜湖市打勒索电话，因其将记录电话的纸条丢失，将被害人家的电话号码后四位 2353 误记为 7353，电话接通后听到接电话的人操宁波口音，而杨某某的父亲讲普通话，由此忻元龙怀疑是公安人员已介入，遂停止了勒索。2005 年 9 月 15 日忻元龙被公安机关抓获，忻元龙供述了绑架杀人经过，并带领公安人员指认了埋尸现场，公安机关起获了一具尸骨，从其浙 B3C751 通宝牌面包车上提取了杨某某头发两根（经法医学 DNA 检验鉴定，是被害人杨某某的尸骨和头发）。公安机关从被告人忻元龙处扣押波导 1220 型手机一部。

【诉讼过程】

被告人忻元龙绑架一案，由浙江省慈溪市公安局立案侦查，于 2005 年 11 月 21 日移送慈溪市人民检察院审查起诉。慈溪市人民检察院于同年 11 月 22 日告知了忻元龙有权委托辩护人等诉讼权利，也告知了被害人的近亲属有权委托诉讼代理人等诉讼权利。按照案件管辖的规定，同年 11 月 28 日，慈溪市人民检察院将案件报送宁波市人民检察院审查起诉。宁波市人民检察院依法讯问了被告人忻元龙，审查了全部案件材料。2006 年 1 月 4 日，宁波市人民检察院以忻元龙涉嫌绑架罪向宁波市中级人民法院提起公诉。

2006 年 1 月 17 日，浙江省宁波市中级人民法院依法组成合议庭，公开审理了此案。法庭审理认为：被告人忻元龙以勒索财物为目的，绑架并杀害他人，其行为已构成绑架罪。手段残忍、后果严重，依法应予严惩。检察机关指控的罪名成立。

2006 年 2 月 7 日，宁波市中级人民法院作出一审判决：一、被告人忻元龙犯绑架罪，判处死刑，剥夺政治权利终身，并处没收个人全部财产。二、被告人忻元龙赔偿附带民事诉讼原告人杨宝凤、张玉彬应得的被害人死亡赔偿金 317640 元、丧葬费 11380 元，合计人民币 329020 元。三、供被告人忻元龙犯罪使用的浙 B3C751 通宝牌面包车一辆及波导 1220 型手机一部，予以没收。

忻元龙对一审刑事部分的判决不服，向浙江省高级人民法院提出上诉。

2006 年 10 月 12 日，浙江省高级人民法院依法组成合议庭，公开审理了此案。法庭审理认为：被告人忻元龙以勒索财物为目的，绑架并杀害他人，其行为已构成绑架罪。犯罪情节特别严重，社会危害极大，依法应予严惩。但鉴于本案的具体情况，对忻元龙判处死刑，可不予立即执行。2007年4月28日，浙江省高级人民法院作出二审判决：一、撤销浙江省宁波市中级人民法院（2006）甬刑初字第16号刑事附带民事判决中对忻元龙的量刑部分，维持判决的其余部分；二、被告人忻元龙犯绑架罪，判处死刑，缓期二年执行，剥夺政治权利终身。

被害人杨某某的父亲不服，于2007年6月25日向浙江省人民检察院申诉，请求提出抗诉。

浙江省人民检察院经审查认为，浙江省高级人民法院二审判决改判忻元龙死刑缓期二年执行确有错误，于2007年8月10日提请最高人民检察院按照审判监督程序提出抗诉。最高人民检察院派员到浙江专门核查了案件相关情况。最高人民检察院检察委员会两次审议了该案，认为被告人忻元龙绑架犯罪事实清楚，证据确实、充分，依法应当判处死刑立即执行，浙江省高级人民法院以"鉴于本案具体情况"为由改判忻元龙死刑缓期二年执行确有错误，应予纠正。理由如下：

一、忻元龙绑架犯罪事实清楚，证据确实、充分。本案定案的物证、书证、证人证言、被告人供述、鉴定结论、现场勘查笔录等证据能够形成完整的证据体系。公安机关根据忻元龙的供述找到被害人杨某某尸骨，忻元龙供述的诸多隐蔽细节，如埋尸地点、尸体在土中的姿势、尸体未穿鞋袜、埋尸坑中没有书包、打错勒索电话的原因、打勒索电话的通话次数、通话内容、接电话人的口音等，得到了其他证据的印证。

二、浙江省高级人民法院二审判决确有错误。二审改判是认为本案证据存在两个疑点。一是卖给忻元龙波导1220型手机的证人傅世红在证言中讲该手机的串号与公安人员扣押在案手机的串号不一致，手机的同一性存有疑问；二是证人宋丽娟和艾力买买提尼牙子证实，在案发当天看见一中年妇女将一个与被害人特征相近的小女孩带走，不能排除有他人作案的可能。经审查，这两个疑点均能够排除。一是关于手机同一性问题。经审查，公安人员在询问傅世红时，将波导1220型手机原机主洪义军的身份证号码误记为手机的串号。宁波市人民检察院移送给宁波市中级人民法院的《随案移送物品文件清单》中写明波导1220型手机的串号是350974114389275，且洪义军将手机卖给傅世红的《旧货交易凭证》等证据，清楚地证明了从忻元龙身上扣押的手机即是索要赎金时使用的手机，且手机就在宁波市中级人民法院，手机同一性的疑点能够排除。二是关于是否存在中年妇女作案问题。案卷原有证据能够证实宋丽娟、艾力买买提尼牙子证言证明的"中年妇女带走小女孩"与本案无关。宋丽娟、艾力买买提尼牙子证言证明的中年妇女带走小女孩的地点在绑架现场东侧200米左右,与忻元龙绑架杨某某并非同一地点。艾力买买提尼牙子证言证明的是迪欧咖啡厅南边的电脑培训学校门口,不是忻元龙实施绑架的地点;宋丽娟证言证明的中年妇女带走小女孩的地点是迪欧咖啡厅南边的十字路口,而不是老年大学北围墙外的绑架现场,因为宋丽娟所在位置被建筑物阻挡,看不到老年大学北围墙外的绑架现场,此疑问也已经排除。此外,二人提到的小女孩的外貌特征等细节也与杨某某不符。

三、忻元龙所犯罪行极其严重,对其应当判处死刑立即执行。一是忻元龙精心预谋犯罪、主观恶性极深。忻元龙为实施绑架犯罪进行了精心预谋,多次到慈溪市"踩点",并选择了相对僻静无人的地方作为行车路线。忻元龙以"陈老师找你"为由将杨某某骗上车实施绑架,与慈溪市老年大学剑桥英语培训班负责人陈老师的姓氏相符。忻元龙居住在宁波市的鄞州区,选择在宁波市的慈溪市实施绑架,选择在宁波市的北仑区杀害被害人,之后又精心实施勒索赎金行为,赴安徽省广德县购买波导1220型手机,使用异地购买的手机卡,赴安徽省宣城市、芜湖市打勒索电话并要求被害人父亲到浙江省长兴县交付赎金。二是忻元龙犯罪后果极其严重、社会危害性极大。忻元龙实施绑架犯罪后,为使自己的罪行不被发现,在得到被害人家庭信息后,当天就将年仅9岁的杨某某杀害,并烧掉了杨某某的书包,扔掉了杨某某挣扎时脱落的鞋子,实施了毁灭罪证的行为。忻元龙归案后认罪态度差。开始不供述犯罪,并隐瞒作案所用手机的来源,后来虽供述犯罪,但编造他人参与共同作案。忻元龙的犯罪行为不仅剥夺了被害人的生命、给被害人家属造成了无法弥补的巨大痛苦,也严重影响了当地群众的安全感。三是二审改判忻元龙死刑缓期二年执行不被被害人家属和当地群众接受。被害人家属强烈要求判处忻元龙死刑立即执行,当地群众对二审改判忻元龙死刑缓期二年执行亦难以接受,要求司法机关严惩忻元龙。

2008年10月22日,最高人民检察院依照《中华人民共和国刑事诉讼法》第二百零五条第三款之规定,向最高人民法院提出抗诉。2009年3月18日,最高人民法院指令浙江省高级人民法院另行组成合议庭,对忻元龙案件进行再审。

2009年5月14日,浙江省高级人民法院另行组成合议庭公开开庭审理本案。法庭审理认为:被告人忻元龙以勒索财物为目的,绑架并杀害他人,其行为已构成绑架罪,且犯罪手段残忍、情节恶劣,社会危害极大,无任何悔罪表现,依法应予严惩。检察机关要求纠正二审判决的意见能够成立。忻元龙及其辩护人要求维持二审判决的意见,理由不足,不予采纳。

2009年6月26日,浙江省高级人民法院依照《中华人民共和国刑事诉讼法》第二百零五条第二款、第二百零六条、第一百八十九条第二项,《中华人民共和国刑法》第二百三十九条第一款、第五十七条第一款、第六十四条之规定,作出判决:一、撤销浙江省高级人民法院(2006)浙刑一终字第146号刑事判决中对原审被告人忻元龙的量刑部分,维持该判决的其余部分和宁波市中级人民法院(2006)甬刑初字第16号刑事附带民事判决;二、原审被告人忻元龙犯绑架罪,判处死刑,剥夺政治权利终身,并处没收个人全部财产,并依法报请最高人民法院核准。

最高人民法院复核认为:被告人忻元龙以勒索财物为目的,绑架并杀害他人的行为已构成绑架罪。其犯罪手段残忍,情节恶劣,后果严重,无法定从轻处罚情节。浙江省高级人民法院再审判决认定的事实清楚,证据确实、充分,定罪准确,量刑适当,审判程序合法。

2009年11月13日,最高人民法院依照《中华人民共和国刑事诉讼法》第一百九十九条和《最高人民法院关于复核死刑案件若干问题的规定》第二条第一款的规定,作出裁定:核准浙江省高级人民法院(2009)浙刑再字第3号以原审被告人忻元龙犯绑架罪,判处死刑,剥夺政治权利终身,并处没收个人全部财产的刑事判决。

2009年12月11日,被告人忻元龙被依法执行死刑。

【检例第3号】

林志斌徇私舞弊暂予监外执行案

【要旨】

司法工作人员收受贿赂,对不符合减刑、假释、暂予监外执行条件的罪犯，予以减刑、假释或者暂予监外执行的，应根据案件的具体情况，依法追究刑事责任。

【基本案情】

被告人林志斌，男，1964年8月21日出生，汉族，原系吉林省吉林监狱第三监区监区长，大学文化。2008年11月1日，因涉嫌徇私舞弊暂予监外执行罪被刑事拘留，2008年11月14日被逮捕。

2003年12月，高俊宏因犯合同诈骗罪，被北京市东城区人民法院判处有期徒刑十二年，2004年1月入吉林省吉林监狱服刑。服刑期间，高俊宏认识了服刑犯人赵金喜，并请赵金喜为其办理保外就医。赵金喜找到时任吉林监狱第五监区副监区长的被告人林志斌，称高俊宏愿意出钱办理保外就医，让林志斌帮忙把手续办下来。林志斌答应帮助沟通此事。之后赵金喜找到服刑犯人杜迎涛，由杜迎涛配制了能表现出患病症状的药物。在赵金喜的安排下，高俊宏于同年3月24日服药后"发病"住院。林志斌明知高俊宏伪造病情，仍找到吉林监狱刑罚执行科的王连发（另案处理），让其为高俊宏办理保外就医，并主持召开了对高俊宏提请保外就医的监区干部讨论会。会上，林志斌隐瞒了高俊宏伪造病情的情况，致使讨论会通过了高俊宏的保外就医申请，然后其将高俊宏的保外就医相关材料报到刑罚执行科。期间高俊宏授意其弟高俊卫与赵金喜向林志斌行贿人民币5万元（林志斌将其中3万元交王连发）。2004年4月28日，经吉林监狱呈报，吉林省监狱管理局以高俊宏双肺肺炎、感染性休克、呼吸衰竭，批准高俊宏暂予监外执行一年。同年4月30日，高俊宏被保外就医。2006年5月18日，高俊宏被收监。

【诉讼过程】

2008年10月28日，吉林省长春市宽城区人民检察院对林志斌涉嫌徇私舞弊暂予监外执行一案立案侦查。2009年8月4日，长春市宽城区人民检察院以林志斌涉嫌徇私舞弊暂予监外执行罪向长春市宽城区人民法院提起公诉。2009年10月20日，长春市宽城区人民法院作出（2009）宽刑初字第223号刑事判决，以被告人林志斌犯徇私舞弊暂予监外执行罪，判处有期徒刑三年。

最高人民检察院
关于印发第二批指导性案例的通知

(2012年11月15日 高检发研字〔2012〕5号)

各省、自治区、直辖市人民检察院，军事检察院，新疆生产建设兵团人民检察院：

经2012年10月31日最高人民检察院第十一届检察委员会第八十一次会议审议决定，现将崔建国环境监管失职案、陈根明等滥用职权案、罗建华等滥用职权案、胡宝刚等徇私舞弊不移交刑事案件案和杨周武玩忽职守、徇私枉法、受贿案等五个案例印发你们，供参考。

最高人民检察院
2012年11月15日

【检例第4号】

崔建国环境监管失职案

【关键词】 渎职罪主体　国有事业单位工作人员　环境监管失职罪

【要旨】

实践中，一些国有公司、企业和事业单位经合法授权从事具体的管理市场经济和社会生活的工作，拥有一定管理公共事务和社会事务的职权，这些实际行使国家行政管理职权的公司、企业和事业单位工作人员，符合渎职罪主体要求；对其实施渎职行为构成犯罪的，应当依照刑法关于渎职罪的规定追究刑事责任。

【相关立法】

《中华人民共和国刑法》第四百零八条，全国人民代表大会常务委员会《关于〈中华人民共和国刑法〉第九章渎职罪主体适用问题的解释》。

【基本案情】

被告人崔建国，男，1960年出生，原系江苏省盐城市饮用水源保护区环境监察支队二大队大队长。

江苏省盐城市标新化工有限公司（以下简称"标新公司"）位于该市二级饮用水保护区内的饮用水取水河蟒蛇河上游。根据国家、市、区的相关法律法规文件规定，标新公司为重点污染源，系"零排污"企业。标新公司于2002年5月经过江苏省盐城市环保局审批建设年产500吨氯代醚酮项目，2004年8月通过验收。2005年11月，标新公司未经批准在原有氯代醚酮生产车间套产甘宝素。2006年9月建成甘宝素生产专用车间，含11台生产反应釜。氯代醚酮的生产过程中所产生的废水有钾盐水、母液、酸性废水、间接冷却水及生活污水。根据验收报告的要求，母液应外售，钾盐水、酸性废水、间接冷却水均应经过中和、吸附后回用（钾盐水也可收集后出售给有资质的单位）。但标新公司自生产以来，从未使用有关排污的技术处理设施。除在2006年至2007年部分钾盐废水（共50吨左右）外售至阜宁助剂厂外，标新公司生产产生的钾盐废水及其他废水直接排放至厂区北侧或者东侧的河流中，导致2009年2月发生盐城市区饮用水源严重污染事件。盐城市城西水厂、越河水厂水源遭受严重污染，所生产的自来水中酚类物质严重超标，近20万盐城市居民生活饮用水和部分单位供水被迫中断66小时40分钟，造成直接经济损失543万余元，并在社会上造成恶劣影响。

盐城市环保局饮用水源保护区环境监察支队负责盐城市区饮用水源保护区的环境保护、污染防治工作，标新公司位于市饮用水源二级保护区范围内，属该支队二大队管辖。被告人崔建国作为二大队大队长，对标新公司环境保护监察工作负有直接领导责任。崔建国不认真履行环境保护监管职责，并于2006到2008年多次收受标新公司法定代表人胡某某小额财物。崔建国在日常检查中多次发现标新公司有冷却水和废水外排行为，但未按规定要求标新公司提供母液台账、合同、发票等材料，只是填写现场监察记录，也未向盐城市饮用水源保护区环境监察支队汇报标新公司违法排污情况。2008年12月6日，盐城市饮用水源保护区环境监察支队对保护区内重点化工企业进行专项整治活动，并对标新公司发出整改通知，但崔建国未组织二大队监察人员对标新公司进行跟踪检查，监督标新公司整改。直至2009年2月18日，崔建国对标新公司进行检查时，只在该公司办公室填写了1份现场监察记录，未对排污情况进行现场检查，没有能及时发现和阻止标新公司向厂区外河流排放大量废液，以致发生盐城市饮用水源严重污染。在水污染事件发生后，崔建国为掩盖其工作严重不负责任，于2009年2月21日伪造了日期为2008年12月10日和2009年2月16日两份虚假监察记录，以逃避有关部门的查处。

【诉讼过程】

2009年3月14日，崔建国因涉嫌环境监管失职罪由江苏省盐城市阜宁县人民检察院立案侦查，同日被刑事拘留，3月27日被逮捕，5月13日侦查终结移送审查起诉。2009年6月26日，江苏省盐城市阜宁县人民检察院以被告人崔建国犯环境监管失职罪向阜宁县人民法院提起公诉。2009年12月16日，阜宁县人民法院作出一审判决，认为被告人崔建国作为负有环境保护监督管理职责的国家机关工作人员，在履行环境监管职责过程中，严重不负责任，导致发生重大环境污染事故，致使公私财产遭受重大损失，其行为构成环境监管失职罪；依照《中华人民共和国刑法》第四百零八条的规定，判决崔建国犯环境监管失职罪，判处有期徒刑二年。一审判决后，崔建国以自己对标新公司只具有督查的职责，不具有监管的职责，不符合环境监管失职罪的主体要求等为由提出上诉。盐城市中级人民法院认为，崔建国身为国有事业单位的工作人员，在受国家机关的委托代表国家机关履行环境监督管理职责过程中，严重不负责任，导致发生重大环境污染事故，致使公私财产遭受重大损失，其行为构成环境监管失职罪。崔建国所在的盐城市饮用水源保护区环境监察支队为国有事业单位，由盐城市人民政府设立，其系受国家机关委托代表国家机关行使环境监管职权，原判决未引用全国人民代表大会常务委员会《关于〈中华人民共和国刑法〉第九章渎职罪主体适用问题的解释》的相关规定，直接认定崔建国系国家机关工作人员不当，予以纠正；原判认定崔建国犯罪事实清楚，定性正确，量刑恰当，审判程序合法。2010年1月21日，盐城市中级人民法院二审终审裁定，驳回上诉，维持原判。

【检例第 5 号】

陈根明、林福娟、李德权滥用职权案

【关键词】 渎职罪主体　村基层组织人员　滥用职权罪

【要旨】

随着我国城镇建设和社会主义新农村建设逐步深入推进，村民委员会、居民委员会等基层组织协助人民政府管理社会发挥越来越重要的作用。实践中，对村民委员会、居民委员会等基层组织人员协助人民政府从事行政管理工作时，滥用职权、玩忽职守构成犯罪的，应当依照刑法关于渎职罪的规定追究刑事责任。

【相关立法】

《中华人民共和国刑法》第三百九十七条，全国人民代表大会常务委员会《关于〈中华人民共和国刑法〉第九章渎职罪主体适用问题的解释》。

【基本案情】

被告人陈根明，男，1946 年出生，原系上海市奉贤区四团镇推进小城镇社会保险（以下简称"镇保"）工作领导小组办公室负责人。

被告人林福娟，女，1960 年出生，原系上海市奉贤区四团镇杨家宅村党支部书记、村民委员会主任、村镇保工作负责人。

被告人李德权（曾用名李德元），男，1958 年出生，原系上海市奉贤区四团镇杨家宅村党支部委员、村民委员会副主任、村镇保工作经办人。

2004 年 1 月至 2006 年 6 月期间，被告人陈根明利用担任上海市奉贤区四团镇推进镇保工作领导小组办公室负责人的职务便利，被告人林福娟、李德权利用受上海市奉贤区四团镇人民政府委托分别担任杨家宅村镇保工作负责人、经办人的职务便利，在从事被征用农民集体所有土地负责农业人员就业和社会保障工作过程中，违反相关规定，采用虚增被征用土地面积等方法徇私舞弊，共同或者单独将杨家宅村、良民村、横桥村 114 名不符合镇保条件的人员纳入镇保范围，致使奉贤区四团镇人民政府为上述人员缴纳镇保费用共计人民币 600 余万元、上海市社会保险事业基金结算管理中心（以下简称"市社保中心"）为上述人员实际发放镇保资金共计人民币 178 万余元，并造成了恶劣的社会影响。其中，被告人陈根明共同及单独将 71 名不符合镇保条件人员纳入镇保范围，致使镇政府缴纳镇保费用共计人民币 400 余万元、市社保中心实际发放镇保资金共计人民币 114 万余元；被告人林福娟共同及单独将 79 名不符合镇保条件人员纳入镇保范围，致使镇政府缴纳镇保费用共计人民币 400 余万元、市社保中心实际发放镇保资金共计人民币 124 万余元；被告人李德权共同及单独将 60 名不符合镇保条件人员纳入镇保范围，致使镇政府缴纳镇保费用共计人民币 300 余万元，市社保中心实际发放镇保资金共计人民币 95 万余元。

【诉讼过程】

2008 年 4 月 15 日，陈根明、林福娟、李德权因涉嫌滥用职权罪由上海市奉贤区人民检察院立案侦查，陈根明于 4 月 15 日被刑事拘留，4 月 29 日被逮捕，林福娟、李德权于 4 月 15 日被取保候审，6 月 27 日侦查终结移送审查起诉。2008 年 7 月 28 日，上海市奉贤区人民检察院以被告人陈根明、林福娟、李德权犯滥用职权罪向奉贤区人民法院提起公诉。2008 年 12 月 15 日，上海市奉贤区人民法院作出一审判决，认为被告人陈根明身为国家机关工作人员，被告人林福娟、李德权作为在受国家机关委托代表国家机关行使职权的组织中从事公务的人员，在负责或经办被征地人员就业和保障工作过程中，故意违反有关规定，共同或单独擅自将不符合镇保条件的人员纳入镇保范围，致使公共财产遭受重大损失，并造成恶劣社会影响，其行为均已触犯刑法，构成滥用职权罪，且有徇个人私情、私利的徇私舞弊情节。其中被告人陈根明、林福娟情节特别严重。犯罪后，三被告人在尚未被司法机关采取强制措施时，如实供述自己的罪行，属自首，依法可从轻或减轻处罚。依照《中华人民共和国刑法》第三百九十七条、第二十五条第一款、第六十七条第一款、第七十二条第一款、第七十三条第二、三款之规定，判决被告人陈根明犯滥用职权罪，判处有期徒刑二年；被告人林福娟犯滥用职权罪，判处有期徒刑一年六个月，宣告缓刑一年六个月；被告人李德权犯滥用职权罪，判处有期徒刑一年，宣告缓刑一年。一审判决后，被告人林福娟提出上诉。上海市第一中级人民法院二审终审裁定，驳回上诉，维持原判。

【检例第6号】

罗建华、罗镜添、朱炳灿、罗锦游滥用职权案

【关键词】 滥用职权罪　重大损失　恶劣社会影响

【要旨】

根据刑法规定，滥用职权罪是指国家机关工作人员滥用职权，致使"公共财产、国家和人民利益遭受重大损失"的行为。实践中，对滥用职权"造成恶劣社会影响的"，应当依法认定为"致使公共财产、国家和人民利益遭受重大损失"。

【相关立法】

《中华人民共和国刑法》第三百九十七条，全国人民代表大会常务委员会《关于〈中华人民共和国刑法〉第九章渎职罪主体适用问题的解释》。

【基本案情】

被告人罗建华，男，1963年出生，原系广州市城市管理综合执法局黄埔分局大沙街执法队协管员。

被告人罗镜添，男，1967年出生，原系广州市城市管理综合执法局黄埔分局大沙街执法队协管员。

被告人朱炳灿，男，1964年出生，原系广州市城市管理综合执法局黄埔分局大沙街执法队协管员。

被告人罗锦游，男，1987年出生，原系广州市城市管理综合执法局黄埔分局大沙街执法队协管员。

2008年8月至2009年12月期间，被告人罗建华、罗镜添、朱炳灿、罗锦游先后被广州市黄埔区人民政府大沙街道办事处招聘为广州市城市管理综合执法局黄埔分局大沙街执法队（以下简称"执法队"）协管员。上述四名被告人的工作职责是街道城市管理协管工作，包括动态巡查，参与街道、社区日常性的城管工作；劝阻和制止并督促改正违反城市管理法规的行为；配合综合执法部门，开展集中统一整治行动等。工作任务包括坚持巡查与守点相结合，及时劝导中心城区的乱摆卖行为等。罗建华、罗镜添从2009年8月至2011年5月担任协管员队长和副

队长，此后由罗镜添担任队长，罗建华担任副队长。协管员队长职责是负责协管员人员召集，上班路段分配和日常考勤工作；副队长职责是协助队长开展日常工作，队长不在时履行队长职责。上述四名被告人上班时，身着统一发放的迷彩服，臂上戴着写有"大沙街城市管理督导员"的红袖章，手持一根木棍。2010年8月至2011年9月期间，罗建华、罗镜添、朱炳灿、罗锦游和罗慧洪（另案处理）利用职务便利，先后多次向多名无照商贩索要12元、10元、5元不等的少量现金、香烟或直接在该路段的"士多店"拿烟再让部分无照商贩结账，后放弃履行职责，允许给予好处的无照商贩在严禁乱摆卖的地段非法占道经营。由于上述被告人的行为，导致该地段的无照商贩非法占道经营十分严重，几百档流动商贩恣意乱摆卖，严重影响了市容市貌和环境卫生，给周边商铺和住户的经营、生活、出行造成极大不便。由于执法不公，对给予钱财的商贩放任其占道经营，对其他没给好处费的无照商贩则进行驱赶或通知城管部门到场处罚，引起了群众强烈不满，城市管理执法部门执法人员在依法执行公务过程中遭遇多次暴力抗法，数名执法人员受伤住院。上述四名被告人的行为严重危害和影响了该地区的社会秩序、经济秩序、城市管理和治安管理，造成了恶劣的社会影响。

【诉讼过程】

2011年10月1日，罗建华、罗镜添、朱炳灿、罗锦游四人因涉嫌敲诈勒索罪被广州市公安局黄埔分局刑事拘留，11月7日被逮捕。11月10日，广州市公安局黄埔分局将本案移交广州市黄埔区人民检察院。2011年11月10日，罗建华、罗镜添、朱炳灿、罗锦游四人因涉嫌滥用职权罪由广州市黄埔区人民检察院立案侦查，12月9日侦查终结移送审查起诉。2011年12月28日，广州市黄埔区人民检察院以被告人罗建华、罗镜添、朱炳灿、罗锦游犯滥用职权罪向黄埔区人民法院提起公诉。2012年4月18日，黄埔区人民法院一审判决，认为被告人罗建华、罗镜添、朱炳灿、罗锦游身为虽未列入国家机关人员编制但在国家机关中从事公务的人员，在代表国家行使职权时，长期不正确履行职权，大肆勒索辖区部分无照商贩的钱财，造成无照商贩非法占道经营十分严重，暴力抗法事件不断发生，社会影响相当恶劣，其行为触犯了《中华人民共和国刑法》第三百九十七条第一款的规定，构成滥用职权罪。被告人罗建华与罗镜添身为城管协管员前、后任队长及副队长不仅参与勒索无照商贩的钱财，放任无照商贩非法占道经营，而且也收受其下属勒索来的香烟，放任其下属胡作非为，在共同犯罪中所起作用相对较大，可对其酌情从重处罚。鉴于四被告人归案后能供述自己的罪行，可对其酌情从轻处罚。依照《中华人民共和国刑法》第三百九十七条第一款、第六十一条、《全国人民代表大会常务委员会关于〈中华人民共和国刑法〉第九章渎职罪主体适用问题的解释》的规定，判决被告人罗建华犯滥用职权罪，判处有期徒刑一年六个月；被告人罗镜添犯滥用职权罪，判处有期徒刑一年五个月；被告人朱炳灿犯滥用职权罪，判处有期徒刑一年二个月；被告人罗锦游犯滥用职权罪，判处有期徒刑一年二个月。一审判决后，四名被告人在法定期限内均未上诉，检察机关也没有提出抗诉，一审判决发生法律效力。

【检例第 7 号】

胡宝刚、郑伶徇私舞弊不移交刑事案件案

【关键词】 诉讼监督　徇私舞弊不移交刑事案件罪

【要旨】

诉讼监督，是人民检察院依法履行法律监督的重要内容。实践中，检察机关和办案人员应当坚持办案与监督并重，建立健全行政执法与刑事司法有效衔接的工作机制，善于在办案中发现各种职务犯罪线索；对于行政执法人员徇私舞弊，不移送有关刑事案件构成犯罪的，应当依法追究刑事责任。

【相关立法】

《中华人民共和国刑法》第四百零二条

【基本案情】

被告人胡宝刚，男，1956 年出生，原系天津市工商行政管理局河西分局公平交易科科长。

被告人郑伶，男，1957 年出生，原系天津市工商行政管理局河西分局公平交易科科员。

被告人胡宝刚在担任天津市工商行政管理局河西分局（以下简称

工商河西分局）公平交易科科长期间，于2006年1月11日上午，带领被告人郑伶等该科工作人员对群众举报的天津华夏神龙科贸发展有限公司（以下简称"神龙公司"）涉嫌非法传销问题进行现场检查，当场扣押财务报表及宣传资料若干，并于当日询问该公司法定代表人李蓬，李蓬承认其公司营业额为114万余元（与所扣押财务报表上数额一致），后由被告人郑伶具体负责办理该案。2006年3月16日，被告人胡宝刚、郑伶在案件调查终结报告及处罚决定书中，认定神龙公司的行为属于非法传销行为，却隐瞒该案涉及经营数额巨大的事实，为牟取小集体罚款提成的利益，提出行政罚款的处罚意见。被告人胡宝刚在局长办公会上汇报该案时亦隐瞒涉及经营数额巨大的事实。2006年4月11日，工商河西分局同意被告人胡宝刚、郑伶的处理意见，对当事人作出"责令停止违法行为，罚款50万元"的行政处罚，后李蓬分数次将50万元罚款交给工商河西分局。被告人胡宝刚、郑伶所在的公平交易科因此案得到2.5万元罚款提成。

李蓬在分期缴纳工商罚款期间，又成立河西、和平、南开分公司，由王福荫担任河西分公司负责人，继续进行变相传销活动，并造成被害人华某某等人经济损失共计40万余元人民币。公安机关接被害人举报后，查明李蓬进行传销活动非法经营数额共计2277万余元人民币（工商查处时为1600多万元）。天津市河西区人民检察院在审查起诉被告人李蓬、王福荫非法经营案过程中，办案人员发现胡宝刚、郑伶涉嫌徇私舞弊不移交被告人李蓬、王福荫非法经营刑事案件的犯罪线索。

【诉讼过程】

2010年1月13日，胡宝刚、郑伶因涉嫌徇私舞弊不移交刑事案件罪由天津市河西区人民检察院立案侦查，并于同日被取保候审，3月15日侦查终结移送审查起诉，因案情复杂，4月22日依法延长审查起诉期限半个月，5月6日退回补充侦查，6月4日侦查终结重新移送审查起诉。2010年6月12日，天津市河西区人民检察院以被告人胡宝刚、郑伶犯徇私舞弊不移交刑事案件罪向河西区人民法院提起公诉。2010年9月14日，河西区人民法院作出一审判决，认为被告人胡宝刚、郑伶身为工商行政执法人员，在明知查处的非法传销行为涉及经营数额巨大，依法应当移交公安机关追究刑事责任的情况下，为牟取小集体利益，隐瞒不报违法事实涉及的金额，以罚代刑，不移交公安机关处理，致使犯罪嫌疑人在行政处罚期间，继续进行违法犯罪活动，情节严重，二被告人负有不可推卸的责任,其行为均已构成徇私舞弊不移交刑事案件罪,且系共同犯罪。依照《中华人民共和国刑法》第四百零二条、第二十五条第一款、第三十七条之规定,判决被告人胡宝刚、郑伶犯徇私舞弊不移交刑事案件罪。一审判决后,被告人胡宝刚、郑伶在法定期限内均没有上诉,检察机关也没有提出抗诉,一审判决发生法律效力。

【检例第 8 号】

杨周武玩忽职守、徇私枉法、受贿案

【关键词】 玩忽职守罪　徇私枉法罪　受贿罪　因果关系　数罪并罚

【要旨】

本案要旨有两点:一是渎职犯罪因果关系的认定。如果负有监管职责的国家机关工作人员没有认真履行其监管职责,从而未能有效防止危害结果发生,那么,这些对危害结果具有"原因力"的渎职行为,应认定与危害结果之间具有刑法意义上的因果关系。二是渎职犯罪同时受贿的处罚原则。对于国家机关工作人员实施渎职犯罪并收受贿赂,同时构成受贿罪的,除刑法第三百九十九条有特别规定的外,以渎职犯罪和受贿罪数罪并罚。

【相关立法】

《中华人民共和国刑法》第三百九十七条、第三百九十九条、第三百八十五条、第六十九条。

【基本案情】

被告人杨周武,男,1958 年出生,原系深圳市公安局龙岗分局同乐派出所所长。

犯罪事实如下:

一、玩忽职守罪

1999 年 7 月 9 日,王静(另案处理)经营的深圳市龙岗区舞王歌舞厅经深圳市工商行政管理部门批准成立，经营地址在龙岗区龙平路。2006年该歌舞厅被依法吊销营业执照。2007年9月8日，王静未经相关部门审批，在龙岗街道龙东社区三和村经营舞王俱乐部，辖区派出所为同乐派出所。被告人杨周武自2001年10月开始担任同乐派出所所长。开业前几天，王静为取得同乐派出所对舞王俱乐部的关照，在杨周武之妻何晓初经营的川香酒家宴请了被告人杨周武等人。此后，同乐派出所三和责任区民警在对舞王俱乐部采集信息建档和日常检查中，发现王静无法提供消防许可证、娱乐经营许可证等必需证件，提供的营业执照复印件上的名称和地址与实际不符，且已过有效期。杨周武得知情况后没有督促责任区民警依法及时取缔舞王俱乐部。责任区民警还发现舞王俱乐部经营过程中存在超时超员、涉黄涉毒、未配备专业保安人员、发生多起治安案件等治安隐患，杨周武既没有依法责令舞王俱乐部停业整顿，也没有责令责任区民警跟踪监督舞王俱乐部进行整改。

2008年3月，根据龙岗区"扫雷"行动的安排和部署，同乐派出所成立"扫雷"专项行动小组，杨周武担任组长。有关部门将舞王俱乐部存在治安隐患和消防隐患等于2008年3月12日通报同乐派出所，但杨周武没有督促责任区民警跟踪落实整改措施，导致舞王俱乐部的安全隐患没有得到及时排除。

2008年6月至8月期间，广东省公安厅组织开展"百日信息会战"，杨周武没有督促责任区民警如实上报舞王俱乐部无证无照经营，没有对舞王俱乐部采取相应处理措施。舞王俱乐部未依照《消防法》、《建筑工程消防监督审核管理规定》等规定要求取得消防验收许可，未通过申报开业前消防安全检查，擅自开业、违法经营，营业期间不落实安全管理制度和措施，导致2008年9月20日晚发生特大火灾，造成44人死亡、64人受伤的严重后果。在这起特大消防事故中，杨周武及其他有关单位的人员负有重要责任。

二、徇私枉法罪

2008年8月12日凌晨，江军、汪春蓉、赵志高等人在舞王俱乐部消费后乘坐电梯离开时与同时乘坐电梯的另外几名顾客发生口角，舞王俱乐部的保安员前来劝阻。争执过程中，舞王俱乐部的保安员易承桂及员工罗贤涛等五人与江军等人在舞王俱乐部一楼发生打斗，致江军受轻伤、汪春蓉、赵志高受轻微伤。杨周武指示以涉嫌故意伤害对舞王俱乐部罗贤涛、易承桂等五人立案侦查。次日,同乐派出所依法对涉案人员刑事拘留。案发后,舞王俱乐部负责人王静多次打电话给杨周武,并通过杨周武之妻何晓初帮忙请求调解,要求使其员工免受刑事处罚。王静并为此在龙岗中心城邮政局停车场处送给何晓初人民币3万元。何晓初收到钱后发短信告诉杨周武。杨周武明知该案不属于可以调解处理的案件,仍答应帮忙,并指派不是本案承办民警的刘力飚负责协调调解工作,于2008年9月6日促成双方以赔偿人民币11万元达成和解。杨周武随即安排办案民警将案件作调解结案。舞王俱乐部有关人员于9月7日被解除刑事拘留,未被追究刑事责任。

三、受贿罪

2007年9月至2008年9月,杨周武利用职务便利,为舞王俱乐部负责人王静谋取好处,单独收受或者通过妻子何晓初收受王静好处费,共计人民币30万元。

【诉讼过程】

2008年9月28日,杨周武因涉嫌徇私枉法罪由深圳市人民检察院立案侦查,10月25日被刑事拘留,11月7日被逮捕,11月13日侦查终结移交深圳市龙岗区人民检察院审查起诉。2008年11月24日,深圳市龙岗区人民检察院以被告人杨周武犯玩忽职守罪、徇私枉法罪和受贿罪向龙岗区人民法院提起公诉。一审期间,延期审理一次。2009年5月9日,深圳市龙岗区人民法院作出一审判决,认为被告人杨周武作为同乐派出所的所长,对辖区内的娱乐场所负有监督管理职责,其明知舞王俱乐部未取得合法的营业执照擅自经营,且存在众多消防、治安隐患,但严重不负责任,不认真履行职责,使本应停业整顿或被取缔的舞王俱乐部持续违法经营达一年之久,并最终导致发生44人死亡、64人受伤的特大消防事故,造成了人民群众生命财产的重大损失,其行为已构成玩忽职守罪,情节特别严重;被告人杨周武明知舞王俱乐部发生的江军等人被打案应予刑事处罚,不符合调解结案的规定,仍指示将该案件予以调解结案,构成徇私枉法罪,但是鉴于杨周武在实施徇私枉法行为的同时有受贿行为,且该受贿事实已被起诉,依照刑法第三百九十九条的规定,应以受贿罪一罪定罪处罚;被告人杨周武作为国家工作人员,利用职务上的便利,非法收受舞王俱乐部负责人王静的巨额钱财,为其谋取利益,其行为已构成受贿罪;被告人杨周武在未被采取强制措施前即主动交代自己全部受贿事实,属于自首,并由其妻何晓初代为退清全部赃款,依法可以从轻处罚。依照《中华人民共和国刑法》第三百九十七条第一款、第三百九十九条第一款、第四款、第三百八十五条第一款、第三百八十六条、第三百八十三条第一款第(一)项、第二款、第六十四条、第六十七条第一款、第六十九条第一款之规定,判决被告人杨周武犯玩忽职守罪,判处有期徒刑五年;犯受贿罪,判处有期徒刑十年;总和刑期十五年,决定执行有期徒刑十三年;追缴受贿所得的赃款人民币30万元,依法予以没收并上缴国库。一审判决后,被告人杨周武在法定期限内没有上诉,检察机关也没有提出抗诉,一审判决发生法律效力。

最高人民检察院
关于印发第三批指导性案例的通知

(2013年5月27日 高检发研字〔2013〕3号)

各省、自治区、直辖市人民检察院，军事检察院，新疆生产建设兵团人民检察院：

经2013年5月27日最高人民检察院第十二届检察委员会第六次会议决定，现将李泽强编造、故意传播虚假恐怖信息案，卫学臣编造虚假恐怖信息案，袁才彦编造虚假恐怖信息案三个案例印发你们，供参考。

最高人民检察院
2013年5月27日

【检例第9号】

李泽强编造、故意传播虚假恐怖信息案

【关键词】编造、故意传播虚假恐怖信息罪

【要旨】

编造、故意传播虚假恐怖信息罪是选择性罪名。编造恐怖信息以后向特定对象散布，严重扰乱社会秩序的，构成编造虚假恐怖信息罪。编造恐怖信息以后向不特定对象散布，严重扰乱社会秩序的，构成编造、故意传播虚假恐怖信息罪。

对于实施数个编造、故意传播虚假恐怖信息行为的，不实行数罪并罚，但应当将其作为量刑情节予以考虑。

【相关立法】

《中华人民共和国刑法》第二百九十一条之一

【基本案情】

被告人李泽强,男,河北省人,1975年出生,原系北京欣和物流仓储中心电工。

2010年8月4日22时许,被告人李泽强为发泄心中不满,在北京市朝阳区小营北路13号工地施工现场,用手机编写短信"今晚要炸北京首都机场",并向数十个随意编写的手机号码发送。天津市的彭某收到短信后于2010年8月5日向当地公安机关报案,北京首都国际机场公安分局于当日接警后立即通知首都国际机场运行监控中心。首都国际机场运行监控中心随即启动紧急预案,对东、西航站楼和机坪进行排查,并加强对行李物品的检查和监控工作,耗费大量人力、物力,严重影响了首都国际机场的正常工作秩序。

【诉讼过程】

2010年8月7日,李泽强因涉嫌编造、故意传播虚假恐怖信息罪被北京首都国际机场公安分局刑事拘留,9月7日被逮捕,11月9日侦查终结移送北京市朝阳区人民检察院审查起诉。2010年12月3日,朝阳区人民检察院以被告人李泽强犯编造、故意传播虚假恐怖信息罪向朝阳区人民法院提起公诉。2010年12月14日,朝阳区人民法院作出一审判决,认为被告人李泽强法制观念淡薄,为泄私愤,编造虚假恐怖信息并故意向他人传播,严重扰乱社会秩序,已构成编造、故意传播虚假恐怖信息罪;鉴于被告人李泽强自愿认罪,可酌情从轻处罚,依照《中华人民共和国刑法》第二百九十一条之一、第六十一条之规定,判决被告人李泽强犯编造、故意传播虚假恐怖信息罪,判处有期徒刑一年。一审判决后,被告人李泽强在法定期限内未上诉,检察机关也未提出抗诉,一审判决发生法律效力。

【检例第10号】

卫学臣编造虚假恐怖信息案

【关键词】 编造虚假恐怖信息罪 严重扰乱社会秩序

【要旨】

关于编造虚假恐怖信息造成"严重扰乱社会秩序"的认定,应当结合行为对正常的工作、生产、生活、经营、教学、科研等秩序的影响程度、对公众造成的恐慌程度以及处置情况等因素进行综合分析判断。对于编造、故意传播虚假恐怖信息威胁民航安全,引起公众恐慌,或者致使航班无法正常起降的,应当认定为"严重扰乱社会秩序"。

【相关立法】

《中华人民共和国刑法》第二百九十一条之一

【基本案情】

被告人卫学臣,男,辽宁省人,1987年出生,原系大连金色假期旅行社导游。

2010年6月13日14时46分,被告人卫学臣带领四川来大连的旅游团用完午餐后,对四川导游李忠键说自己可以让飞机停留半小时,遂用手机拨打大连周水子国际机场问询处电话,询问3U8814航班起飞时间后,告诉接电话的机场工作人员说"飞机上有两名恐怖分子,注意安全"。大连周水子国际机场接到电话后,立即启动防恐预案,将飞机安排到隔离机位,组织公安、安检对飞机客、货舱清仓,对每位出港旅客资料核对确认排查,查看安检现场录像,确认没有可疑问题后,当日19时33分,3U8814航班飞机起飞,晚点33分钟。

【诉讼过程】

2010年6月13日,卫学臣因涉嫌编造虚假恐怖信息罪被大连市公安局机场分局刑事拘留,6月25日被逮捕,8月12日侦查终结移送大连市甘井子区人民检察院审查起诉。2010年9月20日,甘井子区人民检察院以被告人卫学臣涉嫌编造虚假恐怖信息罪向甘井子区人民法院提起公诉。2010年10月11日,甘井子区人民法院作出一审判决,认为被告人卫学臣故意编造虚假恐怖信息,严重扰乱社会秩序,其行为已构成编造虚假恐怖信息罪;鉴于被告人卫学臣自愿认罪,可酌情从轻处罚,依照《中华人民共和国刑法》第二百九十一条之一之规定,判决被告人卫学臣犯编造虚假恐怖信息罪,判处有期徒刑一年六个月。一审判决后,被告人卫学臣在法定期限内未上诉,检察机关也未提出抗诉,一审判决发生法律效力。

【检例第 11 号】

袁才彦编造虚假恐怖信息案

【关键词】 编造虚假恐怖信息罪 择一重罪处断

【要旨】

对于编造虚假恐怖信息造成有关部门实施人员疏散,引起公众极度恐慌的,或者致使相关单位无法正常营业,造成重大经济损失的,应当认定为"造成严重后果"。

以编造虚假恐怖信息的方式,实施敲诈勒索等其他犯罪的,应当根据案件事实和证据情况,择一重罪处断。

【相关立法】

《中华人民共和国刑法》第二百七十四条、第二百九十一条之一

【基本案情】

被告人袁才彦,男,湖北省人,1956 年出生,无业。

被告人袁才彦因经济拮据,意图通过编造爆炸威胁的虚假恐怖信息勒索钱财。2004 年 9 月 29 日,被告人袁才彦冒用名为"张锐"的假身份证,在河南省工商银行信阳分行红星路支行体彩广场分理处申请办理了牡丹灵通卡账户。

2005 年 1 月 24 日 14 时许,被告人袁才彦拨打上海太平洋百货有限公司徐汇店的电话,编造已经放置炸弹的虚假恐怖信息,以不给钱就在商场内引爆炸弹自杀相威胁,要求上海太平洋百货有限公司徐汇店在 1 小时内向其指定的牡丹灵通卡账户内汇款人民币 5 万元。上海太平洋百货有限公司徐汇店即向公安机关报警,并进行人员疏散。接警后,公安机关启动防爆预案,出动警力 300 余名对商场进行安全排查。被告人袁才彦的行为造成上海太平洋百货有限公司徐汇店暂停营业 3 个半小时。

1 月 25 日 10 时许,被告人袁才彦拨打福州市新华都百货商场的电话,称已在商场内放置炸弹,要求福州市新华都百货商场在半小时内将人民币 5 万元汇入其指定的牡丹灵通卡账户。接警后,公安机关出动大批警力进行人员疏散、搜爆检查,并对现场及周边地区实施交通管制。

1 月 27 日 11 时,被告人袁才彦拨打上海市铁路局春运办公室的电

话，称已在火车上放置炸弹，并以引爆炸弹相威胁要求春运办公室在半小时内将人民币10万元汇入其指定的牡丹灵通卡账户。接警后，上海铁路公安局抽调大批警力对旅客、列车和火车站进行安全检查。

1月27日14时，被告人袁才彦拨打广州市天河城百货有限公司的电话，要求广州市天河城百货有限公司在半小时内将人民币2万元汇入其指定的牡丹灵通卡账户，否则就在商场内引爆炸弹自杀。

1月27日16时，被告人袁才彦拨打深圳市天虹商场的电话，要求深圳市天虹商场在1小时内将人民币2万元汇入其指定的牡丹灵通卡账户，否则就在商场内引爆炸弹。

1月27日16时32分，被告人袁才彦拨打南宁市百货商场的电话，要求南宁市百货商场在1小时内将人民币2万元汇入其指定的牡丹灵通卡账户，否则就在商场门口引爆炸弹。接警后，公安机关出动警力300余名在商场进行搜爆和安全检查。

【诉讼过程】

2005年1月28日，袁才彦因涉嫌敲诈勒索罪被广州市公安局天河区分局刑事拘留。2005年2月案件移交袁才彦的主要犯罪地上海市公安局徐汇区分局管辖，3月4日袁才彦被逮捕，4月5日侦查终结移送上海市徐汇区人民检察院审查起诉。2005年4月14日，上海市人民检察院将案件指定上海市人民检察院第二分院管辖，4月18日上海市人民检察院第二分院以被告人袁才彦涉嫌编造虚假恐怖信息罪向上海市第二中级人民法院提起公诉。2005年6月24日，上海市第二中级人民法院作出一审判决，认为被告人袁才彦为勒索钱财故意编造爆炸威胁等虚假恐怖信息，严重扰乱社会秩序，其行为已构成编造虚假恐怖信息罪，且造成严重后果，依照《中华人民共和国刑法》第二百九十一条之一、第五十五条第一款、第五十六条第一款、第六十四条的规定，判决被告人袁才彦犯编造虚假恐怖信息罪，判处有期徒刑十二年，剥夺政治权利三年。一审判决后，被告人袁才彦提出上诉。2005年8月25日，上海市高级人民法院二审终审裁定，驳回上诉，维持原判。

最高人民检察院
关于印发第四批指导性案例的通知

（2014年2月20日　高检发研字〔2014〕2号）

各省、自治区、直辖市人民检察院，军事检察院，新疆生产建设兵团人民检察院：

经2014年2月19日最高人民检察院第十二届检察委员会第十七次会议决定，现将柳立国等人生产、销售有毒、有害食品，生产、销售伪劣产品案等五个案例印发你们，供参考。

最高人民检察院
2014年2月20日

【检例第12号】

柳立国等人生产、销售有毒、有害食品，生产、销售伪劣产品案

【关键词】生产、销售有毒、有害食品罪　生产、销售伪劣产品罪

【要旨】

明知对方是食用油经销者，仍将用餐厨废弃油（俗称"地沟油"）加工而成的劣质油脂销售给对方，导致劣质油脂流入食用油市场供人食用的，构成生产、销售有毒、有害食品罪；明知油脂经销者向饲料生产企业和药品生产企业等单位销售豆油等食用油，仍将用餐厨废弃油加工

而成的劣质油脂销售给对方，导致劣质油脂流向饲料生产企业和药品生产企业等单位的，构成生产、销售伪劣产品罪。

【相关立法】

《中华人民共和国刑法》第一百四十四条、第一百四十条、第一百四十一条第一款

【基本案情】

被告人柳立国，男，山东省人，1975年出生，原系山东省济南博汇生物科技有限公司（以下简称博汇公司）、山东省济南格林生物能源有限公司（以下简称格林公司）实际经营者。

被告人鲁军，男，山东省人，1968年出生，原系博汇公司生产负责人。

被告人李树军，男，山东省人，1974年出生，原系博汇公司、格林公司采购员。

被告人柳立海，男，山东省人，1965年出生，原系格林公司等企业管理后勤员工。

被告人于双迎，男，山东省人，1970年出生，原系格林公司员工。

被告人刘凡金，男，山东省人，1975年出生，原系博汇公司、格林公司驾驶员。

被告人王波，男，山东省人，1981年出生，原系博汇公司、格林公司驾驶员。

自2003年始，被告人柳立国在山东省平阴县孔村镇经营油脂加工厂，后更名为中兴脂肪酸甲酯厂，并转向餐厨废弃油（俗称"地沟油"）回收再加工。2009年3月、2010年6月，柳立国又先后注册成立了博汇公司、格林公司，扩大生产，进一步将地沟油加工提炼成劣质油脂。自2007年12月起，柳立国从四川、江苏、浙江等地收购地沟油加工提炼成劣质油脂，在明知他人将向其所购的劣质成品油冒充正常豆油等食用油进行销售的情况下，仍将上述劣质油脂销售给他人，从中赚取利润。柳立国先后将所加工提炼的劣质油脂销售给经营食用油生意的山东聊城昌泉粮油实业公司、河南郑州宏大粮油商行等（均另案处理）。前述粮油公司等明知从柳立国处购买的劣质油脂系地沟油加工而成，仍然直接或经勾兑后作为食用油销售给个体粮油店、饮食店、食品加工厂以及学校食堂，或冒充豆油等油脂销售给饲料、药品加工等企业。截止2011年7月案发，柳立国等人的行为最终导致金额为926万余元的此类

劣质油脂流向食用油市场供人食用，金额为9065万余元的劣质油脂流入非食用油加工市场。

期间，经被告人柳立国招募，被告人鲁军负责格林公司的筹建、管理；被告人李树军负责地沟油采购并曾在格林公司分提车间工作；被告人柳立海从事后勤工作；被告人于双迎负责格林公司机器设备维护及管理水解车间；被告人刘凡金作为驾驶员运输成品油脂；被告人王波作为驾驶员运输半成品和厂内污水，并提供个人账户供柳立国收付货款。上述被告人均在明知柳立国用地沟油加工劣质油脂并对外销售的情况下，仍予以帮助。其中，鲁军、于双迎参与生产、销售上述销往食用油市场的劣质油脂的金额均为134万余元，李树军为765万余元，柳立海为457万余元，刘凡金为138万余元，王波为270万余元；鲁军、于双迎参与生产、销售上述流入非食用油市场的劣质油脂金额均为699万余元，李树军为9065万余元，柳立海为4961万余元，刘凡金为2221万余元，王波为6534万余元。

【诉讼过程】

2011年7月5日，柳立国、鲁军、李树军、柳立海、于双迎、刘凡金、王波因涉嫌生产、销售不符合安全标准的食品罪被刑事拘留，8月11日被逮捕。

该案侦查终结后，移送浙江省宁波市人民检察院审查起诉。浙江省宁波市人民检察院经审查认为，被告人柳立国、鲁军、李树军、柳立海、于双迎、刘凡金、王波违反国家食品管理法规，结伙将餐厨废弃油等非食品原料进行生产、加工，并将加工提炼而成且仍含有有毒、有害物质的非食用油冒充食用油予以销售，并供人食用，严重危害了人民群众的身体健康和生命安全，其行为均触犯了《中华人民共和国刑法》第一百四十四条之规定，犯罪事实清楚，证据确实充分，应当以生产、销售有毒、有害食品罪追究其刑事责任。被告人柳立国、鲁军、李树军、柳立海、于双迎、刘凡金、王波又违反国家食品管理法规，结伙将餐厨废弃油等非食品原料进行生产、加工，并将加工提炼而成的非食用油冒充食用油予以销售，以假充真，销售给饲料加工、药品加工单位，其行为均触犯了《中华人民共和国刑法》第一百四十条之规定，犯罪事实清楚，证据确实充分，应当以生产、销售伪劣产品罪追究其刑事责任。2012年6月12日，宁波市人民检察院以被告人柳立国等人犯生产、销售有毒、有害食品罪和生产、销售伪劣产品罪向宁波市中级人民法院提起公诉。

2013年4月11日,宁波市中级人民法院一审判决被告人柳立国犯生产、销售有毒、有害食品罪和生产、销售伪劣产品罪,数罪并罚,判处无期徒刑,剥夺政治权利终身,并处没收个人全部财产;被告人鲁军犯生产、销售有毒、有害食品罪和生产、销售伪劣产品罪,数罪并罚,判处有期徒刑十四年,并处罚金人民币四十万元;被告人李树军犯生产、销售有毒、有害食品罪和生产、销售伪劣产品罪,数罪并罚,判处有期徒刑十一年,并处罚金人民币四十万元;被告人柳立海犯生产、销售有毒、有害食品罪和生产、销售伪劣产品罪,数罪并罚,判处有期徒刑十年六个月,并处罚金人民币四十万元;被告人于双迎犯生产、销售有毒、有害食品罪和生产、销售伪劣产品罪,数罪并罚,判处有期徒刑十年,并处罚金人民币四十万元;被告人刘凡金犯生产、销售有毒、有害食品罪和生产、销售伪劣产品罪,数罪并罚,判处有期徒刑七年,并处罚金人民币三十万元;被告人王波犯生产、销售有毒、有害食品罪和生产、销售伪劣产品罪,数罪并罚,判处有期徒刑七年,并处罚金人民币三十万元。

一审宣判后,柳立国、鲁军、李树军、柳立海、于双迎、刘凡金、王波提出上诉。

浙江省高级人民法院二审认为,柳立国利用餐厨废弃油加工劣质食用油脂,销往粮油食品经营户,并致劣质油脂流入食堂、居民家庭等,供人食用,其行为已构成生产、销售有毒、有害食品罪。柳立国还明知下家购买其用餐厨废弃油加工的劣质油脂冒充合格豆油等,仍予以生产、销售,流入饲料、药品加工等企业,其行为又构成生产、销售伪劣产品罪,应予二罪并罚。柳立国生产、销售有毒、有害食品的犯罪行为持续时间长,波及范围广,严重危害食品安全,严重危及人民群众的身体健康,情节特别严重,应依法严惩。鲁军、李树军、柳立海、于双迎、刘凡金、王波明知柳立国利用餐厨废弃油加工劣质油脂并予销售,仍积极参与,其行为分别构成生产、销售有毒、有害食品罪和生产、销售伪劣产品罪,亦应并罚。在共同犯罪中,柳立国起主要作用,系主犯;鲁军、李树军、柳立海、于双迎、刘凡金、王波起次要或辅助作用,系从犯,原审均予减轻处罚。原判定罪和适用法律正确,量刑适当;审判程序合法。2013年6月4日,浙江省高级人民法院二审裁定驳回上诉,维持原判。

【检例第 13 号】

徐孝伦等人生产、销售有害食品案

【关键词】 生产、销售有害食品罪

【要旨】

在食品加工过程中,使用有毒、有害的非食品原料加工食品并出售的,应当认定为生产、销售有毒、有害食品罪;明知是他人使用有毒、有害的非食品原料加工出的食品仍然购买并出售的,应当认定为销售有毒、有害食品罪。

【相关立法】

《中华人民共和国刑法》第一百四十四条、第一百四十一条第一款

【基本案情】

被告人徐孝伦,男,贵州省人,1969 年出生,经商。

被告人贾昌容,女,贵州省人,1966 年出生,经商。

被告人徐体斌,男,贵州省人,1986 年出生,经商。

被告人叶建勇,男,贵州省人,1980 年出生,经商。

被告人杨玉美,女,安徽省人,1971 年出生,经商。

2010 年 3 月起,被告人徐孝伦、贾昌容在瑞安市鲍田前北村育英街 12 号的加工点内使用工业松香加热的方式对生猪头进行脱毛,并将加工后的猪头分离出猪头肉、猪耳朵、猪舌头、肥肉等销售给当地菜市场内的熟食店,销售金额达 61 万余元。被告人徐体斌、叶建勇、杨玉美明知徐孝伦所销售的猪头系用工业松香加工脱毛仍予以购买,并做成熟食在其经营的熟食店进行销售,其中徐体斌的销售金额为 3.4 万元,叶建勇和杨玉美的销售金额均为 2.5 万余元。2012 年 8 月 8 日,徐孝伦、贾昌容、徐体斌在瑞安市的加工点内被公安机关及瑞安市动物卫生监督所当场抓获,并现场扣押猪头(已分割)50 个,猪耳朵、猪头肉等 600 公斤,松香 10 公斤及销售单。经鉴定,被扣押的松香系工业松香,属食品添加剂外的化学物质,内含重金属铅,经反复高温使用后,铅等重金属含量升高,长期食用工业松香脱毛的禽畜类肉可能会对人体造成伤害。案发后徐体斌协助公安机关抓获两名犯罪嫌疑人。

【诉讼过程】

2012年8月8日，徐孝伦、贾昌容因涉嫌生产、销售有毒、有害食品罪被刑事拘留，9月15日被逮捕。2012年8月8日，徐体斌因涉嫌生产、销售有毒、有害食品罪被刑事拘留，8月13日被取保候审，2013年3月12日被逮捕。2012年9月27日，叶建勇、杨玉美因涉嫌生产、销售有毒、有害食品罪被取保候审，2013年3月12日被逮捕。

该案由浙江省瑞安市公安局侦查终结后，移送瑞安市人民检察院审查起诉。瑞安市人民检察院经审查认为，被告人徐孝伦、贾昌容在生产、销售的食品中掺有有害物质，被告人徐体斌、叶建勇、杨玉美销售明知掺有有害物质的食品，其中被告人徐孝伦、贾昌容有其他特别严重情节，其行为均已触犯《中华人民共和国刑法》第一百四十四条之规定，犯罪事实清楚、证据确实充分，应当以生产、销售有害食品罪追究被告人徐孝伦、贾昌容的刑事责任；以销售有害食品罪追究被告人徐体斌、叶建勇、杨玉美的刑事责任。被告人徐孝伦、贾昌容、徐体斌、叶建勇、杨玉美归案后均能如实供述自己的罪行，依法可以从轻处罚。2013年3月1日，瑞安市人民检察院以被告人徐孝伦、贾昌容犯生产、销售有害食品罪，被告人徐体斌、叶建勇、杨玉美犯销售有害食品罪向瑞安市人民法院提起公诉。

2013年5月22日，瑞安市人民法院一审认为，被告人徐孝伦、贾昌容在生产、销售的食品中掺入有害物质，有其他特别严重情节，其行为均已触犯刑法，构成生产、销售有害食品罪；徐体斌、叶建勇、杨玉美销售明知掺有有害物质的食品，其行为均已触犯刑法，构成销售有害食品罪。被告人徐孝伦、贾昌容共同经营猪头加工厂，生产、销售猪头，系共同犯罪。在共同犯罪中，被告人徐孝伦起主要作用，系主犯；被告人贾昌容起次要作用，系从犯，依法减轻处罚。被告人贾昌容、徐体斌、叶建勇归案后均能如实供述自己的罪行，依法从轻处罚。被告人徐体斌有立功表现，依法从轻处罚。依照刑法和司法解释有关规定，判决被告人徐孝伦犯生产、销售有害食品罪，判处有期徒刑十年六个月，并处罚金人民币一百二十五万元；被告人贾昌容犯生产、销售有害食品罪，判处有期徒刑六年，并处罚金人民币六十万元；被告人徐体斌犯销售有害食品罪，判处有期徒刑一年六个月，并处罚金人民币七万元；被告人叶建勇犯销售有害食品罪，判处有期徒刑一年六个月，并处罚金人民币五万元；被告人杨玉美犯销售有害食品罪，判处有期徒刑一年六个月,并处罚金人民币五万元。

一审宣判后,徐孝伦、贾昌容、杨玉美提出上诉。

2013年6月21日,浙江省温州市中级人民法院二审裁定驳回上诉,维持原判。

【检例第 14 号】

孙建亮等人生产、销售有毒、有害食品案

【关键词】 生产、销售有毒、有害食品罪　共犯

【要旨】

明知盐酸克伦特罗(俗称"瘦肉精")是国家禁止在饲料和动物饮用水中使用的药品,而用以养殖供人食用的动物并出售的,应当认定为生产、销售有毒、有害食品罪。明知盐酸克伦特罗是国家禁止在饲料和动物饮用水中使用的药品,而买卖和代买盐酸克伦特罗片,供他人用以养殖供人食用的动物的,应当认定为生产、销售有毒、有害食品罪的共犯。

【相关立法】

《中华人民共和国刑法》第一百四十四条

【基本案情】

被告人孙建亮,男,天津市人,1958年出生,农民。

被告人陈林,男,天津市人,1964年出生,农民。

被告人郝云旺,男,天津市人,1973年出生,农民。

被告人唐连庆,男,天津市人,1946年出生,农民。

被告人唐民,男,天津市人,1971年出生,农民。

2011年5月,被告人陈林、郝云旺、唐连庆、唐民明知盐酸克伦特罗(俗称"瘦肉精")属于国家禁止在饲料和动物饮用水中使用的药品而进行买卖,郝云旺从唐连庆、唐民处购买三箱盐酸克伦特罗片(每箱100袋,每袋1000片),后陈林从郝云旺处为自己购买一箱该药品,同时帮助被告人孙建亮购买一箱该药品。孙建亮在自己的养殖场

内,使用陈林从郝云旺处购买的盐酸克伦特罗片喂养肉牛。2011年12月3日,孙建亮将喂养过盐酸克伦特罗片的9头肉牛出售,被天津市宝坻区动物卫生监督所查获。经检测,其中4头肉牛尿液样品中所含盐酸克伦特罗超过国家规定标准。郝云旺、唐连庆、唐民主动到公安机关投案。

【诉讼过程】

2011年12月14日,孙建亮因涉嫌生产、销售有毒、有害食品罪被刑事拘留,2012年1月9日被取保候审,10月25日被逮捕。2011年12月21日,陈林因涉嫌生产、销售有毒、有害食品罪被刑事拘留,2012年1月9日被取保候审,10月25日被逮捕。2011年12月20日,郝云旺因涉嫌生产、销售有毒、有害食品罪被取保候审,2012年10月25日被逮捕。2011年12月28日,唐连庆、唐民因涉嫌生产、销售有毒、有害食品罪被取保候审。

该案由天津市公安局宝坻分局侦查终结后,移送天津市宝坻区人民检察院审查起诉。天津市宝坻区人民检察院经审查认为,被告人孙建亮使用违禁药品盐酸克伦特罗饲养肉牛并将使用该药品饲养的肉牛出售,被告人陈林、郝云旺、唐连庆、唐民明知盐酸克伦特罗是禁止用于饲养供人食用的动物的药品而进行买卖,其行为均触犯了《中华人民共和国刑法》第一百四十四条之规定,应当以生产、销售有毒、有害食品罪追究刑事责任。2012年8月15日,天津市宝坻区人民检察院以被告人孙建亮、陈林、郝云旺、唐连庆、唐民犯生产、销售有毒、有害食品罪向宝坻区人民法院提起公诉。

2012年10月29日,宝坻区人民法院一审认为,被告人孙建亮使用违禁药品盐酸克伦特罗饲养肉牛并将肉牛出售,其行为已构成生产、销售有毒、有害食品罪;被告人陈林、郝云旺、唐连庆、唐民明知盐酸克伦特罗是禁止用于饲养供人食用的动物药品而代购或卖给他人,供他人用于饲养供人食用的肉牛,属于共同犯罪,应依法以生产、销售有毒、有害食品罪予以处罚。在共同犯罪中,孙建亮起主要作用,系主犯;被告人陈林、郝云旺、唐连庆、唐民起次要作用,系从犯,依法应当从轻处罚。被告人郝云旺、唐连庆、唐民在案发后主动到公安机关投案,并如实供述犯罪事实,属自首,依法可以从轻处罚。被告人孙建亮、陈林到案后如实供述犯罪事实,属坦白,依法可以从轻处罚。依照刑法相关条款规定,判决被告人孙建亮犯生产、销售有毒、有害食品罪,判处有期徒刑二年,并处罚金人民币七万五千元;被告人陈林犯生产、销售有毒、有害食品罪,判处有期徒刑一年,并处罚金人民币二万元;被告人郝云旺犯生产、销售有毒、有害食品罪,判处有期徒刑一年,并处罚金人民币二万元;被告人唐连庆犯生产、销售有毒、有害食品罪,判处有期徒刑六个月,缓刑一年,并处罚金人民币五千元;被告人唐民犯生产、销售有毒、有害食品罪,判处有期徒刑六个月,缓刑一年,并处罚金人民币五千元。

一审宣判后,郝云旺提出上诉。

2012 年 12 月 12 日,天津市第一中级人民法院二审裁定驳回上诉,维持原判。

【检例第 15 号】

胡林贵等人生产、销售有毒、有害食品,行贿;骆梅等人销售伪劣产品;朱伟全等人生产、销售伪劣产品;黎达文等人受贿,食品监管渎职案

【关键词】 生产、销售有毒、有害食品罪　生产、销售伪劣产品罪　食品监管渎职罪　受贿罪　行贿罪

【要旨】

实施生产、销售有毒、有害食品犯罪,为逃避查处向负有食品安全监管职责的国家工作人员行贿的,应当以生产、销售有毒、有害食品罪和行贿罪实行数罪并罚。

负有食品安全监督管理职责的国家机关工作人员,滥用职权,向生产、销售有毒、有害食品的犯罪分子通风报信,帮助逃避处罚的,应当认定为食品监管渎职罪;在渎职过程中受贿的,应当以食品监管渎职罪和受贿罪实行数罪并罚。

【相关立法】

《中华人民共和国刑法》第一百四十四条、第一百四十条、第四百零八条之一、第三百八十五条、第三百八十九条

【基本案情】

被告人胡林贵，男，1968年出生，重庆市人，原系广东省东莞市渝湘腊味食品有限公司股东。

被告人刘康清，男，1964年出生，重庆市人，原系广东省东莞市渝湘腊味食品有限公司股东。

被告人叶在均，男，1954年出生，重庆市人，原系广东省东莞市渝湘腊味食品有限公司股东。

被告人刘国富，男，1976年出生，重庆市人，原系广东省东莞市渝湘腊味食品有限公司股东。

被告人张永富，男，1969年出生，重庆市人，原系广东省东莞市渝湘腊味食品有限公司股东。

被告人叶世科，男，1979年出生，重庆市人，原系广东省东莞市渝湘腊味食品有限公司驾驶员。

被告人骆梅，女，1977年出生，重庆市人，原系广东省东莞市大岭山镇信立农产品批发市场销售人员。

被告人刘康素，女，1971年出生，重庆市人，原系广东省东莞市中堂镇江南农产品批发市场销售人员。

被告人朱伟全，男，1958年出生，广东省人，无业。

被告人曾伟中，男，1971年出生，广东省人，无业。

被告人黎达文，男，1973年出生，广东省人，原系广东省东莞市中堂镇人民政府经济贸易办公室（简称经贸办）副主任、中堂镇食品药品监督站站长，兼任中堂镇食品安全委员会（简称食安委）副主任及办公室主任。

被告人王伟昌，男，1965年出生，广东省人，原系广东省东莞市中堂中心屠场稽查队队长。

被告人陈伟基，男，1982年出生，广东省人，原系广东省东莞市中堂中心屠场稽查队队员。

被告人余忠东，男，1963年出生，湖南省人，原系广东省东莞市江南市场经营管理有限公司仓储加工管理部主管。

（一）被告人胡林贵、刘康清、叶在均、刘国富、张永富等人于2011年6月以每人出资2万元，在未取得工商营业执照和卫生许可证的情况下，在东莞市中堂镇江南农产品批发市场租赁加工区建立加工厂，利用病、死、残猪猪肉为原料，加入亚硝酸钠、工业用盐等调料，生产腊肠、腊肉。并将生产出来的腊肠、腊肉运至该市农产品批发市场固定铺位进行销售，平均每天销售约500公斤。该工厂主要由胡林贵负责采购病、死、残猪猪肉，刘康清负责销售，刘国富等人负责加工生产，张永富、叶在均等人负责打杂及协作，该加工厂还聘请了被告人叶世科等人负责运输，聘请了骆梅、刘康素等人负责销售上述加工厂生产出的腊肠、腊肉，其中骆梅于2011年8月初开始受聘担任销售，刘康素于2011年9月初开始受聘担任销售。

2011年10月17日，经群众举报，执法部门查处了该加工厂，当场缴获腊肠500公斤、腊肉500公斤、未检验的腊肉半成品2吨、工业用盐24包（每包50公斤）、敌百虫8支、亚硝酸钠11支等物品；10月25日，公安机关在农产品批发市场固定铺位缴获胡林贵等人存放的半成品猪肉7980公斤，经广东省质量监督检测中心抽样检测，该半成品含敌百虫等有害物质严重超标。

（二）自2010年12月至2011年6月份期间，被告人朱伟全、曾伟中等人收购病、死、残猪后私自屠宰，每月运行20天，并将每天生产出的约500公斤猪肉销售给被告人胡林贵、刘康清等人。后曾伟中退出经营，朱伟全等人于2011年9月份开始至案发期间，继续每天向胡林贵等人合伙经营的腊肉加工厂出售病、死、残猪猪肉约500公斤。

（三）被告人黎达文于2008年起先后兼任中堂镇产品质量和食品安全工作领导小组成员、经贸办副主任、中堂食安委副主任兼办公室主任、食品药品监督站站长，负责对中堂镇全镇食品安全的监督管理，包括中堂镇内食品安全综合协调职能和依法组织各执法部门查处食品安全方面的举报等工作。被告人余忠东于2005年起在东莞市江南市场经营管理有限公司任仓储加工管理部的主管。

2010年至2011年期间，黎达文在组织执法人员查处江南农产品批发市场的无证照腊肉、腊肠加工窝点过程中，收受被告人刘康清、胡林贵、余忠东等人贿款共十一次，每次5000元，合计55000元，其中胡林贵参与行贿十一次，计55000元，刘康清参与行贿十次，计50000元，余忠东参与行贿六次，计30000元。

被告人黎达文在收受被告人刘康清、胡林贵、余忠东等人的贿款之后，滥用食品安全监督管理的职权，多次在组织执法人员检查江南农产品批发市场之前打电话通知余忠东或胡林贵，让胡林贵等人做好准备，把加工场内的病、死、残猪猪肉等生产原料和腊肉、腊肠藏好，逃避查处,导致胡林贵等人在一年多时间内持续非法利用病、死、残猪猪肉生产敌百虫和亚硝酸盐成分严重超标的腊肠、腊肉,销往东莞市及周边城市的食堂和餐馆。

被告人王伟昌自 2007 年起任中堂中心屠场稽查队队长,被告人陈伟基自 2009 年 2 月起任中堂中心屠场稽查队队员,二人所在单位受中堂镇政府委托负责中堂镇内私宰猪肉的稽查工作。2009 年 7 月至 2011 年 10 月间,王伟昌、陈伟基在执法过程中收受刘康清、刘国富等人贿款,其中王伟昌、陈伟基共同收受贿款 13100 元,王伟昌单独受贿 3000 元。

王伟昌、陈伟基受贿后,滥用食品安全监督管理的职权,多次在带队稽查过程中,明知刘康清和刘国富等人非法销售死猪猪肉、排骨而不履行查处职责,王伟昌还多次在参与中堂镇食安委组织的联合执法行动前打电话给刘康清通风报信,让刘康清等人逃避查处。

【诉讼过程】

2011 年 10 月 22 日,胡林贵、刘康清因涉嫌生产、销售有毒、有害食品罪被刑事拘留,11 月 24 日被逮捕。2011 年 10 月 23 日,叶在均、刘国富、张永富、叶世科、骆梅、刘康素因涉嫌生产、销售有毒、有害食品罪被刑事拘留,11 月 24 日被逮捕。2011 年 10 月 28 日,朱伟全、曾伟中因涉嫌生产、销售有毒、有害食品罪被刑事拘留,11 月 24 日被逮捕。2012 年 3 月 6 日,黎达文因涉嫌受贿罪被刑事拘留,3 月 20 日被逮捕。2012 年 4 月 26 日,王伟昌、陈伟基因涉嫌受贿罪被刑事拘留,5 月 10 日被逮捕。2012 年 3 月 6 日,余忠东因涉嫌受贿罪被刑事拘留,3 月 20 日被逮捕。

被告人胡林贵、刘康清、叶在均、刘国富、张永富、叶世科、骆梅、刘康素、曾伟中、朱伟全涉嫌生产、销售有毒、有害食品罪一案,由广东省东莞市公安局侦查终结,移送东莞市第一市区人民检察院审查起诉。被告人黎达文、王伟昌、陈伟基涉嫌受贿、食品监管渎职罪,被告人胡林贵、刘康清、余忠东涉嫌行贿罪一案,由东莞市人民检察院侦查终结,移送东莞市第一市区人民检察院审查起诉。因上述两个案件系关联案件,东莞市第一市区人民检察院决定并案审查。东莞市第一市区人民检察院经审查认为,被告人胡林贵、刘康清、叶在均、刘国富、张永富、叶世科无视国法,在生产、销售的食品中掺入有毒、有害的非食品原料,胡林贵、刘康清还为谋取不正当利益,多次向被告人黎达文、王伟昌、陈伟基等人行贿,胡林贵、刘康清的行为均已触犯了《中华人民共和国刑法》第一百四十四条、第三百八十九条第一款之规定，被告人叶在均、刘国富、张永富、叶世科的行为均已触犯了《中华人民共和国刑法》第一百四十四条之规定；被告人骆梅、刘康素在销售中以不合格产品冒充合格产品，其中骆梅销售的金额五十万元以上，刘康素销售的金额二十万元以上，二人的行为均已触犯了《中华人民共和国刑法》第一百四十条之规定；被告人朱伟全、曾伟中在生产、销售中以不合格产品冒充合格产品，生产、销售金额五十万元以上，二人的行为均已触犯了《中华人民共和国刑法》第一百四十条之规定；被告人黎达文、王伟昌、陈伟基身为国家机关工作人员，利用职务之便，多次收受贿款，同时黎达文、王伟昌、陈伟基身为负有食品安全监督管理职责的国家机关工作人员，滥用职权为刘康清等人谋取非法利益，造成恶劣社会影响，三人的行为已分别触犯了《中华人民共和国刑法》第三百八十五条第一款、第四百零八条之一之规定；被告人余忠东为谋取不正当利益，多次向被告人黎达文、王伟昌、陈伟基等人行贿，其行为已触犯《中华人民共和国刑法》第三百八十九条第一款之规定。2012年5月29日，东莞市第一市区人民检察院以被告人胡林贵、刘康清犯生产、销售有毒、有害食品罪、行贿罪，叶在均、刘国富、张永富、叶世科犯生产、销售有毒、有害食品罪，骆梅、刘康素犯销售伪劣产品罪，朱伟全、曾伟中犯生产、销售伪劣产品罪，黎达文、王伟昌、陈伟基犯受贿罪、食品监管渎职罪，余忠东犯行贿罪，向东莞市第一人民法院提起公诉。

2012年7月9日，东莞市第一人民法院一审认为，被告人胡林贵、刘康清、叶在均、刘国富、张永富、叶世科无视国法，在生产、销售的食品中掺入有毒、有害的非食品原料，其行为已构成生产、销售有毒、有害食品罪，且属情节严重；被告人骆梅、刘康素作为产品销售者，以不合格产品冒充合格产品，其中被告人骆梅销售金额为五十万元以上不满二百万元，被告人刘康素销售金额为二十万元以上不满五十万元，其二人的行为已构成销售伪劣产品罪；被告人朱伟全、曾伟中在生产、销售中以不合格产品冒充合格产品，涉案金额五十万元以上不满二百万元，其二人的行为已构成生产、销售伪劣产品罪；被告人黎达文身为国家工作人员，被告人王伟昌、陈伟基身为受国家机关委托从事公务的人员，均利用职务之便，多次收受贿款，同时，被告人黎达文、王伟昌、陈伟基还违背所负的食品安全监督管理职责，滥用职权为刘康清等人谋取非法利益,造成严重后果,被告人黎达文、王伟昌、陈伟基的行为已构成受贿罪、食品监管渎职罪;被告人胡林贵、刘康清、余忠东为谋取不正当利益,多次向黎达文、王伟昌、陈伟基等人行贿,其三人的行为均已构成行贿罪。对上述被告人的犯罪行为,依法均应惩处,对被告人胡林贵、刘康清、黎达文、王伟昌、陈伟基依法予以数罪并罚。被告人刘康清系累犯,依法应从重处罚;刘康清在被追诉前主动交代其行贿行为,依法可以从轻处罚;刘康清还举报了胡林贵向黎达文行贿5000元的事实,并经查证属实,是立功,依法可以从轻处罚。被告人黎达文、王伟昌、陈伟基归案后已向侦查机关退出全部赃款,对其从轻处罚。被告人胡林贵、刘康清、张永富、叶世科、余忠东归案后如实供述犯罪事实,认罪态度较好,均可从轻处罚;被告人黎达文在法庭上认罪态度较好,可酌情从轻处罚。依照刑法相关条款规定,判决:

(一)被告人胡林贵犯生产、销售有毒、有害食品罪和行贿罪,数罪并罚,判处有期徒刑九年九个月,并处罚金人民币十万元。被告人刘康清犯生产、销售有毒、有害食品罪和行贿罪,数罪并罚,判处有期徒刑九年,并处罚金人民币九万元。被告人叶在均、刘国富、张永富、叶世科犯生产、销售有毒、有害食品罪,分别判处有期徒刑八年六个月并处罚金人民币十万元、有期徒刑八年六个月并处罚金人民币十万元、有期徒刑八年三个月并处罚金人民币十万元、有期徒刑七年九个月并处罚金人民币五万元。被告人骆梅、刘康素犯销售伪劣产品罪,分别判处有期徒刑七年六个月并处罚金人民币三万元、有期徒刑六年并处罚金人民币二万元。

(二)被告人朱伟全、曾伟中犯生产、销售伪劣产品罪,分别判处有期徒刑八年并处罚金人民币七万元、有期徒刑七年六个月并处罚金人民币六万元。

(三)被告人黎达文犯受贿罪和食品监管渎职罪,数罪并罚,判处有期徒刑七年六个月,并处没收个人财产人民币一万元。被告人王伟昌犯受贿罪和食品监管渎职罪,数罪并罚,判处有期徒刑三年三个月。被告人陈伟基犯受贿罪和食品监管渎职罪,数罪并罚,判处有期徒刑二年六个月。被告人余忠东犯行贿罪,判处有期徒刑十个月。

一审宣判后,被告人胡林贵、刘康清、叶在均、刘国富、张永富、叶世科、骆梅、刘康素、曾伟中、黎达文、王伟昌、陈伟基提出上诉。

2012年8月21日,广东省东莞市中级人民法院二审裁定驳回上诉，维持原判。

【检例第16号】

赛跃、韩成武受贿、食品监管渎职案

【关键词】 受贿罪　食品监管渎职罪

【要旨】

负有食品安全监督管理职责的国家机关工作人员，滥用职权或玩忽职守，导致发生重大食品安全事故或者造成其他严重后果的，应当认定为食品监管渎职罪。在渎职过程中受贿的，应当以食品监管渎职罪和受贿罪实行数罪并罚。

【相关立法】

《中华人民共和国刑法》第三百八十五条、第四百零八条之一

【基本案情】

被告人赛跃，男，云南省人，1965年出生，原系云南省嵩明县质量技术监督局（以下简称嵩明县质监局）局长。

被告人韩成武，男，云南省人，1963年出生，原系嵩明县质监局副局长。

2011年9月17日，根据群众举报称云南丰瑞粮油工业产业有限公司（位于云南省嵩明县杨林工业园区，以下简称杨林丰瑞公司）违法生产地沟油，时任嵩明县质监局局长、副局长的赛跃、韩成武等人到杨林丰瑞公司现场检查，查获该公司无生产许可证，其生产区域的配套的食用油加工设备以"调试设备"之名在生产，现场有生产用原料毛猪油2244.912吨，其中有的外包装无标签标识等，不符合食品安全标准。9月21日，被告人赛跃、韩成武没有计量核实毛猪油数量、来源，仅凭该公司人员陈述500吨，而对毛猪油591.4吨及生产用活性土30吨、无证生产的菜油100吨进行封存。同年10月22日，韩成武以"杨林丰瑞公司采购的原料共59.143吨不符合食品安全标准"建议立案查处，赛跃同意立案，并召开案审会经集体讨论，决定对杨林丰瑞公司给予行

政处罚。10月24日，嵩明县质监局作出对杨林丰瑞公司给予销毁不符合安全标准的原材料和罚款1419432元的行政处罚告知，并将行政处罚告知书送达该公司。之后，该公司申请从轻、减轻处罚。同年12月9日，赛跃、韩成武以企业配合调查及经济困难为由，未经集体讨论，决定减轻对杨林丰瑞公司的行政处罚，嵩明县质监局于12月12日作出行政处罚决定书，对杨林丰瑞公司作出销毁不符合食品安全标准的原料和罚款20万元的处罚，并下达责令改正通知书，责令杨林丰瑞公司于2011年12月27日前改正"采购的原料毛猪油不符合食品安全标准"的违法行为。12月13日，嵩明县质监局解除了对毛猪油、活性土、菜油的封存，实际并未销毁该批原料。致使杨林丰瑞公司在2011年11月至2012月3月期间，使用已查获的原料无证生产食用猪油并流入社会，对人民群众的生命健康造成较大隐患。

2011年10月至11月间，被告人赛跃、韩成武在查处该案的过程中，先后两次在办公室收受该公司吴庆伟（另案处理）分别送给的人民币10万元、3万元。

2012年3月13日，公安机关以该公司涉嫌生产、销售有毒、有害食品罪立案侦查。3月20日，赛跃和韩成武得知该情况后，更改相关文书材料、销毁原始行政处罚文书、伪造质监局分析协调会、案审会记录及杨林丰瑞公司毛猪油原材料的销毁材料，将所收受的13万受贿款作为对杨林丰瑞公司的罚款存入罚没账户。

【诉讼过程】

2012年5月4日，赛跃、韩成武因涉嫌徇私舞弊不移交刑事案件罪、受贿罪被云南省嵩明县人民检察院立案侦查，韩成武于5月7日被刑事拘留，赛跃于5月8日被刑事拘留，5月21日二人被逮捕。

该案由云南省嵩明县人民检察院反渎职侵权局侦查终结后，移送该院公诉部门审查起诉。云南省嵩明县人民检察院经审查认为，被告人赛跃、韩成武作为负有食品安全监督管理职责的国家机关工作人员，未认真履行职责，失职、渎职造成大量的问题猪油流向市场，后果特别严重；同时二被告人利用职务上的便利，非法收受他人贿赂，为他人谋取利益，二被告人之行为已触犯《中华人民共和国刑法》第四百零八条之一、第三百八十五条第一款之规定，应当以食品监管渎职罪、受贿罪追究刑事责任。2012年9月5日，云南省嵩明县人民检察院以被告人赛跃、韩成武犯食品监管渎职罪、受贿罪向云南省嵩明县人民法院提起公诉。

2012年11月26日,云南省嵩明县人民法院一审认为,被告人赛跃、韩成武作为国家工作人员,利用职务上的便利,非法收受他人财物,为他人谋取利益,其行为已构成受贿罪;被告人赛跃、韩成武作为质监局工作人员,在查办杨林丰瑞公司无生产许可证生产有毒、有害食品案件中玩忽职守、滥用职权,致使查获的不符合食品安全标准的原料用于生产,有毒、有害油脂流入社会,造成严重后果,其行为还构成食品监管渎职罪。鉴于杨林丰瑞公司被公安机关查处后,赛跃、韩成武向领导如实汇报受贿事实,且将受贿款以"罚款"上交,属自首,可从轻、减轻处罚。依照刑法相关条款之规定,判决被告人赛跃犯受贿罪和食品监管渎职罪,数罪并罚,判处有期徒刑六年;韩成武犯受贿罪和食品监管渎职罪,数罪并罚,判处有期徒刑二年六个月。

一审宣判后,赛跃、韩成武提出上诉。

2013年4月20日,云南省昆明市中级人民法院二审裁定驳回上诉,维持原判。

最高人民检察院
关于印发第五批指导性案例的通知

(2014 年 9 月 10 日　高检发研字〔2014〕4 号)

各省、自治区、直辖市人民检察院，军事检察院，新疆生产建设兵团人民检察院：

经 2014 年 8 月 28 日最高人民检察院第十二届检察委员会第二十六次会议决定，现将陈邓昌抢劫、盗窃，付志强盗窃案等三个案例印发你们，供参考。

最高人民检察院

2014 年 9 月 10 日

【检例第 17 号】

陈邓昌抢劫、盗窃，付志强盗窃案

【关键词】　第二审程序刑事抗诉　入户抢劫　盗窃罪　补充起诉

【基本案情】

被告人陈邓昌，男，贵州省人，1989 年出生，无业。

被告人付志强，男，贵州省人，1981 年出生，农民。

一、抢劫罪

2012 年 2 月 18 日 15 时，被告人陈邓昌携带螺丝刀等作案工具来到广东省佛山市禅城区澜石石头后二村田边街 10 巷 1 号的一间出租屋，撬门进入房间盗走现金人民币 100 元，后在客厅遇到被害人陈南姐，陈邓昌拿起铁锤威胁不让其喊叫，并逃离现场。

二、盗窃罪

1. 2012年2月23日，被告人付志强携带作案工具来到广东省佛山市高明区荷城街道井溢村398号302房间，撬门进入房间内盗走现金人民币300元。

2. 2012年2月25日，被告人付志强、陈邓昌密谋后携带作案工具到佛山市高明区荷城街道井溢村287号502出租屋，撬锁进入房间盗走一台华硕笔记本电脑（价值人民币2905元）。后二人以1300元的价格销赃。

3. 2012年2月28日，被告人付志强携带作案工具来到佛山市高明区荷城街道井溢村243号402房间，撬锁进入房间后盗走现金人民币1500元。

4. 2012年3月3日，被告人付志强、陈邓昌密谋后携带六角匙等作案工具到佛山市高明区荷城街道官当村34号401房，撬锁进入房间后盗走现金人民币700元。

5. 2012年3月28日，被告人陈邓昌、叶其元、韦圣伦（后二人另案处理，均已判刑）密谋后携带作案工具来到佛山市禅城区跃进路31号501房间，叶其元负责望风，陈邓昌、韦圣伦二人撬锁进入房间后盗走联想一体化电脑一台（价值人民币3928元）、尼康P300数码相机一台（价值人民币1813元）及600元现金人民币。后在逃离现场的过程中被人发现，陈邓昌等人将一体化电脑丢弃。

6. 2012年4月3日，被告人付志强携带作案工具来到佛山市高明区荷城街道岗头冯村283号301房间，撬锁进入房间后盗走现金人民币7000元。

7. 2012年4月13日，被告人陈邓昌、叶其元、韦圣伦密谋后携带作案工具来到佛山市禅城区石湾凤凰路隔田坊63号5座303房间，叶其元负责望风，陈邓昌、韦圣伦二人撬锁进入房间后盗走现金人民币6000元、港币900元以及一台诺基亚N86手机（价值人民币608元）。

【诉讼过程】

2012年4月6日，付志强因涉嫌盗窃罪被广东省佛山市公安局高明分局刑事拘留，同年5月9日被逮捕。2012年5月29日，陈邓昌因涉嫌盗窃罪被佛山市公安局高明分局刑事拘留，同年7月2日被逮捕。2012年7月6日，佛山市公安局高明分局以犯罪嫌疑人付志强、陈邓昌涉嫌盗窃罪向佛山市高明区人民检察院移送审查起诉。2012年7月

23日,高明区人民检察院以被告人付志强、陈邓昌犯盗窃罪向佛山市高明区人民法院提起公诉。

一审期间,高明区人民检察院经进一步审查,发现被告人陈邓昌有三起遗漏犯罪事实。2012年9月24日,高明区人民检察院依法补充起诉被告人陈邓昌入室盗窃转化为抢劫的犯罪事实一起和陈邓昌伙同叶其元、韦圣伦共同盗窃的犯罪事实二起。

2012年11月14日,佛山市高明区人民法院一审认为,检察机关指控被告人陈邓昌犯抢劫罪、盗窃罪,被告人付志强犯盗窃罪的犯罪事实清楚,证据确实充分,罪名成立。被告人陈邓昌在入户盗窃后被发现,为抗拒抓捕而当场使用凶器相威胁,其行为符合转化型抢劫的构成要件,应以抢劫罪定罪处罚,但不应认定为"入户抢劫"。理由是陈邓昌入户并不以实施抢劫为犯罪目的,而是在户内临时起意以暴力相威胁,且未造成被害人任何损伤,依法判决:被告人陈邓昌犯抢劫罪,处有期徒刑三年九个月,并处罚金人民币四千元;犯盗窃罪,处有期徒刑一年九个月,并处罚金人民币二千元;决定执行有期徒刑五年,并处罚金人民币六千元。被告人付志强犯盗窃罪,处有期徒刑二年,并处罚金人民币二千元。

2012年11月19日,佛山市高明区人民检察院认为一审判决适用法律错误,造成量刑不当,依法向佛山市中级人民法院提出抗诉。2013年3月21日,佛山市中级人民法院二审判决采纳了抗诉意见,撤销原判对原审被告人陈邓昌抢劫罪量刑部分及决定合并执行部分,依法予以改判。

【抗诉理由】

一审宣判后,佛山市高明区人民检察院审查认为一审判决未认定被告人陈邓昌的行为属于"入户抢劫",属于适用法律错误,且造成量刑不当,应予纠正,遂依法向佛山市中级人民法院提出抗诉;佛山市人民检察院支持抗诉。抗诉和支持抗诉理由是:

1. 原判决对"入户抢劫"的理解存在偏差。原判决以"暴力行为虽然发生在户内,但是其不以实施抢劫为目的,而是在户内临时起意并以暴力相威胁,且未造成被害人任何损害"为由,未认定被告人陈邓昌所犯抢劫罪具有"入户"情节。根据2005年7月《最高人民法院关于审理抢劫、抢夺刑事案件适用法律若干问题的意见》关于认定"入户抢劫"的规定,"入户"必须以实施抢劫等犯罪为目的。但是,这里

"目的"的非法性不是以抢劫罪为限,还应当包括盗窃等其他犯罪。

2. 原判决适用法律错误。2000年11月《最高人民法院关于审理抢劫案件具体应用法律若干问题的解释》(以下简称《解释》)第一条第二款规定,"对于入户盗窃,因被发现而当场使用暴力或者以暴力相威胁的行为,应当认定为入户抢劫。"依据刑法和《解释》的有关规定,本案中,被告人陈邓昌入室盗窃被发现后当场使用暴力相威胁的行为,应当认定为"入户抢劫"。

3. 原判决适用法律错误,导致量刑不当。"户"对一般公民而言属于最安全的地方。"入户抢劫"不仅严重侵犯公民的财产所有权,更是危及公民的人身安全。因为被害人处于封闭的场所,通常无法求救,与发生在户外的一般抢劫相比,被害人的身心会受到更为严重的惊吓或者伤害。根据刑法第二百六十三条第一项的规定,"入户抢劫"应当判处十年以上有期徒刑、无期徒刑或者死刑,并处罚金或者没收财产。原判决对陈邓昌抢劫罪判处三年九个月有期徒刑,属于适用法律错误,导致量刑不当。

【终审判决】

广东省佛山市中级人民法院二审认为,一审判决认定原审被告人陈邓昌犯抢劫罪,原审被告人陈邓昌、付志强犯盗窃罪的事实清楚,证据确实、充分。陈邓昌入户盗窃后,被被害人当场发现,意图抗拒抓捕,当场使用暴力威胁被害人不许其喊叫,然后逃离案发现场,依法应当认定为"入户抢劫"。原判决未认定陈邓昌所犯的抢劫罪具有"入户"情节,系适用法律错误,应当予以纠正。检察机关抗诉意见成立,予以采纳。据此,依法判决:撤销一审判决对陈邓昌抢劫罪量刑部分及决定合并执行部分;判决陈邓昌犯抢劫罪,处有期徒刑十年,并处罚金人民币一万元,犯盗窃罪,处有期徒刑一年九个月,并处罚金二千元,决定执行有期徒刑十一年,并处罚金一万二千元。

【要旨】

1. 对于入户盗窃,因被发现而当场使用暴力或者以暴力相威胁的行为,应当认定为"入户抢劫"。

2. 在人民法院宣告判决前,人民检察院发现被告人有遗漏的罪行可以一并起诉和审理的,可以补充起诉。

3. 人民检察院认为同级人民法院第一审判决重罪轻判,适用刑罚明显不当的,应当提出抗诉。

【相关法律规定】

《中华人民共和国刑法》第二百六十三条、第二百六十四条、第二百六十九条、第二十五条、第六十九条；《中华人民共和国刑事诉讼法》第二百一十七条、第二百二十五条第一款第二项。

【检例第 18 号】

郭明先参加黑社会性质组织、故意杀人、故意伤害案

【关键词】第二审程序刑事抗诉　故意杀人　罪行极其严重　死刑立即执行

【基本案情】

被告人郭明先，男，四川省人，1972 年出生，无业。1997 年 9 月因犯盗窃罪被判有期徒刑五年六个月，2001 年 12 月刑满释放。

2003 年 5 月 7 日，李泽荣（另案处理，已判刑）等人在四川省三台县"经典歌城"唱歌结账时与该歌城老板何春发生纠纷，被告人郭明先受李泽荣一方纠集，伙同李泽荣、王成鹏、王国军（另案处理，均已判刑）打砸"经典歌城"，郭明先持刀砍人，致何春重伤、顾客吴启斌轻伤。

2008 年 1 月 1 日，闵思金（另案处理，已判刑）与王元军在四川省三台县里程乡岩崖坪发生交通事故，双方因闵思金摩托车受损赔偿问题发生争执。王元军电话通知被害人兰金、李西秀等人，闵思金电话召集郭明先及闵思勇、陈强（另案处理，均已判刑）等人。闵思勇与其朋友代安全、兰在伟先到现场，因代安全、兰在伟与争执双方均认识，即进行劝解，事情已基本平息。后郭明先、陈强等人亦分别骑摩托车赶至现场。闵思金向郭明先指认兰金后，郭明先持菜刀欲砍兰金，被路过并劝架的被害人蓝继宇（殁年 26 岁）阻拦，郭明先遂持菜刀猛砍蓝继宇头部，致蓝继宇严重颅脑损伤死亡。兰金、李西秀等见状，持木棒击打郭明先，郭明先持菜刀乱砍，致兰金重伤，致李西秀轻伤。后郭明先

搭乘闵思勇所驾摩托车逃跑。

2008年5月，郭明先负案潜逃期间，应同案被告人李进（犯组织、领导黑社会性质组织罪、故意伤害罪等，被判处有期徒刑十四年）的邀约，到四川省绵阳市安县参加了同案被告人王术华（犯组织、领导黑社会性质组织罪、故意伤害罪等罪名，被判处有期徒刑二十年）组织、领导的黑社会性质组织，充当打手。因王术华对胡建不满，让李进安排人教训胡建及其手下。2009年5月17日，李进见胡建两名手下范平、张选辉在安县花荄镇姜记烧烤店吃烧烤，便打电话叫来郭明先。经指认，郭明先蒙面持菜刀砍击范平、张选辉，致该二人轻伤。

【诉讼过程】

2009年7月28日，郭明先因涉嫌故意伤害罪被四川省绵阳市安县公安局刑事拘留，同年8月18日被逮捕，经查犯罪嫌疑人郭明先还涉嫌王术华等人黑社会性质组织系列犯罪案件。四川省绵阳市安县公安局侦查终结后，移送四川省绵阳市安县人民检察院审查起诉。该院受理后，于2010年1月3日报送四川省绵阳市人民检察院审查起诉。2010年7月19日，四川省绵阳市人民检察院对王术华等人参与的黑社会性质组织系列犯罪案件向绵阳市中级人民法院提起公诉，其中指控该案被告人郭明先犯参加黑社会性质组织罪、故意伤害罪和故意杀人罪。

2010年12月17日，绵阳市中级人民法院一审认为，被告人郭明先1997年因犯盗窃罪被判处有期徒刑，2001年12月26日刑满释放后，又于2003年故意伤害他人，2008年故意杀人、参加黑社会性质组织，均应判处有期徒刑以上刑罚，系累犯，应当从重处罚。依法判决：被告人郭明先犯参加黑社会性质组织罪，处有期徒刑两年；犯故意杀人罪，处死刑，缓期二年执行，剥夺政治权利终身；犯故意伤害罪，处有期徒刑五年；数罪并罚，决定执行死刑，缓期二年执行，剥夺政治权利终身。

2010年12月30日，四川省绵阳市人民检察院认为一审判决对被告人郭明先量刑畸轻，依法向四川省高级人民法院提出抗诉。2012年4月16日，四川省高级人民法院二审判决采纳抗诉意见，改判郭明先死刑立即执行。2012年10月26日，最高人民法院裁定核准四川省高级人民法院对被告人郭明先的死刑判决。2012年11月22日，被告人郭明先被执行死刑。

【抗诉理由】

一审宣判后，四川省绵阳市人民检察院经审查认为原审判决对被告人郭明先量刑畸轻,依法向四川省高级人民法院提出抗诉;四川省人民检察院支持抗诉。抗诉和支持抗诉理由是:一审判处被告人郭明先死刑,缓期二年执行,量刑畸轻。郭明先1997年因犯盗窃罪被判有期徒刑五年六个月,2001年12月刑满释放后,不思悔改,继续犯罪。于2003年5月7日,伙同他人打砸三台县"经典歌城",并持刀行凶致一人重伤,一人轻伤,其行为构成故意伤害罪。负案潜逃期间,于2008年1月1日在三台县里程乡岩崖坪持刀行凶,致一人死亡,一人重伤,一人轻伤,其行为构成故意杀人罪和故意伤害罪。此后,又积极参加黑社会性质组织,充当他人打手,并于2009年5月17日受该组织安排,蒙面持刀行凶,致两人轻伤,其行为构成参加黑社会性质组织罪和故意伤害罪。根据本案事实和证据,被告人郭明先的罪行极其严重、犯罪手段残忍、犯罪后果严重,主观恶性极大,根据罪责刑相适应原则,应当依法判处其死刑立即执行。

【终审结果】

四川省高级人民法院二审认为,本案事实清楚,证据确实、充分,原审被告人郭明先犯参加黑社会性质组织罪、故意杀人罪、故意伤害罪,系累犯,主观恶性极深,依法应当从重处罚。检察机关认为"原判对郭明先量刑畸轻"的抗诉理由成立。据此,依法撤销一审判决关于原审被告人郭明先量刑部分,改判郭明先犯参加黑社会性质组织罪,处有期徒刑两年;犯故意杀人罪,处死刑;犯故意伤害罪,处有期徒刑五年;数罪并罚,决定执行死刑,并剥夺政治权利终身。经报最高人民法院核准,已被执行死刑。

【要旨】

死刑依法只适用于罪行极其严重的犯罪分子。对故意杀人、故意伤害、绑架、爆炸等涉黑、涉恐、涉暴刑事案件中罪行极其严重,严重危害国家安全和公共安全、严重危害公民生命权,或者严重危害社会秩序的被告人,依法应当判处死刑,人民法院未判处死刑的,人民检察院应当依法提出抗诉。

【相关法律规定】

《中华人民共和国刑法》第二百三十二条、第二百三十四条、第二百九十四条;《中华人民共和国刑事诉讼法》第二百一十七条、第二百二十五条第一款第二项。

【检例第 19 号】

张某、沈某某等七人抢劫案

【关键词】第二审程序刑事抗诉　未成年人与成年人共同犯罪　分案起诉　累犯

【基本案情】

被告人沈某某，男，1995 年 1 月出生。2010 年 3 月因抢劫罪被判拘役六个月，缓刑六个月，并处罚金五百元。

被告人胡某某，男，1995 年 4 月出生。

被告人许某，男，1993 年 1 月出生。2008 年 6 月因抢劫罪被判有期徒刑六个月，并处罚金五百元；2010 年 1 月因犯盗窃罪被判有期徒刑七个月，并处罚金一千四百元。

另四名被告人张某、吕某、蒋某、杨某，均为成年人。

被告人张某为牟利，介绍沈某某、胡某某、吕某、蒋某认识，教唆他们以暴力方式劫取助力车，并提供砍刀等犯罪工具，事后负责联系销赃分赃。2010 年 3 月，被告人沈某某、胡某某、吕某、蒋某经被告人张某召集，并伙同被告人许某、杨某等人，经预谋，相互结伙，持砍刀、断线钳、撬棍等作案工具，在上海市内公共场所抢劫助力车。其中，被告人张某、沈某某、胡某某参与抢劫四次；被告人吕某、蒋某参与抢劫三次；被告人许某参与抢劫二次；被告人杨某参与抢劫一次。具体如下：

1. 2010 年 3 月 4 日 11 时许，沈某某、胡某某、吕某、蒋某随身携带砍刀，至上海市长寿路 699 号国美电器商场门口，由吕、沈撬窃停放在该处的一辆黑色本凌牌助力车，当被害人甲制止时，沈、胡、蒋拿出砍刀威胁，沈砍击被害人致其轻伤。后吕、沈等人因撬锁不成，砸坏该车外壳后逃离现场。经鉴定，该助力车价值人民币 1930 元。

2. 2010 年 3 月 4 日 12 时许，沈某某、胡某某、吕某、蒋某随身携带砍刀，结伙至上海市老沪太路万荣路路口的临时菜场门口，由胡、吕撬窃停放在该处的一辆白色南方雅马哈牌助力车，当被害人乙制止时，沈、蒋等人拿出砍刀威胁，沈砍击被害人致其轻微伤，后吕等人撬开锁将车开走。经鉴定，该助力车价值人民币 2058 元。

3. 2010 年 3 月 11 日 14 时许，沈某某、胡某某、吕某、蒋某、许某随身携带砍刀，结伙至上海市胶州路 669 号东方典当行门口，由沈撬窃停放在该处的一辆黑色宝雕牌助力车，当被害人丙制止时，胡、蒋、沈拿出砍刀将被害人逼退到东方典当行店内，许则在一旁接应，吕上前帮助撬开车锁后由胡将车开走。经鉴定，该助力车价值人民币 2660 元。

4. 2010 年 3 月 18 日 14 时许，沈某某、胡某某、许某、杨某及王某（男，13 岁）随身携带砍刀，结伙至上海市上大路沪太路路口地铁七号线出口处的停车点，由胡持砍刀威胁该停车点的看车人员，杨在旁接应，沈、许等人则当场劫得助力车三辆。其中被害人丁的一辆黑色珠峰牌助力车，经鉴定，该助力车价值人民币 2090 元。

【诉讼过程】

2010 年 3、4 月，张某、吕某、蒋某、杨某以及三名未成年人沈某某、胡某某、许某因涉嫌抢劫罪先后被刑事拘留、逮捕。2010 年 6 月 21 日，上海市公安局静安分局侦查终结，以犯罪嫌疑人张某、沈某某、胡某某、吕某、蒋某、许某、杨某等七人涉嫌抢劫罪向静安区人民检察院移送审查起诉。静安区人民检察院经审查认为，本案虽系未成年人与成年人共同犯罪案件，但鉴于本案多名未成年人系共同犯罪中的主犯，不宜分案起诉。2010 年 9 月 25 日，静安区人民检察院以上述七名被告人犯抢劫罪依法向静安区人民法院提起公诉。

2010 年 12 月 15 日，静安区人民法院一审认为，七名被告人行为均构成抢劫罪，其中许某系累犯。依法判决：（一）对未成年被告人量刑如下：沈某某判处有期徒刑五年六个月，并处罚金人民币五千元，撤销缓刑，决定执行有期徒刑五年六个月，罚金人民币五千元；胡某某判处有期徒刑七年，并处罚金人民币七千元；许某判处有期徒刑五年，并处罚金人民币五千元。（二）对成年被告人量刑如下：张某判处有期徒刑十四年，剥夺政治权利二年，并处罚金人民币一万五千元；吕某判处有期徒刑十二年六个月，剥夺政治权利一年，并处罚金人民币一万二千元；蒋某判处有期徒刑十二年，剥夺政治权利一年，并处罚金人民币一万二千元；杨某判处有期徒刑二年，并处罚金人民币二千元。

2010 年 12 月 30 日，上海市静安区人民检察院认为一审判决适用法律错误，对未成年被告人的量刑不当，遂依法向上海市第二中级人民法院提出抗诉。张某以未参与抢劫，量刑过重为由，提出上诉。2011 年 6

月16日，上海市第二中级人民法院二审判决采纳抗诉意见，驳回上诉，撤销原判决对原审被告人沈某某、胡某某、许某抢劫罪量刑部分，依法予以改判。

【抗诉理由】

一审宣判后，上海市静安区人民检察院审查认为，一审判决对犯罪情节相对较轻的胡某某判处七年有期徒刑量刑失衡，对未成年被告人沈某某、胡某某、许某判处罚金刑未依法从宽处罚，属适用法律错误，量刑不当，遂依法向上海市第二中级人民法院提出抗诉；上海市人民检察院第二分院支持抗诉。抗诉和支持抗诉的理由是：

1. 一审判决量刑失衡，对被告人胡某某量刑偏重。本案中，被告人胡某某、沈某某均参与了四次抢劫犯罪，虽然均系主犯，但是被告人胡某某行为的社会危害性及人身危险性均小于被告人沈某某。从犯罪情节看，沈某某实施抢劫过程中直接用砍刀造成一名被害人轻伤，一名被害人轻微伤；被告人胡某某只有持刀威胁及撬车锁的行为。从犯罪时年龄看，沈某某已满十五周岁，胡某某尚未满十五周岁。从人身危险性看，沈某某因抢劫罪于2010年3月4日被判处拘役六个月，缓刑六个月，缓刑期间又犯新罪；胡某某系初犯。一审判决分别以抢劫罪判胡某某有期徒刑七年、沈某某有期徒刑五年六个月，属于量刑不当。

2. 一审判决适用法律错误，对未成年被告人罚金刑的适用既没有体现依法从宽，也没有体现与成年被告人罚金刑适用的区别。根据最高人民法院《关于适用财产刑若干问题的规定》、《关于审理未成年人刑事案件具体应用法律若干问题的解释》的规定，对未成年人犯罪应当从轻或者减轻判处罚金。一审判决对未成年被告人判处罚金未依法从宽，均是按照同案成年被告人罚金的标准判处五千元以上的罚金，属于适用法律错误。

此外，2010年12月21日一审判决认定未成年被告人许某系累犯正确，但审判后刑法有所修改。根据2011年2月全国人大常委会通过的《中华人民共和国刑法修正案（八）》和2011年5月最高人民法院《关于〈中华人民共和国刑法修正案（八）〉时间效力问题的解释》的有关规定，被告人许某实施犯罪时不满十八周岁，依法不构成累犯。

【终审判决】

上海市第二中级人民法院二审认为，原审判决认定抢劫罪事实清楚，定性准确，证据确实、充分。鉴于胡某某在抢劫犯罪中的地位作用略低于沈某某及对未成年犯并处罚金应当从轻或减轻处罚等实际情况，原判对胡某某主刑及对沈某某、胡某某、许某罚金刑的量刑不当，应予纠正。检察机关的抗诉意见正确，应予支持。另依法认定许某不构成累犯。据此，依法判决：撤销一审判决对原审三名未成年被告人沈某某、胡某某、许某的量刑部分；改判沈某某犯抢劫罪，处有期徒刑五年六个月，并处罚金人民币二千元，撤销缓刑，决定执行有期徒刑五年六个月，罚金人民币二千元；胡某某犯抢劫罪，处有期徒刑五年，罚金人民币二千元；许某犯抢劫罪，处有期徒刑四年，罚金人民币一千五百元。

【要旨】

1. 办理未成年人与成年人共同犯罪案件，一般应当将未成年人与成年人分案起诉，但对于未成年人系犯罪集团的组织者或者其他共同犯罪中的主犯，或者具有其他不宜分案起诉情形的，可以不分案起诉。

2. 办理未成年人与成年人共同犯罪案件，应当根据未成年人在共同犯罪中的地位、作用，综合考量未成年人实施犯罪行为的动机和目的、犯罪时的年龄、是否属于初犯、偶犯、犯罪后的悔罪表现、个人成长经历和一贯表现等因素，依法从轻或者减轻处罚。

3. 未成年人犯罪不构成累犯。

【相关法律规定】

《中华人民共和国刑法》第二百六十三条、第二十五条、第二十六条、第六十一条、第六十五条、第七十七条；《中华人民共和国刑事诉讼法》第二百一十七条、第二百二十五条第一款第二项。

最高人民检察院
关于印发最高人民检察院第六批指导性案例的通知

（2015年7月3日　高检发研字〔2015〕3号）

各省、自治区、直辖市人民检察院，军事检察院，新疆生产建设兵团人民检察院：

经2015年7月1日最高人民检察院第十二届检察委员会第三十七次会议决定，现将马世龙（抢劫）核准追诉案等四个指导性案例印发你们，供参照适用。

最高人民检察院
2015年7月3日

【检例第20号】

马世龙（抢劫）核准追诉案

【关键词】核准追诉　后果严重　影响恶劣

【基本案情】

犯罪嫌疑人马世龙，男，1970年生，吉林省公主岭市人。

1989年5月19日下午，犯罪嫌疑人马世龙、许云刚、曹立波（后二人另案处理，均已判刑）预谋到吉林省公主岭市苇子沟街獾子洞村李树振家抢劫，并准备了面罩、匕首等作案工具。5月20日零时许，三人蒙面持刀进入被害人李树振家大院，将屋门玻璃撬开后拉开门锁进入李树振卧室。马世龙、许云刚、曹立波分别持刀逼住李树振及其妻子王某,并强迫李树振及其妻子拿钱。李树振和妻子王某喊救命,曹立波、许云刚随即逃离。马世龙在逃离时被李树振拉住,遂持刀在李树振身上乱捅,随后逃脱。曹立波、许云刚、马世龙会合后将抢得的现金380余元分掉。李树振被送往医院抢救无效死亡。

【核准追诉案件办理过程】

案发后马世龙逃往黑龙江省七台河市打工。公安机关没有立案,也未对马世龙采取强制措施。2014年3月10日,吉林省公主岭市公安局接到黑龙江省七台河市桃山区桃山街派出所移交案件:当地民警在对辖区内一名叫"李红"的居民进行盘查时,"李红"交待其真实姓名为马世龙,1989年5月伙同他人闯入吉林省公主岭市苇子沟街獾子洞村李树振家抢劫,并将李树振用刀扎死后逃跑。当日,公主岭市公安局对马世龙立案侦查,3月18日通过公主岭市人民检察院层报最高人民检察院核准追诉。

公主岭市人民检察院、四平市人民检察院、吉林省人民检察院对案件进行审查并开展了必要的调查。2014年4月8日,吉林省人民检察院报最高人民检察院对马世龙核准追诉。

另据查明:(一)被害人妻子王某和儿子因案发时受到惊吓患上精神病,靠捡破烂为生,生活非常困难,王某强烈要求追究马世龙刑事责任。(二)案发地群众表示,李树振被抢劫杀害一案在当地造成很大恐慌,影响至今没有消除,对犯罪嫌疑人应当追究刑事责任。

最高人民检察院审查认为:犯罪嫌疑人马世龙伙同他人入室抢劫,造成一人死亡的严重后果,依据《中华人民共和国刑法》第十二条、1979年《中华人民共和国刑法》第一百五十条规定,应当适用的法定量刑幅度的最高刑为死刑。本案对被害人家庭和亲属造成严重伤害,在案发当地造成恶劣影响,虽然经过二十年追诉期限,被害方以及案发地群众反映强烈,社会影响没有消失,不追诉可能严重影响社会稳定或者产生其他严重后果。综合上述情况,依据1979年《中华人民共和国刑法》第七十六条第四项规定,决定对犯罪嫌疑人马世龙核准追诉。

【案件结果】

2014年6月26日,最高人民检察院作出对马世龙核准追诉决定。2014年11月5日,吉林省四平市中级人民法院以马世龙犯抢劫罪,同时考虑其具有自首情节,判处其有期徒刑十五年,并处罚金1000元。被告人马世龙未上诉,检察机关未抗诉,一审判决生效。

【要旨】

故意杀人、抢劫、强奸、绑架、爆炸等严重危害社会治安的犯罪，经过二十年追诉期限，仍然严重影响人民群众安全感，被害方、案发地群众、基层组织等强烈要求追究犯罪嫌疑人刑事责任，不追诉可能影响社会稳定或者产生其他严重后果的，对犯罪嫌疑人应当追诉。

【相关法律规定】

《中华人民共和国刑法》第十二条、第六十七条；1979 年《中华人民共和国刑法》第七十六条、第一百五十条。

【检例第 21 号】

丁国山等（故意伤害）核准追诉案

【关键词】 核准追诉　情节恶劣　无悔罪表现

【基本案情】

犯罪嫌疑人丁国山，男，1963 年生，黑龙江省齐齐哈尔市人。

犯罪嫌疑人常永龙，男，1973 年生，辽宁省朝阳市人。

犯罪嫌疑人丁国义，男，1965 年生，黑龙江省齐齐哈尔市人。

犯罪嫌疑人闫立军，男，1970 年生，黑龙江省齐齐哈尔市人。

1991 年 12 月 21 日，李万山、董立君、魏江等三人上山打猎，途中借宿在莫旗红彦镇大韭菜沟村（后改名干拉抛沟村）丁国义家中。李万山酒后因琐事与丁国义侄子常永龙发生争吵并殴打了常永龙。12 月 22 日上午 7 时许，丁国山、丁国义、常永龙、闫立军为报复泄愤，对李万山、董立君、魏江三人进行殴打，并将李万山、董立君装进麻袋，持木棒继续殴打三人要害部位。后丁国山等四人用绳索将李万山和董立君捆绑吊于房梁上，将魏江捆绑在柱子上后逃离现场。李万山头部、面部多处受伤，经救治无效于当日死亡。

【核准追诉案件办理过程】

案发后丁国山等四名犯罪嫌疑人潜逃。莫旗公安局当时没有立案手续，也未对犯罪嫌疑人采取强制措施。2010 年全国追逃行动期间，莫旗公安局经对未破命案进行梳理，并通过网上信息研判、证人辨认，确定了丁国山等四名犯罪嫌疑人下落。2013年12月25日，犯罪嫌疑人丁国山、丁国义、闫立军被抓获归案；2014年1月17日，犯罪嫌疑人常永龙被抓获归案。2014年1月25日，莫旗公安局通过莫旗人民检察院层报最高人民检察对丁国山等四名犯罪嫌疑人核准追诉。

莫旗人民检察院、呼伦贝尔市人民检察院、内蒙古自治区人民检察院对案件进行审查并开展了必要的调查。2014年4月10日，内蒙古自治区人民检察院报最高人民检察院对丁国山等四名犯罪嫌疑人核准追诉。

另据查明：（一）案发后四名犯罪嫌疑人即逃跑，在得知李万山死亡后分别更名潜逃到黑龙江、陕西等地，其间对于死伤者及其家属未给予任何赔偿。（二）被害人家属强烈要求严惩犯罪嫌疑人。（三）案发地部分村民及村委会出具证明表示，本案虽然过了20多年，但在当地造成的影响没有消失。

最高人民检察院审查认为：犯罪嫌疑人丁国山、丁国义、常永龙、闫立军涉嫌故意伤害罪，并造成一人死亡的严重后果，依据《中华人民共和国刑法》第十二条、1979年《中华人民共和国刑法》第一百三十四条、全国人民代表大会常务委员会《关于严惩严重危害社会治安的犯罪分子的决定》第一条规定，应当适用的法定量刑幅度的最高刑为死刑。本案情节恶劣、后果严重，虽然已过20年追诉期限，但社会影响没有消失，不追诉可能严重影响社会稳定或者产生其他严重后果。本案系共同犯罪，四名犯罪嫌疑人具有共同犯罪故意，共同实施了故意伤害行为，应当对犯罪结果共同承担责任。综合上述情况，依据1979年《中华人民共和国刑法》第七十六条第四项规定，决定对犯罪嫌疑人丁国山、常永龙、丁国义、闫立军核准追诉。

【案件结果】

2014年6月13日，最高人民检察院作出对丁国山、常永龙、丁国义、闫立军核准追诉决定。2015年2月26日，内蒙古自治区呼伦贝尔市中级人民法院以犯故意伤害罪，同时考虑审理期间被告人向被害人进行赔偿等因素，判处主犯丁国山、常永龙、丁国义有期徒刑十四年、十三年、十二年，从犯闫立军有期徒刑三年。被告人均未上诉，检察机关未抗诉，一审判决生效。

【要旨】

涉嫌犯罪情节恶劣、后果严重，并且犯罪后积极逃避侦查，经过二十年追诉期限，犯罪嫌疑人没有明显悔罪表现，也未通过赔礼道歉、赔偿损失等获得被害方谅解，犯罪造成的社会影响没有消失，不追诉可能影响社会稳定或者产生其他严重后果的，对犯罪嫌疑人应当追诉。

【相关法律规定】

《中华人民共和国刑法》第十二条；1979年《中华人民共和国刑法》第二十二条、第七十六条、第一百三十四条。

【检例第 22 号】

杨菊云（故意杀人）不核准追诉案

【关键词】 不予核准追诉　家庭矛盾　被害人谅解

【基本案情】

犯罪嫌疑人杨菊云，女，1962年生，四川省简阳市人。

1989年9月2日晚，杨菊云与丈夫吴德禄因琐事发生口角，吴德禄因此殴打杨菊云。杨菊云乘吴德禄熟睡，手持家中一节柏树棒击打吴德禄头部，后因担心吴德禄继续殴打自己，便用剥菜尖刀将吴德禄杀死。案发后杨菊云携带儿子吴某（当时不满1岁）逃离简阳。9月4日中午，吴德禄继父魏某去吴德禄家中，发现吴德禄被杀死在床上，于是向公安机关报案。公安机关随即开展了尸体检验、现场勘查等调查工作，并于9月26日立案侦查，但未对杨菊云采取强制措施。

【核准追诉案件办理过程】

杨菊云潜逃后辗转多地，后被拐卖嫁与安徽省凤阳县农民曹某。2013年3月，吴德禄亲属得知杨菊云联系方式、地址后，多次到简阳市公安局、资阳市公安局进行控告，要求追究杨菊云刑事责任。同年4月22日，简阳市及资阳市公安局在安徽省凤阳县公安机关协助下将杨菊云抓获，后依法对其刑事拘留、逮捕，并通过简阳市人民检察院层报最高人民检察院核准追诉。

简阳市人民检察院、资阳市人民检察院、四川省人民检察院先后对案件进行审查并开展了必要的调查。2013年6月8日，四川省人民检察院报最高人民检察院对杨菊云核准追诉。

另据查明：（一）杨菊云与吴德禄之子吴某得知自己身世后，恳求吴德禄父母及其他亲属原谅杨菊云。吴德禄的父母等亲属向公安机关递交谅解书，称鉴于杨菊云将吴某抚养成人，成立家庭，不再要求追究杨菊云刑事责任。（二）案发地部分群众表示，吴德禄被杀害，当时社会影响很大，现在事情过去二十多年，已经没有什么影响。

最高人民检察院审查认为：犯罪嫌疑人杨菊云故意非法剥夺他人生命，依据《中华人民共和国刑法》第十二条、1979年《中华人民共和国刑法》第一百三十二条规定，应当适用的法定量刑幅度的最高刑为死刑。本案虽然情节、后果严重，但属于因家庭矛盾引发的刑事案件，且多数被害人家属已经表示原谅杨菊云，被害人与犯罪嫌疑人杨菊云之子吴某也要求不追究杨菊云刑事责任。案发地群众反映案件造成的社会影响已经消失。综合上述情况，本案不属于必须追诉的情形，依据1979年《中华人民共和国刑法》第七十六条第四项规定，决定对杨菊云不予核准追诉。

【案件结果】

2013年7月19日，最高人民检察院作出对杨菊云不予核准追诉决定。2013年7月29日，简阳市公安局对杨菊云予以释放。

【要旨】

1. 因婚姻家庭等民间矛盾激化引发的犯罪，经过二十年追诉期限，犯罪嫌疑人没有再犯罪危险性，被害人及其家属对犯罪嫌疑人表示谅解，不追诉有利于化解社会矛盾、恢复正常社会秩序，同时不会影响社会稳定或者产生其他严重后果的，对犯罪嫌疑人可以不再追诉。

2. 须报请最高人民检察院核准追诉的案件，侦查机关在核准之前可以依法对犯罪嫌疑人采取强制措施。侦查机关报请核准追诉并提请逮捕犯罪嫌疑人，人民检察院经审查认为必须追诉而且符合法定逮捕条件的，可以依法批准逮捕。

【相关法律规定】

《中华人民共和国刑法》第十二条；1979年《中华人民共和国刑法》第七十六条、第一百三十二条。

【检例第 23 号】

蔡金星、陈国辉等（抢劫）不核准追诉案

【关键词】 不予核准追诉 悔罪表现 共同犯罪

【基本案情】

犯罪嫌疑人蔡金星，男，1963年生，福建省莆田市人。

犯罪嫌疑人陈国辉，男，1963年生，福建省莆田市人。

犯罪嫌疑人蔡金星、林俊雄于1991年初认识了在福建、安徽两地从事鳗鱼苗经营的一男子（姓名身份不详），该男子透露莆田市多人集资14万余元赴芜湖市购买鳗鱼苗，让蔡金星、林俊雄设法将钱款偷走或抢走，自己作为内应。蔡金星、林俊雄遂召集陈国辉、李建忠、蔡金文、陈锦城赶到芜湖市。经事先"踩点"，蔡金星、陈国辉等六人携带凶器及作案工具，于1991年3月12日上午租乘一辆面包车到被害人林文忠租住的房屋附近。按照事先约定，蔡金星在车上等候，其余五名犯罪嫌疑人进入屋内，陈国辉上前按住林文忠，其他人用水果刀逼迫林文忠，抢到装在一个密码箱内的14万余元现金后逃跑。

【核准追诉案件办理过程】

1991年3月12日，被害人林文忠到芜湖市公安局报案，4月18日芜湖市公安局对犯罪嫌疑人李建忠、蔡金文、陈锦城进行通缉，4月23日对三人作出刑事拘留决定。李建忠于2011年9月21日被江苏省连云港市公安局抓获，蔡金文、陈锦城于2011年12月8日在福建省莆田市投案（三名犯罪嫌疑人另案处理，均已判刑）。李建忠、蔡金文、陈锦城到案后，供出同案犯罪嫌疑人蔡金星、陈国辉、林俊雄（已死亡）三人。莆田市公安局于2012年3月9日将犯罪嫌疑人蔡金星、陈国辉抓获。2012年3月12日，芜湖市公安局对两名犯罪嫌疑人刑事拘留（后取保候审），并通过芜湖市人民检察院层报最高人民检察院核准追诉。

芜湖市人民检察院、安徽省人民检察院分别对案件进行审查并开展了必要的调查。2012年12月4日，安徽省人民检察院报最高人民检察院对蔡金星、陈国辉核准追诉。

另据查明：（一）犯罪嫌疑人蔡金星、陈国辉与被害人（林文忠等

当年集资做生意的群众）达成和解协议，并支付被害人 40 余万元赔偿金（包括直接损失和间接损失），各被害人不再要求追究其刑事责任。（二）蔡金星、陈国辉居住地基层组织未发现二人有违法犯罪行为，建议司法机关酌情不予追诉。

最高人民检察院审查认为：犯罪嫌疑人蔡金星、陈国辉伙同他人入户抢劫 14 万余元，依据《中华人民共和国刑法》第十二条、1979 年《中华人民共和国刑法》第一百五十条规定，应当适用的法定量刑幅度的最高刑为死刑。本案发生在 1991 年 3 月 12 日，案发后公安机关只发现了犯罪嫌疑人李建忠、蔡金文、陈锦城，在追诉期限内没有发现犯罪嫌疑人蔡金星、陈国辉，二人在案发后也没有再犯罪，因此已超过二十年追诉期限。本案虽然犯罪数额巨大，但未造成被害人人身伤害等其他严重后果。犯罪嫌疑人与被害人达成和解协议，并实际赔偿了被害人损失，被害人不再要求追究其刑事责任。综合上述情况，本案不属于必须追诉的情形，依据 1979 年《中华人民共和国刑法》第七十六条第四项规定，决定对蔡金星、陈国辉不予核准追诉。

【案件结果】

2012 年 12 月 31 日，最高人民检察院作出对蔡金星、陈国辉不予核准追诉决定。2013 年 2 月 20 日，芜湖市公安局对蔡金星、陈国辉解除取保候审。

【要旨】

1. 涉嫌犯罪已过二十年追诉期限，犯罪嫌疑人没有再犯罪危险性，并且通过赔礼道歉、赔偿损失等方式积极消除犯罪影响，被害方对犯罪嫌疑人表示谅解，犯罪破坏的社会秩序明显恢复，不追诉不会影响社会稳定或者产生其他严重后果的，对犯罪嫌疑人可以不再追诉。

2. 1997 年 9 月 30 日以前实施的共同犯罪，已被司法机关采取强制措施的犯罪嫌疑人逃避侦查或者审判的，不受追诉期限限制。司法机关在追诉期限内未发现或者未采取强制措施的犯罪嫌疑人，应当受追诉期限限制；涉嫌犯罪应当适用的法定量刑幅度的最高刑为无期徒刑、死刑，犯罪行为发生二十年以后认为必须追诉的，须报请最高人民检察院核准。

【相关法律规定】

《中华人民共和国刑法》第十二条；1979 年《中华人民共和国刑法》第二十二条、七十六条、第一百五十条。

最高人民检察院
关于印发最高人民检察院第七批指导性案例的通知

(2016年5月31日 高检发研字〔2016〕7号)

各省、自治区、直辖市人民检察院，军事检察院，新疆生产建设兵团人民检察院：

经2016年5月13日最高人民检察院第十二届检察委员会第五十一次会议决定，现将马乐利用未公开信息交易案等四个指导性案例印发你们，供参照适用。

最高人民检察院

2016年5月31日

【检例第24号】

马乐利用未公开信息交易案

【关键词】 适用法律错误　刑事抗诉　援引法定刑　情节特别严重

【基本案情】

马乐，男，1982年8月生。

2011年3月9日至2013年5月30日期间，马乐担任博时基金管理有限公司旗下博时精选股票证券投资基金经理，全权负责投资基金投资股票市场，掌握了博时精选股票证券投资基金交易的标的股票、交易时点和交易数量等未公开信息。马乐在任职期间利用其掌控的上述未公开信息，操作自己控制的"金某""严某进""严某雯"三个股票账户，通过临时购买的不记名神州行电话卡下单，从事相关证券交易活动，先于、同期或稍晚于其管理的"博时精选"基金账户，买卖相同股票76只，累计成交金额人民币10.5亿余元，非法获利人民币19120246.98元。

【诉讼过程】

2013年6月21日中国证监会决定对马乐涉嫌利用未公开信息交易行为立案稽查，交深圳证监局办理。2013年7月17日，马乐到广东省深圳市公安局投案。2014年1月2日，深圳市人民检察院向深圳市中级人民法院提起公诉，指控被告人马乐构成利用未公开信息交易罪，情节特别严重。2014年3月24日，深圳市中级人民法院作出一审判决，认定马乐构成利用未公开信息交易罪，鉴于刑法第一百八十条第四款未对利用未公开信息交易罪情节特别严重作出相关规定，马乐属于犯罪情节严重，同时考虑其具有自首、退赃、认罪态度良好、罚金能全额缴纳等可以从轻处罚情节，因此判处其有期徒刑三年，缓刑五年，并处罚金1884万元，同时对其违法所得1883万余元予以追缴。

深圳市人民检察院于2014年4月4日向广东省高级人民法院提出抗诉，认为被告人马乐的行为应当认定为犯罪情节特别严重，依照"情节特别严重"的量刑档次处罚；马乐的行为不属于退赃，应当认定为司法机关追赃。一审判决适用法律错误，量刑明显不当，应当依法改判。2014年8月28日，广东省人民检察院向广东省高级人民法院发出《支持刑事抗诉意见书》，认为一审判决认定情节错误，导致量刑不当，应当依法纠正。

广东省高级人民法院于2014年10月20日作出终审裁定，认为刑法第一百八十条第四款并未对利用未公开信息交易罪规定有"情节特别严重"情形，马乐的行为属"情节严重"，应在该量刑幅度内判处刑罚，抗诉机关提出马乐的行为应认定为"情节特别严重"缺乏法律依据；驳回抗诉，维持原判。

广东省人民检察院认为终审裁定理解法律规定错误，导致认定情节错误，适用缓刑不当，于2014年11月27日提请最高人民检察院抗诉。2014年12月8日，最高人民检察院按照审判监督程序向最高人民法院提出抗诉。

【抗诉理由】

最高人民检察院审查认为，原审被告人马乐利用因职务便利获取的未公开信息,违反规定从事相关证券交易活动,累计成交额人民币10.5亿余元,非法获利人民币1883万余元,属于利用未公开信息交易罪"情节特别严重"的情形。本案终审裁定以刑法第一百八十条第四款并未对利用未公开信息交易罪有"情节特别严重"规定为由,对此情形不作认定,降格评价被告人的犯罪行为,属于适用法律确有错误,导致量刑不当。理由如下:

一、刑法第一百八十条第四款属于援引法定刑的情形,应当引用第一款处罚的全部规定。按照立法精神,刑法第一百八十条第四款中的"情节严重"是入罪标准,在处罚上应当依照本条第一款的全部罚则处罚,即区分情形依照第一款规定的"情节严重"和"情节特别严重"两个量刑档次处罚。首先,援引的重要作用就是减少法条重复表述,只需就该罪的基本构成要件作出表述,法定刑全部援引即可;如果法定刑不是全部援引,才需要对不同量刑档次作出明确表述,规定独立的罚则。刑法分则多个条文都存在此种情形,这是业已形成共识的立法技术问题。其次,刑法第一百八十条第四款"情节严重"的规定是入罪标准,作此规定是为了避免"情节不严重"也入罪,而非量刑档次的限缩。最后,从立法和司法解释先例来看,刑法第二百八十五条第三款也存在相同的文字表述,2011年《最高人民法院、最高人民检察院关于办理危害计算机信息系统安全刑事案件应用法律若干问题的解释》第三条明确规定了刑法第二百八十五条第三款包含有"情节严重"、"情节特别严重"两个量刑档次。司法解释的这一规定,表明了最高司法机关对援引法定刑立法例的一贯理解。

二、利用未公开信息交易罪与内幕交易、泄露内幕信息罪的违法与责任程度相当,法定刑亦应相当。内幕交易、泄露内幕信息罪和利用未公开信息交易罪,都属于特定人员利用未公开的可能对证券、期货市场交易价格产生影响的信息从事交易活动的犯罪。两罪的主要差别在于信息范围不同,其通过信息的未公开性和价格影响性获利的本质相同,均严重破坏了金融管理秩序,损害了公众投资者利益。刑法将两罪放在第一百八十条中分款予以规定,亦是对两罪违法和责任程度相当的确认。因此,从社会危害性理解,两罪的法定刑也应相当。

三、马乐的行为应当认定为"情节特别严重",对其适用缓刑明显不当。《最高人民检察院、公安部关于公安机关管辖的刑事案件立案追诉标准的规定(二)》对内幕交易、泄露内幕信息罪和利用未公开信息交易罪"情节严重"规定了相同的追诉标准,《最高人民法院、最高人民检察院关于办理内幕交易、泄露内幕信息刑事案件具体应用法律若干问题的解释》将成交额 250 万元以上、获利 75 万元以上等情形认定为内幕交易、泄露内幕信息罪"情节特别严重"。如前所述,利用未公开信息交易罪"情节特别严重"的,也应当依照第一款的规定,遵循相同的标准。马乐利用未公开信息进行交易活动,累计成交额人民币 10.5 亿余元,从中非法获利人民币 1883 万余元,显然属于"情节特别严重",应当在"五年以上十年以下有期徒刑"的幅度内量刑。其虽有自首情节,但适用缓刑无法体现罪责刑相适应,无法实现惩罚和预防犯罪的目的,量刑明显不当。

四、本案所涉法律问题的正确理解和适用,对司法实践和维护我国金融市场的健康发展具有重要意义。自刑法修正案(七)增设利用未公开信息交易罪以来,司法机关对该罪是否存在"情节特别严重"、是否有两个量刑档次长期存在分歧,亟需统一认识。正确理解和适用本案所涉法律问题,对明确同类案件的处理、同类从业人员犯罪的处罚具有重要指导作用,对于加大打击"老鼠仓"等严重破坏金融管理秩序的行为,维护社会主义市场经济秩序,保障资本市场健康发展具有重要意义。

【案件结果】

2015 年 7 月 8 日,最高人民法院第一巡回法庭公开开庭审理此案,最高人民检察院依法派员出庭履行职务,原审被告人马乐的辩护人当庭发表了辩护意见。最高人民法院审理认为,最高人民检察院对刑法第一百八十条第四款援引法定刑的理解及原审被告人马乐的行为属于犯罪情节特别严重的抗诉意见正确,应予采纳;辩护人的辩护意见不能成立,不予采纳。原审裁判因对刑法第一百八十条第四款援引法定刑的理解错误,导致降格认定了马乐的犯罪情节,进而对马乐判处缓刑确属不当,应予纠正。

2015 年 12 月 11 日,最高人民法院作出再审终审判决:维持原刑事判决中对被告人马乐的定罪部分;撤销原刑事判决中对原审被告人马乐的量刑及追缴违法所得部分;原审被告人马乐犯利用未公开信息交易罪,判处有期徒刑三年,并处罚金人民币 1913 万元;违法所得人民币 19120246.98 元依法予以追缴,上缴国库。

【要旨】

刑法第一百八十条第四款利用未公开信息交易罪为援引法定刑的情

形，应当是对第一款法定刑的全部援引。其中，"情节严重"是入罪标准，在处罚上应当依照本条第一款内幕交易、泄露内幕信息罪的全部法定刑处罚，即区分不同情形分别依照第一款规定的"情节严重"和"情节特别严重"两个量刑档次处罚。

【指导意义】

我国刑法分则"罪状+法定刑"的立法模式决定了在性质相近、危害相当罪名的法条规范上，基本采用援引法定刑的立法技术。本案对刑法第一百八十条第四款援引法定刑理解的争议是刑法解释的理论问题。正确理解刑法条文，应当以文义解释为起点，综合运用体系解释、目的解释等多种解释方法，按照罪刑法定原则和罪责刑相适应原则的要求，从整个刑法体系中把握立法目的，平衡法益保护。

1. 从法条文义理解，刑法第一百八十条第四款中的"情节严重"是入罪条款，为犯罪构成要件，表明该罪情节犯的属性，具有限定处罚范围的作用，以避免"情节不严重"的行为也入罪，而非量刑档次的限缩。本条款中"情节严重"之后并未列明具体的法定刑，不兼具量刑条款的性质，量刑条款为"依照第一款的规定处罚"，应当理解为对第一款法定刑的全部援引而非部分援引，即同时存在"情节严重"、"情节特别严重"两种情形和两个量刑档次。

2. 从刑法体系的协调性考量，一方面，刑法中存在与第一百八十条第四款表述类似的条款，印证了援引法定刑为全部援引。如刑法第二百八十五条第三款规定"情节严重的，依照前款的规定处罚"，2011年《最高人民法院、最高人民检察院关于办理危害计算机信息系统安全刑事案件应用法律若干问题的解释》第三条明确了本款包含有"情节严重"、"情节特别严重"两个量刑档次。另一方面，从刑法其他条文的反面例证看，法定刑设置存在细微差别时即无法援引。如刑法第一百八十条第二款关于内幕交易、泄露内幕信息罪单位犯罪的规定，没有援引前款个人犯罪的法定刑，而是单独明确规定处五年以下有期徒刑或者拘役。这是因为第一款规定了情节严重、情节特别严重两个量刑档次，而第二款只有一个量刑档次，并且不对直接负责的主管人员和其他直接责任人员并处罚金。在这种情况下，为避免发生歧义，立法不会采用援引法定刑的方式，而是对相关法定刑作出明确表述。

3. 从设置利用未公开信息交易罪的立法目的分析，刑法将本罪与内幕交易、泄露内幕信息罪一并放在第一百八十条中分款予以规定，就是由于两罪虽然信息范围不同，但是其通过信息的未公开性和价格影响性获利的本质相同，对公众投资者利益和金融管理秩序的实质危害性相当，行为人的主观恶性相当，应当适用相同的法定量刑幅度，具体量刑标准也应一致。如果只截取情节严重部分的法定刑进行援引，势必违反罪刑法定原则和罪刑相适应原则，无法实现惩罚和预防犯罪的目的。

【相关法律规定】

《中华人民共和国刑法》

第一百八十条　证券、期货交易内幕信息的知情人员或者非法获取证券、期货交易内幕信息的人员，在涉及证券的发行，证券、期货交易或者其他对证券、期货交易价格有重大影响的信息尚未公开前，买入或者卖出该证券，或者从事与该内幕信息有关的期货交易，或者泄露该信息，或者明示、暗示他人从事上述交易活动，情节严重的，处五年以下有期徒刑或者拘役，并处或者单处违法所得一倍以上五倍以下罚金；情节特别严重的，处五年以上十年以下有期徒刑，并处违法所得一倍以上五倍以下罚金。

单位犯前款罪的，对单位判处罚金，并对其直接负责的主管人员和其他直接责任人员，处五年以下有期徒刑或者拘役。

内幕信息、知情人员的范围，依照法律、行政法规的规定确定。

证券交易所、期货交易所、证券公司、期货经纪公司、基金管理公司、商业银行、保险公司等金融机构的从业人员以及有关监管部门或者行业协会的工作人员，利用因职务便利获取的内幕信息以外的其他未公开的信息，违反规定，从事与该信息相关的证券、期货交易活动，或者明示、暗示他人从事相关交易活动，情节严重的，依照第一款的规定处罚。

【检例第 25 号】

于英生申诉案

【关键词】 刑事申诉　再审检察建议　改判无罪

【基本案情】

于英生,男,1962年3月生。

1996年12月2日,于英生的妻子韩某在家中被人杀害。安徽省蚌埠市中区公安分局侦查认为于英生有重大犯罪嫌疑,于1996年12月12日将其刑事拘留。1996年12月21日,蚌埠市中市区人民检察院以于英生涉嫌故意杀人罪,将其批准逮捕。在侦查阶段的审讯中,于英生供认了杀害妻子的主要犯罪事实。蚌埠市中区公安分局侦查终结后,移送蚌埠市中市区人民检察院审查起诉。蚌埠市中市区人民检察院审查后,依法移送蚌埠市人民检察院审查起诉。1997年12月24日,蚌埠市人民检察院以涉嫌故意杀人罪对于英生提起公诉。蚌埠市中级人民法院一审判决认定以下事实:1996年12月1日,于英生一家三口在逛商场时,韩某将2800元现金交给于英生让其存入银行,但却不愿告诉这笔钱的来源,引起于英生的不满。12月2日7时20分,于英生送其子去上学,回家后再次追问韩某2800元现金是哪来的。因韩某坚持不愿说明来源,二人发生争吵厮打。厮打过程中,于英生见韩某声音越来越大,即恼羞成怒将其推倒在床上,然后从厨房拿了一根塑料绳,将韩某的双手拧到背后捆上。接着又用棉被盖住韩某头面部并隔着棉被用双手紧捂其口鼻,将其捂昏迷后匆忙离开现场到单位上班。约9时50分,于英生从单位返回家中,发现韩某已经死亡,便先解开捆绑韩某的塑料绳,用菜刀对韩某的颈部割了数刀,然后将其内衣向上推至胸部、将其外面穿的毛线衣拉平,并将尸体翻成俯卧状。接着又将屋内家具的柜门、抽屉拉开,将物品翻乱,造成家中被抢劫、韩某被奸杀的假象。临走时,于英生又将液化气打开并点燃一根蜡烛放在床头柜上的烟灰缸里,企图使液化气排放到一定程度,烛火引燃液化气,达到烧毁现场的目的。后因被及时发现而未引燃。经法医鉴定:死者韩某口、鼻腔受暴力作用,致机械性窒息死亡。

【诉讼过程】

1998年4月7日,蚌埠市中级人民法院以故意杀人罪判处于英生死刑,缓期二年执行。于英生不服,向安徽省高级人民法院提出上诉。

1998年9月14日,安徽省高级人民法院以原审判决认定于英生故意杀人的部分事实不清,证据不足为由,裁定撤销原判,发回重审。被害人韩某的父母提起附带民事诉讼。

1999年9月16日,蚌埠市中级人民法院以故意杀人罪判处于英生死刑，缓期二年执行。于英生不服，再次向安徽省高级人民法院提出上诉。

2000年5月15日，安徽省高级人民法院以原审判决事实不清，证据不足为由，裁定撤销原判，发回重审。

2000年10月25日，蚌埠市中级人民法院以故意杀人罪判处于英生无期徒刑。于英生不服，向安徽省高级人民法院提出上诉。2002年7月1日，安徽省高级人民法院裁定驳回上诉，维持原判。

2002年12月8日，于英生向安徽省高级人民法院提出申诉。2004年8月9日，安徽省高级人民法院驳回于英生的申诉。后于英生向安徽省人民检察院提出申诉。

安徽省人民检察院经复查，提请最高人民检察院按照审判监督程序提出抗诉。最高人民检察院经审查，于2013年5月24日向最高人民法院提出再审检察建议。

【建议再审理由】

最高人民检察院审查认为，原审判决、裁定认定于英生故意杀人的事实不清，证据不足，案件存在的矛盾和疑点无法得到合理排除，案件事实结论不具有唯一性。

一、原审判决认定事实的证据不确实、不充分。一是根据安徽省人民检察院复查调取的公安机关侦查内卷中的手写"现场手印检验报告"及其他相关证据，能够证实现场存在的2枚指纹不是于英生及其家人所留，但侦查机关并未将该情况写入检验报告。原审判决依据该"现场手印检验报告"得出"没有发现外人进入现场的痕迹"的结论与客观事实不符。二是关于于英生送孩子上学以及到单位上班的时间，缺少明确证据支持，且证人证言之间存在矛盾。原审判决认定于英生9时50分回家伪造现场，10时20分回到单位，而于英生辩解其在10时左右回到单位，后接到传呼并用办公室电话回此传呼，并在侦查阶段将传呼机提交侦查机关。安徽省人民检察院复查及最高人民检察院审查时，相关人员证实侦查机关曾对有关人员及传呼机信息问题进行了调查，并调取了通话记录，但案卷中并没有相关调查材料及通话记录，于英生关于在10时左右回到单位的辩解不能合理排除。因此依据现有证据，原审判决认定于英生具有20分钟作案时间和30分钟伪造现场时间的证据不足。

二、原审判决定罪的主要证据之间存在矛盾。原审判决认定于英生有罪的证据主要是现场勘查笔录、尸检报告以及于英生曾作过的有罪供述。而于英生在侦查阶段虽曾作过有罪供述，但其有罪供述不稳定，时供时翻，供述前后矛盾。且其有罪供述与现场勘查笔录、尸检报告等证据亦存在诸多不一致的地方，如于英生曾作有罪供述中有关菜刀放置的位置、拽断电话线、用于点燃蜡烛的火柴梗丢弃在现场以及与被害人发生性行为等情节与现场勘查笔录、尸检报告等证据均存在矛盾。

三、原审判决认定于英生故意杀人的结论不具有唯一性。根据从公安机关侦查内卷中调取的手写"手印检验报告"以及 DNA 鉴定意见，现场提取到外来指纹，被害人阴道提取的精子也不是于英生的精子，因此存在其他人作案的可能。同时，根据侦查机关蜡烛燃烧试验反映的情况，该案存在杀害被害人并伪造现场均在 8 时之前完成的可能。原审判决认定于英生故意杀害韩某的证据未形成完整的证据链，认定的事实不能排除合理怀疑。

【案件结果】

2013 年 6 月 6 日，最高人民法院将最高人民检察院再审检察建议转安徽省高级人民法院。2013 年 6 月 27 日，安徽省高级人民法院对该案决定再审。2013 年 8 月 5 日，安徽省高级人民法院不公开开庭审理了该案。安徽省高级人民法院审理认为，原判决、裁定根据于英生的有罪供述、现场勘查笔录、尸体检验报告、刑事科学技术鉴定、证人证言等证据，认定原审被告人于英生杀害了韩某。但于英生供述中部分情节与现场勘查笔录、尸体检验报告、刑事科学技术鉴定等证据存在矛盾，且韩某阴道擦拭纱布及三角内裤上的精子经 DNA 鉴定不是于英生的，安徽省人民检察院提供的侦查人员从现场提取的没有比对结果的他人指纹等证据没有得到合理排除，因此原审判决、裁定认定于英生犯故意杀人罪的事实不清、证据不足，指控的犯罪不能成立。2013 年 8 月 8 日，安徽省高级人民法院作出再审判决：撤销原审判决裁定，原审被告人于英生无罪。

【要旨】

坚守防止冤假错案底线，是保障社会公平正义的重要方面。检察机关既要依法监督纠正确有错误的生效刑事裁判，又要注意在审查逮捕、审查起诉等环节有效发挥监督制约作用，努力从源头上防止冤假错案发生。在监督纠正冤错案件方面，要严格把握纠错标准，对于被告人供述反复，有罪供述前后矛盾，且有罪供述的关键情节与其他在案证据存在无法排除的重大矛盾，不能排除有其他人作案可能的，应当依法进行监督。

【指导意义】

1. 对案件事实结论应当坚持"唯一性"证明标准。刑事诉讼法第一百九十五条第一项规定："案件事实清楚，证据确实、充分，依据法律认定被告人有罪的，应当作出有罪判决。"刑事诉讼法第五十三条第二款对于认定"证据确实、充分"的条件进行了规定："（一）定罪量刑的事实都有证据证明；（二）据以定案的证据均经法定程序查证属实；（三）综合全案证据，对所认定的案件事实已排除合理怀疑。"排除合理怀疑，要求对于认定的案件事实，从证据角度已经没有符合常理的、有根据的怀疑，特别在是否存在犯罪事实和被告人是否实施了犯罪等关键问题上，确信证据指向的案件结论具有唯一性。只有坚持对案件事实结论的唯一性标准，才能够保证裁判认定的案件事实与客观事实相符，最大限度避免冤假错案的发生。

2. 坚持全面收集证据，严格把握纠错标准。在复查刑事申诉案件过程中，除全面审查原有证据外，还应当注意补充收集、调取能够证实被告人有罪或者无罪、犯罪情节轻重的新证据，通过正向肯定与反向否定，检验原审裁判是否做到案件事实清楚，证据确实、充分。要坚持疑罪从无原则，严格把握纠错标准，对于被告人有罪供述出现反复且前后矛盾，关键情节与其他在案证据存在无法排除的重大矛盾，不能排除有其他人作案可能的，应当认为认定主要案件事实的结论不具有唯一性。人民法院据此判决被告人有罪的，人民检察院应当按照审判监督程序向人民法院提出抗诉，或者向同级人民法院提出再审检察建议。

【相关法律规定】

《中华人民共和国刑事诉讼法》

第五十三条 对一切案件的判处都要重证据，重调查研究，不轻信口供。只有被告人供述，没有其他证据的，不能认定被告人有罪和处以刑罚；没有被告人供述，证据确实、充分的，可以认定被告人有罪和处以刑罚。

证据确实、充分，应当符合以下条件：

（一）定罪量刑的事实都有证据证明；

（二）据以定案的证据均经法定程序查证属实；

（三）综合全案证据，对所认定事实已排除合理怀疑。

第二百四十二条　当事人及其法定代理人、近亲属的申诉符合下列情形之一的，人民法院应当重新审判：

（一）有新的证据证明原判决、裁定认定的事实确有错误，可能影响定罪量刑的；

（二）据以定罪量刑的证据不确实、不充分、依法应当予以排除，或者证明案件事实的主要证据之间存在矛盾的；

（三）原判决、裁定适用法律确有错误的；

（四）违反法律规定的诉讼程序，可能影响公正审判的；

（五）审判人员在审理该案件的时候，有贪污受贿，徇私舞弊，枉法裁判行为的。

第二百四十三条　各级人民法院院长对本院已经发生法律效力的判决和裁定，如果发现在认定事实上或者在适用法律上确有错误，必须提交审判委员会处理。

最高人民法院对各级人民法院已经发生法律效力的判决和裁定，上级人民法院对下级人民法院已经发生法律效力的判决和裁定，如果发现确有错误，有权提审或者指令下级人民法院再审。

最高人民检察院对各级人民法院已经发生法律效力的判决和裁定，上级人民检察院对下级人民法院已经发生法律效力的判决和裁定，如果发现确有错误，有权按照审判监督程序向同级人民法院提出抗诉。

人民检察院抗诉的案件，接受抗诉的人民法院应当组成合议庭重新审理，对于原判决事实不清楚或者证据不足的，可以指令下级人民法院再审。

【检例第 26 号】

陈满申诉案

【关键词】 刑事申诉　刑事抗诉　改判无罪

【基本案情】

陈满，男，1963 年 2 月生。

1992年12月25日19时30分许,海南省海口市振东区上坡下村109号发生火灾。19时58分,海口市消防中队接警后赶到现场救火,并在灭火过程中发现室内有一具尸体,立即向公安机关报案。20时30分,海口市公安局接报警后派员赴现场进行现场勘查及调查工作。经走访调查后确定,死者是居住在109号的钟某,曾经在此处租住的陈满有重大作案嫌疑。同年12月28日凌晨,公安机关将犯罪嫌疑人陈满抓获。1993年9月25日,海口市人民检察院以陈满涉嫌故意杀人罪,将其批准逮捕。1993年11月29日,海口市人民检察院以涉嫌故意杀人罪对陈满提起公诉。海口市中级人民法院一审判决认定以下事实:1992年1月,被告人陈满搬到海口市上坡下村109号钟某所在公司的住房租住。期间,陈满因未交房租等,与钟某发生矛盾,钟某声称要向公安机关告发陈满私刻公章帮他人办工商执照之事,并于同年12月17日要陈满搬出上坡下村109号房。陈满怀恨在心,遂起杀害钟某的歹念。同年12月25日19时许,陈满发现上坡下村停电并得知钟某要返回四川老家,便从宁屯大厦窜至上坡下村109号,见钟某正在客厅喝酒,便与其聊天,随后从厨房拿起一把菜刀,趁钟某不备,向其头部、颈部、躯干部等处连砍数刀,致钟某当即死亡。后陈满将厨房的煤气罐搬到钟某卧室门口,用打火机点着火焚尸灭迹。大火烧毁了钟某卧室里的床及办公桌等家具,消防队员及时赶到,才将大火扑灭。经法医鉴定:被害人钟某身上有多处锐器伤、颈动脉被割断造成失血性休克死亡。

【诉讼过程】

1994年11月9日,海口市中级人民法院以故意杀人罪判处陈满死刑,缓期二年执行,剥夺政治权利终身;以放火罪,判处有期徒刑九年,决定执行死刑,缓期二年执行,剥夺政治权利终身。

1994年11月13日,海口市人民检察院以原审判决量刑过轻,应当判处死刑立即执行为由提出抗诉。1999年4月15日,海南省高级人民法院驳回抗诉,维持原判。判决生效后,陈满的父母提出申诉。

2001年11月8日,海南省高级人民法院经复查驳回申诉。陈满的父母仍不服,向海南省人民检察院提出申诉。2013年4月9日,海南省人民检察院经审查,认为申诉人的申诉理由不成立,不符合立案复查条件。陈满不服,向最高人民检察院提出申诉。

2015年2月10日,最高人民检察院按照审判监督程序向最高人民法院提出抗诉。

【抗诉理由】

最高人民检察院复查认为,原审判决据以定案的证据不确实、不充分,认定原审被告人陈满故意杀人、放火的事实不清,证据不足。

一、原审裁判认定陈满具有作案时间与在案证据证明的案件事实不符。原审裁判认定原审被告人陈满于1992年12月25日19时许,在海口市振东区上坡下村109号房间持刀将钟某杀死。根据证人杨某春、刘某生、章某胜的证言,能够证实在当日19时左右陈满仍在宁屯大厦,而根据证人何某庆、刘某清的证言,19时多一点听到109号传出上气不接下气的"啊啊"声,大约过了30分钟看见109号起火。据此,有证据证明陈满案发时仍然在宁屯大厦,不可能在同一时间出现在案发现场,原审裁判认定陈满在19时许进入109号并实施杀人、放火行为与证人提供的情况不符。

二、原审裁判认定事实的证据不足,部分重要证据未经依法查证属实。原审裁判认定原审被告人陈满实施杀人、放火行为的主要证据,除陈满有罪供述为直接证据外,其他如公安机关火灾原因认定书、现场勘查笔录、现场照片、物证照片、法医检验报告书、物证检验报告书、刑事科学技术鉴定书等仅能证明被害人钟某被人杀害,现场遭到人为纵火;在案证人证言只是证明了发案时的相关情况、案发前后陈满的活动情况以及陈满与被害人的关系等情况,但均不能证实犯罪行为系陈满所为。而在现场提取的带血白衬衫、黑色男西装等物品在侦查阶段丢失,没有在原审法院庭审中出示并接受检验,因此不能作为定案的根据。

三、陈满有罪供述的真实性存在疑问。陈满在侦查阶段虽曾作过有罪供述,但其有罪供述不稳定,时供时翻,且与现场勘查笔录、法医检验报告等证据存在矛盾。如陈满供述杀人后厨房水龙头没有关,而现场勘查时,厨房水龙头呈关闭状,而是卫生间的水龙头没有关;陈满供述杀人后菜刀扔到被害人的卧室中,而现场勘查时,该菜刀放在厨房的砧板上,且在菜刀上未发现血迹、指纹等痕迹;陈满供述将"工作证"放在被害人身上,是为了制造自己被烧死假象的说法,与案发后其依然正常工作、并未逃避侦查的实际情况相矛盾。

【案件结果】

2015年4月24日,最高人民法院作出再审决定,指令浙江省高级人民法院再审。2015年12月29日,浙江省高级人民法院公开开庭审理了本案。法院经过审理认为,原审裁判据以定案的主要证据即陈满的有罪供述及辨认笔录的客观性、真实性存疑，依法不能作为定案依据；本案除原被告人陈满有罪供述外无其他证据指向陈满作案。因此，原审裁判认定原审被告人陈满故意杀人并放火焚尸灭迹的事实不清、证据不足，指控的犯罪不能成立。2016年1月25日，浙江省高级人民法院作出再审判决：撤销原审判决裁定，原审被告人陈满无罪。

【要旨】

证据是刑事诉讼的基石，认定案件事实，必须以证据为根据。证据未经当庭出示、辨认、质证等法庭调查程序查证属实，不能作为定案的根据。对于在案发现场提取的物证等实物证据，未经鉴定，且在诉讼过程中丢失或者毁灭，无法在庭审中出示、质证，有罪供述的主要情节又得不到其他证据印证，而原审裁判认定被告人有罪的，应当依法进行监督。

【指导意义】

1. 切实强化证据裁判和证据审查意识。证据裁判原则是现代刑事诉讼的一项基本原则，是正确惩治犯罪，防止冤假错案的重要保障。证据裁判原则不仅要求认定案件事实必须以证据为依据，而且所依据的证据必须客观真实、合法有效。我国刑事诉讼法第四十八条第三款规定："证据必须经过查证属实，才能作为定案的根据。"这是证据使用的根本原则，违背这一原则就有可能导致冤假错案，放纵罪犯或者侵犯公民的合法权利。检察机关审查逮捕、审查起诉和复查刑事申诉案件，都必须注意对证据的客观性、合法性进行审查，及时防止和纠正冤假错案。对于刑事申诉案件，经审查，如果原审裁判据以定案的有关证据，在原审过程中未经法定程序证明其真实性、合法性，而人民法院据此认定被告人有罪的，人民检察院应当依法进行监督。

2. 坚持综合审查判断证据规则。刑事诉讼法第一百九十五条第一项规定："案件事实清楚，证据确实、充分，依据法律认定被告人有罪的，应当作出有罪判决。"证据确实、充分，不仅是对单一证据的要求，而且是对审查判断全案证据的要求。只有使各项证据相互印证，合理解释消除证据之间存在的矛盾，才能确保查明案件事实真相，避免出现冤假错案。特别是在将犯罪嫌疑人、被告人有罪供述作为定罪主要证据的案件中，尤其要重视以客观性证据检验补强口供等言词证据。只有口供而没有其他客观性证据，或者口供与其他客观性证据相互矛盾、不能相互印证，对所认定的事实不能排除合理怀疑的，应当坚持疑罪从无原则，不能认定被告人有罪。

【相关法律规定】

《中华人民共和国刑事诉讼法》

第四十八条　可以用于证明案件事实的材料，都是证据。

证据包括：（一）物证；（二）书证；（三）证人证言；（四）被害人陈述；（五）犯罪嫌疑人、被告人供述和辩解；（六）鉴定意见；（七）勘验、检查、辨认、侦查实验等笔录；（八）视听资料、电子数据。

证据必须经过查证属实，才能作为定案的根据。

第一百九十三条　法庭审理过程中，对与定罪、量刑有关的事实、证据都应当进行调查、辩论。

经审判长许可，公诉人、当事人和辩护人、诉讼代理人可以对证据和案件情况发表意见并且可以相互辩论。

审判长在宣布辩论终结后，被告人有最后陈述的权利。

【检例第 27 号】

王玉雷不批准逮捕案

【关键词】　侦查活动监督　排除非法证据　不批准逮捕

【基本案情】

王玉雷，男，1968 年 3 月生。

2014 年 2 月 18 日 22 时许，河北省顺平县公安局接王玉雷报案称：当日 22 时许，其在回家路上发现一名男子躺在地上，旁边有血迹。次日，顺平县公安局对此案立案侦查。经排查，顺平县公安局认为报案人王玉雷有重大嫌疑，遂于 2014 年 3 月 8 日以涉嫌故意杀人罪对王玉雷刑事拘留。

【诉讼过程】

2014 年 3 月 15 日，顺平县公安局提请顺平县人民检察院批准逮捕王玉雷。顺平县人民检察院办案人员在审查案件时，发现该案事实证据存在许多疑点和矛盾。在提讯过程中，王玉雷推翻了在公安机关所作的全部有罪供述，称有罪供述系被公安机关对其采取非法取证手段后作出。顺平县人民检察院认为，该案事实不清，证据不足，不符合批准逮捕条件。鉴于案情重大，顺平县人民检察院向保定市人民检察院进行了汇报。保定市人民检察院同意顺平县人民检察院的意见。2014年3月22日，顺平县人民检察院对王玉雷作出不批准逮捕的决定。

【不批准逮捕理由】

顺平县人民检察院在审查公安机关的报捕材料和证据后认为：

一、该案主要证据之间存在矛盾，案件存在的疑点不能合理排除。公安机关认为王玉雷涉嫌故意杀人罪，但除王玉雷的有罪供述外，没有其他证据证实王玉雷实施了杀人行为，且有罪供述与其他证据相互矛盾。王玉雷先后九次接受侦查机关询问、讯问，其中前五次为无罪供述，后四次为有罪供述，前后供述存在矛盾；在有罪供述中，对作案工具有斧子、锤子、刨锛三种不同说法，但去向均未查明；供述的作案工具与尸体照片显示的创口形状不能同一认定。

二、影响定案的相关事实和部分重要证据未依法查证，关键物证未收集在案。侦查机关在办案过程中，对以下事实和证据未能依法查证属实：被害人尸检报告没有判断出被害人死亡的具体时间，公安机关认定王玉雷的作案时间不足信；王玉雷作案的动机不明；现场提取的手套没有进行DNA鉴定；王玉雷供述的三种凶器均未收集在案。

三、犯罪嫌疑人有罪供述属非法言词证据，应当依法予以排除。2014年3月18日，顺平县人民检察院办案人员首次提审王玉雷时发现，其右臂被石膏固定、活动吃力，在询问该伤情原因时，其极力回避，虽然对杀人行为予以供认，但供述内容无法排除案件存在的疑点。在顺平县人民检察院驻所检察室人员发现王玉雷胳膊打了绷带并进行询问时，王玉雷自称是骨折旧伤复发。监所检察部门认为公安机关可能存在违法提讯情况，遂通报顺平县人民检察院侦查监督部门，提示在批捕过程中予以关注。鉴于王玉雷伤情可疑，顺平县人民检察院办案人员向检察长进行了汇报，检察长在阅卷后，亲自到看守所提审犯罪嫌疑人，并对讯问过程进行全程录音录像。经过耐心细致的思想疏导，王玉雷消除顾虑，推翻了在公安机关所作的全部有罪供述，称被害人王某被杀不是其所为，其有罪供述系被公安机关采取非法取证手段后作出。

2014年3月22日，顺平县人民检察院检察委员会研究认为，王玉雷有罪供述系采用非法手段取得，属于非法言词证据，依法应当予以排除。在排除王玉雷有罪供述后，其他在案证据不能证实王玉雷实施了犯罪行为，因此不应对其作出批准逮捕决定。

【案件结果】

2014年3月22日，顺平县人民检察院对王玉雷作出不批准逮捕决定。后公安机关依法解除王玉雷强制措施，予以释放。

顺平县人民检察院对此案进行跟踪监督，依法引导公安机关调查取证并抓获犯罪嫌疑人王斌。2014年7月14日，顺平县人民检察院以涉嫌故意杀人罪对王斌批准逮捕。2015年1月17日，保定市中级人民法院以故意杀人罪判处被告人王斌死刑，缓期二年执行，剥夺政治权利终身。被告人王斌未上诉，一审判决生效。

【要旨】

检察机关办理审查逮捕案件，要严格坚持证据合法性原则，既要善于发现非法证据，又要坚决排除非法证据。非法证据排除后，其他在案证据不能证明犯罪嫌疑人实施犯罪行为的，应当依法对犯罪嫌疑人作出不批准逮捕的决定。要加强对审查逮捕案件的跟踪监督，引导侦查机关全面及时收集证据，促进侦查活动依法规范进行。

【指导意义】

1. 严格坚持非法证据排除规则。根据我国刑事诉讼法第七十九条规定，逮捕的证据条件是"有证据证明有犯罪事实"，这里的"证据"必须是依法取得的合法证据，不包括采取刑讯逼供、暴力取证等非法方法取得的证据。检察机关在审查逮捕过程中，要高度重视对证据合法性的审查，如果接到犯罪嫌疑人及其辩护人或者证人、被害人等关于刑讯逼供、暴力取证等非法行为的控告、举报及提供的线索，或者在审查案件材料时发现可能存在非法取证行为，以及刑事执行检察部门反映可能存在违法提讯情况的，应当认真进行审查，通过当面讯问犯罪嫌疑人、查看犯罪嫌疑人身体状况、识别犯罪嫌疑人供述是否自然可信以及调阅提审登记表、犯罪嫌疑人入所体检记录等途径，及时发现非法证据，坚决排除非法证据。

2. 严格把握作出批准逮捕决定的条件。构建以客观证据为核心的案件事实认定体系，高度重视无法排除合理怀疑的矛盾证据，注意利用收集在案的客观证据验证、比对全案证据，守住"犯罪事实不能没有、犯罪嫌疑人不能搞错"的逮捕底线。要坚持惩罚犯罪与保障人权并重的理念,重视犯罪嫌疑人不在犯罪现场、没有作案时间等方面的无罪证据以及侦查机关可能存在的非法取证行为的线索。综合审查全案证据,不能证明犯罪嫌疑人实施了犯罪行为的,应当依法作出不批准逮捕的决定。要结合办理审查逮捕案件,注意发挥检察机关侦查监督作用,引导侦查机关及时收集、补充其他证据,促进侦查活动依法规范进行。

【相关法律规定】

《中华人民共和国刑事诉讼法》

第五十四条 采用刑讯逼供等非法方法收集的犯罪嫌疑人、被告人供述和采用暴力、威胁等非法方法收集的证人证言、被害人陈述,应当予以排除。收集物证、书证不符合法定程序,可能严重影响司法公正的,应当予以补正或者作出合理解释;不能补正或者作出合理解释的,对该证据应当予以排除。

在侦查、审查起诉、审判时发现有应当排除的证据的,应当依法予以排除,不得作为起诉意见、起诉决定和判决的依据。

第七十九条 对有证据证明有犯罪事实,可能判处徒刑以上刑罚的犯罪嫌疑人、被告人,采取取保候审尚不足以防止发生下列社会危险性的,应当予以逮捕:

(一)可能实施新的犯罪的;

(二)有危害国家安全、公共安全或者社会秩序的现实危险的;

(三)可能毁灭、伪造证据,干扰证人作证或者串供的;

(四)可能对被害人、举报人、控告人实施打击报复的;

(五)企图自杀或者逃跑的。

对有证据证明有犯罪事实,可能判处十年有期徒刑以上刑罚的,或者有证据证明有犯罪事实,可能判处徒刑以上刑罚,曾经故意犯罪或者身份不明的,应当予以逮捕。

被取保候审、监视居住的犯罪嫌疑人、被告人违反取保候审、监视居住的规定,情节严重的,可以予以逮捕。

第八十六条 人民检察院审查批准逮捕,可以讯问犯罪嫌疑人;有下列情形之一的,应当讯问犯罪嫌疑人:

(一)对是否符合逮捕条件有疑问的;

(二)犯罪嫌疑人要求向检察人员当面陈述的;

(三)侦查活动可能有重大违法行为的。

人民检察院审查批准逮捕,可以询问证人等诉讼参与人,听取辩护律师的意见；辩护律师提出要求的，应当听取辩护律师的意见。

　　第八十八条　人民检察院对于公安机关提请批准逮捕的案件进行审查后，应当根据情况分别作出批准逮捕或者不批准逮捕的决定。对于批准逮捕的决定，公安机关应当立即执行，并且将执行情况及时通知人民检察院。对于不批准逮捕的，人民检察院应当说明理由，需要补充侦查的，应当同时通知公安机关。

最高人民检察院
关于印发最高人民检察院第八批指导性案例的通知

(2016年12月29日 高检发研字〔2016〕13号)

各省、自治区、直辖市人民检察院，军事检察院，新疆生产建设兵团人民检察院：

经2016年12月26日最高人民检察院第十二届检察委员会第五十九次会议决定，现将江苏省常州市人民检察院诉许建惠、许玉仙民事公益诉讼案等五个指导性案例印发给你们，供参照适用。

最高人民检察院
2016年12月29日

【检例第28号】

许建惠、许玉仙民事公益诉讼案

【关键词】民事公益诉讼　生态环境修复　虚拟治理成本法

【基本案情】

许建惠，男，1962年4月1日生。

许玉仙，女，1965年5月15日生。

2010年上半年至2014年9月，许建惠、许玉仙在江苏省常州市武进区遥观镇东方村租用他人厂房，在无营业执照、无危险废物经营许可证的情况下，擅自从事废树脂桶和废油桶的清洗业务。洗桶产生的废水通过排污沟排向无防渗漏措施的露天污水池，产生的残渣被堆放在污水池周围。

2014年9月1日，公安机关在许建惠、许玉仙洗桶现场查获废桶7789只，其中6289只尚未清洗。经鉴定，未清洗的桶及桶内物质均属于危险废物，现场地下水、污水池内废水以及污水池四周堆放的残渣、污水池底部沉积物中均检出铬、锌等多种重金属和总石油烃、氯代烷烃、苯系物等多种有机物。

2015年6月17日，许建惠、许玉仙因犯污染环境罪被常州市武进区人民法院分别判处有期徒刑二年六个月、缓刑四年，有期徒刑二年、缓刑四年，并分别判处罚金。许建惠、许玉仙虽被依法追究刑事责任，但现场尚留存130只未清洗的废桶、残渣、污水和污泥尚未清除，对土壤和地下水持续造成污染。

【诉前程序】

经调查，在常州市民政局登记的三家环保类社会组织，均不符合法律对提起公益诉讼主体要求的相关规定，不能作为原告向常州市中级人民法院提起环境民事公益诉讼。

【诉讼过程】

2015年12月21日，常州市人民检察院以公益诉讼人身份，向常州市中级人民法院提起民事公益诉讼，诉求：1. 判令二被告依法及时处置场地内遗留的危险废物，消除危险；2. 判令二被告依法及时修复被污染的土壤，恢复原状；3. 判令二被告依法赔偿场地排污对环境影响的修复费用，以虚拟治理成本30万元为基数，根据该区域环境敏感程度以4.5－6倍计算赔偿数额。常州市人民检察院认为：

一、许建惠、许玉仙非法洗桶行为造成了严重的环境污染损害后果。现场留存的大量废桶、残渣，污水池里的废水、污泥，均属于有毒物质，并且仍在对环境造成污染。经检测，污水池下方的地下水、土壤已遭到严重污染。

二、许建惠、许玉仙的行为与环境污染损害后果之间存在因果关系。污水池附近区域的地下水中检测出的污染物与洗桶产生的特征污染物相同，而周边的纺织、塑料和铝制品加工企业等不会产生该系列的特征污染物。

【案件结果】

庭审过程中，公益诉讼人向法院申请由市环保局从常州市环境应急专家库中甄选的环境专家苏衡博士作为专家辅助人，就本案涉及的环境专业性问题发表意见。

2016年4月14日,常州市中级人民法院作出一审判决:

1. 被告许建惠、许玉仙于本判决发生法律效力之日起十五日内,将常州市武进区遥观镇东方村洗桶场地内留存的130只废桶、两个污水池中蓄积的污水及池底污泥以及厂区内堆放的残渣委托有处理资质的单位全部清理处置,消除继续污染环境危险。

2. 被告许建惠、许玉仙于本判决发生法律效力之日起三十日内,委托有土壤处理资质的单位制定土壤修复方案,提交常州市环保局审核通过后,六十日内实施。

3. 被告许建惠、许玉仙赔偿对环境造成的其他损失150万元,该款于判决发生法律效力之日起三十日内支付至常州市环境公益基金专用账户。

一审宣判后,许建惠、许玉仙均未上诉,判决已发生法律效力。

本案的办理得到当地政府、相关行政执法部门以及公益组织的广泛关注和支持,对引导政府完善社会治理,促进环保等行政执法部门加强履职起到了积极作用。本案经20多家媒体直播庭审、跟踪报道,激发了社会公众关注公益诉讼的热情。当地政府将本案作为典型案例,以生效判决文书作为宣教材料,对当地企业开展宣传教育,为进一步推进公益保护工作营造了良好的社会氛围。

【要旨】

1. 侵权人因同一行为已经承担行政责任或者刑事责任的,不影响承担民事侵权责任。

2. 环境污染导致生态环境损害无法通过恢复工程完全恢复的,恢复成本远远大于其收益的或者缺乏生态环境损害恢复评价指标的,可以参考虚拟治理成本法计算修复费用。

3. 专业技术问题,可以引入专家辅助人。专家意见经质证,可以作为认定事实的根据。

【指导意义】

本案是全国人大常委会授权检察机关开展公益诉讼试点工作后全国首例由检察机关提起的民事公益诉讼案件。

1. 围绕侵权构成要件,开展调查核实。虽然污染环境侵权案件因果关系适用举证责任倒置原则,但为保证依法准确监督,检察机关仍应充分开展调查核实,查明案件事实。调查核实主要包括以下方面:(1)侵权人实施了污染环境的行为;(2)侵权人的行为已经损害社会公共利益;(3)侵权人实施的污染环境行为与损害结果之间具有关联性。

2. 准确定位民事侵权责任,提起公益诉讼。《中华人民共和国侵权责任法》第四条规定,侵权人因同一行为应当承担行政责任或者刑事责任的,不影响依法承担侵权责任。污染环境肇事人、食品药品安全领域侵害众多消费者合法权益等损害社会公共利益的侵权人,因该侵权行为受过行政或刑事处罚,不影响检察机关对该侵权人提起民事公益诉讼。罚款或罚金均不属于民事侵权责任范畴,不能抵销损害社会公共利益的侵权损害赔偿金额。

3. 围绕环境污染情况,提出合理诉求。检察机关提起环境民事公益诉讼,应当结合具体案情和相关证据合理确定污染者承担停止侵害、排除妨碍、消除危险、恢复原状、赔礼道歉、赔偿损失等民事责任。检察机关提起环境民事公益诉讼的第一诉求应是停止侵害、排除危险和恢复原状。其中,"恢复原状"应当是在有恢复原状的可能和必要的前提下,要求损害者承担治理污染和修复生态的责任。无法完全恢复或恢复成本远远大于其收益的,可以准许采用替代性修复方式,也可以要求被告承担生态环境修复费用。

4. 围绕生态环境修复实际,确定赔偿费用。生态环境修复费用包括制定、实施修复方案的费用和监测、监管等费用。环境污染所致生态环境损害无法通过恢复工程完全恢复的,恢复成本远大于收益的,缺乏生态环境损害恢复评价指标、生态环境修复费用难以确定的,可以参考环境保护部制定的《环境损害鉴定评估推荐方法》,采用虚拟治理成本法计算修复费用,即在虚拟治理成本基数的基础上,根据受污染区域的环境功能敏感程度与对应的敏感系数相乘予以合理确定。

5. 围绕专业技术问题,引入专家辅助人。环境民事公益诉讼案件,涉及土壤污染、非法排污、因果关系、环境修复等大量的专业技术问题,检察机关可以通过甄选环境专家协助办案,厘清关键证据中的专业性技术问题。专家辅助人出庭就鉴定人作出的鉴定意见或者就因果关系、生态环境修复方式、生态环境修复费用以及生态环境受到损害至恢复原状期间服务功能的损失等专门性问题,作出说明或提出意见,经质证后可以作为认定事实的根据。

【相关规定】

《中华人民共和国侵权责任法》（2009年12月26日第十一届全国人民代表大会常务委员会第十二次会议通过）

第四条　侵权人因同一行为应当承担行政责任或者刑事责任的，不影响依法承担侵权责任。

因同一行为应当承担侵权责任和行政责任、刑事责任，侵权人的财产不足以支付的，先承担侵权责任。

《中华人民共和国固体废物污染环境防治法》（2013年修正）

第十七条　收集、贮存、运输、利用、处置固体废物的单位和个人，必须采取防扬散、防流失、防渗漏或者其他防止污染环境的措施；不得擅自倾倒、堆放、丢弃、遗撒固体废物。

禁止任何单位或者个人向江河、湖泊、运河、渠道、水库及其最高水位线以下的滩地和岸坡等法律、法规规定禁止倾倒、堆放废弃物的地点倾倒、堆放固体废物。

《最高人民法院关于审理环境民事公益诉讼案件适用法律若干问题的解释》（2014年12月8日最高人民法院审判委员会第1631次会议通过）

第十五条　当事人申请通知有专门知识的人出庭，就鉴定人作出的鉴定意见或者就因果关系、生态环境修复方式、生态环境修复费用以及生态环境受到损害至恢复原状期间服务功能的损失等专门性问题提出意见的，人民法院可以准许。

前款规定的专家意见经质证，可以作为认定事实的根据。

第二十条　原告请求恢复原状的，人民法院可以依法判决被告将生态环境修复到损害发生之前的状态和功能。无法完全修复的，可以准许采用替代性修复方式。

人民法院可以在判决被告修复生态环境的同时，确定被告不履行修复义务时应承担的生态环境修复费用；也可以直接判决被告承担生态环境修复费用。

生态环境修复费用包括制定、实施修复方案的费用和监测、监管等费用。

第二十三条　生态环境修复费用难以确定或者确定具体数额所需鉴定费用明显过高的，人民法院可以结合污染环境、破坏生态的范围和程度、生态环境的稀缺性、生态环境恢复的难易程度、防治污染设备的运行成本、被告因侵害行为所获得的利益以及过错程度等因素,并可以参考负有环境保护监督管理职责的部门的意见、专家意见等,予以合理确定。

《人民检察院提起公益诉讼试点工作实施办法》(2015年12月16日最高人民检察院第十二届检察委员会第四十五次会议通过)

第十四条 经过诉前程序,法律规定的机关和有关组织没有提起民事公益诉讼,或者没有适格主体提起诉讼,社会公共利益仍处于受侵害状态的,人民检察院可以提起民事公益诉讼。

第十七条 人民检察院提起民事公益诉讼应当提交下列材料:

(一)民事公益诉讼起诉书;

(二)被告的行为已经损害社会公共利益的初步证明材料。

《环境损害鉴定评估推荐方法》(第Ⅱ版)

A.2.3 虚拟治理成本法

虚拟治理成本是按照现行的治理技术和水平治理排放到环境中的污染物所需要的支出。虚拟治理成本法适用于环境污染所致生态环境损害无法通过恢复工程完全恢复、恢复成本远远大于其收益或缺乏生态环境损害恢复评价指标的情形。虚拟治理成本法的具体计算方法见《突发环境事件应急处置阶段环境损害评估技术规范》。

《突发环境事件应急处置阶段环境损害评估推荐方法》(即《突发环境事件应急处置阶段环境损害评估技术规范》)

附F 虚拟治理成本法

虚拟治理成本是指工业企业或污水处理厂治理等量的排放到环境中的污染物应该花费的成本,即污染物排放量与单位污染物虚拟治理成本的乘积。单位污染物虚拟治理成本是指突发环境事件发生地的工业企业或污水处理厂单位污染物治理平均成本(含固定资产折旧)。在量化生态环境损害时,可以根据受污染影响区域的环境功能敏感程度分别乘以1.5-10的倍数作为环境损害数额的上下限值,确定原则见附表F-1。利用虚拟治理成本法计算得到的环境损害可以作为生态环境损害赔偿的依据。

附表 F-1：利用虚拟治理成本法确定生态环境损害数额的原则

环境功能区类型	生态环境损害数额
地表水	
Ⅰ类	>虚拟治理成本的 8 倍
Ⅱ类	虚拟治理成本的 6—8 倍
Ⅲ类	虚拟治理成本的 4.5—6 倍
Ⅳ类	虚拟治理成本的 3—4.5 倍
Ⅴ类	虚拟治理成本的 1.5—3 倍
地下水污染	
Ⅰ类	>虚拟治理成本的 10 倍
Ⅱ类	虚拟治理成本的 8—10 倍
Ⅲ类	虚拟治理成本的 6—8 倍
Ⅳ类	虚拟治理成本的 4—6 倍
Ⅴ类	虚拟治理成本的 2—4 倍
Ⅰ类	虚拟治理成本的 5 倍
Ⅱ类	虚拟治理成本的 3—5 倍
Ⅲ类	虚拟治理成本的 1.5—3 倍
Ⅰ类	虚拟治理成本的 8 倍
Ⅱ类	虚拟治理成本的 4—8 倍
Ⅲ类	虚拟治理成本的 2—4 倍

注：本表中所指的环境功能区类型以现状功能区为准。

【检例第 29 号】

白山市江源区卫生和计划生育局及江源区中医院行政附带民事公益诉讼案

【关键词】 行政附带民事公益诉讼　诉前程序　管辖

【基本案情】

2012 年，吉林省白山市江源区中医院建设综合楼时未建设污水处理设施，综合楼未经环保验收即投入使用，并将医疗污水经消毒粉处理后直接排入院内渗井及院外渗坑，污染了周边地下水及土壤。2014 年 1 月 8 日，江源区中医院在进行建筑设施改建时，未执行建设项目的防治污染措施应当与主体工程同时设计、同时施工、同时投产使用的"三同时"制度，江源区环保局对区中医院作出罚款行政处罚和责令改正、限期办理环保验收的行政处理。江源区中医院因污水处理系统建设资金未到位，继续通过渗井、渗坑排放医疗污水。

2015 年 5 月 18 日，在江源区中医院未提供环评合格报告的情况下，江源区卫生和计划生育局对区中医院《医疗机构执业许可证》校验结果评定为合格。

【诉前程序】

2015 年 11 月 18 日，吉林省白山市江源区人民检察院向区卫生和计划生育局发出检察建议，建议该局依法履行监督管理职责，采取有效措施，制止江源区中医院违法排放医疗污水。江源区卫生和计划生育局于 2015 年 11 月 23 日向区中医院发出整改通知，并于 2015 年 12 月 10 日向江源区人民检察院作出回复，但一直未能有效制止江源区中医院违法排放医疗污水，导致社会公共利益持续处于受侵害状态。

经咨询吉林省环保厅，白山市环保局、民政局，吉林省内没有符合法律规定条件的可以提起公益诉讼的社会公益组织。

【诉讼过程】

2016 年 2 月 29 日，白山市人民检察院以公益诉讼人身份向白山市中级人民法院提起行政附带民事公益诉讼，诉求判令江源区中医院立即停止违法排放医疗污水，确认江源区卫生和计划生育局校验监管行为违法，并要求江源区卫生和计划生育局立即履行法定监管职责责令区中医院有效整改建设污水净化设施。白山市人民检察院认为：

一、江源区中医院排放医疗污水造成了环境污染及更大环境污染风险隐患。经取样检测，医疗污水及渗井周边土壤化学需氧量、五日生化需氧量、悬浮物、总余氯等均超出国家规定的标准限值，已造成周边地下水、土壤污染。鉴定意见认为，医疗污水的排放可引起医源性细菌对地下水、生活用水及周边土壤的污染，存在细菌传播的隐患。

二、江源区卫生和计划生育局怠于履行监管职责。江源区卫生和计划生育局对辖区内医疗机构具有监督管理的法定职责。江源区人民检察院发出检察建议后，江源区卫生和计划生育局虽然发出整改通知并回复，并通过向江源区人民政府申请资金的方式，促使区中医院污水处理工程投入建设。但江源区中医院仍通过渗井、渗坑违法排放医疗污水，导致社会公共利益持续处于受侵害状态。

三、江源区卫生和计划生育局的校验行为违法。卫生部《医疗机构管理条例实施细则》第三十五条、《吉林省医疗机构审批管理办法（试行）》第四十四条规定，医疗机构申请校验时应提交校验申请、执业登记项目变更情况、接受整改情况、环评合格报告等材料。在江源区中医院未提交环评合格报告的情况下，江源区卫生和计划生育局对区中医院的《医疗机构执业许可证》校验为合格，违反上述规章和规范性文件的规定，江源区卫生和计划生育局的校验行为违法。

【案件结果】

2016年5月11日，白山市中级人民法院公开开庭审理了本案。同年7月15日，白山市中级人民法院分别作出一审行政判决和民事判决。行政判决确认江源区卫生和计划生育局于2015年5月18日对江源区中医院《医疗机构执业许可证》校验合格的行政行为违法；判令江源区卫生和计划生育局履行监督管理职责，监督江源区中医院在三个月内完成医疗污水处理设施的整改。民事判决判令江源区中医院立即停止违法排放医疗污水。

一审宣判后，江源区卫生和计划生育局、中医院均未上诉，判决已发生法律效力。

本案判决作出后，白山市委、市政府为积极推动整改，专门开展医疗废物、废水的专项治理活动，并要求江源区政府拨款90余万元，购买并安装医疗污水净化处理设备。江源区政府主动接受监督，积极整改，拨款90余万元推动完成整改工作。吉林省人民检察院就全省范围内存在的医疗垃圾和污水处理不规范等问题，向省卫计委、环保厅发出检察建议，与省卫计委、环保厅召开座谈会，联合发文开展专项执法检查，推动在全省范围内对医疗垃圾和污水处理问题的全面调研、全面检查、全面治理。

【要旨】

检察机关在履行职责中发现负有监督管理职责的行政机关存在违法行政行为，导致发生污染环境，侵害社会公共利益的行为，且违法行政行为是民事侵权行为的先决或者前提行为，在履行行政公益诉讼和民事公益诉讼诉前程序后，违法行政行为和民事侵权行为未得到纠正，在没有适格主体或者适格主体不提起诉讼的情况下，检察机关可以参照《中华人民共和国行政诉讼法》第六十一条第一款的规定，向人民法院提起行政附带民事公益诉讼，由法院一并审理。

【指导意义】

本案是公益诉讼试点后全国首例行政附带民事公益诉讼案。

1. 检察机关作为公益诉讼人，可以提起行政附带民事公益诉讼。根据《人民检察院提起公益诉讼试点工作实施办法》（以下简称《检察院实施办法》）第五十六条和《人民法院审理人民检察院提起公益诉讼案件试点工作实施办法》（以下简称《法院实施办法》）第四条、第十四条、第二十三条的规定，人民检察院以公益诉讼人身份提起民事或行政公益诉讼，诉讼权利义务参照民事诉讼法、行政诉讼法关于原告诉讼权利义务的规定。人民法院审理人民检察院提起的公益诉讼案件，《检察院实施办法》《法院实施办法》没有规定的，适用民事诉讼法、行政诉讼法及相关司法解释的规定。

根据《检察院实施办法》第一条和第二十八条规定，试点阶段人民检察院可以同时提起民事公益诉讼和行政公益诉讼的仅为污染环境领域。人民检察院能否直接提起行政附带民事公益诉讼，《检察院实施办法》和《法院实施办法》均没有明确规定。根据《检察院实施办法》第五十六条和《法院实施办法》第二十三条规定，没有规定的即适用民事诉讼法、行政诉讼法及相关司法解释的规定。其中《中华人民共和国行政诉讼法》第六十一条第一款规定了行政附带民事诉讼制度，该制度的设立主要是源于程序效益原则，有利于节约诉讼成本，优化审判资源，统一司法判决和增强判决权威性。在试点的检察机关提起的公益诉讼中,存在生态环境领域侵害社会公共利益的民事侵权行为,而负有监督管理职责的行政机关又存在违法行政行为,且违法行政行为是民事侵权行为的先决或前提行为,为督促行政机关依法正确履行职责,一并解决民事主体对国家利益和社会公共利益造成侵害的问题,检察机关可以参照《中华人民共和国行政诉讼法》第六十一条第一款的规定,向人民法院提起行政附带民事公益诉讼,由法院一并审理。

2. 检察机关提起行政附带民事公益诉讼,应当同时履行行政公益诉讼和民事公益诉讼诉前程序。《检察院实施办法》规定,人民检察院提起民事公益诉讼或行政公益诉讼,都必须严格履行诉前程序。行政附带民事公益诉讼涵盖民事公益诉讼和行政公益诉讼,提起公益诉讼前,人民检察院应当发出检察建议依法督促行政机关纠正违法行为、履行法定职责,并督促、支持法律规定的机关和有关组织提请民事公益诉讼。

3. 检察机关提起行政附带民事公益诉讼案件,原则上由市(分、州)以上人民检察院办理。《检察院实施办法》第二条第一款、第二十九条第一款、第四款规定:"人民检察院提起民事公益诉讼的案件,一般由侵权行为地、损害结果地或者被告住所地的市(分、州)人民检察院管辖"、"人民检察院提起行政公益诉讼的案件,一般由违法行使职权或者不作为的行政机关所在地的基层人民检察院管辖"、"上级人民检察院认为确有必要,可以办理下级人民检察院管辖的案件"。由于检察机关提起的行政公益诉讼和民事公益诉讼管辖级别不同,民事公益诉讼一般不由基层人民检察院管辖,而上级人民检察院可以办理下级人民检察院的行政公益诉讼案件,故行政附带民事公益诉讼原则上应由市(分、州)以上人民检察院向中级人民法院提起。

有管辖权的市(分、州)人民检察院根据《检察院实施办法》第二条第四款规定将案件交办的,基层人民检察院也可以提起行政附带民事公益诉讼。

【相关规定】

《中华人民共和国行政诉讼法》(2014年修正)

第六十一条 在涉及行政许可、登记、征收、征用和行政机关对民事争议所作的裁决的行政诉讼中,当事人申请一并解决相关民事争议的,人民法院可以一并审理。

在行政诉讼中,人民法院认为行政案件的审理需以民事诉讼的裁判为依据的,可以裁定中止行政诉讼。

《人民检察院提起公益诉讼试点工作实施办法》（2015年12月16日最高人民检察院第十二届检察委员会第四十五次会议通过）

第一条　人民检察院履行职责中发现污染环境、食品药品安全领域侵害众多消费者合法权益等损害社会公共利益的行为，在没有适格主体或者适格主体不提起诉讼的情况下，可以向人民法院提起民事公益诉讼。

人民检察院履行职责包括履行职务犯罪侦查、批准或者决定逮捕、审查起诉、控告检察、诉讼监督等职责。

第二条　人民检察院提起民事公益诉讼的案件，一般由侵权行为地、损害结果地或者被告住所地的市（分、州）人民检察院管辖。

有管辖权的人民检察院由于特殊原因，不能行使管辖权的，应当由上级人民检察院指定本区域其他试点地区人民检察院管辖。

上级人民检察院认为确有必要，可以办理下级人民检察院管辖的案件。下级人民检察院认为需要由上级人民检察院办理的，可以报请上级人民检察院办理。

有管辖权的人民检察院认为有必要将本院管辖的民事公益诉讼案件交下级人民检察院办理的，应当报请其上一级人民检察院批准。

第二十八条　人民检察院履行职责中发现生态环境和资源保护、国有资产保护、国有土地使用权出让等领域负有监督管理职责的行政机关违法行使职权或者不作为，造成国家和社会公共利益受到侵害，公民、法人和其他社会组织由于没有直接利害关系，没有也无法提起诉讼的，可以向人民法院提起行政公益诉讼。

人民检察院履行职责包括履行职务犯罪侦查、批准或者决定逮捕、审查起诉、控告检察、诉讼监督等职责。

第二十九条　人民检察院提起行政公益诉讼的案件，一般由违法行使职权或者不作为的行政机关所在地的基层人民检察院管辖。

违法行使职权或者不作为的行政机关是县级以上人民政府的案件，由市（分、州）人民检察院管辖。

有管辖权的人民检察院由于特殊原因，不能行使管辖权的，应当由上级人民检察院指定本区域其他试点地区人民检察院管辖。

上级人民检察院认为确有必要，可以办理下级人民检察院管辖的案件。下级人民检察院认为需要由上级人民检察院办理的，可以报请上级人民检察院办理。

第五十六条 本办法未规定的,分别适用民事诉讼法、行政诉讼法以及相关司法解释的规定。

《人民法院审理人民检察院提起公益诉讼案件试点工作实施办法》(2016年2月22日由最高人民法院审判委员会第1679次会议通过)

第四条 人民检察院以公益诉讼人身份提起民事公益诉讼,诉讼权利义务参照民事诉讼法关于原告诉讼权利义务的规定。民事公益诉讼的被告是被诉实施损害社会公共利益行为的公民、法人或者其他组织。

第十四条 人民检察院以公益诉讼人身份提起行政公益诉讼,诉讼权利义务参照行政诉讼法关于原告诉讼权利义务的规定。行政公益诉讼的被告是生态环境和资源保护、国有资产保护、国有土地使用权出让等领域行使职权或者负有行政职责的行政机关,以及法律、法规、规章授权的组织。

第二十三条 人民法院审理人民检察院提起的公益诉讼案件,本办法没有规定的,适用《中华人民共和国民事诉讼法》《中华人民共和国行政诉讼法》及相关司法解释的规定。

【检例第30号】

郧阳区林业局行政公益诉讼案

【关键词】 行政公益诉讼 公共利益 依法履行法定职责

【基本案情】

2013年3月至4月,金兴国、吴刚、赵丰强在未经县级林业主管部门同意、未办理林地使用许可手续的情况下,在湖北省十堰市郧阳区杨溪铺镇财神庙村五组、卜家河村一组、杨溪铺村大沟处,相继占用国家和省级生态公益林地0.28公顷、0.22公顷、0.28公顷开采建筑石料。2013年4月22日、4月30日、5月2日,郧阳区林业局对金兴国、吴刚、赵丰强作出行政处罚决定,责令金兴国、吴刚、赵丰强停止违法行为,恢复所毁林地原状,分别处以56028元、22000元、28000元罚款,限期十五日内缴清。金兴国、吴刚、赵丰强在收到行政处罚决定书后，在法定期限内均未申请行政复议，也未提起行政诉讼，仅分别缴纳罚款 20000 元、15000 元、20000 元，未将被毁公益林地恢复原状。郧阳区林业局在法定期限内既未催告三名行政相对人履行行政处罚决定所确定的义务，也未向人民法院申请强制执行，致使其作出的行政处罚决定未得到全部执行，被毁公益林地未得到及时修复。

【诉前程序】

2015 年 12 月 12 日，郧阳区人民检察院向区林业局发出检察建议，建议区林业局规范执法，认真落实行政处罚决定，采取有效措施，恢复森林植被。区林业局收到检察建议后，在规定期限内既未按检察建议进行整改落实，也未书面回复。

郧阳区人民检察院经调查核实，没有公民、法人和其他社会组织因公益林被毁而提起相关诉讼。

【诉讼过程】

2016 年 2 月 29 日，郧阳区人民检察院以公益诉讼人身份向郧阳区人民法院提起行政公益诉讼，要求法院确认区林业局未依法履行职责违法，并判令其依法继续履行职责。郧阳区人民检察院认为：

一、金兴国等 3 人破坏了公益林，损害了社会公共利益。根据国家林业局、财政部制定的《国家级公益林区划界定办法》第二条、《湖北省生态公益林管理办法》第二条规定，公益林有提供公益性服务的典型目的，金兴国等 3 人非法改变公益林用途，导致公共利益受损。专家意见认为，金兴国等 3 人共破坏 11.7 亩生态公益林，单从森林资源方面已造成对公共生态环境影响。

二、郧阳区林业局怠于履职，行政处罚决定得不到有效执行，国家和社会公共利益持续处于受侵害状态。区林业局对其辖区内的森林资源有管理和监督的职责。针对金兴国等 3 人的违法行为，区林业局已对金兴国等 3 人处以限期恢复林地原状和罚款的行政处罚决定。作出行政处罚决定后，区林业局还应根据《中华人民共和国行政处罚法》第五十一条规定，对金兴国等 3 人逾期未履行生效行政处罚决定的行为，依法采取法律规定的措施督促履行。但区林业局怠于履职，致使行政处罚决定得不到有效执行，被金兴国等 3 人非法改变用途的林地未恢复原状，剩余罚款未依法收缴，区林业局也没有对金兴国等 3 人加处罚款，导致国家和社会公共利益持续处于受侵害状态。

案件审理过程中，经郧阳区林业局督促，吴刚、赵丰强相继将罚款及加处罚款全部缴清，金兴国缴纳了全部罚款及部分加处罚款，剩余加处罚款以经济困难为由申请缓缴，区林业局批准了金兴国缓缴加处罚款的请求。同时，金兴国等三人均在被毁林地上补栽了苗木。受郧阳区人民法院委托，十堰市林业调查规划设计院对被毁林地当前生态恢复程度及生态恢复所需期限进行了鉴定，鉴定意见为：造林时间、树种、苗木质量、造林密度、造林方式等符合林业造林相关技术要求，在正常管护的情况下修复期限至少需要三年的时间才能达到郁闭要求。

郧阳区林业局在案件审理期间提交了一套对被毁林地拟定的管护方案。方案中，区林业局明确表示愿意继续履行监督管理职责，采取有效措施进行补救，恢复被毁林地的生态功能，并且成立领导小组，明确责任单位、管护范围、管护措施和相关要求。

【案件结果】

2016年5月5日，郧阳区人民法院作出一审判决：确认郧阳区林业局在对金兴国、吴刚、赵丰强作出行政处罚决定后，未依法履行后续监督、管理和申请人民法院强制执行法定职责的行为违法；责令区林业局继续履行收缴剩余加处罚款的法定职责；责令区林业局继续履行被毁林地生态修复工作的监督、管理法定职责。

一审宣判后，郧阳区林业局未上诉，判决已发生法律效力。

案件办理期间，十堰市、郧阳区两级党委和政府主要领导表态要积极支持检察机关提起公益诉讼。庭审期间组织了70余名相关行政机关负责人到庭旁听。郧阳区林业局局长当庭就其怠于履职行为鞠躬道歉。

案件宣判后，湖北省林业厅专门向全省林业行政部门下发文件，要求各级林业部门高度重视检察机关监督，引以为戒，认真整改、切实规范林业执法，并在全省范围内开展规范执法自查活动，查找、整改违法作为和不作为的问题。

【要旨】

负有监督管理职责的行政机关对侵害生态环境和资源保护领域的侵权人进行行政处罚后，怠于履行法定职责，既未依法履行后续监督、管理职责，也未申请人民法院强制执行，导致国家和社会公共利益未脱离受侵害状态，经诉前程序后，人民检察院可以向人民法院提起行政公益诉讼。

【指导意义】

1. 检察机关提起公益诉讼的前提是公共利益受到侵害。公共利益可以界定为：由不特定多数主体享有的，具有基本性、整体性和发展性

后，在法定期限内均未申请行政复议，也未提起行政诉讼，仅分别缴纳罚款20000元、15000元、20000元，未将被毁公益林地恢复原状。郧阳区林业局在法定期限内既未催告三名行政相对人履行行政处罚决定所确定的义务，也未向人民法院申请强制执行，致使其作出的行政处罚决定未得到全部执行，被毁公益林地未得到及时修复。

【诉前程序】

2015年12月12日，郧阳区人民检察院向区林业局发出检察建议，建议区林业局规范执法，认真落实行政处罚决定，采取有效措施，恢复森林植被。区林业局收到检察建议后，在规定期限内既未按检察建议进行整改落实，也未书面回复。

郧阳区人民检察院经调查核实，没有公民、法人和其他社会组织因公益林被毁而提起相关诉讼。

【诉讼过程】

2016年2月29日，郧阳区人民检察院以公益诉讼人身份向郧阳区人民法院提起行政公益诉讼，要求法院确认区林业局未依法履行职责违法，并判令其依法继续履行职责。郧阳区人民检察院认为：

一、金兴国等3人破坏了公益林，损害了社会公共利益。根据国家林业局、财政部制定的《国家级公益林区划界定办法》第二条、《湖北省生态公益林管理办法》第二条规定，公益林有提供公益性服务的典型目的，金兴国等3人非法改变公益林用途，导致公共利益受损。专家意见认为，金兴国等3人共破坏11.7亩生态公益林，单从森林资源方面已造成对公共生态环境影响。

二、郧阳区林业局怠于履职，行政处罚决定得不到有效执行，国家和社会公共利益持续处于受侵害状态。区林业局对其辖区内的森林资源有管理和监督的职责。针对金兴国等3人的违法行为，区林业局已对金兴国等3人处以限期恢复林地原状和罚款的行政处罚决定。作出行政处罚决定后，区林业局还应根据《中华人民共和国行政处罚法》第五十一条规定，对金兴国等3人逾期未履行生效行政处罚决定的行为，依法采取法律规定的措施督促履行。但区林业局怠于履职，致使行政处罚决定得不到有效执行，被金兴国等3人非法改变用途的林地未恢复原状，剩余罚款未依法收缴，区林业局也没有对金兴国等3人加处罚款，导致国家和社会公共利益持续处于受侵害状态。

案件审理过程中，经郧阳区林业局督促，吴刚、赵丰强相继将罚款及加处罚款全部缴清,金兴国缴纳了全部罚款及部分加处罚款,剩余加处罚款以经济困难为由申请缓缴,区林业局批准了金兴国缓缴加处罚款的请求。同时,金兴国等三人均在被毁林地上补栽了苗木。受郧阳区人民法院委托,十堰市林业调查规划设计院对被毁林地当前生态恢复程度及生态恢复所需期限进行了鉴定,鉴定意见为:造林时间、树种、苗木质量、造林密度、造林方式等符合林业造林相关技术要求,在正常管护的情况下修复期限至少需要三年的时间才能达到郁闭要求。

郧阳区林业局在案件审理期间提交了一套对被毁林地拟定的管护方案。方案中,区林业局明确表示愿意继续履行监督管理职责,采取有效措施进行补救,恢复被毁林地的生态功能,并且成立领导小组,明确责任单位、管护范围、管护措施和相关要求。

【案件结果】

2016年5月5日,郧阳区人民法院作出一审判决:确认郧阳区林业局在对金兴国、吴刚、赵丰强作出行政处罚决定后,未依法履行后续监督、管理和申请人民法院强制执行法定职责的行为违法;责令区林业局继续履行收缴剩余加处罚款的法定职责;责令区林业局继续履行被毁林地生态修复工作的监督、管理法定职责。

一审宣判后,郧阳区林业局未上诉,判决已发生法律效力。

案件办理期间,十堰市、郧阳区两级党委和政府主要领导表态要积极支持检察机关提起公益诉讼。庭审期间组织了70余名相关行政机关负责人到庭旁听。郧阳区林业局局长当庭就其怠于履职行为鞠躬道歉。

案件宣判后,湖北省林业厅专门向全省林业行政部门下发文件,要求各级林业部门高度重视检察机关监督,引以为戒,认真整改、切实规范林业执法,并在全省范围内开展规范执法自查活动,查找、整改违法作为和不作为的问题。

【要旨】

负有监督管理职责的行政机关对侵害生态环境和资源保护领域的侵权人进行行政处罚后,怠于履行法定职责,既未依法履行后续监督、管理职责,也未申请人民法院强制执行,导致国家和社会公共利益未脱离受侵害状态,经诉前程序后,人民检察院可以向人民法院提起行政公益诉讼。

【指导意义】

1. 检察机关提起公益诉讼的前提是公共利益受到侵害。公共利益可以界定为:由不特定多数主体享有的,具有基本性、整体性和发展性的重大利益。在实践中，判断被侵害的利益是否属于公共利益范畴，可以从以下几个方面来把握：一是公共利益的主体是不特定的多数人。公共利益首先是一种多数人的利益，但又不同于一般的多数人利益，其享有主体具有开放性。二是公共利益具有基本性。公共利益是有关国家和社会共同体及其成员生存和发展的基本利益，如公共安全、公共秩序、自然环境和公民的生命、健康、自由等。三是公共利益具有整体性和层次性。公共利益是一种整体性利益，可以分享，但不可以分割。公共利益不仅有涉及全国范围的存在形式，也有某个地区的存在形式。四是公共利益具有发展性。公共利益始终与社会价值取向联系在一起，会随着时代的发展变化而变化，也会随着不同社会价值观的改变而变动。五是公共利益具有重大性。其涉及不特定多数人，涉及公共政策变动，涉及公权与私权的限度，代表的利益都是重大利益。六是公共利益具有相对性。它受时空条件的影响，在此时此地认定为公共利益的事项，彼时彼地可能应认定为非公共利益。

2. 行政机关没有依法履行法定职责与国家和社会公共利益受到侵害是检察机关提起行政公益诉讼的必要条件。判断负有监督管理职责的行政机关是否依法履职，关键要厘清行政机关的法定职责和行政机关是否依法履职到位；判断国家和社会公共利益是否受侵害，要看违法行政行为造成国家和社会公共利益的实然侵害，发出检察建议后要看国家和社会公共利益是否脱离被侵害状态。

【相关规定】

《中华人民共和国行政处罚法》（2009年修正）

第五十一条　当事人逾期不履行行政处罚决定的，作出行政处罚决定的行政机关可以采取下列措施：

（一）到期不缴纳罚款的，每日按罚款数额的百分之三加处罚款；

（二）根据法律规定，将查封、扣押的财物拍卖或者将冻结的存款划拨抵缴罚款；

（三）申请人民法院强制执行。

《中华人民共和国行政强制法》（2011年6月30日第十一届全国人民代表大会常务委员会第二十一次会议通过）

第五十条　行政机关依法作出要求当事人履行排除妨碍、恢复原状等义务的行政决定，当事人逾期不履行，经催告仍不履行，其后果已经或者将危害交通安全、造成环境污染或者破坏自然资源的，行政机关可以代履行,或者委托没有利害关系的第三人代履行。

第五十三条 当事人在法定期限内不申请行政复议或者提起行政诉讼,又不履行行政决定的,没有行政强制执行权的行政机关可以自期限届满之日起三个月内,依照本章规定申请人民法院强制执行。

《人民检察院提起公益诉讼试点工作实施办法》(2015年12月16日最高人民检察院第十二届检察委员会第四十五次会议通过)

第二十八条 人民检察院履行职责中发现生态环境和资源保护、国有资产保护、国有土地使用权出让等领域负有监督管理职责的行政机关违法行使职权或者不作为,造成国家和社会公共利益受到侵害,公民、法人和其他社会组织由于没有直接利害关系,没有也无法提起诉讼的,可以向人民法院提起行政公益诉讼。

人民检察院履行职责包括履行职务犯罪侦查、批准或者决定逮捕、审查起诉、控告检察、诉讼监督等职责。

【检例第31号】

清流县环保局行政公益诉讼案

【关键词】 行政公益诉讼 违法行政行为 变更诉讼请求

【基本案情】

2014年7月31日,福建省三明市清流县环保局会同县公安局现场制止刘文胜非法焚烧电子垃圾,当场查扣危险废物电子垃圾28580千克并存放在附近的养猪场。2014年8月,清流县环保局将扣押的电子垃圾转移至不具有贮存危险废物条件的东莹公司仓库存放。2014年9月2日,清流县公安局对刘文胜涉嫌污染环境案刑事立案侦查,并于2015年5月5日作出扣押决定书,扣押刘文胜污染环境案中的危险废物电子垃圾。清流县环保局未将电子垃圾移交公安机关,于2015年5月12日将电子垃圾转移到不具有贮存危险废物条件的九利公司仓库存放。

【诉前程序】

因刘文胜涉嫌污染环境罪一案事实不清,证据不足,清流县人民检察院于2015年7月7日作出不起诉决定，并于7月9日向县环保局发出检察建议，建议其对扣押的电子垃圾和焚烧后的电子垃圾残留物进行无害化处置。2015年7月22日，清流县环保局回函称，拟将电子垃圾等危险废物交由有资质的单位处置。2015年12月16日，清流县人民检察院得知县环保局逾期仍未对扣押的电子垃圾和焚烧电子垃圾残留物进行无害化处置，也未对刘文胜作出行政处罚。

清流县人民检察院经调查核实，没有公民、法人和其他社会组织因县环保局非法贮存危险物品而提起相关诉讼。

【诉讼过程】

2015年12月21日，清流县人民检察院以公益诉讼人身份向清流县人民法院提起行政公益诉讼，诉求法院确认清流县环保局怠于履行职责行为违法并判决其依法履行职责。清流县人民检察院认为：

一、清流县环保局作为涉案电子垃圾的实际监管人，在明知涉案电子垃圾属于危险废物，具有毒性，理应依法管理并及时处置的情形下，没有寻找符合贮存条件的场所进行贮存，而是将危险废物从扣押现场转移至附近的养猪场、再转至没有危险废物经营许可证资质的东莹公司，后再租用同样不具资质的九利公司仓库进行贮存，且未设置危险废物识别标志。清流县环保局的行为属于不依法履行职责的违法行政行为。

二、清流县环保局作为地方环境保护主管部门，在检察机关对刘文胜作出不起诉决定后，未对刘文胜非法收集、贮存、焚烧电子垃圾的行为作出行政处罚，属于行政不作为。

三、经检察机关发出检察建议督促后，清流县环保局仍怠于依法履行职责，使社会公共利益持续处于被侵害状态，导致重大环境风险和隐患。

2015年12月29日，三明市中级人民法院作出行政裁定书，指定该案由明溪县人民法院管辖。2016年1月5日，清流县环保局向三明市环保局提出危险废物跨市转移，并于1月11日得到批准。2016年1月18日，清流县公安局告知县环保局，清流县人民检察院对犯罪嫌疑人刘文胜作出不起诉决定。1月23日，清流县环保局对刘文胜作出责令停止生产并对焚烧现场残留物进行无害化处理及罚款2万元的行政处罚。同日清流县环保局将涉案的28580千克电子垃圾交由福建德晟环保技术有限公司处置。

鉴于清流县环保局在诉讼期间已对刘文胜的违法行为进行行政处罚

并依法处置危险废物,清流县人民检察院将诉讼请求变更为确认被告清流县环保局处置危险废物的行为违法。

【案件结果】

2016年3月1日,明溪县人民法院依法作出一审判决,确认被告清流县环保局处置危险废物的行为违法。

一审宣判后,清流县环保局未上诉,判决已发生法律效力。

福建省清流县人民检察院诉县环保局不依法履行职责一案,受到社会各界广泛关注,产生积极反响。福建省政府下发文件充分肯定检察机关提起公益诉讼的积极作用,指出"该案充分体现了人民检察院作为国家法律监督机关,在促进依法行政、推进法治政府建设中发挥的积极作用。该案在福建省乃至全国都有典型的示范意义,建议由环境保护督察办公室在环保系统内通报,吸取教训"。并采纳检察机关跟进监督建议,要求"省环境保护督察办公室开展环境专项督察,对各地相关部门不积极落实环保法律法规等行政不作为加强督察,督促相关部门予以整改,严肃问责。"中央电视台等主流媒体均对该案办理进行报道并给予积极评价。

【要旨】

1. 发出检察建议是检察机关提起行政公益诉讼的前置程序,目的是为了增强行政机关纠正违法行政行为的主动性,有效节约司法资源。

2. 行政公益诉讼审理过程中,行政机关纠正违法行为或者依法履行职责而使人民检察院的诉讼请求实现的,人民检察院可以变更诉讼请求。

【指导意义】

1. 检察机关提起行政公益诉讼,必须严格履行诉前程序。提起公益诉讼前,人民检察院应当依法督促行政机关纠正违法行政行为、履行法定职责。诉前程序主要目的在于增强行政机关纠正违法行政行为的主动性,也是为了最大限度地节约诉讼成本和司法资源。通过诉前程序推动侵害公益问题的解决,不仅是检察机关提起公益诉讼工作的重要内容,也是公益诉讼制度价值的重要体现。只有当行政机关应当纠正而拒不纠正,坚持不履行法定职责,致使国家和社会公共利益持续处于受侵害状态的,检察机关才应当提起行政公益诉讼。检察机关提起行政公益诉讼仅是在公共利益严重受损而无相关救济渠道时的一种司法补救措施,具有救济性和终局性。

2. 依法适时变更诉讼请求。《人民检察院提起公益诉讼试点工作实施办法》第四十九条规定,在行政公益诉讼审理过程中,行政机关纠正违法行为或者依法履行职责而使人民检察院的诉讼请求全部实现的,人民检察院可以变更诉讼请求,请求判决确认行政行为违法,或者撤回起诉。该条规定的目的在于实现诉讼请求的同时,提高诉讼效率,节约司法资源。检察机关提出检察建议和提起行政公益诉讼,目的都是为了督促涉案行政机关积极依法履行职责,有效维护国家和社会公共利益。

【相关规定】

《中华人民共和国固体废物污染环境防治法》(2013年修正)

第十条 国务院环境保护行政主管部门对全国固体废物污染环境的防治工作实施统一监督管理。国务院有关部门在各自的职责范围内负责固体废物污染环境防治的监督管理工作。

县级以上地方人民政府环境保护行政主管部门对本行政区域内固体废物污染环境的防治工作实施统一监督管理。县级以上地方人民政府有关部门在各自的职责范围内负责固体废物污染环境防治的监督管理工作。

国务院建设行政主管部门和县级以上地方人民政府环境卫生行政主管部门负责生活垃圾清扫、收集、贮存、运输和处置的监督管理工作。

第十七条 收集、贮存、运输、利用、处置固体废物的单位和个人,必须采取防扬散、防流失、防渗漏或者其他防止污染环境的措施;不得擅自倾倒、堆放、丢弃、遗撒固体废物。

禁止任何单位或者个人向江河、湖泊、运河、渠道、水库及其最高水位线以下的滩地和岸坡等法律、法规规定禁止倾倒、堆放废弃物的地点倾倒、堆放固体废物。

第五十二条 对危险废物的容器和包装物以及收集、贮存、运输、处置危险废物的设施、场所,必须设置危险废物识别标志。

第五十八条 收集、贮存危险废物,必须按照危险废物特性分类进行。禁止混合收集、贮存、运输、处置性质不相容而未经安全性处置的危险废物。

贮存危险废物必须采取符合国家环境保护标准的防护措施,并不得超过一年;确需延长期限的,必须报经原批准经营许可证的环境保护行政主管部门批准;法律、行政法规另有规定的除外。

禁止将危险废物混入非危险废物中贮存。

《人民检察院提起公益诉讼试点工作实施办法》（2015年12月16日最高人民检察院第十二届检察委员会第四十五次会议通过）

第四十条　在提起行政公益诉讼之前，人民检察院应当先行向相关行政机关提出检察建议，督促其纠正违法行为或者依法履行职责。行政机关应当在收到检察建议书后一个月内依法办理，并将办理情况及时书面回复人民检察院。

第四十一条　经过诉前程序，行政机关拒不纠正违法行为或者不履行法定职责，国家和社会公共利益仍处于受侵害状态的，人民检察院可以提起行政公益诉讼。

第四十九条　在行政公益诉讼审理过程中，被告纠正违法行为或者依法履行职责而使人民检察院的诉讼请求全部实现的，人民检察院可以变更诉讼请求，请求判决确认行政行为违法，或者撤回起诉。

【检例第32号】

锦屏县环保局行政公益诉讼案

【关键词】行政公益诉讼　指定集中管辖　履行法定职责到位

【基本案情】

2014年8月5日，贵州省黔东南州锦屏县环保局在执法检查中发现鸿发石材公司、雄军石材公司等七家石材加工企业均存在未按建设项目环保设施"同时设计、同时施工、同时投产"要求配套建设，并将生产中的污水直接排放清水江，造成清水江悬浮物和油污污染的后果。锦屏县环保局责令鸿发石材公司、雄军石材公司等七家石材加工企业立即停产整改。鸿发石材公司等七家石材加工企业在收到停产整改通知后，在未完成环境保护设施建设和报请验收的情形下，仍擅自开工生产并继续向清水江排污。

【诉前程序】

2014年8月15日，锦屏县人民检察院在开展督促起诉工作中发现上述七家企业没有停产整改，向锦屏县环保局发出检察建议，建议锦屏县环保局及时跟进对上述七家企业的督促与检查，对于不按要求整改的企业依法依规进行处罚，并将情况书面回复检察院。2015年4月16日，锦屏县人民检察院发现鸿发石材公司和雄军石材公司仍未修建环保设施却一直生产、排污，遂再次向锦屏县环保局发出检察建议，督促县环保局履行监督管理职责，对鸿发石材公司和雄军石材公司的违法行为进行制止和处罚并书面回复。对于上述检察建议，锦屏县环保局均逾期未答复，也未依法履行监督管理职责，督促违法企业停业整改。2015年11月11日，锦屏县环保局责令鸿发石材公司、雄军石材公司立即停止生产。12月1日，锦屏县环保局对鸿发石材公司和雄军石材公司分别作出罚款1万元的行政处罚。但锦屏县环保局仍没有向锦屏县人民检察院书面回复。

锦屏县人民检察院经调查核实，没有公民、法人和其他社会组织因鸿发石材公司和雄军石材公司非法排污行为而提起相关诉讼。

【诉讼过程】

2015年12月18日，锦屏县人民检察院根据《贵州省高级人民法院关于环境保护案件指定集中管辖的规定（试行）》，以公益诉讼人身份向福泉市人民法院提起行政公益诉讼，诉求判令：1.确认锦屏县环保局对鸿发石材公司、雄军石材公司等企业违法生产怠于履行监督管理职责的行为违法；2.判令锦屏县环保局履行行政监督管理职责，依法对鸿发石材公司、雄军石材公司进行处罚。锦屏县人民检察院认为：

一、锦屏县环保局具有环境保护工作监督管理的职责。根据《中华人民共和国环境保护法》第十条规定，锦屏县环保局作为锦屏县的环境保护主管部门，监督管理本县生态环境保护工作是其法定职责。

二、锦屏县环保局明知生产企业违法却没有有效制止。锦屏县环保局发现鸿发石材公司、雄军石材公司等七家企业的违法行为后，虽责令违法企业限期整改，但并未继续就整改情况进行监督管理。经检察机关多次督促，仍未履行环境保护的监督管理职责，导致排污企业的违法行为未得到制止，其怠于履行职责的行为与其行政职能是相违背的。

三、国家和社会公共利益未脱离被侵害状态。锦屏县环保局不依法及时履行职责，继续放任上述企业违法生产，进一步加剧清水江的水质污染和生态破坏。污水中高浓度悬浮物常年沉积于河床，还将给下游水库的行洪、泄洪带来安全隐患，国家和社会公共利益受到更加严重的侵害。

2015年12月24日，锦屏县环保局向锦屏县人民检察院书面回复，称其已对鸿发石材公司、雄军石材公司予以处罚。2015年12月29日，锦屏县人民检察院经现场查看，发现鸿发石材公司和雄军石材公司仍在生产，污水在未经有效处理的情况下仍排向清水江。2015年12月31日，锦屏县政府组织国土、环保、安监等部门，开展非煤矿山集中整治专项行动，对清水江沿河两岸包括鸿发石材公司、雄军石材公司在内存在环境违法行为的石材加工企业全部实行关停。

庭审过程中，锦屏县人民检察院申请撤回诉讼请求中的第二项，即：判令锦屏县环保局履行行政监督管理职责，依法对鸿发石材公司、雄军石材公司进行处罚的诉讼请求。

【案件结果】

2016年1月13日，福泉市人民法院依法作出一审判决，确认被告锦屏县环保局在2014年8月5日至2015年12月31日对鸿发、雄军等企业违法生产的行为怠于履行监督管理职责的行为违法。

一审宣判后，锦屏县环保局未上诉，判决已发生法律效力。

案件庭审期间，黔东南州各市县环保局局长、锦屏县政府行政职能部门的主要负责人、生态环境破坏较严重的乡镇一把手均到庭参与旁听，实现了办理一案、教育一片的警示效果。庭审结束后，锦屏县环保局局长表示："公益诉讼是检察院对环境保护工作的支持和促进，在以后的工作中一定要加以改进落实，要举一反三，加强与政法等部门的协作沟通，共同为保护生态环境作贡献。"

该案一审宣判后，贵州省委、省政府领导高度重视，密切关注案件后续整改工作，省环保厅根据要求立即成立工作小组赶赴黔东南州和锦屏县，就依法做好涉案企业处理进行指导，并向全省各级环保主管部门专题通报了案件情况，明确要求在全省推动建立环保行政执法责任制，完善环保行政执法制度和程序。要求全省各级环保部门及执法人员要以此为鉴，积极支持配合检察机关公益诉讼工作，大力提高依法行政意识，加强和改进环境执法监管工作。锦屏县委总结案件经验教训，对环保工作进行了专题研究部署，及时成立联合执法领导小组专项整治锦屏县非煤矿山，明确了具体整改目标、整治内容和整改要求，从源头上遏制和治理环境污染问题。

【要旨】

1. 行政相对人违法行为是否停止可以作为判断行政机关履行法定

职责到位的一个标准。

2. 生态环保民事、行政案件可以指定集中管辖。

【指导意义】

1. 行政机关违法作为或不作为是人民检察院提起行政公益诉讼的前提条件。实践中，环境保护执法是一项连续性、持续性强的执法工作，检察机关在判断行政机关是否尽到生态环境和资源监管保护的法定职责时，行政相对人违法行为是否停止可以作为一个判断标准。行政机关虽有执法行为，但没有依照法定职责执法到位，导致行政相对人的违法行为仍在继续，造成生态环境和资源受到侵害的后果，经人民检察院督促依法履职后，行政机关在一定期限内仍然没有依法履职到位，国家和社会公共利益仍处在被侵害状态，人民检察院可以将行政机关作为被告提起行政公益诉讼。

2. 生态环保民事、行政案件可以指定集中管辖。根据《中华人民共和国民事诉讼法》第三十八条、《中华人民共和国行政诉讼法》第十八条第二款、《最高人民法院关于审理环境民事公益诉讼案件适用法律若干问题的解释》第七条、《最高人民法院关于行政案件管辖若干问题的规定》第五条、第九条的规定，生态环保民事、行政案件可以根据审判工作的实际情况，指定集中管辖。生态环保民事、行政案件采取集中管辖模式，有利于避免对跨行政区划环境污染分段治理，各自为政，治标不治本的问题；有利于在对区域内污染情况进行整体评估的基础上，统一司法政策和裁判尺度，实现司法裁判法律效果和社会效果的统一；有利于避免因按行政区划管辖案件带来的地方保护。

【相关规定】

《中华人民共和国民事诉讼法》（2012年修正）

第三十八条　上级人民法院有权审理下级人民法院管辖的第一审民事案件；确有必要将本院管辖的第一审民事案件交下级人民法院审理的，应当报请其上级人民法院批准。

下级人民法院对它所管辖的第一审民事案件，认为需要由上级人民法院审理的，可以报请上级人民法院审理。

《中华人民共和国行政诉讼法》（2014年修正）

第十八条　行政案件由最初作出行政行为的行政机关所在地人民法院管辖。经复议的案件，也可以由复议机关所在地人民法院管辖。

经最高人民法院批准，高级人民法院可以根据审判工作的实际情况,确定若干人民法院跨行政区域管辖行政案件。

《中华人民共和国环境保护法》(2014年修订)

第十条 国务院环境保护主管部门,对全国环境保护工作实施统一监督管理;县级以上地方人民政府环境保护主管部门,对本行政区域环境保护工作实施统一监督管理。

县级以上人民政府有关部门和军队环境保护部门,依照有关法律的规定对资源保护和污染防治等环境保护工作实施监督管理。

第四十一条 建设项目中防治污染的设施,应当与主体工程同时设计、同时施工、同时投产使用。防治污染的设施应当符合经批准的环境影响评价文件的要求,不得擅自拆除或者闲置。

《最高人民法院关于审理环境民事公益诉讼案件适用法律若干问题的解释》(2014年12月8日最高人民法院审判委员会第1631次会议通过)

第七条 经最高人民法院批准,高级人民法院可以根据本辖区环境和生态保护的实际情况,在辖区内确定部分中级人民法院受理第一审环境民事公益诉讼案件。

中级人民法院管辖环境民事公益诉讼案件的区域由高级人民法院确定。

《最高人民法院关于行政案件管辖若干问题的规定》(2007年12月17日由最高人民法院审判委员会第1441次会议通过)

第五条 中级人民法院对基层人民法院管辖的第一审行政案件,根据案件情况,可以决定自己审理,也可以指定本辖区其他基层人民法院管辖。

第九条 中级人民法院和高级人民法院管辖的第一审行政案件需要由上一级人民法院审理或者指定管辖的,参照本规定。

《建设项目环境保护管理条例》(1998年11月18日国务院第10次常务会议通过,1998年11月29日发布施行)

第二十八条 违反本条例规定,建设项目需要配套建设的环境保护设施未建成、未经验收或者经验收不合格,主体工程正式投入生产或者使用的,由审批该建设项目环境影响报告书、环境影响报告表或者环境影响登记表的环境保护行政主管部门责令停止生产或者使用,可以处10万元以下的罚款。

最高人民检察院
关于印发最高人民检察院第九批指导性案例的通知

(2017年10月12日　高检发研字〔2017〕10号)

各省、自治区、直辖市人民检察院，解放军军事检察院，新疆生产建设兵团人民检察院：

经2017年10月10日最高人民检察院第十二届检察委员会第七十次会议决定，现将李丙龙破坏计算机信息系统案等六件指导性案例（检例第33-38号）作为第九批指导性案例发布，供参照适用。

最高人民检察院
2017年10月12日

【检例第33号】

李丙龙破坏计算机信息系统案

【关键词】 破坏计算机信息系统　劫持域名

【基本案情】

被告人李丙龙，男，1991年8月生，个体工商户。

被告人李丙龙为牟取非法利益，预谋以修改大型互联网网站域名解析指向的方法，劫持互联网流量访问相关赌博网站，获取境外赌博网站广告推广流量提成。2014年10月20日，李丙龙冒充某知名网站工作人员，采取伪造该网站公司营业执照等方式，骗取该网站注册服务提供商信任，获取网站域名解析服务管理权限。10月21日，李丙龙通过其在域名解析服务网站平台注册的账号,利用该平台相关功能自动生成了该知名网站二级子域名部分 DNS(域名系统)解析列表,修改该网站子域名的 IP 指向,使其连接至自己租用境外虚拟服务器建立的赌博网站广告发布页面。当日 19 时许,李丙龙对该网站域名解析服务器指向的修改生效,致使该网站不能正常运行。23 时许,该知名网站经技术排查恢复了网站正常运行。11 月 25 日,李丙龙被公安机关抓获。至案发时,李丙龙未及获利。

经司法鉴定,该知名网站共有 559 万有效用户,其中邮箱系统有 36 万有效用户。按日均电脑客户端访问量计算,10 月 7 日至 10 月 20 日邮箱系统日均访问量达 12.3 万。李丙龙的行为造成该知名网站 10 月 21 日 19 时至 23 时长达四小时左右无法正常发挥其服务功能,案发当日仅邮件系统电脑客户端访问量就从 12.3 万减少至 4.43 万。

【诉讼过程和结果】

本案由上海市徐汇区人民检察院于 2015 年 4 月 9 日以被告人李丙龙犯破坏计算机信息系统罪向上海市徐汇区人民法院提起公诉。11 月 4 日,徐汇区人民法院作出判决,认定李丙龙的行为构成破坏计算机信息系统罪。根据《最高人民法院、最高人民检察院关于办理危害计算机信息系统安全刑事案件应用法律若干问题的解释》第四条规定,李丙龙的行为符合"造成为五万以上用户提供服务的计算机信息系统不能正常运行累计一小时以上""后果特别严重"的情形。结合量刑情节,判处李丙龙有期徒刑五年。一审宣判后,被告人未上诉,判决已生效。

【要旨】

以修改域名解析服务器指向的方式劫持域名,造成计算机信息系统不能正常运行,是破坏计算机信息系统的行为。

【指导意义】

修改域名解析服务器指向,强制用户偏离目标网站或网页进入指定网站或网页,是典型的域名劫持行为。行为人使用恶意代码修改目标网站域名解析服务器,目标网站域名被恶意解析到其他 IP 地址,无法正常发挥网站服务功能,这种行为实质是对计算机信息系统功能的修改、干扰,符合刑法第二百八十六条第一款"对计算机信息系统功能进行删除、修改、增加、干扰"的规定。根据《最高人民法院、最高人民检察院关于办理危害计算机信息系统安全刑事案件应用法律若干问题的解释》第四条的规定,造成为一万以上用户提供服务的计算机信息系统不能正常运行累计一小时以上的,属于"后果严重",应以破坏计算机信息系统罪论处;造成为五万以上用户提供服务的计算机信息系统不能正常运行累计一小时以上的,属于"后果特别严重"。

认定遭受破坏的计算机信息系统服务用户数,可以根据计算机信息系统的功能和使用特点,结合网站注册用户、浏览用户等具体情况,作出客观判断。

【相关法律规定】

《中华人民共和国刑法》

第二百八十六条　违反国家规定,对计算机信息系统功能进行删除、修改、增加、干扰,造成计算机信息系统不能正常运行,后果严重的,处五年以下有期徒刑或者拘役;后果特别严重的,处五年以上有期徒刑。

《最高人民法院、最高人民检察院关于办理危害计算机信息系统安全刑事案件应用法律若干问题的解释》

第四条　破坏计算机信息系统功能、数据或者应用程序,具有下列情形之一的,应当认定为刑法第二百八十六条第一款和第二款规定的"后果严重":

……

(四)造成为一百台以上计算机信息系统提供域名解析、身份认证、计费等基础服务或者为一万以上用户提供服务的计算机信息系统不能正常运行累计一小时以上的;

……

实施前款规定行为,具有下列情形之一的,应当认定为破坏计算机信息系统"后果特别严重":

……

(二)造成为五百台以上计算机信息系统提供域名解析、身份认证、计费等基础服务或者为五万以上用户提供服务的计算机信息系统不能正常运行累计一小时以上的;

……

【检例第 34 号】

李骏杰等破坏计算机信息系统案

【关键词】破坏计算机信息系统　删改购物评价　购物网站评价系统

【基本案情】

被告人李骏杰,男,1985 年 7 月生,原系浙江杭州某网络公司员工。

被告人胡榕,男,1975 年 1 月生,原系江西省九江市公安局民警。

被告人黄福权,男,1987 年 9 月生,务工。

被告人董伟,男,1983 年 5 月生,无业。

被告人王凤昭,女,1988 年 11 月生,务工。

2011 年 5 月至 2012 年 12 月,被告人李骏杰在工作单位及自己家中,单独或伙同他人通过聊天软件联系需要修改中差评的某购物网站卖家,并从被告人黄福权等处购买发表中差评的该购物网站买家信息 300 余条。李骏杰冒用买家身份,骗取客服审核通过后重置账号密码,登录该购物网站内部评价系统,删改买家的中差评 347 个,获利 9 万余元。

经查:被告人胡榕利用职务之便,将获取的公民个人信息分别出售给被告人黄福权、董伟、王凤昭。

2012 年 12 月 11 日,被告人李骏杰被公安机关抓获归案。此后,因涉嫌出售公民个人信息、非法获取公民个人信息,被告人胡榕、黄福权、董伟、王凤昭等人也被公安机关先后抓获。

【诉讼过程和结果】

本案由浙江省杭州市滨江区人民检察院于 2014 年 3 月 24 日以被告人李骏杰犯破坏计算机信息系统罪、被告人胡榕犯出售公民个人信息罪、被告人黄福权等人犯非法获取公民个人信息罪,向浙江省杭州市滨江区人民法院提起公诉。2015 年 1 月 12 日,杭州市滨江区人民法院作出判决,认定被告人李骏杰的行为构成破坏计算机信息系统罪,判处有期徒刑五年;被告人胡榕的行为构成出售公民个人信息罪,判处有期徒刑十个月,并处罚金人民币二万元;被告人黄福权、董伟、王凤昭的行为构成非法获取公民个人信息罪，分别判处有期徒刑、拘役，并处罚金。一审宣判后，被告人董伟提出上诉。杭州市中级人民法院二审裁定驳回上诉，维持原判。判决已生效。

【要旨】

冒用购物网站买家身份进入网站内部评价系统删改购物评价，属于对计算机信息系统内存储数据进行修改操作，应当认定为破坏计算机信息系统的行为。

【指导意义】

购物网站评价系统是对店铺销量、买家评价等多方面因素进行综合计算分值的系统，其内部储存的数据直接影响到搜索流量分配、推荐排名、营销活动报名资格、同类商品在消费者购买比较时的公平性等。买家在购买商品后，根据用户体验对所购商品分别给出好评、中评、差评三种不同评价。所有的评价都是以数据形式存储于买家评价系统之中，成为整个购物网站计算机信息系统整体数据的重要组成部分。

侵入评价系统删改购物评价，其实质是对计算机信息系统内存储的数据进行删除、修改操作的行为。这种行为危害到计算机信息系统数据采集和流量分配体系运行，使网站注册商户及其商品、服务的搜索受到影响，导致网站商品、服务评价功能无法正常运作，侵害了购物网站所属公司的信息系统安全和消费者的知情权。行为人因删除、修改某购物网站中差评数据违法所得25000元以上，构成破坏计算机信息系统罪，属于"后果特别严重"的情形，应当依法判处五年以上有期徒刑。

【相关法律规定】

《中华人民共和国刑法》

第二百八十六条　违反国家规定，对计算机信息系统功能进行删除、修改、增加、干扰，造成计算机信息系统不能正常运行，后果严重的，处五年以下有期徒刑或者拘役；后果特别严重的，处五年以上有期徒刑。

违反国家规定，对计算机信息系统中存储、处理或者传输的数据和应用程序进行删除、修改、增加的操作，后果严重的，依照前款的规定处罚。

《最高人民法院、最高人民检察院关于办理危害计算机信息系统安全刑事案件应用法律若干问题的解释》

第四条　破坏计算机信息系统功能、数据或者应用程序，具有下列情形之一的，应当认定为刑法第二百八十六条第一款和第二款规定的"后果严重"：

……

（三）违法所得五千元以上或者造成经济损失一万元以上的；

……

实施前款规定行为，具有下列情形之一的，应当认定为破坏计算机信息系统"后果特别严重"：

（一）数量或者数额达到前款第（一）项至第（三）项规定标准五倍以上的；

……

《计算机信息网络国际联网安全保护管理办法》

第六条　任何单位和个人不得从事下列危害计算机信息网络安全的活动：

（一）未经允许，进入计算机信息网络或者使用计算机信息网络资源的；

（二）未经允许，对计算机信息网络功能进行删除、修改或者增加的；

（三）未经允许，对计算机信息网络中存储、处理或者传输的数据和应用程序进行删除、修改或者增加的；

（四）故意制作、传播计算机病毒等破坏性程序的；

（五）其他危害计算机信息网络安全的。

【检例第 35 号】

曾兴亮、王玉生破坏计算机信息系统案

【关键词】　破坏计算机信息系统　智能手机终端　远程锁定

【基本案情】

被告人曾兴亮，男，1997 年 8 月生，农民。

被告人王玉生，男，1992 年 2 月生，农民。

2016年10月至11月，被告人曾兴亮与王玉生结伙或者单独使用聊天社交软件，冒充年轻女性与被害人聊天，谎称自己的苹果手机因故障无法登录"ICLOUD"（云存储），请被害人代为登录，诱骗被害人先注销其苹果手机上原有的ID，再使用被告人提供的ID及密码登录。随后，曾、王二人立即在电脑上使用新的ID及密码登录苹果官方网站，利用苹果手机相关功能将被害人的手机设置修改，并使用"密码保护问题"修改该ID的密码，从而远程锁定被害人的苹果手机。曾、王二人再在其个人电脑上，用网络聊天软件与被害人联系，以解锁为条件索要钱财。采用这种方式，曾兴亮单独或合伙作案共21起，涉及苹果手机22部，锁定苹果手机21部，索得人民币合计7290元；王玉生参与作案12起，涉及苹果手机12部，锁定苹果手机11部，索得人民币合计4750元。2016年11月24日，二人被公安机关抓获。

【诉讼过程和结果】

本案由江苏省海安县人民检察院于2016年12月23日以被告人曾兴亮、王玉生犯破坏计算机信息系统罪向海安县人民法院提起公诉。2017年1月20日，海安县人民法院作出判决，认定被告人曾兴亮、王玉生的行为构成破坏计算机信息系统罪，分别判处有期徒刑一年三个月、有期徒刑六个月。一审宣判后，二被告人未上诉，判决已生效。

【要旨】

智能手机终端，应当认定为刑法保护的计算机信息系统。锁定智能手机导致不能使用的行为，可认定为破坏计算机信息系统。

【指导意义】

计算机信息系统包括计算机、网络设备、通信设备、自动化控制设备等。智能手机和计算机一样，使用独立的操作系统、独立的运行空间，可以由用户自行安装软件等程序，并可以通过移动通讯网络实现无线网络接入，应当认定为刑法上的"计算机信息系统"。

行为人通过修改被害人手机的登录密码，远程锁定被害人的智能手机设备，使之成为无法开机的"僵尸机"，属于对计算机信息系统功能进行修改、干扰的行为。造成10台以上智能手机系统不能正常运行，符合刑法第二百八十六条破坏计算机信息系统罪构成要件中"对计算机信息系统功能进行修改、干扰""后果严重"的情形，构成破坏计算机信息系统罪。

行为人采用非法手段锁定手机后以解锁为条件，索要钱财，在数额较大或多次敲诈的情况下，其目的行为又构成敲诈勒索罪。在这类犯罪案件中，手段行为构成的破坏计算机信息系统罪与目的行为构成的敲诈勒索罪之间成立牵连犯。牵连犯应当从一重罪处断。破坏计算机信息系统罪后果严重的情况下，法定刑为五年以下有期徒刑或者拘役；敲诈勒索罪在数额较大的情况下，法定刑为三年以下有期徒刑、拘役或管制，并处或者单处罚金。本案应以重罪即破坏计算机信息系统罪论处。

【相关法律规定】

《中华人民共和国刑法》

第二百八十六条　违反国家规定，对计算机信息系统功能进行删除、修改、增加、干扰，造成计算机信息系统不能正常运行，后果严重的，处五年以下有期徒刑或者拘役；后果特别严重的，处五年以上有期徒刑。

第二百七十四条　敲诈勒索公私财物，数额较大或者多次敲诈勒索的，处三年以下有期徒刑、拘役或者管制，并处或者单处罚金；数额巨大或者有其他严重情节的，处三年以上十年以下有期徒刑，并处罚金；数额特别巨大或者有其他特别严重情节的，处十年以上有期徒刑，并处罚金。

《最高人民法院、最高人民检察院关于办理危害计算机信息系统安全刑事案件应用法律若干问题的解释》

第十一条　本解释所称"计算机信息系统"和"计算机系统"，是指具备自动处理数据功能的系统，包括计算机、网络设备、通信设备、自动化控制设备等。

……

《最高人民法院、最高人民检察院关于办理敲诈勒索刑事案件适用法律若干问题的解释》

第一条　敲诈勒索公私财物价值二千元至五千元以上、三万元至十万元以上、三十万元至五十万元以上的，应当分别认定为刑法第二百七十四条规定的"数额较大"、"数额巨大"、"数额特别巨大"。

各省、自治区、直辖市高级人民法院、人民检察院可以根据本地区经济发展状况和社会治安状况，在前款规定的数额幅度内，共同研究确定本地区执行的具体数额标准，报最高人民法院、最高人民检察院批准。

《江苏省高级人民法院、江苏省人民检察院、江苏省公安厅关于

我省执行敲诈勒索公私财物"数额较大"、"数额巨大"、"数额特别巨大"标准的意见》

根据《最高人民法院、最高人民检察院关于办理敲诈勒索刑事案件适用法律若干问题的解释》的规定，结合我省经济发展和社会治安实际状况，确定我省执行刑法第二百七十四条规定的敲诈勒索公私财物"数额较大"、"数额巨大"、"数额特别巨大"标准如下：

一、敲诈勒索公私财物价值人民币四千元以上的，为"数额较大"；

二、敲诈勒索公私财物价值人民币六万元以上的，为"数额巨大"；

【检例第 36 号】

卫梦龙、龚旭、薛东东非法获取 计算机信息系统数据案

【关键词】 非法获取计算机信息系统数据　超出授权范围登录　侵入计算机信息系统

【基本案情】

被告人卫梦龙，男，1987 年 10 月生，原系北京某公司经理。

被告人龚旭，女，1983 年 9 月生，原系北京某大型网络公司运营规划管理部员工。

被告人薛东东，男，1989 年 12 月生，无固定职业。

被告人卫梦龙曾于 2012 年至 2014 年在北京某大型网络公司工作，被告人龚旭供职于该大型网络公司运营规划管理部，两人原系同事。被告人薛东东系卫梦龙商业合作伙伴。

因工作需要，龚旭拥有登录该大型网络公司内部管理开发系统的账号、密码、TOKEN 令牌（计算机身份认证令牌），具有查看工作范围内相关数据信息的权限。但该大型网络公司禁止员工私自在内部管理开发系统查看、下载非工作范围内的电子数据信息。

2016 年 6 月至 9 月，经事先合谋，龚旭向卫梦龙提供自己所掌握的该大型网络公司内部管理开发系统账号、密码、TOKEN 令牌。卫梦

龙利用龚旭提供的账号、密码、TOKEN 令牌，违反规定多次在异地登录该大型网络公司内部管理开发系统，查询、下载该计算机信息系统中储存的电子数据。后卫梦龙将非法获取的电子数据交由薛东东通过互联网出售牟利，违法所得共计 37000 元。

【诉讼过程和结果】

本案由北京市海淀区人民检察院于 2017 年 2 月 9 日以被告人卫梦龙、龚旭、薛东东犯非法获取计算机信息系统数据罪，向北京市海淀区人民法院提起公诉。6 月 6 日，北京市海淀区人民法院作出判决，认定被告人卫梦龙、龚旭、薛东东的行为构成非法获取计算机信息系统数据罪，情节特别严重。判处卫梦龙有期徒刑四年，并处罚金人民币四万元；判处龚旭有期徒刑三年九个月，并处罚金人民币四万元；判处薛东东有期徒刑四年，并处罚金人民币四万元。一审宣判后，三被告人未上诉，判决已生效。

【要旨】

超出授权范围使用账号、密码登录计算机信息系统，属于侵入计算机信息系统的行为；侵入计算机信息系统后下载其储存的数据，可以认定为非法获取计算机信息系统数据。

【指导意义】

非法获取计算机信息系统数据罪中的"侵入"，是指违背被害人意愿、非法进入计算机信息系统的行为。其表现形式既包括采用技术手段破坏系统防护进入计算机信息系统，也包括未取得被害人授权擅自进入计算机信息系统，还包括超出被害人授权范围进入计算机信息系统。

本案中，被告人龚旭将自己因工作需要掌握的本公司账号、密码、TOKEN 令牌等交由卫梦龙登录该公司管理开发系统获取数据，虽不属于通过技术手段侵入计算机信息系统，但内外勾结擅自登录公司内部管理开发系统下载数据，明显超出正常授权范围。超出授权范围使用账号、密码、TOKEN 令牌登录系统，也属于侵入计算机信息系统的行为。行为人违反《计算机信息系统安全保护条例》第七条、《计算机信息网络国际联网安全保护管理办法》第六条第一项等国家规定，实施了非法侵入并下载获取计算机信息系统中存储的数据的行为，构成非法获取计算机信息系统数据罪。按照 2011 年《最高人民法院、最高人民检察院关于办理危害计算机信息系统安全刑事案件应用法律若干问题的解释》规定，构成犯罪，违法所得二万五千元以上，应当认定为"情节特别严重",处三年以上七年以下有期徒刑,并处罚金。

【相关法律规定】

《中华人民共和国刑法》

第二百八十五条 违反国家规定,侵入国家事务、国防建设、尖端科学技术领域的计算机信息系统的,处三年以下有期徒刑或者拘役。

违反国家规定,侵入前款规定以外的计算机信息系统或者采用其他技术手段,获取该计算机信息系统中存储、处理或者传输的数据,或者对该计算机信息系统实施非法控制,情节严重的,处三年以下有期徒刑或者拘役,并处或者单处罚金;情节特别严重的,处三年以上七年以下有期徒刑,并处罚金。

《最高人民法院、最高人民检察院关于办理危害计算机信息系统安全刑事案件应用法律若干问题的解释》

第一条 非法获取计算机信息系统数据或者非法控制计算机信息系统,具有下列情形之一的,应当认定为刑法第二百八十五条第二款规定的"情节严重":

……

(四)违法所得五千元以上或者造成经济损失一万元以上的;

……

实施前款规定行为,具有下列情形之一的,应当认定为刑法第二百八十五条第二款规定的"情节特别严重":

(一)数量或者数额达到前款第(一)项至第(四)项规定标准五倍以上的;

……

《中华人民共和国计算机信息系统安全保护条例》

第七条 任何组织或者个人,不得利用计算机信息系统从事危害国家利益、集体利益和公民合法利益的活动,不得危害计算机信息系统的安全。

《计算机信息网络国际联网安全保护管理办法》

第六条 任何单位和个人不得从事下列危害计算机信息网络安全的活动:

(一)未经允许,进入计算机信息网络或者使用计算机信息网络资源的;

(二)未经允许,对计算机信息网络功能进行删除、修改或者增加的；

（三）未经允许，对计算机信息网络中存储、处理或者传输的数据和应用程序进行删除、修改或者增加的；

（四）故意制作、传播计算机病毒等破坏性程序的；

（五）其他危害计算机信息网络安全的。

【检例第 37 号】

张四毛盗窃案

【关键词】 盗窃　网络域名　财产属性　域名价值

【基本案情】

被告人张四毛，男，1989 年 7 月生，无业。

2009 年 5 月，被害人陈某在大连市西岗区登录网络域名注册网站，以人民币 11.85 万元竞拍取得 "WWW.8.CC" 域名，并交由域名维护公司维护。

被告人张四毛预谋窃取陈某拥有的域名 "WWW.8.CC"，其先利用技术手段破解该域名所绑定的邮箱密码，后将该网络域名转移绑定到自己的邮箱上。2010 年 8 月 6 日，张四毛将该域名从原有的维护公司转移到自己在另一网络公司申请的 ID 上，又于 2011 年 3 月 16 日将该网络域名再次转移到张四毛冒用 "龙嫦" 身份申请的 ID 上，并更换绑定邮箱。2011 年 6 月，张四毛在网上域名交易平台将网络域名 "WWW.8.CC" 以人民币 12.5 万元出售给李某。2015 年 9 月 29 日，张四毛被公安机关抓获。

【诉讼过程和结果】

本案由辽宁省大连市西岗区人民检察院于 2016 年 3 月 22 日以被告人张四毛犯盗窃罪向大连市西岗区人民法院提起公诉。2016 年 5 月 5 日，大连市西岗区人民法院作出判决，认定被告人张四毛的行为构成盗窃罪，判处有期徒刑四年七个月，并处罚金人民币五万元。一审宣判后，当事人未上诉，判决已生效。

【要旨】

网络域名具备法律意义上的财产属性，盗窃网络域名可以认定为盗窃行为。

【指导意义】

网络域名是网络用户进入门户网站的一种便捷途径，是吸引网络用户进入其网站的窗口。网络域名注册人注册了某域名后，该域名将不能再被其他人申请注册并使用，因此网络域名具有专属性和唯一性。网络域名属稀缺资源，其所有人可以对域名行使出售、变更、注销、抛弃等处分权利。网络域名具有市场交换价值，所有人可以以货币形式进行交易。通过合法途径获得的网络域名，其注册人利益受法律承认和保护。本案中，行为人利用技术手段，通过变更网络域名绑定邮箱及注册ID，实现了对域名的非法占有，并使原所有人丧失了对网络域名的合法占有和控制，其目的是为了非法获取网络域名的财产价值，其行为给网络域名的所有人带来直接的经济损失。该行为符合以非法占有为目的窃取他人财产利益的盗窃罪本质属性，应以盗窃罪论处。对于网络域名的价值，当前可综合考虑网络域名的购入价、销赃价、域名升值潜力、市场热度等综合认定。

【相关法律规定】

《中华人民共和国刑法》

第二百六十四条 盗窃公私财物，数额较大的，或者多次盗窃、入户盗窃、携带凶器盗窃、扒窃的，处三年以下有期徒刑、拘役或者管制，并处或者单处罚金；数额巨大或者有其他严重情节的，处三年以上十年以下有期徒刑，并处罚金；数额特别巨大或者有其他特别严重情节的，处十年以上有期徒刑或者无期徒刑，并处罚金或者没收财产。

《中国互联网络域名管理办法》

第二十八条 域名注册申请者应当提交真实、准确、完整的域名注册信息，并与域名注册服务机构签订用户注册协议。

域名注册完成后，域名注册申请者即成为其注册域名的持有者。

第二十九条 域名持有者应当遵守国家有关互联网络的法律、行政法规和规章。

因持有或使用域名而侵害他人合法权益的责任，由域名持有者承担。

第三十条 注册域名应当按期缴纳域名运行费用。域名注册管理机构应当制定具体的域名运行费用收费办法,并报信息产业部备案。

【检例第 38 号】

董亮等四人诈骗案

【关键词】 诈骗 自我交易 打车软件 骗取补贴

【基本案情】

被告人董亮,男,1981 年 9 月生,无固定职业。

被告人谈申贤,男,1984 年 7 月生,无固定职业。

被告人高炯,男,1974 年 12 月生,无固定职业。

被告人宋瑞华,女,1977 年 4 月生,原系上海杨浦火车站员工。

2015 年,某网约车平台注册登记司机董亮、谈申贤、高炯、宋瑞华,分别用购买、租赁未实名登记的手机号注册网约车乘客端,并在乘客端账户内预充打车费一二十元。随后,他们各自虚构用车订单,并用本人或其实际控制的其他司机端账户接单,发起较短距离用车需求,后又故意变更目的地延长乘车距离,致使应付车费大幅提高。由于乘客端账户预存打车费较少,无法支付全额车费。网约车公司为提升市场占有率,按照内部规定,在这种情况下由公司垫付车费,同样给予司机承接订单的补贴。四被告人采用这一手段,分别非法获取网约车公司垫付车费及公司给予司机承接订单的补贴。董亮获取 40664.94 元,谈申贤获取 14211.99 元,高炯获取 38943.01 元,宋瑞华获取 6627.43 元。

【诉讼过程和结果】

本案由上海市普陀区人民检察院于 2016 年 4 月 1 日以被告人董亮、谈申贤、高炯、宋瑞华犯诈骗罪向上海市普陀区人民法院提起公诉。2016 年 4 月 18 日,上海市普陀区人民法院作出判决,认定被告人董亮、谈申贤、高炯、宋瑞华的行为构成诈骗罪,综合考虑四被告人到案后能如实供述自己的罪行,依法可从轻处罚,四被告人家属均已代为全额退赔赃款,可酌情从轻处罚,分别判处被告人董亮有期徒刑一年,并处罚金人民币一千元;被告人谈申贤有期徒刑十个月,并处罚金人民币一千元；被告人高炯有期徒刑一年，并处罚金人民币一千元；被告人宋瑞华有期徒刑八个月，并处罚金人民币一千元；四被告人所得赃款依法发还被害单位。一审宣判后，四被告人未上诉，判决已生效。

【要旨】

以非法占有为目的，采用自我交易方式，虚构提供服务事实，骗取互联网公司垫付费用及订单补贴，数额较大的行为，应认定为诈骗罪。

【指导意义】

当前，网络约车、网络订餐等互联网经济新形态发展迅速。一些互联网公司为抢占市场，以提供订单补贴的形式吸引客户参与。某些不法分子采取违法手段，骗取互联网公司给予的补贴，数额较大的，可以构成诈骗罪。

在网络约车中，行为人以非法占有为目的，通过网约车平台与网约车公司进行交流，发出虚构的用车需求，使网约车公司误认为是符合公司补贴规则的订单，基于错误认识，给予行为人垫付车费及订单补贴的行为，符合诈骗罪的本质特征，是一种新型诈骗罪的表现形式。

【相关法律规定】

《中华人民共和国刑法》

第二百六十六条　诈骗公私财物，数额较大的，处三年以下有期徒刑、拘役或者管制，并处或者单处罚金；数额巨大或者有其他严重情节的，处三年以上十年以下有期徒刑，并处罚金；数额特别巨大或者有其他特别严重情节的，处十年以上有期徒刑或者无期徒刑，并处罚金或者没收财产。本法另有规定的，依照规定。

最高人民检察院
关于印发最高人民检察院第十批指导性案例的通知

(2018年7月3日 高检发研字〔2018〕10号)

各省、自治区、直辖市人民检察院,解放军军事检察院,新疆生产建设兵团人民检察院:

经2018年6月13日最高人民检察院第十三届检察委员会第二次会议决定,现将朱炜明操纵证券市场案等三件指导性案例(检例第39－41号)作为第十批指导性案例发布,供参照适用。

最高人民检察院
2018年7月3日

【检例第39号】

朱炜明操纵证券市场案

【关键词】操纵证券市场 "抢帽子"交易 公开荐股

【基本案情】

被告人朱炜明,男,1982年7月出生,原系国开证券有限责任公司上海龙华西路证券营业部(以下简称国开证券营业部)证券经纪人,上海电视台第一财经频道《谈股论金》节目(以下简称《谈股论金》节目)特邀嘉宾。

2013年2月1日至2014年8月26日,被告人朱炜明在任国开证券营业部证券经纪人期间,先后多次在其担任特邀嘉宾的《谈股论金》

电视节目播出前，使用实际控制的三个证券账户买入多支股票，于当日或次日在《谈股论金》节目播出中，以特邀嘉宾身份对其先期买入的股票进行公开评价、预测及推介，并于节目首播后一至二个交易日内抛售相关股票，人为地影响前述股票的交易量和交易价格，获取利益。经查，其买入股票交易金额共计人民币2094.22万余元，卖出股票交易金额共计人民币2169.70万余元，非法获利75.48万余元。

【要旨】

证券公司、证券咨询机构、专业中介机构及其工作人员违背从业禁止规定，买卖或者持有证券，并在对相关证券作出公开评价、预测或者投资建议后，通过预期的市场波动反向操作，谋取利益，情节严重的，以操纵证券市场罪追究其刑事责任。

【指控与证明犯罪】

2016年11月29日，上海市公安局以朱炜明涉嫌操纵证券市场罪移送上海市人民检察院第一分院审查起诉。

审查起诉阶段，朱炜明辩称：1. 涉案账户系其父亲朱某实际控制，其本人并未建议和参与相关涉案股票的买卖；2. 节目播出时，已隐去股票名称和代码，仅展示K线图、描述股票特征及信息，不属于公开评价、预测、推介个股；3. 涉案账户资金系家庭共同财产，其本人并未从中受益。

检察机关审查认为，现有证据足以认定犯罪嫌疑人在媒体上公开进行了股票推介行为，并且涉案账户在公开推介前后进行了涉案股票反向操作。但是，犯罪嫌疑人与涉案账户的实际控制关系，公开推介是否构成"抢帽子"交易操纵中的"公开荐股"以及行为能否认定为"操纵证券市场"等问题，有待进一步查证。针对需要进一步查证的问题，上海市人民检察院第一分院分别于2017年1月13日、3月24日二次将案件退回上海市公安局补充侦查，要求公安机关补充查证犯罪嫌疑人的淘宝、网银等IP地址、MAC地址（硬件设备地址，用来定义网络设备的位置），并与涉案账户证券交易IP地址做筛选比对；将涉案账户资金出入与犯罪嫌疑人个人账户资金往来做关联比对；进一步对其父朱某在关键细节上做针对性询问，以核实朱炜明的辩解；由证券监管部门对本案犯罪嫌疑人的行为是否构成"公开荐股""操纵证券市场"提出认定意见。

经补充侦查，上海市公安局进一步收集了朱炜明父亲朱某等证人证言、中国证监会对朱炜明操纵证券市场行为性质的认定函、司法会计鉴定意见书等证据。中国证监会出具的认定函认定：2013年2月1日至2014年8月26日，朱炜明在《谈股论金》节目中通过明示股票名称或描述股票特征的方法，对15支股票进行公开评价和预测。朱炜明通过其控制的三个证券账户在节目播出前一至二个交易日或当天买入推荐的股票，交易金额2094.22万余元，并于节目播出后一至二个交易日内卖出上述股票，交易金额2169.70万余元，获利75.48万余元。朱炜明所荐股票次日交易价量明显上涨，偏离行业板块和大盘走势。其行为构成操纵证券市场，扰乱了证券市场秩序，并造成了严重社会影响。

结合补充收集的证据，上海市人民检察院第一分院办案人员再次提讯朱炜明，并听取其辩护律师意见。朱炜明在展示的证据面前，承认其在节目中公开荐股，称其明知所推荐股票价格在节目播出后会有所上升，故在公开荐股前建议其父朱某买入涉案15支股票，并在节目播出后随即卖出，以谋取利益。但对于指控其实际控制涉案账户买卖股票的事实予以否认。

针对其辩解，办案人员将相关证据向朱炜明及其辩护人出示，并一一阐明证据与朱炜明行为之间的证明关系。1. 账户登录、交易IP地址大量位于朱炜明所在的办公地点，与朱炜明出行等电脑数据轨迹一致。例如，2014年7月17日、18日，涉案的朱某证券账户登录、交易IP地址在重庆，与朱炜明的出行记录一致。2. 涉案三个账户之间与朱炜明个人账户资金往来频繁，初始资金有部分来自于朱炜明账户，转出资金中有部分转入朱炜明银行账户后由其消费，证明涉案账户资金由朱炜明控制。经过上述证据展示，朱炜明对自己实施"抢帽子"交易操纵他人证券账户买卖股票牟利的事实供认不讳。

2017年5月18日，上海市人民检察院第一分院以被告人朱炜明犯操纵证券市场罪向上海市第一中级人民法院提起公诉。7月20日，上海市第一中级人民法院公开开庭审理了本案。

法庭调查阶段，公诉人宣读起诉书指控被告人朱炜明违反从业禁止规定，以"抢帽子"交易的手段操纵证券市场谋取利益，其行为构成操纵证券市场罪。对以上指控的犯罪事实，公诉人出示了四组证据予以证明：

一是关于被告人朱炜明主体身份情况的证据。包括：1. 国开证券公司与朱炜明签订的劳动合同、委托代理合同等工作关系书证；2.

《谈股论金》节目编辑陈某等证人证言；3. 户籍资料、从业资格证书等书证；4. 被告人朱炜明的供述。证明：朱炜明于2013年2月至2014年8月担任国开证券营业部证券经纪人期间，先后多次受邀担任《谈股论金》节目特邀嘉宾。

二是关于涉案账户登录异常的证据。包括：1. 证人朱某等证人的证言；2. 朱炜明出入境及国内出行记录等书证；3. 司法会计鉴定意见书、搜查笔录等；4. 被告人朱炜明的供述。证明：2013年2月至2014年8月，"朱某""孙某""张某"三个涉案证券账户的实际控制人为朱炜明。

三是关于涉案账户交易异常的证据。包括：1. 证人陈某等证人的证言；2. 证监会行政处罚决定书及相关认定意见、调查报告等书证；3. 司法会计鉴定意见书；4. 节目视频拷贝光盘、QQ群聊天记录等视听资料、电子数据；5. 被告人朱炜明的供述。证明：朱炜明在节目中推荐的15支股票，均被其在节目播出前一至二个交易日或播出当天买入，并于节目播出后一至二个交易日内卖出。

四是关于涉案证券账户资金来源及获利的证据。包括：1. 证人朱某的证言；2. 证监会查询通知书等书证；3. 司法会计鉴定意见书等；4. 被告人朱炜明的供述。证明：朱炜明在公开推荐股票后，股票交易量、交易价格涨幅明显。"朱某""孙某""张某"三个证券账户交易初始资金大部分来自朱炜明，且与朱炜明个人账户资金往来频繁。上述账户在涉案期间累计交易金额人民币4263.92万余元，获利人民币75.48万余元。

法庭辩论阶段，公诉人发表公诉意见：

第一，关于本案定性。证券公司、证券咨询机构、专业中介机构及其工作人员，买卖或者持有相关证券，并对该证券或其发行人、上市公司公开作出评价、预测或者投资建议，以便通过期待的市场波动取得经济利益的行为是"抢帽子"交易操纵行为。根据刑法第一百八十二条第一款第（四）项的规定，属于"以其他方法操纵"证券市场，情节严重的，构成操纵证券市场罪。

第二，关于控制他人账户的认定。综合本案证据，可以认定朱炜明通过实际控制的"朱某""孙某""张某"三个证券账户在公开荐股前买入涉案15支股票，荐股后随即卖出谋取利益，涉案股票价量均因荐股有实际影响，朱炜明实际获利75万余元。

第三，关于公开荐股的认定。结合证据，朱炜明在电视节目中，或明示股票名称，或介绍股票标识性信息、展示 K 线图等，投资者可以依据上述信息确定涉案股票名称，系在电视节目中对涉案股票公开作出评价、预测、推介，可以认定构成公开荐股。

第四，关于本案量刑建议。根据刑法第一百八十二条的规定，被告人朱炜明的行为构成操纵证券市场罪，依法应在五年以下有期徒刑至拘役之间量刑，并处违法所得一倍以上五倍以下罚金。建议对被告人朱炜明酌情判处三年以下有期徒刑，并处违法所得一倍以上的罚金。

被告人朱炜明及其辩护人对公诉意见没有异议，被告人当庭表示愿意退缴违法所得。辩护人提出，考虑被告人认罪态度好，建议从轻处罚。

法庭经审理，认定公诉人提交的证据能够相互印证，予以确认。综合考虑全案犯罪事实、情节，对朱炜明处以相应刑罚。2017 年 7 月 28 日，上海市第一中级人民法院作出一审判决，以操纵证券市场罪判处被告人朱炜明有期徒刑十一个月，并处罚金人民币 76 万元，其违法所得予以没收。一审宣判后，被告人未上诉，判决已生效。

【指导意义】

证券公司、证券咨询机构、专业中介机构及其工作人员，违反规定买卖或者持有相关证券后，对该证券或者其发行人、上市公司作出公开评价、预测或者提出投资建议，通过期待的市场波动谋取利益的，构成"抢帽子"交易操纵行为。发布投资咨询意见的机构或者证券从业人员往往具有一定的社会知名度，他们借助影响力较大的传播平台发布诱导性信息，容易对普通投资者交易决策产生影响。其在发布信息后，又利用证券价格波动实施与投资者反向交易的行为获利，破坏了证券市场管理秩序，违反了证券市场公开、公平、公正原则，具有较大的社会危害性，情节严重的，构成操纵证券市场罪。

证券犯罪具有专业性、隐蔽性、间接性等特征，检察机关办理该类案件时，应当根据证券犯罪案件特点，引导公安机关从证券交易记录、资金流向等问题切入，全面收集涉及犯罪的书证、电子数据、证人证言等证据，并结合案件特点开展证据审查。对书证，要重点审查涉及证券交易记录的凭据，有关交易数量、交易额、成交价格、资金走向等证据。对电子数据，要重点审查收集程序是否合法，是否采取必要的保全措施，是否经过篡改，是否感染病毒等。对证人证言，要重点审查证人与犯罪嫌疑人的关系，证言能否与客观证据相印证等。

办案中，犯罪嫌疑人或被告人及其辩护人经常会提出涉案账户实际控制人及操作人非其本人的辩解。对此，检察机关可以通过行为人资金往来记录，MAC地址（硬件设备地址）、IP地址与互联网访问轨迹的重合度与连贯性，身份关系和资金关系的紧密度，涉案股票买卖与公开荐股在时间及资金比例上的高度关联性，相关证人证言在细节上是否吻合等入手，构建严密证据体系，确定被告人与涉案账户的实际控制关系。

非法证券活动涉嫌犯罪的案件，来源往往是证券监管部门向公安机关移送。审查案件过程中，人民检察院可以与证券监管部门加强联系和沟通。证券监管部门在行政执法和查办案件中收集的物证、书证、视听资料、电子数据等证据材料，在刑事诉讼中可以作为证据使用。检察机关通过办理证券犯罪案件，可以建议证券监管部门针对案件反映出的问题，加强资本市场监管和相关制度建设。

【相关规定】

《中华人民共和国刑法》第一百八十二条

《最高人民检察院、公安部关于公安机关管辖的刑事案件立案追诉标准的规定（二）》第三十九条

【检例第40号】

周辉集资诈骗案

【关键词】 集资诈骗　非法占有目的　网络借贷信息中介机构

【基本案情】

被告人周辉，男，1982年2月出生，原系浙江省衢州市中宝投资有限公司（以下简称中宝投资公司）法定代表人。

2011年2月，被告人周辉注册成立中宝投资公司，担任法定代表人。公司上线运营"中宝投资"网络平台，借款人（发标人）在网络平台注册、缴纳会费后，可发布各种招标信息，吸引投资人投资。投资

人在网络平台注册成为会员后可参与投标,通过银行汇款、支付宝、财付通等方式将投资款汇至周辉公布在网站上的 8 个其个人账户或第三方支付平台账户。借款人可直接从周辉处取得所融资金。项目完成后,借款人返还资金,周辉将收益给予投标人。

运行前期,周辉通过网络平台为 13 个借款人提供总金额约 170 万余元的融资服务,因部分借款人未能还清借款造成公司亏损。此后,周辉除用本人真实身份信息在公司网络平台注册 2 个会员外,自 2011 年 5 月至 2013 年 12 月陆续虚构 34 个借款人,并利用上述虚假身份自行发布大量虚假抵押标、宝石标等,以支付投资人约 20% 的年化收益率及额外奖励等为诱饵,向社会不特定公众募集资金。所募资金未进入公司账户,全部由周辉个人掌控和支配。除部分用于归还投资人到期的本金及收益外,其余主要用于购买房产、高档车辆、首饰等。这些资产绝大部分登记在周辉名下或供周辉个人使用。2011 年 5 月至案发,周辉通过中宝投资网络平台累计向全国 1586 名不特定对象非法集资共计 10.3 亿余元,除支付本金及收益回报 6.91 亿余元外,尚有 3.56 亿余元无法归还。案发后,公安机关从周辉控制的银行账户内扣押现金 1.80 亿余元。

【要旨】

网络借贷信息中介机构或其控制人,利用网络借贷平台发布虚假信息,非法建立资金池募集资金,所得资金大部分未用于生产经营活动,主要用于借新还旧和个人挥霍,无法归还所募资金数额巨大,应认定为具有非法占有目的,以集资诈骗罪追究刑事责任。

【指控与证明犯罪】

2014 年 7 月 15 日,浙江省衢州市公安局以周辉涉嫌集资诈骗罪移送衢州市人民检察院审查起诉。

审查起诉阶段,衢州市人民检察院审查了全案卷宗,讯问了犯罪嫌疑人。针对该案犯罪行为涉及面广、众多集资参与人财产遭受损失的情况,检察机关充分听取了辩护人和部分集资参与人意见,进一步核实了非法集资金额,对扣押的房产等作出司法鉴定或价格评估。针对辩护人提出的非法证据排除申请,检察机关审查后发现,涉案证据存在以下瑕疵:公安机关向部分证人取证时存在取证地点不符合刑事诉讼法规定以及个别辨认笔录缺乏见证人等情况。为此,检察机关要求公安机关予以补正或作出合理解释。公安机关作出情况说明:证人从外地赶来,经证人本人同意,取证在宾馆进行。关于此项情况说明,检察机关审查后予以采信。对于缺乏见证人的个别辨认笔录，检察机关审查后予以排除。

2015年1月19日，浙江省衢州市人民检察院以周辉犯集资诈骗罪向浙江省衢州市中级人民法院提起公诉。6月25日，衢州市中级人民法院公开开庭审理本案。

法庭调查阶段，公诉人宣读起诉书指控被告人周辉以高息为诱饵，虚构借款人和借款用途，利用网络P2P形式，面向社会公众吸收资金，主要用于个人肆意挥霍，其行为构成集资诈骗罪。对于指控的犯罪事实，公诉人出示了四组证据予以证明：一是被告人周辉的立案情况及基本信息；二是中宝投资公司的发标、招投标情况及相关证人证言；三是集资情况的证据，包括银行交易清单，司法会计鉴定意见书等；四是集资款的去向，包括购买车辆、房产等物证及相关证人证言。

法庭辩论阶段，公诉人发表公诉意见：被告人周辉注册网络借贷信息平台，早期从事少量融资信息服务。在公司亏损、经营难以为继的情况下，虚构借款人和借款标的，以欺诈方式面向不特定投资人吸收资金，自建资金池。在公安机关立案查处时，虽暂可通过"拆东墙补西墙"的方式偿还部分旧债维持周转，但根据其所募资金主要用于还本付息和个人肆意挥霍，未投入生产经营，不可能产生利润回报的事实，可以判断其后续资金缺口势必不断扩大，无法归还所募全部资金，故可以认定其具有非法占有的目的，应以集资诈骗罪对其定罪处罚。

辩护人提出：一是周辉行为系单位行为；二是周辉一直在偿还集资款，主观上不具有非法占有集资款的故意；三是周辉利用互联网从事P2P借贷融资，不构成集资诈骗罪，构成非法吸收公众存款罪。

公诉人针对辩护意见进行答辩：第一，中宝投资公司是由被告人周辉控制的一人公司，不具有经营实体，不具备单位意志，集资款未纳入公司财务进行核算，而是由周辉一人掌控和支配，因此周辉的行为不构成单位犯罪。第二，周辉本人主观上认识到资金不足，少量投资赚取的收益不足以支付许诺的高额回报，没有将集资款用于生产经营活动，而是主要用于个人肆意挥霍，其主观上对集资款具有非法占有的目的。第三，P2P网络借贷，是指个人利用中介机构的网络平台，将自己的资金出借给资金短缺者的商业模式。根据中国银行业监管委员会、工业和信息化部、公安部、国家互联网信息办公室制定的《网络借贷信息中介机构业务活动管理暂行办法》等监管规定，P2P作为新兴金融业态，必须明确其信息中介性质，平台本身不得提供担保，不得归集资金搞资金池，不得非法吸收公众资金。周辉吸收资金建资金池，不属于合法的P2P网络借贷。非法吸收公众存款罪与集资诈骗罪的区别，关键在于行为人对吸收的资金是否具有非法占有的目的。利用网络平台发布虚假高利借款标募集资金，采取借新还旧的手段，短期内募集大量资金，不用于生产经营活动，或者用于生产经营活动与筹集资金规模明显不成比例，致使集资款不能返还的，是典型的利用网络中介平台实施集资诈骗行为。本案中，周辉采用编造虚假借款人、虚假投标项目等欺骗手段集资，所融资金未投入生产经营，大量集资款被其个人肆意挥霍，具有明显的非法占有目的，其行为构成集资诈骗罪。

法庭经审理，认为公诉人出示的证据能够相互印证，予以确认。对周辉及其辩护人提出的不构成集资诈骗罪及本案属于单位犯罪的辩解、辩护意见，不予采纳。综合考虑犯罪事实和量刑情节，2015年8月14日，浙江省衢州市中级人民法院作出一审判决，以集资诈骗罪判处被告人周辉有期徒刑十五年，并处罚金人民币50万元。继续追缴违法所得，返还各集资参与人。

一审宣判后，浙江省衢州市人民检察院认为，被告人周辉非法集资10.3亿余元，属于刑法规定的集资诈骗数额特别巨大并且给人民利益造成特别重大损失的情形，依法应处无期徒刑或者死刑，并处没收财产，一审判决量刑过轻。2015年8月24日，向浙江省高级人民法院提出抗诉。被告人周辉不服一审判决，提出上诉。其上诉理由是量刑畸重，应判处缓刑。

本案二审期间，2015年8月29日，第十二届全国人大常委会第十六次会议审议通过了《中华人民共和国刑法修正案（九）》，删去《刑法》第一百九十九条关于犯集资诈骗罪"数额特别巨大并且给国家和人民利益造成特别重大损失的，处无期徒刑或者死刑，并处没收财产"的规定。刑法修正案（九）于2015年11月1日起施行。

浙江省高级人民法院经审理后认为，刑法修正案（九）取消了集资诈骗罪死刑的规定，根据从旧兼从轻原则，一审法院判处周辉有期徒刑十五年符合修订后的法律规定。上诉人周辉具有集资诈骗的主观故意及客观行为，原审定性准确。2016年4月29日，二审法院作出裁定，维持原判。终审判决作出后，周辉及其父亲不服判决提出申诉，浙江省高级人民法院受理申诉并经审查后，认为原判事实清楚，证据确实充分，定性准确，量刑适当，于2017年12月22日驳回申诉，维持原裁判。

【指导意义】

是否具有非法占有目的，是正确区分非法吸收公众存款罪和集资诈骗罪的关键。对非法占有目的的认定，应当围绕融资项目真实性、资金去向、归还能力等事实、证据进行综合判断。行为人将所吸收资金大部分未用于生产经营活动，或名义上投入生产经营，但又通过各种方式抽逃转移资金，或供其个人肆意挥霍，归还本息主要通过借新还旧来实现，造成数额巨大的募集资金无法归还的，可以认定具有非法占有的目的。

集资诈骗罪是近年来检察机关重点打击的金融犯罪之一。对该类犯罪，检察机关应着重从以下几个方面开展工作：一是强化证据审查。非法集资类案件由于参与人数多、涉及面广，受主客观因素影响，取证工作易出现瑕疵和问题。检察机关对重大复杂案件要及时介入侦查、引导取证。在审查案件中要强化对证据的审查，需要退回补充侦查或者自行补充侦查的，要及时退查或补查，建立起完整、牢固的证据锁链，夯实认定案件事实的证据基础。二是在法庭审理中要突出指控和证明犯罪的重点。要紧紧围绕集资诈骗罪构成要件，特别是行为人主观上具有非法占有目的、客观上以欺骗手段非法集资的事实梳理组合证据，运用完整的证据体系对认定犯罪的关键事实予以清晰证明。三是要将办理案件与追赃挽损相结合。检察机关办理相关案件，要积极配合公安机关、人民法院依法开展追赃挽损、资产处置等工作，最大限度减少人民群众的实际损失。四是要结合办案开展以案释法，增强社会公众的法治观念和风险防范意识，有效预防相关犯罪的发生。

【相关规定】

《中华人民共和国刑法》第一百九十二条

《最高人民法院关于审理非法集资刑事案件具体应用法律若干问题的解释》第四条

《最高人民检察院、公安部关于公安机关管辖的刑事案件立案追诉标准的规定（二）》第四十九条

【检例第 41 号】

叶经生等组织、领导传销活动案

【关键词】 组织、领导传销活动　网络传销　骗取财物

【基本案情】

被告人叶经生，男，1975年12月出生，原系上海宝乔网络科技有限公司（以下简称宝乔公司）总经理。

被告人叶青松，男，1973年10月出生，原系宝乔公司浙江省区域总代理。

2011年6月，被告人叶经生等人成立宝乔公司，先后开发"经销商管理系统网站""金乔网商城网站"（以下简称金乔网）。以网络为平台，或通过招商会、论坛等形式，宣传、推广金乔网的经营模式。

金乔网的经营模式是：1. 经上线经销商会员推荐并缴纳保证金成为经销商会员，无需购买商品，只需发展下线经销商，根据直接或者间接发展下线人数获得推荐奖金，晋升级别成为股权会员，享受股权分红。2. 经销商会员或消费者在金乔网经销商会员处购物消费满120元以上，向宝乔公司支付消费金额10%的现金，即可注册成为返利会员参与消费额双倍返利，可获一倍现金返利和一倍的金乔币（虚拟电子货币）返利。3. 金乔网在全国各地设立省、地区、县（市、区）三级区域运营中心，各运营中心设区域代理，由经销商会员负责本区域会员的发展和管理，享受区域范围内不同种类业绩一定比例的提成奖励。

2011年11月，被告人叶青松经他人推荐加入金乔网，缴纳三份保证金并注册了三个经销商会员号。因发展会员积极，经金乔网审批成为浙江省区域总代理，负责金乔网在浙江省的推广和发展。

截至案发，金乔网注册会员3万余人，其中注册经销商会员1.8万余人。在全国各地发展省、地区、县三级区域代理300余家，涉案金额1.5亿余元。其中，叶青松直接或间接发展下线经销商会员1886人，收取浙江省区域会员保证金、参与返利的消费额10%现金、区域代理费等共计3000余万元，通过银行转汇给叶经生。叶青松通过抽取保证金推荐奖金、股权分红、消费返利等提成的方式非法获利70余万元。

【要旨】

组织者或者经营者利用网络发展会员，要求被发展人员以缴纳或者变相缴纳"入门费"为条件，获得提成和发展下线的资格。通过发展人员组成层级关系，并以直接或者间接发展的人员数量作为计酬或者返利的依据，引诱被发展人员继续发展他人参加，骗取财物，扰乱经济社会秩序的，以组织、领导传销活动罪追究刑事责任。

【指控与证明犯罪】

2012年8月28日、2012年11月9日，浙江省松阳县公安局分别以叶青松、叶经生涉嫌组织、领导传销活动罪移送浙江省松阳县人民检察院审查起诉。因叶经生、叶青松系共同犯罪，松阳县人民检察院作并案处理。

2013年3月11日，浙江省松阳县人民检察院以被告人叶经生、叶青松犯组织、领导传销活动罪向松阳县人民法院提起公诉。松阳县人民法院公开开庭审理了本案。

法庭调查阶段，公诉人宣读起诉书指控被告人叶经生、叶青松利用网络，以会员消费双倍返利为名，吸引不特定公众成为会员、经销商，组成一定层级，采取区域累计计酬方式，引诱参加者继续发展他人参与，骗取财物，扰乱经济社会秩序，其行为构成组织、领导传销活动罪。在共同犯罪中，被告人叶经生起主要作用，系主犯；被告人叶青松起辅助作用，系从犯。

针对起诉书指控的犯罪事实，被告人叶经生辩解认为，宝乔公司系依法成立，没有组织、领导传销的故意，金乔网模式是消费模式的创新。

公诉人针对涉及传销的关键问题对被告人叶经生进行讯问：

第一，针对成为金乔网会员是否要向金乔网缴纳费用，公诉人讯问：如何成为金乔网会员，获得推荐奖金、消费返利？被告人叶经生回答：注册成为金乔网会员，需缴纳诚信保证金7200元，成为会员后发展一个经销商就可以获得奖励1250元；参与返利，消费要达到120元以上，并向公司缴纳10%的消费款。公诉人这一讯问揭示了缴纳保证金、缴纳10%的消费款才有资格获得推荐奖励、返利，保证金及10%的消费款其实质就是入门费。金乔网的经营模式符合传销组织要求参加者以缴纳费用或者购买商品、服务等方式获得加入资格的组织特征。

第二，针对金乔网利润来源、计酬或返利的资金来源，公诉人讯问：除了收取的保证金和10%的消费款费用，金乔网还有无其他收入？

被告人叶经生回答：收取的10%的消费款就足够天天返利了，金乔网的主要收入是保证金、10%的消费款，支出主要是天天返利及推荐奖、运营费用。公诉人讯问：公司收取消费款有多少，需返利多少？被告人叶经生回答：收到4000万左右，返利也要4000万，我们的经营模式不需要盈利。公诉人通过讯问，揭示了金乔网没有实质性的经营活动，其利润及资金的真实来源系后加入人员缴纳的费用。如果没有新的人员加入，根本不可能维持其"经营活动"的运转，符合传销活动骗取财物的本质特征。

同时，公诉人向法庭出示了四组证据证明犯罪事实：

一是宝乔公司的工商登记、资金投入、人员组成、公司财务资料、网站功能等书证。证明：宝乔公司实际投入仅300万元，没有资金实力建立与其宣传匹配的电子商务系统。

二是宝乔公司内部人员证言及被告人的供述等证据。证明：公司缺乏售后服务人员、系统维护人员、市场推广及监管人员，员工主要从事虚假宣传，收取保证金及消费款，推荐佣金，发放返利。

三是宝乔公司银行明细、公司财务资料、款项开支情况等证据，证明：公司收入来源于会员缴纳的保证金、消费款。技术人员的证言等证据，证明：网站功能简单，不具备第三方支付功能，不能适应电子商务的需求。

四是金乔网网站系统的电子数据及鉴定意见，并由鉴定人出庭作证。鉴定人揭示网络数据库显示了宝乔网会员加入时间、缴纳费用数额、会员之间的推荐（发展）关系、获利数额等信息。鉴定人当庭通过对上述信息的分析，指出数据库表格中的会员账号均列明了推荐人，按照推荐人关系排列，会员层级呈金字塔状，共有68层。每个结点有左右两个分支，左右分支均有新增单数，则可获得推荐奖金，奖金实行无限代计酬。证明：金乔网会员层级呈现金字塔状，上线会员可通过下线、下下线会员发展会员获得收益。

法庭辩论阶段，公诉人发表公诉意见，指出金乔网的人财物及主要活动目的，在于引诱消费者缴纳保证金、消费款，并从中非法牟利。其实质是借助公司的合法形式，打着电子商务旗号进行网络传销。同时阐述了这种新型传销活动的本质和社会危害。

辩护人提出：金乔网没有入门费，所有的人员都可以在金乔网注册，不缴纳费用也可以成为金乔网的会员。金乔网没有设层级，经销商、会员、区域代理之间不存在层级关系,没有证据证实存在层级获利。金乔网没有拉人头,没有以发展人员的数量作为计酬或返利依据。直接推荐才有奖金,间接推荐没有奖金,没有骗取财物,不符合组织、领导传销活动罪的特征。

公诉人答辩:金乔网缴纳保证金和消费款才能获得推荐佣金和返利的资格,本质系入门费。上线会员可以通过发展下线人员获取收益,并组成会员、股权会员、区域代理等层级,本质为设层级。以推荐的人数作为发放佣金的依据系直接以发展的人员数量作为计酬依据,区域业绩及返利资金主要取决于参加人数的多少,实质属于以发展人员的数量作为提成奖励及返利的依据,本质为拉人头。金乔网缺乏实质的经营活动,不产生利润,以后期收到的保证金、消费款支付前期的推荐佣金、返利,与所有的传销活动一样,人员不可能无限增加,资金链必然断裂。传销组织人员不断增加的过程实际也是风险不断积累和放大的过程。金乔网所谓经营活动本质是从被发展人员缴纳的费用中非法牟利,具有骗取财物的特征。

法庭经审理,认定检察机关出示的证据能够相互印证,予以确认。被告人及其辩护人提出的不构成组织、领导传销活动罪的辩解、辩护意见不能成立。

2013年8月23日,浙江省松阳县人民法院作出一审判决,以组织、领导传销活动罪判处被告人叶经生有期徒刑七年,并处罚金人民币150万元。以组织、领导传销活动罪判处被告人叶青松有期徒刑三年,并处罚金人民币30万元。扣押和冻结的涉案财物予以没收,继续追缴二被告人的违法所得。

二被告人不服一审判决,提出上诉。叶经生的上诉理由是其行为不构成组织、领导传销活动罪。叶青松的上诉理由是量刑过重。浙江省丽水市中级人民法院经审理,认定原判事实清楚,证据确实、充分,定罪准确,量刑适当,审判程序合法,驳回上诉,维持原判。

【指导意义】

随着互联网技术的广泛应用,微信、语音视频聊天室等社交平台作为新的营销方式被广泛运用。传销组织在手段上借助互联网不断翻新,打着"金融创新"的旗号,以"资本运作""消费投资""网络理财""众筹""慈善互助"等为名从事传销活动。常见的表现形式有:组织者、经营者注册成立电子商务企业,以此名义建立电子商务网站。以网络营销、网络直销等名义，变相收取入门费，设置各种返利机制，激励会员发展下线，上线从直接或者间接发展的下线的销售业绩中计酬，或以直接或者间接发展的人员数量为依据计酬或者返利。这类行为，不管其手段如何翻新，只要符合传销组织骗取财物、扰乱市场经济秩序本质特征的，应以组织、领导传销活动罪论处。

检察机关办理组织、领导传销活动犯罪案件，要紧扣传销活动骗取财物的本质特征和构成要件，收集、审查、运用证据。特别要注意针对传销网站的经营特征与其他合法经营网站的区别，重点收集涉及入门费、设层级、拉人头等传销基本特征的证据及企业资金投入、人员组成、资金来源去向、网站功能等方面的证据，揭示传销犯罪没有创造价值，经营模式难以持续，用后加入者的财物支付给先加入者，通过发展下线牟利骗取财物的本质特征。

【相关规定】

《中华人民共和国刑法》第二百二十四条之一

《最高人民检察院、公安部关于公安机关管辖的刑事案件立案追诉标准的规定（二）》第七十八条

最高人民检察院
关于印发最高人民检察院第十一批指导性案例的通知

(2018年11月9日 高检发研字〔2018〕27号)

各省、自治区、直辖市人民检察院,解放军军事检察院,新疆生产建设兵团人民检察院:

经2018年10月19日最高人民检察院第十三届检察委员会第七次会议决定,现将齐某强奸、猥亵儿童案等三件指导性案例(检例第42-44号)作为第十一批指导性案例发布,供参照适用。

最高人民检察院
2018年11月9日

【检例第42号】

齐某强奸、猥亵儿童案

【关键词】强奸罪　猥亵儿童罪　情节恶劣　公共场所当众

【基本案情】

被告人齐某,男,1969年1月出生,原系某县某小学班主任。

2011年夏天至2012年10月,被告人齐某在担任班主任期间,利用午休、晚自习及宿舍查寝等机会,在学校办公室、教室、洗澡堂、男生宿舍等处多次对被害女童A(10岁)、B(10岁)实施奸淫、猥亵,并以带A女童外出看病为由,将其带回家中强奸。齐某还在女生集体宿舍等地多次猥亵被害女童C(11岁)、D(11岁)、E(10岁),猥亵被害女童 F（11 岁）、G（11 岁）各一次。

【要旨】

1. 性侵未成年人犯罪案件中，被害人陈述稳定自然，对于细节的描述符合正常记忆认知、表达能力，被告人辩解没有证据支持，结合生活经验对全案证据进行审查，能够形成完整证明体系的，可以认定案件事实。

2. 奸淫幼女具有《最高人民法院、最高人民检察院、公安部、司法部关于依法惩治性侵害未成年人犯罪的意见》规定的从严处罚情节，社会危害性与刑法第二百三十六条第三款第二至四项规定的情形相当的，可以认定为该款第一项规定的"情节恶劣"。

3. 行为人在教室、集体宿舍等场所实施猥亵行为，只要当时有多人在场，即使在场人员未实际看到，也应当认定犯罪行为是在"公共场所当众"实施。

【指控与证明犯罪】

（一）提起公诉及原审判决情况

2013 年 4 月 14 日，某市人民检察院以齐某犯强奸罪、猥亵儿童罪对其提起公诉。5 月 9 日，某市中级人民法院依法不公开开庭审理本案。9 月 23 日，该市中级人民法院作出判决，认定齐某犯强奸罪，判处死刑缓期二年执行，剥夺政治权利终身；犯猥亵儿童罪，判处有期徒刑四年六个月；决定执行死刑，缓期二年执行，剥夺政治权利终身。被告人未上诉，判决生效后，报某省高级人民法院复核。

2013 年 12 月 24 日，某省高级人民法院以原判认定部分事实不清为由，裁定撤销原判，发回重审。

2014 年 11 月 13 日，某市中级人民法院经重新审理，作出判决，认定齐某犯强奸罪，判处无期徒刑，剥夺政治权利终身；犯猥亵儿童罪，判处有期徒刑四年六个月；决定执行无期徒刑，剥夺政治权利终身。齐某不服提出上诉。

2016 年 1 月 20 日，某省高级人民法院经审理，作出终审判决，认定齐某犯强奸罪，判处有期徒刑六年，剥夺政治权利一年；犯猥亵儿童罪，判处有期徒刑四年六个月；决定执行有期徒刑十年，剥夺政治权利一年。

（二）提起审判监督程序及再审改判情况

某省人民检察院认为该案终审判决确有错误，提请最高人民检察院抗诉。最高人民检察院经审查，认为该案适用法律错误，量刑不当，应予纠正。2017年3月3日,最高人民检察院依照审判监督程序向最高人民法院提出抗诉。

2017年12月4日,最高人民法院依法不公开开庭审理本案,最高人民检察院指派检察员出席法庭,辩护人出庭为原审被告人进行辩护。

法庭调查阶段,针对原审被告人不认罪的情况,检察员着重就齐某辩解与在案证据是否存在矛盾,以及有无其他证据或线索支持其辩解进行发问和举证,重点核实以下问题:案发前齐某与被害人及其家长关系如何,是否到女生宿舍查寝,是否多次单独将女生叫出教室,是否带女生回家过夜。齐某当庭供述与被害人及其家长没有矛盾,承认曾到女生宿舍查寝,为女生揉肚子,单独将女生叫出教室问话,带女生外出看病以及回家过夜。通过当庭讯问,进一步印证了被害人陈述细节的真实性、客观性。

法庭辩论阶段,检察员发表出庭意见:

首先,原审被告人齐某犯强奸罪、猥亵儿童罪的犯罪事实清楚,证据确实充分。1. 各被害人及其家长和齐某在案发前没有矛盾。报案及时,无其他介入因素,可以排除诬告的可能。2. 各被害人陈述内容自然合理,可信度高,且有同学的证言予以印证。被害人对于细节的描述符合正常记忆认知、表达能力,如齐某实施性侵害的大致时间、地点、方式、次数等内容基本一致。因被害人年幼、报案及作证距案发时间较长等客观情况,具体表达存在不尽一致之处,完全正常。3. 各被害人陈述的基本事实得到本案其他证据印证,如齐某卧室勘验笔录、被害人辨认现场的笔录、现场照片、被害人生理状况诊断证明等。

其次,原审被告人齐某犯强奸罪情节恶劣,且在公共场所当众猥亵儿童,某省高级人民法院判决对此不予认定,属于适用法律错误,导致量刑畸轻。1. 齐某奸淫幼女"情节恶劣"。齐某利用教师身份,多次强奸二名幼女,犯罪时间跨度长。本案发生在校园内,对被害人及其家人伤害非常大,对其他学生造成了恐惧。齐某的行为具备《最高人民法院、最高人民检察院、公安部、司法部关于依法惩治性侵害未成年人犯罪的意见》第25条规定的多项"更要依法从严惩处"的情节,综合评判应认定为"情节恶劣",判处十年有期徒刑以上刑罚。2. 本案中齐某的行为属于在"公共场所当众"猥亵儿童。公共场所系供社会上多数人从事工作、学习、文化、娱乐、体育、社交、参观、旅游和满足部分生活需求的一切公用建筑物、场所及其设施的总称,具备由多数人进出、使用的特征。基于对未成年人保护的需要,《最高人民法院、最高人民检察院、公安部、司法部关于依法惩治性侵害未成年人犯罪的意见》第23条明确将"校园"这种除师生外,其他人不能随便进出的场所认定为公共场所。司法实践中也已将教室这种相对封闭的场所认定为公共场所。本案中女生宿舍是20多人的集体宿舍,和教室一样属于校园的重要组成部分,具有相对涉众性、公开性,应当是公共场所。《最高人民法院、最高人民检察院、公安部、司法部关于依法惩治性侵害未成年人犯罪的意见》第23条规定,在公共场所对未成年人实施猥亵犯罪,"只要有其他多人在场,不论在场人员是否实际看到",均可认定为当众猥亵。本案中齐某在熄灯后进入女生集体宿舍,当时就寝人数较多,床铺之间没有遮挡,其猥亵行为易被同寝他人所感知,符合上述规定"当众"的要求。

原审被告人及其辩护人坚持事实不清、证据不足的辩护意见,理由是:一是认定犯罪的直接证据只有被害人陈述,齐某始终不认罪,其他证人证言均是传来证据,没有物证,证据链条不完整。二是被害人陈述前后有矛盾,不一致。且其中一个被害人在第一次陈述中只讲到被猥亵,第二次又讲到被强奸,前后有重大矛盾。

针对辩护意见,检察员答辩:一是被害人陈述的一些细节,如强奸的地点、姿势等,结合被害人年龄及认知能力,不亲身经历,难以编造。二是齐某性侵次数多、时间跨度长,被害人年龄小,前后陈述有些细节上的差异和模糊是正常的,恰恰符合被害人的记忆特征。且被害人对基本事实和情节的描述是稳定的。有的被害人虽然在第一次询问时没有陈述被强奸,但在此后对没有陈述的原因做了解释,即当时学校老师在场,不敢讲。这一理由符合孩子的心理。三是被害人同学证言虽然是传来证据,但其是在犯罪发生之后即得知有关情况,因此证明力较强。四是齐某及其辩护人对其辩解没有提供任何证据或者线索的支持。

2018年6月11日,最高人民法院召开审判委员会会议审议本案,最高人民检察院检察长列席会议并发表意见:一是最高人民检察院抗诉书认定的齐某犯罪事实、情节符合客观实际。性侵害未成年人案件具有客观证据、直接证据少,被告人往往不认罪等特点。本案中,被害人家长与原审被告人之前不存在矛盾,案发过程自然。被害人陈述及同学证言符合案发实际和儿童心理,证明力强。综合全案证据看,足以排除合理怀疑,能够认定原审被告人强奸、猥亵儿童的犯罪事实。二是原审被告人在女生宿舍猥亵儿童的犯罪行为属于在"公共场所当众"猥亵。考虑本案具体情节,原审被告人猥亵儿童的犯罪行为应当判处十年有期徒刑以上刑罚。三是某省高级人民法院二审判决确有错误,依法应当改判。

2018年7月27日,最高人民法院作出终审判决,认定原审被告人齐某犯强奸罪,判处无期徒刑,剥夺政治权利终身;犯猥亵儿童罪,判处有期徒刑十年;决定执行无期徒刑,剥夺政治权利终身。

【指导意义】

(一)准确把握性侵未成人犯罪案件证据审查判断标准

对性侵未成年人犯罪案件证据的审查,要根据未成年人的身心特点,按照有别于成年人的标准予以判断。审查言词证据,要结合全案情况予以分析。根据经验和常识,未成年人的陈述合乎情理、逻辑,对细节的描述符合其认知和表达能力,且有其他证据予以印证,被告人的辩解没有证据支持,结合双方关系不存在诬告可能的,应当采纳未成年人的陈述。

(二)准确适用奸淫幼女"情节恶劣"的规定

刑法第二百三十六条第三款第一项规定,奸淫幼女"情节恶劣"的,处十年以上有期徒刑、无期徒刑或者死刑。《最高人民法院、最高人民检察院、公安部、司法部关于依法惩治性侵害未成年人犯罪的意见》第25条规定了针对未成年人实施强奸、猥亵犯罪"更要依法从严惩处"的七种情形。实践中,奸淫幼女具有从严惩处情形,社会危害性与刑法第二百三十六条第三款第二至四项相当的,可以认为属于该款第一项规定的"情节恶劣"。例如,该款第二项规定的"奸淫幼女多人",一般是指奸淫幼女三人以上。本案中,被告人具备教师的特殊身份,奸淫二名幼女,且分别奸淫多次,其危害性并不低于奸淫幼女三人的行为,据此可以认定符合"情节恶劣"的规定。

(三)准确适用"公共场所当众"实施强奸、猥亵未成年人犯罪的规定

刑法对"公共场所当众"实施强奸、猥亵未成年人犯罪,作出了从重处罚的规定。《最高人民法院、最高人民检察院、公安部、司法部关于依法惩治性侵害未成年人犯罪的意见》第23条规定了在"校园、游泳馆、儿童游乐场等公共场所"对未成年人实施强奸、猥亵犯罪,可以认定为在"公共场所当众"实施犯罪。适用这一规定,是否属于

"当众"实施犯罪至为关键。对在规定列举之外的场所实施强奸、猥亵未成年人犯罪的,只要场所具有相对公开性,且有其他多人在场,有被他人感知可能的,就可以认定为在"公共场所当众"犯罪。最高人民法院对本案的判决表明:学校中的教室、集体宿舍、公共厕所、集体洗澡间等,是不特定未成年人活动的场所,在这些场所实施强奸、猥亵未成年人犯罪的,应当认定为在"公共场所当众"实施犯罪。

【相关规定】

《中华人民共和国刑法》第 236 条、第 237 条

《中华人民共和国刑事诉讼法》第 55 条

《最高人民法院、最高人民检察院、公安部、司法部关于依法惩治性侵害未成年人犯罪的意见》第 2 条、第 23 条、第 25 条

【检例第 43 号】

骆某猥亵儿童案

【关键词】 猥亵儿童罪　网络猥亵　犯罪既遂

【基本案情】

被告人骆某,男,1993 年 7 月出生,无业。

2017 年 1 月,被告人骆某使用化名,通过 QQ 软件将 13 岁女童小羽加为好友。聊天中得知小羽系初二学生后,骆某仍通过言语恐吓,向其索要裸照。在被害人拒绝并在 QQ 好友中将其删除后,骆某又通过小羽的校友周某对其施加压力,再次将小羽加为好友。同时骆某还虚构"李某"的身份,注册另一 QQ 号并添加小羽为好友。之后,骆某利用"李某"的身份在 QQ 聊天中对小羽进行威胁恐吓,同时利用周某继续施压。小羽被迫按照要求自拍裸照十张,通过 QQ 软件传送给骆某观看。后骆某又以在网络上公布小羽裸照相威胁,要求与其见面并在宾馆开房,企图实施猥亵行为。因小羽向公安机关报案,骆某在依约前往宾馆途中被抓获。

【要旨】

行为人以满足性刺激为目的,以诱骗、强迫或者其他方法要求儿童拍摄裸体、敏感部位照片、视频等供其观看,严重侵害儿童人格尊严和心理健康的,构成猥亵儿童罪。

【指控与证明犯罪】

(一)提起、支持公诉和一审判决情况

2017年6月5日,某市某区人民检察院以骆某犯猥亵儿童罪对其提起公诉。7月20日,该区人民法院依法不公开开庭审理本案。

法庭调查阶段,公诉人出示了指控犯罪的证据:被害人陈述、证人证言及被告人供述,证明骆某对小羽实施了威胁恐吓,强迫其自拍裸照的行为;QQ聊天记录截图、小羽自拍裸体照片、身份信息等,证明骆某明知小羽系儿童及强迫其拍摄裸照的事实等。

法庭辩论阶段,公诉人发表公诉意见:被告人骆某为满足性刺激,通过网络对不满14周岁的女童进行威胁恐吓,强迫被害人按照要求的动作、姿势拍摄裸照供其观看,并以公布裸照相威胁欲进一步实施猥亵,犯罪事实清楚,证据确实、充分,应当以猥亵儿童罪对其定罪处罚。

辩护人对指控的罪名无异议,但提出以下辩护意见:一是认定被告人明知被害人未满14周岁的证据不足。二是认定被告人利用小羽的校友周某对小羽施压、威胁并获取裸照的证据不足。三是被告人猥亵儿童的行为未得逞,系犯罪未遂。四是被告人归案后如实供述,认罪态度较好,可酌情从轻处罚。

针对辩护意见,公诉人答辩:一是被告人骆某供述在QQ聊天中已知小羽系初二学生,可能不满14周岁,看过其生活照、小视频,了解其身体发育状况,通过周某了解过小羽的基本信息,证明被告人骆某应当知道小羽系未满14周岁的幼女。二是证人周某二次证言均证实其被迫帮助骆某威胁小羽,能够与被害人陈述、被告人供述相互印证,同时有相关聊天记录等予以印证,足以认定被告人骆某通过周某对小羽施压、威胁的事实。三是被告人骆某前后实施两类猥亵儿童的行为,构成猥亵儿童罪。1. 骆某强迫小羽自拍裸照通过网络传输供其观看。该行为虽未直接接触被害人,但实质上已使儿童人格尊严和心理健康受到严重侵害。骆某已获得裸照并观看,应认定为犯罪既遂。2. 骆某利用公开裸照威胁小羽,要求与其见面在宾馆开房,并供述意欲实施猥亵行为。因小羽报案，该猥亵行为未及实施，应认定为犯罪未遂。

一审判决情况：法庭经审理，认定被告人骆某强迫被害女童拍摄裸照，并通过QQ软件获得裸照的行为不构成猥亵儿童罪。但被告人骆某以公开裸照相威胁，要求与被害女童见面，准备对其实施猥亵，因被害人报案未能得逞，该行为构成猥亵儿童罪，系犯罪未遂。2017年8月14日，某区人民法院作出一审判决，认定被告人骆某犯猥亵儿童罪（未遂），判处有期徒刑一年。

（二）抗诉及终审判决情况

一审宣判后，某区人民检察院认为，一审判决在事实认定、法律适用上均存在错误，并导致量刑偏轻。被告人骆某利用网络强迫儿童拍摄裸照并观看的行为构成猥亵儿童罪，且犯罪形态为犯罪既遂。2017年8月18日，该院向某市中级人民法院提出抗诉。某市人民检察院经依法审查，支持某区人民检察院的抗诉意见。

2017年11月15日，某市中级人民法院开庭审理本案。某市人民检察院指派检察员出庭支持抗诉。检察员认为：1. 关于本案的定性。一审判决认定骆某强迫被害人拍摄裸照并传输观看的行为不是猥亵行为，系对猥亵儿童罪犯罪本质的错误理解。一审判决未从猥亵儿童罪侵害儿童人格尊严和心理健康的实质要件进行判断，导致法律适用错误。2. 关于本案的犯罪形态。骆某获得并观看了儿童裸照，猥亵行为已经实施终了，应认定为犯罪既遂。3. 关于本案量刑情节。根据《最高人民法院、最高人民检察院、公安部、司法部关于依法惩治性侵害未成年人犯罪的意见》第25条的规定，采取胁迫手段猥亵儿童的，依法从严惩处。一审判决除法律适用错误外，还遗漏了应当从重处罚的情节，导致量刑偏轻。

原审被告人骆某的辩护人认为，骆某与被害人没有身体接触，该行为不构成猥亵儿童罪。检察机关的抗诉意见不能成立，请求二审法院维持原判。

某市中级人民法院经审理，认为原审被告人骆某以寻求性刺激为目的，通过网络聊天对不满14周岁的女童进行言语威胁，强迫被害人按照要求自拍裸照供其观看，已构成猥亵儿童罪（既遂），依法应当从重处罚。对于市人民检察院的抗诉意见，予以采纳。2017年12月11日，某市中级人民法院作出终审判决，认定原审被告人骆某犯猥亵儿童罪，判处有期徒刑二年。

【指导意义】

猥亵儿童罪是指以淫秽下流的手段猥亵不满14周岁儿童的行为。刑法没有对猥亵儿童的具体方式作出列举,需要根据实际情况进行判断和认定。实践中,只要行为人主观上以满足性刺激为目的,客观上实施了猥亵儿童的行为,侵害了特定儿童人格尊严和身心健康的,应当认定构成猥亵儿童罪。

网络环境下,以满足性刺激为目的,虽未直接与被害儿童进行身体接触,但是通过QQ、微信等网络软件,以诱骗、强迫或者其他方法要求儿童拍摄、传送暴露身体的不雅照片、视频,行为人通过画面看到被害儿童裸体、敏感部位的,是对儿童人格尊严和心理健康的严重侵害,与实际接触儿童身体的猥亵行为具有相同的社会危害性,应当认定构成猥亵儿童罪。

检察机关办理利用网络对儿童实施猥亵行为的案件,要及时固定电子数据,证明行为人出于满足性刺激的目的,利用网络,采取诱骗、强迫或者其他方法要求被害人拍摄、传送暴露身体的不雅照片、视频供其观看的事实。要准确把握猥亵儿童罪的本质特征,全面收集客观证据,证明行为人通过网络不接触被害儿童身体的猥亵行为,具有与直接接触被害儿童身体的猥亵行为相同的性质和社会危害性。

【相关规定】

《中华人民共和国刑法》第237条

《最高人民法院、最高人民检察院、公安部、司法部关于依法惩治性侵害未成年人犯罪的意见》第2条、第19条、第25条

【检例第44号】

于某虐待案

【关键词】 虐待罪 告诉能力 支持变更抚养权

【基本案情】

被告人于某,女,1986年5月出生,无业。

2016年9月以来，因父母离婚，父亲丁某常年在外地工作，被害人小田（女，11岁）一直与继母于某共同生活。于某以小田学习及生活习惯有问题为由，长期、多次对其实施殴打。2017年11月21日，于某又因小田咬手指甲等问题，用衣服撑、挠痒工具等对其实施殴打，致小田离家出走。小田被爷爷找回后，经鉴定，其头部、四肢等多处软组织挫伤，身体损伤程度达到轻微伤等级。

【要旨】

1. 被虐待的未成年人，因年幼无法行使告诉权利的，属于刑法第二百六十条第三款规定的"被害人没有能力告诉"的情形，应当按照公诉案件处理，由检察机关提起公诉，并可以依法提出适用禁止令的建议。

2. 抚养人对未成年人未尽抚养义务，实施虐待或者其他严重侵害未成年人合法权益的行为，不适宜继续担任抚养人的，检察机关可以支持未成年人或者其他监护人向人民法院提起变更抚养权诉讼。

【指控与证明犯罪】

2017年11月22日，网络披露11岁女童小田被继母虐待的信息，引起舆论关注。某市某区人民检察院未成年人检察部门的检察人员得知信息后，会同公安机关和心理咨询机构的人员对被害人小田进行询问和心理疏导。通过调查发现，其继母于某存在长期、多次殴打小田的行为，涉嫌虐待罪。本案被害人系未成年人，没有向人民法院告诉的能力，也没有近亲属代为告诉。检察机关建议公安机关对于某以涉嫌虐待罪立案侦查。11月24日，公安机关作出立案决定。次日，犯罪嫌疑人于某投案自首。2018年4月26日，公安机关以于某涉嫌虐待罪向检察机关移送审查起诉。

审查起诉阶段，某区人民检察院依法讯问了犯罪嫌疑人，听取了被害人及其法定代理人的意见，核实了案件事实与证据。检察机关经审查认为，犯罪嫌疑人供述与被害人陈述能够相互印证，并得到其他家庭成员的证言证实，能够证明于某长期、多次对被害人进行殴打，致被害人轻微伤，属于情节恶劣，其行为涉嫌构成虐待罪。

2018年5月16日，某区人民检察院以于某犯虐待罪对其提起公诉。5月31日，该区人民法院适用简易程序开庭审理本案。

法庭调查阶段，公诉人宣读起诉书，指控被告人于某虐待家庭成员，情节恶劣，应当以虐待罪追究其刑事责任。被告人对起诉书指控的犯罪事实及罪名无异议。

法庭辩论阶段，公诉人发表公诉意见：被告人于某虐待未成年家庭成员，情节恶劣，其行为触犯了《中华人民共和国刑法》第二百六十条第一款，犯罪事实清楚，证据确实充分，应当以虐待罪追究其刑事责任。被告人于某案发后主动投案，如实供述自己的犯罪行为，系自首，可以从轻或者减轻处罚。综合法定、酌定情节，建议在有期徒刑六个月至八个月之间量刑。考虑到被告人可能被宣告缓刑，公诉人向法庭提出应适用禁止令，禁止被告人于某再次对被害人实施家庭暴力。

最后陈述阶段，于某表示对检察机关指控的事实和证据无异议，并当庭认罪。

法庭经审理，认为公诉人指控的罪名成立，出示的证据能够相互印证，提出的量刑建议适当，予以采纳。当庭作出一审判决，认定被告人于某犯虐待罪，判处有期徒刑六个月，缓刑一年。禁止被告人于某再次对被害人实施家庭暴力。一审宣判后，被告人未上诉，判决已生效。

【支持提起变更抚养权诉讼】

某市某区人民检察院在办理本案中发现，2015年9月，小田的亲生父母因感情不和协议离婚，约定其随父亲生活。小田的父亲丁某于2015年12月再婚。丁某长期在外地工作，没有能力亲自抚养被害人。检察人员征求小田生母武某的意见，武某愿意抚养小田。检察人员支持武某到人民法院起诉变更抚养权。2018年1月15日，小田生母武某向某市某区人民法院提出变更抚养权诉讼。法庭经过调解，裁定变更小田的抚养权，改由生母武某抚养，生父丁某给付抚养费至其独立生活为止。

【指导意义】

《中华人民共和国刑法》第二百六十条规定，虐待家庭成员，情节恶劣的，告诉的才处理，但被害人没有能力告诉，或者因受到强制、威吓无法告诉的除外。虐待未成年人犯罪案件中，未成年人往往没有能力告诉，应按照公诉案件处理，由检察机关提起公诉，维护未成年被害人的合法权利。

《最高人民法院、最高人民检察院、公安部、司法部关于对判处管制、宣告缓刑的犯罪分子适用禁止令有关问题的规定（试行）》第七条规定，人民检察院在提起公诉时，对可能宣告缓刑的被告人，可以建议禁止其从事特定活动，进入特定区域、场所，接触特定的人。对未成年人遭受家庭成员虐待的案件，结合犯罪情节，检察机关可以在提出量刑建议的同时，有针对性地向人民法院提出适用禁止令的建议，禁止被告人再次对被害人实施家庭暴力，依法保障未成年人合法权益，督促被告人在缓刑考验期内认真改造。

夫妻离婚后，与未成年子女共同生活的一方不尽抚养义务，对未成年人实施虐待或者其他严重侵害合法权益的行为，不适宜继续担任抚养人的，根据《中华人民共和国民事诉讼法》第十五条的规定，检察机关可以支持未成年人或者其他监护人向人民法院提起变更抚养权诉讼，切实维护未成年人合法权益。

【相关规定】

《中华人民共和国刑法》第 72 条、第 260 条

《中华人民共和国未成年人保护法》第 50 条

《中华人民共和国民事诉讼法》第 15 条

《最高人民法院、最高人民检察院、公安部、民政部关于依法处理监护人侵害未成年人权益行为若干问题的意见》第 2 条、第 14 条

《最高人民法院、最高人民检察院、公安部、司法部关于依法办理家庭暴力犯罪案件的意见》第 9 条、第 17 条

《最高人民法院、最高人民检察院、公安部、司法部关于对判处管制、宣告缓刑的犯罪分子适用禁止令有关问题的规定（试行）》第 7 条

最高人民检察院
关于印发最高人民检察院第十二批指导性案例的通知

（2018年12月18日　高检发办字〔2018〕42号）

各省、自治区、直辖市人民检察院，解放军军事检察院，新疆生产建设兵团人民检察院：

经2018年12月12日最高人民检察院第十三届检察委员会第十一次会议决定，现将陈某正当防卫案等四件指导性案例（检例第45－48号）作为第十二批指导性案例发布，供参照适用。

最高人民检察院
2018年12月18日

【检例第45号】

陈某正当防卫案

【关键词】　未成年人　故意伤害　正当防卫　不批准逮捕

【要旨】

在被人殴打、人身权利受到不法侵害的情况下，防卫行为虽然造成了重大损害的客观后果，但是防卫措施并未明显超过必要限度的，不属于防卫过当，依法不负刑事责任。

【基本案情】

陈某，未成年人，某中学学生。

2016年1月初，因陈某在甲的女朋友的网络空间留言示好，甲纠集乙等人,对陈某实施了殴打。

1月10日中午,甲、乙、丙等6人(均为未成年人),在陈某就读的中学门口,见陈某从大门走出,有人提议陈某向老师告发他们打架,要去问个说法。甲等人尾随一段路后拦住陈某质问,陈某解释没有告状,甲等人不肯罢休,抓住并围殴陈某。乙的3位朋友(均为未成年人)正在附近,见状加入围殴陈某。其中,有人用膝盖顶击陈某的胸口、有人持石块击打陈某的手臂、有人持钢管击打陈某的背部,其他人对陈某或勒脖子或拳打脚踢。陈某掏出随身携带的折叠式水果刀(刀身长8.5厘米,不属于管制刀具),乱挥乱刺后逃脱。部分围殴人员继续追打并从后投掷石块,击中陈某的背部和腿部。陈某逃进学校,追打人员被学校保安拦住。陈某在反击过程中刺中了甲、乙和丙,经鉴定,该3人的损伤程度均构成重伤二级。陈某经人身检查,见身体多处软组织损伤。

案发后,陈某所在学校向司法机关提交材料,证实陈某遵守纪律、学习认真、成绩优秀,是一名品学兼优的学生。

公安机关以陈某涉嫌故意伤害罪立案侦查,并对其采取刑事拘留强制措施,后提请检察机关批准逮捕。检察机关根据审查认定的事实,依据刑法第二十条第一款的规定,认为陈某的行为属于正当防卫,不负刑事责任,决定不批准逮捕。公安机关将陈某释放同时要求复议。检察机关经复议,维持原决定。

检察机关在办案过程中积极开展释法说理工作,甲等人的亲属在充分了解事实经过和法律规定后,对检察机关的处理决定表示认可。

【不批准逮捕的理由】

公安机关认为,陈某的行为虽有防卫性质,但已明显超过必要限度,属于防卫过当,涉嫌故意伤害罪。检察机关则认为,陈某的防卫行为没有明显超过必要限度,不属于防卫过当,不构成犯罪。主要理由如下:

第一,陈某面临正在进行的不法侵害,反击行为具有防卫性质。任何人面对正在进行的不法侵害,都有予以制止、依法实施防卫的权利。本案中,甲等人借故拦截陈某并实施围殴,属于正在进行的不法侵害,陈某的反击行为显然具有防卫性质。

第二,陈某随身携带刀具,不影响正当防卫的认定。对认定正当防卫有影响的,并不是防卫人携带了可用于自卫的工具,而是防卫人是否有相互斗殴的故意。陈某在事前没有与对方约架斗殴的意图，被拦住后也是先解释退让，最后在遭到对方围打时才被迫还手，其随身携带水果刀，无论是日常携带还是事先有所防备，都不影响对正当防卫作出认定。

第三，陈某的防卫措施没有明显超过必要限度，不属于防卫过当。陈某的防卫行为致实施不法侵害的3人重伤，客观上造成了重大损害，但防卫措施并没有明显超过必要限度。陈某被9人围住殴打，其中有人使用了钢管、石块等工具，双方实力相差悬殊，陈某借助水果刀增强防卫能力，在手段强度上合情合理。并且，对方在陈某逃脱时仍持续追打，共同侵害行为没有停止，所以就制止整体不法侵害的实际需要来看，陈某持刀挥刺也没有不相适应之处。综合来看，陈某的防卫行为虽有致多人重伤的客观后果，但防卫措施没有明显超过必要限度，依法不属于防卫过当。

【指导意义】

刑法第二十条第一款规定，"为了使国家、公共利益、本人或者他人的人身、财产和其他权利免受正在进行的不法侵害，而采取的制止不法侵害的行为，对不法侵害人造成损害的，属于正当防卫，不负刑事责任"。司法实践通常称这种正当防卫为"一般防卫"。

一般防卫有限度要求，超过限度的属于防卫过当，需要负刑事责任。刑法规定的限度条件是"明显超过必要限度造成重大损害"，具体而言，行为人的防卫措施虽明显超过必要限度但防卫结果客观上并未造成重大损害，或者防卫结果虽客观上造成重大损害但防卫措施并未明显超过必要限度，均不能认定为防卫过当。本案中，陈某为了保护自己的人身安全而持刀反击，就所要保护的权利性质以及与侵害方的手段强度比较来看，不能认为防卫措施明显超过了必要限度，所以即使防卫结果在客观上造成了重大损害，也不属于防卫过当。

正当防卫既可以是为了保护自己的合法权益，也可以是为了保护他人的合法权益。《中华人民共和国未成年人保护法》第六条第二款也规定，"对侵犯未成年人合法权益的行为，任何组织和个人都有权予以劝阻、制止或者向有关部门提出检举或者控告"。对于未成年人正在遭受侵害的，任何人都有权介入保护，成年人更有责任予以救助。但是，冲突双方均为未成年人的，成年人介入时，应当优先选择劝阻、制止的方式；劝阻、制止无效的，在隔离、控制或制服侵害人时，应当注意手段和行为强度的适度。

检察机关办理正当防卫案件遇到争议时,应当根据《最高人民检察院关于实行检察官以案释法制度的规定》,适时、主动进行释法说理工作。对事实认定、法律适用和办案程序等问题进行答疑解惑,开展法治宣传教育,保障当事人和其他诉讼参与人的合法权利,努力做到案结事了。

人民检察院审查逮捕时,应当严把事实关、证据关和法律适用关。根据查明的事实,犯罪嫌疑人的行为属于正当防卫,不负刑事责任的,应当依法作出不批准逮捕的决定,保障无罪的人不受刑事追究。

【相关规定】

《中华人民共和国刑法》第二十条

《中华人民共和国刑事诉讼法》第九十条、第九十二条

【检例第 46 号】

朱凤山故意伤害(防卫过当)案

【关键词】 民间矛盾　故意伤害　防卫过当　二审检察

【要旨】

在民间矛盾激化过程中,对正在进行的非法侵入住宅、轻微人身侵害行为,可以进行正当防卫,但防卫行为的强度不具有必要性并致不法侵害人重伤、死亡的,属于明显超过必要限度造成重大损害,应当负刑事责任,但是应当减轻或者免除处罚。

【基本案情】

朱凤山,男,1961 年 5 月 6 日出生,农民。

朱凤山之女朱某与齐某系夫妻,朱某于 2016 年 1 月提起离婚诉讼并与齐某分居,朱某带女儿与朱凤山夫妇同住。齐某不同意离婚,为此经常到朱凤山家吵闹。4 月 4 日,齐某在吵闹过程中,将朱凤山家门窗玻璃和朱某的汽车玻璃砸坏。朱凤山为防止齐某再进入院子,将院子一侧的小门锁上并焊上铁窗。5 月 8 日 22 时许,齐某酒后驾车到朱凤山

家，欲从小门进入院子，未得逞后在大门外叫骂。朱某不在家中，仅朱凤山夫妇带外孙女在家。朱凤山将情况告知齐某，齐某不肯作罢。朱凤山又分别给邻居和齐某的哥哥打电话，请他们将齐某劝离。在邻居的劝说下，齐某驾车离开。23时许，齐某驾车返回，站在汽车引擎盖上摇晃、攀爬院子大门，欲强行进入，朱凤山持铁叉阻拦后报警。齐某爬上院墙，在墙上用瓦片掷砸朱凤山。朱凤山躲到一边，并从屋内拿出宰羊刀防备。随后齐某跳入院内徒手与朱凤山撕扯，朱凤山刺中齐某胸部一刀。朱凤山见齐某受伤把大门打开，民警随后到达。齐某因主动脉、右心房及肺脏被刺破致急性大失血死亡。朱凤山在案发过程中报警，案发后在现场等待民警抓捕，属于自动投案。

一审阶段，辩护人提出朱凤山的行为属于防卫过当，公诉人认为朱凤山的行为不具有防卫性质。一审判决认定，根据朱凤山与齐某的关系及具体案情，齐某的违法行为尚未达到朱凤山必须通过持刀刺扎进行防卫制止的程度，朱凤山的行为不具有防卫性质，不属于防卫过当；朱凤山自动投案后如实供述主要犯罪事实，系自首，依法从轻处罚，朱凤山犯故意伤害罪，判处有期徒刑十五年，剥夺政治权利五年。

朱凤山以防卫过当为由提出上诉。河北省人民检察院二审出庭认为，根据查明的事实，依据《中华人民共和国刑法》第二十条第二款的规定，朱凤山的行为属于防卫过当，应当负刑事责任，但是应当减轻或者免除处罚，朱凤山的上诉理由成立。河北省高级人民法院二审判决认定，朱凤山持刀致死被害人，属防卫过当，应当依法减轻处罚，对河北省人民检察院的出庭意见予以支持，判决撤销一审判决的量刑部分，改判朱凤山有期徒刑七年。

【检察机关二审审查和出庭意见】

检察机关二审查认为，朱凤山及其辩护人所提防卫过当的意见成立，一审公诉和判决对此未作认定不当，属于适用法律错误，二审应当作出纠正，并据此发表了出庭意见。主要意见和理由如下：

第一，齐某的行为属于正在进行的不法侵害。齐某与朱某已经分居，齐某当晚的行为在时间、方式上也显然不属于探视子女，故在朱凤山拒绝其进院后，其摇晃、攀爬大门并跳入院内，属于非法侵入住宅。齐某先用瓦片掷砸随后进行撕扯，侵犯了朱凤山的人身权利。齐某的这些行为，均属于正在进行的不法侵害。

第二，朱凤山的行为具有防卫的正当性。齐某的行为从吵闹到侵入住宅、侵犯人身，呈现升级趋势，具有一定的危险性。齐某经人劝离后再次返回，执意在深夜时段实施侵害，不法行为具有一定的紧迫性。朱凤山先是找人规劝，继而报警求助，始终没有与齐某斗殴的故意，提前准备工具也是出于防卫的目的，因此其反击行为具有防卫的正当性。

第三，朱凤山的防卫行为明显超过必要限度造成重大损害，属于防卫过当。齐某上门闹事、滋扰的目的是不愿离婚，希望能与朱某和好继续共同生活，这与离婚后可能实施报复的行为有很大区别。齐某虽实施了投掷瓦片、撕扯的行为，但整体仍在闹事的范围内，对朱凤山人身权利的侵犯尚属轻微，没有危及朱凤山及其家人的健康或生命的明显危险。朱凤山已经报警，也有继续周旋、安抚、等待的余地，但却选择使用刀具，在撕扯过程中直接捅刺齐某的要害部位，最终造成了齐某伤重死亡的重大损害。综合来看，朱凤山的防卫行为，在防卫措施的强度上不具有必要性，在防卫结果与所保护的权利对比上也相差悬殊，应当认定为明显超过必要限度造成重大损害，属于防卫过当，依法应当负刑事责任，但是应当减轻或者免除处罚。

【指导意义】

刑法第二十条第二款规定，"正当防卫明显超过必要限度造成重大损害的，应当负刑事责任，但是应当减轻或者免除处罚"。司法实践通常称本款规定的情况为"防卫过当"。

防卫过当中，重大损害是指造成不法侵害人死亡、重伤的后果，造成轻伤及以下损伤的不属于重大损害；明显超过必要限度是指，根据所保护的权利性质、不法侵害的强度和紧迫程度等综合衡量，防卫措施缺乏必要性，防卫强度与侵害程度对比也相差悬殊。司法实践中，重大损害的认定比较好把握，但明显超过必要限度的认定相对复杂，对此应当根据不法侵害的性质、手段、强度和危害程度，以及防卫行为的性质、手段、强度、时机和所处环境等因素，进行综合判断。本案中，朱凤山为保护住宅安宁和免受可能的一定人身侵害，而致侵害人丧失生命，就防卫与侵害的性质、手段、强度和结果等因素的对比来看，既不必要也相差悬殊，属于明显超过必要限度造成重大损害。

民间矛盾引发的案件极其复杂，涉及防卫性质争议的，应当坚持依法、审慎的原则，准确作出判断和认定，从而引导公民理性平和解决争端，避免在争议纠纷中不必要地使用武力。针对实践当中的常见情形，可注意把握以下几点：一是应作整体判断，即分清前因后果和是非曲直,根据查明的事实,当事人的行为具有防卫性质的,应当依法作出认定,不能惟结果论,也不能因矛盾暂时没有化解等因素而不去认定或不敢认定;二是对于近亲属之间发生的不法侵害,对防卫强度必须结合具体案情作出更为严格的限制;三是对于被害人有无过错与是否正在进行的不法侵害,应当通过细节的审查、补查,作出准确的区分和认定。

人民检察院办理刑事案件,必须高度重视犯罪嫌疑人、被告人及其辩护人所提正当防卫或防卫过当的意见,对于所提意见成立的,应当及时予以采纳或支持,依法保障当事人的合法权利。

【相关规定】

《中华人民共和国刑法》第二十条、第二百三十四条

《中华人民共和国刑事诉讼法》第二百三十五条

【检例第 47 号】

于海明正当防卫案

【关键词】 行凶　正当防卫　撤销案件

【要旨】

对于犯罪故意的具体内容虽不确定,但足以严重危及人身安全的暴力侵害行为,应当认定为刑法第二十条第三款规定的"行凶"。行凶已经造成严重危及人身安全的紧迫危险,即使没有发生严重的实害后果,也不影响正当防卫的成立。

【基本案情】

于海明,男,1977 年 3 月 18 日出生,某酒店业务经理。

2018 年 8 月 27 日 21 时 30 分许,于海明骑自行车在江苏省昆山市震川路正常行驶,刘某醉酒驾驶小轿车(经检测,血液酒精含量 87MG/100ML),向右强行闯入非机动车道,与于海明险些碰擦。刘某的一名同车人员下车与于海明争执,经同行人员劝解返回时,刘某突然下车,上前推搡、踢打于海明。虽经劝解,刘某仍持续追打,并从轿车内取出一把砍刀(系管制刀具),连续用刀面击打于海明颈部、腰部、

腿部。刘某在击打过程中将砍刀甩脱,于海明抢到砍刀,刘某上前争夺,在争夺中于海明捅刺刘某的腹部、臀部,砍击其右胸、左肩、左肘。刘某受伤后跑向轿车,于海明继续追砍2刀均未砍中,其中1刀砍中轿车。刘某跑离轿车,于海明返回轿车,将车内刘某的手机取出放入自己口袋。民警到达现场后,于海明将手机和砍刀交给处警民警(于海明称,拿走刘某的手机是为了防止对方打电话召集人员报复)。刘某逃离后,倒在附近绿化带内,后经送医抢救无效,因腹部大静脉等破裂致失血性休克于当日死亡。于海明经人身检查,见左颈部条形挫伤1处、左胸季肋部条形挫伤1处。

8月27日当晚公安机关以"于海明故意伤害案"立案侦查,8月31日公安机关查明了本案的全部事实。9月1日,江苏省昆山市公安局根据侦查查明的事实,依据《中华人民共和国刑法》第二十条第三款的规定,认定于海明的行为属于正当防卫,不负刑事责任,决定依法撤销于海明故意伤害案。其间,公安机关依据相关规定,听取了检察机关的意见,昆山市人民检察院同意公安机关的撤销案件决定。

【检察机关的意见和理由】

检察机关的意见与公安机关的处理意见一致,具体论证情况和理由如下:

第一,关于刘某的行为是否属于"行凶"的问题。在论证过程中有意见提出,刘某仅使用刀面击打于海明,犯罪故意的具体内容不确定,不宜认定为行凶。论证后认为,对行凶的认定,应当遵循刑法第二十条第三款的规定,以"严重危及人身安全的暴力犯罪"作为把握的标准。刘某开始阶段的推搡、踢打行为不属于"行凶",但从持砍刀击打后,行为性质已经升级为暴力犯罪。刘某攻击行为凶狠,所持凶器可轻易致人死伤,随着事态发展,接下来会造成什么样的损害后果难以预料,于海明的人身安全处于现实的、急迫的和严重的危险之下。刘某具体抱持杀人的故意还是伤害的故意不确定,正是许多行凶行为的特征,而不是认定的障碍。因此,刘某的行为符合"行凶"的认定标准,应当认定为"行凶"。

第二,关于刘某的侵害行为是否属于"正在进行"的问题。在论证过程中有意见提出,于海明抢到砍刀后,刘某的侵害行为已经结束,不属于正在进行。论证后认为,判断侵害行为是否已经结束,应看侵害人是否已经实质性脱离现场以及是否还有继续攻击或再次发动攻击的可能。于海明抢到砍刀后，刘某立刻上前争夺，侵害行为没有停止，刘某受伤后又立刻跑向之前藏匿砍刀的汽车，于海明此时作不间断的追击也符合防卫的需要。于海明追砍两刀均未砍中，刘某从汽车旁边跑开后，于海明也未再追击。因此，在于海明抢得砍刀顺势反击时，刘某既未放弃攻击行为也未实质性脱离现场，不能认为侵害行为已经停止。

第三，关于于海明的行为是否属于正当防卫的问题。在论证过程中有意见提出，于海明本人所受损伤较小，但防卫行为却造成了刘某死亡的后果，二者对比不相适应，于海明的行为属于防卫过当。论证后认为，不法侵害行为既包括实害行为也包括危险行为，对于危险行为同样可以实施正当防卫。认为"于海明与刘某的伤情对比不相适应"的意见，只注意到了实害行为而忽视了危险行为，这种意见实际上是要求防卫人应等到暴力犯罪造成一定的伤害后果才能实施防卫，这不符合及时制止犯罪、让犯罪不能得逞的防卫需要，也不适当地缩小了正当防卫的依法成立范围，是不正确的。本案中，在刘某的行为因具有危险性而属于"行凶"的前提下，于海明采取防卫行为致其死亡，依法不属于防卫过当，不负刑事责任，于海明本人是否受伤或伤情轻重，对正当防卫的认定没有影响。公安机关认定于海明的行为系正当防卫，决定依法撤销案件的意见，完全正确。

【指导意义】

刑法第二十条第三款规定，"对正在进行行凶、杀人、抢劫、强奸、绑架以及其他严重危及人身安全的暴力犯罪，采取防卫行为，造成不法侵害人伤亡的，不属于防卫过当，不负刑事责任"。司法实践通常称这种正当防卫为"特殊防卫"。

刑法作出特殊防卫的规定，目的在于进一步体现"法不能向不法让步"的秩序理念，同时肯定防卫人以对等或超过的强度予以反击，即使造成不法侵害人伤亡，也不必顾虑可能成立防卫过当因而构成犯罪的问题。司法实践中，如果面对不法侵害人"行凶"性质的侵害行为，仍对防卫人限制过苛，不仅有违立法本意，也难以取得制止犯罪，保护公民人身权利不受侵害的效果。

适用本款规定，"行凶"是认定的难点，对此应当把握以下两点：一是必须是暴力犯罪，对于非暴力犯罪或一般暴力行为，不能认定为行凶；二是必须严重危及人身安全，即对人的生命、健康构成严重危险。在具体案件中，有些暴力行为的主观故意尚未通过客观行为明确表现出来,或者行为人本身就是持概括故意予以实施,这类行为的故意内容虽不确定,但已表现出多种故意的可能,其中只要有现实可能造成他人重伤或死亡的,均应当认定为"行凶"。

正当防卫以不法侵害正在进行为前提。所谓正在进行,是指不法侵害已经开始但尚未结束。不法侵害行为多种多样、性质各异,判断是否正在进行,应就具体行为和现场情境作具体分析。判断标准不能机械地对刑法上的着手与既遂作出理解、判断,因为着手与既遂侧重的是侵害人可罚性的行为阶段问题,而侵害行为正在进行,侧重的是防卫人的利益保护问题。所以,不能要求不法侵害行为已经加诸被害人身上,只要不法侵害的现实危险已经迫在眼前,或者已达既遂状态但侵害行为没有实施终了的,就应当认定为正在进行。

需要强调的是,特殊防卫不存在防卫过当的问题,因此不能作宽泛的认定。对于因民间矛盾引发、不法与合法对立不明显以及夹杂泄愤报复成分的案件,在认定特殊防卫时应当十分慎重。

【相关规定】
《中华人民共和国刑法》第二十条

【检例第 48 号】

侯雨秋正当防卫案

【关键词】 聚众斗殴 故意伤害 正当防卫 不起诉

【要旨】

单方聚众斗殴的,属于不法侵害,没有斗殴故意的一方可以进行正当防卫。单方持械聚众斗殴,对他人的人身安全造成严重危险的,应当认定为刑法第二十条第三款规定的"其他严重危及人身安全的暴力犯罪"。

【基本案情】

侯雨秋,男,1981 年 5 月 18 日出生,务工人员。

侯雨秋系葛某经营的养生会所员工。2015 年 6 月 4 日 22 时 40 分许，某足浴店股东沈某因怀疑葛某等人举报其店内有人卖淫嫖娼，遂纠集本店员工雷某、柴某等4人持棒球棍、匕首赶至葛某的养生会所。沈某先行进入会所，无故推翻大堂盆栽挑衅，与葛某等人扭打。雷某、柴某等人随后持棒球棍、匕首冲入会所，殴打店内人员，其中雷某持匕首两次刺中侯雨秋右大腿。其间，柴某所持棒球棍掉落，侯雨秋捡起棒球棍挥打，击中雷某头部致其当场倒地。该会所员工报警，公安人员赶至现场，将沈某等人抓获，并将侯雨秋、雷某送医救治。雷某经抢救无效，因严重颅脑损伤于6月24日死亡。侯雨秋的损伤程度构成轻微伤，该会所另有2人被打致轻微伤。

公安机关以侯雨秋涉嫌故意伤害罪，移送检察机关审查起诉。浙江省杭州市人民检察院根据审查认定的事实，依据《中华人民共和国刑法》第二十条第三款的规定，认为侯雨秋的行为属于正当防卫，不负刑事责任，决定对侯雨秋不起诉。

【不起诉的理由】

检察机关认为，本案沈某、雷某等人的行为属于刑法第二十条第三款规定的"其他严重危及人身安全的暴力犯罪"，侯雨秋对此采取防卫行为，造成不法侵害人之一雷某死亡，依法不属于防卫过当，不负刑事责任。主要理由如下：

第一，沈某、雷某等人的行为属于"其他严重危及人身安全的暴力犯罪"。判断不法侵害行为是否属于刑法第二十条第三款规定的"其他"犯罪，应当以本款列举的杀人、抢劫、强奸、绑架为参照，通过比较暴力程度、危险程度和刑法给予惩罚的力度等综合作出判断。本案沈某、雷某等人的行为，属于单方持械聚众斗殴，构成犯罪的法定最低刑虽然不重，与一般伤害罪相同，但刑法第二百九十二条同时规定，聚众斗殴，致人重伤、死亡的，依照刑法关于故意伤害致人重伤、故意杀人的规定定罪处罚。刑法作此规定表明，聚众斗殴行为常可造成他人重伤或者死亡，结合案件具体情况，可以判定聚众斗殴与故意致人伤亡的犯罪在暴力程度和危险程度上是一致的。本案沈某、雷某等共5人聚众持棒球棍、匕首等杀伤力很大的工具进行斗殴，短时间内已经打伤3人，应当认定为"其他严重危及人身安全的暴力犯罪"。

第二，侯雨秋的行为具有防卫性质。侯雨秋工作的养生会所与对方的足浴店，尽管存在生意竞争关系，但侯雨秋一方没有斗殴的故意，本案打斗的起因系对方挑起，打斗的地点也系在本方店内，所以双方攻击与防卫的关系清楚明了。沈某纠集雷某等人聚众斗殴属于正在进行的不法侵害，没有斗殴故意的侯雨秋一方可以进行正当防卫，因此侯雨秋的行为具有防卫性质。

第三，侯雨秋的行为不属于防卫过当，不负刑事责任。本案沈某、雷某等人的共同侵害行为，严重危及他人人身安全，侯雨秋为保护自己和本店人员免受暴力侵害，而采取防卫行为，造成不法侵害人之一雷某死亡，依据刑法第二十条第三款的规定，不属于防卫过当，不负刑事责任。

【指导意义】

刑法第二十条第三款规定的"其他严重危及人身安全的暴力犯罪"的认定，除了在方法上，以本款列举的四种罪行为参照，通过比较暴力程度、危险程度和刑法给予惩罚的力度作出判断以外，还应当注意把握以下几点：一是不法行为侵害的对象是人身安全，即危害人的生命权、健康权、自由权和性权利。人身安全之外的财产权利、民主权利等其他合法权利不在其内，这也是特殊防卫区别于一般防卫的一个重要特征；二是不法侵害行为具有暴力性，且应达到犯罪的程度。对本款列举的杀人、抢劫、强奸、绑架应作广义的理解，即不仅指这四种具体犯罪行为，也包括以此种暴力行为作为手段，而触犯其他罪名的犯罪行为，如以抢劫为手段的抢劫枪支、弹药、爆炸物的行为，以绑架为手段的拐卖妇女、儿童的行为，以及针对人的生命、健康而采取的放火、爆炸、决水等行为；三是不法侵害行为应当达到一定的严重程度，即有可能造成他人重伤或死亡的后果。需要强调的是，不法侵害行为是否已经造成实际伤害后果，不必然影响特殊防卫的成立。此外，针对不法侵害行为对他人人身安全造成的严重危险，可以实施特殊防卫。

在共同不法侵害案件中，"行凶"与"其他严重危及人身安全的暴力犯罪"，在认定上可以有一定交叉，具体可结合全案行为特征和各侵害人的具体行为特征作综合判定。另外，对于寻衅滋事行为，不宜直接认定为"其他严重危及人身安全的暴力犯罪"，寻衅滋事行为暴力程度较高、严重危及他人人身安全的，可分别认定为刑法第二十条第三款规定中的行凶、杀人或抢劫。需要说明的是，侵害行为最终成立何种罪名，对防卫人正当防卫的认定没有影响。

人民检察院审查起诉时，应当严把事实关、证据关和法律适用关。根据查明的事实，犯罪嫌疑人的行为属于正当防卫，不负刑事责任的，应当依法作出不起诉的决定,保障无罪的人不受刑事追究。

【相关规定】

《中华人民共和国刑法》第二十条

《中华人民共和国刑事诉讼法》第一百七十七条

最高人民检察院
关于印发最高人民检察院第十三批指导性案例的通知

（2018年12月21日　高检发研字〔2018〕30号）

各省、自治区、直辖市人民检察院，解放军军事检察院，新疆生产建设兵团人民检察院：

经2018年12月12日最高人民检察院第十三届检察委员会第十一次会议决定，现将陕西省宝鸡市环境保护局凤翔分局不全面履职案等三件指导性案例（检例第49—51号）作为第十三批指导性案例发布，供参照适用。

最高人民检察院
2018年12月21日

【检例第49号】

陕西省宝鸡市环境保护局 凤翔分局不全面履职案

【关键词】行政公益诉讼　环境保护　依法全面履职

【要旨】

行政机关在履行环境保护监管职责时，虽有履职行为，但未依法全面运用行政监管手段制止违法行为，检察机关经诉前程序仍未实现督促行政机关依法全面履职目的的，应当向人民法院提起行政公益诉讼。

【基本案情】

2014年5月，陕西长青能源化工有限公司（以下简称长青能化）年产60万吨甲醇工程项目建成，并经陕西省环境保护厅审批投入试生产至2014年12月31日。2014年11月24日，陕西省发布《关中地区重点行业大气污染物排放限值》地方标准，燃煤锅炉颗粒物排放限值为20mg/m³，自2015年1月1日起实施。长青能化试生产期间，燃煤锅炉大气污染物排放值基本处于地方标准20mg/m³以上，国家标准50mg/m³以下。

2015年1月1日，长青能化试生产期满后未停止生产且燃煤锅炉颗粒物排放值持续在20mg/m³以上50mg/m³以下。

2015年7月7日，陕西省宝鸡市环境保护局凤翔分局（以下简称凤翔分局）向长青能化下达《环境违法行为限期改正通知书》，责令其限期改正生产甲醇环保违规行为，否则将予以高限处罚。长青能化没有整改到位，凤翔分局未作出高限处罚。2015年11月18日，凤翔分局向长青能化下达《行政处罚决定书》，限其于一个月内整改到位，并处以5万元罚款。但该企业并未停止甲醇项目生产，颗粒物超标排放问题依然没有得到有效解决，对周围大气造成污染。

【诉前程序】

2015年11月下旬，陕西省宝鸡市人民检察院在办案中发现凤翔分局可能有履职不尽责的情况，遂指定凤翔县人民检察院开展调查。凤翔县人民检察院查明：长青能化超期试生产且颗粒物超标排放，而凤翔分局虽对长青能化作出行政处罚，但未依法全面履职。2015年12月3日，凤翔县人民检察院向凤翔分局发出《检察建议书》，建议其依法履职，督促长青能化上线治污减排设备，确保环保达标。

2016年1月4日，凤翔分局书面回复凤翔县人民检察院称：2015年12月24日对长青能化下达《责令限制生产决定书》，责令该公司限产。2015年12月30日作出《排污核定与排污费缴纳决定书》，对长青能化2015年10月至12月间颗粒物超标排放加收排污费。

针对凤翔分局回复意见，凤翔县人民检察院进一步查明：凤翔分局作出责令限制生产决定、加收排污费等措施后，长青能化虽然按要求限制生产，但其治污减排设备建设项目未正式投入使用，颗粒物排放依然超过限值。

【诉讼过程】

鉴于检察建议未实现应有效果，2016年5月11日，凤翔县人民检察院向凤翔县人民法院提起行政公益诉讼。凤翔县人民法院受理后，认为符合起诉条件，但不宜由凤翔县人民法院管辖。经向宝鸡市中级人民法院请示指定管辖，2016年5月13日，宝鸡市中级人民法院依法裁定本案由宝鸡市陈仓区人民法院管辖。2016年11月10日，宝鸡市陈仓区人民法院对本案公开开庭审理。

（一）法庭调查

出庭检察人员宣读起诉书，请求：1. 确认凤翔分局未依法全面履职的行为违法；2. 判令凤翔分局依法全面履行职责，督促长青能化采取有效措施，确保颗粒物排放符合标准。

凤翔分局答辩状称其对企业采取了行政处罚、责令限制生产等措施，已经全面履行职责。诉讼前，长青能化减污设备已经运行，检察机关不需要再提起诉讼。

法庭举证、质证阶段，围绕凤翔分局是否依法全面履行法定职责，出庭检察人员出示了凤翔分局行政职责范围的依据，2015年1月1日至2016年5月8日长青能化颗粒物排放数据等证据。证明截至提起诉讼前，长青能化湿电除尘系统没有竣工验收并且颗粒物依然超标排放，持续给周围大气环境造成污染问题没有彻底解决。

凤翔分局针对起诉书，提交了对长青能化日常监管的表格及2015年7月以来对长青能化作出的各类处罚文书等证据材料，证明已经依法全面履行了对相对人的环境监管职责。

针对凤翔分局提出的证据，出庭检察人员认为，其只能证明凤翔分局对长青能化作出了行政处罚，但不能证明依法全面履职并实现了履职目的。诉讼前，长青能化排放仍存在不达标的情况。

（二）法庭辩论

出庭检察人员指出，凤翔分局未依法全面履职主要表现在三个方面：

一是凤翔分局未依法监管相对人严格执行建设项目环境保护设施设计、施工、使用"三同时"的规定。长青能化的环境保护设施虽然与建设项目同时设计、同时施工，但并未同时使用。

二是凤翔分局初期未采取有效措施对长青能化违法排放颗粒物的行为作出处理。自2015年1月1日起，长青能化颗粒物排放浓度均超过$20mg/m^3$的标准，最高达$72mg/m^3$。凤翔分局却未采取有效行政监管措施予以处置，直到2015年7月7日才对颗粒物超标排放违法行为作出

《环境违法行为限期改正通知书》。

三是凤翔分局未依法全面运用监管措施督促长青能化纠正违法行为。长青能化在收到《环境违法行为限期改正通知书》后两个月内未按要求整改到位,凤翔分局未采取相应措施作出高限处罚。

凤翔分局答辩称:已履行了法定职责,多次对长青能化作出行政处罚,颗粒物超标排放是由于地方标准的变化。2016年3月27日,长青能化减污设备已经运行,检察机关无需提起诉讼。

针对凤翔分局答辩,检察机关提出辩论意见:对于长青能化的排污行为,凤翔分局虽有履职行为,但履职不尽责。一是作出的5万元罚款不是高限处罚。二是按照相关规定,在地方标准严于国家标准的情况下,依法应当执行地方标准。三是2016年3月27日,长青能化减污设备已经上线运行,但颗粒物排放数据仍不稳定,仍有不达标的问题。四是诉讼中,凤翔分局于2016年5月16日才作出按日连续处罚的行政处罚,对长青能化违法行为罚款645万元。

2016年8月22日,长青能化减污设备经评估正式投入运行,经第三方检测机构的检测,长青能化颗粒物排放已持续稳定符合国家和地方排放标准。2016年12月20日,检察机关撤回了第二项诉讼请求,即督促长青能化采取有效措施,确保颗粒物排放达到国家标准和地方标准。

(三)审理结果

2016年12月28日,陕西省宝鸡市陈仓区人民法院作出一审判决,确认被告凤翔分局未依法全面履行对相对人长青能化环境监管职责的行为违法。

【指导意义】

诉前程序是检察机关提起公益诉讼的前置程序。办理公益诉讼案件,要对违法事实进行调查核实,围绕行政机关不依法履职或者不全面履职行为的客观表现、主观过错、与国家利益或者社会公共利益遭受侵害后果的关系以及相关的法律依据、政策要求、文件规定等全面收集、固定证据,在查清事实的基础上依法提出检察建议,督促行政机关纠正违法、依法履职。行政机关未在检察建议要求的期限内依法全面履行职责,国家利益或者社会公共利益仍然遭受侵害的,检察机关应当依法向人民法院提起公益诉讼。

对行政机关不依法履行法定职责的判断和认定,应以法律规定的行政机关法定职责为依据,对照行政机关的执法权力清单和责任清单,以是否全面运用或者穷尽法律法规和规范性文件规定的行政监管手段制止违法行为，国家利益或者社会公共利益是否得到了有效保护为标准。行政机关虽然采取了部分行政监管或者处罚措施，但未依法全面运用或者穷尽行政监管手段制止违法行为，国家利益或者社会公共利益受侵害状态没有得到有效纠正的，应认定行政机关不依法全面履职。

【相关规定】

《中华人民共和国环境保护法》第十五条第二款

《中华人民共和国大气污染防治法》第五条、第七条、第四十三条、第九十九条

《中华人民共和国行政处罚法》第五十一条

《中华人民共和国行政诉讼法》第二十五条第四款

《环境保护主管部门实施按日连续处罚办法》第五条、第十条

《建设项目环境保护管理条例》第十五条、第二十条第一款

《建设项目竣工环境保护验收管理办法》第十四条、第十七条第三款

《火电厂大气污染物排放标准》

《关中地区重点行业大气污染物排放限值》

【检例第 50 号】

湖南省长沙县城乡规划建设局等不依法履职案

【关键词】行政公益诉讼　生态环境保护　督促履职

【要旨】

检察机关通过检察建议实现了督促行政机关依法履职、维护国家利益和社会公共利益目的的，不需要再向人民法院提起诉讼。

【基本案情】

2013 年 6 月，长沙威尼斯城房地产开发有限公司（以下简称威尼斯城房产公司）开发的威尼斯城第四期项目开始建设。该项目将原定项目建设的性质、规模、容积率等作出重大调整，开工建设前未按照

《中华人民共和国环境影响评价法》的规定重新报批环境影响评价文件。2016年8月29日,湖南省长沙县行政执法局对威尼斯城房产公司作出行政处罚决定,责令该公司停止第四期项目建设,并处以10万元罚款。威尼斯城房产公司虽然缴纳了罚款但并未停止建设。截至2018年3月7日,该项目已经建成1—6栋。7—8栋未取得施工许可证即开始进行基坑施工(停工状态),9栋未开工建设。

【提出检察建议】

2017年7月20日,湖南省长沙市人民检察院在参与中央环保督查组督查过程中,发现长沙县城乡规划建设局、长沙县行政执法局不依法履行职责致使国家和社会公共利益受损的线索。报告湖南省人民检察院后,湖南省人民检察院将案件线索交长沙市人民检察院办理。

长沙市人民检察院调查发现,2003年4月22日至2017年3月14日,威尼斯城第四期项目建设用地位于参照饮用水水源一级保护区保护范围内。2017年3月14日后,根据湖南省人民政府调整后的饮用水水源保护区划定,该建设项目用地位于饮用水水源二级保护区保护范围内。经调查核实,长沙市人民检察院认为长沙县城乡规划建设局等三行政机关不依法履行职责,对当地生态环境、饮用水水源安全造成重大影响,侵害了社会公共利益。其中:

长沙县城乡规划建设局明知威尼斯城第四期项目必须重新申报环境影响评价文件,但在未重新申报的情况下,发放建设工程规划许可证和建筑工程施工许可证,导致项目违法建设,给当地生态环境造成重大影响。

长沙县行政执法局明知威尼斯城第四期项目环境影响评价未申报通过、未批先建的情况下,在作出责令停止建设,并处以罚款10万元的决定后,未进一步采取措施,导致该项目1—6栋最终建设完成,同时对该项目7—8栋无建筑工程施工许可就开挖基坑的违法行为未责令恢复原状,造成重大生态环境影响。

长沙县环境保护局明知威尼斯城第四期项目环境影响评价未申报通过,却在该项目1—6栋建设工程规划许可证申请表上盖章予以认可,造成违法建设行为发生,给当地生态环境造成重大影响。

2017年12月18日、2018年3月16日,长沙市人民检察院先后分别向长沙县城乡规划建设局、长沙县行政执法局和长沙县环境保护局发出检察建议:一是建议长沙县行政执法局依法对威尼斯城房产公司未依法停止建设,仍处于继续状态的违法行为进行处罚,责令对违法在建工程恢复原状。二是建议三行政机关在职责范围内依法处理威尼斯城第四期项目环境影响评价、建设工程规划许可和建筑工程施工许可等问题。三是建议三行政机关依法加强对该项目行政许可的审批管理和执法监管,杜绝类似违法行为再次发生。

检察机关发出检察建议后,与长沙县行政执法局等三机关以及长沙县人民政府进行了反复协调沟通,促进相关检察建议落实。三机关均按期对长沙市人民检察院检察建议进行了书面回复。2018年4月10日,长沙县行政执法局根据检察建议的要求对威尼斯城房产公司作出行政处罚决定:责令该公司立即停止第四期项目建设;对7—8栋基坑恢复原状,并处罚款4365058.67元。威尼斯城房产公司接受处罚并对7—8栋基坑恢复原状。长沙县城乡规划建设局、长沙县环境保护局根据检察建议的要求加大对该项目的监管力度,对类似行政审批流程进行规范,对相关责任人员进行追责,给予四名工作人员相应的行政处分。

2018年2月9日,长沙县人民政府就纠正违法行为与长沙市人民检察院沟通并对相关问题提出处置意见。因该案涉及饮用水水源地保护区调整,长沙市人民检察院依法向长沙县人民政府发出工作建议,建议该县及时向上级机关申报重新划定饮用水水源地保护区范围;对该项目监管和执法中暴露出来的相关违法违规问题依法依规进行处理;加强对建设项目审批的管理和监督、对招商引资项目的管理,进一步规范行政许可、行政审批行为,切实防止损害生态环境和资源保护行为的发生。

2018年5月17日,长沙县人民政府就工作建议向长沙市人民检察院作出书面回复,对威尼斯城第四期项目违法建设的处置提出具体的工作意见和实施办法。长沙市人民检察院认为,威尼斯城第四期项目违法建设对当地生态环境和饮用水水源地造成重大影响,损害社会公共利益,考虑到该项目1—6栋已经销售完毕,仅第6栋就涉及320户,涉及众多群众利益,撤销该项目的建设工程规划许可证和建筑工程施工许可证并拆除建筑,将损害不知情群众的利益。经论证,采取取水口上移变更饮用水水源地保护区范围等补救措施,不影响威尼斯城众多业主的合法权益和生活稳定,社会效果和法律效果较好。根据长沙市人民检察院的建议,长沙县人民政府上移饮用水取水口。2018年5月31日,新建设的长沙县星沙第二水厂取水泵站已经通水。2018年10月29日,经湖南省人民政府批准,长沙市人民政府对饮用水水源地保护范围进行了调整。

【指导意义】

检察机关办理公益诉讼案件,应当着眼于切实维护国家利益和社会公共利益的目标,加强与行政机关沟通协调,注重各项实际措施的落实到位。充分发挥诉前程序的功能作用,努力实现案件办理政治效果、社会效果和法律效果的有机统一。对于一个污染环境或者破坏生态的事件,多个行政机关存在违法行使职权或者不作为情形的,检察机关可以分别提出检察建议,督促其依法履行各自职责。依据法律规定,有多种行政监管、处罚措施可选择时,应从最大限度保护国家利益或者社会公共利益出发,建议行政机关采取尽量不减损非侵权主体的合法权益、实际效果最好的监管处罚措施。

【相关规定】

《中华人民共和国环境保护法》第六十一条

《中华人民共和国水污染防治法》第六十六条

《中华人民共和国环境影响评价法》第三十一条

《中华人民共和国行政诉讼法》第二十五条第四款

《环境行政处罚办法》第十一条

【检例第 51 号】

曾云侵害英烈名誉案

【关键词】 民事公益诉讼　英烈名誉　社会公共利益

【要旨】

对侵害英雄烈士的姓名、肖像、名誉、荣誉,损害社会公共利益的行为人,英雄烈士近亲属不提起民事诉讼的,检察机关可以依法向人民法院提起公益诉讼,要求侵权人承担侵权责任。

【基本案情】

2018年5月12日下午,江苏省淮安市消防支队水上大队城南中队副班长谢勇在实施灭火救援行动中不幸牺牲。5月13日,公安部批准谢勇同志为烈士并颁发献身国防金质纪念章；5月14日，中共江苏省公安厅委员会追认谢勇同志为中国共产党党员，追记一等功；淮安市人民政府追授谢勇同志"灭火救援勇士"荣誉称号。

2018年5月14日，曾云因就职受挫、生活不顺等原因，饮酒后看到其他网友发表悼念谢勇烈士的消息，为发泄自己的不满，在微信群公开发表一系列侮辱性言论，歪曲谢勇烈士英勇牺牲的事实。该微信群共有成员131人，多人阅看了曾云的言论，有多人转发。曾云歪曲事实、侮辱英烈的行为，侵害了烈士的名誉，造成了较为恶劣的社会影响。

【诉前程序】

2018年5月17日，江苏省淮安市人民检察院以侵害英雄烈士名誉对曾云作出立案决定。

检察机关围绕曾云是否应当承担侵害英烈名誉的责任开展调查取证。经调查核实，曾云主观上明知其行为可能造成侵害烈士名誉的后果，客观上实施了侵害烈士名誉的违法行为，在社会上产生较大负面影响，损害了社会公共利益。

检察机关依法履行民事公益诉讼诉前程序，指派检察官赴谢勇烈士家乡湖南衡阳，就是否对曾云侵害烈士名誉的行为提起民事诉讼当面征求了谢勇烈士父母、祖父母及其弟的意见（谢勇烈士的外祖父母均已去世）。烈士近亲属声明不提起民事诉讼，并签署支持检察机关追究曾云侵权责任的书面意见。

【诉讼过程】

2018年5月21日，淮安市人民检察院就曾云侵害谢勇烈士名誉案向淮安市中级人民法院提起民事公益诉讼。6月12日，淮安市中级人民法院公开开庭审理本案。

（一）法庭调查

淮安市人民检察院派员以公益诉讼起诉人的身份出庭，并宣读起诉书，认为曾云发表的侮辱性语言和不实言论侵害了谢勇烈士的名誉，损害了社会公共利益。

公益诉讼起诉人出示了相关证据材料：一是批准谢勇同志烈士称号的批文、追授谢勇同志"灭火救援勇士"荣誉称号的文件等，证明谢勇同志被批准为英雄烈士和被授予荣誉称号。二是曾云微信群的聊天记录截图、证人证言等，证明曾云实施侵害谢勇烈士名誉的行为，损害社会公共利益。三是检察机关向谢勇烈士近亲属发出的征求意见函、谢勇烈士近亲属出具的书面声明等，证明检察机关履行了诉前程序。

曾云表示对检察机关起诉书载明的事实和理由没有异议。

（二）法庭辩论

公益诉讼起诉人发表出庭意见：

一是曾云公开发表侮辱性言论，歪曲英雄被追认为烈士的相关事实，侵害了谢勇烈士的名誉。证据充分证明曾云发表的不当言论被众多网友知晓并转发，在社会上产生了负面影响，侵害了谢勇烈士的名誉。

二是曾云的行为损害了社会公共利益。英雄事迹是社会主义核心价值观和民族精神的体现。曾云的行为置社会主义核心价值观于不顾，严重损害了社会公共利益。

三是检察机关依法提起民事公益诉讼，意义重大。检察机关对侵害英烈名誉的行为提起公益诉讼，旨在对全社会起到警示教育作用，形成崇尚英雄、学习英雄、传承英雄精神的社会风尚。

曾云承认在微信群发表不当言论对烈士亲属造成了伤害，愿意通过媒体公开赔礼道歉，并当庭宣读了道歉信。

（三）审理结果

2018年6月12日，淮安市中级人民法院经审理，认定曾云的行为侵害了谢勇烈士名誉并损害了社会公共利益，当庭作出判决，判令曾云在判决生效之日起七日内在本地市级报纸上公开赔礼道歉。

一审宣判后，曾云当庭表示不上诉并愿意积极履行判决确定的义务。2018年6月16日，曾云在《淮安日报》公开刊登道歉信，消除因其不当言论造成的不良社会影响。

【指导意义】

《中华人民共和国英雄烈士保护法》第二十五条规定："英雄烈士没有近亲属或者近亲属不提起诉讼的，检察机关依法对侵害英雄烈士的姓名、肖像、名誉、荣誉，损害社会公共利益的行为向人民法院提起诉讼。"英雄烈士的形象是民族精神的体现，是引领社会风尚的标杆。英雄烈士的姓名、肖像、名誉和荣誉等不仅属于英雄烈士本人及其近亲属，更是社会正义的重要组成内容，承载着社会主义核心价值观，具有社会公益性质。侵害英雄烈士名誉就是对公共利益的损害。对于侵害英雄烈士名誉的行为，英雄烈士没有近亲属或者近亲属不提起诉讼时，检察机关应依法提起公益诉讼，捍卫社会公共利益。

检察机关履行这类公益诉讼职责，要在提起诉讼前确认英雄烈士是否有近亲属以及其近亲属是否提起诉讼，区分情况处理。对于英雄烈士有近亲属的，检察机关应当当面征询英雄烈士近亲属是否提起诉讼；对于英雄烈士没有近亲属或者近亲属下落不明的，检察机关可以通过公告的方式履行告知程序。

检察机关办理该类案件，除围绕侵权责任构成要件收集、固定证据外，还要就侵权行为是否损害社会公共利益这一结果要件进行调查取证。对于在微信群内发表侮辱、诽谤英雄烈士言论的行为，要重点收集微信群成员数量、微信群组的私密性、进群验证方式、不当言论被阅读数、转发量等方面的证据，证明侵权行为产生的不良社会影响及其严重性。检察机关在决定是否提起公益诉讼时，还应当考虑行为人的主观过错程度、社会公共利益受损程度等，充分履行职责，实现政治效果、社会效果和法律效果的有机统一。

【相关规定】

《中华人民共和国英雄烈士保护法》第二十二条、第二十五条、第二十六条

《中华人民共和国民法总则》第一百八十五条

《中华人民共和国侵权责任法》第十五条

《中华人民共和国民事诉讼法》第五十五条第二款

《最高人民法院、最高人民检察院关于检察公益诉讼案件适用法律若干问题的解释》第五条

最高人民检察院
关于印发最高人民检察院第十四批指导性案例的通知

（2019年5月21日　高检发办字〔2019〕58号）

各省、自治区、直辖市人民检察院，解放军军事检察院，新疆生产建设兵团人民检察院：

经2019年4月22日最高人民检察院第十三届检察委员会第十七次会议决定，现将广州乙置业公司等骗取支付令执行虚假诉讼监督案等五件指导性案例（检例第52－56号）作为第十四批指导性案例发布，供参照适用。

最高人民检察院

2019年5月21日

【检例第52号】

广州乙置业公司等骗取支付令执行虚假诉讼监督案

【关键词】　骗取支付令　侵吞国有资产　检察建议

【要旨】

当事人恶意串通、虚构债务，骗取法院支付令，并在执行过程中通谋达成和解协议，通过以物抵债的方式侵占国有资产，损害司法秩序，构成虚假诉讼。检察机关对此类案件应当依法进行监督，充分发挥法律监督职能，维护司法秩序，保护国有资产。

【基本案情】

2003年起，国有企业甲农工商公司因未按期偿还银行贷款被诉至法院，银行账户被查封。为转移甲农工商公司及其下属公司的资产，甲农工商公司班子成员以个人名义出资，于2003年5月26日成立广州乙置业公司，甲农工商公司经理张某任乙置业公司董事长，其他班子成员任乙置业公司股东兼管理人员。

2004年6月23日和2005年2月20日，乙置业公司分别与借款人甲农工商公司下属丙实业公司和丁果园场签订金额为251.846万元和1600万元的借款协议，丙实业公司以自有房产为借款提供抵押担保。乙置业公司没有自有流动运营资金和自有业务，其出借的资金主要来源于甲农工商公司委托其代管的资金。

丙实业公司借款时，甲农工商公司在乙置业公司已经存放有13893401.67元理财资金可以调拨，但甲农工商公司未调拨理财资金，反而由下属的丙实业公司以房产抵押的方式借款。丁果园场借款时，在1600万元借款到账的1—3天内便以"往来款"名义划付到案外人账户，案外人又在5天内通过银行转账方式将等额资金划还给乙置业公司。

上述借款到期后，乙置业公司立即向广州市白云区人民法院申请支付令，要求偿还借款。2004年9月6日，法院作出（2004）云法民二督字第23号支付令，责令丙实业公司履行付款义务；2005年11月9日，法院作出（2005）云法民二督字第16号支付令，责令丁果园场履行付款义务。丙实业公司与丁果园场未提出异议，并在执行过程中迅速与乙置业公司达成以房抵债的和解协议。2004年10月11日，丙实业公司与乙置业公司签署和解协议，以自有房产抵偿251.846万元债务。丙实业公司还主动以自有的36栋房产为丁果园场借款提供执行担保。2006年2月、4月，法院先后裁定将丁果园场的房产作价611.7212万元、丙实业公司担保房产作价396.9387万元以物抵债给乙置业公司。

案发后，甲农工商公司的主管单位于2013年9月10日委托评估，评估报告显示，以法院裁定抵债日为评估基准日，涉案房产评估价值合计1.09亿余元，比法院裁定以物抵债的价格高出9640万余元，国有资产受到严重损害。

【检察机关监督情况】

线索发现 2016年4月，广东省人民检察院在办理甲农工商公司经理张某贪污、受贿刑事案件的过程中，发现乙置业公司可能存在骗取支付令、侵吞国有资产的行为，遂将案件线索交广州市人民检察院办理。广州市人民检察院依职权启动监督程序，与白云区人民检察院组成办案组共同办理该案。

调查核实　办案组调取法院支付令与执行案件卷宗，经审查发现，乙置业公司与丙实业公司、丁果园场在诉讼过程中对借款事实等问题的陈述高度一致；三方在执行过程中主动、迅速达成以物抵债的和解协议，而缺乏通常诉讼所具有的对抗性；经审查张某贪污、受贿案的刑事卷宗，发现甲农工商公司、乙置业公司的班子成员存在合谋串通、侵吞国有资产的主观故意；经审查工商登记资料，发现乙置业公司没有自有资金，其资金来源于代管的甲农工商公司资金；经调取银行流水清单，核实了借款资金流转情况。办案组沿涉案资金、房产的转移路径，逐步厘清案情脉络，并重新询问相关涉案人员，最终获取张某等人的证言，进一步夯实证据。

监督意见　2016年10月8日，白云区人民检察院就白云区人民法院前述两份支付令分别发出穗云检民（行）违监（2016）4号、5号检察建议书，指出乙置业公司与丙实业公司、丁果园场恶意串通、虚构债务，骗取法院支付令，借执行和解程序侵吞国有资产，损害了正常司法秩序，建议法院撤销涉案支付令。

监督结果　2018年5月15日，白云区人民法院作出（2018）粤0111民督监1号、2号民事裁定书，分别确认前述涉案支付令错误，裁定予以撤销，驳回乙置业公司的支付令申请。同年10月，白云区人民法院依据生效裁定执行回转，至此，1.09亿余元的国有资产损失得以挽回。甲农工商公司原班子成员张某等人因涉嫌犯贪污罪、受贿罪，已被广州市人民检察院提起公诉。

【指导意义】

1. 虚构债务骗取支付令成为民事虚假诉讼的一种表现形式，应当加强法律监督。民事诉讼法规定的督促程序，旨在使债权人便捷高效地获得强制执行依据，解决纠纷。司法实践中，有的当事人正是利用法院发出支付令以形式审查为主、实质问题不易被发现的特点，恶意串通、虚构债务骗取支付令并获得执行，侵害其他民事主体的合法权益。本案乙置业公司与丙实业公司、丁果园场恶意串通、虚构债务申请支付令，构成虚假诉讼。由于法院在发出支付令时无需经过诉讼程序，仅对当事人提供的事实、证据进行形式审查,因此,骗取支付令的虚假诉讼案件通常具有一定的隐蔽性,检察机关应当加强对此类案件的监督,充分发挥法律监督职能。

2. 办理虚假诉讼案件重点围绕捏造事实行为进行审查。虚假诉讼通常以捏造的事实启动民事诉讼程序,检察机关应当以此为重点内容开展调查核实工作。本案办理过程中,办案组通过调阅张某刑事案件卷宗材料掌握案情,以刑事案件中固定的证据作为本案办理的突破口;通过重点审查涉案公司的企业法人营业执照、公司章程、公司登记申请书、股东会决议等工商资料,确认丙实业公司和丁果园场均由甲农工商公司设立,均系全民所有制企业,名下房产属于国有财产,上述公司的主要班子成员存在交叉任职等事实;通过调取报税资料、会计账册、资金代管协议等档案材料发现,乙置业公司没有自有流动运营资金和业务,其资金来源于代管的甲农工商公司资金;通过调取银行流水清单,发现丁果园场在借款到账后即以"往来款"名义划付至案外人账户,案外人随即将等额资金划还至乙置业公司,查明了借款资金流转的情况。一系列事实和证据均指向当事人存在恶意串通、虚构债务骗取支付令的行为。

3. 发现和办理虚假诉讼案件,检察机关应当形成整体合力。虚假诉讼不仅侵害其他民事主体的合法权益,影响经济社会生活秩序,更对司法公信力、司法秩序造成严重侵害,检察机关应当形成整体合力,加大法律监督力度。检察机关各业务部门在履行职责过程中发现民事虚假诉讼线索的,均应及时向民事检察部门移送;并积极探索建立各业务部门之间的线索双向移送、反馈机制,线索共享、信息互联机制。本案即是检察机关在办理刑事案件过程中发现可能存在民事虚假诉讼线索,民事检察部门由此进行深入调查的典型案例。

【相关规定】

《中华人民共和国民事诉讼法》第十四条、第二百一十六条

《最高人民法院关于适用〈中华人民共和国民事诉讼法〉的解释》第四百一十四条

《人民检察院民事诉讼监督规则(试行)》第九十九条

【检例第53号】

武汉乙投资公司等骗取调解书虚假诉讼监督案

【关键词】 虚假调解 逃避债务 民事抗诉

【要旨】

伪造证据、虚构事实提起诉讼,骗取人民法院调解书,妨害司法秩序、损害司法权威,不仅可能损害他人合法权益,而且损害国家和社会公共利益的,构成虚假诉讼。检察机关办理此类虚假诉讼监督案件,应当从交易和诉讼中的异常现象出发,追踪利益流向,查明当事人之间的通谋行为,确认是否构成虚假诉讼,依法予以监督。

【基本案情】

2010年4月26日,甲商贸公司以商品房预售合同纠纷为由向武汉市蔡甸区人民法院起诉乙投资公司,称双方于2008年4月30日签订《商品房订购协议书》,约定甲商贸公司购买乙投资公司天润工业园项目约4万平方米的商品房,总价款人民币7375万元,甲公司支付1475万元定金,乙投资公司于收到定金后30日内完成上述项目地块的抵押登记注销,双方再签订正式《商品房买卖合同》。协议签订后,甲商贸公司依约支付定金,但乙投资公司未解除土地抵押登记,甲商贸公司遂提出四起商品房预售合同纠纷诉讼,诉请判令乙投资公司双倍返还定金,诉讼标的额分别为700万元、700万元、750万元、800万元,共计2950万元。武汉市蔡甸区人民法院受理后,适用简易程序审理、以调解方式结案,作出(2010)蔡民二初字第79号、第80号、第81号、第82号民事调解书,分别确认乙投资公司双倍返还定金700万元、700万元、750万元、800万元,合计2950万元。甲商贸公司随即向该法院申请执行,领取可供执行的款项2065万元。

【检察机关监督情况】

线索发现 2015年,武汉市人民检察院接到案外人相关举报,经对上述案件进行审查,初步梳理出如下案件线索:一是法院受理异常。双方只签订有一份《商品房订购协议书》,甲商贸公司却拆分提出四起诉讼;甲商贸公司已支付定金为1475万元,依据当时湖北省法院案件级别管辖规定，基层法院受理标的额在 800 万元以下的案件，本案明显属于为回避级别管辖规定而拆分起诉，法院受理异常。二是均适用简易程序由同一名审判人员审结，从受理到审理、制发调解书在 5 天内全部完成。三是庭审无对抗性，乙投资公司对甲商贸公司主张的事实、证据及诉讼请求全部认可，双方当事人及代理人在整个诉讼过程中陈述高度一致。四是均快速进入执行程序、快速执结。

调查核实 针对初步梳理的案件线索，武汉市人民检察院随即开展调查核实。第一步，通过裁判文书网查询到乙投资公司作为被告或被执行人的案件在武汉市蔡甸区人民法院已有 40 余件，总标的额 1.3 亿余元，乙投资公司已经资不抵债；第二步，通过银行查询执行款流向，发现甲商贸公司收到 2065 万元执行款后，将其中 1600 万元转账至乙投资公司法定代表人方某的个人账户，320 万元转账至丙公司、丁公司；第三步，通过查询工商信息，发现方某系乙投资公司法定代表人，而甲、乙、丙、丁四公司系关联公司，实际控制人均为成某某；第四步，调阅法院卷宗，发现方某本人参加了四起案件的全部诉讼过程；第五步，经进一步调查方某个人银行账户，发现方某在本案诉讼前后与武汉市蔡甸区人民法院民二庭原庭长杨某某之间存在金额达 100 余万元的资金往来。检察人员据此判断该四起案件可能是乙投资公司串通关联公司提起的虚假诉讼。经进一步审查发现，甲商贸公司、乙投资公司的实际控制人成某某通过受让债权取得乙投资公司 80% 的股权，后因经营不善产生巨额债务，遂指使甲商贸公司，伪造了以上《商品房订购协议书》，并将甲商贸公司其他业务的银行资金往来明细作为支付定金 1475 万元的证据，由甲商贸公司向武汉市蔡甸区人民法院提起诉讼，请求"被告乙投资公司双倍返还定金 2950 万元"，企图达到转移公司资产、逃避公司债务的非法目的。该院民二庭庭长杨某某在明知甲、乙投资公司的实际控制人为同一人，且该院对案件无管辖权的情况下，主动建议甲商贸公司将一案拆分为 4 个案件起诉；案件转审判庭后，杨某某向承办法官隐瞒上述情况，指示其按照简易程序快速调解结案；进入执行后，杨某某又将该案原、被告公司的实际控制人为同一人的情况告知本院执行二庭原庭长童某，希望快速执行。在杨某某、童某的参与下，案件迅速执行结案。

监督意见 2016 年 10 月 21 日，武汉市人民检察院就（2010）蔡民二初字第 79 号、第 80 号、第 81 号、第 82 号民事调解书，向武汉市中级人民法院提出抗诉,认为本案调解书认定的事实与案件真实情况明显不符,四起诉讼均系双方当事人恶意串通为逃避公司债务提起的虚假诉讼,应当依法纠正。首先,从《商品房订购协议书》的表面形式来看,明显与正常的商品房买卖交易惯例不符,连所订购房屋的具体位置、房号都没有约定;其次,乙投资公司法定代表人方某在刑事侦查中供述双方不存在真实的商品房买卖合同关系,四份商品房订购协议书系伪造,目的是通过双倍返还购房定金的方式转移公司资产,逃避公司债务;再次,在双方无房屋买卖交易的情况下,不存在支付及返还"定金"之说。证明甲商贸公司支付1475万元定金的证据是7张银行凭证,其中一笔600万的汇款人为案外人戊公司;甲商贸公司陆续汇入乙投资公司875万元后,乙投资公司又向甲商贸公司汇回175万元,甲商贸公司汇入乙投资公司账户的金额实际仅有700万元,且属于公司内部的调度款。

监督结果 2018年1月16日,武汉市中级人民法院对武汉市人民检察院抗诉的四起案件作出民事裁定,指令武汉市蔡甸区人民法院再审。2018年11月19日,武汉市蔡甸区人民法院分别作出再审判决:撤销武汉市蔡甸区人民法院(2010)蔡民二初字第79号、第80号、第81号、第82号四份民事调解书;驳回甲商贸公司全部诉讼请求。2017年,武汉市蔡甸区人民法院民二庭原庭长杨某某、执行二庭原庭长童某被以受贿罪追究刑事责任。

【指导意义】

1. 对于虚假诉讼形成的民事调解书,检察机关应当依法监督。虚假诉讼的民事调解有其特殊性,此类案件以调解书形式出现,从外表看是当事人在处分自己的民事权利义务,与他人无关。但其实质是当事人利用调解书形式达到了某种非法目的,获得了某种非法利益,或者损害了他人的合法权益。当事人这种以调解形式达到非法目的或获取非法利益的行为,利用了人民法院的审判权,从实质上突破了调解各方私益的范畴,所处分和损害的利益已不仅仅是当事人的私益,还妨碍司法秩序,损害司法权威,侵害国家和社会公共利益,应当依法监督。对于此类虚假民事调解,检察机关可以依照民事诉讼法的相关规定提出抗诉。

2. 注重对案件中异常现象的调查核实,查明虚假诉讼的真相。检察机关对办案中发现的异于常理的现象要进行调查,这些异常既包括交易的异常,也包括诉讼的异常。例如,合同约定和合同履行明显不符合交易惯例和常识,可能存在通谋的;案件的立、审、执较之同地区同类型案件异常迅速的;庭审过程明显缺乏对抗性,双方当事人在诉讼过程对主张的案件事实和证据高度一致等。检察机关要敏锐捕捉异常现象,有针对性运用调查核实措施,还案件事实以本来面目。

【相关规定】

《中华人民共和国民事诉讼法》第一百一十二条、第一百一十三条、第二百零八条、第二百一十条

《中华人民共和国刑法》第三百零七条之一

【检例第 54 号】

陕西甲实业公司等公证执行虚假诉讼监督案

【关键词】 虚假公证   非诉执行监督   检察建议

【要旨】

当事人恶意串通、捏造事实,骗取公证文书并申请法院强制执行,侵害他人合法权益,损害司法秩序和司法权威,构成虚假诉讼。检察机关对此类虚假诉讼应当依法监督,规范非诉执行行为,维护司法秩序和社会诚信。

【基本案情】

2011 年,陕西甲实业公司董事长高某因非法吸收公众存款罪被追究刑事责任;2012 年底,甲实业公司名下资产陕西某酒店被西安市中级人民法院查封拍卖,拍卖所得用于退赔集资款和偿还债务。

2013 年 11 月,高某保外就医期间与郗某、高某萍、高某云、王某、杜某、唐某、耿某等人商议,由高某以甲实业公司名义出具借条,虚构甲实业公司曾于 2006、2007 年向郗某等七人借款的事实,并分别签订还款协议书。2013 年 12 月,甲实业公司委托代理人与郗某等七人前往西安市莲湖区公证处,对涉案还款协议书分别办理《具有强制执行效力的债权文书公证书》,莲湖区公证处向郗某等七人出具《执行证书》。2013 年 12 月,郗某等七人依据《执行证书》,向西安市雁塔区人

民法院申请执行。2014年3月,西安市雁塔区人民法院作出执行裁定书,以甲实业公司名下财产被西安市中级人民法院拍卖,尚需等待分配方案确定后再恢复执行为由,裁定本案执行程序终结。西安市中级人民法院确定分配方案后,雁塔区人民法院恢复执行并向西安市中级人民法院上报郗某等七人债权请求分配。

【检察机关监督情况】

线索发现　2015年11月,检察机关接到债权人不服西安市中级人民法院制定的债权分配方案,提出高某所涉部分债务涉嫌虚构的举报。雁塔区人民检察院接到举报后,根据债权人提供的线索对高某所涉债务进行清查,发现该七起虚假公证案件线索。

调查核实　雁塔区人民检察院对案件线索依法进行调查核实。首先,到高某服刑的监狱和保外就医的医院对其行踪进行调查,并随即询问了王某、郗某、耿某,郗某等人承认了基于利益因素配合高某虚构甲实业公司借款的事实;其次,雁塔区人民检察院到公证机关调取公证卷宗,向西安市中级人民法院了解甲实业公司执行案件相关情况。经调查核实发现,高某与郗某等七人为套取执行款,逃避债务,虚构甲实业公司向郗某等七人借款1180万元的事实、伪造还款协议书等证据,并对虚构的借款事实进行公证,向西安市雁塔区人民法院申请强制执行该公证债权文书。

监督意见　在查明相关案件事实的基础上,2015年11月,雁塔区人民检察院将涉嫌虚假诉讼刑事案件的线索移交西安市公安局雁塔分局立案侦查。2016年9月23日,雁塔区人民检察院针对雁塔区人民法院的执行活动发出检察建议,指出甲实业公司与郗某等七人恶意串通,伪造借款凭据和还款协议,《执行证书》中的内容与事实不符,由于公证债权文书确有错误,建议依法不予执行。

监督结果　2016年10月24日,雁塔区人民法院回函称,经调取刑事卷宗中郗某等人涉嫌虚假诉讼犯罪的相关证据材料,确认相关公证内容确系捏造,经合议庭合议决定,对相关执行证书裁定不予执行。2017年7月16日,雁塔区人民法院作出(2017)陕0113执异153至159号七份执行裁定书,认定郗某等申请执行人在公证活动进行期间存在虚假行为,公证债权文书的内容与事实不符,裁定对相关公证书及执行证书不予执行。后高某等四人因构成虚假诉讼罪被追究刑事责任。

【指导意义】

1. 利用虚假公证申请法院强制执行是民事虚假诉讼的一种表现形式，应当加强检察监督。对债权文书赋予强制执行效力是法律赋予公证机关的特殊职能，经赋强公证的债权文书，可以不经诉讼直接成为人民法院的执行依据。近年来，对虚假债权文书进行公证的行为时有发生，一些当事人与他人恶意串通，对虚假的赠与合同、买卖合同，或抵偿债务协议进行公证，并申请法院强制执行，以达到转移财产、逃避债务的目的。本案中，甲实业公司与郗某等七人捏造虚假借款事实申请公证，并向人民法院申请强制执行、参与执行财产分配就属于此类情形，不仅损害了案外人的合法债权，同时也损害了诉讼秩序和司法公正，影响社会诚信。本案中，检察机关和公安机关已经查实系虚假公证，由检察机关建议人民法院不予执行较之利害关系人申请公证机关撤销公证更有利于保护债权人合法权益。

2. 加强对执行公证债权文书等非诉执行行为的监督，促进公证活动依法有序开展。根据《公证法》规定，公证机关应当对当事人的身份、申请办理该项公证的资格以及相应的权利；提供的文书内容是否完备，含义是否清晰，签名、印鉴是否齐全；提供的证明材料是否真实、合法、充分；申请公证的事项是否真实、合法等内容进行审查。检察机关在对人民法院执行公证债权文书等非诉执行行为进行监督时，如果发现公证机关未依照法律规定程序和要求进行公证的，应当建议公证机关予以纠正。

【相关规定】

《中华人民共和国民事诉讼法》第二百三十五条

最高人民法院、最高人民检察院《关于民事执行活动法律监督若干问题的规定》第三条

《中华人民共和国公证法》第二十八条

【检例第 55 号】

福建王某兴等人劳动仲裁执行虚假诉讼监督案

【关键词】 虚假劳动仲裁　仲裁执行监督　检察建议

【要旨】

为从执行款项中优先受偿,当事人伪造证据将普通债权债务关系虚构为劳动争议申请劳动仲裁,获取仲裁裁决或调解书,据此向人民法院申请强制执行,构成虚假诉讼。检察机关对此类虚假诉讼行为应当依法进行监督。

【基本案情】

2014 年,王某兴借款 339500 元给甲茶叶公司原法定代表人王某贵,多次催讨未果。2017 年 5 月,甲茶叶公司因所欠到期债务未偿还,厂房和土地被武平县人民法院拍卖。2017 年 7 月下旬,王某兴为实现其出借给王某贵个人的借款能从甲茶叶公司资产拍卖款中优先受偿的目的,与甲茶叶公司新法定代表人王某福(王某贵之子)商议申请仲裁事宜。双方共同编造甲茶叶公司拖欠王某兴、王某兴妻子及女儿等 13 人 414700 元工资款的书面材料,并向武平县劳动人事争议仲裁委员会申请劳动仲裁。2017 年 7 月 31 日,仲裁员曾某明在明知该 13 人不是甲茶叶公司员工的情况下,作出武劳仲案(2017)19 号仲裁调解书,确认甲茶叶公司应支付给王某兴等 13 人工资款合计 414700 元,由武平县人民法院在甲茶叶公司土地拍卖款中直接支付到武平县人力资源和社会保障局农民工工资账户,限于 2017 年 7 月 31 日履行完毕。同年 8 月 1 日,王某兴以另外 12 人委托代理人的身份向武平县人民法院申请强制执行。同月 4 日,武平县人民法院立案执行,裁定:(1)冻结、划拨甲茶叶公司在银行的存款;(2)查封、扣押、拍卖、变卖甲茶叶公司的所有财产;(3)扣留、提取甲茶叶公司的收入。

【检察机关监督情况】

线索发现 2017 年 8 月初,武平县人民检察院在开展执行监督专项活动中发现,在武平县人民法院对被执行人甲茶叶公司的拍卖款进行分配时，突然新增多名自称甲茶叶公司员工的申请执行人，以仲裁调解书为依据申请参与执行款分配。鉴于甲茶叶公司 2014 年就已停产，本案存在虚假仲裁的可能性。

调查核实 首先，检察人员调取了法院的执行卷宗，从 13 个申请执行人的住址、年龄和性别等身份信息初步判断，他们可能存在夫妻关系或其他亲戚关系，随后至公安机关查询户籍信息证实了申请执行人之间的上述亲属关系；其次，经查询工商登记信息，2013 年至 2015 年底，王某兴独资经营一家汽车修配公司，2015 年以后在广东佛山经营不锈钢制品，王某兴之女一直在外地居住，王某兴一家在甲茶叶公司工作的可能性不存在；再次，检察人员经对申请人执行人李某林、曾某秀夫妇进行调查询问，发现其长期经营百货商店，亦未在甲茶叶公司工作过，仲裁员曾某明与其有亲属关系；最后，检察人员经对王某福进行说服教育，王某福交待了其与王某兴合谋提起虚假仲裁的事实，王某兴亦承认其与另外 12 人均与甲茶叶公司不存在劳动关系，"授权委托书"上的签名系伪造，仲裁员曾某明清楚申请人与甲茶叶公司之间不存在劳动关系但仍出具了仲裁调解书。

监督意见 2017 年 8 月 24 日，武平县人民检察院向武平县劳动人事争议仲裁委员会发出检察建议书，指出王某兴、王某福虚构事实申请劳动仲裁，仲裁员在明知的情况下仍作出虚假仲裁调解书，使得王某贵的个人借款变成了甲茶业公司的劳动报酬债务，损害了甲茶业公司其他债权人的合法权益，建议撤销该案仲裁调解书。仲裁委撤销仲裁调解书后，2017 年 8 月 28 日，武平县人民检察院向武平县人民法院发出检察建议书，指出王某兴与王某福共同虚构事实获取仲裁调解书后向法院申请执行，法院据此裁定执行，损害了甲茶业公司其他债权人的合法权益，妨碍民事诉讼秩序，损害司法权威，且据以执行的仲裁调解书已被撤销，建议法院终结执行。

监督结果 2017 年 8 月 24 日，武平县劳动人事争议仲裁委员会作出武劳仲决（2017）1 号决定书，撤销武劳仲案（2017）19 号仲裁调解书。2017 年 8 月 29 日，武平县人民法院裁定终结（2017）闽 0824 执 888 号执行案件的执行，并于同年 9 月 25 日书面回复武平县人民检察院。王某兴、王某福因构成虚假诉讼罪被追究刑事责任，曾某明因构成枉法仲裁罪被追究刑事责任。

【指导意义】

1. 以虚假劳动仲裁申请执行是民事虚假诉讼的一种情形，应当加强检察监督。在清算、破产和执行程序中，立法和司法对职工工资债权给予了优先保护：在公司清算程序中职工工资优先支付；在破产程序中职工工资属于优先受偿债权；在执行程序中追索劳动报酬优先考虑。正是由于立法和司法的优先保护，有的债权人为实现自身普通债权优先受偿的目的，与债务人甚至仲裁员恶意串通，伪造证据，捏造拖欠劳动报酬的事实申请劳动仲裁，获取仲裁文书向人民法院申请执行。检察机关在对人民法院执行仲裁裁决书、调解书的活动进行法律监督时，应重点审查是否存在虚假仲裁行为，对查实为虚假仲裁的，应建议法院终结执行，防止执行款错误分配。注重加强与仲裁机构及其主管部门的沟通，共同防范虚假仲裁行为。

2. 办理虚假诉讼监督案件，应当保持对线索的高度敏感性。虚假诉讼案件的表面事实和证据与真实情况往往具有较大差距，当事人之间利益纠葛复杂，多存在通谋，检察机关要敏于发现案件线索，充分做好调查核实工作。本案中，检察人员在执行监督活动中发现虚假仲裁线索，及时开展调查核实工作，认真审查当事人之间的身份关系、户籍信息、经济往来等事项，分析当事人的从业、居住等情况，有步骤地开展调查工作，夯实证据基础，最终查清虚假劳动仲裁的事实。

3. 检察机关在办理虚假诉讼案件中，发现仲裁活动违法的，应当依法进行监督。根据《仲裁法》及《劳动争议调解仲裁法》的规定，仲裁裁决被撤销的法定情形包括：仲裁庭组成或者仲裁程序违反法定程序，裁决所根据的证据系伪造，对方当事人隐瞒了足以影响公正裁决的证据，仲裁员在仲裁该案时有索贿受贿，徇私舞弊，枉法裁决行为等。根据《人民检察院检察建议工作规定》，人民检察院可以直接向本院所办理案件的涉案单位、本级有关主管机关以及其他有关单位提出检察建议。检察机关在办理虚假诉讼案件中，发现仲裁裁决虚假的，应当依法发出检察建议要求纠正；发现仲裁员涉嫌枉法仲裁犯罪的，依法移送犯罪线索。

【相关规定】

《中华人民共和国民事诉讼法》第二百三十五条

最高人民法院、最高人民检察院《关于民事执行活动法律监督若干问题的规定》第一条

最高人民法院、最高人民检察院《关于办理虚假诉讼刑事案件适用法律若干问题的解释》第一条第三款、第二条第一款

最高人民法院《关于防范和制裁虚假诉讼的指导意见》第八条

《中华人民共和国仲裁法》第五十八条、第五十九条

《中华人民共和国劳动争议调解仲裁法》第四十九条

《人民检察院检察建议工作规定》第三条

【检例第 56 号】

江西熊某等交通事故保险理赔虚假诉讼监督案

【关键词】 保险理赔　伪造证据　民事抗诉

【要旨】

假冒原告名义提起诉讼，采取伪造证据、虚假陈述等手段，取得法院生效裁判文书，非法获取保险理赔款，构成虚假诉讼。检察机关在履行职责过程中发现虚假诉讼案件线索，应当强化线索发现和调查核实的能力，查明违法事实，纠正错误裁判。

【基本案情】

2012 年 10 月 21 日，张某驾驶轿车与熊某驾驶摩托车发生碰撞，致使熊某受伤、车辆受损，交通事故责任认定书认定张某负事故全部责任，熊某无责任。熊某伤情经司法鉴定为九级伤残。张某驾驶的轿车在甲保险公司投保交强险和商业第三者责任险。

事故发生后，熊某经他人介绍同意由周某与保险公司交涉该案保险理赔事宜，但并未委托其提起诉讼，周某为此向熊某支付了 5 万元。张某亦经同一人介绍同意将该案保险赔偿事宜交周某处理，并出具了委托代理诉讼的《特别授权委托书》。2013 年 3 月 18 日，周某冒用熊某的名义向上饶市信州区人民法院提起诉讼，周某冒用熊某名义签署起诉状和授权委托书，冒用委托代理人的名义签署庭审笔录、宣判笔录和送达回证，熊某及被冒用的"委托代理人"对此均不知情。该案中，周某还作为张某的诉讼代理人参加诉讼。

此外，本案事故发生时，熊某为农村户籍，从事钢筋工工作，居住上饶县某某村家中，而周某为实现牟取高额保险赔偿金的目的，伪造公司证明和工资表，并利用虚假材料到公安机关开具证明，证明熊某在2011年9月至2012年10月在县城工作并居住。2013年6月17日，上饶市信州区人民法院作出（2013）信民一初字第470号民事判决，判令甲保险公司在保险限额内向原告熊某赔偿医疗费、伤残赔偿金、被抚养人生活费等共计118723.33元。甲保险公司不服一审判决，上诉至上饶市中级人民法院。2013年10月18日，上饶市中级人民法院作出（2013）饶中民一终字第573号民事调解书，确认甲保险公司赔偿熊某医疗费、残疾赔偿金、被抚养人生活费等共计106723元。

【检察机关监督情况】

线索发现 2016年3月，上饶市检察机关在履行职责中发现，熊某在人民法院作出生效裁判后又提起诉讼，经调阅相关卷宗，发现周某近两年来代理十余件道路交通事故责任涉保险索赔案件，相关案件中存在当事人本人未出庭、委托代理手续不全、熊某的工作证明与个人基本情况明显不符等疑点，初步判断有虚假诉讼嫌疑。

调查核实 根据案件线索，检察机关重点开展了以下调查核实工作：一是向熊某本人了解情况，查明2013年3月18日的民事起诉状非熊某本人的意思表示，起诉状中签名也非熊某本人所签，熊某本人对该起诉讼毫不知情，并不认识起诉状中所载原告委托代理人，亦未委托其参加诉讼；二是向有关单位核实熊某出险前的经常居住地和工作地，查明周某为套用城镇居民人均可支配收入的赔偿标准获取非法利益，指使某汽车服务公司伪造了熊某工作证明和居住证明；三是对周某代理的13件道路交通事故保险理赔案件进行梳理，发现均涉嫌虚假诉讼，本案最为典型；四是及时将线索移送公安机关，进一步查实了周某通过冒用他人名义虚构诉讼主体、伪造授权委托书、伪造工作证明以及利用虚假证据材料骗取公安机关证明文件等事实。

监督意见 2016年6月26日，上饶市人民检察院提请抗诉。2016年11月5日，江西省人民检察院提出抗诉，认为上饶市中级人民法院（2013）饶中民一终字第573号民事调解书系虚假调解，周某伪造原告起诉状、假冒原告及其诉讼代理人提起虚假诉讼，非法套取高额保险赔偿金，扰乱诉讼秩序，损害社会公共利益和他人合法权益。

监督结果 2017年8月1日，江西省高级人民法院作出（2017）

赣民再第 45 号民事裁定书，认为本案是一起由周某假冒熊某诉讼代理人向法院提起的虚假诉讼案件，熊某本人及被冒用的诉讼代理人并未提起和参加诉讼，原一审判决和原二审调解书均有错误，裁定撤销，终结本案审理程序。同时，江西省高级人民法院还作出（2017）赣民再第 45 号民事制裁决定书，对周某进行民事制裁。2019 年 1 月，上饶市中级人民法院决定对一审法官、信州区人民法院立案庭副庭长戴某给予撤职处分。

【指导意义】

检察机关办理民事虚假诉讼监督案件，应当强化线索发现和调查核实的能力。虚假诉讼具有较强的隐蔽性和欺骗性，仅从诉讼活动表面难以甄别，要求检察人员在履职过程中有敏锐的线索发现意识。本案中，就线索发现而言，检察人员注重把握了以下几个方面：一是庭审过程的异常，"原告代理人"或无法发表意见，或陈述、抗辩前后矛盾；二是案件材料和证据异常，熊某工作证明与其基本情况、履历明显不符；三是调解结案异常，甲保险公司二审中并未提交新的证据，"原告代理人"为了迅速达成调解协议，主动提出减少保险赔偿数额，不符合常理。以发现的异常情况为线索，开展深入地调查核实工作，是突破案件瓶颈的关键。根据案件具体情况，可以综合运用询问有关当事人或者知情人，查阅、调取、复制相关法律文书或者证据材料、案卷材料，查询财务账目、银行存款记录，勘验、鉴定、审计以及向有关部门进行专业咨询等调查措施。同时，应主动加强与公安机关、人民法院、司法行政部门的沟通协作。本案中，检察机关及时移送刑事犯罪案件线索，通过公安机关侦查取证手段，查实了周某虚假诉讼的事实。

【相关规定】

《中华人民共和国民事诉讼法》第二百零八条

《人民检察院民事诉讼监督规则（试行）》第二十三条

最高人民检察院
关于印发最高人民检察院第十五批指导性案例的通知

（2019年9月9日）

各省、自治区、直辖市人民检察院，解放军军事检察院，新疆生产建设兵团人民检察院：

经2019年7月29日最高人民检察院第十三届检察委员会第二十二次会议决定，现将某实业公司诉某市住房和城乡建设局征收补偿认定纠纷抗诉案等三件指导性案例（检例第57－59号）作为第十五批指导性案例发布，供参照适用。

最高人民检察院
2019年9月9日

【检例第57号】

某实业公司诉某市住房和城乡建设局征收补偿认定纠纷抗诉案

【关键词】 行政抗诉　征收补偿　依职权监督　调查核实

【要旨】

人民检察院办理行政诉讼监督案件，应当秉持客观公正立场，既保护行政相对人的合法权益，又支持合法的行政行为。依职权启动监督程序，不以当事人向人民法院申请再审为前提。认为行政判决、裁定可能存在错误，通过书面审查难以认定的，应当进行调查核实。

【基本案情】

2015年9月,某市政府决定对某片区实施棚户区改造项目房屋征收,市住房和城乡建设局(简称市住建局)依据土地房屋登记卡、测绘报告及房屋分户面积明细表,向某实业公司作出房屋征收补偿面积的复函,认定案涉大厦第四层存在自行加建面积为203.78平方米,第五层存在自行加建面积为929.93平方米,对自行加建部分按照建安成本给予某实业公司补偿。实业公司不服,认为第四层的203.78平方米和第五层的187.26平方米是规划许可允许建造且在案涉大厦建成时一并建造完成,并系经过法院裁定、判决而合法受让,遂向该市某区人民法院起诉,请求:确认复函违法并撤销;确认争议部分建筑合法并按非住宅房屋价值给予补偿。

2016年8月1日,区人民法院作出行政判决,认为:案涉大厦目前尚未取得房屋所有权证,应当以规划许可的建筑面积来认定是否属于自行加建面积。土地房屋登记卡记载的面积,连同第四层和第五层的争议面积,共计5560.55平方米,未超过规划许可证件载明的面积5674.62平方米,应当认定争议建筑具有合法效力。某测绘公司2011年11月13日受法院委托,对案涉大厦进行测绘后出具了测绘报告,2015年12月25日该测绘公司受市政府委托对该大厦测绘后出具测绘报告及房屋分户面积明细表,二者相互矛盾,2011年测绘报告被市中级人民法院另案判决采信在先,其证明效力应当优于2015年出具的房屋分户面积明细表,因此对市住建局复函依据的房屋分户面积明细表不予采信。该判决还认为:该市中级人民法院另案民事判决将争议建筑作为合法财产分割归某实业公司所有,是发生法律效力的物权设立决定,应当认定争议的面积不是自行加建的面积。遂判决确认市住建局复函违法,责令其对争议部分建筑按非住宅房屋的补偿标准给予安置补偿或者货币补偿。

一审判决后,双方当事人均未提起上诉,也未申请再审。

【检察机关监督情况】

线索发现。2018年4月,该市人民检察院在处理当事人来函信件中发现该案判决可能存在错误,非住宅补偿标准(每平方米约3万元)与建安成本(每平方米约2000元)差距巨大,如果按照判决进行补偿,不仅放纵违法建设行为,而且政府将多支付补偿款1000余万元,严重损害国家利益,根据《人民检察院行政诉讼监督规则(试行)》第九条第一项之规定，决定依职权启动监督程序。

调查核实。市人民检察院在审查案件过程中，发现一审期间实业公司提供的案涉大厦规划许可证件复印件是判决的关键证据之一，与其他证据存在矛盾，遂开展了以下调查核实工作：一是向法院调取案件卷宗材料；二是向市规划委员会、市不动产登记中心等单位调取规划许可证件及相关文件；三是向市不动产登记中心等单位及工作人员询问了解规划许可证件等文件复印件的来源和审核情况。经对以上材料进行审查和比对，发现法院卷宗中的规划许可证件等文件复印件记载的面积与市规划委员会保存的规划许可证件等文件原件记载的面积不一致。最终查明：实业公司向法院提供的规划许可证件等三份文件复印件，是从市不动产登记中心查询复印的，而该中心保存的这三份材料又是实业公司在申请办理房证时提供的复印件。市规划委员会于2018年7月19日向人民检察院出具的《关于协助说明规划许可相关内容的复函》证明：案涉大厦建筑规划许可总建筑面积为5074.62平方米。据此认定，实业公司提供的规划许可证件等3份文件复印件中5674.62平方米的面积系经涂改，规划许可的建筑面积应为5074.62平方米，二者相差600平方米。

监督意见。市人民检察院审查后，认为区人民法院行政判决认定事实的主要证据系变造，且事实认定和法律适用存在错误。第一，2015年测绘报告的房屋分户面积明细表是受市人民政府委托，为了征收某片区棚户区改造项目房屋，对整个大厦建筑面积包括合法、非法加建面积而进行的测绘，应当作为认定争议面积是否属于合法建筑面积的依据。而2011年测绘报告则是另案为了处理有关当事人关于某酒店共有产权民事纠纷而进行的测绘，未就争议建筑部分是否合法予以认定或区分，不应作为认定建筑是否合法的依据。第二，根据检察机关调查核实情况，判决认定规划许可面积错误，以此为标准认定实际建筑面积未超过规划许可面积也存在错误。第三，根据市国土局土地房屋登记卡及附件、2015年测绘报告的房屋分户面积明细表等证据，应当认定第四层、第五层存在擅自加建。第四，另案民事判决是对房屋权属进行的分割和划分，不应当作为认定建筑是否合法的依据。判决认定争议建筑不是自行加建，存在错误。市人民检察院遂于2018年11月22日依法向市中级人民法院提出抗诉。

监督结果。市中级人民法院经过审查，于2018年12月3日作出行政裁定书,指令某区人民法院再审。2019年1月8日,实业公司向某区人民法院提交撤诉申请。某区人民法院依照《中华人民共和国行政诉讼法》第六十二条之规定,裁定:(1)撤销本院原行政判决书;(2)准许实业公司撤回对市住建局的起诉。

2019年3月6日,市中级人民法院对实业公司另案起诉的市住建局强制拆除行为违法及赔偿纠纷案作出终审行政判决,认定实业公司提交的案涉大厦规划许可证件等文件中5674.62平方米是经涂改后的面积,规划许可建筑面积应为5074.62平方米。实业公司对法院认定的上述事实无异议。该案最终判决驳回实业公司的诉讼请求。对变造证据行为的责任追究,另案处理。

【指导意义】

1. 人民检察院办理行政诉讼监督案件,应当秉持客观公正立场,既注重保护公民、法人和其他组织的合法权益,也注重支持合法的行政行为,保护国家利益和社会公共利益。人民检察院行政诉讼监督的重要任务是维护社会公平正义,监督人民法院依法审判和执行,促进行政机关依法行政。人民检察院是国家的法律监督机关,应当居中监督,不偏不倚,依法审查人民法院判决、裁定所基于的事实根据和法律依据,发现行政判决、裁定确有错误,符合法定监督条件的,依法提出抗诉或再审检察建议。本案中,人民检察院通过抗诉,监督人民法院纠正了错误判决,保护了国家利益,维护了社会公平正义。

2. 人民检察院依职权对行政裁判结果进行监督,不以当事人申请法院再审为前提。按照案件来源划分,对行政裁判结果进行监督分为当事人申请监督和依职权监督两类。法律规定当事人在申请检察建议或抗诉之前应当向法院提出再审申请,目的是为了防止当事人就同一案件重复申请、司法机关多头审查。人民检察院是国家的法律监督机关,是公共利益的代表,担负着维护司法公正、保证法律统一正确实施、维护国家利益和社会公共利益的重要任务,对于符合《人民检察院行政诉讼监督规则(试行)》第九条规定的行政诉讼案件,应当从监督人民法院依法审判、促进行政机关依法行政的目的出发,充分发挥检察监督职能作用,依职权主动进行监督,不受当事人是否申请再审的限制。本案中,虽然当事人未上诉也未向法院申请再审,但人民检察院发现存在损害国家利益的情形,遂按照《人民检察院行政诉讼监督规则(试行)》第九条第一项的规定,依职权启动了监督程序。

3. 人民检察院进行行政诉讼监督，通过书面审查卷宗、当事人提供的材料等对有关案件事实难以认定的，应当进行调查核实。《人民检察院组织法》规定，人民检察院行使法律监督权，可以进行调查核实。办理行政诉讼监督案件，通过对卷宗、当事人提供的材料等进行书面审查后，对有关事实仍然难以认定的，为查清案件事实，确保精准监督，应当进行调查核实。根据《人民检察院行政诉讼监督规则（试行）》等相关规定，调查核实可以采取以下措施：（1）查询、调取、复制相关证据材料；（2）询问当事人或者案外人；（3）咨询专业人员、相关部门或者行业协会等对专门问题的意见；（4）委托鉴定、评估、审计；（5）勘验物证、现场；（6）查明案件事实所需要采取的其他措施。调查核实的目的在于查明人民法院的行政判决、裁定是否存在错误，审判和执行活动是否符合法律规定，为决定是否监督提供依据和参考。本案中，市住建局作出复函时已有事实根据和法律依据，并在诉讼中及时向法庭提交，但法院因采信原告提供的虚假证据作出了错误判决。检察机关通过调查核实，向原审人民法院调取案件卷宗，向规划部门调取规划许可证件等文件原件，向出具书证的不动产登记中心及工作人员了解询问规划许可证件等文件复印件的形成过程，进而查明原审判决采信的关键证据存在涂改，为检察机关依法提出抗诉提供了根据。

【相关规定】

《中华人民共和国人民检察院组织法》第六条、第二十一条

《中华人民共和国行政诉讼法》第九十一条、第九十三条、第一百零一条

《中华人民共和国民事诉讼法》第二百一十条

《人民检察院行政诉讼监督规则（试行）》第九条、第十三条、第三十六条

《人民检察院民事诉讼监督规则（试行）》第六十六条

【检例第58号】

浙江省某市国土资源局申请强制执行杜某非法占地处罚决定监督案

【关键词】 行政非诉执行监督　违法占地　遗漏请求事项　专项监督

【要旨】

人民检察院行政非诉执行监督要发挥监督法院公正司法、促进行政机关依法行政的双重监督功能。发现人民法院对行政非诉执行申请裁定遗漏请求事项的，应当依法监督。对于行政非诉执行中的普遍性问题，可以以个案为切入点开展专项监督活动。

【基本案情】

2014年5月，浙江省某市某区某镇村民杜某未经批准，擅自在该村占用土地681.46平方米，其中建造活动板房112.07平方米，硬化水泥地面569.39平方米。市国土资源局认为杜某的行为违反了《中华人民共和国土地管理法》和《基本农田保护条例》规定，根据《中华人民共和国土地管理法》第七十六条、《中华人民共和国土地管理法实施条例》第四十二条及《浙江省国土资源行政处罚裁量权执行标准》规定，作出行政处罚决定：（1）责令退还非法占用土地681.46平方米；（2）对其中符合土地利用总体规划的45.46平方米土地上的建筑物和设施，予以没收；（3）对不符合土地利用总体规划的636平方米土地（基本农田）上的建筑物和设施，予以拆除；（4）对非法占用规划内土地45.46平方米的行为处以每平方米11元的罚款，非法占用规划外土地636平方米的行为处以每平方米21元的罚款，共计人民币13856.06元。杜某在规定的期限内未履行该处罚决定第3项和第4项内容，亦未申请行政复议或提起行政诉讼，经催告仍未履行。市国土资源局遂于2017年7月21日向某市某区人民法院申请强制执行杜某违法占地行政处罚决定第3项和第4项内容。区人民法院立案受理后，于2017年7月25日作出行政裁定书，裁定准予执行市国土资源局行政处罚决定第3项内容，并由某镇政府组织实施。某镇政府未在法定期限内执行法院裁定。

【检察机关监督情况】

线索发现。区人民检察院在办理其他案件过程中发现该案线索。经初步调查了解,某镇政府未根据法院裁定书内容组织实施拆除,土地未恢复至复耕条件,杜某也未履行缴纳罚款的义务,遂依职权启动监督程序。

调查核实。根据案件线索,检察机关重点开展了以下调查核实工作:一是向法院调阅了案件卷宗材料;二是向当地国土管理部门工作人员了解案涉行政处罚决定执行情况和申请法院强制执行的情况;三是检察人员到违法占地现场进行实地查看。最终查明:市国土资源局的行政处罚决定有充分的事实根据,申请法院强制执行符合法律规定,目前行政处罚决定中罚款仍未缴纳,法院裁定拆除的地上建筑物和设施亦未被拆除。

监督意见。2018年5月,区人民检察院分别向区人民法院和某镇政府提出检察建议,建议区人民法院查明该案未就行政处罚决定第4项罚款作出裁定的原因,并依法处理,建议某镇政府查明违法建筑物和设施未拆除的原因,并依法处置。

监督结果。区人民法院收到检察建议后于2018年5月30日作出补充裁定,准予强制执行市国土资源局作出的13856.06元罚款决定,7月该款执行到位。某镇政府收到检察建议后,迅速行动,案涉违法建筑物和设施于2018年7月被拆除。

专项监督。区人民检察院在办理该案过程中,发现农村违法占地行政处罚未执行到位问题突出,遂决定就国土资源领域行政非诉执行开展专项监督活动,共监督法院裁定遗漏强制执行请求事项等案件17件,乡镇街道未执行法院裁判文书确定的义务案件18件。市人民检察院通过认真研究后发现辖区内类似问题较多,遂于2018年5月在全市检察机关开展专项监督活动。截至2019年2月专项活动结束时,通过检察机关监督,全市共整治拆除各类违法建筑物及设施45.5万平方米,恢复土地原状23万平方米,退还非法占用土地21.7万平方米。市中级人民法院针对检察机关专项监督活动中发现的问题,在全市法院系统开展专项评查,有效规范了行政非诉执行的受理、审查和实施等活动。

【指导意义】

1. 人民检察院履行行政非诉执行监督职能,应当发挥既监督人民法院公正司法又促进行政机关依法行政的双重功能,实现双赢多赢共赢。行政非诉执行监督对于促进人民法院依法、公正、高效履行行政非诉执行职能,促进行政机关依法履行职责,维护公共利益和社会秩序,保护公民、法人和其他组织的合法权益,具有重要作用。人民检察院对人民法院行政非诉执行的受理、审查和实施等各个环节开展监督,针对存在的违法情形提出检察建议,有利于促进人民法院依法审查行政决定、正确作出裁定并实施,防止对违法的行政决定予以强制执行,保护行政相对人的合法权益。开展行政非诉执行监督,应当注意审查行政行为的合法性,包括是否具备行政主体资格、是否明显缺乏事实根据、是否明显缺乏法律法规依据、是否损害被执行人合法权益等。对于行政行为明显违法,人民法院仍裁定准予执行的,应当向人民法院和行政机关提出检察建议予以纠正,防止被执行人合法权益受损。对于行政行为符合法律规定的,应当引导行政相对人依法履行法定义务,支持行政机关依法行政。

2. 人民法院对行政非诉执行申请裁定遗漏请求事项的,人民检察院应当依法提出检察建议予以监督。根据《中华人民共和国行政强制法》第五十七条和第五十八条的规定,人民法院受理行政机关强制执行申请后进行书面审查,应当对行政机关提出的强制执行申请请求事项作出是否准予执行的裁定。本案中,市国土资源局向区人民法院申请强制执行的项目中包括强制执行13856.06元罚款,但区人民法院却未对该请求事项予以裁定,致使罚款无法通过强制执行方式收缴,影响了行政决定的公信力。人民检察院应当对人民法院遗漏申请事项的裁定依法提出检察建议予以纠正。

3. 人民检察院应当坚持在办案中监督、在监督中办案的理念,在办理行政非诉执行监督案件过程中,注重以个案为突破口,积极开展专项活动,促进一个区域内一类问题的解决。人民检察院履行行政非诉执行监督职责,要注重举一反三,深挖细查,以小见大,以点带面,针对人民法院行政非诉执行受理、审查和实施等各个环节存在的普遍性问题开展专项活动,实现办理一案、影响一片的监督效果。某市两级检察机关在成功办理本案的基础上,开展专项监督活动,有力推进了全市国土资源领域"执行难"等问题的解决,促进了行政管理目标的实现。市中级人民法院针对检察机关专项监督活动中发现的问题,在全市法院系统开展专项评查,规范了行政非诉执行活动。

【相关规定】

《中华人民共和国行政诉讼法》第十一条、第九十七条、第一百零一条

《中华人民共和国民事诉讼法》第二百三十五条

《中华人民共和国行政强制法》第五十三条、第五十七条、第五十八条

《人民检察院行政诉讼监督规则（试行）》第二十九条

《最高人民法院最高人民检察院关于民事执行活动法律监督若干问题的规定》第一条、第二十一条

《人民检察院检察建议工作规定》第十一条

【检例第 59 号】

湖北省某县水利局申请强制执行肖某河道违法建设处罚决定监督案

【关键词】 行政非诉执行监督　河道违法建设　强制拆除

【要旨】

办理行政非诉执行监督案件，应当查明行政机关对相关事项是否具有直接强制执行权，对具有直接强制执行权的行政机关向人民法院申请强制执行，人民法院不应当受理而受理的，应当依法进行监督。人民检察院在履行行政非诉执行监督职责中，发现行政机关的行政行为存在违法或不当履职情形的，可以向行政机关提出检察建议。

【基本案情】

2011 年 9 月，湖北省某县村民肖某未经许可，擅自在某水库库区（河道）管理范围内 316 国道某大桥下建房（房基）5 间，占地面积 289.8 平方米。2011 年 11 月 3 日，某县水利局根据《中华人民共和国水法》第六十五条作出《行政处罚决定书》，要求肖某立即停止在桥下建房的违法行为，限 7 日内拆除所建房屋，恢复原貌；罚款 5 万元；并告知肖某不服处罚决定申请复议和提起诉讼的期限，注明期满不申请复

议、不起诉又不履行处罚决定，将依法申请人民法院强制执行。肖某在规定的期限内未履行该处罚决定，亦未申请复议或提起行政诉讼。2012年3月29日，县水利局向法院申请强制执行。2012年4月23日，县人民法院作出行政裁定书，裁定准予执行行政处罚决定，责令肖某履行处罚决定书确定的义务。但肖某未停止违法建设，截至2017年4月，肖某已在河道区域违法建成四层房屋，建筑面积约520平方米。

【检察机关监督情况】

线索发现。县人民检察院于2017年4月通过某日报《"踢皮球"执法现象何时休？》的报道发现案件线索，依职权启动监督程序。检察机关经调查发现，肖某在河道内违法建设的行为持续多年，违反了国家河道管理规定，违法建筑物严重影响行洪、防洪安全。水利局和法院对违法建筑物未被强制拆除的原因则各执一词。法院认为，对违反水法的建筑物，水利局是法律明确授予强制执行权的行政机关，法院不能作为该案强制执行主体。但水利局认为，其没有强制执行手段，应当由法院强制执行。

监督意见。检察机关审查认为：法律没有赋予水利局采取查封、扣押、冻结、划拨财产等强制执行措施的权力，对于不缴纳罚款的，水利局可以向法院申请强制执行；但根据行政强制法和水法等相关规定，水利局对于河道违法建筑物具有强行拆除的权力，不应当向法院申请强制执行。因此，水利局向法院申请执行行政处罚决定中的拆除违法建筑物部分，法院不应当受理而受理并裁定准予执行，违反法律规定。县人民检察院于2017年5月向县水利局提出检察建议，建议其依法强制拆除违法建筑物；同年8月向县人民法院提出检察建议，建议其依法履职、规范行政非诉执行案件受理等工作。

监督结果。县水利局收到检察建议后，立即向当地党委政府报告。在县委、县政府的大力支持下，河道违法建筑物被依法拆除。县人民法院收到检察建议后，回复表示今后要加强案件审查，对行政机关具有强制执行权而向法院申请强制执行的案件裁定不予受理。

【指导意义】

1. 人民检察院办理行政非诉执行监督案件，应当依法查明行政机关对相关事项是否具有直接强制执行权。我国行政强制法规定的行政强制执行，包括行政机关直接强制执行和行政机关申请人民法院强制执行两种类型。法律赋予某些行政机关以直接强制执行权的主要目的是提高行政效率，及时执行行政决定。如果行政机关有直接强制执行权，又向人民法院申请执行，不但浪费司法资源，而且容易引起相互推诿，降低行政效率。人民检察院办理行政非诉执行监督案件，应当查明行政机关是否具有直接强制执行权，对具有直接强制执行权的行政机关向人民法院申请强制执行，人民法院不应当受理而受理的，应当依法进行监督。《中华人民共和国水法》第六十五条第一款规定，"在河道管理范围内建设妨碍行洪的建筑物、构筑物，或者从事影响河势稳定、危害河岸堤防安全和其他妨碍河道行洪的活动的，由县级以上人民政府水行政主管部门或者流域管理机构依据职权，责令停止违法行为，限期拆除违法建筑物、构筑物，恢复原状；逾期不拆除、不恢复原状的，强行拆除……"根据上述规定，对河道管理范围内妨碍行洪的建筑物、构筑物，水行政主管部门具有直接强行拆除的权力。但在本案中，水利局本应直接强制执行，却向人民法院申请执行，人民法院不应当受理而受理、不应当裁定准予执行而裁定准予执行，致使两个单位相互推诿，河道安全隐患长期得不到消除，人民检察院依法提出检察建议，促进了问题的解决。

2. 人民检察院在履行行政非诉执行监督职责中，发现行政机关的行政行为存在违法或不当履职情形的，可以向行政机关提出检察建议。《人民检察院检察建议工作规定》第十一条规定，"人民检察院在办理案件中发现社会治理工作存在下列情形之一的，可以向有关单位和部门提出改进工作、完善治理的检察建议：……（四）相关单位或者部门不依法及时履行职责，致使个人或者组织合法权益受到损害或者存在损害危险，需要及时整改消除的；……"根据上述规定，检察机关发现行政机关向人民法院提出强制执行申请存在不当，怠于履行法定职责的，应当向行政机关提出检察建议。对由于行政机关违法行为致使损害持续存在甚至继续扩大的，应当更加重视，优先快速办理，促进行政执行效率提高，及时消除损害、减少损失，维护人民群众的合法权益。本案中，检察机关针对水利局怠于履职行为，依法提出检察建议，促使河道违法建筑物被拆除，保障了行洪、泄洪安全，保护了当地人民群众的生命财产安全。

【相关规定】

《中华人民共和国行政诉讼法》第二十五条、第九十七条、第一百零一条

《中华人民共和国民事诉讼法》第二百三十五条

《中华人民共和国行政强制法》第四条、第十三条、第三十四条、第四十四条、第五十三条

《中华人民共和国水法》第三十七条、第六十五条

《人民检察院行政诉讼监督规则（试行）》第二十九条

《人民检察院检察建议工作规定》第十一条

最高人民检察院
关于印发最高人民检察院第十六批指导性案例的通知

（2019年12月20日　高检发办字〔2019〕114号）

各级人民检察院：

经2019年12月2日最高人民检察院第十三届检察委员会第二十八次会议通过，现将刘强非法占用地案等四件指导性案例（检例60－63号）作为第十六批指导性案例发布，供参照适用。

最高人民检察院

2019年12月20日

【检例第60号】

刘强非法占用农用地案

【关键词】　非法占用农用地罪　永久基本农田　"大棚房"　非农建设改造

【要旨】

行为人违反土地管理法规，在耕地上建设"大棚房""生态园""休闲农庄"等，非法占用耕地数量较大，造成耕地等农用地大量毁坏的，应当以非法占用农用地罪追究实际建设者、经营者的刑事责任。

【基本案情】

被告人刘强，男，1979年10月出生，北京大道千字义文化发展有限公司法定代表人。2008年1月，因犯敲诈勒索罪被北京市海淀区人民法院判处有期徒刑二年，缓刑二年。

2016年3月，被告人刘强经人介绍以人民币1000万元的价格与北京春杰种植专业合作社（以下简称合作社）的法定代表人池杰商定，受让合作社位于延庆区延庆镇广积屯村东北蔬菜大棚377亩集体土地使用权。同年4月15日，刘强指使其司机刘广岐与池杰签订转让意向书，约定将合作社土地使用权及地上物转让给刘广岐。同年10月21日，合作社的法定代表人变更为刘广岐。其间，刘强未经国土资源部门批准，以合作社的名义组织人员对蔬菜大棚园区进行非农建设改造，并将园区命名为"紫薇庄园"。截至2016年9月28日，刘强先后组织人员在园区内建设鱼池、假山、规划外道路等设施，同时将原有蔬菜大棚加高、改装钢架，并将其一分为二，在其中各建房间，每个大棚门口铺设透水砖路面，外垒花墙。截至案发，刘强组织人员共建设"大棚房"260余套（每套面积350平方米至550平方米不等，内部置橱柜、沙发、藤椅、马桶等各类生活起居设施），并对外出租。经北京市国土资源局延庆分局组织测绘鉴定，该项目占用耕地28.75亩，其中含永久基本农田22.84亩，造成耕地种植条件被破坏。

截至2017年4月，北京市规划和国土资源管理委员会、延庆区延庆镇人民政府先后对该项目下达《行政处罚决定书》《责令停止建设通知书》《限期拆除决定书》，均未得到执行。2017年5月，延庆区延庆镇人民政府组织有关部门将上述违法建设强制拆除。

【指控与证明犯罪】

2017年5月10日，北京市国土资源局延庆分局向北京市公安局延庆分局移送刘广岐涉嫌非法占用农用地一案，5月13日，北京市公安局延庆分局对刘广岐涉嫌非法占用农用地案立案侦查，经调查发现刘强有重大嫌疑。2017年12月5日，北京市公安局延庆分局以刘强涉嫌非法占用农用地罪，将案件移送北京市延庆区人民检察院审查起诉。

审查起诉阶段，刘强拒不承认犯罪事实，辩称：1. 自己从未参与紫薇庄园项目建设，没有实施非法占地的行为。2. 紫薇庄园项目的实际建设者、经营者是刘广岐。3. 自己与紫薇庄园无资金往来。4. 蔬菜大棚改造项目系设施农业，属于政府扶持项目，不属于违法行为。刘广岐虽承认自己是合作社的法定代表人、项目建设的出资人，但对于转让意向书内容、资金来源、大棚内施工建设情况语焉不详。

为进一步查证紫薇庄园的实际建设者、经营者，北京市延庆区人民检察院将案件退回公安机关补充侦查，要求补充查证：1. 调取刘强、刘广岐、池杰、张红军（工程承包方）之间的资金往来凭证，核实每笔资金往来的具体操作人，对全案账目进行司法会计鉴定，了解资金的来龙去脉，查实资金实际出让人和受让人。2. 寻找关键证人会计李祥彬，核实合作社账目与刘强个人账户的资金往来，确定刘强、刘广岐在紫薇庄园项目中的地位作用。3. 就测量技术报告听取专业测量人员的意见，查清所占耕地面积。

经补充侦查，北京市公安局延庆分局收集到证人李祥彬的证言，证实了合作社是刘强出资从池杰手中购买，李祥彬受刘强邀请负责核算合作社的收入和支出。会计师事务所出具的司法鉴定意见书，证实了资金往来去向。在补充侦查过程中，侦查机关调取了紫薇庄园临时工作人员胡楠等人的证言，证实刘广岐是刘强的司机；刘广岐受刘强指使在转让意向书中签字，并担任合作社法定代表人，但其并未与刘强共谋参与非农建设改造事宜。针对辩护律师对测量技术报告数据的质疑，承办检察官专门听取了参与测量人员的意见，准确掌握所占耕地面积。

2018年5月23日，北京市延庆区人民检察院以刘强犯非法占用农用地罪向北京市延庆区人民法院提起公诉。7月2日，北京市延庆区人民法院公开开庭审理了本案。

法庭调查阶段，公诉人宣读起诉书，指控被告人刘强违反土地管理法规，非法占用耕地进行非农建设改造，改变被占土地用途，造成耕地大量毁坏，其行为构成非法占用农用地罪。针对以上指控的犯罪事实，公诉人向法庭出示了四组证据予以证明：

一是现场勘测笔录、《测量技术报告书》《非法占用耕地破坏程度鉴定意见》、现场照片78张等，证明紫薇庄园园区内存在非法占地行为，改变被占土地用途且数量较大，造成耕地大量毁坏。

二是合作社土地租用合同，设立、变更登记材料，转让意向书，合作社大棚改造工程相关资料，延庆镇政府、北京市国土资源局延庆分局提供的相关书证等证据，证明合作社土地使用权受让相关事宜，以及未经国土资源部门批准，刘强擅自对园区土地进行非农建设改造，并拒不执行行政处罚。

三是司法鉴定意见书、案件相关银行账户的交易流水及凭证、合作社转让改造项目的参与人证言及被告人的供述与辩解等证据材料，证明刘强是紫薇庄园非农建设改造的实际建设者、经营者及合作社改造项目资金来源、获利情况等。

四是紫薇庄园宣传材料、租赁合同、大棚房租户、池杰、李祥彬证人证言等，证明刘强修建大棚共196个，其中东院136个，西院60个，每个大棚都配有耳房，面积约10至20平方米；刘强将大棚改造后，命名为"紫薇庄园"对外宣传，"大棚房"内有休闲、娱乐、居住等生活设施，对外出租，造成不良社会影响。

被告人刘强对公诉人指控的上述犯罪事实没有异议，当庭认罪。

法庭辩论阶段，公诉人发表了公诉意见，指出刘强作为合作社的实际建设者、经营者，在没有行政批准的情况下，擅自对园区内农用地进行非农建设改造并对外出租，造成严重危害，应当追究刑事责任。

辩护人提出：1. 刘强不存在主观故意，社会危害性小。2. 建造蔬菜"大棚房"符合设施农业政策。3. 刘强认罪态度较好，主动到公安机关投案，具有自首情节。4. 起诉书中指控的假山、鱼池等设施，仅在测量报告中有描述且描述模糊。5. 相关设施已被有关部门拆除。请求法庭对被告人刘强从轻处罚。

公诉人针对辩护意见进行答辩：

第一，刘强受让合作社时指使司机刘广岐代其签字，证明其具有规避法律责任的行为，主观上存在违法犯罪的故意，刘强非法占用农用地，造成大量农用地被严重毁坏，其行为具有严重社会危害性。

第二，关于符合国家政策的说法不实，农业大棚与违法建造的非农"大棚房"存在本质区别，刘强建设的"大棚房"集休闲、娱乐、居住为一体，对农用地进行非农改造，严重违反《土地管理法》永久基本农田保护政策。该项目因违法建设受到行政处罚，但刘强未按照处罚决定积极履行耕地修复义务，直至案发，也未缴纳行政罚款，其行为明显违法。

第三，刘强直到开庭审理时才表示认罪，不符合自首条件。

第四，测量技术报告对案发时合作社建设情况作了详细的记录和专业说明，现场勘验笔录和现场照片均证实了蔬菜大棚改造的实际情况，另有相关证人证言也能证实假山、鱼池存在。

第五，违法设施应由刘强承担拆除并恢复原状的责任，有关行政部门进行拆除违法设施，恢复耕地的行为，不能成为刘强从轻处罚的理由。

法庭经审理，认为公诉人提交的证据能够相互印证，予以确认。对辩护人提出的被告人当庭认罪态度较好的辩护意见予以采纳，其他辩护意见缺乏事实依据，不予采纳。2018年10月16日，北京市延庆区人民法院作出一审判决，以非法占用农用地罪判处被告人刘强有期徒刑一年六个月，并处罚金人民币五万元。一审宣判后，被告人刘强未上诉，判决已生效。

刘广岐在明知刘强是合作社非农建设改造的实际建设者、经营者，且涉嫌犯罪的情况下，故意隐瞒上述事实和真相，向公安机关做虚假证明。经北京市延庆区人民检察院追诉，2019年3月13日，北京市延庆区人民法院以包庇罪判处被告人刘广岐有期徒刑六个月。一审宣判后，被告人刘广岐未上诉，判决已生效。

本案中，延庆镇规划管理与环境保护办公室虽然采取了约谈、下发《责令停止建设通知书》和《限期拆除决定书》等方式对违法建设予以制止，但未遏制住违法建设，履职不到位，北京市延庆区监察委员会给予延庆镇副镇长等3人行政警告处分，1人行政记过处分，广积屯村村党支部给予该村党支部书记党内警告处分。

【指导意义】

十分珍惜、合理利用土地和切实保护耕地是我国的基本国策。近年来，随着传统农业向产业化、规模化的现代农业转变，以温室大棚为代表的设施农业快速发展。一些地区出现了假借发展设施农业之名，擅自或者变相改变农业用途，在耕地甚至永久基本农田上建设"大棚房""生态园""休闲农庄"等现象，造成土地资源被大量非法占用和毁坏，严重侵害农民权益和农业农村的可持续发展，在社会上造成恶劣影响。2018年，自然资源部和农业农村部在全国开展了"大棚房"问题专项整治行动，推进落实永久基本农田保护制度和最严格的耕地保护政策。在基本农田上建设"大棚房"予以出租出售，违反《中华人民共和国土地管理法》，属于破坏耕地或者非法占地的违法行为。非法占用耕地数量较大或者造成耕地大量毁坏的，应当以非法占用农用地罪追究实际建设者、经营者的刑事责任。

该类案件中，实际建设者、经营者为逃避法律责任，经常隐藏于幕后。对此，检察机关可以通过引导公安机关查询非农建设项目涉及的相关账户交易信息、资金走向等，辅以相关证人证言，形成严密证据体系，查清证实实际建设者、经营者的法律责任。对于受其操控签订合同或者作假证明包庇，涉嫌共同犯罪或者伪证罪、包庇罪的相关行为人，也要一并查实惩处。对于非法占用农用地面积这一关键问题，可由专业机构出具测量技术报告,必要时可申请测量人员出庭作证。

【相关规定】

《中华人民共和国刑法》第三百一十条、第三百四十二条

《全国人民代表大会常务委员会关于〈中华人民共和国刑法〉第二百二十八条、第三百四十二条、第四百一十条的解释》

《中华人民共和国土地管理法》第七十五条

《最高人民法院关于审理破坏土地资源刑事案件具体应用法律若干问题的解释》第三条

《最高人民检察院、公安部关于公安机关管辖的刑事案件立案追诉标准的规定(一)》第六十七条

【检例第 61 号】

王敏生产、销售伪劣种子案

【关键词】 生产、销售伪劣种子罪 假种子 农业生产损失认定

【要旨】

以同一科属的此品种种子冒充彼品种种子,属于刑法上的"假种子"。行为人对假种子进行小包装分装销售,使农业生产遭受较大损失的,应当以生产、销售伪劣种子罪追究刑事责任。

【基本案情】

被告人王敏,男,1991 年 3 月出生,江西农业大学农学院毕业,原四川隆平高科种业有限公司(以下简称隆平高科)江西省宜春地区区域经理。

2017 年 3 月,江西省南昌县种子经销商郭宝珍询问隆平高科的经销商之一江西省丰城市"民生种业"经营部的闵生如、闵蜀蓉父子(以下简称闵氏父子)是否有"T 优 705"水稻种子出售,在得到闵蜀蓉的肯定答复并报价后,先后汇款共 30 万元给闵生如用于购买种子。

闵氏父子找到王敏订购种子,王敏向隆平高科申报了"陵两优 711"稻种计划,后闵生如汇款 20 万元给隆平高科作为订购种子款

（单价 13 元/公斤）。王敏找到金海环保包装有限公司的曹传宝，向其提供制版样式，印制了标有"四川隆平高科种业有限公司""T 优 705"字样的小包装袋 29850 个。收到隆平高科寄来的"陵两优 711"散装种子后，王敏请闵氏父子帮忙雇工人将运来的散装种子分装到此前印好的标有"T 优 705"的小包装袋（每袋 1 公斤）内，并将分装好的 24036 斤种子运送给郭宝珍。郭宝珍销售给南昌县等地的农户。农户播种后，禾苗未能按期抽穗、结实，导致 200 余户农户 4000 余亩农田绝收，造成直接经济损失 460 余万元。

经查，隆平高科不生产"T 优 705"种子，其生产的"陵两优 711"种子也未通过江西地区的审定，不能在江西地区进行终端销售。

【指控与证明犯罪】

2018 年 5 月 8 日，江西省南昌县公安局以王敏涉嫌销售伪劣种子罪，将案件移送南昌县人民检察院审查起诉。

审查起诉阶段，王敏辩称自己的行为不构成犯罪，不知道销售的种子为伪劣种子。王敏还辩解：1. 印制小包装袋经过隆平高科的许可；2. 自己没有请工人进行分装，也没有进行技术指导；3. 没有造成大的损失。

检察机关审查认为，现有证据足以认定犯罪嫌疑人王敏将"陵两优 711"冒充"T 优 705"销售给农户，但其是否明知为伪劣种子、"陵两优 711"是如何变换成"T 优 705"的、隆平高科是否授权王敏印刷小包装袋、造成的损失如何认定、哪些人员涉嫌犯罪等问题，有待进一步查证。针对上述问题，南昌县人民检察院两次退回公安机关补充侦查，要求公安机关补充收集订购种子的货运单、合同、签收单、交易记录等书证；核实印制小包装袋有无得到隆平高科的授权，是否有合格证等细节；种子从四川发出，中途有无调换等，"陵两优 711"是怎么变换成"T 优 705"的物流情况；对于损失认定，充分听取辩护人及受害农户的意见，收集受害农户订购种子数量的原始凭证等。

经补充侦查，南昌县公安局进一步收集了物流司机等人的证言、农户购买谷种小票、农作物不同生长期照片、货运单、王敏任职证明等证据。物流司机证言证明货物没有被调换，但货运单上只写了种子，并没有写明具体的种子品名；隆平高科方面一致声称王敏订购的是"陵两优 711"，出库单上也注明是"陵两优 711"（散子），散子销售不受区域限制，并且该公司从不生产"T 优 705"；而闵氏父子辩称自己是应农户要求订购"T 优 705",到货也是应王敏要求提供场地,王敏代表公司进行分装。因双方没有签订种子订购合同且各执一词,无法查实闵氏父子订购的是哪种种子。但可以明确的是 2010 年 5 月 17 日广西农作物品种审定委员会对"陵两优 711"审定通过,可在桂南稻作区或者桂中稻作区南部适宜种植感光型品种的地区作为晚稻种植,在江西省未审定通过。王敏作为隆平高科的区域经理,对公司不生产"T 优 705"种子应该明知,对"陵两优 711"在江西省未被审定通过也应明知。另查实,隆平高科从未授权王敏进行设计、印制"T 优 705"小包装袋。

针对损失认定,公安机关补充收集了购种票据、证人证言等,认定南昌县及其他地区受害农户合计 205 户,绝收面积合计 4000 余亩。为评估损失,公安机关开展现场勘查,邀请农科院土肥、农业、气象方面专家进行评估。评估认定:1. 南昌县部分稻田种植的"陵两优 711"尚处始穗期,已无法正常结实,导致绝收。2. 2017 年 10 月下旬评估时,部分稻田种植的"陵两优 711"处于齐穗期,但南昌地区晚稻的安全齐穗期是 9 月 20 日左右,根据南昌往年气象资料,10 月下旬齐穗的水稻将会受到 11 月份低温影响,无法正常结实,严重时会绝收。3. 根据种子包装袋上注明的平均亩产 444.22 公斤的数据,结合南昌县往年晚稻平均亩产量,考虑到晚稻因品种和种植方式不同存在差异,产量评估可以以种子包装袋上注明的平均亩产 444.22 公斤为依据,结合当年晚稻平均单价 2.60 元/公斤计算损失。205 户农户因种植假种子造成的经济损失为 444.22 公斤/亩×2.60 元/公斤×4000 亩=4619888 元。

综合上述证据情况,检察机关采信评估意见,认定损失为 461 万余元,王敏及辩护人对此均不再提出异议。

2018 年 7 月 16 日,南昌县人民检察院以被告人王敏犯生产、销售伪劣种子罪向南昌县人民法院提起公诉。9 月 10 日,南昌县人民法院公开开庭审理了本案。

法庭调查阶段,公诉人宣读起诉书指控被告人王敏身为隆平高科宜春地区区域经理,负有对隆平高科销售种子的质量进行审查监管的职责,其将未通过江西地区审定的"陵两优 711"种子冒充"T 优 705"种子,违背职责分装并销售,使农业生产遭受特别重大损失,其行为构成生产、销售伪劣种子罪。针对以上指控的犯罪事实,公诉人向法庭出示了四组证据予以证明:

一是被告人王敏的立案情况及任职身份信息,证明王敏从农业大学毕业后就从事种子销售业务,有着多年的种子销售经验。2015年8月至2018年2月在隆平高科从事销售工作,身份是江西宜春地区区域经理,职责是介绍和推广公司种子,并代表公司销售种子,对所销售的种子品种、质量负责。

二是相关证人证言,证明王敏接受闵氏父子种子订单,并向公司订购了"陵两优711"种子,印制"T优705"小包装袋分装种子并予以冒充销售。其中,闵蜀蓉证言证明郭宝珍需要"T优705"种子,自己向王敏提出采购种子计划,王敏表示有该种种子,并承诺有提成;证人曹传宝等的证言,证明其按王敏要求印制了"T优705"种子小包装袋,王敏予以签字确认。证人闵生如的证言,证明王敏明知印制"T优705"小包装袋用于包装"陵两优711"种子,仍予以签字确认。

三是相关证人证言,证明四川隆平高科研发、运送"陵两优711"到江西丰城等情况。其中,四川隆平高科副总张友强证言证明:王敏向隆平高科江西省级负责人杨剑辉报购了订购"陵两优711"计划;杨剑辉证言证明公司收到"陵两优711"计划并向江西发出"陵两优711"散子,该散子可以销往江西,由江西有资质的经销商卖到广西,但不能在江西直接销售。隆平高科票据显示收到王敏订购"陵两优711"计划并发货至江西。

四是造成损失情况、相关鉴定意见及被害人陈述、证人证言等,证明农户购买种子后造成绝收等损失。

王敏对以上证据无异议,但提出在小包装袋印制版式上签字是闵生如让他签的。

法庭辩论阶段,被告人王敏及其辩护人认为王敏没有主观犯罪故意,其行为不构成犯罪。

公诉人针对辩护意见进行答辩:

第一,从主观方面看,王敏明知公司不生产"T优705"种子,却将其订购的"陵两优711"分装成"T优705"予以销售。王敏主观上明知销售的种子不是订购时的种子,仍对种子进行名实不符的分装,具有销售伪劣种子的主观故意。

第二,从职责角度看,不论王敏还是四川隆平高科的工作人员,都证明所有种子订购,是由经销商报单给区域经理,区域经理再报单给公司,公司发货后,由区域经理分销。王敏作为四川隆平高科宜春地区区域经理,具有对种子质量进行审查的职责,其明知隆平高科不生产"T

优705"种子，出于谋利，仍以此种子冒充彼种子进行包装、销售，具备犯罪故意，社会危害性大。

第三，王敏的供述证明，其实施了"在百度上搜索'T优705'及'T优705'审定公告内容"的行为，并将手机上搜索到的"T优705"种子包装袋版式提供给印刷商，后在"T优705"包装袋版式上签字；曹传宝和李亚东（江西运城制版有限公司设计师）都证实"T优705"小包装袋的制版、印刷都是王敏主动联系，还拿出公司的授权书给他们看，并特别交代要在印刷好的袋子上打一个洞，说种子要呼吸；刘英（隆平高科在南昌县的经销商）也证实，从种子公司运过来的种子不可以换其他品种的包装袋卖，这是犯法的事。王敏能够认识"在包装袋印制版式上签字就是对种子的种类、质量负责"的法律意义，仍予以签字。

第四，王敏作为隆平高科的区域经理，实施申报销售计划、设计包装规格、寻找印刷点、签字确认、指导分包作业等行为，均表明王敏积极实施生产、销售伪劣种子犯罪行为，王敏提出是闵生如让他签字，与事实不符，其辩护理由无法成立。

法庭经审理，认为公诉人提交的证据能够相互印证，予以确认。2018年10月25日，江西省南昌县人民法院作出一审判决，以生产、销售伪劣种子罪判处被告人王敏有期徒刑八年，并处罚金人民币十五万元。

王敏不服一审判决，提出上诉。其间，王敏及其家属向南昌县农业局支付460万元用于赔偿受害农民损失。2018年12月26日，南昌市中级人民法院作出终审判决，维持一审法院对上诉人王敏的定性，鉴于上诉期间王敏已积极赔偿损失，改判其有期徒刑七年，并处罚金人民币十五万元。

【指导意义】

生产、销售伪劣种子的行为严重危害国家农业生产安全，损害农民合法利益，及时、准确打击该类犯罪，是检察机关保护农民权益，维护农村稳定的职责。检察机关办理该类案件，应注意把握两方面问题：

（一）以此种子冒充彼种子应认定为假种子。根据刑法第一百四十七条规定，生产、销售假种子，使生产遭受较大损失的，应认定为生产、销售伪劣种子罪。假种子有不符型假种子（种类、名称、产地与标注不符）和冒充型假种子（以甲冒充乙、非种子冒充种子）。现实生活中,完全以非种子冒充种子的,比较少见。犯罪嫌疑人往往抓住种子专业性强、农户识别能力低的弱点,以此种子冒充彼种子或者以不合格种子冒充合格种子进行销售。因农作物生产周期较长,案发较为隐蔽,冒充型假种子往往造成农民投入种植成本,得不到应有收成回报,严重影响农业生产,应当依据刑法予以追诉。

(二)对伪劣种子造成的损失应予综合认定。伪劣种子造成的损失是涉假种子类案件办理时的疑难问题。实践中,可由专业人员根据现场勘查情况,对农业生产产量及其损失进行综合计算。具体可考察以下几方面:一是根据现场实地勘察,邀请农业、气象、土壤等方面专家,分析鉴定农作物生育期异常的原因,能否正常结实,是减产还是绝收等,分析减产或者绝收面积、产量。二是通过审定的农作物区试平均产量与根据现场调查的往年产量,结合当年可能影响产量的气候、土肥等因素,综合评估平均产量。三是根据农作物市场行情及平均单价等,确定直接经济损失。

【相关规定】

《中华人民共和国刑法》第一百四十七条

《中华人民共和国种子法》第四十九条、第九十一条

《最高人民法院、最高人民检察院关于办理生产、销售伪劣商品刑事案件具体应用法律若干问题的解释》第七条

《最高人民检察院、公安部关于公安机关管辖的刑事案件立案追诉标准的规定(一)》第二十三条

《农作物种子生产经营许可管理办法》第三十三条

【检例第62号】

南京百分百公司等生产、销售伪劣农药案

【关键词】 生产、销售伪劣农药罪　借证生产农药　田间试验

【要旨】

1. 未取得农药登记证的企业或者个人,借用他人农药登记证、生

产许可证、质量标准证等许可证明文件生产、销售农药，使生产遭受较大损失的，以生产、销售伪劣农药罪追究刑事责任。

2. 对于使用伪劣农药造成的农业生产损失，可采取田间试验的方法确定受损原因，并以农作物绝收折损面积、受害地区前三年该类农作物的平均亩产量和平均销售价格为基准，综合计算认定损失金额。

【基本案情】

被告单位南京百分百化学有限责任公司（以下简称百分百公司）。

被告单位中土化工（安徽）有限公司（以下简称中土公司）。

被告单位安徽喜洋洋农资连锁有限公司（以下简称喜洋洋公司）。

被告人许全民，男，1971年12月出生，喜洋洋公司法定代表人、百分百公司实际经营人。

被告人朱桦，男，1971年3月出生，中土公司副总经理。

被告人王友定，男，1970年10月出生，安徽久易农业股份有限公司（以下简称久易公司）市场运营部经理。

2014年5月，被告单位喜洋洋公司、百分百公司准备从事50%吡蚜酮农药（以下简称吡蚜酮）经营活动，被告人许全民以百分百公司的名义与被告人王友定商定，借用久易公司吡蚜酮的农药登记证、生产许可证、质量标准证（以下简称"农药三证"）。双方约定：王友定提供吡蚜酮"农药三证"及电子标签，并对百分百公司设计的产品外包装进行审定，百分百公司按久易公司的标准生产并对产品质量负责。经查，王友定擅自出借"农药三证"，久易公司并未从中营利。

2014年5月18日、6月16日，许全民代表百分百公司与中土公司负责销售的副总经理朱桦先后签订4吨（单价93000元）、5吨（单价87000元）采购合同，向朱桦采购吡蚜酮，并约定质量标准、包装标准、付款方式等内容，合同金额计813000元。

2014年5月至6月，中土公司在未取得吡蚜酮"农药三证"的情况下，由朱桦负责采购吡蚜酮的主要生产原料，安排人员自研配方，生产吡蚜酮。许全民联系设计吡蚜酮包装袋，并经王友定审定，提供给中土公司分装。该包装袋印制有百分百公司持有的"金鼎"商标，久易公司获得批准的"农药三证"，生产企业标注为久易公司。同年6月至8月，中土公司先后向百分百公司销售吡蚜酮计2324桶（6.972吨），销售金额计629832元。百分百公司出售给喜洋洋公司，由喜洋洋公司分售给江苏多家农资公司，农资公司销售给农户。泰州市姜堰区农户使用该批农药后,发生不同程度的药害,水稻心叶发黄,秧苗矮缩,根系生长受抑制。经调查,初步认定发生药害水稻面积 5800 余亩,折损面积计 2800 余亩,造成经济损失计 270 余万元。经检验,药害原因是因农药中含有烟嘧磺隆(除草剂)成分。但对涉案农药为何混入烟嘧磺隆,被告人无法给出解释,且农药生产涉及原料收购、加工、分装等一系列流程,客观上亦无法查证。

案发后,许全民自动投案并如实供述犯罪事实,朱桦、王友定到案后如实供述犯罪事实。久易公司及王友定向姜堰区农业委员会共同缴纳赔偿款 150 万元,中土公司缴纳赔偿款 150 万元,喜洋洋公司缴纳赔偿款 55 万元,百分百公司及许全民缴纳赔偿款 95 万元,朱桦缴纳赔偿款 80 万元,合计 530 万元。

【指控与证明犯罪】

本案由泰州市姜堰区农业委员会于 2015 年 8 月 12 日移送至姜堰区公安局。8 月 14 日,姜堰区公安局立案侦查。2016 年 5 月 13 日,泰州市姜堰区公安局以许全民等涉嫌生产、销售伪劣农药罪移送泰州市姜堰区人民检察院审查起诉。11 月 1 日,泰州市姜堰区人民检察院以被告单位及被告人涉嫌生产、销售伪劣农药罪向泰州市姜堰区人民法院提起公诉。12 月 14 日,泰州市姜堰区人民法院公开开庭审理了本案。

法庭调查阶段,公诉人宣读起诉书,指控被告人及被告单位在无"农药三证"的情况下,生产、销售有药害成分的农药,并造成特别重大损失,其行为构成生产、销售伪劣农药罪。针对以上指控的犯罪事实,公诉人向法庭出示了三组证据予以证明:

一是销售合同、出库清单、协议书等证据,证明被告单位、被告人借证生产、销售农药的事实。

二是田间试验公证书、农作物生产事故技术鉴定书、检验报告等证据,证明被告单位、被告人生产、销售的吡呀酮中含有烟嘧磺隆(除草剂)成分,是造成水稻受损的直接原因。

三是证人证言、被害人陈述、被告人供述和辩解等证据,证明被告单位、被告人共谋借用"农药三证",违法生产、销售伪劣农药,造成水稻大面积受损,及农户损失已经得到赔偿的事实。

法庭辩论阶段,被告人及辩护人提出:1. 涉案农药不应认定为伪劣农药,行为人不具有生产伪劣农药的故意。2. 盐城市产品质量监督检验所并非司法鉴定机构,其出具的检验报告不具有证据效力;泰州市农作物事故技术鉴定书是依据农药检测报告等作出的,不应作为定案依据。3. 水稻受损原因不明,不能排除天气、施药方法等因素导致。

公诉人针对辩护意见进行答辩:

第一,虽然因客观原因无法查证涉案农药吡呀酮如何混入烟嘧磺隆(除草剂)成分,但现有证据足以证明,涉案吡呀酮含有烟嘧磺隆(除草剂)成分,并造成水稻大面积减产的危害后果,可以认定为伪劣农药。被告单位、被告人无"农药三证",未按照经国务院农业主管部门审批获得登记的农药配方进行生产,生产完成后未进行严格检验即出厂销售,主观上具有生产、销售伪劣农药的故意。

第二,盐城市产品质量监督检验所具有农药成分检验资质,其出具的检验报告符合书证有关要求,可证明涉案吡蚜酮含有烟嘧磺隆(除草剂)成分这一事实。泰州市农业委员会依据该检验报告和田间试验结果出具的《农作物事故技术鉴定书》,系按照《江苏省农作物生产事故技术鉴定实施办法》组成专家组开展鉴定后作出的,符合证据规定,能证明受害水稻受损是使用涉案吡蚜酮导致。

第三,为科学确定水稻受损原因,田间试验结果系由泰州市新农农资有限公司申请,在泰州市姜堰公证处的全程监督下,进行拍照、摄像固定取得的。"七种配方,八块试验田"的试验方法,是根据农户将吡呀酮与阿维氟铃尿、戊唑醇、咪鲜三环唑混合施用的实际情况,并考虑涉案吡呀酮仅存在于两个批次,确定第一到第四块试验田分别施用两个批次、不同剂量(20克和40克)的吡呀酮;第五和第六块试验田分别将两个批次吡呀酮与其他农药混合施用;第七块试验田混合施用不含吡呀酮的其他农药;第八块试验田未施用农药。结果显示凡施用涉案农药的试验田,水稻均出现典型的除草剂药害情况,排除了天气等因素影响,证明水稻受害系因农户使用的涉案农药吡呀酮中含有烟嘧磺隆造成。

法庭经审理,认为公诉人提交的证据能够相互印证,予以确认。因被告人许全民自动投案,如实供述罪行,且判决前主动足额赔付了农户损失,达成了谅解,构成自首,依法减轻处罚,2017年9月19日,江苏省泰州市姜堰区人民法院作出一审判决,以生产、销售伪劣农药罪判处被告单位百分百公司罚金五十万元,中土公司罚金四十万元,喜洋洋公司罚金三十五万元;以生产、销售伪劣农药罪判处被告人许全民有期徒刑三年,缓刑五年,并处罚金八万元;因被告人朱桦及王友定系从犯，如实供述，积极赔偿损失，依法减轻处罚，以生产、销售伪劣农药罪判处被告人朱桦有期徒刑三年，缓刑四年，并处罚金五万元；判处被告人王友定有期徒刑三年，缓刑三年，并处罚金人民币二万元。一审宣判后，被告单位及被告人均未上诉，判决已生效。

【指导意义】

（一）借用或通过非法转让获得他人"农药三证"生产农药，并经检验鉴定含有药害成分，使生产遭受较大损失的，应予追诉。根据我国《农药管理条例》规定，农药生产销售应具备"农药三证"。一些企业通过非法转让或者购买等手段非法获取"农药三证"生产不合格农药，扰乱农药市场，往往造成农业生产重大损失，危害农民利益。借用或者通过非法转让获得"农药三证"生产不符合资质农药，经检验鉴定含有药害成分，致使农业生产遭受损失二万元以上的，应当依据刑法予以追诉。农药生产企业将"农药三证"出借给未取得生产资质的企业或者个人，且明知借用方生产、销售伪劣农药的，构成生产、销售伪劣农药罪共同犯罪。其中使农业生产遭受损失五十万元以上，销售金额不满二百万元的，依据刑法第一百四十七条生产、销售伪劣农药罪追诉；销售金额二百万元以上的，依据刑法第一百四十九条从重处罚原则，以生产、销售伪劣产品罪予以追诉。

（二）生产损失认定方法。生产、销售伪劣农药罪为结果犯，需以"使生产遭受较大损失"为前提。办理此类案件，可以采用以下方法认定生产损失：一是运用田间试验确定涉案农药与生产损失的因果关系。可在公证部门见证下，依据农业生产专家指导，根据农户对受损作物实际使用的农药种类，合理确定试验方法和试验所需样本田块数量，综合认定农药使用与生产损失的因果关系。二是及时引导侦查机关收集、固定受损作物折损情况证据。检察机关应结合农业生产具有时令性的特点，引导侦查机关走访受损农户了解情况，实地考察受损农田，及时收集证据，防止作物收割、复播影响生产损失的认定。三是综合评估损害数额。农业生产和粮食作物价格具有一定的波动性，办案中对损害具体数额的评估，应以绝收折损面积为基准，综合考察受损地区前三年农作物平均亩产量和平均销售价格，计算损害后果。

【相关规定】

《中华人民共和国刑法》第一百四十七条、第一百四十九条、第一百五十条

《最高人民法院、最高人民检察院关于办理生产、销售伪劣商品刑事案件具体应用法律若干问题的解释》第七条、第九条

《最高人民检察院、公安部关于公安机关管辖的刑事案件立案追诉标准的规定（一）》第二十三条

《农药管理条例》第四十五条、第四十七条、第五十二条

《农药登记管理办法》第二条

《农药生产许可管理办法》第五条、第二十八条

【检例第 63 号】

湖北省天门市人民检察院诉拖市镇政府不依法履行职责行政公益诉讼案

【关键词】 行政公益诉讼　行政监管职责　违法建设　农村垃圾治理

【要旨】

一级政府对本行政区域的环境质量保护负有法定职责。政府在履行农村环境综合整治职责中违法行使职权或者不作为，损害社会公共利益的，检察机关可以发出检察建议督促其依法履职。对于行政机关作出的整改回复，检察机关应当跟进调查；对于无正当理由未整改到位的，可以依法提起行政公益诉讼。

【基本案情】

2005 年 4 月，湖北省天门市拖市镇人民政府（以下简称拖市镇政府）违反《中华人民共和国土地管理法》，未办理农用地转为建设用地相关手续，也未按照《中华人民共和国环境保护法》开展环境影响评价，与天门市拖市镇拖市村村民委员会签订《关于垃圾场征用土地的协议》，租用该村 5.1 亩农用地建设垃圾填埋场，用于拖市镇区生活垃圾的填埋。该垃圾填埋场于同年 4 月投入运行，至 2016 年 10 月停止。该垃圾填埋场在运行过程中，违反污染防治设施必须与主体工程同时设计、同时施工、同时投产使用的"三同时"规定，未按照规范建设防

渗工程等相关污染防治设施，对周边环境造成了严重污染。

【诉前程序】

2017年2月，天门市人民检察院发现拖市镇政府在没有申报审批获得合法手续的情况下，未建设必要配套环境保护设施，以"以租代征"的形式，违法建设、运行生活垃圾填埋场，在运行过程中存在对周边环境造成严重污染、损害公益的行为，决定立案审查。

调查核实过程中，检察机关查阅了拖市镇政府关于租用拖市村集体土地建设垃圾填埋场的会议纪要、文件、协议等档案材料；督促天门市环境保护局进行了现场勘查；采集了现场影像资料，询问了相关人员。基本查明：拖市镇政府未办理用地审批、环境评价等法定手续，建设并运行生活垃圾填埋场，未建设防渗工程、垃圾渗滤液疏导、收集和处理系统、雨水分流系统、地下水导排和监测设施等必要配套环境保护设施，垃圾填埋场在运行过程中对周边环境造成严重污染。根据《中华人民共和国地方各级人民代表大会和地方各级人民政府组织法》《中华人民共和国环境保护法》等相关法律规定，拖市镇政府作为一级人民政府，对本行政区域负有环境保护职责，应当对自身违法行使职权造成环境污染的行为予以纠正，并及时治理污染，修复生态环境。

2017年3月6日，天门市人民检察院向拖市镇政府发出检察建议，督促其依法履职，纠正违法行为并采取补救措施，修复区域生态环境，恢复农用地功能。检察建议书发出后，天门市人民检察院多次与拖市镇政府进行沟通，督促整改。3月22日，拖市镇政府针对检察建议书作出书面回复称：其已将该垃圾填埋场的垃圾清运至天门市垃圾处理场进行集中处理，并投入资金、落实专人对垃圾场周围进行了清理、消毒，运送土壤进行了回填处理，杜绝了垃圾污染，且在该处设立了禁止倾倒垃圾的警示牌。

4月12日，天门市人民检察院对拖市镇政府的整改情况进行跟进调查时发现，拖市镇政府虽然采取了一些整改措施，但整改后的垃圾填埋场表层覆土不到1米，覆土下仍有大量垃圾。天门市人民检察院委托湖北省环境科学研究院对垃圾填埋场垃圾渗滤液及周边地下水样进行检测。检测结果表明，拖市镇垃圾填埋场周边地下水样中铬、铅超标严重，渗滤液中含有重金属、氨氮、磷等污染物。经专家检测评价认为，该垃圾填埋场周边水质显示出典型的垃圾渗滤液污染特性，严重影响当地居民的健康和生态安全；现存垃圾随着时间推移还会产生大量渗滤液,若不采取措施将会对周边水体和汉江造成持续 15 到 20 年的长期生态污染风险;建议采取清理转移的方法,将垃圾清挖送到市区垃圾处理场,垃圾渗滤液抽取送城区污水处理厂处理,原址采用回填土壤绿化。

【诉讼过程】

(一)提起诉讼

通过诉前调查取证,天门市人民检察院固定了相关证据,认定拖市镇政府采取有限整改措施后,其违法行政行为造成的公益侵害仍在持续。经湖北省人民检察院批准,2017 年 6 月 29 日,天门市人民检察院向天门市人民法院提起行政公益诉讼,请求判令:1. 确认拖市镇政府建立、运行该垃圾填埋场,造成周边环境污染的行政行为违法;2. 判令拖市镇政府继续履行职责,对关停后的该垃圾填埋场环境进行综合整治,消除污染,修复生态。

(二)法庭审理

2017 年 12 月 22 日,天门市人民法院公开开庭审理了本案。

法庭审理过程中,拖市镇政府答辩认为:1. 只有县级以上政府及其环保部门才是具有环境保护职责的行政机关,其作为镇政府,不具有该项职责;2. 检察机关关于垃圾填埋场污染周边环境的证据不充分;3. 镇政府建设垃圾填埋场的行为并非行政行为,在行政诉讼中不具有可诉性。

针对镇政府答辩意见,天门市人民检察院向法院提交了《天门市委办公室、市政府办公室关于印发乡镇综合配套改革三个配套文件的通知》《市环保局关于拖市镇垃圾填埋场环境问题的复函》、湖北省环境科学研究院《检测报告》、相关专家出具的《关于天门市拖市镇区垃圾填埋场污染潜在生态风险的评估意见》、垃圾填埋场现场照片等证据。天门市人民检察院认为,《中华人民共和国环境保护法》第六条第二款规定,地方各级人民政府应当对本行政区域的环境质量负责;第三十三条第二款规定,县级、乡级人民政府应当提高农村环境保护公共服务水平,推动农村环境综合整治;第三十七条规定,地方各级人民政府应当采取措施,组织对生活废弃物的分类处置、回收利用。本案中,镇政府与村委会签订征地协议,建设、运行垃圾填埋场,目的是为了处置镇区生活垃圾,履行农村环境综合整治职责,是行使职权的行政行为。但其履职不到位,未办理用地审批、环境评价,未建设防渗工程、渗滤液处理、地下水导排监测等必要配套设施,导致周边环境严重污染,造成社会公共利益受到损害，应当依法履职，采取积极措施治理污染，修复生态；拖市镇政府在收到检察建议后，虽然对该垃圾填埋场做了覆土处理，但未完全进行治理，检察机关经跟进调查和委托检测，确认社会公共利益仍处于受侵害状态。综上，拖市镇政府答辩理由不成立。

（三）审理结果

2018年3月19日，天门市人民法院作出判决，支持了检察机关全部诉讼请求，认定拖市镇政府作为一级政府，具有环境保护的法定职责；拖市镇政府建设垃圾填埋场是履行职权行政行为；根据现有证据，该垃圾填埋场存在潜在污染风险；拖市镇政府治理垃圾填埋场是其违法后应当承担的法律义务，其应当继续履行整治义务。判决如下：1. 确认被告拖市镇政府建设、运行垃圾填埋场的行政行为违法；2. 责令被告拖市镇政府对垃圾填埋场采取补救措施，继续进行综合整治。

（四）案件办理效果

该案判决后，拖市镇政府积极履职，组织清运原垃圾填埋场覆土下的各类垃圾1000余立方并进行了无害处理。经湖北省相关部门审批同意，2018年4月至12月，在垃圾填埋场原址上新建污水处理厂一座，设计产能日处理污水500吨。目前该污水处理厂已投入使用。

该案办理后，天门市人民检察院摸排发现全市乡镇垃圾填埋场普遍存在环境污染风险问题。经过全面调查分析，天门市人民检察院向天门市委、市政府报送《关于建议进一步加强对全市乡镇垃圾填埋场进行整治的报告》，提出了将乡镇垃圾填埋场整治工作纳入天门市污染防治工作总体规划、进行清挖转运以及覆土植绿等建议。天门市委、市政府高度重视，相关职能部门迅速组织力量，对全市乡镇27个非正规垃圾填埋场、堆放点进行了专项重点督查，整治恢复土地近8.5万平方米。

【指导意义】

改善农村人居环境是以习近平同志为核心的党中央作出的重大决策，是实施乡村振兴战略的重要内容。加强农村生活垃圾治理，是改善农村人居环境的重要环节，也是推进乡村生态振兴的关键之举，对于促进乡村治理具有重大意义。

（一）基层人民政府应当对本行政区域的环境质量负责，其在农村环境综合整治中违法行使职权或者不作为，导致环境污染损害社会公共利益的，检察机关可以督促其依法履职。《中华人民共和国地方各级人民代表大会和地方各级人民政府组织法》《中华人民共和国环境保护法》《村庄和集镇规划建设管理条例》等法律法规规定了基层人民政府对农村环境保护、农村环境综合整治等具有管理职责。其在履行上述法定职责时，存在违法行使职权或者不作为，造成社会公共利益损害的，符合《中华人民共和国行政诉讼法》第二十五条第四款规定的情形，检察机关可以向其发出检察建议，督促依法履行职责。对于行政机关作出的整改回复，检察机关应当跟进调查，对于无正当理由未整改到位的，依法提起行政公益诉讼。

（二）涉及多个行政机关监管职责的公益损害行为，检察机关应当综合考虑各行政机关具体监管职责、履职尽责情况、违法行使职权或者不作为与公益受损的关联程度、实施公益修复的有效性等因素确定重点监督对象。农村违法建设垃圾填埋场可能涉及的行政监管部门包括规划、环保、国土、城建、基层人民政府等多个行政机关，而基层人民政府一般在农村环境治理、生活垃圾处置方面起主导作用。如果环境污染行为与基层人民政府违法行使职权直接相关，检察机关可以重点监督基层人民政府，督促其依法全面履职，根据需要也可以同时督促环保部门发挥监管职责，以形成合力，促使环境污染行为得到有效纠正。检察机关通过办案发现本地普遍存在类似环境污染行为的，可以经过深入调查，向当地党委、政府提出建议，以引起重视，促使问题"一揽子"解决。

【相关规定】

《中华人民共和国行政诉讼法》第二十五条

《中华人民共和国地方各级人民代表大会和地方各级人民政府组织法》第六十一条

《中华人民共和国环境保护法》第六条、第十九条、第三十三条、第三十七条、第四十一条

《中华人民共和国土地管理法》第四十四条

《最高人民法院、最高人民检察院关于检察公益诉讼案件适用法律若干问题的解释》第二十一条

《村庄和集镇规划建设管理条例》第三十九条

最高人民检察院
关于印发最高人民检察院第十七批指导性案例的通知

(2020年2月5日 高检发办字〔2020〕10号)

各级人民检察院：

经2020年7月10日最高人民检察院第十三届检察委员会第二十一次会议通过，现将杨卫国等人非法吸收公众存款等三件指导性案例（检例64—66号）作为第十七批指导性案例发布，供参照适用。

最高人民检察院
2020年2月5日

【检例第64号】

杨卫国等人非法吸收公众存款案

【关键词】 非法吸收公众存款　网络借贷　资金池

【要旨】

单位或个人假借开展网络借贷信息中介业务之名，未经依法批准，归集不特定公众的资金设立资金池，控制、支配资金池中的资金，并承诺还本付息的，构成非法吸收公众存款罪。

【基本案情】

被告人杨卫国，男，浙江望洲集团有限公司法定代表人、实际控制人。

被告人张雯婷，女，浙江望洲集团有限公司出纳，主要负责协助杨卫国调度、使用非法吸收的资金。

被告人刘蓓蕾,女,上海望洲财富投资管理有限公司总经理,负责该公司业务。

被告人吴梦,女,浙江望洲集团有限公司经理、望洲集团清算中心负责人,主要负责资金池运作有关业务。

浙江望洲集团有限公司(以下简称望洲集团)于2013年2月28日成立,被告人杨卫国为法定代表人、董事长。自2013年9月起,望洲集团开始在线下进行非法吸收公众存款活动。2014年,杨卫国利用其实际控制的公司又先后成立上海望洲财富投资管理有限公司(以下简称望洲财富)、望洲普惠投资管理有限公司(以下简称望洲普惠),通过线下和线上两个渠道开展非法吸收公众存款活动。其中,望洲普惠主要负责发展信贷客户(借款人),望洲财富负责发展不特定社会公众成为理财客户(出借人),根据理财产品的不同期限约定7%-15%不等的年化利率募集资金。在线下渠道,望洲集团在全国多个省、市开设门店,采用发放宣传单、举办年会、发布广告等方式进行宣传,理财客户或者通过与杨卫国签订债权转让协议,或者通过匹配望洲集团虚构的信贷客户借款需求进行投资,将投资款转账至杨卫国个人名下42个银行账户,被望洲集团用于还本付息、生产经营等活动。在线上渠道,望洲集团及其关联公司以网络借贷信息中介活动的名义进行宣传,理财客户根据望洲集团的要求在第三方支付平台上开设虚拟账户并绑定银行账户。理财客户选定投资项目后将投资款从银行账户转入第三方支付平台的虚拟账户进行投资活动,望洲集团、杨卫国及望洲集团实际控制的担保公司为理财客户的债权提供担保。望洲集团对理财客户虚拟账户内的资金进行调配,划拨出借资金和还本付息资金到相应理财客户和信贷客户账户,并将剩余资金直接转至杨卫国在第三方支付平台上开设的托管账户,再转账至杨卫国开设的个人银行账户,与线下资金混同,由望洲集团支配使用。

因资金链断裂,望洲集团无法按期兑付本息。截止到2016年4月20日,望洲集团通过线上、线下两个渠道非法吸收公众存款共计64亿余元,未兑付资金共计26亿余元,涉及集资参与人13400余人。其中,通过线上渠道吸收公众存款11亿余元。

【指控与证明犯罪】

2017年2月15日,浙江省杭州市江干区人民检察院以非法吸收公众存款罪对杨卫国等 4 名被告人依法提起公诉,杭州市江干区人民法院公开开庭审理本案。

法庭调查阶段,公诉人宣读起诉书指控杨卫国等被告人的行为构成非法吸收公众存款罪,并对杨卫国等被告人进行讯问。杨卫国对望洲集团通过线下渠道非法吸收公众存款的犯罪事实和性质没有异议,但辩称望洲集团的线上平台经营的是正常 P2P 业务,线上的信贷客户均真实存在,不存在资金池,不是吸收公众存款,不需要取得金融许可牌照,在营业执照许可的经营范围内即可开展经营。针对杨卫国的辩解,公诉人围绕理财资金的流转对被告人进行了重点讯问。

公诉人:(杨卫国)如果线上理财客户进来的资金大于借款方的资金,如何操作?

杨卫国:一般有两种操作方式。一种是停留在客户的操作平台上,另一种是转移到我开设的托管账户。如果转移到托管账户,客户就没有办法自主提取了。如果客户需要提取,我们根据客户指令再将资金返回到客户账户。

公诉人:(吴梦)理财客户充值到第三方支付平台的虚拟账户后,望洲集团操作员是否可以对第三方支付平台上的资金进行划拨。

吴梦:可以。

公诉人:(吴梦)请叙述一下划拨资金的方式。

吴梦:直接划拨到借款人的账户,如果当天资金充足,有时候会划拨到杨卫国在第三方支付平台上设立的托管账户,再提现到杨卫国绑定的银行账户,用来兑付线下的本息。

公诉人补充讯问:(吴梦)如果投资进来的资金大于借款方,如何操作?

吴梦:会对一部分进行冻结,也会提现一部分。资金优先用于归还客户的本息,然后配给借款方,然后再提取。

被告人的当庭供述证明,望洲集团通过直接控制理财客户在第三方平台上的虚拟账户和设立托管账户,实现对理财客户资金的归集和控制、支配、使用,形成了资金池。

举证阶段,公诉人出示证据,全面证明望洲集团线上、线下业务活动本质为非法吸收公众存款,并就线上业务相关证据重点举证。

第一,通过出示书证、审计报告、电子数据、证人证言、被告人供述和辩解等证据,证实望洲集团的线上业务归集客户资金设立资金池并进行控制、支配、使用，不是网络借贷信息中介业务。（1）第三方支付平台赋予望洲集团对所有理财客户虚拟账户内的资金进行冻结、划拨、查询的权限。线上理财客户在合同中也明确授权望洲集团对其虚拟账户内的资金进行冻结、划拨、查询，且虚拟账户销户需要望洲集团许可。（2）理财客户将资金转入第三方平台的虚拟账户后，望洲集团每日根据理财客户出借资金和信贷客户的借款需求，以多对多的方式进行人工匹配。当理财客户资金总额大于信贷客户借款需求时，剩余资金划入杨卫国在第三方支付平台开设的托管账户。望洲集团预留第二天需要支付的到期本息后，将剩余资金提现至杨卫国的银行账户，用于线下非法吸收公众存款活动或其他经营活动。（3）信贷客户的借款期限与理财客户的出借期限不匹配，存在期限错配等问题。（4）杨卫国及其控制的公司承诺为信贷客户提供担保，当信贷客户不能按时还本付息时，杨卫国保证在债权期限届满之日起3个工作日内代为偿还本金和利息。实际操作中，归还出借人的资金都来自于线上的托管账户或者杨卫国用于线下经营的银行账户。（5）望洲集团通过多种途径向不特定公众进行宣传，发展理财客户，并通过明示年化收益率、提供担保等方式承诺向理财客户还本付息。

第二，通过出示理财、信贷余额列表，扣押清单，银行卡照片，银行卡交易明细，审计报告，证人证言，被告人供述和辩解等证据，证实望洲集团资金池内的资金去向：（1）望洲集团吸收的资金除用于还本付息外，主要用于扩大望洲集团下属公司的经营业务。（2）望洲集团线上资金与线下资金混同使用，互相弥补资金不足，望洲集团从第三方支付平台提现到杨卫国银行账户资金为2.7亿余元，杨卫国个人银行账户转入第三方支付平台资金为2亿余元。（3）望洲集团将吸收的资金用于公司自身的投资项目，并有少部分用于个人支出，案发时线下、线上的理财客户均遭遇资金兑付困难。

法庭辩论阶段，公诉人发表公诉意见，论证杨卫国等被告人构成非法吸收公众存款罪，起诉书指控的犯罪事实清楚，证据确实、充分。其中，望洲集团在线上经营所谓网络借贷信息中介业务时，承诺为理财客户提供保底和增信服务，获取对理财客户虚拟账户内资金进行冻结、划拨、查询等权限，归集客户资金设立资金池，实际控制、支配、使用客户资金，用于还本付息和其他生产经营活动，超出了网络借贷信息中介的业务范围，属于变相非法吸收公众存款。杨卫国等被告人明知其吸收公众存款的行为未经依法批准而实施，具有犯罪的主观故意。

杨卫国认为望洲集团的线上业务不构成犯罪，不应计入犯罪数额。杨卫国的辩护人认为，国家允许P2P行业先行先试，望洲集团设立资金池、开展自融行为的时间在国家对P2P业务进行规范之前，没有违反刑事法律，属民事法律调整范畴，不应受到刑事处罚，犯罪数额应扣除通过线上模式流入的资金。

公诉人针对杨卫国及其辩护人的辩护意见进行答辩：望洲集团在线上开展网络借贷中介业务已从信息中介异化为信用中介，望洲集团对理财客户投资款的归集、控制、支配、使用以及还本付息的行为，本质与商业银行吸收存款业务相同，并非国家允许创新的网络借贷信息中介行为，不论国家是否出台有关网络借贷信息中介的规定，未经批准实施此类行为，都应当依法追究刑事责任。因此，线上吸收的资金应当计入犯罪数额。

法庭经审理认为，望洲集团以提供网络借贷信息中介服务为名，实际从事直接或间接归集资金、甚至自融或变相自融行为，本质是吸收公众存款。判断金融业务的非法性，应当以现行刑事法律和金融管理法律规定为依据，不存在被告人开展P2P业务时没有禁止性法律规定的问题。望洲集团的行为已经扰乱金融秩序，破坏国家金融管理制度，应受刑事处罚。

2018年2月8日，杭州市江干区人民法院作出一审判决，以非法吸收公众存款罪，分别判处被告人杨卫国有期徒刑九年六个月，并处罚金人民币五十万元；判处被告人刘蓓蕾有期徒刑四年六个月，并处罚金人民币十万元；判处被告人吴梦有期徒刑三年，缓刑五年，并处罚金人民币十万元；判处被告人张雯婷有期徒刑三年，缓刑五年，并处罚金人民币十万元。在案扣押冻结款项分别按损失比例发还；在案查封、扣押的房产、车辆、股权等变价后分别按损失比例发还。不足部分责令继续退赔。宣判后，被告人杨卫国提出上诉后又撤回上诉，一审判决已生效。本案追赃挽损工作仍在进行中。

【指导意义】

1. 向不特定社会公众吸收存款是商业银行专属金融业务，任何单位和个人未经批准不得实施。根据《中华人民共和国商业银行法》第十一条规定，未经国务院银行业监督管理机构批准，任何单位和个人不得从事吸收公众存款等商业银行业务，这是判断吸收公众存款行为合法与非法的基本法律依据。任何单位或个人，包括非银行金融机构，未经国务院银行业监督管理机构批准，面向社会吸收公众存款或者变相吸收公众存款均属非法。国务院《非法金融机构和非法金融业务活动取缔办法》进一步明确规定，未经依法批准，非法吸收公众存款、变相吸收公众存款、以任何名义向社会不特定对象进行的非法集资都属于非法金融活动，必须予以取缔。为了解决传统金融机构覆盖不了、满足不好的社会资金需求，缓解个体经营者、小微企业经营当中的小额资金困难，国务院金融监管机构于2016年发布了《网络借贷信息中介机构业务活动管理暂行办法》等"一个办法、三个指引"，允许单位或个人在规定的借款余额范围内通过网络借贷信息中介机构进行小额借贷，并且对单一组织、单一个人在单一平台、多个平台的借款余额上限作了明确限定。检察机关在办案中要准确把握法律法规、金融管理规定确定的界限、标准和原则精神，准确区分融资借款活动的性质，对于违反规定达到追诉标准的，依法追究刑事责任。

2. 金融创新必须遵守金融管理法律规定，不得触犯刑法规定。金融是现代经济的核心和血脉，金融活动引发的风险具有较强的传导性、扩张性、潜在性和不确定性。为了发挥金融服务经济社会发展的作用，有效防控金融风险，国家制定了完善的法律法规，对商业银行、保险、证券等金融业务进行严格的规制和监管。金融也需要发展和创新，但金融创新必须有效地防控可能产生的风险，必须遵守金融管理法律法规，尤其是依法须经许可才能从事的金融业务，不允许未经许可而以创新的名义擅自开展。检察机关办理涉金融案件，要深入分析、清楚认识各类新金融现象，准确把握金融的本质，透过复杂多样的表现形式，准确区分是真的金融创新还是披着创新外衣的伪创新，是合法金融活动还是以金融创新为名实施金融违法犯罪活动，为防范化解金融风险提供及时、有力的司法保障。

3. 网络借贷中介机构非法控制、支配资金，构成非法吸收公众存款。网络借贷信息中介机构依法只能从事信息中介业务，为借款人与出借人实现直接借贷提供信息搜集、信息公布、资信评估、信息交互、借贷撮合等服务。信息中介机构不得提供增信服务，不得直接或间接归集资金，包括设立资金池控制、支配资金或者为自己控制的公司融资。网络借贷信息中介机构利用互联网发布信息归集资金，不仅超出了信息中介业务范围，同时也触犯了刑法第一百七十六条的规定。检察机关在办案中要通过对网络借贷平台的股权结构、实际控制关系、资金来源、资金流向、中间环节和最终投向的分析，综合全流程信息，分析判断是规范的信息中介，还是假借信息中介名义从事信用中介活动，是否存在违法设立资金池、自融、变相自融等违法归集、控制、支配、使用资金的行为，准确认定行为性质。

【相关规定】

《中华人民共和国刑法》第一百七十六条

《中华人民共和国商业银行法》第十一条

《最高人民法院关于审理非法集资刑事案件具体应用法律若干问题的解释》（法释〔2010〕18号）第一条

【检例第65号】

王鹏等人利用未公开信息交易案

【关键词】利用未公开信息交易　间接证据　证明方法

【要旨】

具有获取未公开信息职务便利条件的金融机构从业人员及其近亲属从事相关证券交易行为明显异常，且与未公开信息相关交易高度趋同，即使其拒不供述未公开信息传递过程等犯罪事实，但其他证据之间相互印证，能够形成证明利用未公开信息犯罪的完整证明体系，足以排除其他可能的，可以依法认定犯罪事实。

【基本案情】

被告人王鹏，男，某基金管理有限公司原债券交易员。

被告人王慧强，男，无业，系王鹏父亲。

被告人宋玲祥，女，无业，系王鹏母亲。

2008年11月至2014年5月，被告人王鹏担任某基金公司交易管理部债券交易员。在工作期间，王鹏作为债券交易员的个人账号为6610。因工作需要，某基金公司为王鹏等债券交易员开通了恒生系统6609账号的站点权限。自2008年7月7日起，该6609账号开通了股票交易指令查询权限，王鹏有权查询证券买卖方向、投资类别、证券代码、交易价格、成交金额、下达人等股票交易相关未公开信息；自2009年7月6日起又陆续增加了包含委托流水、证券成交回报、证券资金流水、组合证券持仓、基金资产情况等未公开信息查询权限。2011年8月9日，因新系统启用，某基金公司交易管理部申请关闭了所有债券交易员登录6609账号的权限。

2009年3月2日至2011年8月8日期间，被告人王鹏多次登录6609账号获取某基金公司股票交易指令等未公开信息，王慧强、宋玲祥操作牛某、宋某祥、宋某珍的证券账户，同期或稍晚于某基金公司进行证券交易，与某基金公司交易指令高度趋同，证券交易金额共计8.78亿余元，非法获利共计1773万余元。其中，王慧强交易金额9661万余元，非法获利201万余元；宋玲祥交易金额7.8亿余元，非法获利1572万余元。

【指控与证明犯罪】

2015年6月5日，重庆市公安局以被告人王鹏、王慧强、宋玲祥涉嫌利用未公开信息交易罪移送重庆市人民检察院第一分院审查起诉。

审查起诉阶段，重庆市人民检察院第一分院审查了全案卷宗，讯问了被告人。被告人王鹏辩称，没有获取未公开信息的条件，也没有向其父母传递过未公开信息。被告人王慧强、宋玲祥辩称，王鹏没有向其传递过未公开信息，买卖股票均根据自己的判断进行。针对三人均不供认犯罪事实的情况，为进一步查清王鹏与王慧强、宋玲祥是否存在利用未公开信息交易行为，重庆市人民检察院第一分院将本案两次退回重庆市公安局补充侦查，并提出补充侦查意见：（1）继续讯问三被告人，以查明三人之间传递未公开信息的情况；（2）询问某基金公司有关工作人员，调取工作制度规定，核查工作区通讯设备保管情况，调取某基金债券交易工作区现场图，以查明王鹏是否具有传递信息的条件；（3）调查王慧强、宋玲祥的亲友关系，买卖股票的资金来源及获利去向，以查明王鹏是否为未公开信息的唯一来源，三人是否共同参与利用未公开信息交易；（4）询问某基金公司其他债券交易员，收集相关债券交易员登录工作账号与6609账号的查询记录，以查明王鹏登录6609账号是否具有异常性；（5）调取王慧强、宋玲祥在王鹏不具有获取未公开信息的职务便利期间买卖股票情况、与某基金股票交易指令趋同情况，以查明王慧强、宋玲祥在被指控犯罪时段的交易行为与其他时段的交易行为是否明显异常。经补充侦查，三被告人仍不供认犯罪事实，重庆市公安局补充收集了前述第 2 项至第 5 项证据，进一步补强证明王鹏具有获取和传递信息的条件，王慧强、宋玲祥交易习惯的显著异常性等事实。

2015 年 12 月 18 日，重庆市人民检察院第一分院以利用未公开信息交易罪对王鹏、王慧强、宋玲祥提起公诉。重庆市第一中级人民法院公开开庭审理本案。

法庭调查阶段，公诉人宣读起诉书指控三名被告人构成利用未公开信息交易罪，并对三名被告人进行了讯问。三被告人均不供认犯罪事实。公诉人全面出示证据，并针对被告人不供认犯罪事实的情况进行重点举证。

第一，出示王鹏与某基金公司的《劳动合同》《保密管理办法》、6609 账号使用权限、操作方法和操作日志、某基金公司交易室照片等证据，证实：王鹏在 2009 年 1 月 15 日至 2011 年 8 月 9 日期间能够通过 6609 账号登录恒生系统查询到某基金公司对股票和债券的整体持仓和交易情况、指令下达情况、实时头寸变化情况等，王鹏具有获取某基金公司未公开信息的条件。

第二，出示王鹏登录 6610 个人账号的日志、6609 账号权限设置和登录日志、某基金公司工作人员证言等证据，证实：交易员的账号只能在本人电脑上登录，具有唯一性，可以锁定王鹏的电脑只有王鹏一人使用；王鹏通过登录 6609 账号查看了未公开信息，且登录次数明显多于 6610 个人账号，与其他债券交易员登录 6609 账号情况相比存在异常。

第三，出示某基金公司股票指令下达执行情况，牛某、宋某祥、宋某珍三个证券账户不同阶段的账户资金对账单、资金流水、委托流水及成交流水以及牛某、宋某祥、宋某珍的证言等证据，证实：（1）三个证券账户均替王慧强、宋玲祥开设并由他们使用。（2）三个账户证券交易与某基金公司交易指令高度趋同。在王鹏拥有登录 6609 账号权限之后，王慧强操作牛某证券账户进行股票交易，牛某证券账户在 2009 年 3 月 6 日至 2011 年 8 月 2 日间，买入与某基金旗下股票基金产品趋同股票 233 只、占比 93.95%，累计趋同买入成交金额 9661.26 万元、占比 95.25%。宋玲祥操作宋某祥、宋某珍证券账户进行股票交易，宋某祥证券账户在 2009 年 3 月 2 日至 2011 年 8 月 8 日期间，买入趋同股票 343 只、占比 83.05%，累计趋同买入成交金额 1.04 亿余元、占比 90.87%。宋某珍证券账户在 2010 年 5 月 13 日至 2011 年 8 月 8 日期间，买入趋同股票 183 只、占比 96.32%，累计趋同买入成交金额 6.76 亿元、占比 97.03%。(3) 交易异常频繁，明显背离三个账户在王鹏具有获取未公开信息条件前的交易习惯。从买入股数看，2009 年之前每笔买入股数一般为数百股，2009 年之后买入股数多为数千甚至上万股；从买卖间隔看，2009 年之前买卖间隔时间多为几天甚至更久，但 2009 年之后买卖交易频繁，买卖间隔时间明显缩短，多为一至两天后卖出。(4) 牛某、宋某祥、宋某珍三个账户停止股票交易时间与王鹏无权查看 6609 账号时间即 2011 年 8 月 9 日高度一致。

第四，出示王鹏、王慧强、宋玲祥和牛某、宋某祥、宋某珍的银行账户资料、交易明细、取款转账凭证等证据，证实：三个账户证券交易资金来源于王慧强、宋玲祥和王鹏，王鹏与宋玲祥、王慧强及其控制的账户之间存在大额资金往来记录。

法庭辩论阶段，公诉人发表公诉意见指出，虽然三名被告人均拒不供认犯罪事实，但在案其他证据能够相互印证，形成完整的证据链条，足以证明：王鹏具有获取某基金公司未公开信息的条件，王慧强、宋玲祥操作的证券账户在王鹏具有获取未公开信息条件期间的交易行为与某基金公司的股票交易指令高度趋同，且二人的交易行为与其在其他时间段的交易习惯存在重大差异，明显异常。对上述异常交易行为，二人均不能作出合理解释。王鹏作为基金公司的从业人员，在利用职务便利获取未公开信息后，由王慧强、宋玲祥操作他人账户从事与该信息相关的证券交易活动，情节特别严重，均应当以利用未公开信息交易罪追究刑事责任。

王鹏辩称，没有利用职务便利获取未公开信息，亦未提供信息让王慧强、宋玲祥交易股票，对王慧强、宋玲祥交易股票的事情并不知情；其辩护人认为，现有证据只能证明王鹏有条件获取未公开信息，而不能证明王鹏实际获取了该信息，同时也不能证明王鹏本人利用未公开信息从事交易活动，或王鹏让王慧强、宋玲祥从事相关交易活动。王慧强辩称，王鹏从未向其传递过未公开信息，王鹏到某基金公司后就不知道其还在进行证券交易；其辩护人认为，现有证据不能证实王鹏向王慧强传递了未公开信息，及王慧强利用了王鹏传递的未公开信息进行证券交易。宋玲祥辩称，没有利用王鹏的职务之便获取未公开信息，也未利用未公开信息进行证券交易；其辩护人认为，宋玲祥不是本罪的适格主体，本案指控证据不足。

针对被告人及其辩护人辩护意见，公诉人结合在案证据进行答辩，进一步论证本案证据确实、充分，足以排除其他可能。首先，王慧强、宋玲祥与王鹏为亲子关系，关系十分密切，从王慧强、宋玲祥的年龄、从业经历、交易习惯来看，王慧强、宋玲祥不具备专业股票投资人的背景和经验，且始终无法对交易异常行为作出合理解释。其次，王鹏在证监会到某基金公司对其调查时，畏罪出逃，且离开后再没有回到某基金公司工作，亦未办理请假或离职手续。其辩称系因担心证监会工作人员到他家中调查才离开，逃跑行为及理由明显不符合常理。第三，刑法规定利用未公开信息罪的主体为特殊主体，虽然王慧强、宋玲祥本人不具有特殊主体身份，但其与具有特殊主体身份的王鹏系共同犯罪，主体适格。

法庭经审理认为，本案现有证据已形成完整锁链，能够排除合理怀疑，足以认定王鹏、王慧强、宋玲祥构成利用未公开信息交易罪，被告人及其辩护人提出的本案证据不足的意见不予采纳。

2018年3月28日，重庆市第一中级人民法院作出一审判决，以利用未公开信息交易罪，分别判处被告人王鹏有期徒刑六年六个月，并处罚金人民币900万元；判处被告人宋玲祥有期徒刑四年，并处罚金人民币690万元；判处被告人王慧强有期徒刑三年六个月，并处罚金人民币210万元。对三被告人违法所得依法予以追缴，上缴国库。宣判后，三名被告人均未提出上诉，判决已生效。

【指导意义】

经济金融犯罪大多属于精心准备、组织实施的故意犯罪，犯罪嫌疑人、被告人熟悉法律规定和相关行业规则，犯罪隐蔽性强、专业程度高，证据容易被隐匿、毁灭，证明犯罪难度大。特别是在犯罪嫌疑人、被告人不供认犯罪事实、缺乏直接证据的情形下，要加强对间接证据的审查判断，拓宽证明思路和证明方法，通过对间接证据的组织运用，构建证明体系，准确认定案件事实。

1. 明确指控的思路和方法，全面客观补充完善证据。检察机关办案人员应当准确把握犯罪的主要特征和证明的基本要求，明确指控思路和方法，构建清晰明确的证明体系。对于证明体系中证明环节有缺陷的以及关键节点需要补强证据的，要充分发挥检察机关主导作用，通过引导侦查取证、退回补充侦查，准确引导侦查取证方向，明确侦查取证的目的和要求，及时补充完善证据。必要时要与侦查人员直接沟通，说明案件的证明思路、证明方法以及需要补充完善的证据在证明体系中的证明价值、证明方向和证明作用。在涉嫌利用未公开信息交易的犯罪嫌疑人、被告人不供认犯罪事实，缺乏证明犯意联络、信息传递和利用的直接证据的情形下，应当根据指控思路，围绕犯罪嫌疑人、被告人获取信息的便利条件、时间吻合程度、交易异常程度、利益关联程度、行为人专业背景等关键要素，通过引导侦查取证、退回补充侦查或者自行侦查，全面收集相关证据。

2. 加强对间接证据的审查，根据证据反映的客观事实判断案件事实。在缺乏直接证据的情形下，通过对间接证据证明的客观事实的综合判断，运用经验法则和逻辑规则，依法认定案件事实，建立从间接证据证明客观事实，再从客观事实判断案件事实的完整证明体系。本案中，办案人员首先通过对三名被告人被指控犯罪时段和其他时段证券交易数据、未公开信息相关交易信息等证据，证明其交易与未公开信息的关联性、趋同度及与其平常交易习惯的差异性；通过身份关系、资金往来等证据，证明双方具备传递信息的动机和条件；通过专业背景、职业经历、接触人员等证据，证明交易行为不符合其个人能力经验；然后借助证券市场的基本规律和一般人的经验常识，对上述客观事实进行综合判断，认定了案件事实。

3. 合理排除证据矛盾，确保证明结论唯一。运用间接证据证明案件事实，构成证明体系的间接证据应当相互衔接、相互支撑、相互印证，证据链条完整、证明结论唯一。基于经验和逻辑作出的判断结论并不必然具有唯一性，还要通过审查证据，进一步分析是否存在与指控方向相反的信息，排除其他可能性。既要审查证明体系中单一证据所包含的信息之间以及不同证据之间是否存在矛盾，又要注重审查证明体系之外的其他证据中是否存在相反信息。在犯罪嫌疑人、被告人不供述、不认罪案件中，要高度重视犯罪嫌疑人、被告人的辩解和其他相反证据，综合判断上述证据中的相反信息是否会实质性阻断由各项客观事实到案件事实的判断过程、是否会削弱整个证据链条的证明效力。与证明体系存在实质矛盾并且不能排除其他可能性的，不能认定案件事实。但不能因为犯罪嫌疑人、被告人不供述或者提出辩解，就认为无法排除其他可能性。犯罪嫌疑人、被告人的辩解不具有合理性、正当性，可以认定证明结论唯一。

【相关规定】

《中华人民共和国刑法》第一百八十条第四款

《中华人民共和国刑事诉讼法》（2018 修正）第五十五条

《最高人民法院最高人民检察院关于办理利用未公开信息交易刑事案件适用法律若干问题的解释》（法释〔2019〕10 号）第四条

【检例第 66 号】

博元投资股份有限公司、余蒂妮等人违规披露、不披露重要信息案

【关键词】 违规披露、不披露重要信息　犯罪与刑罚

【要旨】

刑法规定违规披露、不披露重要信息罪只处罚单位直接负责的主管人员和其他直接责任人员，不处罚单位。公安机关以本罪将单位移送起诉的，检察机关应当对单位直接负责的主管人员及其他直接责任人员提起公诉，对单位依法作出不起诉决定。对单位需要给予行政处罚的，检察机关应当提出检察意见，移送证券监督管理部门依法处理。

【基本案情】

被告人余蒂妮，女，广东省珠海市博元投资股份有限公司董事长、法定代表人，华信泰投资有限公司法定代表人。

被告人陈杰，男，广东省珠海市博元投资股份有限公司总裁。

被告人伍宝清，男，广东省珠海市博元投资股份有限公司财务总监、华信泰投资有限公司财务人员。

被告人张丽萍，女，广东省珠海市博元投资股份有限公司董事、财务总监。

被告人罗静元，女，广东省珠海市博元投资股份有限公司监事。

被不起诉单位广东省珠海市博元投资股份有限公司，住所广东省珠海市。

广东省珠海市博元投资股份有限公司（以下简称博元公司）原系上海证券交易所上市公司，股票名称：ST 博元，股票代码：600656。华信泰投资有限公司（以下简称华信泰公司）为博元公司控股股东。

在博元公司并购重组过程中,有关人员作出了业绩承诺,在业绩不达标时需向博元公司支付股改业绩承诺款。2011年4月,余蒂妮、陈杰、伍宝清、张丽萍、罗静元等人采取循环转账等方式虚构华信泰公司已代全体股改义务人支付股改业绩承诺款3.84亿余元的事实,在博元公司临时报告、半年报中进行披露。为掩盖以上虚假事实,余蒂妮、伍宝清、张丽萍、罗静元采取将1000万元资金循环转账等方式,虚构用股改业绩承诺款购买37张面额共计3.47亿元银行承兑汇票的事实,在博元公司2011年的年报中进行披露。2012年至2014年,余蒂妮、张丽萍多次虚构银行承兑汇票贴现等交易事实,并根据虚假的交易事实进行记账,制作虚假的财务报表,虚增资产或者虚构利润均达到当期披露的资产总额或利润总额的30%以上,并在博元公司当年半年报、年报中披露。此外,博元公司还违规不披露博元公司实际控制人及其关联公司等信息。

【指控与证明犯罪】

2015年12月9日,珠海市公安局以余蒂妮等人涉嫌违规披露、不披露重要信息罪,伪造金融票证罪向珠海市人民检察院移送起诉;2016年2月22日,珠海市公安局又以博元公司涉嫌违规披露、不披露重要信息罪,伪造、变造金融票证罪移送起诉。随后,珠海市人民检察院指定珠海市香洲区人民检察院审查起诉。

检察机关审查认为,犯罪嫌疑单位博元公司依法负有信息披露义务,在2011年至2014年期间向股东和社会公众提供虚假的或者隐瞒主要事实的财务会计报告,对依法应当披露的其他重要信息不按照规定披露,严重损害股东以及其他人员的利益,情节严重。余蒂妮、陈杰作为博元公司直接负责的主管人员,伍宝清、张丽萍、罗静元作为其他直接责任人员,已构成违规披露、不披露重要信息罪,应当提起公诉。根据刑法第一百六十一条规定,不追究单位的刑事责任,对博元公司应当依法不予起诉。

2016年7月18日,珠海市香洲区人民检察院对博元公司作出不起诉决定。检察机关同时认为,虽然依照刑法规定不能追究博元公司的刑事责任,但对博元公司需要给予行政处罚。2016年9月30日,检察机关向中国证券监督管理委员会发出《检察意见书》,建议对博元公司依法给予行政处罚。

2016年9月22日,珠海市香洲区人民检察院将余蒂妮等人违规披露、不披露重要信息案移送珠海市人民检察院审查起诉。2016年11月3日，珠海市人民检察院对余蒂妮等5名被告人以违规披露、不披露重要信息罪依法提起公诉。珠海市中级人民法院公开开庭审理本案。法庭经审理认为，博元公司作为依法负有信息披露义务的公司，在2011年至2014年期间向股东和社会公众提供虚假的或者隐瞒主要事实的财务会计报告，或者对依法应当披露的其他重要信息不按照规定披露，严重损害股东或者其他人的利益，情节严重，被告人余蒂妮、陈杰作为公司直接负责的主管人员，被告人伍宝清、张丽萍、罗静元作为其他直接责任人员，其行为均构成违规披露、不披露重要信息罪。2017年2月22日，珠海市中级人民法院以违规披露、不披露重要信息罪判处被告人余蒂妮等五人有期徒刑一年七个月至拘役三个月不等刑罚，并处罚金。宣判后，五名被告人均未提出上诉，判决已生效。

【指导意义】

1. 违规披露、不披露重要信息犯罪不追究单位的刑事责任。上市公司依法负有信息披露义务，违反相关义务的，刑法规定了相应的处罚。由于上市公司所涉利益群体的多元性，为避免中小股东利益遭受双重损害，刑法规定对违规披露、不披露重要信息罪只追究直接负责的主管人员和其他直接责任人员的刑事责任，不追究单位的刑事责任。刑法第一百六十二条妨害清算罪、第一百六十二条之二虚假破产罪、第一百八十五条之一违法运用资金罪等也属于此种情形。对于此类犯罪案件，检察机关应当注意审查公安机关移送起诉的内容，区分刑事责任边界，准确把握追诉的对象和范围。

2. 刑法没有规定追究单位刑事责任的，应当对单位作出不起诉决定。对公安机关将单位一并移送起诉的案件，如果刑法没有规定对单位判处刑罚，检察机关应当对构成犯罪的直接负责的主管人员和其他直接责任人员依法提起公诉，对单位应当不起诉。鉴于刑事诉讼法没有规定与之对应的不起诉情形，检察机关可以根据刑事诉讼法规定的最相近的不起诉情形，对单位作出不起诉决定。

3. 对不追究刑事责任的单位，人民检察院应当依法提出检察意见督促有关机关追究行政责任。不追究单位的刑事责任并不表示单位不需要承担任何法律责任。检察机关不追究单位刑事责任，容易引起当事人、社会公众产生单位对违规披露、不披露重要信息没有任何法律责任的误解。由于违规披露、不披露重要信息行为，还可能产生上市公司强制退市等后果,这种误解还会进一步引起当事人、社会公众对证券监督管理部门、证券交易所采取措施的质疑,影响证券市场秩序。检察机关在审查起诉时,应当充分考虑办案效果,根据证券法等法律规定认真审查是否需要对单位给予行政处罚;需要给予行政处罚的,应当及时向证券监督管理部门提出检察意见,并进行充分的释法说理,消除当事人、社会公众因检察机关不追究可能产生的单位无任何责任的误解,避免对证券市场秩序造成负面影响。

【相关规定】

《中华人民共和国刑法》第三十条、第三十一条、第一百六十一条

《中华人民共和国证券法》第一百九十三条

最高人民检察院
关于印发最高人民检察院第十八批指导性案例的通知

（2020年3月28日　高检发办字〔2020〕21号）

各级人民检察院：

经 2020 年 1 月 3 日最高人民检察院第十三届检察委员会第三十一次会议通过，现将张凯闵等 52 人电信网络诈骗等三件指导性案例（检例 67－69 号）作为第十八批指导性案例发布，供参照适用。

最高人民检察院

2020 年 3 月 28 日

【检例第 67 号】

【关键词】 跨境电信网络诈骗　境外证据审查　电子数据　引导取证

【要旨】

跨境电信网络诈骗犯罪往往涉及大量的境外证据和庞杂的电子数据。对境外获取的证据应着重审查合法性，对电子数据应着重审查客观性。主要成员固定，其他人员有一定流动性的电信网络诈骗犯罪组织，可认定为犯罪集团。

【基本案情】

被告人张凯闵，男，1981 年 11 月 21 日出生，中国台湾地区居民，无业。

林金德等其他被告人、被不起诉人基本情况略。

2015年6月至2016年4月间,被告人张凯闵等52人先后在印度尼西亚共和国和肯尼亚共和国参加对中国大陆居民进行电信网络诈骗的犯罪集团。在实施电信网络诈骗过程中,各被告人分工合作,其中部分被告人负责利用电信网络技术手段对大陆居民的手机和座机电话进行语音群呼,群呼的主要内容为"有快递未签收,经查询还有护照签证即将过期,将被限制出境管制,身份信息可能遭泄露"等。当被害人按照语音内容操作后,电话会自动接通冒充快递公司客服人员的一线话务员。一线话务员以帮助被害人报案为由,在被害人不挂断电话时,将电话转接至冒充公安局办案人员的二线话务员。二线话务员向被害人谎称"因泄露的个人信息被用于犯罪活动,需对被害人资金流向进行调查",欺骗被害人转账、汇款至指定账户。如果被害人对二线话务员的说法仍有怀疑,二线话务员会将电话转给冒充检察官的三线话务员继续实施诈骗。

至案发,张凯闵等被告人通过上述诈骗手段骗取75名被害人钱款共计人民币2300余万元。

【指控与证明犯罪】

(一)介入侦查引导取证

由于本案被害人均是中国大陆居民,根据属地管辖优先原则,2016年4月,肯尼亚将76名电信网络诈骗犯罪嫌疑人(其中大陆居民32人,我国台湾地区居民44人)遣返中国大陆。经初步审查,张凯闵等41人与其他被遣返的人分属互不关联的诈骗团伙,公安机关依法分案处理。2016年5月,北京市人民检察院第二分院经指定管辖本案,并应公安机关邀请,介入侦查引导取证。

鉴于肯尼亚在遣返犯罪嫌疑人前已将起获的涉案笔记本电脑、语音网关(指能将语音通信集成到数据网络中实现通信功能的设备)、手机等物证移交我国公安机关,为确保证据的客观性、关联性和合法性,检察机关就案件证据需要达到的证明标准以及涉外电子数据的提取等问题与公安机关沟通,提出提取、恢复涉案的Skype聊天记录、Excel和Word文档、网络电话拨打记录清单等电子数据,并对电子数据进行无污损鉴定的意见。在审查电子数据的过程中,检察人员与侦查人员在恢复的Excel文档中找到多份"返乡订票记录单"以及早期大量的Skype聊天记录。依据此线索,查实部分犯罪嫌疑人在去肯尼亚之前曾在印度尼西亚两度针对中国大陆居民进行诈骗,诈骗数额累计达2000余万元人民币。随后,11名曾在印度尼西亚参与张凯闵团伙实施电信诈骗,未赴肯尼亚继续诈骗的犯罪嫌疑人陆续被缉捕到案。至此,张凯闵案52名犯罪嫌疑人全部到案。

(二)审查起诉

审查起诉期间,在案犯罪嫌疑人均表示认罪,但对其在犯罪集团中的作用和参与犯罪数额各自作出辩解。

经审查,北京市人民检察院第二分院认为现有证据足以证实张凯闵等人利用电信网络实施诈骗,但案件证据还存在以下问题:一是电子数据无污损鉴定意见的鉴定起始基准时间晚于犯罪嫌疑人归案的时间近11个小时,不能确定在此期间电子数据是否被增加、删除、修改。二是被害人与诈骗犯罪组织间的关联性证据调取不完整,无法证实部分被害人系本案犯罪组织所骗。三是我国台湾地区警方提供的我国台湾地区犯罪嫌疑人出入境记录不完整,北京市公安局出入境管理总队出具的出入境记录与犯罪嫌疑人的供述等其他证据不尽一致,现有证据不能证实各犯罪嫌疑人参加诈骗犯罪组织的具体时间。

针对上述问题,北京市人民检察院第二分院于2016年12月17日、2017年3月7日两次将案件退回公安机关补充侦查,并提出以下补充侦查意见:一是通过中国驻肯尼亚大使馆确认抓获犯罪嫌疑人和外方起获物证的具体时间,将此时间作为电子数据无污损鉴定的起始基准时间,对电子数据重新进行无污损鉴定,以确保电子数据的客观性。二是补充调取犯罪嫌疑人使用网络电话与被害人通话的记录、被害人向犯罪嫌疑人指定银行账户转账汇款的记录、犯罪嫌疑人的收款账户交易明细等证据,以准确认定本案被害人。三是调取各犯罪嫌疑人护照,由北京市公安局出入境管理总队结合护照,出具完整的出入境记录,补充讯问负责管理护照的犯罪嫌疑人,核实部分犯罪嫌疑人是否中途离开过诈骗窝点,以准确认定各犯罪嫌疑人参加犯罪组织的具体时间。补充侦查期间,检察机关就补侦事项及时与公安机关加强当面沟通,落实补证要求。与此同时,检察人员会同侦查人员共赴国家信息中心电子数据司法鉴定中心,就电子数据提取和无污损鉴定等问题向行业专家咨询,解决了无污损鉴定的具体要求以及提取、固定电子数据的范围、程序等问题。检察机关还对公安机关以《司法鉴定书》记录电子数据勘验过程的做法提出意见,要求将《司法鉴定书》转化为勘验笔录。通过上述工作,全案证据得到进一步完善,最终形成补充侦查卷21册,为案件的审查和提起公诉奠定了坚实基础。

检察机关经审查认为,根据肯尼亚警方出具的《调查报告》、我国驻肯尼亚大使馆出具的《情况说明》以及公安机关出具的扣押决定书、扣押清单等,能够确定境外获取的证据来源合法,移交过程真实、连贯、合法。国家信息中心电子数据司法鉴定中心重新作出的无污损鉴定,鉴定的起始基准时间与肯尼亚警方抓获犯罪嫌疑人并起获涉案设备的时间一致,能够证实电子数据的真实性。涉案笔记本电脑和手机中提取的Skype账户登录信息等电子数据与犯罪嫌疑人的供述相互印证,能够确定犯罪嫌疑人的网络身份和现实身份具有一致性。75名被害人与诈骗犯罪组织间的关联性证据已补充到位,具体表现为:网络电话、Skype聊天记录等与被害人陈述的诈骗电话号码、银行账号等证据相互印证;电子数据中的聊天时间、通话时间与银行交易记录中的转账时间相互印证;被害人陈述的被骗经过与被告人供述的诈骗方式相互印证。本案的75名被害人被骗的证据均满足上述印证关系。

(三)出庭指控犯罪

2017年4月1日,北京市人民检察院第二分院根据犯罪情节,对该诈骗犯罪集团中的52名犯罪嫌疑人作出不同处理决定。对张凯闵等50人以诈骗罪分两案向北京市第二中级人民法院提起公诉,对另2名情节较轻的犯罪嫌疑人作出不起诉决定。7月18日、7月19日,北京市第二中级人民法院公开开庭审理了本案。

庭审中,50名被告人对指控的罪名均未提出异议,部分被告人及其辩护人主要提出以下辩解及辩护意见:一是认定犯罪集团缺乏法律依据,应以被告人实际参与诈骗成功的数额认定其犯罪数额。二是被告人系犯罪组织雇佣的话务员,在本案中起次要和辅助作用,应认定为从犯。三是检察机关指控的犯罪金额证据不足,没有形成完整的证据链条,不能证明被害人是被告人所骗。

针对上述辩护意见,公诉人答辩如下:

一是该犯罪组织以共同实施电信网络诈骗犯罪为目的而组建,首要分子虽然没有到案,但在案证据充分证明该犯罪组织在首要分子的领导指挥下,有固定人员负责窝点的组建管理、人员的召集培训,分工担任一线、二线、三线话务员,该诈骗犯罪组织符合刑法关于犯罪集团的规定,应当认定为犯罪集团。

二是在案证据能够证实二线、三线话务员不仅实施了冒充警察、检察官接听拨打电话的行为,还在犯罪集团中承担了组织管理工作,在共同犯罪中起主要作用，应认定为主犯。对从事一线接听拨打诈骗电话的被告人，已作区别对待。该犯罪集团在印度尼西亚和肯尼亚先后设立3个窝点，参加过2个以上窝点犯罪的一线人员属于积极参加犯罪，在犯罪中起主要作用，应认定为主犯；仅参加其中一个窝点犯罪的一线人员，参与时间相对较短，实际获利较少，可认定为从犯。

三是本案认定诈骗犯罪集团与被害人之间关联性的证据主要有：犯罪集团使用网络电话与被害人电话联系的通话记录；犯罪集团的Skype聊天记录中提到了被害人姓名、公民身份号码等个人信息；被害人向被告人指定银行账户转账汇款的记录。起诉书认定的75名被害人至少包含上述一种关联方式，实施诈骗与被骗的证据能够形成印证关系，足以认定75名被害人被本案诈骗犯罪组织所骗。

（四）处理结果

2017年12月21日，北京市第二中级人民法院作出一审判决，认定被告人张凯闵等50人以非法占有为目的，参加诈骗犯罪集团，利用电信网络技术手段，分工合作，冒充国家机关工作人员或其他单位工作人员，诈骗被害人钱财，各被告人的行为均已构成诈骗罪，其中28人系主犯，22人系从犯。法院根据犯罪事实、情节并结合各被告人的认罪态度、悔罪表现，对张凯闵等50人判处十五年至一年九个月不等有期徒刑，并处剥夺政治权利及罚金。张凯闵等部分被告人以量刑过重为由提出上诉。2018年3月，北京市高级人民法院二审裁定驳回上诉，维持原判。

【指导意义】

（一）对境外实施犯罪的证据应着重审查合法性

对在境外获取的实施犯罪的证据，一是要审查是否符合我国刑事诉讼法的相关规定，对能够证明案件事实且符合刑事诉讼法规定的，可以作为证据使用。二是对基于有关条约、司法互助协定、两岸司法互助协议或通过国际组织委托调取的证据，应注意审查相关办理程序、手续是否完备，取证程序和条件是否符合有关法律文件的规定。对不具有规定规范的，一般应当要求提供所在国公证机关证明，由所在国中央外交主管机关或其授权机关认证，并经我国驻该国使、领馆认证。三是对委托取得的境外证据，移交过程中应注意审查过程是否连续、手续是否齐全、交接物品是否完整、双方的交接清单记载的物品信息是否一致、交接清单与交接物品是否一一对应。四是对当事人及其辩护人、诉讼代理人提供的来自境外的证据材料,要审查其是否按照条约等相关规定办理了公证和认证,并经我国驻该国使、领馆认证。

(二) 对电子数据应重点审查客观性

一要审查电子数据存储介质的真实性。通过审查存储介质的扣押、移交等法律手续及清单,核实电子数据存储介质在收集、保管、鉴定、检查等环节中是否保持原始性和同一性。二要审查电子数据本身是否客观、真实、完整。通过审查电子数据的来源和收集过程,核实电子数据是否从原始存储介质中提取,收集的程序和方法是否符合法律和相关技术规范。对从境外起获的存储介质中提取、恢复的电子数据应当进行无污损鉴定,将起获设备的时间作为鉴定的起始基准时间,以保证电子数据的客观、真实、完整。三要审查电子数据内容的真实性。通过审查在案言词证据能否与电子数据相互印证,不同的电子数据间能否相互印证等,核实电子数据包含的案件信息能否与在案的其他证据相互印证。

(三) 紧紧围绕电话卡和银行卡审查认定案件事实

办理电信网络诈骗犯罪案件,认定被害人数量及诈骗资金数额的相关证据,应当紧紧围绕电话卡和银行卡等证据的关联性来认定犯罪事实。一是通过电话卡建立被害人与诈骗犯罪组织间的关联。通过审查诈骗犯罪组织使用的网络电话拨打记录清单、被害人接到诈骗电话号码的陈述以及被害人提供的通话记录详单等通讯类证据,认定被害人与诈骗犯罪组织间的关联性。二是通过银行卡建立被害人与诈骗犯罪组织间的关联。通过审查被害人提供的银行账户交易明细、银行客户通知书、诈骗犯罪集团指定银行账户信息等书证以及诈骗犯罪组织使用的互联网软件聊天记录,核实聊天记录中是否出现被害人的转账账户,以确定被害人与诈骗犯罪组织间的关联性。三是将电话卡和银行卡结合起来认定被害人及诈骗数额。审查被害人接到诈骗电话的时间、向诈骗犯罪组织指定账户转款的时间,诈骗犯罪组织手机或电脑中储存的聊天记录中出现的被害人的账户信息和转账时间是否印证。相互关联印证的,可以认定为案件被害人,被害人实际转账的金额可以认定为诈骗数额。

(四) 有明显首要分子,主要成员固定,其他人员有一定流动性的电信网络诈骗犯罪组织,可以认定为诈骗犯罪集团

实施电信网络诈骗犯罪,大都涉案人员众多、组织严密、层级分明、各环节分工明确。对符合刑法关于犯罪集团规定,有明确首要分子,主要成员固定,其他人员虽有一定流动性的电信网络诈骗犯罪组

织，依法可以认定为诈骗犯罪集团。对出资筹建诈骗窝点、掌控诈骗所得资金、制定犯罪计划等起组织、指挥管理作用的，依法可以认定为诈骗犯罪集团首要分子，按照集团所犯的全部罪行处罚。对负责协助首要分子组建窝点、招募培训人员等起积极作用的，或加入时间较长，通过接听拨打电话对受害人进行诱骗，次数较多、诈骗金额较大的，依法可以认定为主犯，按照其参与或组织、指挥的全部犯罪处罚。对诈骗次数较少、诈骗金额较小，在共同犯罪中起次要或者辅助作用的，依法可以认定为从犯，依法从轻、减轻或免除处罚。

【相关规定】

《中华人民共和国刑法》第六条、第二十六条、第二百六十六条

《中华人民共和国刑事诉讼法》第十八条、第二十五条

《中华人民共和国国际刑事司法协助法》第九条、第十条、第二十五条、第二十六条、第三十九条、第四十条、第四十一条、第六十八条

《最高人民法院、最高人民检察院关于办理诈骗刑事案件具体应用法律若干问题的解释》第一条、第二条

《最高人民法院、最高人民检察院、公安部关于办理电信网络诈骗等刑事案件适用法律若干问题的意见》

《最高人民法院、最高人民检察院、公安部关于办理刑事案件收集提取和审查判断电子数据若干问题的规定》

《检察机关办理电信网络诈骗案件指引》

《最高人民法院关于适用〈中华人民共和国刑事诉讼法〉的解释》第四百零五条

【检例第 68 号】

叶源星、张剑秋提供侵入计算机信息系统程序、谭房妹非法获取计算机信息系统数据案

【关键词】专门用于侵入计算机信息系统的程序　非法获取计算机信息系统数据　撞库　打码

【要旨】

对有证据证明用途单一，只能用于侵入计算机信息系统的程序，司法机关可依法认定为"专门用于侵入计算机信息系统的程序"；难以确定的，应当委托专门部门或司法鉴定机构作出检验或鉴定。

【基本案情】

叶源星，男，1977年3月10日出生，超市网络维护员。

张剑秋，男，1972年8月14日出生，小学教师。

谭房妹，男，1993年4月5日出生，农民。

2015年1月，被告人叶源星编写了用于批量登录某电商平台账户的"小黄伞"撞库软件（"撞库"是指黑客通过收集已泄露的用户信息，利用账户使用者相同的注册习惯，如相同的用户名和密码，尝试批量登陆其他网站，从而非法获取可登录用户信息的行为）供他人免费使用。"小黄伞"撞库软件运行时，配合使用叶源星编写的打码软件（"打码"是指利用人工大量输入验证码的行为）可以完成撞库过程中对大量验证码的识别。叶源星通过网络向他人有偿提供打码软件的验证码识别服务，同时将其中的人工输入验证码任务交由被告人张剑秋完成，并向其支付费用。

2015年1月至9月，被告人谭房妹通过下载使用"小黄伞"撞库软件，向叶源星购买打码服务，获取到某电商平台用户信息2.2万余组。

被告人叶源星、张剑秋通过实施上述行为，从被告人谭房妹处获取违法所得共计人民币4万余元。谭房妹通过向他人出售电商平台用户信息，获取违法所得共计人民币25万余元。法院审理期间，叶源星、张剑秋、谭房妹退缴了全部违法所得。

【指控与证明犯罪】

（一）审查起诉

2016年10月10日，浙江省杭州市公安局余杭区分局以犯罪嫌疑人叶源星、张剑秋、谭房妹涉嫌非法获取计算机信息系统数据罪移送杭州市余杭区人民检察院审查起诉。期间，叶源星、张剑秋的辩护人向检察机关提出二名犯罪嫌疑人无罪的意见。叶源星的辩护人认为，叶源星利用"小黄伞"软件批量验证已泄露信息的行为，不构成非法获取计算机信息系统数据罪。张剑秋的辩护人认为，张剑秋不清楚组织打码是为了非法获取某电商平台的用户信息。张剑秋与叶源星没有共同犯罪故意,不构成非法获取计算机信息系统数据罪。

杭州市余杭区人民检察院经审查认为,犯罪嫌疑人叶源星编制"小黄伞"撞库软件供他人使用,犯罪嫌疑人张剑秋组织码工打码,犯罪嫌疑人谭房妹非法获取网络用户信息并出售牟利的基本事实清楚,但需要进一步补强证据。2016年11月25日、2017年2月7日,检察机关二次将案件退回公安机关补充侦查,明确提出需要补查的内容、目的和要求。一是完善"小黄伞"软件的编制过程、运作原理、功能等方面的证据,以便明确"小黄伞"软件是否具有避开或突破某电商平台服务器的安全保护措施,非法获取计算机信息系统数据的功能。二是对扣押的张剑秋电脑进行补充勘验,以便确定张剑秋主观上是否明知其组织打码行为是为他人非法获取某电商平台用户信息提供帮助;调取张剑秋与叶源星的QQ聊天记录,以便查明二人是否有犯意联络。三是提取叶源星被扣押电脑的MAC地址(又叫网卡地址,由12个16进制数组成,是上网设备在网络中的唯一标识),分析"小黄伞"软件源代码中是否含有叶源星电脑的MAC地址,以便查明某电商平台被非法登陆过的账号与叶源星编制的"小黄伞"撞库软件之间是否存在关联性。四是对被扣押的谭房妹电脑和U盘进行补充勘验,调取其中含有账号、密码的文件,查明文件的生成时间和特征,以便确定被查获的存储介质中的某电商平台用户信息是否系谭房妹使用"小黄伞"软件获取。

公安机关按照检察机关的要求,对证据作了进一步补充完善。同时,检察机关就"小黄伞"软件的运行原理等问题,听取了技术专家意见。结合公安机关两次退查后补充的证据,案件证据中存在的问题已经得到解决:

一是明确了"小黄伞"软件具有以下功能特征:(1)"小黄伞"软件用途单一,仅针对某电商平台账号进行撞库和接入打码平台,这种非法侵入计算机信息系统获取用户数据的程序没有合法用途。(2)"小黄伞"软件具有避开或突破计算机信息系统安全保护措施的功能。在实施撞库过程中,一个IP地址需要多次登录大量账号,为防止被某电商平台识别为非法登陆,导致IP地址被封锁,"小黄伞"软件被编入自动拨号功能,在批量登陆几组账号后,会自动切换新的IP地址,从而达到避开该电商平台安全防护的目的。(3)"小黄伞"软件具有绕过验证码识别防护措施的功能。在他人利用非法获取的该电商平台账号登录时,需要输入验证码。"小黄伞"软件会自动抓取验证码图片发送到打码平台,由张剑秋组织的码工对验证码进行识别。(4)"小黄伞"软件具有非法获取计算机信息系统数据的功能。"小黄伞"软件对登陆成功的某电商平台账号,在未经授权的情况下,会自动抓取账号对应的昵称、注册时间、账号等级等信息数据。根据以上特征,可以认定"小黄伞"软件属于刑法规定的"专门用于侵入计算机信息系统的程序"。

二是从张剑秋和叶源星电脑中补充勘查到的QQ聊天记录等电子数据证实,叶源星与张剑秋聊天过程中曾提及"扫平台""改一下平台程序""那些人都是出码的";通过补充讯问张剑秋和叶源星,明确了张剑秋明知其帮叶源星打验证码可能被用于非法目的,仍然帮叶源星做打码代理。上述证据证实张剑秋与叶源星之间已经形成犯意联络,具有共同犯罪故意。

三是通过进一步补充证据,证实了使用撞库软件的终端设备的MAC地址与叶源星电脑的MAC地址、小黄伞软件的源代码里包含的MAC地址一致。上述证据证实叶源星就是"小黄伞"软件的编制者。

四是通过对谭房妹所有包含某电商平台用户账号和密码的文件进行比对,查明了谭房妹利用"小黄伞"撞库软件非法获取的某电商平台用户信息文件不仅包含账号、密码,还包含了注册时间、账号等级、是否验证等信息,而谭房妹从其他渠道非法获取的账号信息文件并不包含这些信息。通过对谭房妹电脑的进一步勘查和对谭房妹的进一步讯问,确定了谭房妹利用"小黄伞"软件登陆某电商平台用户账号的过程和具体时间,该登录时间与部分账号信息文件的生成时间均能一一对应。根据上述证据,最终确定谭房妹利用"小黄伞"撞库所得的网络用户信息为2.2万余组。

综上,检察机关认为案件事实已查清,但公安机关对犯罪嫌疑人叶源星、张剑秋移送起诉适用的罪名不准确。叶源星、张剑秋共同为他人提供专门用于侵入计算机信息系统的程序,均已涉嫌提供侵入计算机信息系统程序罪;犯罪嫌疑人谭房妹的行为已涉嫌非法获取计算机信息系统数据罪。

(二)出庭指控犯罪

2017年6月20日,杭州市余杭区人民检察院以被告人叶源星、张剑秋构成提供侵入计算机信息系统程序罪,被告人谭房妹构成非法获取计算机信息系统数据罪,向杭州市余杭区人民法院提起公诉。11月17日,法院公开开庭审理了本案。

庭审中，3名被告人对检察机关的指控均无异议。谭房妹的辩护人提出，谭房妹系初犯，归案后能如实供述罪行，自愿认罪，请求法庭从轻处罚。叶源星和张剑秋的辩护人提出以下辩护意见：一是检察机关未提供省级以上有资质机构的检验结论，现有证据不足以认定"小黄伞"软件是"专门用于侵入计算机信息系统的程序"。二是张剑秋与叶源星间没有共同犯罪的主观故意。三是叶源星和张剑秋的违法所得金额应扣除支付给码工的钱款。

针对上述辩护意见，公诉人答辩如下：一是在案电子数据、勘验笔录、技术人员的证言、被告人供述等证据相互印证，足以证实"小黄伞"软件具有避开和突破计算机信息系统安全保护措施，未经授权获取计算机信息系统数据的功能，属于法律规定的"专门用于侵入计算机信息系统的程序"。二是被告人叶源星与张剑秋具有共同犯罪的故意。QQ聊天记录反映两人曾提及非法获取某电商平台用户信息的内容，能证实张剑秋主观明知其组织他人打码系用于批量登录该电商平台账号。张剑秋组织他人帮助打码的行为和叶源星提供撞库软件的行为相互配合，相互补充，系共同犯罪。三是被告人叶源星、张剑秋的违法所得应以其出售验证码服务的金额认定，给码工等相关支出均属于犯罪成本，不应扣除。二人系共同犯罪，应当对全部犯罪数额承担责任。四是3名被告人在庭审中认罪态度较好且上交了全部违法所得，建议从轻处罚。

（三）处理结果

浙江省杭州市余杭区人民法院采纳了检察机关的指控意见，判决认定被告人叶源星、张剑秋的行为已构成提供侵入计算机信息系统程序罪，且系共同犯罪；被告人谭房妹的行为已构成非法获取计算机信息系统数据罪。鉴于3名被告人均自愿认罪，并退出违法所得，对3名被告人判处三年有期徒刑，适用缓刑，并处罚金。宣判后，3名被告人均未提出上诉，判决已生效。

【指导意义】

审查认定"专门用于侵入计算机信息系统的程序"，一般应要求公安机关提供以下证据：一是从被扣押、封存的涉案电脑、U盘等原始存储介质中收集、提取相关的电子数据。二是对涉案程序、被侵入的计算机信息系统及电子数据进行勘验、检查后制作的笔录。三是能够证实涉案程序的技术原理、制作目的、功能用途和运行效果的书证材料。四是涉案程序的制作人、提供人、使用人对该程序的技术原理、制作目的、功能用途和运行效果进行阐述的言词证据，或能够展示涉案程序功能的视听资料。五是能够证实被侵入计算机信息系统安全保护措施的技术原理、功能以及被侵入后果的专业人员的证言等证据。六是对有运行条件的，应要求公安机关进行侦查实验。对有充分证据证明涉案程序是专门设计用于侵入计算机信息系统、非法获取计算机信息系统数据的，可直接认定为"专门用于侵入计算机信息系统的程序"。

证据审查中，可从以下方面对涉案程序是否属于"专门用于侵入计算机信息系统的程序"进行判断：一是结合被侵入的计算机信息系统的安全保护措施，分析涉案程序是否具有侵入的目的，是否具有避开或者突破计算机信息系统安全保护措施的功能。二是结合计算机信息系统被侵入的具体情形，查明涉案程序是否在未经授权或超越授权的情况下，获取计算机信息系统数据。三是分析涉案程序是否属于"专门"用于侵入计算机信息系统的程序。

根据《最高人民法院、最高人民检察院关于办理危害计算机信息系统安全刑事案件应用法律若干问题的解释》第十条和《最高人民法院、最高人民检察院、公安部关于办理刑事案件收集提取和审查判断电子数据若干问题的规定》第十七条的规定，对是否属于"专门用于侵入计算机信息系统的程序"难以确定的，一般应当委托省级以上负责计算机信息系统安全保护管理工作的部门检验，也可由司法鉴定机构出具鉴定意见，或者由公安部指定的机构出具报告。实践中，应重点审查检验报告、鉴定意见对程序运行过程和运行结果的判断，结合案件具体情况，认定涉案程序是否具有突破或避开计算机信息系统安全保护措施，未经授权或超越授权获取计算机信息系统数据的功能。

【相关规定】

《中华人民共和国刑法》第二百八十五条、第二十五条

《最高人民法院、最高人民检察院关于办理危害计算机信息系统安全刑事案件应用法律若干问题的解释》第一条、第二条、第三条、第十条、第十一条

《最高人民法院、最高人民检察院、公安部关于办理刑事案件收集提取和审查判断电子数据若干问题的规定》第十七条

【检例第 69 号】

姚晓杰等 11 人破坏计算机信息系统案

【关键词】 破坏计算机信息系统　网络攻击　引导取证　损失认定

【要旨】

为有效打击网络攻击犯罪，检察机关应加强与公安机关的配合，及时介入侦查引导取证，结合案件特点提出明确具体的补充侦查意见。对被害互联网企业提供的证据和技术支持意见，应当结合其他证据进行审查认定，客观全面准确认定破坏计算机信息系统罪的危害后果。

【基本案情】

被告人姚晓杰，男，1983 年 3 月 27 日出生，无固定职业。

被告人丁虎子，男，1998 年 2 月 7 日出生，无固定职业。

其他 9 名被告人基本情况略。

2017 年初，被告人姚晓杰等人接受王某某（另案处理）雇佣，招募多名网络技术人员，在境外成立"暗夜小组"黑客组织。"暗夜小组"从被告人丁虎子等 3 人处购买大量服务器资源，再利用木马软件操控控制端服务器实施 DDoS 攻击（指黑客通过远程控制服务器或计算机等资源，对目标发动高频服务请求，使目标服务器因来不及处理海量请求而瘫痪）。2017 年 2—3 月间，"暗夜小组"成员三次利用 14 台控制端服务器下的计算机，持续对某互联网公司云服务器上运营的三家游戏公司的客户端 IP 进行 DDoS 攻击。攻击导致三家游戏公司的 IP 被封堵，出现游戏无法登录、用户频繁掉线、游戏无法正常运行等问题。为恢复云服务器的正常运营，某互联网公司组织人员对服务器进行了抢修并为此支付 4 万余元。

【指控与证明犯罪】

（一）介入侦查引导取证

2017 年初，某互联网公司网络安全团队在日常工作中监测到多起针对该公司云服务器的大流量高峰值 DDoS 攻击，攻击源 IP 地址来源不明，该公司随即报案。公安机关立案后，同步邀请广东省深圳市人民检察院介入侦查、引导取证。

针对案件专业性、技术性强的特点，深圳市人民检察院会同公安机关多次召开案件讨论会，就被害单位云服务器受到的 DDoS 攻击的特点和取证策略进行研究，建议公安机关及时将被害单位报案提供的电子数据送国家计算机网络应急技术处理协调中心广东分中心进行分析，确定主要攻击源的 IP 地址。

2017 年 6—9 月间，公安机关陆续将 11 名犯罪嫌疑人抓获。侦查发现，"暗夜小组"成员为逃避打击，在作案后已串供并将手机、笔记本电脑等作案工具销毁或者进行了加密处理。"暗夜小组"成员到案后大多作无罪辩解。有证据证实丁虎子等人实施了远程控制大量计算机的行为，但证明其将控制权出售给"暗夜小组"用于 DDoS 网络攻击的证据薄弱。

鉴于此，深圳市检察机关与公安机关多次会商研究"暗夜小组"团伙内部结构、犯罪行为和技术特点等问题，建议公安机关重点做好以下三方面工作：一是查明导致云服务器不能正常运行的原因与"暗夜小组"攻击行为间的关系。具体包括：对被害单位提供的受攻击 IP 和近 20 万个攻击源 IP 作进一步筛查分析，找出主要攻击源的 IP 地址，并与丁虎子等人出售的控制端服务器 IP 地址进行比对；查清主要攻击源的波形特征和网络协议，并和丁虎子等人控制的攻击服务器特征进行比对，以确定主要攻击是否来自于该控制端服务器；查清攻击时间和云服务器因被攻击无法为三家游戏公司提供正常服务的时间；查清攻击的规模；调取"暗夜小组"实施攻击后给三家游戏公司发的邮件。二是做好犯罪嫌疑人线上身份和线下身份同一性的认定工作，并查清"暗夜小组"各成员在犯罪中的分工、地位和作用。三是查清犯罪行为造成的危害后果。

（二）审查起诉

2017 年 9 月 19 日，公安机关将案件移送广东省深圳市南山区人民检察院审查起诉。鉴于在案证据已基本厘清"暗夜小组"实施犯罪的脉络，"暗夜小组"成员的认罪态度开始有了转变。经审查，全案基本事实已经查清，基本证据已经调取，能够认定姚晓杰等人的行为已涉嫌破坏计算机信息系统罪：一是可以认定系"暗夜小组"对某互联网公司云服务器实施了大流量攻击。国家计算机网络应急技术处理协调中心广东分中心出具的报告证实，筛选出的大流量攻击源 IP 中有 198 个 IP

为僵尸网络中的被控主机,这些主机由 14 个控制端服务器控制。通过比对丁虎子等人电脑中的电子数据,证实丁虎子等人控制的服务器就是对三家游戏公司客户端实施网络攻击的服务器。分析报告还明确了云服务器受到的攻击类型和攻击采用的网络协议、波形特征,这些证据与"暗夜小组"成员供述的攻击资源特征一致。网络聊天内容和银行交易流水等证据证实"暗夜小组"向丁虎子等三人购买上述 14 个控制端服务器控制权的事实。电子邮件等证据进一步印证了"暗夜小组"实施攻击的事实。二是通过进一步提取犯罪嫌疑人网络活动记录、犯罪嫌疑人之间的通讯信息、资金往来等证据,结合对电子数据的分析,查清了"暗夜小组"成员虚拟身份与真实身份的对应关系,查明了小组成员在招募人员、日常管理、购买控制端服务器、实施攻击和后勤等各个环节中的分工负责情况。

审查中,检察机关发现,攻击行为造成的损失仍未查清;部分犯罪嫌疑人实施犯罪的次数,上下游间交易的证据仍欠缺。针对存在的问题,深圳市南山区人民检察院与公安机关进行了积极沟通,于 2017 年 11 月 2 日和 2018 年 1 月 16 日两次将案件退回公安机关补充侦查。一是鉴于证实受影响计算机信息系统和用户数量的证据已无法调取,本案只能以造成的经济损失认定危害后果。因此要求公安机关补充调取能够证实某互联网公司直接经济损失或为恢复网络正常运行支出的必要费用等证据,并交专门机构作出评估。二是进一步补充证实"暗夜小组"成员参与每次网络攻击具体情况以及攻击服务器控制权在"暗夜小组"与丁虎子等人间流转情况的证据。三是对丁虎子等人向"暗夜小组"提供攻击服务器控制权的主观明知证据作进一步补强。

公安机关按要求对证据作了补强和完善,全案事实已查清,案件证据确实充分,已经形成了完整的证据链条。

(三)出庭指控犯罪

2018 年 3 月 6 日,深圳市南山区人民检察院以被告人姚晓杰等 11 人构成破坏计算机信息系统罪向深圳市南山区人民法院提起公诉。4 月 27 日,法院公开开庭审理了本案。

庭审中,11 名被告人对检察机关的指控均表示无异议。部分辩护人提出以下辩护意见:一是网络攻击无处不在,现有证据不能认定三家网络游戏公司受到的攻击均是"暗夜小组"发动的,不能排除攻击来自其他方面。二是即便认定"暗夜小组"参与对三家网络游戏公司的攻击，也不能将某互联网公司支付给抢修系统数据的员工工资认定为本案的经济损失。

针对辩护意见，公诉人答辩如下：一是案发时并不存在其他大规模网络攻击，在案证据足以证实只有"暗夜小组"针对云服务器进行了DDoS高流量攻击，每次的攻击时间和被攻击的时间完全吻合，攻击手法、流量波形、攻击源IP和攻击路径与被告人供述及其他证据相互印证，现有证据足以证明三家网络游戏公司客户端不能正常运行系受"暗夜小组"攻击导致。二是根据法律规定，"经济损失"包括危害计算机信息系统犯罪行为给用户直接造成的经济损失以及用户为恢复数据、功能而支出的必要费用。某互联网公司为修复系统数据、功能而支出的员工工资系因犯罪产生的必要费用，应当认定为本案的经济损失。

（四）处理结果

2018年6月8日，广东省深圳市南山区人民法院判决认定被告人姚晓杰等11人犯破坏计算机信息系统罪；鉴于各被告人均表示认罪悔罪，部分被告人具有自首等法定从轻、减轻处罚情节，对11名被告人分别判处有期徒刑一年至二年不等。宣判后，11名被告人均未提出上诉，判决已生效。

【指导意义】

（一）立足网络攻击犯罪案件特点引导公安机关收集调取证据。对重大、疑难、复杂的网络攻击类犯罪案件，检察机关可以适时介入侦查引导取证，会同公安机关研究侦查方向，在收集、固定证据等方面提出法律意见。一是引导公安机关及时调取证明网络攻击犯罪发生、证明危害后果达到追诉标准的证据。委托专业技术人员对收集提取到的电子数据等进行检验、鉴定，结合在案其他证据，明确网络攻击类型、攻击特点和攻击后果。二是引导公安机关调取证明网络攻击是犯罪嫌疑人实施的证据。借助专门技术对攻击源进行分析，溯源网络犯罪路径。审查认定犯罪嫌疑人网络身份与现实身份的同一性时，可通过核查IP地址、网络活动记录、上网终端归属，以及证实犯罪嫌疑人与网络终端、存储介质间的关联性综合判断。犯罪嫌疑人在实施网络攻击后，威胁被害人的证据可作为认定攻击事实和因果关系的证据。有证据证明犯罪嫌疑人实施了攻击行为，网络攻击类型和特点与犯罪嫌疑人实施的攻击一致，攻击时间和被攻击时间吻合的，可以认定网络攻击系犯罪嫌疑人实施。三是网络攻击类犯罪多为共同犯罪，应重点审查各犯罪嫌疑人的供述和辩解、手机通信记录等,通过审查自供和互证的情况以及与其他证据间的印证情况,查明各犯罪嫌疑人间的犯意联络、分工和作用,准确认定主、从犯。四是对需要通过退回补充侦查进一步完善上述证据的,在提出补充侦查意见时,应明确列出每一项证据的补侦目的,以及为了达到目的需要开展的工作。在补充侦查过程中,要适时与公安机关面对面会商,了解和掌握补充侦查工作的进展,共同研究分析补充到的证据是否符合起诉和审判的标准和要求,为补充侦查工作提供必要的引导和指导。

(二)对被害单位提供的证据和技术支持意见需结合其他在案证据作出准确认定。网络攻击类犯罪案件的被害人多为大型互联网企业。在打击该类犯罪的过程中,司法机关往往会借助被攻击的互联网企业在网络技术、网络资源和大数据等方面的优势,进行溯源分析或对攻击造成的危害进行评估。由于互联网企业既是受害方,有时也是技术支持协助方,为确保被害单位提供的证据客观真实,必须特别注意审查取证过程的规范性;有条件的,应当聘请专门机构对证据的完整性进行鉴定。如条件不具备,应当要求提供证据的被害单位对证据作出说明。同时要充分运用印证分析审查思路,将被害单位提供的证据与在案其他证据,如从犯罪嫌疑人处提取的电子数据、社交软件聊天记录、银行流水、第三方机构出具的鉴定意见、证人证言、犯罪嫌疑人供述等证据作对照分析,确保不存在人为改变案件事实或改变案件危害后果的情形。

(三)对破坏计算机信息系统的危害后果应作客观全面准确认定。实践中,往往倾向于依据犯罪违法所得数额或造成的经济损失认定破坏计算机信息系统罪的危害后果。但是在一些案件中,违法所得或经济损失并不能全面、准确反映出犯罪行为所造成的危害。有的案件违法所得或者经济损失的数额并不大,但网络攻击行为导致受影响的用户数量特别大,有的导致用户满意度降低或用户流失,有的造成了恶劣社会影响。对这类案件,如果仅根据违法所得或经济损失数额来评估危害后果,可能会导致罪刑不相适应。因此,在办理破坏计算机信息系统犯罪案件时,检察机关应发挥好介入侦查引导取证的作用,及时引导公安机关按照法律规定,从扰乱公共秩序的角度,收集、固定能够证实受影响的计算机信息系统数量或用户数量、受影响或被攻击的计算机信息系统不能正常运行的累计时间、对被害企业造成的影响等证据,对危害后果作出客观、全面、准确认定,做到罪责相当、罚当其罪,使被告人受到应有惩处。

【相关规定】

《中华人民共和国刑法》第二百八十六条

《最高人民法院、最高人民检察院关于办理危害计算机信息系统安全刑事案件应用法律若干问题的解释》第四条、第六条、第十一条

最高人民检察院
关于印发第十九批指导性案例的通知

(高检发办字〔2020〕24号　2020年2月28日)

各级人民检察院：

　　经2019年12月31日最高人民检察院第十三届检察委员会第三十次会议决定，现将宣告缓刑罪犯蔡某等12人减刑监督案等三件指导性案例（检例第70－72号）作为第十九批指导性案例发布，供参照适用。

最高人民检察院

2020年2月28日

【检例第70号】

宣告缓刑罪犯蔡某等12人减刑监督案

【关键词】　　缓刑罪犯减刑　持续跟进监督　地方规范性文件法律效力　最终裁定纠正违法意见

【要旨】

　　对于判处拘役或者三年以下有期徒刑并宣告缓刑的罪犯，在缓刑考验期内确有悔改表现或者有一般立功表现，一般不适用减刑。在缓刑考验期内有重大立功表现的，可以参照刑法第七十八条的规定予以减刑。人民法院对宣告缓刑罪犯裁定减刑适用法律错误的，人民检察院应当依法提出纠正意见。人民法院裁定维持原减刑裁定的，人民检察院应当继续予以监督。

【基本案情】

罪犯蔡某，女，1966 年 9 月 6 日出生，因犯受贿罪于 2009 年 12 月 22 日被江苏省南京市雨花台区人民法院判处有期徒刑三年，缓刑四年，缓刑考验期自 2010 年 1 月 4 日起至 2014 年 1 月 3 日止。另有罪犯陈某某、丁某某、胡某等 11 人分别因犯故意伤害、盗窃、诈骗等罪被人民法院判处有期徒刑并宣告缓刑。上述 12 名缓刑罪犯，分别在南京市的 7 个市辖区接受社区矫正。

2013 年 1 月，南京市司法局以蔡某等 12 名罪犯在社区矫正期间确有悔改表现为由，向南京市中级人民法院提出减刑建议。2013 年 2 月 7 日，南京市中级人民法院以蔡某等 12 名罪犯能认罪服法、遵守法律法规和社区矫正相关规定、确有悔改表现为由，依照刑法第七十八条规定，分别对上述罪犯裁定减去六个月、三个月不等的有期徒刑，并相应缩短缓刑考验期。

【检察机关监督情况】

线索发现　2014 年 8 月，南京市人民检察院在开展减刑、假释、暂予监外执行专项检察活动中发现，南京市中级人民法院对 2014 年 8 月之前作出的部分减刑、假释裁定，未按法定期限将裁定书送达南京市人民检察院，随后依法提出书面纠正意见。南京市中级人民法院接受监督意见，将减刑、假释裁定书送达南京市人民检察院。南京市人民检察院通过将减刑、假释裁定书与辖区内在押人员信息库和社区矫正对象信息库进行逐一比对，发现南京市中级人民法院对蔡某等 12 名缓刑罪犯裁定减刑可能不当。

调查核实　为查明蔡某等 12 名缓刑罪犯是否符合减刑条件，南京市人民检察院牵头，组织有关区人民检察院联合调查，调取了蔡某等 12 名罪犯在社区矫正期间的原始档案材料，并实地走访社区矫正部门、基层街道社区，了解相关罪犯在社区矫正期间实际表现、奖惩、有无重大立功表现等情况。经调查核实，蔡某等 12 名缓刑罪犯，虽然在社区矫正期间能够认罪服法，认真参加各类矫治活动，按期报告法定事项，受到多次表扬，均确有悔改表现，但是均无重大立功表现。

监督意见　南京市人民检察院经审查认为，南京市中级人民法院对没有重大立功表现的缓刑罪犯裁定减刑，违反了《最高人民法院关于办理减刑、假释案件具体应用法律若干问题的规定》（法释〔2012〕2

号)第十三条"判处拘役或者三年以下有期徒刑并宣告缓刑的罪犯,一般不适用减刑。前款规定的罪犯在缓刑考验期限内有重大立功表现的,可以参照刑法第七十八条的规定,予以减刑,同时应依法缩减其缓刑考验期限。拘役的缓刑考验期限不能少于二个月,有期徒刑的缓刑考验期限不能少于一年"的规定,依法应当予以纠正。2014年10月14日南京市人民检察院向南京市中级人民法院分别发出12份《纠正不当减刑裁定意见书》。南京市中级人民法院重新组成合议庭对上述案件进行审理,2014年12月4日作出了维持对蔡某等12名罪犯减刑的刑事裁定。主要理由是,依据2004年、2006年江苏省、南京市两级人民法院、人民检察院、公安机关、司法行政机关先后制定的有关社区矫正规范性文件的有关规定,蔡某等12名罪犯在社区矫正期间受到多次表扬,确有悔改表现,可以给予减刑,因此原刑事裁定并无不当。经再次审查,南京市人民检察院认为南京市中级人民法院的刑事裁定仍违反法律规定,于2014年12月24日向该院发出《纠正违法通知书》,要求该院纠正。

2015年1月8日,南京市中级人民法院重新另行组成合议庭对上述案件进行了审理;南京市人民检察院依法派员出庭,宣读了《纠正违法通知书》,发表了检察意见;南京市司法局作为提请减刑的机关,派员出庭发表意见,认为在社区矫正试点期间,为了调动社区矫正对象接受矫正积极性,江苏省、南京市有关部门先后制定规范性文件,规定对获得多次表扬的社区矫正对象可以给予减刑。这些规范性文件目前还没有废止,可以作为减刑的依据。出庭检察人员指出,2012年3月1日实施的《社区矫正实施办法》(司发通〔2012〕12号)明确规定,符合法定减刑条件是为社区矫正人员办理减刑的前提,因此,对缓刑罪犯减刑应当适用法律和司法解释的规定,不应当适用与法律和司法解释相冲突的地方规范性文件。

监督结果 2015年1月21日,南京市中级人民法院重新作出刑事裁定,同意南京市人民检察院的纠正意见,认定该院对蔡某等12名缓刑罪犯作出的原减刑裁定、原再审减刑裁定,系适用法律错误,分别裁定撤销原减刑裁定、原再审减刑裁定,对蔡某等12名缓刑罪犯不予减刑,剩余缓刑考验期继续执行。裁定生效后,南京市中级人民法院及时将法律文书交付执行机关执行,蔡某等12名罪犯在法定期限内到原区司法局报到,接受社区矫正。

【指导意义】

1. 人民法院减刑裁定适用法律错误，人民检察院应当依法监督纠正。人民检察院在办理减刑、假释案件时，应准确把握法院减刑、假释裁定所依据规范性文件。对于地方人民法院、人民检察院制定的司法解释性文件，应当根据《最高人民法院 最高人民检察院关于地方人民法院、人民检察院不得制定司法解释性质文件的通知》予以清理。人民法院依据地方人民法院、人民检察院制定的司法解释性文件作出裁定的，属于适用法律错误，人民检察院应当依法向人民法院提出书面监督纠正意见，监督人民法院重新组成合议庭进行审理。

2. 人民法院对没有重大立功表现的缓刑罪犯裁定减刑的，人民检察院应当予以监督纠正。减刑、假释是我国重要的刑罚执行制度，不符合法定条件和非经法定程序，不得减刑、假释。根据有关法律和司法解释的规定，判处拘役或者三年以下有期徒刑并宣告缓刑的罪犯，一般不适用减刑；在缓刑考验期限内有重大立功表现的，可以参照刑法第七十八条的规定，予以减刑。因此，对缓刑罪犯适用减刑的法定条件限是在缓刑考验期限内有重大立功表现。根据《社区矫正法》的有关规定，人民检察院依法对社区矫正工作实行法律监督，发现社区矫正机构对宣告缓刑的罪犯向人民法院提出减刑建议不当的，应当依法提出纠正意见；发现人民法院对于确有悔改表现或者有一般立功表现但没有重大立功表现的缓刑罪犯裁定减刑的，应当依法向人民法院发出《纠正不当减刑裁定意见书》，申明监督理由、依据和意见，监督人民法院重新组成合议庭进行审理并作出最终裁定。

3. 人民检察院发现人民法院已经生效的减刑、假释裁定仍有错误的，应当继续向人民法院提出书面纠正意见。人民检察院对人民法院减刑、假释的裁定提出纠正意见后，应当监督人民法院在收到纠正意见后一个月内重新组成合议庭进行审理，并监督人民法院重新作出的裁定是否符合法律规定。人民法院重新作出的裁定仍不符合法律规定的，人民检察院应当继续向人民法院提出纠正意见，提请人民法院按照审判监督程序依法另行组成合议庭重新审理并作出裁定。对人民法院仍然不采纳纠正意见的，人民检察院应当提请上级人民检察院继续监督。

【相关规定】

《中华人民共和国刑法》第七十八条 被判处管制、拘役、有期徒刑、无期徒刑的犯罪分子，在执行期间，如果认真遵守监规，接受教育改造，确有悔改表现的，或者有立功表现的，可以减刑；有下列重大立功表现之一的，应当减刑：

（一）阻止他人重大犯罪活动的；

（二）检举监狱内外重大犯罪活动，经查证属实的；

（三）有发明创造或者重大技术革新的；

（四）在日常生产、生活中舍己救人的；

（五）在抗御自然灾害或者排除重大事故中，有突出表现的；

（六）对国家和社会有其他重大贡献的。

减刑以后实际执行的刑期不能少于下列期限：

（一）判处管制、拘役、有期徒刑的，不能少于原判刑期的二分之一；

（二）判处无期徒刑的，不能少于十三年；

（三）人民法院依照本法第五十条第二款规定限制减刑的死刑缓期执行的犯罪分子，缓期执行期满后依法减为无期徒刑的，不能少于二十五年，缓期执行期满后依法减为二十五年有期徒刑的，不能少于二十年。

《最高人民法院关于办理减刑、假释案件具体应用法律若干问题的规定》（法释〔2012〕2号）第十三条　判处拘役或者三年以下有期徒刑并宣告缓刑的罪犯，一般不适用减刑。

前款规定的罪犯在缓刑考验期限内有重大立功表现的，可以参照刑法第七十八条的规定，予以减刑，同时应依法缩减其缓刑考验期限。拘役的缓刑考验期限不能少于二个月，有期徒刑的缓刑考验期限不能少于一年。

《人民检察院刑事诉讼规则》（高检发释字〔2019〕4号）第六百四十一条　人民检察院对人民法院减刑、假释的裁定提出纠正意见后，应当监督人民法院是否在收到纠正意见后一个月以内重新组成合议庭进行审理，并监督重新作出的裁定是否符合法律规定。对最终裁定不符合法律规定的，应当向同级人民法院提出纠正意见。

《最高人民法院　最高人民检察院　公安部　司法部社区矫正实施办法》（司发通〔2012〕12号）第二十八条　社区矫正人员符合法定减刑条件的，由居住地县级司法行政机关提出减刑建议书并附相关证明材料，经地（市）级司法行政机关审核同意后提请社区矫正人员居住地的中级人民法院裁定。人民法院应当自收到之日起一个月内依法裁定；暂予监外执行罪犯的减刑，案情复杂或者情况特殊的，可以延长一个月。司法行政机关减刑建议书和人民法院减刑裁定书副本，应当同时抄送社区矫正人员居住地同级人民检察院和公安机关。

【检例第 71 号】

罪犯康某假释监督案

【关键词】 未成年罪犯　假释适用　帮教

【要旨】

人民检察院办理未成年罪犯减刑、假释监督案件，应当比照成年罪犯依法适当从宽把握假释条件。对既符合法定减刑条件又符合法定假释条件的，可以建议刑罚执行机关优先适用假释。审查未成年罪犯是否符合假释条件时，应当结合犯罪的具体情节、原判刑罚情况、刑罚执行中的表现、家庭帮教能力和条件等因素综合认定。

【基本案情】

罪犯康某，男，1999 年 9 月 29 日出生，汉族，初中文化。2016 年 12 月 23 日因犯抢劫罪被河南省安阳市中级人民法院终审判处有期徒刑三年，并处罚金人民币 1000 元，刑期至 2018 年 11 月 13 日。康某因系未成年罪犯，于 2017 年 1 月 20 日被交付到河南省郑州未成年犯管教所执行刑罚。2018 年 6 月，郑州未成年犯管教所在办理减刑过程中，认定康某认真遵守监规，接受教育改造，确有悔改表现，拟对其提请减刑。

【检察机关监督情况】

线索发现　2018 年 6 月，郑州未成年犯管教所就罪犯康某提请减刑征求检察机关意见，郑州市人民检察院审查认为，康某符合法定减刑条件，同时符合法定假释条件，依据相关司法解释规定可以优先适用假释。与对罪犯适用减刑相比，假释更有利于促进罪犯教育改造和融入社会。

调查核实　为了确保监督意见的准确性，派驻检察室根据假释的条件重点开展了以下调查核实工作：一是对康某改造表现进行考量。通过询问罪犯、监管民警及相关人员，查阅计分考核材料，认定康某在服刑期间确有悔改表现。二是对康某原判犯罪情节进行考量。通过审查案卷材料，查明康某虽系抢劫犯罪，但其犯罪时系在校学生，犯罪情节较轻，且罚金刑已履行完毕。三是对康某假释后是否具有再犯罪危险进行考量。结合司法局出具的"关于对康某适用假释调查评估意见书"，走访调取了康某居住地村支书、邻居等人的证言，证实康某犯罪前表现良好，无犯罪前科和劣迹，且上述人员均愿意协助监管帮教康某。四是对康某家庭是否具有监管条件和能力进行考量。通过走访康某原在校班主任，其证实康某在校期间系班干部，学习刻苦，乐于助人，无违反校规校纪情况；康某的父母职业稳定，认识到康某所犯罪行的社会危险性，对康某假释后监管帮教有明确可行的措施和计划。

监督意见 2018年6月26日，郑州市人民检察院提出对罪犯康某依法提请假释的检察意见。郑州未成年犯管教所接受检察机关的意见，于2018年6月28日向郑州市中级人民法院提请审核裁定。为增强假释庭审效果，督促罪犯父母协助落实帮教措施，郑州市人民检察院提出让康某的父母参加假释庭审的建议并被郑州市中级人民法院采纳。

监督结果 2018年7月27日，郑州市中级人民法院在郑州未成年犯管教所开庭审理罪犯康某假释案。庭审中，检察人员发表了依法对康某假释的检察意见，对康某成长经历、犯罪轨迹、性格特征、原判刑罚执行、假释后监管条件和帮教措施等涉及康某假释的问题进行了说明。康某的父母以及郑州未成年犯管教所百余名未成年服刑罪犯旁听了庭审，康某父母检讨了在教育孩子问题上的不足并提出了假释后的家庭帮教措施，百余名未成年罪犯受到了很好的法治教育。2018年7月30日，郑州市中级人民法院依法对罪犯康某裁定假释。

【指导意义】

1. 罪犯既符合法定减刑条件又符合法定假释条件的，可以优先适用假释。减刑、假释都是刑罚变更执行的重要方式，与减刑相比，假释更有利于维护裁判的权威和促进罪犯融入社会、预防罪犯再犯罪。目前，世界其他法治国家多数是实行单一假释制度或者是假释为主、减刑为辅的刑罚变更执行制度。但在我国司法实践中，减刑、假释适用不平衡，罪犯减刑比例一般在百分之二十多，假释比例只有百分之一左右，假释适用率低。人民检察院在办理减刑、假释案件时，应当充分发挥减刑、假释制度的不同价值功能，对既符合法定减刑条件又符合法定假释条件的罪犯,可以建议刑罚执行机关提请人民法院优先适用假释。

2. 对犯罪时未满十八周岁的罪犯适用假释可以依法从宽掌握,综合各种因素判断罪犯是否符合假释条件。人民检察院办理犯罪时未满十八周岁的罪犯假释案件,应当综合罪犯犯罪情节、原判刑罚、服刑表现、身心特点、监管帮教等因素依法从宽掌握。特别是对初犯、偶犯和在校学生等罪犯,假释后其家庭和社区具有帮教能力和条件的,可以建议刑罚执行机关和人民法院依法适用假释。对罪犯"假释后有无再犯罪危险"的审查判断,人民检察院应当根据相关法律和司法解释的规定,结合未成年罪犯犯罪的具体情节、原判刑罚情况,其在刑罚执行中的一贯表现、帮教条件(包括其身体状况、性格特征、被假释后生活来源以及帮教环境等因素)综合考虑。

3. 对犯罪时未满十八周岁的罪犯假释案件,人民检察院可以建议罪犯的父母参加假释庭审。将未成年人罪犯父母到庭制度引入假释案件审理中,有助于更好地调查假释案件相关情况,客观准确地适用法律,保障罪犯的合法权益,督促罪犯假释后社会帮教责任的落实,有利于发挥司法机关、家庭和社会对罪犯改造帮教的合力作用,促进罪犯的权益保护和改造教育,实现办案的政治效果、法律效果和社会效果的有机统一。

4. 人民检察院应当做好罪犯监狱刑罚执行和社区矫正法律监督工作的衔接,继续加强对假释的罪犯社区矫正活动的法律监督。监狱罪犯被裁定假释实行社区矫正后,检察机关应当按照《中华人民共和国社区矫正法》的有关规定,监督有关部门做好罪犯的交付、接收等工作,并应当做好对社区矫正机构对罪犯社区矫正活动的监督,督促社区矫正机构对罪犯进行法治、道德等方面的教育,组织其参加公益活动,增强其法治观念,提高其道德素质和社会责任感,帮助其融入社会,预防和减少犯罪。

【相关规定】

《中华人民共和国刑法》第八十一条　被判处有期徒刑的犯罪分子,执行原判刑期二分之一以上,被判处无期徒刑的犯罪分子,实际执行十三年以上,如果遵守监规,接受教育改造,确有悔改表现,没有再犯罪的危险的,可以假释。如果有特殊情况的,经最高人民法院核准,可以不受上述执行刑期的限制。

对累犯以及因故意杀人、强奸、抢劫、绑架、放火、爆炸、投放危险物质或者有组织的暴力犯罪被判处十年以上有期徒刑、无期徒刑的犯罪分子,不得假释。

对犯罪分子决定假释时,应当考虑其假释后对所居住社区的影响。

第八十二条 对于犯罪分子的假释,依照本法第七十九条的程序进行。非经法定程序不得假释。

《中华人民共和国刑事诉讼法》第二百七十三条 被判处管制、拘役、有期徒刑或者无期徒刑的罪犯,在执行期间确有悔改表现或者立功表现,应当依法予以减刑、假释的时候,由执行机关提出建议书,报请人民法院审核裁定,并将建议书副本抄送人民检察院。人民检察院可以向人民法院提出书面意见。

第二百七十四条 人民检察院认为人民法院减刑、假释裁定不当,应当在收到裁定书副本后二十日以内,向人民法院提出书面纠正意见。人民法院应当在收到纠正意见后一个月内重新组成合议庭进行审理,作出最终裁定。

《中华人民共和国未成年人保护法》第五十条 公安机关、人民检察院、人民法院以及司法行政部门,应当依法履行职责,在司法活动中保护未成年人的合法权益。

《中华人民共和国预防未成年人犯罪法》第四十七条 未成年人的父母或者其他监护人和学校、城市居民委员会、农村村民委员会,对因不满十六周岁而不予刑事处罚、免予刑事处罚的未成年人,或者被判处非监禁刑罚、被判处刑罚宣告缓刑、被假释的未成年人,应当采取有效地帮教措施,协助司法机关做好未成年人的教育、挽救工作。

《中华人民共和国社区矫正法》第三十六条 社区矫正机构根据需要,对社区矫正对象进行法治、道德等教育,增强其法治观念,提高其道德素质和悔罪意识。

对社区矫正对象的教育应当根据其个体特征、日常表现等实际情况,充分考虑其工作和生活情况,因人施教。

第四十二条 社区矫正机构可以根据社区矫正对象的个人特长,组织其参加公益活动,修复社会关系,培养社会责任感。

《最高人民法院关于办理减刑、假释案件具体应用法律的规定》第二十六条 对下列罪犯适用假释时可以依法从宽掌握:

(一)过失犯罪的罪犯、中止犯罪的罪犯、被胁迫参加犯罪的罪犯;

(二)因防卫过当或者紧急避险过当而被判处有期徒刑以上刑罚的

罪犯；

（三）犯罪时未满十八周岁的罪犯；

（四）基本丧失劳动能力、生活生活难以自理，假释后生活确有着落的老年罪犯、患严重疾病罪犯或者身体残疾罪犯；

（五）服刑期间改造表现特别突出的罪犯；

（六）具有其他可以从宽假释情形的罪犯

罪犯既符合法定减刑条件，又符合法定假释条件的，可以优先适用假释。

【检例第 72 号】

罪犯王某某暂予监外执行监督案

【关键词】 暂予监外执行监督　徇私舞弊　不计入执行刑期　贿赂　技术性证据的审查

【要旨】

人民检察院对违法暂予监外执行进行法律监督时，应当注意发现和查办背后的相关司法工作人员职务犯罪。对司法鉴定意见、病情诊断意见的审查，应当注重对其及所依据的原始资料进行重点审查。发现不符合暂予监外执行条件的罪犯通过非法手段暂予监外执行的，应当依法监督纠正。办理暂予监外执行案件时，应当加强对鉴定意见等技术性证据的联合审查。

【基本案情】

罪犯王某某，男，1966 年 4 月 3 日出生，个体工商户。2010 年 9 月 16 日，因犯保险诈骗罪被辽宁省营口市站前区人民法院判处有期徒刑五年，并处罚金人民币十万元。

罪犯王某某审前未被羁押但被判处实刑，交付执行过程中，罪犯王某某及其家属以其身体有病为由申请暂予监外执行，法院随后启动保外就医鉴定工作。2011 年 5 月 17 日，营口市站前区人民法院依据营口市中医院司法鉴定所出具的罪犯疾病伤残司法鉴定书，因罪犯王某某患

"2 型糖尿病"、"脑梗塞",符合《罪犯保外就医疾病伤残范围》(司发〔1990〕247 号)第十条规定,决定对其暂予监外执行一年。一年期满后,经社区矫正机构提示和检察机关督促,法院再次启动暂予监外执行鉴定工作,委托营口市中医院司法鉴定所进行鉴定。期间,营口市中医院司法鉴定所被上级主管部门依法停业整顿,未能及时出具鉴定意见书。2014 年 7 月 29 日,营口市站前区人民法院依据营口市中医院司法鉴定所出具的罪犯疾病伤残司法鉴定书,以罪犯王某某患有"高血压病 3 期,极高危"、"糖尿病合并多发性脑梗塞",符合《罪犯保外就医疾病伤残范围》(司发〔1990〕247 号)第三条、第十条规定,决定对其暂予监外执行一年。

2015 年 1 月 16 日,营口市站前区人民法院因罪犯王某某犯保险诈骗犯罪属于"三类罪犯"、所患疾病为"高血压",依据 2014 年 12 月 1 日起施行的《暂予监外执行规定》,要求该罪犯提供经诊断短期内有生命危险的证明。罪犯王某某因无法提供上述证明被营口市站前区人民法院决定收监执行剩余刑期有期徒刑三年,已经暂予监外执行的两年计入执行刑期。2015 年 9 月 8 日,罪犯王某某被交付执行刑罚。

【检察机关监督情况】

线索发现 2016 年 3 月,辽宁省营口市人民检察院在对全市两级法院决定暂予监外执行案件进行检察中发现,营口市站前区人民法院对罪犯王某某决定暂予监外执行所依据的病历资料、司法鉴定书等证据材料有诸多疑点,于是调取了该罪犯的法院暂予监外执行卷宗、社区矫正档案、司法鉴定档案等。经审查发现:罪犯王某某在进行司法鉴定时,负责对其进行查体的医生与本案鉴定人不是同一人,卷宗材料无法证实鉴定人是否见过王某某本人;罪犯王某某 2011 年 5 月 17 日、2014 年 7 月 29 日两次得到暂予监外执行均因其患有"脑梗塞",但两次司法鉴定中均未做过头部 CT 检查。

立案侦查 营口市人民检察院经审查认为,罪犯王某某暂予监外执行过程中有可能存在违纪或违法问题,依法决定对该案进行调查核实。检察人员调取了罪犯王某某在营口市中心医院的住院病历等书证与鉴定档案等进行比对,协调监狱对罪犯王某某重新进行头部 CT 检查,对时任营口市中医院司法鉴定所负责人赵某、营口市中级人民法院技术科科长张某及其他相关人员进行询问。经过调查核实,检察机关基本查明了罪犯王某某违法暂予监外执行的事实,认为相关工作人员涉嫌职务犯罪。2016年4月10日，营口市人民检察院以营口市中级人民法院技术科科长张某、营口市中医院司法鉴定所负责人赵某涉嫌徇私舞弊暂予监外执行犯罪，依法对其立案侦查。经侦查查明：2010年12月至2013年5月，张某在任营口市中级人民法院技术科科长期间，受罪犯王某某亲友等人请托，在明知罪犯王某某不符合保外就医条件的情况下，利用其负责鉴定业务对外进行委托的职务便利，两次指使营口市中医院司法鉴定所负责人赵某为罪犯王某某作出虚假的符合保外就医条件的罪犯疾病伤残司法鉴定意见。赵某在明知罪犯王某某不符合保外就医条件的情况下，违规签发了罪犯王某某因患"糖尿病合并脑梗塞"、符合保外就医条件的司法鉴定书，导致罪犯王某某先后两次被法院决定暂予监外执行。期间，张某收受罪犯王某某亲友给付好处费人民币五万元，赵某收受张某给付的好处费人民币七千元。同时，检察机关注意到罪犯王某某的亲友为帮助王某某违法暂予监外执行，向营口市中级人民法院技术科科长张某等人行贿，但综合考虑相关情节和因素后，检察机关当时决定不立案追究其刑事责任。

监督结果 案件侦查终结后，检察机关以张某构成受贿罪、徇私舞弊暂予监外执行罪，赵某构成徇私舞弊暂予监外执行罪，依法向人民法院提起公诉。2017年5月27日，人民法院以张某犯受贿罪、徇私舞弊暂予监外执行罪，赵某犯徇私舞弊暂予监外执行罪，对二人定罪处罚。

判决生效后，检察机关依法向营口市站前区人民法院发出《纠正不当暂予监外执行决定意见书》，提出罪犯王某某在不符合保外就医条件的情况下，通过他人贿赂张某、赵某等人谋取了虚假的疾病伤残司法鉴定意见；营口市站前区人民法院依据虚假鉴定意见作出的暂予监外执行决定显属不当，建议法院依法纠正2011年5月17日和2014年7月29日对罪犯王某某作出的两次不当暂予监外执行决定。

营口市站前区人民法院采纳了检察机关的监督意见，作出《收监执行决定书》，认定"罪犯王某某贿赂司法鉴定人员，被二次鉴定为符合暂予监外执行条件，人民法院以此为依据决定对其暂予监外执行合计二年，上述二年暂予监外执行期限不计入已执行刑期"。后罪犯王某某被收监再执行有期徒刑二年。

【指导意义】

1. 人民检察院对暂予监外执行进行法律监督时，应注重发现和查办违法暂予监外执行背后的相关司法工作人员职务犯罪案件。实践中，违法暂予监外执行案件背后往往隐藏着司法腐败。因此，检察机关在监督纠正违法暂予监外执行的同时，应当注意发现和查办违法监外执行背后存在的相关司法工作人员职务犯罪案件，把刑罚变更执行法律监督与职务犯罪侦查工作相结合，以监督促侦查，以侦查促监督，不断提升法律监督质效。在违法暂予监外执行案件中，一些罪犯亲友往往通过贿赂相关司法工作人员等手段，帮助罪犯违法暂予监外执行，这是违法暂予监外执行中较为常见的一种现象，对于情节严重的，应当依法追究其刑事责任。

2. 对司法鉴定意见、病情诊断意见的审查，应当注重对其及所依据的原始资料进行重点审查。检察人员办理暂予监外执行监督案件时，应当在审查鉴定意见、病情诊断的基础上，对鉴定意见、病情诊断所依据的原始资料进行重点审查，包括罪犯以往就医病历资料、病情诊断所依据的体检记录、住院病案、影像学报告、检查报告单等，判明原始资料以及鉴定意见和病情诊断的真伪、资料的证明力、鉴定人员的资质、产生资料的程序等问题，以及是否能够据此得出鉴定意见、病情诊断所阐述的结论性意见，相关鉴定部门及鉴定人的鉴定行为是否合法有效等。经审查发现疑点的应进行调查核实，可以邀请有专门知识的人参加。同时，也可以视情况要求有关部门重新组织或者自行组织诊断、检查或者鉴别。

3. 办理暂予监外执行案件时，应当加强对鉴定意见等技术性证据的联合审查。司法实践中，负责直接办理暂予监外执行监督案件的刑事执行检察察人员一般缺乏专业性的医学知识，为确保检察意见的准确性，刑事执行检察人员在办理暂予监外执行监督案件时，应当委托检察技术人员对鉴定意见等技术性证据进行审查，检察技术人员应当协助刑事执行检察人员审查或者组织审查案件中涉及的鉴定意见等技术性证据。刑事执行检察人员可以将技术性证据审查意见作为审查判断证据的参考，也可以作为决定重新鉴定、补充鉴定或提出检察建议的依据。

【相关规定】

《中华人民共和国刑法》第四百零一条　司法工作人员徇私舞弊，对不符合减刑、假释、暂予监外执行条件的罪犯，予以减刑、假释或者暂予监外执行的，处三年以下有期徒刑或者拘役；情节严重的，处三年以上七年以下有期徒刑。

《中华人民共和国刑事诉讼法》第二百六十七条　决定或者批准暂

予监外执行的机关应当将暂予监外执行决定抄送人民检察院。人民检察院认为暂予监外执行不当的，应当自接到通知之日起一个月以内将书面意见送交决定或者批准暂予监外执行的机关，决定或者批准暂予监外执行的机关接到人民检察院的书面意见后，应当立即对该决定进行重新核查。

第二百六十八条　对暂予监外执行的罪犯，有下列情形之一的，应当及时收监：（一）发现不符合暂予监外执行条件的；（二）严重违反有关暂予监外执行监督管理规定的；（三）暂予监外执行的情形消失后，罪犯刑期未满的。对于人民法院决定暂予监外执行的罪犯应当予以收监的，由人民法院作出决定，将有关的法律文书送达公安机关、监狱或者其他执行机关。不符合暂予监外执行条件的罪犯通过贿赂等非法手段被暂予监外执行的，在监外执行的期间不计入执行刑期。罪犯在暂予监外执行期间脱逃的，脱逃的期间不计入执行刑期。罪犯在暂予监外执行期间死亡的，执行机关应当及时通知监狱或者看守所。

最高人民法院、最高人民检察院、公安部、司法部、国家卫生计生委《暂予监外执行规定》第二十九条　人民检察院发现暂予监外执行的决定或者批准机关、监狱、看守所、社区矫正机构有违法情形的，应当依法提出纠正意见。

第三十条　人民检察院认为暂予监外执行不当的，应当自接到决定书之日起一个月以内将书面意见送交决定或者批准暂予监外执行的机关，决定或者批准暂予监外执行的机关接到人民检察院的书面意见后，应当立即对该决定进行重新核查。

第三十一条　人民检察院可以向有关机关、单位调阅有关材料、档案，可以调查、核实有关情况，有关机关、单位和人员应当予以配合。人民检察院认为必要时，可以自行组织或者要求人民法院、监狱、看守所对罪犯重新组织进行诊断、检查或者鉴别。

第三十二条　在暂予监外执行执法工作中，司法工作人员或者从事诊断、检查、鉴别等工作的相关人员有玩忽职守、徇私舞弊、滥用职权等违法违纪行为的，依法给予相应的处分；构成犯罪的，依法追究刑事责任。

课后练习

一、判断题（将判断结果填入括号中。正确的填"√"，错误的填"×"）

1. 混合造型修剪时发片厚度一般在1厘米左右。（　）
2. 发块只能用于男式混合造型。（　）
3. 混合造型只能做一些经典的发型。（　）
4. 混合造型定向修剪可分为发套修剪和发块修剪两类。（　）
5. 混合造型的修剪关键在于发块头发与顾客自身头发的混合。（　）
6. 发套的修剪与正常发型的修剪相同。（　）
7. 发块的修剪与正常发型的修剪完全不同。（　）
8. 佩戴不好发块，修剪也不可能达到理想状态。（　）
9. 在靠近发根处运用定量打薄技术可以调整发块的发量。（　）

二、单项选择题（选择一个正确的答案，将相应的字母填入题内的括号中）

1. 短发采用（　）技术就可以获得自然轻薄的效果。
   A. 斜削　　B. 立式长削　　C. 立式短削　　D. 点削
2. 发块修剪的关键在于发块头发与顾客自身头发的自然（　）。
   A. 分层　　B. 融合　　C. 修剪　　D. 造型
3. 发块的佩戴在（　）造型过程中是非常重要的一个步骤。
   A. 修剪　　B. 融合　　C. 混合　　D. 发型

参考答案

一、判断题

1. ×　　2. ×　　3. ×　　4. √　　5. √　　6. √　　7. √　　8. √
9. √

二、单项选择题

1. B　　2. B　　3. C

3. 女式老年短发混合造型技术示范

扫码观看

三、发块修剪的技术答疑

1. 修剪发块为什么要调整发量？

发块的密度一定要与顾客自身头发的密度相协调，通常选用牙剪，在靠近发根处运用定量打薄技术调整发块的发量。

2. 如何把发块修剪得自然轻薄？

短发采用立式长削技术修剪就可以获得自然轻薄的效果。长发用剪刀削剪，用牙剪斜向递减打薄，或者用削刀立式长削可以获得自然轻薄的效果。

3. 男式发块用生物胶片固定在头上时边缘处容易皱起，要如何解决？

首先要挑选形状与头部曲线相吻合的发块，最好是定制发块；其次是将生物胶片修剪成比较窄的胶条；最后是粘贴生物胶片时不能拉扯胶片。

4. 发块长期用卡扣固定，容易扯掉顾客自己的头发，有什么解决方法？

固定发块的方法要正确，不能拉扯发根，不要半夹头发或者夹在秃发边缘，因为秃发边缘的发根不牢固；要选择大小适合的发块；可以建议顾客配备两个发块，两个发块的卡扣位置不同，更换佩戴，让发根有充足的休息时间，避免发根疲劳性损伤，造成头发的脱落。

> 📩 **课堂提问**
> 1. 为什么修剪发块时第二份发片要比第一份短0.5～1厘米？
> 2. 按什么顺序修剪发块？

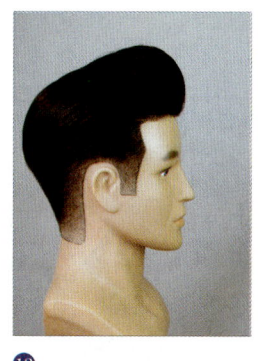 ⑬ 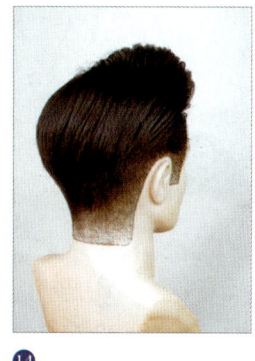 ⑭ 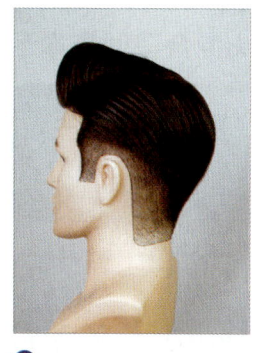 ⑮ 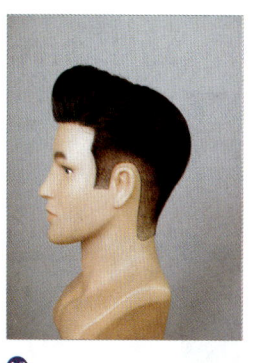 ⑯

扫码观看

二、女式发型混合造型案例[①]

1. 女式青年长发混合造型技术示范

扫码观看

2. 女式中年短发混合造型技术示范

扫码观看

[①] 女式发型混合造型案例为延伸学习的内容,可通过观看视频学习。

2. 男式时尚油头混合造型技术示范

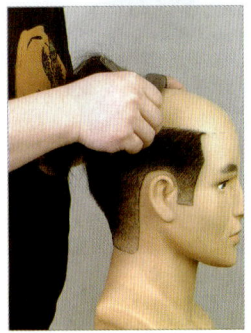
❶ 佩戴发块

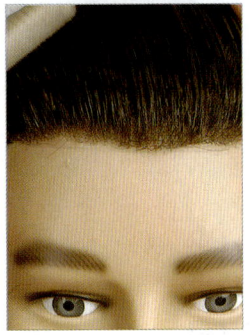
❷ 发块佩戴完成效果

❸ 左侧由下向上分片立削

❹ 完成左侧修剪

❺ 右侧由下向上分片立削

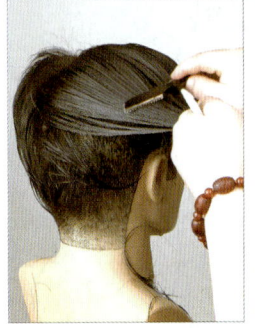
❻ 完成右侧修剪

❼ 由下向上依次分片完成后发区的修剪

❽ 由下向上依次分片完成前发区的修剪

❾ 油头发式吹风造型

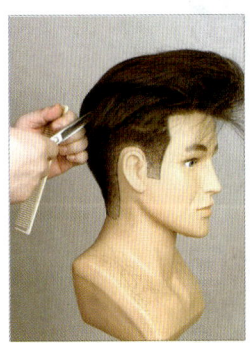
❿ 调整发量

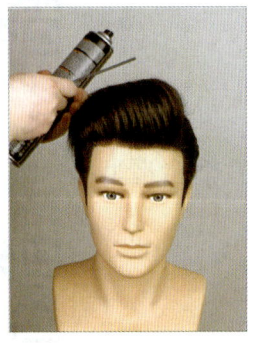
⓫ 喷发胶梳理造型

⓬~⓰ 完成效果

2）前发区修剪。前发区与左右两侧发区的修剪步骤相同，前额刘海的方向按照顾客的习惯方向设计，头缝分界处不能留有短发茬。注意刘海区与两侧发区的连接过渡。

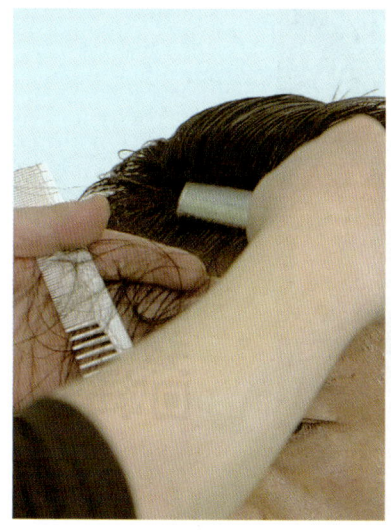
前发区第一份发片提拉方向示意图

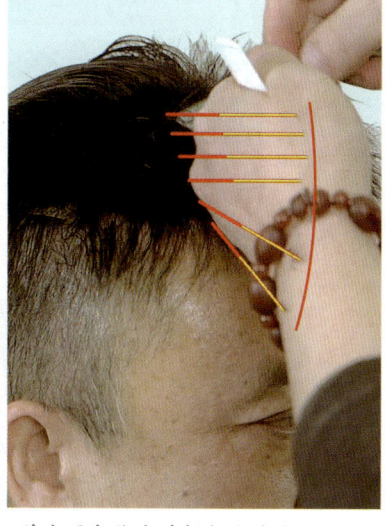
前发区各份发片提拉方向和下刀位置示意图

扫码观看

（4）修饰成型。修剪顾客自身的头发，完成发块混合造型的修饰和定型。

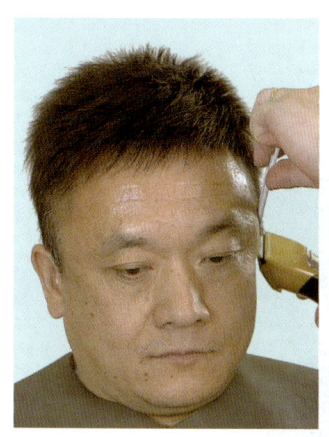
修饰成型

造型前

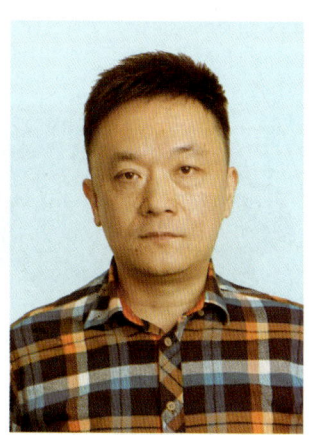
造型后

④第三份发片比第二份发片短0.5厘米左右，以水平向左的方位提拉进行修剪。

⑤第四份以上的发片与第三份发片基本等长。

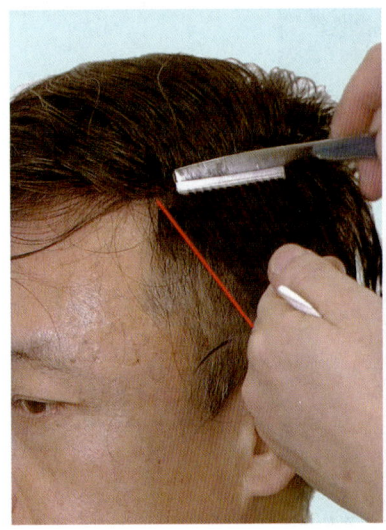 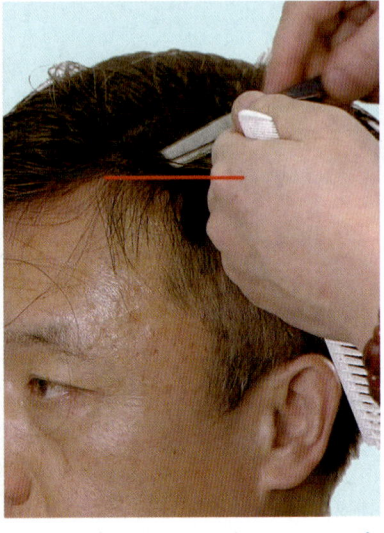 

扫码观看

左侧发区第一份发片提拉方向示意图　左侧发区第三份以上发片提拉方向示意图

（3）发块前后发区的修剪。发块前后发区修剪时是先修剪后发区再修剪前发区。

1）后发区修剪。后发区与左右两侧发区的修剪步骤相同，注意后发区与两侧发区的连接过渡。

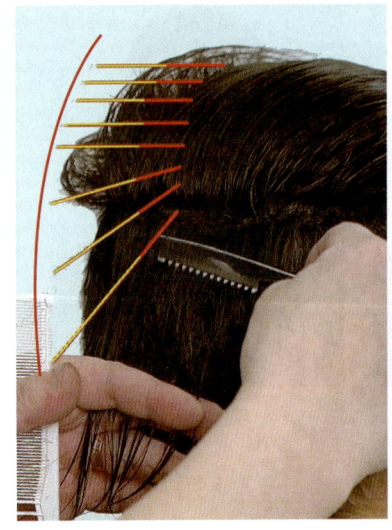 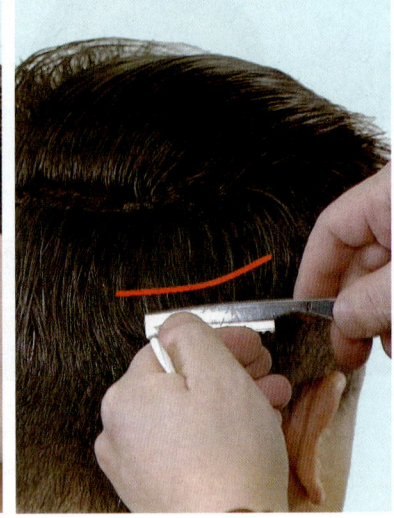

后发区各份发片提拉方向和下刀位置示意图　　侧发区与后发区转角连接示意图

（2）发块左右两侧发区的修剪。发块的修剪同样遵循"宁长勿短，宁低勿高"的原则。

1）发块右侧发区修剪

①右侧发区由下向上按照"1、2、3、4、5"的发片取份顺序，逐份进行修剪。

②沿发块边沿分出0.5厘米左右厚的第一份发片，以顾客本身头发的长度为参考，放量1~2厘米，以右斜向下的方位提拉发片，用削刀在靠近发根侧头发三分之一处下刀进行修剪。

③第二份发片以第一份发片的长度为参考，以60°左右的角度提拉，用削刀在靠近发根侧头发三分之一处下刀进行修剪，头发长度比第一份短0.5~1厘米。

④第三份发片比第二份发片短0.5厘米左右，以水平向右的方位提拉进行修剪。

⑤第四份以上的发片与第三份发片基本等长。

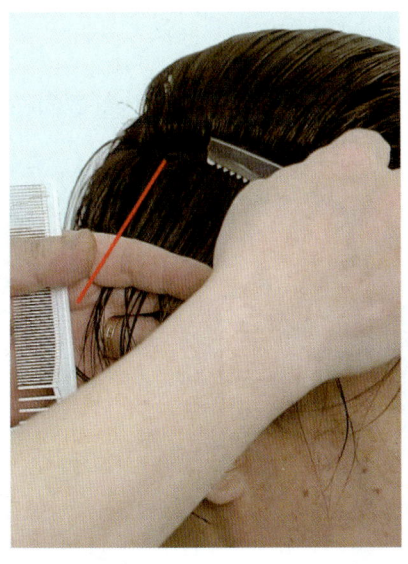 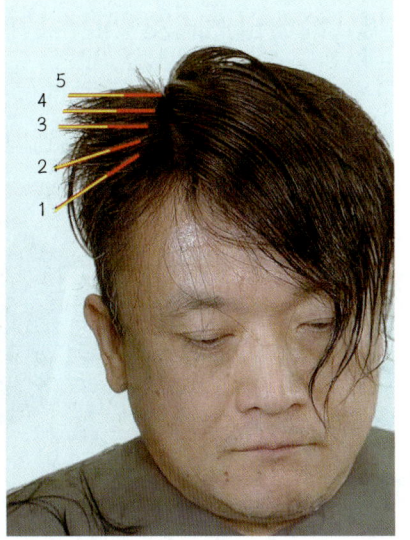

右侧发区第一份发片提拉方向示意图　　右侧发区各份发片提拉方向和下刀位置示意图

2）发块左侧发区修剪

①左侧发区由下向上按照"1、2、3、4、5"的发片取份顺序，逐份进行修剪。

②沿发块边沿分出0.5厘米左右原发区的第一份发片，以顾客本身头发的长度为参考，放量2~3厘米，以左斜向下的方位提拉，用削刀在靠近发根侧头发三分之一处下刀进行修剪。

③第二份发片以第一份发片的长度为参考，以60°左右的角度提拉，用削刀在靠近发根侧头发三分之一处下刀进行修剪，头发长度比第一份短0.5~1厘米。

第 3 节　混合造型案例

一、男式发型混合造型案例

混合造型定向修剪可分为发套修剪和发块修剪两类，发套的修剪与正常发型的修剪相同，在这里不再重复讲解。

发块的修剪与正常发型的修剪完全不同，修剪的关键在于发块头发与顾客自身头发的混合，本节将主要对男式经典自然式发型的混合造型做详细的讲解和示范。

1. 男式经典自然式发型混合造型技术示范

（1）修剪前发块的佩戴。发块的佩戴是混合造型过程中非常重要的一个步骤，佩戴不好发块，后续的修剪就不可能达到理想状态。

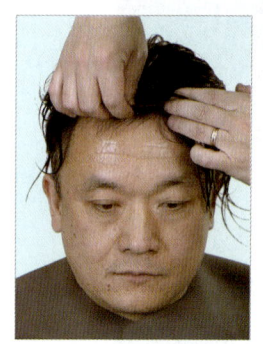
❶ 佩戴发块，固定前额处

❷ 确定左侧佩戴高度

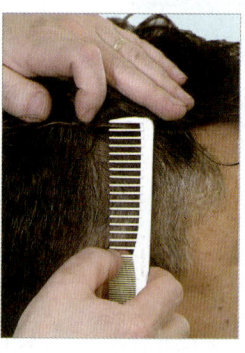
❸ 确定右侧佩戴高度

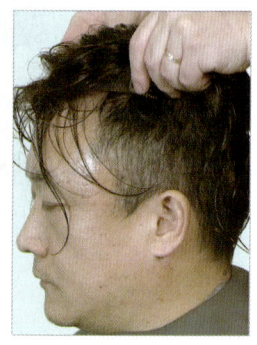
❹ 同时固定两侧

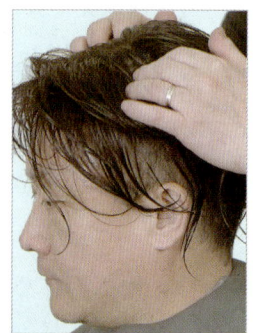
❺ 检查并确保头顶处发块和头皮的贴合度

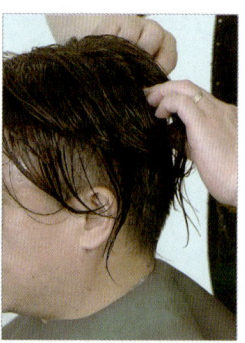
❻ 固定后部卡扣

扫码观看

课堂提问

1. 立削法有什么作用?
2. 混合造型修剪的分区有哪些形状?

课后练习

一、判断题（将判断结果填入括号中。正确的填"√"，错误的填"×"）

1. 混合造型修剪时运用传统的修剪技法就可以了。（　）
2. 削刀有八种操作技法。（　）
3. 削刀和牙剪是最常用的混合造型修剪工具，剪刀是混合造型修剪的辅助工具。（　）
4. 混合造型定向修剪的分区与传统发型修剪的分区相同。（　）
5. 滚削法多用于后颈部轮廓的收缩。（　）
6. 用提削法修剪呈现出纵向外部内切层次结构效果。（　）
7. 夹削时刀片的立起程度决定了发尾的厚薄。（　）
8. 立削法是刀刃与头发呈直角进行刮削。（　）

二、单项选择题（选择一个正确的答案，将相应的字母填入题内的括号中）

1. （　）法能够制造出柔和而通透的发尾。
A. 点削　　B. 滚削　　C. 拧削　　D. 立削

2. （　）法能够制造出笔尖状纹理。
A. 点削　　B. 滚削　　C. 拧削　　D. 立削

3. （　）法能够制造出束状纹理。
A. 点削　　B. 滚削　　C. 拧削　　D. 立削

参考答案

一、判断题

1. ×　2. √　3. √　4. ×　5. √　6. √　7. √　8. √

二、单项选择题

1. D　2. C　3. A

| 拧转发束 | 表面刮削 | 完成效果 |

二、混合造型定向修剪的分区

混合造型定向修剪的分区与传统发型修剪的分区有所不同，有 H 形和井字形两种常用的分区。

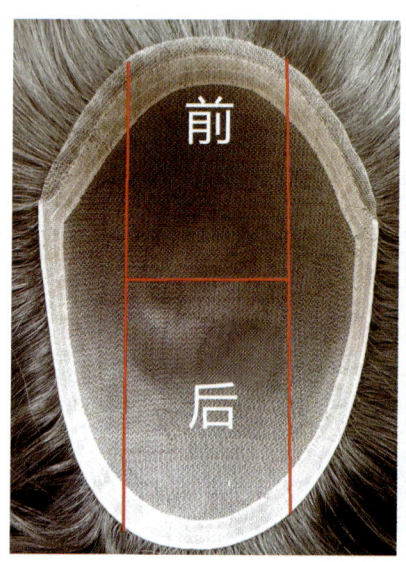 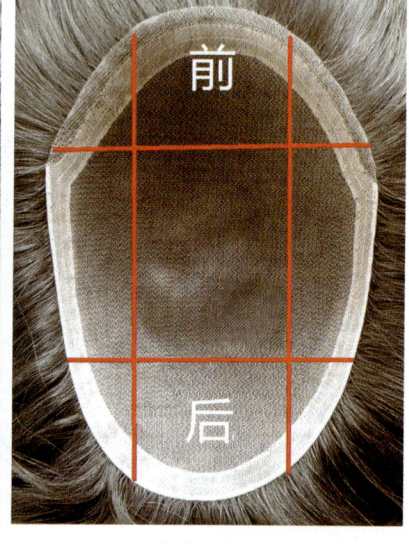

| H 形分区 | 井字形分区 |

💚 **特别提示**

分区线的形状和位置可根据发型需求进行微调。

◎ 适用于较厚的发片，刀片的锋利程度决定了削断头发的速度。

◎ 呈现纵向外部向下外切层次结构效果。

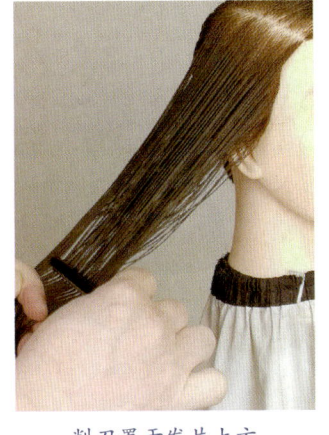
削刀置于发片上方

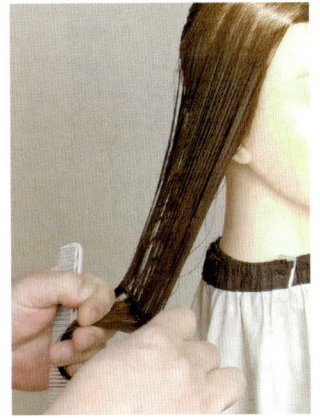
向下压削

完成效果

7. 滚削法

◎ 滚削法是梳子和削刀循环滚动削断头发。

◎ 多用于后颈部轮廓的收缩。

扫码观看

梳子、削刀循环滚动

收缩轮廓

完成效果

8. 拧削法

◎ 拧削法是将发束拧转，然后用削刀刮削发束表面。

◎ 能够制造笔尖状的纹理。

扫码观看

| 拉直发片 | 间隔点削 | 完成效果 |

5. 提削法

◎ 提削法是将削刀放在低角度提拉的发片下方,向上提削来削断头发。

◎ 适用于较厚的发片,刀片的锋利程度决定了削断头发的速度。

◎ 呈现纵向外部内切层次结构的效果。

扫码观看

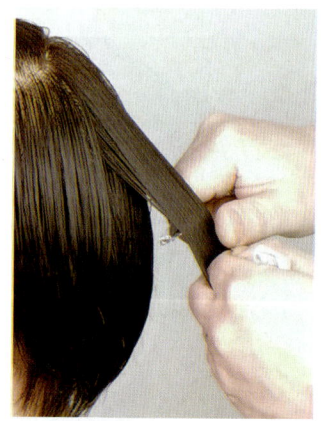  

| 削刀置于发片下方 | 向上提削 | 完成效果 |

6. 压削法

◎ 压削法是将削刀放在高角度提拉的发片的上方,向下压削来削断头发。

扫码观看

◎ 刀片的立起程度决定了发尾的厚薄。

◎ 操作时,运用向上提削的方法来削断头发。

（1）立刀夹削

立刀夹住头发

向上提削

完成效果

（2）斜刀夹削

斜刀夹住头发

向上提削

完成效果

4. 点削法

◎ 点削法是在发片中以点状的间隔削断头发。

◎ 呈现束状的纹理效果。

扫码观看

◎ 分出的发片必须要薄。

◎ 操作时手腕保持不变，通过肘关节和肩部的运动来削断头发。

◎ 削出的发尾柔和而通透，发尾间容易穿插融合。

扫码观看

（1）发片立削

立式下刀

向下刮削

完成效果

（2）发块立削

立式下刀

向下刮削

完成效果

3. 夹削法

◎ 夹削法也称为削皮法，是将头发夹在削刀和拇指之间进行修剪。

◎ 多用于头顶发区层次结构的修剪。

扫码观看

1. 斜削法

◎ 斜削法即斜向下刀削断头发，分出的发片可厚可薄。
◎ 刀片的锋利程度决定了切断头发的速度。
◎ 操作时，运用手腕的灵活变化来削断头发。
◎ 削出的发尾柔而不透，发尾之间很难穿插融合。

扫码观看

（1）斜向短削

靠近发尾斜向下刀　　　　斜向短削　　　　完成效果

（2）斜向长削

靠近发根斜向下刀　　　　斜向长削　　　　完成效果

2. 立削法

◎ 立削法是刀刃与头发成直角进行刮削。

夹削法

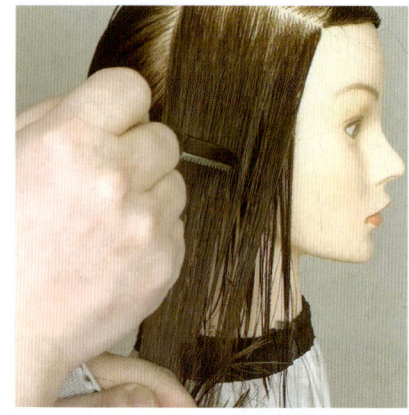
点削法

提削法

压削法

滚削法

拧削法

第 2 节 混合造型定向修剪技术

一、混合造型定向修剪技法

削刀和牙剪是最常用的混合造型定向修剪工具,剪刀是混合造型定向修剪的辅助工具。正确地使用削刀进行修剪,可以使假发与真发完美融合,达到浑然一体的造型效果。

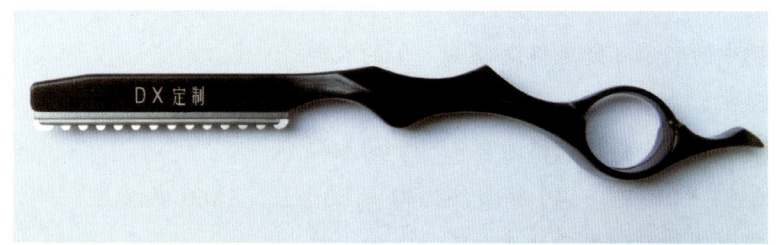

削刀

削刀有八种操作技法,不同的技法可以产生不同的修剪效果。八种操作技法分别是斜削法、立削法、夹削法、点削法、提削法、压削法、滚削法、拧削法。

斜削法

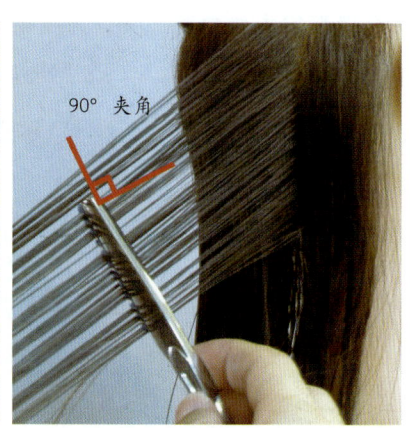

立削法

课后练习

一、判断题（将判断结果填入括号中。正确的填"√"，错误的填"×"）

1. 高端假发的混合造型私人定制是出售商品。（ ）
2. 混合造型发块由网底、化纤丝、生物胶三部分组成。（ ）
3. 混合造型发块的网底形状有长椭圆形、心形、圆形三种。（ ）
4. 无论男女，无论是头发稀疏还是谢顶，均适宜使用混合造型。（ ）
5. 生物胶片适用于头顶光秃的顾客的发块固定。（ ）
6. 用生物胶水把发块固定在刮光的头皮上，可以保持三个月左右不脱落。（ ）

二、单项选择题（选择一个正确的答案，将相应的字母填入题内的括号中）

1. 混合造型中的酷感可爱风格适合（ ）的人群。
   A. 18～25岁   B. 25～40岁   C. 20岁左右   D. 16～20岁

2. 混合造型中的时尚知性风格适合（ ）的人群。
   A. 20～30岁   B. 25～40岁   C. 40～60岁   D. 60岁以上

3. 混合造型中的品质优雅风格适合（ ）的人群。
   A. 40岁以上   B. 40～50岁   C. 40～60岁   D. 60岁以上

4. 混合造型中的追梦华丽风格，适合（ ）的人群。
   A. 40～80岁   B. 40岁以上   C. 50岁左右   D. 60岁以上

5. 混合造型的发丝按照用料分为中国发、（ ）、化纤发。
   A. 印度发   B. 欧美发   C. 欧洲发   D. 美洲发

参考答案

一、判断题

1. ×　　2. ×　　3. √　　4. √　　5. √　　6. ×

二、单项选择题

1. A　　2. B　　3. C　　4. D　　5. A

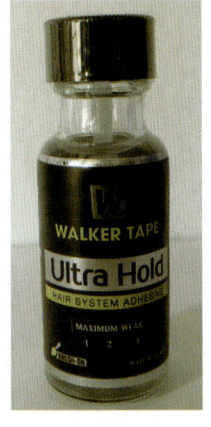
生物胶水

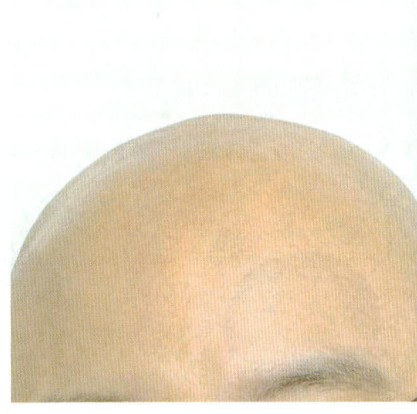
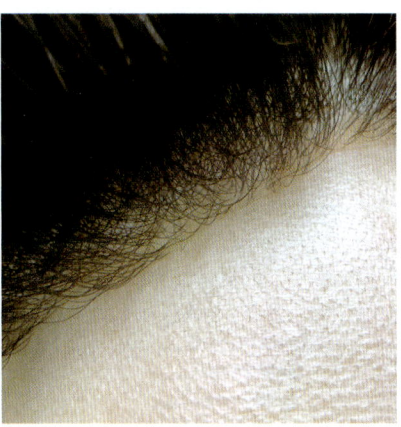
发块固定效果

四、混合造型发块的分类

混合造型发块根据网底的形状可分为长椭圆形网底发块、心形网底发块、圆形网底发块三大类。

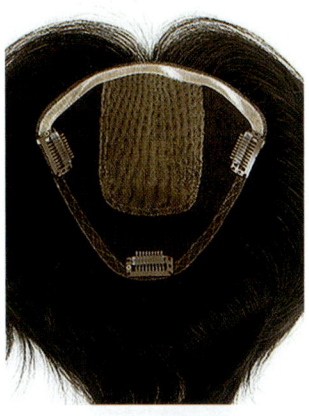
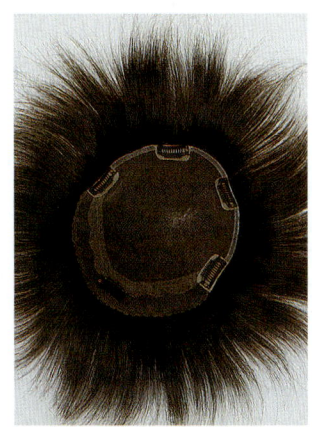

长椭圆形网底发块　　　　心形网底发块　　　　圆形网底发块

混合造型发块还可以根据网底的大小、头发的长度等进一步细分类别。

课堂提问

1. 混合造型发块网底的形状有哪几种？
2. 用生物胶水固定发块有什么缺点？
3. 混合造型发块有哪些特点？

3. 固定工具

发块的固定工具有卡扣、生物胶片和生物胶水三种。

（1）卡扣。将钢制高弹卡扣缝在发块上，可以进行发块固定，多用于头顶头发稀疏的顾客。

卡扣　　　　　　　　　　　发块固定效果

（2）生物胶片。将双面生物胶片固定在发块周边或局部，可用于头顶光秃顾客的发块固定。

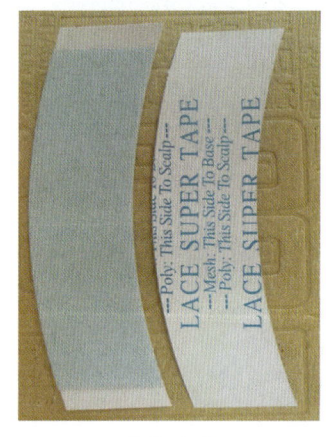 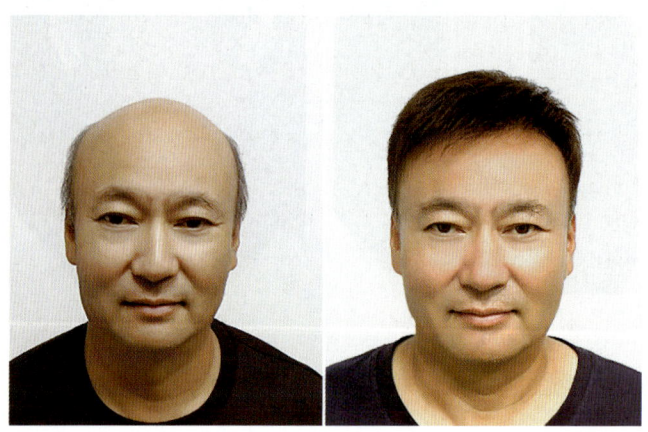

生物胶片　　　　　　　　　　发块固定效果

（3）生物胶水。用生物胶水把发块固定在刮光的头皮上，可以保持一个月左右不脱落，但因为不透气，拆卸不太方便，容易损坏网底，这样的固定方式在国内不常用，但在欧美受到一部分顾客的青睐。

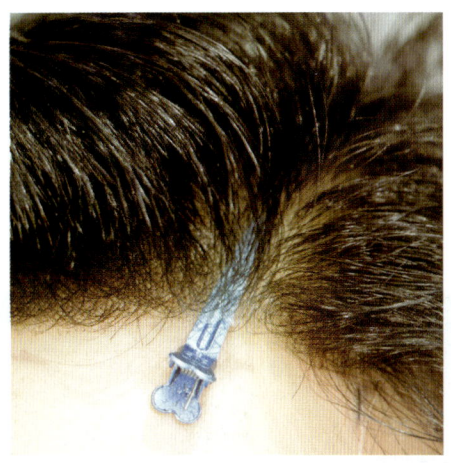

PU 仿真头皮

（4）混合网底。混合网底大多是根据顾客的头形、头发密度、发型需求用不同的网底组合定制的，价格贵。

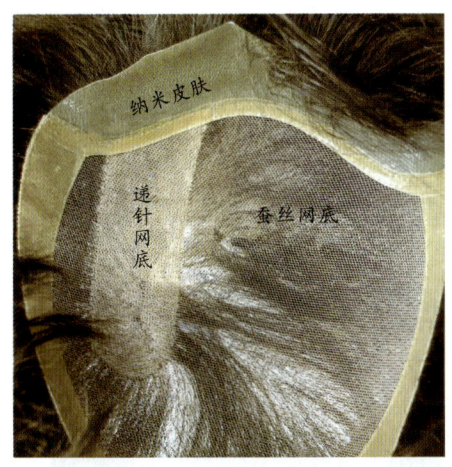

三种材质混合网底

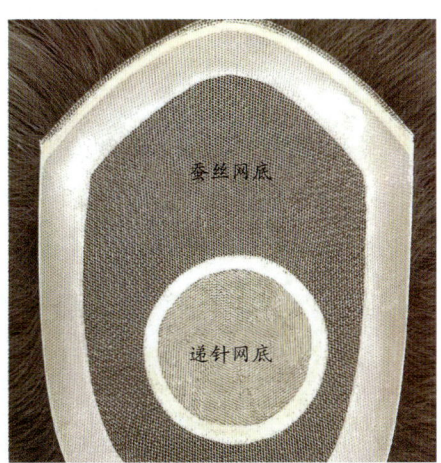

两种材质混合网底

2. 发丝

发丝根据用料不同可以分为三类。

（1）中国发。发丝粗硬，适合亚洲人。

（2）印度发。发丝细软，适合欧洲人。

（3）化纤发。通常只用于白发。

三、混合造型发块的组成

混合造型发块由网底、发丝和固定工具三部分组成。混合造型发块选用与顾客头发的发质、颜色、粗细十分接近的真发发丝,通过钩织技术把发丝钩织在自然、舒适、透气的网底上,再通过夹子、生物胶片等固定工具固定在顾客头上。

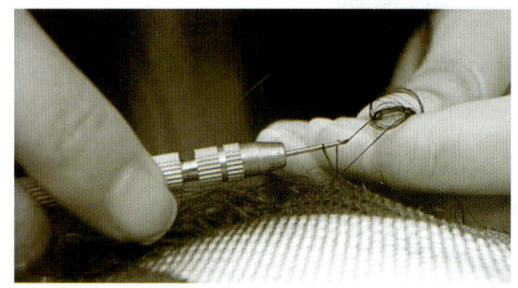

钩织发丝

1. 网底

(1)蚕丝网底。蚕丝网底自然、牢固、透气性佳。不同型号的网底适用于不同部位。

(2)递针网底。递针网底逼真、自然、透气性较好,价格较贵,多用在暴露头皮的位置。

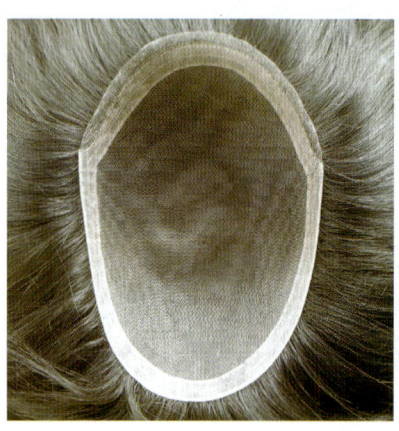

蚕丝网底　　　　　　　　递针网底

(3)PU(聚氨酯)仿真头皮。PU 仿真头皮又称纳米皮肤,多用在暴露发际线的造型中。厚度仅 0.12 毫米,极其逼真自然,但透气差,价格贵,容易损毁,适合高端需求的顾客。

对这一人群更多的是解决他们遮盖白发、适当增加发量、改变风格的需求。

品质优雅风格的混合造型打造的是富有层次感、轮廓圆润流畅、曲线丰富、发色沉稳，带有几缕恰当挑染的发型。

4. 追梦华丽

追梦华丽风格针对的是60岁以上的人群，这个年龄段的人正在享受人生，抓住美丽的风景，追求年轻时没有实现的梦想，同时也到了刚需阶段，更注重自己的形象，喜欢华丽、庄重或张扬的美。混合造型能够帮助这个阶段的人遮盖白发、增加全头发量，甚至是全头覆盖，帮助他们改变形象。

追梦华丽风格的混合造型突出和强化饱满的圆形轮廓，以体现富态饱满的精神面貌。

二、混合造型发块的特点

1. 选用健康的真发制作，安全，无副作用。
2. 钩织的密度与顾客自身的头发密度相协调。
3. 选用逼真、自然、舒适、透气的网底。
4. 材料重量轻，佩戴轻松、舒适、牢固，进行任何运动都不必担心发块会突然掉落。
5. 通过混合造型定向修剪，发块的头发与顾客原本的头发浑然一体，旁人很难察觉是佩戴的假发。
6. 真发制作的发块可以正常洗、剪、吹、染、烫，适合各年龄的人群。

女性青年混合造型前后对比

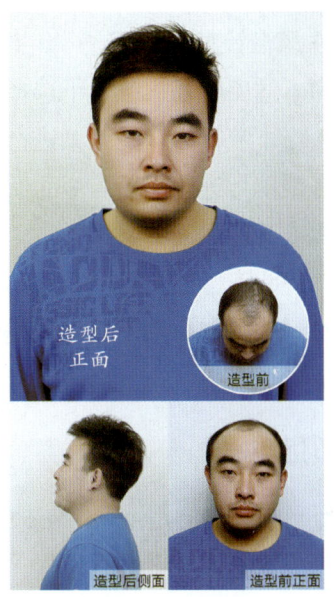

男性青年混合造型前后对比

第9章 假发定向修剪技术

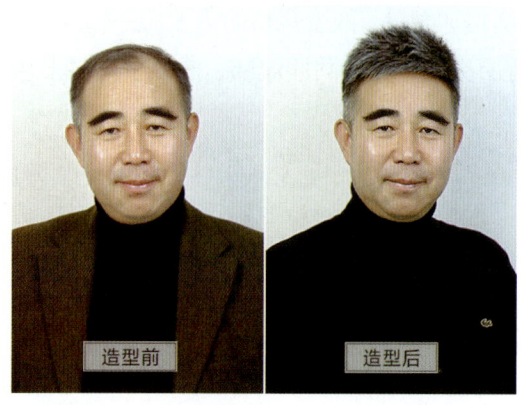

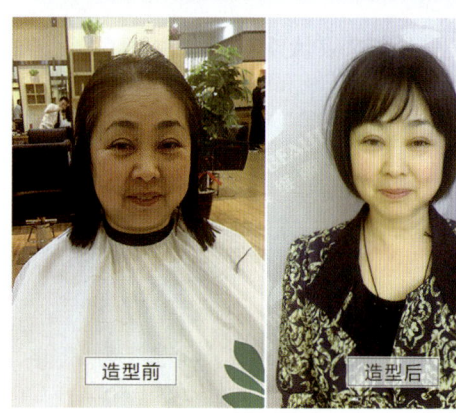

混合造型前后对比

一、混合造型的四大潮流风格

混合造型是传统补发项目的升级，把真发与假发融合，形成具有时代特征的四种潮流风格。

1. 酷感可爱

酷感可爱风格针对的是18～25岁的人群。这个年龄段的人对于新鲜元素有着很强的接受能力，能够发挥潮流引领作用。这个年龄段的人，尤其是女生，喜欢"酷感个性"和"甜美可爱"两种风格。针对这个年龄段人群的混合造型主要是潮色变化、形体变化等。

酷感可爱风格的混合造型打造的是色彩亮丽、造型前卫、时尚个性的发型。

2. 时尚知性

时尚知性风格针对的是25～40岁的上班族。这个年龄段的人已经形成了自己个性的审美，为了适应职场，倾向于选择能够表现出职业、干练、知性特质的发型，同时也愿意加入当下流行的时尚元素进行混搭，更愿意引领主流时尚。针对这一人群，混合造型能够帮助其进行职场与生活圈子中风格的转变，职场环境中不许可的造型，他们在下班后或其他活动中愿意尝试。通过混合造型可以混搭发色、发长，呈现不同风格的发型，满足其变化需求。

时尚知性风格的混合造型打造的是时尚却不另类，符合潮流，简洁，有力度感、立体感，具有职业气息的发型。

3. 品质优雅

品质优雅风格针对的是40～60岁的人群，这个年龄段的人有了大量的阅历积累，宁静平和，少了锋芒，对于生活方式、发型、服饰等更追求品质和情调。混合造型针

第 9 章 假发定向修剪技术

第 1 节 混合造型知识

相关数据[①]显示，我国大约有 2.5 亿脱发人群，其中男性约 1.5 亿。从健康和便捷方面考虑，佩戴假发成为越来越多的脱发人群的最佳选择。而随着人们消费观、时尚观的改变，人们对发型的追求趋向个性化，越来越多的年轻人和实用型需求者越来越认可和推崇"头上时尚"，佩戴假发逐渐成为一种引领时尚潮流的行为。

中国轻工工艺品进出口商会发制品分会下属的混合造型研究院提出了"混合造型"这一新的假发佩戴理念，通过定向修剪技术将专用的发块饰品与顾客自身的头发进行修剪融合，再进行造型整理，为顾客提供个性化的混合造型发型定制服务。

混合造型适用范围广，无论男女都可以进行。确切地说，高端假发的混合造型私人定制不是出售商品，而是为头发稀少、脱发、秃发或是有特殊造型需求的顾客提供增加局部头发的发量或变换发型的私人定制服务项目，从而满足顾客对美的需求，让换发型像换衣服一样简单方便。

---

① 数据来源于观研天下发布的《2019 年中国植发行业分析报告——市场现状调查与投资战略研究》。

参考答案

一、判断题

1.√ 2.√ 3.× 4.√ 5.√ 6.√ 7.√ 8.×
9.× 10.×

二、单项选择题

1.B 2.C 3.D 4.A 5.A 6.C 7.D 8.C
9.B 10.A

（5）Z形闪电线条雕刻练习

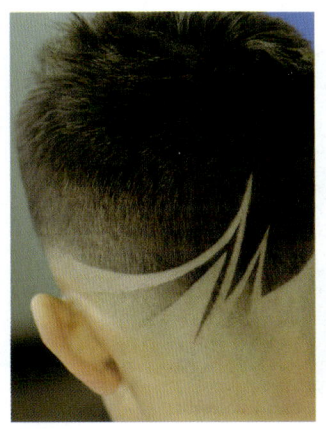

（6）图案雕刻练习

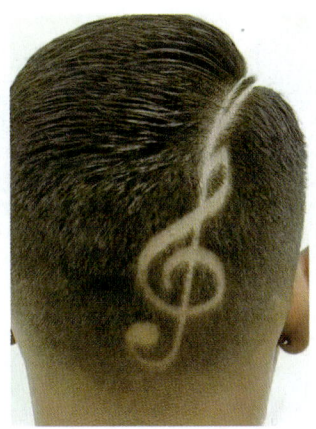

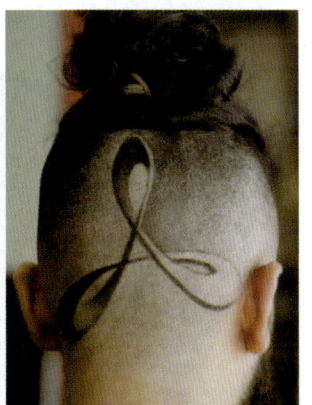

（2）两条线条雕刻练习

（3）三条线条雕刻练习

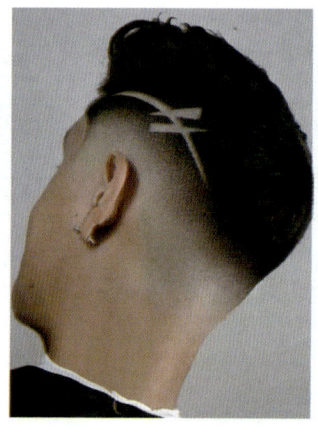

（4）组合线条雕刻练习

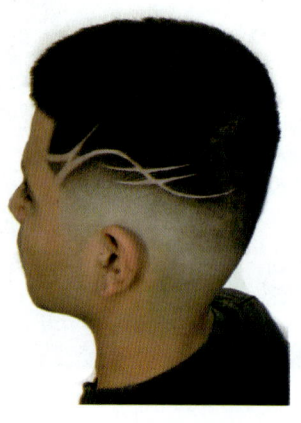
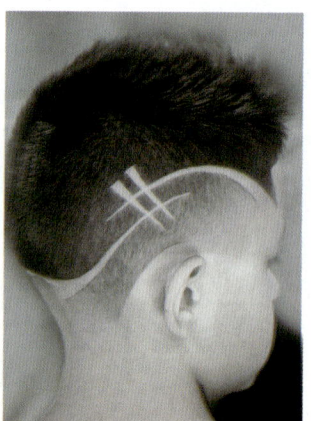

2.下面两个发型雕刻作品出现了什么问题？请用铅笔在图片上修正线条形状。

3.请设计简单的雕刻线条。

4.在简单的线条上进行分岔延伸设计。

5.进行线条雕刻练习

（1）单一线条雕刻练习

7. 阴线就是（　　）。

A. 凹凸线　　B. 阳线　　C. 凸线　　D. 凹线

8. 针对头发密度小的顾客进行发型雕刻，一般选用（　　）进行线条描绘。

A. 白板笔　　B. 钢笔　　C. 记号笔　　D. 圆珠笔

9. 无论线条阴阳，线条的收尾必须（　　）。

A. 细　　B. 尖锐　　C. 流畅　　D. 圆润

10. 小块面的发区可进行（　　）处理，来体现雕刻图形的立体感。

A. 渐变　　B. 组合　　C. 镂空　　D. 阴阳

三、实操练习

1. 找出下面图片的相同点和不同点

（1）第一组

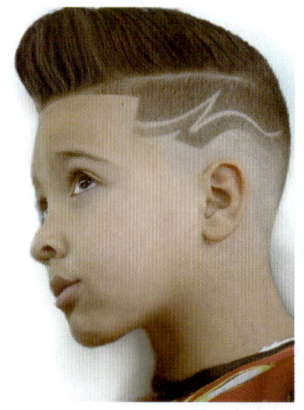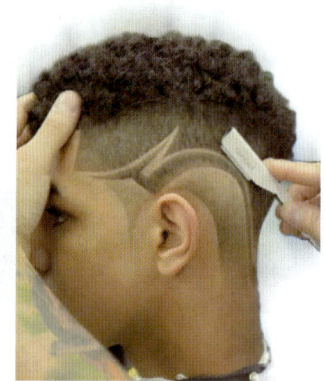

（2）第二组

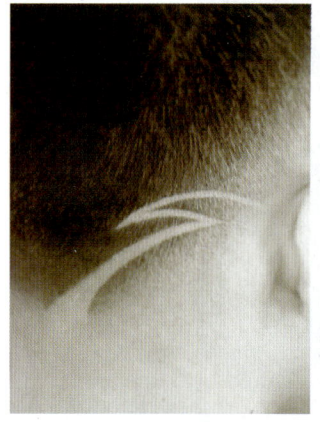

课堂提问

1. 发型雕刻的基础线条有哪些?
2. 举例说明Z形闪电线条的一些变化。

课后练习

一、判断题（将判断结果填入括号中。正确的填"√"，错误的填"×"）

1. 色调渐变与发型雕刻组合，使男式发型变得更加丰富。（　　）
2. 发型雕刻技术起源于胡须的修饰，是胡须修饰技术的延伸。（　　）
3. 阴线是向外凸起的线条。（　　）
4. 两条阴线之间一定会出现一条阳线。（　　）
5. 两条阳线之间一定会出现一条阴线。（　　）
6. 阴阳结合的线条设计，会让发型变得更加生动。（　　）
7. 无论线条阴阳，线条的收尾处必须尖锐。（　　）
8. 两条分岔线条可以垂直相连。（　　）
9. 零度推剪刀头可以推剪掉更多头发。（　　）
10. 只能用雕刻刀头完成发型的雕刻。（　　）

二、单项选择题（选择一个正确的答案，将相应的字母填入题内的括号中）

1. 发型雕刻中最常用的基础线条有C形月牙线条、Y形蛇口线条、Z形闪电线条、S形蛇形线条、螺旋线条、（　　）线条。

　　A. 水平　　B. 放射　　C. 弧形　　D. 平行

2. 发型雕刻根据线条的形状可分为曲线雕刻、直线雕刻和（　　）雕刻。

　　A. 平行线　　B. 放射线　　C. 图案　　D. 不规则线条

3. 发型雕刻根据雕刻的部位可分为顶部雕刻、侧部雕刻、后部雕刻和（　　）雕刻。

　　A. 全头　　B. 发际线　　C. 眉毛　　D. 延伸

4. 带（　　）的刮刀可以最大限度避免因技术生疏而产生的安全问题。

　　A. 护网　　B. 手柄　　C. 护套　　D. 刀片

5. 对小块面的头发进行（　　）的色调处理可以使雕刻图形具有层次感和立体感。

　　A. 深浅过渡　　B. 阴阳　　C. 组合　　D. 不规则

6. 除了雕刻技术外，头发的密度和（　　）是影响发型雕刻效果的重要因素。

　　A. 发型　　B. 肤色　　C. 发色　　D. 长短

  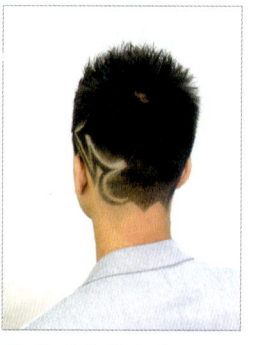 

⑬ 正面完成效果　　⑭ 侧面完成效果　　⑮ 背面完成效果　　扫码观看

特别提示

1. 发型雕刻落剪无悔，因此学员必须反复练习线条的绘画，掌握线条的特点，才能进行头上的实操雕刻。

2. 除了雕刻技术外，顾客头发的发色是影响发型雕刻效果的重要因素，对于白发较多的头发，需要先进行染色再雕刻。

3. 顾客头发的密度也是影响发型雕刻效果的重要因素，头发密度小时，雕刻后的明暗对比不明显，这就需要对图案线条进行描绘，一般采用色彩牢固的记号笔进行描绘、延伸，以取得更好的雕刻效果。

 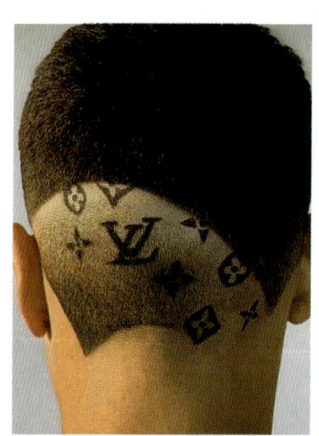 

线条描绘　　　　　　图案描绘　　　　　　线条延伸

（2）短线条发型雕刻技术示范

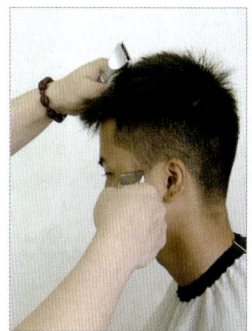
❶ 修整发际线的形状

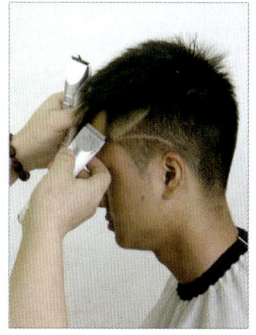
❷ 用零度推剪刀头雕刻出两条C形月牙阴线

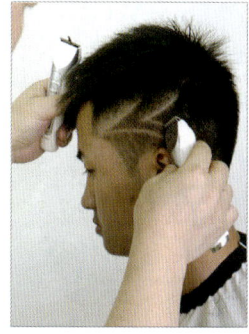
❸ 再雕刻出两条C形月牙阴线，形成三角形的阳线

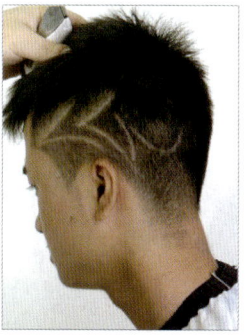
❹ 雕刻出一条Z形闪电线条

❺ 雕刻出一条C形月牙阴线

❻ 推剪小块面色调

❼ 区块做镂空处理，形成阳线效果

❽ 涂抹毛发柔软膏

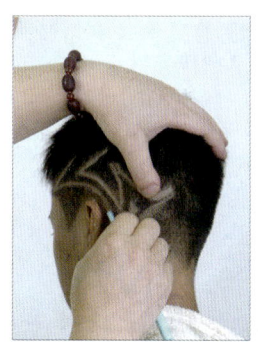
❾ 用安全刮刀清理阴线毛茬

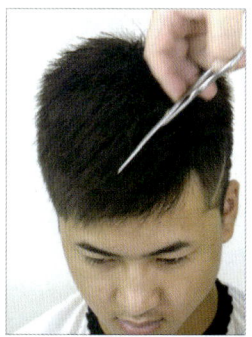
❿ 从左向右在顶部剪出斜向的平行线

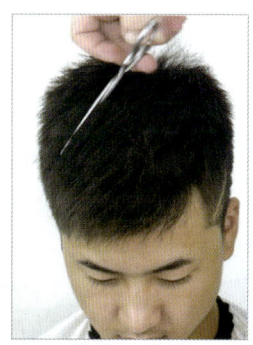
⓫ 完成头顶从左向右的间隔修剪

⓬ 头顶从右向左间隔修剪，完成间隔交叉纹理的缔造

3. 发型雕刻技术示范

（1）长线条发型雕刻技术示范

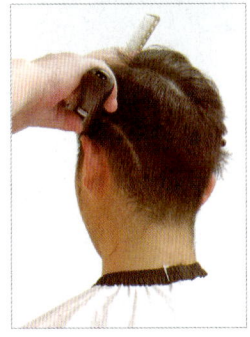
❶ 设定左侧起推线

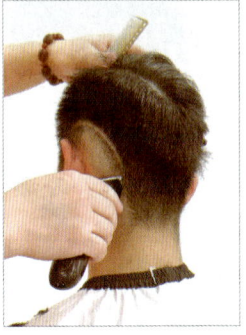
❷ 推光起推线以下头发

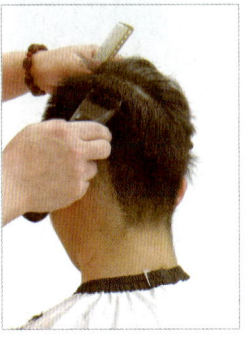
❸ 推剪连接起推线和轮廓线

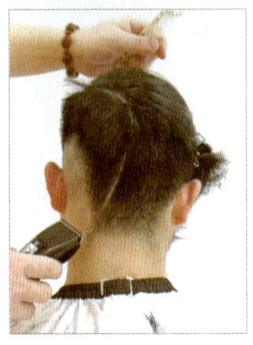
❹ 完成后发区S形长线条的雕刻

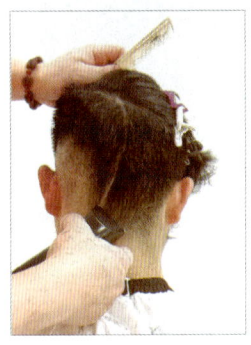
❺ 完成后颈发际线的设计

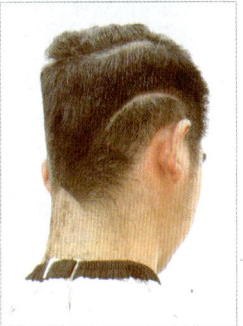
❻ 设定右侧起推线

❼ 推光起推线以下的头发

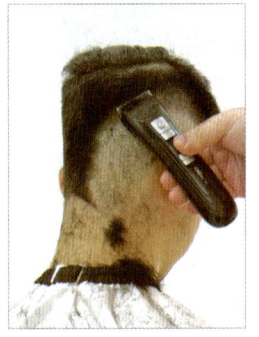
❽ 推剪连接右侧起推线和轮廓线

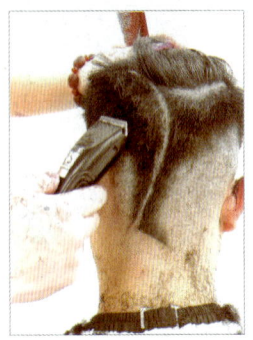
❾ 完成左侧色调和发际线的精修

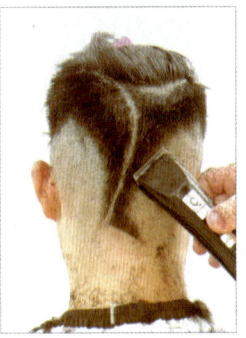
❿ 完成右侧色调和发际线的精修

⓫ 发型完成效果

扫码观看

（7）S形蛇形线条雕刻技术练习	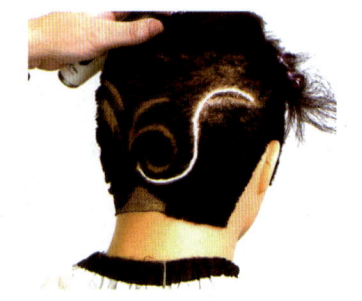	 扫码观看
（8）C形月牙线条雕刻技术练习		 扫码观看
（9）立式Z形线条雕刻技术练习		 扫码观看

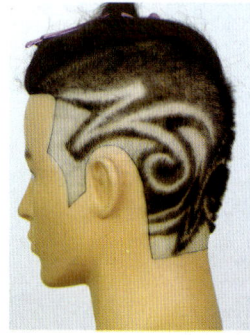 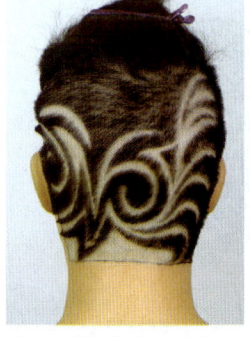 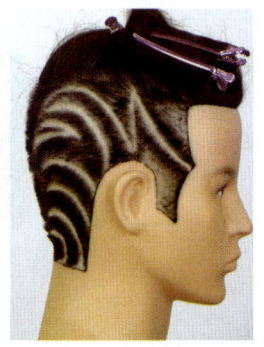 

扫码观看

线条雕刻技术练习完成效果

（3）Z形闪电单阳线雕刻技术练习		扫码观看
（4）反镜像Z形闪电线条雕刻技术练习		扫码观看
（5）Z形闪电线条分岔延伸螺旋线条雕刻技术练习		扫码观看
（6）Z形闪电双阳线雕刻技术练习		扫码观看

（7）分岔拓展线条绘画练习

分岔拓展线条

2. 线条雕刻技术练习

根据图片进行各种线条的雕刻技术练习。

（1）C形月牙线条和Z形闪电线条雕刻技术练习

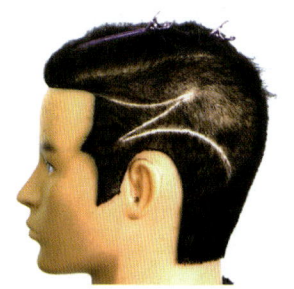

扫码观看

（2）C形月牙线条分岔延伸螺旋线条雕刻技术练习

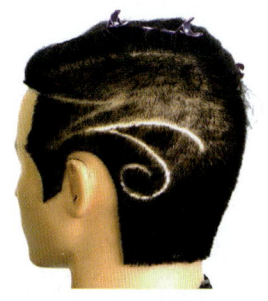

扫码观看

（5）Z形分岔线条绘画练习

Z形圆形分岔线条

Z形弧形分岔线条

扫码观看

（6）Z形闪电镜像线条绘画练习

Z形闪电镜像线条

扫码观看

（2）前中等高 Z 形闪电线条绘画练习

前中等高 Z 形闪电线条

扫码观看

（3）前高中低 Z 形闪电线条绘画练习

前高中低 Z 形闪电线条

扫码观看

（4）立式双 Z 形闪电线条绘画练习

立式 Z 形闪电线条

立式双 Z 形闪电线条

扫码观看

4. 雕刻线条的阴阳结合

两条阴线之间一定会出现一条阳线，同样两条阳线之间一定会出现一条阴线，阴阳结合的线条设计，会让发型变得更加生动。

5. 小块面色调的渐变

利用空推法对小块面的头发进行深浅过渡的色调渐变处理，可以使雕刻图形具有层次感和立体感，增加发型雕刻的变化。

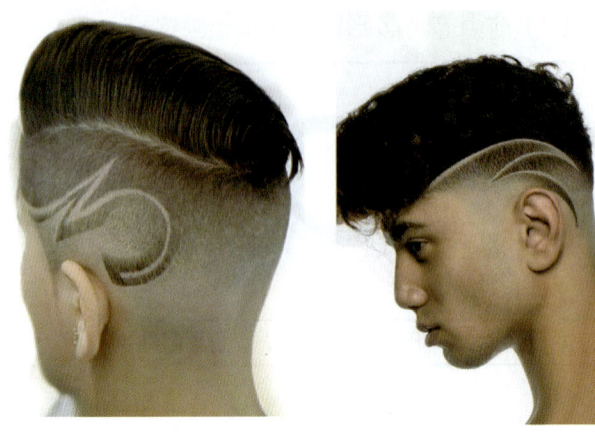

雕刻线条阴阳结合示意图

小块面色调渐变示意图

四、发型雕刻技术练习

1. 线条绘画练习

（1）前低中高 Z 形闪电线条绘画练习

前低中高 Z 形闪电线条

扫码观看

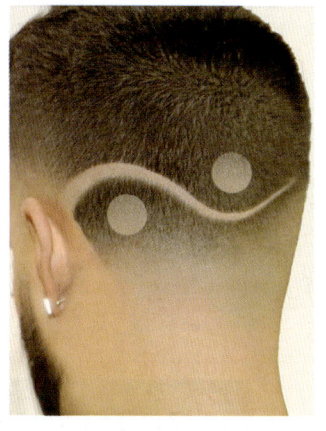  

S形蛇形线条　　　　　螺旋线条　　　　　放射线条

2. 雕刻线条的分岔

在主线上寻找分岔点进行雕刻线条的分岔，分岔线必须与主线顺滑相连，避免两条分岔线垂直相连，尽量避免出现平行线条。

雕刻线条分岔示意图

3. 雕刻线条的粗细变化

粗、细线条间要顺滑过渡。无论线条阴阳，收尾处必须尖锐。

 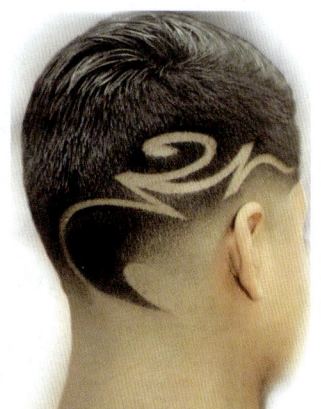

雕刻线条粗细变化示意图

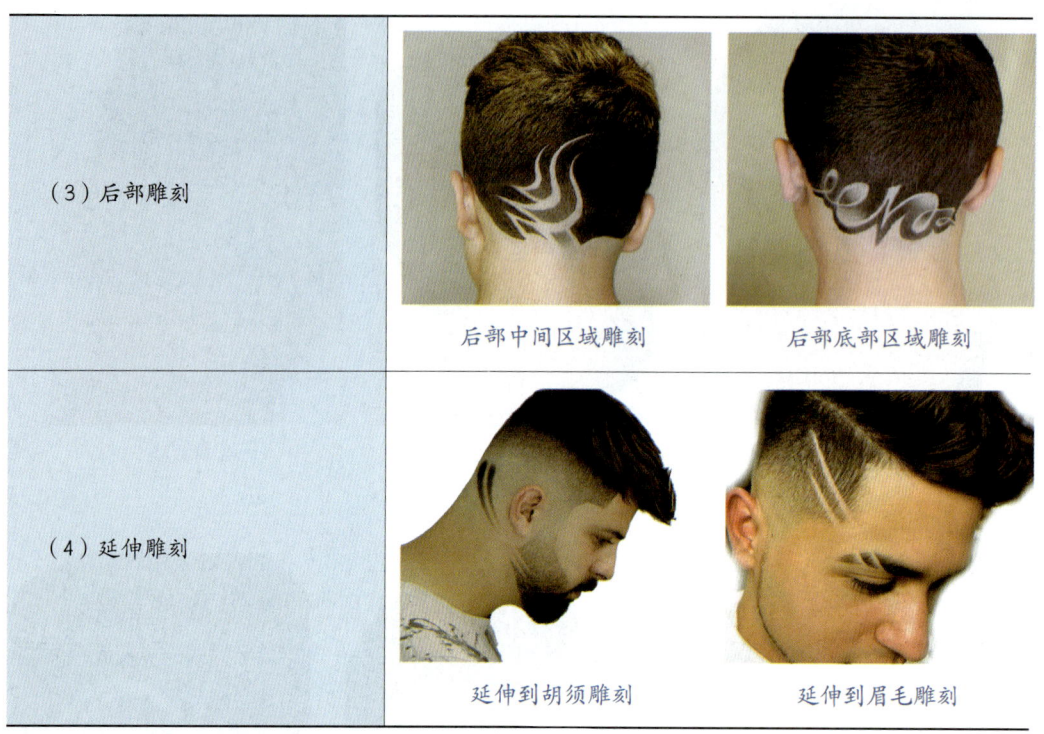

（3）后部雕刻	后部中间区域雕刻	后部底部区域雕刻
（4）延伸雕刻	延伸到胡须雕刻	延伸到眉毛雕刻

三、发型雕刻技术要点

1. 发型雕刻的基础线条

发型雕刻中C形月牙线条、Y形蛇口线条、Z形闪电线条、S形蛇形线条、螺旋线条、放射线条是最常用的基础线条。

C形月牙线条　　　　　　　Y形蛇口线条　　　　　　　Z形闪电线条

2. 根据线条的形状分类

根据雕刻线条的形状，发型雕刻可分为曲线雕刻、直线雕刻和图案雕刻。

曲线雕刻

直线雕刻

图案雕刻

3. 根据雕刻的部位分类

根据雕刻的部位，发型雕刻可分为顶部雕刻、侧部雕刻、后部雕刻和延伸雕刻。

（1）顶部雕刻	顶部中间区域雕刻　　顶部两侧区域雕刻
（2）侧部雕刻	前侧区域雕刻　　后侧区域雕刻

安全刮刀

4. 指环清扫毛刷

指环清扫毛刷

5. 油头梳

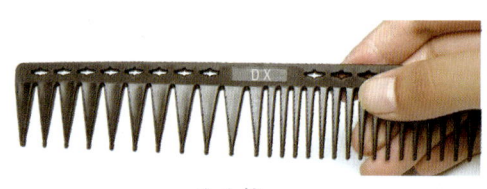

油头梳

二、发型雕刻分类

1. 根据线条的凹凸分类

向内凹陷的线条是阴线,向外凸起的线条是阳线。根据雕刻线条的凹凸情况,发型雕刻可以分为阴线雕刻和阳线雕刻。

 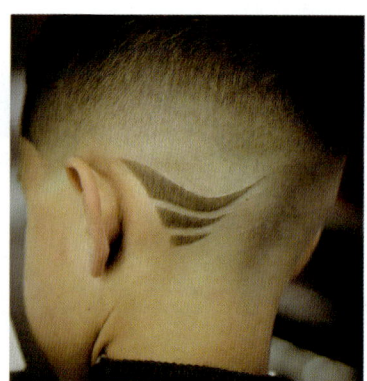

阴线雕刻　　　　　　　　　　阳线雕刻

一、发型雕刻工具

1. 雕刻刀头

常用的雕刻刀头有以下几种。

（1）2毫米雕刻刀头。其适用于细线条雕刻的收尾。

（2）3毫米雕刻刀头。其适用于细线条、急转弯线条或螺旋线条的雕刻。

（3）6毫米雕刻刀头。其适用于宽线条的雕刻。

2毫米雕刻刀头　　　　　3毫米雕刻刀头　　　　　6毫米雕刻刀头

2. 推剪刀头

常用的推剪刀头有以下几种。

（1）中齿距推剪刀头。齿距较宽，适用于较厚头发的推剪。

（2）密齿距推剪刀头。齿距较密，适用于精细推剪。

（3）零度推剪刀头。适用于推光头发。

中齿距推剪刀头　　　　　密齿距推剪刀头　　　　　零度推剪刀头

3. 安全刮刀

发型雕刻中向内凹陷的线条需要用刮刀刮干净，使用带护网的安全刮刀可以最大限度避免因技术生疏而产生的安全问题。

第3节　发型雕刻技术

发型雕刻技术起源于胡须的修饰，是胡须修饰技术的延伸。在欧美国家和地区，成年男子的毛发十分浓密，在20世纪以前，胡须修饰已经成为与发型修剪一样的理发服务项目之一，欧美的美发师们对胡须线条的设计已经达到很高的水平。进入21世纪，逐渐从对面部胡须线条的设计延伸到对头部头发线条的设计，产生了发型雕刻技术。因为头部区域有更大面积的毛发，有着更大的发挥空间。发型雕刻适合面部胡须较少的男士。

如今，色调渐变与发型雕刻组合，成为男式前卫与时尚发型的代表，使男式发型变得更加丰富，凸显男性的阳刚之气。美发店里的发型雕刻项目，不但可以增加男式发型变化，还可以在色调深的地方做雕刻设计，修饰色调不均匀的现象。

发型雕刻可以利用头形特点，甚至头上的疤痕，呈现个性前卫的视觉效果。发型雕刻可以用简单的线条来呈现简约的时尚感，也可以用复杂的线条和图案来表达叛逆的前卫思潮。发型雕刻也不只是男性的专利，有很多前卫的女性也喜爱发型雕刻的时尚风潮。

 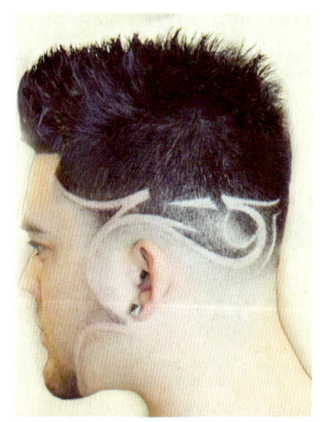 

简单线条发型雕刻　　　复杂线条发型雕刻　　　复杂图案发型雕刻

商业发型雕刻要遵循少即是多的设计理念。过多的线条雕刻设计，会弱化发型的整体效果。切记：顾客年龄越大，线条应该越简单。

9. 梳垫法推剪依靠修剪工具和剪发梳的配合来控制头发的长短和轮廓形状。( )

10. 空推法使用的修剪工具是电推剪。( )

11. 空推法不是一种完全靠手法来控制色调推剪的技法。( )

12. 一般在色调幅度较大的情况下使用空推法。( )

13. 一般在头发较为粗硬的情况下使用空推法。( )

14. 运用空推法移动电推剪时,要掌握好移动的节奏和连贯性,否则会有脱节现象。( )

15. 倒推法多用于轮廓线处凸角的去除。( )

二、单项选择题(选择一个正确的答案,将相应的字母填入题内的括号中)

1. 发型的( )形状应该从正视、侧视、后视、俯视四个方向来观察。

A. 内形　　B. 外线　　C. 轮廓　　D. 外形

2. ( )一般在色调幅度较大或是头发较为细软的情况下使用。

A. 梳垫法　　B. 推剪法　　C. 空推法　　D. 倒推法

3. 空推法是一种完全靠( )来控制色调修剪的技法。

A. 手法　　B. 剪刀　　C. 梳子　　D. 工具

4. 去除轮廓线处出现的凸角,常用( )的方法。

A. 倒推　　B. 打薄　　C. 推剪　　D. 修剪

5. 移动电推剪时,要掌握好移动的( )和连贯性。

A. 流畅　　B. 速度　　C. 快慢　　D. 节奏

参考答案

一、判断题

1. √　2. √　3. ×　4. √　5. √　6. ×　7. √　8. √
9. √　10. √　11. ×　12. ×　13. √　14. √　15. √

二、单项选择题

1. C　2. A　3. A　4. A　5. D

第 8 章
男式发型定向修剪技术

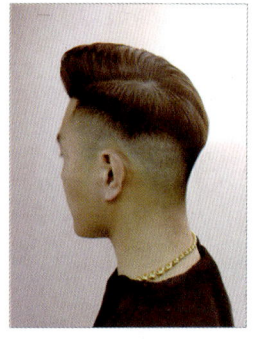
❶ 侧面完成效果

❶ 俯视效果

扫码观看

💚 特别提示

除了推剪色调以外，对于头发粗硬、密度大的头发，可以推剪出固定的外轮廓形状，来增加男式发型的变化。

💡 课后练习

一、判断题（将判断结果填入括号中。正确的填"√"，错误的填"×"）

1. 轮廓线也就是色调上线。　　　　　　　　　　　　　　　　　（　）
2. 起推线也就是色调下线。　　　　　　　　　　　　　　　　　（　）
3. 头发干与湿都可以进行推剪的操作。　　　　　　　　　　　　（　）
4. 推剪色调的方法有梳垫法、空推法、倒推法三种。　　　　　　（　）
5. 剪发梳是手指的延伸。　　　　　　　　　　　　　　　　　　（　）
6. 推剪法使用的修剪工具只能是电推剪。　　　　　　　　　　　（　）
7. 一般在色调幅度较大的情况下使用梳垫法推剪色调。　　　　　（　）
8. 一般在头发较为细软的情况下使用梳垫法推剪色调。　　　　　（　）

❺ 设定左后发区的起推线

❻ 连接左后发区起推线和轮廓线

❼ 设定右侧鬓角的轮廓线

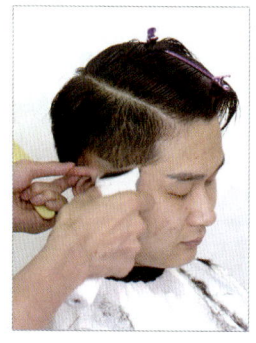

❽ 设定右侧鬓角的起推线

❾ 连接右侧鬓角起推线和轮廓线

❿ 设定右后发区轮廓线

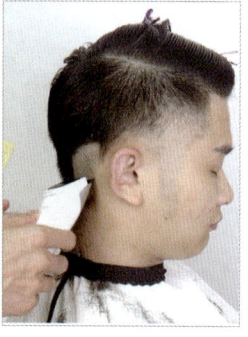

⓫ 设定右后发区的起推线

⓬ 连接右后发区起推线和轮廓线

⓭ 强化后发区三角形轮廓线形状

⓮ 完成后发区三角形起推线到轮廓线的自然过渡

⓯ 完成头顶发区发量调整

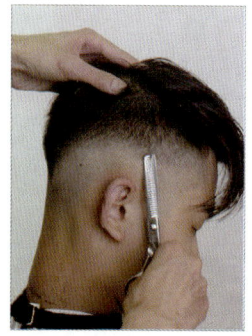

⓰ 用牙剪调整色调不均匀处

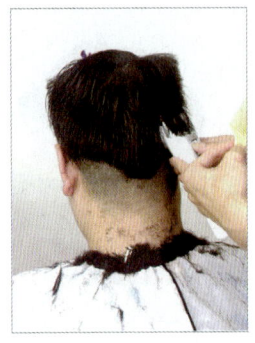
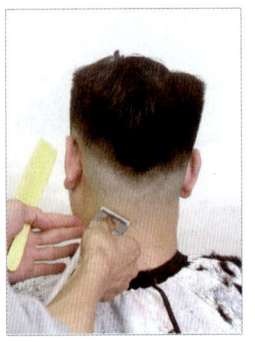
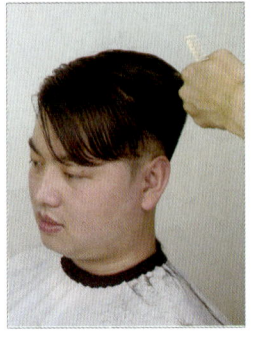
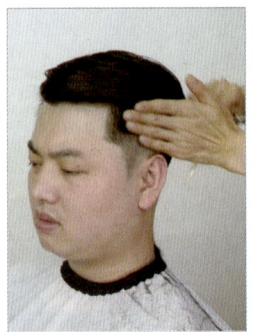

⑨ 连接起推线和轮廓线　　⑩ 用零度推剪刀头清理起推线以下的发茬　　⑪ 头顶头发修剪至前长后短，并均匀地打薄发尾　　⑫ 头发厚薄以湿发梳理时能够塑形为标准

⑬ 正面完成效果　　⑭ 背面完成效果　　⑮ 侧面完成效果

扫码观看

（3）菱形色调发型定向推剪技术示范

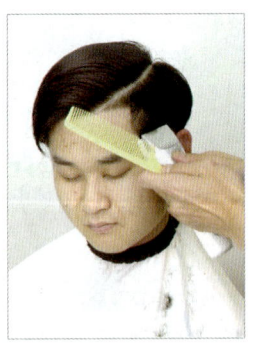

❶ 设定左侧鬓角的轮廓线　　❷ 设定左侧鬓角起推线　　❸ 连接左侧鬓角起推线和轮廓线　　❹ 设定左后发区的轮廓线

⑬ 正面完成效果

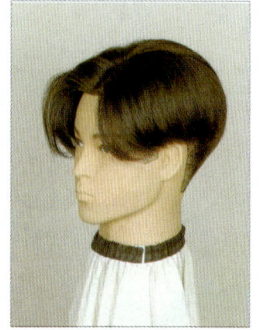
⑭ 左侧完成效果

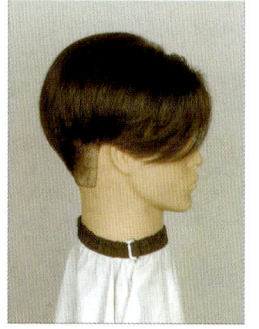
⑮ 右侧完成效果

扫码观看

（2）方形色调发型定向推剪技术示范

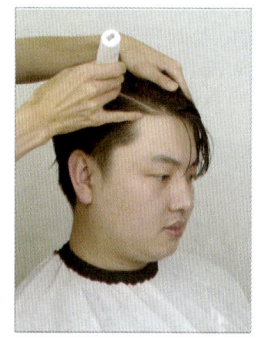
① 头顶三角形分区，设定右侧头缝，进行开线处理

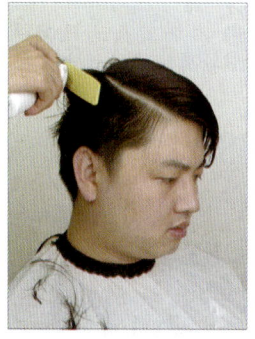
② 设定右侧方形轮廓的轮廓线

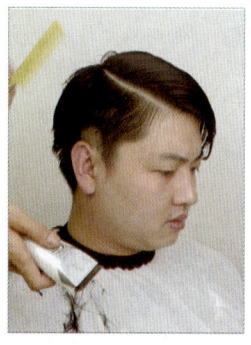
③ 在耳朵上方设定半圆形的起推线

④ 放射连接起推线和轮廓线

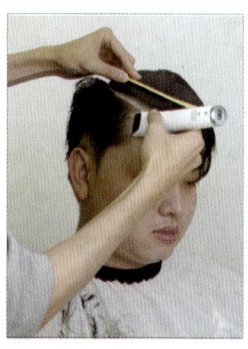
⑤ 精修发际线的形状

⑥ 左侧以同样的方法进行方形色调的推剪

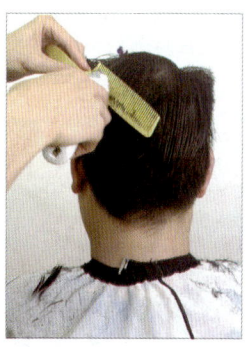
⑦ 在后发区设定三角形的轮廓线

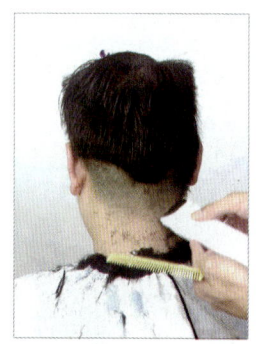
⑧ 设定后发区起推线

2. 定向推剪色调案例技术示范

（1）圆形色调发型定向推剪技术示范

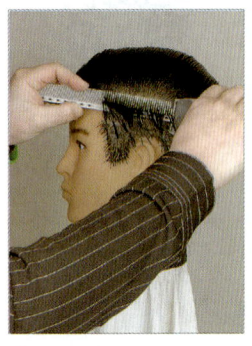
① 左侧随头形设定圆形轮廓线

② 左侧利用空推法完成发际线至轮廓线的色调推剪

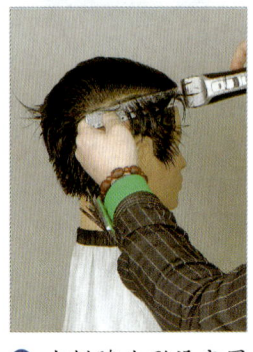
③ 右侧随头形设定圆形轮廓线

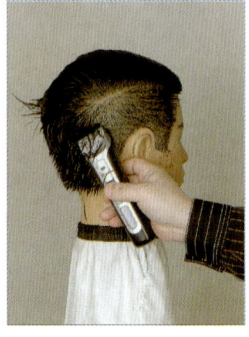
④ 右侧利用空推法完成发际线至轮廓线的色调推剪

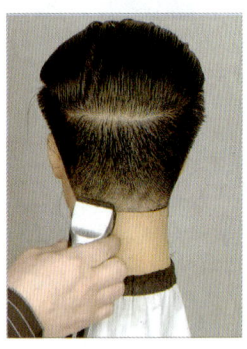
⑤ 后枕区利用空推法完成发际线至轮廓线的色调推剪

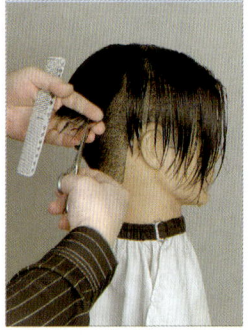
⑥ 下线水平提拉确定头顶发区后部的头发长度

⑦ 右侧头发自然下垂确定右侧的头发长度

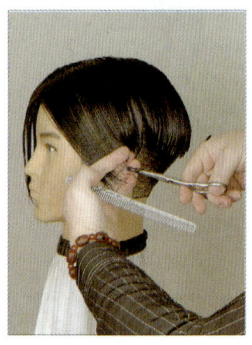
⑧ 左侧头发自然下垂确定左侧的头发长度

⑨ 确定前长后短的中线长度

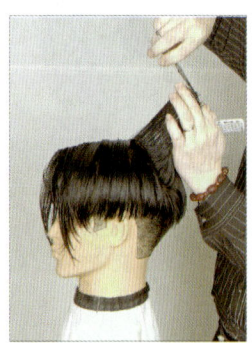
⑩ 放射取份，顺滑地连接中线到底线的长度

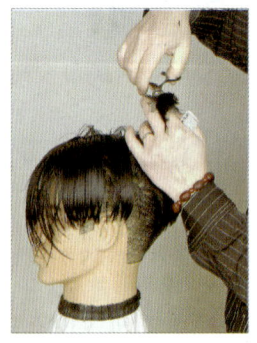
⑪ 放射取份，水平递减打薄头顶发区头发

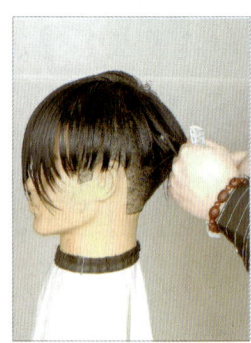
⑫ 用斜向打薄法调整外线发量

2）侧发区的去角方法

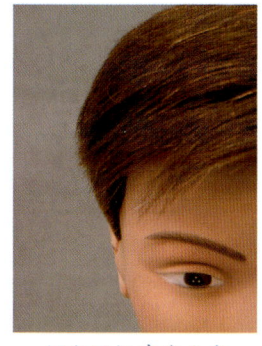
侧发区轮廓线凸角

倒推修剪

完成效果

扫码观看

二、定向推剪色调技术示范

1. 定向推剪色调基本流程

（1）分区。

（2）设定轮廓线（色调上线）。

（3）设定起推线（色调下线）。

（4）推光起推线以下的头发。

（5）连接起推线与轮廓线。

（6）修饰发际线形状。

（7）确立顶部头发长度和层次结构。

（8）调节发量，柔和发尾。

（9）头缝开线（此步骤可根据顾客要求选用）。

（10）吹风造型。调整外轮廓形状（根据设计要求）。

（11）梳理造型。注意梳理的工具和梳理的方向（根据设计要求）。

（12）定型。发量少用发胶定型，发量多用油头膏定型。

（13）最后修饰。用刮刀清边、净茬。

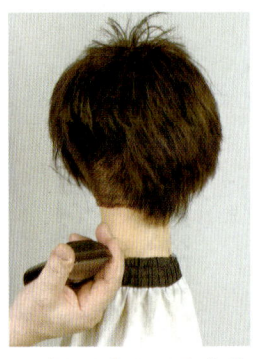 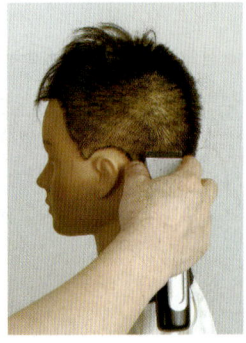 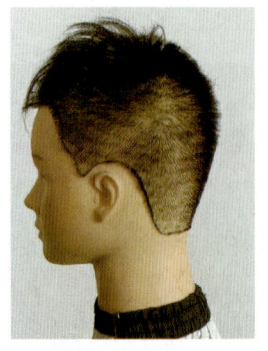 

| 用食指和拇指设定推剪长度 | 双指卡尺悬空推剪 | 双指卡尺悬空推剪完成效果 | 扫码观看 |

③指垫悬空推剪。用食指垫在电推剪下方设定推剪的长度，进行推剪。

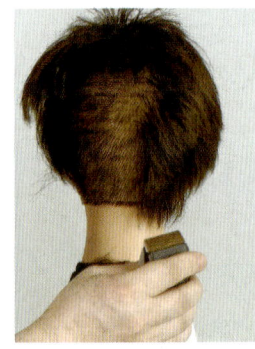 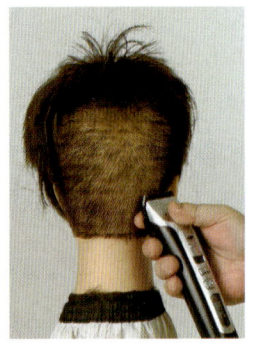 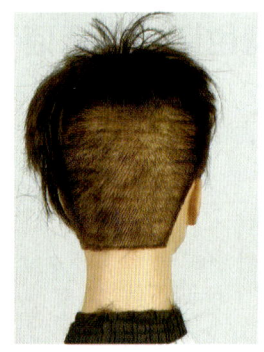 

| 食指垫在电推剪下方设定推剪长度 | 指垫悬空推剪 | 指垫悬空推剪完成效果 | 扫码观看 |

（3）倒推法。用传统方法修剪短发时，轮廓线处常会出现凸出的角，在这种情况下运用倒推的方法去角是最为方便的。

1）后发区的去角方法

  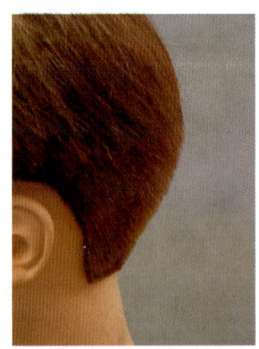

后部轮廓线凸角　　　倒推修剪　　　完成效果

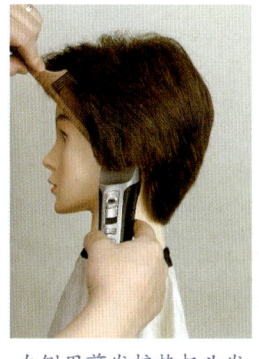 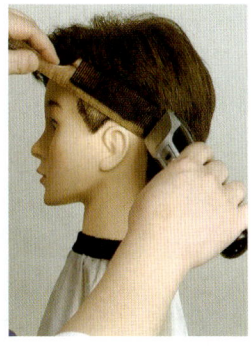 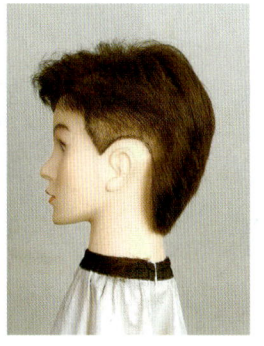 

左侧用剪发梳垫起头发推剪　　逐渐向后移动推剪　　完成效果　　扫码观看

（2）空推法

1）空推法推剪色调的特点

①空推法使用的修剪工具是电推剪。

②空推法是一种完全靠手法来控制色调推剪的技法。

③一般在色调幅度较小或是头发较为粗硬的情况下使用空推法。

④空推法是定向修剪系统中常用的推剪方法。

2）空推法推剪色调的操作技巧

①摆臂悬空推剪。推剪时固定好顾客的头位和美发师的站位，美发师手腕不动，用手臂带动肘关节，移动电推剪。

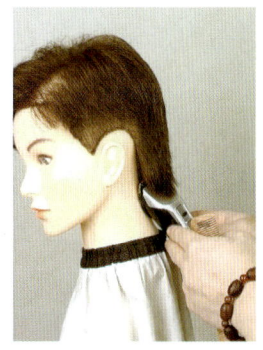 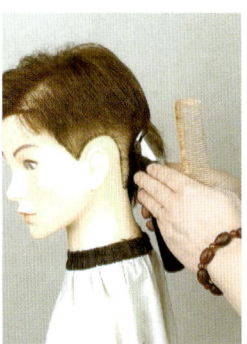 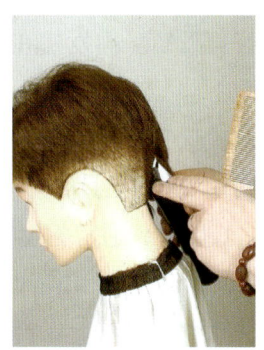 

从左侧后颈角处开始推剪　　逐渐向上移动悬空推剪头发　　左侧摆臂悬空推剪完成效果　　扫码观看

②双指卡尺悬空推剪。用食指和拇指设定推剪的长度，进行推剪。

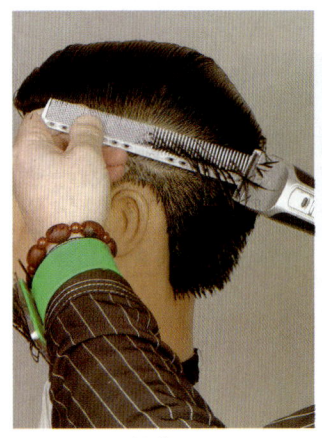 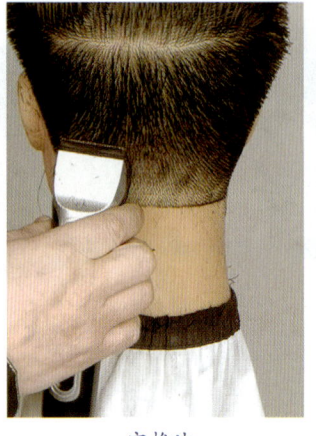 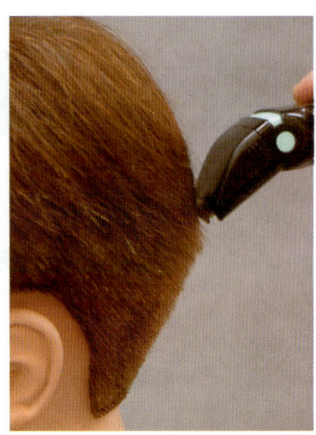

梳垫法　　　　　　　　　　空推法　　　　　　　　　　倒推法

（1）梳垫法。梳垫法就是用剪发梳控制头发长度来进行推剪。可以说剪发梳就是手指的延伸。

1）梳垫法推剪色调的特点

①梳垫法使用的修剪工具可以是电推剪也可以是剪刀。

②梳垫法是一种完全靠剪发梳来控制头发长度的技法。

③一般在色调幅度较大或头发较为细软的情况下使用梳垫法推剪色调。

④梳垫法依靠修剪工具和剪发梳的配合来控制发型轮廓线的形状和头发的长短。

2）梳垫法推剪色调的操作技巧

①推剪时要利用好剪发梳。剪发梳在美发师的手指、手腕和前肘的控制下，可以灵活地上下或左右摆动。

②推剪时，用剪发梳垫起一股头发，用修剪工具剪去露在梳齿外的头发，梳一块剪一块，梳子起引导作用。剪发工具的刀刃应与梳背保持平行，这样容易剪得平齐。

③在设定轮廓线的长度时，通常剪发梳应与头部曲线保持平行。

④剪发工具沿着剪发梳向上移动修剪。

⑤要掌握好剪发梳移动的节奏，保持连贯，采用十字交叉修剪的方法，避免产生脱节的现象。

⑥在精细连接轮廓线与上方头发长度时，要把握好垫起头发的角度，便于顺滑连接。

第2节　男式发型定向修剪技术解析

男式发型的变化是由以下五点变化组成的：
◎ 发型（正视、侧视、后视、俯视）轮廓形状的变化。
◎ 轮廓线的位置和形状的变化。
◎ 起推线设定不同所带来的色调渐变的变化。
◎ 头顶发区头发与周边发区头发连接方式的变化。
◎ 头顶发区头发的长短、纹理、流向的变化。
了解这一点，有助于更好地掌握男式发型的定向修剪技术。

一、定向推剪色调的技术及方法

定向推剪色调是先设定轮廓线（即色调上线）的长度和形状，再设定起推线（即色调下线）的形状和位置，最后进行色调下线到色调上线的推剪连接。

1. 定向推剪色调的技术

定向推剪色调采用的是满推、半推、倒推三种推剪技术。
（1）满推。满推适用于大面积头发推剪色调，可以用梳子也可以不用梳子，用接近满齿的电推剪刀头进行推剪。
（2）半推。半推多用于两侧发际线部位推剪色调，不用梳子，用电推剪的一侧贴着头皮，用一半的刀齿进行推剪。
（3）倒推。倒推多用于轮廓线上凸出的头发的推剪，电推剪由上向下推剪去角，也可用于耳后或后颈部起推线的设定。

2. 定向推剪色调的方法

定向推剪色调时，为了便于操作，需要把待推剪部位的头发吹干、吹松，使头发呈现自然状态。常用定向推剪色调的方法有梳垫法、空推法、倒推法三种。

4. 起推线是推剪头发时色调渐变的起始线。（ ）

5. 起推线就是发际线。（ ）

6. 色调的渐变是指从起推线推剪连接发型轮廓线时，所产生的头发长度的渐变形成的视觉上的明暗变化。（ ）

7. 俯视观察就可以清晰地观察到纵向轮廓的形状。（ ）

二、单项选择题（选择一个正确的答案，将相应的字母填入题内的括号中）

1. 男式发型的三线是发际线、轮廓线和（ ）。
   A. 外线   B. 起推线   C. 虚线   D. 剪切线

2. 横向轮廓线可分为圆形轮廓线、菱形轮廓线、方形轮廓线和（ ）轮廓线四类。
   A. 多边形   B. 梯形   C. 不规则   D. 三角形

3. 色调的渐变方向分为向上渐变、放射渐变和（ ）三类。
   A. 斜向渐变   B. 向内渐变   C. 向外渐变   D. 向下渐变

4. 纵向轮廓线有弧线、直线、（ ）三种。
   A. 圆形线   B. 菱形线   C. 方形线   D. 直圆线

5. 圆形色调是均匀（ ）的发型色调。
   A. 向下   B. 向上   C. 放射   D. 汇聚

6. 色调渐变按形状分为圆形色调、方形色调、三角形色调、菱形色调、阶梯色调、（ ）色调六类。
   A. 弧形   B. 创意组合   C. 放射   D. 渐变

7. 菱形色调是由（ ）两个三角形色调组成的发型色调。
   A. 上下   B. 前后   C. 放射   D. 渐变

8. （ ）色调可用于局部或整体的发型推剪。
   A. 圆形   B. 方形   C. 三角形   D. 菱形

参考答案

一、判断题

1. ×   2. √   3. √   4. √   5. ×   6. √   7. ×

二、单项选择题

1. B   2. D   3. A   4. D   5. B   6. B   7. B   8. C

（3）三角形色调。三角形色调可运用于局部或整体的发型推剪。三角形色调汇聚于后发区，可以提升发型的轮廓；整体运用三角形色调，可以增加两鬓的宽度，能够体现男性的阳刚。

（4）菱形色调。菱形色调是由前后两个三角形色调组成的发型色调，可以增加头部左右两侧的宽度，能够体现男性的阳刚。

（5）阶梯色调。阶梯色调由两个明显断开的独立色调组成，能够体现雅痞的气质。

（6）创意组合色调。创意组合色调由两个以上的块面色调组成，形状不规则，呈现出具有设计感的风格。

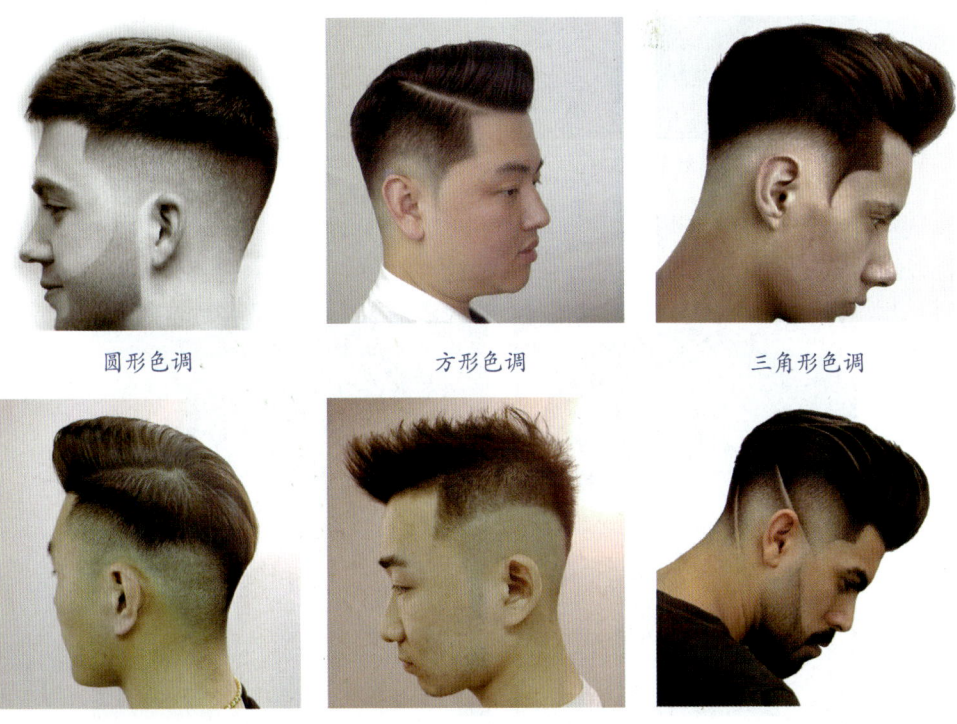

圆形色调　　　　　　　方形色调　　　　　　　三角形色调

菱形色调　　　　　　　阶梯色调　　　　　　　创意组合色调

课堂提问

在上面六张图片中画出起推线和轮廓线。

课后练习

一、判断题（将判断结果填入括号中。正确的填"√"，错误的填"×"）

1. 发际线就是头发的边际线，每个人的发际线的形状、头发密度都差不多。（　　）
2. 男式发型的轮廓线分为横向轮廓线和纵向轮廓线。（　　）
3. 向上推剪色调所形成的纵向轮廓线有弧线、直线、直圆线三种。（　　）

（2）放射渐变。放射渐变分为大范围放射渐变和小范围放射渐变两种方式，轮廓线和起推线的设定如下图所示。

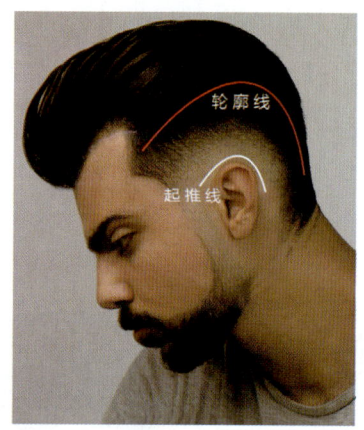
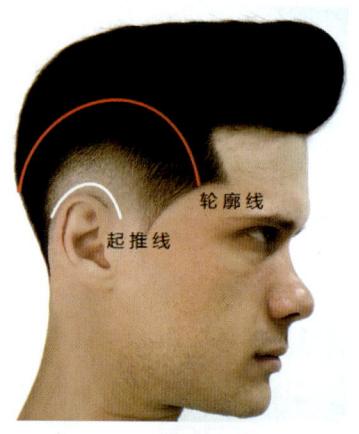

大范围放射渐变　　　　　　　　小范围放射渐变

（3）斜向渐变。斜向渐变分为弧线斜向渐变和直线斜向渐变两种方式，轮廓线和起推线的设定如下图所示。

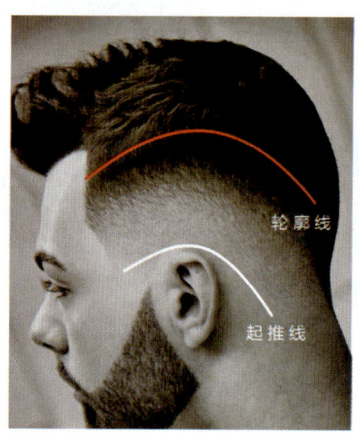
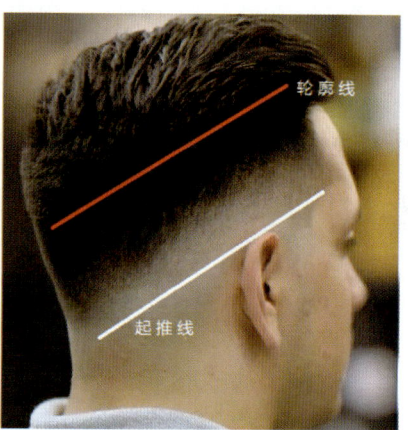

弧线斜向渐变　　　　　　　　直线斜向渐变

2. 色调渐变的形状

色调渐变的形状分为圆形色调、方形色调、三角形色调、菱形色调、阶梯色调、创意组合色调六大类。

（1）圆形色调。发型推剪时，形成均匀向上的色调，即圆形色调。圆形色调是传统发型最常用的色调渐变形状。

（2）方形色调。发型两侧设定的轮廓线为平行的直线，可形成方形色调。方形色调是放射渐变色调，能够体现男性的阳刚。

3. 起推线

推剪头发时，色调渐变的起始线即起推线。传统发型推剪中，发际线就是色调的起推线；现代发型推剪的起推线根据不同的设计需求，在发际线以上的位置重新进行设定。

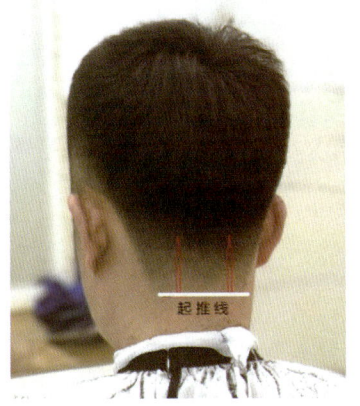
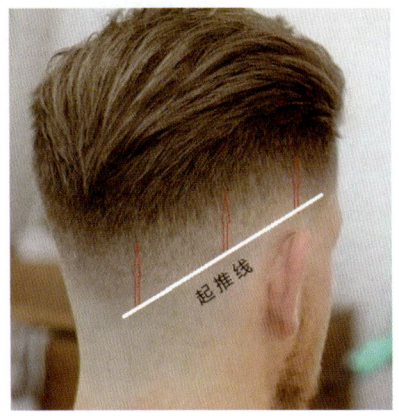

以发际线为起推线　　　　在发际线以上的位置重新设定起推线

二、色调的渐变

色调的渐变是指从起推线推剪连接发型轮廓线时，所产生的头发长度的渐变形成的视觉上的明暗变化。轮廓线的形状、起推线的位置和形状，决定了色调的不同变化。

1. 色调渐变的方向

色调渐变的方向分为向上渐变、放射渐变和斜向渐变三类。

（1）向上渐变。向上渐变分为垂直向上渐变和倾斜向上渐变两种方式，轮廓线和起推线的设定如下图所示。

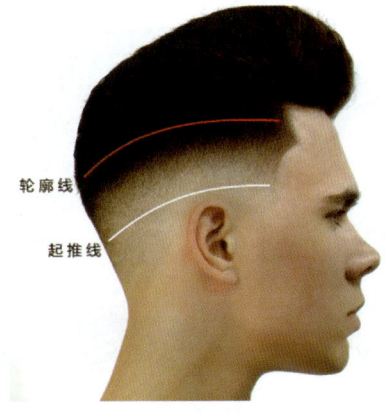
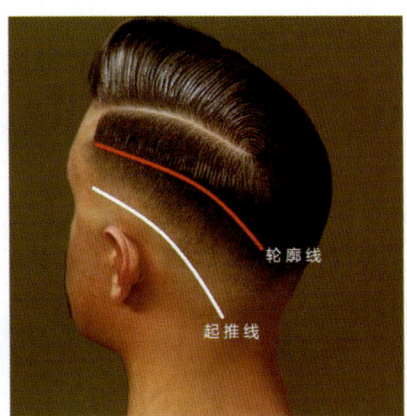

垂直向上渐变　　　　倾斜向上渐变

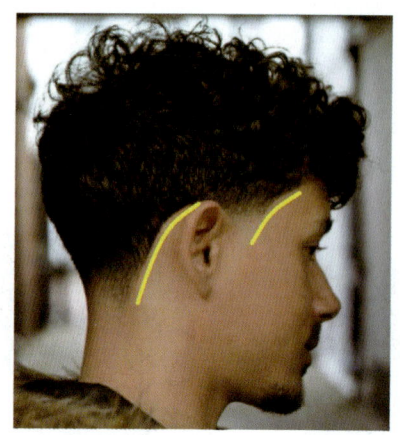

发际线示意图

2. 轮廓线

轮廓线分为横向轮廓线（俯视）和纵向轮廓线（正视）。

（1）横向轮廓线。俯视观察到的发型轮廓即横向轮廓线，大体可分为圆形横向轮廓线、菱形横向轮廓线、方形横向轮廓线、三角形横向轮廓线四大类。

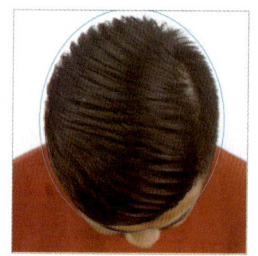
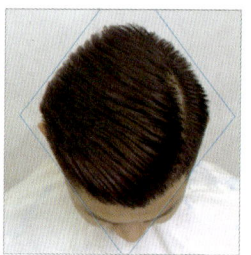
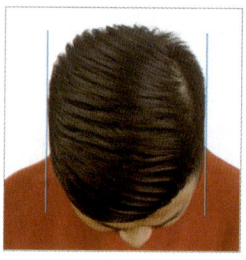
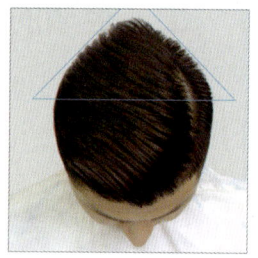

圆形横向轮廓线　　　　菱形横向轮廓线　　　　两侧方形横向轮廓线　　　后区三角形横向轮廓线

（2）纵向轮廓线。纵向轮廓线是向上推剪色调所形成的轮廓，有圆润的弧线纵向轮廓线、刚硬的直线纵向轮廓线、直圆线条组合的直圆线纵向轮廓线。

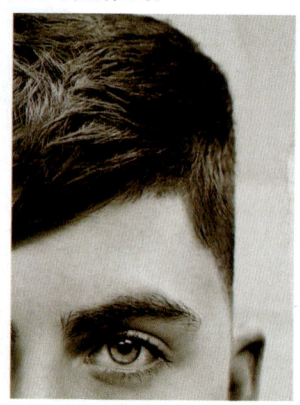

弧线纵向轮廓线　　　　　直线纵向轮廓线　　　　　直圆线纵向轮廓线

第 8 章
男式发型定向修剪技术

第 1 节　男式发型定向修剪基础知识

一、男式发型推剪三线

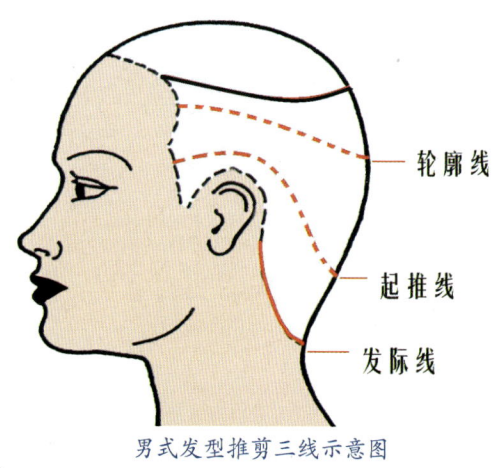

男式发型推剪三线示意图

1. 发际线

发际线就是头发的边际线，每个人的发际线的形状、头发密度都有所不同。

参考答案

一、判断题

1.√　　2.×　　3.√　　4.×　　5.×　　6.×　　7.×　　8.×

9.√

二、单项选择题

1.C　　2.D　　3.B　　4.A

发型的款式繁多，但其实发型的变化就是发区的形状、厚薄、方向、位置的组合形式的变化。分区变化是发型变化的基础，头发提拉方向的变化决定了层次结构的变化。定点、定线、定面修剪是定向修剪系统对修剪方法的革新，它可以快速确定发型的层次结构。而纹理处理则能够细化调整发型的发流方向、发量，同时也影响着发型的形状轮廓。在实际运用中要协调好发型的纹理与结构之间的关系。

课后练习

一、判断题（将判断结果填入括号中。正确的填"√"，错误的填"×"）

1. 前卫创意发型有着多元融合的特点。（　　）
2. 整洁有序、安静文雅是前卫创意发型的风格特征。（　　）
3. 前卫创意发型的层次结构多样，层次对比强烈，能够产生强烈的视觉上的反差感和吸引力。（　　）
4. 前卫创意发型的轮廓形状是单一的。（　　）
5. 外线以不对称设计为主的发型属于经典发型。（　　）
6. 前卫创意发型的纹理文雅、柔和。（　　）
7. 自然、唯美的视觉感受是前卫创意发型的主要特点之一。（　　）
8. 轻盈动感、乖巧、柔和、可爱是前卫创意发型带来的视觉感受。（　　）
9. 创意发型分为前卫创意发型和大赛创意发型。（　　）

二、单项选择题（选择一个正确的答案，将相应的字母填入题内的括号中）

1. （　　）风格的发型有着多元融合的特点。

   A. 商业经典　　B. 舞台　　C. 前卫创意　　D. 柔美

2. 大赛创意发型通过色彩、线条、结构、块面的巧妙设计，彰显发型的（　　）感染力。

   A. 经典　　B. 舞台　　C. 前卫　　D. 艺术

3. 为了快速准确地完成大赛创意发型的修剪，定向修剪系统采用了（　　）修剪的方法。

   A. 定向　　B. 三步　　C. 四步　　D. 快速

4. 前卫创意发型的外形线条大多以（　　）的设计为主。

   A. 不对称　　B. 对称　　C. 厚重　　D. 轻薄

（5）大赛创意两侧飞尾发型定向修剪

 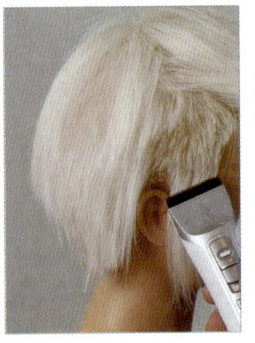 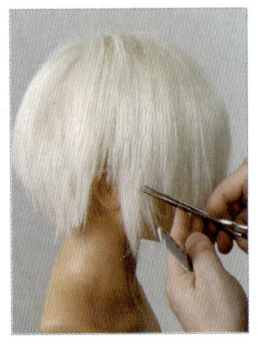 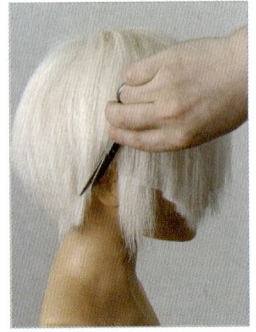

❶ 左侧推剪，保留鬓角和后颈角处头发长度　　❷ 右侧推剪，保留鬓角长度　　❸ 修剪右侧外线形状　　❹ 修剪左侧后部外线形状

❺ 将刘海修剪出块面叠加效果　　❻ 吹风塑形，准备染色　　❼ 染色完成后修整色调　　❽ 修整外线

❾ 正面完成效果　　❿ 右侧完成效果　　⓫ 左侧完成效果

扫码观看

特别提示

1. 不对称平衡是此款发型修剪的关键。
2. 块面的叠加必须使用托剪的手法。

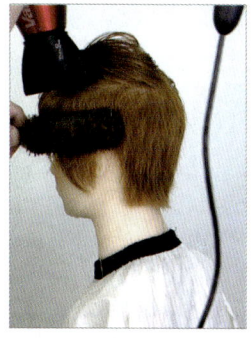   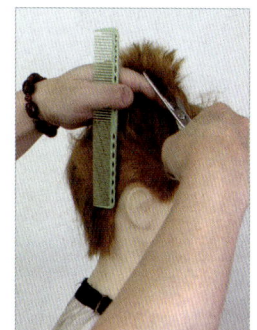

⑬ 用吹风机压紧左侧发区发根吹风　⑭ 用吹风机将左侧发区头发的发尾向上吹起　⑮ 用吹风机将右侧发区的头发向上吹起　⑯ 调整发量

⑰ 修整外线　⑱ 完成效果　⑲ 染色后正面完成效果　⑳ 染色后侧面完成效果

㉑ 染色后背面完成效果

扫码观看

特别提示

前后外线的形状、厚度和顶部两侧的通透纹理是此款发型的关键。

（4）大赛创意鹦鹉发型定向修剪

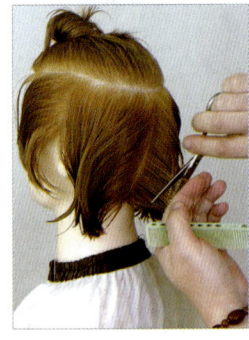
❶U形分区，后发区用削剪法完成上长下短的层次结构修剪

❷用牙剪调整后发区的发量

❸用牙剪确定后发区两侧的外线形状

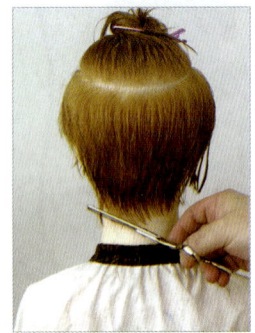
❹用牙剪确定后发区底部的外线形状

❺左侧发区的头发以下线水平向左的方位提拉，定直线修剪

❻左侧发区的头发修剪成向上外翘的束状

❼右侧发区的头发根据后发区的长度进行层次结构的修剪

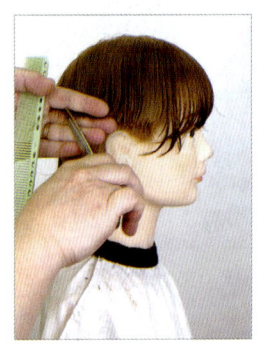
❽右侧发区的头发定直线修剪

❾确定右侧刘海长度

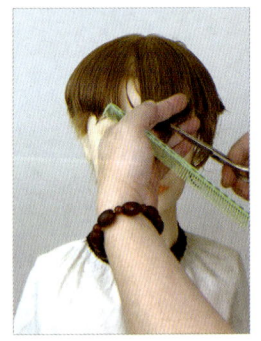
❿确定左侧刘海长度

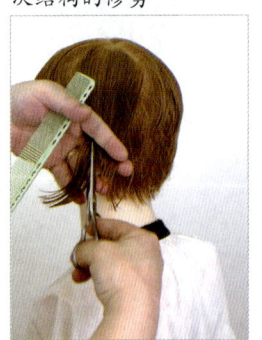
⓫确定左侧后发区的头发长度

⓬用吹风机压紧后发区的头发吹风

  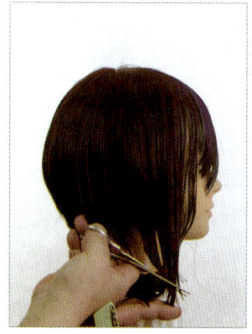 

⑨ 确定左侧刘海和鬓角的长度　　⑩ 确定右侧刘海的长度　　⑪ 确定右侧的长度　　⑫ 吹干头发，调整发量

⑬ 完成前侧的外线修整　　⑭ 少量喷发胶，完成头顶发花的制作　　⑮ 完成右侧及后侧的外线修整　　⑯~⑱ 染色后完成效果

⑰　　⑱

扫码观看

特别提示

发型整体外线的形状和后脑部倾斜的动感效果是此款发型的关键。

⑰　　　　　　　⑱　　　　　　　⑲　　　　　　　扫码观看

💚 特别提示

1. 叠加块面时要注意对块面横向宽度的把控。
2. 修整外线时一定要保证头发处于自然下垂的状态。

（3）大赛创意整体偏移发型定向修剪

❶ 分区如图所示　❷ 底部发区以上线水平向后的方位提拉，定弧线修剪　❸ 均匀打薄底部发区头发　❹ 设定外线形状

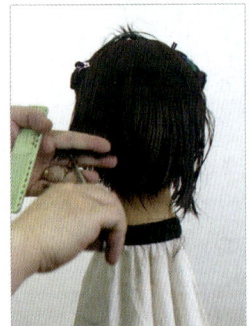  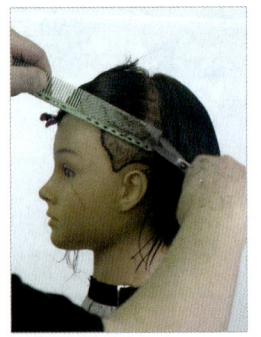 

❺ 后发区上区下线水平定直线，柔性切口修剪　❻ 后发区完成效果　❼ 左侧鬓角推剪色调　❽ 左侧由鼻梁中间位置向上修剪

❺ 用牙剪修整底部发区后侧外线

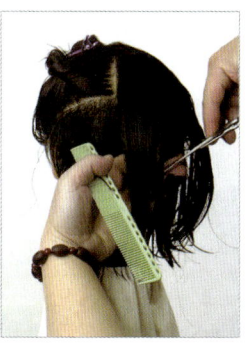
❻ 用托剪法确定后发区上区右后侧的长度

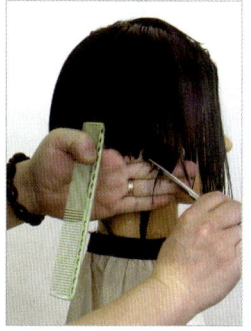
❼ 用托剪法确定后发区上区右前侧的长度

❽ 用托剪法确定后发区上区左侧的长度

❾ 用弧线连接左侧与刘海的长度

❿ 用托剪法确定右侧刘海的长度

⓫ 吹干头发，修整前侧的外线

⓬ 少量喷发胶，拉开发花

⓭ 修整后侧的外线

⓮ 修整左侧的外线

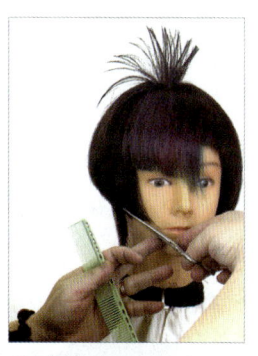
⓯ 修整右侧的外线

⓰~⓳ 染色后完成效果

❶ 少量喷发胶，完成头顶发花的修剪造型

❶ 完成右侧的外线修整

❶ 前侧完成效果

❷ 侧面完成效果

❷ 背面完成效果

❷ 染色后效果 1

❷ 染色后效果 2

扫码观看

特别提示

1. 发型的动静对比要明显，否则很难达到抢眼的视觉效果。
2. 发型的动静过渡要自然。

（2）大赛创意错位叠加发型定向修剪

❶ 底部发区用柔性切口修剪方法修剪出等长的中线

❷ 以中线的长度为引导，确定底部发区的长度，留长两个后颈角处的头发长度

❸ 用牙剪修整底部发区右侧外线

❹ 用牙剪修整底部发区左侧外线

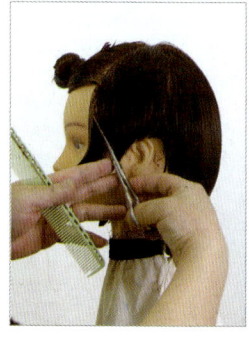
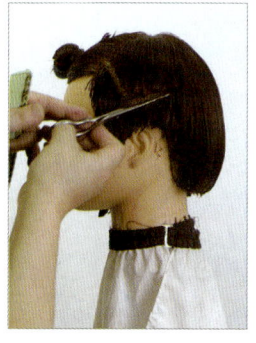
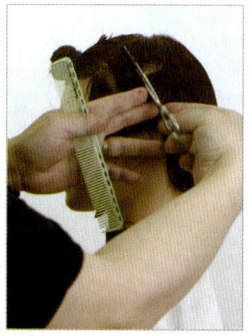

❺ 确定左侧鬓角前侧的长度
❻ 向上剪出阶梯块面形状
❼ 继续向上修剪块面形状
❽ 在左侧后颈角处剪出斜向的阶梯块面

❾ 继续向上修剪斜向的块面形状
❿ 确定左侧刘海长度
⓫ 连接右侧头发与刘海
⓬ 吹干头发，修整外线形状

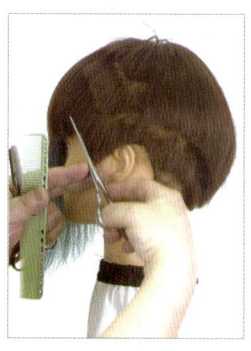

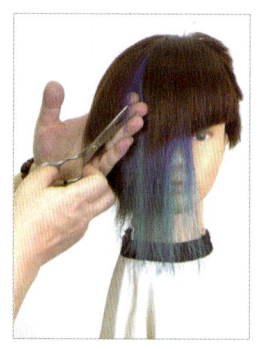

⓭ 修整左侧阶梯线条
⓮ 修整左侧刘海线条
⓯ 用托剪法修剪出右侧刘海的斜向块面叠加效果
⓰ 继续向上修剪出阶梯块面的叠加效果

第7章 女式发型定向修剪技术

大赛创意发型示例

5. 技术示范

大赛创意发型通过三步修剪完成，方法如下。

第一步：湿发时，放量确定发型结构和外线形状，完成 50% 的发量调整。

第二步：在吹干头发的同时，完成流向的确定和发型轮廓的收放，完成 90% 的发量调整，柔化发尾，基本确定头发的长度。

第三步：少量喷发胶收放轮廓和外线，进行最后的发量精细调整和外线修剪，少量多次喷发胶，抚平表面，固定发型。

（1）大赛创意阶梯块面发型定向修剪

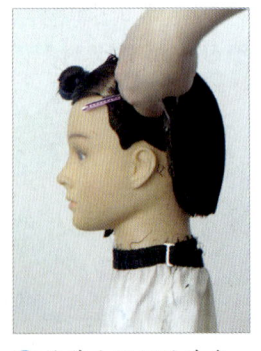

❶ 分区如图所示　　❷ 将后发区外线修剪成前斜线　　❸ 修剪左后侧的外线　　❹ 确定左侧鬓角外线

二、大赛创意发型

大赛创意发型不拘于特定的风格，有多种表现形式，通过色彩、线条、结构、块面的巧妙设计，表现出美发师独特的设计理念，彰显发型的艺术感染力。

1. 轮廓形状

大赛创意发型的轮廓形状不拘于形式，根据发型设计的灵感设定。轮廓线条可以有起有伏、有动有静，以清晰利落的线条为主。

2. 外形线条

大赛创意发型的外形线条利落整洁，用色彩来强化线条的变化，配以高低错落的创意设计，能够增加发型的艺术美感。大赛创意发型的外形线条大多为不对称设计。

3. 纹理线条

大赛创意发型的纹理以静态纹理为主，搭配极少的、对比强烈的动态纹理，动静结合，加强视觉冲击力。

4. 层次结构

大赛创意发型的层次结构一定是具有设计感的，用色彩来凸显发型结构的变化。在视觉上动静结合，利落有序。

第7章 女式发型定向修剪技术

 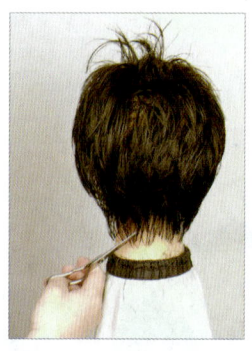 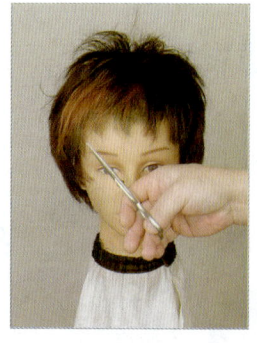 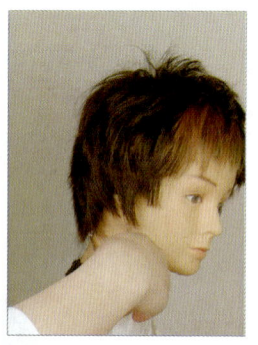

⑨ 后部修剪出内部层次结构　　⑩ 后发区修剪出大切口外线形状　　⑪ 吹干头发，再次修整前发区外线形状　　⑫ 再次修整两侧外线形状

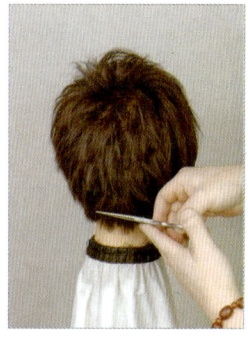  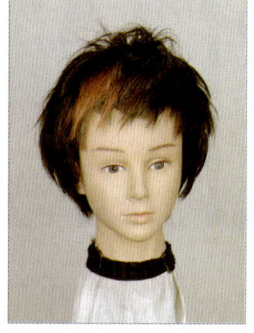 

⑬ 再次修整后发区外线　　⑭ 涂抹造型品　　⑮ 正面完成效果　　⑯ 左侧完成效果

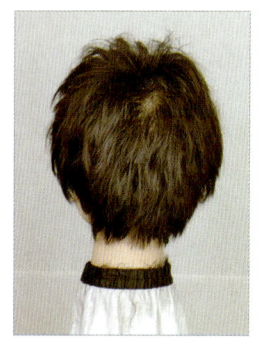  

⑰ 背面完成效果　　⑱ 真人前卫创意二次元结构发型作品正面完成效果　　⑲ 真人前卫创意二次元结构发型作品右侧完成效果

扫码观看

💚 特别提示

1. 大间隔的内外双层次修剪是前卫创意二次元结构发型修剪的关键。
2. 发尾外线一定要刚硬。

⑬ 正面完成效果

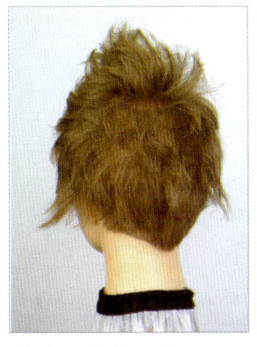
⑭ 背面完成效果

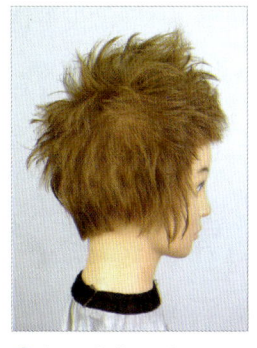
⑮ 侧面完成效果

扫码观看

特别提示

整体三角形轮廓的塑造是这款发型的关键。

（4）前卫创意二次元结构发型定向修剪

❶ 分区如图所示

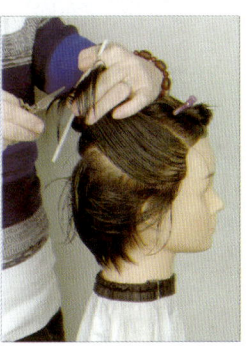
❷ 以灌顶发区的分区线为参考，确定周围发区头发长度

❸ 底部发区上线正常提拉，定等长弧线修剪

❹ 用柔性切口修剪方法和十字交叉修剪法，完成层次的修饰

❺ 灌顶发区中心定点修剪

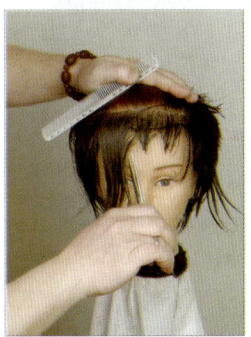
❻ 大切口修剪刘海外线

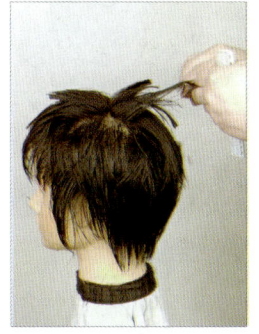
❼ 头顶发区大间隔修剪内部层次结构

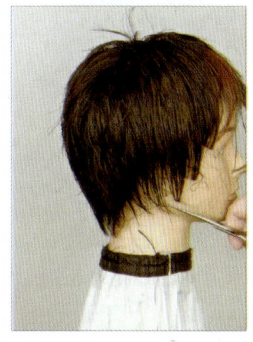
❽ 两侧修剪出阶梯状外线

（3）前卫创意三角形立体轮廓发型定向修剪

❶ 分区如图所示，分为动感区（头顶发区）和量感区（周边发区）

❷ 左侧量感区上线正常提拉，定线修剪

❸ 右侧量感区上线正常提拉，定等长弧线修剪，完成量感区的层次修剪

❹ 量感区垂直取份，修剪内部层次结构

   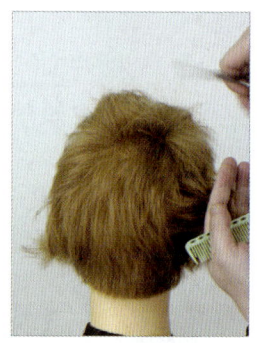

❺ 动感区中分，左侧以量感区上线的长度为引导进行修剪

❻ 右侧同样以量感区上线的长度为引导，定等长弧线修剪，完成动感区的层次修剪

❼ 在动感区进行纹理缔造

❽ 后发区右侧垂直定线修剪，形成三角形轮廓

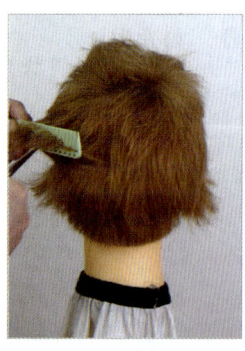 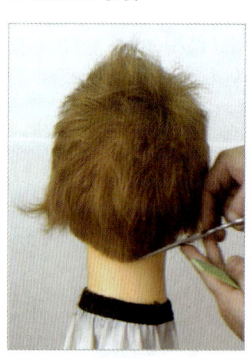  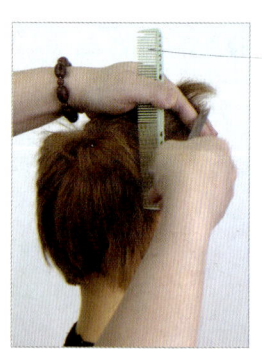

❾ 用同样的方法修剪出左侧的三角形轮廓

❿ 修整后发区外线

⓫ 修整前发区外线

⓬ 完成前发区轮廓形状修整

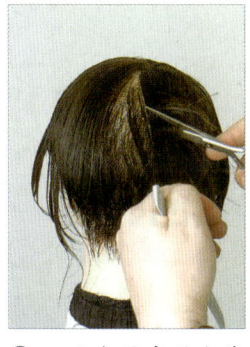 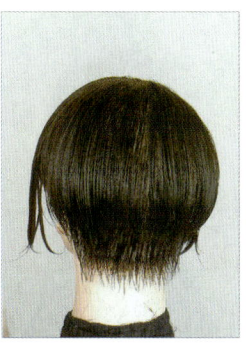  

❾ 以后发区底层上线的长度为引导，完成后发区头顶区域修剪

❿ 后发区完成效果

⓫ 确定刘海外线形状

⓬ 以后发区上线的头发长度为引导，完成左侧发区的修剪

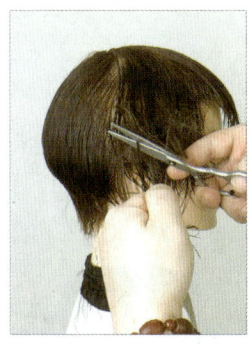   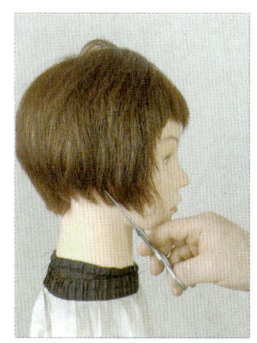

⓭ 右侧发区以下线水平向右的方位提拉，以外线的长度为引导，用削剪法完成修剪

⓮ 吹干头发，精修刘海外线

⓯ 在头顶发区制造出动感线条

⓰ 精修右侧外线

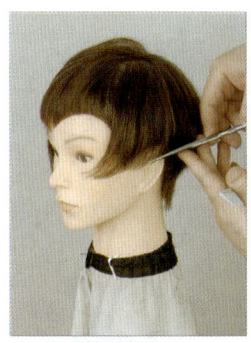 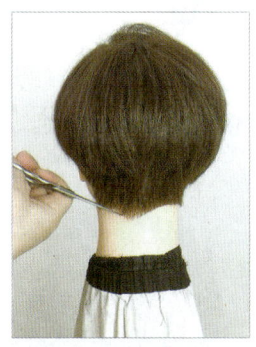 

⓱ 精修左侧外线

⓲ 修整后发区外线

⓳ 正面完成效果

扫码观看

特别提示

修剪外线时一定要保证头发处于自然下垂的状态。

㉑

㉒

㉓

扫码观看

特别提示

1. 发型的动静对比要明显，以达到抢眼的视觉效果。
2. 发型的动静过渡要自然。

（2）前卫创意不对称不连接发型定向修剪

❶ 右侧鬓角定前斜外线

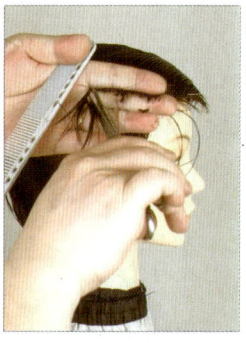
❷ 右侧鬓角定等长上线

❸ 右侧鬓角向后提拉，定线修剪去角

❹ 右侧鬓角交织修剪出纹理线条，定前斜外线

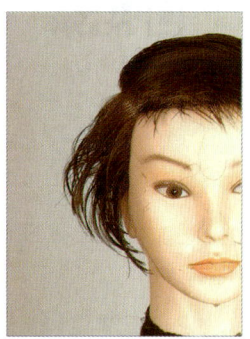
❺ 右侧鬓角完成效果

❻ 后发区底层以右侧鬓角上线为引导，运用削剪技术完成纵向外部向下外切层次结构的修剪

❼ 调整后发区外线的发量

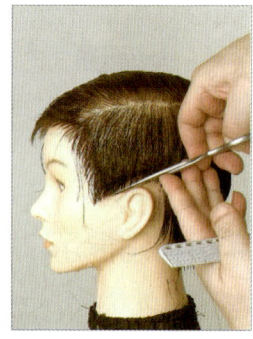
❽ 完成左侧鬓角形状的修剪

177

⑨ 确定外线形状和位置

⑩ 修整右侧鬓角外线

⑪ 修整右侧鬓角边线

⑫ 修整左侧鬓角外线

⑬ 修剪三角形灌顶发区头发

⑭ 头顶发区以三角形灌顶发区的头发长度为引导，向后定线修剪

⑮ 吹干头发，进行头顶发区纹理缔造

⑯ 修整左侧后发区的外线

⑰ 修整左侧鬓角外线

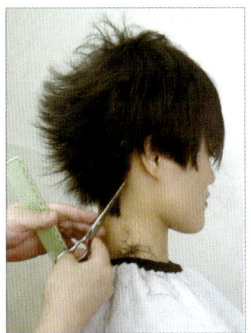
⑱ 用同样的方法完成右侧发区的外线修整

⑲~㉓ 完成效果

⑳

前卫创意发型示例

和吸引力，能够引领发型的潮流趋势。

5. 技术示范

（1）前卫创意飞尾短发定向修剪

❶ 分区如图所示

❷ 后发区左侧修剪出等长的上线

❸ 以上线的长度为引导垂直取份，进行纵向外部平行外切层次结构修剪

❹ 用同样的方法完成后发区右侧的修剪

❺ 将后发区右侧的头发梳向左侧，贴近发根用间隔交叉法进行纹理修剪

❻ 纹理修剪的间隔为1.5厘米

❼ 用同样的方法完成后发区左侧头发的纹理修剪

❽ 完成后发区两侧束状纹理的修剪

参考答案

一、判断题

1. × 2. × 3. √ 4. √ 5. × 6. √ 7. √ 8. ×
9. √ 10. ×

二、单项选择题

1. A 2. C 3. D 4. A 5. D 6. D 7. B

第 2 节　创意发型定向修剪训练

创意发型包含前卫创意发型和大赛创意发型两种类型，采用定向修剪技术可以快速准确地完成创意发型的修剪。

前卫创意发型适合喜欢标新立异，追求个性、与众不同的前卫人群。

大赛创意发型兼顾艺术性、创造性和观赏性，把头发作为艺术表现的载体。

一、前卫创意发型

前卫创意发型有着多元融合的特点，不拘于传统的风格，张扬个性。

1. 轮廓形状

前卫创意发型的轮廓形状多变，大多呈现戏剧性的视觉效果。

2. 外形线条

前卫创意发型的外形线条设计独特，以不对称的设计为主。

3. 纹理线条

前卫创意发型的纹理线条大多富于变化，纹理的正负空间间隔明显，具有自由、活跃、落差分明、节奏突出的特点。

4. 层次结构

前卫创意发型的层次结构多样，层次对比强烈，能够产生强烈的视觉上的反差感

课后练习

一、判断题（将判断结果填入括号中。正确的填"√"，错误的填"×"）

1. 个性张扬，不拘泥于传统风格的发型属于商业经典发型。（　）
2. 商业经典发型的纹理能够产生视觉上的反差感和吸引力。（　）
3. 商业经典发型有着严谨、厚重、传统、优雅的特点。（　）
4. 发型的不同风格类型是通过发型线条的变化形成的。（　）
5. 外形线条以不规则线条为主的发型是商业经典发型。（　）
6. 商业经典发型内部层次结构空间较小，纹理线条表现得不明显。（　）
7. 商业时尚发型的纹理主要为微弯的柔和线条。（　）
8. 商业时尚发型的外形线条前卫粗犷。（　）
9. 由直到卷的柔和变化，是商业时尚发型的特点之一。（　）
10. 柔和圆润是商业经典发型轮廓线条的特点。（　）

二、单项选择题（选择一个正确的答案，将相应的字母填入题内的括号中）

1.（　）发型有着严谨、厚重、传统、优雅的特点。

　A. 商业经典　　B. 前卫　　C. 商业时尚　　D. 舞台

2. 商业经典发型的（　）线条大多简练且较为明显。

　A. 内部层次　　B. 外部层次　　C. 外形　　D. 内形

3. 商业发型包含商业（　）和商业时尚两种不同类型。

　A. 创意　　B. 前卫　　C. 大赛　　D. 经典

4. 发型的变化包括发型轮廓线条、（　）线条和外形线条的变化。

　A. 纹理　　B. 外部层次　　C. 内部层次　　D. 内形

5. 根据外线形状，常用的刘海分为（　）种。

　A. 六　　B. 七　　C. 八　　D. 九

6. 定向修剪把发型的（　）修剪带入化繁为简、注重实效的时代。

　A. 纹理　　B. 外线　　C. 内部层次　　D. 外部层次

7. 商业经典发型的层次结构大多以（　）的层次结构为主。

　A. 组合　　B. 单一　　C. 变化　　D. 灵动

  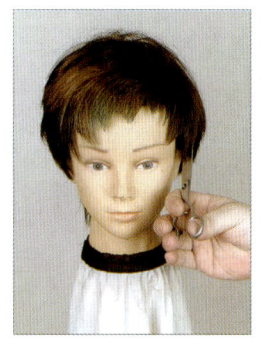 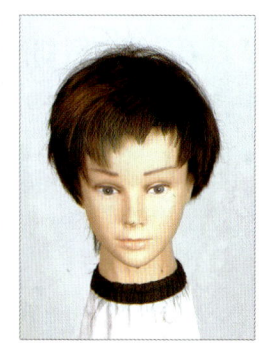

❺ 完成刘海形状修剪　　❻ 吹干头发，修饰锯齿形状　　❼ 锯齿形状延伸到两侧　　❽ 完成效果

8. 卷曲短刘海定向修剪

扫码观看

❶ 刘海双层分区　　❷ 修剪底层刘海　　❸ 修剪上层刘海　　❹ 完成效果

9. 扣碗刘海定向修剪

扣碗刘海定向修剪详见第 5 章第 1 节厚重刘海修剪方法。

课堂提问

1. 商业经典发型有哪些特点？
2. 商业时尚发型的轮廓线条有什么特点？
3. 发型的变化包含哪几种线条的变化？

6. 锯齿短刘海定向修剪

 ❶ 刘海分区如图所示

 ❷ 将底层刘海剪出小切口锯齿

 ❸ 反向修剪出三角状锯齿

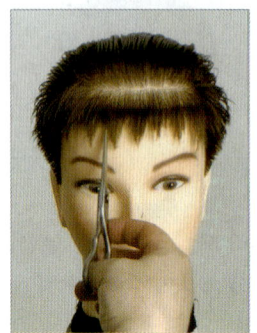 ❹ 吹干底层头发，精修锯齿形状

 ❺ 上层刘海交织修剪

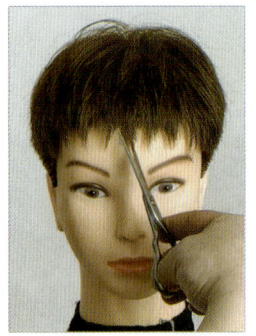 ❻ 修整刘海的整体外线形状

 ❼ 完成效果

扫码观看

7. 狗啃刘海定向修剪

扫码观看

 ❶ 刘海分区如图所示

 ❷ 底层刘海大切口修剪出锯齿形状

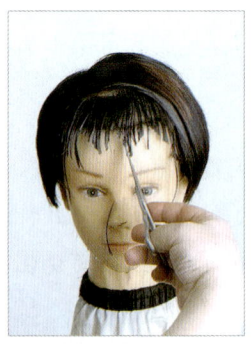 ❸ 剪出不规则的切口形状

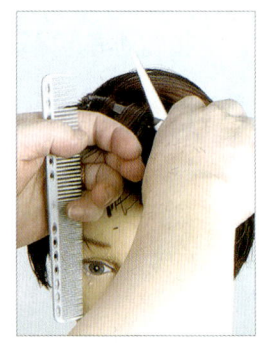 ❹ 上层刘海大间隔剪出束状纹理

4. 空气刘海定向修剪

扫码观看

① 刘海分区如图所示　② 垂直向上提拉，水平定线修剪　③ 调整发量　④ 完成效果

5. 一字碎尾刘海定向修剪

① 分区如图所示　② 修剪刘海形状　③ 调整刘海发量　④ 吹干修饰外线

扫码观看

⑤ 对头顶发区下落头发进行束状纹理缔造　⑥ 完成效果　⑦ 变化造型

2. 八字刘海定向修剪

扫码观看

  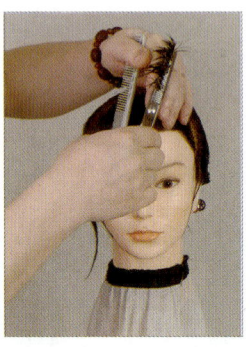 

❶ 刘海分区如图所示　　❷ 在头缝线处设定前短后长的剪切线，进行定线修剪　　❸ 调整发量　　❹ 完成效果

3. 斜分大刘海定向修剪

扫码观看

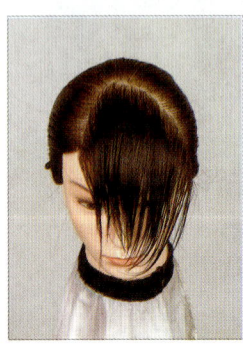 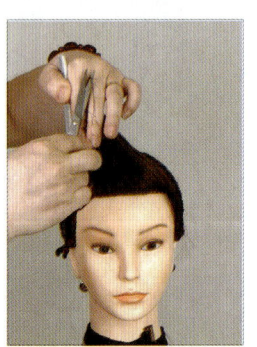  

❶ 刘海分区如图所示　　❷ 在头缝线处设定前短后长的剪切线，进行定线修剪　　❸ 调整发量　　❹ 完成效果

狗啃刘海

卷曲短刘海

扣碗刘海

1. 中分刘海定向修剪

扫码观看

❶ 刘海分区如图所示

❷ 刘海长度应在下巴以下，垂直向上提拉，水平定线修剪

❸ 刘海放下后形成弧形的外线形状

❹ 用水平递减打薄技法调整发量

❺ 局部调整发量

❻ 吹干头发，固定造型

❼ 正面完成效果

❽ 侧面完成效果

三、商业发型各式刘海定向修剪

在商业发型中,刘海承担着变化发型的任务。根据外线形状,常用刘海分为以下九种,熟练掌握各种刘海的修剪方式,再与长短不同、层次结构不同的发型配合,可以游刃有余地变化发型。

中分刘海

八字刘海

斜分大刘海

空气刘海

一字碎尾刘海

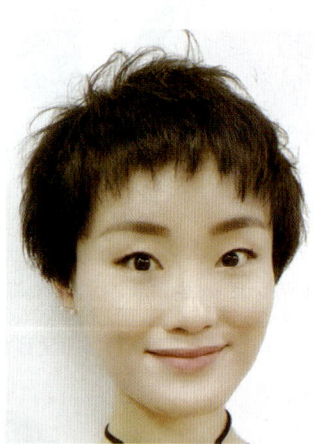

锯齿刘海

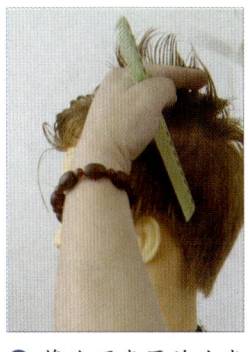
⑰ 将头顶发区的头发梳向左侧，以周边发区上线的长度为引导定线修剪

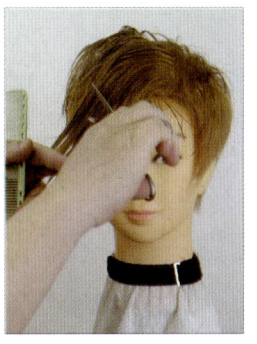
⑱ 整个头顶发区用交织修剪法进行纹理处理

⑲ 长刘海正面完成效果

⑳ 长刘海侧面完成效果

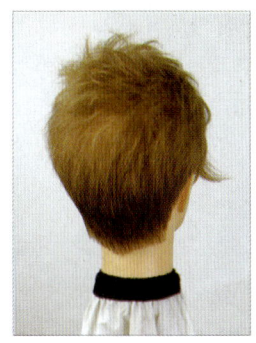
㉑ 长刘海背面完成效果

㉒ 分出下层刘海

㉓ 剪出大切口的发束

㉔ 调整刘海的切口

㉕ 剪短左右鬓角

㉖ 短刘海侧面完成效果

㉗ 短刘海正面完成效果

扫码观看

⑤ 用同样的方法完成右侧的修剪

⑥ 左侧的鬓角45°斜向梳理

⑦ 用牙剪完成鬓角外线的修剪

⑧ 用牙剪完成鬓角边线的修剪

⑨ 用同样的方法完成右侧鬓角的修剪

⑩ 用牙剪确定后发区外线的形状

⑪ 用牙剪确定后发区两侧边线的形状

⑫ 用剪刀修整左侧外线形状

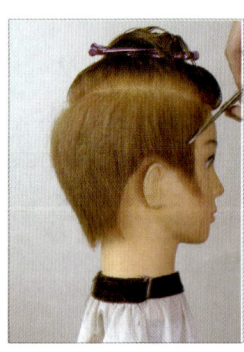
⑬ 用剪刀修整右侧外线形状

⑭ 用剪刀修整后发区外线形状

⑮ 发旋区域以后发区上线的长度为引导进行修剪

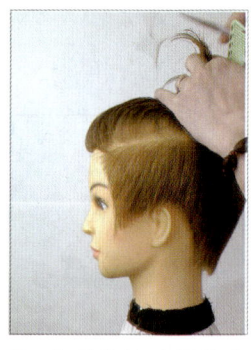
⑯ 头顶发区以周边发区的长度为引导定线修剪

 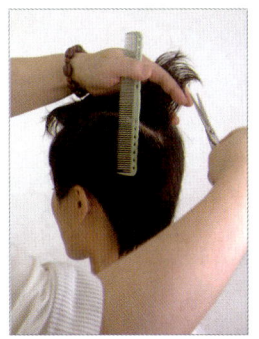 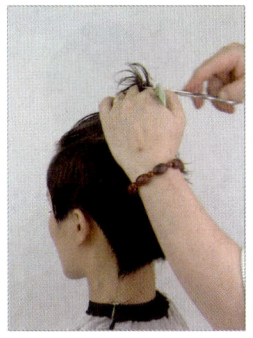 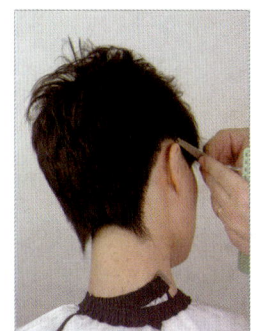

⑨ 完成左侧外线修饰　⑩ 三角形灌顶发区正常提拉，定中线修剪　⑪ 头顶发区向后提拉，以灌顶发区的长度为引导修剪　⑫ 修饰外线形状

⑬ 正面完成效果　⑭ 侧面完成效果　⑮ 背面完成效果

扫码观看

特别提示

1. 两侧外线的形状是此款发型的关键。
2. 调整发量要适度，注意不能改变发型的轮廓形状。

（4）商业时尚圆形轮廓超短发定向修剪

 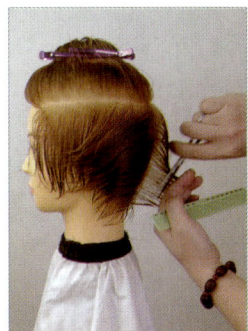  

① 分区如图所示　② 削剪确定上长下短的后发区中线　③ 以中线的长度为引导，活动靠位完成后发区左侧的修剪　④ 以后发区的上线长度为引导，完成左侧上短下长的层次结构修剪

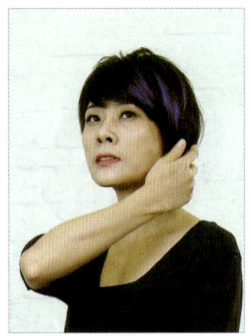

⑰ 正面完成效果　　⑱ 侧面完成效果

扫码观看

💚 特别提示

发量的调整是此款发型的关键，要根据不同的设计需求进行调整。

（3）商业时尚三角形轮廓超短发定向修剪

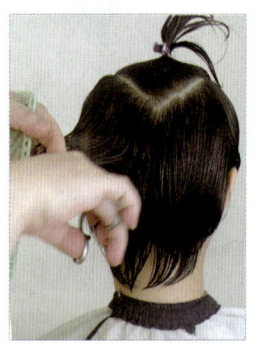
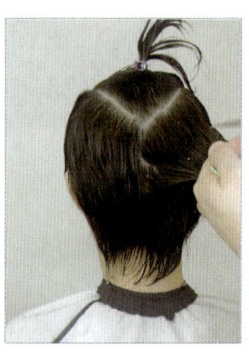

① 在后发区左侧前后分区线处垂直修剪等长的引导线

② 以引导线为参考，完成后发区左侧纵向外部平行外切层次结构修剪

③ 用同样的方法完成后发区右侧的修剪

④ 用牙剪修饰后发区两侧的外线形状

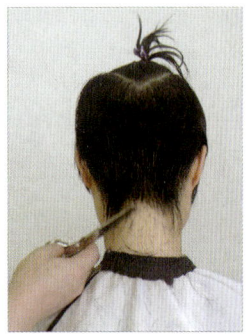

⑤ 用牙剪修饰后发区底部的外线形状

⑥ 前斜线取份，完成左侧鬓角的纵向外部向下外切层次结构修剪

⑦ 用同样的方法完成右侧鬓角的修剪

⑧ 完成右侧外线的修饰

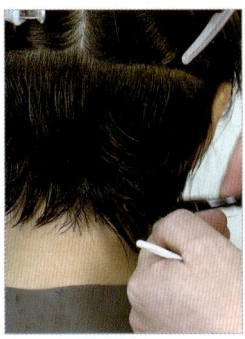
⑤ 修整底部发区外线

⑥ 中间发区以上线水平向后的方位提拉，定直线修剪

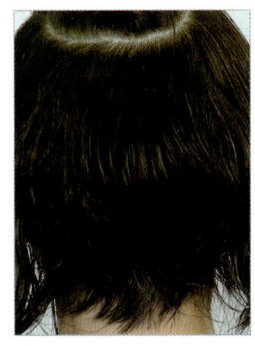
⑦ 中间发区修剪效果

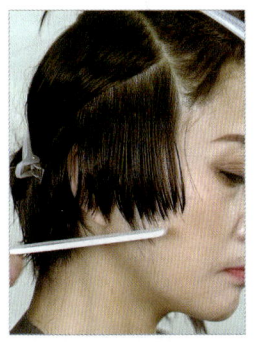
⑧ 确定右侧鬓角的外线长度

⑨ 完成右侧纵向外部向下外切层次结构修剪

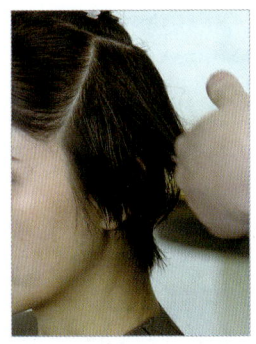
⑩ 用同样的方法完成左侧鬓角的修剪

⑪ 灌顶发区以中间发区上线的长度为引导，向上提拉进行定点修剪

⑫ 用剪刀缔造出纹理线条

⑬ 刘海区进行中心定点修剪

⑭ 用牙剪对刘海区外线进行柔和的纹理缔造

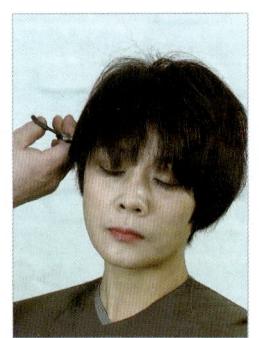
⑮ 吹干头发，进行纹理调整

⑯ 清理修饰外线

   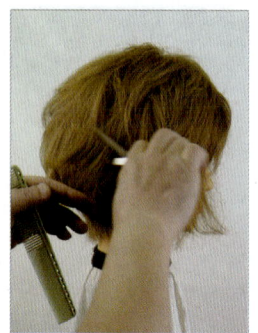

⑨ 头顶发区以中间发区上线的长度为引导进行修剪

⑩ 头顶发区再以侧发区上线的长度为引导进行修剪

⑪ 头顶发区用交织修剪法进行纹理缔造

⑫ 吹干头发，细化调整发量

扫码观看

⑬ 正面完成效果

⑭ 左侧完成效果

⑮ 右侧完成效果

特别提示

1. 发型周边发区发量要调整轻薄。
2. 发型头顶发区的束状纹理要明显。

（2）商业时尚不连接短发定向修剪

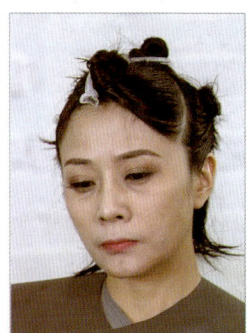  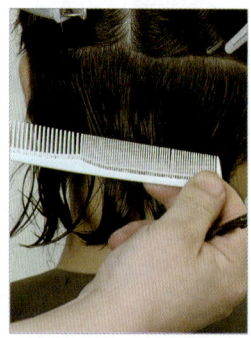 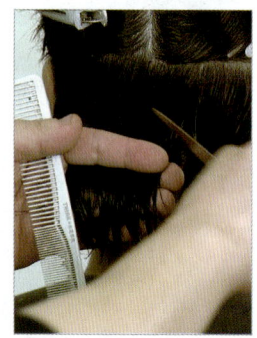

① 刘海分区如图所示

② 后发区分区如图所示

③ 底部发区以下线水平向后的方位提拉，随头形定弧线修剪

④ 采用削剪的技术进行层次结构的修剪

商业时尚发型示例

5. 技术示范

（1）商业时尚不对称短发定向修剪

❶ 分区如图所示

❷ 底部发区以上线水平向后的方位提拉，定线修剪

❸ 底部发区以上线水平向左的方位提拉，定等长弧线修剪

❹ 底部发区以上线水平向右的方位提拉，定等长弧线修剪

   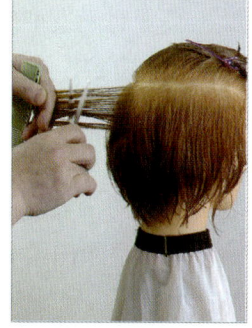

❺ 用剪刀剪出外线束状纹理

❻ 中间发区以上线水平向后的方位提拉，修剪确定头发长度

❼ 中间发区以等长弧线连接左右长度

❽ 中间发区做内部层次结构修剪

⑬ 正面完成效果　　⑭ 侧面完成效果　　⑮ 背面完成效果

扫码观看

特别提示

修剪的准确性是此款发型的关键，修剪时一定要为最后的调整留有余量。

二、商业时尚发型定向修剪

1. 轮廓形状

商业时尚发型的轮廓形状较之商业经典发型的圆形轮廓更具个性，但不会过于夸张，大多为柔和的菱形和三角形。

2. 外形线条

商业时尚发型外形线条与商业经典发型的硬朗、前卫创意发型的粗犷不同，其特点是虚中有实、实中有虚、自然有型。

3. 纹理线条

商业时尚发型的纹理线条通透、轻盈，具有柔和的动感，由长向短、由直向卷或由动向静显示出柔和变化。微微弯曲的柔和线条、有跳跃感的束感纹理是商业时尚发型的特征。

4. 层次结构

商业时尚发型大多由两个层次结构组合而成，发型层次结构组合变化并不强烈，呈现柔和流畅的效果。

(4) 商业经典三角形 BOB 发型定向修剪

❶ 分区如图所示

❷ 将底部发区的头发汇聚到上线水平向后的方位进行中间长、两边短的定线修剪

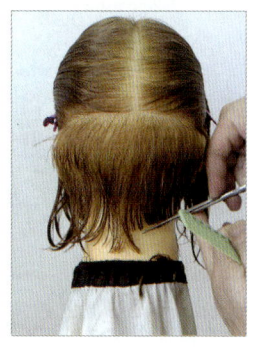
❸ 确定底部发区下线的长度和形状

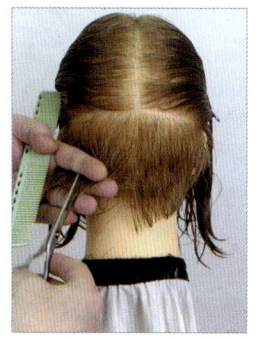
❹ 汇聚上线和下线，中间去角修剪

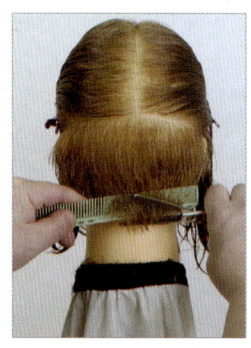
❺ 均匀地打薄底部发区头发

❻ 后发区以下线水平向后的方位提拉，采用定线打薄的方法确定中间头发的长度

❼ 后发区两侧的头发以中间头发的长度为引导，定直线修剪

❽ 左侧的头发以后发区头发的长度为引导，定斜线修剪

❾ 右侧同样以后发区头发的长度为引导，定斜线修剪

❿ 均匀地打薄发尾

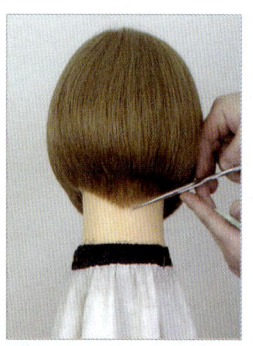
⓫ 用剪刀连接后发区与两侧的外线

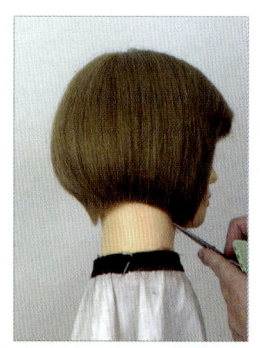
⓬ 修整两侧的外线

  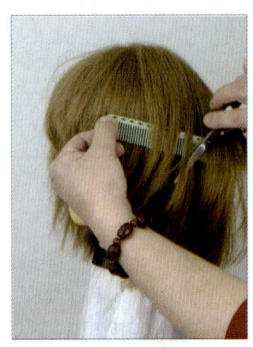 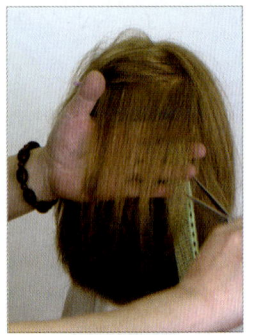

⑰ 强化外线处的束状纹理
⑱ 后斜取份，用手托法修剪出束状纹理
⑲ 左侧后斜取份，用梳托法修剪出束状纹理
⑳ 后发区用手托法修剪出左右活动的束状纹理

扫码观看

㉑ 发型完成效果

特别提示

1. 纹理的缔造是此款发型的关键。
2. 注意纹理的缔造不能破坏发型的厚重感。

⑤ 左侧鬓角水平向前提拉，后斜线内切

⑥ 完成左侧层次结构的修剪

⑦ 圆润地连接左侧前后的外线和层次

⑧ 右侧以同样的方法完成层次结构的修剪

⑨ 头顶发区右侧水平向前提拉，八字形连接刘海和右侧的长度

⑩ 头顶发区左侧水平向前提拉，八字形连接刘海和左侧的长度

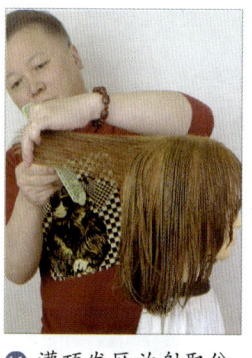
⑪ 灌顶发区放射取份，先水平向后提拉，以下方发区头发长度为引导修剪

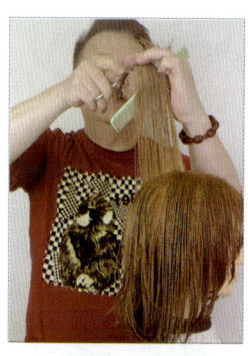
⑫ 再垂直向上提拉，以头顶发区头发长度为引导修剪

⑬ 最后连接去角

⑭ 正面完成效果

⑮ 侧面完成效果

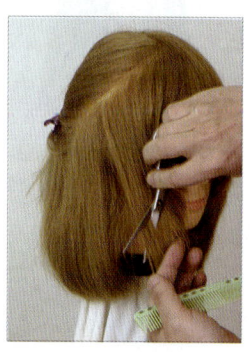
⑯ 右侧后斜分区，外线处修剪出束状纹理

扫码观看

❶ 右侧完成效果　　❶ 左侧完成效果

💚 特别提示

1. 刘海的厚薄调整要适度。
2. 后发区外线的束状纹理是这款发型的关键。

（3）商业经典中长发元宝头定向修剪

❶ 分区如图所示　　❷ 底部发区进行纵向外部平切层次结构的修剪　　❸ 底部发区斜向梳理，进行纵向外部内切层次结构的修剪　　❹ 中间发区以下线后斜向下的方位提拉，用点剪法进行纵向外部向下外切层次结构的修剪

❺ 以外线的长度为引导，用斜削法完成右后侧发区的层次结构修剪

❻ 以右后侧发区外线为引导，用斜削法确定右前侧发区外线

❼ 右前侧发区以下线水平向右的方位提拉，用斜削法完成层次结构的修剪

❽ 用与右侧相同的方法完成左后侧发区层次结构的修剪

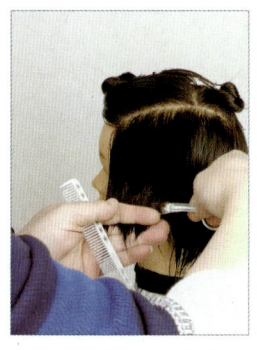
❾ 用与右侧相同的方法完成左前侧发区层次结构的修剪

❿ 顶部三角区水平向后提拉，以后发区上线的长度为引导，定垂直线用夹削法[①]确定长度

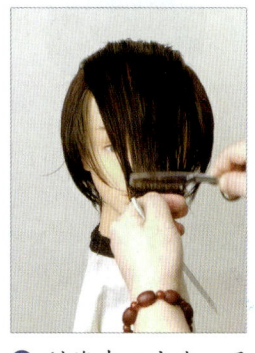
⓫ 刘海中心定点，用斜削法修剪

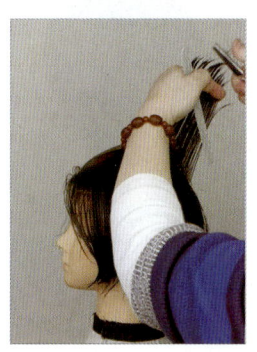
⓬ 用夹削法确定中线长度

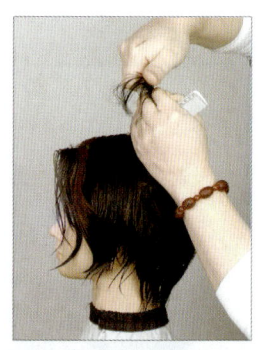
⓭ 多点平行裁剪，连接两侧的长度

⓮ 多点放射裁剪，连接中线与刘海的长度

⓯ 吹干头发，在表面缔造纹理线条

⓰ 用牙剪点剪，制造外线的束状纹理

---

① 夹削法的具体操作方法将在第9章第2节详细说明。

  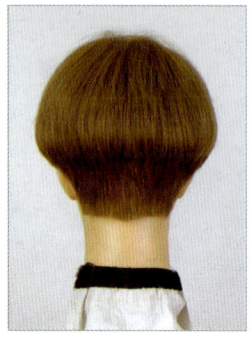 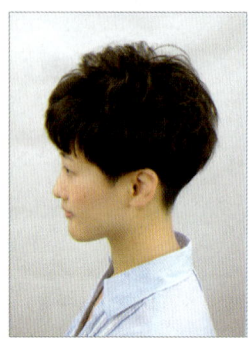

⑬ 正面完成效果　　⑭ 侧面完成效果　　⑮ 背面完成效果　　⑯ 真人侧面完成效果

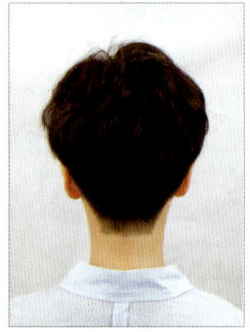  

⑰ 真人背面完成效果　　⑱ 真人正面完成效果　　扫码观看

特别提示

1. 注意刘海外线的对称。
2. 头顶的纹理缔造可根据设计需要变化。

（2）商业经典削刀修剪短发定向修剪

❶ 分区如图所示　　❷ 后发区以下线水平向后的方位提拉，定直线用斜削法进行修剪　　❸ 下线水平向后提拉，定直线修剪连接左右，用斜削法完成后发区的修剪　　❹ 右后侧发区以后颈角处头发的长度为引导，用斜削法确定等长的外线

5. 技术示范

（1）商业经典扣碗 BOB 发型（鲍伯头、波波头）定向修剪

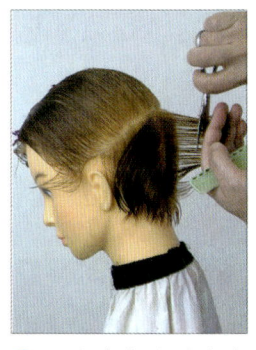
❶ 设定底部发区中线长度，修剪出上长下短的中线

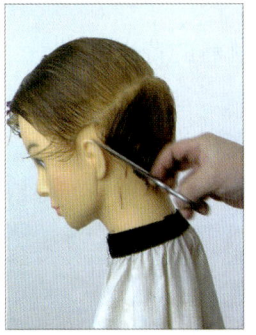
❷ 设定底部发区左侧边线长度

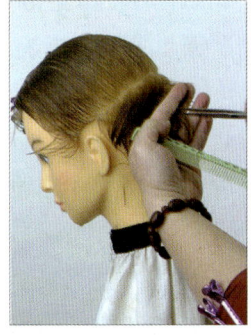
❸ 连接中线和底部发区左侧边线，完成底部发区左侧的修剪

❹ 以同样的方法完成底部发区右侧的修剪

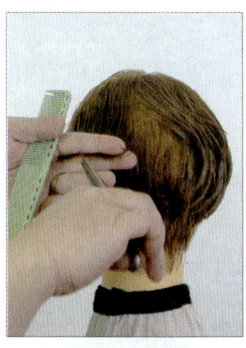
❺ 后发区以下线水平向后的方位提拉，定直线修剪

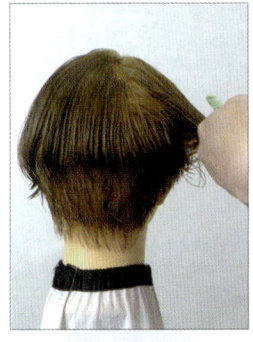
❻ 右侧发区以下线水平向右的方位提拉，定直线修剪

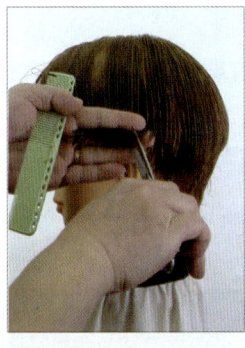
❼ 左侧发区以下线水平向左的方位提拉，定直线修剪

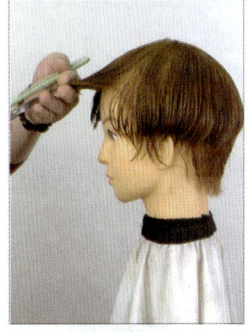
❽ 刘海以下线水平向前的方位提拉，定直线修剪

❾ 吹干头发，完成左侧层次结构和外线修饰

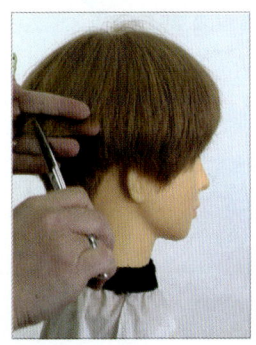
❿ 完成右侧层次结构和外线的修饰

⓫ 完成刘海外线修饰

⓬ 完成头顶纹理缔造

商业时尚发型的线条感更为突出，自然随意，打理方便。

一、商业经典发型定向修剪

商业经典发型有着严谨、厚重、传统、优雅的特点。

1. 轮廓形状

商业经典发型的轮廓形状以圆形或椭圆形为主，具有沉稳、简洁的视觉感受。

2. 外形线条

商业经典发型的外形线条硬朗、简练，表现出传统、优雅的特点，变化上的冲突性相对较少。

3. 纹理线条

商业经典发型的纹理大多较为简洁，内外层次结构空间较小，纹理线条表现得并不明显。

4. 层次结构

商业经典发型大多为单一的层次结构，呈现整洁、有序、文雅的视觉效果。

商业经典发型示例

第 7 章
女式发型定向修剪技术

随着时代的进步，沙龙发型的修剪同样也进入了一个全新的时代：简化外部层次修剪，细化内部层次纹理缔造。定向修剪系统的外部层次定向修剪技术，开创性地将点、线、面几何元素真正地运用到发型设计中，把发型的外部层次修剪带入化繁为简、注重实效的时代。定向修剪系统的内部层次定向修剪技术，丰富了发型设计的思维方式和操作方法，使发型设计的变化更加丰富。

运用定向修剪技术可以更加快速准确地完成发型的修剪，在修剪训练开始前，再次强调定向修剪系统的修剪口诀：

1. 裁剪整修，环环相扣；四位一体，统贯全程。
2. 设定头位，配合站位，确定方位，变化手位。
3. 层次湿低干会高，宁低勿高是窍门。
4. 厚发显长薄显短，宁长勿短错不了。
5. 外线实中要有虚，虚薄外线要有型。
6. 中线为梁边为框，框架裁剪去相连。

第 1 节　商业发型定向修剪训练

商业发型包含商业经典发型和商业时尚发型两种类型，采用定向修剪技术可以快速准确地完成商业发型的修剪。

商业经典发型是在传统经典发型基础上进行了商业化转变，外线干净，主体结构具有厚重感。

第 3 篇

定向修剪技术运用

第 7 章　女式发型定向修剪技术

第 8 章　男式发型定向修剪技术

第 9 章　假发定向修剪技术

参考答案

一、判断题

1. ×　　2. √　　3. ×　　4. √　　5. √　　6. √　　7. √　　8. ×
9. √　　10. √　　11. ×　　12. ×　　13. ×　　14. √　　15. ×

二、单项选择题

1. B　　2. B　　3. C　　4. B　　5. B　　6. A　　7. A　　8. A
9. A　　10. B　　11. B　　12. A　　13. B　　14. C　　15. D　　16. B

4. 内部层次剪刀修剪技法有（　　）种。

A. 一　　B. 二　　C. 三　　D. 四

5. 用剪刀缔造纹理时会产生（　　）的纹理效果。

A. 细腻　　B. 粗犷　　C. 柔和　　D. 硬朗

6. 用牙剪缔造纹理时会产生（　　）的纹理效果。

A. 细腻　　B. 粗犷　　C. 明显　　D. 硬朗

7. 修剪层次和缔造纹理时，水平取份多用于（　　）调节动态方向。

A. 左右　　B. 聚散　　C. 上下　　D. 前后

8. 内部层次结构与发型的（　　）有着必然的联系。

A. 完美性　　B. 外部层次结构　　C. 修剪　　D. 造型

9. 定向修剪系统中（　　）结构的修剪是通过间隔地去除部分的头发来制造纹理的效果。

A. 内部层次　　B. 外部层次　　C. 外形　　D. 内形

10. 内部层次结构与（　　）结构相互依存、不可分割。

A. 内部层次　　B. 外部层次　　C. 外形　　D. 内形

11. （　　）方向一致的发束，其动态方向明显。

A. 小面积　　B. 大面积　　C. 向前　　D. 向后

12. 头发的（　　）方向可以是头发自然生长的方向，也可以是通过吹风造型而产生的方向。

A. 动态　　B. 静态　　C. 堆积　　D. 去除

13. （　　）间隔交织打薄法可以制造不明显的内部层次结构。

A. 剪刀　　B. 牙剪　　C. 宽齿牙剪　　D. 齿刃剪

14. （　　）打薄技法可用于头顶区域和转角区域的修剪。

A. 斜向　　B. 宽齿牙剪　　C. 水平递减　　D. 定线

15. 牙剪的剪切线基本在同一位置的是（　　）打薄技法。

A. 斜向　　B. 宽齿牙剪　　C. 水平递减　　D. 定线

16. 缔造内扣方向的纹理时，下刀位置越靠近发根，向上膨胀的动态越（　　）。

A. 直立　　B. 明显　　C. 粗犷　　D. 细腻

课堂提问

1. 用牙剪修剪技法制造的内部层次结构呈现出的是什么样的形态?
2. 用剪刀修剪技法制造的内部层次结构呈现出的是什么样的形态?

课后练习

一、判断题（将判断结果填入括号中。正确的填"√"，错误的填"×"）

1. 从技术角度说，明暗是产生纹理的基本要素。（ ）
2. 纹理缔造有牙剪修剪技法和剪刀修剪技法两种操作方法。（ ）
3. 内部层次定向修剪技术只有一种纹理缔造的方法。（ ）
4. 从技术角度说，长发是长发与短发的组合形式，短发是厚与薄的组合形式。（ ）
5. 牙剪修剪技法能够去除发量、柔化轮廓，多用于制造细腻柔和的纹理。（ ）
6. 剪刀修剪技法能够制造线条、强化方向，多用于制造粗犷的束状纹理。（ ）
7. 内扣方向的纹理缔造适用于中等以下长度的头发。（ ）
8. 运用间隔剪入法能够修剪出笔尖状的发束。（ ）
9. 束状纹理缔造的技巧有间隔交叉法、托剪法、交织修剪法等。（ ）
10. 方向性纹理的缔造能够使外部层次结构和内部层次结构连接存在。（ ）
11. 在不同深度进行纹理处理会带来相同的视觉感受。（ ）
12. 在修剪发型时不能太在意层次修剪和去量打薄之间的关系。（ ）
13. 间隔交叉法只适用于后枕区头发的纹理缔造。（ ）
14. 斜向打薄技法多用于周边头发和外线厚薄的调整。（ ）
15. 定线打薄是用剪刀在设定的长度范围内进行打薄。（ ）

二、单项选择题（选择一个正确的答案，将相应的字母填入题内的括号中）

1. 牙剪修剪技法能够（ ）、收缩轮廓，多用于制造均匀细腻的轻柔纹理。
A. 强化方向   B. 减少发量   C. 制造线条   D. 改变轮廓

2. 从（ ）角度说，明暗是产生纹理的基本要素。
A. 技术   B. 视觉   C. 感官   D. 取份

3. 内部层次牙剪修剪技法有（ ）种。
A. 二   B. 三   C. 四   D. 五

| 左手手指向下夹住右侧发片，用剪刀间隔挑出粗细均匀的发束 | 剪出纵向内部向下外切的层次结构 | 左右发片修剪效果对比 | 扫码观看 |

扫码观看

💚 特别提示

在发尾、发中或发根不同深度进行纹理缔造，会带来不同的视觉感受。

纵向内部平行外切层次结构不做纹理调节，头发呆板厚重

纵向内部平行外切层次结构发尾做纹理缔造，整体比较柔和

纵向内部平行外切层次结构发中做纹理缔造，头发轻盈有动感

纵向内部平行外切层次结构发根做纹理缔造，头发凌乱有张力

美发师要了解这些不同的纹理缔造效果，知晓去量打薄可能会破坏修剪好的层次结构，在修剪发型时充分考虑到这一影响。

②梳托法。梳托法适用于中长发。将发片用梳子托起，在不对头发施加任何拉力的情况下，由发根向发尾剪出效果自然的束状纹理。剪切的方向、深度可根据设计需要调整。

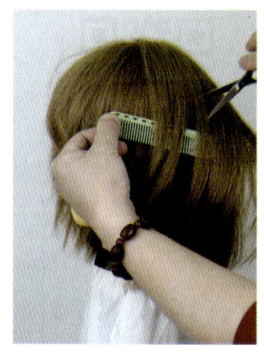   

用梳子托起发片从靠近发根处剪入　　从发根剪向发尾　　完成效果　　扫码观看

3）交织修剪法。交织修剪法是纵向对发片进行修剪，有两种手法。

①手指向上夹住发片进行修剪，适合纵向内部向上外切层次结构的缔造。

左右确定纵向内部向上外切的层次结构　　用左手手指向上夹住左侧发片，用剪刀间隔挑出粗细均匀的发束　　剪出纵向内部向上外切的层次结构　　扫码观看

②手指向下夹住发片进行修剪，适合纵向内部向下外切层次结构的缔造。

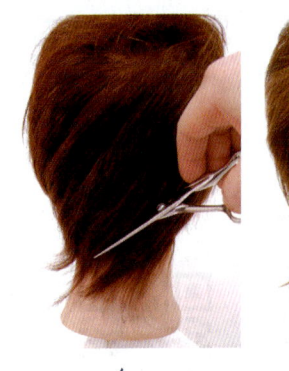

扫码观看

| 4 | 5 |

间隔交叉法纹理缔造流程

2）托剪法。托剪法分为手托法和梳托法两种，能够制造连接外部层次结构和内部层次结构的方向性束状纹理。

①手托法。手托法适用于中等长度的头发，将发片托放在手掌上，在不对头发施加任何拉力的情况下，制造效果自然的方向性束状纹理。

a. 由发尾剪向发根，剪切的方向、深度可根据设计需要调整。

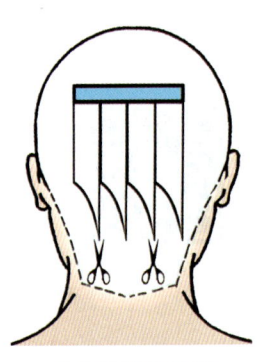
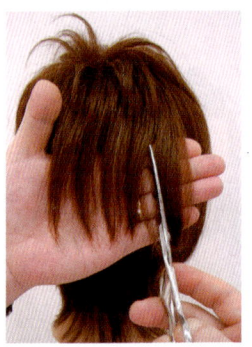

扫码观看

发束修剪示意图　　手托发片从发尾剪向发根　　完成效果

b. 由发根剪向发尾，剪切的方向、深度可根据设计需要调整。

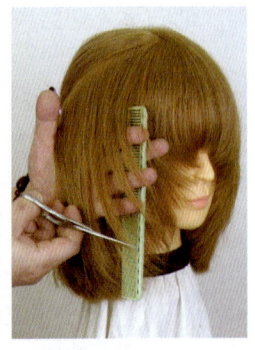

扫码观看

手托发片从靠近发根处剪入　　从发根剪向发尾　　完成效果

4）左右活动方向的纹理缔造技巧。适合中等以上长度的头发。将取出的发束修剪成笔尖状，可以产生左右活动的动态方向，下刀位置越靠近发根，左右活动的动态方向越明显。

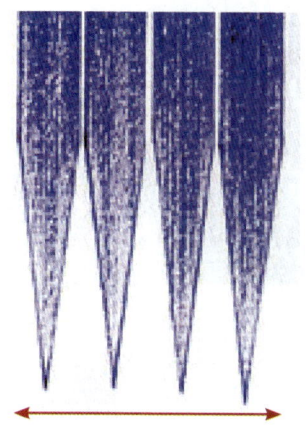

修剪方向示意图

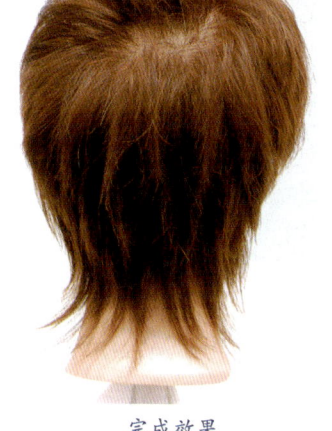

完成效果

扫码观看

（2）束状纹理缔造技巧

1）间隔交叉法。通过间隔交叉修剪，缔造独立存在的束状纹理。适用于中短发，适用于头部的任意区域。

具体操作技法是将需要处理的发区先由左向右梳出发流，每隔1.5厘米左右由左向右顺发流沿发根剪入，再用同样的方法由右向左修剪，形成十字交错的束状纹理。

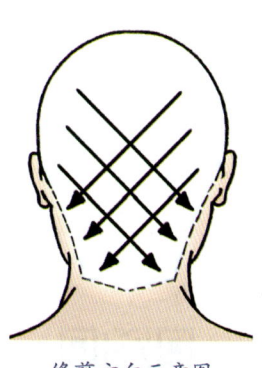

修剪方向示意图

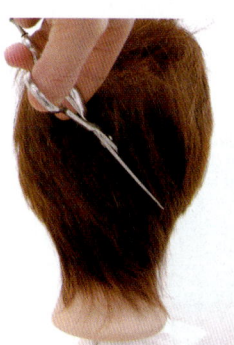

1

2

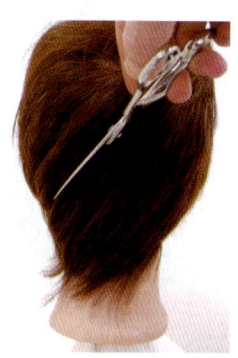

3

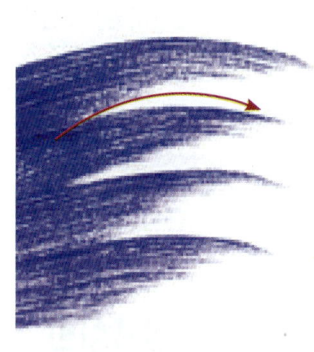

修剪方向示意图　　　　　修剪操作　　　　　完成效果

3）向前或向后方向的纹理缔造技巧。适合中等以上长度的头发，发束中短发向左或向右对长发产生推力，使发尾形成向前或向后的动态方向，强化发尾的走向，下刀位置越靠近发根，动态方向越明显。

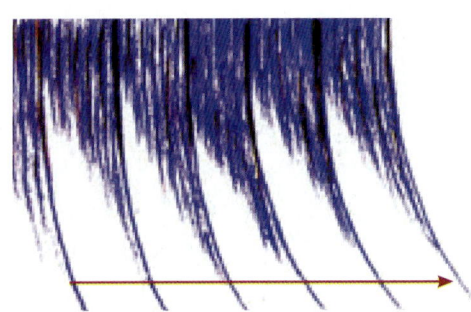
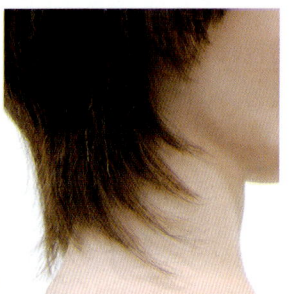

向前方向的纹理缔造修剪方向示意图　　　　完成效果　　　　扫码观看

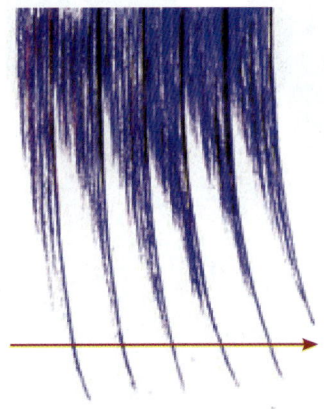

向后方向的纹理缔造修剪方向
示意图　　　　修剪操作　　　　扫码观看

1)运用于长发可以加强纹理效果,带来跳跃的视觉感受。

2)运用于短发可以带来凌乱的视觉感受。

2. 修剪技法

头发的动态方向可以是头发自然生长的方向,也可以是通过吹风造型而产生的方向。内部层次结构与外部层次结构是独立存在的。而纹理的方向调整,可以使内部层次结构与外部层次结构连接存在,或者以连接存在和独立存在组合的方式呈现。

具体操作方法是利用许多短发向长发逐渐过渡的发束组合来进行纹理方向的调整。剪刀在修剪发束时,下刀的方向和位置决定了发束由短到长的过渡方向,从而调整发型的动态方向。单一的发束其动态方向是不明显的,但如果大量的、方向一致的发束汇集,其动态方向非常明显。

(1)方向性纹理缔造技巧。能够使外部层次结构和内部层次结构连接存在。方向性纹理常用的纹理方向可分为四种。

1)外翘方向的纹理缔造技巧。适合中等以下长度的头发,发束中短发对长发的支撑力使发尾形成外翘的动态方向,下刀位置越靠近发根,外翘越明显。

扫码观看

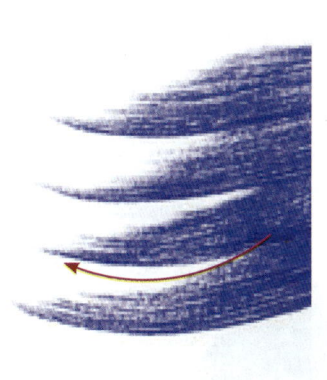
修剪方向示意图

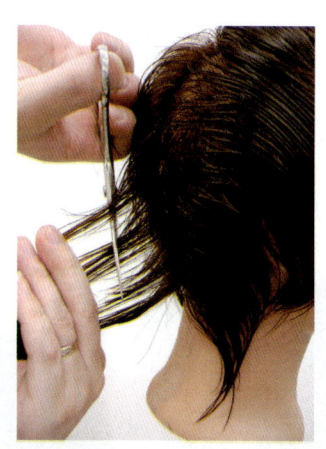
修剪操作

完成效果

2)内扣方向的纹理缔造技巧。适合中等以下长度的头发,发束中短发对长发的支撑力使发尾形成内扣的动态方向,下刀位置越靠近发根,向上膨胀的内扣动态越明显。

扫码观看

（4）间隔交织打薄技法。间隔交织打薄技法多用于表面头发的修剪，采用了交织剪的技术，制造出不明显的内部层次结构，能够使外部层次结构和内部层次结构以融合存在和独立存在的方式进行组合，可以制造出隐约的束状纹理。

牙剪交织挑出发束　　水平递减打薄发束　　完成效果　　扫码观看

三、内部层次剪刀修剪技法

1. 修剪效果

（1）会产生粗犷的纹理。

（2）有体现线条、强化方向的作用。

（3）能够修剪出具有动感的发束形态。

（4）可以运用于各种层次，做长短交替的纹理线条的处理。

（5）运用于不同长短的头发，呈现出不同的纹理效果。

 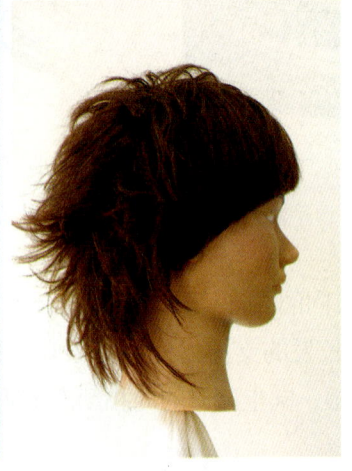

长发纹理效果　　短发纹理效果

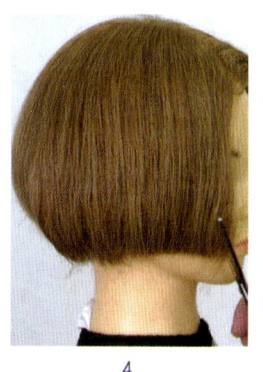
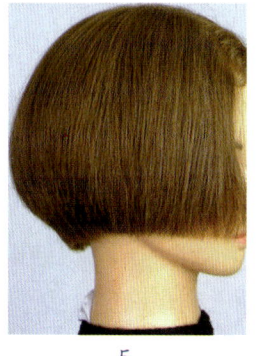

4　　　　　　　5
扫码观看

斜向打薄技法修剪流程

特别提示

在定向修剪系统中，外线的修剪需要组合使用定线打薄技法和斜向打薄技法。

（3）水平递减打薄技法。水平递减打薄技法用于头顶区域和转角区域的修剪。从发中逐渐向发尾平行移动修剪，每次下刀时与前一刀的间距逐渐减小。水平递减打薄技法能够使外部层次结构和内部层次结构融合存在，有减少发量、柔化发尾的作用。

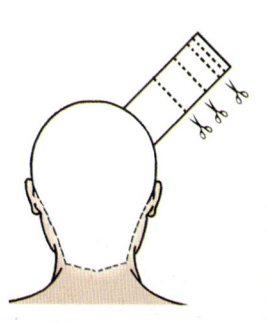

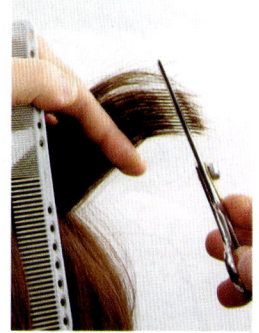

修剪示意图　　　1　　　　　2　　　　　3

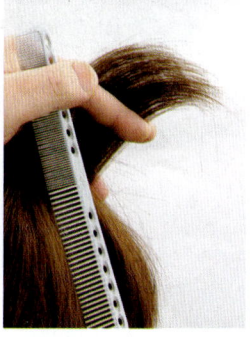

4　　　　　5
扫码观看

水平递减打薄技法修剪流程

（5）牙剪的齿的粗细与纹理的细腻度有着密切的联系。

1）宽齿牙剪去除的头发较多，可以加强头发的断层效果，让发型有明显的层次感。

2）细齿牙剪去除的头发较少，可以精确地调整发量，让发型的层次感更加柔和。

2. 修剪技法

运用不同修剪技法，可以用牙剪制造出不同的内部层次结构。

（1）定线打薄技法。定线打薄技法多用于初步确定外线形状。用牙剪在设定的长度范围内定线打薄，可以得到柔和圆润的外线。

 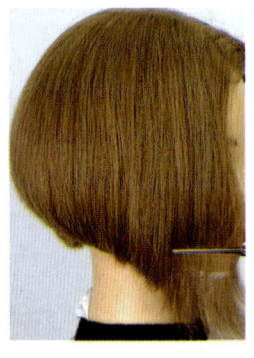 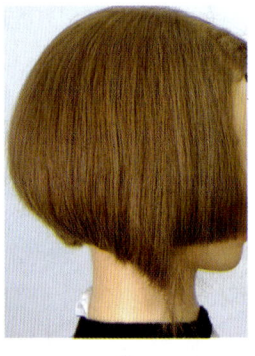 

1　　　　　　　　2　　　　　　　　3　　　　　　　　扫码观看

定线打薄技法修剪流程

（2）斜向打薄技法。斜向打薄技法多用于周边区域头发和外线厚薄的调整。修剪时，牙剪与发尾呈倾斜角度，先深后浅，逐渐向发尾移动修剪。用斜向打薄技法修剪能够使外部层次结构和内部层次结构融合存在，起到减少发量、柔化发尾的作用。

 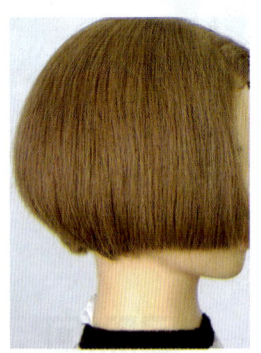 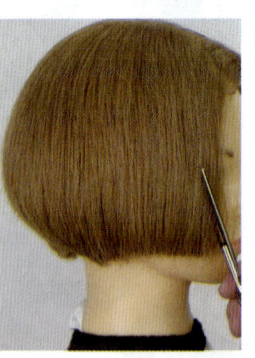 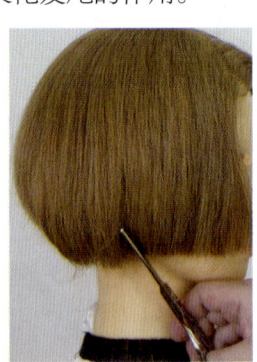

修剪示意图　　　1　　　　　　　　2　　　　　　　　3

发量而改变修剪好的发型轮廓，在修剪时要协调好两者之间的关系。

一、技术概论

1. 从视觉角度说：明暗是产生纹理的基本要素。
2. 从技术角度说：长发是长发与短发的组合形式，短发是厚与薄的组合形式。
3. 从取份角度说：水平取份多用于左右调节发型的动态方向，垂直取份多用于上下调节发型的动态方向。
4. 从结构角度说：在外部层次内，间隔不同的距离去除一部分头发，可以制造许多个细分的层次组合。
5. 从形态角度说：层次结构间有融合存在、连接存在和独立存在三种方式，可以单独运用，也可以组合运用。
6. 从操作方法角度说：内部层次定向修剪技术有内部层次牙剪修剪技法（即用牙剪缔造纹理）和内部层次剪刀修剪技法（即用剪刀缔造纹理）两种操作方法。

二、内部层次牙剪修剪技法

1. 修剪效果

（1）用牙剪打薄头发是减少发量最简单快捷的方法。
（2）可以产生细腻柔和的纹理。
（3）有收缩轮廓的效果，表现出轻柔的、灵动的发丝形态。
（4）可以运用于各种层次结构上。

宽齿牙剪修剪效果　　　　　细齿牙剪修剪效果

11. （　）定线修剪有提升量感、去除重量的作用。

A. 向侧　B. 向上　C. 向下　D. 向后

12. 向下定线修剪是以横向层次为主导的修剪方式，多用于调控（　）的量感。

A. 前后　B. 左右　C. 上下　D. 对称

13. 直立头位（　）定线修剪可以形成纵向外部平切层次结构。

A. 向下　B. 向上　C. 向左　D. 向右

14. 发型的横向和纵向层次结构的剪切线都是凹弧线，可形成（　）。

A. 凹球面　B. 凸球面　C. 平面　D. 弧面

15. 发型的横向和纵向层次结构的剪切线都是凸弧线，可形成（　）。

A. 凹球面　B. 凸球面　C. 平面　D. 弧面

16. 向后定线修剪是以纵向层次为主导的修剪方式，多用于调控（　）的量感。

A. 上下　B. 左右　C. 前后　D. 对称

参考答案

一、判断题

1.√	2.×	3.√	4.×	5.×	6.×	7.√	8.×
9.√	10.×	11.√	12.×	13.√	14.√	15.√	16.×
17.√	18.√	19.√					

二、单项选择题

| 1.C | 2.A | 3.B | 4.B | 5.A | 6.D | 7.C | 8.B |
| 9.A | 10.A | 11.B | 12.C | 13.A | 14.A | 15.B | 16.C |

第 2 节　内部层次定向修剪技术

　　内部层次的修剪是对发型的整体线条、形状、动态的细化调整，通过调节发型内部层次框架的形状与厚薄、纹理的线条和方向，使发型达到最终设计效果。

　　内部层次定向修剪技术是在外部层次结构内部使用各种修剪技法，运用不同的工具，制造出长短、粗细不同的纹理线条。

　　内部层次结构与外部层次结构是相互依存、不可分割的，有可能因为减少部分的

11. 垂直定线修剪是以纵向层次为主导的修剪方式。（   ）
12. 把头发汇聚到一条线进行修剪，是定点修剪。（   ）
13. 随着定线修剪方向的改变，所展开的剪切面的大小不同。（   ）
14. 发区中心定点修剪出的头发呈对称的凹弧面。（   ）
15. 发片中心定点修剪可以快速修剪出对称的弧形线条。（   ）
16. 当发型的横向和纵向层次结构的剪切线都是弧线时，形成平面。（   ）
17. 纵向外部平行外切层次结构所产生的球面，应该与头部的曲线平行。（   ）
18. 定平面修剪可以增加平面两侧的宽度。（   ）
19. 横向和纵向层次结构的剪切线分别是一条直线和一条弧线时，形成弧面。（   ）

二、单项选择题（选择一个正确的答案，将相应的字母填入题内的括号中）

1. 定向修剪技术将点、线、面的几何学基本概念作为设计的（   ）要素。

    A. 主要   B. 重要   C. 基本   D. 辅助

2. 定点修剪是以（   ）方位进行修剪。

    A. 汇聚的向心   B. 放射的离心   C. 平行直线   D. 右斜向上

3. 定面修剪有（   ）种基础面。

    A. 十二   B. 三   C. 十   D. 八

4. 向前定线修剪，发型的横向层次结构会形成（   ）、动态向后的效果。

    A. 前长后短   B. 前短后长   C. 前后等长   D. 上长下短

5. 定平面修剪可以增加平面两侧的（   ）。

    A. 宽度   B. 轻薄度   C. 重量   D. 方向

6. 发区用中心定点修剪方法，可以完成（   ）面修剪。

    A. 平   B. 斜   C. 凸球   D. 凹球

7. 两侧头发向中间汇聚定直线修剪，形成的剪切面是（   ）面。

    A. 凸弧   B. 凹球   C. 凹弧   D. 凸球

8. （   ）的整体提拉方向是放射的离心方位。

    A. 定平面修剪   B. 正空间球面修剪   C. 负空间球面修剪   D. 定弧面修剪

9. 定点修剪是以（   ）方位，把一份发片或一个发区汇聚到一个点进行修剪。

    A. 汇聚的向心   B. 放射   C. 离心   D. 平行

10. （   ）定线修剪有降低量感、制造重量的作用。

    A. 向下   B. 向侧   C. 向上   D. 向后

特别提示

两侧头发向中间汇聚定线修剪,可以形成凹弧面。

通过本节的学习,应该掌握:

◎ 点、线、面三者是相互依存的关系,定点修剪可以完成一条线或者一个面的修剪,定线修剪可以完成一个面的修剪,面和线的大小、长短和头发提拉的方向有着密切的关系。

◎ 定向修剪技术看似过程简单,但对修剪及方向判断的准确度有着很高的要求,需要对头发有很好的控制力才能快速、高质量地修剪好一款发型。

◎ 在修剪时除硬线的切取外,可以利用剪刀削剪的技巧变化,在剪去头发的同时,柔化发尾,这样能够为发量调整和纹理缔造节省许多时间和工序。

课堂提问

1. 点、线、面之间的关系是什么?
2. 简述定点修剪可以呈现的效果。
3. 简述定线修剪可以呈现的效果。
4. 球面的剪切特点是什么?
5. 弧面的剪切特点是什么?
6. 平面的剪切特点是什么?

课后练习

一、判断题(将判断结果填入括号中。正确的填"√",错误的填"×")

1. 定向修剪技术将点、线、面的几何学基本概念作为设计的基本要素。（　　）
2. 定线修剪分为向上定线、向下定线、向侧定线、向前定线四种。（　　）
3. 定面修剪分为定平面修剪、定球面修剪及定弧面修剪三种。（　　）
4. 定点修剪分为向下定点、向侧定点两种。（　　）
5. 放射的离心方位是指头发全部呈60°角放射。（　　）
6. 汇聚的向心方位是发区、发片汇聚形成整体向下的提拉方向。（　　）
7. 定点修剪时头发的提拉方向是汇聚的向心方位。（　　）
8. 发区中心定点修剪出的头发呈对称的凸弧线。（　　）
9. 向侧定点修剪可以快速形成弧形的内部形状。（　　）
10. 水平定线修剪是以纵向层次为主导的修剪方式。（　　）

◎ 发型的横向和纵向层次结构的剪切线有一条是弧线,另一条是直线时,就会形成弧面。

◎ 弧面分为凸弧面和凹弧面。

(1)定凸弧面修剪。横向和纵向层次结构的剪切线中,一条是直线,另一条是凸弧线时,就形成正空间的凸弧面。

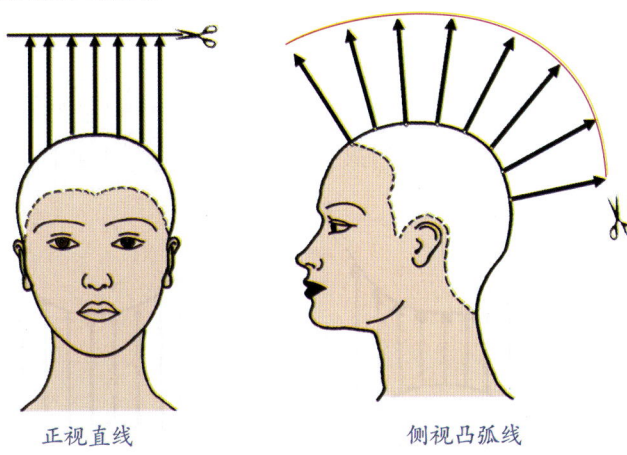

正视直线　　　　　　　　　　侧视凸弧线

(2)定凹弧面修剪。横向层次结构和纵向层次结构的剪切线中,一条是直线,而另一条是凹弧线时,就形成负空间的凹弧面。

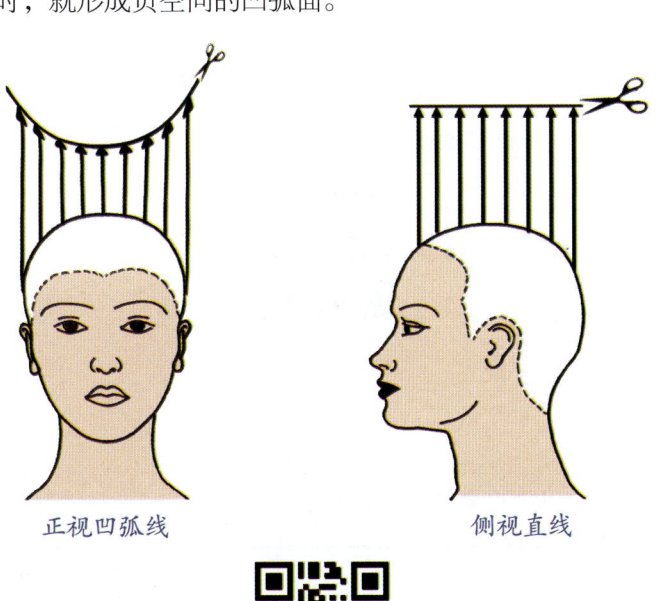

正视凹弧线　　　　　　　　　　侧视直线

扫码观看

第6章 定向修剪技术

💚 **特别提示**

根据发型设计,凸球面可以是随头部形状的球面(纵向外部平行外切层次结构),可以是横向的椭圆形的球面(纵向外部向上外切层次结构),也可以是纵向的椭圆形的球面(纵向外部向下外切层次结构)。

(2)定凹球面修剪。修剪发型的横向层次结构和纵向层次结构时,剪切线都是向内凹陷的弧线,就形成了负空间的凹球面(纵向外部向上外切层次结构)。

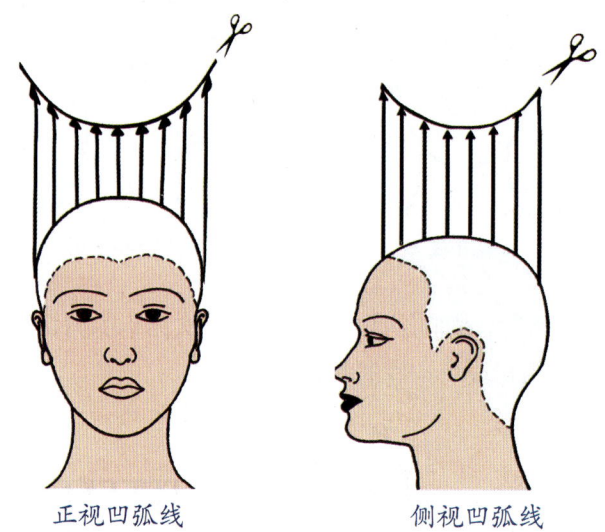

正视凹弧线　　　　　侧视凹弧线

扫码观看

💚 **特别提示**

用中心定点修剪可以完成定凹球面修剪。

3. 定弧面修剪

◎ 头发整体的提拉方向是平行的直线方位和放射的离心方位。

（3）后斜向下定平面修剪练习。在完成水平向后定平面修剪后，可以进行后斜向下定平面修剪技术的练习。后斜向下定平面修剪的取份方式与水平向后定平面修剪相同，只是头发的整体提拉方向不同。

确定中线层次结构

背面完成效果

侧面完成效果

2. 定球面修剪

◎ 头发整体的提拉方向是放射的离心方位。

◎ 发型的横向和纵向层次结构的剪切线都是弧线的时候，就会形成球面。

◎ 球面的外轮廓形状可以是圆形，也可以是椭圆形。

（1）定凸球面修剪。定凸球面修剪是传统发型层次结构修剪最常用的方法。在修剪发型的横向层次结构和纵向层次结构时，剪切线都是向外凸出的弧线，就形成了正空间的凸球面。

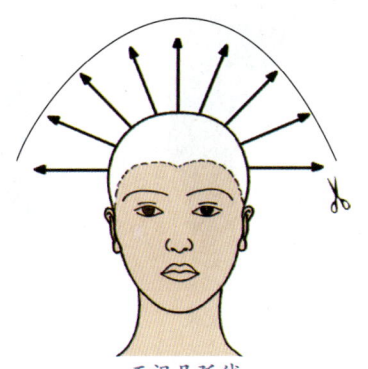
正视凸弧线

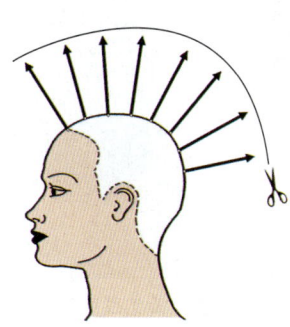
侧视凸弧线

❺ 上线横向框架以中线的长度为引导，水平向后提拉，水平定直线修剪

❻ 外线横向框架水平向后提拉

❼ 以中线的长度为引导，水平定直线修剪

❽ 中间的横向框架水平向后提拉

❾ 以中线的长度为引导，水平定直线修剪

❿ 垂直取份，将后发区上层发片水平向后提拉，以上线横向框架和中间横向框架头发长度为引导垂直定直线修剪

⓫ 同样将后发区下层发片水平向后提拉，以中间横向框架和外线横向框架的头发长度为引导垂直定直线修剪

⓬ 俯视的平面效果

⓭ 侧视的平面效果

⓮ 背面完成效果

⓯ 侧面完成效果

扫码观看

1. 定平面修剪

◎ 头发整体的提拉方向是平行的直线方位。
◎ 发型的横向和纵向层次结构的剪切线都是直线的时候，可以运用定平面修剪。
◎ 平面的形状就是分区的形状。
◎ 平面的方向可以是任意方向。

平面修剪大多运用于局部发型层次结构的修剪，传统的平面修剪方式是通过垂直的纵向取份来完成的，很难使平面保持对称和平衡，但运用定平面修剪技术，就能很好地解决这一难题。定平面修剪可以增加平面两侧的宽度。

（1）常用的定平面修剪方式。常用的定平面修剪方式有水平向后定平面修剪和后斜向下定平面修剪两种。

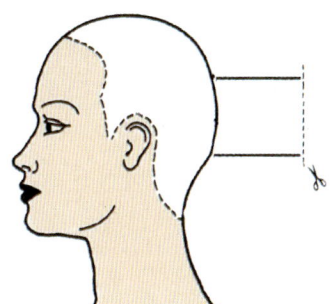

水平向后定平面修剪

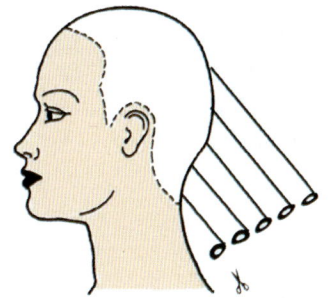

后斜向下定平面修剪

扫码观看

（2）水平向后定平面修剪技术示范

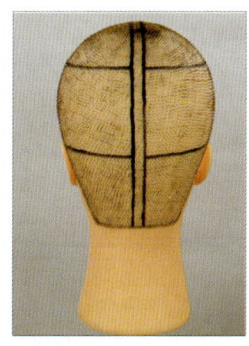

❶ 后发区分区方式如图所示

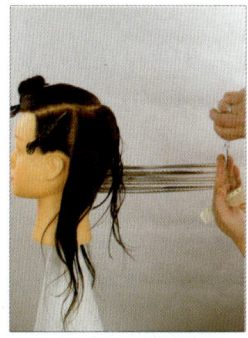

❷ 从中线底层开始水平向后提拉发片，垂直定直线修剪

❸ 将底层上方的中线水平向后提拉，以底层的长度为引导，垂直定直线修剪

❹ 后发区的框架、取份如图所示

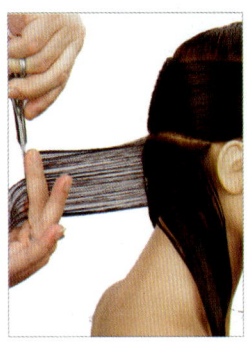 ❶ 确定发区中线层次结构
 ❷ 根据中线的下点长度,确定外线横向框架
 ❸ 根据中线的上点长度,确定发区上线横向框架
 ❹ 垂直取份,将发片水平向后提拉,以上线横向框架和外线横向框架头发长度为引导垂直修剪

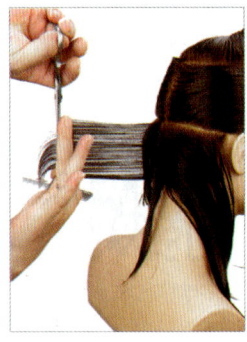 ❺ 逐步向左、向右移动,垂直取份,完成定面修剪

扫码观看

特别提示

1.除了外线横向框架,框架发片在修剪时一定要保持正常提拉,避免层次不连贯。

2.在设定横向框架时,一定要注意左右两侧长度的对称。

3.由于设定了上下框架,修剪框架内的层次时,对发片左右摆角的控制就不需要太过精确,可以大大加快修剪的速度。

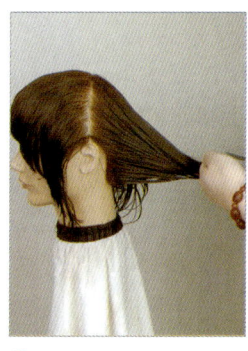  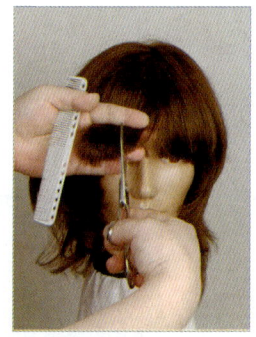 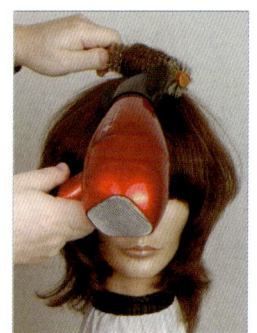

❺ 将后发区的头发以下线水平向后的方位提拉,定直线修剪　　❻ 修整外线,保证外线的连贯性　　❼ 调整发尾量感　　❽ 吹出弧线纹理

 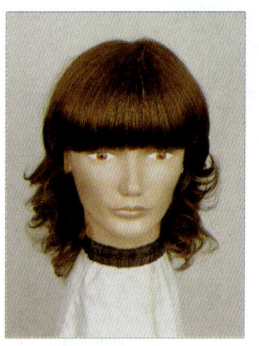  

❾ 完成效果　　❿ 两侧头发夹至耳后正面效果　　⓫ 后侧面效果　　⓬ 侧面效果

扫码观看

三、定面修剪

在定向修剪系统中,把修剪的面分为平面、球面、弧面三大类。定面修剪是通过设定框架来完成的,修剪方法如下。

6. 发区中间定线修剪

在发区的中间进行水平定线修剪，可以形成纵向外部向下外切和向上外切的层次结构组合。

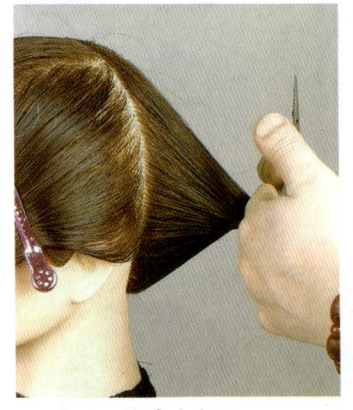
修剪示意图

完成效果

扫码观看

7. 定线修剪商业发型技术示范

❶ 将前发区头顶中间头发以上线水平向前的方位提拉，定直线修剪

❷ 将左前侧发区的头发拧转向前提拉，以中间头发的剪切线为引导，定直线修剪

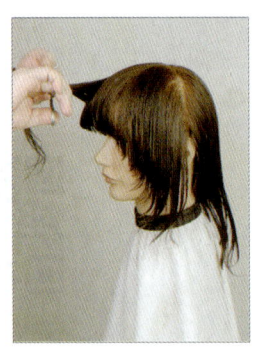
❸ 将右前侧发区的头发拧转向前提拉，以中间头发的剪切线为引导，定直线修剪

❹ 将后发区的头发向前提拉，以前发区中间头发的剪切线为引导，定直线修剪

4. 向后定线修剪

鬓角区的头发向后梳理进行定线修剪,可以形成横向外部后切层次结构,形成后短前长、动态向前的效果。

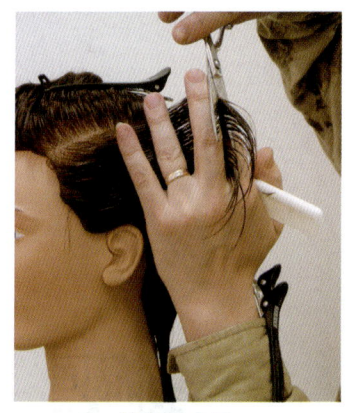

修剪示意图

完成效果

扫码观看

5. 向侧定线修剪

刘海向左侧梳理进行定线修剪,可以形成左短右长、动态向右的效果。

修剪示意图

完成效果

扫码观看

2. 向下定线修剪

头发自然向下梳理进行定线修剪,变化头位可以得到不同的纵向外部层次结构。向下定线修剪有降低量感位置的作用。

(1)在前倾头位进行向下定线修剪,容易形成纵向外部内切层次结构。

(2)在直立头位进行向下定线修剪,容易形成纵向外部平切层次结构。

(3)在后仰头位进行向下定线修剪,容易形成纵向外部向下外切层次结构。

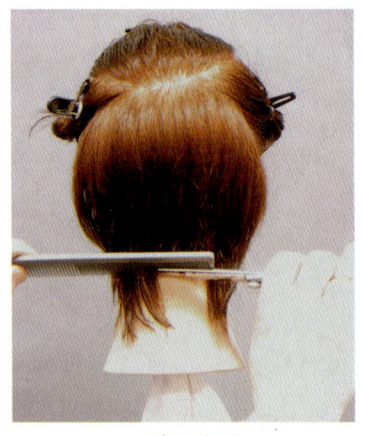

修剪示意图

完成效果

扫码观看

3. 向前定线修剪

待修剪区域的头发向前梳理进行定线修剪,可以形成横向外部前切层次结构,形成前短后长、动态向后的效果。

修剪示意图

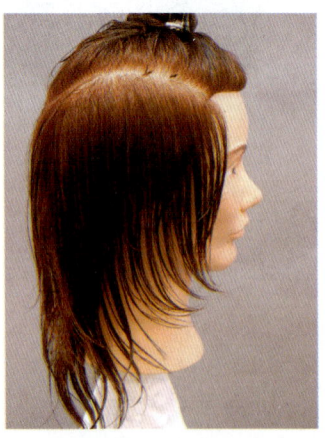

完成效果

扫码观看

定点修剪　　　　　　　　完成效果　　　　　　　　扫码观看

二、定线修剪

◎ 定线修剪是以汇聚的向心方位把发区的头发汇聚成一条线进行修剪。

◎ 定线修剪的线可以是直线，也可以是曲线；可以是实线，也可以是虚线；可以是水平的，也可以是垂直的或倾斜的。

◎ 定线修剪的方向不同，所展开的剪切面的大小就会不同，呈现的层次结构也不同，量感的分配也不同。

◎ 水平定线修剪是以横向层次为主导的修剪方式，多用于上下调控量感。

◎ 垂直定线修剪是以纵向层次为主导的修剪方式，多用于前后调控量感。

◎ 斜向定线修剪是介于横向和纵向层次之间的修剪方式，多用于前后倾斜量感。

1. 向上定线修剪

右侧和左侧的头发分别向上梳理，进行定线修剪，可快速完成纵向外部向上外切层次结构的修剪，形成发尾落差较大的剪切面。向上定线修剪有提升量感位置的作用。

修剪示意图　　　　　　　　完成效果　　　　　　　　扫码观看

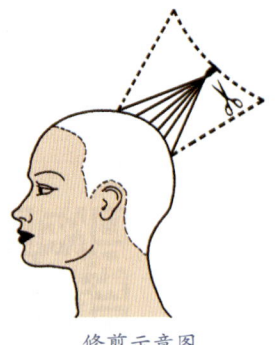
修剪示意图

修剪方法

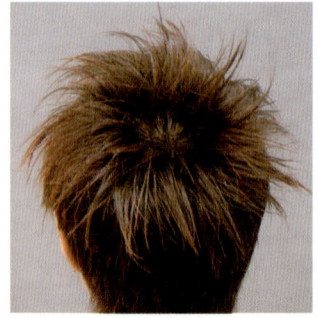
完成效果

特别提示

1. 发区中心定点修剪形成中心下凹的对称球面。
2. 发区偏离中心定点修剪形成不对称的凹弧面。

按照定向修剪基本技法中的多点放射的修剪方法，需要剪 10 ~ 12 剪刀才能完成下图所示的发型。

多点放射修剪

完成效果

运用中心定点修剪技术，只需将底部发区的头发以上线水平向后的方位提拉，剪 1 剪刀就可以完成同样的发型。

特别提示

1. 发片向下中心定点修剪可以使外线呈对称的弧形。
2. 发片向下偏离中心定点修剪可以使外线呈左右高低不对称的弧形。

2. 向侧定点修剪

向侧定点修剪可以快速形成弧形的内部形状（简称"内形"）。

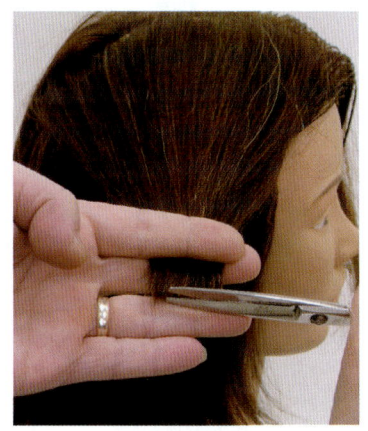

修剪方法

完成效果

扫码观看

特别提示

1. 发片向侧中心定点修剪可以使内形呈对称的弧形。
2. 发片向侧偏离中心定点修剪可以使内形呈前后高低不对称的弧形。

3. 中心定点修剪

发区中心定点修剪可以快速完成负空间球面的修剪，头发的长度由修剪区域的中心向周边渐增。

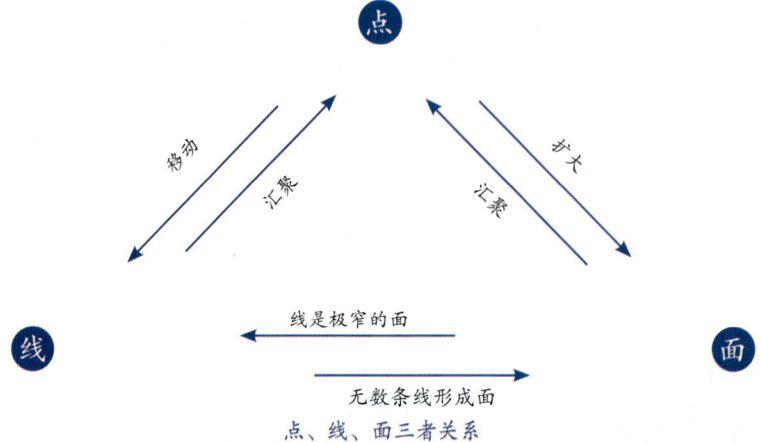

点、线、面三者关系

可见，点、线、面三者是相互关联的。点、线、面的概念运用于发型修剪中，是表现发型修剪技术的语言和手段，也是创造定向修剪技术的基础。

一、定点修剪

◎ 定点修剪是以汇聚的向心方位，把一份发片或一个发区汇聚到一个点进行修剪。
◎ 对点的修剪可以说是对极小的面进行修剪，也可以说是对极短的线进行修剪。
◎ 发片的定点修剪可以形成弧线，发区的定点修剪可以形成凹陷的弧面。
◎ 根据设计需要，发片、发区汇聚的方向可以上下左右变化。
◎ 了解定点修剪所产生的效果，并能准确地控制好定点修剪的方向，可以更加简单有效地修剪出变化多样的发型。

1. 向下定点修剪

向下定点修剪可以快速形成弧形的外线。

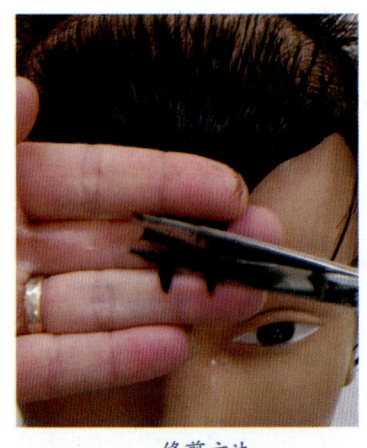

修剪方法

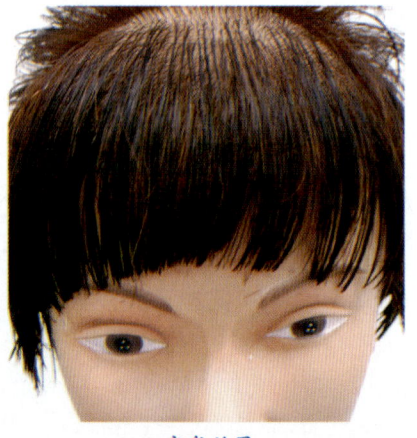

完成效果

扫码观看

第 6 章 定向修剪技术

通过上一章的基础发型定向修剪训练，可以发现与传统的基础修剪相比，定向修剪系统的外部层次基础修剪充分利用了修剪四步法和"四位一体"的变化，更容易掌握。而定向修剪技术是从定向修剪的基本技法发展而来的，利用了点、线、面修剪技巧，是更加简单、快速、准确、有效的修剪技术。

传统的修剪层次结构的方法是一剪刀、一剪刀地去剪，好比过去造房子，是一块砖、一块砖地垒砌，费时费力，房子砌得越高出现误差的可能性就越大。

定向修剪技术是对设计划分好的区域进行定点、定线或定面的快速修剪，好比现在造房子是直接用混凝土浇筑完成整体框架结构，省时省力，运用简单的方法达到所需的效果。定向修剪技术分为外部层次定向修剪技术和内部层次定向修剪技术。

第 1 节 外部层次定向修剪技术

◎ 外部层次定向修剪技术将点、线、面的几何学基本概念作为设计的基本要素。

◎ 外部层次定向修剪技术遵循化繁为简、简单有效的现代设计理念。

◎ 外部层次定向修剪技术充分利用横向层次结构和纵向层次结构的特点，对设计划分的区域进行定点修剪、定线修剪、定面修剪，能够方便快速地确定发型外部层次的基础框架结构。

首先通过下图了解点、线、面三者之间的关系。

  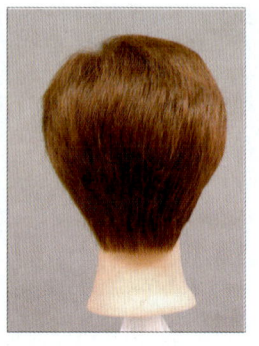 

㉙ 调整发量　　㉚ 右前侧完成效果　　㉛ 背面完成效果

扫码观看

基础发型定向修剪训练在传统修剪方法的基础上，利用各种技巧简化操作过程，强调操作过程的规范性和修剪时对头发的控制力，强化修剪时裁、剪、整、修和"四位一体"的细节要点，为学习更加简便的定向修剪技术打下扎实的基本功。基础发型定向修剪的质量标准如下。

◎ 不强调个人主观设计思维。

◎ 在沟通达成共识后再进行操作。

◎ 防护严实，碎发不落身体。

◎ 设计合理。

◎ 分区干净、合理。

◎ 修剪准确、有序。

◎ 工具选择合理。

◎ 技术运用得当。

◎ 层次比例协调。

◎ 剪切线干净、流畅。

◎ 厚薄均匀。

◎ 自然，吹干有型。

◎ 形态自然、不生硬。

◎ 不伤发质。

◎ 发型适合头形、脸形。

㉕~㉖ 以头顶发区的头发长度为引导,在后发区中间确定一条上长下短的引导线

㉗ 对周边头发进行放射取份,根据引导线长度进行修剪

㉘ 连接左右两侧的头发长度

❺ 平行于底层后斜弧线分出一层厚度约1厘米的发片

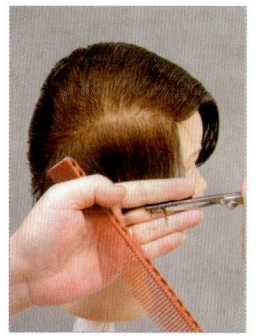
❻ 将发片提拉30°，以底层头发为引导进行修剪

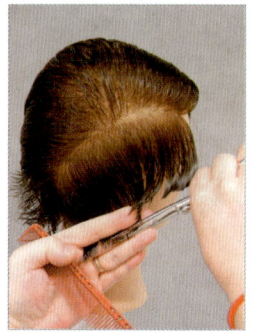
❼ 完成整条后斜弧线的修剪

❽ 用同样的方法继续分层完成右侧发区修剪

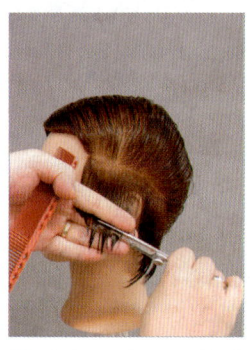
❾ 左侧头发用同样的方法分出一条靠近发际线的后斜弧线，从鬓角处开始修剪

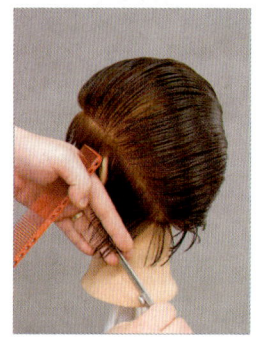
❿ 完成整条后斜弧线的修剪

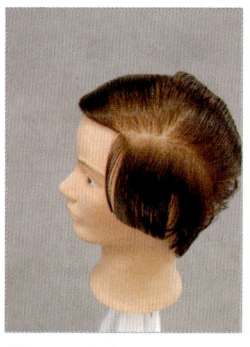
⓫ 分层完成左侧发区的修剪

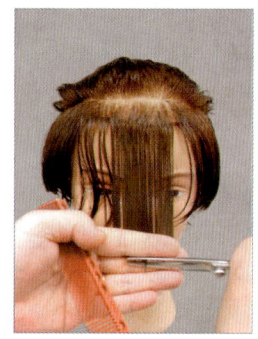
⓬ 确定刘海长度

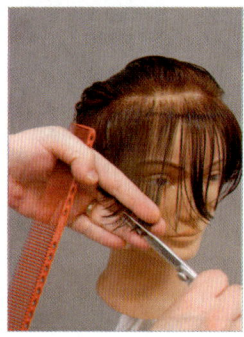
⓭ 连接刘海与右侧发区的长度

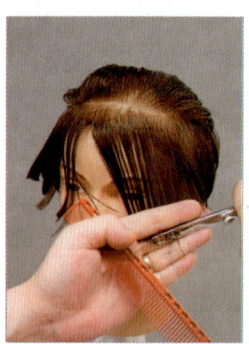
⓮ 连接刘海与左侧发区的长度

⓯ ~ ㉔ 以刘海的长度为引导对头顶发区进行十字交叉修剪，并连接两侧头发长度

㉕

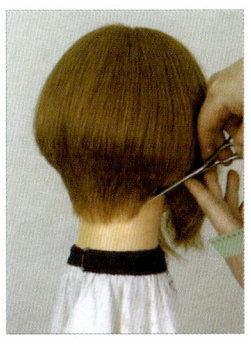
㉝ 变化1：后发区梯形外线边线修整

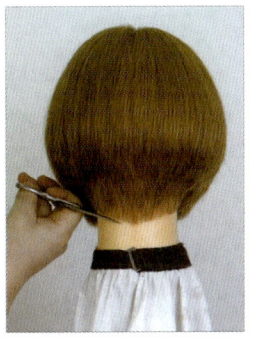
㉞ 变化1：后发区梯形外线底线修整

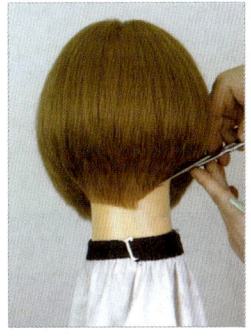
㉟ 变化2：右侧三角形外线修整

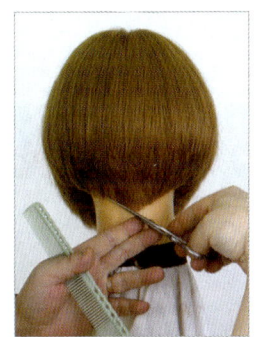
㊱ 变化2：左侧三角形外线修整

㊲ 两侧外线修整

㊳ 右前侧完成效果

㊴ 右侧完成效果

扫码观看

八、纵向外部向下外切与平行外切组合层次结构短发修剪

在完成上一款发型修剪后，可以进行纵向外部向下外切与平行外切组合层次结构短发的修剪训练。

❶ 分区如图所示，右侧分出一条靠近发际线的后斜弧线

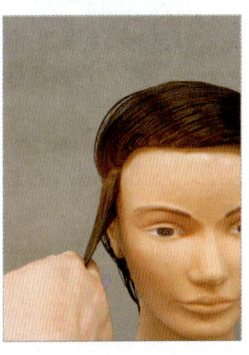
❷ 将弧线下方的发片提拉30°

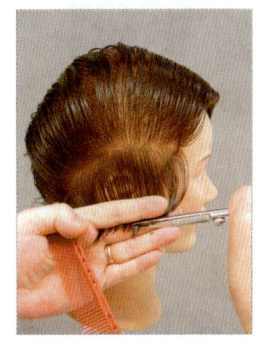
❸ 从鬓角处开始修剪

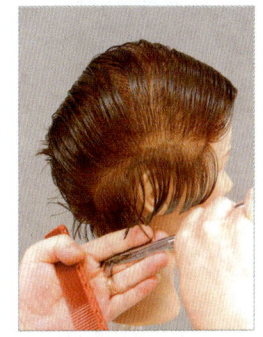
❹ 完成整条后斜弧线的修剪

第 5 章
基础发型定向修剪训练

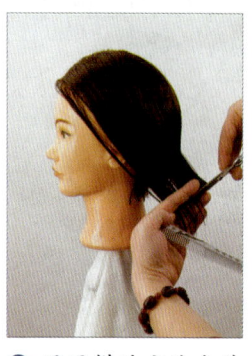
㉑ 用同样的方法分片完成左侧头发的修剪

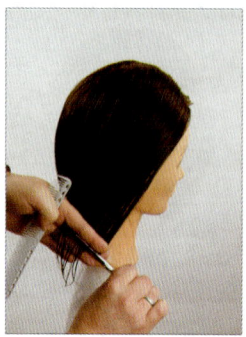
㉒ 用同样的方法分片完成右侧头发的修剪

㉓ 吹干头发，左侧从边线开始垂直取份进行发尾打磨

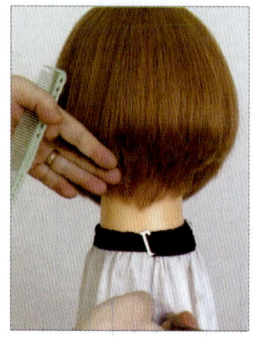
㉔ 逐渐向中间移动打磨发尾

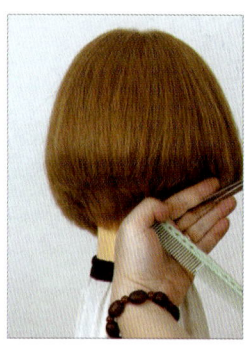
㉕ 右侧从边线开始垂直取份打磨发尾

㉖ 逐渐向中间移动打磨发尾

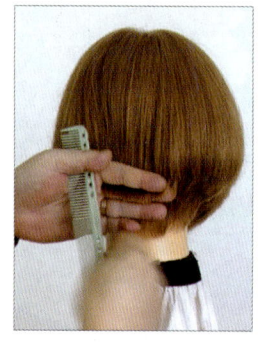
㉗ 水平提拉打磨发尾

㉘ 逐渐向上提拉打磨发尾

㉙ 打磨右侧发尾

㉚ 修剪右侧外线形状

㉛ 打磨左侧发尾

㉜ 修剪左侧外线形状

⑨ 同样采用多点放射的方法进行左侧的修剪

⑩ 用同样方法修剪右侧

⑪ 第三层完成效果

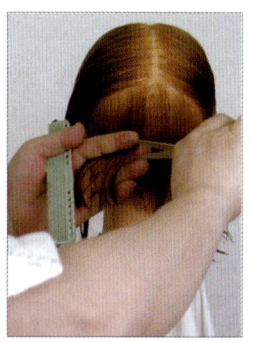
⑫ 用同样的方法完成第四层发片左侧修剪

⑬ 用同样的方法完成第四层发片右侧修剪

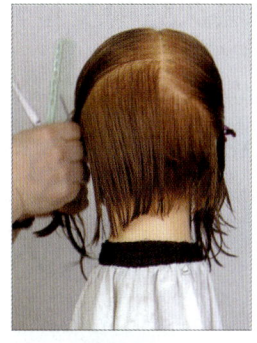
⑭ 放下第五层发片

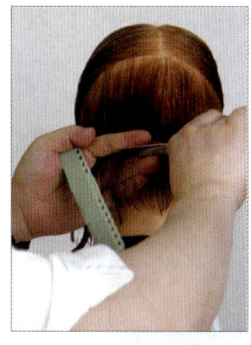
⑮ 用同样的方法完成第五层发片的修剪

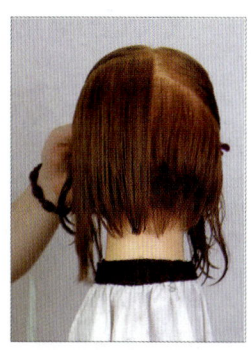
⑯ 放下第六层发片

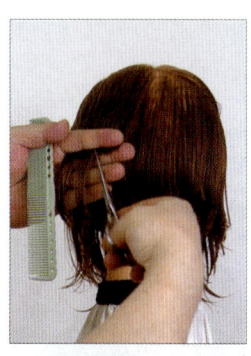
⑰ 用同样的方法完成第六层发片的修剪

⑱ 继续向上分片修剪左侧头发

⑲ 逐步修剪到中间的头发,并连接右侧

⑳ 完成右侧头发修剪

⑰ 背面完成效果

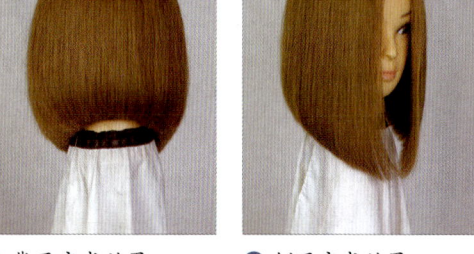
⑱ 侧面完成效果

扫码观看

七、三角形纵向外部向下外切层次结构发型修剪

在完成上一款发型修剪后,可以进行动态向前的三角形纵向外部向下外切层次结构发型的修剪训练,采用的是多点放射裁剪技术。

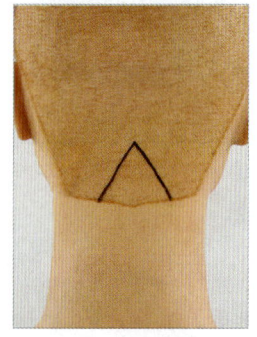
① 左右分区,在底部分出等腰三角形发区

② 把头发梳向左腰,进行上长下短的向下外切层次修剪

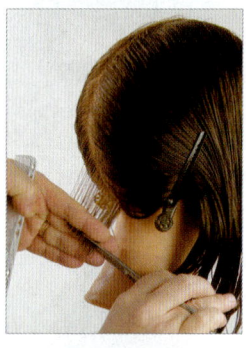
③ 把头发梳向右腰,进行上长下短的向下外切层次修剪,注意对称

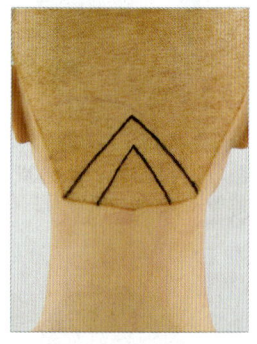
④ 第二层同样进行等腰三角形分区

⑤ 采用多点放射的方法进行左侧的修剪

⑥ 用同样的方法修剪右侧

⑦ 第二层完成效果

⑧ 第三层同样进行等腰三角形分区

❺ 右侧第三层同样三角形分区，垫高两个手指的高度，剪切线平行于分区线修剪，确定头发的长度

❻ 左侧第三层同样三角形分区，垫高两个手指的高度，剪切线平行于分区线修剪，确定头发的长度

❼ 左侧第四层同样三角形分区，垫高三个手指的高度，剪切线平行于分区线修剪，确定头发的长度

❽ 右侧第四层同样三角形分区，垫高三个手指的高度，剪切线平行于分区线修剪，确定头发的长度

❾ 左侧第五层弧形分区，垫高四个手指的高度，以第四层的长度为引导进行修剪

❿ 右侧第五层同样弧形分区，垫高四个手指的高度，以第四层的长度为引导进行修剪

⓫ 将左侧的头发全部后梳，以第五层的长度为引导进行修剪

⓬ 将右侧的头发全部后梳，以第五层的长度为引导进行修剪

⓭ 吹顺头发，修整后部外线形状

⓮ 修整两侧外线形状

⓯ 提拉打磨层次截面

⓰ 正面完成效果

㉙ 侧面完成效果　　㉚ 背面完成效果

扫码观看

六、前斜线纵向外部向下外切层次结构发型修剪

在完成上一款发型修剪后，可以进行动态向前的前斜线纵向外部向下外切层次结构发型的修剪训练。

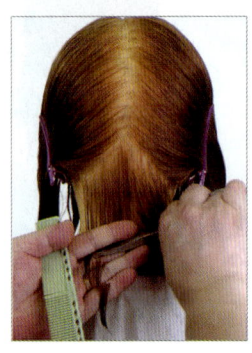
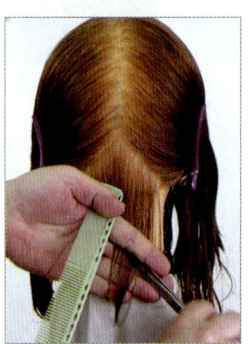
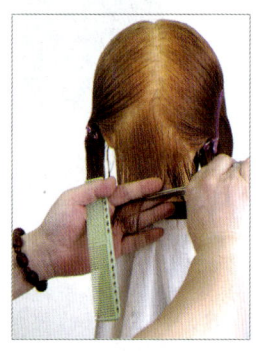
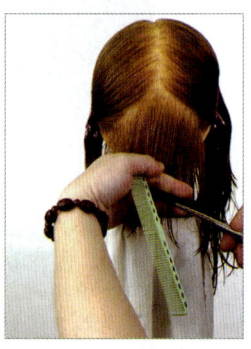

❶ 湿发底层三角形分区，左侧头发垫高一个手指的高度，剪切线平行于分区线进行修剪，确定头发的长度

❷ 底层右侧头发垫高一个手指的高度，剪切线平行于分区线进行修剪，确定头发的长度

❸ 左侧第二层同样三角形分区，垫高一个半手指的高度，剪切线平行于分区线修剪，确定头发的长度

❹ 右侧第二层同样三角形分区，垫高一个半手指的高度，剪切线平行于分区线修剪，确定头发的长度

⑰ 逐步完成头顶发区左侧头发的修剪

⑱ 以同样的方法完成头顶发区右侧头发的修剪

⑲ 将头发左右分开，头位低倾，连接刘海与左后发区的外线长度

⑳ 以同样的方法连接刘海与右后发区的外线长度

㉑ 完成效果

㉒ 头顶发区以中线为参考进行多点放射取份

㉓ 左侧从刘海开始连接中线和外线长度

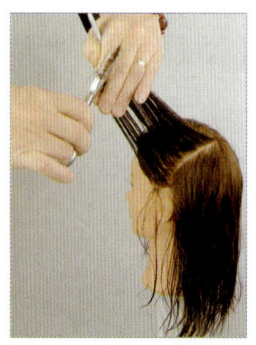
㉔ 逐步向后完成左侧修剪

㉕ 右侧同样从刘海开始连接中线和外线长度

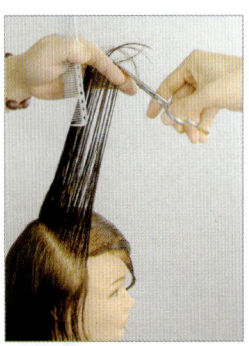
㉖ 逐步向后完成右侧修剪

㉗ 打磨发尾

㉘ 修整底线

❺ 以同样的方法确定刘海中线的长度和层次结构

❻ 分出底部发区，以底部中线的长度为引导，放射取份，修剪底部发区左侧发片

❼ 依次向左修剪发片，完成底部发区左侧头发的修剪

❽ 同样以底部中线的长度为引导，放射取份，修剪底部发区右侧发片

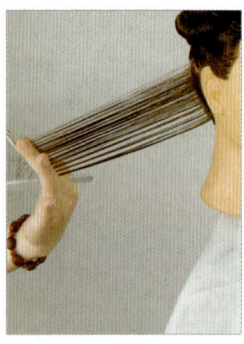
❾ 依次向右修剪发片，完成底部发区右侧头发的修剪

❿ 底部发区完成效果

⓫ 再次进行分区，分出后枕发区

⓬ 以后枕中线的长度为引导，放射取份，修剪后枕发区左侧发片

⓭ 依次向左修剪发片，完成后枕发区左侧头发的修剪

⓮ 同样以后枕中线的长度为引导，放射取份，修剪后枕发区右侧发片

⓯ 依次向右修剪发片，完成后枕发区右侧头发的修剪

⓰ 头顶发区的头发，以头顶发区中线的长度为引导，放射取份进行修剪

107

> **特别提示**
>
> 在实际操作中,受到发际线曲折变化的影响,容易产生凹凸不平的外线。为了避免这种情况的发生,应先确定外线长度,再修剪层次结构。

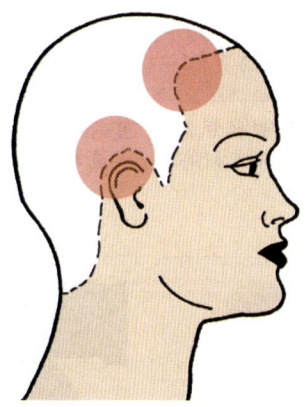

发际线影响外线形状的部位

五、后斜线纵向外部向下外切层次结构中长发修剪

后斜线纵向外部向下外切层次结构中长发是一款可以产生圆润轮廓的中长发型。

❶ 头发分区

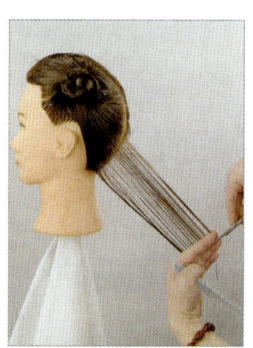

❷ 正常提拉,采用平切手位确定底部中线的长度和层次结构

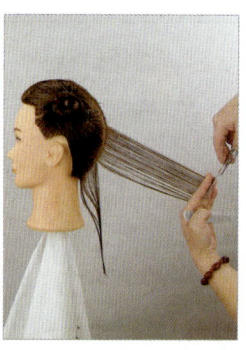

❸ 以底部中线的长度为引导,确定后枕中线的长度和层次结构

❹ 以同样的方法逐渐向上确定头顶发区中线的长度和层次结构

❶ 以同样的方法向右延伸确定头顶发区第三层头发长度

❶ 将刘海位置头发三角形分区，确定刘海中间的长度

❶ 从刘海中间开始，运用扎剪法向右向下修剪，连接至右侧的外线转角处

❷ 从刘海中间开始，运用扎剪法向左向下修剪，连接至左侧的外线转角处

❷ 吹干头发，修整两侧外线形状

❷ 修整后侧外线形状

❷ 运用点剪法柔和发尾

❷ 正面完成效果

❷ 左侧完成效果

❷ 右侧完成效果

❷ 背面完成效果

扫码观看

❺ 在前侧外线转角处修剪出圆润的转角形状

❻ 以左侧额角处头发长度为引导,确定右侧额角处头发长度

❼ 再由中间开始向右延伸确定右侧的外线位置

❽ 如图所示,头顶发区头发左右各分出三层

❾ 分出头顶发区第一层头发

❿ 以底部发区头发的长度为引导,提拉30°左右确定头顶发区左侧第一层头发长度

⓫ 以同样的方法向右延伸确定头顶发区第一层头发长度

⓬ 分出头顶发区第二层头发

⓭ 以第一层头发的长度为引导,提拉60°左右确定头顶发区左侧第二层头发长度

⓮ 以同样的方法向右延伸确定头顶发区第二层头发长度

⓯ 分出头顶发区第三层头发

⓰ 以第二层头发的长度为引导,提拉90°左右确定头顶发区左侧第三层头发长度

特别提示

采用这种方式进行修剪,发型的外线形状会受到发际线形状的影响,使外线不流畅。鬓角和后颈角处凸出的头发是影响外线流畅性的关键所在,要注意调整这两处头发的长度。

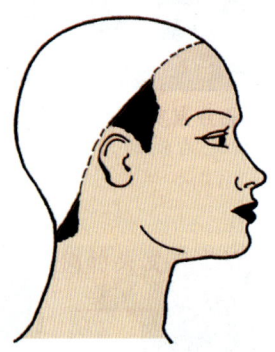

鬓角和后颈角示意图

鬓角和后颈角在教习头模上的分区示意图

四、纵向外部平行外切层次结构长发修剪

在完成上一款发型修剪后,可以进行纵向外部平行外切层次结构长发的修剪训练。

❶ 侧面分区示意图

❷ 正面分区示意图

❸ 底部发区头发自然下垂,确定中间处头发的外线位置

❹ 由中间向左延伸,确定底部发区左侧头发的外线位置

❶ U形分区，周边发区的后发区头发以上线后斜向上的方位提拉，定线修剪①

❷ 周边发区的右后侧发区以后发区头发的长度为引导定线修剪

❸ 周边发区的右侧鬓角区以右后侧发区头发的长度为引导定线修剪

❹ 以右侧额角处头发长度为引导，确定左侧额角处头发的长度

❺ 周边发区的左后侧发区以后发区头发的长度为引导定线修剪

❻ 周边发区的左侧鬓角区以左后侧发区和额角处头发的长度为引导定线修剪

❼ 修整两侧鬓角突出的外线

❽ 修整周边发区的后发区及后颈角的外线形状

❾ 头顶发区中线分区，中线以周边发区头发长度为引导，进行纵向外部平行外切层次结构修剪

❿ 以中线的长度为引导放射取份，连接周边发区上线长度

⓫ 完成右侧中线与周边发区上线的长度确定

⓬ 完成左侧中线与周边发区上线的长度确定

---

① 定线修剪的方法将在第6章第1节中具体讲授。

   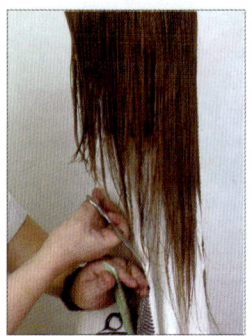

⑨ 以同样的方法逐层完成左侧头发的修剪
⑩ 以同样的方法逐层完成右侧头发的修剪
⑪ 完成后部外线的修整
⑫ 完成两侧外线的修整

 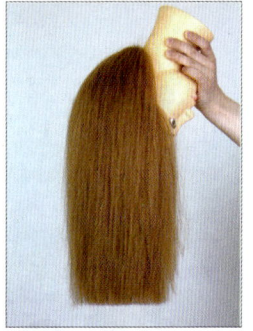 

⑬ 吹干头发，对发型整体外线做最后的修整
⑭ 斜向倒立头模，检查发尾是否落在同一平面上
⑮ 垂直倒立头模，检查发尾是否落在倾斜的平面上

扫码观看

三、水平向上纵向外部外切层次结构长发修剪

在完成上一款发型的修剪后，可以进行水平向上纵向外部外切层次结构长发的修剪训练。

扫码观看

二、前斜向上纵向外部外切层次结构长发修剪

完成上一款发型修剪后，可以进行前斜向上纵向外部外切层次结构长发的修剪训练。

❶ 左右分区，刘海处分出一个三角区，以正常提拉的刘海中心点处头发为固定引导线，完成左侧第一层头发的修剪

❷ 同样以正常提拉的刘海中心点处头发为固定引导线，完成右侧第一层头发的修剪

❸ 同样以正常提拉的刘海中心点处头发为固定引导线，完成左侧第二层头发的修剪

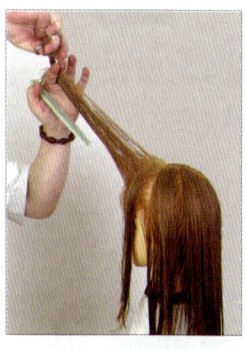
❹ 同样以正常提拉的刘海中心点处头发为固定引导线，完成右侧第二层头发的修剪

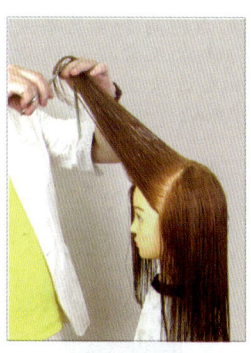
❺ 同样以正常提拉的刘海中心点处头发为固定引导线，完成左侧第三层头发的修剪

❻ 同样以正常提拉的刘海中心点处头发为固定引导线，完成右侧第三层头发的修剪

❼ 同样以正常提拉的刘海中心点处头发为固定引导线，完成左侧第四层头发的修剪

❽ 同样以正常提拉的刘海中心点处头发为固定引导线，完成右侧第四层头发的修剪

❶ 头发分区

❷ 灌顶发区头发水平向后提拉，采用平切手位修剪

❸ 灌顶发区头发垂直向上提拉，在剪切线三分之一处去角修剪

❹ 灌顶发区头发正常提拉，去角修剪

❺ 底部两个发区的头发以正常提拉的灌顶发区头发为固定引导线进行修剪

❻ 右侧下方发区头发以正常提拉的灌顶发区头发为固定引导线进行修剪

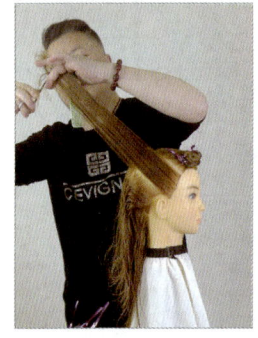
❼ 右侧上方发区头发以正常提拉的灌顶发区头发为固定引导线进行修剪

❽ 左侧两个发区头发同样以正常提拉的灌顶发区头发为固定引导线进行修剪

❾ 顶部两个发区头发同样以正常提拉的灌顶发区头发为固定引导线进行修剪

❿ 修整后侧外线形状

⓫ 修整两侧外线形状

⓬ 向后倒立头模进行检查，发尾应落在同一平面上

十二、平圆头推剪

在完成上一款发型修剪后,我们可以进行平圆头推剪的练习。

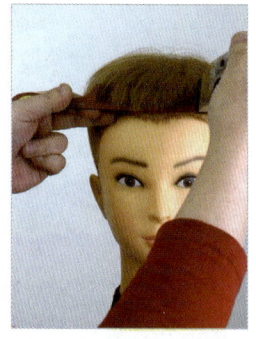 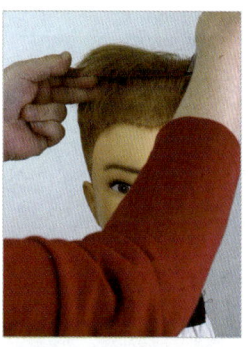  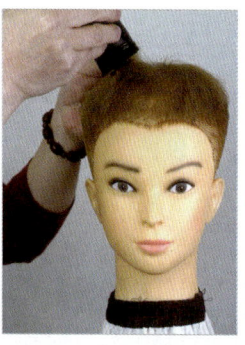

❶ 将梳子平放于前额处,用手指控制高度,开始推剪

❷ 将梳子稳定向后推动进行推剪,确定头顶头发的长度

❸ 将梳子平放在右侧,用手指控制高度,进行右侧的推剪

❹ 将梳子稳定向上推动进行推剪,随头部曲线确定右侧头发的长度

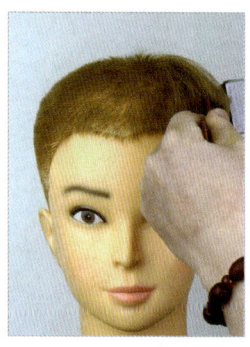 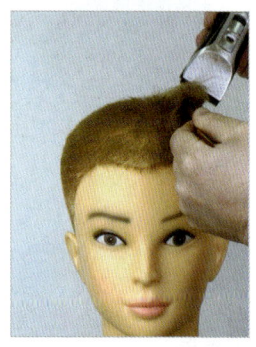

❺ 将梳子平放在左侧,用手指控制高度,进行左侧的推剪

❻ 用与右侧相同的方法完成左侧的推剪

扫码观看

第 2 节　教习头模 2 基础发型修剪训练

一、后斜向上纵向外部外切层次结构长发修剪

长发修剪为后斜向上的纵向外部外切层次结构,可以减轻头发重量,提升头顶后部量感,同时可以保留周边头发长度。

扫码观看

十一、推剪

在完成上一款发型修剪后,可以通过设定发型轮廓线,进行各种推剪方法的练习。

扫码观看

❶ 用梳子梳起右侧轮廓线处的头发

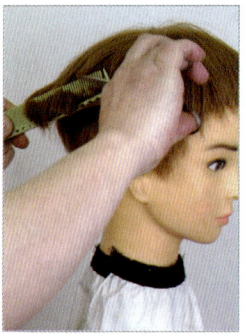
❷ 推剪设定右侧轮廓线

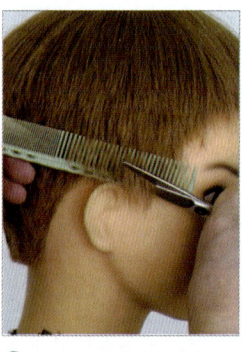
❸ 从右侧鬓角的发际线处开始向上推剪

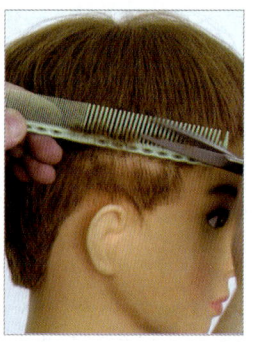
❹ 逐渐连接右侧的轮廓线

❺ 耳后区域的头发以耳上为圆心,采用旋转的方式进行推剪

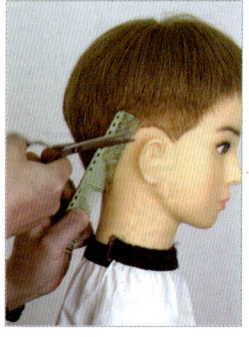
❻ 右侧外线采用倒梳的方法进行修剪

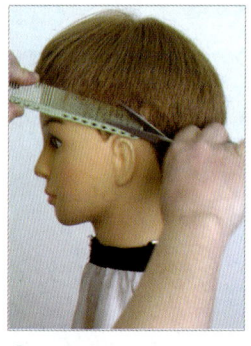
❼ 左侧以同样的方法完成修剪

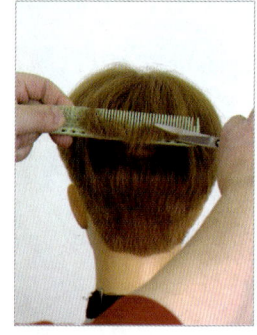
❽ 设定后部的轮廓线

❾ 连接后部与左侧的轮廓线

❿ 连接后部与右侧的轮廓线

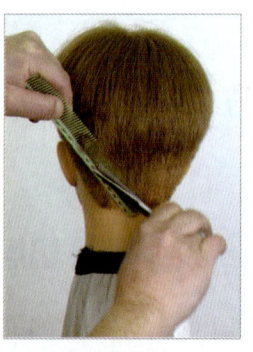
⓫ 纵向推剪连接后部发际线与轮廓线

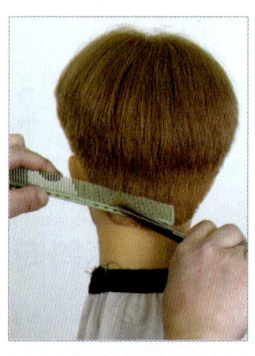
⓬ 用横向修剪法对推剪色调进行细化修整

① 左侧原型

② 用牙剪深度斜向打薄

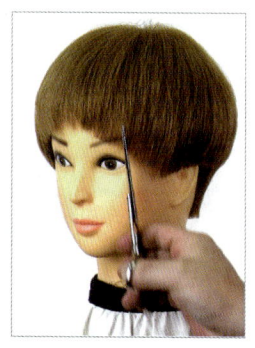
③ 用牙剪进行发尾斜向打薄

④ 用牙剪进行发尾水平递减打薄

⑤ 用剪刀修剪外线

⑥ 外线打薄完成效果

扫码观看

十、短刘海双层修剪

在完成上一款发型修剪后，我们进行短刘海双层修剪技术的练习。

扫码观看

① 离发际线2厘米左右分出底层刘海

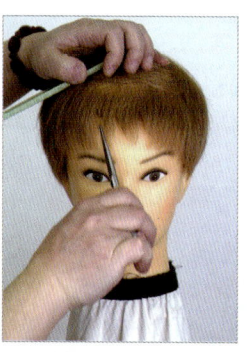
② 将底层刘海先剪出锯齿状外线

③ 反向剪出不等边三角形外线

④ 放下上层刘海，锯齿状修剪连接底层刘海

在第7章中将介绍更多的刘海修剪方法。

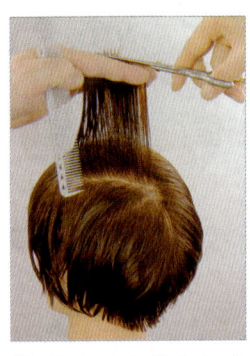   

㉕ 整头湿发横向打磨发尾　　㉖ 吹干头发　　㉗ 整头打磨发尾　　㉘ 背面完成效果

扫码观看

㉙ 正面完成效果

特别提示

1. 中线发区是整个发型层次结构的引导线。

2. 由中线连接到外线修剪，修剪不碰到外线。

3. 由刘海至头顶修剪时，发片由低角度提拉变化为正常提拉；由头顶至后颈角修剪时，发片由正常提拉逐渐恢复至低角度提拉。

4. 湿发时要粗略打磨发尾，干发时再精细打磨发尾。

九、外线打薄修饰

在完成上一款发型修剪后，我们可以练习外线打薄修饰技术。

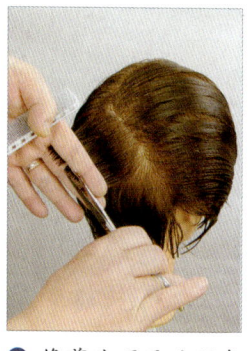
⑬ 修剪头顶至后颈角的头发时，放射取份，逐渐减小提拉角度，以中线发区的头发长度为引导进行修剪

⑭ 同样连接外线长度

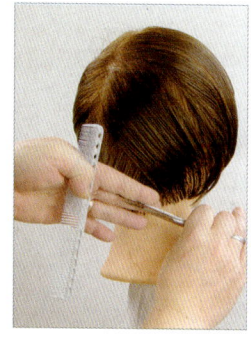
⑮ 以同样的方法完成右侧的修剪

⑯ 把后发区的中线发区头发全部梳向左侧

⑰ 左侧刘海以中线发区头发长度为引导低角度提拉进行修剪

⑱ 以同样的方法依次向后取份进行修剪，逐渐增大提拉角度

⑲ 靠近头顶，发片分片修剪

⑳ 连接外线长度

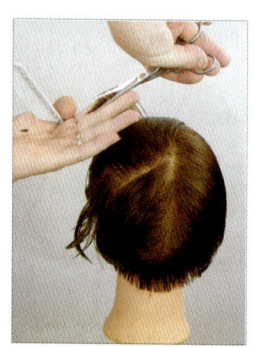
㉑ 逐渐移动至头顶发区，发片正常提拉进行修剪

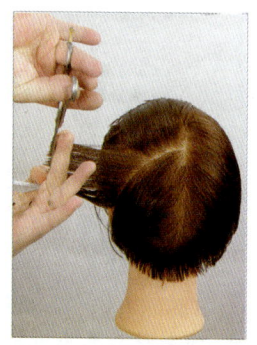
㉒ 连接外线长度

㉓ 修剪头顶至后颈角的头发时，放射取份，逐渐减小提拉角度，以中线发区的头发长度为引导进行修剪

㉔ 连接外线长度

第5章 基础发型定向修剪训练

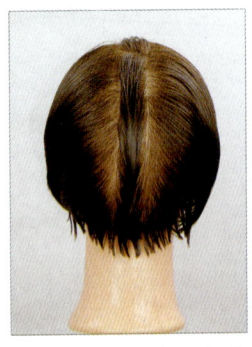 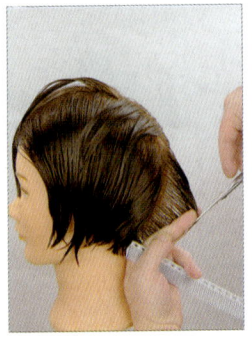  

① 由前向后进行中线分区

② 从中线发区底部开始修剪高角度向下外切层次的中线层次结构

③ 以底部剪切线的延伸为引导，向上修剪中线发区层次结构

④ 完成头顶中线发区层次结构修剪

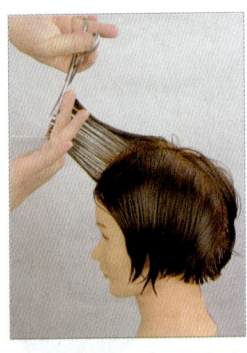   

⑤ 最后确定刘海中线发区的层次结构

⑥ 把修剪好层次结构的中线发区头发全部梳向右侧

⑦ 右侧刘海以中线发区头发长度为引导，放射取份，低角度提拉进行修剪

⑧ 以同样的方法依次向后取份进行修剪，逐渐增大发片提拉角度

⑨ 靠近头顶，发片分片修剪

⑩ 连接外线长度

⑪ 逐渐移动至头顶发区，发片正常提拉进行修剪

⑫ 连接外线长度

093

⑨ 逐渐后移进行修整

⑩ 右侧后发区采用手内剪方法进行修整

⑪ 完成右侧灌顶发区的修整

⑫ 修整外线形状

⑬ 左侧完成效果

⑭ 右侧完成效果

⑮ 背面完成效果

扫码观看

特别提示

1. 修剪时要注意左右两侧发片提拉时的摆角要对称。
2. 取份宽度在3厘米左右比较合适。

八、中线分区后斜线纵向外部向下外切层次结构发型修剪

在完成上一款发型修剪后,可以用多点放射的取份方法进行中线分区后斜线纵向外部向下外切层次结构发型的修剪练习。

> **特别提示**
>
> 1. 先剪刘海是为了在修剪两侧头发时有对称的参考长度。
> 2. 底部发区以上的发区需要梳松发根后进行修剪。
> 3. 修剪两侧头发时可以适当放量1厘米左右。
> 4. 鬓角和后颈角处凸出头发的修剪是后斜线纵向外部内切层次结构发型修剪的关键。

七、后斜线纵向外部向下外切层次结构发型修剪

在完成上一款发型修剪后，可以进行后斜线纵向外部向下外切层次结构发型的修剪练习。

❶ 分出左侧灌顶发区

❷ 左侧从刘海开始采用手外剪方法进行向下外切层次的修整

❸ 逐渐向后移动修整

❹ 左侧后发区采用手内剪方法进行修整

❺ 完成左侧灌顶发区修整

❻ 两侧对比效果

❼ 分出右侧灌顶发区

❽ 右侧从刘海开始采用手外剪方法进行纵向外部向下外切层次的修整

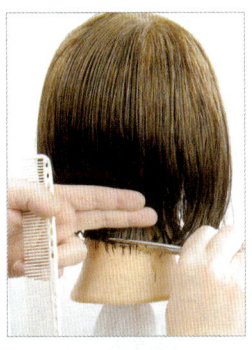  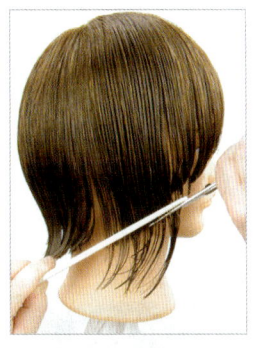 

⑬ 按头发自然流向梳松头顶发区头发的发根，并以底部发区头发长度为引导完成修剪

⑭ 运用梳子压剪法完成左侧及刘海的修剪

⑮ 用同样的方法完成右侧及刘海的修剪

⑯ 湿发完成效果

 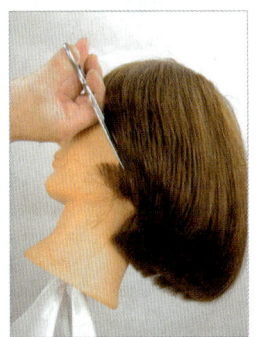 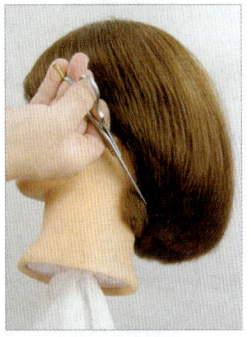 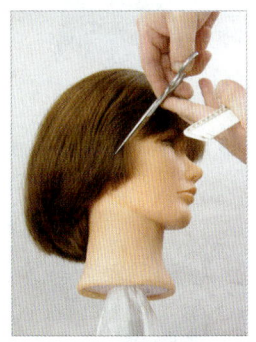

⑰ 吹干头发

⑱ 头位后仰，头发向后梳理，剪去左侧鬓角处凸出的头发

⑲ 剪去左侧后颈角处凸出的头发

⑳ 用同样方法剪去右侧鬓角处凸出的头发

㉑ 剪去右侧后颈角处凸出的头发

㉒ 修整外线

㉓ 侧面完成效果

㉔ 正面完成效果

六、后斜线纵向外部内切层次结构发型修剪

在完成刘海修剪后,可以进行动态向后的后斜线纵向外部内切层次结构发型的修剪练习。

扫码观看

❶ 先设定刘海的长度

❷ 如图所示对头发进行分区

❸ 运用压剪法确定底部发区中间的长度

❹ 连接完成底部发区左侧的修剪

❺ 连接完成底部发区右侧的修剪

❻ 精修外线

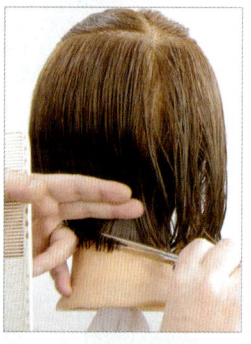
❼ 梳松中间发区头发的发根,并以底部发区头发长度为引导进行修剪

❽ 完成后发区的修剪

❾ 左侧的头发自然下垂,运用梳子压剪法由后向前进行修剪

❿ 用同样的方法连接修剪左侧头发与刘海

⓫ 右侧的头发用同样方法由后向前进行修剪

⓬ 连接修剪右侧头发与刘海

❺ 确定刘海左侧宽度　　❻ 修整外线

扫码观看

💚 特别提示

修剪刘海时，分区的宽度和深度决定了刘海的宽度和厚度，同时也决定了面部露出面积的大小。因此修剪刘海时应注意对刘海分区宽度和深度的控制。

1. 较窄、较浅的刘海分区使面部露出的面积较小，适合较宽、较大的脸形。	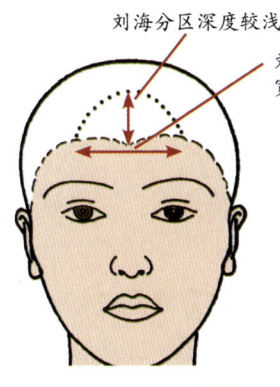 分区示意图 （刘海分区深度较浅；刘海分区宽度较窄）	 效果示意图
2. 较宽、较深的刘海分区使面部露出的面积较大，适合较窄、较小的脸形。	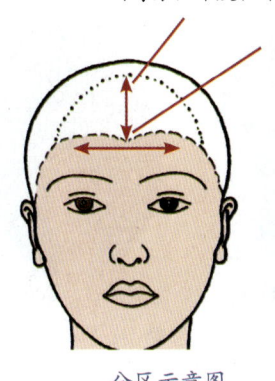 分区示意图 （刘海分区深度较深；刘海分区宽度较宽）	 效果示意图

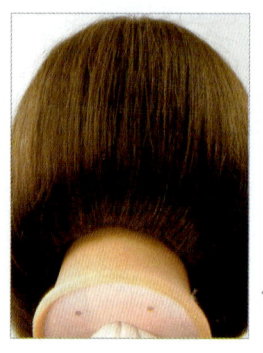

⑬ 右侧完成效果　　⑭ 左侧完成效果　　⑮ 底线完成效果

 特别提示

湿发修剪时，两侧的头发应当适当放量，在吹干头发后，再修剪水平的外线。

五、厚重刘海修剪

在完成上一款发型修剪后，可以进行厚重刘海的修剪练习。

传统厚重刘海的修剪方法是先分区再修剪，这样很容易造成刘海两侧块面的叠加。

在定向修剪系统中，修剪厚重刘海的方法是先将头顶头发顺自然流向带干（不能用梳子强力拉梳），然后根据刘海头发的自然流向进行修剪。修剪的具体步骤如下。

刘海块面的叠加现象

① 刘海自然下垂，把头顶的头发梳向一侧，留出深度为3厘米左右、宽度为两个瞳孔间距离的刘海区域　　② 刘海自然下垂修剪　　③ 放下头顶的头发，任其按自然流向分散，剪掉面前多余的头发　　④ 确定刘海右侧宽度

❶ 如图所示进行分区，从底部发区中间开始采用手指压剪法修剪水平线纵向外部内切层次

❷ 以同样的方法向左连接修剪水平线纵向外部内切层次

❸ 以同样的方法向右连接修剪水平线纵向外部内切层次

❹ 精修底部发区纵向外部内切层次的外线形状

❺ 以底部发区头发长度为引导，修剪中间发区的水平线纵向外部内切层次

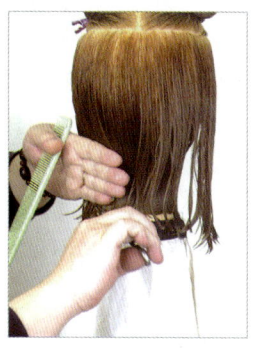
❻ 由中间向左修剪中间发区左侧水平线纵向外部内切层次

❼ 左侧的头发略微前斜放量，采用夹剪法进行纵向外部内切层次的修剪

❽ 用同样的方法由中间向右修剪中间发区右侧水平线纵向外部内切层次

❾ 右侧的头发略微前斜放量，采用夹剪法进行纵向外部内切层次的修剪

❿ 将头顶发区的头发放下，以下面两层头发长度为引导，由中间向右侧进行修剪

⓫ 完成右侧修剪

⓬ 用同样的方法由中间向左侧修剪，吹干头发

特别提示

1. 要用梳子左右推拉放松发根,逐渐减小发尾的拉力,尽量避免在头发吹干后,因头发蓬松上移而形成过度的外切。

2. 修剪外线时,应当注意头位前倾,可根据头发长短,决定用两指压剪还是三指压剪。

两指压剪　　　　　　　　　　　三指压剪

3. 梳理时应当注意头发自然流向,要顺着头发自然流向去修剪发型需要的外线形状。

4. 应随着修剪区域的变化移动站位。

5. 无论是干发还是湿发,都要反复检查修整外线。

四、水平线纵向外部内切层次结构发型修剪

在完成上一款前斜线纵向外部内切层次结构发型的基础上,可以将发型修剪成水平线纵向外部内切层次结构发型。修剪方法与前斜线纵向外部内切层次结构发型相似,只是外线变成了水平线。

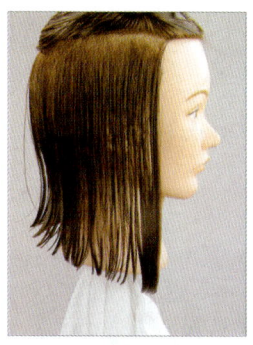

⑬ 右侧完成效果

⑭ 用宽齿梳顺着头发自然流向梳理头顶发区的头发，并以底部发区头发的长度为引导进行修剪

⑮ 以底部发区头发的长度为引导完成左侧的修剪

⑯ 以底部发区头发的长度为引导完成右侧的修剪

⑰ 吹干头发，头位前倾，修整右颈角处多出的发尾

⑱ 头位前侧倾，修整右侧内部多出的头发

⑲ 以同样的方法完成左侧外线的修整

⑳ 头位侧倾修整左右内侧多出的头发

㉑ 左右内侧完成效果

㉒ 正面完成效果

㉓ 侧面完成效果

㉔ 背面完成效果

扫码观看

三、前斜线纵向外部内切层次结构发型修剪

在完成上一款发型修剪后,可以进行动态向前的前斜线纵向外部内切层次结构发型的修剪练习。

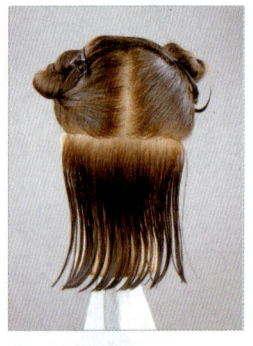
❶ 左右分区,从后脑最凸处分出水平分区线

❷ 头位前倾,用手指压剪法确定底部发区中间处的长度

❸ 再以底部发区中间处的长度为引导确定左侧头发长度

❹ 以同样的方法确定底部发区右侧头发长度

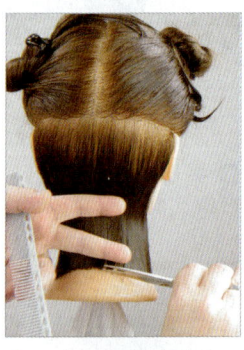
❺ 反复仔细精修外线

❻ 外线完成效果

❼ 从侧面观察外线,借助头部的曲线达到内短外长的内切层次结构效果

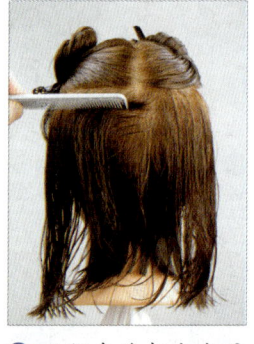
❽ 以额角为起点水平向后分出第二层剪裁区域,用梳齿左右抖松发根

❾ 从靠近发际线的位置向下梳理头发

❿ 以底部发区头发的长度为引导进行修剪

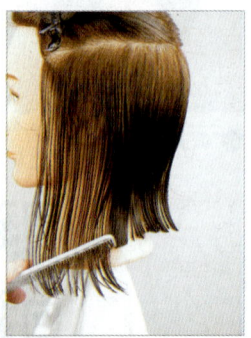
⓫ 两侧用梳子压剪法进行修剪

⓬ 左侧完成效果

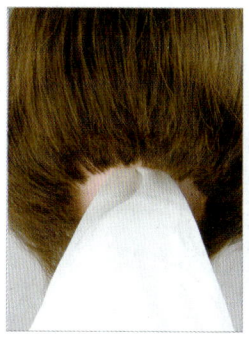 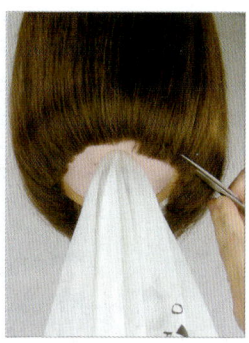  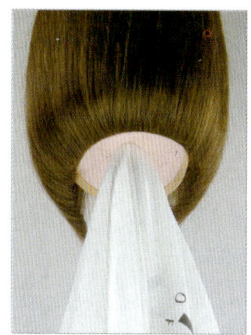

❶ 由下向上仰视观察，可以看到后颈部暴露的外线层次截面　　❷ 修剪暴露的层次截面　　❸ 用后镜观察修剪的效果，并及时修整　　❹ 后颈部完成效果

  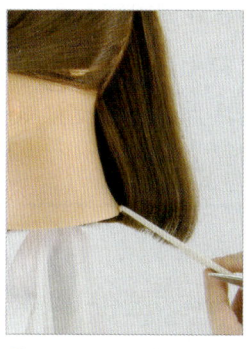 

❺ 从内部修剪左侧外线　　❻ 从内部修剪右侧外线　　❼ 从侧面观察头发，为内切层次结构　　❽ 正面完成效果

❾ 侧面完成效果

扫码观看

特别提示

1.修整外线的过程中，头位可以向后微倾，多角度观察是否有阻碍发型效果的多余头发。仰视观察外线内侧是否有清晰的弧形边线，左右轻轻抖动头发，再观察是否有多余头发，并予以修整。

2.修剪两侧头发时，需要将头位左右倾斜。

3.学会用后镜检查修剪效果。

传统修剪中压紧耳朵上方头发　　　　　　修剪外线

5. 修剪刘海区的头发时用手指向后垫再进行修剪，可以放长两侧长度。

6. 修剪完成后，进行吹风练习，先用排骨梳左右交替拉吹，将发根带出自然的蓬松度，再水平分层，用拉力适中的九排梳拉吹头发，使发尾向内卷曲（注意站位），为下一步做好准备。

纵向外部平切层次结构发型在头发吹干后，头顶头发的自然弹性会被释放，头顶周围头发的发尾会向上移动，形成实际上的纵向外部外切层次结构的效果。在现实中这类发型很难自然打理，这就需要进行进一步修整。

二、纵向外部平切层次结构发型修整为纵向外部内切层次结构发型

在完成上一款发型修剪后，可以进行纵向外部内切层次结构发型的修整练习。要形成干发时的内切层次结构，就需要修整外线内暴露的多余发尾，使发尾重新落到一条线上，从而形成实际上内短外长的纵向外部内切层次结构。

⑬ 拉吹头顶发区左侧的头发

⑭ 翻吹头顶发区右侧的头发

⑮ 拉吹头顶发区右侧的头发

⑯ 修整右侧外线

⑰ 修整左侧外线

⑱ 纵向外部平切层次结构效果

⑲ 侧面完成效果

扫码观看

 特别提示

1.在修剪时注意必须水平分区，在修剪水平线时应当注意对头发施加的拉力适中，梳理头发时要使头发保持自然流向。

2.修剪时美发师的站位也将直接影响发型的效果，站位应当随着所修剪发片的位置改变而移动。

3.因为头部是球形的，如果直接修剪水平线，两侧头发在视觉上会变短，会形成凹陷的外线效果，所以在湿发修剪时，可以先放长两侧的头发长度，等头发吹干后，再最后修整。

4.用传统修剪方法修剪两侧头发时，为了防止耳部区域修剪完后的头发变短，会用剪刀压紧耳朵上方的头发进行修剪，来达到放长耳部区域的头发长度的效果。但实际操作中是很难准确把握的。因此在定向修剪系统中，先放长耳上区的头发长度，等头发吹干后，再最后修整。

2. 整修

❶ 底部发区下层头发从中间开始向下拉吹

❷ 向左侧移动拉吹

❸ 向右侧移动拉吹

❹ 观察发尾流向是否出现偏差

❺ 当发尾流向出现偏差时,修整发尾流向

❻ 完成发尾流向修整

❼ 以同样的方法完成底部发区上层头发吹风

❽ 以同样的方法完成中间发区下层头发分层和吹风

❾ 以同样的方法完成中间发区上层头发吹风

❿ 修剪右侧耳上区头发的外线

⓫ 修剪左侧耳上区头发的外线

⓬ 翻吹头顶发区左侧的头发

⑨ 将右侧耳上区的头发放下,根据前后头发长度,放量①2厘米左右修剪

⑩ 左侧以同样的方法,将耳上区的头发夹起,以耳后的头发长度为引导,确定鬓角的长度

⑪ 左侧鬓角完成效果

⑫ 将左侧耳上区的头发放下,根据前后头发长度,放量2厘米左右修剪

⑬ 将头顶发区的头发放下,以底部发区头发长度为引导,由中间开始修剪

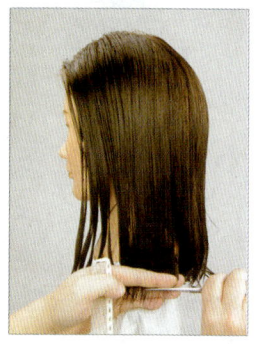
⑭ 左侧以底部发区头发长度为参考进行修剪

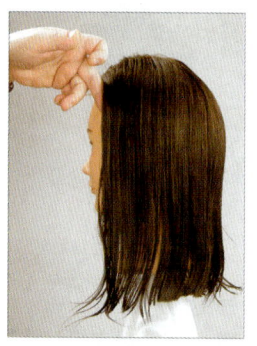
⑮ 将左侧刘海以额角为转点向下梳理

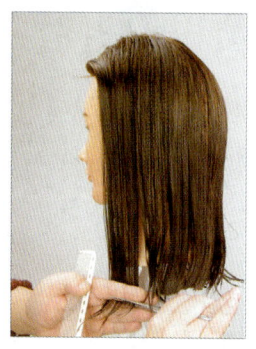
⑯ 以底部发区的头发长度为参考,完成左侧的修剪

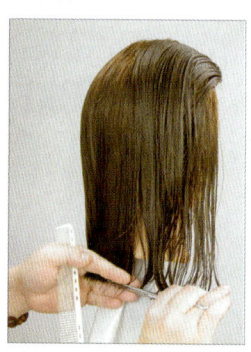
⑰ 右侧以底部发区的头发长度为参考进行修剪

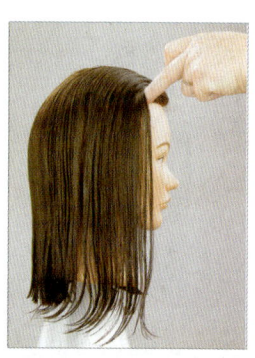
⑱ 将右侧刘海以额角为转点向下梳理

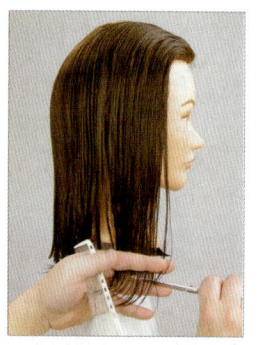
⑲ 以底部发区的头发长度为参考,完成右侧的修剪

扫码观看

---

① 放量是指多留出一定的头发长度。

第 1 节　教习头模 1 基础发型修剪训练

一、纵向外部平切层次结构发型修剪

1. 裁剪

❶ 双 U 形分区，头发自然下垂，从底部发区中间开始修剪水平线纵向外部平切层次

❷ 以同样的方法向左连接修剪水平线纵向外部平切层次

❸ 再以同样的方法向右连接修剪水平线纵向外部平切层次

❹ 修剪后部中间发区时，用同样的方法，以底部发区头发长度为引导，由中间向左修剪水平线纵向外部平切层次

❺ 用同样的方法，由中间向右修剪水平线纵向外部平切层次

❻ 将右侧耳上区的头发夹起，以耳后的头发长度为引导，确定鬓角的长度

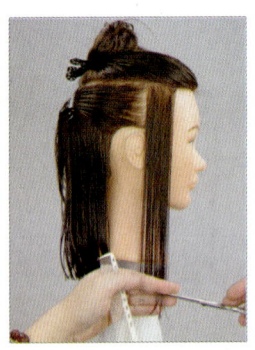
❼ 完成右侧鬓角修剪

❽ 右侧鬓角完成效果

077

第5章 基础发型定向修剪训练

定向修剪系统通过裁、剪、整、修四步修剪法和"四位一体"的综合运用，科学系统地破译了发型修剪的密码。通过本章的基础发型定向修剪训练，学员可以进一步掌握四步修剪法和"四位一体"，并熟练运用。修剪训练的过程中要注意以下要点：

1. 湿发修剪时，头发要保持同等湿度。
2. 干发修整时，要使头发保持自然的蓬松状态和自然的流向。
3. 修剪时要注意头位、站位、方位、手位"四位一体"的运用。
4. 修剪层次结束后，一定要用十字交叉修剪技法对发尾进行打磨修整。
5. 学会利用镜子和剪发椅进行全方位的效果检查，以便及时修整。

特别提示

为了充分利用教习头模，减少浪费，本书对基础发型修剪训练的内容进行了科学安排（发型由长到短进行修剪），每节使用1个教习头模即可完成训练。建议使用16～20吋①的全真发或混合发教习头模进行练习。

在基础发型的定向修剪训练中，要牢记定向修剪口诀，并付诸行动：

1. 裁剪整修，环环相扣；四位一体，统贯全程。
2. 设定头位，配合站位，确定方位，变化手位。
3. 层次湿低干会高，宁低勿高是窍门。
4. 厚发显长薄显短，宁长勿短错不了。
5. 外线实中要有虚，虚薄外线要有型。
6. 中线为梁边为框，框架裁剪去相连。

---

① 吋为英寸旧称，美发行业内仍常用此单位，1吋约为2.5厘米。

3.手位分为横向手位及（　　）手位两大类。

A.内切　　B.外切　　C.纵向　　D.平切

4.横向和纵向手位分别包括（　　）种。

A.三　　B.四　　C.五　　D.六

5.细节方位包括（　　）个基础方位。

A.十　　B.十二　　C.二　　D.八

6.定向修剪系统中的方位有细节方位、局部方位及（　　）方位。

A.整体　　B.放射离心　　C.平行直线　　D.汇聚离心

7.细节方位可分为正视方位、侧视方位及（　　）方位三个维度。

A.垂直向上　　B.垂直向下　　C.水平向左　　D.俯视

8.整体方位有（　　）种基础方位。

A.十　　B.九　　C.八　　D.三

9.站位分为（　　）种。

A.三　　B.二　　C.四　　D.五

参考答案

一、判断题

1.√　2.×　3.×　4.√　5.√　6.×　7.×　8.×
9.×　10.√　11.√　12.×　13.√　14.×　15.×　16.√
17.×　18.√

二、单项选择题

1.A　2.C　3.C　4.A　5.D　6.A　7.D　8.D
9.B

📧 课堂提问

1. 手位包含哪些内容？
2. 哪些手位在实际操作中不常采用？为什么？
3. 哪些手位在实际操作中经常采用？为什么？

💡 课后练习

一、判断题（将判断结果填入括号中。正确的填"√"，错误的填"×"）

1. "四位一体"是指在实际操作中，头位、站位、方位、手位之间的配合是非常重要的。（　）
2. 头位可分为直立、后仰、侧倾三种。（　）
3. 手位可分为平切、内切、外切三种。（　）
4. 整体方位可分为放射的离心方位、平行的直线方位和汇聚的向心方位。（　）
5. 细节方位可分为正视方位、侧视方位、俯视方位三个维度。（　）
6. 整体方位可分为八个方位。（　）
7. 头位是剪发时美发师的头部所摆放的位置。（　）
8. 修剪时采用直立头位可以获得不对称的发型效果。（　）
9. 在修剪发型时站位不重要，可以随意站立，不会影响发型的效果。（　）
10. 剪发操作时，站位随着发片位置的改变而移动属于活动站位。（　）
11. 细节方位通常是指发型修剪时单个发片的提拉方向。（　）
12. 向上的提拉方位，多用于向下外切层次结构的修剪。（　）
13. 提拉方位与手位是确定发型层次结构的关键因素。（　）
14. 手位是修剪发型时控制头发修剪长度的梳子位置。（　）
15. 正常提拉＋内切手位＝等长层次。（　）
16. 正常提拉＋平切手位＝等长层次。（　）
17. 正常提拉＋外切手位＝上长下短的层次。（　）
18. 向下提拉＋平切手位＝上长下短的层次。（　）

二、单项选择题（选择一个正确的答案，将相应的字母填入题内的括号中）

1. 剪发时常用的头位有（　）种。
   A. 六　　B. 十　　C. 十二　　D. 八

2. 定向修剪系统中的"四位"是指（　）、站位、手位及方位。
   A. 直立头位　　B. 前倾头位　　C. 头位　　D. 后仰头位

（3）修剪纵向外部向上外切层次结构的三种手位

1）向上提拉采用纵向平切手位。剪切线最短，容易控制，是实际操作中常用的手位。

向上提拉采用纵向平切手位
（常用手位）

2）正常提拉采用外切手位。剪切线稍长，不易控制，是实际操作中不常用的手位。

正常提拉采用外切手位
（不常用手位）

3）向下提拉采用外切手位。剪切线最长，很难控制，是实际操作中不采用的手位。

向下提拉采用外切手位
（不采用手位）

（2）修剪纵向外部向下外切层次结构的三种手位

1）向下提拉采用纵向平切手位。剪切线最短，容易控制，是实际操作中常用的手位。	 向下提拉采用纵向平切手位 （常用手位）
2）正常提拉采用内切手位。剪切线稍长，不易控制，是实际操作中不常用的手位。	 正常提拉采用内切手位 （不常用手位）
3）向上提拉采用内切手位。剪切线最长，很难控制，是实际操作中不采用的手位。	 向上提拉采用内切手位 （不采用手位）

（1）修剪纵向外部平行外切层次结构的三种手位

1）正常提拉采用纵向平切手位。剪切线最短，容易控制，是实际操作中常用的手位。

正常提拉采用纵向平切手位
（常用手位）

2）向下提拉采用外切手位。剪切线变长，不易控制，是实际操作中不常用的手位。

向下提拉采用外切手位
（不常用手位）

3）向上提拉采用内切手位。剪切线变长，不易控制，是实际操作中不采用的手位。

向上提拉采用内切手位
（不采用手位）

（2）前切手位。发片正常提拉，剪切线向后外斜，即剪切线与发片的内夹角前大（钝角）后小（锐角），形成头发前短后长的横向外部前切层次结构。	锐角　钝角 前切手位
（3）后切手位。发片正常提拉，剪切线向前外斜，即剪切线与发片的内夹角前小（锐角）后大（钝角），形成头发后短前长的横向外部后切层次结构。	钝角　锐角 后切手位

3. 手位的变化

通过手位的练习，可以强化对层次结构的把控能力，练习时要注意"四位一体"的配合。当发片提拉的方向改变时，手位也发生变化。

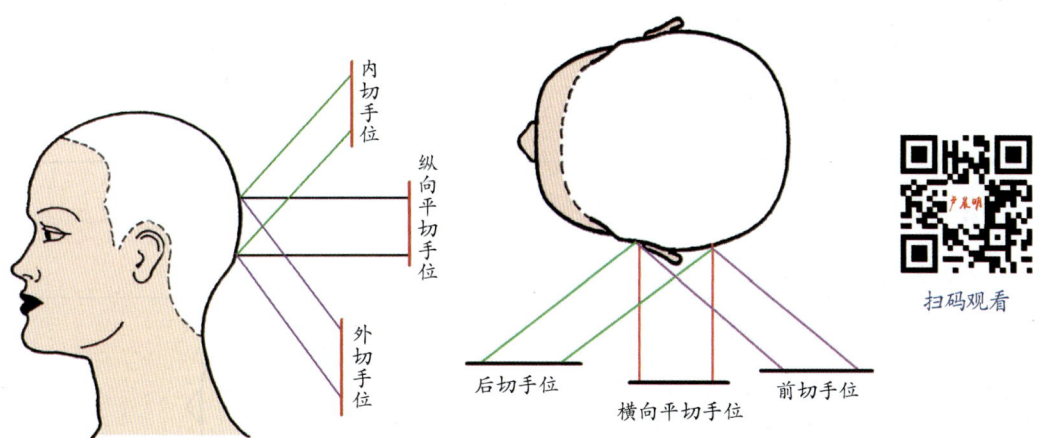

不同发片提拉方向采用手位示意图

扫码观看

手位的变化进行讲解。

（1）纵向平切手位。剪切线平行于头部曲线，剪切线与发片的上下夹角都是90°，形成头发相对等长的纵向外部平行外切层次结构。

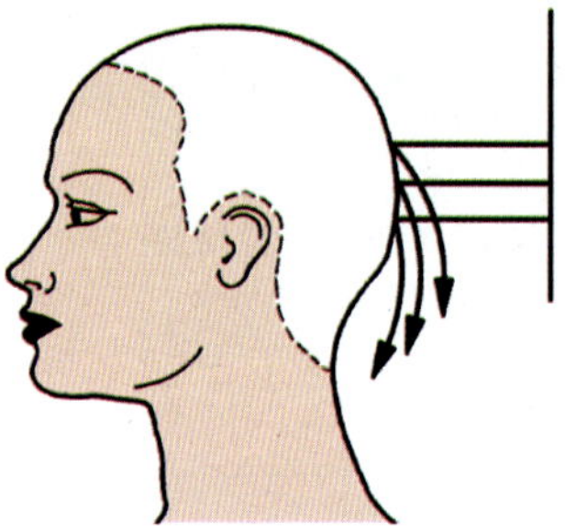

（2）内切手位。剪切线向下内斜，即剪切线与发片的内夹角上小（锐角）下大（钝角），形成头发上长下短的纵向外部向下外切层次结构。

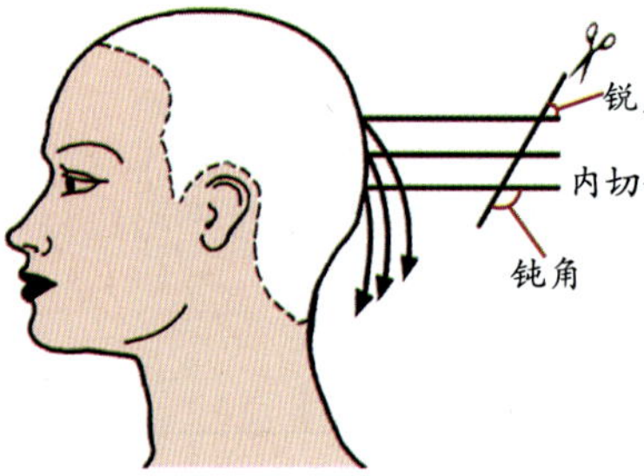

（3）外切手位。剪切线向下外斜，即剪切线与发片的内夹角上大（钝角）下小（锐角），形成头发上短下长的纵向外部向上外切层次结构。

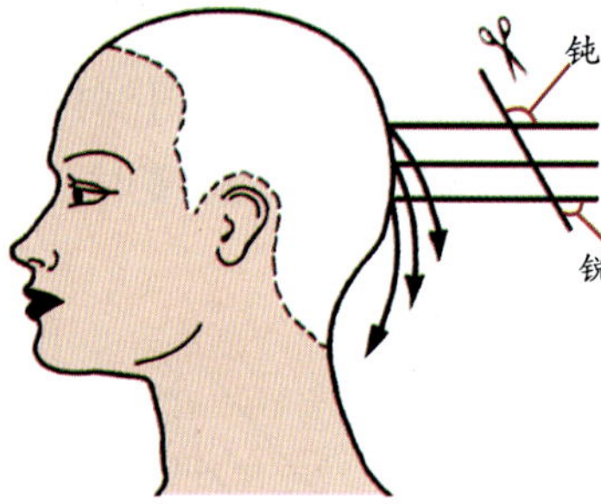

2. 横向手位

横向手位控制着头发横向的层次结构。

（1）横向平切手位。发片正常提拉，剪切线平行于头部曲线，剪切线与发片的前后夹角都是90°，形成头发相对等长的横向外部平切层次结构。

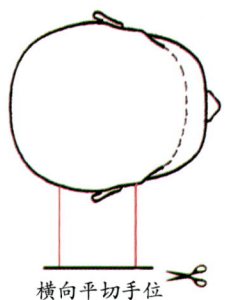

2. 正常提拉

正常提拉是指头发垂直于头皮切面进行提拉，多用于纵向外部平行外切层次（等长层次）的修剪。

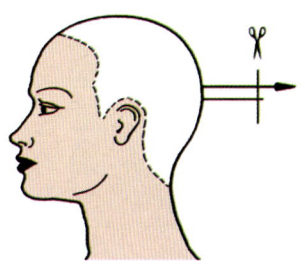

3. 向下提拉

即低角度提拉，是指在零度提拉与正常提拉之间的范围内提拉，多用于纵向外部向下外切层次（低层次）的修剪。

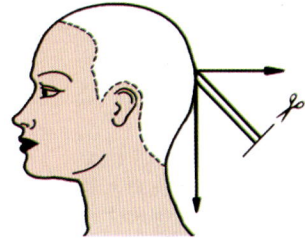

4. 向上提拉

即高角度提拉，是指在正常提拉以上的范围提拉，多用于纵向外部向上外切层次（高层次）的修剪。

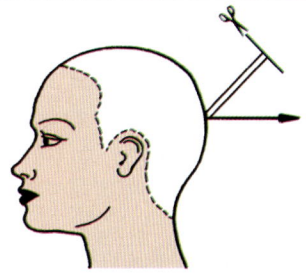

📧 课堂提问

1. 细节方位包含哪些方位？
2. 局部方位包含哪些方位？
3. 整体方位包含哪些方位？
4. 怎样理解细节是为整体服务的？

五、手位

修剪时，用手指来控制头发修剪长度，手指摆放的位置即手位。在定向修剪系统中，运用不同的手位可以修剪出不同的发型层次结构。

1. 纵向手位

纵向手位控制着头发纵向的层次结构。我们以发片正常提拉的方位为参考，来对

（1）放射的离心方位。发区的头发全部垂直于头皮切线向外放射提拉，适用于修剪大面积的剪切面，是正空间弧面修剪常用的方位。	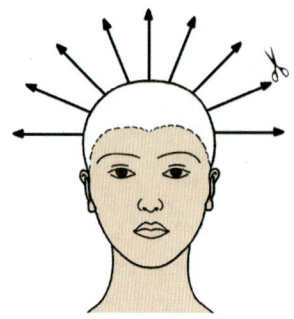
（2）平行的直线方位。发区的头发以同样的角度提拉，所有头发为水平的直线，是定向修剪常用的方位。	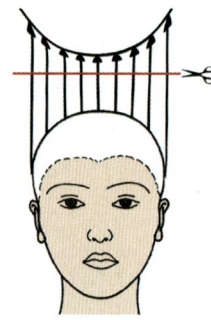
（3）汇聚的向心方位。发区的头发汇聚向一点提拉，是平面修剪和负空间弧面修剪常用的方位。	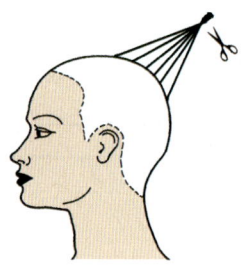

特别提示

在定向修剪系统中，传统的提拉角度可以转换成以下四种提拉方向。

1.零度提拉 头发垂直向下，包括向内靠向后颈的提拉范围，都属于零度提拉，多用于纵向外部平切层次或纵向外部内切层次的修剪。	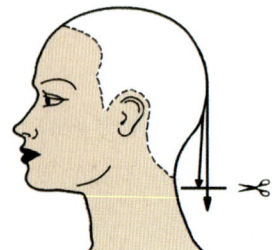

2. 局部方位

局部方位是指发型的局部区域以细节方位为参考，进行提拉的方向。常用的局部方位有以下几种。

| 下线后斜向下的方位 | 上线后斜向下的方位 | 下线水平向后的方位 |

| 上线水平向后的方位 | 上线后斜向上的方位 | 下线垂直向上的方位 |

3. 整体方位

整体方位是指整个头部或大面积的头部区域头发的提拉方向。整体方位可分为放射的离心方位、平行的直线方位和汇聚的向心方位。

（1）正视方位

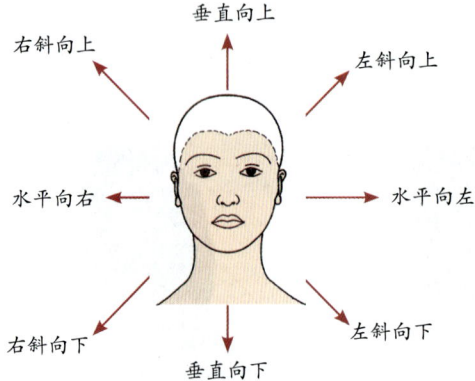

（2）侧视方位

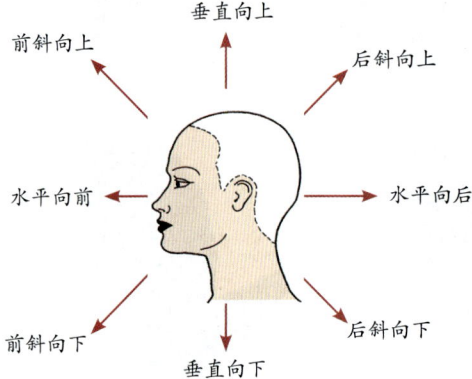

（3）俯视方位

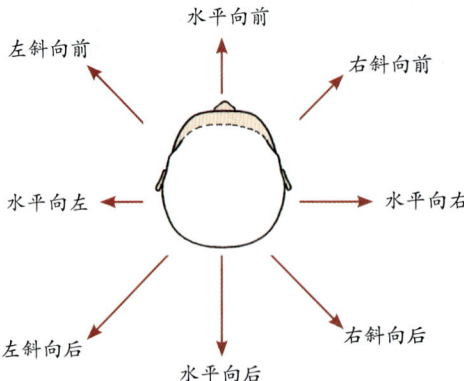

特别提示

站位要注意以下四点：

1. 要保持腰部的挺直。
2. 要保持姿态的稳定。
3. 要保持视角的正确。
4. 要保持身体的平衡。

在实际操作中需要随时调整剪发椅或练习支架的高度，以保持正确的站位。

错误站位　　　　　　　正确站位

实操练习

1. 进行固定站位配合修剪练习
2. 进行活动站位配合修剪练习
3. 进行活动站位配合吹风练习
4. 进行固定站位配合吹风练习

四、方位

方位指的是发片提拉的方向。"用方位决定角度，用角度决定层次，用层次决定效果"是定向修剪技法的理论基础。传统的层次修剪中，发片的提拉方向是用角度来表示的，但在实际操作中，提拉角度无法精确地测量。如果盲目地追求角度的精确，是不科学也不现实的。

定向修剪系统中的方位分为细节方位、局部方位和整体方位。

1. 细节方位

细节方位是从正视、侧视、俯视三个维度细分单个发片提拉的方向，每个维度都可分成八个方向。无数个细节方位构成整体方位。

6. 侧转头位

在修剪两侧齐肩的外线时，为了方便修剪，可以让顾客把头转向左侧或右侧，在顾客身前或者身后进行修剪。

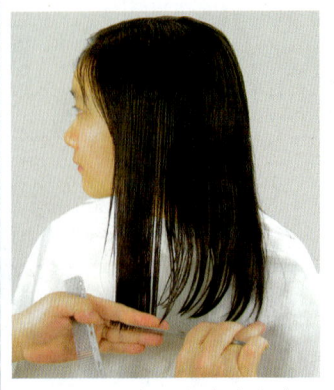 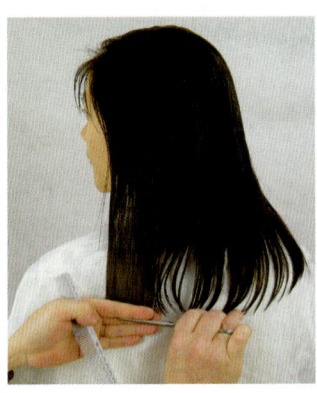

| 侧转头位在顾客身前修剪 | 侧转头位在顾客身后修剪 |

三、站位

站位是指美发师在工作时站立的位置。站位是美发师在工作时很容易忽视的一个重要环节，无论是分区还是修剪、造型，不稳定和不正确的站位，会直接或间接影响发型最终呈现的效果。在实际操作中，站位分为固定站位和活动站位两种。

1. 固定站位

固定站位即剪发时美发师站在固定的位置，便于头发在横向层次结构上表现出不同的长度。

（1）固定站在顾客身前，可以使发型形成前短后长的层次结构和外线形状。

（2）固定站在顾客身后，可以使发型形成前长后短的层次结构和外线形状。

2. 活动站位

活动站位即剪发时美发师的站位随着所修剪发片位置的改变而移动，便于头发在横向层次结构上表现出相等的长度。

3. 低倾头位

在修剪两侧的外线时，为了尽量达到对称，往往采用低倾头位。采用低倾头位修剪出的水平外线在直立头位时就成为向后倾斜的外线。

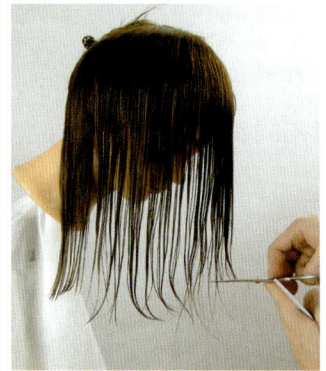 

低倾头位修剪　　　　　直立头位效果

4. 后仰头位

采用后仰头位进行平切修剪，在直立头位就能形成小面积的纵向外部外切层次结构发型。

在修剪后斜线内切层次结构发型时，后仰的头位便于修剪干净两侧内部的头发。

后仰头位修剪　　　　　直立头位效果

5. 侧倾头位

在修剪两侧外线时，为了方便修剪，可以让顾客把头侧向左边或右边，修剪内部或者外部的头发。

 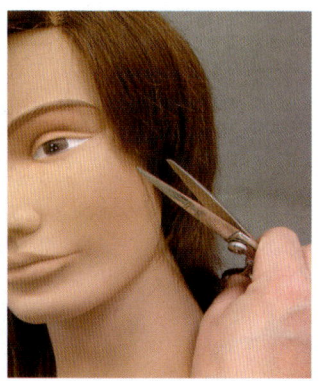

侧倾头位修剪内部头发　　侧倾头位修剪外部头发

2."一体"的定义

"四位一体"中的"一体"是指在实际操作中,头位、站位、方位、手位之间的配合是非常重要的。修剪时不同头位、站位、方位、手位的配合运用,主导着发型层次结构的变化。

二、头位

头位是剪发时顾客头部摆放的位置。头位会影响发型的修剪效果,美发师在修剪过程中要留心头位,以保证修剪效果。

1. 直立头位
采用直立头位剪发可获得对称的发型效果。直立头位是修剪时最常用的头位。顾客的双手和双腿不交叠,才能保证头位直立。

头位左右直立　　头位前后直立

2. 前倾头位
为了使直立头位时的发型外线呈整齐的斜线,在修剪后颈处头发时,需采用前倾头位。

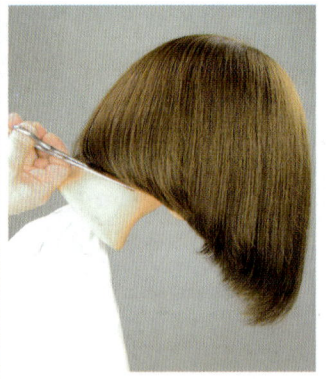

前倾头位修剪　　直立头位效果

A. 五　　B. 二　　C. 三　　D. 九

4. (　　)是用移动修剪的方式,修剪出较长的弧形剪切线。

A. 削剪　　B. 扎剪　　C. 压剪　　D. 平剪

5. 拉力适中的(　　)能够较好地恢复头发的自然流向。

A. 排骨梳　　B. 九排梳　　C. 毛滚梳　　D. 直板夹

6. 削剪的技巧是用剪刀在头发上(　　)滑动进行修剪。

A. 左右　　B. 上下　　C. 来回　　D. 平行

7. 剪刀在头发上大幅度滑动称为(　　)。

A. 长削　　B. 短削　　C. 慢削　　D. 快削

参考答案

一、判断题

1. √　　2. ×　　3. √　　4. √　　5. √　　6. √　　7. √　　8. √
9. √　　10. ×　　11. √　　12. √

二、单项选择题

1. C　　2. D　　3. C　　4. B　　5. B　　6. C　　7. A

第2节　四位一体

一、定义

1. "四位"的定义

"四位一体"中的"四位"指的是头位、站位、方位、手位。

◎ 头位是指顾客头部摆放的位置。

◎ 站位是指美发师工作时站立的位置。

◎ 方位是指头发提拉的方向。

◎ 手位是指修剪时手指摆放的位置。

课堂提问

1. "裁"包含哪些内容？
2. "剪"包含哪些内容？
3. "整"可以使用哪些工具？
4. "修"包含哪些内容？
5. 哪几种修剪技术属于硬性切口修剪？
6. 哪几种修剪技术属于柔性切口修剪？

课后练习

一、判断题（将判断结果填入括号中。正确的填"√"，错误的填"×"）

1. 水平取份多用于增加量感发型的修剪。（　　）
2. 裁的技巧有分区、取份、发片靠位等。（　　）
3. 一点放射裁剪技术是横向层次与纵向层次相互转移的裁剪技巧。（　　）
4. 多点平行裁剪技术是以中线长度为参考的裁剪技巧。（　　）
5. 柔性切口的发尾呈现参差不齐的柔和形态。（　　）
6. 削剪法是定向修剪系统中最常用的一种柔性切口修剪技法。（　　）
7. 压剪分为梳子压剪和手指压剪两种。（　　）
8. 整是指使头发恢复至自然流向或呈现人工设定的流向所需的吹梳和整理工作。（　　）
9. 在定向修剪系统中整理头发是用拉力较小的排骨梳或者拉力适中的九排梳。（　　）
10. 毛滚梳和直板夹的拉力大，适合整理头发至自然状态。（　　）
11. 推剪多用于剪短周边区域的头发。（　　）
12. 点剪是一种可以减轻发尾重量、柔和发尾形态的修剪技巧。（　　）

二、单项选择题（选择一个正确的答案，将相应的字母填入题内的括号中）

1. 定向修剪系统中，修剪分为（　　）步。
   A. 二　　B. 三　　C. 四　　D. 五

2. 定向修剪系统中的基础分区有（　　）种。
   A. 二　　B. 八　　C. 四　　D. 六

3. 修整外线时，剪刀有（　　）种不同的摆放位置。

❹ 再从左侧开始斜线取份打磨发尾

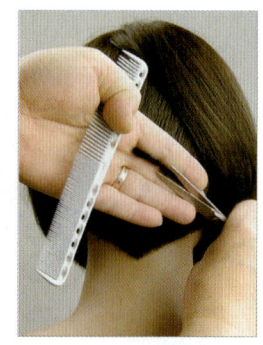
❺ 逐渐向右移动打磨发尾

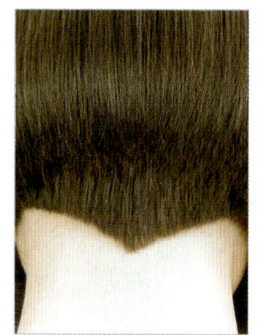
❻ 最后完成效果

（2）提拉打磨。提拉打磨即通过逐渐提拉横向发片的高度进行发尾修饰，对外部层次的发尾进行精细打磨，减少发尾自然下落时的剪切痕迹和发尾层次脱节的现象。

❶ 低角度提拉发片打磨发尾

❷ 逐渐增大发片提拉高度打磨发尾

❸ 根据层次高低决定发片提拉的高度

3. 发量调整

发量调整是指通过去除内部的一些头发来调整头发的厚度。调整发量后，头发的长度在视觉上会缩短。因此，定向修剪系统中强调"宁长勿短"的技术要点。

第6章中将详细介绍发量调整的操作技法。

4. 纹理缔造

纹理缔造就是通过去除内部的一些头发，来产生具有方向感的束状纹理。

第6章中将详细介绍纹理缔造的相关内容。

2）点剪。用点剪进行外线形态的修整，可减小发尾的密度，使外线更加柔和。

平剪修整外线

点剪修整外线

扫码观看

 特别提示

外线修整时平剪和点剪可以交替使用。

2. 发尾打磨

（1）交叉打磨。交叉打磨即通过十字交叉修剪的技法，对外部层次的发尾进行精细的打磨，使自然下落的外部层次的发尾更加均匀、融合。

❶ 发尾未经打磨的外部层次

❷ 从右侧开始斜线取份打磨发尾

❸ 逐渐向左移动打磨发尾

1. 外线修整

（1）不同剪位的外线修整。在定向修剪系统中，外线修整时，剪刀处于三种不同的位置（即剪位），可以对外线进行不同的修饰。

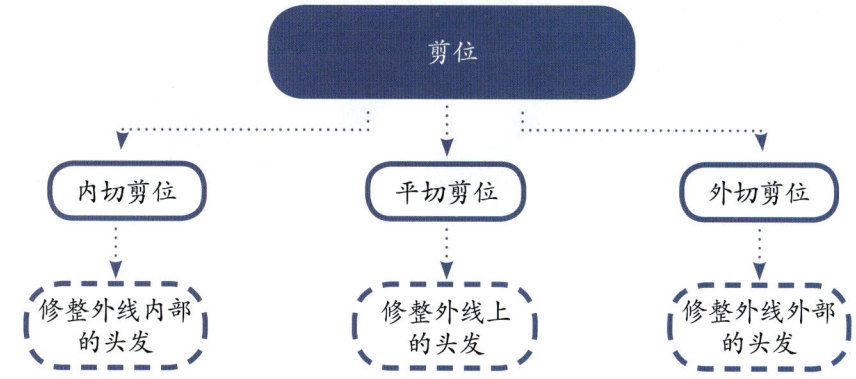

1) 内切剪位修整。可以修整出略带纵向外部内切层次的外线形态。
2) 平切剪位修整。可以修整出线条清晰的外线形态。
3) 外切剪位修整。可以修整出略带纵向外部外切层次的外线形态。

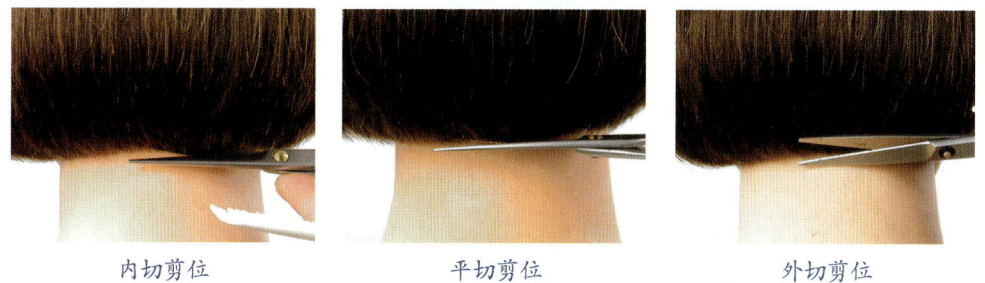

内切剪位　　　　　　　平切剪位　　　　　　　外切剪位

💠 特别提示

外线修整时，干发的修整效果比湿发要更好。头发在不用梳子或手指辅助的情况下进行修整时，由于没有人为施加的拉力，因此修整后的外线形态要比用梳子或手指辅助修整出的更加准确。

（2）常用的外线修整技法
1) 平剪。先用平切剪位，再用内切剪位和外切剪位进行外线形态的修整。

| 向右带干发根 | 向左带干发根 | 分层向下吹干头发 |

（操作方法详见教习头模1第一款发型的演示视频）

特别提示

1. 使用拉力较小的排骨梳和拉力适中的九排梳，能够使头发恢复比较自然的形态。

2. 使用拉力过大的毛滚梳或直板夹，会改变头发的自然形态，在定向修剪系统中不建议使用。

四、修的技巧

修是指对自然形态下发型出现的瑕疵进行最后的修整工作，包括外线修整、发尾打磨、发量调整、纹理缔造四个方面。

特别提示

在本节中，对外线修整和发尾打磨这两种用剪刀进行操作的修的技巧进行讲解。而发量调整和纹理缔造的操作工具不是剪刀，具体的操作技法将在第6章中进行讲解。

3）点剪法。点剪法是一种可以减轻发尾重量、柔和发尾形态、减少发量的修剪技巧。点剪的深度不同，发量减少的效果就不同。

①浅度点剪。剪刀插入发尾进行修剪。可以减轻发尾的重量，柔和发尾形态，更可以消除硬性切口修剪所产生的不均匀的发尾重叠。

②深度点剪。剪刀插入发尾至发中进行修剪。在柔和发尾形态的同时，减轻头发的重量。

浅度点剪示范

深度点剪示范

扫码观看

特别提示

可以用点剪法在发尾、发中或发根处进行单一位置的发量调整，也可以在头发的多个部位进行发量调整（发尾到发中或发尾到发根）。

三、整的技巧

整是指使头发恢复至自然流向或呈现人工设定的流向所需的吹梳和整理工作。正确的吹梳和整理工作会给发型最后的修整带来极大的方便，在定向修剪技术课程中，使用拉力较小的排骨梳或者拉力适中的九排梳整理头发，先左右横向交替带干发根，再向下拉顺吹干头发。

②短削。剪刀由发尾向发根小幅度来回滑动削剪,能够形成较厚重的柔和发尾。

❶ 削剪前钝直的外线效果　❷ 将剪刀的后半部靠近头发　❸ 由下至上,来回削剪发尾　❹ 向侧面移动削剪

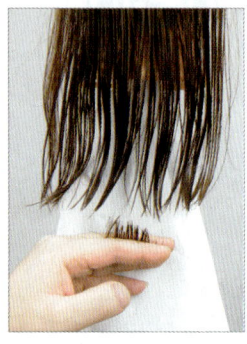  

❺ 发尾呈柔和状态　❻ 短削完成后柔和的外线效果

扫码观看

2)挑剪法。挑剪法采用的是固定指位的手外剪方式,多用于头顶发区的修剪,可制造柔和的发尾形态。修剪时,剪刀刀刃的外背与手指成45°左右的斜角,从固定指位处向发尾移动并闭合刀刃挑剪发尾的头发。

❶ 剪刀摆放位置示意　❷ 固定指位,从靠近手指处下刀　❸ 将剪刀向发尾移动的同时,闭合刀刃

扫码观看

3）推剪法。推剪多用于剪短周边区域的头发，使头发长度渐变而产生色调[①]。

推剪法中，光色调推剪属于硬性切口修剪，即用电推剪推出色调，发尾平整刚硬，适用于皮肤黑、长相硬朗、体形魁梧的人。而毛色调推剪属于柔性切口修剪，发尾毛糙，适用于皮肤白皙、长相文雅清秀的人。

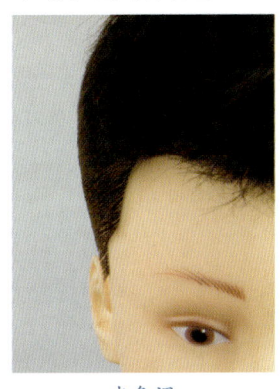 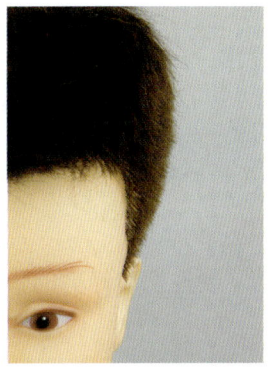

光色调　　　　　　　　毛色调

（操作方法详见第5章第1节教习头模1第十一款发型的演示视频）

（2）柔性切口修剪。柔性切口修剪出的头发切口十分柔和，在确定发长的同时，减少发尾的发量，使发尾呈现参差不齐的柔和形态。

1）削剪法。削剪法是定向修剪系统中最常用的一种柔性切口修剪技法，削剪法采用的是固定指位、手外剪的方式，多用于周边发区的修剪，制造出柔和的发尾形态。根据削剪时剪刀刀刃在头发上来回滑动的幅度，把削剪法分成长削和短削。

①长削。剪刀由发根或发中向发尾大幅度来回滑动削剪，能够形成较碎的柔和发尾。

❶ 从发根或发中下刀，削至发尾　　❷ 来回削剪　　❸ 长削完成效果

---

① 发型推剪中所说的色调，是指推剪使头发长度产生渐变，从而在视觉上形成不同的明暗程度。

特别提示

1. 手指压剪可以形成不明显的纵向外部内切层次结构的效果。
2. 梳子压剪可以形成不明显的纵向外部平切层次结构的效果。

2. 剪发方法

根据修剪出的发尾的形态,剪发方法可分为硬性切口修剪和柔性切口修剪两大类,每种剪发方法都有其特点和针对性,要熟练掌握并且恰当运用。

扫码观看

(1)硬性切口修剪。硬性切口修剪的头发切口平整,具有重量感,发型的发尾形态刚硬。

1)断剪法。断剪法采用固定指位修剪,是确定头发长度最常用的修剪技巧。

断剪法修剪　　　　　　断剪法完成效果

2)扎剪法。扎剪法采用活动指位修剪,适合修剪较长的弧形剪切线,多用于建立不等长的头发结构。修剪时剪刀呈张开状态,剪刀在发片上不断张合的同时移动修剪。

扫码观看

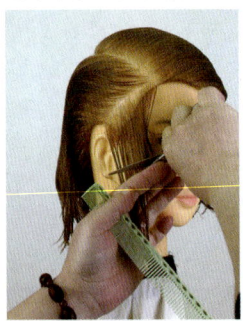 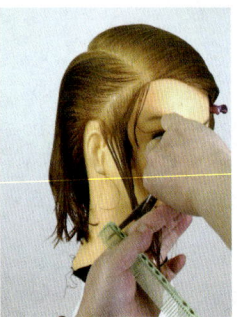 

向下扎剪　　　　剪刀弧形走位　　　扎剪法完成效果

> 💚 **特别提示**
> 自然下垂头发的横向手内剪可形成不明显的纵向外部外切层次结构的效果。

2)手外剪。手外剪是指头发在手掌外侧进行修剪,适用于头顶区域或头顶区域与周边区域转角处头发的修剪,分为纵向手外剪和横向手外剪。

纵向手外剪

横向手外剪

扫码观看

(2)压剪。压剪是指将头发压在皮肤上进行修剪,多用于干净整齐的外线的修剪。

1)手指压剪。按照自然的发流方向(简称流向)梳理头发,用手指把头发压在皮肤上进行修剪。

2)梳子压剪。按照自然流向梳理头发,用梳子将头发压在皮肤上进行修剪。

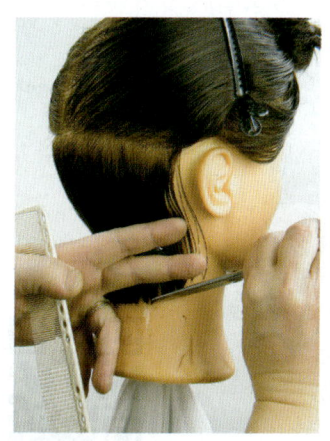
手指压剪

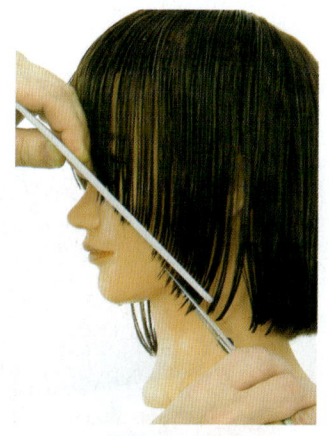
梳子压剪

扫码观看

（5）多点放射裁剪技术。多点放射裁剪是纵向层次向横向层次逐渐缓慢转移的修剪技巧，是定向修剪系统中常用的修剪技巧，发片靠位可以是1靠2,2靠3,3靠4……的活动靠位方式，也可以是2靠1,3靠1,4靠1……的固定靠位方式。

扫码观看

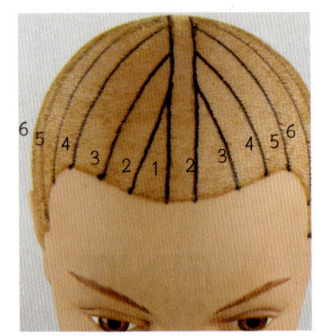

多点放射裁剪取份正面示意图

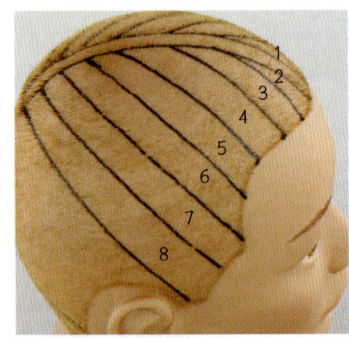

多点放射裁剪取份侧面示意图

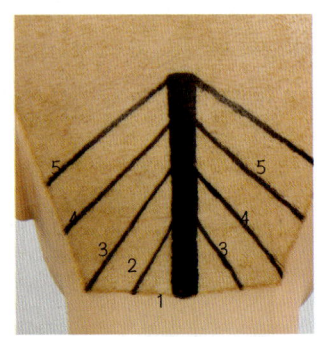

多点放射裁剪取份背面示意图

二、剪的技巧

剪的技巧包括发片的不同固定方法，以及各种剪断头发的方法。剪需要在剪刀和梳子的配合下完成。

扫码观看

1. 运用不同发片固定方法进行修剪

（1）夹剪。夹剪是指用手指固定发片进行修剪，便于头发层次结构和长度的确定。夹剪有手内剪和手外剪两种方法。

1）手内剪。手内剪是指头发在手掌内侧进行修剪，适用于周边区域头发的修剪，分为纵向手内剪和横向手内剪。

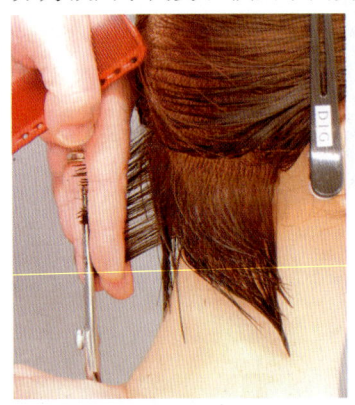

纵向手内剪

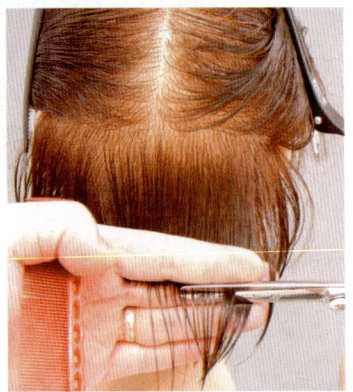

横向手内剪

扫码观看

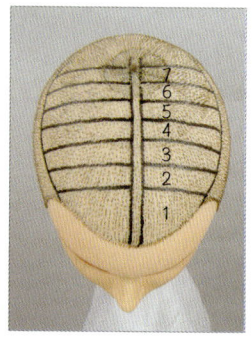
❶ 取份示意图

❷ 确定中线头发长度

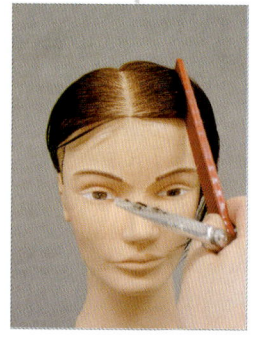
❸ 将修剪好的中线头发梳向左边

❹ 水平取份，以中线头发的长度为引导进行修剪

❺ 修剪成上长下短的纵向外部向下外切层次结构

❻ 依次向后水平取份，以中线和前一份头发长度为引导进行修剪

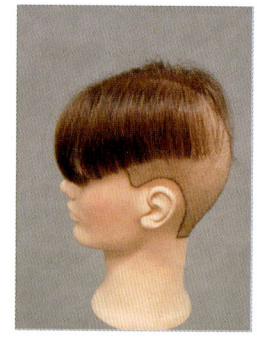
❼ 完成效果

❽ 将修剪好的中线头发梳向右边

❾ 依次向后水平取份，以中线和前一份头发的长度为引导，修剪成上短下长的纵向外部向上外切层次结构

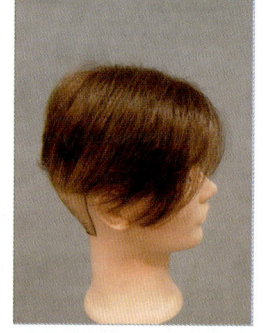
❿ 完成效果

扫码观看

⑬ 横向检查

⑭ 修剪完成效果

扫码观看

💚 特别提示

要看清引导线，不误剪引导线。

（3）一点放射裁剪技术。一点放射裁剪是横向层次与纵向层次相互转移的裁剪技巧，发片靠位方式为：1靠2，2靠3，3靠4……

扫码观看

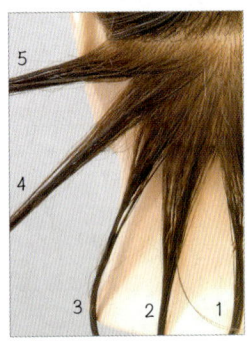
❶ 如图所示进行取份

❷ 由中线开始确定纵向层次结构

❸ 依次向上放射取份，正常提拉①，以中线长度为引导进行放射修剪

❹ 最后过渡至横向层次结构的修剪

（4）多点平行裁剪技术。多点平行裁剪是横向层次与纵向层次相互参考的裁剪技巧，发片靠位方式为：1靠2，2靠3，3靠4……

---

① 详见第4章第2节对方位的介绍。

（2）垂直取份——活动引导线裁剪技术。每份发片都以同样的角度提拉，每份发片都以周边修剪好的发片长度为引导进行修剪，发片靠位方式为：1靠2，2靠3，3靠4……

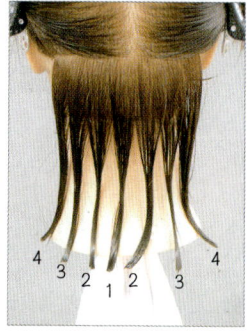

❶ 如图所示进行取份

❷ 从中间开始取第一份发片，垂直于头部曲线提拉

❸ 修剪出所需长度

❹ 垂直于头部曲线，提拉出第一份发片左侧的第二份发片，将第一份发片靠向第二份发片

❺ 看清引导线

❻ 以第一份发片的长度为引导修剪第二份发片

❼ 垂直于头部曲线，提拉出第三份发片

❽ 将第二份发片靠向第三份发片，以第二份发片的长度为引导修剪第三份发片

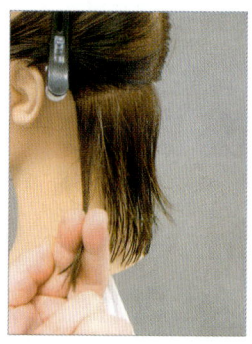

❾ 垂直于头部曲线，提拉出第四份发片

❿ 将第三份发片靠向第四份发片，以第三份发片的长度为引导修剪第四份发片

⓫ 同样以第一份发片长度为引导修剪右侧第二份发片

⓬ 以左侧同样的方法完成右侧发片的修剪

（1）垂直取份——固定引导线裁剪技术。把所有的发片都引导向一个固定的发片进行修剪，每个发片的提拉角度都不同，发片靠位方式为：2靠1，3靠1，4靠1……

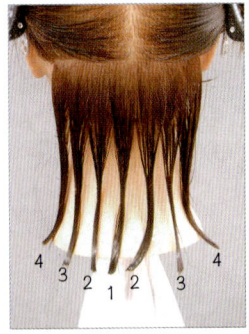

❶ 如图所示进行取份

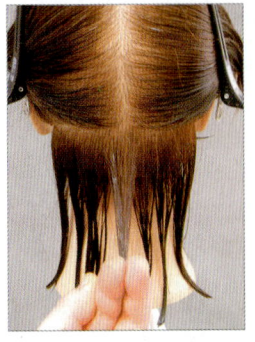

❷ 从中间开始取第一份发片，垂直于头部曲线提拉

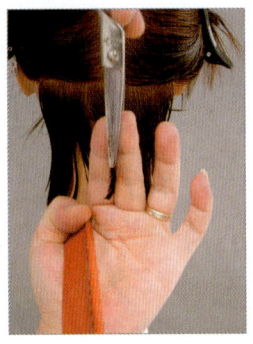

❸ 修剪出所需长度

❹ 左侧第二份发片拉向第一份发片，以第一份发片长度为引导进行修剪

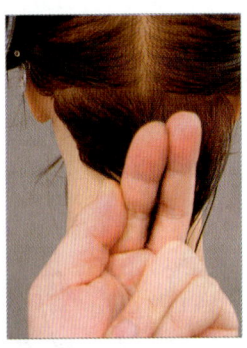

❺ 依次将左侧的发片拉向第一份发片

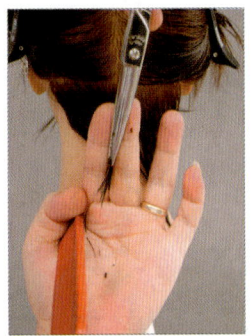

❻ 同样以第一份发片的长度为引导进行修剪

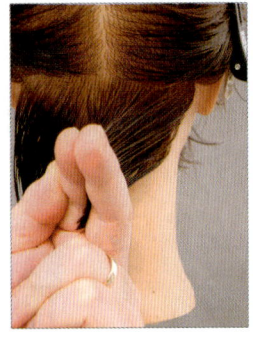

❼ 将右侧的发片依次拉向第一份发片

❽ 同样以第一份发片的长度为引导进行修剪

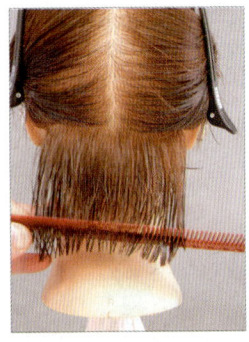

❾ 横向检查

❿ 修剪完成效果

扫码观看

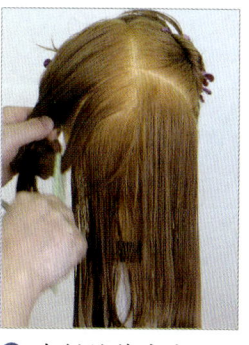

扫码观看

❺ 右侧继续向上，以同样的方法完成右侧前斜线取份　　❻ 左侧继续向上，以同样的方法完成左侧前斜线取份

（4）后斜线取份。后斜线取份又称V字线取份，可使发型轮廓前短后长，动态向后。后斜线取份的方法如下。

扫码观看

❶ 头发底部划分出对称的V形区　　❷ 左侧平行于底部分区线分出一条后斜线　　❸ 右侧同样平行于底部分区线分出一条后斜线，左右交替依次完成后斜线取份

（5）取份训练的质量标准

1）快速准确。

2）对称平衡。

3）发丝梳理干净。

4）发片厚薄均匀。

3. 发片的组合裁剪技术

通常每个修剪区域内美发师修剪的第一个发片，会成为该区域的引导线，发片之间的靠位决定了层次结构的变化。

扫码观看

❺ 将发片沿水平分区线向下梳开

❻ 完成效果

特别提示

视频中呈现的是发片取份和修剪的技术演示,初学者必须熟练掌握取份技术和剪刀与梳子的配合后,才能进行修剪练习。

(3)前斜线取份。前斜线取份又称 A 字线取份,可使发型轮廓前长后短,动态向前。前斜线取份的方法如下。

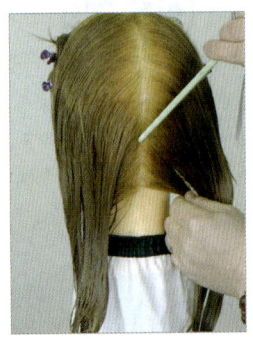

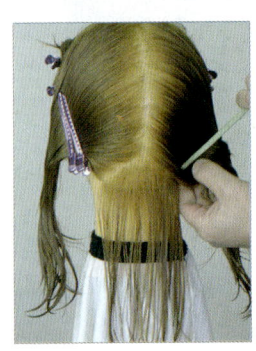
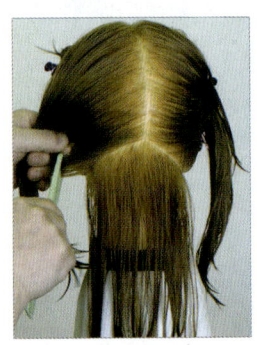

❶ 从左右中心线出发斜向下划分一条发缝到右侧后颈角

❷ 从左右中心线同一位置出发斜向下划分一条发缝到左侧后颈角,形成一个等腰三角形

❸ 在右侧靠上位置,从中心线出发再分出一条平行于第一步发缝的斜线

❹ 在左侧靠上位置,从中心线出发再分出一条平行于第二步发缝的斜线

特别提示

1. 梳理发片时常发生的几种错误如下图所示。

错误1：从发中开始梳理发片　　错误2：发片的归位不到位　　错误3：发根垂直但发尾倾斜

2. 正确的梳理发片方法如下图所示。

从根部开始梳理发片　　　　　发片的归位正确

（2）水平取份。水平取份又称一字线取份，可使发型轮廓平衡，重量感强。通常用于增加量感发型的修剪。水平取份的方法如下。

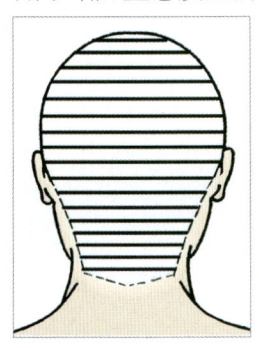   

❶ 水平取份示意图　　❷ 左后发区由中线出发划分水平发片　　❸ 将发片沿水平分区线向下梳开　　❹ 右后发区由中线出发划分水平发片

第 4 章
定向修剪的基本技法

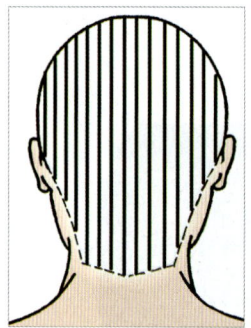

❶ 垂直取份示意图

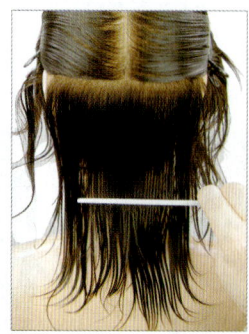

❷ 从上至下垂直梳理头发

❸ 找出左右中心线

❹ 将左后发区的头发压住发根向左梳开，即压片

❺ 左侧完成压片后的效果

❻ 预留出需要修剪的发片

❼ 将右后发区的头发压住发根向右梳开

❽ 背面完成效果

❾ 侧面完成效果

扫码观看

041

（7）分区训练的要求

1）分区的质量标准

①快速准确。

②对称平衡。

2）固定发区的质量标准

①发丝梳理通透。

②发区之间分区线明显。

③固定牢固。

④顾客面部前无落发。

课堂提问

1. 分区如何达到对称平衡？
2. 裁分发区和发片的技法有哪两种？

2. 取份

取份是在分区的基础上再进行细化，把发区分成若干份发片进行修剪。在基础训练中，一般每份发片的厚度控制在 1～2 厘米，提拉每份发片时用力要均匀。取份的方向与发型动态方向和量感的分配有着密切的关系。

取份时，要注意发片梳理归位（即将发片梳理到正确的位置）技巧，同时要强化"四位一体"①的配合。常用的取份方式有垂直取份、水平取份、前斜线取份、后斜线取份四种。

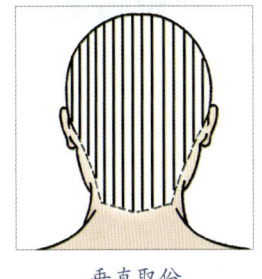 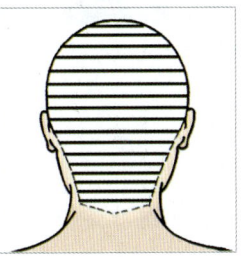 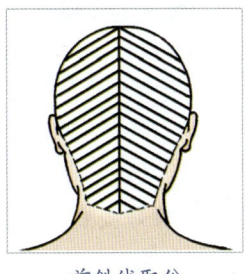 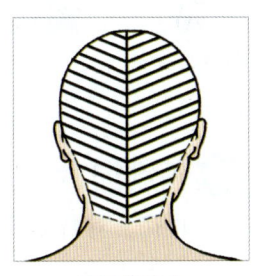

垂直取份　　　　水平取份　　　　前斜线取份　　　　后斜线取份

（1）垂直取份。垂直取份又称竖直线取份，可使发型具有动感，通常用于减少发量的修剪。垂直取份的方法如下。

---

① "四位一体"的概念将在第 4 章第 2 节中详细讲解。

（5）中线分区。中线分区即在左右中心线处划分出宽度为2厘米左右的裁剪区域。

❶ 从上至下垂直梳理头发

❷ 划分出宽2厘米左右的中线发区

扫码观看

（6）灌顶分区。灌顶分区即在头顶后侧分出一个圆形发区，圆心与下巴的连线与水平面形成45°左右的夹角。

扫码观看

❶ 左右分区

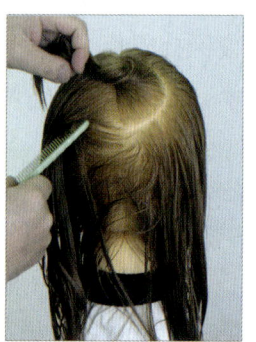
❷ 在左右中心线中间区域划分出一个圆形发区

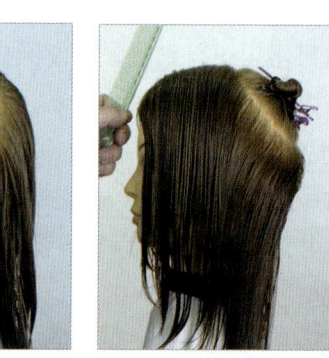
❸ 侧面完成效果

❹ 背面完成效果

特别提示

1. 认真对待分区才能修剪好头发，加强分区训练非常重要。

2. 左右分区和中线分区可以与其他四种分区方式分别组合。

3. 除了左右分区和中线分区，其他分区方式的分区线可以根据头形或发型需要，进行上下或前后小范围的移动。

❺ 以同样的方法完成右侧发区的分区　❻ 完成效果

扫码观看

💚 特别提示

1.为了便于发型修剪时的观察和判断，分区后固定发区时要注意分区线的完全显现，头发不能压线。

正确示范　　　　　　　　　错误示范

2.固定发区也是剪发中非常关键的一个环节，长发和短发通常采用下图所示两种不同的固定方法。

长发的固定方法　　　　　　短发的固定方法

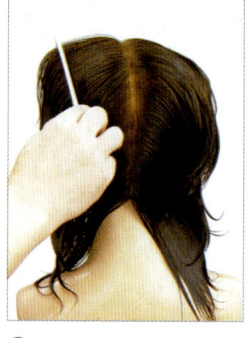  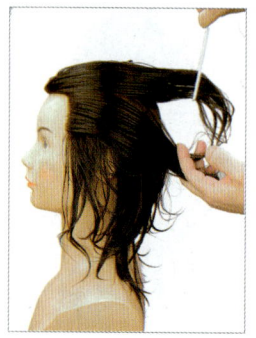 

❶ 由前至后梳理出左右中心线　　❷ 将左侧发区的头发水平向后梳　　❸ 从左侧额角处水平向后划分出分区线　　❹ 把头顶和周边发区的头发沿分区线梳开

❺ 将右侧发区的头发水平向后梳　　❻ 从右侧额角处水平向后划分出分区线，注意要与左侧的分区线水平连接　　❼ 把头顶和周边发区的头发沿分区线梳开　　❽ 完成效果

（4）双 U 形分区。双 U 形分区即在 U 形分区的基础上，再梳理出一条齐耳的水平分区线。

❶ 先进行 U 形分区和左右分区　　❷ 将左侧发区的头发水平向左梳开　　❸ 找出齐耳的水平分区线　　❹ 沿分区线将头发上下梳开并固定

（2）前后分区。前后分区以垂直的对耳线为分区线，分区线可根据发型设计需要前后移动变化。前后分区是传统修剪中常用的分区方式。

扫码观看

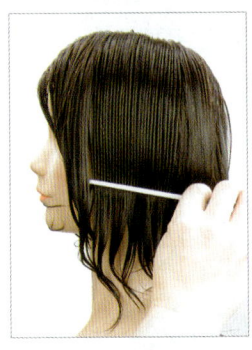
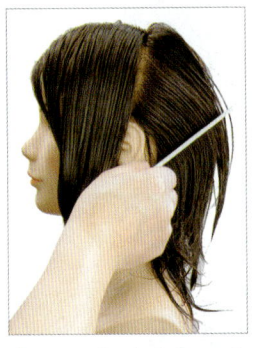
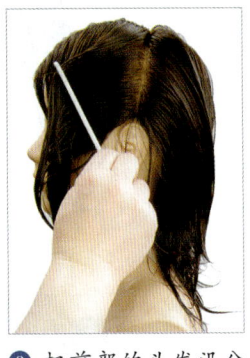
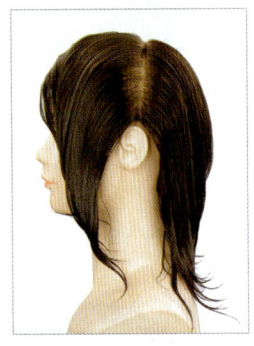

❶ 从上至下垂直梳理两侧的头发　　❷ 把后部的头发沿分区线向后梳开　　❸ 把前部的头发沿分区线向前梳开　　❹ 完成效果

💚 特别提示

分区线与后侧发际线相连接的后斜线前后分区方式，也是前后分区的一种类型。

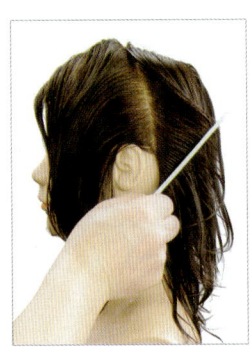

❶ 从上至下沿后斜向梳理头发　　❷ 从梳出的发缝中找出与后侧发际线相连接的后斜线，即为分区线　　❸ 把前后发区的头发沿分区线前后梳开　　❹ 与后侧发际线相连接的分区线示意图

（3）U形分区。U形分区即用从两个额角处水平梳理出的U形线，来区分头顶和周边发区的分区方式。

扫码观看

第4章 定向修剪的基本技法

左右分区　　　　　　　前后分区　　　　　　　U形分区

双U形分区　　　　　　中线分区　　　　　　　灌顶分区

（1）左右分区。左右分区即左右对称设计划分的分区方式，是发型修剪中最常用的分区方式，分区的对称与否直接影响发型的对称平衡。

扫码观看

 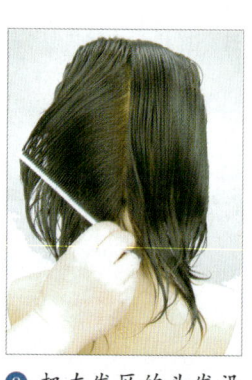 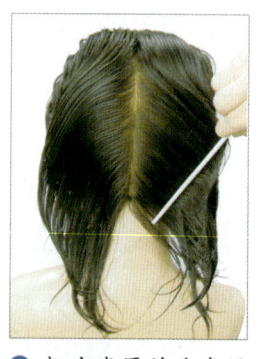 

❶ 利用梳分法，从上至下垂直梳理头发，找出左右中心线　　❷ 把左发区的头发沿左右中心线向左梳开　　❸ 把右发区的头发沿左右中心线向右梳开　　❹ 完成效果

第 4 章 定向修剪的基本技法

第 1 节 修剪四步法

发型的修剪包括裁剪和修整。湿发的裁和剪在前，是完成发型框架的基础；干发的整和修在后，以完善发型的效果。修剪过程中的裁、剪、整、修四步是环环相扣的，忽略任何一个步骤都会影响发型最后的效果。

一、裁的技巧

裁包括裁分发区（即"分区"）和裁分发片（即"取份"），是将头部裁分成多个工作区域，以缩小修剪范围，便于精确修剪。

定向修剪技术中，裁分发区和发片采用的是梳分法和勾分法。

◎ 梳分法：利用梳子梳理头发时形成的纹路来进行区域的划分，多用于大块发区的裁分。

◎ 勾分法：利用梳子的两端，对分区线进行细节上的调整，多用于裁分发片或调整发区形状。

💚 **特别提示**

要学会利用镜子远距离观察，检查分区是否符合标准，要在观察中发现问题，才能学会解决问题。

1. 分区

在定向修剪系统中，常用的分区方式有以下六种。

第 2 篇

定向修剪技术解析

第 4 章　定向修剪的基本技法

第 5 章　基础发型定向修剪训练

第 6 章　定向修剪技术

5. 纵向内部向下外切层次结构可以膨胀发型外部轮廓，（　　）量感。

A. 增加　　B. 降低　　C. 减少　　D. 缩小

6. 横向内部层次结构会产生具有方向感的（　　）纹理。

A. 束状　　B. 横向　　C. 模糊　　D. 条形

7. 在动态向前的外部层次结构内，制造动态向后的横向内部层次结构，能够产生（　　）的动态纹理。

A. 向前　　B. 向后　　C. 静止　　D. 凌乱

8. 在动态向前的外部层次结构内，制造动态向前的横向内部层次结构，容易产生（　　）的动态纹理。

A. 向前　　B. 向后　　C. 静止　　D. 凌乱

9. 外部层次结构与内部层次结构是（　　）的关系。

A. 完全独立　　B. 相互依存　　C. 完全融合　　D. 完全连接

10. 外部层次结构与内部层次结构的（　　）决定着发型的形和纹理的效果。

A. 层次高低　　B. 前后位置　　C. 比例关系　　D. 空间位置

11. 动态向后的横向内部层次结构，可以隐性（　　）向后的动态方向。

A. 弱化　　B. 强化　　C. 明显　　D. 活跃

12. 内部层次比例越大，发型所表现出的（　　）效果就越明显。

A. 形　　B. 纹理　　C. 层次　　D. 内轮廓

13. 外部层次与内部层次（　　）的大小，直接影响着发型轮廓、纹理的变化。

A. 比例　　B. 距离　　C. 间隔　　D. 空间

14. 外部层次与内部层次的距离越近，所表现出的纹理效果就越（　　）。

A. 明显　　B. 不明显　　C. 活泼　　D. 凌乱

参考答案

一、判断题

1. √　2. ×　3. √　4. √　5. √　6. ×　7. √　8. ×
9. √　10. √　11. ×　12. √　13. √　14. ×　15. √　16. √
17. ×　18. √

二、单项选择题

1. B　2. C　3. D　4. B　5. A　6. A　7. B　8. A
9. B　10. C　11. B　12. B　13. B　14. B

3. 内部层次结构主要负责调整发型量感，强化纹理、线条、方向。（　　）

4. 纵向内部层次结构可以增加或减少发型量感。（　　）

5. 纵向内部层次堆积会膨胀发型轮廓，增加量感。（　　）

6. 纵向内部层次结构负责发型动态方向的强化和调整。（　　）

7. 纵向内部向上外切层次结构可以收缩发型外部轮廓，减少量感。（　　）

8. 在纵向外部向上外切层次结构内做纵向内部向下外切层次结构处理，会收缩发型的外部轮廓。（　　）

9. 在纵向外部向下外切层次结构内做纵向内部向下外切层次结构处理，能够膨胀发型外部轮廓。（　　）

10. 横向内部层次结构负责发型前后动态方向的强化和调整。（　　）

11. 在发型结构中，外部层次结构与内部层次结构的存在方式有独立存在和连接存在两种。（　　）

12. 外部层次与内部层次之间的距离越远，所表现出的纹理效果就越明显。（　　）

13. 外部层次结构和内部层次结构的存在方式有独立存在、连接存在和融合存在三种。（　　）

14. 内部层次结构与外部层次结构连接存在，产生束状感明显的纹理结构。（　　）

15. 纵向内部向上外切层次结构可以起到减少量感的效果。（　　）

16. 内部层次结构与外部层次结构独立存在时，会产生束状感明显的纹理结构。（　　）

17. 内部层次结构与外部层次结构连接存在时，会产生没有方向感的束状纹理。（　　）

18. 内部层次结构与外部层次结构融合存在时，会产生无明显束状感和方向感的柔和纹理。（　　）

二、单项选择题（选择一个正确的答案，将相应的字母填入题内的括号中）

1. 纵向内部层次结构分为（　　）种。
A. 二　　B. 三　　C. 四　　D. 五

2. 内部层次结构负责调整发量，强化纹理、线条及（　　）。
A. 动态　　B. 形态　　C. 方向　　D. 轮廓

3. 外部层次与内部层次之间的距离越（　　），所表现出的纹理效果就越不明显。
A. 低　　B. 高　　C. 远　　D. 近

4. 纵向内部层次结构可以（　　）地调节发型量感。
A. 显性　　B. 隐性　　C. 少量　　D. 大量

六、外部层次结构与内部层次结构的存在方式

发型的外部层次结构与内部层次结构的存在方式有融合存在、连接存在和独立存在三种。

1. 融合存在是长短不一的头发参差不齐的结构组合，产生无明显束状感和方向感的柔和纹理，起到减少发量、柔化发型外部轮廓的效果。
2. 连接存在是若干个小层次的结构组合，产生具有方向感的束状纹理。
3. 独立存在是独立的长短发束的结构组合，产生束状感明显的纹理结构。

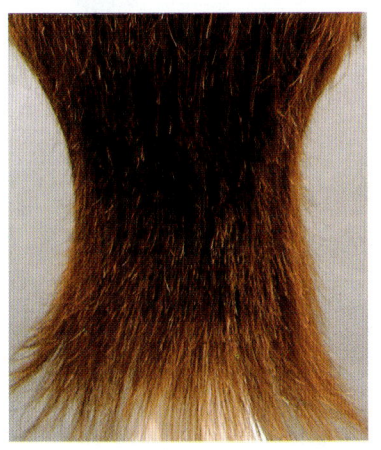
融合存在

连接存在

独立存在

课堂提问

1. 什么是内部层次结构？
2. 怎样才能修剪出发型的内部层次结构？
3. 怎样才能修剪出向后的动态方向？
4. 怎样才能修剪出向前的动态方向？
5. 简述外部层次与内部层次的比例关系。
6. 简述外部层次与内部层次的距离关系。

课后练习

一、判断题（将判断结果填入括号中。正确的填"√"，错误的填"×"）

1. 修剪内部层次结构采用的是交织修剪技术。　　　　　　　　　　　（　）
2. 内部层次结构属于显性的层次结构。　　　　　　　　　　　　　　（　）

横向外部前切层次结构　　内部建立横向后切层次结构　　完成效果

特别提示

1. 建立无明显动态方向的横向内部平切层次结构，实际上作用并不明显。
2. 纵向外部层次结构越高，横向的内部层次暴露在发型表面的束状纹理就越明显。

四、外部层次与内部层次的比例关系

传统发型结构中，由外部层次主导发型的整体结构。在现代发型结构中，外部层次与内部层次是相互依存的关系，外部层次与内部层次之间的比例决定了发型的形和纹理的表现效果，在实际操作中要根据发型的设计要求和顾客的条件而定。

1. 外部层次比例越大，发型所表现出的形的效果就越明显。
2. 内部层次比例越大，发型所表现出的纹理效果就越明显。

五、外部层次与内部层次的距离关系

外部层次与内部层次之间的距离大小，会直接影响发型轮廓、纹理的变化，在实际操作中要把握好度。

1. 外部层次与内部层次之间的距离越近，所表现出的纹理效果就越不明显，外部层次结构的轮廓变化就越小。
2. 外部层次与内部层次之间的距离越远，所表现出的纹理效果就越明显，外部层次结构的轮廓变化就越大。

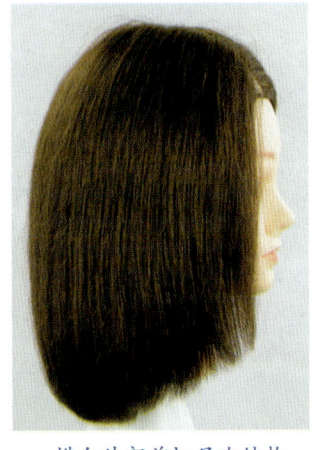  

横向外部前切层次结构　　内部建立横向前切层次结构　　完成效果

2. 横向内部后切层次结构

横向内部后切层次结构发型内部前长后短，发流有向前的动态方向，如果外部层次结构不同，就会产生不同的效果。

（1）当横向外部层次结构是后切层次结构时，在内部建立前长后短的横向后切层次结构，可以隐性地强化外部层次结构的动态方向，从而产生向前的动态纹理。

  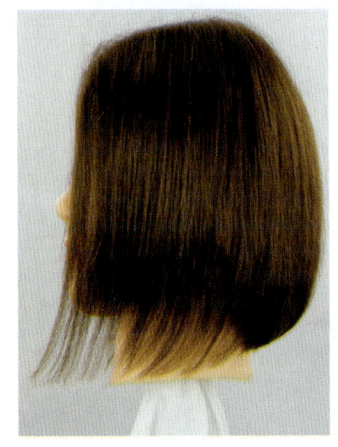

横向外部后切层次结构　　内部建立横向后切层次结构　　完成效果

（2）当横向外部层次结构是前切层次结构时，在内部建立前长后短的横向后切层次结构，可以隐性地弱化外部层次结构的动态方向，从而产生向前的动态纹理。

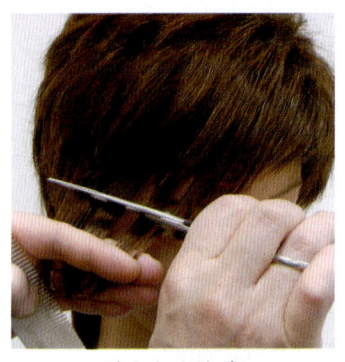
横向交织修剪

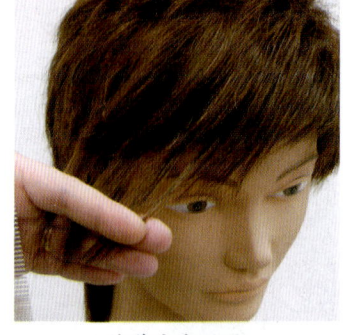
修剪完成效果

造型完成效果

1. 横向内部前切层次结构

横向内部前切层次结构发型内部前短后长，产生隐性向后的动态方向，如果外部层次结构不同，会产生不同的效果。

（1）当横向外部层次结构是后切层次结构时，在内部建立前短后长的横向前切层次结构，可以隐性地弱化外部层次结构向前的动态方向，从而产生向后的动态纹理。

横向外部后切层次结构

内部建立横向前切层次结构

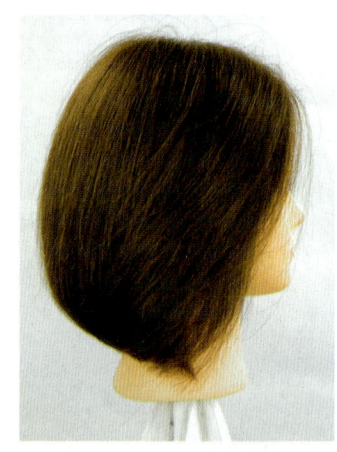
完成效果

（2）当横向外部层次结构是前切层次结构时，在内部建立前短后长的横向前切层次结构，可以隐性地强化外部层次结构向后的动态方向，从而产生向后的动态纹理。

（2）当纵向外部层次结构是向上外切层次结构，而内部建立纵向上外切层次结构时，在整个修剪区域有明显的量感减少效果，能够收缩发型外部轮廓。

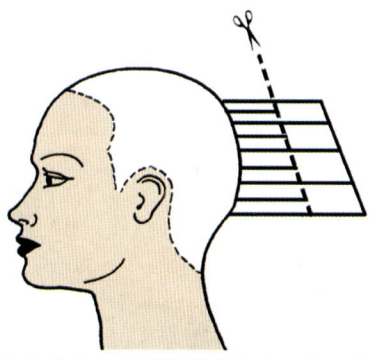

纵向外部向上外切层次结构配合纵向内部向上外切层次结构修剪示意图

三、横向内部层次结构

横向内部层次结构同样分为前切层次、平切层次和后切层次三种。

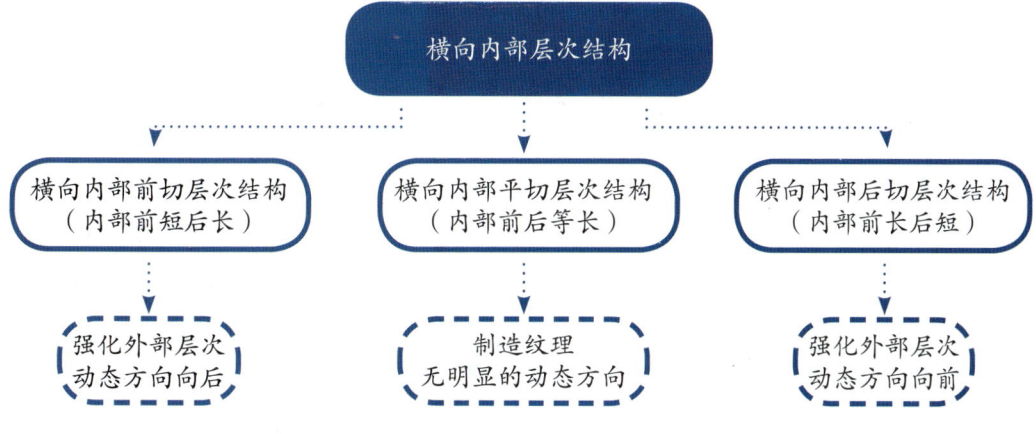

特别提示

在实际运用中，横向内部的前切层次结构和后切层次结构能够明显地调整发型动态方向，是最常用的两种横向内部层次结构。

横向内部层次结构的修剪方法是对头发水平取份进行修剪，在减少发尾量感的同时，产生具有方向感的束状纹理，可以隐性强化或减弱横向外部层次结构的动态方向。

2. 纵向内部向上外切层次结构

纵向内部向上外切层次结构的修剪方法如下图所示,可产生隐性减少量感的效果,收缩发型的外部轮廓。

纵向内部向上外切层次结构
修剪方法

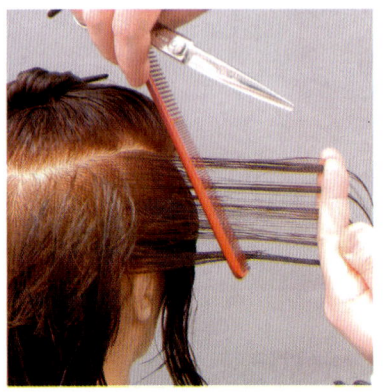

纵向内部向上外切层次结构
修剪效果

修剪纵向内部向上外切层次结构时,如果发型的外部层次结构不同,也会产生不同的效果。

(1)当纵向外部层次结构是向下外切层次结构,而内部建立纵向向上外切层次结构时,在修剪区域的上方有明显的量感减少效果,能够收缩发型外部轮廓。

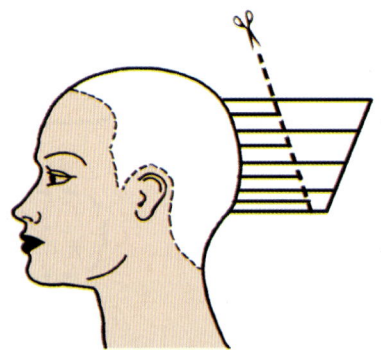

纵向外部向下外切层次结构配合纵向
内部向上外切层次结构修剪示意图

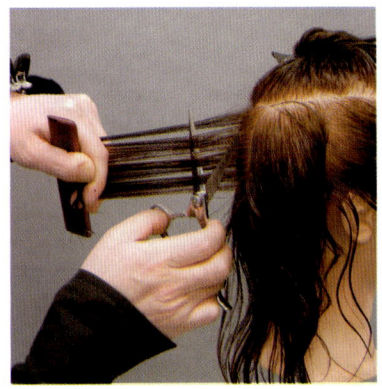
纵向内部向下外切层次结构
修剪方法

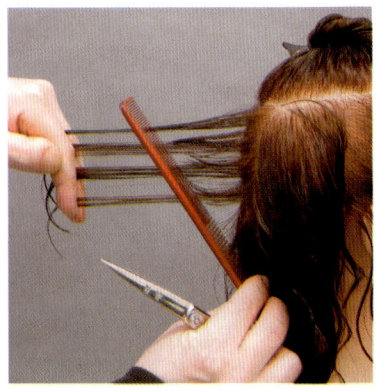
纵向内部向下外切层次结构
修剪效果

膨胀发型外部轮廓，增加量感。

　　修剪纵向内部向下外切的层次结构时，如果发型的外部层次结构不同，会产生不同的效果。

（1）当纵向外部层次结构是向上外切层次结构，而内部建立纵向向下外切层次结构时，在修剪区域的下方，有明显的量感减少效果，上方产生明显的隐性堆积效果，能够膨胀发型外部轮廓。

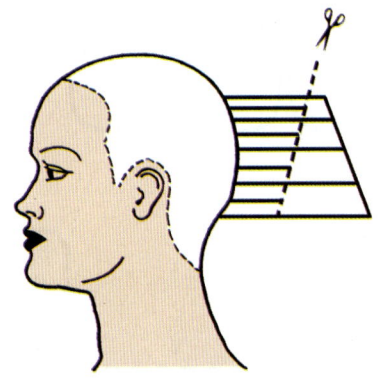
纵向外部向上外切层次结构配合纵向
内部向下外切层次结构修剪示意图

（2）当纵向外部层次结构是向下外切层次结构，而内部建立纵向向下外切层次结构时，有不明显的量感增加，产生隐性堆积效果，能够整体膨胀发型外部轮廓。

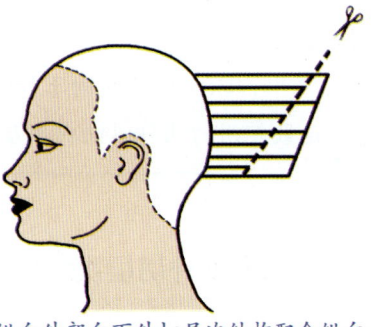
纵向外部向下外切层次结构配合纵向
内部向下外切层次结构修剪示意图

第3章 发型的立体层次结构

纵向内部层次结构修剪方法

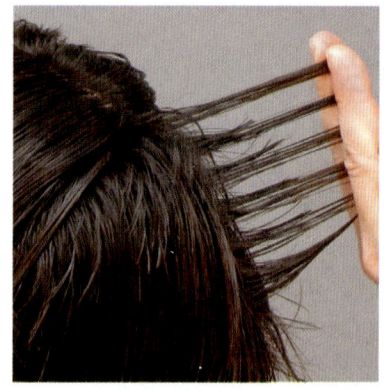

纵向内部层次结构修剪效果

纵向内部层次结构同样分为内切层次结构、平切层次结构和外切层次结构三种。

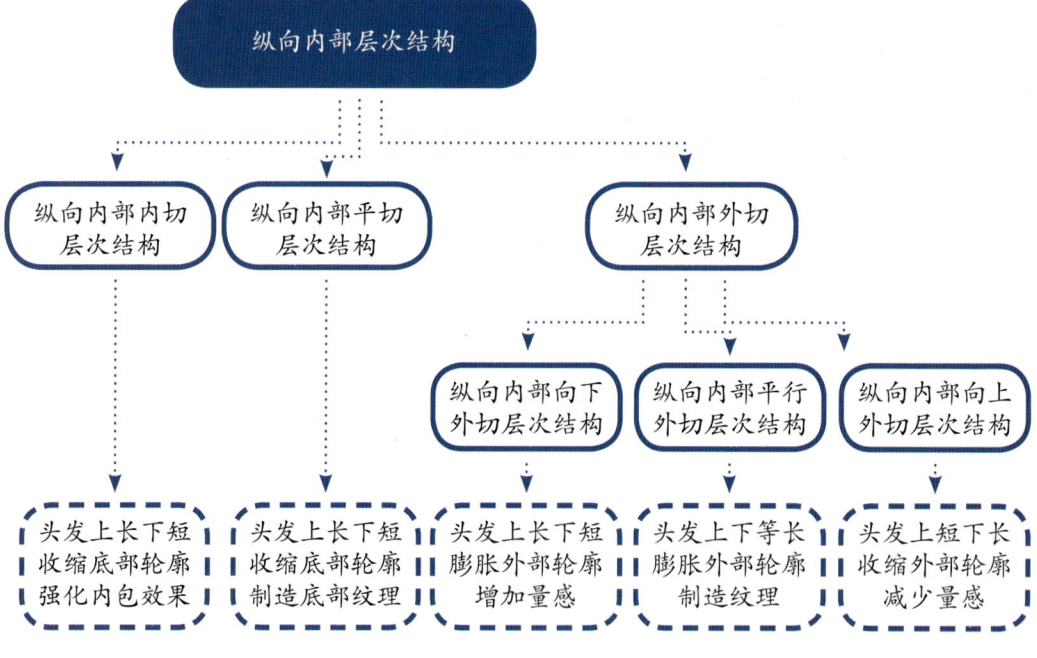

特别提示

在实际运用中，纵向内部的向下外切层次结构和向上外切层次结构能够明显地调整发型量感，是最常用的两种纵向内部层次结构。

1. 纵向内部向下外切层次结构

纵向内部向下外切层次结构的修剪方法如下图所示，可以产生隐性堆积的效果，

用于（　　）设计。

A. 局部　　B. 侧部　　C. 刘海　　D. 顶部

11. 发量少或者后脑扁平者，适合较（　　）的纵向外部向下外切层次结构发型。

A. 长　　B. 短　　C. 高　　D. 低

12. 发量多或者后脑凸者，适合较（　　）的纵向外部内切层次结构发型。

A. 长　　B. 短　　C. 高　　D. 低

参考答案

一、判断题

1. √　2. √　3. ×　4. ×　5. √　6. √　7. √　8. √
9. √　10. √　11. √　12. √　13. √　14. ×　15. ×　16. √
17. ×　18. ×　19. ×

二、单项选择题

1. D　2. A　3. B　4. B　5. A　6. A　7. A　8. B
9. B　10. A　11. B　12. A

第2节　内部层次结构

一、内部层次结构的概念

内部层次结构是隐性的层次结构，存在于外部层次结构之中。修剪内部层次结构是在不改变外部层次结构的同时，在外部层次结构内运用交织修剪技术制造另一个层次结构。内部层次结构负责调整发量，强化发型的纹理、线条、方向。内部层次结构不同，发型的量感和动态方向也会不同。

内部层次结构也分为纵向层次结构和横向层次结构两大类。

二、纵向内部层次结构

纵向内部层次结构的修剪方法是对头发垂直取份进行修剪，可以隐性地增加或减少发型的量感，制造灵动的发尾形态。

9. 纵向外部外切层次结构分为向下外切、平行外切和向上外切三种。（　　）

10. 修剪层次结构的剪切线分为弧线和直线两种。（　　）

11. 发量多或者后脑凸者，适合较长的纵向外部内切层次结构发型。（　　）

12. 发量少或者后脑扁平者，可以采用较短的纵向外部向下外切层次结构发型。（　　）

13. 横向外部层次结构可分为前切层次、平切层次、后切层次三种。（　　）

14. 横向层次结构负责发型量感位置的调整。（　　）

15. 剪切线的形状只有直线一种。（　　）

16. 纵向外部平行外切层次结构修剪的剪切线与头部曲线平行。（　　）

17. 纵向外部向上外切层次结构的头发长度为前长后短。（　　）

18. 横向发片向前提拉修剪，就能得到前长后短的横向外部层次结构。（　　）

19. 横向外部后切层次结构的外线呈后斜状。（　　）

二、单项选择题（选择一个正确的答案，将相应的字母填入题内的括号中）

1.（　　）层次结构的头发等长。

A. 外切　　B. 向下外切　　C. 向上外切　　D. 平行外切

2. 纵向外部层次结构分为平切、内切和（　　）三种。

A. 外切　　B. 内部堆积　　C. 外线堆积　　D. 向下外切

3. 发型的立体层次结构分为外部层次结构及（　　）结构。

A. 纵向层次　　B. 内部层次　　C. 横向层次　　D. 平切层次

4. 横向层次结构可以控制头发（　　）的长短。

A. 左右　　B. 前后　　C. 上下　　D. 高低

5. 纵向外部向上外切层次结构的修剪方式有（　　）种。

A. 三　　B. 五　　C. 四　　D. 二

6. 纵向外部平行外切层次结构的头发具有（　　）的层次形态。

A. 上下等长　　B. 参差不齐　　C. 不等长　　D. 落点齐长

7. 发型的立体层次结构分为（　　）大类。

A. 二　　B. 三　　C. 四　　D. 五

8. 横向外部层次结构分为（　　）种。

A. 二　　B. 三　　C. 四　　D. 五

9. 纵向外部平切层次结构发型的基础外线形状可分为（　　）种。

A. 二　　B. 三　　C. 四　　D. 五

10. 纵向外部内切层次结构适用的发型设计可长可短，可以用于全头设计，也可以

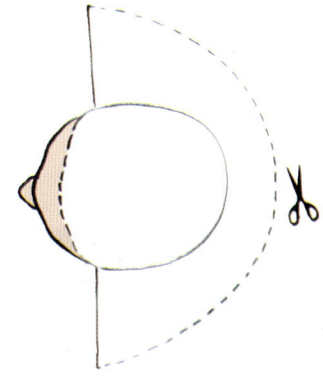

横向外部后切层次结构示意图　　　横向外部后切层次结构效果图

特别提示

在修剪时，因为不同人的头形、发质、发量、头发弹性及发流方向都不相同，所以同样的修剪方式运用在头发的不同区域或不同人的头发上，所得到的层次结构效果会有所不同。在修剪前对头形、发质等的检查和判断极为重要。

课堂提问

1. 平切层次结构的特征是什么？
2. 内切层次结构的特征是什么？
3. 纵向外部外切层次结构有几种？各有什么样的特征？

课后练习

一、判断题（将判断结果填入括号中。正确的填"√"，错误的填"×"）

1. 层次就是头发长度的安排。　　　　　　　　　　　　　　　　（　　）
2. 发型的立体层次结构分为外部层次结构和内部层次结构两大类。　（　　）
3. 发型的立体层次结构分为纵向外部层次结构和横向外部层次结构两大类。（　　）
4. 发型的立体层次结构分为横向内部层次结构和横向外部层次结构两大类。（　　）
5. 纵向外部层次结构分为平切、内切和外切三种。　　　　　　　（　　）
6. 纵向层次结构指的是头发长度在发型垂直线上的安排。　　　　（　　）
7. 纵向外部层次结构决定了发型量感位置的高低。　　　　　　　（　　）
8. 纵向外部平切层次结构发型的基础外线形状有水平线、后斜线和前斜线。（　　）

1. 横向外部前切层次结构

发片向前提拉修剪，就能得到前短后长的横向外部前切层次结构，该层次结构的外线呈后斜状，形成向后集中的视觉感受。

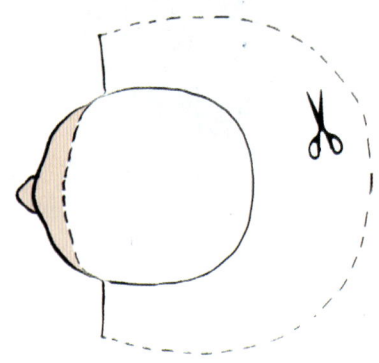 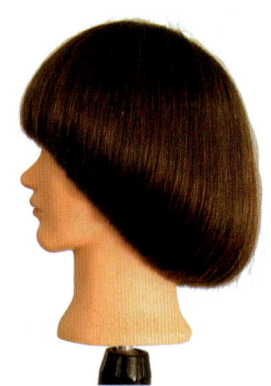

横向外部前切层次结构示意图　　横向外部前切层次结构效果图

2. 横向外部平切层次结构

发片随头部曲线横向提拉修剪，就能得到前后等长的横向外部平切层次结构，该层次结构的外线呈水平状，形成平稳向下的视觉感受。

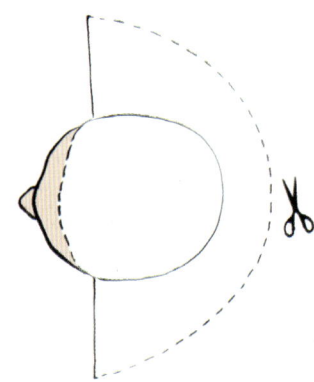 

横向外部平切层次结构示意图　　横向外部平切层次结构效果图

3. 横向外部后切层次结构

发片向后提拉修剪，就能得到前长后短的横向外部后切层次结构，该层次结构的外线呈前斜状，形成向前分散的视觉感受。

扫码观看

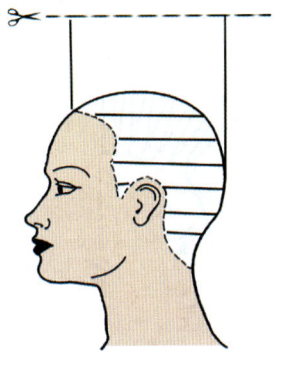
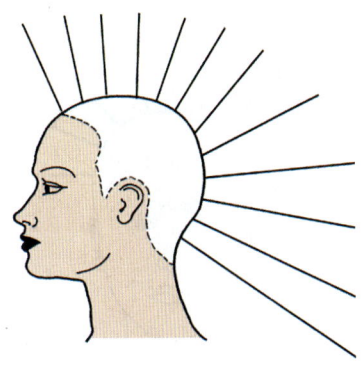

垂直向上外切修剪方向示意图　　垂直向上外切层次结构示意图

3）后斜向上外切，可以得到中间短周边长的层次结构。

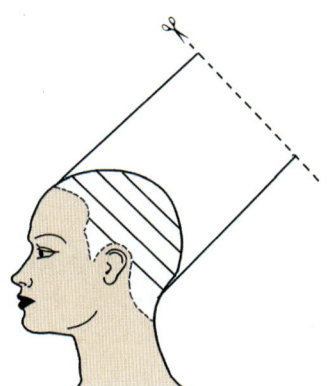
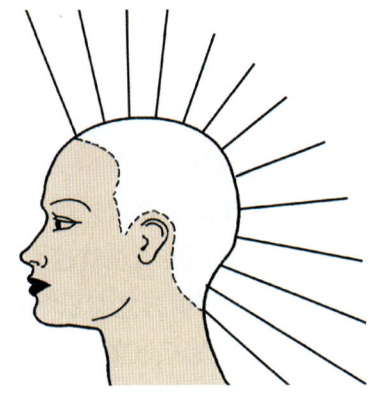

扫码观看

后斜向上外切修剪方向示意图　　后斜向上外切层次结构示意图

二、横向外部层次结构

横向外部层次结构决定了发型的动态方向，分为前切层次、平切层次和后切层次三种。

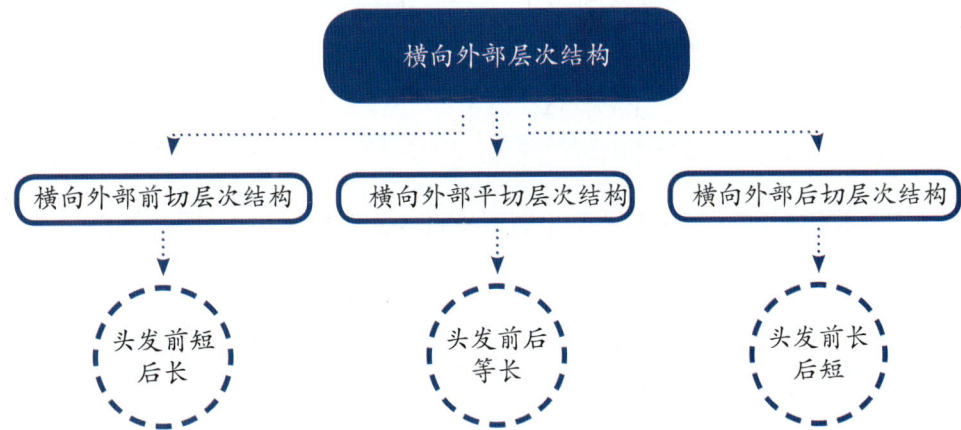

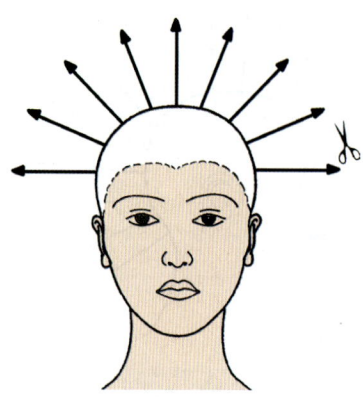 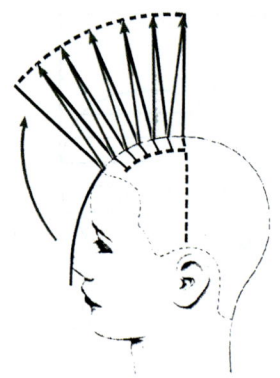

纵向外部平行外切层次结构正面示意图　　纵向外部平行外切层次结构侧面示意图

（3）纵向外部向上外切层次结构

◎ 修剪时发片的提拉角度大于90°。

◎ 头发长短结构为上短下长，是一种不等长的层次结构。

◎ 发型轮廓为纵向拉长的椭圆形。

◎ 修剪时提拉角度越大，发型的量感位置越向上提升。

◎ 修剪时提拉角度越大，头发长短落差就越大，层次截面越大，发尾重叠越松散。

纵向外部向上外切层次结构的修剪方式有以下三种。

1）前斜向上外切，可以得到前短后长的层次结构。

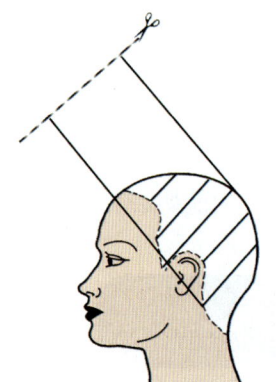 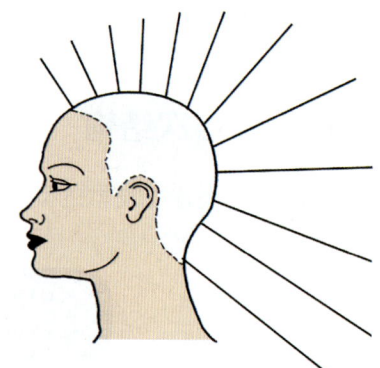

前斜向上外切修剪方向示意图　　前斜向上外切层次结构示意图

2）垂直向上外切，可以得到上短下长的层次结构。

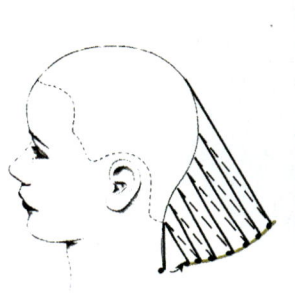  

弧线剪切线示意图　　头发自然下落状态示意图　　效果示意图

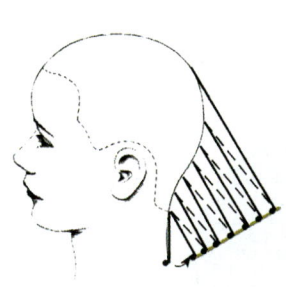  

直线剪切线示意图　　头发自然下落状态示意图　　效果示意图

5. 无论修剪何种层次结构，发区量感位置的高度要遵循以下几点要求。

（1）若颈部较短，则量感位置的高度要在下颌线向后延伸线的上方。

（2）若颈部较长，则量感位置的高度要在下颌线向后延伸线的下方。

（3）若下颌线较平，则量感位置的高度要略高。

（4）若下颌线较倾斜，则量感位置的高度要略低。

（2）纵向外部平行外切层次结构

◎ 修剪时发片的提拉角度为90°，剪切线与头部曲线平行。

◎ 所有头发相对等长，发型轮廓为圆形。

◎ 短发时纹理表现为量感均衡的活动纹理，头发较长时头顶为静态纹理，向下平滑过渡为活动纹理。

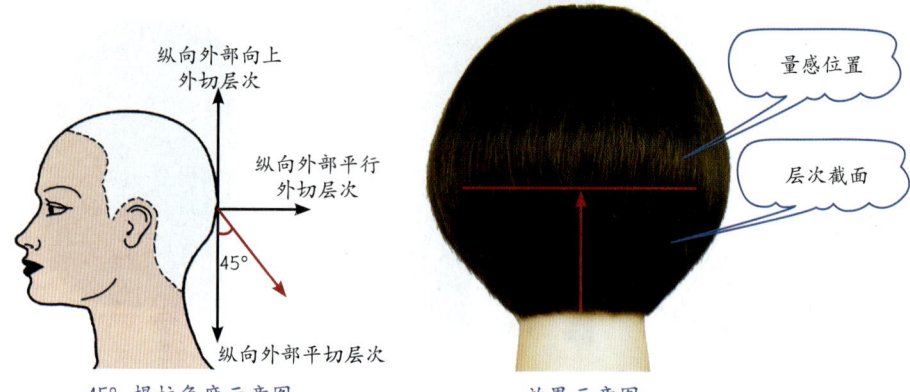

45°提拉角度示意图　　　效果示意图

3）靠近纵向外部平行外切层次的提拉角度。通常选用60°左右的提拉角度来确定层次结构，随着提拉角度逐渐增大，发型的量感位置继续向上提升，厚度变得不太明显。

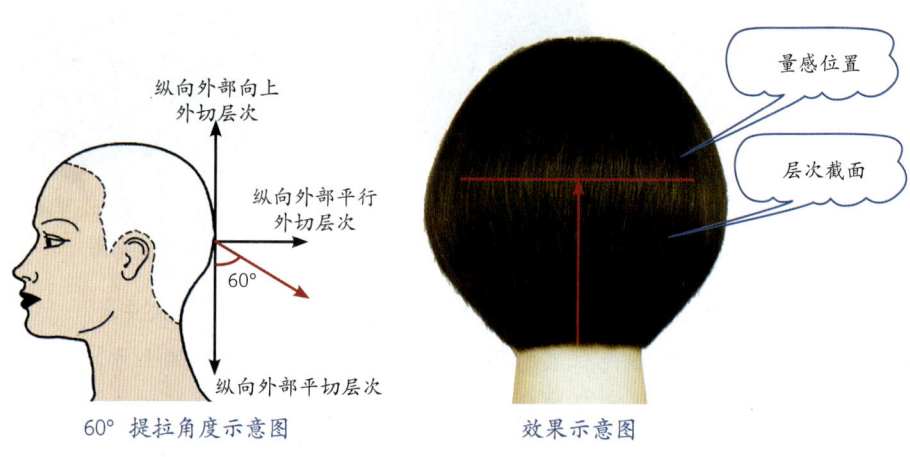

60°提拉角度示意图　　　效果示意图

特别提示

1. 当修剪层次结构的剪切线为弧线时，产生较柔和的量感区域。

2. 当修剪层次结构的剪切线为直线时，会产生较清晰的重量线，在视觉上可以增加发型的宽度。

3. 发量多或者后脑凸者，适合较长的纵向外部内切层次结构发型。

4. 发量少或者后脑扁平者，适合较短的纵向外部向下外切层次结构发型。

3. 纵向外部外切层次结构

纵向外部外切层次结构根据头发提拉角度可分为纵向外部向下外切层次结构、纵向外部平行外切层次结构、纵向外部向上外切层次结构三种。

（1）纵向外部向下外切层次结构

◎ 头发长短结构为上长下短。

◎ 头发整体形态比较紧密，修剪时头发提拉角度为0°～90°。

◎ 纵向外部向下外切层次结构有堆积重量、降低量感位置和横向拉宽发型的整体轮廓的作用。

纵向外部向下外切层次结构在需要增加某些区域的发量和厚度时运用，常用的三种提拉角度如下。

1）靠近纵向外部平切层次的提拉角度。通常选用30°左右的提拉角度来确定层次结构，提拉角度越小，外切的层次截面越小，发型的量感位置越靠近底部，发尾重叠就越紧密。

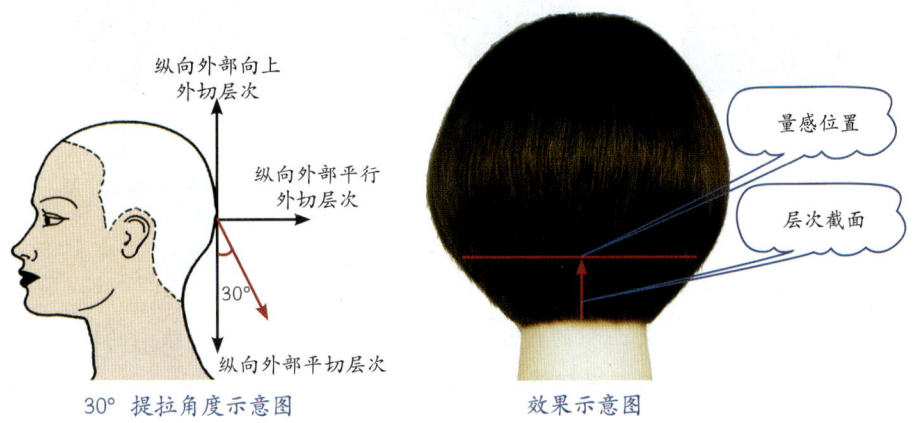

30°提拉角度示意图　　　　效果示意图

2）纵向外部平切层次与纵向外部平行外切层次中间的提拉角度。通常选用45°左右的提拉角度来确定层次结构，随着提拉角度逐渐增大，外切的层次截面也逐渐变大，发尾重叠开始松散，发型的量感位置逐渐向上提升。

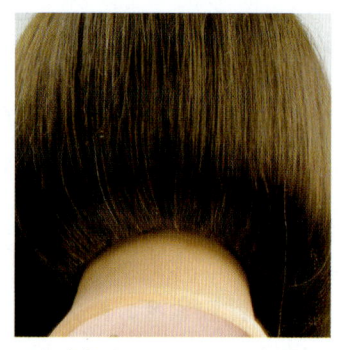

纵向外部内切层次结构湿发效果　　纵向外部内切层次结构干发效果

纵向外部内切层次结构发型的基础外线形状有水平线、后斜线和前斜线。

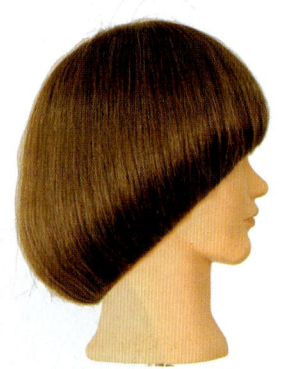

水平线纵向外部　　　　后斜线纵向外部　　　　前斜线纵向外部
内切层次结构　　　　　内切层次结构　　　　　内切层次结构

特别提示

在商业发型修剪中，大面积的内切是一种修剪不连接的层次结构的技术，当头发自然下落时，内部头发呈现反差很大的、内短外长的层次结构，可以使内部最短的头发处产生隐性的蓬松感。

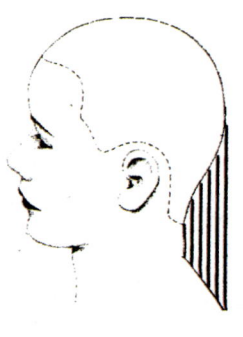

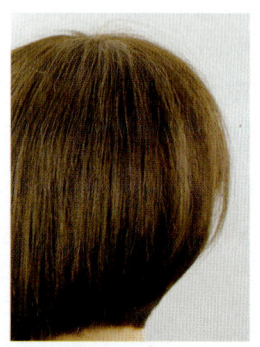

纵向外部内切层次结构示意图　　修剪示意图　　效果示意图

纵向外部平切层次结构湿发效果

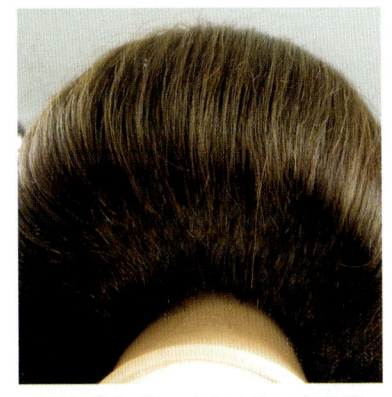
纵向外部平切层次结构干发效果

纵向外部平切层次结构发型的基础外线形状有水平线、后斜线、前斜线。

水平线纵向外部
平切层次结构

后斜线纵向外部
平切层次结构

前斜线纵向外部
平切层次结构

特别提示

事实证明，在厚度较薄发区进行纵向外部平切层次结构修剪，能呈现美观的外线效果；在厚度较厚发区进行纵向外部平切层次结构修剪，最终修剪效果并不美观。

2. 纵向外部内切层次结构

◎ 内切是指以小于 0° 的提拉角度进行修剪。

◎ 头发的长短结构为上长下短，切口的断面向内部隐藏。

◎ 所有头发自然落下时，发尾会自然内扣，形成一条干净的外线。

◎ 发型整体表面为光滑的静态纹理。

◎ 适用的发型可长可短，可用于全头设计，也可用于局部设计。

第 1 节　外部层次结构

外部层次结构是最基础的层次结构，是通过修剪确定头发的整体长度所形成的层次结构。外部层次结构分为纵向和横向两种。

一、纵向外部层次结构

纵向外部层次结构决定了发型量感位置的高低，分为内切层次结构、平切层次结构和外切层次结构三类。

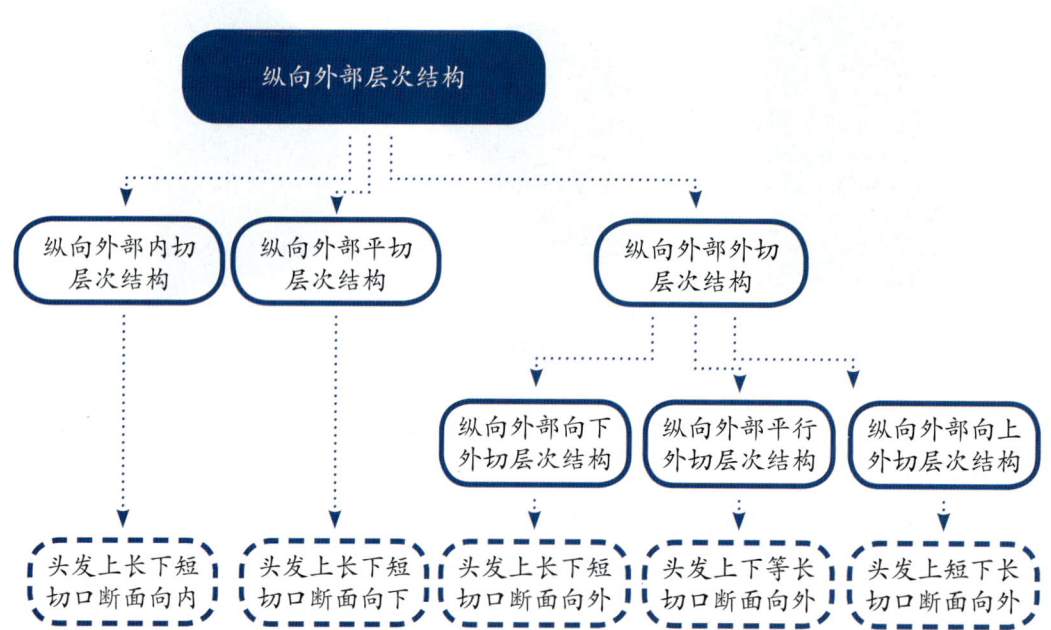

1. 纵向外部平切层次结构

◎ 平切是指在 0° 提拉角度[1]，即头发自然下垂状态进行修剪。

◎ 头发的长短结构为上长下短，所有头发自然落下时，发尾会落在同一平面上。

◎ 发型表面为光滑的静态纹理，底部可以观察到切口的断面。

◎ 适用的发型可长可短，可用于全头设计，也可用于局部设计。

---

① 提拉角度即头发提拉的方向与垂直线之间的夹角。

第3章
发型的立体层次结构

通俗地说，发型的层次就是头发长度的安排。

传统的层次结构，指的是以头发长度在垂直线上的安排为参考标准的纵向层次结构，主要关注外部层次结构。近半个世纪以来，国内外都一直沿袭传统的层次结构理论，没有根本上的改变。

在发型的层次结构中，除了传统层次结构理论中的纵向层次结构，还存在着以头发长度在水平线上的安排为参考标准的横向层次结构；除了外部层次结构，还存在隐藏在外部层次结构内的内部层次结构。

定向修剪系统的层次结构理论，把发型的立体层次结构分为外部层次结构和内部层次结构两大类。外部层次结构和内部层次结构又各自包含了纵向层次结构和横向层次结构。

扫码观看①

为了便于理解，先通过下图对发型立体层次结构做初步的介绍。

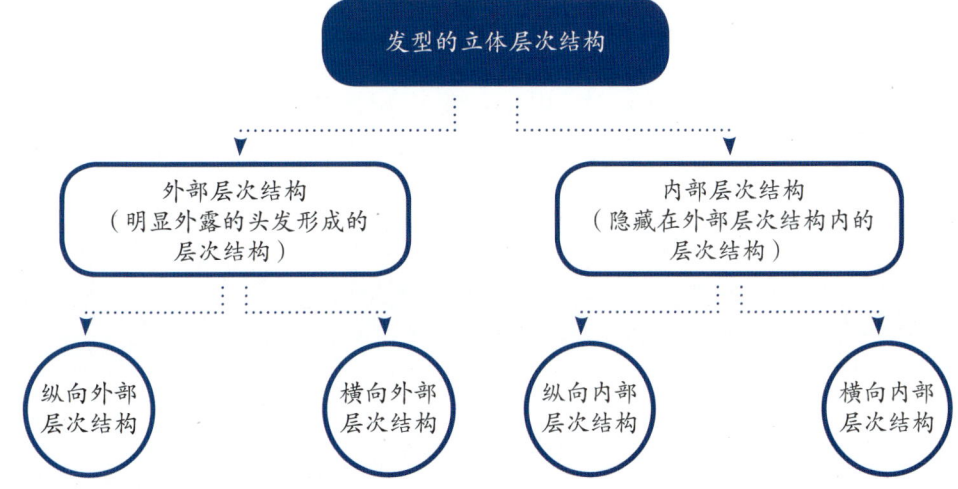

---

① 鸿蒙或安卓系统手机，扫描教材封面二维码下载 App 后可扫码观看教学视频。

参考答案

一、判断题

1.√ 2.√ 3.× 4.√ 5.× 6.√ 7.× 8.√

9.√ 10.×

二、单项选择题

1.B 2.C 3.A 4.A 5.A

课堂提问

1. 剪刀分为几种类型,各有什么作用?
2. 镜台是为谁准备的,有什么作用?
3. 剪发椅为什么需要具有360°旋转功能?

课后练习

一、判断题(将判断结果填入括号中。正确的填"√",错误的填"×")

1. 宽齿梳多在分区和外线修剪时使用。　　　　　　　　　　　　　　(　　)
2. 密齿梳多在层次结构修剪时使用。　　　　　　　　　　　　　　　(　　)
3. 齿刃剪仅用于外线的修剪。　　　　　　　　　　　　　　　　　　(　　)
4. 光刃剪适用于层次结构的修剪和纹理的缔造。　　　　　　　　　　(　　)
5. 牙剪的齿刃越宽,减少发量越少。　　　　　　　　　　　　　　　(　　)
6. 双刃剪刀刃前半部分适用于外线修剪。　　　　　　　　　　　　　(　　)
7. 牙剪的主要作用是剪短头发。　　　　　　　　　　　　　　　　　(　　)
8. 发型修剪要准备6个以上的剪发夹。　　　　　　　　　　　　　　(　　)
9. 镜台是供美发师和顾客观察发型和操作过程的工具。　　　　　　　(　　)
10. 剪发椅可以360°旋转是没有太大必要的。　　　　　　　　　　　(　　)

二、单项选择题(选择一个正确的答案,将相应的字母填入题内的括号中)

1. 修剪用的剪刀分为(　　)种。
   A. 两　　B. 三　　C. 四　　D. 五

2. 齿刃剪的刀刃有极细的齿纹,适用于(　　)和发区的修剪。
   A. 层次结构　　B. 纹理　　C. 外线　　D. 结构

3. 光刃剪刀刃光滑,适用于(　　)的修剪和纹理的缔造。
   A. 层次结构　　B. 外线　　C. 线条　　D. 轮廓

4. 密齿牙剪适合在(　　)减少发量时使用。
   A. 少量　　B. 大量　　C. 适量　　D. 任意

5. (　　)牙剪适合在大量减少发量时使用。
   A. 宽齿　　B. 密齿　　C. 大齿　　D. 平齿

三、剪发夹

剪发夹用于在剪发时固定裁剪区域。在实际操作中,使用剪发夹便于精细分区和发型的修剪,一般需要准备 6 个以上的剪发夹。剪发夹分为用于固定小区域的剪发夹和用于固定大区域的剪发夹。

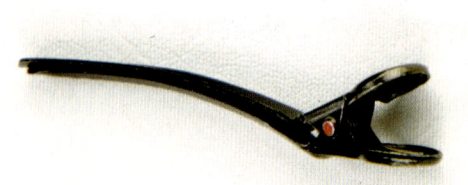

用于固定小区域的剪发夹

用于固定大区域的剪发夹

四、镜台

镜台是供美发师和顾客观察发型和操作过程的工具。美发师用眼睛直接观察进行修剪,会产生视觉偏差,借助镜子进行观察,可以增大观察的距离,拥有较大的视野,以便及时察觉错误,保证修剪的精确度和准确性。

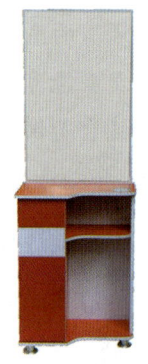

镜台

五、剪发椅

剪发椅具有高度调节功能和 360°旋转功能。

1. 高度调节功能

高度调节是剪发时常用的功能,调节剪发椅高度便于美发师对修剪效果进行观察和控制。

2. 360°旋转功能

美发师转动剪发椅可以从不同角度观察发型,获得全方位的观察视野。

剪发椅

用于纹理缔造和层次结构修剪的光刃。

齿刃剪

双刃剪

2. 打薄用剪刀（牙剪）

用于打薄头发、减少发量的剪刀称为牙剪，牙剪分为宽齿牙剪和密齿牙剪。

（1）宽齿牙剪。宽齿牙剪适合在大量减少发量时使用。

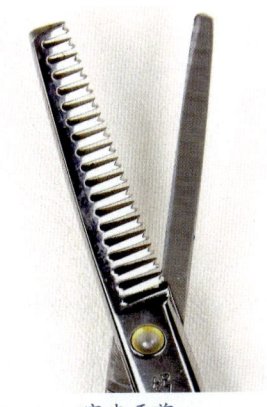
宽齿牙剪

宽齿牙剪使用效果

（2）密齿牙剪。密齿牙剪适合在少量减少发量时使用。

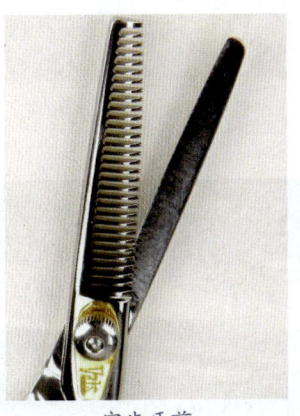
密齿牙剪

密齿牙剪使用效果

第 2 章 修剪的工具和设备

一、剪发梳

标准剪发梳的左右两段分别是密齿梳和宽齿梳。

1. 密齿梳

密齿梳齿距较密,梳发片时有较大的拉力,可在修剪时使头发保持绷直状态,多在层次结构修剪时使用。

2. 宽齿梳

宽齿梳齿距较宽,梳发片时拉力较小,可在修剪时使头发保持自然状态,多在分区和外线修剪时使用。

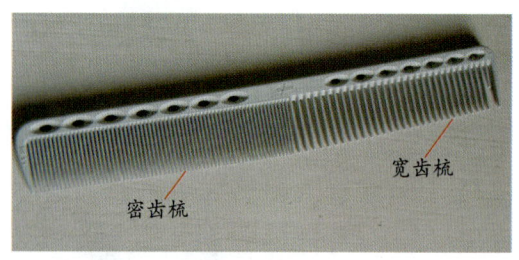

剪发梳

二、剪刀

1. 修剪用剪刀

修剪用剪刀分为光刃剪、齿刃剪和双刃剪。

(1) 光刃剪。光刃剪刀刃光滑,适用于层次结构的修剪和纹理的缔造。

(2) 齿刃剪。齿刃剪刀刃有极细的齿纹,适用于外线和发区的修剪。

(3) 双刃剪。双刃剪刀刃前半部分是适用于外线修剪的齿刃,后半部分是适

光刃剪

三、代表性发型修剪系统的特点

不同发型修剪系统,其某些基本原理是相通的,但也有不同之处,下面用表格来展示几种代表性发型修剪系统的特点。

1. 层次结构的特点

发型修剪系统	沙宣修剪系统	标榜修剪系统	定向修剪系统
层次结构特点	以纵向层次结构为主导	以纵向层次结构为主导	以立体层次结构为主导
层次结构分类	齐线条、建立重量、随头圆、去除重量	固体层次、边沿层次、均等层次、渐增层次	纵向外部层次结构、横向外部层次结构、纵向内部层次结构、横向内部层次结构

2. 修剪方法的特点

发型修剪系统	沙宣修剪系统	标榜修剪系统	定向修剪系统
修剪方法	分片修剪	分片修剪或区块修剪	区域性定点、定线、定面,框架式快速修剪
	用角度控制层次结构	用角度控制层次结构	用方向控制层次结构
	修剪工具单一	修剪工具多样	修剪工具多样
	不使用牙剪打薄技法	牙剪打薄技法单一	牙剪打薄技法多样
	发型修剪所需的时间大多在30分钟以上	发型修剪所需的时间大多在20分钟以上	发型修剪所需的时间大多为10~20分钟

定向修剪系统的诞生是行业进步的标志,开拓了纵、横、内、外立体层次结构的新视野,更把发型修剪技法推向了化繁为简的新高度。定向修剪系统体现了新时代美发人的眼界和水准,但它的诞生也离不开前辈们铺下的基石。

老一辈美发师建立的发型修剪系统代表着当时最先进的技术,随着时代的进步和发展,新的技术体系的出现是必然的,美发技术的蓬勃发展,离不开一代代美发人的辛勤付出和总结。

修剪法影响了一大批优秀的发型师。当时剪发技术局限于固定的基本款式（包括10余款女式经典基础发型、9款男式经典基础发型），这些款式注重形状轮廓的修剪，线条相对单一、硬朗，特点是庄重、沉稳、生硬和突出几何形状效果。

2. 英国的发型修剪系统

20世纪50—60年代，维达·沙宣迎合了工业化时代的需求，也迎合了女性希望改变传统发型烦琐造型的需求，开启了发型"革命"，建立了沙宣修剪系统，使发型修剪初步打破了款式单一的局限。这种变化使发型修剪技术受到重视并开始注重设计，注重发型的简练。直到今天，美发界还在以沙宣经典款式修剪作为发型修剪训练模板，这种模板传承出的发型师，具有认真、严谨的职业素养。

3. 美国的发型修剪系统

20世纪60—70年代，美国自由主义和个性主义风潮涌起，人们开始追求发型的多样性，发型修剪技术的发展契合时代特点，开始注重设计，经典基础款式被分解，发型修剪设计系统初步形成。李奥·巴沙治创立了国际性发型美容教育机构"国际标榜"，其建立的标榜修剪系统是美国对世界美发界最大的贡献，使得发型修剪技术正式形成一个完整的体系。这是世界美发界的一个里程碑。

4. 日本的发型修剪系统

20世纪70年代，日本出现了川岛文夫等颇具影响力的美发大师。他们受欧美风格的影响，在欧美风格的基础上创新变革，提高美发技艺，创造出了适合亚洲人的日式发型修剪系统。日本的美发也一直走在亚洲美发的前端，是亚洲美发的典范。

5. 中国的发型修剪系统

从20世纪90年代开始，标榜修剪系统、沙宣修剪系统、日式发型修剪系统等国外的美发教育体系陆续进入中国，带动了中国美发行业的发展。

但是，学习的目的不是模仿，而是创新。2005年，中国美发大师卢晨明经过学习、模仿、反思、演变、创新的过程，通过潜心研究、系统整理和逐步完善，开发出更加科学系统的发型理论架构，并首次引入点、线、面等几何学概念作为修剪方法的依据，创造了简单有效的定向修剪系统。

定向修剪系统这一中国原创美发教育系统顺应了新时代的需求，毫无保留地教授先进的美发技艺，帮助中国新生代美发师成长。

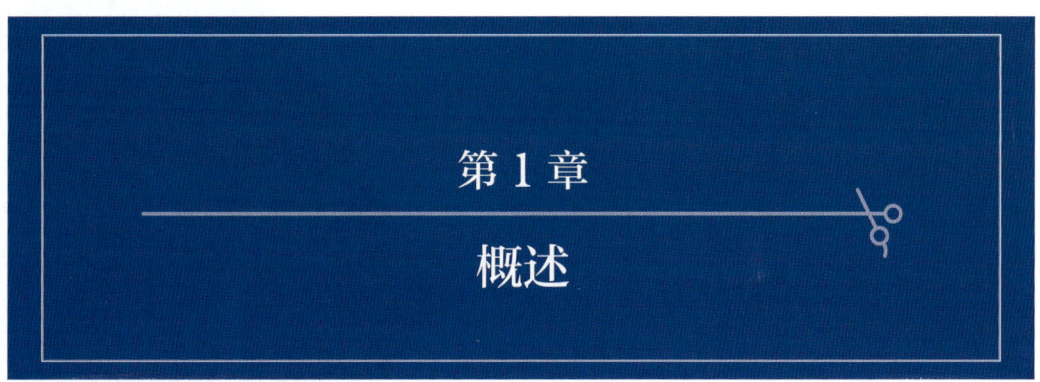

一、定向修剪系统的含义

DX 中国原创美发教育系统是一种全新的美发教育系统，取"定向"两个字的拼音首字母"DX"作为这一中国原创美发教育系统的标志。DX 中国原创美发教育系统包含定向修剪系统、烫染系统、四步造型系统三个子系统。其中，定向修剪系统的含义如下。

1."定向"的含义

"定向"原指有一定方向，美发专业中的"定向"是指把头发拉向指定的方向。

2."修剪"的含义

美发专业中的"修剪"，一是指对发型的结构进行设计、裁剪；二是指对发型的纹理、厚薄、外线①进行整修。

3."系统"的含义

"系统"是指同类事物按一定的关系组成的整体，美发专业中是指若干项有关联的美发技术根据预先编排好的规则、工序组成整体，完成单项技术不能完成的工作。

二、世界发型修剪系统概述

1. 德国的发型修剪系统

德国的发型修剪系统从 19 世纪开始迅速发展。在修剪技术变革之初，德国的 OP

---

① 外线即外形线条，是指头发自然下落时，头发靠近皮肤处形成的线条。

第 1 篇

定向修剪系统基础知识

第 1 章　概述

第 2 章　修剪的工具和设备

第 3 章　发型的立体层次结构

第 6 章　定向修剪技术 ………………………………………… 118
第 1 节　外部层次定向修剪技术 ………………………………… 118
第 2 节　内部层次定向修剪技术 ………………………………… 135

第 3 篇　定向修剪技术运用

第 7 章　女式发型定向修剪技术 …………………………………… 150
第 1 节　商业发型定向修剪训练 ………………………………… 150
第 2 节　创意发型定向修剪训练 ………………………………… 174

第 8 章　男式发型定向修剪技术 …………………………………… 194
第 1 节　男式发型定向修剪基础知识 …………………………… 194
第 2 节　男式发型定向修剪技术解析 …………………………… 200
第 3 节　发型雕刻技术 …………………………………………… 211

第 9 章　假发定向修剪技术 ………………………………………… 232
第 1 节　混合造型知识 …………………………………………… 232
第 2 节　混合造型定向修剪技术 ………………………………… 240
第 3 节　混合造型案例 …………………………………………… 249

目录

第1篇　定向修剪系统基础知识

第1章　概述 …………………………………………………………… 002

第2章　修剪的工具和设备 …………………………………………… 005

第3章　发型的立体层次结构 ………………………………………… 010

　　第1节　外部层次结构 …………………………………………… 011

　　第2节　内部层次结构 …………………………………………… 022

第2篇　定向修剪技术解析

第4章　定向修剪的基本技法 ………………………………………… 034

　　第1节　修剪四步法 ……………………………………………… 034

　　第2节　四位一体 ………………………………………………… 060

第5章　基础发型定向修剪训练 ……………………………………… 076

　　第1节　教习头模1基础发型修剪训练 ………………………… 077

　　第2节　教习头模2基础发型修剪训练 ………………………… 098

序五

DX 中国原创美发教育系统的诞生，打破了中国没有本土美发教育系统的尴尬局面。本书的出版，是上海美发行业的骄傲，更是中国美发行业的骄傲。感谢中国美发大师卢晨明为中国美发行业做出的杰出贡献，望再接再厉，再创辉煌。

上海美发美容行业协会会长
中国美发美容协会副会长
董元明

序四

这是一本集图、文、视、听为一体的美发教育系统的立体教材,改变了教学的方法、学习美发技艺的方式。这是时代进步的体现,是中国美发行业的骄傲。

多年来,卢晨明用他的努力践行着"学习的目的不是模仿,而是颠覆和创新"这一理念。

细细品读本书,肯定能让你受益匪浅。通晓全书,相信你可以成为美发行业耀眼的明日之星。

ICD 世界发型设计家协会中国会长

许小东

序三

认识卢晨明已经有二十多年了,看着他从一个好学的青年才俊,一步一步成长为今天多项荣誉加身的美发大师和美发界难得的复合型人才。

如果说卢晨明在国内外不断夺得各类美发大赛的冠军,是对自身技能的一种检验,那么培养出许多国内外美发大赛的冠军选手和全国技术能手,则是对卢晨明教育培训能力的一种印证。

十几年来,卢晨明专注于美发技术的创新和研发,陆续撰写出版多本美发专著,同时还担任人力资源社会保障部和教育部职业技能鉴定和培训教材的主编,体现了他作为一名美发教育工作者的责任感和使命感。编写教材,不仅需要具备扎实的专业技能、良好的文化底蕴和职业素养,更需要的是具有行业传承的责任感。

然而,他并没有因此满足,停下前行的脚步。卢晨明经过多年的钻研和努力,创立了严谨务实的DX中国原创美发教育系统,为中国的美发教育走向世界迈出重要一步。

本书不是简单的技术参考书,而是图、文、视、听为一体的立体教材,是中国美发职业教育改革进程中,用科技进步实现教学、教材创新的重大突破。

教材内容全面系统、重于品质、微于细节、贵于专业、简于技法、通俗易懂。如果你想成为未来的美发大师,相信这是一本可以给你帮助的书。

ICD世界发型设计家协会中国荣誉会长

乐嘉放

序二

成为艺术和技术兼备的发型设计师不容易，而能著书立说，将自己的专业知识和理念毫不保留地传授他人，则更不容易。这不仅需要精力和时间，以及渊博的知识，更需要有乐于传承的爱心。

读书如读人，卢晨明笔下处处透着重师道、友朋辈、携后进、传匠意、铭初心的品格，令我禁不住再为他的作品写序。

本书不是简单的技术参考书，而是将发型的设计理念、美发的操作技艺和学习方式提升到一个全新的、立体的高度。这是卢晨明的眼界，是卢晨明的钻研，更是卢晨明的努力和执着。他使中国美发职业教育的革新迈出了重要一步。

职业培训是面向未来、造福人民的一项阳光事业，希望看到更多的青年人能像卢晨明一样，积极加入这一行列中，为中国美发职业教学体系的构建、技术人才的培养，做出不懈的努力和无私的奉献。

ICD 世界发型设计家协会中国区创会会长

国际标榜亚洲总部创建人

彭锦钊

2020年，作为技术技能大师，被纳入教育部职业技术教育中心研究所产业导师资源库……

曾经，有人想请他做大学专职教师，但他认为：这会使他灵活的工作方式和自由的创作空间受到极大的束缚。于是，他婉言谢绝了。

卢晨明的目标很明确：不断研究美发技艺，不断研究美发教育系统，让更多的美发人受益。正是这样一个清晰的目标，使他孜孜不倦深耕行业数十年。

卢晨明把创新当作永恒的研究课题。本系列教材就是将其原创的DX中国原创美发教育系统以全新的面貌呈现出来：在操作技术上有着革命性的创新，在理论上对传统发型理论做了颠覆和重组，在编写模式上更是进行了时代性的升级。

本系列教材理论简单易懂、技术规范系统、技法例证全面，并附有大量的操作流程图片和操作技术示范、讲解视频，可以使读者快速掌握修剪、造型、烫染等操作技术。

教材采用全新立体编写模式，将图、文、视、听多维度一体化呈现。扫描二维码，便可在线上观看对应作品的制作过程。读者可以利用碎片化的时间，随时随地上线学习和复习，大大提高学习效率。这种传统课堂教学与互联网教学相结合的模式，在对接市场需求、完善职业教育和培训体系、提升专业美发教师的教学水平方面，可以说有着质的突破。

以梦为马，不负韶华。我相信，卢晨明作为一个为美发技艺而生、为美发教育而活的人，将始终站在时代的潮头，而后浪们则会以磅礴之势奋起直追。

教育部全国美发美容职业教育教学指导委员会主任

中国美发美容协会荣誉会长

闫秀珍

序一

与卢晨明相识近二十年，从通过互联网相识到密切关注，再到实际接触，我预感到：卢晨明在专业美发技术和专业美发教育方面必将大有作为。

2013年，中国美发美容协会组织行业专家起草行业标准《美发服务操作规程和服务质量要求》。其中，几个有关染发的专业术语和定义不够准确。我便通过微博向大家求助："难住我了。有谁能够用一句话，把挑染、片染、块染、段染、过渡染的定义表述清楚？"回应者不在少数，但最令我感到眼前一亮的是卢晨明的表述（挑染是以点取份的染色方法；片染是以线取份的染色方法；块染是以面取份的染色方法；段染是分段上色的染色方法；过渡染是由浅至深渐变的染色方法）。专家多日研究未果，卢晨明居然迅速搞定。

2014年，卢晨明出版了六本美发专著。这六本专著因其系统性和实用性而深受多家专业美发培训学校的青睐。

十余年来，卢晨明活跃在学校、企业和行业组织举办的专业美发技艺培训课堂上。其精彩分享，无不使人豁然受益。

技艺精湛，乐于传道解惑。卢晨明因此受到了多方的关注和认可：屡次担任全国美发技能大赛裁判或裁判长；2019年，被上海市总工会授予"上海工匠"称号；

榜亚洲总部、上海美发美容行业协会、上海市商贸旅游学校、上海市商业学校、上海南京美发公司、上海华安美丽馆。

  教材的编写是一项探索性工作，由于时间紧迫，不足之处在所难免，欢迎各位同行提出宝贵意见和建议。

内 容 简 介

本书介绍了DX中国原创美发教育系统中定向修剪技术的理论知识和操作方法。书中对传统的发型修剪知识和方法进行了颠覆和重组,对理论知识做了系统梳理,对操作技术进行了创新,讲解了定向修剪系统原创的层次结构理论、分区方法、"四位一体"、修剪四步法等,理论简明易懂,例证全面,能够帮助读者更方便地掌握发型修剪技术。全书共分为3篇,内容包括定向修剪系统基础知识、定向修剪技术解析、定向修剪技术运用等。

在教材的编写模式上,本书也在传统教材的模式之上进行了升级,是一本图、文、视、听立体打造的美发教材。书中有大量的发型制作过程图片和近150个技术示范、讲解、指导视频,扫码即可观看操作视频,大大增强了学习效果,便于读者快速掌握全新的美发技术。

本书在编写过程中得到了以下企业、协会和学校的大力支持和帮助,在此表示感谢:北京妙境界信息技术有限公司、ICD世界发型设计家协会中国总部、国际标

美发师
定向修剪技术

编审委员会

主　任：郑建兴
副主任：夏正奇　丁家庆　徐根川
委　员：刘　楠　张　武　何先海　江旭阳　李家辉　于　洋

编审人员

主　编：卢晨明
主　审：钱敏敏
审　稿：马祥银　肖　进　杨守国　徐业庞　张晨辉　边晓铭

图书在版编目（CIP）数据

美发师定向修剪技术 / 卢晨明主编. -- 北京：中国劳动社会保障出版社，2021
职业技能培训教材
ISBN 978-7-5167-4890-9

Ⅰ.①美… Ⅱ.①卢… Ⅲ.①理发－技术培训－教材 Ⅳ.①TS974.2

中国版本图书馆 CIP 数据核字（2021）第 185118 号

中国劳动社会保障出版社出版发行

（北京市惠新东街 1 号 邮政编码：100029）

*

三河市华骏印务包装有限公司印刷装订 新华书店经销

787 毫米×1092 毫米 16 开本 17 印张 303 千字
2021 年 11 月第 1 版 2021 年 11 月第 1 次印刷

定价：100.00 元

读者服务部电话：（010）64929211/84209101/64921644
营销中心电话：（010）64962347
出版社网址：http://www.class.com.cn

版权专有 侵权必究

如有印装差错，请与本社联系调换：（010）81211666
我社将与版权执法机关配合，大力打击盗印、销售和使用盗版
图书活动，敬请广大读者协助举报，经查实将给予举报者奖励。

举报电话：（010）64954652

职业技能培训教材

美发师
定向修剪技术

卢晨明 > 主编

中国劳动社会保障出版社